人生道路诸阶段

STADIER PAA LIVETS VEI

〔丹麦〕克尔凯郭尔 著

京不特 译

Søren Kierkegaard

Stadier paa Livets Vei

本书根据 Gads Forlag 出版社 1999 年版译出

SØREN KIERKEGAARD
STADIER PAA LIVETS VEJ

DANSK BOGSAMLING
MARTINS FORLAG

译者的话

乍看之下,《人生道路诸阶段》似乎有三个作者:威廉·奥海姆、威尔海姆法官和法拉他·塔希图尔努斯。这其实是克尔凯郭尔所坚持的苏格拉底助产式表达形式之一。除博士论文《论反讽概念》、《爱的作为》和一些讲演文本是署有真名之外,作者的重要哲学和文学著作都使用笔名出版。这里也不例外,出版者"订书人希拉利乌斯"也是假名。在丹麦文最初的版本中,读者是找不到作者的真名的。

《人生道路诸阶段》最初出版于1845年4月30日。它与《非此即彼》有着同样的风格。尽管它的真正作者是索伦·克尔凯郭尔,但看上去却像是一部由诸多作者写成的集著。它通过诸多代表了各种不同人生观的笔名来表达各自的看法并且相互批驳。概观之下,书中的主题是关于男人与女人的关系,关于恋爱与婚姻。此书在丹麦经典文学之中有着与《非此即彼》几乎相同的地位,比较之下,我们可以这样说:在《非此即彼》上下两卷中,不管这是不是笔名作者们背后的设计者的本原意图,更吸引读者的是审美风格的上卷;但是在《人生道路诸阶段》三个部分中,第一部分审美立场不再占据那么大的空间,整部著作的重点是落在审美与伦理两个立场之外的第三部分。《人生道路诸阶段》的第一部分,在篇幅不大的"酒中真言"中,晚宴参与者们代表了反讽("那审美的")的各种生活态度。然后,在第二部分,法官威尔海姆以与第一部分差不多长的篇幅写下了"对各种反对婚姻的看法的回应",以"一个丈夫"的身份来阐述人性伦理的生命立场,并且对审美者们各种反对婚姻的高谈阔论做出回应。在第三部分,读者就进入了法拉他·塔希图尔努斯(拉丁语为"寡言兄弟"的意思)所著的"'有辜的?'-'无辜的?'",这部分有着副标题"一段苦难史。寡言兄弟的心理学实验",文本由"基旦"(拉丁语为"某个人"的意思)的自我观察者的日记和法拉他·塔希图尔努斯的一篇"为读者而写"构成;这个部分描述了这个心理学想象实验的对象"基旦"的内心运动,一种朝着宗教人生方向运动的魔性追求。

《人生道路诸阶段》对各个早期的笔名的生存形式以及个体人在之前的阶段中的存在性运动的轨迹给出了概观,三个部分也就包容了三个不同的人生态度:审美的("酒中真言")、伦理的("一个丈夫对各种反对婚姻的看法的回应")和前宗教性的("'有辜的?'-'无辜的?'")。在这里,《非此即彼》和《重复》中的人物又重新出现:诱惑者约翰那斯、《非此即彼》的出版者维克多·艾莱米塔、康斯坦丁·康斯坦丁努斯和年轻人,还有法官威尔海姆。除了读者以前所认识的这些人物之外,"酒中真言"中还多了一个时尚店主;另外,"'有辜的?'-'无辜的?'"中的人物也都是全新的。

在"酒中真言"中,五个审美者几乎都是专注于生活的享受;事实上他们的宴会主题就是情欲享受,是关于女人。他们的女人观反映出了他们的生活观。既然婚姻对于他们只是一种误会,那么他们对于女人们的关系就意味了一种不用负责任的享受。与这些审美者们针锋相对,法官威尔海姆则坚持婚姻的价值:婚姻对于他是"钟情相爱"的继续,在这种继续中,"义务"出现在了相爱者之间,这"义务"为他们的关系带来更多意义。法官威尔海姆以一种平静而清醒的方式论证了婚姻的合理性,并且论述了理论和实践之间的关联是生存的严肃。

然而,与"那宗教的"相比,上面这两种人生态度间的非此即彼就不再有很大的分量了;在法拉他·塔希图尔努斯的"'有辜的?'-'无辜的?'"中,"基旦"日记所叙述的故事与克尔凯郭尔自己的人生有着直接的关联,我们可以把它看作是《非此即彼》中《诱惑者的日记》的宗教性的对应文本。

通常,说到克尔凯郭尔的著作,我们难免要联系上他与瑞吉娜·欧伦森的婚约故事。克尔凯郭尔和瑞吉娜的这段爱情历程有很多解读的可能性。关于婚约事件,克尔凯郭尔自己就写有三部性质完全不同的小说:《诱惑者日记》、《重复》和"'有辜的?'-'无辜的?'"。

《诱惑者日记》出现在《非此即彼》的上卷之中,它通过诱惑者约翰纳斯在日记之中对少女考尔德丽娅的观察、研究和诱惑(考尔德丽娅成了约翰纳斯的实验对象和艺术作品),对婚约事件给出了一种恋爱玩味者的审美解读。《重复》是作为单行本的小说出版的,它通过一个审美的观察者康斯坦丁·康斯坦丁努斯来对一个濒临宗教性边缘的年轻诗人进行解读(在这里,这个恋爱中的年轻人是康斯坦丁·康斯坦丁努斯实验心理学中的试验对象)。这两部著作的中文版都已出版。"'有辜的?'-'无辜的?'"则是《人生道路诸阶段》中的第三部分,篇幅最长的一部分。而如果我们在这三部小说之间作比较,"'有辜的?'-'无辜的?'"也是篇幅最长的。这三部小说,作为心理学实验小说,都不能直接说是在叙述克尔凯郭尔和瑞吉娜间的故事,但它们都可以算是克尔凯郭尔和瑞吉娜婚约故事的一个投影。三部小说的立足事件是同一个事件(也就是克尔凯郭尔人生中的婚约事件),但三个主人公所处的"人生阶段"却是完全不一样的。

在《人生道路诸阶段》中,"'有辜的?-'无辜的?'"的首要部分是订婚并且解除婚约的"某个人"(亦即,"基旦")的日记。这不是一部诱惑者的日记,而是一部心灵受煎熬者的日记。在日记中,基旦反思了他的各种动机——他为什么解除掉"他与一个有着生活喜悦的女人的婚约"(并且也就间接地隔绝于世界)。无疑,基旦的内心冲突和克尔凯郭尔自己的内心冲突之间有着一种直接的关联,有时候基旦的故事简直就是克尔凯郭尔的精神生活的直接展示,比如说,克尔凯郭尔在取消婚约时写给瑞吉娜的信就原封不动出现在了基旦的日记中。这日记所描述的心灵历程能够使得读者在极大的程度上趋近克尔凯郭尔与瑞吉娜的爱情历程中的真相。日记描述了一个持续了半年的婚约,它在晨记和午记之间变换:时而是对订婚时的回忆,时而是对整个过程的反思。在订婚之后，作者（作为作者的基旦，抑或作为作者的克尔凯郭尔）发现他们两人的天性有着如此巨大的差异，因此，他不得不自己承担起痛苦并且解除婚约。读完这些日记，读者也许会想：《诱惑者的日记》不会是克尔凯郭尔自己的日记，但这"基旦"的日记……，可能差不多……哦。"'有辜的？'–'无辜的？'"的第二部分是法拉他·塔希图尔努斯的一篇"为读者而写"，对"基旦"日记中的婚约故事做出一种哲学的、心理学的和文学创作理论性的分析。这"基旦"日记是法拉他·塔希图尔努斯的"想象实验"，这"想象实验"不仅仅是心理学的实践，而更是一种使人有可能去领会"人的存在"的文学形式。这样，在读完了这篇"为读者而写"的时候，读者则反而又让自己拉开距离了：这又是一部虚构出来的日记体小说，这个人应该不会是他自己的吧……

本书翻译所用的原本是哥本哈根大学克尔凯郭尔研究中心在 1999 年出版的 *Søren Kierkegaards Skrifter*, bind 6: *Stadier paa Livets Vei*（出版社是 Gads Forlag）。在翻译之中我所使用的对照版本有：F. Prioret M.-H. Guignot 的法文版 *Étapes sur le chemin de la vie*（出版社是 Gallimard, 1948 年）、Emanuel Hirsch 的德文版 *Stadien auf des Lebens Weg*（出版社是 Eugen Diederichs Verlag, 1958 年）和 Howard V. Hong 的英文版 *Stages on Life's Way*（出版社是 Princeton University Press, 1988 年）。

我得到了索伦·克尔凯郭尔研究中心的极大帮助，中心的研究者们对一些疑难文字段落所做的说明使我解开了诸多困惑的节点。在一些汉语表述的细节上，我努力与国内已有的阅读习惯保持和谐。而对于一些中文日常语言里原本没有的概念，为了避免迅速阅读所造成的误解、误读，译者往往宁可使用读者们不习惯的词，也不使用会导致误读而在表面上能让读者感到习惯的词。对于一些哲学上应当得到强调的字词的翻译，国内已有的阅读习惯就不是翻译所关心的重点。另外，如果一些文学爱好者因为期待这是一部浪漫爱情小说，期待这小说能够类似于夏洛蒂·勃朗特、珍·奥斯汀，乃至琼瑶的小说，他们也许会抱怨注释太多，无法直接读顺或者读懂克尔凯郭尔的哲学著作。对此，译者只能感到抱歉而爱莫能助，因为，这之中虽然是有着一部小说，但这小说却是心理学意义上的实验小说；而在丹麦的文学爱好者中，能够直接读顺或者读懂克尔凯郭尔的哲学著作的，也仅仅是少数对德国唯心主义和罗曼蒂克时代人文背景有比较全面了解的读者，书中的大部分注释本来就是为丹麦读者提供的阅读理解上必要的辅助工具。译者的努力是让读者读懂著作中的意义和作者的思路；如果有人认为把弗洛伊德《梦的解析》翻译得像一部《红楼梦》是意译，那么，译者绝对会认为这样的所谓"意译"是不可取的。

在这里我也说明一下。书中出现的脚注，都是书中原有的注释。尾注中带有半方括号的都是丹麦文版的注释集里提供的注释。尾注中不带方括号的是译者给出的注释。

下面，我对一些翻译用词做一下大致的说明。

形容词"正定的"的丹麦文是 positiv，为避免"肯定"这个词所引起的误解和误导，在哲学关联上常常特选此词而避用"肯定的"。意为"正面设定的"。

名词"辜"，我在文中给出了注释。辜的丹麦文是 Skylden，英文中相近的对应词为 guilt。Skyld 为"罪的责任"，而在字义中有着"亏欠"、"归罪于、归功于"的成分，——因行"罪"而得"辜"。因为在中文没有相应的"原罪"文化背景，而同时我又不想让译文有曲解，斟酌了很久，最后决定使用"辜"。中文"辜"，本原有因罪而受刑的意义，并且有"却欠"的延伸意义。而且对"辜"的使用导致出对"无辜的"、"无辜性"等的使用，非常谐和于丹麦文 Skyld、uskyldig、Uskyldighed，甚至比起英文的 guilt、innocent、innocence 更到位。

动词"设定"的丹麦文是 sætte，对应于德语中的 setzen。德国唯心主义从费希特起一直使用的设立原则的概念。可参看费希特和谢林的体系演绎，比如王玖兴翻译的费希特的《全部知识学的基础》。

作为克尔凯郭尔时代审美理论的特定概念，"那喜剧的"这个词对立于"那悲剧的"。如果不强调这一对立，那么也可以译作"滑稽可笑的东西"或"滑稽可笑的成分"。

名词"承受"的丹麦文是 Liden，动名词，相当于德语中的 Leiden。动词 atlide 和名词 Lidelse 在一般的意义上是指"受苦"和"苦难"。Liden 在哲学中是"行为"、"作用"或者"施作用"的反面。在费希特的《全部知识学的基础》王玖兴中译本中有相应的"活动的对立面叫作受动"的说法。

形容词名词化后的名词"那现世的"的丹麦文是 det Timelige。与"那永恒的"相对立。意为"属于时间的而不属于永恒的、属于此岸而不属于彼岸的"。时间的、人间世界的。派生名词为"现世性"Timelighed。

以上是一些对概念的说明。当然还有许多别的概念也需要得到解说，而尾注给出了许多这一类解说，我就不在这里重复了。

有些语言上的用法，当代的汉语可能与七八十年代有了不同。我遵从当代的规则。比如说，在我少年时代，我们都会写"作出判断"、"作出评论"、"作出决定"等等，这一"作出"在当代都变成了"做出"，所以我原译稿中的"作出"或者类似的"作"在这里都改成"做出"和"做"。

在翻译的过程中可能免不了一些错误，因此译者自己在此译本出版之后仍然不断寻求改善。另外，如前面提及，这个版本寻求与国内已有的阅读习惯保持和谐，一些名词概念被变换为比较通俗顺口的字词，译者甚至还对一些复合句子进行了改写，但是译者在尾注中对所有这类"译者的创意加工"都给出了说明和解释。译者为了方便读者的阅读理解，有时候也在一些地方加上了一些原文中没有的引号，有的在尾注里做出了说明，有的则没有说明（比如说"那现世的"这一类概念）。有的句子则是在尾注里得到分析解读或者被加上一些原文中没有的引号。中文的语法决定了中文的解读常常会有模棱两可的效果，这在诗意阅读上可能会是一种优势，但是既然本书中的文字叙述并不带有"让读者对某句句子做出多种意义解读"的诗意目的，相反，"对叙述有一个明确无误的理解"是读者领会上下文关联的前提，那么译者就有必要在翻译成中文的叙述之中清除掉各种模棱两可的可能。

现在,这个中文版本的《人生道路诸阶段》出版了。在这里,我向我的朋友郭凤岭先生(他也是我的论文《自我的辩证法》的中文版编辑)表示感谢:我在2015年完成这本书的翻译,是因为我在2014年与他有过一个要出版这书的约定,否则的话,可能会有好几年的延迟。我也感谢蔡玮女士,她对照Hong的英文译本对我的译稿进行校读,帮我修正了许多翻译的不确切的地方。在本书成书过程中,商务印书馆负责本书的编辑关群德先生为我提供了非常宝贵的意见,我也在此表示感谢。另外,我向哥本哈根的索伦·克尔凯郭尔研究中心致谢,研究者们的注释工作为我对原著的理解带来了极大帮助。我也向丹麦国家艺术基金会致谢,感谢基金会对我这许多年文学翻译和创作的支持和帮助。

京不特

二〇一六年六月

于哥本哈根

Tak til

人生道路诸阶段
不同人物的研究

由
订书人希拉利乌斯①
征集编印出版

---

① 订书人希拉利乌斯]希拉利乌斯这个名字是由拉丁语形容词"hilaris"构成,意为"欢快、高兴、兴高采烈"。

目　录

Lectori benevolo!（给善意的读者）……………………… 1
"In vino veritas"（酒中真言）……………………………… 7
一个丈夫对各种反对婚姻的看法的回应……………… 123
"有辜的?"-"无辜的?" ………………………………… 267
给读者的信 ……………………………………………… 565

Lectori benevolo![1]（给善意的读者）

鉴于诚实应当在一切之中存在，尤其是应当在真相王国和图书世界之中存在，并且，本来，如果一个订书人不是在自己的行当里尽本分，而是名不正言不顺地在文人圈子里混，那么，这种肆无忌惮的做法按理是只会让这本书招致各种严厉的评判，并且可能会使许多人因为以此订书人为耻而根本不想去读这本书，而现在，既然没有什么出类拔萃的教授或者地位显赫的人物来对此感到不快，那么，就让我们在这里看一下这本书的真实故事吧。

在一些年之前，有一位知名文人寄送了一大堆书来装订，item（拉丁语：同样也）有不少二十四张本的书要订成四开本。[2] 由于那是一年中的忙碌时段，而我们的文人先生则一如既往地是一个和蔼而随和的人，因而，说起来不好意思，这些书就在我这里放了三个多月。事情就是这样，就像德国谚语所说：Heute roth morgen todt（德语：今天红润明天死），[3] 就像牧师说：死亡不认贫富老幼，[4] 就像我的亡妻所说的：我们全都会走上这条路；[5] 但是，我们的主最清楚，什么时候最合适，而那样的话，最合适的当然是在上帝的帮助之下发生的，这就正如事实上的情形：甚至那些最好的人也不得不离开这里；就这样，这文人却死掉了，并且，他在国外的遗产继承者们通过遗嘱查验法庭收到了这些书，而我则通过这同一个法庭得到了我的工酬。

有一天，我发现了一小包稿纸。本来，作为一个勤奋努力的人和一个好公民，我总是会诚实地把属于别人的东西交还给别人。本来，我绝对以为我已经把全部物件都寄还给了文人先生。我绞尽脑汁徒劳地回想，到底会是谁寄给我这些稿纸，它们是要派什么用场的，是不是要装订起来,简言之,我做出了一个这样的订书人在这样的情况下所能够做出的一切设想;我也考虑了,这一切是不是一个错误。最后,幸亏我有我现已故去的妻子帮我一起琢磨。她对于我是一个罕见的忠实内助和职业上的帮手。她眼前突然一亮:文人先生的书本来是被放在一个大篮子里的,而这包裹肯定是那篮子里的东西。当时我也觉得是这样。然而,现在已经这么多时间过去了,没有人想到过来要回这包裹。于是,我就想:这一包裹纸张肯定没有什么大价值。我倒是把它们装订进一个彩色的封夹里,这样,就像我亡妻通常的说法:它们就不会在店里到处摊开着占地方了。然后我就把它们放在那里了。

在那些漫长的冬夜,在我不知道该做些别的什么事情的时候,我就会拿出这本书来,作为一种享受来阅读它。但是我无法说这是很大的享受,因为我读明白的东西并不多;不过,坐在那里考虑,这之中的全部内容会是什么,这倒是为我带来了享受。既然其中有一大部分文字是以一种老练的书法写成的,我就让我的孩子们有时候临摹上一个Pagina(拉丁语:页),这样,通过摹写这些漂亮的手写字母和转折,他们就必定能够在运笔方面得到练习。有时候,为了练习辨读文字,他们也会不得不高声朗读。真是令人无法理解,无法解释,学校的教学完全忽略了对文字的辨读,并且,如果不是我们在各类报纸上所读到的那位无愧于盛名的文学家勒文[6]先生试图补救这一缺陷,并教会我以一种特定的方式去领会我亡妻的话语:"在各种不同的生活位置上,辨读文字都是必要的,并且在学校教学中不应当被忽略",假如不是这样的话,那么学校的教学也许在很长时间里会一直继续忽略对文字的辨读。如果一个人能够写,但他却无法读出别人所写的东西,那又有什么用呢?就好像亨利希在喜剧中所说[7]:他固然会写德语,但他不会读。

去年夏天,我的大儿子十岁了,我打算让他去上一门更严格的课程。一个众望所归的人向我推荐了一个特别在行的师范证书毕业生和哲学证书候选人。[8]其实我也认识这个人,我曾多次在救世主教堂[9]的晚祷上听他做真正的陶冶讲演。就是说,尽管他尚未通过考试并且在他发现了自己是一个精神唯美者[10]和诗人（我想他会这么说）之后便完全放弃了学业而去作牧师,不管怎么说,他还是获得了很好教育并且做了许多出色的布道,而尤其要指出的是,他在布道台上有着一个很动听的嗓音。我们一致同意,每天他都来教我儿子两小时最重要的一些课目,作为午餐的交换。

  我谈及的这位师范证书毕业生和哲学证书候选人成为孩子的老师,这对于我卑微的家庭来说是真正的幸运,因为不仅汉斯进步很大,而且正如我在下面所要讲述的,这个了不起的人也使得我自己在一些远远更为重要的事情上受益匪浅。有一天,他留意到我曾用于我孩子们的教学的那本装订在彩色的封夹里的书,他稍稍翻看了一下,然后问我借这本书。我对他说我真心所想的:"您完全可以留下这本书,因为,现在孩子有了一个自己能够为他写书法字样的老师,所以我不需要这本书了。"但是,正如我现在所认识到的,他实在是个可敬的人,因而并不想要留下这本书。于是,他借了这本书。这之后的第三天,我记得如此清晰,仿佛就是在昨天,那是这一年的一月五日,他来到我家并且想要和我谈谈。我想他也许是想要问我借一小点钱。但不是的！他把这本我们熟知的书递给我,并说:"亲爱的希拉利乌斯先生！也许您并不知道,在这本您如此无所谓地想要送给别人的书中,天意给予了您家怎样美好的馈赠和礼物啊。如果这样一本书落到了一个合适的人手里,它就价值万金。正是通过印行各种这样的有益用的书籍,我们才有可能在这种人们不仅仅很少有钱而且也很少有信仰的时代里贡献出一份力量,去向人类的孩子们推广传播各种美好而有益用的学识。不仅仅是这个,而且您,希拉利乌斯先生,您的愿望一直就是能够以除了'作为订书人'之外的方式来益助您的同类,并且通过某种非同寻常的善行来为您对过世的妻子的纪念带来荣耀,您,'能去做这件事'恰巧就是您的幸福命运,而且通过这件事,在这本书被卖完之后,您还能够赚到不少的一笔钱。"我深受感动,然后,感动得更深,因为他提高嗓门并且继续大声说:就我自己而言,我什么也不想要,或者说,等于是什么都不想要；考虑到预期的巨大利润，我只是立马要十块国家银行币[11]以及在礼拜天和节假日午餐时的四分之一升葡萄酒。

于是事情就这样发生了，正如这位了不起的师范证书毕业生和哲学证书候选人所忠告我的那样。只是我希望确定地得到大笔利润，就像他确定地得到这十块国家银行币那样；这十块国家银行币是我很高兴地付给他的，另外也是因为他提醒了我：如果我所出版的不是一本书而是更多本，也许出自好几个作者之手，那样的话，我就能够赚得更多。也就是说，我博学的朋友假定了，必定有着一个兄弟会，一个协会，那个文人曾是它[12]的Caput（拉丁语：头，首领）或者领军人物，所以他才保存了这些文稿。我自己对此并没有什么判断。

一个订书人想要成为作家，这只会在文学世界里唤起合理的怨恨并且会起到坏作用，使人对这书不屑一顾；但是，如果一个订书人装订、征稿印刷和出版一本书，如果他"试图也以除了'作为订书人'之外的方式来益助其同类"，那么，一个合情合理地考虑问题的读者就不会对此有什么坏的想法了。

在这里同时附上对这本书和订书人和这一出版工作的最毕恭毕敬的推荐。

1845年1月。克里斯蒂安港。

最恭敬的
订书人希拉利乌斯

注释：

1. **Lectori benevolo**]拉丁语：给善意的读者！在拉丁语博学著作的前言中的常见标题形式。也被用在路德维希·霍尔堡喜剧英雄史诗《彼得·坡尔》(1719 – 1720 年)的前言中。《彼得·坡尔》由笔名汉斯·米凯尔森出版。克尔凯郭尔有一本 1835 年版的《彼得·坡尔》。
2. **二十四张本的书要订成四开本**]就是说，送来的这些书张是每本有六大张，要折叠成四开订起来。
3. **heute roth morgen todt**]德语：今天红润明天死。丹麦也有这样的谚语，说一个人看上去健康但突然死去，用以表达命运叵测。"一个人今天是国王，明天他可能就死了。"
4. **死亡不认贫富老幼**]也许是指关于死亡之舞的民间表演：死亡以骷髅的形象出现，向各年龄各阶层的人们邀舞并将他们带进墓穴。
5. **我们全都会走上这条路**]就是说，我们全都会死。霍尔堡在喜剧《山上的耶伯》(1723 年)第五幕第一场里用到这句话。
6. **勒文**]Israel Levin(1810 – 1883 年)，丹麦文学家和文献学家，路德维希·霍尔堡和威瑟尔(J. H. Wessel)的出版者。他在 1846 年出了一本当时的丹麦男人女人的手写文字集。勒文大约在 1844 – 1850 年间担任过克尔凯郭尔的秘书。按他自己的说法，他参与了《人生道路中的诸阶段》的成书工作。在他准备他的手写文字集的时候，他也曾向克尔凯郭尔要过后者的手书样本，但被拒绝。
7. **亨利希在喜剧中所说**]霍尔堡喜剧《雅克布·冯·提波》(1725 年)中的侍者佩尔在第一幕第四场中说："不是我自己夸自己，我能够用德语说我想说的大部分话，但是有几个词我还不明白，我能够很完美地写出来，但却不会读。"
8. **哲学证书候选人**]Candidatus i Philosophien，亦即所谓的"第二考试证书"的拥有者，通过了两门一般是在第一学年里进行的课程的考试：哲学考试(examen philosophicum)和文献学考试(examen philologicum)。
9. **救世主教堂**]vor Frelsers Kirke，位于哥本哈根的克里斯蒂安港，介于阿玛格尔岛和哥本哈根其余地区之间。
10. 这个"精神唯美者"如果直译应当是"美的精神"。
11. **十块国家银行币**]国家银行币是 1813 – 1875 年间丹麦国家银行发行的硬币，在 1873 年的硬币改革中，国家银行币被克朗取代(一国家银行币等于二克朗)。在 1813 年国家银行破产之前通用的是"流通币"(Courantdaleren)，然后是"国家银行币"(Rigsbankdaleren)。一国家银行币有六马克，一马克又有十六斯基令(skilling)。在 1844 年，哥本哈根的全权查税员的年薪是六百国家银行币。四百国家银行币算起来是可以足够养家的。一个手工匠学徒一般一年可赚二百国家银行币，不过师傅包吃住。一个女佣除吃住外，一年至多三十国家银行币。同时，一双鞋差不多三国家银行币。
12. 这个"它"是指前面说及的"兄弟会"或者"协会"。

"In vino veritas"[1]（酒中真言）

一篇由

威廉·奥海姆[2]

讲述的

回忆录

Solche Werke sind Spiegel；wenn ein Affe hinein guckt，kann kein Apostel heraus sehen.³

（这样的作品是镜子；如果一只猿猴向里面看进去，任何使徒都无法从里面看出来。）

——利希腾贝格

前　言[4]

　　为自己准备一种秘密,这是怎样一种美好的忙碌呵,对之的享受是多么地诱人呵,但是,在享受了之后,有时候又多么令人疑虑呵,这又是多么容易为人带来不好的感觉呵! 也就是说,如果有人相信一种秘密是可以被转送给任何其他人,相信它能够属于一个携带者,那么他就错了,因为在这里的情形就是如此:吃的从吃者出来[5];但是如果有人以为一个人通过享受秘密所惹上的麻烦只是"不背叛它",那么他也错了,因为这人其实也招上了"不忘记它"的麻烦。然而,回忆了一半并把自己的灵魂转化为一个存放破损货物的中转仓,则更令人恶心。相对于其他人,遗忘就是被拉起的丝绸帷帘,[6] 而回忆则是步入帷帘的维斯塔贞女;[7] 如果这不是一种真正的回忆的话,那么在帷帘的背后就又是遗忘,因为如果有真正的回忆在那里的话,遗忘就会被排除在外。

　　回忆不可以只是准确而已,它也必须是幸福的;回忆的装瓶必须在封口之前把被体验之物的芬芳收藏进去。正如葡萄不是在随便什么时候都能被榨汁的,正如榨汁时段的气候情况对葡萄酒有着极大的影响,那被体验之物也不是在随便什么时候或者在随便什么情况下都可以被回忆或者通过进入回忆而被达到的。

　　"回忆"绝不同一于"记得"。[8] 比如说,人完全可能会很清楚地在细节上记得一个事件但并不因此而回忆它。记性只是一种正消失的条件。通过记性,被体验之物站出来接受回忆之祭仪。这差异在年龄的差异性之中已经能够被估量出来了。老人失去记性,这记性在总体上说是人首先失去的能力。老人却有着某种诗意的东西,在人们的想象中,他有着先知的性质,是通神灵的。回忆当然也是他的最佳力量,他的安慰，它以诗意的遥视来抚慰他。童年则相反，有着高度的记性和学习吸收力，根本没有回忆。我们不说"老年忘不了青年所学习吸收的东西"，[9] 而是也许可以说："老人回忆的是小孩子所记得的东西"。我们磨出老人的眼镜来让他看近处。青年人用眼镜的话，这镜片是用来看远距离的东西的，因为它缺乏回忆的力量，这力量就是：移远，拉开距离。然而，老年幸福的回忆就像小孩子幸福的学习吸收力一样是自然的恩典礼物，它们带着偏爱拥抱人生中的这两个最无助而在某种意义上却最幸福的段落。但正因此回忆有时也和记性一样只是各种偶然性的携带者。

尽管记性和回忆的差异很大，它们常常还是会被混淆。在人的生命中，这一混淆给我们机会去研究个体人的深刻度。就是说，回忆是理想性的东西[10]，但就其自身而言完全不同于那没有区分的记性，它是努力着的并且有着责任心的。回忆想要对一个人强调生命中的永恒连续性并且向他保证：他的尘俗存在将会是 uno tenore（拉丁语：一气呵成），[11] 在一次呼吸之间，并且可以在一口气之中被说出来。因此它谢绝让舌头为模仿生活内容之絮叨而被迫一次又一次不听使唤地乱动。这是人的不朽性的条件：生命是 uno tenore（拉丁语：一气呵成）。真是够奇怪的，据我所知，雅可比是唯一一个表述过对"想象自己不朽"的恐怖感觉的人。[12] 有时候对于他似乎就是这样：如果他在单个的瞬间里稍稍更久地保持"不朽性之想法"的话，那么这想法仿佛就会使他理智混乱。难道这是因为雅可比神经脆弱？一个强壮的、手上有老茧的男人——这老茧只是通过每次证明不朽性时在布道坛或者讲课桌上敲打而生——，不会有任何这样的恐怖，然而他却确实懂得不朽性，因为，在拉丁语中"有老茧"意味了"彻底地懂得什么"。[13] 然而，一旦你把记性和回忆混淆起来，这想法就不再会是那么恐怖了。首先是因为你勇敢、像个男子汉，并且结实，其次因为你根本不对什么想法进行思考。无疑，许多人写下了自己生命的回忆录，而这回忆录之中根本不存在丝毫的回忆，然而各种回忆却确实是他以"永恒"换得的收益。在回忆中，人依靠着"那永恒的"。"那永恒的"有着足够的人道来尊重、满足每个要求，并且把每个人看作是可靠的。但是，如果一个人把自己弄成傻瓜，去记住而不是去回忆，并且作为由此而来的结果，去忘却而不是去回忆，因为被记得的东西也会被忘却，那么，"那永恒的"也没有什么办法。但是，记性则又使得生命畅行无阻。一个人畅行无阻地穿行过各种最可笑的变形；哪怕是在垂暮之年，一个人还是玩着摸瞎子捉人的游戏，还是赌着生命的彩票，并且哪怕他曾经是不可思议的各种各样的许多东西，他还是能够去变成随便什么东西。然后人就死了——并且，他于是就变得不朽。再者，难道事情不应是这样：一个人恰恰因为这样地生活过从而确保了使自己有足够的东西来进行无限的回忆？是这样的，如果回忆的总账簿只是一本让人把所有报进来的东西都涂写进去的草稿本的话。但是，回忆之簿记是奇特的。一个人可以把一些这样的事情作为任务提出来，但却不可以将之写进公共账单。一个人天天都在全体会员大会上说着，并且不断地总是说着时代所要求的东西；然而，他却不是以加图式的枯燥方式重复地说这些东西；[14]不，他自始至终都是以一种令人感兴趣而刺激的方式来跟上这瞬间，而且从不说同样的话。item（拉丁语：同样地）在各种社交场所的聚会上，他也是必到的客人，他时而以精准的、时而以盈余的尺度来测量自己滔滔不绝的言辞，并且不断地得到人们的鼓掌致意。我们至少一星期一次可以在报刊上读到一点什么关于他的东西；甚至在夜里他也会有益助于他人，就是说，他的妻子，因为他甚至在睡梦里也好像他在大会上时一样地谈论"时代的要求"。[15]另一个人，在他说话之前，他沉默，并且这样地继续着，以至于他根本就不会去说什么话。他们活得一样长久，这里问一下最终答案：谁有更多的东西可回忆？一个人只追随着一个想法，唯一的一个，仅仅只是专注于这想法；另一个人是通七门科学的作家并且"恰恰在他要改造兽医科学的时候（说这话的是一个记者）在意义重大的工作中被打断了一下"。他们活得一样长久，这里问一下最终答案：谁有更多的东西可回忆？

在根本上，一个人只能够回忆本质的东西，因为如上所述，老人的回忆是被置于偶然性之下；各种类似于他的回忆的情形也是如此。本质的东西不仅仅是以自身为条件，而且也是以它与相应者的关系为条件的。如果一个人与理念分离开，他就无法在本质的意义上行动，他就无法做出任何本质性的事情；那作为唯一的新的理想性的东西则应当是"悔"。[16]他所做的其它事情，尽管有着各种外在的标示，都是非本质的。为自己娶一个妻子当然是某种本质的事情；但是，如果一个人曾经在爱欲之中随随便便不当一回事，那么，出于纯粹的严肃和庄重，他就完全可以敲打自己的额头、心头和后……；[17]而这仍然还是无聊的轻浮举止。即使他的婚姻关系到整个民族，并且教堂的钟声鸣响，并且教皇主持婚礼，这对于他来说仍然不是什么本质性的事情，而是根本意义上无聊的轻浮举止。外在的噪音对事情根本就没有什么影响，正如喇叭声和展示步枪并不使得彩票揭彩变成对那揭彩的男孩[18]而言的本质行为。因为在本质上要做的事情并非在本质上取决于"有人敲鼓"。然而，被回忆的东西也是人所无法忘却的。不同于那对于记性来说是没有区分的"被记得的东西"，"被回忆的东西"对于回忆来说并不是没有区分的。人可以把"被回忆的东西"丢弃掉，但是它就像托尔的锤子[19]一样又重新返回，并且不仅仅是如此，它还有着一种对回忆的思念，就像一只鸽子，不管这鸽子有多少次被卖给别人，它永远都无法成为另一个人的拥有物，因为它不断地总是飞回家。但是，事情如此，也是因为回忆本身孵养了"被回忆的东西"，并且，这一孵养过程是隐秘的，不为人所见，并且因此不会受到任何亵渎性的知识的侵犯：这情形就好像是，如果自己的蛋被陌生者碰过，鸟就不愿去孵它了。

记性是直接的并且直接地得到帮助，回忆则只会是反思的。因此，回忆是一种艺术。与"记得"相反，我就像地米斯托克利那样想要能够忘却；[20]但是"回忆"与"忘却"则不是对立面。回忆的艺术不是容易的，因为它在准备的瞬间会变得不一样，而记性则只有"记得正确"和"记错"之间的起伏。比如说，什么是乡愁？它就是某种被回忆的"被记得的东西"。很简单,乡愁就是通过"一个人离开了"而产生的。这艺术是在于,尽管一个人是在家里,仍能够感觉到乡愁。这要求对幻觉的熟练。深入地生活在幻觉之中(在这幻觉中不断有"黎明破晓"的过程在发生但却从不进入到白天),或者将自己反思出所有幻觉,都不会更难于:将自己反思进幻觉,并在同时又能够让这幻觉带着所有幻觉的力量对自己起作用,尽管自己完全知道这是怎么一回事。像变戏法一样地把过去变到自己面前,不会更难于:为了回忆而把面前的东西从自己眼前变走。这其实就是回忆的艺术和二次方的反思。

要为自己达成一种回忆,就必须对心境、处境和环境的各种对立面有所认识。一种爱欲的处境,之中关键是乡村生活中惬意的边远性,这样的处境有时候最好是在一场戏剧之中被回忆并让人通过回忆而进入,因为在戏剧中环境和嘈杂激发出这对立。然而这种直接的对立却并非总是幸福的。如果我们可以把一个人作为手段而不觉得这有什么不合适的话,那么为了回忆一场爱欲关系的幸福对立有时就可能是:只是为了回忆而为自己造就出一段新的爱情故事。

这对立面可以是有着极端的反思性的。记性和回忆之间的反思关系的极端点是用记性来作为回忆的对立面。两个人可以是因为不同的原因而不愿意再看见一个令他们想起某事件的地点。[21]其中的一个人根本就想不到有着某种叫作"回忆"的东西存在,而只单纯地害怕记性使自己记得这件事。眼不见则心不生景,他想,只要他不看见,那么他就会忘记掉。而另一个人则恰恰想要回忆,所以他不愿意去看。只有在针对各种感觉很坏的回忆时,他才用上记性。如果一个人懂得回忆但却不明白这个,那么他无疑是有着理想性但却缺少使用 consilia evangelica adversus casus conscientiæ(拉丁语:针对良心之情形的福音教导)[22]的经验。固然,他甚至会把这教导看成是悖论,并且在要忍受最初的痛楚时畏缩。其实这最初的痛楚正如最初的丧失,是宁可应当去忍受下来的。在记性一次又一次得以翻新的时候,灵魂就得到丰富,它获得许许多多细节来使得记忆分散开。于是,"悔"是"辜"的回忆。纯粹从心理学上看,我真的相信是警察帮助了罪犯不去悔。通过不断地对其生平经历做备忘记录和重复,这罪犯就获得一种这样的记性技能来详细罗列出自己的生活细节,以便驱逐掉回忆的理想性[23]。"真正地去悔",尤其是"马上去悔",需要极大的理想性;因为天性也能够帮助一个人,并且,那种迟到的悔,从"去记得"的意义上讲,是微不足道的,但它却常常是最沉重和最深刻的。

"能够回忆"是所有创造性的条件。如果一个人不想要有更多的创造性,那么,他就只需记得他想要回忆着地创造出的同样东西就行,并且创造被弄成了不可能,或者它会变得令他感到如此厌恶,以至于他越早放弃它越好。

从根本上说,回忆之集体是不存在的。一种类型的"表面上的集体"是一种回忆者为了自己的需要而使用的对立面之形式。有时候,这会是诱发出回忆的最好方式:一个人让自己假作向另一个人倾诉衷肠,他这样做只是为了在这一倾诉的背后隐藏一种新的反思,而在这反思之中回忆就为这个人本身而进入了存在。考虑到记性,人们完全能够联合起来相互帮助。从这个角度看,宴会和生日庆祝,各种爱情纪念品和宝贵的纪念物等,与"在一本书的一页上折一个角以便记得自己读到什么地方并且借助于这些折角来确定把整本书都通读了"的做法一样,是出自同样的考虑。相反,对回忆的榨取则必须是每个人单独去做的工作[24]。就其自身而言,这之中绝不是有着什么注定的祸害。既然一个人总是与回忆独处,那么,每一个回忆都是一个秘密。尽管大多数人关心的是,对于回忆者而言,回忆的对象是什么,然而,这回忆者却是与自己的回忆单独相处的,表面看上去的所谓公共成分只是幻觉而已。

这里所提出来的东西对于我自己来说是为了对于各种想法和执着的思考的回忆,这些想法和思考曾很多次以很多方式占据过我的灵魂。这些东西被匆匆写下的机缘是,我现在觉得自己有这样的心情想要去为回忆实现一个被体验过的事件,想要记录下那在一些时间里已经是被完全地记得了的并且也部分地被回忆了的东西。我可记得的东西的范围不大，因而记性的工作是轻易的；相反，在要真正将之拿出来推向回忆的时候，我倒是经历了麻烦的，而这恰恰是因为，这对于我已经变成了是某种完全不同的东西，不再是为那些参与者先生们，——看见这样一种微不足道的东西被赋予了任何价值、一种雀跃的突发奇想、一种绝望的想法（他们自己可能会这样来称呼它），他们也许会发笑。是的，不管记性在这里对于我是多么微不足道，我由之却看出，事情有时候对于我就是如此：就仿佛我根本没有体验过它，而是我自己虚构了它。

当然，我很清楚地知道，我不会很快就忘记那场我不作为参与者参与的宴会；但是不管怎么说，我还是不能够决定在尚未确保自己有一个严谨地写下的对那对于我是真正地 memorabile（拉丁语：值得想起或谈论的）东西的 άπομνημόνευμα（希腊语：关于值得想起的言行的叙述）[25]的情况下就将之放开。[26]

我做出了努力试图去促进对"回忆"的爱欲性的领会，相反，我不曾为"记性"做任何事情。回忆的处境是通过对立而构建出来的，在一些时候我已经尝试了为自己而把被回忆的东西编织进环境的对立。宴会所在的富丽通明的饭厅，灯光反射下令人迷醉的光芒海洋构成了一种奇异多彩的效果。这样一来，回忆想要一个并非是奇异多彩的对立。参与者们的心境中的兴奋成分，欢庆的嘈杂，香槟酒冒着泡沫的欢情，这些东西最好是在一种宁静偏远的"已被遗忘"之状态中让人回忆。精神的蓬勃茂盛，正如它在发言者们的心境之中膨胀蔓延，最好是在和平的安全感之中让人回忆。每一个想要直接地帮助回忆的尝试都只会失败，并且以模仿所具的糟糕滋味来惩罚我。

于是我从对立出发来选择环境。我寻找森林的孤独，但不是在森林本身是奇妙的时候。比如说夜之宁静就不会有什么好处，因为它也是处于"那奇妙的"的支配之下。我恰恰是在一个大自然自身最不受感动的时候寻找了大自然的和平。因此我选择了下午的光线。只要这里有"那奇妙的"在场，那么这和平[27]就只能在灵魂里被隐约地感觉到；相反，再也没有什么东西比下午暗淡的光线更温和更和平更令人安宁。

就像一个重新康复而面对生命的病人,更愿意寻找这一消减痛楚的提神剂,就像一个经受了许多苦难在精神上紧张过度的人,更愿意寻找这一安慰,我也是这样地出于对立的理由寻找它,恰恰是为了达到那对立的东西。

　　在戈里布森林里有一个地方,叫作八路角;[28] 只有在一个人以正当的方式去搜寻的时候,他才会找到这地方,因为没有任何地图标示出了这个地方。看来这名字本身也包含了一点矛盾,因为,八条路的相交怎么会构成一个角,而"人来人往并且交通频繁"又怎么能够与"偏僻而隐秘"达成一致? 当然,孤独的人所避开的东西是根据仅仅只是三条路的相交命名的:平凡琐碎(Trivialitet);[29] 那么,八条路相交,这岂不是更加琐碎不堪了么? 然而事情却就是如此:那里确实有着八条路,但又非常孤独;偏僻、隐蔽而秘密,你在那里的话,就与一道名叫"不幸之围"[30]的围栏靠得很近。名字中的矛盾只是使得这地方更孤独,正如矛盾成就孤独。这八条路,频繁的交通只是一种可能性,一种为思想而存在的可能性,因为除了一只小小的昆虫匆忙地横穿过 lente festinans(拉丁语:慢慢地急赶)[31] 之外,没有任何人走过这条路;没有任何人走过这里,除了那逃亡的旅行者,他[32]不断地东张西望,不是为了找什么人,而是为了避开所有人,那个逃亡者,甚至在自己的隐藏处都没有感到有旅人那种想从什么人那里获得信息的渴望,那个逃亡者,只有致死的子弹能够赶上,这子弹固然解说了为什么鹿在此刻变得静止不动,但却没有解说它为什么如此不安;没有任何人在这条路上行走,除了风,没有人知道这风,它从哪里来,它要到哪里去。[33] 即使一个人听任自己去被那诱惑人的召唤欺骗(而在那里面内闭性正是以这一召唤捕捉旅人),即使一个人追随了那狭窄的小径(而这小径则诱人进入森林所包围的深处),即使是像这样的一个人,他也没有一个身处无人行走的八条路交界处的人那么孤独。[34] 八条路并且没有旅行者! 这无疑就好像是世界已死绝,如果有人幸存下来的话,那么他就被推进一种"不会有人来埋葬自己"的尴尬处境;[35] 或者,就仿佛整个民族[36]的人全都沿着这八条路迁徙出去并且就只遗留下了一个人！如果诗人所说的是真的，bene vixit qui bene latuit（拉丁语：隐藏得很好的人，活得很好），[37] 那么我无疑就活得很好了，因为我很好地选定了我的这个角落。无疑也确是如此：当人站在一个角落看世界以及世界之中所有的一切[38]时，它们看上去就是最好看的，并且他必须悄悄地偷看；无疑也确是如此：当人不得不悄悄地去偷听的时候，我们在世界听到和应当听到的一切从一个角落里听起来就是最有味道并且最迷醉人的。于是我就更频繁地探访我那偏僻的角落。我以前就知道这地方，很久很久以前；现在我学会了无需黑夜就能够找到宁静，因为在这里总是宁静的，总是美好的；然而现在我觉得最美好的还是在秋日[39]挽住那奔向黄昏的午后时光[40]并且天空发出那种带有思念感伤的蓝色的时候；在受造之物熬过了一天的炎热之后深深地呼吸的时候，在凉意舒展开自身、绿野的枝叶随着森林摇曳出阵风而兴奋地颤动的时候；在太阳想着暮色要在暮气中沉入大海尽享凉意的时候，在大地准备要去休息并且想着要说感谢的时候，在它们作别前在那种使得森林更暗使得草地更绿的温柔的融合之中相互理解的时候。[41]

　　哦，善意的精灵，住在这些地方的你，谢谢你总是保护着我的宁静，谢谢你所花的那些带有回忆之劳作的时间，谢谢你那被我称作是"我的"的隐藏之地！在那里宁静成长，正如阴影成长，正如沉默成长：一道召唤着的魔咒！然而，又有什么能像宁静这么令人陶醉呢！因为，不管酗酒者把酒杯移向嘴唇的速度有多快，他的陶醉的增长之快都比不上宁静产生的陶醉，宁静产生的陶醉随着每一秒增长！陶醉人的杯子的内容与沉默之无限大海相比只是沧海一粟，而我正是饮自这沉默之海！[42]所有美酒的沙沙作响与沉默越来越强烈不断地发出沙沙声的自沸[43]相比，只是一种瞬间即逝的欺骗！然而，又有什么东西消失得迅速如同这一吞咽，——只要一说话！而如果一个人被突然从那之中隔离出来的话，又有什么能比这样的状态更令人厌恶，——比酗酒者的醒转更糟糕，如果一个人在沉默中遗忘了说话的能力，羞怯于字词的声音,结结巴巴如同那种舌下系带[44]没有松开的人,孱弱得如同受惊的妇人,在那瞬间里过于无能为力而没办法去用语言来进行欺骗!那么,谢谢你,善意的精灵,你使得意外和中断不会出现,因为打扰者的道歉起不到什么作用。

我曾多么频繁地考虑这问题!在蜂拥的人群中,如果你是无辜的,那么你不会变得有辜;但孤独的宁静是神圣的,因此,一切打扰这宁静的就都变得有辜,而沉默所具备的纯洁的环境,如果它被侵犯的话,不管以什么借口都无法得到容忍,借口是没用的,正如在少女的端庄被侵犯的时候,任何解释都是没用的。[45]如果这事情发生在我身上的话,这会有多么地痛,并且一个人站在那里,带着灵魂里不断困扰着的痛楚,为自己的错失感到羞愧:打扰孤独的人,这是怎样的错失啊!"悔"徒劳地想要去弄明白这到底是什么:这种"辜"是无法言说的,正如沉默是无法言说的。只有对于那以不正当的方式寻找孤独的人,"意外"才能够起帮助作用,就好像一对情人,如果他们甚至在这样的地方都不具备"构建出一个处境"的力量的话,他们才会需要这"意外"来帮忙。如果事情是这样的话,那么一个人就可以通过展示出自己来为厄若斯[46]和恋人们服务,尽管他的服务对于恋人来说仍然是神秘的,正如辜也是如此地保持着神秘:因而,出于对打扰者的愤怒,他们更加隐秘地在一起密谋,而他们之所以这样做,则还是因为这打扰者的缘故。但是,如果他们是两个以正当的方式寻找孤独的恋人,那么,让他们遭遇意外,这会是多么严重,这可以让一个人怎样地诅咒自己,正如任何靠近了西乃山的动物都受到了诅咒![47]谁不感觉到这个,谁会在他看见(尽管尚未被看见)的时候不希望自己能够像一只鸟在这恋人们的头上兴奋地晃荡,能够像一只鸟,它的鸣叫是情欲之爱的预兆声,能够像一只鸟,它在灌木间穿行,看上去是那么诱人,谁不希望自己能够像那引发情欲之爱的大自然之孤独,像那确认一个人身处偏僻的回声,像那保证着其余人都离开而只让这对恋人留下的遥远的喧哗!最后这个愿望无疑是最好的,因为,在一个人听见了其他人消失的时候,这时他就变得孤独。在

《唐璜》中,最孤独的处境是泽尔丽娜的处境;[48]她不是单独的,不,她变得单独;人们听见合唱的消失,而孤独在这一喧哗在远处的渐渐消失中变得可让人听到,孤独进入存在。你们这八条路,你们只是把所有人都从我这里引走,而恰恰把我自己的思绪带回来给我。

那么,作为告别我向你致意,你这美好的森林;向你致意,你这未曾得到人们赏识的下午时分,你没有任何矫揉造作,不像清晨时分,不像夜晚,不像深夜想要意味一些什么,而是毫无要求而谦卑地满足于作为你自己,满足于你乡村质朴的微笑!正如回忆的工作总是得到祝福,它也有着这一祝福[49]:它自身成为新的回忆,而这新的回忆又吸引着人;因为,如果一个人有一次曾经明白了什么是回忆,那么他就永永远远地被吸引住,并且被同样的东西吸引住;如果一个人拥有一段回忆,他就比任何时候都富有,即使他在什么时候占有全世界,也不比他拥有一段回忆更富有;不只是正分娩的人是处在受祝福的状态,而尤其最重要的是:正在回忆着的人是处在受祝福的状态。

注释：

1. **In vino veritas**]拉丁语：酒后真言。参看谚语"要去孩童和醉人那里听真言"。这是出自谚语收集者芝诺比乌斯(约公元100年)的一句希腊谚语,不过,在公元前600年左右,抒情诗人米提林的阿卡额斯就以"酒也是真相"的形式说出了这意思。在希腊文献中有着对这句谚语的频繁引用,比如说在柏拉图的《会饮篇》之中(217e)。在罗马文献中则有老普林尼和贺拉斯对之的引用。这以拉丁语形式给出的 In vino veritas 也许是来自鹿特丹的伊拉斯谟(德西德里乌斯·伊拉斯谟),他在他的谚语集 *Adagia* 之中收取并且评注了"In vino veritas"。在丹麦文学中,巴格森在他的游记《迷宫》(1792-1793年)中提及一家酒馆上有个牌子上写有"In vino veritas",这是克尔凯郭尔所熟悉的。

2. 奥海姆,Afham,丹麦语,意译可以是"渊源于他自己"。

3. **Solche Werke sind Spiegel ... heraus sehen**]德语：这样的作品是镜子;如果一只猿猴向里面看进去,任何使徒都无法从里面看出来。这格言出自德国自然科学家和哲学家利希腾贝格(Georg Christoph Lichtenberg,1742-1799年)。这一格言被用来评价莎士比亚和其他伟大作家的作品,出自其论著《关于相面术》(*Ueber Physiognomik*)(1778年)。

    德语文献：*G. C. Lichtenbergs vermischte Schriften*, udg. af L. C. Lichtenberg og F. Kries, bd. 1-9, Göttingen 1800-06, ktl. 1764-1772; bd. 3, 1801, s. 479.

4. 这个"前言"的丹麦语原文为 Forerindring,直译的话本应是"前忆"。

    Forerindring]这里译作"前言"。这个词在丹麦语中很少被人使用,是拉丁语 promemoria 在丹麦语中的直译,在此,它也暗示着前言中的话题,介于"记性"和"回忆"之间的关系。

5. **吃的从吃者出来**]参孙在死狮之内发现了他能够吃的有蜂蜜的蜂窝之后向非利士所提出的谜语的一个部分。见《士师记》第14章,其中(14:14)是："参孙对他们说：'吃的从吃者出来。甜的从强者出来。'他们三日不能猜出谜语的意思。"

6. "被拉起的"就是说,是被拉合在一起的,被拉得合拢在一起而起到遮盖作用的,而不是"被拉开的"。这里的"被拉起的"不是"被高高拉升起来的"的意思。

7. **维斯塔贞女**]维斯塔圣女是古罗马维护维斯塔女神圣殿之中燃烧的永恒火焰的女祭司。维斯塔是罗马灶神和家庭女神,她的女祭司立下守贞誓言。

8. 这里的"回忆"和"记得"在原文中都是动词不定式。

    "回忆"绝不同一于"记得"]在柏拉图和亚里士多德那里就已经有了对于这两个概念的区分。柏拉图在对话录《斐利布斯篇》(34a-b)中把记性(mnēmē)看成是印象被感官记录下之后被保存的地方或者能力;如果这些印象中有一部分无需感官的协助而在意识里被重新唤起,那么这部分就是回忆(anámnēsis)。

    在亚里士多德那里,比如说,在他的《自然科学短文》(Parva naturalia)中有一篇《论记性和回忆》(*De memoria et reminiscentia*)的论文,之中描述了,记性是保存感官印象的能力,而回忆则是意志行为,通过这种意志行为,各种印象以及它们的时间关系在意识之中被重新唤起。这样,记性是回忆的前提条件,反之不然。相应地,许多动物有记性,但只有人类有回忆(449b 1 - 453b 7)。参见 *Aristoteles graece*, udg. af Immanuel Bekker, bd. 1-2, Berlin 1831, ktl. 1074-1075; bd. 1, s. 449-453。

在克尔凯郭尔这里,这区分不同于希腊人的:记性是用来准确地在细节上重新唤起体验过的事件的意识能力,但是对这些事件所具的意义是不作区别的。回忆作为一种更高级的能力,相对于回忆者的内在个人关联来观照那些被体验的事件,并且在这个关联上无视所有非本质性的东西。

9. **老年忘不了青年所学习吸收的东西**]谚语"一个人在青年时所学习吸收的东西,是他在老年时所难以忘记的"的变种。

10. 直译的话,应当是"回忆是理想性"。

11. **uno tenore**]拉丁语:一下子,一气呵成。一般是在音乐中用来描述"一息之间"。

　　这个分句的意思是"他的尘俗存在将会是一下子达成",丹麦文原文是"at hans jordiske Tilværelse bliver uno tenore",直译是:"他的尘俗存在会变得一气呵成"。Hong 的译本有改写成分,"that his earthly existence remains uno tenore [uninterrupted]"(他的尘俗存在保持不间断)。德文译本是直译:"dass sein irdisches Dasein uno tenore wird"。法语译本也在结构上对句子作了改写(法语全句为:"Le souvenir a pour rôle de maintenir la continuité éternelle dans la vie d'un homme et de lui assurer une existence uno tenore, d'un seul souffle et s'affirmant dans son unité.")。

12. "真是够奇怪的,据我所知,雅可比是唯一一个表述过对'想象自己不朽'的恐怖感觉的人",直译的话是:"足够奇怪的是,据我所知,如果说我们在什么人那里能够找到关于'在"想象自己不朽"中的恐怖的东西'的表述的话,那么雅可比是唯一的一个。"

　　雅可比……想象自己不朽]雅可比(Friedrich Heinrich Jacobi, 1743 - 1819),德国哲学家,先是店主后来是官员。哈曼的密友,并且受到哈曼的极大影响。与斯宾诺莎和康德的理性主义相反,雅可比建立出一种以"信仰"和"感情"等概念为中心的人生哲学。比如说,他认为,现实(和上帝)恰恰是在信仰和感情之中直接地在人的面前在场的。在《关于斯宾诺莎学说的书信的附录》(*Beylagen zu den Briefen über die Lehre des Spinoza*)中他曾写道:"eben so wenig konnte ich die Aussicht einer *ewigdauernden Fortdauer* ertragen"(我也同样无法忍受一种永恒持续的延续的前景)。

　　参见 *Friedrich Heinrich Jacobi's Werke*, bd. 1-6, Leipzig 1812-25, ktl. 1722-1728; bd. 4, 2, 1819, s. 68。

13. **在拉丁语中"有老茧"意味了"彻底地懂得什么"**]拉丁语 callere 作为不及物动词意味"生老茧",但是作为及物动词则意味了"聪明,懂得什么"。

　　根据编辑的建议,译者对这句句子稍有改写,原文直译为:"一个强壮的男人，只是因为每次在他证明不朽性时在布道坛或者讲课桌上敲打而手上生老茧，他不会有任何这样的恐怖，然而他却确实懂得不朽性，因为，在拉丁语中'有老茧'意味了'彻底地懂得什么'。"

14. 加图式的枯燥方式]来自罗马政治家马尔库斯·加图（老加图，亦被称作"监察官加图"，公元前 234 – 前 149 年）的故事。在很长一段时间里，老加图一直坚持以同样的言辞来终结所有他在罗马议会中的演说："Præterea censeo Carthaginem esse delendam"（拉丁语：另外，我认为，迦太基应当被毁灭）。

15. "一个人天天都在全体会员大会上说着（……）因为他甚至在睡梦里也好像他在大会上时一样地谈论'时代的要求'。"这三句在原文中是一句长句，译者按编辑的建议对译文稍作改写，直译的话就是：

"一个人天天都在全体会员大会上说着，并且不断地总是说着时代所要求的东西，但却不是加图式地枯燥地通过重复来说，而是持恒地以一种令人感兴趣而刺激的方式来跟上这瞬间并且从不说同样的话；item（拉丁语：同样地）在社交聚会上他也是必到的客人，并且时而以分毫不差的、时而以盈余的尺度来测量自己滔滔不绝的言辞，不断有人向他鼓掌致意；至少一星期一次可以在报刊上读到一点什么关于他的东西；甚至在夜里他也会有益助于他人，就是说，他的妻子，因为他甚至在睡梦里也好像他在大会上时一样地谈论'时代的要求'。"

时代的要求]海贝尔常用的一个表述。在海贝尔的受黑格尔影响的关于"历史之必然前进"的观念中，他想使哥本哈根的公民意识和品位达到与各大欧洲进步城市的水准，这样一来，他就常常谈论"时代的要求"。

——海贝尔（Johan Ludvig Heiberg，1791 – 1860 年），丹麦作家、刊物出版者、编辑、评论家、剧评家和（从 1824 年起）黑格尔主义的哲学家。1828 – 1839 年，为皇家剧院的剧作家和翻译家，之后为剧院的审查者，直到 1849 年成为剧院院长。1822 – 1825 年在基尔的大学任丹麦语讲师。1829 年获得教授头衔，1830 – 1836 年在皇家军事高校中任逻辑、美学和丹麦文学讲师。海贝尔在当时是居领导地位的美学审品者。1831 年与女演员约翰娜·露易丝·佩特姬丝（Johanne Luise Pätges，1812 – 1890 年）结婚。他们在布雷德街的家，以及此后在克里斯蒂安港的家，成为当时的一个时代公民教育中心。

16. 在丹麦语原文中，这个"悔"是动词不定式。

17. "后……"就是说"后臀"或者"屁股"。丹麦文原文是"R-"，译者曾困惑于这个"缩写字母"，后来经丹麦的一些克尔凯郭尔研究者指点，了解到这个"R-"可以解读为对"Røv"（丹麦语"屁股"）的缩写，也就是说，因为"屁股"一词不雅，所以作者以"R-"取代。

18. 彩票揭彩……揭彩的男孩]1771 年，数字彩票在丹麦由私人 G. D. F. Koes 建立，但是因为高利息的缘故在 1773 年由国家接手，直到 1851 年通过法律被取消。在技术上说，数字彩票可由购彩票者在一系列数字，比如说 1 到 90 间，获得一个或者更多数字。揭彩时抽出不多的几个数字，比如说，五个数字。赢彩票的人最多能够赢到自己所购彩票钱的六万倍的数目。对于下层社会,数字彩票很流行。哥本哈根彩票的揭彩是由皇家教养院的男孩来抽数字,这些孩子也可以从彩票中获得可观的收入。最早揭彩是在新集市的哥本哈根市政厅前,但是后来搬到附近的 Vandkunsten。城市管乐团的人为揭彩提供音乐,这样每次抽数字的时候都会有喇叭和鼓声。

19. **托尔的锤子**]来自北欧传说。托尔的武器是一把名叫缪尔尼尔的锤子,所有被它击中的东西都被毁掉,它自己会回到其主人那里。

20. **像地米斯托克利那样想要能够忘却**]地米斯托克利是一个希腊政治家(死于约公元前 460 年)。按西塞罗的描述,有一个人拜访地米斯托克利,说他能够教会地米斯托克利"记住一切"的艺术。地米斯托克利回答说,如果这人能够教会他忘却他想要忘却的东西,那么他就会更高兴。

　　参见 *M. T. Ciceronis Opera Rhetorica*, udg. af C. G. Schütz, bd. 1-3, Leipzig 1804-08;bd. 2 (*Libros tres ad Q. Fratrem De oratore*), 1805, ktl. 1234, s. 219。

21. ……不愿意再看见一个"令他们想起某事件"的地点。

22. **consilia evangelica adversus casus conscientiæ**]拉丁语:针对良心之情形的福音教导。在罗马天主教会中,福音教导是一系列关于贫困、顺从和贞操的规定。但是福音教导似乎与此处的文字没有什么关联。

　　这里文字中所谈的是把记性当作针对回忆的工具来使用,就是说让自己深入于往昔的"感觉不好的处境"之中并且记住其所有细节,直到那与回忆关联在一起的坏感觉或者懊恼被驱逐掉。在判断的关联上可以是指向耶稣在《马太福音》(5:29 - 30)中的教导:"若是你的右眼叫你跌倒,就挖出来丢掉。……若是右手叫你跌倒,就砍下来丢掉。"

23. 按原文直译是"因而使得回忆的理想性被驱逐掉"。

24. 在原文中作者把"对回忆的榨取"看成是对葡萄汁的榨取,所以原文直译是"必须是由每一个人自己用脚去踩"。

25. **对那对于我是真正地 memorabile(拉丁语:值得想起或谈论的)的东西的ἀπομνημόνευμα(希腊语:关于值得想起的言行的叙述)**]这里的希腊语和拉丁语的关联暗示希腊作家色诺芬(约公元前 430 -前 355 年)关于苏格拉底的回忆录,其希腊语书名为 Ἀπομνημόνευματα (*Apomnēmoneúmata*),拉丁语为 *Memorabilia*。

26. ……但是不管怎么说,我还是不能够决定在尚未确保自己有一个严谨地写下的"对'那对于我是真正地值得想起或谈论的东西'的关于'值得想起的言行'的叙述"的情况下就将之放开。

　　简化地解读就是:

　　……但是不管怎么说,在尚未审慎地为自己写下那些真正值得写下的旧事的情况下,我仍无法决定将之放开。

27. 在原文中,这一"和平"为"它",为避免混淆,这里以"它"所指的"和平"取代

"它"。

　　这句话也蕴含了这意思:因为在下午没有"那奇妙的"在场,所以人就能直接感觉到(而不只是在灵魂里隐约地感觉)这和平。

28. 在戈里布森林里有一个地方,叫作八路角〕戈里布森林(Gribskov)在北部西兰岛,哥本哈根西北偏北 40 公里左右,有 56 平方公里,是西兰岛的最大的森林(丹麦第二大森林)。在十七世纪,森林里有垂直的星形的路径网,八路角是这些路径交会的地方,位于森林的南头。在北面也有相应的"角",被称作"星"或者"七星"。1913 年,在这里立起了一块克尔凯郭尔的纪念碑。

29. 根据仅仅只是三条路的相交命名的:平凡琐碎(Trivialitet)〕丹麦语的"平凡琐碎"(Trivialitet)出自拉丁语 trivium,亦即,三条路。

30. 不幸之围〕从八路角向西南到格德旺(Gadevang),通向一个现在已经被铲平的坡,以前叫作"不幸之坡",在八路角西南一公里处原先有着一幢房子叫作"不幸之屋"。有可能"不幸之围"是围住坡地或者房子附近一部分森林的围栏,但也有可能是为森林和公路分界的石墙。

31. lente festinans〕拉丁语:慢慢赶着路地。原出自一个翻译成拉丁语的叫作"festina lente"的希腊谚语:慢慢地赶快。罗马皇帝奥古斯都(公元前 63 - 公元 14 年)将之取作自己的表述。罗马历史学家斯维通(Sveton)在他所写的《十二凯撒生平》中的奥古斯都传记之中引用了这句:"你慢慢地努力奔向目标"。

32. 因为在前文中没有出现对"那逃亡的旅行者"描述,而指示代词"那"(hiin)有着回指前文曾提及的某对象的指向性,所以,这里把"那逃亡的旅行者"后面的译作"他"只是译者的假定(假定一个旅人)。如果这"逃亡的旅行者"是指前面的"小小的昆虫",那么,这个"他"就该是"它",但这样一来,这里意思显得有点别扭。译者对此尚无明确解读。

33. 没有人知道这风,它从哪里来,它要到哪里去〕见《约翰福音》(3:8):"风随着意思吹,你听见风的响声,却不晓得从哪里来,往哪里去。"

34. ……他也没有"一个身处'无人行走的八条路交界处'的人"那么孤独。

35. 这一句的直译是"这无疑就好像是世界已死绝,而那幸存的人被推入一种'不会有人来埋葬自己'的尴尬处境"。

36. 丹麦语"Folkefærd",种族、民族。Hong 将之译作 tribe(部落、部族)。

37. **bene vixit qui bene latuit**〕拉丁语:隐藏得很好的人,活得很好。这是对于罗马诗人奥维德的《哀怨集》第三卷 4 - 25 的随意引用。原文是"bene qui latuit bene vixit"。原本是希腊哲学家毕达哥拉斯的一句感叹。

38. 克尔凯郭尔有奥维德的著作:*P. Ovidii Nasonis opera quae exstant*, udg. af A. Richter, bd. 1 - 3, stereotyp udg., Leipzig 1828, ktl. 1265.

39. 世界以及世界之中所有的一切〕由西兰岛主教巴勒(Nicolaj Edinger Balle,1744 - 1816 年)与巴斯特霍尔姆(Christian B. Bastholm,1740 - 1819 年)合作编写的《福音基督教中的教学书,专用于丹麦学校》(*Lærebog i den Evangelisk-christelige Religion, indrettet til Brug i de danske Skoler*)(简称《巴勒的教学

书》)中的用词。在第一章"论上帝及其性质"第一节第二小节有:"在世界的名下通常包含了天和地以及之中所有的一切。"《巴勒的教学书》1791 年被官方认定,并且,直到 1856 年一直是学校的基督教教学和教堂的坚信礼(再受洗)预备的官方正式课本,并且传播和影响都是很大的。克尔凯郭尔有一本 1824 年的版本(ktl. 183)。

39. "秋日",如果直译是"收割之太阳"。
40. "奔向黄昏的午后时光",直译是"正晚",指三四点钟的下午时分。
41. "秋日挽住那奔向黄昏的午后时光"是译者对丹麦语"Høstsolen holder Midaften"翻译。这句丹麦语可以有各种不同的解读:"秋收时的太阳挽住正晚时分",或者"秋日安排着下午的茶点"。Hong 的英译是"秋日用着下午餐",德译是"八月的太阳朝着夜晚半倚半靠地站立着",法译是"秋日欢庆着晚祷时分"。

  这一段的丹麦文原文是:

  ...men skjønnest synes det mig nu, naar Høstsolen holder Midaften og Himlen blaaner smægtende; naar Skabningen aander efter Heden, naar Kølingen giver sig løs, og Engens Blad zittrer vellystigt medens Skoven vifter; naar Solen tænker paa Aftenen for at svale sig i Havet, naar Jorden skikker sig til Hvile og tænker paa Taksigelsen, naar de før Afskeden forstaae hinanden i den ømme Sammensmelten, der mørkner Skoven og gjør Engen grønnere.

  Hong 的英文译文为:

  ...but it seems most beautiful to me now when the autumn sun is having its midafternoon repast and the sky becomes a languorous blue when creation takes a deep breath after the heat, when the cooling starts and the meadow grass shivers voluptuously as the forest waves, when the sun is thinking of eventide and sinking into the ocean at eventide, when the earth is getting ready for rest and is thinking of giving thanks, when just before taking leave they have an understanding with one another in that tender melting together that darkens the forest and makes the meadow greener.

  德文版是:

  ... am schönsten aber dünkt es mich jetzt, wenn die Augustsonne halb gegen Abend steht und der Himmel schmachtend verblaut; wenn die Schöpfung aufatmet nach des Tages Hitze, wenn der kühlende Hauch ze wehen beginnt und die Wiesenbreite wollüstig zittert unter dem Fächeln des Waldes; wenn die Sonne auf den Abend sinnt, um im Meer sich zu kühlen, wenn die Erde sich zur Ruhe schickt und auf die Danksagung sinnt, wenn sie vor dem Scheiden sich verstehen in dem zarten Verschwimmen, welches den wald dunkeln lässt und die Wiese noch grüner macht.

  法文版是:

...et à présent il me semble qu'il fait plus beau que jamais lorsque le soleil d'automne célèbre l'heure des vêpres et que le ciel bleuit languissamment; alors que toute créature reprend haleine après la chaleur, que la fraîcheur se donne libre cours et que les feuilles de la prairie vibrent voluptueusement, tandis que la forêt s'évente; lorsque le soleil pense au soir où il peut se rafraîchir dans la mer, lorsque la terre se dispose au repos et pense à l'action de grâces; au moment où, avant les adieux, ils se comprennent l'un l'autre dans la tendre étreinte qui assombrit la forêt et rend la prairie plus verte.

42. **我正是饮自这沉默之海**]在北欧神话里,雷神托尔在穿越约顿海姆的旅途中受巨人乌德皋斯洛克之邀以巨人的饮之角喝水;托尔拼命喝都无法把角里的水喝干。事后乌德皋斯洛克透露出来,这饮之角是连着世界之海的,当然因为托尔喝着水,海面就明显地下沉了。

    参见 J. B. Møinichen *Nordiske Folks Overtroe*, *Guder*, *Fabler og Helte*, s. 436-438.

    这故事在欧伦施莱格尔的长诗《托尔去约顿海姆的旅行》中又被重新描述。

    ("Thors Reise til Jothunheim. Etepisk Digt i 5 Sange" i *Nordiske Digte*, Kbh. 1807, ktl. 1599, 4. sang, v. 23-41, s. 82-88, og 5. sang,24, s. 111.)

43. **自沸**]这个词关联到一种自动煮水器,也就是一个饮茶机,那种俄式的茶饮,凉水在之中煮沸。会发出嘶嘶的响声。

44. 舌下系带:连接舌下部和口腔底部的一小段组织。

45. "沉默所具备的纯洁的环境,如果它被侵犯的话,不管什么借口都无法得到容忍,借口是没用的,正如在少女的端庄被侵犯的时候,任何解释都是没用的",这一句,在原文里是比较短的,因为在做比较的部分省掉诸多会重复的用词:"...Taushedens kydske Omgængelse, naar den krænkes, taaler ingen Undskyldning eller hjælpes ved den, saa lidet som Blufærdigheden ved Forklaringer"(直译为:"沉默所具备的纯洁的环境,如果它被侵犯的话,不管以什么借口都无法得到容忍,借口是没用的,正如在少女的端庄之于各种解释,同样是行不通的")。

    Hong 的英译是:"...the chaste association of silence, if violated, tolerates no excuse nor is helped by it any more than modesty by explanations."

46. 厄若斯(Eros)是爱神,也是阿佛洛狄忒之子。但 Eros 这个词意思也是"性爱,情欲"。

47. **任何靠近了西乃山的动物都受到了诅咒**]指《出埃及记》(19:12-13)。上帝对摩西说,任何触及西乃山的人或者动物都会失去生命。

48. **在《唐璜》中最孤独的处境是泽尔丽娜的处境**]指向莫扎特的著名歌剧 *Il dissoluto punito ossia Il Don Giovanni*(《堂·乔瓦尼》,在丹麦译作《唐璜》(*Don Juan*)。克尔凯郭尔称之为《唐璜》)。在 1787 年被谱成曲,文字是

Lorenzo da Ponte(1749-1838)所写。丹麦文版是克鲁塞 1807 年翻译的 *Don Juan. Opera i tvende Akter bearbeidet til Mozarts Musik*。1811 年和 1822 年又出版了这一翻译的新版本,个别地方作了改动,1811 年版保留了同样的标题,但没有分场;1822 年版的标题是 *Don Juan. Opera*,又重新有了分场。

在第一幕第十七场,农民们的合唱在唐璜的宫殿里消失,大家都到里面去酣饮;女孩泽尔丽娜就被留在花园里。在第十八场的开始,正庆祝自己与农人马瑟多的婚礼的泽尔丽娜躲在树丛里避开贵族唐璜的追求。但是他看见她并且捉住她。

49. 这个"它"是指"回忆的工作"。

这句"正如回忆的工作总是得到祝福,它也有着这一祝福",就是说:"正如回忆的工作总是得到祝福,在这里,回忆的工作在其所得到的各种祝福之中,也有着这一祝福。"

七月底的一天，晚上十点钟，参与者们聚集到了晚宴上。日子和年份，我忘了；这样的细节只是记性而不是回忆所关心的东西。回忆的对象则只是心境以及那归属于心境之下的东西；正如高贵的美酒要越过赤道[1]才能得到，因为那些水分子必须被蒸发掉，同样，回忆也要通过记性之水分子的丢失而得到；然而，正如高贵的美酒不会变成一种幻想，回忆也不会因为这样的蒸发过程变成一种幻想。

参与者有五个：[2]约翰纳斯，别名诱惑者[3]、维克多·艾莱米塔[4]、康斯坦丁·康斯坦丁努斯[5]，以及另外两个，我倒不是忘记了这两个人的名字，忘记倒是一点关系也没有，而是我不曾得知他们的名字。就仿佛这两个人没有 proprium（拉丁语：本名）；因为他们一直只是以 Epitheton（拉丁语：别名）被提及。一个被称作：年轻人。[6]他至多二十多岁，细高个身材，脸色相当阴暗，面部表情是沉思状，但比这更令人喜欢的是他的脸神，可爱而专注地铸刻出一种灵魂的纯洁，这与他整个形象的几乎女性化的浓郁的柔软和透明达成完全的谐和。但是我们却马上会因下一个印象而忘记这外在的美，或者，只有在我们观察一个只得到了思想的教育的少年的时候，或者换一句更细腻的表达，在我们观察一个只得到了思想的抚育、以其灵魂自身的内容作为营养、不曾与世界发生任何关系，既不曾被唤醒也不曾有过激荡也不曾有过骚动也不曾受到过打扰的少年人的时候，我们才会在心中保留着这种外在的美。就像一个梦游者，他有着他的行为本身的自在法则，他可爱而友善的脸神与任何人都没有关系，而只反映出灵魂的基本心境。另一个被他们称为时尚店主，这是他在社会中的职业。要得到他的一个完整的印象是不可能的。他按最新的时尚来穿戴自己，头发卷曲，洒有香水，散发着科隆花露水的气味。他的表现刚好在一瞬间里不无矜持，但到了下一瞬间,他的步履马上就有某种翩翩的欢悦、某种由他坚实的体魄恰恰到位地为之设下了一种限定的飘荡。甚至在他说话最恶毒的时候,他的声音也一直有着店铺的舒适感、装饰品的甜美感,这无疑让他觉得非常厌恶,并且只能使他的对抗之心得到满足。在我现在想着他的时候,我无疑比在我看他跨出马车并且禁不住发笑时更明白地理解他。然而,矛盾仍然留在那里。他对自己施了巫术或者魔法;借助于他意志的魔术,他把自己变幻成了一个几乎是很蠢的形象,但却没有因此而使自己完全得到满足,这就是为什么反思有时候就会窥视过来。

现在,在我想着这个的时候,我觉得这几乎就是荒谬:这样的五个人安排出了一个酒宴。也许,如果没有康斯坦丁·康斯坦丁努斯的参与的话,那么这也就不会成为一件事了。他们有时候在一家糕饼店[7]的一个单间里相会,有一次他们就在那里谈起这件事,但是一到"这事该由谁负责"这个问题上,马上就又没有了着落。大家都表示了年轻人不适合,而时尚店主没有时间。维克多·艾莱米塔固然没有以"他已经娶了老婆或者买了两头牛要去试一下"[8]作借口来推托,但是他说,虽然他会破例来参加,但他还是谢绝大家"让他负责"的这种客气,"并且在此及时说出来"。[9]约翰纳斯觉得这话说得恰到好处,因为在他看来,能够安排一场酒宴的只有一个人,这人是那块能够在人们说"张开"的时候自己张开并且摆上一切的桌布。[10]急匆匆地享用一个女孩,这做法不见得总是对的,但是一场酒宴则是他所无法等待的,通常会在酒宴到来之前很久就觉得没劲了。然而,如果这事真的要严肃地办的话,那么他要求有一个条件:要安排成 auf einmal einzunehmen[11](德语:一次吃下)。这一点所有人都同意。整个环境要重新构建,一切都要销毁,是的,在人站起来离开桌面之前,大家都必须意识到要准备进行毁灭。没有什么东西会被留下,时尚店主说,甚至不会像"在一条裙子被改做成帽子后所剩下的"那么多;什么都不留下,约翰纳斯说,再也没有什么比感伤纪念更令人不舒服的东西了,最让人厌恶的事情就是:知道在什么地方有着一个"肆无忌惮地想要作为一种现实"的环境。

这时，随着谈话变得越来越热烈，维克多·艾莱米塔突然站起来，走到空地上站住，就像一个发命令的人那样地挥着手，就像一个举起高脚杯的人那样向外伸直手臂，仿佛是在摇动着一盏大杯子，他说：这杯子，它的醇香已经迷醉了我的感觉，它的凉火已经燃烧起我的血液，我拿这杯子向你们问候，亲爱的酒友，向你们表示欢迎；我拿着这杯子祝愿你们胃口大开，并且确信仅仅是讨论酒宴就已经让每一个人都得到相当的满足，因为，我们的主先满足胃而后满足眼，[12]而想象则正好相反。于是，他把手插进口袋，掏出雪茄盒，拿出一支雪茄就开始抽上了。在康斯坦丁·康斯坦丁努斯抗议他的这种"把已设计好的酒宴转化成一个幻觉的生命的残片[13]"的绝对权力时，维克多宣布，他根本不相信这酒宴是可以被实现的，无论如何，这酒宴在事先就成为谈论的对象，这是一个错误。一样东西要是好的，就必须是马上；因为"马上"是一切范畴之中最神圣的，并且应得殊荣，如罗马古语 ex templo（拉丁语：当场，马上），因为这是神圣的东西在生命中的出发点，所以那不是马上发生的东西就是出自"那恶的"。然而他却没有兴致对之进行讨论；如果别人想要有不同的说法、做法，他一句话都不会说，但是，如果他们想要让他进一步展开论述，那么大家就必须允许他作长篇演讲，因为，他并不认为引起一场讨论是什么至福。

他也确实得到了这允许，而在别人要求他马上讲演的时候，他就这样演说起来。一场酒宴就其自身而言是一件麻烦事，因为，尽管人们带着各种品味并凭着才能来进行安排，却还是需要某样东西，也就是，幸福。在这里，我并不是说那种让一个担忧的主妇马上会想到的东西，而是某种别的东西，某种没有人能够绝对地做出保证的东西：一种由心境和由酒宴的诸多细节境况所达成的幸福协作，那种精细飘渺的音弦振荡，那种我们无法在城市演奏家那里预订的内在音乐。所以，看吧，要开始的话，风险是很大的，因为，如果出错的话，也许甚至从一开始起就马上会有问题，于是，从心境的角度看，人在酒宴中就会变得沮丧，需要很长时间才恢复过来。只有习惯和思想匮乏才是大多数酒宴的父亲和教父,而之所以没有批判出现,原因是在于人们一直没有发现在这之中其实一点想法都没有。首先,在一场酒宴上绝不应当有女人在场。In parenthesi(拉丁语:在括弧中)说,我使用"女人"这个词,因为我从来就不喜欢"女士"这个词,而现在,既然格隆德维在他的格隆德维式的漫谈之中用到了这个词,[14]那么好吧,……不过这件事倒是与此无关。只有在希腊风格里,女人才会被用作女舞者们的合唱。[15]既然酒宴中本质的方面是在于吃喝,那么女人就不该在场;因为她无法满足人的需求,就算能够满足,那也是不美的。一旦有女人在场,吃喝就应当被贬降为无关紧要的事情。吃与喝至多只能作为一种小小的女性化的劳作,这样,一个人就有了可以用得上自己的手的事情。尤其是在乡下,这样的小小一餐(甚至最好是将之安排在决定性的正餐时间之外)会是极其令人欣悦的,并且,如果事情真是这样的话,那么这就应当归功于这异性的在场。像英国人那样,在真正的酒饮开始的时候让异性退场,[16]这做法就不伦不类,因为每一个方案都应当是一个整体方案,单就"我在桌前坐下拿起刀叉"这样的细节,也是与整体有着关系的。同样,一场政治酒宴也是一种很不美观的模棱两可。酒宴的元素被我们贬降为无关紧要的事情,还有就是,我们也不允许各种讲演 inter pocula[17](拉丁语:在酒盏之间)获得任何重要性。在这一点上无疑我们都同意,而我们的人数,如果我们的酒宴真的会成一回事的话,也选得很好,按照那美丽的规则:不多于缪斯,不少于美惠。[18]我现在要求安排出一切可想象的奢侈中最丰富的一种。哪怕一切并非都是现成的,其可能性也必定马上会到位,甚至这可能性诱人地在桌面之上飘浮,比实在的景象更具诱惑感。千万不要把酒宴弄得像几根火柴棒[19]或者像一块所有人一起舔着的糖块上的荷兰人。[20]相反,我的要求是难以满足的,因为这餐宴本身必定是被预期了要去唤醒和刺激出每个尊贵的成员身上所具的那种莫名的渴慕。我要求让大地的肥沃为我们服务,让它在欲求需要时就马上在同一刻萌发出一切。我要求比靡菲斯特只因为需要就在桌上钻一个洞而能得到的还要更丰盛的美酒盈溢。[21]我要求一种比山怪们把山抬到柱子上并且在火焰的海洋里跳舞时所具的还要更为辉煌的光照。[22] 我要求最刺激感官的东西,我要求芳香美味的清爽,比一千零一夜中的那种更美好。我要求以快感点燃欲望并使之降温成为"得到了满足的欲望"的凉意。我要求喷泉不停息地嬉戏。如果梅塞纳斯不听着泉水的拍击声就无法睡觉,[23] 那么我没有它就无法吃东西。不要误解我,我能够不用它而吃下干鱼,但是我没有它就无法在一场酒宴上吃东西,我能够不用它而喝水,但是我没有它就无法在一场酒宴上喝酒。我要求一大群仆人,都是特选的,有着俊美的形象,就仿佛我是坐在诸神的餐桌上,我要求酒宴音乐,强烈的和压抑的,我要求它在每一刻都是我的伴随者;而关系到你们,我的朋友们,我则是在提出不可思议的要求。看!基于所有这些要求,而所有这些要求同样也是这么多个反对的理由,我认为,一场酒宴是一种 pium desiderium(拉丁语:虔诚的愿望;没有可能的希望),并且在这方面我绝不是想要谈论一种我所设想的重复,[24] 在第一次这就已经是根本不可能的了。

唯一没有参与这交谈,也没有对取消酒宴的建议有所表述的,是康斯坦丁·康斯坦丁努斯。如果没有他,这就只是空谈而已。他得出了另一个结果,并且认为对于其他人的最成功的突袭就是让这个想法很好地得以实现。然后过了一段时间,大家都忘记了酒宴和关于酒宴的谈话,直到有一天,参与者们突然都收到了一张来自康斯坦丁的请柬,请大家去参加当晚的酒宴。康斯坦丁为聚会所取的名号叫作:in vino veritas(拉丁语:酒中真相),因为人们肯定要讲演,不仅仅只是交谈,但是如果不是 in vino(拉丁语:在酒中)的话就不会有讲演,并且,如果真相不是 in vino 的话它就不会被听见,因为酒是对真相的捍卫而真相是对酒的捍卫。

地点被选在森林地带,哥本哈根外八公里左右的地方。[25] 聚餐的沙龙装饰一新,并且以所有方式来使人无法认出它原先的样子;一间被过道从沙龙分隔开的小一点的房间是专门为一个小乐队准备的。在所有窗前都安置了百叶窗板和窗帘,而在它们背后的窗户则是打开着的。

康斯坦丁觉得序幕应当是大家在夜晚坐马车到来。尽管人们知道是坐马车去酒宴,因此在这一瞬间幻想着酒宴的奢华,但自然环境的印象却实在太强有力,使得它无法不大获全胜。康斯坦丁唯一害怕的就是事情并非如此,因为正如没有什么力量是能够像"幻想"这样地擅长于美化一切,同样也没有什么力量能够像如此的事实那么地能够打扰一切:在一个人要触及现实的时候一切就出了问题。但是,在夏季夜晚坐车行驶,这不会把幻想带往奢华,而是恰恰相反。尽管一个人不看不听,幻想还是会情不自禁地构建出晚间温馨舒适的渴慕;于是人们看见女孩子和小伙子们离开田间农活漫步回家、听见收割的农车迅速的沙沙声,人们甚至把远处原野里咆哮也解说成一种渴慕。以这样一种方式,夏晚引诱出田园牧歌,甚至以自身的静谧来使得渴望之心获得清爽,甚至感动那飞翔的幻想带着来自大地的乡愁徜徉于大地,作为人的渊源的大地,[26] 教会不知疲倦的心意为一小点东西而感到满足,使人心平气和,[27] 因为在晚间,时间静止不动而永恒徜徉。

这样,他们在晚间时分到达:受邀的客人;康斯坦丁多少早了一点到达。待在附近乡间的维克多·艾莱米塔骑着马来到,而其他人则是坐马车,并且就在他们的马车靠边的时候,一辆霍尔斯坦大马车[28]驶进大门:由四个工匠组成的兴高采烈的小团体,他们得到很好的款待,以便作为拆卸队随时准备着出现在关键的瞬间,就像消防人员们因为相反的原因在剧院里在场,以便在着火的时候马上能够灭火。

只要一个人还是孩子,他就有足够的幻想,甚至哪怕是在黑暗的房间里待一小时,都有足够的幻想能够保持使自己的灵魂处在顶峰状态、处在期待的顶峰;在一个人成年之后,幻想很容易会使得一个人在看见圣诞树[29]之前就已经对圣诞树感到厌倦。

双重门被打开;灿烂的灯光效果、流向客人的凉爽、香气刺激的陶醉、摆设上的品位在一瞬间里使得正走进来的客人们愕然不知所措,与此同时从乐队那里传来《唐璜》中舞会[30]的调子,这时,进入者们的形象变得明亮,并且,就好像出于对一个环拥他们的无形精灵的敬畏,他们在一瞬间里停下,就好像是一个被钦佩唤醒并且为钦佩而起身的人。

谁知道什么是幸福的瞬间,谁明白了这瞬间的快感,谁不感觉到那种"突然会有什么发生"的恐惧——仿佛突然会有什么最微不足道但却又强有力到能够打扰一切的事情发生! 谁把灯拿在手中[31]却又不感觉到快感的晕眩,因为你只需去许下愿望! 谁把那吸引人的东西抓在了手中而不曾学会让手腕有弹性地马上放开这东西!

这样,他们全都一起站在了那里。只有维克多站得稍远一点,陷于自己的思绪;一道颤栗传过他的灵魂,他几乎打了一下抖;然后他又重新打起精神以这些话来做出带有预示的问候:你们这些隐蔽的、欢庆的、诱惑人的音调,将我从一种宁静青春所具的庙宇般的孤独中拉出来,用一种丧失来欺骗我,仿佛这是一种回忆,令人惊恐不安,就仿佛爱尔薇拉不曾被诱惑,而只是欲求着被诱惑! 不朽的莫扎特,你是我亏欠一切的人;但却不,我还没有欠你一切。但是,在我变成一个古稀老人的时候,如果我有一天变成古稀老人的话,或者在我又长十岁的时候,如果我有一天又长了十岁的话,或者在我已经变老的时候,如果有一天我变老的话,或者在我要死的时候,因为这一点我知道,我会死的,那时,我就要说:不朽的莫扎特,你是我亏欠一切的人,这时,我要让这敬慕,它是我灵魂最初和唯一的敬慕,让它全力地迸发出来,让它杀了我,而这常常也确是它的愿望。于是我安顿好了我的居所,于是我考虑到了我的爱人,于是我坦白了我的爱,于是我确定我亏欠你一切,于是我不再属于你,不再属于世界,而只属于死亡的严肃想法!——现在,从乐队传来邀请之声,其中欲情以最大的声响欢呼着,天地轰鸣地转向爱尔薇拉[32]痛苦的致谢。[33]约翰纳斯稍稍把身子转向在场的人们,重复说:viva la liberta(意大利语:自由万岁)。——et veritas(拉丁语:真理〈万岁〉)[34],年轻人说。但首先是 in vino(拉丁语:在酒中),康斯坦丁打断他们说,同时他自己在桌边的位子上坐下并且要求其他人入席。

弄出一场酒宴是那么容易,然而康斯坦丁却还是强调说,他绝不想再冒这风险了!钦佩是那么容易,然而维克多却还是强调说,他再也不会为自己的钦佩给出说辞了,因为一场失败比在战争中成为残废更可怕!在一个人有着一根愿望的占卜杖(Ønskeqvist)[35]的时候,去欲求是多么容易,但有时却会比"因匮乏而死"更可怕!

大家围着酒桌入座。在同一瞬间,就仿佛是一下子突然一跳,这一小小的集体就处在了享受之无际汪洋的中央。每个人,他的所有想法、所有欲望都进入了酒宴之中,每个人都让自己的灵魂启航进入享受,这是丰富地提供的享受,而灵魂就在之中流溢。表明一个驾车者是熟练的驾者的标志就是,他知道怎样让这一组喷鼻的马一下子跑起来并且保持使它们相谐;表明一匹马是得到良驯的坐骑的标志就是,它在一跳之中绝对明确地站立起来:也许客人中的某一位并非如此,而那样的话,康斯坦丁则是一个好东道主。

然后他们进餐。一会儿,"交谈"就在客人们周围编织出自己的美丽花环,于是他们坐在花环的装点中;一会儿"交谈"爱上食物,一会儿爱上美酒,一会儿爱上它自身,有时仿佛它有着什么意义,有时又仿佛没有任何意义。有时候突发奇想冒出来,那种昙花一现的美妙想法、那种弱不禁风倏然消隐的念头;这时,一个进餐者突然呼叫:这些块菌美妙极了;然后主人喊道:这 Chateau Margaux![36]有时候宴乐在噪音中消失,有时候又重新奏响。一会儿,在一道新菜上桌或者一瓶新打开的葡萄酒在酒名呼叫声中被端向客人的时候,侍者站定如同在关键瞬间中 in pausa(拉丁语:处于停顿),[37]一会儿又马上重新忙碌起来。有时,沉默在一时刻间进入,然后音乐那令人兴奋的精神又重新弥漫向客人。现在,个别人带着大胆的想法让自己成为谈话者们的领导者,而他们则听随他,几乎忘记进食,音乐在后面跟着,就像是它跟着轰鸣的欢呼声发出的回音,接着就只听见杯盏和盘子的声响,进餐过程在沉默中发生,只有音乐陪衬着,这音乐先行而后又重新引发出"交谈"。——他们就以这样的方式进餐。

相对于声音的确实是空空如也却又如此有意味的骤然共鸣，比如说在一场酒宴上，一场舞台创作都无法再现出的酒宴上的骤然共鸣，语言是多么贫乏，并且，在对之进行再现时，语言只能给出几句话！而比起语言在描述现实时所能够做的，语言为人的愿望所提供的服务又是多么地丰富呵。

康斯坦丁总是处在无所不在的状态中，而人们在这种状态中却并不感觉到他的在场，只有那么唯一的一次，他出离了自己的这种状态。"为了怀念那个男人女人在酒宴中同坐的温馨愉快的时期"，他在一开始就马上让他们同唱一首在那些旧酒谣中找出的歌。这个建议产生出了一种纯粹模仿搞笑的效果，也许这种效果就是事先预计好的，并且，在时尚店主想要让人们唱"如果我在什么时候要上新娘的床，费拉里，费拉拉"[38]的时候，这种效果几乎占了完全上风。在吃完了几道菜之后，康斯坦丁建议，在酒宴结束时，每个人都做一场讲演，但大家必须保证，这些讲演不可以过于漫无边际。他提出两个条件。首先，在餐食结束之前不能有讲演，并且，任何人，在尚未喝得酣然而不胜酒力之前，或者进入"能够说出许多自己平时不愿说的东西"的状态（这样，讲演和思维所具的连贯性就不至于持恒地因打嗝而被中断[39]）之前，都不能讲演。因此，每个人在讲演之前都必须庄严宣告自己是处于这一状态。由于每个人的酒量各有不同，因而不可能确定出一个量的标准。约翰纳斯对此提出反对。他永远也不可能喝醉，并且如果他达到了某个特定点之后，他反而越喝越清醒。维克多·艾莱米塔则有着这样的一种看法："一个人要着意关心去入醉"的这种实验性的反思，阻碍着这个人入醉。如果一个人要入醉，那么他就必定是直接入醉。现在，大家谈论着各种话题，关于"酒与意识的不同关系"，以及关于"对反思得很多的个体们来说，'喝了很多酒'这一事实不可能表现为任何明显的

impetus（拉丁语：冲动；动力，刺激力，推动），相反倒是表现为明显冷冰冰的清醒理智"。关于讲演的内容，康斯坦丁建议，大家应当谈论关于情欲之爱（Elskov）或者关于男女间的关系，但不可以讲述各种爱情故事，不过，把各种故事作为解读的依据，则完全是可以的。

这些条件都被接受下来了。——一个东道主所提出的所有公正而合理的要求都得到了满足：他们进餐，喝酒并且喝酒，并且酣醉，[40]正如希伯来语所说的，就是：他们喝得坚强。

甜食被端了上来。如果维克多到现在还没有让自己的"听见喷泉的啪嗒声"的要求得以满足的话（对于他来说，幸运的是，他在刚才的交谈之后又已经把这要求忘到了脑后），那么，现在，香槟酒则在泛溢之中冒着气泡。钟声敲响十二点；于是康斯坦丁要求大家安静，举杯向年轻人致意并说出这些词：quod felix sit faustumque（拉丁语：好运气并且成功），[41]并且请他第一个做讲演。

年轻人站起来，宣告道，他感觉不胜酒力；大家也很明显地看得出这一点；因为，血脉在他的太阳穴里强烈地撞击着，他的外表不像饭前那么英俊了。他如此说道：

如果在诗人们的言词之中有着真理的话，亲爱的酒友兄弟们，那么，不幸的情欲之爱（Elskov）无疑就是最沉重的痛楚了。如果这还需要什么证明的话，那么，请看恋人们的说辞吧。他们说，它是死亡，确定的死亡，第一次，他们相信它十四天；第二次他们说它是死亡，第三次他们说它是死亡，最后有一次他们死去，——因不幸的情欲之爱而死；因为，"他们死于情欲之爱"，这一点是毫无疑问的，并且，"情欲之爱要努力三次才夺走他们的生命"，这正如牙医拔三次才把固定的臼齿拔出来。但是，以这样一种方式，不幸的情欲之爱是确定的死亡，而我则是多么幸运，从不曾爱过，并且但愿还能够只死一次，并且幸运地不是因不幸的情欲之爱而死！然而，也许这恰恰是最大的不幸；我有多么不幸！情欲之爱的意味想必是（因为我是像盲人在谈论颜色），想必是它的极乐至福,对此的表达则又是:情欲之爱的终止是爱者的死亡。我将此理解为一种想象实验,这想象实验把生命与死亡设置进其相互间的关系之中。但是,如果情欲之爱只应是一个想象实验的话,那么,那些真正投身于恋爱的恋人们就无疑是可笑的。而如果反过来它是现实的东西,那么,现实就必定会去肯定恋人们就之所说的那些。现在,尽管我们听人们说及它,但在现实中我们是不是听见或者感觉到它的发生呢?在这之中,我已经看见了情欲之爱把人纠缠进的诸多矛盾中的一个;因为,它对于恋人类属中的成员是否有所不同,这我不知道,但对于我来说,它看上去就是在把一个人卷进那些最古怪的矛盾之中。人与人之间的其它关系都不像情欲之爱这样要求这理想性,但人们却又从来不认为情欲之爱会具备这理想性。因为这个原因我就已经惧怕情欲之爱了,因为我惧怕它也会有这样的力量使得我去滔滔不绝地空谈一种我所感觉不到的极乐至福和一种我所感觉不到的痛楚。我在这里这样说,因为我被告知要谈论情欲之爱,尽管我对此并非内行,我在这样一个就像是希腊式酒宴讨论会那样地吸引着我的环境里这样说;因为,否则的话我并不愿意谈论这个话题,不愿意去在什么人的幸福中打扰这人,而只是满足于我自己的各种想法。也许这些想法在恋人类属成员们的眼中只是些痴愚和幻相,也许我的无知可以由此得到解释:我从不曾也从不想要向什么人学习一个人怎样去爱,我从不曾(因为这是青春气盛)用目光去挑逗过一个女人,相反总是垂下双眼,不想在我完全弄明白我所屈从的这力量有着什么意味之前就让自己投身于一种印象。

这时,他就被康斯坦丁打断。康斯坦丁直接向他指出,他通过"承认自己从不曾有过任何爱情故事"来把自己排除在"能够演讲"之外。年轻人声称,在任何其它时间里他都会很高兴地遵从一个"要求沉默"命令,因为他太频繁地感觉到"说话"中无聊的成分,但是在这里,他想要捍卫自己的权利。这"不曾有过任何爱情故事"恰恰就也是一个爱情故事,并且,如果一个人能够这样说,那么这个人就恰恰有权谈论爱欲

(Eros),因为他在自己的想象中可以说是与整个异性发生着关系,而不是与那些单个的异性个体发生关系。这赋予他演讲的许可,并且他继续:

既然现在我的"做讲演"的正当权利受到了怀疑,那么,这一怀疑就理应让我得免于你们的取笑,因为我当然知道,正如一个没有烟斗的人在农夫们那里不算真正的汉子,在男人群里则是一个没有经历过情欲之爱的人算不上汉子。如果有人要笑,那么就让他去笑吧,这想法在我这里是并且继续是首要的事情。或者,是不是情欲之爱也许就有着作为唯一的"人不能在事先而只能在事后对之进行考虑"的东西的特权?如果事情真是如此,那么,假如我,爱者,突然在事后想着"那是事后了的",这时又会有什么样的事情发生呢?看!因此我选择在事前对情欲之爱进行考虑。固然,爱者们也说他们事先对之进行考虑,但却并非如此。他们预先设定出了这样的前提:"去爱"在本质上是属于人的一部分,但是这很明显不是"对情欲之爱进行考虑",而是"预设情欲之爱",以便考虑让自己得到一个爱人。

因此,在任何地方,只要我的反思[42]想要把握情欲之爱,我就只保留了这矛盾。有时候我感觉就仿佛是有什么东西在避开着我,但这东西是什么,我就无法说了,相反我的反思则又马上向我展示出矛盾。看,因此这就是我对于厄若斯(Eros)的看法:它是人所能够想象的最大矛盾,并且是喜剧性的。这一个对应于那一个。"那喜剧的"总是处于矛盾的范畴中,对这说法我无法在此进行论述;[43]而我在这里能够展示的则是:情欲之爱是喜剧性的。在这里,我对于情欲之爱的理解是介于男人和女人间的关系,而不是想着希腊意义上的厄若斯(Eros),就是说,以一种方式,如同它在柏拉图那里所得到的如此美丽的赞誉;[44]但是在柏拉图那里也绝不是说"爱女人"、说"它只能够在过去的事物中被谈及",并且,与"爱一个年轻人"相比,它甚至是被看作是不完美的。我说,情欲之爱对于第三个人来说是喜剧性的,我不再说更多。是不是因为这个原因爱者们总是恨第三个人,我不知道;但是我知道这个:反思一直就是第三个人,并且因此我不可能去爱而同时却不在我的反思里也作为我自己的第三个人。这一点对一般人来说并不会显得奇怪,因为每个人都对一切做出了怀疑,[45] 而我只是在情欲之爱的方面尝试着对一切进行怀疑,相反我觉得很奇怪:人们怀疑了一切而又重新找到了确定性,但却从不曾有过一句话是提及了与我有关的各种麻烦,这些麻烦束缚住了我的想法,以至于我不时充满渴求地想要得助于一个人,请注意,一个首先考虑了这些麻烦并且不是在睡梦里得到了"去怀疑并已怀疑了一切"的想法(我再说一下)并在睡梦里得到了"去解说并已解说了一切"的想法的人,来使我得到解放。这样,请把你们的注意力集中到我这里,亲爱的酒友兄弟们,如果你们自己是爱者的话,也一样请不要打断我,请不要因为你们不想听这解说而来哄劝我;哪怕你们扭过头去,转过脸背对着[46]来听我所要说的东西,听这我在此刻一旦开始了之后就有兴致要说的东西。

首先,我觉得这就是喜剧性的:所有人都爱并且想要爱,而同时一个人却从来就无法搞明白那可爱的东西、那作为情欲之爱的真正对象的东西是什么。"去爱"这个词,我让它靠边,因为这个词什么也没说,而一旦话题开始出现了,那么首先的问题就是:人所爱的东西是什么。对此没有任何别的回答,答案只会是:人爱那可爱的东西。如果我们用柏拉图的话来回答,就是说,人应当爱"那善的",[47] 那么,我们只一步跨出就跑到了整个"那爱欲的"的范围之外了。但是,然后人们也许回答说:人应当爱"那美的"。如果我这时要问,这"去爱"是不是就是去爱一个美丽的乡村地区、一幅美丽的画,那么人们马上就能够看出,"那爱欲的"并非是作为类型去与"情欲之爱"的领域发生关系的,相反它是某种完全特殊的东西。于是,如果一个爱者,为了要真正表述出在他身上有着许多情欲之爱,去做出这样一个讲演:我爱美丽的乡间地区,以及我的拉拉葛,[48] 以及那个优美的舞者,以及一匹漂亮的马,简言之,我爱所有美的东西;那么,拉拉葛,尽管她本来是对他很满意的,就不会对他的赞美演说感到满意,虽然她是美的;而现在如果假设拉拉葛不美,那么他是不是还爱她呢?阿里斯托芬说诸神把人一分为二,[49]就像比目鱼们那样,而这被分开的部分相互寻找对方,这时他说到了一种"分裂";如果我在这时把"那爱欲的"导入这种"分裂"的关系中,那么,我就又会碰上某种我无法弄明白的东西,在这样的情况下我能够求助于阿里斯托芬,他在他的讲座中(恰恰因为对于思想来说没有理由停下来)继续思想下去,并且想着:这样的事情完全有可能发生在诸神身上,为了更大的娱乐而把人分成三个部分。[50]为了更大的娱乐;难道不是如我所说那样吗,情欲之爱使得一个人可笑,如果不是在别人眼里,那么,在诸神的眼里是如此?然而,我还是要假定,"那爱欲的"在"那男性的"和"那女性的"间的关系之中有着其力量和可能性,那又怎样呢?如果那爱者想要对他的拉拉葛说:我爱你,因为你是一个女人,我能够同样地爱每一个其他女人,哪怕是丑陋的索娥;[51]那样的话,美丽的拉拉葛就会受到侮辱。那么,什么是那值得爱的东西呢?这是我的问题,但灾难性的是:没有人曾经能够回答这个问题。单个的爱者持恒地从自身的角度出发相信自己知道这个,但是他却无法让任何别人明白他,并且,如果一个人倾听了诸多爱者的说法,那么他就会经历到,没有任何两个是有着同样说法的,尽管他们全都谈论同样的东西。不考虑各种完全痴愚的解说,这些解说终结于让人去做一些碰壁的傻事,就是说,到最后得出这样的说法,说"情欲之爱"的对象其实是爱人美丽的双脚或者被爱男子令人钦叹的八字胡,如果我们撇开这些解说的话,哪怕我们是在听一个爱者以一种很高雅的风格说,他首先提及各种特殊不同的单个细节,但到最后他说:是她的整个可爱的个性,并且,在说话说到高潮的时候,他说:是那我不知道怎样对自己描述的那种不可解说的东西。并且,这说法尤其是会让那美丽的拉拉葛感到愉快。它无法使我感到愉快,因为我一句话都不明白,而只觉得这说法包含了一种双重的矛盾,部分地是因为它终结于"那不可解说的",部分地是因为它在"那不可解说的"那里终结,因为,如果一个人想要终结于"那不可解说的",那么他其实最好是以"那不可解说的"作为开始并且根本就不用再说什么别的以免让人觉得可疑。如果他以"那不可解说的"作为开始并且不说任何别的话,那么,这并不是证明他的无能无奈,因为,在否定的意义上,这倒是一种解说,但如果他是以别的东西作为开始而终结于"那不可解说的",那则是证明他的无能无奈。

这样,"去爱"——与之相应的是"那可爱的",而"那可爱的"是"那不可解说的"。这做得到,但这无法让人理解,正如那情欲之爱用以攫取其猎物的不可解说的方式。如果周围的人们一次次非常突然地倒下并死去,或者,突然抽搐起来,但却没有人能够说出原因,这样的话,又有谁会不觉得惊惶呢?但是,情欲之爱正是以这样的方式干涉进生活,只是人们没有因此而变得惊惶,因为爱者们自己将之看作是最高的幸福,却又因之觉得好笑,因为"那悲剧的"和"那喜剧的"持恒地相互呼应着。今天你和一个人交谈,能够大致地明白他;明天他却在各种各样的舌头中说话[52]、在古怪的身姿手势中说话,——他坠入了爱河。如果"情欲之爱"的表达是:去爱"那最初的"、"那最好的",那么,一个人无法进一步为自己做解说,这是可以理解的,但既然"情欲之爱"的表达是"去爱唯一的一个、在整个世界里的唯一的一个",那么,这样一个异常巨大的区分行为似乎在其自身之中必定包容有一种"依据之辩证法",然而对此我们不得不谢绝;我们不去听这种"依据之辩证法",不是因为它什么都没有解说,而是因为它听上去实在会是太繁复。不,爱者根本就无法解说任何东西。他曾见过一百个女人、又一百个女人,也许他已经变老了,不曾感觉到过任何东西,突然,他看见了她,她,那唯一的——卡特琳娜。这不是喜剧性的吗?那要把光环和美丽赋予整个人生的东西,情欲之爱,并不像是一粒将要长成一棵大树的芥菜种,[53] 甚至更糟,就其根本而言它什么都不是,难道这不是喜剧性的吗?因为没有任何先行的标准可让我们来假设,就好像,比如说,到了一定的年龄这现象就出现了,没有任何先行的理由可让我们来说明为什么他选择了她,在整个世界里唯一的她,并且,这与"正如亚当选择夏娃因为没有别人"[54]绝不是同一回事。或者,难道那些爱者们所给出的解说不是同样地喜剧性的吗？或者更确切地说，这解说不是恰恰在强调"那喜剧的"吗？人们说，情欲之爱使人盲目，并且，他们就以此来解说这现象。如果一个人，他进入一间黑房间去拿什么东西，在我忠告他带上一盏灯时，他回答说：这一切都只是一种无关紧要的东西，所以我不带灯；哦，这样的话，我就会完全地理解他。相反，如果同一个人，把我拉到一边，并且以一种神秘的方式对我私下说，他要进去取的这样东西是非常重要的，所以他只能够在黑暗中取；——哦！我的虚弱的凡人头脑到底有没有能力去跟随着这一说法中的抑扬顿挫？尽管我为了不使他觉得受到冒犯而不想笑出来；一旦他转过身去，我就很难忍住要笑出来。但是没有人笑"情欲之爱"；我对此是有准备的，我会进入与那个在讲完故事之后说"有人笑吗？"的犹太人相同的窘境。但是我却不像那个犹太人那样不提其中的核心问题；至于说我自己笑了，那么，我的笑绝不是想要去冒犯什么人。正相反，我鄙视那些愚人，他们自欺欺人地以为自己的情欲之爱有着如此出色的理由以至于让他们能够去取笑别的爱者；因为，既然情欲之爱是让人完全无法解说的，那么，在这样的意义上，这一个爱者就与那另一个爱者同样地可笑。一个男人骄傲地在女孩子们的圈子里顾盼想要找到配得上自己的女孩，或者一个女孩骄傲地甩着脖子拒绝，这在我看来是同样地愚蠢而傲慢，因为这样的一些人都是在一种无法解说的预设前提之中为有限的想法忙碌着。不，我所专注的是就其本身而言的情欲之爱，那让我觉得可笑的，正是它，并且因此我怕它，我不想让自己对我自己而言变得可笑，或者，在诸神眼里变得可笑——是他们把人类铸就得如此。就是说，如果情欲之爱是可笑的，那么，不管我得到一个公主还是女仆，这都一样地可笑，而如果这不可笑，那么去爱一个女仆就也没有什么可笑，因为"那可爱的"是"那不可解说的"。看，因此我怕情欲之爱，但在这里我又看见了"情欲之爱是喜剧性的"的一个证明，因为我的畏惧成为了一种如此奇怪的悲剧性的类型，以至于它恰恰阐明了"那喜剧的"。在人们拆卸掉墙上的砖时，人们挂出一块牌子，并且，我绕道而行；如果一根路障杆要上油漆，人们安置出一个路障;如果一辆马车差一点快要撞上一个人了,这人就会叫喊"小心";如果一个地方有霍乱,那么外面就安排一个士兵,[55]等等;我的意思是,在有危险存在的时候,这危险可以被标示出来,并且,人们通过留意各种标签就能成功地避开它。现在,既然我怕因为情欲之爱而变得可笑,那么,我就当然将之视作一种危险,那么现在,我该做什么来避开它呢,或者说,我该做什么来避开"一个女人爱上我"的危险呢?让我成为一个让每个女孩子都爱上的阿多尼斯[56]的话(relata refero〔拉丁语:我讲述别人对我讲述的东西;第二手的知识〕,因为我不知道这说明什么),这对于我绝不是什么自豪的想法,诸神保佑我;但既然我不知道"那值得爱的"是什么,那么我就根本无法知道,我应当怎样去做才能够避免这危险。另外,既然相反的东西可以是"那值得爱的",既然到最后"那无法解说的"是"那值得爱的",那么我就处于这样一种处境,完全如同让·保罗所说的那个人:这人一只脚站着读着招贴上的文字——"这里放着一只捕狐夹",[57]并在同时不敢把腿收回来或者让脚落在地上。在我把情欲之爱的想法全部都讨论完之前,我不会去爱什么人;这是我所无法做到的,相反我得出了这样的结果:它是喜剧性的;于是,我不想爱,哦,但危险却并不因此而得以避免,因为,既然我不知道,"那值得爱的"是什么,不知道它怎么在我身上发生或者怎么相对于我而在一个女人身上发生,那么,我就无法确定地知道我是否避开了这危险。这是悲剧性的,在某种意义上甚至是深度悲剧性的,尽管没有人关心这一点,或者没有人关心对于思者而言的这一苦涩的矛盾:有着某样东西,它到处都施展着自己的权力,但它却是让人无法想象的,它甚至也许就在那徒劳地试图要想象它的人的背后突然出现。然而,这之中的"那悲剧的",它的深刻的根本却是在上面所指出的"那喜剧的"之中。也许任何一个别人都会对我把一切都反转过来,并且根本不觉得那我认为是喜剧性的东西是喜剧性的,相反却会认为那我在之中找到我的"悲剧的东西"的东西是喜剧性的;但这一点本身表明了,我在某种程度上是对的;并且,如果我成为牺牲品的话,"我会为什么而成为一个悲剧性的或者喜剧性的牺牲品?"这个问题就很明了:是为了,在我相对于"那意义重大的"说出"让它过去"的时候,想要去对我所做的一切进行思考并且不去自欺欺人地以为自己是在对生活进行思考。

  人是由灵魂和肉体构成,这一点是大多数最有智慧和最出色的人们所都同意的。现在,如果我们把情欲之爱的力量安置在"那女性的"和"那男性的"之间的关系中,那么"那喜剧的"就会再一次在这种以"'那最高的灵魂性的'在'那最感官性的'之中表达出自己"的方式发生的反转之中显现出来。我由此想到所有情欲之爱的极其古怪的姿势和神秘的标记,简言之,想到这全部的共济会式的神秘仪式,[58]它就是那最初的"不可解说的东西"的一种持续。这里,情欲之爱把一个人卷入矛盾,这矛盾是:"那象征性的"根本就不意味了什么,或者换一句话说出同一个意思:没有人能够说出这意味了什么。两颗爱着的灵魂相互向对方保证,他们相爱直到永远永远;于是他们相互拥抱,并以一吻来为这誓言盖上永恒的封印。我问每一个思想者,他是否曾想到过这个。并且这一切在情欲之爱中就是以这样一种方式不断转换的。"那最高的灵魂性的"在最极端的对立面之中得到自己的表达,并且"那感官性的"则想要去标示"那最高的灵魂性的"。Posito(拉丁语:假设)我坠入爱河。那么,我所爱的人要永永远远地属于我,这对于我是极其重要的。我明白这个,因为在根本上说,我在这里只谈论一种希腊式的情欲之爱,在之中一个人所爱的是美的灵魂。[59]于是,在我所爱的人向我保证了这一点之后,我就会相信这一点,或者,如果会有什么怀疑留下的话,就会想办法去与之搏斗。但是,事情怎样呢?因为,如果我坠入爱河,那么我的行为就会像所有其他人的一样,除了相信她之外,我还会寻找别的保证,然而很明显,"相信她"却是唯一的保证。在这里我又面对着"那无法解说的"。在卡卡杜好好地坐着突然开始像一只吞咽过度的鸭子那样挺胸凸肚并且打嗝般地说出"玛丽安娜"这个词的时候,[60]所有人都笑了,我也笑了。也许观众们觉得"那喜剧性的"是在于:这个根本不爱玛丽安娜的卡卡杜进入了这样一个与她的关系中;但假设现在卡卡杜爱玛丽安娜的话,难道这就不是喜剧性的吗?对于我这完全是同样地喜剧性的,并且"那喜剧性的"是在于:这情欲之爱变得可测量并且要被看成是"对于一种这样的表达是可测量的"。是否在世界的最初始就有着这样的习俗,这与事情本身无关,"那喜剧的"有着永恒的公认权利去存在于矛盾之中,而这里是一个矛盾。在一个木偶人身上其实没有什么喜剧性的东西;因为木偶人做出各种古怪的动作,这不是什么矛盾,既然有人在拉着绳。但是去作一个为某种不可解说的东西服务的木偶人,这是喜剧性的,矛盾是在于:一个人一忽儿在这条腿上被拉一下绳,一忽儿在另一条腿上被拉一下,我们看不出有任何理性的依据。如果我现在不能向我自己解释出我所做的事情是什么,那么我就不愿去做它,如果我无法明白那将我置于其控制之下的权力,那么我就不愿让自己被置于它的控制之下。如果情欲之爱是这样一种神秘的法则,把各种极端的对立面联系在一起,那么,又有谁来为我担保,在之中不会突然有混乱困惑冒出来。然而,这倒不是我特别关心的。比如说,我当然听说过,一些爱者觉得另一些爱者的所作所为是可笑的。我并不明白,这样一种笑在事实上意味了什么,因为如果那法则是自然法则,那么它对所有爱者们来说就当然是一样的,而如果它是自由的法则,那么,那些笑着的爱者们按理就无疑能够解说一切,但他们却又解说不了。就这一点而言,我更理解这样的事实,在一般的情况下完全就是这样:这一个爱者笑那另一个,因为这一个一直就觉得那另一个是可笑的而他自己不可笑。如果去吻一个丑女孩是可笑的,那么去吻一个美丽的也同样可笑,并且这种自欺欺人的想法,以为自己按一种特定方式的做法就理应有权去笑别人按另一种方式的做法,这只是傲慢和一种阴谋,这阴谋也还是没有把这样的特别显著的人物带出普通的可笑,这可笑在于:没有人能够说出它意味着什么但它却要去意味一切并且意味"相爱者永远地相互属于对方";并且更好笑的是,它让相爱者相信他们的确永远地相互属于对方。如果一个男人,好好地坐着,突然把头靠向一边,或者突然摇起头,或者突然向外踢脚,在我问他为什么这样做的时候,他会这样回答:我实在不知道,我只是碰巧就这样做了,下一次我会做什么别的,因为这是一种情不自禁的事情;哦!这样的话我肯定会理解他。但是,如果他说出爱者们就那各种姿态所说的那些话,说在他所做的这动作之中有着所有至福,那么,我又怎么会觉得这不是可笑的呢?正如我同样也觉得前面所谈及的那些有多么可笑,诚然是在某种多少有所不同的意义上,如果这人不做出"这些姿势其实并没有任何意味"的说明的话,这种可笑的感觉就不会被消除掉。就是说,以这样的方式,那作为"那喜剧的"之根本的矛盾就被取消掉了;因为,用"没有任何意味"来解说"那不意味任何东西的",这彻底不是可笑的;而相反如果用"意味着一切"来解说的话,则无疑是可笑的。至于"那情不自禁的",其实矛盾在之中也是存在的,正如这说法:在一个自由的理性生物的身上,我们不期望"那情不自禁的"。比如说,如果我们假设:教皇在他要为拿破仑加冕的时候[61]正好就开始咳嗽了,或者,新娘新郎在婚礼仪式的庄严瞬间正好就开始打喷嚏,那么,"那喜剧的"就显现出来了。特定场合越是强调"自由的理性生物","那情不自禁的"就越变得具有喜剧性。同样,各种爱欲姿态的情形也是如此:人们通过把绝对的意义赋予这些爱欲姿态来解释那矛盾,于是"那喜剧的"就再一次出现。我们都知道,小孩子们对于"那喜剧的"很容易有感觉,在对这方面做出证明的时候,我们常常拿小孩子的感觉来作为依据。通常小孩子总是会忍不住去笑爱者们,并且,如果我们安排让小孩子们来讲述他们所见的,那么肯定不会有人不笑出来。也许这是因为小孩子会忽略掉核心问题。这是多么地奇怪呵,在犹太人忽略掉核心问题时,没有人会笑,而这里则正相反:如果你忽略了核心问题,那么所有人都会笑;但是,既然没有人能够说出核心问题是在哪里,那么它就肯定是被忽略了。爱者们什么都没有解说,赞美情欲之爱的人们,什么都没有解说,但却进行了反复考虑,就像王法所要求的那样,说出所有让人舒服讨人喜欢的一切。但是如果一个人是进行着思考的,那么他就会为自己的各种范畴做出阐释,并且,如果一个人对情欲之爱进行思考,他就也马上会对那些范畴进行思考。但相对情欲之爱,人们却并不这么做,并且,人们还缺少一门牧师科学,[62]因为,尽管一个诗人在一种牧歌之中尝试着让情欲之爱进入存在,但一切却又是借助于另一个人而被偷运进来:那相爱者们在这另一个人那里学着怎样去爱。[63]——就这样,我在各种爱欲的反转之中看见"那喜剧的",在这些爱欲的反转中,一个层面里最高的东西无法在这层面里找到自身的表述,相反倒是在另一个层面里的纯粹相反的东西里找到这表述。情欲之爱的高远翱翔("想要永永远远地相互属于对方")总是进入一个像"食品储藏室中的萨夫特"[64]那样的结局;而更具喜剧性的是:事情的这一结局要成为最高的表达。

在任何地方,只要有矛盾,就也会有"那喜剧的"在场。我不断地追随这一踪迹。如果听我这么说下去让你们觉得不舒服,亲爱的酒友兄弟,那么就转过脸去听我说下去,[65]说到底,我自己也像是在眼前蒙着纱那样说话,因为,既然我只看见"那神秘莫测的",那么我就无法看,或者我其实什么都没看见。后果是什么呢?如果它无法以某种方式被置于与那"它是其后果"的东西的同一之下,而同时它却仍要被当作一个后果来看,那么这就会变得可笑。比如说,如果一个人要洗澡,他跳进浴缸,而在他晕晕乎乎地重新起来的时候,他抓向浴衣来让自己站稳,但却失手抓住了一根掀翻淋浴桶的绳子,这时桶里的水就完全被晃动得翻起来,并且带着所有可能的依据倾泼在他身上,[66]于是这后果是完全恰如其分的。"那可笑的"是在于,他抓错了,但是,如果我们拉绳子,淋浴桶里的水也会倾泼下来,在这个事实中却没有任何可笑的成分,相反,如果水不倾泼下来的话,这倒是可笑的事了,就好像这样:一个人聚精会神地准备好了并且完全有能力去承受这一惊悚,带着做出了决定后的兴奋抓住绳子,——而这一桶淋浴水却没有浇下来。让我们现在看一下,情欲之爱的情形如何。爱者们想要永永远远地相互属于对方。他们以那种古怪的方式通过在瞬间的真挚之中相互拥抱来表达这一点,并且在相拥之中应当有着所有情欲之爱的至福之欲望。但所有的欲望都是自私的。现在,爱者的欲望相对于那被爱者固然不是自私的,但是两者的欲望结合起来则是绝对地自私的,在这样的程度上,他们在结合与情欲之爱中构建出一个自我。然而他们却被骗了;因为在同一个瞬间种类战胜了各个个体,在个体被归简为"为种类服务"的同时,种类胜利了。我觉得这比那阿里斯托芬觉得是那么可笑的东西还要更可笑。因为,"那可笑的"在那对开的一半中是处在矛盾之中,这在阿里斯托芬那里没有得到足够的强调。如果我们看一个人,那么我们还是应当相信,他就其自身而言是一个完整的整体,我们也确实相信是这样,直到我们在情欲之爱的占有之下看见:他只是一个"一半",跑来跑去寻找自己的另一半。在半只苹果之中没有任何喜剧性的东西,而只有在一只完整的苹果是半只苹果的时候,"那喜剧的"才会显现出来;在前一种情形中没有矛盾,但在后一种之中则无疑有矛盾。如果我们认真地看这句俗话,"女人真是一个'一半的人'",那么,她在情欲之爱之中就绝不会是喜剧性的了。但是男人则相反,如果他享有了被当作是一个"完整的人"的社会地位的话,那么,在他突然东跑西跑并且因此而暴露出他只是一个"一半的人"的时候,他就变得是喜剧性的了。如果我们越是往这方面想,事情就越是可笑;因为,如果这男人真的是一种完整,那么他无疑就不是在情欲之爱中成为一个整体,而是:他和女人就变成了"一个半"。诸神发笑,尤其是笑这男人,这又有什么奇怪的?然而,我回到我的"后果"问题上。如果爱者们相互发现了对方,那么我们则就会以为他们是一个整体并且这之中蕴含了这样的真相:他们永永远远相互为对方而活。但是看吧:他们并不是开始相互为对方而活,他们是为族类而活,并且,他们根本就没有想到过这一点。

什么是后果?如果我们在它出现的时候无法在事物中看见它,[67]那么,一种这样的后果的情形就是可笑,而这后果发生在什么人的身上,这些人就是可笑的。现在,如果那些被分裂的"一半"们相互找到了对方,那么这无疑就是完美的满足和安宁,不过紧接着这满足安宁而来的是一种新的生活。"爱者们喜欢找到对方"对于他们成为一种新的生活,这是可以理解的,但是,对另一个人,一种新的生活从此开始,这就是无法让人理解的。然而,这一导致后果的后果要比产生出这后果的前因更重大;如我们上面所谈及的爱者们所具的结局,这种结局则必然地标志了:任何进一步的后果都是无法想象的。有没有任何别的欲望类似于此?相反,"对欲望的满足"本来就一直是意味了一种静止状态,并且,尽管有一种提示着"一切欲望都是喜剧性的"的 tristitia(拉丁语:悲哀)[68]出场,这样的一种 tristitia 仍会是一种简单的后果,虽然任何别的 tristitia 都不像情欲之爱的 tristitia 那样地见证一种如此高度的"先行的喜剧因素"。反过来,我们所谈论的情形,也就是说,关于这样一种巨大的后果,则是另一回事;关于这样一种后果,没有人知道它的来源是什么或者它会不会出现,然而,如果它出现,它就是作为一种后果而出现的。

谁搞得明白这个?然而对于那些局中人[69]来说,如果什么东西是情欲之爱的最高欲望,那么它就也是最意义重大的东西;它是如此意义重大,以至于爱者们甚至取下各种由那后果衍生出来的名字,够古怪的,它有着在事后生效的力量。现在,爱者被称作父亲,被爱者被称作母亲,并且,这些名字对于他们自己是最美的名字。然而还有这样的人,对于他,这些名字更美;因为,又有什么东西能够比孝敬(Pieteten)[70]更美?在我看来,这是一切之中最美的,并且幸亏我能够明白它的想法。人类学着儿子应当爱父亲的道理。我明白这个,我甚至根本感觉不到任何矛盾,我觉得自己被至福地绑在"孝敬"的美丽的爱之绳带之中。我相信,"欠另一个人生命"是至高无上的事情,我相信,这一债务无法进行清算,也无法借助于任何账单来偿清;因此我觉得西塞罗所说的是对的——"对于父亲,儿子总是不对的";[71]正是"孝敬"教会我相信这个,教会我根本就不想去挖掘出父亲那里隐藏的东西,相反宁可让它继续保持隐藏着。无疑我很愿意去做另一个人的最大债主,但是事情要反过来看。在我决定让另一个人成为我的最大债主之前,我无疑要自己在心里清楚,因为,在我的想象中,在"去做另一个人的债主"与"使得另一个人成为自己的债主因而永远都无法将自己解放出来"这两者之间是没有可比性的。那"孝敬"禁止儿子去考虑的东西,就是"爱"让父亲考虑的东西。现在矛盾就又出现了。如果儿子如同父亲是一种永恒的本质存在(et evigt Væsen),[72]那么,"作为父亲"又意味了什么呢?在我想象我自己是父亲的时候,我无疑必定会笑我自己,而与此同时,儿子则在想到自己与父亲的关系时极深地被打动。我很理解柏拉图的妙语:一种动物生殖出同类型的动物,一种植物生殖出同类型的植物,同样人生殖出人;[73]但是这并没有说明任何问题,想法没有得到满足,只唤醒了一种朦胧的感情;因为一种永恒的本质存在无法被生殖出来。一旦父亲按儿子的永恒本质存在来看儿子——这无疑是最本质的看法,那么,他肯定就会笑自己,因为他绝不可能坚持所有让儿子在孝敬之中感到欣悦的那些美丽而意义重大的东西。相反,如果他按儿子感官性的本性来看儿子的话,那么他就又得微笑,因为,"作为父亲"对此而言实在是一个过于意义重大的表达。如果我们最后可以这样设想:父亲对儿子有着影响,以至于父亲的本质存在成为一种前提条件,而儿子的本质存在无法将自身从这前提条件中解放出来,这时矛盾就从另一个方面出现了;因为这样一来,这想法是如此可怕,以至于在世上就没有什么能够像"作为父亲"那么可怕的了。在"杀死一个人"和"给予一个人生命"之间没有什么比较性,前者只是相关于时间决定这人的命运,而后者则是相关于永恒决定他的生命。于是,矛盾在这里又一次让人同时既为之而笑又为之而哭。"作为父亲"是一种幻觉(尽管这幻觉不是"玛格德萝娜在《埃拉斯姆斯·蒙塔努斯》中对耶罗尼姆斯所说的那种幻觉"[74]的意义上的幻觉),抑或是一切之中最可怕的?它是最伟大的善举,抑或是欲望的最高享受?它是世上发生的事情而已,抑或是至高的任务?

看,正因此我放弃所有情欲之爱,因为对于我,我的想法是一切。如果情欲之爱是最受祝福的欲望,那么,我放弃它,既不想冒犯什么人也不想妒羡什么人;如果情欲之爱是最高善举的条件,那么我拒绝"可能得到它"的机会,但是我的想法得到了拯救。我并非没有对"那美的"

的眼光;在我读着诗人的那些歌的时候,我的内心并非不为所动;在我梦进那种关于情欲之爱的美丽想象时,我的灵魂并不是没有忧郁。但是,我不愿不忠实于我的想法;这样的机会对我又有什么用,如果我无法使自己的想法得救,如果我尽管得到这情欲之爱却会渴望着这想法直至绝望(我不敢离开这想法而去和一个妻子守在一起,因为它对于我是我的永恒本质存在,因而比父母更有价值[75]并且也比一个妻子更有价值),那么,对于我,在情欲之爱之中还是不会有什么至福。[76]无疑,我能够认识到,如果有任何东西是神圣的话,那么这东西就是情欲之爱,如果有任何地方"不忠诚"是卑劣的话,那么这地方就是情欲之爱,如果有任何"欺骗"是可鄙的话,那么那就是情欲之爱中的欺骗;但我的灵魂是纯净的,我从不曾因欲求一个女人而看她[77],在我盲目地闯进或者昏厥着倒向那最关键的东西之前,我不曾漫无边际地飘忽。如果我知道什么是"那值得爱的",那么,我会很确定地知道,我是否犯下了"诱惑什么人"的过错,但既然我不知道什么是"那值得爱的",那么我只能够确定地知道,我不曾意识到自己曾想要去那么做。设想我放弃自己的立场,设想我开始笑,或者设想我在恐怖之下瘫倒,因为我没有可能找到那条窄路,爱者们在这条窄路上轻松地走着,就仿佛它是宽阔大道,[78]他们不受任何内心冲突(Anfægtelse)的打扰,似乎对所有这些内心冲突有过思考,既然我们的时代思考透了一切,他们因此而就很容易明白我下面的话的意思是什么:"直接地做出行为"是胡说八道,在一个人做出行为之前,他必须完全彻底地做出所有可能的反思;——设想我放弃自己的立场。这样,如果我笑的话,那么我岂不是不可救药地冒犯了那被爱者,或者,如果我瘫倒,那么我岂不是不断地使得她陷入绝望?因为,我无疑是认识到了这一点,一个女人无法具备如此彻底的反思,并且,如果一个女人觉得情欲之爱是喜剧性的(能够如此看情欲之爱的,只有诸神和男人,正因此女人是一种想要诱使他们变得可笑的诱惑),那么她会流露出各种预先的警觉,[79]绝不会对我有所理解,而如果一个女人弄明白了那恐怖,那么她就会失去她的可爱但却仍无法理解我,她会被毁灭,而只要我的想法拯救着我,我则绝不会被毁灭。

没有人笑吗!既然我开始想要谈论情欲之爱中"那喜剧的",那么你们也许就会期待笑的出现,因为你们全都笑口常开正如我自己是一个笑友,然而,刚才你们也许并没有笑。我的讲演达到了另一种效果,而这效果却恰恰证明:我谈论了"那喜剧的"。如果没有人笑我的讲演,那么现在就稍稍笑一下我吧,亲爱的酒友兄弟们,这不会让我感到诧异;因为,我偶然地听你们谈及关于情欲之爱,我不明白,——也许你们都是局中人[80]吧!

于是年轻人坐下,他几乎变得比餐前时更俊美了;现在,他坐下,望着自己的前方,根本就不关注其他人。诱惑者约翰纳斯马上想要对年轻人的讲演内容提出反对意见,但被康斯坦丁打断了;康斯坦丁警告不能有讨论,并且命令道:人们只能做讲演。这样一来,约翰纳斯提出保留自己最后做讲演的权利。这又导致了关于他们应有怎样的讲演顺序的争议,而康斯坦丁则又通过提出自己当下就做讲演来止住了这争议:他可以马上讲演,而作为交换,人们必须承认他有"依次要求别人做讲演"的权限。

康斯坦丁如此讲演。

静默有时,言语有时,[81]现在看来是到了简短讲演的时候,因为我们的年轻朋友讲了很多并且讲得很古怪。他的 vis comica(拉丁语:喜剧性的力量)将我们带进了一种 ancipiti proelio(拉丁语:在胜负不决的斗争中)进行斗争的处境,因为他的讲演就像他自己一样地不确定,正如他现在又坐在那里:一个迷惘失措的人,不知道自己是应当笑还是应当哭还是应当让自己坠入爱河。当然,如果我预先对他的讲演内容有所知,知道他的讲演是像他所要求的那样地谈论情欲之爱,那么我就会禁止他讲演,但现在说已经太迟了。那么这样吧,我向你们提出这要求,亲爱的酒友兄弟们,"在这里你们应当兴高采烈";[82]而如果我不能够提出这要求的话,那么我就对你们这样说:尽快地忘掉每一个讲演,一说完就忘记掉它,用一口酒把它咽下去。

现在则是关于女人,我将要谈论的对象。我也有过深思,我弄清楚了她的范畴,我也曾探寻,我也找到了,并且达成了绝无仅有的发现,[83]在这里我要向你们转达这发现。她只能够在"玩笑"(Spas)的范畴之下被解读。"是绝对的"、"绝对地做出行为"、"表达'那绝对的'",这些都是属于男人的事;女人则处于"相对"之中。在这两种不同的质地之间不可能有真正的交互作用发生。这一错误关系恰恰就是"玩笑";随着女人,"玩笑"进入世界。然而这却是自然而然的事情,男人必须知道怎样保持让自己处在"那绝对的"之下,因为,否则的话就不会有什么显示出来,就是说,某种非常一般的情形显现出来:男人女人相互适合对方,他作为半男人,[84]她作为半男人。

"玩笑"不是审美的范畴,而是一个萌芽中的伦理范畴。它对思想发生影响,正如听一个男人庄严地开始讲演、以这样一种风格背诵一句句子的一个或者两个部分然后说"嗯唔!"——然后沉默,这样的事情会对心情发生影响。[85]女人的情形就是这样的。你以伦理的范畴来瞄准她,你闭上眼,你在各种伦理的要求之中想"那绝对的",你想着"人",你睁开眼,你把目光焦注在那在你的实验想象中要去实现这要求的端庄少女[86]身上;你变得不好意思并对自己说:啊,这当然是一个玩笑。玩笑正是这:运用范畴、将她置于这范畴之下,因为严肃永远无法成为严肃,而这恰恰就是玩笑;因为,如果你敢要求她这个的话,这就不是玩笑。把她放在一个抽气机下并从她身上抽出空气,那会大煞风景并且根本不好玩;但是给她充气,让她胀大为一个超乎自然的尺寸,让她达到一种十六岁的小小少女能够自欺地以为自己是想要去达到的全部理想,则是表演的开始,并且是一场极令人赏心悦目的表演的开始。任何少年都不会有一半像一个年轻女孩所具的那么多自欺的理想性;但是话又说回来,裁缝曾说过,羊毛出在羊身上,这也没有什么不对,因为她所具的一切就是幻觉。[87]

如果我们不以这样的方式来看女人,那么她就会造成不可救药的灾害；而借助于我的解读，她就变得无害而有趣。对于一个男人来说，再没有比将自己搅和进扯淡的事情更可怕的事了。这样一来，所有真正的理想性都被消灭了；因为，人可以为"作一个恶棍"而悔，人可以为"不曾把自己说出的任何一句话当过真"而后悔，[88]但是，做出了扯淡的事情，确确实实扯淡的事情，而且还把一切都当真了，然后，看吧：结果，这全都是扯淡！甚至悔也对之感到厌恶。女人的情形则不一样。她身具一种本原的殊荣，能够在二十四小时之内被改造为最无辜和最可原谅的胡扯；因为她正直的灵魂绝不是想要去欺骗什么人；她对她所说的所有东西都是认真的，现在她则说完全相反的东西，然而又带着同样可爱的衷心坦诚，因为她现在想要为这相反的东西而死。如果一个男人完全严肃地投入到情欲之爱中，那么，他能够说他是有了很好的保险，当然，如果他能够在什么地方得到保险的话；因为对于像女人这样的易燃元素，总是会使得保险公司的人对事情进行反复斟酌。他所做的会是什么呢，他认同于她，如果她在除夕夜像爆竹一样炸响，那么他也随着她一起炸响，而如果不是那样，那么他就进入了一种与"危险"的相当密切的姻亲关系。他会丧失什么呢？他会丧失一切；因为，相对于"那绝对的"，只有一种绝对的对立面，而它就是"扯淡"。他不应当通过结交道德堕落的人来寻找逃避，因为他没有在道德上堕落，根本不，他只是被以归谬法化简并且在胡扯之中获得了至福，他成了一个笑料。在男人和男人之间这样的事情绝不会发生。如果一个人以这样的方式在胡说八道之中爆炸开，那么我就鄙视他；如果他用他的聪明来愚弄我，那么我就只消把伦理的范畴用在他身上，危险是非常微不足道的。如果事情发展得过分，那么，好吧，我就一枪打穿他的脑袋，但是，挑战一个女人，那是什么事啊，谁都知道，那是开玩笑，正如薛西斯让人鞭打大海。[89]如果奥赛罗杀死苔丝狄蒙娜[90]而就算她在事实上是有辜的话，那么他也并没有赢得什么，他是并且继续是笑料而已；因为，尽管他杀死她，他也只是在对一个从一开始就已经使得他可笑的结果做出一种承认；[91]相反，爱尔薇拉则能够是完全地带着庄严的情感以匕首武装起来为自己报仇的。[92]莎士比亚把《奥赛罗》解读为悲剧性的(就算不考虑"苔丝狄蒙娜是无辜的"这一不幸灾难也是如此),这只能够以一个事实来解释,并且也绝对只能以这一事实来使之合理化:奥赛罗是一个有色的男人。[93]因为,一个有色的男人,亲爱的酒友兄弟们,是不可能被看作精神之代表的,亲爱的酒友兄弟们,这样,在他愤怒的时候(这是一个心理学的事实),他脸上发绿,一个有色的男人当然会因为被一个女人欺骗而变得具有悲剧性,正如在女人被男人欺骗的时候,她就会在自己的这一边获得悲剧的全部激情。一个因怒而脸上发红的男人也许可能会变得有悲剧性,但是如果我们敢去向一个男人要求精神,那么这个男人,他要么不变得嫉妒,要么就会在他变得嫉妒的时候变得具有喜剧性,尤其是在他拿着一把匕首跑来的时候。可惜莎士比亚并没有写出一部这样的作品,在这作品之中,那种在一个女人的不贞之中所包涵的索债要求遭受到"反讽"所提出的抗议;[94]因为并非是每一个认识到其中的喜剧成分[95]的人都理所当然地也能够发展这喜剧成分并且将之戏剧化地表现出来。但是让我们想象一下,苏格拉底意外地(因为设想苏格拉底在本质上关注粘西比[96]的忠诚,甚至去监视她,这就已经不符合苏格拉底的精神了)in flagranti(拉丁语:当场)撞破粘西比的不贞,我想,那微妙的微笑,那使得雅典最丑陋的人变得最美丽的微笑,[97]将会第一次变成一阵大笑。另一方面,既然阿里斯托芬有时候想把苏格拉底描述成一个可笑的形象,[98]很难理解他为什么就不会想到让苏格拉底奔跑着入场,高喊着:她在哪里,她在哪里,我会杀了她(这个她就是不贞的粘西比)。因为不管苏格拉底有没有被戴上绿帽子,这都与这事件无关了,从这方面看,粘西比所要做的所有事情都是徒劳的努力,就好像是在口袋里打响指,[99]苏格拉底还是知识的英雄,哪怕他戴着绿帽子;但是他会变得嫉妒,他会想要杀了粘西比,那么这时,啊哈,粘西比就完全搞定了他,做成了这整个希腊城邦国家和死刑所做不到的事情,——使得他变得可笑。因此,一个戴绿帽子的男人在与妻子的关系之中是喜剧性的,但可以在他与其他男人的关系中被看作是悲剧性的。

在这里几乎有着西班牙人所解读的荣誉。[100]然而,"那悲剧的"在本质上却是这个:他无法得到任何名誉上的补偿;并且他苦难中的痛楚其实是:他的苦难是毫无意义的,这一点就够可怕的。射杀一个女人、挑战她、鄙视她,所有这些做法只会使得这个可怜的男人更可笑,因为女性是更弱的性别。[101]而这一观点则又到处出现并且混淆一切。如果她做出了伟大的事情,人们钦敬她更高于男人,因为人们不曾敢有对她提出如此要求的想法。如果她受了欺骗,那么所有激情都会站在她的这一边;如果一个男人受了欺骗,那么,只要他在场,人们会有一点同情,和一点耐心,以便等他走了以后可以笑出来。

你看,这就是为什么现在是把女人看作是笑话的最好时机。这娱乐性是无价的。人们把她看作是一种绝对的量,而使得自己成为一种相对的量。人们不与她在说法上相悖,绝不,因为这样做只是在帮她。恰恰因为她无法限定自己,所以在有人与她在说法上稍有相悖时,那么,说老实话,她恰恰就显示出自己的最佳状态。人们从不怀疑她所说的,绝不,人们相信她说的每一句话。带着一种在不可言说的崇敬和至福的迷醉中的蹒跚着的目光,人们在一种崇拜者的舞步之中围绕着她:人们跪倒,人们在渴慕之中憔悴,人们抬起目光仰望她,人们在渴慕之中憔悴,人们重新深吸一口气。人们按她所说的一切去做,就像一个顺从的奴隶。现在我们就到了最关键的点上了。一个女人能够说话,亦即,verba facere(拉丁语:做言辞),这无需证明。很不幸,她没有足够的反思来保证自己在长时间里,亦即,至多在八天内,不说出什么与自己相悖的言辞,如果男人不通过说出与她相悖的言辞来调节着帮助她的话。结果就是,在很短的时间里困惑就全面地出现了。如果人们没有去按她所说的做,那么这困惑就会不被注意到,因为她当即就又忘记了,正如她当即说出来。但是她的崇拜者做了一切,并且以所有的方式来为她服务,于是这困惑就变得可以感知了。女人越有天赋,事情就越好玩。越有天赋,她也就越有想象力。越有想象力,她的感情在那一瞬间也就越激烈,在下一个瞬间也就会显示出越多的困惑。在生活之中有乐趣的事情很罕见,因为这种"盲目服从一个女人的突发奇想"的情形是非常罕见的。即使我们能够在一个为伊人憔悴的牧羊人那里遇上这情形,他却又会缺乏"去看见这乐趣"的能力。在事实上,无论是诸神还是人类,都不具备这小小少女在幻想瞬间所具的理想性,但这样一来,去相信她并且在火上浇油地纵容她,事情就会更好玩。

正如在上面所说,娱乐性是无价的,是的我知道这个,有时候我在夜里睡不着,只是因为我考虑着:通过爱人的手和我顺从的服务热情,我将会体验到怎样的一些新出现的困惑呢?[102]因为没有一个玩彩票的人能够比那心灵激荡地投身于这一游戏的人更多地体验到更古怪的组合了。无疑,每一个女人都有这一可能性,去上升并让自己被崇高地转化为荒唐,带着一种可爱,带着一种无拘无束,一种适合于虚弱性别的自信。作为一个正直可敬的爱者,人们在被爱者那里发现每一种魅力。现在,在人们与这天才特征相遇的时候,人们并不让它作为一种可能性留在那里,而是将之发展成精湛的艺术造诣。更多我就不用说了,进一步是无法在一般的意义上说的,任何人都明白我的意思。正如一个人通过这样的方式来得到乐趣:在鼻子上放一根棍杖使之处于平衡状态,甩摆一只杯子而不让杯中所装的东西流出来,在鸡蛋间跳舞,以及其它类似的既有娱乐性又有用的常规实践,——如此并且不是以其它方式,爱者在与被爱者的共同生活中就有着无法估量的乐趣和最有趣的研究课题。在爱欲的意义上,人们不仅仅绝对相信,她对一个人是忠诚的(这种忠诚游戏很快就令人厌倦了),而且人们还绝对地相信各种剧烈的爆发,那些出自一种不可动摇的罗曼蒂克的剧烈爆发:在这种罗曼蒂克之中她也许会死去,如果人们不准备好一道安全阀的话;因为,叹息以及烟和罗曼蒂克之咏叹调[103]都要通过这安全阀奔涌出来,并使得崇拜者获得至福。人们崇拜地将她置于一个朱丽叶的顶点上,[104]差异之处只是,没有人想到过要去伤害罗密欧,甚至不会想到要去弄弯他的一根头发。在智力的方面,人们相信她有着所有各种各样的能力,并且,如果人们幸运地找对了人,那么人们一二三一下子就有了一个急着要下蛋却又找不到地方的[105]女作家,并且人们带着钦敬用自己的手遮盖起自己的双眼,一边惊奇地感叹着这个小黑母鸡另外还贡献了一些什么。[106]真是不可思议,苏格拉底可以进入这样一种角色而不去与粘西比口角,但他却并不选择这个角色,然而现在再看一下,当然,他想要像一个骑师[107]一样地演习,尽管骑师有着最驯服的马,却知道以这样一种方式来逗它,以至于他能够有足够的理由来驯服它。

我接着要以稍稍更为具体的方式来说下去,来阐明一个单个的相当有趣的事例。人们谈了很多女性的忠诚,但很少以一种正确的方式来谈论它。纯粹从审美的角度来看,它是属于诗人那里的一个幻影,一个走过舞台去找那被爱者的幻影,那坐在手纺车旁等着被爱者的幻影,[108]——因为,在她看见了他并且他已经到达的时候,审美就不知道进一步还能够做什么了。她的可以直接地与之前的那种忠诚联系在一起的不贞在本质上被看作是属于伦理的,这时,嫉妒就作为一种悲剧的激情而在场。事例有三个,并且,这关系对女人是有利的,因为两个事例展示忠贞,第三个事例展示不贞。只要她无法确定她所爱的人的感情,那么她忠贞的程度就会处在一个令人不解的高度;而如果他回绝她这忠贞,那么她忠贞的程度就还会处在一个同样令人不解的高度;第三个事例是不贞。一旦一个人有足够的精神和无偏向性[109]去进行思考,那么他就会很容易在这已说及了的东西中找到"玩笑"(Spas)这范畴的合理依据。我们的年轻朋友,他最初的开始以一种方式将我引上了歧途,他做出了要从这里开始的表情,但却被麻烦吓坏而半途而废。然而,如果一个人确实要认真地去把不幸的爱情和死亡置于它们的相互关系之中,如果一个人有这种严肃认真去坚持这一想法,那么这解释其实并不麻烦;人应当总是有着如此之多的严肃认真,——为了玩笑的缘故。这里所谈的一切自然是来自一个女人或者一个女性化的男人。人们马上就认出它来,因为它是那些绝对的感情爆发中的一次,这一类感情爆发是带着这瞬间中的最大从容被表述出来的,它们确定地知道在这瞬间之中会有雷动的掌声;尽管这是一个关于生和死的讲演,在这一瞬间里,它还是被算准了是要拿来给人享用的,就像那种名叫"西班牙风"的蛋白酥皮糕饼;尽管它关系到整个生命,它对垂死者却完全没有任何义务,相反它只是使得听者在同一瞬间有了马上要赶紧去帮助那垂死者的义务。如果一个男人要做一个这样的讲演,那么这就根本不好玩,因为他太可鄙以至于人们无法笑他。相反,女人则是天才,在其天才特征之中是可爱的,自始至终都是好玩的。于是,爱者死于情欲之爱,这是确定无疑的,因为,她不是自己已经这么说了吗?这里有着她的悲怆;因为这女人是男人,她至少有足够的男人气来说出几乎没有什么男人有足够的男人气去做的事情。男人是她所是的。在我这样说的时候,我是从伦理的角度出发来针对她的。请按照我的方式做吧,亲爱的酒友兄弟们,并且领会一下亚里士多德。[110]他准确地注意到,女人是无法真正被用在悲剧之中的。[111]当然也很明显,她的归属是在于情感丰富而严肃的娱乐剧,不是在五幕的剧中,而是在戏剧性的半小时逗笑剧中。因而,她就死了。但是,难道因此她就会无法再去爱了吗?为什么不;只要人们能够使得她重新活过来。如果她重新活过来的话,那她当然就是一个新人,而一个新人,一个"另一个人",开始,第一次爱,在这之中没有什么特别令人注目的地方。哦,死亡,你的力量强大;任何催吐剂,甚至最强烈的催泻剂都无法起到像你一样强烈的清洗作用。

只要人们小心留神并且不遗忘,那么困惑就是非常美丽的。一个死者是人在生命中所能够遇上的最好玩的形象之一。奇怪的是,这形象并没有更频繁地被用在舞台上。[112]在生活中,人们有时候能够看见一个这样的形象。一次曾经的假死在根本上有着一种喜剧性的怪异,一个真正的死者则给出一个人能够合情合理地对"为乐趣做贡献"所要求的全部东西。人们只是得小心留神;我自己真正对此留意是因为有一天和一个熟人一同走过那条街。我们遇上了一对走过的夫妇。根据我那位熟人的脸部表情来推断,我估计他认识他们,并且,我向他问及他们。"哦",他回答,"我认识他们,而且对他们很熟悉,尤其是那女士,因为她是我的故世者"。"什么故世者?"我问。"哦,我故世的初恋;是的,这是个古怪的故事;她说,'我死了',在同一瞬间她就故世了,就像很自然的死亡情形,本来人们还能够去支付寡妇抚养金保险。[113] 太晚了;她死了,一去不返,而'现在我踯躅徘徊',就像诗人所说的那样,'徒劳地寻找爱人的坟墓以求能为她洒下我的泪。'[114]"这就是那个深刻沮丧的男人的情形,他一个人孤独留在这个世界,虽然他得到了这样一种安慰:他发现故世的爱人已经远远离去,尽管没有怀上另一个人的孩子,但也已经与另一个人走在一起了。我想着,对于那些女孩子们,幸亏她们无需在每次死去的时候都被埋葬;如果作父母的迄今一直认为男孩子们是最贵的,那么,女孩子就很容易变得更贵。一次简单的不贞就根本不是什么好玩的事情,我是说,这不同于一个女孩爱上了另一个人并且对自己的丈夫说:我实在是情不自禁,请将我从我自己这里救出来吧;但是,因为无法忍受爱人远离她去西印度群岛旅行、无法让自己接受"他离开"的事实而死于悲哀,然后,在他回家的时候不仅仅是没有死去而且还永远地与另一个人结合在一起,对于一个爱者,这才真正是一种古怪的命运。[115] 于是,这沮丧的男人以一支旧歌谣中的副歌部分来安慰自己,这又有什么奇怪的呢:我说为你和我喝彩吧,这一天永远都不会被忘记![116]

请原谅,亲爱的酒友兄弟们,如果我讲得太长的话。现在,让我们为情欲之爱和为女人干一杯吧。她是美丽的,并且可爱,如果我们从审美的角度观察她,这一点是无法否定的。但是正如人们常常所说的,我也想说:人们不应当就此而停留着不动,而是继续向前。[117] 于是,从伦理的角度看她,从那里开始,你就得到这"玩笑"。甚至柏拉图和亚里士多德都认定了,女性是一种不完美的形式,[118] 由此可以说,一种非理性的量,它也许能够在某一世更好的生命中被导回到男性的形式;但今生在这一辈子里,人们只能够把她看成是她所是的形式。这是什么,人们马上会看到,因为她并不就"那审美的"而得以满足,她继续向前,她要得解放,[119] 她有足够的男人气来这么说。于是,这样的事情就发生了,于是"玩笑"就会超越所有界限。

在康斯坦丁说完了之后,他马上邀请维克多·艾莱米塔开始讲;后者所讲如下。

如我们所知,柏拉图为四样东西而感谢诸神,[120]而其中的第四样就是,他感谢他能够被生在苏格拉底的同时代。他所提的其它的三样已经被一个更早的希腊哲学家提出来[121]感谢诸神;我总结说,这是值得让人说感谢的东西。啊!但是,哪怕我要像那些希腊人一样地感谢的话,我也还是无法为命运拒绝给我的什么东西而说感谢。[122]于是,我想集中我灵魂的力量来为那已经给予我的一样东西而感谢:我成为了男人而不是女人。

"作一个女人"是某种如此奇怪、如此混杂、如此复合的事情,以至于没有什么谓词能够表述这件事,并且,如果人们想要使用许多谓词的话,那么,这些谓词就会以这样一种方式相互矛盾,以至于只有一个女人能够忍受,而更糟的是,她还会对此津津有味。她在现实之中不如男人重要,这不是她的不幸,如果她知道这一点,则更不是,因为这无疑是可以忍受的;不,不幸是:她的生活在罗曼蒂克的意识中变得毫无意义,这样,她在这一瞬间意味了一切而在下一个瞬间意味了彻底乌有,但却又无法在任何时候知道她自己到底有什么真正有意义的地方;然而这仍然不是不幸,在本质上,不幸是这一不幸:她无法知道这一点,因为她是女人。就我自己而言,如果我是女人,我宁可在东方作女人,在东方作女奴;因为"作为女奴",既不多也不少,与"作为呼嗨和乌有"相比,还多少总算是件事情。

尽管一个女人的生活不具备这样的一些对立面,她所享受的这份荣誉(并且,人们也是合情合理地认定了这份荣誉是她作为女人所应得的荣誉),一份她无法与男人共享的荣誉,则已经蕴含了它的毫无意义。[123]这一荣誉是"殷勤礼"的荣誉。对女人殷勤有礼,是适合于男人做的事。现在,很简单,殷勤礼的构成是在于:人们在各种奇幻的范畴[124]中解读这个"人们对之殷勤有礼"的人。因此,"对男人殷勤有礼"就是一种侮辱,因为他不要人对他使用各种奇幻的范畴。相反,殷勤礼是一种对于女性[125]的礼敬,一种在本质上应属女性的荣誉。唉!唉!唉!如果现在我们只是在说一个单个的绅士,他是殷勤有礼的,那么事情就不会这么麻烦了。但事实却不是如此。在根本上每一个男人都是殷勤有礼的,他情不自禁地如此。于是这就意味了,以此殊荣来厚待女性[126]的,是生存本身。另一方面,女人则是情不自禁地接受它。这又是不幸;因为,如果是一个单个的女性这么做,那么这事情就必须以另一种方式来解释。在这里,这又是生存本身的反讽。如果殷勤礼是有着真相的,那么它就必定是互惠的,并且这殷勤礼必定就是对于那美色和权力之间、诡计和力量之间的给定差额的兑换率。然而事情并非如此,殷勤礼在本质上是应属女性的,并且,这"情不自禁地接受它"可以用"大自然对更弱者的关怀"来解释,这是大自然对受到继母般不公正残酷待遇的人的关怀,对于这样的人,幻觉给予的比应得的补偿更多。但这一幻觉则恰恰是这个人命中的劫难。这样的事情并不少见:大自然通过这样一种方式来安慰一个畸形者,赋予他一种"他是最英俊的"的自欺。这样一来,大自然对一切做出了补偿,他拥有的甚至比一个理智的要求所能够想要的东西还要多。但是,在一种自欺之中拥有这个,不是在悲惨之中被奴役而是在一种自欺的幻觉中被愚弄,这则是一种更巨大的嘲讽。现在,在这种"像一个畸形者一样"的意义上,女人绝不是verwahrloßt(德语:被忽视了),但是在另一种意义上则当然,只要她一直走不出生存用来安慰她的这种幻觉,那么事情就是如此了。

如果人们总结一个女性的存在,[127]在它的整体内指出各个决定性的环节,那么,每一个女性的存在[128]都给人一种完全奇幻的印象。她在与男人完全不同的另一种意义上有着她生活中的转折点;因为她的转折点把一切都颠倒翻覆过来。在蒂克的那些浪漫主义剧作之中,人们有时候会看见这样一个人物,他,美索不达米亚的前国王,现在是哥本哈根的杂货商。[129]如此奇幻的恰恰正是每一个女性的存在。[130]如果这女孩叫作尤丽安娜,那么她的生活就是如下:"情欲之爱的广阔的郊区原野中的前女皇以及所有荒唐言行之夸张的名义上的女王目前在澡堂子巷的角上的彼得森女士。"

　　作为孩子,女孩子不像男孩子那样被人看重。稍稍年长一点,人们无法真正知道该拿她怎么办;最后,那使得她成为统治者的决定性时期到来了。带着崇拜,男人向她靠近,他是个求婚者。带着崇拜,因为每一个求婚者都是如此,这不是一个狡猾的欺骗者的发明。甚至连刽子手,在他放下 fasces[131](拉丁语:束棒)去求婚的时候,都弯下腿,尽管他一心想着要尽可能快地投身于执行家规惩罚,他觉得这家规惩罚是很自然的,以至于他绝不为"公共刑罚变得如此罕见"寻找借口。有教养的人的做法也是如此。他跪下,他崇拜,他在各种最奇幻的范畴里解读他所爱的人,然后他很快地忘记自己下跪的姿势;而在他下跪的时候,他就完全清楚地知道,这是奇幻性的。如果我是一个女人的话,我宁可像在东方那样让我父亲以人家出的最高价钱把我卖掉,因为无论如何一场交易说起来还算是有意义的。作为女人,是怎样的不幸啊,而这不幸在根本上是:如果你是女人,你就不可能明白这一点。如果她抱怨,她不抱怨前者,却抱怨后者。如果我是女人,我首先会回绝任何形式的求婚,在"是更弱的性别"这一现实中认命,如果我是这更弱的性别的话,但我会小心留意不走到真相的界限之外,——但是如果一个人想要感到骄傲的话,这[132]是最重要的。这是她不怎么关心的。尤丽安娜在九天之上而彼得森女士在自己的命运之中认命。

　　所以我感谢诸神,因为我成为了男人而不是女人。然而反过来看,我所放弃的是什么呀!从饮酒歌谣到悲剧,诗是对女人的神圣化崇拜。对她和对钦敬者来说,这是最糟糕的了,因为,如果他不留意小心的话,那么,就在仍站在那里的时候,他会突然大失所望。那美的、那出色的、那男人的壮举是因为女人,因为她启迪和鼓舞着他。女人是启迪鼓舞者;有多少柔情的笛手曾经演奏过这个主题?有多少牧羊女曾倾听?我的灵魂确实是没有妒忌而只有对神的感恩;因为我宁可作男人并且作为稍稍小一点的量并且在现实的意义上作男人,而不是作女人并且作为一个不可确定的量并且在自欺的幻觉中获得极乐至福；宁可去作一个意味了一些什么的具体，也不作一个意味了一切的抽象。这也确实完全对：理想性因为女人而进入生活，如果没有她，男人会是什么？许多男人因为一个女孩子而成为了天才，许多男人因为一个女孩子而成为了英雄，许多男人因为一个女孩子而成为了诗人，许多男人因为一个女孩子而成为了圣徒；——但是男人不因为他所得到的女孩而成为天才；因为，和她在一起他只会成为议员；[133]他不因为他所得到的女孩而成为英雄；因为，因她的缘故他只会成为将军；他不因为他所得到的女孩而成为诗人；因为，因她的缘故他只会成为父亲；他不因为他所得到的女孩而成为圣徒；因为，他根本没有得到任何人并且只想要他所没有得到的那唯一的一个，正如那些其他人中的每一个，他们因为他们所没有得到的女孩的帮助而成为天才、成为英雄、成为诗人。如果女人的理想性就其本身而言是起着启迪鼓舞作用的，那么，这启迪鼓舞者无疑就必定是那一生与他捆绑在一起的人。生存则以另一种方式来表述。它会说：在一种否定的关系中，女人使得男人在理想性中变得有创造力。[134]以这样的方式来理解的话，她是起着启迪鼓舞作用的，但是，要强调女人在理想性中是直接地有创造力的话，那么这就是一种只有作为女人才会去忽视的逻辑谬误。或者，又有谁曾听说过什么人因为自己的妻子而成为诗人？只要男人不拥有她，她就是在启迪鼓舞。作为诗歌和女人的自欺幻觉的基础的就是这一真相。他不拥有她，要么意味了他还在为她而奋斗。比如说，一个女孩启迪鼓舞了这男人并且使得他成为了骑士。但是又有谁曾听说过什么人因为自己的妻子而变得勇敢的？他不拥有她，要么意味了他根本无法得到她。比如说一个女孩启迪鼓舞了这男人并且唤醒了他的理想性，如果他本来就有着可施展的理想性的话。但是，一个也许是有着许多东西可施展的妻子，却不大可能会唤醒理想性。他不拥有她，要么意味了他追求着理想。也许他爱着好几个，但是这"爱着好几个"也是一种类型的不幸爱情，并且，他灵魂的理想性其实还是在这种追求和渴望中，而不是在那些由于诸多单个者的贡献而达成了 summa summarum(拉丁语:总体数字,最终结果)的魅力之碎片中。

  女人能够在男人身上唤醒的最高的理想性,其实是"唤醒不朽性之意识"。这一证明的关键在于那可以被人称作是"一句台词之必要性"的东西中。正如人们就一部戏所说的,如果某某人和某某人不得到一句台词的话,它就无法结束,以同样的方式,理想性说,生存无法以死亡结束;我要求一句台词。人们常常在《地址报》[135]上正定地[136]做出这一证明。我觉得这完全是很有道理的,因为,如果这证明要在《地址报》上被做出,那么这就必须是正定的论证。彼得森女士生活了如此如此许多年,直到在 24 和 25 日间的这个夜晚,上天突然看上了她,等等诸如此类。[137] 因此机缘,彼得森先生突然心血来潮,求婚期间的旧事在心中重现,如果以一种完全特定的方式来表述的话:只有"重见"才能够安慰他。为了这一至福的重见,他同时准备好了要娶另一个妻子,因为,尽管第二场婚姻根本不像第一场那么富有诗意,但不管怎样它还是一次很好的盗版重印。这是正定的证明。彼得森先生不满足于要求一句台词,不,还要这之后的再见。大家都知道,仿金属有时候会用上真金属的光泽,这是那短暂的银光闪烁。对于仿金属来说,这是悲剧性的,因为这时仿金属不得不接受"是仿非真"的事实。彼得森先生的情形则不同。理想性是每个人都应有的;而我取笑彼得森先生,不是因为他(如果他在现实的意义上就是仿金属的话)只有一道银光闪烁,而是因为这道银光闪烁暴露出这一事实:他成为了仿金属。于是,尖矛市民性看上去最可笑的时候恰恰就是这样的时候:在以理想性打扮了自己之后,它给出一个机缘来用霍尔堡的话说:那头母牛是不是也穿着阿德里安娜长裙。[138] 这里的事情是这样的:如果女人在男人身上唤醒理想性并且由此唤醒不朽性之意识,那么她总是以否定的方式来唤醒它们的。如果一个人真正地因为一个女人而成为天才、成为英雄、成为诗人、成为圣徒,那么他在同一时刻抓住"那不朽的"。如果"那理想化的"在女人身上是正定地在场的话,那么,那在男人那里唤醒不朽性之意识的就必定是妻子并且只能是妻子。生存所表述的东西则恰恰相反。如果她真的要在丈夫身上唤醒理想性,那么她就必须死去。然而她还是没有在彼得森先生身上唤醒理想性。如果她通过自己的死而唤醒了丈夫身上的理想性,那么她就是在做着"诗歌所说的一切关于她的伟大的东西",但是请注意,她正定地为他所做的事情,并没有唤醒理想性。然而她活得越久,她的意义就变得越可疑,因为她已经真正开始了想要具备正定的意义。这证明越是在正定的意义上展开,它所能证明的东西就越少,因为,这样一来渴慕就会是在追求某种已经体验过的东西,其内容则在本质上必须被看作是枯竭的,因为它已经被体验过了。如果渴慕之对象是婚姻意义上的琐屑小事,诸如,当年他们一起在鹿苑,[139]那么这证明就变得最具正定意义。这样一来,一个人也突然会获得一种"想要一双他曾经穿得很舒服的旧鞋"的渴慕,但这一渴慕绝不是灵魂之不朽性的证明。这证明越多地是在否定的意义上做出,那就越好,因为,"那否定的"要高于"那正定的",它是"那无限的"并且以这样一种方式是"那唯一正定的"。[140]

女人的全部意味是否定的,与此相比,她的正定方面就是什么都不是,也许甚至不如说是败坏性的。生存向她隐藏起的正是这个真相,并且以一种自欺的幻觉(这幻觉超越了所有能够在任何男人的脑子里冒出来的东西[141])来安慰她,并且像父亲一样地以这样一种方式安排了生活,[142]使得语言和一切都在这自欺的幻觉里给予她力量。甚至在她获得了一个与"作为启迪鼓舞者"相反的解读时,被解读成"那作为败坏之源的人"时,[143]不管是"通过她罪进入世界"[144]还是"她的不贞毁灭了一切",[145]这解读也总是带有殷勤的恭维。就是说,在一个人听见这样的说法时,他肯定就会认为,女人真的是有能力变得比男人无限多地更为有辜,这可是一种异乎寻常的认可。唉!唉!唉!事情的关联完全不是这样。有一种女人所不明白的秘密阅读法;因为,在下一个瞬间,整个生存就会认同那"使得男人对自己的妻子有责任"的国家[146]所给出的解读。人们在道义上审判她,而人们从不曾以同样的方式道义地审判过任何男人,因为他只得到现实意义上的判决,然后,这结果并不是"她获得一个更温和的判决",因为那样的话她的全部生活倒也就不是幻觉了,而是:人们驳回这案子并且让公共机构,也就是说,让生存来支付各种费用。在一个瞬间人们觉得她应当去拥有所有可能的狡诈,在下一个瞬间人们则取笑那被她欺骗的人,这无疑是一种矛盾,并且,甚至在波提乏的妻子[147]的头上都盘旋着一种可能性,这可能性能够给出"她被勾引了"的表象。这样,女人有着一种任何男人都不具备的可能性,一种巨大的可能性;但是她的现实性则是处在与之的关系中,并且,一切之中最可怕的是这幻觉之奴役,在这幻觉的奴役之中她感到幸福。

让柏拉图为他与苏格拉底同时代而感谢诸神吧,我羡慕他;让他为他成为一个希腊人而感谢吧,我羡慕他;但是在他为成为男人而非女人而感谢的时候,我则全心全意地一同参与进这感谢。如果我成为一个女人并且能够明白我现在所能明白的东西,那多么可怕;如果我成为一个女人并且因而甚至无法明白这东西,那就更可怕了!

但是,如果事情就是如此,那么我们所得出的结论就是这个:人们要避免进入任何一个与她的正定关系。不管在什么地方,只要有女人参与,那么人们马上就会获得那个不可避免 Hiatus(拉丁语:裂隙;洞;两个元音相遇之下的怪音),它使得她获得极乐至福(因为她感觉不到它),并且要了男人的命(如果他发现它的话)。

一个与一个女人的否定关系能够起到无限化的作用,这句话应当不断地被说出来,并且为了女性的荣誉而被说出来,并且,应当能够被完全无条件地说出来;因为在本质上这不依赖于相应的女人的特别个性,不依赖于她的美好,也不依赖于她的美好之持久性。它所依赖的关键是:在理想性得到自己的审视能力的时候,她在这恰当的瞬间显现出自己来。这是一个短暂的瞬间,然后她很成功地再次消失。因为与女人的正定关系在最大可能的程度上有限化男人。[148]因此,一个女人为一个男人所能做的至高之事就是在适当的时候出现在他眼前,然而这却是她所做不了的,这是命运的好意,但是现在,接下来是她为他所能做的最伟大的事情,这就是:去对他不贞,而且越早越好。第一个理想性想要帮助他去强化理想性,并且他是绝对地得到了帮助的。固然,这第二理想性的代价是最深刻的痛楚,但它也是最大的极乐至福;无疑,在事情发生之前,他绝不可能去想要让这事情发生,但是,正因此,他为这事情的发生而感谢她;从人之常情上说,既然他并没有很充分的理由去表示出如此多的感恩之情,那么就一切都很好。但是,如果她继续对他忠贞,唉,就让我们为他难过吧!

于是我为我成为男人而非女人而感谢诸神;于是我为这件事而感谢诸神:没有任何女人通过一种毕生的献身来使我陷于"不断要在事后有考虑"的义务。

婚姻又是一种什么样的古怪发明啊?更稀奇古怪的是:它应当是直接的一步。然而却没有哪一步能够像它这么具有决定意义;因为相对于一个人的生命,没有哪一步是像婚姻这样任性而刚愎自用的。因而,某种如此具有决定意义的事情是人们应当直接地去做的。然而,婚姻却不是什么简单的东西,而是极其复杂而多义的。正如龟肉有着各种可能的肉味,婚姻也是这样有着一种一切东西的味道,正如龟是一种很慢的动物,婚姻也以同样的方式是如此。坠入爱河确实是某种简单的事情,但一场婚姻不是! 它是某种异教的东西,抑或某种基督教的东西,抑或某种神性的抑或某种尘俗的抑或某种市民的抑或所有东西样样都有一点?它是对于那种不可解释的情欲、那种志同道合的灵魂的Wahlverwandschaft(德语:有择之亲和力)[149]的表述?或者它是义务?或者它是伙伴关系?或者一种生活中的方便或者在某些国家的习俗,或者它是所有东西样样都有一点?人们是在城市乐手那里还是在风琴手那里点音乐,或者在两边都点上一些?那做讲演并且将他们的名字铭刻进生活的(或者地区的)登记簿的,是牧师还是警察士官?[150]婚姻是在梳子上[151]被听见,抑或它听着那听上去有点像是"仙女们的声音出自夏夜的洞窟"[152]的窃窃私语?每一个当上了丈夫的人在他进入婚姻时都认为自己演奏了一支如此复合的曲子,一段如此复合的段落,如此无与伦比地复杂,并且,在他过着丈夫的生活时也都认为自己是在演奏着这曲子和段落。但是,我亲爱的酒友兄弟们!我们是不是应当在缺少其它新婚礼物和贺词的情况下为反复的漫不经心而给予婚姻中人每人各一个脚注并且给予这婚姻两个脚注。在自己的生活中表述出一个单个的想法,这会是相当费劲的,但是,去想某种如此复合的东西,并且还要在之中达成统一,表述某种如此复合的东西,以至于让每个单个的部分都获得其应有的位置并且所有部分都一下子到位都在场,是啊,这样做的人真的是令人敬佩的。然而每个当上了丈夫的人却都这样做了,并且,他这样做,这是无疑的,难道他没有说他是直接地就这样做的?如果这是直接地做出来的,那么这就必定是依据于一种更高的渗透了全部反思的直接性。但这样的说法并不存在。这说法也不值得让我们花工夫去问一个结了婚的男人。如果一个人曾经犯过一次愚蠢的错误,那么他就会不断地被这错误的后果骚扰。这愚蠢的错误是"进入了所有这一切",所遭的报复是:他在事后将看见他所做了的事情是什么。他一忽儿吠叫,并且变得心灵激荡,并且相信自己通过结婚而做出了什么非同寻常的事情;一忽儿夹紧尾巴;一忽儿他出于为自己辩护而赞美婚姻;——但是,一个把各种最为异质的人生观的 disjecta membra(拉丁语:四分五裂的残肢)[153] 保持在一起的思想统一体,则是我只能徒劳地等待着的东西。

去作一个纯粹的"当上了丈夫的人"则是垃圾,去作一个诱惑者也是垃圾,去想要为娱乐的缘故而拿女人来做实验也是垃圾。在根本上,上面所说的后两种方法包含了男人对女人的各种高度的承认[154],正如婚姻是对女人的高度承认。诱惑者想要通过欺骗来提高自己,但是,这"他欺骗","他想要欺骗","他愿意欺骗",也是他对于女人的依赖的表达,那实验者的情形也是如此。

如果要想象出一个与女人的正定的关系,那么这关系就必须是有着这样的反思性,以至于它因此而不能成为某种与她的关系。作一个出色的丈夫但仍在暗中诱惑每一个女孩,看上去像一个诱惑者而隐藏起自己身上的所有罗曼蒂克热忱,这也可以算得上是一件事情吧;第一次幂中的承认[155]则总是在第二次幂中[156]被消灭。然而男人却只在一种双重性[157]之中具备自己真正的理想性。每一个直接的存在都必须被消灭掉,并且这消灭持恒地必须通过一个虚假的表述来得到保证。这样的双重性是女人所无法明白的,它使人不可能去向她说出男人的本质。如果一个女人能够在一种这样的双重性之中具备自己的本质,那么任何与她的情欲关系都是无法想象的,既然她的本质明显就是这样,那么,这情欲关系就是受到了男人之本质的打扰,而这男人之本质就是不断地在对"那种'女人在之中具备其生命'的东西"的消灭之中具备自己的生命的。

这样,我也许是在宣讲修道院,倒是很适合于被称作艾莱米塔[158]吧?不,绝不。去掉修道院吧。它也只不过是对于精神的直接表达,而精神是无法被直接地表达出来的。到底有人使用金子还是银子还是纸币,其实都无所谓,但是,如果一个人一向就连一枚白币[159]都不愿拿出来(当然假钱除外),那么这个人就明白我的意思。如果对于一个人来说,每一个直接的表达都是虚假,那么,他,并且只有他,是得到了更好的保障,尽管他日日夜夜在公共马车[160]里旅行,还是比他去修道院里待着、比他成为隐士有着更安全的保障。

维克多还没有完全说完,时尚店主就已经跳起来,打翻了他面前的一个酒瓶,并且,他当即就这样开始了他的讲演。

讲演得太好了,亲爱的酒友兄弟们,讲演得太好了,我听你们讲得越多,我就越是确定,你们都是些同谋者,我把你们当作这样的同谋者来问候,我把你们当作这样的同谋者来理解,因为一个人在远处也理解同谋者。然而,你们知道什么呢?你们的这点理论是什么呢?你们为这点理论给出经验的外表,你们的这点经验,你们又把这点经验翻新成一种理论,最后你们还不时地在一瞬间里相信、在一瞬间里被蒙骗。

不，我认识女人——从她虚弱的一面，这就是说，我认识她。在我研究中的恐怖面前，我从不畏缩，我不避忌任何手段来使自己对自己所理解的东西感到确定；因为我是一个疯狂的人，并且，要理解她，你就必须疯狂，如果你以前不疯狂，那么在你理解了她之后，你就会变得疯狂。正如强盗在熙熙攘攘的公路旁有着自己的藏身点，蚁狮在松散的沙堆旁有着自己的漏斗，[161]私掠船[162]在波涛汹涌的大海里有着自己的隐蔽处，同样，在人群簇拥处，我也有着我的时尚店铺，[163]对于女人有着难以抵挡的诱惑，正如维纳斯山[164]对于男人的意义。这里，你在一家时尚店铺中与她认识了，很实际，并且从根本上说没有任何理论上的扬弃。[165]是啊，如果时尚除了意味着一个女人在欲望的搔撩之下弃自己的一切不顾，那么它就多少总还算是件事情。但事情却并非是如此，时尚不是公开的情欲，不是得到了容忍的放荡，而是"不得体性"偷偷摸摸地做着的生意，只是被授权当作了"正当得体性"。正如在异教的普鲁士，到了适婚年龄的女孩戴着一只铃铛，[166]它的铃声是给男人们的信号，这样，一个女人在时尚方面的存在就是一场永恒的钟琴曲，不是为放荡者们，而是为垂涎的风月客们奏响。人们以为幸运是一个女人，哦！确实，它是变化无常的；然而，它却是在某些东西中变化无常，因为它能够给出许多东西，在这种意义上说，它就不是一个女人。不，时尚是一个女人，因为时尚是无聊之中的无常，它只知道一个结果，它总是变得越来越荒唐疯狂。如果有人想要认识女人的话，那么在我店铺里的一小时会比在外面的好多年好多天更值；在我的时尚店，因为它是在皇城的唯一一家，没有关于竞争的想法；如果一个人像主教一样地完全投身于并且继续投身于这一偶像崇拜之中，那么又有谁敢与这样的一个人争锋呢？不，任何一次高档的社交集会都不会没有我的名字在那里作为第一个和最后一个，[167]并且，在任何一次市民的社交集会上，如果我的名字被提及，都毫无例外地会唤起神圣的敬畏，如同国王的名字，并且，任何服装都不会有如此疯狂的式样，[168]只要这服装是出自我的店铺，在它穿行沙龙时绝不会不引发出人们的窃窃私语；任何一个出自名门的女士都不会胆敢走过我的店铺而不进门,任何一个市民家庭的女孩在走过我的店铺的时候都难免叹息地想着:如果我能够买得起这些,那有多好。但是她也并没有受骗。我不骗任何人;我以最便宜的价格向顾客们提供最精致的和最昂贵的货物,我甚至是以低于成本的价钱销售,这样,我并不是想要盈利,不,我每年都要投一大笔钱进去。不过,我还是想要盈利的,我想要,我给出我最后一分钱来行贿,来收买时尚的机构,以便我的游戏能够赢。对于我,把最贵的布料拿出来,裁开,剪出各种真正的布鲁塞尔的花边来缝制一套小丑服,这是不可比拟的一种快感,我以最便宜的价钱来甩卖真正的料子和时尚的服装。你们可能认为,她只是在个别的瞬间想要时尚。绝不是这样的,她是一直想要时尚,并且这是她唯一的想法。因为女人是有精神的,但是这精神被用错了地方,就像那个迷失的儿子身上的钱财,[169]并且女人有着令人费解之高度的反思,因为没有什么东西会是神圣得让她不立刻觉得它是适合于装饰的,装饰的最优雅的表达就是时尚;她觉得这是适合的,这又有什么奇怪,时尚不就是那神圣的东西吗?没有什么东西会是如此微不足道而令她不知道怎样去把它用在装饰上,装饰的最没有想法的表达就是时尚;没有一丁点,在她的全部服饰中没有一丁点是不经过考虑的,哪怕是最细微的带子,对每一个细节与时尚的关系她都有着一种见解,她能够在瞬间之中发现对面走过来的女士是否留意到这细节;因为,如果没有其他女士的话,她又为谁打扮呢?甚至在我的店铺里——她来我店里本来就是为了让自己被时尚地装备起来的,甚至在这里她也是时尚的。正如有特别的浴服和骑马服,同样也有着一种特别类型的服装,穿着它进商店是时髦的。这服装不像晨衣那样松散随便,一个女士很喜欢穿着随便的晨衣在上午早早地被意外打动。这里的关键是她在"被意外打动"之中的女人性和风情媚态。相反,这时尚服则是考虑到要有松散随便的特点,稍稍轻便而又不引起尴尬,因为一个时尚店主与她的这种关系不同于一个殷勤绅士与她的关系。这之中的风情在于:去以这样一种方式将自己展示在一个男人面前(这个男人,基于自己的职业,他不敢向这女士要求在女性意义上的承认,并且他不得不满足于那不确定的并且很大一部分要被用于付账打点的收入),而同时她又无须对此有所考虑,或者说,她根本不会想到"要在一个时尚店主面前作为女士"。因此,这之中的关键就是:在这受人尊敬的女士的高贵的优越之中,"女人性"以一种方式被遗漏掉了,"风情"被弄成了无效的,——如果有人想要暗示一种这样的关系,这尊贵的女士就会一笑置之。在一次意外的来访出现时,她将自己隐藏在晨衣里并且在这隐藏处里泄露出自己,在店铺里她带着极端的漠然态度裸露出自己,因为那只不过是一个时尚店主,——而她是一个女人。现在,披肩落下了一点并且给出一小点裸露,如果我不知道这意味了什么和她想要什么,那么我的名声就丢失了;一忽儿她先天地努嘴唇,一忽儿她后天地打手势,[170]一忽儿她摇摆臀部,一忽儿她照镜子,并且在镜子里看见我那崇敬的脸,一忽儿她咬着舌说话,一忽儿她走着碎步子,一忽儿她飞舞起来,一忽儿她轻浮地让脚打滑,一忽儿,在我以谦卑的姿势向她介绍一种法式的长颈细口香水瓶并且带着我的崇拜之情冷却她的热气的同时,她软软地瘫坐进沙发椅,一忽儿她调皮地用手敲打我,一忽儿她的手绢掉了,而在我深深弯腰捡起它、将它递出并且获得她屈尊俯就的点头示意的同时,她一动不动,甚至让自己的手臂继续保持着松散下垂的姿势。一个时尚的女士在店铺里的时候,她的行为举止就是这样的。我不知道,在一个女人以一种不怎么正经的姿势躺着祈祷的时候,第欧根尼是不是通过他的关于"她是否相信诸神能够从后面看见她"的问题来打动她;[171]但我所知道的是:如果我要对尊贵的跪地夫人说,您的裙子褶皱不符合时尚,那么,她对此害怕的程度就会更高于她害怕冒犯诸神。唉,可怜的被遗弃者,不明白这个道理的灰姑娘。[172] Pro dii immortales(拉丁语:以不朽的诸神之名),在一个女人不符合时尚的时候,她究竟又是什么呢? per deos obsecro(拉丁语:我对神发誓),[173]在她符合时尚的时候,她是什么呢!

这到底是不是真的? 好的,试试看吧:让这样一个情人,在被爱者极乐地沉陷进他的胸膛,一边以无法理解的低语说"你永远的"一边在把头埋进他的怀抱的同时,让他对她说:可爱的卡婷卡,你的发式根本不合时尚。也许男人们不去想这个,但是如果一个男人知道这个并且享有这方面[174]的盛名,那么,他就是王国里最危险的男人。这情人在结婚前与被爱者一同度过怎样的一些极乐时分,我不知道,但她在我的店铺里所度过的那些极乐时分则在他的鼻子下面被错失掉了。如果没有我的国王许可证[175]和我的同意,一场婚礼只会是一次无效的行动,或者也就是一个极其庸众化的平民事件。就让这个瞬间早早地在他们将要走到圣坛前的时候出现吧,让她作为全世界最问心无愧的人出场吧,一切都是在我的店里买的并且在我面前以各种方式进行过试穿,如果我想要冲过去并且说:但是我的上帝,我尊贵的小姐,这桃金娘花环[176]完全放置错了,——那么,也许这婚礼仪式就会被推迟。但是所有这些都是男人们所不知道的,一个人必须作为时尚店主才能够知道这个。要去控制管理一个女人的反思,这要求一种巨大的反思,如此巨大,以至于只有一个献身于此的男人才能够做得到,并且只有在他原本就有天赋的情况下,他才能够做到这个。因此,一个不让自己卷入与任何女人的关系的男人是幸福的,哪怕她不属于任何别的男人,她也还是不属于他,因为她属于那个幻影,那个由"女性的反思与女性的反思的非自然交合"构建出来的幻影:时尚。看,正因此一个女人总是要对着时尚起誓,这样,在她的誓言之中就有了精髓;因为不管怎么说,时尚是她总是想着的唯一的一样东西,是她在所有事物之中都能够联带着想到的唯一的东西。对于所有高贵的女士,我有着这喜悦的福音,它从我的店铺里被发送到那尊贵的世界:时尚命令人们在去教堂的时候使用一种特别类型的帽子,并且,这帽子在晨祷和晚祷时又都必须有所不同。这样,在钟声敲响的时候,四轮马车就停在我的门前。尊贵的女士从车厢里出来(因为这个细节也已被正式宣布了:如果没有我时尚店主,任何人都无法把帽子真正戴好);我奔向她躬身致意,把她带进我的陈列室;在她柔顺地变得懒洋洋的时候,我把一切都安排就绪。她都准备好了,她照过了镜子;就像诸神的使者那样迅速,我急急地在前面走,打开了陈列室的门并且弯腰,赶紧跑到店铺门前,把我的手臂放在胸前就像一个东方的奴隶,受到一个谦和的屈膝礼的鼓励,我甚至斗胆向她抛出一个崇拜和钦敬的飞吻,——她坐在车厢里,看!她忘记了赞美诗册,我赶出去并且把它从窗口递进去给她,允许我自己再次提醒她,保持头稍稍向右,并且,如果她在走出车厢时会把帽子弄歪的话,她自己可以稍稍对之进行调整。她驶离并且去接受教堂的陶冶了。

你们可能认为,只有上层的女士为时尚欢呼,不,绝不是这样。看,我的少女裁缝,在她的服饰打扮上,我绝不节省,这样,时尚的各种教条可以从我的店铺里带着强调被宣示出来。它们构成一个半疯狂的合唱,我自己作为主教给出了一个光辉灿烂的榜样,并且挥霍掉一切,只为了借助于时尚来使得每一个女人变得可笑。因为,如果一个诱惑者自夸说,对于真正的收买者,每一个女人的贞洁都是可以被买下来的,那我是不相信他的,但是我相信,每一个女人在短时间里都会被时尚的疯狂而带有传染性的自我反思迷住,这自我反思以另一种方式来败坏她,完全不同于她被诱惑的情形。我尝试了不止一次。如果我无法自己去做,那么我就激起两个与她同属一个阶层的时尚之奴女[177]对她的怒气;因为正如人们训练老鼠去咬老鼠,[178] 狂热后的女人这一咬,完全就像狼蛛[179]一样。最重要的是,在有一个男人登场支持着她的时候,这是危险的。我到底是为魔鬼服务还是为上帝服务,这我不知道,但我是对的,我想要让自己是对的,只要我还拥有一分钱,我就想要这样做,只要血还没有从我的手指上激射出来,我就想要这样做。为了展示出妇女使用束腰紧身褡所造成的可怕后果,[180] 心理学家描绘出一个受影响的女人体形,同时他在一旁也画出一个正常女人体的形象。这是对的,但只有一个形象具有现实之有效性:她们全都穿着束腰紧身褡。这样,描述一下那时尚上瘾者的悲惨而僵化的狂热症吧,描述一下这一消耗着她的潜伏的反思吧,描述一下女性的端庄[181]吧(在一切事物中它所知最少的就是关于它自身),好好地描述一下,并且你也论断了女人并且在事实上对她进行了很可怕的论断。如果我在什么时候发现一个这样的女孩，她知足而谦卑，没有被她与各种女人的不正经交往败坏，她也一样会倒下。我把她带进我的各种圈套，现在她正站在牺牲台上，就是说，在我的店铺里。我以那种最高贵的漠然姿态所能用来武装自己的最讥嘲蔑视的目光来打量她，她死于惊骇，出自隔壁房间（我那些训练有素的帮手就在那里）的一声大笑把她消灭了。然后，在我以时尚的方式把她装点打扮好了的时候，在她看起来比一个住在精神病院里的人[182]更疯狂（疯狂得就好像是一个已经根本无法被精神病院接受的人了）的时候，这时，她带着极乐的至福离开了我，没有任何人能够，甚至上帝都无法，使她受到惊吓，因为，正如我们所知：她符合了时尚。

现在你们明白我了吧，你们明白了为什么我将你们称作同谋者，尽管大家所在的地方相距遥远？现在你们明白了我对女人的解读了吧。生活中的一切都是一个时尚事务，对神的敬畏是一种时尚事务，并且，爱情和鱼骨裙[183]和鼻环[184]也是。这样，我将竭尽全力来协助那高贵的想要去嘲笑所有动物中之最可笑者的天才。[185]如果女人把一切都归简为时尚事务，那么我就想借助于时尚来把她当娼妓卖掉，这是她应得的；我无休无止，我，时尚店主，在我想着我的任务时，我的灵魂就狂怒起来，她还要在鼻子上戴一个鼻环。因此，不要去找什么爱人，把情欲之爱作为最危险的居住区那样放弃掉吧，因为你们所爱的人也将会在鼻子上戴一个鼻环。

随即，约翰纳斯诱惑者这样说：

尊敬的酒友兄弟们，撒旦在骚扰你们吗？你们讲演得简直就像殡仪馆里的人，你们的眼睛因为泪水而不是因为葡萄酒而发红。你们几乎也令我感动得流泪，因为一个不幸的爱人在生命中承担着一种非常悲惨的命运。Hinc illæ lacrymæ（拉丁语：由此这些泪水）。[186]现在我是一个幸福的爱人，并且只想要继续不断地是如此。也许这是维克多所如此害怕的一种对女人的承认[187]吧？为什么不？它是一种让步。我拧开这香槟酒瓶上的铁丝套,这也是一种让步,我让它的泛泡的液体斟入酒杯,这也是一种让步,我把酒杯移向嘴唇,这也是一种让步,——现在我喝干了它——concedo(拉丁语:我承认)。现在则相反,酒杯空了,这样我没有做出任何让步。[188]女孩子的情形也是如此。如果一个不幸的爱人以太贵的价钱买下一个吻,这只向我证明了他既不懂出手,也不懂放弃。[189]我从来不会以太贵的价钱买下它;我把这事留给女孩子们去处理。这意味了什么?对于我,这意味了那最美丽的,那最美味的,那最有说服力的和那几乎最令人信服的argumentum ad hominem(拉丁语:以人身为据的论证法),[190]但是,既然每个女人在她一生中至少有一次会拥有这种进行论辩的本源性,我为什么不让我自己被说服呢?我们的年轻朋友想要对此进行思考。他完全可以为自己买下一个"甜食店之吻"[191]并且去注视着它。我想要享受。没有什么废话。因此有着一支关于吻的老歌谣:Es ist kaum zu sehn, es ist nur für Lippen, die genau sich verstehen(德语:这几乎不是让你看的,这只是为嘴唇们准备的,它们相互准确地明白对方),[192]它如此准确,以至于反思只能算是一种鲁莽和愚蠢。如果一个人在二十岁的时候不明白有这样一个绝对命令[193]叫作"去享受",那么这个人就是一个傻瓜,而如果一个人不知道去抓住机会,他就会变成一个克里斯蒂安斯菲勒人。[194]但是,你们是不幸的爱人,因此你们想要改造女人。让诸神禁止这做法吧。她是作为她自己所是而让我欢喜的,她完全就像她自己所是的那样。甚至康斯坦丁的玩笑也包含了一个秘密的愿望。相反我是殷勤有礼的。为什么不?殷勤礼不花费一分钱而带来一切,并且是所有爱欲享受的条件。殷勤礼是情欲和快感在男人女人之间的神秘仪式。[195]这是一种自然语言,正如总体上的情欲之爱之语言。它不是由声音,而是由不断地变换着所扮角色的隐藏着的欲求构成的。一个不幸的爱人很缺乏殷勤礼,以至于想要把自己的艰难转换成可在永恒之中使用的兑换券,[196]这我当然可以理解。然而,我还是不理解,因为,对于我,女人有着很多可兑换货币。我向每个女人保证这一点,并且这是一个真相,并且很肯定,我是唯一的一个不因这一真相而被欺骗的人。一个被毁了女人是不是比男人更不值,这不在我的价目表上。我不摘残花,[197] 我将之留给那些作丈夫的人们去用于装点狂欢节[198]的桦树枝。比如说,爱德瓦尔德是否会重新考虑并且重新爱上考尔德丽娅[199]或者内在地重复他的恋爱,这我让他自己去决定,为什么我要去多管与我不相干的事情呢?关于她,我所想的,我在当时已经向她解释清楚,事实上她也使我确信了,绝对完全地使我确信我的殷勤礼是恰如其分地到位的。Concedo. Concessi(拉丁语:我承认。我已承认)。如果有一个新的考尔德丽娅来到我眼前,那么我就上演《戒指》第二。[200] 但是,你们是不幸的爱人并且是同谋者,并且,比起那些女孩,你们受了更大的欺骗,尽管你们天分都很高。但是决断,欲求之决断是生存中的要点。我们的年轻朋友总是置身事外。维克多是一个狂想者;康斯坦丁为自己的理智付出了太高的价钱;时尚店主是个疯子。这又有什么用!你们四个人全加起来对一个女孩子,结果就会是一场空。一个人有足够的狂想去理想化,有足够的品位加入享受的欢快的碰杯中,有足够的理智去突然中止——完全就像死亡突然中止这一切,有足够的狂怒去想要再次享受这一切,这样,他才是神和女孩子们的宠儿。[201] 然而,这泛泛之谈又有什么用。我并不想要找人皈依。这里也不是找人皈依的地方。当然,我喜欢葡萄酒,当然,我喜欢酒宴美食的丰盛,这很好,但是如果有一个女孩子陪着我的话,那么,我就会讲演。于是我要说,谢谢康斯坦丁,谢谢这餐宴和美酒以及这出色的安排;不过,这些讲演则只能说是不怎么的。但是为了避免就这么收场,那么,我想,就讲演一下吧,作为对女人的赞美。正如那要谈论神圣的人必须获得神圣赋予的灵感才能够谈得有价值,这样,他就从神圣那里得知了他该说些什么;对女人的谈论也是如此。因为,神不是一个男人头脑中的一时怪想,不是一个人自己想出来并争论 pro et contra(拉丁语:赞成和反对)的白日梦,女人则就更不是。不,只有从她自己这里,人们才能够弄明白怎样去谈论她。到女人那里去学,越多个女人越好。第一次你是在学,第二次你就已经获益,正如人们在学术性的论文答辩会上利用上一个辩论对手的礼貌来对付下一个辩论对手。但不管怎么说，你不会失去任何东西。因为正如一个吻不是一种嘴里的味道，正如拥抱不是一种努力，同样这种学习也不会就像数学定律的证明一样地一次性证毕（尽管你填上其它字母，这定理的证明仍是走同一个过程）。那种一次性证明可以用在数学和幽灵们那里，但是不能用在情欲之爱和女人这里，在这里每一个新的对象都是一个新的证明，它以另一种方式证明同一个定理的正确性。我的喜悦是在于，女人这一性别绝非比男人更不完美，相反，它是最完美的。然而，我还是想把我的讲演置于一个神话外衣中，并且，因为那被你们如此不公正地冒犯了的女人的缘故，我很高兴看见这讲演审判你们的灵魂，让各种享受显现出来，但却避开你们，正如那些果子避开坦塔洛斯，[202]因为你们避开了它们并且因为你们冒犯了女人。就是说，只有以这样的方式，人们才是在对她进行冒犯，尽管她因此而在极大程度上被抬高了，并且每一个敢这样做的人都受到了惩罚。我没有冒犯任何人。把我说成是冒犯者，这只是那些已婚男人们的杜撰和诽谤，因为恰恰相反，我比那作丈夫的人在远远更高的程度上承认重视她。

在最早的时候只有一种性别，古希腊人这么说，[203]那就是男性。他得到了极佳的禀赋，这样他为神争光，他得到了如此出色的禀赋，以至于这对于诸神就好像那种有时候发生在一个为创作自己的诗歌作品而竭尽自己全力的诗人身上的情形：他们变得对人感到妒忌。甚至，更糟糕的是，他们畏惧着他，怕他会不愿在他们所给的枷锁之下屈从，他们心怀畏惧，尽管没有理由，怕他甚至会撼动天界本身。这样看来，他们是召唤出了一种他们几乎无法相信自己能够统治的力量。于是，在诸神的议会里就有了不安和忧虑。他们在造人这件事情上浪费了太多资源，这是很慷慨的，但是现在他们却必须冒每个危险；这是自我防卫，因为一切都处于风险之中——诸神这样认为。诗人的想法可以被收回，人却是无法被收回的。权力无法强迫人，因为否则的话，诸神自己就已经强迫了他，而这种做法恰恰是他们所不认同的。[204]如果他要被抓住和被强迫,那么这捕捉和强迫者必须是一种比他自己的权力更弱但却又更强而强得足以去强迫的权力。这得是怎样奇妙的权力啊?然而,迫切的需求教会了诸神甚至在创造能力方面超过自己。[205]他们寻找并且思考并且发现了。这一权力是女人,受造物之奇迹,甚至在诸神眼里都是比男人更大的奇迹,一个让处于自身的天真之中的诸神禁不住要赞美自己的发现。[206]又有什么能够比这个说法在更大的程度上称颂她的荣耀的:她将能够做诸神认为自己都不能做的事情;又有什么能够比这说法意味更多:她有这个能力做得到;有能力做到这个,她必定会是多么奇妙啊!这是诸神的诡计。巫女被造就出来了,充满诡诈,在她对男人施出了魔法的同一刻,她就变化自己并且在有限性的所有冗繁之中俘虏了他。这正是诸神所想要的。但是,还有什么东西比这诸神为了维护自己的统治而想出来的,作为能够引诱男人的唯一者的东西更有味道,更给予人快感,更有魔力呢?真的是这样,女人是天上地上的唯一的和最具诱惑性的。在男人和女人被以这样一种方式来比较的时候,男人确是非常不完美的。

诸神的诡计成功了。但这不是一直成功的。在任何时代总会有一些男人,个别的,留意到这骗局。固然这些人看见了她的美好,比任何别人更清楚地看见,但是他们隐隐感觉到这之中的关联。我将这些人称作"爱欲之人",并且把自己算作是他们之中的一分子;男人称他们为"诱惑者";女人没有为他们起任何名字,一个这样的人对于她来说是不可命名的。这些爱欲之人是幸福的人们。他们活得比诸神更奢侈豪华,因为他们一向就只吃比 Ambrosia(希腊语:不朽性,仙馐)更贵重的食物,只喝比 Nektar(希腊语:可能是"死亡之毁灭者")[207]更美味的饮料:他们只吃诸神的最聪明的想法中最具诱惑力的突发怪念,他们一向就只吃诱饵,哦!无与伦比的快感,哦!怎样一种极乐的生活方式,他们一向就只吃诱饵,——他们从来就不被捕获。其他男人上前去吃诱饵,就像农民吃凉拌黄瓜,[208]并且被捕获。只有"爱欲之人",知道怎样估量诱饵,无限地估量它。女人对这一点有着隐约的感觉,因此在他与她之间有着一种秘密的理解。但是他也知道,这是诱饵,他把这一秘密保留给自己。

人们不可能想象得出任何东西能比一个女人更奇妙、更有味道、更具有诱惑力,对此,诸神做出了担保;而诸神所面临的困境,那使这发明创造能力得以强化的困境,则又担保了诸神会去做他们所做的事情:保证他们是为此冒了一切风险,并且在构建出她的存在(Væsen)[209]的过程之中启动了天上地上的各种力量。[210]

我离开这神话。男人的概念对应于他的理念。因此人们能够设想一个唯一的男人对应于理念,而无需更多。相反,女人的理念则是一种无法由任何一个女人来一次性地完全体现的概括性。她不是与男人ebenbürtig(德语:相平的),而更准确地说,她是男人的一个部分,但却比他更完美。不管是诸神在他睡觉的时候从他身上取出一个部分,[211]唯恐取多了会惊醒他,还是诸神将他分成两半而女人是其中一半[212]:那被分的到底还是男人。这样,在被分出的部分之中,她首先是与男人平等的。她是一种欺骗,但是,要到第二个瞬间并且要在那被欺骗者面前,她才是这欺骗。她是有限性;但是在她的最初状态中,她是在所有"神圣的和凡人的幻觉"的具有欺骗性的无限性之中得到了强化的这种有限性。欺骗性尚未在场。但是,稍稍再过一瞬间就有了欺骗,并且你就被骗了。她是有限性,这样,她是一个集合名词;这一个女人是那诸多女人。只有"爱欲之人"明白这一点,并且他因此就知道怎样去爱许多个,从不受欺骗,但却吮吸着诡计多端的诸神有能力准备出的所有快感。因此人们不可能以任何公式来一下子概括所有女人,她是一种由无限多有限性构成的无限性。如果一个人要想她的理念,那么这对于他来说就好像是一个人凝视进一片由诸多不断地形成着的雾的画面构成的大海,或者好像一个人忘情于注目浪涛,之中有泡沫女孩不断地促狭,[213]因为她的理念只是一个可能性的作坊,而在爱欲之人那里,这一可能性则又是爱情狂想的永恒源泉。

于是,诸神造出她来,纤柔飘忽如同出自夏夜的雾,然而却丰满如同成熟的果实;轻快如飞鸟,尽管她身负世上的全部欲望,而轻快是因为各种力的参与全都统一在了一个否定关系的无形中心,[214]她在这中心里使自己与自己发生关系;袅娜地开放出来,被刻画出确定的轮廓,但在人们的眼前却以美所具的波浪曲线成长着;完美,然而却仍不断地让人觉得她仿佛是此刻刚被完成的;凉爽,美味,为人带来清新感,就像新落下的雪花,但却又在宁静的透明之中泛出红晕;幸福得如同一句让人忘记一切的俏皮话,又像渴望所指向的目标一样地令人感到安慰,并且通过让自己作为渴望[215]的刺激物而为人带来满足。诸神预计了到时候那处境会是这样的:在男人看见她的时候,他会惊叹,就像一个人看见了自身,然而他又似乎对这眼前所见的景象很熟那样;他会惊叹,就像一个人在完美的反射之中看见自身那样;他会惊叹,就像一个人看见了自己从不曾预感到过的东西,却又仿佛看见了那必然会发生在他身上的事情,看见了那在生存中是必然的东西,但仍将之看作是生存之谜那样。一方面,他的惊叹把他推得越来越近,以至于他情不自禁地看见,情不自禁地觉得自己对之有着一种熟悉的感觉,然而,尽管他情不自禁地想要,[216]却仍不敢真正地靠近,另一方面,恰恰是上面这种惊叹之中的矛盾,爱抚出这种"想要"的欲望。

诸神在如此地考虑了她的形象之后,他们自己怕了,唯恐自己会表达不出这形象。但是他们更怕的是她本身。就是说,出于对一个"有可能会败坏这诡计的知密者"[217]的害怕,他们不敢让她知道她有多美。于是,这一创造工作就被完成了。诸神造出了她,但这时他们在无辜性[218]的无知之中对她隐藏起一切,并且在羞怯性[219]的无法穿透的秘密之中再一次对她隐藏起这一切。她被完成了,并且胜利是确定的。她是诱人的,现在,因为她矜持,她是诱人的,因为她回避,她是摄人心魄的,因为她自己一直就是对抗者,她是无法抗拒的。诸神欢欣雀跃。在这世上还没有人想出过什么比女人更厉害的诱惑物,没有什么诱惑物能像无辜性的诱惑这么绝对,没有什么诱惑能像端庄羞怯[220]之诱惑这么摄人魂魄,没有什么欺骗能像女人这么绝无仅有。她什么都不知道,然而这羞怯包含有一种天性的预感;她被从男人那里分出来,并且羞怯性之隔墙比阿拉丁用来分隔开他和古尔纳尔的剑[221]更具决定性;但是一个像皮拉姆斯那样地把自己的头靠向羞怯性的隔墙[222]的爱欲之人通过隐约模糊的征兆还是感觉得到那里面的所有渴望之情欲。[223]

女人就是以这样的方式来引诱的。人类安排出最美好的东西来作为诸神的食物,他们不知道还能够给出什么更好的供奉;以这样的方式,女人是一颗用来作装饰的果子,诸神不知道有什么东西能够拿来与她作比较。她在,她在场,在场于此时此地,紧靠着,然而她却又无限地遥远,隐藏在羞怯性之中,直到她自己泄露出自己的隐藏处,怎样泄露?这则是她所不知道的;那狡猾的告密者不是她,而是生存本身。她是调皮的,就像游戏中从隐藏处向外偷看的孩子,然而,她的调皮是无法解释的,因为她自己对此也一无所知,并且她一直是神秘的,她在藏起自己的眼睛的时候是神秘的,她在发送出目光的信使的时候她是神秘的,这信使是任何思绪都追赶不上的,更不用说任何言词了。然而,如果目光是灵魂的"解译者",[224]那么,当解译者自己说的都是令人无法明白的话时,又哪里会有什么解译呢?她是很安宁的,就像没有任何树叶抖动的夜晚的宁静,安宁得如同一种尚未对任何东西有所知的意识,她的心脏的跳动是如此有规律,就仿佛它不存在,然而,那有着听诊器般准确的听力的爱欲之人还是发现情欲的狂热节拍,像是一个无意识的伴奏者。无忧无虑如同风的喘息,心满意足如同深海,但却充满思念渴慕,正如"那不可解说的"也是如此。我的朋友们!我的内心获得了抚慰,获得了不可描述的抚慰;我明白了,我的生活也表达了一种理念,尽管你们不理解我。我也窥视到了生存的秘密,我也为某种神圣的东西服务了,[225]很肯定,我并不是在为乌有服务。正如女人是一个来自诸神的欺骗那样,真实的表达是:她想要被诱惑;正如女人不是一个理念那样,真相就是:爱欲之人想要去爱尽可能多的女人。

享受欺骗而不被欺骗,这是怎样的情欲快感啊,这只有爱欲之人明白。被诱惑,这是怎样的极乐啊,这只有女人真正知道。我从女人那里得知了这个,尽管我尚未给出时间来向我自己解说它,但坚持了我的立场并且通过一场像死亡之断裂一样突然的断裂来为理念服务;因为一个新娘(Brud)和一场断裂(Brud)[226]就像男性和女性那样相互对应。只有女人知道这个,并且与她的诱惑者一同知道这个。这一类东西是婚后男人所无法明白的。她也从来不会对他讲这些。她安分于自己的命运,她隐约感觉到,事情必定是这样:她只能够被诱惑一次。因此,她从来没有真正地对自己的诱惑者感到愤怒。也就是说,如果他真正地诱惑了她,并且表达了那观念。一个被打破的婚姻诺言和其它类似于此的东西自然都是胡言乱语而不是什么诱惑。因此对于一个女人来说,"被诱惑"不是什么大的不幸,并且如果她被诱惑了的话,这是她的幸福。一个被出色地诱惑了的女孩能够成为一个出色的妻子。如果我自己没有这个能力去作诱惑者的话,那么,在如此看待自己的时候,尽管我会深深地感觉到我的卑微,但如果我想要成为一个丈夫的话,我总是会选择一个已被诱惑过的女人,这样我就不会自己去开始诱惑我的妻子。婚姻也表达一种理念,但是相对于这个理念,"什么东西相对于我的理念是'那绝对的'"这个问题就是完全无所谓的了。因此,一场婚姻绝不应当带着一个开始被建立出来,就仿佛这是一个诱惑故事的开始。至少这一点可以确定,对于每一个女人,都会有一个诱惑者与之相应。她的幸福恰恰是去遇上他。

反过来看,通过婚姻,诸神就胜利了。这时,那曾经沧海被诱惑的人就与她丈夫肩并肩一同跋涉贯穿人生,时而也会充满思念地回首顾盼,安分于自己的命运,直到她到达生命的边界。她死去,但是她的死不同于男人的死,她被蒸发并且消解成那种诸神用来造她的不可解说的东西,她像一场梦一样地消失,就像一个临时的形象,她的时间已经流逝。因为,除了是一场梦,女人又能够是什么呢?但她却又是最高的现实。爱欲之人就是以这样的方式来理解她的,并且在诱惑的瞬间带领她且被她带领走到时间之外,那里作为幻觉,有着她的归宿。在丈夫那里,她则变成是时间中的,[227]而他也因她而变为是时间中的。

奇妙的大自然,如果我不为你惊叹,一个女人会教我惊叹,因为她是生存之Venerabile(拉丁语:当受敬畏者)。[228]辉煌呵,你造出了她,而更辉煌的是,你从不曾造出一个和另一个一样的女人。在男人这里,本质的就是本质的,于是总是同一的;在女人那里,偶然的是本质的,且以这种方式永不枯竭地是有差异的[229]。她的辉煌是短暂的,但很快痛楚也被忘却,在同样的辉煌再次被提供给我的时候,我就仿佛根本不曾感觉到过这痛楚。没错,我也看见在以后会显现出来的那不美的东西,但是,在她的诱惑者那里,她不是这样的。

盛宴到了散席的时候了。只需一个来自康斯坦丁的暗示;带着一种军人式的节奏把握,在需要进行向左右转和向后转的时候,参与者们相互配合默契。康斯坦丁仿佛拥有着一根无形的指挥棒,在他手里柔韧随意就像一根愿望的占卜杖(Ønskeqvist);为了在一种倏然闪过的追忆之中回想这夜宴和享受的心境(这心境部分地被讲演者们的思绪运动压倒),也是为了(如同在共鸣中发生的)让已消失的欢庆之声能够在回声的短暂的"此刻"中回返到客人们中间,他用这无形指挥棒再一次触及了来客们。他举起斟满的杯子向大家说再见,他喝干它,他把杯子扔向后墙的门。[230]其他人也按他的榜样做并且以一种仪式的庄严来完成这一象征性的行为。于是,作为一种应得的结果,这中断的快感出现了,这皇帝的快感,[231]它比任何别的快感都更短暂但却有着别的快感所不具备的解放作用。享受应当以一场奠酒开始,但是这奠酒,人们在祭酒的时候把杯子扔向毁灭和遗忘并且就仿佛是处于致命的危险中一样心灵激荡地将自己从所有回忆之中摆脱出来,这祭酒是祭给地下的诸神[232]的。人们中断,并且这样做需要力量,比砍断一个绳结[233]需要更多的力量,因为绳结的麻烦给予人激情,但是"要中断什么事情"所需要的激情必须是一个人自己给予自己的。结果在某种外在的意义上是同样的,但是从艺术角度看它们是截然相反的:究竟是某事物停止,达到一个终点,抑或它是通过自由之行动而被中止;究竟这是一个事件,抑或这是一个激情性的决定;究竟这是像校长的歌谣那样,在不再有更多东西可唱的时候就消失了,[234]抑或这是借助于快感的剖腹产而被引发出来的;究竟这是一种每个人都经历过的琐屑小事,抑或是那种避开大多数人的秘密。[235]

在康斯坦丁扔掷手中的杯子时,那对于他是一个具有象征意义的行为,然而这一扔掷以一种方式成了决定性的一击;因为,由于这最后的一击,门被打开了,并且,正如那肆无忌惮地敲打了死亡的大门的人,在这大门被打开的时候,看见毁灭的威力,我们也这样地看见那破坏之团队准备就绪了要去摧毁一切,——一种"记住,死亡必将来临!"的象征,它在同一秒之中把参与者们转变为逃离那个地方的逃亡者,在同一秒之中简直就已经把整个环境转化为一片废墟。

在门前停着一辆待发的马车。在康斯坦丁的邀请之下,他们坐进车厢并且在一种欢欣雀跃的心境之中驶走,因为,背景之中的那幕摧毁场景给予了灵魂一种新的伸缩力。马车在一公里开外的地方停下;在这里,康斯坦丁作为主人向大家告别,对他们说明有五辆马车可供服务,每个人都随心所欲,驶到随便什么他想去的地方;单独行动或者如果他想要和什么人作伴,不管是谁,随他愿意。于是,一支火箭借助于火药的力量一响之下升起,达成一瞬间的宁静,在片刻里保持着完好的整体,然后爆成碎片四散开去。

在准备那些马车的同时,这些黑夜的客人们沿路散步一小段。清新的晨气以其凉爽净化着他们发热的血液,他们完全地投入在这凉爽感的滋补中,而与此同时他们的形象和他们所构成的这个群体为我[236]留下了一个奇妙的印象。因为晨曦洒遍田野草地也照耀每一个受造物,它们在夜里得到了休息,也得到了欢欣着与太阳一同起身的力量,在那之中只有一种有益的相互理解,但是,一群在微笑着的自然环境之中被晨光映出的夜宴参与者几乎会让人觉得是 unheimlich(德语:毛骨悚然的)。这让人想到各种被旭日意外惊醒的鬼魂;想到各种无法找到裂缝的地下生灵[237]（它们要通过这裂缝而消失），因为只有在黑暗之中这裂缝才是有形的；想到各种不幸者，对于他们，日夜间的差异消失在了苦难的单调性之中。

一条小径引他们走过一小片田野到了一个有栅栏围起的花园，在这花园的背后藏有的一幢简朴的乡间宅第，在背景之中显现出来。在花园向着田野出去的尽头有着一座用木头建造出来的凉亭。留意到凉亭里有人，他们全都变得好奇，并且，就像一支攻城部队，用观察者侦查的目光把这友善的藏匿处围了起来，而他们自身则都躲着并且紧张得像要去进行突袭的警察特遣人员。作为警察的特遣人员，这是当然的，他们的外表使得一种混淆成为可能：警察特遣人员完全可以是出来找他们的。每一个人都各就各位以便窥视进去，这时，维克多向后退一步并对自己身旁的人说：哦！我的上帝，这不是法官威尔海姆和他的妻子吗？

他们就像受到突袭一样地感到意外。——这感到意外的不是那两个树叶所藏起的人，那两个幸福的人，他们实在是过分投入于家庭里的欣悦而无法去作为观察者，过于安全而无法想到自己除了是早上太阳注意的对象之外，还会是别的什么人注意的对象；在一阵低声的轻风吹动那些树枝的同时，在乡村简朴的安宁，与所有围绕着他们的一切一样，保护着这小小的凉亭的同时，早上的太阳带着欢愉向着他们瞅进来。这对幸福的夫妻并没有感到惊讶，他们什么都没有注意到。他们是夫妻，这是很明白的事情，唉！如果你和一个观察者有着血缘关系的话，你马上就会看出来。尽管在他们相互坐在一起的时候，没有任何东西，在这广阔的世界里没有任何东西，没有任何公开的东西也没有任何隐藏的东西，会有公开或者隐秘地"想要打扰这对爱人的幸福"的意图，他们却并非因此就有着安全感的；他们是有福的，然而他们却如此紧紧地相互拥抱着对方不放开，仿佛是有着一种想要将他们分开的力量，仿佛存在有一个他们必须防范的敌人，仿佛他们永远都无法感到足够地安全。结了婚的人们并非就此而感到安全，那对在凉亭里的夫妻并非就此而感到安全。相反,他们结婚多久了,这则是我们无法带着确定做出假设的。夫人在茶桌前的忙碌蕴含了熟练的踏实感,但在劳作之中却又带着许多几乎是孩子气的真挚,就仿佛她是一个新婚妇,处于这样一种中间状态:她尚未带着确定性知道,这婚姻到底是玩笑还是严肃,"作一个家庭主妇"是一种作为还是一种游戏、一种打发时间。也许她结婚已久,但却并非总是在茶桌前行使家庭职能,也许只是在这里,在这乡下她才做这些事情,或者,也许只是在这个可能对他们有着一种特别意味的早晨,她才做这些事情。对此,又有谁能确定呢?在某种程度上,所有的推测都搁浅于每一个在其灵魂中有着独特性的个体人格,因为这独特性阻止时间留下其标记。在阳光于其所有夏辉之中灿烂的时候,人们马上就想,肯定是有着某种欢庆,在日常生活中事情不可能如此,或者,这是第一次,或者至少是最初几次中的一次,阳光如此灿烂,因为在很长的一段时间里这样的事情是不可能被重复的。如果一个人只看见过一次或者第一次看见这情形,他就会这样想,而我这就是第一次见到法官夫人;如果一个人每天都看见这情形,那么在他又看见这同样的事情时,肯定就不会这样想。然而这则仍然是法官的事情。因而,我们可爱的主母在忙着;她把煮滚着的水倒进一对杯子,也许是为了好好热一下杯子,她把水倒掉,把杯子放进一个托盘,斟茶,放上各种喝茶所需的东西,现在她都弄好了,现在,这是玩笑还是严肃?如果某人本非茶友,那么他就应当去一下法官的这个府邸。在我看来,这一饮品在这一瞬间是最诱人的,而如果要说有什么东西看上去是更诱人的话,那么对于我来说就只有这友善的夫人脸上的诱人表情了。也许她到目前为止不曾有时间说话,现在她打破了沉默。在她端上茶的时候,她说:"赶紧,亲爱的,现在趁茶热着喝,晨气还是有点凉的;这可是我至少能够为你做的事情:稍稍地关心你。""至少?"法官简洁地回答。"是啊,或者是至多,或者是唯一。"法官询问地看着她,而在他为自己准备这享受[238]的同时,她继续道:"你昨天在我要开始说这事的时候打断了我,但是,我又想了一下这事情,我对这事想了很多次,而尤其是此刻,你肯定知道这是由于谁的缘故:确实真是这样,如果你没有结婚的话,那么你肯定会成为世上的某个完全非凡的伟大人物。"杯子仍还在盘子里,法官带着明显的欣愉大口地吮吸了第一口,有着真正焕然一新的感觉,或者也许这是对于可爱的妻子的喜悦。这我相信;相反她则看上去只是在为他喜欢这茶而感到高兴。现在他把杯子放在桌上靠自己这边,拿出一支雪茄说:"我可以用你的炭火锅点一下吗?""当然,"她回答,并且用茶匙捞出一块火炭递向他。他点着了雪茄,在她让自己靠向他的肩的同时,他用手臂搂着她的腰,他把头转向另一边吐出烟气,这时,他的目光带着一种忘我的深情停留在她脸上,仿佛这目光能够解说出这深情,然而他却微笑起来,但在这一喜悦之微笑中混杂有一小点忧郁的反讽,最后,他说:"你真的相信,我的女孩?""你说的是什么?"她回答。他又沉默,在这心境完全严肃的同时,微笑占了上风:"既然你自己已经这么快地忘记了这傻话,那么我就原谅你刚才的糊涂吧,因为你所说的话就像是傻女人们说出的那样[239],——我在这个世界又会成为什么伟大人物呢?"法官夫人在一瞬间里看上去是被这说法弄得有点不好意思,然而她很快地反应过来,并且马上以女人的雄辩力来继续进行展开谈论。法官直视自己前方,他不打断她,但是,在她继续说下去的同时,他开始用右手的手指在桌上敲打,哼吟起一支曲子。在一个瞬间里,歌谣里的词变得能让人听清楚,就像纺织物上的图案变得能让人辨认出来,并且重新消失,同样,这些词句又在对这歌谣的调子的哼吟声中消失:"丈夫走进森林,把枝条们切削成白色。"[240]在这一戏剧性的陈辞(也就是夫人的以法官的哼吟声为其伴唱的解释)之后,台词又入场了:"也许你",他说,"也许你不知道,丹麦的法律是允许一个丈夫打他的妻子的,[241]只可惜法律没有说明在怎样的情况下是允许的。"夫人对他的威胁以微笑置之,并且继续:"但是在我谈论这个问题的时候,为什么我从来就是没办法让你变得严肃呢?你并不明白我;相信我,我是真心地这样认为的,在我看来,这是一个非常美丽的想法。当然,如果你没有成为我的丈夫,我就不会敢去这样想,但是,现在我恰恰是为了你

"In vino veritas"（酒中真言）

和为了我的缘故而去想了这个问题，现在请好好地保持严肃一点，为了我的缘故，并且老实地回答我吧。""不，你是不可能使得我严肃的，你是得不到严肃的回答的；我要么得笑话你，要么就得像以前一样想办法使你忘记它，要么打你，或者，要么你就必须不再谈论这问题，要么就以别的方式使得你沉默。你知道这是一个玩笑，因此有着那么多解决方案。"他站起来，在她的前额上压上一个吻，把她的手臂挽进自己的手臂并且消失在从凉亭通出去的枝叶密集的小径上。

凉亭里不再有人，在这里没有什么更多的事情可做了，这支敌方的占领部队没有得到任何猎物，两手空空地撤退。他们中没有人对这个结果感到满意，但都满足于给出一个恶毒的评价。[242] 现在大家都回来了，但缺维克多。他在那个角上转了个弯，沿着花园他来到了花园后的乡间宅第。在这里，一间园景房的几处门都向着一片草坪开着；一扇朝着路的窗户也一样地开着。也许他看见了什么，吸引了他的注意力。他从窗户里跳进屋子，而在他跳出来的时候，其他人都站在附近，他们刚才都在找他。他得意洋洋地拿着一张纸在手上并且叫着："法官先生的一份手稿。如果我出版了他的其它稿子，[243] 那么把这份也出版出来，这只不过是理所当然的义务了。"他把稿子插进口袋，或者更确切地说，他想要将之插进口袋，因为，就在他弯起手臂并且已经把拿着稿子的手一半放进口袋时，我从他那里把它智取过来了。

然而，我是谁呢？谁都别来问这个问题吧。如果没有人在以前曾经想到过要来问这个问题，那么我就得救了，因为现在我熬过了那最糟糕的部分。另外，我也不值得什么人来问；因为我在一切之中是最卑微的，人们来问我这问题的话只会把我弄得很难为情。我是"纯粹之在"，因此几乎比"无"更微不足道。[244] 我是那到处在场但却又不被人注意的"纯粹之在"，因为我持恒地被扬弃。[245] 我就像那根横线，在横线之上是算术作业的题目，而横线之下是答案；谁会来关心那横线呢？凭我自己，我什么都不能做，因为，甚至"从维克多这里智取稿子"这想法也都不是我自己的突发奇想,我是通过这个突发奇想(按窃贼们的说法)"借"来了稿子,而这一突发奇想在事实上则是从维克多那里"借"来的。[246]现在,在我出版这稿子时,[247]我则再一次又是彻底乌有,因为稿子是法官的,而作为出版者,我在我的乌有性之中只是像一个落在维克多头上的报应,[248]——他一定是觉得自己有权去出版。

注释:

1. **越过赤道**]强化的葡萄酒和杜松子酒被装在木桶里放在多次来回穿行赤道的船上。这样的处理使得酒味更醇。

2. **参与者有五个**]在一个构思中,克尔凯郭尔给出的参与者有七个,参看(*Pap*. VB172,1)。三个有名字的约翰纳斯诱惑者、维克多·艾莱米塔、康斯坦丁·康斯坦丁努斯。另外三个按特性或职业称呼:回忆的不幸爱人、时尚店主和年轻人。没有关于第七人的信息,他是叙述者,因为叙述者是在完成版中出现,所以参与者有六个;这样就只有回忆的不幸爱人被去掉了。

3. **约翰纳斯别名诱惑者**]《诱惑者日记》的作者。见《非此即彼》上。

4. **维克多·艾莱米塔**]Victor Eremita,拉丁语:胜利的隐士,那在孤独中胜利的人。《非此即彼》的出版者。

5. **康斯坦丁·康斯坦丁努斯**]Constantin Constantius,这名字是指向"constantia"(拉丁语:不变性、质定性)这个词。这个词可能被人格化并且被敬奉为女神,正如罗马的其它崇高美德,诸如"concordia"(拉丁语:同意)。在罗马的凯撒时代,塞涅卡、爱比克泰德和其他知识分子继续斯多葛主义哲学,而斯多葛主义将有美德的人看作是有智慧的人,不允许情感或者激情来统治认识和理性。康斯坦丁·康斯坦丁努斯是《重复》的笔名作者和出版者,除了作为"年轻人的故事"的年长的反思的观察者之外,他自己也拿"对先前经历的重复"(更确定地说就是在柏林的一次驻留)做实验。

6. **年轻人**]《重复》的主人公被称作"年轻人"。但这两个人物并非完全同一。《重复》中的年轻人有着一定的对于爱情的经验,而《人生道路的诸阶段》中的年轻人明确地表述了对爱情一无所知。《重复》中的年轻人爱上一个女孩、与之订婚,而作为坠入爱河的结果,在他身上冒出强烈的诗人创作力,而女孩则几乎变成麻烦。他的本质的一部分想要脱离诗人之存在而重新进入与这女孩的普通爱情关系,但没有成功。《重复》的终结是,在那女孩与另一个人结婚时,他庆祝自己的解放。

7. **糕饼店**]在二十世纪初,面饼房或者糕饼店不仅仅是做面包的点,也是一个让人喝咖啡和茶,吃糕点的地方。

8. **他已经娶了老婆或者买了两头牛要去试一下**]参看《路加福音》(14:19-20):"又有一个说:'我买了五对牛,要去试一试。请你准我辞了。'又有一个说:'我才娶了妻,所以不能去。'"

9. **并且在此及时说出来**]牧师在婚礼上说:"如果有人有话要说现在就说出来,否则就此沉默。"
    文献参看《丹麦与挪威教堂仪式》:*Dannemarkes og Norges Kirke-Ritual*, Kbh. 1762, s. 316 (denne udg. var stadig gældende på SKs tid).

10. **那张……自己张开并且摆上一切的桌布**]指民间童话中常有的说法,有时候是"桌子摆设好",有时候是"桌布张开"。参看格林童话《桌子、金驴和棍子》。

文献：fx nr. 36；"Tischchen deck dich, Goldesel und Knüppel aus dem Sack", i *Kinder- und Haus-Mährchen*, udg. af J. og W. Grimm, 2. udg. , bd. 1-3, Berlin 1819-22 [1812-15], ktl. 1425-1427；bd 1, s. 179-191；s. 183f.

11. **auf einmal einzunehmen**］德语：一下子吃下。有点像医护用语，吃药：一次服用。

12. **我们的主先满足胃而后满足眼**］丹麦成语。上帝先满足人的胃而才后满足人的眼睛。

　　文献：N. F. S. Grundtvig, *Danske Ordsprog og Mundheld*, Kbh. 1845, ktl. 1549, s. 29 (nr. 770)。

13. **一个幻觉的生命的残片**］《非此即彼》的副标题是：一个的生命的残片，出版者维克多·艾莱米塔。

14. **格隆德维在他的格隆德维式的漫谈之中用到了这个词**］格隆德维(N. F. S. Grundtvig, 1783-1872)，丹麦牧师、诗人、历史学家、政治家等等，他从自己个人的前提条件出发以决定性的方式对丹麦的民间文化和基督教进行了革新。在1843年11月到1844年1月间，格隆德维在哥本哈根的波尔赫学生楼舍讲了一系列关于希腊和北欧神话的课。这些课程对女性或者按格隆德维的说法"女士"开放，甚至是针对女性的，这在当时是很不寻常的。这些课程在1844年以《为女士先生们漫谈希腊北欧神话和古代传说》为标题出版。

　　文献：*Brage-Snak om Græske og Nordiske Myther og Oldsagn for Damer og Herrer*, ktl. 1548.

15. **只有在希腊风格里，女人才会被用作女舞者们的合唱**］希腊会饮总是由一个男人安排，而客人则是他的男性朋友们。参与的女人是一些妓女，一些除了性活动之外也能够吹笛抚琴唱歌跳舞的妓女。在柏拉图的《会饮篇》中一个女笛手和醉醺醺的阿尔基比亚德在会饮中跑了进来(212c)。苏格拉底倒是提及了一个女歌手迪欧提玛。在色诺芬的《会饮》的第二章中出来了一队，是三个奴隶：一个女笛手、一个女舞者和一个吹笛抚琴的男舞者。

16. **像英国人那样，在真正的酒饮开始的时候让异性退场**］在英国有这样的习俗，在主餐吃完之后，女人们就离开餐桌，然后男人就开始享用波多葡萄酒。

17. **inter pocula**］拉丁语：在酒盏之间；在一个人拿着一杯好酒坐着的时候。最初用上这说法的是罗马喜剧作家普劳图斯(Plautus, 死于公元前184年)。

　　文献：*Pseudolus*, v. 947.

18. **不多于缪斯，不少于美惠**］不多于九，不少于三，在希腊神话中有九个艺术和科学的女神。美惠三女神属于罗马神话，但相应于希腊的卡里忒斯，亦即，爱神阿芙洛狄忒的三个婢女。关于宴会不多于缪斯，不少于美惠的规则是海贝尔的母亲托马西娜·居伦堡(Thomasine Gyllembourg, 1773-1856年)的短篇小说中的一个叙述者安东所说的。

19. **像几根火柴棒**］火柴棒转义为"非常少"，一种微不足道。如果婚礼像几根火柴棒，就是说办不起婚礼但还是办了婚礼。

20. 一块所有人一起舔着的糖块上的荷兰人〗从传统看,荷兰人是有名的节俭或者吝啬的人。而几个人一起舔一块糖,则更是节俭或吝啬了。
21. 靡菲斯特只因为需要就在桌上钻一个洞能得到的……丰盛的美酒盈溢〗在歌德的诗剧《浮士德》第一部分的第 2073 - 2336 句中浮士德和魔鬼靡菲斯特拜访莱比锡的著名酒吧奥尔巴赫地窖。靡菲斯特通过在桌边钻一个洞并说出一道咒语,就能够给想要酒的其他客人以酒。
    文献:J. W. Goethe, *Faust. Eine Tragödie* (1808 - 1832), 1. del, v. 2073 - 2336. *Goethe's Werke. Vollständige Ausgabe letzter Hand*, bd. 1-60, Stuttgart og Tübingen 1828-1842, ktl. 1641-1668 (bd. 1-55); bd. 12, 1828, s. 103-118; s. 113f.
22. 山怪们把山抬到柱子上并且在火焰的海洋里跳舞时所具有的……辉煌的光照〗这是关于地下精灵的童话和传说中的常有主题。地怪们所住的小丘有时候会在晚上升出地面被安置到一些红色的柱子上;这时地怪出来欢庆跳舞。
    文献:Se fx følgende sagn i J. M. Thiele, *Danmarks Folkesagn*, bd. 1-2, Kbh. 1843; bd. 2: "Troldfolket i Fibierg Bakke", s. 179f., "Skotte", s. 205f., "Ellevilde II", s. 216f., "Ellevilde III", s. 217, "Den gamle Brud", s. 219f. og "Alterbægere II", s. 234-236.
23. 梅塞纳斯不听着泉水的拍击声就无法睡觉〗罗马哲学家和作家塞涅卡(Seneca,公元前 4 -公元 65 年)在《论天意》第三书第十章中讲述了于罗马富人梅塞纳斯,艺术的赞助者,奥古斯都皇帝的朋友,他因为自己美丽而不贞的妻子而嫉妒,因而无法睡觉。他的试图让自己入睡的手段之一就是去听泉水声。
    文献:*Lucius Annaeus Seneca des Philosophen Werke*, overs. af J. M. Moser, bd. 1-15, Stuttgart 1828-1835, ktl. 1280-1280c; bd. 3, 1828, s. 351.
24. 重复〗指《重复》中的主题。
25. 哥本哈根外八公里左右的地方〗按照克尔凯郭尔的草稿,原本的地点是奥尔德若朴(Ordrup),在哥本哈根北郊八公里左右。
    文献:*Pap*. V B 172, 3.
26. 作为人的渊源的大地〗《创世记》(2:7):"耶和华神用地上的尘土造人,将生气吹在他鼻孔里,他就成了有灵的活人,名叫亚当";《创世记》(3:19):"你必汗流满面才得糊口,直到你归了土,因为你是从土而出的。你本是尘土,仍要归于尘土。"
27. 直译的话应当是:"……教会不知疲倦的心意为一小点东西而感到满足,使人心满意足……"为避免用词上的重复,我用"心平气和"来取代第二个"满足"。
28. 霍尔斯坦大马车〗一种大型的、开放的并且非常笨重的运输马车。
29. 圣诞树〗在圣诞节把一棵装点好的云杉树放在客厅里的习俗在 1810 年由一个生于德国的家庭带进丹麦,并在 1920 年后在哥本哈根变成普遍现象。到了 1900 年,圣诞树进入了大多数丹麦人的家庭。
30. 《唐璜》中舞会〗莫扎特歌剧《唐璜》的第一幕第二十场,在唐璜宫殿一间光明的大厅中的盛大晚会。人们跳着小步舞,而唐璜则重新开始他本已中断的对农家新娘泽尔丽娜的追求。

31. **把灯拿在手中**]是指《一千零一夜》(第 531 夜到第 558 夜)中所说的神灯。根据这故事,丹麦罗曼蒂克作家和诗人欧伦施莱格(A. Oehlenschläger)创作了诗歌剧《阿拉丁》(Aladdin, eller Den forunderlige Lampe)。阿拉丁所得到的神灯中的精灵能够实现人所说的愿望。

  文献:Adam Oehlenschlägers dramatiske digt, *Aladdin, eller Den forunderlige Lampe*, i A. Oehlenschlägers poetiske Skrifter, bd. 1-2, Kbh. 1805, ktl. 1597-1598; bd. 2, s. 75-436. "Geschichte Aladdins oder die Wunderlampe" (531. -558. nat) i *Tausend und eine Nacht. Arabische Erzählungen*, overs. af Gustav Weil, bd. 1, udg. af A. Lewald, Stuttgart 1838, bd. 2-4, Pforzheim 1839-41, ktl. 1414-1417; bd. 3, 1841, s. 163-313.

32. **爱尔薇拉**]多娜·爱尔薇拉,莫扎特歌剧《唐璜》中的主要人物之一。爱尔薇拉想要对诱惑和背叛了她的唐璜进行报复,但却在她自己生机尚存的爱情和麻痹性的恨之间徘徊。爱尔薇拉成功地打扰了唐璜对农家新娘泽尔丽娜的首次诱惑,然后,她戴着面具混进唐璜宫殿里的晚会。

33. **爱尔薇拉痛苦的致谢**]指莫扎特歌剧《唐璜》中第一幕第二十场中,唐璜在自己宫殿的晚会上向三个戴面具的人表示欢迎。面具背后是被欺骗的多娜·爱尔薇拉,唐璜在之前试图强奸并且杀害其父的多娜·安娜以及多娜·安娜的爱人堂·沃塔维欧。三个戴面具的人(就是说,不仅仅是多娜·爱尔薇拉)答谢说:"我们的心静静地承受着驻留之中的谢意。"

34. **et veritas** 拉丁语:以及真理。因为约翰纳斯用意大利语说了"自由万岁",年轻人就用拉丁语说"还有真相",也就是在接上约翰纳斯的话头说"真理也万岁"。

35. **愿望的占卜杖**]Ønskeqvist,占卜杖或者魔杖,常常是丫字形。

36. **Château Margeaux**]本原是 Château Margaux,一种波尔多红葡萄酒,质量极高,是根据吉伦德河左岸美克多地区的著名葡萄酒城堡命名的葡萄酒。在十八世纪,这一葡萄酒已被看作是最佳的波尔多,价格也相应很高。1855 年被定以质量级"Classement des Grands Crus de la Gironde",与另四种红酒一同被定作"Premier Cru",即最高级葡萄酒。

37. **in pausa**]拉丁语:处于停顿,处于暂停;处于等待状态。在希伯来语语法里,人们使用这一表达,指在文字中较大的停顿之前的一个词的位置。在朗诵的时候,如果遇上这一位置的词,人们通常延长加重语气部位的元音。

  文献:J. C. Lindberg *Hovedreglerne af Den Hebraiske Grammatik Tilligemed Conjugations-og Declinations-Tabeller*, 2. oplag, Kbh. 1835 [1831], ktl. 989, s. 12.

38. **如果我在什么时候要上新娘的床,费拉里,费拉拉**]本来的歌词为:"如果我在什么时候要上新娘的床,费拉里,费拉拉,红色玫瑰花!我愿不愿意随便选新娘……"

文献：Visebog indeholdende udvalgte danske Selskabssange, udg. af Andreas Seidelin, Kbh. 1814, ktl. 1483, nr. 216, s. 307.

39. 因打嗝而被中断］这里暗喻柏拉图的对话录《会饮篇》(185c-d)。喜剧诗人阿里斯托芬因为有可能要打嗝而不得不放弃讲演。

40. 喝酒并且喝酒，并且酣醉］参看《创世记》："他们就饮酒，和约瑟一同宴乐。"

41. quod felix sit faustumque］拉丁语："愿诸事顺利好运。"在罗马议会里，用于开始谈判的公式化用语，现在在大学的博士信函里可以看见。在克尔凯郭尔的时代被用于发给高中毕业考试后的学生的学院正式信函。

42. "只要我的'反思'想要把握情欲之爱"。是"'反思'想要"，不是"'反思想'要"。

43. "那喜剧的"总是处于矛盾的范畴中，对这说法我无法在此进行论述］对这一观点的"论述"，就是说更详尽的论述，是在《终结中的非科学后记》(哥本哈根，1846年)中："对于'那喜剧性的'的法则是：任何地方，只要有矛盾并且只要矛盾是因为'我们看见它被消除'而没有痛楚，就有它。"在总体上我们可以这样来概观所有这方面的关联："那悲剧的"和"那喜剧的"是同一样东西，因为两者都是处在矛盾的范畴之中，但"那悲剧的"是苦难的矛盾，而"那喜剧的"则是没有痛楚的。

44. 希腊意义上的厄若斯(Eros)，就是说，以一种方式，如同它在柏拉图那里所得到的如此美丽的赞誉］在柏拉图对话《会饮篇》(180d-181d)中，另一个讲演者鲍萨尼亚赞美年长的男人与少年之间的爱。鲍萨尼亚区分两种形式的厄若斯：一个是简单的，出自阿芙洛狄忒·潘德姆斯(Pandemos：普通的)，另一个是天堂的，出自阿芙洛狄忒·乌拉尼亚(Urania：天堂的、精神的)。前者涉及的是男女间的关系，而后者则毫不包含女性元素而纯粹指向年轻男人；前者主要是肉体方面的满足，而后者则指向智性快乐的满足。在同一对话录的更后面(208c-209c)，苏格拉底以同样的解读来谈及自己聪明的女友狄奥提玛：厄若斯是向着不朽性的冲动。如果厄若斯在一个男人那里走向肉体，那么这男人就去寻找一个女人以便同她一起生产出肉身的后代。如果这冲动在一个男人那里走向灵魂，那么这男人就去寻找一个有着俊美肉体和高贵灵魂的年轻男人，后者能够引出前者自身灵魂中的最美好的部分：认识、技艺和创作力、公正和中庸。

45. 每个人都对一切做出了怀疑］暗喻哲学史上的著名句子："De omnibus dubitandum est"(人当怀疑一切)。出自法国哲学家、数学家、科学家勒内·笛卡尔(1596-1650年)。在他的体系著作《哲学原则》中，在第一部分第一章的标题中就有这句子"Veritatem inquirenti, semel in vita de omnibus, quantum fieri potest, esse dubitandum"(如果一个人寻找真理，那么他就应当在自己的生命中有这么一次尽可能全面地怀疑一切东西)。这个句子表达了笛卡尔试图通过对一切陈述的"工具性怀疑"来深入到一切科学认识的最根本的基础，并且以这样一种方式达到他的哲学体系的出发点。黑格尔在《哲学史讲演录》中引用了这句，并且它也常常被比如说丹麦神学家马腾森(H. L. Martensen,

1808－1884 年)重复地引用(克尔凯郭尔随着年月对马腾森有着越来越强烈的批判态度)。马腾森在《文学月刊》(*Maanedsskrift for Litteratur*, bd. 16, Kbh. 1836, s. 515-528)评论海贝尔(L. Heiberg)的《1834 年 11 月在皇家军事高校的逻辑课程的引言讲座》(1835)时这样写:"De omnibus dubitandumest 的要求不是像它被说出来那么容易满足的。"笛卡尔的句子在马腾森的拉丁语学位论文[*De autonomia conscientiæ sui humanæ*, *in theologiam dogmaticam nostri temporis introducta*, Kbh. 1837 (ktl. 648)]中被反复提及。克尔凯郭尔自己也将之用于未完成的短篇小说《约翰纳斯·克里马库斯或者 De omnibus dubitandum est》的标题中。

46. 转过脸背对着]参看《创世记》(9:23)。
47. 如果我们用柏拉图的话来回答,就是说,人应当爱"那善的"]在柏拉图的《会饮篇》(204e－205a)中,苏格拉底引用女友狄奥提玛的话说,爱"那善的"的人们之所以爱"那善的"是因为他们想要变得幸福。
48. 拉拉葛]希腊女人名,在罗马诗人贺拉斯的《颂诗》第一书中被用来描述恋人]。
    文献:Q. *Horatii Flacci opera*, stereotyp udg., Leipzig 1828, ktl. 1248, s. 24f.
49. 阿里斯托芬说诸神把人一分为二]在柏拉图的《会饮篇》(189e－191d)中,喜剧诗人阿里斯托芬通过讲述这神话来描述厄若斯(爱欲):人本来是双重的生物,有着四臂、四腿、两张脸和男女两个生殖器,并且有极大的体力和相应的自我意识。但是,为了阻止人冲向诸神威胁他们的地位,宙斯想出了把人一分为二。他像切开比目鱼那样地把人从当中切开! 从此之后,人们就不得不通过爱情来重新建立本原的一体。
50. 把人分成三个部分]参看柏拉图的《会饮篇》193a,阿里斯托芬继续展开自己的关于人的一分为二的神话说,如果我们在诸神面前行为不端的话,有可能会被再一次被切分开。
51. 索娥]在古典时代好像没有这个名字,但是是由希腊语形容词"活生生的"衍生出来的阴性名词"生命"。九到十世纪在拜占庭有两个女皇帝的名字叫索娥。
52. 在各种各样的舌头中说话]以一种陌生或者无法领会的语言说话。可参看《使徒行传》(2:3－4):"又有舌头如火焰显现出来,分开落在他们各人头上。他们就都被圣灵充满,按着圣灵所赐的口才,说起别国的话来。"也可参看《哥林多前书》(14:2)。在弱化的意义上是指:说没有意义的话。
53. 一粒由之将长出一棵大树的芥菜种]指《马太福音》(13:31－32)中耶稣的比喻:"他又设个比喻对他们说:'天国好像一粒芥菜种,有人拿去种在田里。这原是百种里最小的。等到长起来,却比各样的菜都大,且成了树。天上的飞鸟来宿在它的枝上。'"
54. 正如亚当选择夏娃因为没有别人]指德国作家穆莎伊斯(J. K. A. Musäus, 1735－1787 年)在童话《爱之忠诚》中的一个说法。在这故事中伯爵海因里希·冯·哈勒姆温德与能干美丽有才华的玉塔·冯·欧尔登伯格相爱:拥有着这样一个异性珍宝,伯爵很有道理地把自己看成是月亮之下的最幸福的人,带着一种不可损坏的忠诚爱着能干的玉塔,正如人类之父亚当在乐园的无辜世界里爱着所有生者之母,在那个世界里她是唯一者。

文献:Musäus,*Volksmährchen der Deutschen*,udg. af C. M. Wieland,bd. 1-5,Wien 1815-1816 [1782ff.],ktl. 1434-1438; bd. 3,1815,s. 187f.

55. **如果一个地方有霍乱,那么外面就安排一个士兵**]在十九世纪出现了一系列蔓延性的霍乱,从印度传来。第一次蔓延(1817-1822年前后)是向着中国和阿拉伯地区。第二次(1826-1838年)蔓延到了俄罗斯和欧洲,在三十年代初,这疾病也传入到德国、瑞典和挪威,并且在霍尔斯坦也爆发出来;但是丹麦本土得以幸免。第三次蔓延(1846-1861年)同时进入了欧洲和北美南美的国家;在丹麦霍乱蔓延期为(1853-1857年)。这病症不是通过空气而是通过病人的排泄物(霍乱细菌在之中繁殖)传染的。到1883年人们才知道这一点。之前在欧洲人认为通过军事隔离(有时候是整个城市)能够防止这疾病的传染。在霍乱第二次蔓延向丹麦的时候,政府公布了命令(1831年6月19日),严格地规定了对显示出霍乱的房子或者住宅区进行隔离。这一安排到1832年被部分地取消。

56. **阿多尼斯**]一个年轻英俊的男人。在希腊神话中,阿多尼斯是爱神阿芙洛狄忒所爱的美少年。

57. **让·保罗所说的那个人……"这里放着一只捕狐夹"**]让·保罗(Jean Paul)是德国作家约翰·保罗·弗里德里希·里希特(Johann Paul Friedrich Richter,1763-1825年)的笔名。他写了许多有着一种跳跃、漫谈、蕴含有幽默或讽刺的风格的长短篇小说。他既不是罗曼蒂克作家,也不是古典主义作家(诸如他同时代的歌德),而更确切地说倒是十八世纪感伤时代的最后代表。他取这个笔名是因为要纪念他心目中的精神英雄,让·雅克·卢梭。让·保罗是在十九世纪被人阅读和引用得最多的作家。同时,作为美学理论家,他通过他的著作《美学预科》(*Vorschule der Aesthetik*)而产生影响。克尔凯郭尔所引用到的这个场面是出自短篇小说 *Des Feldpredigers Schmelzle Reise nach Flätz*,在之中主人公讲述,有一次他徒步走向一个猎堡,但却发现一块牌子,牌子上警告小心一支自动射击的猎枪:"jedermann wird hier vor dem Selbstschuß gewarnt!"他写下了遗嘱,然后成功地逃离了。后来当地人取笑他并告诉他,这块警告牌在那里有十年了,从不曾有子弹被射出。

文献:*Jean Paul's sämmtliche Werke*,bd. 1-60,Berlin 1826-28,ktl. 1777-1799; bd. 50,1827,citat s. 33.

58. **"共济会式的神秘仪式"**(Frimureri)。
关于共济会,根据维基百科的解说:"现代共济会出现于十八世纪西欧,自从1717年英格兰成立第一个总会所,至今其已经遍布全球。共济会是一种类似宗教的兄弟会,基本宗旨为倡导博爱、自由、慈善,追求提升个人精神内在美德以促进人类社会完善。会员包括众多著名人士和政治家,有些要求申请者必须是有神论者,有些则接受无神论者申请。而其反对者则认为共济会主要是富人和权贵的阴谋组织,其有着不为人知的统治世界的秘密计划,比如世界新秩序等。"

59. **一种希腊式的情欲之爱,在之中,一个人所爱的是美的灵魂**]见前面关于柏拉图《会饮篇》的注释。

60. **在卡卡杜……结结巴巴说"玛丽安娜"这个词的时候**]暗指丹麦戏剧家和戏剧史家托马斯·欧瓦斯勾(Thomas Overskou,1798-1873 年)和安东·路德维希·阿尔纳森(Anton Ludvig Arnesen,1808-1860 年)所写的民间喜剧《卡普里修撒或者在纽伯德尔的一家人》的第二幕。卡卡杜先生在这里是一个贫穷的退休者。他有一种他自己所无法明白的机械性的冲动,每次在年轻海员皮特·卡宁斯多可想要忘记自己的情人玛丽安娜而去想别人的时候,卡卡杜就会向皮特提及玛丽安娜。这部喜剧在 1836 年 6 月 11 日到 1845 年 1 月 11 日间上演了 51 次。被印在皇家剧院的节目单 139 号,哥本哈根 1842 年。上面所描述的场景在第 15 页。

61. **教皇在他要为拿破仑加冕的时候**]拿破仑·波拿巴(1796-1821 年)在 1804 年 12 月 2 日在巴黎圣母院受冕为皇帝。教皇庇护七世想要参与典礼,但拿破仑自己为自己加了冕。

62. **一门牧师科学**]本来是说一门关于实践神学和牧师作为(就是说,布道学、教义问答教学、礼拜仪式、教会权和灵魂抚慰)的科学。在克尔凯郭尔的时代,只在哥本哈根的牧师师范学院里有牧师神学课,该学院的神学硕士必须用两个学期的课程来接受神职。在这里作者所用的是一种转义:一种关于对情欲之爱的诸范畴的实践运用的科学。

63. **一个诗人在一种牧歌之中尝试着让情欲之爱进入存在……学着怎样去爱**]所指的是古希腊牧歌小说《达佛涅斯和克洛伊》,朗戈斯(约二世纪)著。小说叙述生活在农村牧人中的两个孩子间的爱情的醒觉,但是教会少年牧人达佛涅斯情欲之爱的技艺的人却是成年女人丽楷妮汶。克尔凯郭尔有着此小说的希腊语版、拉丁语版和德语版。

64. **食品储藏室中的萨夫特**]萨夫特是亚当·欧伦施莱格尔的歌剧《安眠药水》(哥本哈根,1808 年)中的一个贪吃的人物。在剧中,外科医生布劳瑟这样谈论他的助手萨夫特:"鬼知道是怎么回事,他弄到最后总是要么在食品储藏室要么在酒窖里"(第一幕)。此剧在 1809 年 4 月 21 日在皇家剧院首演,然后演了 66 次直到 1843 年 4 月 21 日。

65. **转过脸去听我说下去**]参看《创世记》(9:23):"闪和雅弗,拿件衣服搭在肩上,倒退着进去,给他父亲盖上。他们背着脸就看不见父亲的赤身。"

66. 旧时,在丹麦有这样的淋浴设备(在丹麦现代游泳池的桑拿房外仍常配有这样的淋浴设备):一个木桶,在桶口表面沿一直径的两个点上以钩钩挂起,这桶以钉钩两点处为支撑点可以摇晃。在桶的一边与直径相对最远的点(与钉钩两点所构成的直径的平行的线和桶圈相切的点)上拴有绳索,一拉绳索,水桶就会晃动,乃至翻覆。桶上面有水管,水从水管流进桶中。水桶里的水满了,沐浴人一拉绳索,水就泼下,供之淋浴。

67. 译者对这句进行简化,原句直译是"如果我们在它出现的时候无法在'它所出现于之中的'事物中看见它,……"

68. **tristitia**] 拉丁语:悲哀、忧愁。暗示着古话"omne animal post coitum triste"(每一种动物在交配之后都是悲哀的)。这说法的来源不清楚,但肯定是晚于古罗马。

69. "局中人",文中所用丹麦语是"de Indviede",Hong 的英文版译作"initiates"。如果直译,就是"了知(某种)秘密知识的人们"或者"被接纳进了(某个)由特选者们构成的圈子的人"。在这里是指理会了"情欲之爱"之意义的人。

70. 通常译作"虔诚",在这里的关联上译作"孝敬"。

71. 西塞罗所说……"对于父亲,儿子总是不对的"]据我们所知,罗马演说家和作家马尔库斯·图利乌斯·西塞罗(公元前106 - 前43年)不曾说过这个。但克尔凯郭尔也不是凭空将之与西塞罗联系在一起的,因为,"虔敬"是最受崇尚的罗马美德之一。"虔敬"(Pieteten)这个词的本义是"对父母、对祖先、对祖国和诸神尊敬情感",而西塞罗是罗马共和国公民美德的坚定捍卫者。西塞罗在《论义务》(*De officiis*)的第三卷第二十三章90中特别论述了对父亲的虔敬(孝敬);他在此强调:如果一个儿子发现自己的父亲偷抢神庙或者税库,他不应当告发父亲,相反在父亲被指控犯罪时为父亲辩护。如果儿子发现父亲有着颠覆祖国的造反密谋,那么他应当通过乞求和威胁来努力说服父亲放弃,只有在不得已的情况下,出于国家安全他才可告发父亲。在西塞罗为一个杀父的儿子辩护时,他的论断就是:这样的犯罪行为太可怕,因而我们不得不在事先否定掉它的可能性。

72. 儿子如同父亲是永恒的本质存在]指早期教会的基督论的争议,史上的阿里乌斯派的争议,始于325年的第一次尼西亚基督教大公会议前后。亚历山大的长老阿里欧斯以及他的追随者阿里乌斯派徒们提出了:上帝之子是被造的,并且与上帝的本质只有(很小的)相似之处。亚历山大的主教亚他那修以及他的追随者代表了教会的正统,被称作是亚他那修派徒们或者尼西亚会徒们,则相反强调父子之间有着本质的相似性,就是说,上帝之子有着与上帝本身一样的永恒本质存在。后者成了这一争议的胜利者,并达成《尼西亚信经》,确定了圣子是"从圣父唯一被生的,就是说,从圣父的本质、上帝之上帝、光之光、真神之真神被生的,而非被造的,与神父有着本质之共性"。这一信经的内容于381年在君士坦丁堡举行的第二次基督教大公会议得以修订并一致通过,并于451年在迦克敦举行的第四次基督教大公会议上进一步确定。之后的《尼西亚信经》在这一内容上的描述稍有改变:"从圣父唯一被生的,由圣父在所有时间之前生下的,上帝之上帝、光之光、真神之真神被生的,与神父有着本质之共性。"这一信条被宗教改革者们接受并属于丹麦路德教会的信条之一。

73. 柏拉图的妙语：……人生殖出人〕指柏拉图的对话录《克拉底鲁篇》(393b - c)。在之中苏格拉底说：我认为我们很正确地把狮子的后代称为狮子，正如把一匹马的后代称作马。我完全不考虑"一匹马（因为奇迹）而生出某种非马的东西"的情形，我这里只谈论自然的一般进程，一种动物生殖出自己的类型的后代。如果一匹马违反自然地生出一头牛来，那么它不应当被称作马驹，而应当被称作牛犊。同样，如果从一个人那里生出非人的后代，那么这后代自然同样也不可以被称作人。植物和所有其它东西的情形也是如此。

74. 玛格德萝娜在《埃拉斯姆斯·蒙塔努斯》中对耶罗尼姆斯所说的那种幻觉〕在霍尔堡的喜剧《埃拉斯姆斯·蒙塔努斯或者拉斯姆斯·贝尔格》(*Erasmus Montanus eller Rasmus Berg*，1731)第三幕第六场中，夫妇讨论谁最有权决定女儿丽丝贝特的未来，耶罗尼姆斯说："我认为一个父亲总是比一个母亲更多。"对此玛格德萝娜回答说："我不认为是这样；因为，我是她的母亲，对此无人能够怀疑，但是你们……我不想说更多，因为我太急了。"

75. 这想法……和一个妻子守在一起……比父母更有价值〕暗喻《创世记》(2∶24)："因此，人要离开父母与妻子连合，二人成为一体。"和《马太福音》(19∶5)："并且说：'因此，人要离开父母，与妻子连合，二人成为一体。'这经你们没有念过吗？"在结婚仪式上，牧师也要用到这一说法。

76. 这一句丹麦语原文是："…men min Tanke vil jeg ikke være utro, og hvad hjalp det, for mig er der dog ingen Salighed, hvor jeg ikke har min Tanke frelst, hvor jeg, hvis jeg var der, vilde indtil Fortvivlelse længes efter Tanken, som jeg ikke tør forlade for at hænge fast ved en Hustru, da den er mig mit evige Væsen og altsaa endnu mere værd end Fader og Moder og endnu mere værd end en Hustru."

　　Hong 的英译本作了一小点改写，可能是因为 Hong 把丹麦文中"for mig"（对于我）的这个介词"for"（对于……来说）看成是句首连接词"for"（因为）而把宾格的"我"(mig)理解为与格的"我"(mig = for mig)。因此英译就多了一个"because"（因为）："...but I refuse to be unfaithful to my thought, and what would be the use of it, because for me there is no bliss where I have not saved my thought, where, if I were there, I would long unto despair for thought, which I dare not abandon in order to cling to a wife, since to me it is my eternal nature and consequently even more valuable than father and mother and even more valuable than a wife."（但是，我不愿不忠实于我的想法；这样的机会对我又有什么用，因为，如果我无法使自己的想法得救，如果我尽管得到这情欲之爱却会渴望着这想法直至绝望（我不敢离开这想法而去和一个妻子守在一起，因为它对于我是我的永恒本质存在，因而比父母更有价值并且也比一个妻子更有价值），那么，对于我，在情欲之爱之中还是不会有什么至福。）

　　Emanuel Hirsch 的德译本把上述的"for mig"译作"für mich"（对于我），亦即，把"我"(mig)理解为宾格的"我"(mich)而不是与格的"我"(mir)。

本书译者接受德译本的译法。

77. **因欲求一个女人而看她**]暗喻《马太福音》(5:28)："只是我告诉你们,凡看见妇女就动淫念的,这人心里已经与他犯奸淫了。"
78. **那条窄路……宽阔大道**]暗喻《马太福音》(7:13-14)："你们要进窄门。因为引到灭亡,那门是宽的,路是大的,进去的人也多。引到永生,那门是窄的,路是小的,找着的人也少。"
79. "各种预先的警觉",如果直译应当是"各种令人不安的先见预知"。
80. 见前面的注释。
81. **静默有时,言语有时**]参看《传道书》(3:7)："撕裂有时,缝补有时。静默有时,言语有时。"
82. **在这里你们应当兴高采烈**]这是对斯克里布的歌剧《天神与舞女》第一幕第一场中台词的随意引用。
83. **绝无仅有的发现**]也许是在影射格隆德维(N. F. S. Grundtvig)。格隆德维认为自己有一个发现:基督教的渊源不是《圣经》,而是在教会里数百年言传的话语,亦即,使徒信条、"在天之父"的祷告词和领圣餐时的定制用词。格隆德维在他的《教会的反驳》中描述了这一想法,并且也多次使用了"绝无仅有"的说法,但这"绝无仅有"不是用于描述他自己的发现。*Kirkens Gienmæle*, Kbh. 1825。
84. **半男人**]原本是指"被阉割者",后来转化为"女人般的男人"(在这里还有"男性化的女人"的意思)。
85. 更直接的翻译就是:"它对思想发生影响,正如'听一个男人庄严地开始讲演、以这样一种风格背诵一个句子的一个或者两个部分,然后说"嗯唔!"——然后沉默'会对心情发生影响。"
86. 就是说:作为一种实验,你想象出这样一个端庄少女,她要去实现这要求。
87. 直译的话是"但它还会回来,裁缝说,因为她所具的一切就是幻觉"。

  但它还会回来,裁缝说]这句话可能是克尔凯郭尔把格隆德维的《丹麦成语和俗语》(*Danske Ordsprog og Mundheld*)中的两句引用语混在一起构成的。
88. 这"后悔"(fortryde)是不强调伦理意义的后悔,一般我也会将之译作"懊悔",比如说,我因为在一家商店买下比大多数别的商店价钱都更贵的同一样东西,我可能就会在事后懊悔;但是"悔"(angre)则是有着伦理意义的,是因为做了某种道德意义上的错事或者宗教性意义上的"有罪的事情"而悔。
89. **薛西斯让人鞭打大海**]指波斯王薛西斯(Xerxes,公元前465年)在对希腊的战争(公元前480年)中命令要在达达尼尔海峡上建桥,这样他的军队就能够通过海峡。在一边的岸上腓尼基人用白麻建一座,在另一边岸上埃及人用纸草建一座。当这些桥完工时,一场可怕的风暴出现将它们撕烂摧毁。当薛西斯听到了这灾祸之后非常震怒,以至于他命令鞭打达达尼尔海峡三百鞭,并把一些锁链沉到海底。这故事出自希罗多德(Herodot)的《历史》(*Historiarum*, 7,

34-35)。

文献：*Die Geschichten des Herodotos*，overs. af F. Lange，bd. 1-2，Breslau 1824，ktl. 1117；bd. 2，s. 159f.

90. 奥赛罗杀死苔丝狄蒙娜]在莎士比亚的悲剧《奥赛罗》的第五幕第二场,摩尔人奥赛罗掐死了自己无辜的妻子苔丝狄蒙娜,因为伊阿古诱使奥赛罗怀疑自己的妻子不贞。文献：*William Shakspeare's Tragiske Værker*，overs. af P. Foersom og P. F. Wulff，bd. 1-9［bd. 8-9 har titlen *Dramatiske Værker*］，Kbh. 1807-25，ktl. 1889-1896；bd. 7，1819，s. 180-204.

91. "他也只是在就'一个从一开始就已经使得他可笑的结果'作出一种承认"。

    这个"承认"(Concession)同时含有"让步"的意思。从"不承认"到"承认"是一种让步。有时候,根据上下文关联,我也会将之译作"让步"。

    丹麦文原文："thi selv idet han myrder hende gjør han kun en Concession i Henseende til en Conseqvents，som oprindeligt har gjort ham latterlig."

    英文版："for even in murdering her he is only making a concession to a consequence that originally had rendered him ludicrous."

    德文版："denn sogar indem er sie ermordet，macht er lediglich ein Zugeständnis betreffs einer Folge，die ihn von Anfang an lächerlich gemacht hat."

92. 爱尔薇拉则能够是完全地带着庄严的情感以匕首武装起来为自己报仇的]在莫扎特的歌剧《唐璜》第一幕第六场,爱尔薇拉发誓要对她紧接着就要遇上和认出的欺骗者复仇。在她看见唐璜时,"她拔出匕首,唐璜和古斯曼拉住她的手臂"。

93. 奥赛罗是个黑肤色的摩尔人。

94. 那种……索债要求遭受到……抗议]"索债要求遭受到抗议",就是说要求偿还债务的索债被宣告为无效的。"抗议一份索债要求"就是说"做出关于'欠债者已经拒绝支付到期的债务'的正式宣告"。

95. 直译的话就是"那喜剧的"。

96. 粘西比]Xantippe，苏格拉底的妻子(公元前五世纪),常常被描述成是一个悍妇。

97. 那使得雅典最丑陋的人变得最美丽的微妙的微笑]也许是指向柏拉图的《会饮篇》中阿尔基比亚德所说的话,他说苏格拉底使他联想到的是西勒诺斯,狄俄尼苏斯的追随者,又老、又胖、秃头塌鼻的生物。但是他补充说,苏格拉底的内在包涵了一种神圣的美,并且以他的追寻智慧的言辞打动所有听他的人。甚至阿尔基比亚德也因为同样的原因而毫无保留并且很不幸地爱着苏格拉底。

98. 阿里斯托芬有时候想把苏格拉底描述成一个可笑的形象]希腊喜剧作家阿里斯托芬(约公元前450-前385年)一共写了四十部喜剧,其中十一部被保留下来。他的喜剧《云》(首演于公元前423年的雅典)将当时摩登的哲学家诡辩家——他也将苏格拉底包括在内,描述为可笑的人物。比如,说苏格拉底把云当作自己的神圣来崇拜,并且,为了向云靠近,他在他的书房的天花板下所吊的一只篮子里把自己挂着。他赤脚不洗澡并且专心于非本质的问题,比如说"跳蚤跳的距离有多远"以及"蚊子用嘴巴还是用屁股鸣唱"等等。另外他总是散布迷惑人的想法。这部喜剧的展开是介于普通的农民斯特勒普希阿斯和由苏格拉底领导的吹毛求疵辩证法学派之间的对峙。在克尔凯郭尔时代《云》有丹麦语译本。

苏格拉底(约公元前 470 - 前 399 年)与柏拉图和亚里士多德一样是最著名的古希腊哲学家。他以对话发展了自己的哲学但没有留下任何文字,但他的人格和学说被同时代的三个作家记录下来:阿里斯托芬在喜剧《云》之中,色诺芬尼在四篇"苏格拉底的"文本中,以及柏拉图在各种对话录中。苏格拉底以"引进国家所承认的神之外的神"和"败坏青年"被雅典的人民法庭判死刑;他被以一杯毒药处决,他心情平和地喝下毒药。

99. 在口袋里打响指] 对一个人打响指是使得手指的一个动作作为对这个人的鄙视的标志。"在口袋里打响指"是一种说法,表达一个人的不服气之中的无奈成分。

100. 西班牙人所解读的荣誉] 在传统上西班牙人被看作是一个注重荣誉的民族,但是在这里也许是考虑到了黑格尔的《美学》第二部分中的一句话。在黑格尔说到琐细的思考把一些与主体有关但本身很偶然的无足轻重的事情归结为与荣誉相关的事情时,他写道:"特别是在西班牙人那里,这种关于荣誉的感想性的诡辩在戏剧体诗里很发达,其中主角们往往长篇大论地讲荣誉。例如妻子的忠贞可以结合到极细微的情境来检验,旁人的猜疑乃至让旁人猜疑的可能也变成荣誉攸关的事,尽管她丈夫也明知这种猜疑毫无根据。"黑格尔:《美学》,第二卷,朱光潜译,商务印书馆,1996 年,第 323 页。

——"Hauptsächlich die Spanier haben diese Kasuistik der Reflexion über Ehrenpunkte in ihrer dramatischen Poesie ausgebildet und als Räsonnement ihren Ehrenhelden in den Mund gelegt. So kann z. B. die Treue der Ehefrau bis in die allergeringfügigsten Umstände hinein untersucht, und schon der bloße Verdacht anderer, ja die bloße Möglichkeit eines solches Verdachtes, selbst wenn der Mann weiß, der Verdacht sey falsch, ein Gegenstand der Ehre werden." *Georg Wilhelm Friedrich Hegel's Werke. Vollständige Ausgabe*, bd. 1-18, Berlin 1832-45; bd. 10,2, s. 175 (*Jub.* bd. 13, s. 175).

101. 女性是更弱的性别] 俗语,渊源于《圣经》的许多段落,比如说在《彼得前书》(3:7)中:"你们作丈夫的,也要按情理和妻子同住。因她比你软弱,与你一同承受生命之恩的,所以要敬重她。"另外,在莎士比亚的《哈姆雷特》第一幕第二场中哈姆雷特的台词:"软弱,你的名字叫女人!"

102. 这句的丹麦语是:"jeg har stundom ikke kunnet sove om Natten blot for at betænke, hvilke nye Confusioner jeg ved den Elskedes Haand og min underdanige Tjenstiver skulde opleve;"直译为:"有时候我在夜里睡不着,只

是为了要考虑:'通过爱人的手和我顺从的服务热情,我将会体验到怎样的一些新出现的困惑呢?'"

  Emanuel Hirsch 的德译本是:"zuzeiten habe ich des Nachts nicht schlafen können, bloß weil ich überlegen mußte, was für neue Konfusionen ich mittels der Hand der Geliebten und meines untertänigen Diensteifers wohl noch erleben werde"(有时候我在夜里睡不着,只是因为我不得不考虑:通过爱人的手和我顺从的服务热情,我将会体验到怎样的一些新的困惑)。

  Hong 的英译本对这一句稍作改写:"at times I have not been able to sleep at night just thinking about the new confusions I am going to experience at my beloved's hand and out of my humble zeal"(有时候,我在夜里只是考虑着"我在我爱人的手中、出自我顺从的服务热情将会体验到的一些新困惑",无法入睡)。

  F. Prior et M.-H. Guignot 的法译本:"il ma été parfois impossible de dormir la nuit rien qu'en pensant aux nouvelles confusions auxquelles je serais exposé par la faute de ma bien-aimée et de mon assiduité servile"。

103. **烟和罗曼蒂克之咏叹调**〕指向威瑟尔(J. H. Wessel)讽刺模仿性的悲剧《没有长袜的爱情》(1772 年)。在剧中,坠入爱河的马兹唱了一曲有如下歌词的咏叹调:"在我心中的烟囱里燃烧着/一块树脂的情欲之爱的柴禾,/它两头都被点着,/情欲之爱神点着了它。/每一个看见烟升起的人/(烟是我的咏叹调)/必定会想着,尽管不能说:/它所来之处是热的。"

104. **朱丽叶的顶点**〕在莎士比亚的悲剧《罗密欧与朱丽叶》之中,蒙塔格家族里年轻的罗密欧崇拜宿敌家族卡普勒特的女孩朱丽叶。爱情导致了这两个年轻人的死亡。

105. **急着要下蛋却又找不到地方的**〕按丹麦语原文直译为"有生蛋病的",这个形容词描述一只急着要下蛋却又找不到地方的母鸡急忙地东跳西跑。就是说,急切的,焦躁不安的。

106. **这个小黑母鸡另外还贡献了一些什么**〕指向霍尔堡的喜剧《坐立不安的人》(1731 年)的第二幕第一场。主人公费伊勒格西瑞在撰写各种婚礼请柬的时候突然打断自己和书记员们手头的工作并训诫厨娘:那只小黑母鸡不可以和其它跟在这母鸡后面的母鸡们混在一起。从圣诞到现在,这只他所最喜欢的母鸡下了四十多只蛋。书记员克里斯多夫在查阅了一本账簿之后确认并补充说:"她所做的别的贡献没有被记录下来。"

107. **像一个骑师**〕根据第欧根尼·拉尔修的《哲学史》第二卷第五章三十七节中的记事,苏格拉底曾用这一比喻来描述他与妻子粘西比的关系:"与一个脾气暴躁的女人生活在一起,他说,就像养马人与野马的共处;在他们控制住这些野马时,他们就能够很容易地与其它马一同出去;我也是想要这样,如果我知道了怎么与粘西比交往,那么我也就能够得体地与其他人交往。"

108. **诗人那里的一个幻影……坐在手纺车旁等着被爱者的幻影**〕可能是指向歌

德《浮士德》中的一个著名场景(第一部分第 3374 - 3413 句诗):玛格丽特独自坐在自己的客厅里,在手纺车边上唱着一支关于她不安地思念爱人的歌:"Meine Ruh' ist hin"。

109. **无偏向性**〕Uinteresserethed,无私性,客观性。也许是指向"无偏向的愉悦"(unintieressiertes Wohlgefallen,在国内一般译作"无功利的愉悦"),德国哲学家康德(Immanuel Kants,1724 - 1804 年)的美学中的中心概念,在《判断力批判》(1790 年)中被提出。"无功利的愉悦"是美的东西在观察者那里唤起的情感,这种情感的来源是:"那美的"被作为一种在意图上不为任何目的服务并且因此而在观察者的想象能力和智性之间创造出和谐。

110. **亚里士多德**〕亚里士多德(公元前 384 -前 322 年),哲学家、逻辑学家和自然科学家。与柏拉图同为最伟大的古典哲学家。在公元前 335 年创立吕克昂的逍遥学派,但是在公元前 324 年离开雅典以避免遭受与苏格拉底相同的指控。

111. **他准确地注意到,女人是无法真正被用在悲剧之中的**〕指向亚里士多德《诗学》的第十五章(1454a16 - 22),论悲剧人物:"关于性格的刻画……最重要的一点是,性格应该好。我们说过,言论或行动若能显示人的抉择(无论何种),即能表现性格。所以,如果抉择是好的,也就表明性格亦是好的。每一类人中都有自己的好人,妇人中有,奴隶中也有,虽然前者可能较为低劣,后者则更是十足的下贱。"引自亚里士多德:《诗学》,陈中梅译,商务印书馆,1996年,第一版,第一次印刷。

112. **奇怪的是,这形象并没有更频繁地被用在舞台上**〕在亨利克·赫尔兹(Henrik Hertz)的浪漫主义悲剧《斯温·迪令的家》中,主人公死去的妻子赫尔维希四次作为鬼魂登场。在第二幕第二场,她在她睡着的孩子们面前说出一段独白。在第四幕第六场她又出现但什么都没说。在第四幕第七场她主动地参与进情节,阻止自己的女儿去喝她继母之女朗希尔德拿给她的毒杯子。在第四幕第十场她对斯温·迪令及其新妻子做出审判。在 1837 年 3 月 15 日到 1843 年 11 月 10 日之间,此剧在皇家剧院演了 26 次。

　　文献:*Svend Dyrings Huus*,Kbh. 1837,s. 47-50,s. 155f. ,s. 162 og s. 174-177.

113. **去支付寡妇抚养金保险**〕向保险公司付保险,以便在自己去世后寡妇能够得到抚养费。寡妇抚养金保险是十八世纪出现的保险形式。

114. **现在我踯躅徘徊……以求能为她洒下我的泪**〕典故来源不详。

115. 丹麦文原文为:"men at døe af Sorg,fordi hun ikke kan udholde,at den Elskede er fjernet fra hende paa en Reise til Vestindien,at maatte finde sig i at han reiser,og saa ved hans Hjemkomst ikke blot ikke være død,men knyttet for evigt til en Anden,det er virkelig en besynderlig Skjebne for en Elsker."

　　Hong 的英译本遗漏了一个"不":"But to die of sorrow because she cannot bear to have her beloved be far away on a journey to the West Indies, to have to reconcile herself to his going, and then upon his homecoming not only be dead but united forever to someone else—that is really a strange fate for a lover."(但是,因为无法忍受爱人远离她去西印度群岛旅行、无法让自己接受"他离开"的事实而死于悲哀,然后,在他回家的时候不仅死去而且永远地与另一个人结合在一起,对于一个爱者,这才真正是一种古怪的命运)。正确的翻译应当是"…and then upon his homecoming not only. *not* be dead but..."(……在他回家的时候不仅仅是没有死去而且还……)。

Emanuel Hirsch 的德译本是译作"不仅仅是没有死去"的:"…aber vor Kummer sterben, weil sie es nicht aushalten kann, daß der Geliebte ihr ferne gerückt ist durch eine Reise nach Westindien, sich darein finden müssen, daß er reist, und dann bei seiner Heimkunft nicht bloß nicht tot sein, sondern auf ewig an einen andern gebunden sein, ja, das ist wirklich ein absonderliches Geschick für einen Liebenden."

但是 F. Prior et M.-H. Guignot 的法译本倒是与英译本的"不仅死去"一致:"Mais mourir de chagrin parce qu'elle ne peut pas supporter que le bien-aimé soit éloigné d'elle à cause d'un voyage aux Antilles, parce qu'elle doit se résigner à le voir partir, et ensuite, à son retour, ne pas seulement être morte, mais liée à un autre pour l'éternité — voilà assurément le sort le plus étrange pour un amant."

本书译者译作"不仅仅是没有死去"。

116. **一支旧歌谣中的重复部分……:我说为你和我喝彩吧,这一天永远都不会被忘记!**] 诙谐歌谣《男人女人都坐下》中的副歌部分为:"呼嗨! 我说为你和我,这一天永远都不会被忘记。"

117. **不应当就此而停留着不动,而是继续向前**] "继续向前"和"超过"是丹麦黑格尔主义关于要在笛卡尔的"怀疑"的基础上继续向前的说法,后来又在更广泛的意义上用于"要超过其他哲学家(诸如黑格尔)"。

哲学家、数学家和自然科学家勒内·笛卡尔(1596-1650年)强调,为了确定"知识"的有效性,有必要怀疑一切(拉丁语"de omnibus dubitandum est")。借助于这一工具性的怀疑,笛卡尔发觉,唯一让人无法有意义地怀疑的事实是:正进行怀疑的人必定是作为思者而存在的,所谓"我思故我在"。黑格尔(1770-1831年)德国哲学家,1801-1805年在耶拿任非常教授,1816-1818年在海德堡任教授,1818年至去世在柏林任教授。从1800年起,他开始了独立的哲学著述,其核心是关于"存在('那绝对的')是精神并且'那绝对的'是辩证的(就是说处于一种不断向前的发展)"的思想。以此为出发点,他的努力在于一种方法,把各种哲学观点集中在一个体系之中,同时既包容物质世界又包容精神世界。

118. **甚至柏拉图和亚里士多德都认定了,女性是一种不完美的形式**] 柏拉图在对话录《蒂迈欧篇》中(42a-b)写道:所有灵魂在它们的尘世第一生都是男人。

那些无法控制自己的激情,生活中怯懦和不公正之中的人们,在他们的下一辈子里成为女人。亚里士多德在《论动物的形式》中写道(第四卷,第六章,775a):女人的特征可以被看作是一种自然的不完美。在此书稍前处(第二卷,第三章,737a):女人是一种扭曲的男人,在其构成新的个体的参与中只缺少灵魂原则。

119. **她要得解放**]妇女解放运动到了 1848 年才开始变成正式的事业。在丹麦,最初的文件是玛蒂尔德·菲比戈尔的笔名著作:克拉拉·拉斐尔的《十二封信》,由海贝尔在 1851 年在哥本哈根出版。不过,自从 1789 年法国大革命之后,已经有人开始提出对女性权利的要求,比如说,法国的奥兰普·德古热(1748-1793 年)和英国的玛丽·沃斯通克拉夫特(1759-1797 年)。在法国波旁复辟时期,社会主义的伯爵圣西门(1760-1825 年)重提女人的平等权利,而他的追随者,巴泰勒米·普罗斯佩·安凡丹(1796-1864 年)则直接提倡自由恋爱和肉体解放。法国作家乔治桑(1804-1876 年)也欢呼自由恋爱,追求将女人从所有习俗压制之中解放出来。克尔凯郭尔在他的匿名文章《也是一个对于女性的高天赋的辩护》中提及了圣西门主义的要点。

120. **柏拉图为四样东西而感谢诸神**]神父拉柯坦提乌斯(Lactantius,约 250-约 325)在对柏拉图的描述中(*Institutionum divinarum*, 3, 19)说柏拉图感谢大自然,他成为了人而没有成为不会说话的动物,成为男人而不是女人,成为希腊人而不是野蛮人,成为雅典人而且与苏格拉底同时。

　　Jf. *Firmiani Lactantii opera*, udg. af O. F. Fritzsche, bd. 1-2, Leipzig 1842-1844, ktl. 142-143; bd. 1, s. 152.

121. **已经被一个更早希腊哲学家提出来**]在第欧根尼·拉尔修的《哲学史》第一卷第一章第三十三节中谈及自然哲学家,米利都的泰勒斯,他为三样东西感谢命运:(1)他成为了人,而没有成为不会说话的动物;(2)成为男人而不是女人;(3)成为希腊人而不是野蛮人。

122. 就是说:命运没有给予我"某物 A",我没有得到"某物 A",那么我就无法因为"我得到了某物 A"而表示感谢。

123. 译者对这句句子作了一定程度的改写。直译应当是:"尽管一个女人的生活不具备这样的一些对立面,但她所享受的并且人们正当地认定她作为女人所应得的这份荣誉,一份她无法与男人共享的荣誉,已经指向'那毫无意义的'了。"

124. 奇幻的范畴(phantastiske Kategorier)。

125. 按原文直译这"女性"应当被译作"美的性"。

126. 按原文直译这"女性"应当被译作"美的性"。

127. 这里的"女性的"是形容词,是一个"女性的存在",而不是"一个女性"的存在。

128. 这里的"女性的"是形容词,是每一个"女性的存在",而不是"每一个女性"的存在。

129. **蒂克的那些浪漫主义剧作之中……哥本哈根的杂货商**]德国罗曼蒂克诗人

路德维希·蒂克(1773 - 1853 年)在民间童话的基础上进行创作,并且他的人物常常变换职业。但是克尔凯郭尔所描述的人物却无法在蒂克的作品里找到。

130. 这里的"女性的"是形容词,是每一个"女性的存在",而不是"每一个女性"的存在。

131. **fasces**]拉丁语:束棒。音译"法西斯"。束棒是一根被多根绑在一起的木棍围绕的斧头。在古罗马是刑具和高级官员的权威标志。

132. 这个"这"是指"走到真相的界限之外"。

133. **议员**]原文是 Etatsraad,丹麦衔位之一。根据 1746 年和 1808 年的法令以及后来的附加规定,丹麦衔位包括有几个等类,以数字区分,这一议员衔位是第三等。

134. **在一种否定的关系中,女人使得男人在理想性中变得有创造力**]就是说,通过作为"他所得不到的",女人起到了这样的作用,使得男人实现各种更高的理想。

135. [**地址报**]*Adresse-Avisen*,最老的丹麦广告报纸,全称 *Kjøbenhavns Adresse-Comptoirs Efterretninger*,由印书商威兰德(J. Wielandt)在 1725 年从欧斯顿(F. v. d. Osten)那里从接手了后者得天独厚的地址办公室(1706 年成立)之后出版。1759 年之后又被霍尔克(H. Holck)接手,并刊登新闻材料,但在十九世纪初这份报纸又重新成为广告报纸。在克尔凯郭尔的时代,这报纸的内容几乎就只有包括讣告的各类广告。从 1800 年起一周六期,在 1841 年印数达七千。这份报纸从来不曾发行到哥本哈根之外的地方。

136. "正定地/正定的":副词/形容词 positiv,是由动词 ponere(设定)衍生出来的名词。通常译作"肯定",但是考虑到这个词在这里的意义关联中所指的"设定"的意义,所以译作"正定"。

137. 就是说,这是一个讣告:彼得森女士在 24 和 25 日间的这个夜晚突然去世……

138. **用霍尔堡的话说:那头母牛是不是也穿着阿德里安娜长裙**]霍尔堡(Ludvig Holberg,1684 - 1754 年),丹麦挪威诗人,哲学家和历史学家。从 1717 年起任哥本哈根大学教授,后担任校长,并且在 1737 - 1751 年任基金会负责人。因为当时在小绿街(现在的新阿德尔街)开立一家丹麦剧院,霍尔堡开始写他最初的那些喜剧,三卷本出版于 1723 - 1725 年。最初的 25 部喜剧以《丹麦剧场》为标题出版 1 - 5 卷。在他的喜剧《产房》(1724 年)的第二幕第二场中,安娜·坎德斯杜贝尔斯正要去产房。那里有几个妇人,其中有一个这样谈论她:"你们是不是认为那头母牛也穿着阿德里安娜长裙!"

阿德里安娜长裙:一种松散的后摆着地的女裙,因为法国女演员丹果尔女士穿着这款衣服演阿德里安娜(泰伦提乌斯的喜剧《安德里亚》中的人物)而得此名;它让人觉得像睡衣,在十八世纪初这款裙子成为时髦时曾因此而让许多人愤慨。

"母牛"在丹麦是被用于女性的侮辱称呼。

139. 鹿苑]在哥本哈根北面,猎堡鹿苑,在那里也有一道圣泉。在夏天,泉源周围会有集市,形成一个民间游乐场地。

140. "那否定的"要高于"那正定的",它是"那无限的"并且以这样一种方式是"那唯一正定的"]暗示了黑格尔的辩证法。根据黑格尔辩证法,"那正定的(那肯定的)"是第一环节,"那直接的",要被其对立面否定;这样,"那否定的"就在这样一种意义上高于"那正定的":它在辩证过程中标示了一个得到了更多发展的一阶。第三环节,更高的一阶则是对"那否定的"之否定,更高的直接性。在《逻辑学》中,按照黑格尔对无限性的理解,无限性之范畴在"存在"(Dasein)之范畴中构建出第三环节。第一环节是"存在"(Dasein),就是说,特定存在。这一特定存在被一个特定界限否定,并且因此而是有限的,第二环节是有限性。有限性之否定是无限性,亦即,第三环节或者说否定之否定。如此,无限性是一个正定的名词。

参见 *Wissenschaft der Logik*,udg. af L. von Henning,bd. 1-2,Berlin 1833-1834[1812-1816],ktl. 552-554;bd. 1,i *Hegel's Werke*,bd. 3,s. 112-173(*Jub.* bd. 4,s. 122-183).

另外,名词的 Dasein,尤其在海德格尔的哲学关联上,国内似乎有"此在"、"亲在"、"定在"和"缘在"等等译法。不过我所参看的一些德国唯心主义译著中一般常被译作"存在",而 Sein 则被译作"在"。

141. 超越了所有能够在任何男人的脑子里冒出来的东西]指向《哥林多前书》(2:9),在之中保罗描述上帝的智慧,说那"是眼睛未曾看见,耳朵未曾听见,人心也未曾想到的"。

142. "生活"(Tilværelsen),也译作"存在"。

143. 作为败坏之源的人]指向《马太福音》(18:7),在之中耶稣说:"这世界有祸了,因为将人绊倒。绊倒人的事是免不了的,但那绊倒人的有祸了。"

144. 通过她罪进入世界]暗示了《创世记》第 3 章中的罪的堕落的故事。

145. 她的不贞毁灭了一切]也许是指特洛伊战争的故事。斯巴达的王后海伦是世上最美丽的女人,但是爱神阿芙洛狄忒让她爱上特洛伊王子帕里斯,后者将她拐到特洛伊,她成了他的妻子。

146. 那"使得男人对自己的妻子有责任"的国家]按照克里斯蒂安五世的丹麦法律(1683 年):男人从自己未来的妻子的"父母或者正当的监护人"那里接受她(第三卷,第 16 章,第 1 条);这样,一个女儿"在被转交给另一个监护人或者丈夫之前绝不能不认父亲的监护"(第三卷,第 17 章,第 38 条)。作为她的监护人,丈夫可以比如说把她送进精神病院。他也单独地拥有着公共财产中女人的这部分。在 1845 年 5 月 21 日所颁布的规定中,丈夫的遗产定性被改为必须依赖于妻子的同意,只要这牵涉到"母亲遗产继承"(第 29 条),——本来丈夫可以按自己的意愿来控制。1857 年 12 月 29 日,关于女人的法定独立权的法律给予满 25 岁的未婚女子完全法定的独立权,而已婚女子在 1899

年才获得完全的人身和经济控制权。

147. **波提乏的妻子**]指《创世记》(39:7-20)。波提乏是埃及法老的内臣和护卫长,买下约瑟作为自己的奴隶。波提乏的妻子迷上约瑟的英俊形象并多次勾引他。勾引不成,她就说约瑟调戏她,波提乏让人把约瑟关进监狱。

148. 直译是"因为一个与女人的正定关系根据最大可能的尺度来有限化男人"。

149. **Wahlverwandschaft**]本来应当是 Wahlverwandtschaft,德语:有择之亲和力。这个词表示各种化学元素有相互化合的倾向。歌德在《有择之亲和力。一部小说》(*Die Wahlverwandschaften. Ein Roman*,1809)中使用这个词为标题来阐明人之间的相互间繁复的关系,人际间那种深刻的、情欲的同感。

    参见 *Goethe's Werke*,bd. 17,1828.

150. **做讲演……是牧师还是警察士官**]在克尔凯郭尔的时代丹麦还没有市政厅的公民婚礼。直到1851年,人们在丹麦都只能够通过一个牧师来举行婚礼。这一法规与宗教信仰自由(这一自由在1849年被写进宪法)相冲突。1851年颁布了所谓的紧急平民婚礼法规,根据这一法规,如果一对新婚夫妇不要求教堂婚礼(比如说,如果其中一个人不是某个得到承认的宗教的信仰者),人们可以通过世俗政府部门来举行婚礼,到了1922年,人们才真正获得在市政婚礼和教会婚礼之间自由选择的权利。

151. **梳子上**]梳子的牙杆上缠有丝绸纸或者类似的东西,这样梳子就可以被当一种原始的乐器来使用了。

152. **仙女们的声音出自夏夜的洞窟**]出自丹麦罗曼蒂克作家和诗人欧伦施莱格(A. Oehlenschläger)的诗歌剧《阿拉丁》(*Aladdin, eller Den forunderlige Lampe*)的第三幕:苏丹的女儿古尔纳尔在婚礼之后站在内室重温阿拉丁的声音:"用你的声音来使我振作吧,/它从你空空的玫瑰洞里发出,/就像仙女们的声音出自夏夜的洞窟。"《欧伦施莱格诗文集》第二卷(*Adam Oehlenschlägers poetiske Skrifter*,bd. 2,s. 241)。

153. **disjecta membra**]拉丁语:四分五裂的残肢。塞涅卡的悲剧《淮德拉》第1256句诗是:"disiecta ... membra laceri corporis"(一个破碎的身体的四分五裂的残肢)。

154. 这个"承认"(Concession)同时含有"让步"的意思。从"不承认"到"承认"是一种让步。有时候,根据上下文关联,我也会将之译作"让步"。

155. 这个"承认"(Concession)同时含有"让步"的意思。见前注。

156. 幂(丹麦语:potens;德语:Potenz;英语:power;法语:puissance):根据丹麦语原文和我所用的法英德三种译本统一地看,这里是在用一个数学概念打比方。幂,是指数字的自乘次数。如果说"让步"意味了一种负,那么,在两次方之中负负得正,负值就被消掉而在二次方中成为正数。

157. "双重性",在丹麦语中是 Reduplikation(翻倍)。可能是指反思的双重性:直接性是单程的,反思则返观直接性而构成第二层面,因而成为翻倍的双重性。女性是直接性;男性的特征则是反思。

"In vino veritas"（酒中真言） 113

158. **艾莱米塔**〕Eremita,拉丁语是"隐士"的意思。见前面的注释。
159. **白币**〕中世纪的一种银币,相当于 1/3 斯基令。一分钱。
160. **公共马车**〕公共马车(omnibus:拉丁语,"为所有人的"),一种根据当时的条件是很大的封闭式的马车,在固定的路线上运输客人的公共交通工具。哥本哈根最初的一批公共马车是在 1840 年前后出现的。这在当时是很引人注目的,它们都有色彩鲜艳的漆绘和漂亮的名字:太阳、红女士、狮子、鹰、北极星等等。最初的路线是从阿玛格尔集市到弗雷德里克堡,不久之后,就又有了去灵璧、夏洛腾伦德和猎堡鹿苑的路线。从大约 1830 年起在英国、法国有了蒸汽机拉的公共车,但在丹麦没有被使用。
161. **蚁狮……的漏斗**〕Hong 的英文版将丹麦语中的"蚂蚁吞食者"译作"食蚁兽",但是根据克尔凯郭尔研究中心的注释,应当是蚁狮(拉丁语学名 Myrmeleon formicarius),一种脉翅目昆虫,幼虫会在沙地上制造出漏斗状的陷阱而自己躺在漏斗底部,好让蚂蚁及其小猎物从漏斗的松散沙墙上掉落下来并将之吃掉。
162. **私掠船**〕在 1807 年的哥本哈根海战中,英国掳获大部分的丹麦舰队,之后丹麦对英国及其盟国瑞典发动"私掠海战",指由丹麦政府颁发私掠许可证,授权攻击或劫掠敌国船只(也包括了敌国运输的中立国船只)。执行私掠的船只通常被称为私掠船,船长为私掠船长,劫掠来的货物可以拍卖。
163. **在人群簇拥处……有着我的时尚店铺**〕在十九世纪,哥本哈根有了相当大的一批有着引人注目的巨大橱窗的商店。在 1850 年之前,根据外国的榜样,在哥本哈根的东街有着各种各样的甜食店和商铺,因为上层阶级的市民会到这里散步。这里有许多时尚商家。
164. **维纳斯山**〕Venusbjerget,丹麦语直译是维纳斯山,在一般的意义上意译就是阴阜(一块圆形位于女性阴部上的肉质隆起物)。作为"有罪的性别性"的特定地方的维纳斯山的观念是从十五世纪上半叶开始被人谈论的。美丽神圣的维纳斯停留在空洞的山上,借助于魔法她把男人引到山中并拿走他们的灵魂。大多数进去之后再也无法出来。只有少数出来之后都变得怪怪的,要么又重新回去,要么死于对之的思念。

维纳斯山是通过《唐怀瑟之歌》而得以流传的(目前唐怀瑟的第一份歌集已知是出于 1515 年)。后来在德国作家和出版者路德维希·阿奇姆·冯·阿尔尼姆(Ludwig Achim von Arnim)和柯莱门斯·布伦塔诺(Clemens Brentano)出版的德国老歌集中的诗歌 *Der Tannhäuser* 中也有这个故事。

165. **理论上的扬弃**〕在这里是指绕圈子或者旁敲侧击。"扬弃"是黑格尔辩证法的关键概念(Aufhebung),是指事物被否定,但不是被消灭,而是被包容在了新发展出来的事物中。可参看黑格尔《小逻辑》中有解释说:"扬弃一词有时含有取消或舍弃之意,依此意义,譬如我们说,一条法律或一种制度被扬弃了。其次,扬弃又含有保持或保存之意。在这意义下,我们常说,某种东西是好好地被扬弃(保存起来)了。"黑格尔:《小逻辑》,贺麟译,商务印书馆,1980

年7月,第二版。

参见 Hegels, *Encyclopädie*, 1. del:"Unter aufheben verstehen wir einmal so viel als hinwegräumen, negiren, und sagen demgemäß z. B. ein Gesetz, eine Einrichtung u. s. w. seyen aufgehoben. Weiter heißt dann aber auch aufheben so viel als *aufbewahren*, und wir sprechen in diesem Sinn davon, daß etwas wohl aufgehoben sey". *Encyclopädie der philosophischen Wissenschaften im Grundrisse*, udg. af L. von Henning, bd. 1-3, Berlin 1840-45〔1817〕, ktl. 561-563; bd. 1, i *Hegel'sWerke*, bd. 6, s. 191 (*Jub.* bd. 8, s. 229).

166. 在异教的普鲁士,到了适婚年龄的女孩戴着一只铃铛〕所指的是古普鲁士人,一个波罗的海地区的民族,六世纪开始居住在魏克瑟尔河和梅默尔河之间,这个民族中的人顽固地坚持异教信仰,十世纪的基督教传教士想要让他们信基督教,结果遭遇到抵制。直到十三世纪在条顿骑士团的东征运动之下才渐渐有一部分古普鲁士人皈依了基督教。关于古普鲁士到了适婚年龄的女孩戴着一只铃铛的叙述出自的冯·考茨布的《普鲁士古代史》。

参看:August von Kotzebue, *Preußens ältere Geschichte*, bd. 1-2, Riga 1808; bd. 1, s. 58:"Doch wenn ein Jüngling, durch ein Glöcklein am Gürtel der mannbaren Dirne gelockt, ihrer zum Weibe begehrte, so sandte er zwey Freywerber aus, die raubten das Mädchen mit Gewalt, erhandelten es nachher von den Aeltern, um Vieh, Getreide oder Geld. Keine Wahl blieb der Geraubten, dem *ersten* Freyer ward sie ausgeliefert".

167. 我的名字在那里作为第一个和最后一个〕指向《启示录》(1:8):"主神说:'我是阿拉法,我是俄梅戞(阿拉法俄梅戞乃希腊字母首末二字),是昔在今在以后永在的全能者。'"(1:17):"我一看见,就仆倒在他脚前,像死了一样。他用右手按着我说:'不要惧怕。我是首先的,我是末后的,又是那存活的。'"

168. 原文直译是:"……任何服装都不会如此疯狂……"

169. 那个迷失的儿子身上的钱财〕指《路加福音》(15:11-32)之中耶稣所讲的比喻,关于一个迷失的孩子,他把自己所继承的钱财花光,过着放荡的生活。

170. 先天地(apriorisk)……后天地(aposteriorisk)〕这两个哲学用词的意思分别是"不依赖于感性经验的"(先于感性而来的)和"依赖于感性经验的"(后于感性而来的)。这里则又有简单的"向前"和"向后"、"在前部"和"在后部"的意思。

171. 第欧根尼是不是通过他的……问题来打动她〕这是指犬儒学派哲学家锡诺普的第欧根尼(约公元前400-前325年)。根据第欧根尼·拉尔修的《哲学史》第六卷第二章第三十七节,有这样的轶事:"在他看见一个女人以某种不正经的方式匍匐向诸神并且想要……去掉她的迷信的时候,他走向她说:女人,神站在你背后,因为一切因他而实现,你不以你有这样的不正经姿势为耻吗?"

172. 灰姑娘〕卑微的继女。一个从近东传播到东亚和西欧的民间童话中的主人公,最有名的是德国的格林兄弟的版本《灰姑娘》。灰姑娘是一个善良美丽的女孩,受继母虐待干着累活脏话并且成了她的三个傲慢的继姊妹的侍女。因为她的耐性她获得了好报,借助于超自然力量而与王子结婚。

173. **Pro dii immortales**(拉丁语:以不朽的诸神之名)…**per deos obsecro**(拉丁语:我对神发誓)〕这两句拉丁语是很普通的罗马赌咒发誓语。在这里的文字中则起到使得句子变得更温和的作用。

174. "这方面",亦即,"知道这个"。

175. 国王特许证〕行政部门所颁发的可以达成婚姻而无需事先在教堂作结婚预告或者可以在家中举行婚礼的许可证。也可以是在婚姻一方尚未达到结婚年龄时所需的结婚许可证。

176. 桃金娘花环〕用常青的桃金娘叶子编成的花环,作为新娘的装饰品。桃金娘象征了无辜。有时候桃金娘花环也作为一个"新娘是处女"的标志。

177. "时尚之奴女":成为了"时尚"的奴隶的女人;受时尚统治的女人。

178. **人们训练老鼠去咬老鼠**〕一种古老的斗鼠方式(出自中世纪)。人们抓住一定数量的雄鼠,最好是十只,把它们放在桶里不喂它们。最弱者很快死于饥饿并且被其他老鼠吃掉,这样继续下去,到最后只剩下一只,也就是最大最具攻击性的一只。人们将这只阉了,这样它就无法和雌鼠交配,然后把它放出去。这之中的思路是,这只老鼠会去咬死所有它所遇到的雄鼠并且与雌鼠交配。这样这窝老鼠自然会数量减少。如果人们在桶中放进一只雌鼠,它(怀有鼠胎)将是最后活着的一只。

    参见 Maarten t'Hart,*Ratten*,2. udg.,Amsterdam 1977〔1973〕,s. 172f.

179. 狼蛛〕一种南欧毒蜘蛛,也有译作"塔兰托毒蛛"的。据说如果被咬,可能造成想要跳舞的歇斯底里愿望。因此有一种快速剧烈的意大利民间舞蹈也叫塔兰托。

180. **束腰紧身褡所造成的可怕后果**〕束腰紧身褡在1550年前后最初在南欧出现,是一种用硬麻布做成的妇女紧身胸衣,以缝制在里面的"鱼骨条"(有时候也会用藤条和金属)支撑起来。它被用来收束在妇女的腰间来保持她挺直的姿势。从法国大革命的时候起人们讨论了这类妇女服装。一些医生指出束腰紧身褡对呼吸和血液循环有害,并且从童年就开始使用会造成胸部变形。在1790-1820年间,人们成功地在必备的女性时尚之中去掉了束胸,但是后来又有回潮,直到1900年左右才消失。

181. "端庄",丹麦语是"Blufærdighed"。有的地方译作"羞怯"。

182. 住在精神病院里的人〕在丹麦语原文中是"Daarekistelem",指"人们将关在精神病机构里,但不对之进行医治的人。"

183. 鱼骨裙〕有裙撑(鱼骨)的、带衬的、四周鼓出的裙子。

184. 鼻环〕鼻环是《圣经》中的女性首饰,参看《以赛亚书》(3:21)和《以西结书》(16:12)。但是在这里意义被扩张到牛鼻或猪鼻上的鼻环。

185. 高贵的想要去嘲笑所有动物中之最可笑者的天才〕也许是指苏格拉底,但无法找出这一表述的具体来源。
186. Hinc illæ lacrymæ] 拉丁语:由此这些泪水。这是一句在古典时期就已经常被人引用的话。出自罗马诗人泰伦提乌斯的喜剧《安德里亚》(《安德罗斯女子》)的第 126 句。
187. 这个"承认"(Concession)同时含有"让步"的意思。参见前面的注释。
188. 这个"让步"也就是"承认",在文中是同一个词:Concession。
189. 既不懂出手,也不懂放弃。也可理解为:既不知道带着好胃口享受也不知道去放弃戒除。
190. argumentum ad hominem(拉丁语:以人身为据的论证法),就是说是在论证过程中不是就事论事,而是以人身关联上的因素来推断出结论的错误论证法。
191. 甜食店之吻] 一种小甜饼,通常是用蛋白做出来的。
192. es ist kaum zu sehn, es ist nur für Lippen, die genau sich verstehen] 德语:这几乎不是让你看的,这只是为嘴唇们准备的,它们相互准确地明白对方。来源不详。
193. 绝对命令] 德国哲学家康德(Immanuel Kant,1724 - 1804 年)的实践哲学中的关键概念,标示了决定一个行为是否在道德上正确的原则。康德做出了假设性命令和绝对命令的区别,前者是为一个特定意图而要求一个人去做出行为,而后者则是要求人不依赖自己所具的愿望和需要而做出行为:"如此地行为,——永远使得你的意志的准则能够同时成为普遍制定法律的原则。"

康德认为这绝对命令是客观的、普遍的,绝对无条件的,其目的和手段是不可分离的,也被称作"无限命令"或者"无条件命令"。康德的三条绝对命令道德律如下:

一,"如此地行为(你永不以除了这之外的方式来行为),——你通过你的行为准则能够立愿于'你的行为格准应当成为一个普遍规律'。"由于事物的存在按照普遍规律达成自然规律的正式概念,所以绝对命令也表述为:"如此地行为,就好像你的行为格准通过你的意志应当成为普遍的自然规律。"

二,因为理性自然本质作为一个自身目的存在,所以以第二条绝对命令的表述是:"如此地行为,——你始终把人当作目的,而不是当作工具,无论(这人)是你自己或者别的什么人。"

三,人的自由意志对于康德是先验的,不依赖于现象世界的或者说不依赖于物质的,这样第三绝对命令表述就进入到自由意志的自律:"如此,——每个理性者的意志都是颁立普遍规律的意志。"
194. 克里斯蒂安斯菲勒人] 亦即:笨蛋,懦夫,平庸乏味者。
丹麦日德兰半岛南部的克里斯蒂安斯菲勒在 1733 年建成,是德国赫恩胡特地区的摩拉维亚教会在丹麦的侨居地。在摩拉维亚教会中每天教堂仪式中教规的履行和灵魂的安宁是很重要的。
195. 殷勤礼是"几率可能性和快感"在男人和女人之间的所举行的神秘仪式。这个"神秘仪式"在原文中是 Frimureri,就是说"共济会式的神秘仪式"。

"In vino veritas"（酒中真言）

196. **把自己的艰难转换成可在永恒之中使用的兑换券**]就是说,把自己在今生此世的亏损转换成"在天堂里获得支付"的信仰。
197. "残花",原文为:"被用过的花"。
198. 狂欢节,亦即忏悔节。
199. **爱德瓦尔德……考尔德丽娅**]参看《诱惑者日记》:爱德瓦尔德爱上了考尔德丽娅并且几乎就要向她表白,但却被约翰纳斯取而代之,后者按照诱惑艺术的规则来诱惑考尔德丽娅,然后又离开了她。《诱惑者日记》是《非此即彼》(中国社会科学出版社,2009年)上卷中的一部分,单行本则有译林出版社2014年的《诱惑者日记》。
200. **《戒指》第二**]以英国剧作家乔治·法夸尔(George Farquhars,1678-1707年)的喜剧为基础,德国人弗雷德里克·路德维希·施罗德(Friedrich Ludewig Schröder,1744-1816年)写了两部流行粗俗的喜剧,由弗雷德里克·施瓦尔兹翻译成丹麦文并在皇家剧院上演:《戒指》(在1789-1830年间演了23次),《戒指第二》(1792-1833年演了32次)。《戒指第二》与爱德瓦尔德和考尔德丽娅没有关联。他的这一表述只是意味了:他准备好了要与另一个女孩一起重复这整个过程(包括短期的订婚)。
201. 这一段的丹麦文原文是:"Man have Sværmeri nok til at idealisere,Smag nok til at støde til i Nydelsens festlige Klinken,Forstand nok til at bryde af, absolut som Døden bryder af,Raseri nok til atter at ville nyde—da er man Gudens og Pigernes Yndling."

    Hong 的英译本把"品味"译成了"胃口":"Have enough fanaticism to idealize, enough appetite to join in the jolly conviviality of desire, enough understanding to break off in exactly the same way death breaks off, enough rage to want to enjoy all over again—then one is the favorite of the gods and of the girls"(有足够的狂想去理想化,有足够的食欲加入享受的欢快的碰杯中,有足够的理智去突然中止——完全像死亡突然中止那样,有足够的狂怒去想再次享受这一切,这样,一个人才是神和女孩子们的宠儿)。

    Emanuel Hirsch 的德译本是:"Man habe Schwärmerei genug, um zu idealisieren, Geschmack genug, um anzustoßen bei des Genusses festlichem Becherklang, Verstand genug, um abzubrechen, so unbedingt wie der Tod es tut, Raserei genug, um abermals genießen zu wollen—so ist man des Gottes und der Menschen Liebling."

    F. Prioret M.-H. Guignot 的法译本:"Si l'on est doté d'assez de rêve pour idéaliser, si l'on a assez de goût pour prendre part au choc solennel des verres de la jouissance, assez d'intelligence pour rompre, exactement comme la mort sait le faire, assez d'emballement pour vouloir recommencer à jouir—alors on sera le favori des dieux et des jeunes filles."

202. **坦塔洛斯**]根据希腊神话,坦塔洛斯是弗里吉亚的国王。对诸神犯罪而被打入冥界塔耳塔罗斯。在这里，他必须站在湖中，当他口渴想喝水时，水就退去；他的头上有果树，但在他想要摘果子时，果子就消失。可参看荷马《奥德赛》第十一歌，第 582－592 句。

203. **在最早的时候只有一种性别，古希腊人这么说**］接下来的描述是针对潘多拉的神话。普罗米修斯盗火给人类之后，宙斯命令火神赫淮斯托斯用黏土做成第一个女人，并将之送给厄庇墨透斯，作为对人类的惩罚。潘多拉打开了她所带对人类致命的盒子。在公元前 7 世纪，赫西俄德在他的《神谱》（第 561－593 行）及《作品与日子》（第 47－105 行）讲述了有关潘多拉的神话。

204. "这种做法恰恰是他们所不认同的"：丹麦语是 "men derom var det jo netop de mistvivlede"，直译的话就是"但是这种做法恰恰是他们认为值得怀疑的"。Hong 的英文版译成 "but that was the very thing they despaired of doing"（那恰恰是他们绝望地放弃不做的事情）。

  Emanuel Hirsch 的德译本是："eben daran hegten sie ja Zweifel."

  F. Prior et M.-H. Guignot 的法译本："mais c'était justementlà-dessus qu'ils avaient des doutes."

205. **迫切的需要教会了诸神甚至去在创造能力方面超过自己**］暗示了谚语："迫切的需要教会裸体女人纺织。"

206. 一个"让'处于自身的天真之中的诸神'禁不住要赞美自己"的发现。

207. **Ambrosia … Nektar**］按希腊神话中的说法，ambrosia 是诸神的食物而 nektar 是他们的饮料。

208. **就像农民吃凉拌黄瓜**］丹麦俗话说："农民怎么看凉拌黄瓜？他们以为这是绿豌豆。"在海贝尔的杂耍剧《批评家和动物》(*Recensenten og Dyret*，1826 年)中，六十岁的法学学生特罗普说到关于装订商普吕欣，他"对外语所懂的程度，就像一个农民对凉拌黄瓜所懂之多"。

209. "存在"(Væsen)。在丹麦语中，这个"Væsen"：同时有着"存在物"、"本性"、"实质"、"东西"等意义。在我所参考的三个版本中，Hong 的英文版译成"nature"，Emanuel Hirsch 的德文版译成"Wesen"，F. Prior et M.-H. Guignot 的法文版译成"être"。本书译者译成"存在"。

210. 这一段落的四个版本：

  （丹麦文）At der da intet Vidunderligere, intet Lifligere, intet mere Forførerisk lader sig udtænke end en Qvinde, derfor borge Guderne, og deres Nød, som skærpede Opfindsomheden, borger atter for dem, at de have vovet Alt og i hendes Væsens Dannelse bevæget Himmelens og Jordens Kræfter.

  （Hong 的英文版）That nothing more wonderful, nothing more delicious, nothing more seductive can be devised than a woman—this the gods guarantee, and their need, which sharpened their inventiveness, is in turn their guarantee that they have staked everything and in forming her nature have prevailed upon the powers of heaven and of earth.

（Emanuel Hirsch 的德文版）Daß sich da nichts Wunderbareres ausdenken läßt, nichts Reizenderes, nichts Verführerischeres denn ein Weib, dafür bürgen die Götter; und der Götter Not, welche die Erfindungsgabe schärfte, bürgt ihrerseits für die Götter, daß sie alles daran gewagt und beim Bilden von des Weibes Wesen alle Kräfte Himmels und der Erden bewegt haben.

（F. Prior et M.-H. Guignot 的法文版）Qu'on ne puisse rien imaginer de plus merveilleux, rien de plus exquis, rien de plus séduisant que la femme, les dieux s'en portent garants et, outre cela, la détresse qui aiguisa leur génie inventif nous garantit qu'ils ont tout risqué et que pour former son être, ils ont mis en branle toutes les forces du ciel et de la terre.

211. 诸神在他睡觉的时候从他身上取出一个部分］指向《创世记》(2:21-23)，上帝从睡着的亚当身上取出一根肋骨来造出女人。

212. 诸神将他分成两半而女人是其中一半］见前面关于"阿里斯托芬说诸神把人一分为二"的注释。

213. 注目浪涛,之中有泡沫女孩不断地促狭］指向北欧神话中关于海神艾格尔和他妻子冉的九个女儿的故事。这些女孩在风暴汹涌的大海之中围着她们的母亲游泳，并且在浪涛中显现出来，以白纱打扮着自己。她们有时候会是很温柔平和，有时候则可怕而巨大。她们很愿意把遇上海难的航海人领出暴怒的大自然元素；但是那些无望地迷失的人则被她们置于冉的怀抱。

参见 W. Vollmer, *Vollständiges Wörterbuch der Mythologie aller Nationen*, Stuttgart 1836, ktl. 1942-1943, s. 1537.

214. 各种力的参与全都统一在一个否定关系的无形中心］就是说，有一种斗争介于各种向各种方向努力着不同力量、轻盈性和丰满和欲望等等，最后这些力量统一在了一个无形的平衡点上。

215. ……通过让自己作为"渴望"的刺激物而为人带来满足。

216. 或者说，"尽管他情不自禁地有着'想要'的欲望"。

217. "知密者"的丹麦语是 Mindvider，在句子关联中所强调的是对秘密的了知的时候，我将之译作"知密者"；而如果强调的是一种同享，我就将之译作"同知者"。

218. 无辜性（Uskyldigheden）。可参考对"辜"的概念的注释。

219. 羞怯性（Blufærdigheden），有时候也被译作为名词的"羞怯"、"端庄羞怯"或者"矜持"。

220. "端庄羞怯"（Blufærdigheden），见前面的注释。

221. 阿拉丁用来分隔开他和古尔纳尔的剑］指欧伦施莱格尔的诗歌剧《阿拉丁》(*Aladdin, eller Den forunderlige Lampe*)中的第二幕。阿拉丁借助于灯神而带走了苏丹的女儿古尔纳尔和她的婚床并在夜里睡在她身边。但他在他和她之间放了一把剑以保护她的童贞在他们的婚前不被破坏掉。

参见 Adam Oehlenschlägers poetiske Skrifter, bd. 2, s. 192.
222. **像皮拉姆斯那样地把自己的头靠向羞怯性的隔墙**] 指罗马诗人奥维德《变形记》第四卷第 55-166 句中关于皮拉姆斯和提丝贝的故事。两个相爱的年轻人，是住在巴比伦的门对门的邻居。他们的父亲禁止他们的爱，但这爱情却在暗地里越燃越旺。通过分隔两家的墙上的一个裂缝他们剧烈地向对方耳语并感觉到对方的欲望的呼吸。
参见 Ovid, Metamorphoses, P. Ovidii Nasonis opera quae supersunt, bd. 2, s. 99-102.
223. "**所有渴望之情欲**"算是意译，直译的话是"所有欲望之情欲"。
224. **目光是灵魂的"解译者"**] 丹麦有相应俗语："眼睛是灵魂的镜子"和"眼睛是心脏的解译者"。
E. Mau, Dansk Ordsprogs-Skat, bd. 1-2, Kbh. 1879; bd. 2, s. 608 (nr. 12.072).
225. **我也窥视到了生存的秘密，我也为某种神圣的东西服务了**] 指向苏格拉底，在《申辩书》(23b) 中他说："正因此，我现在还在按照神的意愿，四处寻求和追问每一个我以为智慧的公民和外邦人。每当我发现他并不智慧，我就向他指出他这一点，以此来为神服务。"参看《苏格拉底的申辩》，吴飞译注，华夏出版社，2007 年。这里的引文对译文有所改动。
226. 在丹麦语中，一个新娘 (Brud) 和一场断裂 (Brud) 都是 brud，但是新娘是通性名词而断裂是中性名词，前者的不定冠词是 en 而后者的是 et，前者的定冠词是 den 而后者为 det。
227. "**时间中的**"，timelig，在表达概念的关联上，本书译者一般都将之译作是"现世的"。它是"永恒的"的对立面。
228. **Venerabile**] 拉丁语：当受敬畏者。这个词用于罗马天主教教会圣餐仪式上受崇拜的圣饼。
229. 直译的话应当是："在男人这里，那本质的就是那本质的，于是总是那同样的；在女人那里，那偶然的是那本质的，并且以这样的方式是一种永不枯竭的差异性。"
230. **把杯子扔向后墙的门**] 在十六到十八世纪的欧洲贵族或其它上层社交场合，这样的做法属于礼貌的一部分。喝完一杯酒之后把杯子砸碎。
231. **这中断的快感……这皇帝的快感**] 这些用词在丹麦语里都和剖腹产有关（在后面的文字里也是如此）。丹麦语"剖腹产手术"(kejsersnit) 在字面上是由两个词拼出来的："皇帝"(kejser) 和"切割"(snit)。同时剖腹产意味了正常的生产过程必须被中断。
232. **地下的诸神**] 在古希腊的神话中，赫托尼克诸神是与大地关联在一起的，并且和地下世界有关，比如说哈德斯、珀耳塞福涅等。对这些神的崇拜不同于对奥林匹斯的诸神的崇拜，而是联系到死者们的命运和庄稼收成的丰富。也许这表述只标志了一般意义上的"黑暗力量"。

233. 砍断一个绳结］指向"戈耳狄俄斯之结"的故事。戈尔迪乌姆是小亚细亚的一个城市，戈耳狄俄斯之结就在这个城市的宙斯神庙里。根据传说，这个结是由一个巫师创造的，在绳结外面没有绳头，谁能解开这个绳结，谁就能成为亚细亚之王。公元前 334 年，马其顿的亚历山大大帝来到弗里吉亚，用剑将绳结劈为两半。

234. 像校长的歌谣……消失了］无法确定是什么歌谣。

　　　前面说到的"要中断什么事情"，这句子中出现的"某事物"和"它"都是指那"要被中断的事情"，"这"则是指"中断"这个行动本身。下面我把这些词以黑体标出。

235. "究竟是某事物停止，达到一个终点，抑或它是通过自由之行动而被中止；究竟这是一个事件，抑或这是一个激情性的决定；究竟这是像校长的歌谣那样，在不再有更多东西可唱的时候就消失了，抑或这是借助于快感的剖腹产而被引发出来的；究竟这是一种每个人都经历过的琐屑小事，抑或是那种避开大多数人的秘密"。

236. 给我］这个"我"也就是威廉·奥海姆。见前面关于"奥海姆"的注释。

237. 地下生灵］超自然的，常常是侏儒般的生物，按照民间传说一般住在地下，要么是在沙堆里，要么是在人类的居所间。

238. 准备这享受］就是说，往茶里放糖和奶。

239. 你所说的话就像傻女人们说出的那样］指向《约伯记》(2:11)，在之中约伯对妻子说："你说话像愚顽的妇人一样。"

240. 丈夫走进森林，把枝条们切削成白色］在诙谐歌谣《男人女人都坐下》中有着这些词句："丈夫走到了森林里／把枝条们切削成白色。"

241. 丹麦的法律是允许一个丈夫打他的妻子的］日德兰法律(1241 年)在第二卷第 81 章中允许丈夫用棍子和棒子惩罚妻子孩子和仆佣，如果他们犯错；但他不可以用武器来伤害他们。在克里斯蒂安五世的丹麦法律(1683 年)的第五卷第五章第五节中，这一惩罚权被限于孩子和仆佣。

242. 在丹麦语原文中的句子是"他们中无人对这个结果感到满意，但其他人都满足于给出一个恶毒的评价"。这里的"其他人"是除了"无人"之外的其他人，亦即"全部"。

243. 我出版了他的其它稿子］维克多·艾莱米塔就是《非此即彼》的那个名义上的出版者。在《非此即彼》之中，法官的文稿构成第二部分(《第二部分：包含有 B 的文稿。给 A 的信。》)。但是在当时，出版者并不知道那些文稿的作者(同样他也不认识约翰纳斯诱惑者。参看维克多·艾莱米塔为《非此即彼》所写的前言。可参看克尔凯郭尔《非此即彼》上，中国社会科学出版社，2009 年)。

244. "纯粹之在"，因此几乎比"无"更微不足道］指向黑格尔哲学体系的基本范畴，"在"(Sein)和"无"(Nichts)，存在和乌有。"在"就是在你抽象掉所有现象的特殊特征和性质之后所剩下的东西，并且，这一"纯粹之在"生产出自己的对立面，亦即"无"。参看黑格尔《逻辑学》第一部分第一书第一章第一节。

参见 Hegels, *Wissenschaft der Logik*, 1. del, 1. afdeling, 1. bog, 1. afsnit, 1. kap., i *Hegel's Werke*, bd. 3, s. 77-79 (*Jub.* bd. 4, s. 87-89).

245. 持恒地被扬弃〕指向黑格尔辩证法哲学的关键概念"扬弃",根据扬弃,每一个概念设定自己的对立面;这样,概念"在"设定概念"无",或者,按黑格尔的说法,"在"被扬弃在"无"之中。这是黑格尔的辩证运动向前发展的方式。

246. 通过这个突发奇想……"借"来了稿子……从维克多那里"借"来的〕按照维克多·艾莱米塔在《非此即彼》中的前言,他自己没有写出这些构成《非此即彼》(他将之称为 A 和 B 的文稿)的文稿,而是在一张从旧货商那里买的旧文书写字柜之中发现的。但这里所说的更像是指向《诱惑者的日记》中的作为前言的几页,之中 A 说,他自己不是这日记的作者,而是偷偷地在他的熟人约翰纳斯那里擅自抄录来的。可参看克尔凯郭尔:《非此即彼》上,中国社会科学出版社,2009 年。

247. 在我出版这稿子时〕这一说法见证了克尔凯郭尔本来的计划:"In vino veritas"和"针对各种反对,对婚姻的不同看法"共同构成一部以《反面和正面》为标题的独立著作,第一部分的笔名作者为威廉·奥海姆,他也是第二部分的出版者。但是在出版前,克尔凯郭尔突然觉得要让"In vino veritas"和"针对各种反对,对婚姻的不同看法"与"无辜的-有辜的"一同出版。订书人希拉利乌斯成为了三个部分的合版的出版者。

248. 一个报应〕原文中这"报应"是外来语"Nemesis",源自希腊语,翻译出来是两个意思,一是"诸神的复仇,指一种惩罚性的公正,主要是针对不应得的幸福和傲慢",一是希腊神话中负责复仇和惩罚的女神之名。

一个丈夫
对各种反对婚姻的看法的回应

格言:"受骗者比不受骗者更智慧"[1]

我亲爱的读者！如果你没有把时间和机会，把你生命中的十来年用在周游世界上，去看一看一个地球环航者所要认识的一切；如果你不具备能力和条件，通过对一门外语的多年练习，进入到各个民族向探研者展示出的性格差异性中，如果你不是想着去发现一个新的将同时取代哥白尼体系和托勒密体系[2]的天体系统，那么就去结婚吧；如果你具备去做第一件事的时间，做第二件事的能力，做最后一件事的想法，那么也去结婚吧。[3] 尽管你没能够去看遍全球，也没有在许许多多舌头中说话，[4] 也没有在天上变得聪明，[5] 你不会后悔，因为婚姻是并且一直会是一个人所做的最重要的探险旅行；与一个丈夫对生存的认识相比，任何别的对生存的认识都是肤浅的，因为丈夫，并且只有丈夫，是真正地深入进了生存之中。事情确实是如此。没有任何诗人能够像那位诗人讲述诡计多端的尤利西斯[6] 那样地说你，他见识过许多人的城邦以及他们的性情，[7] 但问题是，如果他留在家里与珀涅罗珀在一起的话，他是否就不会得知同样多的同样令人愉快的事情呢？如果没有别人这么认为的话，那么至少我妻子有这样的看法，并且，如果我不是在极大的程度上出错的话，我可以说，每一个妻子都这么认为。一个这样的大多数稍稍大于一种简单的大多数，更多是因为如果一个人让妻子们站在了自己的一边，那么，他肯定就也让丈夫们站在了自己一边。固然，进入这一探险的只是一个小小的旅行团，不像那些五年十年的探险旅行那样有着一个人数很多的圈子，我要请大家注意一下：这个圈子一直是一个同样的圈子；但反过来看，这样的事情则是为婚姻而保留的：去建立起一种特殊类型的相识关系，这种关系是在一切之中最奇妙的，并且，每一个新到者在这种关系之中一直都会是最受欢迎的。

因此，赞美婚姻，赞美每一个称颂婚姻之荣耀的人；如果一个新人敢于允许自己说一下自己的看法的话，那么我就要说，正是因此这让我觉得如此奇妙，因为一切都是围绕着各种琐碎的小事，婚姻中神圣的东西通过奇迹使得这些小事变成对信者而言是意义重大的事情。所有这些琐碎的小事则又有着这样不寻常的特征：我们不可能在事前对之有任何预测，它们是无法通过粗略的估量来被完全列举出来的；但是，就在"理智静止不动、想象力完全走上歧途、算盘完全打错、睿智陷于绝望"的同时，婚姻生活则阔步前进并且通过这奇迹由荣华变为荣华，[8] 无足轻重的东西通过这奇迹变得越来越意义重大——对这信者而言。然而，一个人必须是信者，一个不信仰的丈夫是最乏味的户主，一个真正的家庭害虫。如果一个人和其他人一同外出，兴致勃勃地想要观赏自然魔术[9]中的各种实验和尝试，那么在这时最要命的事情就是：在这外出的人众之中有一个煞风景的人，他从开始到结束什么都相信，但却又没有能力对这些魔术表演做出任何解释。然而人们却会忍受这样的一种要命的事情；毕竟人们很少这样外出，另外，有这样一个酸溜溜地发霉的看客在一起，人们就会获得这样的好处：他到时候会参与表演。在通常，教自然魔术的教授会搞定他，让他充当蜡烛，[10]用他的聪明来为大家带来娱乐，就像阿尔夫[11]用自己的愚蠢来逗笑。但是，一个这样的怠急丈夫，他就应当像一个弑父者一样地被装进一个口袋扔到水里去。[12]这是什么样的痛苦啊，去看一个女人竭尽自己的妩媚可爱来使他信，去看他在接受了使得他有资格作为信者的仪式之后只是在败坏一切，——说"败坏一切"，因为不开玩笑，以诸多方式看，婚姻正是自然魔术中的尝试，并且这婚姻之尝试确实是奇妙的。去听一个自己不信自己所说的东西的牧师说教令人作呕，更令人作呕的则是去看一个相对于自己的身份状态而言没有信仰的丈夫，更令人反感之处是：因为听者们能够离开牧师，但一个妻子却无法离开自己的丈夫，无法这样做，不会这样做，不愿这样做，——但甚至这一事实都无法使他信。

通常人们只谈论一个丈夫的不忠（Utroskab），但一个丈夫对信（Tro）的缺乏[13]是同样糟糕的事情。信是唯一被要求的东西，并且这信[14]让一切圆满充实。让理智和睿智和精艺去估测、算计和描述"一个丈夫应当是怎样的"吧,只有一种品质使得他值得被爱,这品质就是信,对婚姻的绝对信仰。让生活中的经验试图去决定"一个丈夫的忠诚所要求的东西是什么"吧;只有一种忠诚,只有一种诚实是真正值得爱的,并且在自身之中藏有一切;是对上帝、妻子及其身份状态的诚实,使丈夫拒绝否认奇迹。

我选择写一下婚姻,这对我也是安慰,因为,在我放弃了所有其它技能的同时,我只强调一样东西:信念。[15]我在自己的内心之中知道我有这信念,并且与我的妻子共同地知道这一点,这对我来说极其重要,因为,即便女人出于本分应当在信众的集会中保持沉默,[16]并且不去与友谊和艺术有任何关系,但关于婚姻所说的,本质上应当是这样的:所说的各种看法是获得了她的同意的。这并不意味了她应当知道怎样带着批判性的态度去估量一切,这种类型的反思并不适宜于她,但是,她应当有着绝对的否决权,她的同意必须被当作某种招致足够安全的东西来尊重。这样,我的信念是我的唯一合理依据,而对我的信念的担保则是责任的分量,我的生活,正如每一个丈夫的生活,就处在这责任之下。固然,我并不觉得这分量是一种重压,倒觉得是一种祝福,固然,我不觉得这一结合是捆绑性的结合,倒觉得它是解放性的结合,但这条使我们结合的带子在那里,不!这无数条带子,通过它们我被绑定在生存之中,正如树通过树根许多分叉的根须而被绑定在它的存在之中。假定一切事物为我而改变,伟大的上帝,如果这是可能的话,假定我觉得自己因为结了婚而被绑定,那么,与我的悲惨相比,拉奥孔的悲惨[17]又会是什么;因为一条蛇不可能,并且十条蛇也不可能,像婚姻生活这样地,紧攥着,并且如此令人惊恐而不断束紧地缠绕住一个人的身体,婚姻生活以几百种方式捆绑着我,结果就会是以几百条锁链来束缚我。看!如果这是一种担保的话:在我觉得快乐满足并且感恩却又不停止我尘俗的幸福的同时,我也预感到那可能会沿着这条路而降临于一个人的恐怖,预感到一个作为丈夫的人所营造的地狱,——作为丈夫,

adscriptus glebæ（拉丁语：被捆绑在大地上），他想要让自己摆脱束缚但却因此只是不断地发现这对于他是多么不可能，他想要砸断一条锁链但却因此只是发现又有一条更具伸缩力的锁链永远地捆绑着他，——如果这是足够的否定性担保，担保了我在这里所能说的东西不是闲暇间突然冒出来的胡思乱想、不是为了要坑蒙别人而狡猾地设计出的虚构臆想，那么，人们就不应当蔑视我所能说的东西。[18]我绝非博学，我也不要求自己博学，如果我痴愚得足以让自己有这方面的想法的话，那么这只会让我觉得烦；我不是辩证思想家，不是哲学家，但只是根据自己有限的能力非常尊重科学和由各种卓越的天资出色者们所提供的解释生命的一切说法。然而，我是一个丈夫，在婚姻的事情上，我不怕任何人。如果有这样的要求，我会充满信心并且很愉快地站在讲台上，尽管我所能说的东西并不完全适合于在讲台上被宣讲出来；我无所畏惧地和世上的所有辩证思想家辩论，和魔鬼本身辩论，他不会有可能从我这里强行剥夺掉我的信念。让精于吹毛求疵的诡辩家们堆出所有反对婚姻的说法吧，他们到最后还是会放弃自己的观点。我们很快就能够把这些说法分成两个部分：一些反对的说法，如同哈曼所说，[19]最好是以"呸"答之；别的反对则是一个人很快就可以回复处理掉的。一般说来，我本是个面皮挺薄的人，我不怎么能够忍受别人笑我。这是一个弱点，我却不曾有能力战胜这弱点；但是如果有人因为我是一个丈夫而笑话我，那么我在这时就无所畏惧，在这方面嘲笑无法伤害我，在这方面我感觉到一种勇气，这种勇气几乎与一个可怜的法官的生活方式构成鲜明的对立，——法官的生活方式就是从家里走到法庭并且再从法庭走到家里，老是与文件打交道。将我置于一个头脑聪明者们的圈子中——，如果这些聪明人合谋要使得婚姻成为笑话并且讥嘲那神圣的东西，用所有机智武装他们，用"对另一性别[20]的模棱两可关系"所磨利的刺来作为他们讥嘲之箭上的矢镞，把箭蘸进恶毒之中，这恶毒不是愚蠢而是魔鬼的睿智赢得的恶毒，——我不畏惧。不管我在什么地方，哪怕是在烈火窑中，[21]如果我要谈论婚姻，那么我就什么都不会感觉到;我这里有一个天使,或者更正确地说,我离开了,我在她那里,她,我仍然不断地以青春之至福的决定去爱着的她,我,尽管已是丈夫多年仍然有此荣幸在幸福的最初的爱之战无不胜的旗帜下战斗的我,在她那里,通过她感觉到我生命的意义:它有着意义,并且有着一种丰富多彩的意义。因为那对于造反者来说是锁链的东西,那对于奴性灵魂来说是沉重义务的东西,对于我则是头衔和尊荣,就算拿国王的头衔和尊荣,德·文德尔和哥特尔、石勒苏益格的公爵等等[22]来和我换的话,我也绝不交换。就是说,我不知道,这些头衔和尊荣是不是会在来世仍然有意义,它们是不是与许多别的事情一样在百年之后被忘却,[23]我们是不是能够设想并且进一步地确定,关于这样一些关系的想法怎样在回忆之中充实一种永恒的意识。我尊敬国王,每个好丈夫都这样做,但是我不会用我的各种头衔去与那样的头衔做交换。在我看来,我的情形是如此;我也喜欢认为,别的每一个丈夫也是如此;确实,这单个的丈夫,不管是遥远还是邻近,我希望他也能够像我一样。

看,在我的内心深处,我佩戴着我的衔位绶带,爱情的玫瑰链,真的,它上面的玫瑰不是凋谢的,真的,它上面的玫瑰不会凋谢,如果这些玫瑰随着岁月而变化,它们不会褪色,即使这玫瑰不再是那么红,那也是因为它变成了一朵白玫瑰,[24]它不褪色。现在再看我的头衔和尊荣,它们奇妙的地方是:它们是如此平等地被分发,因为只有婚姻神圣的公正能够不断公正地为等量给出等量,在事物中建立平衡。如果说我因她而是的什么东西的话,那么这正是她因我而是的东西,我们都不因我们自己而是什么,但我们在我们的结合之中是我们所是。因为她,我是男人,因为只有丈夫(Ægtemand)是真正的男人(ægte Mand),[25]与此相比,所有其它头衔都是乌有,并且所有其它头衔其实都预设了这个头衔作为前提条件;因为她,我是父亲,任何别的尊荣都只是一种人为的发明,一种在百年之后被人忘却的突发奇想;因为她,我是一家之长,因为她,我是家庭的保护人,是养家的人,是孩子们的保护人。

在一个人有着如此多尊荣的时候,他就不会为达到一种新的尊荣而去成为作家。我也没有想要去获得我所不敢要求的东西,但是我写下这文字,这样,如果一个像我一样地幸福的人读了这文字,他也许就会想起自己的幸福,如果一个怀疑的人读了这文字,他也许就会打消自己的怀疑;如果只有唯一的一个,我还是很高兴,我只欲求一小点,并非因为我很容易满足,而是因为我不可名状地感到心满意足。如果一个人有着如此多的事情要做,并且所有事情都如此需要他去关心,那么他就只能够在有时间和有机会的时候写一下,并且希望有可能受益于他的文字的人不要为文字形式的缺陷所烦扰,他将谢绝所有批评;因为,一个写关于婚姻的丈夫,他无疑不是为了被批评而写的。他彻底顺其自然地写,常常被自己更关心的事情分散注意力。就是说,如果我能够因为自己是作家而对于更多人有意义的话,那么我在极大的程度上更愿意对于我的妻子有尽可能多的意义。我通过婚姻而是她的丈夫,就是说,通过婚姻,考索大道[26]为我打开,这跑道,它是我的罗德岛和我的跳舞场;[27]我是她的朋友,哦,我必定是在心灵的真诚之中是她的朋友,哦,她永远都不会觉得还会需要什么更真诚的人!我是她的顾问,哦,我的智慧必定是像这意愿一样!我是她的安慰和鼓舞,固然尚未被召唤,哦,但如果我在什么时候被召进这一服务,这样,我的力量必定像我的心性一样!我是她的债务人,我的账目是真诚的,这账目本身是一种至福的作为;我知道,最终有一天在死亡要分开我们的时候,[28]我将成为一种对她的回忆,哦,我的记性是忠实的,在一切都消失了的时候,它为我保存一切,一种为我余下的日子保险的回忆之养老金,它甚至会把那最微不足道的事情重新给我,我得用诗人的话来说,在我为今天的日子焦虑的时候:et hæc meminisse juvat(拉丁语:回忆这事情也是一件欣愉的事情),而在我为明天的日子焦虑的时候:et hæc meminisse juvabit(拉丁语:回忆这事情也将是一件欣愉的事情)。[29]唉,就像法庭上的法官有时候不得不忍受可怕的事情,一遍又一遍地阅读一个罪犯的 vita ante acta(拉丁语:事前的生平),但是一个被爱的妻子的 vita ante acta(拉丁语:事前的生平)则永远都不会令人厌倦,——并且如果一个人想要回忆的话,他也无需那种印象上的准确。固然,欲望驱动工作,记性的作为也是如此,固然,在死亡中我们能够在忠诚的爱者心中找到被爱者的形象——这听起来像恋爱时的说法,但从婚姻的角度考虑,一种意愿之决定在恋爱中醒来,它不愿在"那无限的"之中迷失。确实,恋爱说:与被爱者一起的一瞬间就是天堂的至福,然而婚姻却希望恋爱得好,并且很幸运地对这事情更明白。设想事情是:恋爱之最初的沸腾热情,不管它有多么美丽,都无法如此地持续到最后,于是,婚姻就知道怎样在恋爱中让这一切最好地持续到最后。比如说,有一个孩子,他从父母那里得到了一本他的学校课本,如果他在这一年结束之前就已经吞咽般地读完了它,那么这就是一个标志:作为学生,他应当因他的急切热情和愿望而受到表扬;婚姻的情形也是如此,丈夫从天上的神那里接受了自己的课本,哦,这课本具备一件上帝的礼物所具的美好,他每天在这课本之中阅读,在漫长的一生中的每一天都阅读着,看,在这课本被放置到一边的时候,在夜晚到来而阅读不得不停止的时候,这时,这课本就像他在接受下它的时候一样地美好,——这一真诚的谨慎,它与恋爱的快乐有着一种平衡的关系,借助于这种真诚的谨慎他一再地阅读着,这种真诚的谨慎不就正是一种如此值得赞扬、如此强烈的恋爱之表达,它不就正像是恋爱所拥有的最强烈表达吗?

只有关于婚姻是我所想要写的;去令一个单个的人信服,是我的希望;去移除那些反对婚姻的人们,是我的意图。于是,婚姻对于我来说是我唯一的一根弦,但它又是如此复杂地合成的,虽然我没有真正去依据于那要求"只具备一根弦的人"所必须具备的技艺标准,我却敢于让别人听见我,不是作为一个面对大量观众的艺术家,而是像一个浪迹天涯的乐手,站在单个的一家人家的门外,不把什么人从他自己的作为中吆喝走,虽然当他的音乐在这作为中一同响起时,这音乐也有着迷人的力量。就是说,我绝不认为我所能说的东西会是招人嫌的。这之中有很多是因为我妻子的缘故——我是因她的缘故才写的,尽管我并非完全是以像我在这里写书的方式和她说话,但出自她那里的东西则一直有着某种妩媚的魅力,那是女人的嫁妆。我常常会对此感到惊奇。就像一个手笔不怎么样的人,在他看见他自己的文稿由一个书法艺术家写出来的时候,他必定会感到惊奇;就像一个把一份写得潦草而密密麻麻的纸张送去印刷厂的人,在他收到一份漂亮的清样时,他不敢承认这是他自己的文字;同样,在我的家庭生活里,我也常常有着这样的感觉。那朦胧地在她的心中蠢动的东西,我尽我的能力将之表达出来,这时她就感到惊奇:这恰恰就是她想说的东西;因此我尽我的能力将之说出,然后她吸收学习着我所说的东西;但这时就轮到我了,在我带着惊奇看见我的想法时,在我的言辞获得了一种精神化、一种内在性、一种妩媚的魅力时,这时,我就能够有理由说:这不是我的想法。我的这些言辞和想法有了一种可爱的装饰,然而,不幸的是,在我想要重复这些言辞和想法的时候,这装饰就多多少少几乎完全消失,无法被表达出来,正如这里我无法在纸上描述她的声音。然而,在某种程度上她是合著者,在一个人只是想要写关于婚姻的时候,一个这样的文学公司在我看来一点也不坏。她同意,这我知道,我使用我欠她的东西,她原谅我,这我知道,我利用这样一个机会来说某些关于她的事情,我本来不可能有机会说这些——除非是在孤独之中,因为不管她对于我来说有多么重要,我都不可能直接对她自己说,以免我的赞美会造成负担并且几乎就有可能打扰我们间融洽的理解。作为匿名者,并且作为一个借助于全部谨慎想要保住自己的匿名状态的人,我确定地保障了自己得免于那种我在总体上希望审美品位将禁止让任何人遭遇的事情:我的家庭生活会成为某些人的好奇心的对象。

赞美婚姻,赞美每一个称颂婚姻之荣耀的人!我所要说的东西不是各种新发现,相对于世界上最古老的习俗制度去做出一种新发现,这无疑也会是一件很可疑的事情。每一个丈夫都像我一样知道这同样的事情。首要的想法是并且继续是同样的那一些,正如各种辅音字母(各种词根)是同样的那一些,[30]但是,在这些想法保持固定不变的同时,一个人却能够为之加上一些新的元音,然后重新阅读,从而得到快乐。这是一种理所当然:这必须被 cum grano salis(拉丁文:带着一颗盐粒)[31]来理解,并且不管我的举止如何,我都不会像一个恶毒的讥嘲者所说的那样去使得爱情和婚姻有同样的一些辅音字母而让元音来决定出差异,[32]这则又像《创世记》中人所周知的一个段落,其中说到以扫亲吻雅各,[33]那些博学的犹太人不觉得以扫有这一性情,但却也不敢改变那些辅音字母,只是加上其它点,于是这就成了:他咬他。[34]对于这样的一种反对意见,我们最好是以说"呸"来回答;任何一个其它的反对意见,恰恰是更加直接说出来的,[35]我们则很欢迎,因为一种有着一致性的反对意见是一种追寻真理的悬赏启事,并且对于那拥有着对之的解释的人是极其适宜的。

情欲之爱是有着自己的神的,[36]谁不认识他的名字,有多少人不是认为可以通过根据这个名字来命名自己的关系而赢得许许多多:一种爱欲的关系。厄若斯[37]、"那爱欲的"和一切属于它的东西,要求着"那诗意的"。相反,婚姻则不像爱欲那样得天独厚,不是出自如此显贵的门第;因为,尽管有这说法,是上帝设立了婚姻,[38]但这在通常只是牧师,或者如果一个人愿意这样想的话,只是神学在这样说,并且他或者它以一种完全不同于诗人所谈的意义上谈论上帝。由此得出的结果就是所有那些通过厄若斯而出现的舒服芬芳的东西就全都消失了,因为厄若斯恰恰会在这单个的事件中变得具体;相反,关于上帝的想法[39]则是,在一方面如此地严肃,以至于在那作为诸圣灵之父的上帝本身要成为两个人关系的捆绑者的时候,情欲之爱的快感看来似乎就消失了,在另一方面又如此普遍,以至于一个人在自己面前像一种乌有一样地消失,而乌有则还想要拥有一种目的论的定性,[40]一个人可以借助于这一定性相对于"那至高的在"而被确定。厄若斯与相爱者们的关系一方面是清晰性、透明性,另一方面则是调皮和半晦涩,而精神之上帝相对于婚姻则就不那么容易能获得这些。"他参与之中"这一事实在某种意义上是过分的,并且恰恰因此,比起厄若斯的在场,他的在场意义就不是很重大,因为厄若斯是完完全全地只为相爱者们而在场。这就像是在纯粹的人际关系之中,如果国王陛下在一场受洗典礼中让他的宫廷内务大臣代他出场,也许这能够有助于让在场者们获得更高的兴致,但如果国王自己要出场的话,那么这也许就会起到打扰的作用;只有相对于婚姻人们才会想到,没有什么阶层的差异能够使得一个阶级比另一个阶级更靠近上帝。这也不是一个轻易的任务,就是说,要把上帝想成是精神之上帝,并且同时也以这样的方式想象他是参与在婚姻之中,——

以这样的方式，就是说，不让这想法成为一个有着这样一类性质的入门引导，以至于它根本就不把人引入门去，并且也不让这观念变得如此精神性，以至于它在同一瞬间又把人引出门来。

如果一个人满足于对情欲之爱的诗意解说，而这种诗意解说在本质上是来自异教文化的，因为恋爱之归因于神圣只是直接性之美丽玩笑的严肃，如果我们要让婚姻自给自足，或者在达到了高度的情况下，成为某种尾随而来的东西，那么我们也许不会碰上任何麻烦，但是以这样的方式"不碰上麻烦"对于习惯于思考的人则是一件麻烦的事情。厄若斯自然是不要求任何信仰，并且无法成为信仰的对象，这使得厄若斯对诗人来说是那么地有用，但是，一个精神之上帝，作为一种"精神的信仰"的对象，则在某种意义上与恋爱之具体化有着无限远的距离。

在异教文化之中有着一个为情欲之爱的神并且没有任何为婚姻的神；在基督教中，如果我敢这样说，有着一个为婚姻的神，但没有为情欲之爱的神。就是说，婚姻是情欲之爱的一种更高表达。如果我们不是这样看事情的话，那么一切就都被混淆了，要么一个人不结婚而去成为一个讥嘲者、一个诱惑者、一个隐居者，[41]要么一个人的婚姻成为一种缺乏思考的行为。麻烦是在于，一旦我们把上帝想成是精神，个体与他的关系就变得如此地精神性，以至于那作为厄若斯的可能或者至高形式的"感官性-灵魂性的综合"很容易就会消失，就仿佛人们会说，婚姻是一种义务，"去结婚"是一种义务，这自然是一个比恋爱更高的表达，因为这义务是一种对于一个作为"精神"的上帝的精神性关系。异教文化和直接性状态不将上帝想成是精神，当这被看作是一种理所当然的时候，麻烦会是：要能够保存"那爱欲的"之中的各种定性，以便"那精神的"不去燃尽和消耗这些定性，而是在不消耗它们的同时却又在它们之中燃烧。于是，婚姻面临来自两边危险的威胁；如果个体没有信仰着地将自己置于与作为精神[42]的上帝的关系之中，那么异教文化就会像一种幻想的回忆在他的头脑里逡巡出没，而在另一方面，他也不能够变得完全精神化，不管是前者还是后者，虽然是结了婚，这样的一种恋爱或者说这样的一种结婚仍然不是什么婚姻。

这样，尽管异教根本就不像"它有着一个为爱情而存在的神"那样地有着一个为婚姻而存在的上帝，尽管婚姻是一个基督教的理念，但无论如何，人们总还是有着某种可遵循的东西：宙斯与赫拉[43]作为婚姻的保护者有着一个特殊的名衔，τελειος（希腊语阳性形容词：完全的，完美的）和τελεια（希腊语阴性形容词：完全的，完美的）。[44]进一步解释这表述则是文献学家的事情了；我不隐瞒我的无知，正如我自己所知，我缺乏必要的学识，这样，我也不妄用精神上的鹰隼的目光来使我自己有权去藐视[45]古典的学识和古典的修养，这种学识修养一直就是灵魂的谷物饲料，比起青饲料和项目制造者们对"时代所要求的是什么"这个问题的回答，[46]这学识修养有着完全不同的益用。对于我来说，重要的只是把τελειος（希腊语阳性形容词：完全的，完美的）和τελεια（希腊语阴性形容词：完全的，完美的）这些词用于结了婚的人，至于朱庇特和朱诺，[47]我则将他们置于事外，我不愿因为想要去解决历史文献学中的问题[48]而让自己出洋相。

这样，我把婚姻看作是个体的生存[49]的至高的τελος（希腊语：目标）；以这样一种方式看，它确实是一种至高的τελος：如果一个人绕开了它，那么他就是一笔勾划掉了全部的尘世生存而只保留了永恒和各种精神兴趣，这在乍看之下不是什么微不足道的事情，但是在世间之漫长之中却是非常艰辛的，并且以某种方式是一种"不幸的生活"的表达。没有必要详细地阐述，每个人都能够很容易地看出：如果我们是这样考虑婚姻的话，那么，这至高的τελος就因此是无法让我们以一整套有限的"为什么"来刨根问底地竭尽的。[50]这至高的τελος总是蕴含着各种单个的定性，它在这些定性之中，正如在它自身的各种属性中，被详尽地描述出来，它在自身之下以这样一种方式蕴含着这些单个的定性，以至于这些定性恰恰有着它们的作为"内在意义"的意义，而它们一旦试图独立出来，就马上是毫无意义的；因为一种想要独立出去的游离想法是滑稽可笑而毫无思想的。这样说，是为了去掉误会；关键是：婚姻是一

个 τελος(希腊语：目标)，但它却不是"自然之追求"的目标——这样的话我们就会触及 τελος 在各种神秘之中的意义，[51]而是个体性的目标。[52]但是，如果这是一个 τελος，那么它就不是什么直接的东西，[53]而是自由[54]的作为；因为隶属于自由，这任务就只能够通过一个决定来完成。现在，信号是现成的；所有像孤独形象一样地在交际圈里溜进溜出的反对意见，[55]如果它们有一点聪明的头脑的话，就会把注意力集中到这一点上。我当然知道，战役将在这里进行，这一点是不应当被忘记的，尽管我看起来似乎是在片刻间暂时将之忘却以便去稍稍环顾一下四周。

难题是这个：情欲之爱或者恋爱是完全直接的，婚姻是一个决定；然而恋爱却要被吸收进这婚姻或者说这决定："想要结婚"，也就是说，在一切之中最直接的东西[56]也必须是最自由的决定；通过其直接性是如此无法解释乃至不得不将之说成是"神所具的属性"的东西，也必须是依据于审思而发生，这种审思是如此地周密详尽，以至于由之产生一个决定。另外，这两者之中的这一个不能尾随那另一个而来，这决定不能是在事后悄悄地出现，而必须是一下子同时地发生的，两者在决定之瞬间必须是一起在场的。如果这审思没有周密详尽地考虑遍所有想法，那么我就不会将之理解为"决定"，这时，我要么是灵机一动要么是依据于一种突发奇想来做出行为的。

如果这爱者敢于外在地去做，就是说，他的恋爱不只是一种内心状态，而且他确确实实地与被爱者结合在一起且除了"恋爱"之外没有其它对"恋爱"的表达；如果他就这样在感动和至福之中、在那种让他感觉如在一阵信风(这信风必须没有变化地沿着被爱者身边的光明大道引领他)般的 impetus(拉丁语：运动，驱动)之中受到驱策而敢于外在地去做；如果事情是如此，那么这就绝不意味了在下一瞬间所得到的结果会是婚姻。在下一个瞬间；因为，既然他仅仅是得到了直接的定性，[57]那么或早或晚就会出现一个"下一个瞬间"。婚姻建立在一个决定之上，但一个决定并非理所当然地就是情欲之爱的直接性导致的结果。

要么除了情欲之爱的催动之外根本不需要更多,因为这种催动就像没有偏差的磁针[58]那样坚定不移地指向同一个点,要么这决定就必定是从一开始就在场的。如果这决定要到来得更晚一些,那么某些别的事情就会发生。什么东西能够保证避免这样的事情?人们会回答说:恋爱。是的,但这恰恰是恋爱的危机瞬间,因此它在这一瞬间里无法自助,因为"直接性之风张不开恋爱之帆——这帆在危机之中舞动"这一事实恰恰预示了:在直接性似乎是[59]要在一种风平浪静之中完全停止航行的同时,风向将会发生完全的变化。直接的恋爱[60]的另一个同样邻近的结果就是:诱惑。谁说一个诱惑者在最初的瞬间就是诱惑者,不,不是的,他是在后来的瞬间里变成了诱惑者。如果是从直接的恋爱出发来谈论,那么我们就根本无法断定这里是一个骑士还是一个诱惑者在谈论;因为判断出这一点的是下一个瞬间。婚姻的情形就不是如此,因为从一开始起,决定就已经即刻在场了。

让我们看一下阿拉丁。哪一个在灵魂中有着愿望和追求的少年、哪一个在心中有着思念渴慕的女孩在阅读了第四幕中阿拉丁对精灵的命令[61](这时给出了与结婚有关的命令)之后不被诗人的热情和言辞的火焰点燃甚至几乎是熊熊燃烧!阿拉丁是一个骑士,人们说,描述一场这样的恋爱是符合道德伦理的。我的回答是:不;这是符合诗意的,诗人通过自己幸福的想法、通过自己丰富深刻的描述永恒地证明了:他绝对是一个诗人。阿拉丁是完全直接的,[62]因此他的愿望恰恰就是:他在下一个瞬间里能够是一个诗人。唯一使他专注的事情就是那"珍爱的期盼已久的新婚之夜",新婚之夜确保他拥有古尔纳尔,然后是宫殿、婚礼大厅和婚礼:

> 为我举行一场美好的婚礼,使得黑夜成为白天,
> 在宽敞的大厅里点上拌有乳香的火炬。
> 让一个女卜师唱诗班展开优美的舞蹈,
> 其他人则弹奏起齐特拉琴,用甜美的歌声为我们助兴。[63]

阿拉丁自己几乎是不知所措,他在他所预感到的快乐的迷醉中昏晕;他以带着某种震颤的声音问这精灵,他是否能够做到这些,他恳求精灵诚实地回答,并且在"诚实地"这个词中我们就仿佛听见直接性在面对其自身的幸福时的恐惧。

使得阿拉丁伟大的,是他的愿望,他的灵魂有着"去欲求"的内在力量。如果我在这方面要对一部杰作做出某种批评的话(这只会是一种热恋的妒忌),那么我的批评就会是这个:在剧中从来就没有明显而强烈地显现出阿拉丁是一个有资格的个体人格,这种"去想要"、"能够去想要"、"敢去想要"、"愚鲁大胆地想要、果断地出手、不懈地追求",这恰恰就是一种天赋,与别的天赋一样地伟大。也许人们并不相信这个,但是在每一代人中也许并没有十个这样的少年被生出来,能够有这种盲目的勇气、这种无法无天的胆力。除了这十个我们不管之外,让我们把愿望之授权给予任何一个其他人,这授权在他的手里多多少少也还是会成为一封乞求信,他鼻子周围的脸色苍白,他想有所考虑,固然他会想要,但是现在要做的事情是"去想要那正确的东西",——这就是说,他是一个愚笨的人,而不像阿拉丁那样是个天才,因此阿拉丁是精灵所喜欢的人,因为他是非同寻常的。因此,愿望的实现不可以显现为一种偶然的恩宠,以免为那些不幸的可怜虫们提供一种借口:只要他们知道愿望的实现是确定的,他们就肯定会有愿望。谬误,完全的谬误,在这里已经有了一种反思。不,即使对于阿拉丁来说什么愿望都没有实现,他还是把愿望、把这一做出欲求的力量排列在至高的位置上,在最终,它比任何愿望之实现更有价值。

阿拉丁是伟大的!他确实举行了婚礼,但他没有结婚。确实,没有什么人能够比我更希望他好或者说更真正地为他而感到高兴,但是,如果我有这样一种能力,像诗人给予他神灯的精灵那样地给予他一样类似的东西,如果我有能力通过每天代他祈祷来为他找到我认为他所缺少的唯一的东西:一个决定之精灵,它能够在认真和具体状态之中对应于他的愿望在极端和抽象中的化身(因为他的追求就像沙漠里的沙一样地无边无际并且炽热炙人），唉，阿拉丁本来能够成为一个怎样的丈夫啊！现在我们无法说什么。我的敌人，那些等待猎物的强盗，很从容地利用阿拉丁。诱惑者借助于阿拉丁的直接性强化自己的灵魂，然后他诱惑，然后他说：阿拉丁也是一个诱惑者，我从很可靠的消息来源知道，他是在婚礼之后的那个早晨成为了诱惑者。就是说，到底是不是马上就在那个早晨，还是在几年之后，在本质上与这事情关系不大，并且，这只证明了（如果这是在几年之后）阿拉丁已经变得渺小。在这里，诱惑者是对的，如果要终结"那直接的"，[64]那么这时所要做的事情就是迅速地脱离出来（并且正因此，描述一个诱惑者是一种道德伦理方面的任务），如果事情不是如此，那么，那决定就必定是从一开始就在场，于是我们就有一个丈夫。只有决定能够为阿拉丁做担保，诗人做不了，诗歌做不了，因为诗歌用不上一个丈夫。诗人的热情是在直接性之中，诗人通过自己对直接性及其不受遏制的力量的信仰而变得伟大。丈夫则允许自己有一点怀疑，一点无辜的、一点善意的、一点高贵的、一点可爱的怀疑，因为他确实绝不是想要对情欲之爱有所冒犯，也绝不是想要拿掉它。[65]就是说，正如直接的恋爱构造不出一个丈夫，同样在另一方面，忽略掉了情欲之爱的结婚，不管是出于什么原因而忽略，都不是婚姻。

通过"在恋爱的极其诱人的至福的纵容之下敢于外在地去做"，爱者固然是被引进了被爱者的怀抱，也许还与她一同被引导着继续前进，但是他没有达到婚姻之中；这是因为，如果那种爱者间的结合并非从一开始就是一场婚姻，那么这结合就永远都不会成为婚姻。如果决定是在事后出现的，那么这理念就没有被表达出来。这对相爱者尽管能够生活幸福，尽管他们完全有可能不理会各种反对的说法，敌人们在某种意义上仍然是有道理的。一切围绕着理想性。婚姻不可以是某种根据时间和机会而出现的残碎的东西、某种在相爱者共同生活一段时间之后才发生在他们身上的东西，否则的话，[66]敌人们的说法就还是对的。他们守着自己的理想性，"那恶的"之中的理想性，魔性的理想性。我们确实很容易从这些反对的说法那里看出，这言说者是一个诡辩者，还是有着魔性的理想性。一个人不想让自己卷入各种反对,不想让自己被它们打扰,这当然是完全正确的;但是他应当问心无愧,应当与那理念有着完美无损的契约。满足于感觉舒畅,觉得幸福,等等,这是堕落,如果这一幸福是立足于思想之匮乏,或者立足于怯懦,或者立足于一种世俗意念对生活的可怜的崇拜。哪怕一个人变得不幸,"拯救了自己与理念的契约"的状态与这样的可怜状态[67]相比也仍是一个天国;这也是我的看法。因此我敢说,作为一个丈夫我绝不夹着尾巴逃跑,我不仅仅只是与朋友说话,我也敢与敌人说话。我知道,我作为丈夫是 τελειος(希腊语阳性形容词:完全的,完美的),但我也知道,相对于理念,我们对一个这样的人有着怎样的要求。没有讨价还价,毫无妥协;丈夫与丈夫间的安慰之辞(就仿佛丈夫们像奥斯曼土耳其苏丹后宫里的女人一样被终生囚禁,这些囚犯私下有一些他们不敢向世界承认的事情;就仿佛情欲之爱是金玉在外的装饰,人们让诗人拿着这装饰向外展示,而婚姻则是人们藏在里面的破絮),是不存在的。不,公开的斗争,婚姻的理念肯定胜利。带着在上帝面前的谦卑和在恋爱的神圣至高权威之下的顺从,我对着所有的调侃骄傲地扬起我的头并且不向任何反对的说法低头。

敌人们提出全部的难题,我们认为他们的这种做法是对的,那构建出婚姻的综合是麻烦的,但是他们将这难题作为一种对婚姻的反对提出来,我们则认为这是不对的,并且我们尤其不同意他们自己抓在手中的权宜之计。在对手趾高气扬地展示出反对意见中的全部难题来进行吓唬的时候,我们所要做的事情就是:要有勇气以哈曼的话来说:事情恰恰正是如此。[68]这是一个很好的回答,并且出现在很恰当的地方。这回答也应当在这里出现,然而我却要求稍稍推迟几个瞬间,以便能够让我稍稍解说一下几点关于"婚姻作为生命的至高 τελος(希腊语:目标)"的一般的考虑。

在异教文化之中,人们对单身汉予以惩罚,奖励那些生育许多孩子的人们;[69]在中世纪,不结婚是一种完美。这都是一些极端。就前者而言,我们无需为此而设立出惩罚,生活总是强调着其自身,并且知道怎样去惩罚那想要摆脱约束的人。那想要摆脱约束的人在这里就是不想结婚的人。这里必须强调的是,他不想要结婚。正如婚姻是一个决定,其对立面——这对立面可以成为谈论的对象——也是一个决定,一个不愿结婚的决定。这种荒唐地浪费生命而去寻求理想(就仿佛所有这种寻求除了是愚蠢和放肆之外还能够是什么别的东西),却又既不明白情欲之爱意味了什么,也不明白婚姻意味了什么,甚至不明白那种无邪的心灵激荡在恶作剧地提醒着青春:时间在流逝,时间在流逝,——这是一种毫无理念的存在;拘谨地挑剔和拒斥(就仿佛所有的挑剔拒斥除了表达"这挑剔拒斥者并不纯粹"之外还能够表达什么别的东西)的情形同样如此,在这种挑剔拒斥之中,任何人所得到表达,都不是生活给予"主观挑剔拒斥"的客观表达。婚姻相对于这类愚蠢无聊而言有着绝对的优越,这一点是如此明确,以至于我们在这里说及这一点就几乎是对婚姻的侮辱。不,如果一种反对的说法要具备任何意义,它就必须通过一种负面的决定来要求这种意义。婚姻之决定是一种正面的决定,并且在根本上是一切之中最正面的决定;其对立面也是一个决定,它决定不想要实现这一任务。任何一个人,如果他不仅仅只是逗留在婚姻之外,而且还是不做决定地逗留在婚姻之外,那么,他这一生的人生道路就是浪费工夫。任何一种"人的存在",如果它不愿是无聊的胡扯(任何人都不应当想去让自己是这样的无聊胡扯),它都不敢放弃任何普遍的东西,除非是依据于一个决定,不管是什么使得他做出这决定,这相对于"不想结婚"而言可以是有着极大的差异的,但在这里我就无需进一步做更详尽的阐述了,以免分散我们的注意力。

"不想结婚"的决定自然有着一种理想性,不过,这理想性不是那种类似于"做出正面的决定"的理想性。在单个的人做出了一个负面的决定时,如果这时"做出正面的决定"在一种公众意见之下已经成为了一种轻而易举的事情,那么,只有相对于时间和各种境况,他才能够更清楚地看明白"他做出了一个决定"。比如说,就像人们所说的那样,确实有可能"去结婚",而又无需做出一个决定,[70]尽管一个人确实已经做出了决定,但一个决定和一个决定之间有着某种至高的差异。一个决定,如果它是在与其它决定的连续之中随着惯性确定出来的,如果它是依据于"隔壁和对门的邻居也做了决定"而做出的,那么它在根本上就不是什么决定,因为,尽管我不知道是否存在一首二手的诗歌,但一个三手的决定则绝不是什么决定。[71]这样的一些婚姻既无法与恋爱也无法与决定构成同花顺,[72]而只是叫牌和不叫牌,[73]因此,相对于它们,一种负面的决定自然就有了优越性。但这样的一些婚姻不是什么婚姻,而只是模仿。

一个人的全部理想性从头到尾是在于决定之中。任何别的理想性都是无关紧要的,为此而钦慕他是一种幼稚,并且,如果这相关的人对自己有着正确的理解,那么,这种钦慕对于他就是一种侮辱。因此,这只是一个关于正面和负面的决定的问题。正面的决定有着极大的优点:它强化生存并且把个体的人安抚进他自身之中;负面的决定则持恒地使得他 in suspenso(拉丁语:悬浮着,悬而不觉)。一个负面的决定总是要比一个正面的决定远远费力得多,它无法变得习以为常,它总是需要不断地得到维持。一个正面的决定在它自身的幸福后果之中是安全的,因为,"那普遍的",也就是它身上的正面的东西,给予了幸福以保证,保证它会到来,并且在它到来之后为幸福提供安全感。一个负面的决定则不断地,哪怕是相对于一种幸福的后果,是模棱两可的;它就像异教文化中的幸福[74]那样,是具有欺骗性的,因为这幸福是在它已了的时候才存在。就是说,到了我死的时候,我才能知道,我是否曾是幸福的。负面的决定的情形就是如此。个体的人与生存有着公开的斗争,因此他无法在任何瞬间结束,他无法像那做出了一个正面的决定并且被这决定绑定的人那样日复一日地让自己沉浸在自己的决定的本原依据中。一个负面的决定不绑定他,他必须守着这决定,不管这持续多久,哪怕幸福垂青于他,哪怕意味深长的事情为他而发生,他总是不敢否定"突然一切会有另一种解释"的可能性。通过自己的负面决定,他现在其实是假设性地或者说虚拟性地存在着;相对于假设,问题是在于,在它解释了全部的现象之前,它永远都不会结束,因为,甚至通过一个不正确的假设我们也能够得出很正确的东西,直到有一个现象出现来推翻这假设;相对于一个虚拟的假如,关键就在于:是的,假如。一个正面的决定只有危险,"无法坚守自己"的危险;负面的决定总是有着双重的危险:"无法坚守自己",这就像是正面决定的情形,只是有着这差异:所有这坚守之忠贞都是没有酬报的,它是一种凋谢的荣耀,并且就像胡椒单身汉[75]的生活一样地贫瘠;然后是第二种危险:一个人在自己的负面决定之中用以坚守自己的这种忠贞,它是不是一种偏差,以至于最后为这忠贞而得到的酬报是悔(Angeren)。一方面,正面的决定快乐地通过休息而强化自己,快乐地在太阳升起的时候起床,快乐地在上一次停下的地方继续开始,快乐地看着一切在自己的周围欣欣向荣,就像一个丈夫所做的事情,快乐地在新的一天里看新的见证为那无需见证的东西作见证(因为那正面的东西不是一种要被证明的假设);而在另一方面,那选择了负面决定的人则在夜里睡不安宁,等待着那恐怖的事情——"他选择错了"突然会出现在他面前,竭尽全力让自己醒来看自己周围贫瘠的荒野,永远都得不到强化,因为他不断地在飘忽。

确实,国家无需对胡椒单身汉设置处罚,生存本身惩罚着那应被惩罚的人,因为那不做出决定的人是一个悲惨的人,关于他,我们在一种悲哀的意义上可以这样说:他不受审判。[76]我不是因为对那些不想结婚的人妒忌而这样说的,我很幸福,因而根本就不会去妒忌什么人,但我对生存有着炽烈的感情。

我回到我前面所说及的话题上:决定是人的理想性。决定对于个体人格来说是最有教育意义的事情,而我现在要尝试着论述一下:这决定会是以怎样的方式得以构建的;而想到这一点,我的灵魂就感到喜悦:婚姻恰恰就是以这同样的方式构建出来的;如前面所说,我迄今一直将婚姻看成是一种恋爱和决定的综合。

有一种幻影,在牵涉到"做出决定"的事情时,它就会跑出来游荡,这幻影就是几率可能性(Sandsynlighed):[77]一个没骨气的家伙；一只三脚猫；一个犹太商贩，任何为自由而生的灵魂都不会与之发生关系；一个成事不足败事有余的人，比起对男男女女的江湖医生的惩罚，我们更应当将这人关进教养院，[78]因为这种人从人众那里骗取的是比金钱更多并且比金钱更有价值的东西。任何一个人，如果他相对于决定没有进一步向前，从来就没有达到比"依据于几率可能性做决定"更远的地方，那么，他就是迷失了理想性，不管他成为了什么。如果一个人在决定之中没有遭遇上帝，如果他从来就不曾做出过任何使得他去和上帝做买卖的决定，那么他同样也就完全可以不用去生活。然而上帝一向做 en gros（拉丁语：批发的）买卖，而几率可能性则是一种没有在天国里登记过的证券。因此，这关键就是：在决定之中有着一个环节，这环节要去打动那多事的几率可能性并使之无话可说。

有一种幻象，做决定的人追逐着这幻象，就像一条狗在水里追逐影子，[79]这幻象是结果，是有限性的一个标志，是地狱的海市蜃楼，那寻找它的人真是很不幸，他迷失了。正如那在荒漠里看见十字架的人，如果他被蛇咬了，他会痊愈的，[80]那把自己的目光盯在结果上的人就是被蛇咬了、被尘世的意念伤害，不管面对时间还是面对永恒，他都是迷失者。如果一个人在决定之瞬间不是这样地被神圣的光芒环拥，以至于所有由昏睡性之雾构建出的幻影全都消失，那么他的决定只是一个大一点或者小一点的赝品，——让他去以结果来安慰自己吧。因此，这一点是非常重要的，这决定所针对的事情必须有着这样的性质：没有任何结果敢在拍卖的时候喊价，因为那被买进的东西是要 à tout prix（法语：不惜任何代价地）被买进的。

这里所说的不仅仅只是在婚姻第一次紧紧拥抱恋爱并且将之抱在决定[81]的忠诚的怀中时对那个婚姻的决定有效，它对于每一个在自身之中有着"那永恒的"在场并完成这一购买过程的决定[82]都有效。它对每一个在自身之中有着"那永恒的"的决定都有效，在这样一种意义上它对负面的决定也有效，只要这决定只对于现世性是负面的，并正面地转向"那永恒的"。然而在这之中恰恰有着它的飘忽。相反,恋爱就像一种不可变更的遗赠[83]一样地在婚姻之决定中沉积下来,并且,恋爱恰恰有着这样的权力,它不仅仅恰是把那做决定的人拉到大地上,[84]远远不止是如此,而且它也在时间之中把他拉到那被爱者的身边。"那做决定的"是"那伦理的",是自由;负面的决定也是如此,但在这种情况下自由是空白而赤裸的,简直就像是发不出声,难以进行表达,[85]并且,在总体上说,在它的本性之中有着某种艰难的东西。恋爱则相反马上就为之配上音乐,尽管这一作品包含有一个非常麻烦的段落。因为,如果一对新婚夫妇在那神圣的瞬间,或者在他们事后想到这件事的时候,并不觉得牧师对相爱的人们说他们应当相爱[86]在某种意义上是在胡说八道,而在另一方面则不觉得,不觉得这牧师说得怎么漂亮——如果我敢这样说的话,那么,这样一对新婚夫妇就缺少婚姻意义上的敏感听觉。我们说恋爱的窃窃私语是婚礼的宝贵见证,旁人对这种私语的隐约感觉能够取悦感官,在这种意义上,我们也可以说,那句鲁莽地说出"你应当爱她"的语句也是人们所喜欢的。[87]婚礼仪式是多么令人心灵激荡啊,几乎就是太过分了:你不满足于恋爱,还要将之称作是一种义务;于是,一个与这样的指控相对应的决定让一些人觉得是一个艰难的话题,这又有什么奇怪的呢!因此,情欲之爱并不满足于对自己的确定,并且在它的鲁莽大胆之中,它还要去尝试那个"你应当";因此,婚姻有着一个决定,这决定是唯一的愿望,有着一个永恒的义务,这永恒义务是赏心悦目的欲求!那么,鼓起勇气吧,大胆犯险,[88]振作起"想要那艰难的东西"的勇气吧,然后艰难就会成为一种帮助;因为艰难不是一个愠怒的男人,不是一个强词夺理者,而是一个想要把事情弄得甚好的全能者。[89]一方面,如果一个人在自己的永恒决定之中让自己负面地去与"那现世的"发生关系,那么他就会在决定的瞬间变得孤独,哪怕他确实是伟大的,哪怕他是一个普罗米修斯,他被锁链困住,[90]不是锁在山上,而是被关在现世之中,就像在锁链之中,而另一方面,如果一个人是丈夫,那么,在他重新睁开眼睛(在决定之永恒之中它们就仿佛是闭上的)

的时候,他也还是在他从前所在的地方,完全同一个地方,在被爱者的身边(而这正是他最愿意在的地方),感觉不到任何"那永恒的"的匮乏,因为在现世之中,"那永恒的"就是和他在一起的。

负面的决定只是在"那永恒的"之上被做出,而正面的决定则是既在"那现世的"又在"那永恒的"之上被做出,因此这人在这时就既是现世的又是永恒的。因此,真正的决定的理想性首先是在一种既是现世的又是永恒的决定之中,这样的决定,如果我敢这样说的话,是既被签又被联签的,[91]一种被用在证券上的审慎方式,甚至银行在自己的大面值纸币上也使用这种审慎方式。这样,真正理想化了的决定就有着这一性质:它是在天堂里被签的,然后又在现世中被联签。但不仅仅是这个,随着生命的行进,时间的延续,丈夫不断地获得越来越新的联签,而且一个联签与另一个联签都同样地宝贵。每一个丈夫都明白我的意思,我又怎么会相信别的说法而以为他是一个不体面的人、一个不情愿地把那些进一步的保障看作是负担的不感恩的人呢?一个正直诚实的丈夫明白,一个妻子是首要的联签,在婚姻的目光之下长大的圈子里的每一个人是一个新的联签和一个新的认签。哦,多么至福的安全保障啊!哦,多么富有的人啊!哦,多么有保障的祝福啊——在一种唯一的不会在你面前消失(就像那永恒的决定在那与"那现世的"负面地发生关系的人面前消失那样)的证券里拥有自己的全部福利。括号里的这种人[92]是一个不幸者,或者一个造反者,而这样的一个人也是一个不幸者;他是一个不幸者,带着自己永恒的决定贯穿时间,但永远都没使得其决定被联签,恰恰相反,不管他到什么地方,这决定都像是一张遭到拒付的无效支票;[93]他是一个被族类驱逐的人,尽管获得了"那永恒的"的安慰,但却与喜悦无缘,他处在哀哭中,也许还咬牙切齿;因为,如果一个人在永恒中没有婚礼服,那么他就被驱逐出去了,[94]但是在尘世生活中婚礼服恰恰就是婚礼服。

真正理想化的决定必定是像针对自己一样针对别人。如果一个人对"那现世的"是否定的,那么他对别人的同情就没有渠道,这样,他的同情就没有在倾泄出自己受祝福的盈余并且重新聚集的时候成为他活力的更新，相反成为了一种对他的折磨，啮噬着他的灵魂，因为它无法表达出它自己。窒息是可怕的，而有着同情却无法吐露是同样可怕的。就是说，我认定他是有着同情的，因为否则的话他就不值得让我们谈论了。"有同情"是人的本质属性，任何一个决定，如果它忽略了这一点，那么它就并非在至高的意义上是理想化的，而如果同情得不到足够的表达的话，那么这决定就也不是在至高的意义上进行理想化的。让胡椒单身汉去成为一个把自己的同情浪费在狗啊猫啊以及各种各样的胡闹上的傻瓜吧；让那负面地选择的独居隐士，去成为一颗高贵的灵魂吧，让他的同情去寻找和发现各种远远大于"有妻有儿"的任务吧，他仍然不会从他的选择中获得喜悦。如果天上的露珠不能够落在草上，不能够拥有"看花朵通过它的美味而获得清新"的喜悦，如果它在它达到鲜花之前就要消释在辽阔的大海之中或者被蒸发，这岂不可怕？如果母亲乳房里的奶水源源涌流，但却没有孩子在那里，如果这浪费了的奶水就像朱诺的奶水一样可贵——银河（奶水之路）就是因朱诺的奶水而得名，[95]唉，这是多么沉重的事情啊！一个人，如果他的同情得不到许可去看见一个妻子像那被种植在同情[96]受祝福的篱笆之中的树一样地长满绿叶，得不到许可去看这树开花并结出在同情[97]的关怀下得以成熟的果实，[98]那么他的情形也是如此！多么不幸啊，一个这样的人，他没有这一为自己的同情而做的表达，没有那为他的同情所表达的东西所做的更为美好的表达：这一切是他的义务。这一矛盾是同情的最受祝福的快感，是一种至福，面对这种至福，它简直就仿佛因喜悦而丧失理智。一个不幸的人，他没有在婚姻之决定中与"那现世的"达成理解，让这个人去照顾病人，让他去给饥饿的人吃的，让他去给赤身露体的人衣穿，让他去看顾监狱中的人，[99]让他去安慰濒死的人吧；[100]我赞美他，他没有弄掉他的酬报，[101]但是他也不是在神圣的疯狂之中[102]的一个无用的仆人。[103]他的同情不断地寻找自己最深刻的表达，但却没有找到这表达，到处寻找着它，正如他的关怀不断从一家人家走向另一家人家；

而丈夫则是在他自己家、在自己的房子里找到机会,在家里,"想要做一切"对于他是一种至福,而"他现在并且以后继续这样没有报酬"这一事实,对于他则是更大的至福,是一种神圣的 poscimur(拉丁语:"我们被要求",职责召唤)。[104]

真正理想化的决定必定在同样程度上既是具体的又是抽象的。[105]如果一个决定是负面的,那么它在怎样的程度上是负面地达成的,它就在怎样的程度上是单独地抽象的。但是现在,不管一个决定想要决定什么,在天地之间都没有什么东西是像"婚姻"和"婚姻的关系"那样地具体的,没有什么东西是如此永不枯竭的;哪怕是最微不足道的东西也有着它的意义;婚姻的义务之履行在有弹性地伸展覆盖住一生的时间(就像那张出迦太基范围的牛皮[106])的同时,也同样有弹性地圈住那瞬间,并且圈住每一个瞬间;没有什么东西是像一场婚姻那样零碎地分开的,然而也没有任何人是像婚姻一样地无法忍受一颗被分割开的心——甚至连上帝本身都不至于如此忌邪。[107]每一个义务关系都可以用趋近的方式在条款定性之中被完全地罗列出来,每一项工作,每一个成绩,简言之:一切本来是被我们用来充填时间的东西,都有着自己的时间,但是婚姻生活则绕开了所有这样的条款定性。确实,如果这对于一个人是一种负担,那这个人实在是太不幸了!即使用"被判终生惩罚"的说法也无法帮助我们来充分地想象出他的惩罚之痛苦,因为这是一个抽象的表达,而这样一个婚姻上的罪犯则在每一天都在感受着"被判终生"的恐怖。一个人在理想性之中变得越是具体,这理想性就越是完美。因此,如果一个人不想结婚,那么他就拒绝了最理想化的决定。另外,如果一个人不想结婚,却又想在现世之中对某种正面的目标做出决定,这在根本上也是一种不一致。[108]或者说,如果一个人不想让婚姻具备它的实在性,那么他又能够对国家的理念有什么兴趣,对自己的祖国有什么爱,对社会的苦难福利有什么样的公民爱国主义?越是抽象,理想性就越不完美。抽象是理想性的最初表达,而具体则是它的本质性表达。婚姻表达的就是这后者。在恋爱之中相爱者想要永恒地相互属于对方;在决定之中他们决定想要相互为对方的一切,[109]这一巨大的抽象在那如此微不足道以至于任何第三者做梦都不会想到的事情之中获得了具体的表达。恋爱的最高表达是:在被爱者面前,爱者觉得自己是乌有,并且反之亦然,因为"觉得自己是什么东西"是与恋爱有冲突的;决定没有言辞,因为言辞本身几乎就是过于具体,誓言是沉默的或者是那句不朽的"是",——这一抽象被这样地表达出来:即使所有速记员全都联合在一起,他们还是无法描述出在婚姻之中八天里所发生的事情。这是婚姻的幸福;我不是在一种"仿佛我们是在谈论一对个别的幸福夫妇"的意义上这样认为的,不,这是"是丈夫"的幸福。如果对于一个人来说一切都有着意义,那么又有什么样的生活能够比他的生活更幸福呢?如果对于一个人来说瞬间都有着意义,那么时间对他会变得怎样地漫长呢?如果这一幸福没有得到安全保障的话,因为老古话确实是说 Ehestand(德语:婚姻状态)是 Wehestand(痛苦状态),并且婚姻也是以这样的方式来宣示出自己的,那么,它必须对自己有着怎样的确信才至于邀请人们去尝试它?在生活之中是不是还有什么别的安排,还有什么别的以这样的方式开始的关系呢?唉,所有别的开始都给出足够多的奉承,并且对各种困难保持沉默。为了对那张他寄给伯爵的字条做道歉和解释,费加罗对伯爵夫人说:在这王国里,如果说他敢确切地允许自己对一个女士做出这样的事情的话,那么,她是唯一的一个这样的女士;[110]同样我相信,婚姻是那唯一敢如此确切地说自己"是一种痛苦折磨"的,对于生活中的所有别的东西,"让自己流露出任何东西"都只会是一种不谨慎。

　　真正理想化的决定必定在自由的方向上同样程度地是辩证的,正如它在天意命数的方向上是辩证的。如果没有冒险就不会有什么决定被做出。现在决定已经被做出,它越是抽象,它在天意命数的方向上辩证的程度就越低。这样一来,决定的理想性渐渐地就获得一定的谬误,它很容易就变得骄傲、自以为是、没有人情味,所有天意命数的论据尤其被看作是未获法定许可的。决定越是具体,它就在越大的程度上进入与天意命数的关系。这给出谦卑、温顺和感恩的理想性。但是一个丈夫,他带着生命和灵魂做出了具体的选择,他无疑就是一个曾经并且继续在一切之中做出最多冒险的人。他和他所爱的人,和他所爱的人们一同冒险走出恋爱的隐藏处;又有什么事情是不可能发生的?他不知道;如果他让自己投入这一考虑,那么他无疑必定会一夜白发。他不知道会有什么事情发生,但是他知道的是:他会失去一切;他知道的是:他无法躲避开最微不足道的事情,因为这决定把他绑定在恋爱捕捉住他的地方,而且还无所畏惧地把他绑定在恋爱发出悲叹的地方。有一句古话,也许不再有人相信,但这没关系,这句话是这样说的:有什么是一个人不为了妻子和孩子的缘故而去做的?回答是:他做一切,一切。那么一个人针对天意命数又做些什么呢,谁来揭示出它的秘密呢?他伸展出手臂,他工作,他斗争,他受苦,唉,没有什么事情是他所无法承受的。一个人的决定越是正面,他自己就在越大的程度上能够变形,只有一个丈夫才通过天意命数而在所有各种 genera(拉丁语:性)、numeri(拉丁语:数)和 casibus(拉丁语:格)之中变形。[111] 纯粹外在地看,有着好几百又好几百比丈夫更敢作敢为的人,他们敢以王国和土地冒险,百万和更多的百万人,丧失了王座和爵位、财产和安康,然而敢冒险更多的却还是丈夫。因为那爱着的人敢比所有这些人冒更大的险,如果一个人以一个男人所可能去爱的那么许多种方式去爱的话,那么他就是所有人之中最敢冒险的。那么,让我们设想那丈夫是一个国王,一个百万富翁,不,没有必要,没有必要,所有别的东西都只会乱了账目的可读性,就让我们想象他是一个乞丐吧,他最敢冒险。那么,让我们想象那勇敢的人敢在战场上冒险跳英雄舞蹈,或者想象他在波浪汹涌的大海上跳舞,或者想象他跳过峡谷,[112] 不,没有必要,没有必要,在日常所需之中不需要这个,也许在一家剧院里会需要这个,但是,如果生活以及我们的主没有一些没有被报以掌声的英雄预备部队的话——尽管他们冒险更多,那么人类就出了问题了。一个丈夫每天都在冒险,义务之剑每天都在他的头上悬舞,[113] 随着婚姻的继续一直有日记记录着,责任的账本从不曾合起,这责任比那要见证英雄的最出色的叙事诗人更激发人的热情。于是,确实如此,他也不是为了子虚乌有而去冒险,不,以等量还等量(Lige for Lige),他为一切而冒一切风险,如果说婚姻因其责任而是一首史诗的话,那么因其幸福它也是一首田园诗。

于是,婚姻是生命和生存的美丽中点,一个深深地反思的中心,反思得如此之深正如它所揭示出的东西是如此之高:一种在其隐藏处揭示出"属于天国的东西"的开示。这是每一个婚姻所做的事情,正如不仅仅大海是如此,湖泊也是如此,只要这水不是浑浊的水。"作丈夫"是最美丽和最意味深长的任务;如果一个人没有成为丈夫,那么他就是一个不幸的人,——他的生活不允许他成为丈夫,或者恋爱不曾造访他,或者他是一个我们以后将要逮捕的可疑人物。婚姻是时间之充实。[114]没有成为丈夫的人,总是要么在别人看来是不幸的,要么对于他自己也是不幸的;在他的古怪性情之中,他会觉得时间是一种负担。婚姻的情形就是如此。它是神圣的,因为恋爱是奇迹;它是世俗的,因为恋爱是大自然最深奥的神话。恋爱是隐藏在幽暗之中深不可测的根本,而决定则是像俄耳甫斯那样地把恋爱带进白天[115]的胜利者;因为决定是恋爱的真实形式,真正的明了化(Forklaring),[116]因此婚姻是神圣的并且得到了上帝的祝福。[117]它是民政的,因为,相爱的人们通过它而属于国家和祖国和公民同胞们的公共事业。它是诗意的,不可表述的,正如恋爱,但决定是遵循良心的翻译,它把热情转译进现实,这个翻译是如此严谨精确,哦,如此严谨精确! 恋爱的声音"听上去就像仙女们的声音出自夏夜的洞窟",[118]但决定有着韧性的严肃,这韧性的严肃穿过那飞逝的东西和那消失着的东西传出来。恋爱的步履轻盈如同草地上的舞蹈,但决定抓住那疲倦者,直到舞蹈重新开始。婚姻就是如此。它像孩童般喜悦,但却庄严,因为在它的眼前不断地有着奇迹;它谦虚而隐蔽,而在这隐蔽之中却有着喜庆,但是,正如生意人对着大街的门在做礼拜的时候是关上的,婚姻的门也总是关着的,因为一直不断地有着礼拜;它担忧着,但是这种忧虑却并非是不美的,因为它立足于对整个生存的深重苦难的领会和感受,不管是谁,如果一个人不知道这种忧虑,那么他才是不美的;它是严肃的,但却在玩笑中得到缓解,因为"不想做一切"是一种糟糕的玩笑,相反,"竭尽全力地去做,并且在之后明白这只是很少的一点点,相对于爱的愿望和决定的欲求,这什么都不是",则是一种至福的玩笑;它是谦卑的,但却又是勇敢的,确实,这样的一种勇气只会出现在婚姻之中,因为它是由男人的力量和女人的虚弱构造出来的,并且通过孩子的无忧无虑而焕发青春;它是忠诚的,确实,如果婚姻不忠诚,那么又在什么地方会有忠诚? 它是安全的,平和的,在生存之中安居,没有什么危险是真正的危险,危险只是考验(Anfægtelse)。它是知足的,它也知道怎样使用许许多多繁荣,[119]但是它知道怎样在简陋的境况之中美丽,并且知道怎样不在富足之中减色。它心满意足并充满期待;相爱的人固然是自足的,然而却只为他人而存在。它是日常的,确实,又有什么能像婚姻那样日常呢,它是整个现世,然而永恒[120]的回忆却倾听着,什么都没有忘记。

关于婚姻所说的,这些应当是够了;在此刻我不觉得想要说更多,下一次,也许明天我说更多,但是"总是同样的东西并且是关于同样的东西",[121]因为只有吉卜赛人和强盗和骗子才有这样的警句:你永远也不要再去你曾到过的地方。[122]然而,我自己觉得这确实已经够了,我所唯一想要补充的是:如果婚姻只是有一半这么好的话,那么它在我眼里就已经是很得体了,尤其是因为我觉得我所做的不是对我自己的赞美,更确切地说,我是在做出判断。然而,一个人无需十全十美也还是可以作一个幸福的丈夫的,只要他放眼完美并且谦卑地感觉到自己的不完美。在这里我只不过是想要把价钱稍稍提高一下;因为,如果一个人与利用一切东西来发牢骚的诡辩者有什么关系、与纵火劫掠的匪盗有什么关系、与潜伏在门旁的间谍有什么关系、与想要从街上闯进来的流浪汉有什么关系,那么,他就会要求他们去尊重神圣的东西,他顺便还会与他们玩一下捉迷藏,既然他很清楚地知道他们站在向街的门前摸索着,站在婚姻的装饰百叶门前摸索着,但是,沿着这条路过来,一个人却无法对婚姻有任何所知。

现在让我们看那些反对的观点。即使一个丈夫无法像一个诡辩者那样地把这些观点尖锐化，他还是清楚地知道问题的症结隐藏处，知道怎样在谈论婚姻的时候也把这些问题考虑进去，或者至少获得了一般的"去领会"的能力。在细节上论述这些反对的观点只是浪费时间，尽管一个人会有着这方面的才能。然而至少这样一点是确定的：每一个做出反对的人总是会令人觉得遗憾。要么他是在欲情之中走失了，并且从此就变得冷漠无情，要么他就是被理智迷惑住了。对于每一个有着后一种依据的反对观点，我们能够做的事情就只是：按照哈曼的方式以"呸"答之。他想说多久我们就让他说多久，然后我们问他有没有说完，然后我们就说出那个带有魔法的词。如果我们以这样的方式关上了门，那么我们就会获得另一个答案。关于悲剧，据说智者高尔吉亚曾这样说过：这是一个欺骗，在这欺骗中，欺骗者比不欺骗者更公正，受骗者比不受骗者更智慧，[123]这后一个说法是一种永恒真理，并且，每一次当理智在自身的想法之中陷于谬误并且恰恰因为害怕"受欺骗"而受欺骗时，这说法就是一个正确的回应。确实，要停留在热情、神秘、恋爱、幻觉和奇迹的至福欺骗之中，这需要完全不同于"因纯粹的理智而赤身裸体半疯狂地从家里跑出来"[124]的另一种智慧。这种对立以如此古怪的方式出现。有时候，心不在焉的原因是在于记忆的匮乏，但是我们也并非没有这样的例子：一个人走神恰恰是因为他有太多记忆。

如果这反对的观点要从根本上出发，那么，它就必须，如果它是针对婚姻的话，首先针对恋爱，因为最初的东西一直总还是最初的东西。这样的事情很少发生。在通常，各种反对观点恰恰是关照着恋爱，它们的恋爱的吻是真正的犹大之吻，[125]通过这吻它们就把婚姻出卖了。攻击恋爱的那些敌人所造成的损害就小得多，并且很少有可能赢得发言的机会。一旦理智想要尝试着解释或者考虑恋爱，可笑性就显现出来，最好是这样来表述：理智变得可笑。相对于不同的人谈论这事，事情看起来是不一样的。如果这是一个堕落的人在以这样的方式终结一种也许是放荡的生活：他想要使得那一向知道怎样躲避开他亵渎的触摸的东西（尽管他在所谓的恋爱之中涉足已久）变得可笑，那么，每一种回答就都是肤浅的。然而，我们还是可以想象一种更容易令人接受的反对观点之形式，它是那么容易让人接受，以至于它会使人决定去为这个犯糊涂的人感到难过并且为他的错误做解释。于是，这就必定是一个年轻人，相对于"那爱欲的"他确确实实很纯，但却又必须是这样的一个年轻人，就像一个早熟的聪明小孩错过了灵魂中的一个环节而马上以反思来开始自己的生活。[126]在我们这反思的时代里，人们无疑是能够想象得出一个这样的人的，在某种意义上，他甚至能够被看作是有着正当资格的个体人格，只要那对反思的许多说法、对之的崇拜，[127]那种因"怀疑一切"而得以尖锐化的必然性，对于他来说是由此来得以表达的：与许多轻率的、不想通过"怀疑一切"来使一本书得以成功的体系家们相比，他更严肃地得到这绝望的想法：想要去想"那爱欲的"，将自己想象进它，也就是说，想象自己出离它。[128]一个这样的个体人格是一个不幸的个体人格，只要他是纯的，我就不可能不带着同情想象他的不幸。就是说，他就像那个唯一失去了自己天鹅外衣的仙女，[129]被离弃，坐着，尽了所有努力想要试着飞起，都是徒劳。他丧失了自己的直接性，这直接性背负着一个人贯穿一生，如果没有这直接性，恋爱就成为不可能，这直接性不断地被预设作前提，不断地使他一点一点地向前；他被排斥在了直接性的善举之外（人们永远都无法真正地去对这善举表示感谢，因为这善举总是隐藏着）。

现在，正如去看那个孤独的仙女的悲惨是一件可悲的事情，去看一个这样的人的所有思想努力，不管他是在默然无声地忍受痛苦，还是借助于"反思"中的魔性技艺，知道怎样去以机智的言辞来隐藏起自己的赤裸，[130]也是可悲的。

全部的恋爱是一种奇迹，那么，在爱者们崇拜着地对着奇迹的神圣标志顶礼膜拜的同时,理智静止地站立,这又有什么奇怪的。考虑到这里所谈及的东西,正如考虑到在任何地方所谈及的东西,一个人要对自己的表达保持警惕。有一个叫作"选择自己"的范畴,一个多少有点被现代化了的希腊范畴,[131] 它是我最喜欢的范畴,并且伸展向一个个体的存在,但这个范畴绝不应当用在"那爱欲的"之上,就像我们在谈论为自己选择一个"被爱者"时的情形,因为被爱者是神的礼物;正如那选择自己的选择者被预设为是存在的,同样,那被爱者也必须被预设为是存在的,如果这"选择"[132] 要在两种关联之中作为同样的意义而被使用的话。如果一个人是在"想要为自己设定出这被爱者"而不是在"想要接受这被爱者"的意义上使用那个表达——"选择",那么一种被误导了的反思就马上就有了某种可让自己去支持的东西。那年轻人让情欲之爱消释在"爱'那值得爱的'"之中,他毕竟要选择。可怜的家伙,那是一种不可能;不仅仅是这个,如果事情要以这样的方式来理解的话,那么又有谁敢做选择呢?又有谁敢如此任自己的刚毅冲昏自己的头脑以至于不明白这个道理:如果一个人是求婚者,那么神就必定自己首先向这个人求了婚,所有其他的求婚都是一种自说自话的愚蠢放纵。我谢绝以这样的方式做选择,我宁可为这礼物而去感谢神,他做出了更佳的选择,而"去感谢"则是更有福的事情。我不想让自己因为想要对被爱者开始一种毫无意义的批评性的说教而变得可笑,我不想对被爱者说:我爱她是因为这个、因为那个,并且最终是因为——因为我爱她。如果使用得正确,通过纯幽默地把情欲之爱的全部形态置于与一种琐碎小事的关系之中,一种这样的说教对爱者们自己可以是有趣的,就像这样的情形:如果丈夫要对自己的妻子说,他爱她是因为她有金头发。一种这样的说法是幽默的玩笑,它早已忽视了所有反思之重要意义。我把神的物归给神,[133] 每一个人都应当这么做。但是,如果一个人拒绝把景仰与惊羡之神圣颂词给予神,那么他就没有在这样做。正是在理智静止站定的时候,我们才应当有勇气和心肠去相信那奇妙非凡的东西,并且,借助于这一景象为我们带来的力量,不断地回返到现实之中,而不只是静静地坐在那里想探明其究竟。但不管怎样，我还是更愿意对一种尖锐持久的批评进行一次毫无结果的尝试，这批评把绝望带进反思者的头脑之中，而这也许恰恰就拯救了他；我宁可选择这没有结果的尝试，也不愿去选择一种饶舌而愚蠢的反思，后者就像是一个女打扮师[134]想要把情欲之爱漂亮地打扮出来并且还想知道比奇迹[135]更多的东西。确实，情欲之爱是一种奇迹，而不是什么市镇里的传闻；它的祭司是崇拜者而不是街头妓女。

因此，在异教文化之中，人们把恋爱当作爱欲（Eros）[136]的属性。既然婚姻之决定增添了"那伦理的"，这样一来，那对某一神明的多少有点卖弄风情的归属认定在婚姻中就成为对于"一个人从上帝的手中接受那被爱者"的纯粹宗教的表达。一旦上帝出现在意识的面前，奇迹就马上存在了，因为上帝不可能以别的方式在那里存在。犹太人是这样表述这一点的：如果一个人见了上帝，那么他就必定死去。[137]这只是一种比喻的表达，字面上的真正表达是：一个人完全丧失了理智，就像爱者在看见被爱者，并且（这正是这个人自己的情形）看见上帝的时候那样。确实，我做丈夫好些年了，也许人们会笑话我的热情，那就笑吧！一个丈夫总是在爱河之中，他永远也不会以另一种方式来理解恋爱。

反思之忧伤骑士[138]继续向前走，他想要探明"恋爱之中的综合"的根本。他并没有留意到：在他的面前悬挂着一道帷幕，并且，他再次站在这奇迹的一旁。上帝从乌有之中创造，[139]但是在这里，如果我敢这样说的话，他做更多，他用所有情欲之爱的美丽来打扮一种驱动力，这样，爱者们只看见美，而对这驱动力则一无所知。谁将揭开这帷幕？理想的美是被遮覆起的美，月光透过云层的薄纱大概只映出一半的美丽，天空透过纱帘大概只梦到一半的思念，大海以它的半透明大概只是以一半的强度做诱惑，就像被爱者，就像妻子透过端庄矜持之面纱所做的诱惑。我心灵激荡地狂想着，我，一个可怜的丈夫？但是我该怎样说及这一神秘呢，它对我曾经是，现在还是，并且在许多年里还将继续是一种神秘；因为我对"会有某种解释出现"的说法一无所知；有人认为，自然的帷幕应当比道德伦理的帷幕更宝贵,但我就根本无法理解这种可鄙的放肆态度。

于是,那个可怜的家伙,反思一如既往地把他弄成一无所有的乞丐,他继续向前;他的热情使得他更不幸,他的财富使得他更贫穷。他在那会被他称作是"情欲之爱的各种后果"的地方停下。又有谁不在这个地方停下呢?这其实就仿佛是:在神创造地进行干预的时候,生存的自然进程停下了。哦,至福的惊奇啊!又有谁会不因此感恩:他在这里看见神,他不用像反思(Reflexionen)的筋疲力尽的斗士那样地沉陷进沉郁(Tungsind)之中;谁会不在生存的喜悦之中感恩?并非因为仿佛这孩子是一个神童(虚空,虚空[140]),而是因为:一个孩子出生了,这是一个奇迹。[141]一个不愿在这之中看见奇迹的人,他必定是(如果他不是完全缺乏精神的话)会像泰勒斯那样地说:出于对孩子的爱,他不想要孩子,[142]——这最沉郁的话(因为在这之中有着这样的意思:与"剥夺一个人生命"相比,"给予一个人生命"是更大的犯罪和不幸)和最灾难性的自相矛盾。

于是,恋爱就被宣称为奇迹,一切归属于恋爱的东西就也归属于奇迹。这时,爱就被当作是首先给定的。每一种反思之企图,不管它有多么讨人喜欢或者多么令人厌恶,不管它是多么愚鲁或者多么乏味,都被直接地判定为是错误的。——问题继续留在这里:这一直接性的东西(恋爱)怎样才能够在一种通过反思而得到的直接性[143]之中找到它的对应物。关键性的一场战役就在这里发生。

然而,我首先要展示一下这事情的另一个方面。在通常,恋爱得到足够多的赞美。甚至一个诱惑者也不缺乏想要参与这赞美的厚脸皮。[144]但是恋爱的瞬间或者短暂时间应当是女人的顶峰时刻,因此关键就在于重新放下。这样反对的看法则有着另一个方向,对女性的含情脉脉的殷勤崇拜到最后成为侮辱。

顺便说一下,我从小所接受的是基督教的教养,我不能够同意各种对于"让女人得到解放"的不正当企图,同样我也觉得所有对异教文化的缅怀是痴愚的。我简短的看法就是:女人无疑和男人一样好,然后,句号结束。每一种对性别之间差异的更繁复的论述,或者对于"哪一种性别有着优越"的考虑,都是无所事事者和胡椒单身汉[145]们毫无用处的思想活动。人们可以这样来认出一个得到了好的教养的孩子:他对自己所得到的东西感到很满足;同样,人们可以这样认出一个得到了好的教养的丈夫:他为那被分派给自己东西而感到欣悦和感恩,换句话说,他处于恋爱之中。有时候我们会听到一个丈夫抱怨说,婚姻给予他太多要让他尽责的事情,是啊,他怎么会少得了各种各样的事情呢?因为他要么是只想放肆无礼地去作自己妻子的批评家和评论家,一天里每隔一个半瞬间就要用自己乏味的说法来折磨她,说她应当这样地微笑、这样地挺胸、这样地行屈膝礼、这样地穿着打扮、这样地说话,要么他就是在想作丈夫的同时也想作批评家和评论家。作为一个婚姻的批评家,我是一个 tiro(拉丁语:新手);我没有接受过任何纨绔少年时期的肤浅的预备课程,有时候这种课程造成的毒害超过人们的想象。我的爱情故事在某种意义上说是短的;我独立谋生并且专注于我的学习,我不曾在晚会上、在散步时、在剧场和音乐会中审视各种女孩,我不曾轻率地去这样做,我也不曾带着那种愚蠢的严肃去这样做,——一个适婚男子会用这种愚蠢的严肃来自得其乐:一个能配得上他的女孩必定是非凡的。就这样,毫无任何经验,我认识了她,现在是我的她;之前我从不曾爱过,我的祷告是,我不可以在以后再爱,但是,如果我要在瞬间之中想到那对于我来说当然是不可思议的事情:死亡把她从我这里夺走,一种这样的变化发生在我身上,以至于我再一次要进入"作为丈夫"的状态,我确信,我的婚姻并没有败坏我或者说使得我更善于去批评、去挑拣、去审视。人们听到如此之多关于恋爱的痴愚说法,这又有什么奇怪的呢?既然人们听到如此之多说法,这已经是一种标志,标志了反思在全方位渗透性地打扰着那种宁静而更为简朴的生活,恋爱更愿意居住在这宁静而更为简朴的生活之中,因为这生活在其简朴之中距离对神的虔诚敬畏是如此之近。

因此，我很清楚，各位审美者先生们马上就会宣告我不够资格与他们进行讨论，而如果我毫不隐瞒我尽管作了八年丈夫却仍不能在批评鉴赏的意义上确定地知道我妻子的外表是怎样的，那么他们就更会觉得我不够格。爱不是批评鉴赏，婚姻的忠诚并不是由一种周详的批评鉴赏构成的。我的这种无知却并非完全由于我没有受教育，我也能够观赏那美的东西，但那样的话，我是在观赏一幅肖像、一尊雕像，而不是看一个妻子。部分地，我要感谢她，因为，如果她会在"成为一个调情者批评鉴赏性的崇拜的对象"之中找到任何虚荣的快乐的话，那么谁知道呢，我是不是就也变成了一个调情者？并且，就像通常的情形，最终成为了一个性情乖戾的批评家和丈夫？行家们随意调用着 termini（拉丁语：概念名词），我也不觉得自己有能力在诸多 termini 之中轻松而例行常规地运动，我并不想要求这个，我并不去与行家们一同赴宴。以最温和的方式说，这样的行家们让我觉得就像是那些在神殿的院子里坐着兑换银钱的人们；[146]并且正如"听银钱叮当作响的声音"令那带着崇高的性情想要进入神殿的人心生厌恶，"听诸如苗条、丰满、丰腴等等这些词构成的噪音"同样也令我心生厌恶。我在一个原始的诗人那里读到这些词的时候，它们是出自心境和母语的本原性，这时我感到欣悦，我不亵渎它们，而在与我妻子有关的问题上，我至今没有确实地知道她是不是苗条的。我的喜悦和我的恋爱不是一个马贩子的喜好，也不是一个狡猾的诱惑者剧烈的不健康脾性。相对于她，如果我要以那样的方式来表述自己，那么我确信，我是在胡说八道。只要迄今为止我不让自己那样做，那么我可能在余生之中就已经得救了，因为只"一个婴儿的在场"就使得恋爱比其自身本原所是更羞怯。我经常考虑这一点，因此我总觉得，一个自己有着孩子的年长男人和一个非常年轻的女孩子结婚，这样的事情是不体面的。

恰恰因为我的爱对于我来说是一切，因此在我的眼里每一个批评鉴赏性的收获都是胡说八道。如果我要赞美女性的话，就像人们在审美的意义上谈论的"赞美"，那么，我就只想幽默地赞美，因为所有苗条和丰腴,眉毛和眼中的箭,[147]都构建不出一次恋爱,更构建不出一场婚姻,而只有在婚姻之中恋爱才有它真正的表达,在婚姻之外,它只是诱惑或者调情。有一篇 Hen. Cornel. Agrippa ab Nettesheim(阿格里帕·冯·内特斯海姆的拉丁文名字)[148]所写的小文:de nobilitate et præcellentia foeminei sexus, eiusdemque supra virilem eminentia libellus(拉丁语:《一本关于女性的高贵和出色以及其优越于男性的长处的小册》)。[149]在这篇小文章之中,他以最天真的方式说出向女性表示敬意的最奇怪的说法。我恰恰相反,不认为他证明了他想要证明的东西,尽管他 bona fide(诚意地)并且很好心地这样说,并且善良得足以相信自己证明了这东西,我倒是完全同意这本书终结处的诗句,[150]它谢绝一切对男人的浮夸的(vaniloquax)赞美。现在,如果人们在对恋爱和婚姻的幸福的完全而绝对的确定之中阅读这一天真的论证,如果人们在每一个论证之中都加上一个极其悲怆的 Ergo(拉丁语:所以)或者 quod erat demonstrandum(拉丁语:此为所求证者),而与此同时真正的悲怆激情则是那种确定[151]之中的丰富实质,它根本无需任何证明,这样一来,一种纯粹的幽默效果就出现了。我将对此做出更细节性的解说。在五月二十八日协会,[152]一个年轻科学家做了一个讲演,他出于对自然科学的热情认为,每一个新的发现,比如说现在最新的"用打火石来做肥皂",[153]都引导我们更近地靠向上帝并且使得我们信服上帝的善和智慧,等等。如果这个讲演要被看成是一种"向上帝靠近"的严肃尝试的话,那么这就让我觉得非常糟糕。相反,如果一个个体人格,在自己"对上帝的善和智慧的信仰"的关系上是一个百万富翁,并且比伦敦银行"更可靠更有经济实力",[154]如果他,在反思开始展示出"想要在这方面证明一些什么"的迹象的时候,以这一证明来打断反思的证明过程:现在我们甚至能够用"以打火石做成的肥皂"来洗手了,那么,这时事情就不一样了;他甚至能够以这样的方式来终结自己的言谈:看,现在我洗干净我的手了,[155]如果这还不是一个证明,那么我真的绝望了,不想再展开一个这样的证明了。在那本小书中,这被当作一种证明的依据:在希伯来语中女人叫夏娃(生命)、男人叫亚当(大地),[156]——ergo(拉丁语:因此)。就像是在一场 altercatio(拉丁语:口角,辩论)之中的促狭,在这 altercatio 之中一切都是绝对地被决定了的并且是有着见证——以 Notarius publicus(拉丁语:公证人)和上帝的封印封了口的,同样,这样的证明也是非常漂亮的。在他将下面的说法当作另一个证明来引用的时候,也是如此:如果一个女人落水,她在水上游泳,[157]相反,如果一个男人落水,他沉下去,——ergo(拉丁语:因此)。这一证明也能够以另一种方式来使用,因为它有助于帮我们解释"中世纪有如此多女巫被烧"的事实。[158]

  从我读那本书的时候到现在,已经有好几年了,它曾为我带来极大的乐趣。自然科学和语言科学之中最滑稽的东西以最天真的方式出现。各种不同的东西在我的记忆中留下印痕,在我从不对我妻子说诸如她很苗条之类的话(这些话肯定会让她不愉快而我则说不出来)的同时,我有时(我是自己这样说)很幸运地擅长于一些这样的辩论和观察,这些辩论和观察是让她高兴的,也许是因为它们根本不证明任何东西,而恰恰因此就证明了:我们的婚姻根本就无需任何繁复的批评鉴赏,相反,我们是幸福的。在这个关联上,我常常会感到奇怪,为什么就没有什么诗人真正地描述一对谈话中的夫妇。如果有这么一次他们被描述了,并且如果这应当是一对幸福的夫妇,那么,他们就常常是像一对恋人在说话。在一般的情况下,夫妇总是作为次要人物,并且他们是那么年长,以至于他们就是诗人所描述的被爱者的父亲和母亲。如果要被描述的是一个婚姻,那么这婚姻就至少得是不幸的婚姻,这才会让诗人看得上眼。这之中的差异是:恋爱应当是幸福的,并且有着外来的各种危险,而婚姻则必须有来自内在的各种危险才会变得有诗意。我将此看作是对"婚姻实在是无法享受它应得的认可"的可悲的间接证明,因为这看来就似乎是:一对夫妇不像一对恋人那样地富有诗意。让爱者们去与那整个恋爱的泡沫说话吧,这泡沫让少男少女欢愉;结了婚的人们也不糟糕。我认定,如果一个丈夫没有通过他的婚姻而成为一个幽默者,那么他就是一个糟糕的丈夫,正如如果一个爱者不成为诗人的话,那么他就是一个糟糕的爱者;我认定每一个丈夫都多少会变得幽默,会得到某种幽默的印痕,正如每一个爱者都多少会变得有诗意。如果我以我自己为依据的话,那么我不会在诗意的方面像在"对于幽默的东西的感觉"的方面那样有着那么多的考虑,一种幽默方面的特定印痕,我要将之纯粹归因于我的婚姻。在恋爱之中,"那爱欲的"的许多成分有着一种绝对的意义,在婚姻之中,这一绝对意义与一种幽默的解读发生交替,这幽默的解读是对婚姻生活的平静满足的安全感的诗意阐述。我举一个例子,并且请求读者能够有足够的幽默感而不将之看作是"在证明什么东西"。我和我妻子一同在西兰岛南部做了一次小小的夏季旅行。我们完全以最方便我们自己的方式旅行,由于我妻子想要获得那种被一些人称作是"漫游在乡村公路上"的感受,我们就落脚在各种各样的酒馆饭店,有时候还会在一个这样的酒馆饭店里过夜,不过,最重要的是我们在这一路上要有足够的时间。在酒馆饭店里,我们有机会在四周看看。现在,发生了很奇怪的一件事,我们连续在五个酒馆的墙上看见同一幅招贴,就是说,这招贴以这样一种方式跟着我们而使得我们不可能避开它。这招贴有着以下内容:一个担忧的父亲以最诚恳的表达辞来感谢一个经验丰富医术精湛的执业医生,因为他用艺术家的妙手轻松而不招致疼痛地为这位父亲以及他全家治愈了严重的鸡眼症,并因此而使得他和他的一家能够重新回归到社交生活中去。家庭成员被一一描述出来,其中有一个女儿;由于她就像一个安提戈涅[159]那样曾属于这一不幸的家庭,她就也没能够得免于这一家族的厄运。我们在三个站上都读到了这一招贴,所以毫不奇怪:这事情成了我们的话题。当时我认为这位父亲的做法,这样公开地提到这年轻女孩,是不审慎的。因为,尽管现在所有人都知道她是痊愈了,但还是会使一个求婚者心里有想法,这根本就是多出来的不必要的事情,因为我们可以把鸡眼看成是人们在婚礼之后去了解的各种缺点之中的一部分。现在我请求一个诗人来回答我,这一谈话的主题是不是幽默的(我无疑不是一个能够完全幽默地展开这一主题的人）；但在另一方面我也要问他是不是这样：只有在一个丈夫的嘴里，这话题才是恰当的，一个恋人会觉得受到伤害，因为这一严重的鸡眼症，哪怕是在被去掉之后，也会对"那美的"的审美幻想观[160]有严重的打扰。一个这样的玩笑在一个爱者嘴里会是完全不可原谅的。现在，哪怕谈话因为我的卑微而变成了一种简单的日常闲话，那么我还是知道：这让我的妻子感到快活；一种这样的偶然被带到审美的绝对之下，比如说这样，通过"去询问离婚的足够依据"等等，这使她感到快活。有时候，某个行家或者某个特别聪明的少女在我的客厅里对恋爱和苗条夸夸其谈、说"爱者们必须真正相互认识对方以便在选择之中确定自己是选择了一个没有缺陷的人"，有时候我也会说出我的看法，我其实是为了我妻子而说出看法的，我说：是的，这是困难的，这是困难的，比如说，现在这鸡眼症的事情，没有人能够确定地对之有所知：一个人到底是不是有鸡眼或者曾经有过鸡眼，或者一个人会不会得鸡眼。

但关于这个说得足够多了。恰恰正是婚姻的安全感在支承着"那幽默的"。这安全感立足于被体验到的东西，没有那种如同"情欲之爱的最初至福"的不安，尽管它的至福绝不少于情欲之爱的至福。现在，我作为丈夫，八年的丈夫，把我的头靠在她的肩上，这时，我就不是一个崇尚或者挑剔什么"尘世间的美"的批评家，我也不是一个赞美她的胸脯的热情少年，但是我却像第一次那样地被深深感动。因为我知道我本来所知道的东西和我一再再三地让自己感到确定的事情：在我妻子这胸膛之中有一颗心脏搏动着，安静而谦卑，但却均和而有规律地搏动，我知道它是为我和我的福佑而搏动、为那属于我们两个人的东西而搏动，我知道它的安宁而温柔的运动不会终止，唉！就在我为我的生意忙碌的同时，唉！就在我被各种各样事情分散着精力的同时；我知道，在任何时候，在任何情况下，我都能够去她那里寻找安慰和帮助，她这颗心从不曾中止过为我而搏动。[161]我是一个信仰者：就像一个爱者相信那被爱者对于他就是生命，我在精神上相信在那本小书中所写的东西：

自然科学家教导说,母亲的乳汁对于患有致死疾病的人[162]来说是有着拯救性作用的,[163]我相信这温柔,这永不枯竭地为找到一种越来越真挚的表述而斗争的温柔,我相信这温柔,这温柔是她作为新娘的丰盛嫁妆,我相信它有着富足的利息,我相信,如果我不挥霍她的资源,它就会翻倍;我相信,如果我得了致死的疾病,如果这一温柔的目光落在了我的身上,唉,就仿佛那垂死的斗士[164]是她自己,而不是我,我相信,这一温柔的目光会使我起死回生——如果上帝在天庭没有使用这力量的话,而如果上帝使用这力量的话,那么我相信,这一温柔再次将我与生命捆绑在一起,就像一道访问她的景观,就像是一个在我们重新结合之前无法被死亡说服的死者。但是在那之前,在上帝以这样的方式使用这力量之前,我相信,通过她,我将和平与满足吮吸进我的生命,并且,许许多多次从沮丧之死和精神销蚀的辛劳恶苦[165]中得到拯救。

每一个丈夫都是这样说的,并且能够说得更好,如果他是一个更好的丈夫的话,并且能够说得更好,如果他是一个有天赋的人的话。他不是一个正爱着的少年,他的表达不是瞬间的激情,如果在一个激情瞬间之炽烈之中想要感谢一种这样的爱的话,那会是一种怎样的侮辱啊![166]他就像是那个诚实的簿记,[167]在当年几乎成为怀疑的对象;因为,在那些严格的审核者们(由于一次欺骗)来到他的门前并且要求查看他的账本时,他回答说:我没有账本,我把账记在头脑里。多么可疑啊!然而。荣耀归于这老人的头脑,他的账目准确无误!一个丈夫,在他对自己的妻子谈论这事的时候,也许甚至会做出有点幽默的表述,然而,这一幽默,这一毫无顾虑的致谢,这一收据不是落在纸上的,而是落在回忆的主账簿之中,这恰恰证明了他所记下的账目是可靠的,他的婚姻在日常之中就拥有着丰富的资源来提供这种证明。

由此,我已经提示出了,我想在哪个方向上寻求女人的美。唉!甚至正直的人们也一同参与去为这一可悲的混淆提供养料,更糟糕的是,轻率的青春女性过于急切地得出这样的结论(根本就不会想到这种做

法是一种绝望)¹⁶⁸：一个女孩的唯一美丽就是青春的初始，①¹⁶⁹她的年

---

① 考虑到"女人的美随着岁月而增长"这句话，如果我们回想一下舞台上的艺术成就，那么这说法难免就很成问题，乃至会起到误导作用，因为在这里一切都集聚在"对瞬间的要求"上，并且人们在本质上所要求的是各种差异；但恰恰正是因此，我就愈加欣悦地看见一种美丽的、对我来说是如此亲切的真相，它在剧院生活的迅速变换之中得到了确认。那借助于我们的剧院真正地呈现"那女人的"的女演员，不局限于"那女人的"的一个方面、不依靠于也不受累于它所具的一种偶然性、不被指派进它之中的一个时间段的，她就是尼尔森女士。ª她所展示（但不是直接展示）的形象，她在剧中如鱼得水地运用的声音，那使得协作获得生命的真挚，那使得观众们感到如此安全的内向迷惘，她用来攫住我们的那种安宁，那藐视一切外在事物的可靠灵性，还有心境的这种均匀的洪亮，——这洪亮不猛然爆发、不借助于矜持的回避来制造悬念、不滔滔不绝夸大其词、不自命不凡地让人等待、不作剧烈的爆发、不期盼任何不可言传的东西，而是忠实于自己、为自己负责、在每一瞬间都准备好了并且总是一贯地可靠的：简言之，她的所有表演集聚在那可以让我们称作是"那在本质意义上的女人的"的东西之中。有许多女演员，因在"那女人的"的偶然一方面上的精湛技艺而伟大而被人崇敬，但是，这一崇敬，通常它也会在各种各样的瞬间欢呼之中找到自己的正确表达，而在那成功表演所依据的各种偶然表象消失的时候，它从一开始就是时间之战利品。

既然尼尔森女士的潜在力量是"那在本质意义上的女人的"，那么她所覆盖的范围就是："那本质的"，哪怕是在更微不足道的方面，只要她在剧中是在一种本质性的关系之中被我们看见（诸如在一出杂耍剧ᵇ之中演情妇，在一出田园剧中演母亲，等等），崇高的角色中的"那本质的"，卑劣的角色之中的"那本质的"，这角色虽然在女性的意义上是卑劣的，但在本质上仍然属于这一性别，于是人们就不会因为那不美的东西而觉得不舒服，不会因为夸张而不信，不会倾向于去解释那因教养、因生活条件之影响等等而造成的腐化堕落，因为我们恰恰在表演的理想性之中看见这"腐化堕落"的深度及其渊源。正如她的覆盖范围是本质的，她的胜利也是一种本质的胜利，不是瞬间之短暂的胜利，而是那"时间没有力量来左右她"的胜利。在她生命时光中的每一个时期，她都会获得各种新的任务并且去表达"那本质的"，正如她就是以此来开始她的美丽生涯的。哪怕她进入六十岁，她仍会继续是完美的。对于一个女演员来说，我不知道还有什么比这更高贵的胜利：有这样一个人，也许在整个王国里他是最害怕在这里对别人有所冒犯的，而他敢带着这样的安全感，正如我一样，去提及这"六十岁"，——这本来是一个人在关联到一个女演员的名字时最不应当去急于提及的话题了。她会很完美地表现出一个祖母的形象，再一次是通过"那本质的"来发挥作用，正如一个年轻女孩不是通过任何迷醉评论家的非凡的美、或者通过使得行家入魔的无与伦比的歌声、或者通过"能够舞蹈"——这唤起观众特别的兴趣、或者通过一小点淘气——每个观众都会很愉快地对之做出自己的解释——来发挥作用，而是通过献身仪式，这是那纯粹的"女人性"与"那不灭的"的契约。尽管人们在剧院之中很容易就会想到生命和青春和美丽和魔力的易逝，可在人们崇敬她的时候，人们是那样地有着安全感，因为人们知道这不会消逝。也许这在别人身上会有所不同，这样，这崇敬，因为没有任何"要着急"的理由（并且在这里有的是时间），有时候就会不出现，并且这个女演员就被看作是第二等级的，而如果这里的要求是在瞬间之中比赛跑的话，如果这要求不是在"那持恒的"而是在"那消失着的"之中起作用的话，她也确实是第二等级的。因此，她也许在各种为瞬间量脉搏的批评家们中没有崇拜者、在各种必然会看过这台和那台戏的剧场票友中没有崇拜者、在各种想要发布什么八卦的快信使中没有崇拜者、在各种就像寻找别的"扛一个人"的临时工作的扛拉者那样的胜利拉拉者ᶜ中没有崇拜者、在各种本来无法安置一次不成熟的恋爱而将之投向一个女演员的年轻人中没有崇拜者、在各种以瞬间的刺激来维持生命的浪荡子中没有崇拜者，但却在这样的人们中有着崇拜者，这些人在生活之中是幸福而满足的，不想念剧院，不渴望剧院，他们的右手不会马上在当场的鼓掌中跑进左手，ᵈ他们的笔不会在同一个夜晚马上就因为一些个细节而在纸上忙碌，相反，他们是慢慢地说话，并且也许是更有辨别地，在"那美的"在真之中ᵉ的时候，为看见这美的东西而感到欣悦。

华只盛开一瞬间,这一瞬间就是情欲之爱的时刻,并且,一个人只爱一次。确实,一个人只爱一次,但女人的美丽恰恰随着岁月而增长,而绝不是消减。与后来的相比,最初的美只是某种可疑的东西。又有什么人,如果他不是一个疯子的话,会看到一个年轻女孩而不感觉到某种忧伤,因为在这里,尘世生活的脆弱在它的最强烈的对立面之中呈现出来:"无常"迅速如一场梦,"美"奇妙如一场梦。但是,不管那最初的"美"有多么奇妙,它仍不是"真",它是一个保护套,一件外衣,只有在岁月之中真正的美才会从它们中伸展出来呈现在丈夫感恩的目光里。

　　反过来,看她,经历了岁月的她。你不会情不自禁地去抓她的美丽,因为这不是那易逝的美丽,不是像梦一样急速逝去的美丽;不!在她的身边坐下,更贴近地观察她:带着她母性的关怀,她属于整个世界,现在这关怀的忙碌时间已经过去,留下的只是这关怀本身,而在这关怀之中她就像在法版之上的天使那样地飞舞。[170]确实,如果你不在这里感觉到一个女人有着怎样的实在,那么你就是并且继续是一个批评者和评论家,也许是一个行家,就是说,是一个绝望了的人,被绝望的暴烈推着疾奔,叫喊着:让我们在今天爱,因为明天一切都过去了,[171]不是我们的一切都过去,这会是沉重的,而是情欲之爱的一切都过去了,这则是令人憎厌的事情。现在,就花一点时间让你自己去坐在她身边;这不是欲望的可喜果实,警惕着不要让你自己有任何放肆的想法,也别想着要去使用内行的概念名词;如果你的内心无法平静,那么,就坐在这里,这样你就会平静下来。这不是瞬间的空想,你敢让自己靠近她吗?或者,你敢伸出手邀请她去跳一支华尔兹吗?那么,也许你宁可避免与她在一起,哦!尽管围在她周围的年轻一代太不礼貌(一位时尚的先生——他觉得她需要他陪她说话——就是这么想的),不,是过于糊涂,以至于让她一个人坐在那里,但她其实并不需要与这一代人同欢,她并不觉得受到了冒犯伤害,她与生活达成了和解,如果你在什么时候再次觉得需要找到一句和解的话语,如果你觉得需要忘却掉生活中各种不和谐,那么就去找她吧,在有价值者身边有价值地坐着,[172]——并且,哪一个是最美丽的呢：是通过自然之力生育的年轻的母亲，还是通过其关怀来重新生育你的饱经沧桑的母亲！或者，如果你并非是如此糟糕地被卷进世上的麻烦之中，那么，就只在有价值者身边有价值地坐着。她的生活也不会是没有旋律的，这一老年也 non sine cithara（拉丁语：并非没有里拉琴），[173]所有被经历了的东西都没有被遗忘，在这声音打动了回忆之弦的时候，生命的所有不同年龄里的声音都甜蜜地在之中共鸣着。你看！她达成了对生命中各种难题的解决，是啊，她简直自身就是对生活中难题的解决，既能够让人听见，又能够让人看见。一个男人的生命永远都不会以这样的方式来完成，在通常，他的账目要复杂得多，而一个家庭主妇则只有各种琐事，日常的苦恼和日常的喜悦，但因此也就有这一幸福，因为，如果说一个女孩是幸福的，那么一个上了年纪的妇人则就更幸福。对我说，什么是最美的：是有着自己幸福的年轻女孩，还是那饱经沧桑的妇人？后者完成了一种上帝之作为，她为忧虑者解决难题，而对于快乐者来说，去作为解决生命中的难题的美丽方案，这就是对存在的最佳赞辞。

现在，我离开这上了年纪的妇人，我不会真正避免与她作伴，我回到时间中，我很高兴在上帝的帮助之下我仍有着生活之中一段美好的岁月，但却也不知任何畏惧变老的怯懦，或者为自己妻子的缘故而畏惧的怯懦，因为我可是认定了女人随着岁月而变得越来越美。作为母亲，她在我的眼里就已经比年轻女孩美丽得多。不管怎么说，一个女孩是一个幻想的形象，我们几乎就不知道她到底属于现实还是一种影像。难道这就应当是那至高的吗？好吧，让幻想家们去这样想吧。相反，她作为母亲则完全地属于现实，而母爱本身并不像青春的渴望和隐约感受，而是一种真挚性的一种永不枯竭的源泉。这一切也并非是完全地作为可能在一个年轻女孩身上在场。即使是作为可能在场，一种可能也总是小于一种现实，更何况这一切其实并非作为可能在场。正如母亲的乳汁不会在一个少女的胸脯里在场，这一真挚也同样不可能在场。这是一种变形，在男人身上绝不会有类似的变形。我们能够开玩笑地说,一个男人在他有了智齿之后才刚刚完成,我们也能够严肃地说,一个女人的发展在她是母亲的时候才结束,只有在这时她才是存在于自己所有的美丽之中、存在于自己美丽的现实之中。让那个敏捷轻快顽皮幸福的女孩蹦向草地吧,她逗弄着每一个想要抓住她的人,哦,是的,我也很愿意看这场景,但然后,然后她就被抓住了,被监禁了,当然我没有抓住她(要有怎样的空虚和虚荣的痴愚才会去这样做),我当然没有监禁她(多么虚弱的一个监狱!),不,她是自己抓住了自己并且是坐在摇篮旁被监禁;被监禁,她却有着自己的全部自由,一种无边际的自由,她在这种自由之中,她会死在自己的窝中。[174]

这里只是附加地说一句。尽可能无邪地谈论吧,我设想是母亲对孩子的偏爱使得丈夫多少有点嫉妒,哦,我的上帝,这种嫉妒当然是会被克服掉的。于是,我提及了这个词:嫉妒。这是一种黑暗的激情,"一个不断地弄脏那滋养着自身的食物的怪物"。[175]愤怒也是一种黑暗的激情,但由此并不得出这样的结论:不可能也存在一种高贵的愤怒。嫉妒的情形同样如此。在高贵的恋爱(Forelskelse)中也存在公正的愤慨,这种愤慨确实既是担忧又光火,首先是一种普通的灵魂状态——如果可怕的事情发生了的话。我不觉得这之中有什么可责备的,相反我对一个丈夫作出这样的要求:他的灵魂以这样的方式表示出最后的敬意,——对她的敬意,她:"曾令他蒙羞"的她,以及"他也承认是(如果我们想要这样说的话)对他有着足够重大的意义而能令他蒙羞"的她。[176]我把这种灵魂状态看成是恋爱对一个死者的伦理意义上的悲哀。相反我也知道,在生命中有着魔性的力量,我知道有着一种不太值得赞美的无所畏惧,它受到"恶的精神"的烦扰而想要成为纯粹精神,并且想要有权力去成为那种完全就像"在嫉妒之中狂怒"一样地应受谴责的东西,想要有权力去在机智之冷激情中变冷、变得冰冷彻骨。因为存在有以其炎热毁灭一切生命的地狱,但也有这样一种地狱,它的寒冷杀死所有生命。[177]

但是我甚至没有对母亲的嫉妒。一个女人的生命,作为母亲,是一种现实,如此无限地富于变换,这样我的恋爱一天天都有足够多的事情要做,要去发现一些新的东西。作为母亲,这女人没有任何可让人说"她在这处境之中是最美好的"的处境;作为母亲,她不断地处于自己的处境之中,而母爱就像纯金一样柔软,在每一种定性之中都可变通,并且仍然是完整的。丈夫的喜悦每天都更新,它不被销蚀,因为它就像是瓦尔哈拉的食物;[178]哪怕他不是以此为生,也依然可以肯定,他活着不单靠食物,也靠[179]那随着母亲之业绩而出现的由衷崇敬:他在自己家里有着 panis et circenses(拉丁语:面包和戏)。[180]

  母爱所面对的是怎样繁复多样的冲突啊,而每次她那进行着自我拒绝和牺牲的爱都大获全胜地从这些冲突中走出来,这母亲,她是多么美丽啊!在这里我不是谈论那无疑是众所周知而现成的话题,说母亲为孩子牺牲生命;这听起来是那么崇高,那么深情于爱,并且不具备真正的婚姻印痕。我们在琐事之中也看得见它,同样明确、同样伟大、同样令人生爱。不管是在什么地方看见它,我都钦敬它,并且,它对于我们也不是什么罕见的,甚至我们会在我们不期待这样看见它的地方看见它,比如说在街上。前些日子,我坚定地迈着办理事务的步伐从城里的另一头走到法庭去做出一个判决,时间差不多是一点半。我的目光下意识地落在了街对面:一个年轻的母亲,手里拉着自己年幼的儿子在散步。这小孩差不多两岁半。母亲的穿着、举止,能够让人看出她甚至好像是属于上等阶层,因此我很惊讶怎么会看不见侍者或者女佣跟着她。我马上就有了各种各样的猜测:她的马车也许就停在另一条街上,或者在隔了几幢房子的地方,或者,她也许就是走向她所住的两三幢房子之外的地方,或者,诸如此类。我中止我的各种猜测,并且希望读者会感谢我认真地对文字做出强有力且彻底的节省。但是在根本上这也是够奇妙的。这男孩是一个很可爱的孩子;他求知欲极强地问着一切,停下来看着,问:这是什么?我很快地戴上我的眼镜好好地看一眼并且真正地欣赏到了这可爱的面容:这温柔的母性,她带着这母性进入一切问题;这深爱的喜悦,她带着这喜悦端详着自己的小宝贝。男孩的问题使得她处于尴尬,——也许没有人对她说过一个深刻的智者[181]说过的话——和孩子说话是一种 tentamen rigorosum（拉丁语：严苛的考试），也许她看来所属的圈子甚至还会这样认为这根本不是什么艺术——不管一个小鬼头所提的问题中的麻烦连同小孩子吸引路人一同旁听的大声会造成怎样致命的尴尬；这一场景是发生在东街。[182]尴尬——我没有发现尴尬；在她友善的面容上有着美丽而明确的母性喜悦，这处境没有为这喜悦烙上任何虚假的印痕。这小鬼突然站定并且要抱。很明显这是有悖于他们出门前所说好的计划的，对约定的不遵守，否则的话保姆就会跟着一起出门的。这是一种难堪的处境，——然而对于她却不是。带着世上最可爱的笑容，她把他抱进臂弯，向前直行而不寻找旁边叉出去的小街。在我眼中这就像一场游行一样美丽而庄重，我虔敬地加入这游行。一个人又一个人转过身来，她什么都没有留意，她没有走得更快，没有任何变化，深深地沉浸在自己的母性幸福之中。我在调查委员会[183]担任预审法官的职务，因此我有着一定观察面孔的能力，但现在，也许这样说我会失去我的职位：我看不见一丝一毫的羞怯、被克制住的愤怒，或者被激发出的不耐烦的痕迹；看不到脸上有任何试图对所在处境之中几乎是可笑的东西进行反应的表达。她这样穿过东街，完全就仿佛她是在自己客厅的地板上牵着这小孩。母爱愿为孩子牺牲生命；在这一冲突之中，这母爱让我感觉到同样的美。如果这小孩不对，如果他也许完全能够走路，如果他是顽皮的，在家里不会有人留意这顽皮；那么，又会是什么使得事情有所改变，除了那母亲对其自身有所反思之外又能是什么？有许多冲突其实完全是微不足道的琐事，但这微不足道的琐事却能够将父母自己置于尴尬的处境；相比之下，也许存在一些冲突，即使是温柔的父母在这样的冲突之中也更容易把事情弄错。[184]也许这小孩有点笨手笨脚，于是人们在日常生活中就会笑话这样的举止，小孩则根本不觉得这有什么错；然后有什么人到场了，虚荣的母亲想要得到一点恭维，看！这孩子问候得有点笨拙，母亲就很生气，不是对一种琐碎的小事生气，不，是她对自身的反思突然使得无足轻重的事情成为了举足轻重的事情。是啊，如果那个小男孩跌倒，如果他撞了一下，或者，如果一辆车子向这孩子逼近，如果这时的任务是冒着生命危险去救这孩子，那么，我无疑就看到了母爱；但是对于我，母爱的这种悄然无声表达也是一样地美丽。

母爱在日常生活中就像在最决定性的关键上一样美丽，其实它在本质上是在日常生活里美丽，因为，在日常生活里它是处在自身的根本元素之中，因为，没有受到任何推动，也没有受到任何因外来的灾难而导致的力量增长，它只是在其自身之中被打动，通过其自身而获得养分，借助于其自身本原的驱动力来催促其自身，不动声色但却总是从事着其可爱的作为。一个男人，他要进入世界寻找一棵这样的千悦之花（Tusindfryd），[185]但他找不到它，他是可怜的；一个男人，他至多有着一种"邻人种养它"的想法，他是可怜的；一个作丈夫的人，如果他真正知道怎样为自己的千悦之花感到喜悦的话，他是幸福的。如果他在自己院子里的土壤里发现这花，这花，就像那种奇花因百年绽放一次而引人注目，[186]然而这花还有更罕见的引人注目之处：它每天都绽开，甚至在夜里也不关闭，于是，他就有着这喜悦在家里讲述他在外面的世界里所看见的东西。昨天我对妻子讲述了一个小小的事件，这事件甚至在一定的程度上吸引住了我的注意力，它使我成为了一个在教堂布道中心不在焉地想其它事情的听者，我本来不是这样的。使得我分神的缘由是一个把小孩子带进教堂的年轻母亲，也许她这样做是不对的；也许，但我原谅她，因为，也许她这样做是由于她不想在自己不在时把自己的孩子托付给一个保姆。我从这样的事实里得出结论：她确实是一个上教堂的母亲，而不是一个短时间出现的女士。大家不要误会我，就仿佛问题的关键是一个人在教堂里度过的时间的长度。绝不是这样，我还这样想：一个可怜的女佣费了最大的功夫从家里出来，尽管她拼命跑，还是没能够来得及更早地赶到教堂听牧师说阿门；我想：她能够从自己的教堂礼拜中把祝福带回家里。但是，任何一个本来在生活之中就有着足够的时间去做各种各样的事情的人，无疑也是能够找到时间去像样地去教堂礼拜的。因此,我们的教堂礼拜者是很准时地到达的,并且还把自己的小小的不安随身带着;然而我却能够肯定,布道和整个礼拜仪式所具的最专注的听者或者说最好的参与者就是她了。她被引向一个座位;教团的未达资格的成员[187]被放在一张长凳上,可能是希望他像一个真正的成员那样地坐着。但是这一安排似乎并没有使得这小孩子变得安分。母亲低下头,用手巾覆盖住眼睛,祈祷着。在她抬起头看之前,这小孩早已跳下来并且开始在椅座里来回爬着。她祷告着,并且继续祷告着,一点都不受影响。她在结束了自己的祷告之后,重新把他放上长凳,可能是对他说了几句训斥的话。礼拜仪式开始了,但这小孩子的游戏在仪式开始之前就已经开始了,这小孩看来是在这样上去下来又上去的玩法中觉得很愉快。在这之前,他一直是坐在母亲的右侧,而在她的右侧则有着另一个女士,母亲是坐在椅座的最外的边上;现在,位子有了变换。母亲首先看了一下,门是关上了,然后移过去,与他平分座位,这样椅座的角落就供他支配。他没有弄出声音,作为一个习惯于自己照顾自己的孩子,他拿起母亲的阳伞玩,只是在他想要在椅座上爬得更远的时候,他的路被堵住了。母亲深入地沉浸在自己的虔诚祷告中,并且继续着;只有在牧师给出间歇的时候,她才温情地朝下面的这个小山怪看一眼。她的脸上有着对这孩子的喜悦,她重新将目光转向牧师,带着整个灵魂的虔诚听他讲演。能够这样平等地分配:一方面为这孩子感到喜悦,哪怕是在他打扰的时候,或者至少是看上去好像要打扰的时候,或者以一种方式带来麻烦的时候,另一方面对孩子没有任何愚蠢的要求(许多父母对这样的一个小家伙会有几乎比对自己更高的虔诚要求,这样一来,通过坐着训斥并且做规矩和提要求,就既打扰了自己又打扰了孩子),因此就能够这样平等地分配,以至于她还能够完全地使自己的灵魂集中在虔诚的祷告之中;这也是对母爱的美丽表达。无足轻重?哦,是的,母爱恰恰就是在无足轻重的事情中有着本质的美丽。

只有一个丈夫对母爱的美丽展示有着开放的感受力;他还有真正

的同情(Sympathi)，这同情是由对"去领会这任务的无限意义"的严肃和对"想要去发现"的生活的喜悦构建出来的，尽管他并不因此而在言辞和欢呼之中让这种情感喷涌出来。或者，难道那使得一个丈夫变得目光敏锐而警觉的就只有嫉妒和各种恶的激情吗？难道忠诚的爱就不能够做到这同样的，是的，能够使得他保持更长久的警觉吗？难道那聪明的童女就不比愚拙的童女更长久地保持警醒[188]吗？一个好丈夫在这方面看，在好的意义上说，就像是莎士比亚所描述的一个欺骗者①：ein Gelegenheithascher, dessen Blick Vortheile prägt und falschmünzt, wenn selbst kein wirklicher Vortheil sich ihm darbietet(德语：一个机会之狩猎者，其目光能够烙刻和伪造好处，虽然不会有任何真正的好处找上他)。[189]就是说，一个丈夫带着平静的喜悦这样做，这种平静的喜悦显示出他并不自认是行家，他也不给出假象，他很少会处于"找不到这样的好处"的处境。

女人作为新娘比作为少女更美，作为母亲比作为新娘更美，作为妻子和母亲，她就是合其时宜的言辞，[190]并且随着岁月她变得越发美丽。很明显，少女的美是对更多人而言的，它更为抽象、更为广泛。因此他们围拥着她，那些幻想家们，那些纯洁者和那些不纯者。于是神就带来了那作为她的爱人的人。他真正地看见她的美，因为人爱那美的，这说法也必定同一于这样的理解："一个人爱"就是"一个人看见那美的"。于是，"那美的"就总是与"反思"擦肩而过。由此起，她的美就变得更强烈和更具体。妻子没有一大群崇拜者，她甚至不是美的，她只是在她丈夫的眼里是美的。正如这美变得越来越具体，她也在同样的程度上越来越无法以普通的取舍标准来得到评估。她因此就不太美了吗？如果说，在一个把作者弄成了自己研究的唯一对象的读者获得越来越多财富的时候，一种普通的观察什么都发现不了，那么，难道我们就因此而可以说这作者的思想并不是很丰富吗？难道人类杰作的完美性之一就

---

① 《奥赛罗》第二幕第一场，"伊阿古"。

是"它们在有距离的时候看上去最好"吗?如果在显微的观察之下,原野里的花朵变得越来越可爱、越来越精密、越来越精致,难道我们就可以说这是"原野里的花朵的不完美、所有上帝之作的不完美"吗?[191]

但是,如果妻子和母亲,她在其幸福之中是如此美丽,或者更准确地说,她对于她所属的人来说是一种祝福,那么,她在其不幸之中和在艰难的日子里就比那少女更富有诗意。让我们设想她的孩子死了,然后看这哀伤的母亲。确实,没有人能够带着一个母亲的喜悦在孩子到来的时候问候这孩子,同样,在死亡来带走这孩子的时候,也没有什么人能够以母亲的方式哀伤。而一种哀伤,如果它恰恰是在同样的程度上既是理想的又是现实的,那么它就是最富有诗意的哀伤。或者,一个丈夫死去;他什么都没有留下,就像人们所说的,除了一个哀伤的寡妇;在我看来,他是留下了一笔无穷的财富。让我们设想,年轻的女孩失去了自己的爱人,让我们设想她的哀伤是如此之深,设想她怀念着他,但她的哀伤却仍然是抽象的,正如她的怀念是抽象的;相对于每天对死者的安魂弥撒——这是哀伤的妻子所做的事情,她缺乏献身的仪式和宏大的预设前提。确实,我并没有为自己在身后留下一个伟大显赫的名声的渴望,如果事情会是这样,如果在死亡(这是一切之最终)的时候我要做最后一件事、我要与她——我所爱的人、我的妻子、我世上的幸福——作别的话,如果我还使她在我死后哀伤的话,那么我就是在我身后留下了我想要的东西,是的,我在一切之中最不愿失去的东西,但是,我也在身后留下一样我所不愿失去的东西:一种怀念,它会比诗人的歌唱和纪念碑顽强的不朽更好地、许许多多次、以许许多多方式来保持我的回忆,它会减除它自身来给予我。最后,让我们设想,一个妻子在最沉重的命运之中经受考验,设想她有一场不幸的婚姻,相对这种日日夜夜的煎熬,一个受欺骗女孩的短暂苦难又算什么?与那有着一千条舌头的悲惨相比较,她的痛苦有着怎样的深度呢?这一没有人能够看得下去的悲惨,这一没有人能够承受得了的漫长折磨,——人们也许正是因此而忘记,在这里,这妻子与年轻女孩相比是多么美丽,并且又是多么远远地更富有诗意。苔丝狄蒙娜在说出自己"崇高的谎言"时是伟大的,[192]人们钦佩她,人们应当钦佩她;然而,她在天使般的耐心之中更伟大,如果这种耐心要被写下来的话,那么它能够充实许许多多本书,比最大的图书馆所能够容纳的数量还要多,尽管它无法去充填嫉妒之无底深渊,就像乌有一样地消失,甚至几乎就激发出激情的饥饿。

但是女性是更弱的性别。[193]在目前的关联上,这一说法无疑是出现得非常 mal à propos(法语:不得体);因为她恰恰没有显现出是如此。一根丝绳可以和一条铁链一样牢固有力,那捆绑芬利斯狼的链子是无形的,[194]是某种根本不存在的东西;如果现在女人之弱点的情形也是如此的话,那就是说,它是一种无形的力,通过虚弱来表现出自己的强大。如果反对的说法要得到许可使用"更弱的性别"来说女人的话,那好吧,让他们得到这许可吧,——语言的惯用法也当然是站在他们这一边的。然而,一个人却总是要警惕,不要通过一些个别的观察就直接得出一条规律。这样,我也不想拒绝,这样的事当然也有可能会发生:一个女孩,在被扔在了极端性决定的惊惶之中、被扔进了一个几乎令男人无法抵挡而以至于被冲激走的漩涡之中时,可能会看上去很古怪,而如果有人低级地在事情失控时笑出来[195]的话,那么她可能看上去就简直是很滑稽了。但是,又有谁说她是应当被扔在这样的事情之中呢?这个女孩如果被平静而审慎而温柔地对待,也许就会成为一个可爱的女人,就像母亲和妻子。于是,这一类事情是人们所不应当去取笑的;因为,如果有一道平和的栅栏,人们能够很安全地舒服地住在里面,现在,如果我们看见风暴把这栅栏刮走,这当然是很大的悲剧。同样,女人也不应当以这样的方式强大:惊惶之灾是出自丈夫自己。如果他坚定,那么女人在他身旁则就与他一样地坚定,结合成一体,他们比他们中的任何一个单独时更坚定。

这反对意见的不幸缺陷还在于,那些如此谈论女人的人们,他们只是审美地看她。这种谈论则又是那永恒地彬彬有礼而侮慢的、使人愉快而凌辱的谈论:她只拥有她的生命里的一个瞬间,或者一段短暂的时光,也就是青春的初醒。但是如果一个人要真正谈论她的强大或者虚弱,那么他就必须在她全副武装的时候看她,这就是说,在她作为妻子和母亲的时候。另外,她也不应当去争斗或者在力量的方面接受考验;如果我们要谈论力量的话,那么所有力量的最初条件或者本质形式就是:忍耐。在这方面我们也许是无法与她相比的。这样一来,每一个刻意做作出来的动作又要求着怎样的力量呢?然而,除了是一种隐藏起的力量表现,献身之心又会是什么别的呢:一种通过自身的对立面来表达出自己的力量表现,比如说,就像一个人对自己的服饰的品位和关心能够通过一种有意识做出的粗心随便来表现,但这种粗心随便又不是所有张三李四们所理解的粗心随便;比如说,就像那种在极大努力下进入了完全成熟的精神作品有着一种简单,而这简单又不是所有师范学校毕业生[196]因为自己的头脑简单而去崇尚的那种简单。如果我设想两个演员,一个扮演唐璜,另一个扮演司令官,是在这样的一个场景之中:司令官抓住唐璜的手,而唐璜则绝望地试图挣脱;那么我问:他们之中谁用了更大的气力。唐璜在这里是承受者,司令官伸展开右臂平静地站着。但我却认定是唐璜。如果那演唐璜的演员哪怕只用上自己一半的力量,他就会使得司令官跟跄;而另一方面如果他不挣脱、不甩动,那么他就会打扰这里的效果。那么,他是怎么做的呢?他使用自己的一半力量来表达痛楚,用另一半力量支承司令官,就在他看上去仿佛是在用尽全力想要挣脱司令官的控制的时候,他却抓着司令官使得他不至于跟跄。事情就是这样,固然这只是一种糟糕的说法,事实上,妻子的情形就是这样的。她如此深深地爱着丈夫,以至于她总是想要让他作为统治者,并且因此他看上去就如此强大而她则如此虚弱,因为她在使用自己的力量来支持他,把自己的力量当作奉献和顺从来使用。哦,多么奇妙的虚弱!即使顶层楼座的观众认为司令官有着更多力量,即使亵渎者赞美男人的力量而滥用这力量去侮辱女人,作丈夫的人仍有着另一种解说:受骗者比不受骗者更智慧,[197]欺骗者比不欺骗者更公正。此外,我们以各种不同的方式来测度力量。霍尔格·丹麦氏在从一只铁手套里握出汗[198]的时候,这是力量,但是,如果我们是把一只蝴蝶放在他手中,那么我怕他就没有足够的力量去真正地抓住它了。我要提一下那至高的东西。上帝的全能在"创造了一切"之中呈示出自己的伟大,但是它却并不在那种"能够让一株青草在其时节之中成长"的全能适度之中呈示出自己的伟大。被分派给女人的是各种不那么举足轻重的任务,正因此,这些任务要求着力量。她选择自己的任务,欣喜地选择这任务,并且通过自己不断地以醒目的力量武装男人,她也获得喜悦。从我自己的角度出发,我认为我妻子能够做成奇妙的事情;甚至我所阅读到的那最伟大的壮举,按我的理解,也比她用来包装我世俗生活的精美刺绣要容易得多。

然而,如果一个人在脑子里固执地认为女人是更虚弱的性别(通常这种想法会被诡辩者们进一步这样理解:她拥有青春的最初瞬间,她在这瞬间里享尽了,甚至是超额地享用了所有的赞美,这青春的瞬间因此就过去了——她所具的力量是一种幻觉,她所剩下的唯一真实的力量就是尖叫的力量),那么,他自然就会得出最古怪的想法。让·保罗[199]在一个地方说:solchen Secanten, Cosecanten, Tangenten, Cotangenten kommt Alles excentrisch vor, besonders das Centrum(德语:对于这些正割余割正切余切来说,一切都显得是偏离中心的,尤其是中心)。[200]正因为婚姻是中心,因此我们就必须在这关联上看女人,正如我们也应当这样看男人,并且,所有从每个性别自身出发的对这性别的谈论和观察都是困惑而不敬的,因为如果一些东西是由上帝配合在一起的,如果存在将之定性作相互为对方的,那么,思想就也必须将它们放在一起思考[201]。如果一个男人会想到要去把这两者分开,那么他可能会以为自己通过占女人的便宜而得到什么好处,然而他自己却成为了一个同样可笑的人物,一个高雅地想要让自己从一种关系(在这种关系之中他其实就像女人一样是被生活紧紧束缚住的)之中抽象出来的男性人物。

如果这样的事情发生,那么,胡椒单身汉[202](因为,尽管一个人可能已在那人们喜欢将之称作是"那爱欲的"的东西之中饱受考验,哪怕一个人是个无赖,或者在更为通常的情况下会发生的,是个牛皮大王,在日常语言之中人们就是把未婚者称作胡椒单身汉的)[203]就为自己保留了各种伦理范畴。这至多只能被视作是一个愚蠢的念头,因为,用各种伦理的范畴来侮辱或者哪怕只是想要以此来侮辱女人,这恰恰不是一个伦理的个体人格的标志。一个这样的大杂烩,异教文化(异教文化以柏拉图的方式把女人弄成一种不完美的形式[204])和基督教(基督教向女人强调灌输伦理的东西)的大杂烩,——我从来就不曾见到任何这样的杂烩被做成功。[205]如果一个这样的念头能够在某个头脑里让自己觉得自己是如此重要以至于想要为自己给出一个更彻底详尽的表达,那么,这个头脑也就必须是一个困惑的头脑才行。

不过,反过来看,那种反对女人的说法倒是会有极深的反讽色彩,如果有人带着温和的善意,甚至是带着对她可能具备的不幸命运——"她是纯粹的幻觉"的同情,提出这说法,[206]那么,这反讽色彩则也不乏悲喜交加的效果。这样,一些人强调:女人是更虚弱的性别;悲剧性的成分在于:在幻觉之中,这对于她是隐蔽的,并且,外在地处于男人的殷勤奉承之中,这对她是隐蔽的。这就仿佛是全部的生活在和她玩捉迷藏。在这里,反讽确实得到了一个任务。很遗憾,这完全就是一场虚构。现在人们不断地用至高的言词来说女人,以各种最强烈的恭维方式,乃至超越了可想象的边界。生活中的一切伟大的事物都归功于她,诗歌和殷勤奉承在这一点上是一致的,反讽则自然是最殷勤的,因为殷勤奉承是反讽[207]的母语,它最殷勤的时候就是在它把这一切都看作是虚张声势的时候,再也没有比这时更殷勤的了。女人在世界里的存在就成为一种愚人游行,反讽是殷勤奉承[208]的司仪;这游行本身让人想起霍夫曼小说中的那个疯狂的校长,他把手里拿着的一把尺当作权杖,慈祥地问候着四面八方,他说他的将军在战胜了伦巴底人[209]之后凯旋而归;然后他从内衣口袋里拿出几朵丁香递给一个在场的人并说出这几个字:不要小看我的恩典的这小小标志。[210]反讽[211]俯首顺从,并顶礼膜拜。

这一反对说法的好的方面是，它在这样一种程度上带有虚构的烙印，因而它甚至就根本无法侮辱那最虚弱的人。相反它倒是有着娱乐性，很好玩；人们会不假思索地被这种说法吸引住，而如果一个人对这反对说法稍有疑虑的话，那么这只会是因为他看见有人以某种极其严肃的方式提出这反对。如果这反对的说法试图想要对生活中的什么东西做出解释，那么我们就能够一二三将之归简为它的至高表达：婚姻，或者说每一种与女人的正面的关系都是一种耽搁；在不幸的情欲之爱中，她有着她至高的实在，她的意义在这里是如此可疑，以至于她没有任何正面的意味，但在负面的意义上却是一种机缘，这机缘使得不幸恋人的理想性被唤醒。于是，这反对的说法就被归简成它的最短表述，并且因此也就 in absurdum（拉丁语：进入荒谬），正如它自己做出了"想要让整个存在走同样的道路"的表情。然而，这样去浓缩精简整个存在的内容，其实却是一种魔鬼的匆忙、一种凯撒的迅速，——不是迅速征服，[212]而是迅速失败。利希滕贝格在一个地方说，有的批评家会让自己的每一个笔划都超越出正常理智的边界线，[213]同样，一个这样急匆匆的思者看来也不会有时间，哪怕只是去开始写出其预设条件的结论句。这样的思者看来是会认真地用上奥古斯丁[214]的关于"借助于独身禁欲的生活 multo citius civitas dei compleretur, et acceleraretur terminus seculi（拉丁语：上帝的国度将更快地被实现，世界的终结将更迅速地到来）"[215]的学说，但是作为玩笑；因为，我们不可能在一个这样的反对说法之中期待像奥古斯丁所具的这种宗教背景。但是，作为一种对生活的世俗考虑，它确实（就像人们通常在谈论女人的书信时所说）是匆忙的，并且缺少后记（人们通常说女人的书信在本质上是由后记构成的）。一个这样的 Festinator（拉丁语：匆忙的人）自然会把一个丈夫看作是拖延时间的人，用哈曼的话，我们能够很恰当地向这个匆忙者喊"呸！"，只要我们还有时间去这样做而这个人尚未跑得那么远"以至于他的衣服后摆都几乎已经出离了存在"。[216]

我回到恋爱的话题上。[217]这话题仍未被任何人触及，没有任何想法达到它,它是奇妙的东西。婚姻的决定绝非是想要废除掉恋爱,正相反,它将恋爱预设为前提。然而恋爱不是婚姻,而单纯一个决定也不是婚姻。现在也许有人会认为,是生活和存在的悲惨使得恋爱自身无法单独过关,因此它不得不接受婚姻的护航。绝非如此。恋爱恰恰是在整个存在之中一路闯关下来,并且是在婚姻之中贯穿了整个存在。事情恰好反过来。"不愿让婚姻介入",这是对恋爱的一种侮辱,就仿佛恋爱是某种如此直接的东西:如此直接,以至于它无法被绑定在一个决定上。相反,如果我们谈论一个天才,说他相对于他天才的直接性有着同样高贵的决定力,他就像债务担保人那样地接管下那天才的东西,那么,这就不是对这天才的侮辱。如果我们说,他没有决定,或者他的决定与他的天才无关,那么,这就是在侮辱他。这也不是说,决定随着天才性成分的渐渐淡化而一点一点地介入,乃至他最终在决定之中被换上另一种服饰而成为了另一个人,变得与他在天才性之中的时候完全不一样。相反,这美丽的要义是在于:这决定与天才性是同时的,并且它以自己的方式来说是同样地伟大,因而,在一个人获得了直接性的恩典馈赠的时候,他就在决定之中将自己奉献给这馈赠:这也是婚姻的美丽要义。

比起与天才性的关联,这一点在与婚姻的关联之中更容易得以展示,因为恋爱本身已经是一种晚期的直接性,一种夏日闪电,[218]在某一时刻,在意志得到了足够的发展而能够把握一种同样攸关的决定(按恋爱的直接理解,这决定是攸关的)的时候,它就出场了。在这样的理解下,婚姻就是恋爱的至深、至高和至美的表达。恋爱是神的礼物,但是在婚姻的决定中相爱者使自己成为有资格接受这礼物的人。哪怕生活会给你天堂般的感觉,"让决定缺席"也是不美丽的,不管是在精神的方向上还是反过来在"尚未发育成熟的人想要结婚"方向上,都是不美丽的。

这问题我将在稍后做出更进一步详细论述,但是在这里稍稍回顾一下,在"恋爱"的麻烦环节上做短暂停留也许是最好的。经验在这里所展示的东西,[219]自然不应当并且也不能够被用来弱化婚姻,而只能被用来阐明事实。人们总是有着对恋爱的极大需求;有一些人永远都不会厌倦于寻求(sit venia verbo/拉丁语:请原谅这措辞)和向往恋爱的奇迹,正如"那头母山羊永远不会厌倦于去啃掉绿芽"。[220]但这里恰恰就是麻烦的地方,在这里是敌人在撒播下恶的种子,[221]而相爱者们则没有想到这一点。其至诱惑者都让恋爱作为某种他自己无法给予自己的东西而存在(倒只是那些非常年轻的艺徒们或者明希豪森[222]们在大谈特谈征服历程),但是他身上的"那魔性的"使他以魔性的果断做出决定,[223]使享受变得尽可能地短暂,而他因此认为,这是在使之变得尽可能地剧烈。通过这一魔性的决定,诱惑者在"那恶的"的方向上才真正地是了不起的,没有了这一决定他其实就不是真正的诱惑者。尽管不是真正的诱惑者,他却也还是会造成足够的伤害,他的生活会变得足够地扭曲,尽管这生活比一个真正的诱惑者的生活更为无辜,它会获得一个更无辜的外观,因为"时间的遗忘"参与进来。一个这样的人对恋爱是有所感觉的;他没有足够的恶去做出一个魔性的决定,他也没有足够的善去做出那善的决定,让我更确定地表述一下吧,就是说,没有足够的善去在高贵的意义上成为丈夫,我是按高贵这个词本身的内涵来理解这个词的,在高贵的意义上说,只有在一个男人是那配得上神的礼物的人[224]的时候,他才是一个丈夫。

如果我要给出一个恋爱之偏差指向[225]的例子,那么我就会提及歌德,就是说,他在 aus meinem Leben(德语:我的生活)中自己所描述的歌德。[226]他的个人生活是与此无关的,我不做任何评判;我不敢以为自己有足够的美学修养来评估他的诗歌作品,但有一些东西则即使我是一个小孩子都能够明白的,并且,有一样东西是婚姻所无法理解的,哪怕它[227]是,就像前面所说的,是在玩笑之中得到了缓和,婚姻是不明白玩笑的,并且,除了诱惑者的决定之外,善的决定还有一个对立面:那就是各种遁词逃避。

在 aus meinem Leben(德语:我的生活)中所描述的一种生活,它不是诱惑者的生活,因为诱惑者的生活不可能如此富于骑士精神,尽管这一骑士性在精神的方向上(从伦理的意义上理解)是低于一个诱惑者的生活的,因为它缺乏关键性的决定;然而一种魔性的决定当然也是伦理性的,就是说,从伦理上说是坏的(slet)。[228] 不过,这样的一种生活更容易在世界上找到原谅,确实,太容易了;因为这个生活着的人确实是陷入了爱河,但是后来,是的后来,后来这热情就冷却下来了,他犯了错误,他让自己拉开距离,"以一种礼貌的方式",[229] 半年之后他甚至知道怎样去给出理由,很好的理由,来说明断绝交往和拉开距离是理智的并且几乎是值得称赞的:不管怎么说,这实在不算什么,一个小小的乡村美女;这之中激情太多,这在长时间里持续不了,等等,等等,因为这说法可以继续下去,要多长有多长。借助于半年的时间,借助于透视学说,[230] 恋爱的事实变成了一件发生的事情(这既是一种对情欲之爱的大不敬,又是一种对"那伦理的"的欺骗,又是一种对自己的讽刺),现在,从这事情之中逃出来就是一种运气。一旦我考虑到一种这样的存在本来应当是一种诗意的生活,我马上就感觉到一切全乱套了。我感觉仿佛就是,我坐在调解委员会[231]里,远离了直接性之鲁莽、也远离了决定之慷慨,远离了恋爱之天空、也远离了决定之审判日,仿佛就是我坐在调解委员会里,周围都是无足轻重的人,并且听着一个有才干的诉讼代理人以某种富有诗意的机智来为各种愚蠢的错误作辩护。因为,如果这诉讼代理人自己是那些集市货摊里的故事[232]中的主人公的话,那么,从伦理的意义上理解,我们无疑就必定会丧失掉耐性。这是集市货摊里的故事,对此,那些女性的配角是完全没有责任的[一切都归功于歌德的描述,不管这是 Dichtung(德语:虚构,诗作)还是 Warheit(德语:真相)[233]],因为,根据我所记得的这些东西,我们没有理由去设想她们之中的任何一个人离开了悲剧去进入杂耍剧。就是说,如果一个小小乡村美女如此倒霉而误解了他大人阁下,[234] 如果她继续忠实于她自己的话,那么,我根据我童年所学知道(并且到现在也仍然没能够知道什么比这更正确的):她前进,从田园曲进入到悲剧之中。而如果他大人阁下如此倒霉而误解了他自己,并且另外还以这样一种方式极其倒霉——他想以这样一种方式来为此作补救,那么,我根据我童年所学知道(并且到现在也仍然没能够知道什么比这更正确的):他这样就出离了悲剧和戏剧,并且在杂耍剧里定居着。

时间有着一种奇怪的力量。如果 aus meinem Leben(德语:我的生活)中的诗意人物承认了这事情很早就会结束,或者如果他(假如他在事先对此毫无预感,如果这事情没有其它补救方式)还是有着足够的伦理倾向来将自己视作是一个无赖,那么人们就会宣布他是一个诱惑者,并且,每次在他靠近一个村庄的时候,警钟都被敲响;但是现在,现在他是一个骑士,不过又不完全是骑士,而我们所生活的时代也不是骑士时代,但他多少有着某些骑士的东西,——一种尊严,这样一句话对这尊严来说是绝对有效的:aut Cæsar, aut nihil(拉丁语:不成凯撒,便成乌有)。[235] 一段时间过去了,他自己也对那断绝了的关系感到悲伤,而这一关系则尽可能谨慎地不使自己去以任何更严肃的方式具备一种"断绝"的特征,他有点为那可怜的女孩感到悲伤,这不是矫饰,他确实感到悲伤,——不,是确实地! 这也确实是把礼貌使用到了极端,不管怎么说,这是一种只会增大痛楚的同情和吊慰。这断绝本身,或者,如果我做出更确定而到位的表述,这种关于"拉开距离"的礼貌而友善的协议恰恰就是最侮辱人的东西;这最后的造假,"任何女孩,在事已至此——一个男人已经对义务责任签写了自己的承诺——的时候,都不应当是一个专横的债主",这种造假,"一个破产者不愿公开自己的全部亏空赤字",其实是最令人反感的,然而,以这种礼貌的方式,他收买了全世界的原谅。哦! 一个悲伤的爱人! 他悲伤,不是为自己的无常,不是为这一热情奔涌,不是为这一在精神世界里的变幻,也不是为自己的各种罪而悲伤;那个诗意的人物也许会将这样一种悲哀称作沉郁(Tungsind),因为他明确地[236] 抱怨了,这时代,以及在这时代中的他,因为阅读英国作家们(比如说,扬[237])的作品而变得沉郁。[238] 是啊,为什么不? 如果一个人生来就是如此,那么他会因为听一场布道而变得沉郁,如果这布道真的像扬那样一针见血的话;但是扬却绝非是沉郁的。

一种这样的存在,在本质的意义上几乎不算是典型范例,它却能够在比喻的意义上获得一种范例的特征,或者说,在这样的偶然事件中有着范例性质:它是一种不规则的变化,[239] 但有不少人的生活倒是根据这种不规则的变化构成的。我们不敢说,他们的生活是根据这种不规则的变化构成的,因为他们太无辜(uskyldige)而不可能如此,并且这恰恰就成了他们的托辞(Undskyldning);[240] 这事情发生在他们身上,他们自己却不知道这事情是怎么发生的。有时候这样的人甚至还会是一些追求理想的热情狂想者。正如买抽奖彩票的人们没有从输钱之中得到任何教训,这些人也不曾从他们的恋爱之中学到任何东西。后者所指当然不包括 aus meinem Leben(德语:我的生活)中的那位诗人,他太伟大了,因而不可能不得到教训,他太优越,因而不可能不收获好处;如果他能够在同样的程度上获得伦理上的启迪,如同他自身天赋才华的程度,那么,比起别人,他首先就会发现并解决掉这问题:到底有没有一种杰出的精神存在(Aandsexistents),如此杰出,乃至它在最深刻的意义上是无法与"那爱欲的"兼容的,因为,这样一种回答,说一个人爱许多次、说一个人分配出自己的优越,这回答只是一种使人困惑的误导,不管是在审美上还是在伦理上,它都无法满足那我们能够称作是"一个本分的男人对生活的更严肃的要求"的东西。那位诗人无疑是学到了很多东西,确实,正如最新近的哲学把"谈论康德的诚实道路"弄成了骂人的话,[241] 同样,歌德也以优雅的姿态对克罗普斯多克调侃地微笑,因为他如此投入地老是在想着:已经再次与人结婚了的梅塔,他的初恋,是不是会在来生里属于他。[242]

那么,在这样的一种存在之中发生了一些什么呢?一个人并不停留在"恋爱"这一步,而"决定"也不出场。"决定"是出自一种反思而形成,以便去把握"恋爱",但现在这反思把握错了,它成为了一种对恋爱的反思。因此我在这里进行彻底的论述,以便指出在以后将会再次被展示的问题:"决定"的反思恰恰让"恋爱"停留在那里并且去关心一些其它的完全不同的东西。那个在 aus meinem Leben(德语:我的生活)中存在着的诗人则没有获得任何决定,他不是诱惑者,他也不去成为丈夫,他成为——行家。

在怎样的意义上说每一种诗人的存在本身应当是一首诗,以及在怎样的折射角下他的生活在这方面应当符合他的诗歌,对这样的问题我不敢妄作判决。然而不管怎样,这样一点是很明确的:一种类似于 aus meinem Leben(德语:我的生活)中这个人的存在必定会对虚构的创作[243]有影响。如果这是歌德自己的生活,那么这看来就能够解释这一事实:我们在歌德这里想要但却找不到的东西就是悲怆(Pathos)。[244]直接性的悲怆是他所没有的,因为他过于理智,[245]但却又没有一路完全走到底而赢得那至高的悲怆。那个存在着的诗人每一次面对逼向他的危机时,就逃之夭夭。他在所有可能的方向上逃跑。他讲述道,他受到过严格的宗教教育。[246]这是一种童年的印象,肯定不是那些随着岁月而从一个人身上褪淡去的无聊往事,因为在宗教的意义上下面这一点是确实的:一个人是作为孩子,学习到最好的东西并且赢得一种永远永远都无法以别的东西替代的预设前提。然后在他的生命里出现了一个时期,在这个时期里,对这一宗教性的印象几乎把他完全压倒。这是危机,并且完全正常;事情恰恰就是这样,如果一个个体人格具备的精神性越多,那么一个为他设定出的任务,"去保存和重新赢得童年虔诚的信仰",就越艰难。那么现在,那位诗人在做什么呢?本来,按他自己的叙述,他用上了各种各样的练习[247]来训练让自己不在黑暗之中害怕、不因看见尸体或者单独在夜里置身于群墓之间而感到恐惧。现在,他逃之夭夭,[248]他拉开它和自己的距离、避免接触。我的上帝,如果一个人多少有点害怕单独走在黑暗之中,这倒也不怎么可怕;但是,在这样的时候退缩,就是说,在事关"要在自己的童年印象之中对自己忠实"的时候,在事关要去拼命为父母的宝贵回忆而努力的时候,即使这努力意味了要带着"对每一种'对生活或者对一种有意义的存在的要求'的放弃"一路走到绝望(因为尽管那位诗人一再再三地回忆自己的母亲,难道他会以为,这在她眼里或者在父亲的眼里只是某种偶然的事情:他们当年只是偶然地让宗教的因素对孩子构成如此重大的影响?),在事关要去拼命为与死者们共有的同一种信仰、为那被死者们视作是"只有一件不可少的"[249]的事情(这也是一个人自己在孩提的无辜之中曾经以自己的灵魂全心全意地接受过的东西)而努力的时候,——在这样的时候退缩,难道这退缩不应当遭到报复吗?这报复就是:悲怆(Pathos)在诗歌之中不在场。如果说那位诗人就是歌德自己,这个事实也并不因此而得到解释:这备受崇拜的半神英雄,他的偶然的表达和陈述被收集、被出版、如神圣文物般被崇拜,[250]这个备受崇拜的半神英雄,他被人称作是思想国度中的国王,如果我说得委婉一些:他其实却是宗教性之永恒国度的有名无实的国王。在歌德健康的智慧里应当有着针对精神妄念的良方,尤其是针对沉郁(Tungsind)的,他自己就一直知道怎样去避开这沉郁。多么奇怪啊。每个人都从自己孩提时代的教养里知道,对于那有着沉郁之天性倾向的人,消遣[251]是最危险的,确实危险,甚至对于没有这种天性倾向的人也是如此;多么奇怪啊,一个人,在他变得年长一些并且更成熟一些的时候(如果他认为更睿智的人会在如下方面不同于简单的人:睿智的人明白后者所明白的事情,明白得更清楚,还明白更多的一些事情,并且他不认为睿智者应当这样地被标示出来:睿智者所唯一不理解的东西就是那简单的人所明白的东西),他知道,"逃离一个任务"就是签约将自己和自己的灵魂卖给一个或迟或早的沉郁;但是,歌德则一直知道怎样以另一种方式来避开这个。但不管怎么说,这只是为了阐明"那爱欲的"。

也许行家们会同意我的说法:他的女性人物都是一些在大手笔之下塑造出来的形象。但是如果我们做出进一步的审视,那么我们就可以看见她们中最好的那些恰恰没有落在那真正的女性理想性之中,而是落在这样的光线区域之中:如果一个态度暧昧的人在这光线下看着她们,他恰恰就知道怎样去发现那可爱的方面,怎样去使得那火焰燃烧起来,而且他也知道怎样带着一种高雅的优越感来注视这熊熊大火。

她们是可爱的,非常可爱,被描绘得极其美妙,然而在极大的程度上受到羞辱的却并不是她们,而是"女人性"(Qvindeligheden);这"女人性"在她们身上蒙羞,因为人们觉得,那种对于她们而言是高高在上的明智性(它知道怎样去享受、知道怎样去品味,并且在快感消失之后也知道怎样去拉开她们与自己的距离)几乎是合理的,或者至少是情有可原的。

在 aus meinem Leben(德语:我的生活)中的那位诗人是这一距离理论的大师。他自己曾如此善意地解释这之中的过程是怎样的。[252] 只是我们不要忘了,那位诗人并不想使人获得教益,绝不,他自己意识到这不是什么被赋予每一个人的东西,这是他天性的特有物,他是一个获得了特别待遇的个体人格。现在,那位诗人固然是一个半神英雄,而我这个愚鲁得要谈论他的人则是一个尖矛市民;然而幸亏还有一些东西是每一个小孩子都能够明白的,并且这道理对于什么人来说都一样,不管你是半神英雄还是法院里的法官还是靠救济生活的人。这样,每当有一种生活中的人际关系要来控制住他,他就不得不通过诗化这关系来与之拉开距离。各种人的天性是多么的不同啊,或者,他们也许倒不是那么地不同!诗意地虚构一个生活关系,这怎么说?在这里它与我们所谈的事情毫无关系,不管我们是否因此而得出一部诗歌杰作,唉,从这方面看,在一个半神英雄和一个可怜的法官以及那接受救济的人之间就有着天壤之别了。借助于距离来诗意虚构出一种真实的生活关系(注意,一个人必须作为担保者来为之辩护)与在这之中伪造伦理因素没有两样,既不多也不少,并且把这关系作为一种事件或者一种思维努力,为之盖上一个假印戳。确实,如果一个人在口袋里有一个避雷器,那么他在雷雨天里很安全,这没有什么好奇怪的!有多少生手和外行不是屈膝而逢迎地带着景仰之心走过这一特有天分?然而每一个人却多多少少地有着这一特有天分,这很简单:就是自然而纵欲的人[253]对"那伦理的"的闪避措施。在犯罪者们那里,我们常常发现这一虚构的能力,这一"在各种诗意的轮廓里移除真正的生活关系"的能力;沉郁者们也常有这能力,只是要加上这样的差异:审美的沉郁者通过这能力赢得一种缓解,伦理的沉郁者则通过这能力而获得一种加剧。有可能,快乐的歌德也稍稍有点沉郁,正如智慧的歌德有相当一部分迷信。这样,"能够诗意虚构出一种真实的生活关系"属于一种既寻常又可疑的特有天分。当然不是每一个"进行诗意虚构"的人因此就都创作出大师之作;又有谁会傻到说这种话的程度呢?但是,考虑到"那伦理的"的情形,那种差异,那种区分出"这一个是半神英雄,是的,也许甚至还是独一无二的半神英雄[254],而那一个是一个傻帽"的差异就彻底无关紧要了。"那伦理的"是不可收买的;如果我们的主自己为了创造世界而不得不允许自己稍稍不符合规则,那么,这伦理仍不会让自己受打扰,尽管天地以及之中的所有一切仍是一件很像样的杰作。

现在,如果在 aus meinem Leben(德语:我的生活)中的那位诗人存在是诗意的,那么让我们向婚姻说晚安道别吧,这婚姻至多只能成为垂暮之年的一种皈依处。[255]如果那种存在是诗意的,那么我们又能够为女人做一些什么呢?那样的话,她当然也要设法变得诗意。如果一个男人,一个已经在"那爱欲的"之中经历和尝试了无数次的男人,甚至可以说是筋疲力尽了的,厚着脸皮娶一个年轻的女孩为妻以便让自己稍稍获得一点青春,以便在他开始变老的时候让自己获得最好的照顾,那么这已经是很不美观了;而如果一个年长的女士,一个饱经风霜的老处女找一个年轻人作丈夫以确保自己有一个安居处和精巧的刺激,这则是令人反感的,到了这样的时候,"那诗意的"就开始挥发消散了。

正如婚姻不允许一个人侍奉两个主,[256]它同样也不喜欢叛变者。所罗门说得很美:得到妻子的人从上帝那里得到一个好礼物,[257]或者把这话改得稍稍现代一点:对恋爱的人,神给予了恩典;在他与他所爱的人结婚时,他做了一件好事,并且,在他完成了他所开始的事情时,他就是在很好地做这事。[258]

上面刚说的这些东西自然是不能够以任何糟糕的方式来推荐婚姻的决定。婚姻的决定本身就是它自己的更好的推荐,因为,如上面所说,对于一场恋爱,它是唯一具足的形式。

于是,现在的事情是去看,这决定怎样才能够出场,那预设于这决定之中的反思怎样才能够达到一个它与恋爱的直接性相叠合的点。一旦我们把恋爱拿掉,那么,"想要对'一个人是不是要结婚'进行反思"就成了一个笑话。这确实是对的,但这并不意味了一个人就有理由把恋爱拿掉,——每一次在一个人试图把"决定"与"恋爱"隔离开并且在之后使得"想要对之进行反思"变得可笑的时候,他总会把恋爱拿掉。

一种这样的对于"一个人是不是想要结婚"的反思在没有恋爱在场的情况下是可笑的,有两个古代的智者已经真正认识到这一点并且将之意味深长地提了出来,但是正如我们将在下面看到的,这并非是为了向讥嘲婚姻的人们提供武器。有人说,苏格拉底曾这样回答一个向他问及婚姻的人:结婚或者不结婚,你都会后悔。[259]苏格拉底是个反讽家,他反讽地隐藏起自己的智慧和真理,想来是为了不让它们变成城邦每个人都能够挂在嘴上的传言,但他不是讥嘲者。反讽是奇妙的。就是说,提问者的愚蠢是在于:去问第三个人关于一个人永远也无法从第三个人那里得知的东西。但是,并非是所有人都像苏格拉底那么有智慧,人们常常让自己极其严肃地去与一个提出愚蠢问题的人发生关系。如果没有恋爱,反思就根本无法被竭尽,而如果一个人在恋爱,那么他就无法这样提问。如果一个讥嘲者想要使用苏格拉底的言辞,那么他就会将之弄得像是一场讲演,[260]使之成为某种完全不是它所是的东西,——它本来是对一个很傻问题的一个深刻反讽的、无限智慧的回答。通过把对一个问题的回答转化成一个讲演,我们能够创作出某种疯狂的喜剧性效果,但是我们就彻底败坏了苏格拉底式的智慧,并且歪曲了这可靠的见证,——它很明确地是以这样的方式开始叙述这故事的:一个人问他(苏格拉底),人是不是应当结婚。对此他回答:不管你是做这个还是做那个,你都会后悔。如果苏格拉底不是那么地反讽,他肯定会这么表述:你关心的这事情,你想怎么办就怎么办吧,你是并且继续是一个笨蛋。因为并非每一个后悔的人由此就证明:现在,在他后悔的瞬间，他是一个比他处在那不动脑筋的行为瞬间时更强大更好的个体人格，有时候，后悔恰恰能够最好地证明后悔者是一个琐碎的人。——关于泰勒斯有这样的故事：他的母亲催促着他去结婚，他先是回答，他太年轻，还没有到结婚的时候；而在她后来再次提出这要求的时候，他回答，现在已经不再是结婚的时候了。[261]在这一回答之中也有着某种反讽的东西，训导着世俗的明智性，因为这种世俗明智想要把一场婚姻弄成一种类似于买房子的生意。就是说，只有一种适合于准时结婚的年龄，这就是在一个人恋爱的时候，在所有别的年龄段里，一个人不是过于年轻就是过于年长。

这样的事情考虑起来总是让人很愉快；因为，如果轻浮在爱欲的领域里是灾难性的，那么，某种类型的明智则具有更大程度的灾难性。但是，苏格拉底的一句话，正确地理解的话就是，有能力去刈割（就像带着其长柄镰的死亡），去把所有茂盛地蔓延的、滔滔不绝地想要混进一场婚姻的理智闲话全都刈割掉。

因此，在这里，我在这关键性的要点上停下：我们要为恋爱设定出一个决定。但一个决定预设一种反思，而反思则是直接性的屠戮天使。[262]事情就是这样，如果"反思要袭向恋爱"的说法是对的，那么就永远都不会有什么婚姻了。但反思恰恰不应当袭向恋爱，甚至是这样：在"通过反思而到达决定"的行动开始之前，以及在这行动的同时，有着一种否定性的决定在那里阻隔着所有这一性质的反思，作为一种内心剧烈冲突的犹疑（Anfægtelse）。[263]在反思的屠戮天使原本是要跑出去对"那直接的"吼叫死亡的同时，却有着一种直接性是它所放过的：恋爱，它是一种奇迹。如果反思袭向恋爱的话，那么这就意味了我们应当去检查一下，被爱者是不是与那对一种理想[264]的理想的抽象观念相对应。所有这样的反思，哪怕只是最飘渺的，都是一种罪过，同样也都是一种愚蠢。哪怕爱者有着看上去是最纯洁的热情，想要去发现那可爱的东西，设想他有着一个声音"多么甜美，哦！多么甜美"，[265]设想他有着愿望的轻盈，设想他有着一个诗人的所有口才来如此精巧地进行反思，甚至最多愁善感的女性灵魂也只想听这美妙的声音、只想感觉那祭品的甜美气息,而不会发现这罪过,——这仍是一种想要耗尽情欲之爱的企图。然而,正如情欲之爱的神是盲目的[266]而恋爱本身是一个奇迹——这是爱者和最绝望的反思都承认或者不得不承认的,同样,爱者在这一神视的洞察力之中应当保重自己。有一种端庄,对于这种端庄,哪怕最具崇拜性的仰慕也是一种侮辱,这是一种对被爱者的不忠,尽管这一仰慕(在爱者看来)甚至更为密不可分地将他与她紧紧绑在一起,然而它其实仿佛已经是为他松绑了;这是一种类型的不忠,因为在这仰慕之中潜伏着一种批评。另外,美是短暂的,美好会消失。因此,我们这样说:恋爱之端庄的基础是一种综合,如果一个人想要把她的所有可爱都置于这一综合之中,这对于被爱者是一种侮辱。[267]反过来,有一种女性的可爱,这可爱在本质上则又是妻子和母亲的可爱,它并不要求羞怯,而与此同时,哪怕她有一张天使的面容,"想要仰慕这美"也是一种罪过,它已经喻示了恋爱的和谐平等性已经不再处于平衡。但是,我听一个爱者说:在这一仰慕之中,我恰恰感觉到被爱者的崇高,因此在根本上没有,没有任何"我反过来也被爱"的双向性。哦,哪怕一个人是在算计着无限的量,他也还是在算计。因此,不管那被爱者是女人之中最美好的一个,还是她并非在这种意义上是最受宠的,——对于全部恋爱的内容来说,唯一正确、简短、精炼而充分的话就是:我爱她。确确实实,如果一个人在一开始没有任何别的话好说,而到后来也同样寡言地将自己的灵魂简洁地保持在恋爱的真实表达上,这对这被爱者来说是更大的忠诚,哪怕另外有人能够把人类和诸神的种族都邀请到自己对"这被爱者之美好"的描述中作客,并且做得如此十全十美,乃至所有人类和诸神,他们全都倾倒羡慕地离开,——对于她,也仍然是前者更忠诚。

但是,那敢让人去看的东西,那敢接受仰慕的东西,那是她天性中的可爱实质。在这里,仰慕则不是一种侮辱,尽管这仰慕还是会从恋爱那里学会不去成为一个乏味的喋喋不休者或者生日诗人,[268]而是去成为一种宁静的喜悦的坚定不移的低吟声。[269]这一灵魂的实质要在婚姻之中才获得真正的机会揭示出自身,婚姻控制着作为繁荣之象征的各种任务的山羊角;这是一个人在成婚之日得到的最佳礼物。确实,这被爱者只是想让那个她愿为之奉献生命的人高兴,既然没有机会去给出更大的证明,那么她也同样很好地在比较小的事情上进行证明,她打扮自己只是为了让他欣悦:现在,她,这个丽人,在自己可爱的妆饰之中显得如此美好,以至于老人们忧郁地以目光追随着她,就像是追随海伦走过大厅;[270] 确实,尽管事情是如此,但如果他,哪怕是有一根神经在他眼睛里让他看错,如果他去仰慕,而不是去把握恋爱的正确表达——"她这么做是为了让他欣悦",那么,他就是走上了歧路,那么他就是在成为一个鉴赏者。[271]

因此,如果我们设想一段恋爱的时光,尤其比如说订婚的时候,因此就是说在婚姻之外的时光,人们常常会出差错,这恰恰是因为情欲之爱缺乏各种本质性的任务,因此它有时候甚至会使得双方都吹毛求疵。拜德里汀就古尔纳尔的目光所说的:

> 温柔地,就像坟墓打开自己的时候
> 把得救的灵魂送向天堂
> 她睁开柔美的眼睑
> 把自己的目光移向天空[272]

我们可以通过它来理解那整个"可爱的灵魂性的实质"相对于恋爱的直接性所作的自我呈示。这直接性是晦暗的东西,但是就像在坟墓打开自己的时候那样温柔,这个在灿烂中的变容者[273]从恋爱的隐蔽中脱身出来,化作灵魂性的美;在这灿烂变容的过程中,她属于她的丈夫。

既然反思不敢涉足于恋爱的圣地所在和直接性的净土,那么这反思在它达到"决定"之前该朝什么方向运动呢?反思转向恋爱与现实的关系。对于爱者来说,在一切事情之中最确定的就是他坠入了爱河,没有什么多管闲事的想法、没有什么证券经纪人在恋爱和一个所谓的理想之间跑来跑去,这是一条禁止通行的道路。反思也不问他是否应当结婚;他没有忘记苏格拉底。结婚就是:相对于一种已有的现实,进入一种现实;"去结婚"包含了一种非凡的具体化。这一具体化是反思的任务。但也许它是如此地具体(在时间、地点、环境、钟点、十七个关系等等方面都已经确定),以至于没有什么反思能够渗透进它? 如果我们认定这一点,那么我们就也由此认定了:在总体上说,从来就绝不会有什么决定可被做出。一个决定仍一直是一种理想性;我在开始依据于一个决定而行动之前就有这个决定。但我是怎么获得了这个决定的呢? 一个决定总是得到了反思的;如果一个人不留意这一点,那么语言就错乱了,而决定就被等同为一种直接的冲动,并且一切关于决定的说法都不是什么论述,正如这样的情形绝不是旅行:一个人驶了一整夜,但却拐错了道,于是他在一清早发现自己就在他所离开的那个地方。在一种纯理想的反思中,那个特定的决定[274]理想地腾空现实;这一理想的反思是某种比 summa summarum(拉丁语:总而言之)和 enfin(法语:最后,终于)更多的东西,而出自这理想的反思的决定则恰恰就是那个特定的决定[275];那个特定的决定[276]是那通过了一种纯理想的反思而得出的理想性,而这理想性是行动所获取的营运资本。

"但是",有人说,"这也挺好,但这将需要很多时间,就在青草成长的时候,[277]一个这样的丈夫无疑不会成为一个胡椒单身汉店员,[278]但却会成为一个工匠行会里的老师傅。"绝非如此。另外,这同样的反对说法可以被用来针对每一个决定,然而,决定却是自由的真正开始,但我们对一个"开始"有着这样的要求:它必须及时到来,它必须以这样的方式与那要被完成的东西有着一种恰当的关系:它不能变得像一篇把整本书的内容全都提前说出来的序言,也不能像一份不让请愿集会的成员对之进行讨论的请愿书。[279]但是,快感欲望驱动每一项工作,恋爱者的快感欲望(它在所有这过程之中是同样的快感欲望)从早到晚地催促他,使得他清醒并且不停地继续他的骑士旅行;因为确实,这"爱者试图要去找到决定"的探险要比一场奔向土耳其的十字军远征、比一次朝圣旅行更富有骑士精神,在情欲之爱的眼里要比所有其它壮举更招人爱,因为它与情欲之爱本身有着同一个中心。

于是,那个幸福的小伙子(因为,一个恋爱中的少年是幸福的,这就不需要什么人说了),在他的守护神的引导下行走着,并且观览着那个向他显现的对现实的理想描绘,而与此同时那被爱者坐着等着,安全而幸福;因为每次他回到她那里(为了再一次,在得到了旅途中的休息之后,重新去继续这旅程,直到他找到宝石,结婚礼物,决定,最美而唯一有价值的礼物),她从不曾看见他有所改变,正如他的爱情不曾改变,一点都没有改变,哪怕只是变为"想要是一个仰慕者"。

这小伙子没有许多可分发出去的瞬间,他所分发掉的每一个瞬间,他知道,都是一个他所分发掉的至福:这应当是去学会"迅速"的一种绝对有效的手段。但是,决定的好礼物也是至高的收获,婚礼服,没有这婚礼服他就是一个没有价值的人[280]:这应当是去学会"不过于匆忙"的一种好手段,否则的话,在"过于匆忙"之中,他就会因"匆忙"而匆匆离开决定。

恰恰因为这决定或者这决定者的情形是如此,反思变得理想化,[281]并且人们马上就跑上一条奇妙的捷径。如果很明确一条捷径更快地通向目标,比任何别的道路更快,而且又很安全,比任何别的道路更安全,那么为什么不走这捷径呢?人们这样评述说,反思是无法被竭尽的,它是无限的,[282]这说法很正确。确实,它不会在反思之中被竭尽,正如一个人再饥饿也无法吃掉自己的胃,正因此,如果有任何人讲述说自己竭尽了反思,那么,不管他是一个体系意义上的半神英雄还是一个报贩,我们都敢将之视作是一个明希豪森。[283]但反过来,反思竭尽于信仰之中,——信仰,作为决定,恰恰就是对"那理想的无限"的预先措施。[284]于是,决定就是通过那纯粹理想地竭尽的反思而赢得的新直接性,[285]这新的直接性恰恰对应于恋爱的直接性。决定是一种在各种伦理的预设前提上构建出的宗教人生观,[286]这种宗教人生观就仿佛是要为恋爱开辟道路并且保证它不遭遇任何外在和内在的危险。看!在恋爱中,相爱的人们就仿佛是在天堂旅行一样地被运送到现实之外的某个地方,就仿佛是在遥远的亚洲，在宁静的湖畔，或者在原始森林，——在这原始森林里，居住着沉默，[287]并且见不到任何人类的踪迹，但是决定知道怎样找到通向人类社会的路，并且开辟出安全的道路，而与此同时，恋爱则对这类事情不感兴趣，而只是处在幸福之中，就像一个让父母去解决所有麻烦的孩子。决定不是男人的力量，不是男人的勇气，不是男人的才智（这些只是各种直接的定性，它们并不均一地与恋爱的直接性对应，因为它们属于同一个层面而不是一个新的直接性），它是一个宗教性的出发点；如果它不是宗教性的出发点，那么做决定者就只是在自己的反思之中被有限化了，他没有带着恋爱的速度穿捷径，而只是留在了半途之中，一个这样的决定实在太糟糕，乃至它无法使得恋爱不无视它，恋爱宁可相信自己而不是听从这样一个一知半解不懂装懂的人。恋爱的直接性只承认一种直接性，即ebenbürtig（德语：地位平等的，势均力敌的）的直接性，这是一种宗教性的直接性；恋爱太纯洁无瑕，因而除了上帝，它无法承认任何同知者。[288]但是"那宗教的"是一种新的直接性，在其自身之间有着反思，否则的话，异教倒成了宗教的，基督教反而不是。"那宗教的"是一种新的直接性，每一个人，如果他满足于追随健康常识的诚实道路，就会很容易地理解这一点。尽管我想我只会有很少的一些读者，我还是承认，我想我的读者会是在这些人之中，因为我绝非是想要去教导那一类以尼尔斯·克里姆的方式来做出体系式的发现[289]的仰慕者，这类仰慕者，走出他们好好的外皮，以便去穿上"真正的表象"。[290]

如此成功地渗透进反思，直到你赢得决定，这不算很艰难，尤其是在你有着一种恋爱之激情作为动力的时候，如果没有激情，你永远都不可能达到任何决定，不过倒是有可能在半路上与张三和李四、与思想家和装饰品店主闲聊，在世界里看了许多东西，有许多东西可谈，就像那个因为无意的疏忽而在船上待得太久的人那样地周游世界；或者如果我用不太调侃的口吻说的话：那没有激情的人永远也看不见应许之地，相反倒是死在沙漠之中。[291]

现在，这决定[292]所想要的，首先是紧紧抓住恋爱。在这一远远地先于每一个反思的新直接性之中，爱者遇救而得免于"成为一个鉴赏者"；他自己屈从于义务之命令式并且在决定之祈愿式[293]中重新站起。相关于恋爱，他是对准了那本质性的东西并且摒弃那种批判性的反思游戏。

接下来，决定[294]想要在所有危险和考验[295]之中取胜。恰恰因为那走在决定之前的反思是完全理想的，所以，只须想到一个危险就足以使得决定者在宗教性的意义上做出决定。他可以为自己想象出任何一种危险，甚至这危险也可以只是"他无法在思想中提前考虑'那将来的'"。在他使用自己的思想力和恋爱中的忧心去想它的时候，eo ipso（拉丁语：正因此）他将它[296]想得如此可怕，以至于他无法通过自己的力量来克服它。他搁浅了，他要么得放弃恋爱，要么得相信上帝。这样一来，恋爱的奇迹就被推进到信仰的奇迹之中，恋爱的奇迹就被吸收进一种纯粹宗教性的奇迹之中，恋爱的荒谬达成了与宗教性之荒谬的神圣理解。振作吧！一个单纯而正直的人尊重常识，他能够很好地理解："那荒谬的"是存在的，并且它是无法被理解的；对于体系思想家们[297]来说，这一点则被很侥幸地隐藏了起来。

最后，他想在决定之中穿过"那普遍的"而将自己置于与上帝的关系之中。作为特殊的，他在要与自己的恋爱一同出外历险的时候，不敢坚持他自己。他的安慰恰恰是：他就像其他人一样，在这一普遍的人性之中借助于信仰并借助于决定而处于与上帝的关系之中。这是决定的净化之浴，它就像客宴之前的希腊浴[298]或者阿拉丁在婚礼之前想要的沐浴。[299]所有被称作是世俗的虚荣、自私、糟粕的庸夫之勇、严重危险的瘙痒等等的东西全都被销蚀掉，在这决定之中，丈夫无愧地配得上恋爱的神圣礼物。

如果这爱者在他追随决定而去的半途遇上各种疑虑，觉得自己不是在这样一种"这特殊性即刻就在决定的洗涤之下褪失了"的意义上变得特殊，而是以这样的方式变得特殊——他不敢相信自己是一个普通的人，换一句话说，他在这里碰上悔（Angeren），那么，这会持续一段很长时间；而如果他确实是坠入了爱河（当然，这是我们所假定的），那么他就可以将自己看成是那被挑选出来要去接受生活考验的人，因为，在那恋爱横着问一个问题而这悔（Angeren）又竖着问同一个问题的时候，这考验就很容易会变得过于苛刻。

然而我在这里不想深究这一点，这一类麻烦不是普通的考虑所应当关注的事情，决定者碰不上这样的疑虑，他从自己的探险生涯返回到家园，就像一个骑士从十字军的远征归返一样，并且这样：

> 但是如果他回到家里帽子上有羽毛
> 呦呦嗨撒，这时就有了一个欢庆夜。[300]

于是，那个幸福的小伙子（因为，一个恋爱中的少年是幸福的，这就不需要什么人说了）找到了他所想要找的东西，他就像福音书中的那个人，卖了一切以便去买下有着珠子的田地，[301]他只在这样一点上不同于那个人，从某种意义上说[302]，他在卖了一切以便去买下这地之前就拥有着这地；因为在恋爱的田地里他也找到决定之珠。他朝圣旅行后回家，他属于她，他就绪了，——就绪了，可以出现在圣餐桌脚下，教堂将宣称他是真正的丈夫。

于是，我们现在就在婚礼上。我们的小伙子没有变成一个老人，绝非如此，要那样地成熟确实需要有岁月。当然，如果他不是真正处于恋爱状态，如果他没有伦理的需要，并且在他的灵魂里没有任何宗教的预设前提，那么，他到最后还是不会成熟。然而，"那永恒的"无需为找到真正合适的瞬间而去干预很多次，在这样的一个瞬间之中他是成熟的。固然这种成熟在某种意义上使得他变老，但这恰恰是这成熟赋予他的东西——"那永恒的"的青春，这样，恋爱也使得一个人变老。

一个爱着的少年是一幅美景，这是不用我们说的，但是我们也许却有必要说，一个丈夫是一幅更令人赏心悦目的景色，除非那圣餐桌会唤起人的愤慨（因为，在一个人走向圣餐桌的时候，如果他仅仅是作为一个爱着的少年，那当然是不对的）。[303]但是这丈夫是那爱着的少年，完完全全，他的爱不变，只是这爱有了决定³⁰⁴的神圣的美，这则是那少年的爱所不具备的东西。或者，难道他不是像那少年一样地富有和幸福？难道因为我在那唯一令人放心的安全之中拥有我的财富，我的财富也许³⁰⁵就变少了？难道因为我在盖了章的纸³⁰⁶上有着我对生活的要求，我对生活的要求就变小了？难道因为天庭里的上帝想要为我的幸福做担保，不是像厄若斯³⁰⁷那样只想开个玩笑，而是严肃而真实地要那样做，如此真实，确实是因为这决定紧紧地抓住了他，难道因此我的幸福就变得渺小了？或者，如果说那爱着的少年知道怎样去使用一种语言，而丈夫知道怎样去明白一种语言，那么，前一种语言是不是也许³⁰⁸就比后一种更神圣？难道婚礼仪式本身不就是一种如此晦涩的说辞，³⁰⁹晦涩得只有比诗人更擅长语言的人才能够明白？难道它不是一种如此鲁莽地冒险的承诺之词，以至于一个人哪怕只明白了一半，也会被吓得魂飞魄散？向一对爱人谈论义务，³¹⁰——明白这个，但却恋爱着，以直接性的最牢固的带子与被爱者绑在一起！谈论人类所承受的祸因、谈论婚姻的艰难、³¹¹谈论女人的痛楚和男人冒着酸气的汗水，³¹²——但却恋爱着，在恋爱的直接性中确信只有幸福在等待他们！听着这个，看着那决定，把意念锁定在那决定上，并且也能够看见³¹³被爱者头上的桃金娘花环，³¹⁴——确实，一个丈夫，一个真正的丈夫本身是一个奇迹！在风琴奏响的时候，能够听见被爱者的声音！在生活把所有严肃的力量置于他和被爱者的头上的时候，能够坚持情欲之爱的快感！

但是现在，让我们看她的情形³¹⁵，因为没有决定就没有婚姻。一个女人的灵魂没有并且也不应当有男人所具的那种反思。于是，她因此就不会达成决定。但是她从审美的直接性到达宗教的直接性，就像鸟那样迅速，并且我们能够在另一种意义上谈论一个女人，完全不同于谈论一个男人。我们说：这是一个堕落的女人，恋爱无法使得她变得虔诚。在宗教的直接性中，他们作为夫妇相遇了。但是男人通过一种伦理的发展而达到这宗教直接性。一个希腊的智者曾经说过：女儿们要在她们在年龄上是女孩而在理智上是妻子的时候出嫁。³¹⁶这是一种非常美丽的说法，但是人们必须记住"在理智上是妻子"不同于"在理智上是男人"。女人所具的最高的理智，在她有着荣誉和美的同时所具的最高理智，是一种宗教的直接性。

这样的考虑常常使我欣悦：一个女孩和年轻男人以怎样的方式相互对应才会是合适的夫妇。老实说，如果一个人不为这样的考虑而欣悦的话，那么他也许对自然层面中最美的东西——一对恋人会有感觉，但是他不会有精神的感觉，并且也不会有对精神的信仰。如果人们要说，这样的东西很罕见：一场这样的表达理念的婚姻；好吧，也许这样的事情也同样地罕见：有一个人，当然他像我们所有人一样地相信不朽性，相信上帝的存在，这样的一个人，他竟然确实地在自己的生活之中表达出这理念。

女人在其直接性之中本质上是审美的，但恰恰因为她本质上是如此，因而通往"那宗教的"的过渡也就近在脚下了。女性的罗曼蒂克在下一个瞬间就是"那宗教的"；如果不是如此，那么它就只是一种感性的热情，就只是感官性的魔性感召，端庄所具的神圣纯洁性被转化成了一种诱惑而撩人的昏暗。

这样，直接的恋爱是在女人的身上。这里是共同的地方。但向"那宗教的"的过渡则没有反思地发生。就是说，一种隐约的预感闪过她的意识，她预感到这想法（而男人的反思则理想地竭尽这想法的内容），这时，她就晕倒了，与此同时，丈夫急着赶过去，他同样地被感动，但他的感动是通过反思的，他不会被压倒，他坚定地站立着，爱人倚靠着他，直到她重新睁开两眼。在这一晕眩之中，她被从情欲之爱的直接性中转移到了"那宗教的"的直接性；他们在这里重新相遇。现在她已就绪，已经准备好了让自己进入婚礼，因为，没有决定就没有婚姻。

现在，有什么东西丢失了吗？难道因为情欲之爱的至福在自身之中反映出了天国的祝福，恋爱的幸福就变少了么？难道因为这一切变成了严肃，"相爱者想要永恒地属于对方"就成了一种现世的定性了？至高的严肃在最可爱的玩笑之中作为辅音是不是就不如恋爱直接地想要的一切那么美?因为,如果一个人纯粹直接地说话,那么他就只是像在开玩笑一样地说。如果爱者想要以生命去为自己的情欲之爱冒险,并且,她,被爱者,对此说阿门,那么,即使在他冒生命之险的时候,这也是高贵的,这能够使得石头感动,愿那发笑的人倒霉吧,但是在某种意义上,这却仍只是玩笑而已;因为,如果一个人直接地丧失、直接地大胆冒险,那么这个人就尚未明白他自己。

有一幅描绘罗密欧与朱丽叶的画像,一幅永恒的画像。从艺术的角度看它是不是很出色,我对此不做评论,它的各种形式是不是美,我不做判断,我在这方面缺乏品位和技能。这幅画中永恒的成分是,它描述出一对相爱的人,并且是在一种本质的表达之中描述出他们。无需任何解说,人们马上就明白它,另一方面,任何解说都无法解说出在恋爱的美丽处境之中的这种平静状态。朱丽叶充满仰慕地扑倒在她爱人的脚下,但是,从这一崇拜的姿势中,她的奉献之心在一道充满了天国至福的目光之中将她抬起,但罗密欧则使得这道目光停下,并且,所有情欲之爱的思念在一吻之中永远地得以平息;因为永恒所反射出的光辉为这瞬间映出晕轮,正如罗密欧与朱丽叶不会想到,任何观赏这幅画的人也不会想到,还会有下一个瞬间存在,哪怕这瞬间只是要被用来重复这一吻的神圣封印。不要去问相爱者,因为他们听不见你的声音;但去人世间询问,问这事情是发生在哪一个世纪、在哪一个国家、在一天里的什么时候、几点钟,没有人做答,因为这是一幅永恒的画像。

他们是一对恋人,是一个艺术的永恒对象,[317]但一对结了婚的夫妻则不是。我是不是不敢提及一对夫妻?是不是因为缺少一些婚姻所具的无形荣华,所以那一对恋人就更荣华一些?如果是那样的话,我又为什么想要作为丈夫呢?就是说,并非每一对恋人都是罗密欧和朱丽叶——"有罗密欧和朱丽叶做样板",这是令每一对恋人欢喜的美丽愿望——,正如并非是每一对结了婚的夫妻都是完美的夫妻,在这里我们所谈的只是样板,这样板根据其至尊无上的地位(如果我敢这样说的话)来决定执事者们的职位。

这样，她就不是仰慕着地跪下，因为我们能够感觉到，那种被设定在情欲之爱的直接性之中的差异、那种为男人带来优势的男性力量，被提升到了一种更高的统一体、被提升到了"那宗教的"的神圣的平等性之中。她只是沉下身子，她想要在恋爱的仰慕之中跪下，但是他强劲的手臂抱着她的使她站立着。她瘫软下来，不是面对看得见的东西，而是面对那无形的东西，面对这印象的过度剧烈，这时她就抓住他，而他则已经在支承着她。在抓着她的时候，他是被感动的，如果这亲吻不是双向的相互支持的话，那么他们两个就都会踉跄。这不是画像，在画面的处境里没有平静状态；因为，正如我们看见她几乎是在仰慕之中沉下身子，这样，我们在这一中断了的姿势之外看到了一种新的姿势的必要性：她挺直地站在他身边，我们预感到一幅新的画面，那就是婚姻的真实画面，因为结了婚的夫妻是同一基础上的邻角。[318] 那把不完整性带进了第一幅画面东西是什么？我们在这一踉跄之中寻找的东西是什么？那是"决定"的平等性，那是"那宗教的"的更高直接性。

因此，让我们不要去理会所有纯粹地排斥自身的反对意见吧。甚至在这反对意见带着讥嘲说 habeat vivat cum illa（拉丁语：让他拥有她、同她生活在一起）[319] 的时候，它也只不过是在仿效丈夫的说辞，因为这是他所想要的；这反对意见无法去想要"一个人应当不去结婚"，因为那样的话，它当然就没有什么可嘲讽的了，而我们所有人就都会像这反对者一样地卓尔不群了。这样，我觉得婚姻就是一切之中最令人觉得安全的了。恋爱说：永远是你的；婚礼仪式说：你应当离开一切去属于她；[320] 反对意见说：保留她吧。但如果那样的话就没有什么反对的说法了；因为，即使反对的说法认为丈夫变得可笑，这丈夫也并没有因此而受到阻碍，他仍然离开一切（也包括这讥嘲）去待在她那里。确实，即使讥嘲者本身想要她，即使他在召唤反对意见的时候站出来，——但这样的事情不会发生，因为那被召唤的是正当的反对，就算那正当的反对都"从此保持沉默"，[321] 即使如此，也仍绝不会有人发消息说要找那不正当的反对。

一个丈夫对各种反对婚姻的看法的回应

根据时间与场合,并且按一个丈夫的身份所应做的,我在这里与各种常常好像是从空中捞出来的反对意见,匆忙地打着空气斗了一下拳;[322] 既然我这样做了,那么,我也想从另一个方面来看一下这事情。

这样,我不说婚姻是至高的生活,我知道一种更高的生活,但是如果一个人没有道理地想要跳过婚姻,让他倒霉吧。就是在这条狭窄的通道之中,我选择了我的位置,以便在思想之中检查那些想要混过关的人,如果我可以这样说的话。我们很容易就能够看出,那种出自生活的装腔作势会在什么方向上出现。它必定会是在"那宗教的"的方向上出现,在精神的方向上出现,这是因为,一个人在"作为精神"的同时想要忘记自己也是人、而非像上帝那样仅仅是精神。[323]

我们可以想象一下,把中世纪对婚姻不屑一顾的看法重新置于一种完全不同的形态之中,把它当作这样的一种智力形态来看:它不是出于神学教理和超级道德的原因而放弃婚姻,它拒绝婚姻,是因为精神所具的漫不经心的轻率。与之相对应的极端已经表白了自己;因为,恰恰由于那种自以为是的智力形态在伦理点上失败了,所以它能够去鼓吹对肉体的崇拜,[324] 但是,对肉体的崇拜则表达出:相对于这智力形态,肉体已变得无关紧要。这反过来的表述是:它完全被取消;精神性虽然生活在肉体之中,但却不想承认这速朽的肉体,虽然在现世之中有着自己的家园,却不承认这现世性、不承认自己暂时的常存处所,[325] 虽然是从有限的碎片之中集聚出自己,却不承认这有限。[326] "中心偏离"有各种不同的类型,以上帝为中心的中心偏离有着一种对"把它所应归属的地方指派给它"的不过分的要求。[327] 但是,思辨则是以上帝为中心的,并且以上帝为中心的思辨者和以上帝为中心的理论都是以上帝为中心的。[328] 只要事情还是这样继续下去,并且以上帝为中心的中心偏离将自身限制在每星期三次在四到五点间到诵经台去以上帝为中心,而除此之外则作为我们其他人之中的一员是公民和丈夫和射鸟大王,[329] 只要事情是这样,我们就不能够说现世被分配得不公正;于是,我们可以把这样的一种"一星期三次的理论性地偏离主题",一件顺路的差事,看成是没有进一步后果的事情。

相反，如果我们把智力形态之崇拜当作一件严肃的事情的话，如果个体有着足够的魔性理想性，能够按照自己实验性的决定去重构自己的全部生活，就像丈夫按照自己的美好决定去做那样，也就是说，在这样的意义上做：每一种反对、生活中的每一个反证都可以被看作是精神考验，[330] 于是，他就做了自己所能够做的事情来表明自己是一种例外。无法否认，一个个体至少可以在一段时间里冒一切风险来做出一个实验性的决定，也无法否定，他甚至能够以生命为之冒险，但是他并不由此赢得任何正当合理性，正如一个人无法根据时效来获得对赃物的拥有权。在某种意义上，一个这样的人也确实是一种例外；他在这样的意义上也是一种例外：他作为一个魔，有着比人类平均所具的意志力更大的意志力，——按魔性的说法，人类没有足够的意志力来使自己邪恶。

不过，一个这样的人，不具备任何能力去游说一个法官并使法官不宣称他缺乏正当合理性；在人们看见他坠入他为自己准备的深渊的时候，他没有任何能够去感动同情之 viscera（拉丁语：内脏，内心）的东西。就是说，纯粹的智力形态是一种巨大的抽象，在抽象的那一面什么都看不见，任何东西都看不见，甚至没有一丝一毫的蛛丝马迹，能够让人联想到一种宗教的理念。例外是一个移居异乡者，但这个移居异乡者属于很特别的一种类型，因为他不是移居到美洲或者大洋彼岸世界的另一个部分，或者到坟墓的另一边，不，他消失了。我们曾让他的否定意见准确地瞄准了婚姻，因而看起来他似乎是仍会有许多现世性的兴趣。然而事情却不是这样。就是说，婚姻是现世性之中的中心元素，人格特性无法直接地将自己置于与国家之理念的关系中。事情本来会是这样，他想要为国家而完全地牺牲自己，因此不结婚。但这是一种虚无的矛盾，在这矛盾之中他不考虑自己的理念的后果，对他来说，顺从比公羊的脂油更宝贵。[331] 如果他想要相对于自己的理念名正言顺地跳过婚姻，那么，他的理念相对于国家的理念就必定是无关紧要的了。正如在任何地方那样，在这里我们也必须记住：我们所谈的不是关于"一个个体人不结婚"的偶然事件,这里的问题只是关于"不愿结婚"。每一个(如果我可以这样说的话)在精神之世界里有等级的个体人格都有着决定,并且这等级是相对于决定而言的。

无限的抽象在自己身后得到一个藏身处;一旦那放弃了世界并且立下了 votum castitatis(拉丁语:贞洁誓言)[332]的人有了宗教背景,那么,与他所要赢得的东西相比,毁灭之热情只是一种小小的冒险。[333]一个这样的人不会走出这样一步,他不会为乌有而一步跨出生活。他固然不是盯着酬报看,但却如饥似渴地朝着酬报的方向努力工作,就像划船的人,朝着目的地划,但却一直是以背对着目的地,他就是以这样的方式努力地工作着,努力把自己弄到生活之外去。

确确实实,这样的行程是一种宗教的抽象化,但是,如果这一类东西会以一种方式变得如此陈旧,乃至它无法再现在一种重复之中,那么这说法就不怎么合理了。很明显,"那宗教的"被闲置了足够长的时间;在它开始带着理想的能量开始蠢动的时候,如果它又弄错了的话,这也没有什么可奇怪的。要为"那宗教的"找到真正的具体化方式不是容易的事情,因为"那宗教的"一直有着无限的抽象作为自身的预设前提,并且它绝非简单的直接性。有时候,一个人也许出于善意把"那宗教的"说得非常美丽非常真,而有时候他可能只借助于单纯一句话就把一切全都取消了,因为事实表明,他是在谈论纯粹直接的东西。我的目光没有间断地对准着婚姻。我仍然将此看成是一种 pium desiderium(拉丁语:虔诚的愿望):为婚姻获得一个真正的宗教表达,去准确而无条件地阐述明白"中世纪绝望地放弃了的东西是什么"以及"前几个世纪(这几个世纪因为比中世纪走得更远而有着足够的骄傲,然而我们却只能在世俗性而不是在宗教性之中做这样的理解)在什么事情上只做出了极小的贡献"。我觉得,去想一想这样的事情,对一个丈夫来说是有好处的,如果他有一小点想当一个作家的愿望,那么,那么他就可以去写一点关于这样的事情;另外,所有别的事情都已经有人在做了,哪怕是天文学。[334]

然而，无法否认，从宗教的角度看，"一个人是否已婚"本质上是一个无关紧要的问题。在这里，"那宗教的"打开了抽象之无限深渊。虽有如簧巧舌也无济于事。如果一个人忧虑地想要在宗教的讲演寻找指导，那么，比起他自己所想的，比起讲演者自己所知的，他也许更经常地会找到一种意义暧昧的多重解释。在谈论婚姻的时候，人们赞美婚姻；相反如果一个人到死都没有结婚，他死了，那么，谈论当然就不是关于婚姻的，于是，人们借助于几乎有点幽默的转折来谈论道：要么一个人结过婚，要么他没有，这根本就是无所谓的事情。但是，如果一个人要把两种说法都听一下的话，他的情形又是如何呢？因为，在人们想要以这样的方式来谈论的时候，如果一个人想要做一个好的听者，去听从指导和教诲，这就实在是太难了，比做一个以各种各样方式来为人提供服务的雄辩家要难得太多了。人们强调现世性的意义，它的伦理意义；人们将之称作恩典的时节、皈依的场所、决定的期间，它为永恒做决断；但这时一个孩子死去，人们致悼词，或者人们在一次布道之中间接地提及失去了小孩的悲伤父母，人们在所有现世性的虚无之外有着幽默诙谐，人们把七十年当作一种恶痛的苦劳和精神之销蚀来谈论，[335]人们谈论所有河流奔向大海而大海却并不被灌满。[336]这样倒还是罗马人更始终如一，他们让小孩子们在极乐世界里哭泣，因为这些孩子们得不到许可去生活。[337]然而，人们在努力建设着体系，[338]我的上帝，相对于这成就，还想要"一种人生思考"，这要求当然就已经会是太过分了。[339]现在，我们在这样的程度上也很确定：事情的关键就根本不在于"有许多美好的说法"，不在于"在所有说法中都有着意义"，而是在于"在所有说法中都有着同一种意义"。[340]

然而，哪怕事情是如此，即使宗教的抽象是某种消失了的东西、某种陈旧的东西、某种被克服了的东西[341]（最后的这一表述渊源于体系性的帮助，如果我可以这样说的话，这种体系性的帮助太好用了，乃至把"永恒的一代的发展"与"每一代对所经历的东西的重复"混淆起来），让我们假设就算是这样吧，它也完全可以在这里找到它作为谈论之对象的位置。如果说一场真正的恋爱并非是一个人每天都能够看见的日常景观,那么,一场真正的婚姻则自然是更为罕见。蒙混过关是没有用的,这只会是把胜利送给诡辩家们,他们也知道怎样去从"那宗教的"之中去提取出一种尖酸刻薄的成分来。在你不能够带着明确的信心知道"自己是对的"的时候,如果你面对反对你的说法,哪怕是最富有诡辩性的反对,那么,你能够为自己做出的最恰当的辩护就是"蔑视这反对"。[342]

于是,宗教的抽象想要让自己单独属于上帝;为了这爱,它愿意去拒绝、放弃和牺牲一切(这是一些微妙细节上的差异);在这爱之中,它不愿意让自己被任何其它东西打扰、分神或者吸引;相对于这爱,它不愿意让账目之中有任何双重性,所有交易自始至终都应当是在一种纯粹的与上帝的关系之中发生的,——它不是通过任何其它事物来与上帝发生关系的。[343]在这样一种抽象之中,骄傲可以与相对于上帝的谦卑有着非常宗教性的调和,但是暂时,抽象仍然必须被视作是非正当的,因为它完全抽象地与它所放弃的东西发生关系。想要更具体地把握(为了继续停留在我的话题上)恋爱之美的实在和婚姻之真的实在,这不是一门功课;为此而全神贯注地投入,这是精神上的考验。[344]这是抽象化的不人道,但对这不人道我们却应当做出谨慎的判断,并且最重要的首先是不去赞美铁路投机买卖[345]和委员会的蠢事,[346]以及诸如此类的忙碌——就仿佛这样的喧哗或者嘈杂是现世真正的内容。

对人类的不人道也是对上帝的无理胡缠。如前面所说,不人道不在于"想要那至高的";"想要那至高的"根本就不是不人道。并且,各种公告或者诅咒在这里是毫无意义的(这些公告或者诅咒来自一家精神的济贫院,[347]尽管在世俗的意义上看它是个挺富有的地方,在那里一个人因为与大多数人一样而有着尊严,在那里贝壳放逐法的妒忌和碎陶片的辩论依据[348]被用于每一个更好的人)。不人道也不是在于"想要将自己的人生观建立在某种偶然的东西上(许多人因为这偶然的东西而被排斥在外)",因为例外并不否认,每一个人都能像他那样去做这事情，所有关于"固然这是某种伟大的事情，但不是每个人都能够做的，这样的话，世界会变成什么样子"的说法都是出自济贫院，[349] 在那里，人们无法理解并且不愿理解这样的道理：如果事情是这样的话，那么人们就该把其余的事情留给上帝，上帝肯定能够做这事情，他没有被减缩到"需要济贫院的协助"的地步。不，不人道是在于，他根本就不明白"对于大多数人来说，他们的生活之实在是什么"，他对此没有任何具体的观念。但是，如果他哪怕只是在表面上需要让人觉得他是对的，这一具体的观念就是并且继续是必要条件。对上帝的无理胡缠是一种没有分寸的伙伴情谊，尽管他自己并不这样理解。他甚至可能会真的是很谦卑，但是，从人之常情上说，一个臣民也可能以这样的方式对自己的君王有最忠诚的热情，并且远远地超过了那些既不冷也不热[350] 但却既是 numerus（拉丁语：数目）又是 pecus（拉丁语：牲口）[351] 的人们，然而在他寻求获准觐见君王时，他却会想要获得许可通过另一条路径，不同于那条指令给所有臣民的路径。如果遭到拒绝，并且要听这样的一些话："另一条路，那么让我们看一下，我们能够做一些什么"，——这在我看来，无疑是非常可怕的。就是说，如果一个人确实是有着足够的真挚去领会，"那宗教的"是至高的爱，那么，如果他发现：他允许了自己太多事情，他有了过多的自由，使得圣灵悲伤，[352] 侮辱了自己的恋爱，这对于他必定会是肝肠寸断的毁灭性打击。唉，如果他确实认为自己把至高的表述给予了自己的这种关系的话，这打击必定只会是更沉重。

因此，这样的一种宗教性的例外会无视"那普遍的"，他会不惜以更大的代价来超越现实的境况。由此我们马上可以看出他名不正言不顺。而如果他想要出低价的话，事情就会更麻烦。他完全 in abstracto（拉丁语：在一般意义上，抽象地）承认现世之实在，或者说，为了继续停留在我的话题上，"去结婚"的实在；但是，他是不幸的，不适应于这一喜悦、这一存在之中的安全感，他是沉郁的，他对于他自己是一个负担，并且觉得自己对他人也会成为一个负担。不要急不可耐地做判断，更弱者也有自己的权利；沉郁也是某种现实的东西，我们不能够用笔划一下将之删除。因此,在如此地解说了关于生活之后,他就在宗教的抽象之中找到安慰。当这个以非同寻常的路径来寻求获准觐见君王的人几乎唤起了同情的时候,看来这是另一个故事了,并且,他的请求获得批准也就是一件很正常的事情。

然而,这里却还是有疑点:他完全抽象地谈论他所要放弃的东西。恰恰因为他是沉郁的人,他对于"生活对于别人是如此快乐和幸福"有着一种抽象的观念。但是,陌生者如何,这个问题不是我们能够 in abstracto(拉丁语:在一般意义上,抽象地)知道的。在这之中也有着欺骗性,这欺骗性与所有沉郁是不可分割的。不管沉郁者是在与怎样的不幸做斗争,哪怕它会是如此地具体,它对于他总是有着一种掺有幻想、因此也就是掺有抽象的混合成分。然而,如果这沉郁者一旦在什么时候进入了存在,那么这也就只会成为一些小动静,一点点虚假,这毫不妨碍他能够参与正常社交并且看上去与其他人一样,尽管在他主动或者被动地做出的最微不足道的事情里,他自己都获得一小点来自想象力的不竭资源的补助,就好像是基金会的补助经费 ad usus privatos(拉丁语:仅供个人使用)。[353] 相反,如果这允许他 in abstracto(拉丁语:在一般意义上,抽象地)处理整个存在,那么他就永远都无法真正地知道他所放弃的东西是什么。他认为别人享受着存在之喜悦,而这种喜悦对于他成为了一种负担,一种双重的负担,因为他在事先就已经要承受足够多的东西。这里有着沉郁的可笑的一方面;因为,相对于生活,沉郁的情形就像是贺贝尔所讲述的那个裁缝学徒的情形。[354] 他想要随一艘被人沿着莱茵河向上游拉的船航行,并且与船主讲价钱,这时船主就说,如果他在船的一边帮着一起拉纤的话,那么他只须付半价就行。唉,沉郁者的情形就是如此;通过抽象地与生活发生关系,他以为就可以半价地在生活中蒙混过去,他没有感觉到他其实是和那些船夫们一样地在拉船,而且还要另外为此付钱。

这两种形式的例外所缺乏的东西很明显地就是"曾经历过"。由此,我们很容易看出,没有人能够通过自己而成为一种名正言顺的例外。首先必须有什么事情发生。另外,就像我在前面所说,我是在假设地说,因为我不知道是否有着或者曾经有过任何名正言顺的例外,但是我会尽我的可能深入到问题的核心。这样的事情必定是以另一种方式发生的;这必定会是一个对生活有着安全感但突然在生活途中被拦下的人。因此,他必须有着一场恋爱,一场真正的恋爱。确实,有一句老话说,爱神是人所无法抗拒的,[355] 但是,如果一个人是从一开始就决定去让自己与现实对抗,那么他就总是会有力量去驱散情欲之爱的鼓舞作用,或者将之扼杀在出生的一刻。面对一种直接的存在,情欲之爱是更强大的力量,但是,面对一个在事前就已经武装起来对付它的决定,它就不是更强大的力量了。

这样,我首先要求:他必须是真正地坠入了爱河。一场被打断的恋爱对一个人来说是足够了,但是,如果要让这爱者自己打断它,那么这一断裂就是他手中的一把没有剑柄的双刃剑,尽管他必须抓住它;这样,不管在他自己还是在别人看来,这一行动都同样造成极深的痛楚。也许有人会说:"只要恋爱已经是被给定了,那么,从这条路上获得例外就是不可能的了;因为在恋爱之中一切都是孤注一掷,就是在下得失攸关的大赌注;并且,在恋爱之中一切都是为一个爱人而孤注一掷,这是把至高的赌注再翻倍;'抽身反悔'是多么不可能的事情,'想丧失一切,包括荣誉在内'是多么不可能的事情;这是不可能的事情,如果他真的爱着的话。"是的,如果他不是真正地爱,那么,他就不可能成为例外——如果真的有这样一个例外存在的话,但在另一种情形之下倒不是不可能。[356] 这确实是可怕的,一种恐怖;但这也确实应当是如此。如果一个人想要与现实决裂,那么他至少就应当知道,他在与什么东西决裂。我根本一点都不是残酷的;正如在平静地坐在调查委员会的审讯室的时候,我召唤出所有恐怖来把人吓回到法律和公正的和平的篱笆围栏之内,这时,我根本就不是残酷的;同样,我在这里也丝毫不是残酷的。这样的事情是可能的,如果一个人在恋爱之中把幸福的枝条弯到地上,他可能把这枝条折断而自己则被这枝条的劲力抛掷进死亡的痛苦之中,就像那惨遭这死刑的不幸的人,只是他要遭受更多痛苦,因为他也把自己所爱的人撕成了碎片;这样的事情是可能的,在他安全地与自己的幸福一同航行[357]的时候,他会爬下来在船上钻一个洞,把他自己和别人一起推进海难——如果他真的是坠入了爱河,他有可能会这样做;如果他没有坠入爱河,那么,他就不可能会成为这例外——如果真有这样的例外存在的话。将一把剑交到一个疯狂者的手上,这是可怕的,而在他是这样的时候,如果幸福被放在了他手中,那也会是同样地可怕;因为,如果他是如此,无需变得丧心病狂就已经是可怕的了。在这里,我不想追究什么东西会驱动起他,我只想描述各种心理学上的预设条件,各种可能在场的灵魂状态,如果我们在总体上要讨论关于"一种名正言顺的例外"的问题的话。

接下来我要求的是:他必须是一个丈夫。如果失去这一点,那就比失去荣誉更可怕,没有父亲的孩子们的哭叫声[358]淹过所有蒙羞之耻,比受欺骗的少女的孤独更可怕的是母亲被离弃时说不尽的悲惨。"这是不可能的",有人说,"如果他真的是以这样一种方式与生活有着关联,那么,要断裂开是不可能的"。是啊,如果他不是以这样一种方式与生活有着关联,他就不可能会成为这例外——如果真有这样的例外存在的话;相反,另一种情形则不是不可能,[359]哪怕事情可以是如此可怕,乃至它使得灵魂冻结、使得感情窒息。然而,那坐在调查委员会的审讯室里的人,他不可以被任何恐怖撼动而偏离真相,不可以对公正有一分一毫的欺诈;例外不可以用一笔巨款来购买自己名正言顺的正当资格,而是必须一直支付,直到付清最后一文钱。[360]如果说"恋爱是否来自上帝"这个问题仍然无法确定,如果说一场恋爱仍无需预设一种宗教的解读为前提,那么,婚姻则是无条件地渊源于宗教。于是,那要断裂关系的人不仅把所有悲惨带给了自己,并且也将之带给了他所爱的人们,他使得生活自相矛盾,也使得上帝自相矛盾。这对于一个疯狂者来说不是不可能的,然而他却无需是丧心病狂的。我在这里不想也不试图推定,那能够驱动他的东西是什么,我只阐述各种心理学上的预设条件;如果这些条件在它们的所有恐怖之中没有在场,那么他就没有成为名正言顺的例外。

那么,现在断裂已经发生了,我继续我的话题。我要求:他在这之后要爱生活;如果他变得对生活有敌意,那么他就是名不正言不顺的,因为,"他是例外"这个事实并不使那"他在之中是例外"的东西变得逊色[361]。带着别人所不具备的热情,他必定是深爱着他所断绝的东西,并且他在这种热情之中必定会比那为自己的幸福而喜悦的人在更大的程度上觉得每一件美丽的事物都是可爱而令人愉快的;因为,如果一个人拒斥某种普遍的东西,那么他必定就比那安全地生活在这普遍的东西之中的人更清楚地知道它是怎么一回事。看,在一个这样的人(如果这样的一个人是存在的话)想要谈论婚姻的时候,他会具备一种几乎任何作丈夫的人都不具备的火焰,至少我要让地方给他,他会带着一种(任何作丈夫的人都不具备的)对婚姻的所有宁静喜悦的了解来谈论;因为,这断裂的责任为他带来的苦恼,必定会使得他的灵魂在对于他所毁灭了的东西的观想之中保持着警醒和勤勉,并且,新的责任首先要求他知道他自己做过了一些什么事情。如果一个这样的人(如果有一个这样的人存在的话)谈论例外的正当合理性的话,那么,与他相比,我的位置就只是一个下属的位置,他是一个总监察;因为他必定是熟知每一个藏身处、每一个角落、每一条没人想到会有一条路的歧路,他必定能够在黑暗之中看出破绽,别人则会觉得在那里根本不会有任何有别于正当合理性的东西。

他自己必定觉得这断裂是不幸和恐怖,因为这之中令人痛苦的是:他被迫停下了,并且不是像一个冒险家那样浪漫地放弃生活的具体内容。他确实把握了并且继续把握着生活的全部实质,尽管他毫无欺诈地成了一个被生活本身毁掉了的破产者。另一方面,他必定会把这断裂的后遗之痛理解为刑罚之苦,因为,尽管他的理智对"发现自己的罪过"[362]是绝望的,但既然他确实是坠入了爱河,确实是带着自己的全部灵魂属于自己的婚姻生活——虽然脱离的痛楚对于他是同样地巨大,甚至大于对他所爱人们的毁灭之痛,这绝望之热情还是必然会在这样的想法之中找到自己的喜悦:他为曾犯的过错而向上帝做出正式的赔礼道歉,[363]他与幸福者一样地签署了同样的大宪章——"天意之路是纯粹的智慧和公正"。

他必定会以这样的方式来理解这断裂:在生活之中找到了安全感的他(因为最可爱的教养是借助于一个妻子的谦卑顺从来让自己得到培育,最使人年轻的教学是教育自己的孩子,最佳的庇护所就是在婚姻神圣的高墙背后),现在被扔了出来,被扔进新的处境,被扔进最可怕的生命危险。就是说,这是很确定的事情,他无法有所不同,但是通过这一步他还是冒险进入了找不到任何轨迹的无限空间,在那之中达摩克利斯之剑[364]就悬在他的头上晃动,如果他往天上看,在那里,陌生的诱惑的索套正在套向他的脚,如果他往地上看,在那里,没有任何人伸出帮助之手,在那里,哪怕是最大胆的不惜牺牲生命的引航员也不愿意冒险出发,因为一个人就此将失去的不仅仅是生命,在那里,没有任何同情心会来关照他,甚至最温柔的同情也无法关注他,因为他冒险进入了虚空,面对这虚空一般人只会颤栗着地退缩。他是一个反叛尘世的造反者;感官性在与"那精神的"的善意的理解之中是一根拐杖,正如时间,而他则使得自己成为了感官性的敌人;因为感官性对于他已经成为了一条蛇,而时间则成为了良心不安的瞬间。[365]人们以为战胜感官性是很容易的;是的,事情也确实是如此,如果我们不去通过"想要消灭它"来刺激它的话。我们对相爱的人不谈这一类事情,因为恋爱使得他们对那些只被造反者所发现的危险一无所知;恋爱不知道为什么婚姻会被制定出来,但是一种严肃的说法则知道它被制定出来,是:ob adjutorium, ob propagationem, ob evitandam fornicationem(拉丁语:为了协助,为了繁殖,为了避免淫乱)。[366]修道院里的经验能够为这一文本写上可怕的脚注。沿着这条路,我们在心理学的意义上构建出浮士德的灾难[367],——浮士德恰恰就是因为想要作为纯粹的精神,所以到最后沦陷在感官性的暴烈反叛之下。如果一个人是以这样的方式孤独,那么他有祸了! 他被整个生活离弃,然而他并非没有伴侣,因为,所有同情的激情在一种焦虑的回忆之中吞噬地燃烧着,这焦虑的回忆在每一个瞬间里都在为他召唤出那些被毁灭者之悲惨的画面,在每一分钟里,都会有突然的事情带着恐怖扑向他。

他必定认为没有人理解他,他有着清醒的头脑来承受这样的事实:对于他,人类的语言只有诅咒,人类的心灵只有那种觉得"他的苦难是他咎由自取而活该受苦"[368]的感情。然而他却不可以硬起心肠来对抗这一切,因为在同一瞬间他是没有资格这么做的人。他必定会感觉到误解对他的折磨完全就好像苦行者在每一瞬间感觉到自己光身子所穿的刚毛衬衣[369]对自己肉体的刺扎,——以这样的方式,他身上所穿的就是误解,身穿这误解是一件可怕的事情,它就像赫拉克勒斯得自翁法勒的衣服,[370]他在之中被烧灼。

重复一些最本质的要点:他不可以觉得自己比"那普遍的"更高,而是必须觉得自己更卑微,他必定是 à tout prix(法语:不惜一切代价地)想要留在那里,因为他确实是坠入了爱河,而且不仅仅是坠入爱河,更重要的是,他是个丈夫,他为了自己的缘故必定想要留在那里,还有那些他愿意为之奉献生命的人们,他为了他们的缘故必定想要留在那里,但是现在他看见他们的悲惨,自己却仿佛是一个被人砍去了手和腿的人、一个被人从嘴里拔掉了舌头的人,就是说,没有了任何与人沟通的途径。他必定会觉得自己像是所有人之中最可怜的,是人类中的污秽,[371]他必定会是双倍地感觉到这个,因为他知道,不是 in abstracto(拉丁语:抽象地,一般地),而是 in concreto(拉丁语:具体地),知道什么是那美的。然后他瘫倒在地;在这里他需要这样一句话,一个独一无二的话,最后的、最极端的话,如此极端,以至于它存在于人类语言之外,而在这句话不出现的时候,在证词不在他这里的时候,在他无法撕开那被封口的公务急件(这急件必须在到达接件者手中以后被撕开并且在信中有着来自上帝的命令)的时候,他就在自己的所有悲惨之中绝望地瘫倒。这就是"成为一种例外"的开始,如果这样的一个例外是存在的话；如果这一切不存在，那么他就不是名正言顺的。这一悲惨无疑是最深重、最煎熬人的悲惨，在之中痛苦毫无止息，除非悔³⁷²能够向他挥出鞭子，在这里所有人类的苦难都亲自到场来进行折磨，在这里痛苦不会停止，正如一座被包围的城，并不因为守卫换岗，或者因为新的守卫是来自敌人的另一个兵营，它就不再被包围了，并且这痛苦也以这样的方式相互交替换岗：如果一个人自己的痛苦打瞌睡了，那么同情的痛苦就醒来了，如果同情的痛苦打瞌睡了，那么自己的痛苦就醒了，悔³⁷³的查哨队在每一个瞬间都会来检查这守卫是不是醒着；我要说的是，所有这些问题都超越了我的理解力：从这一悲惨中是不是会发展出一种至福？在这种恐怖的乌有之中是不是会有着一种神圣的意义？必须有怎样的信仰才可能使一个人相信上帝会以这样一种方式介入生活？就是说，这一切如此地向这受苦和行动着的人呈现出来，如果上帝真的是那介入者，那么他肯定就考虑好了对那些被毁灭者们的拯救，只是在决定之瞬间，这被上帝抓住的人，这个被选择的人，他对此只能是一无所知。我不知道，到底有没有名正言顺的例外存在；如果有着这样的例外，那么他也不知道这么一回事，甚至在他瘫倒的这一瞬间也不知道，因为，如果他对此哪怕只是稍有一丁点的感觉，他就会是名不正言不顺的。

　　我没有想让自己被卷入这样的问题：是什么东西能够让一个人以这样的方式去绝望，以至于他想要从神圣那里骗走精神，并且不以那种使得神圣喜欢的分派精神的方式来接受这精神？或者这样的问题：一种"神圣的偏爱"，它忌邪地³⁷⁴使用"嫉妒"的可怕考验³⁷⁵来作为自己的最初表达，而一个人又是怎么会变成这种"神圣的偏爱"的对象的？我只不过是曾有这样的愿望，想要描绘出心理学意义上的各种预设前提。看，在这里，一个修道院的候选人，他不敢让自己沉湎在中世纪的特选事物之中，但他对现代的意识很陌生，他以最贵的价钱买下了价格最贵的苦难。我的描述就像一件缝制好了的衣服；它是各种苦难的刚毛衬衣，例外必须穿上它，——我想，不会有任何误会的快感会爱上这套衣服。

我不残酷;哦! 如果一个人有着一个丈夫所能够具备的幸福,那么,他就太幸福了,幸福得无法残酷;如果一个人如此深切地爱生活,在誓言的反复宣许过程中如此深切地爱生活,以至于对他来说一个誓言比另一个誓言更宝贵,因为他在对生活的爱之中依附于她(我仍然以幸福的最初的爱的胜利决定拥抱着她),依附于自己的妻子(为了妻子的缘故,一个人要离开父母),依附于那能够取代损失的东西、那使得我的婚姻生活更美丽更年轻的东西,我的最爱[376]——,他们的喜悦、他们的快乐、他们无辜的心灵、他们在向善之路上的进步[377]使得平凡的日常生计成为一种无法评估的盈余,也使得我为我的生活状况的感恩和我为我亲人所作的祷告在我眼中就像一个国王为自己国家的感恩和祷告一样重要,[378]——那么,这个人就太幸福了,幸福得无法残酷。[379]但是,在一个人坐在调查委员会的审讯室里的时候,他不会被任何想要扭曲正义之路的东西、任何想要把真相引上歧路的东西吓住。我不会走来走去试图去发现什么人能够穿上那件刚毛衬衣,相反我要对那轻率者叫喊,如果他想听的话,他不应当去这些路上冒险,——按自己的想法主动去冒险的人已经走失了。但对于我,这恰恰是生活之美好的新证据:生活以这样的方式被包围起来,没有人会受到诱惑想要冒险走出去;生活以这样的方式确立其基础,哪怕只是关于那恐怖的想法也必定会足以粉碎所有关于"想要成为例外"的痴愚而轻率而自以为是而不健康而神经质的说法;因为,即使我所要求的一切都已被给出,我仍然不知道,一种名正言顺的例外到底是不是存在;当然,我想要将此作为最可怕的恐怖加上去:即使一个人想要作为例外,他也永远无法在自己的这一生命之中确定地知道,他自己到底是不是例外。因此,哪怕他的代价是失去一切,是饱受所有各种各样苦难的煎熬,他也无法为自己买下一种确定。

相反,我则是带着确定性知道,我有一样东西,无论讥嘲、精明,还是这些考究所展示的恐怖,都无法将之从我这里夺走,这东西就是我婚姻的幸福,[380]或者更准确地说,就是我对于"婚姻之幸福"的信念。现在,恐怖已经远远地消失,我不再坐在调查委员会的审讯室里,而是坐在我的书房,就像一场雷电重新使得风景微笑,我的灵魂重新兴高采烈地让我去写婚姻的事情,这在某种意义上是我永远都无法写完的。换句话说,正如丈夫不是一个性急的人,婚姻也不是什么就可以被一下子解释清楚的东西。我刚刚去办了一个用上了酷刑的案子,[381]现在我回到了家,我在她身边,她,所有生活的力量联合起来赋予我许可去合法地拥有她,她,是她为我缩短了那些黑暗的日子而为我们幸福的理解增加了一个永恒,她,是她在我的苦难之中消减痛苦、参与进我的忧虑并且增大我的各种喜悦。看!现在她恰好走过我的门;我明白,她等着我,但是她不愿走进来,唯恐打扰。只一瞬间,我的爱人,只一瞬间,我的灵魂如此富有,在这一瞬间我如此雄辩健谈,我要将这写在纸上,一篇关于你的颂词,我可爱的妻子,然后我要去说服这个世界,让全世界相信婚姻的有效性。但我会及时地,在明天、在后天、在八天之后,可怜的笔,我会及时地将你扔开,我已经做出了我的选择,我接受了暗示和邀请。在思想在一个幸福的瞬间里自愿地呈现出自己的时候,让一个可怜的作家去坐着颤抖吧,颤抖着唯恐有人会打扰他;我什么都不怕,但我也知道那更好的东西,它是比那种在一个男人的头脑里出现的最幸福念头更好、比那被写在纸上的对于最幸福的念头的最幸福表达更好,我知道那更无限地宝贵的东西,它比一个可怜的作家能够用他的笔来写出的每一个秘密都要更无限地宝贵。

注释:

1. **受骗者比不受骗者更智慧**]古希腊智者高尔吉亚(约公元前483-前376年)曾如此说及戏剧观众,普鲁塔克的《雅典人最著名的是善战还是智慧?》中有对此的描述(第五章348c)。

    参见:Bellone an pace clariores fuerint Athenienses,也称 De gloria Atheniensium. Plutarchs moralische Abhandlungen, overs. af J. F. S. Kaltwasser, bd. 1-5, Frankfurt a. M. 1783-93, ktl. 1192-1196; bd. 3, 1786, s. 363。

    克尔凯郭尔在日记中则说,他是在《戏剧表演的艺术》中第20页的脚注中发现这个说法的(H. T. Rötscher, *Die Kunst der dramatischen Darstellung*, Berlin 1841, ktl. 1391)。

    这句格言作为反题针对的是约翰纳斯诱惑者的话:"享受欺骗而不被欺骗,这是怎样的情欲快感啊",在之后法官威尔海姆会对之做更深化的讨论。

2. **哥白尼体系和托勒密体系**]文艺复兴时期,波兰天文学家尼古拉·哥白尼(Nicolaus Kopernikus, 1473-1543年)提出的太阳是地球和其它行星所围绕的公转中心的日心说取代了古希腊埃及的天文学家克劳狄乌斯·托勒密(Klaudios Ptolemaios,约公元前140年)以地球为中心的宇宙观。

3. **就去结婚吧……也去结婚吧**]这一表述是针对《非此即彼》的间奏曲中"非此即彼:一个心醉神迷的演说"的反题。见《非此即彼》,上卷,中国社会科学出版社,第26页:

    结婚,你会后悔;不结婚,你也会后悔;结婚或者不结婚,两者你都会后悔;要么你结婚要么你不结婚,两者你都会后悔。去为世界的各种荒唐而笑,你会后悔;为它们而哭,你也会后悔;去为世界的各种荒唐而笑或者而哭,两者你都会后悔;要么你去为世界的各种荒唐而笑,要么你为它们而哭,两者你都会后悔。相信一个女孩,你会后悔;不相信她,你也会后悔;相信一个女孩或者不相信她,两者你都会后悔;要么你相信一个女孩,要么你不相信她,两者你都会后悔。吊死你自己,你会后悔;不吊死你自己,你也会后悔;吊死你自己或者不吊死你自己,两者你都会后悔;要么你吊死你自己,要么你不吊死你自己,两者你都会后悔。这个道理,我的先生们,是所有生活智慧的精粹。我不仅仅是在一个单个的瞬间,如斯宾诺莎所说 æterno modo(拉丁语:以永恒的方式)地观察一切,我是持恒地 æterno modo。这个,许多人在他们做了这一件或者那一件事情之后去统一或者中介这些对立面的时候,以为他们自己也是如此。然而这却是一个误解;因为那真正的永恒不是在非此即彼的后面,而是前面。因此他们的永恒也将是一个痛楚的"时间上的延续",既然他们将有那双重的后悔来供他们慢慢消耗。我的智慧则很容易领会;因为我只有一个基本原理,而且我并不从这一基本原理出发。我们必须区分非此即彼中后续而来的辩证法和这里所暗示的永恒者。这样,当我在这里说,我不从我的基本原理出发,这时,这说法就不是一个"从该原理出发"中的对立,而只是对于我的基本原理的那否定表达,通过它,我的基本原理将自身领会成是对立于一个"从该原理出发"或者一个"不从该原理出发"。我不从我的基本原理出发;因为,假如我从它出发,我会后悔,假如我不从它出发,我也会后悔。因此,如果在我的最尊敬的听众们中有谁觉得在我所说过的东西中还是有着"某样东西",那么,他只是以此证明了他的头脑并非是完全适合于哲学;如果这让他觉得,在我所说的东西中有着运动,这证明同样的结论。相反,对一些听众,他们有能力随着我的思路去想,哪怕我没有搞出任何运动,我现在要阐释那永恒的真相,通过这阐释,这一哲学仍然是自在的(i sig selv),并且不承认什么更高的。也就是说,假如我从我的基本原理出发,那么我就不能够有终止;因为,如果我不终止,那么我会后悔;如果我终止,那么我会后悔,诸如此类。反过来,既然我现在绝不从我的基本原理出发,那么我就总是能够终止;因为我的永恒出发点就是我的永恒终止。经验显示了,对于哲学,"去开始"根本就不是什么艰难的事情。恰恰相反;它不就是从"无"开始的吗,就是说,总是能够开始。相反,让哲学和哲学家们感到艰难的,是"去终止"。而这个麻烦也让我避开了;因为,假如有人相信,我在我现在终止的时候真的终止了,那么这就说明他没有思辨性的概念。也就是说,我现在没有终止;而是在那我开始的时候,我终止了。因此,我的哲学有这卓越的优点:它简短,并且它无法驳倒的;因为,如果有人来批驳我,那么我敢说我有权宣布他是发疯的。哲学是持恒的 æterno modo,并且不像那已故的欣特尼斯那样只有几小时是为永恒而活的。

4. **在许许多多舌头中说话**]就是说,以一种陌生或者无法领会的语言说话。可参看《使徒行传》(2:3-4):"又有舌头如火焰显现出来,分开落在他们各人头上。他们就都被圣灵充满,按着圣灵所赐的口才,说起别国的话来。"也可参看《哥林多前书》(14:2)。在弱化的意义上:说没有意义的话。

5. **在天上变得聪明**]俗语,指一个人不切实际,做不了实在事。在霍尔堡的喜剧《埃拉斯姆斯·蒙塔努斯》(*Erasmus Montanus*)(1731年)的第一幕第六场中用这句话来描述主人公埃拉斯姆斯·蒙塔努斯:"拉斯姆斯·贝尔格无疑是一个天上的聪明人,但在大地上则是个傻瓜。"参看《丹麦剧场》第五卷。

6. **那位诗人讲述诡计多端的尤利西斯**]按传统的说法,荷马是出自公元前八世纪的古希腊长篇叙事诗《奥德赛》的作者。主人公奥德修斯(拉丁语"尤利西斯")是伊卡塔岛的国王,但参与了特洛伊之战(荷马在另一叙事诗《伊利亚特》中叙述了这一战争)并且在回家的路上走上迷途。在无数次历险之后他终于与自己的妻子珀涅罗珀重新团聚。

7. **见识过许多人的城邦以及他们的性情**]指向《奥德赛》第一歌第3句:"见过许多城邦,认识了它们的习俗。"

8. **通过这奇迹由荣华变为荣华**]指向《哥林多后书》(3:18),之中保罗写道:"我们众人既然倘着脸,得以看见主的荣光,好像从镜子里反照,就变成主的形状,荣上加荣,如同从主的灵变成的。"

9. **自然魔术**]魔术表演,借助于自然科学知识造成的各种效果,看上去让人觉得像是超自然的,而在事实上是科学规律在起作用。
10. **充当蜡烛**]按丹麦原文直译就是"持灯",一种俗语说法,出自丹麦的婚礼习俗:新婚之夜伴郎伴娘们手里拿着灯跟随新婚夫妇一同到婚床。转义就是"在事外作呆子",也就是中国俗语"当电灯泡"的意思。既然克尔凯郭尔的时代没有电灯泡,那么这里就翻译成"充当蜡烛"。
11. **阿尔夫**]在霍尔堡的很多部喜剧之中出现的一个淳朴的雇农。
12. **像一个弑父者一样地被装进一个口袋扔到水里去**]在古罗马,对弑父罪(parricidium)的惩罚是:与四种活着的动物,亦即,一条狗、一只鸡、一条蛇和一只猴子,一同被缝进一个袋子,然后被扔进水中。见西塞罗的 *Pro Sexto Roscio Amerino*,11,30。
13. 在丹麦语中 tro 作为形容词是"忠诚、忠实、可靠","不忠"作为名词就是 tro 加上否定前缀 u 再加上名词性后缀 skab:u-tro-skab。但是 tro 作为名词和动词则是"信、相信、信仰"。作者在这里游戏于 tro 这个词的不同词性和前后缀变化。
14. 信(Tro)。
15. 信念(Overbeviisning),也就是说,不是勉强的半信半疑,而是确定的信念。
16. **女人出于本分应当在信众的集会中保持沉默**]指向《哥林多前书》(14:34)中保罗所说的:"妇女在会中要闭口不言,像在圣徒的众教会一样。因为不准她们说话。她们总要顺服,正如律法所说的。"
17. **拉奥孔的悲惨**]特洛伊的祭司拉奥孔,他在做祭祀的时候,与他的两个儿子一起被从海上出来的两条巨蛇勒死。按维吉尔在《埃涅阿斯纪》中的说法是因为他徒劳地警告了特洛伊人不要把希腊人留在城墙外的木马拉进城。
18. 在这一句中,开头的"如果这是一种担保的话"中的"这"是指"在我觉得快乐满足并且感恩却又不停止我尘俗的幸福的同时,我也预感到那可能会沿着这条路而降临于一个人的恐怖,预感到一个作为丈夫的人所营造的地狱,——作为丈夫,adscriptus glebæ(拉丁语:被捆绑在大地上),他想要让自己摆脱束缚但却因此只是不断地发现这对于他是多么不可能,他想要砸断一条锁链但却因此只是发现又有一条更具伸缩力的锁链永远地捆绑着他",就是说,这意思是:如果"在我觉得快乐满足并且感恩却又不停止我尘俗的幸福的同时,我也预感到那可能会沿着这条路而降临于一个人的恐怖,预感到一个作为丈夫的人所营造的地狱,——作为丈夫,adscriptus glebæ(拉丁语:被捆绑在大地上),他想要让自己摆脱束缚但却因此只是不断地发现这对于他是多么不可能,他想要砸断一条锁链但却因此只是发现又有一条更具伸缩力的锁链永远地捆绑着他"是一种担保的话……
19. **如同哈曼所说**]哈曼(Johann Georg Hamann,1730 - 1788 年)德国哲学家和作家,出生于哥尼斯堡并在那里长大。他的晦涩而充满隐喻的文字构成了与启蒙时代纯粹的理性理想的斗争的重要部分。哈曼强调对立面(比如说感官与精神、历史与理性)的悖论性统一。他的思路中的一个核心点是:上帝通过"成为人"而认可了具体的现实。哈曼是雅可比(F. H. Jacobi)的亲密朋友。在 1785 年 1 月 22 日给雅可比的信中,哈曼写道,关于在一个人自己心中产生出来的怀疑:"Es giebt Zweifel, die mit keinen Gründen noch Antworten, sondern schlechterdings mit einem Bah! abgewiesen werden müssen,-so wie es Sorgen giebt, die durch Gelächter am Besten gehoben werden können." *Friedrich Heinrich Jacobi's Werke*, bd. 4,3,1819, s. 34.

20. "那另一性别"(det andet Kjøn),根据上下文关联,有时候也可以译作"第二性别"。

21. **在烈火窑中**]指向《但以理书》(第 3 章),在之中说及尼布甲尼撒王把三个犹太人扔进"烈火窑中",因为他们不敬拜尼布甲尼撒王的神和金像。但是烈火不侵这三个人,尼布甲尼撒王就转信犹太人的神。后面所说的"我这里有一个天使"也是指向这个故事:转信之后,尼布甲尼撒王说:这三个犹太人的"神是应当称颂"。他差遣使者救护倚靠他的仆人,他们不遵王命,舍去己身,在他们神以外不肯事奉敬拜别神"(第 28 节)。

22. **国王的头衔和尊严,德·文德尔和哥特兰、石勒苏益格的公爵等等**]在克尔凯郭尔时代,丹麦国王有着各种正式头衔,其中包括德·文德尔和哥特兰、石勒苏益格的公爵等等。丹麦国王"伟大的瓦尔德玛"1169 年战胜了吕根岛上的文德人之后,丹麦国王的头衔加上了"德·文德尔",瓦尔德玛四世 1361 年征服了哥特兰之后加上了"德·哥特尔",1460 年克里斯蒂安一世被选作石勒苏益格-荷尔斯泰因的公爵后,国王的头衔又加上了这一头衔。在克尔凯郭尔的时代,这个"等等"意味了"荷尔斯泰因、斯多马恩、迪特玛斯肯、欧尔登堡(的公爵)"。

23. **在百年之后被忘却**]当时丹麦有一支酒谣曲,叫作"一百年后什么都被忘记了"。

24. **即使这玫瑰不再是那么红,那也是因为它变成了一朵白玫瑰**]在与前面出现的"衔位的绶带"的关联上,这一表述可能是指带有"丹麦国旗勋章"的绶带上的黑白相间的颜色。丹麦国旗勋章的衔位在 1671 年被设立,1808 年更新后,它的荣誉标志银十字架,可以授予一个人而不考虑这个人的社会地位。

25. 丹麦语名词"丈夫"(Ægtemand)是由形容词"真正的"(ægte)和名词"男人"(Mand)拼在一起构成的。

26. **考索大道**] Corsoen,丹麦语中的外来语,用来标示"跑道",意大利城市的主街也叫考索;出自拉丁语 cursus,意为"跑;跑道"。

27. **我的罗德岛和我的跳舞场**]黑格尔在《法哲学原理》之中同时用希腊语和拉丁语引用了这样一句来自《伊索寓言》的成语:"Ἰδοὺ Ῥόδος, ἰδοὺ καὶ τὸ πήδημα. / Hic Rhodus, hic saltus"(这里是罗德岛,你就在这里跳吧),然后黑格尔替换了句子中的用词,把"跳"换成了"跳舞",这句子就成了 hic Rhodus, hic salta,在德语里就是"*Hier* ist die Rose, *hier* tanze"(这里是罗德岛,你就在这里跳舞吧)。

典故出自《伊索寓言》第 33 篇：一个牛皮大王吹嘘自己曾在罗德岛跳得很远，在场的人都可以证明；这时有人就对他说：如果这是真的，你也不用找见证，就当这里是罗德岛，就在这里跳吧。

28. **在有一天死亡要分开我们的时候**]指向《巴勒的教学书》(*Balles Lærebog*)中的表述，第六章，"论义务"，段落 D，第一节，第一小节："根据上帝的命令，一个男人要在婚姻中与一个妻子结合在一起直到死亡分开他们。"

29. **et hæc meminisse juvat ... juvabit**]拉丁语：回忆这事情也是一件欣愉的事情……也将是一件欣愉的事情。这是对维吉尔《埃涅阿斯纪》中一个著名句子的"变化的"引用。这句子是在第一卷，第 203 句："et haec olim meminisse juvabit"：埃涅阿斯在沉船被海浪冲上岸之后安慰人们说："也许在什么时候／你们会带着欣愉和感恩回忆这件事。"

30. **各种辅音字母（各种词根）**]是指希伯来语。在希伯来语中各种词根的标示用于那些共同构成一个词的词根的辅音字母（基本元素），与之相关联的是一种基本意义。通过加在辅音上的元音，这一基本意义变得具体并且在各种不同的方向上产生微妙变化。

31. **cum grano salis**]拉丁文：带着一颗盐粒；就是说带着常识理智，带着一点保留。这说法似乎是出自古罗马作家老普林尼(23-79年)，他在其《自然志》第 23 卷第 77 章中谈论一种抗毒药方，这药方是在小亚细亚国王米特里达梯六世那里（在公元前 63 年他死的时候）发现的。这药方说，要碾碎两颗核桃、两颗无花果和二十片芸香的叶子加上一颗盐粒(additio salis grano)。这抗毒药据说能够使人在一天之内百毒不侵。

32. **一个恶毒的讥嘲者所说的……爱情和婚姻有同样的一些辅音字母……元音来决定出差异**]这说法的来源不详。

33. **《创世记》中……以扫亲吻雅各**]《创世记》(33:4)。

34. **那些博学的犹太人不觉得以扫有这一性情……这就成了：他咬他**]在希伯来文的关于《创世记》的文字中有关于这样一个讨论的记载：这讨论是关于"加点的词"("点"，就是 puncta extraordinaria)。两个拉比相互提出自己的解读。一个说这个词意味了"以扫由衷地亲吻雅各"，而另一个则这样解读：以扫想要咬雅各，但雅各的脖子成了大理石，以扫的牙齿短钝并且松动。

   就是说，克尔凯郭尔似乎对这一讨论是有所知的，但看来却误会了那些用在词上的点。他没有把它们理解为 puncta extraordinaria，却将它们理解为各种元音，——元音变动的时候，这词就改变意义。然而从"亲吻"到"咬"的意义改变不仅仅蕴含元音的变化，而且也有一个辅音字母的变换：在"亲吻"中有着词根 nšq，而在"咬"中的词根则是 nšk。

35. **"恰恰是更加直接说出来的"这一句按丹麦语原文直接翻译本应是"恰恰是更不加保留地直接以言辞说出来的"，但这描述在汉语中显得有意义重复，因此译者接受编辑的建议，按 Hong 的英译本翻译，简化了一下。

36. **情欲之爱是有着自己的神的**]在希腊神话里是厄若斯，在罗马神话里是埃莫。

37. 厄若斯(Eros)作为名字是爱神的名字,但是作为概念名称,则是"爱欲"。
38. **尽管有这说法是上帝设立了婚姻**]在婚礼仪式上,牧师对新婚夫妇说:"这样,这就是你们的安慰:你们知道并且相信,你们的婚姻状态在上帝看来是正当的并且得到了他的祝福。因为这被写在《创世记》的第 1 章中。"然后牧师朗读《创世记》(1:27-28):"神就照着自己的形像造人,乃是照着他的形像造男造女。神就赐福给他们,又对他们说:'要生养众多,遍满地面,治理这地。也要管理海里的鱼、空中的鸟,和地上各样行动的活物。'"见《丹麦圣殿规范书》(Forordnet Alter-Bog for Danmark),s. 260f。在同样的仪式上,牧师朗读《创世记》(2:18-24):"耶和华神说:'那人独居不好,我要为他造一个配偶帮助他。'耶和华神用土所造成的野地各样走兽和空中各样飞鸟都带到那人面前,看他叫什么。那人怎样叫各样的活物,那就是它的名字。那人便给一切牲畜和空中飞鸟、野地走兽都起了名。只是那人没有遇见配偶帮助他。耶和华神使他沉睡,他就睡了。于是取下他的一条肋骨,又把肉合起来。耶和华神就用那人身上所取的肋骨,造成一个女人,领她到那人跟前。那人说:'这是我骨中的骨,肉中的肉,可以称她为女人,因为她是从男人身上取出来的。'因此,人要离开父母与妻子连合,二人成为一体。"见《丹麦教堂仪式书》,s. 258f。
39. Hong 的英译本把"关于上帝的想法"(Tanken om Gud)译作 the idea of God("上帝的理念"或者"上帝的观念"),但在这里因为不是说一种概念,所以译者仍按丹麦语原文的字面意义翻译为"关于上帝的想法"。Emanuel Hirsch 的德译是"der Gedanke an Gott"("对上帝的想法")。F. Prior et M.-H. Guignot 的法译是"l'idée de Dieu"("上帝的理念"或者"上帝的观念")。
40. 名词"定性"的丹麦文是 Bestemmelse,有"定立性质"或"确定出的性质"的意思。这个词在本书中会频繁出现。
41. **一个讥嘲者、一个诱惑者、一个隐居者**]诱惑者是指诱惑者约翰纳斯。隐居者是指维克多·艾莱米塔(Victor Eremita,拉丁语:胜利的隐士,那在孤独中胜利的人),也就是《非此即彼》的出版者。讥嘲者可能是指康斯坦丁·康斯坦丁努斯。
42. 这里是说,上帝是"作为精神"的上帝。
43. **宙斯与赫拉**]宙斯与赫拉(克尔凯郭尔将之写成 Here)是希腊神话中至高的神。结婚了的神。赫拉是婚姻的监守者,宙斯则是父权家族的保护者。在罗马神话之中是朱庇特和朱诺。
44. **Τελειος 和 τελεια**]希腊语阳性和阴性的形容词:完全的,完美的。源自 τελος(télos,目的、目标,完满)。在宙斯和赫拉的关联上意味了(婚姻)的"圆满者"。
45. **我也不妄用精神上的鹰隼的目光来使我自己有权去藐视**]也许是指向格隆德维(N. F. S. Grundtvig)。格隆德维在《北欧神话或者象征语言》(*Nordens Mythologi eller Sindbilled-Sprog*,Kbh. 1832)使用这一表述来形容预言性的诗人或者洞察者。比如说,关于莎士比亚:"对于莎士比亚所预设的那种在人的生活之深度中的力量和鹰隼目光,人们是怎么说的。"克尔凯郭尔在《恐惧的概念》之中也对格隆德维做了类似的调侃:"难道人们没有时常看见,某个聪明透顶的神秘教义传播者是多么出色而勇敢地滥用一整个神话总体,以便让所有单个的神话通过他的鹰眼而成为他的单簧口琴上的一种心血来潮的冲动。"

46. 项目制造者们对"时代所要求的是什么"这个问题的回答]这里是指海贝尔(J. L. Heiberg)。"项目制造者"这个词早在霍尔堡的剧本《伊塔西亚的尤利西斯》(1724年)中就被谈及过。这是一个贬义的名词,是指一个带着许多无法实现的想法到处奔忙的人。对于克尔凯郭尔,人是可能性和必然性的综合。而"项目制造者"则属于忙碌于可能性而看不见必然性的人。

47. 朱庇特和朱诺]罗马神话中诸神里至高的结了婚的一对,相应于希腊神话里的宙斯与赫拉。

48. 历史文献学中的问题]在克尔凯郭尔手写版的《非此即彼》下卷(1843年)之中的一个加写页中有这样的解说:"这是如此聪明的做法,相对于婚姻而言,这做法的始作俑者是他们,朱庇特和朱诺被称作是 adultus(拉丁语阳性形容词:完全成年的)和 adulta(拉丁语阴性形容词:完全成年的),τελεος(希腊语阳性形容词:完全的,完美的)和 τελεια(希腊语阴性形容词:完全的,完美的)"(Pap. IV A234, s. 92)。因此,克尔凯郭尔曾认为 téleios 和 téleia 在宙斯和赫拉的关联上可以被译作是拉丁语 adultus 和 adulta(完全成人的)。只在大地上各种生物的关联上,尤其是在人类的关联上,téleios 和 téleia 可以有这种意义。在写《人生道路中的诸阶段》的时候,克尔凯郭尔认识到了自己的这一拉丁语翻译不成立,并且决定压下自己不正确的解说。

49. den individuelle Tilværelse。或译作"个体的存在"。这里的"个体的"是一个形容词,不是名词"个体"的所有格。

50. 在《非此即彼》的下卷中有着关于"有限的'为什么'"的说法(社科版《非此即彼》下卷63-65页……90页):

由于婚姻以这样的方式是一种内在的和谐,它自然就在其自身之中有着其目的论(Teleologi);这就是,既然它不断地以其自身为前提条件,并且,在这样的情况下每一个关于它的"为什么"的问题也就都成为一种误解,平庸的常识就能够非常容易地对这误解做出解释,这常识——尽管它在通常看上去比那个认为"婚姻是所有可笑事物之中最可笑的"的歌唱师巴希尔要稍稍谦逊一点——却还是很容易不仅仅引诱你,而且也引诱我去说:"如果婚姻不是什么别的东西,那么它就真的是所有可笑事物之中最可笑的东西了。"

然而,为了打发时间,让我们稍稍进一步深入地看一下这之中的随便某一个细节吧。即使在我们各自的笑之间有着极大的差异,我们也还是完全能够稍稍在一起共同笑一笑。这差异差不多就会是一种与在我们想要说出对于"为什么会有婚姻存在"这个问题的答案"这就得去问我们的上帝了"时所用的不同的语气相类似的差异。另外,在我说"我们想要共同地稍稍笑一笑"的时候,有一点是绝对不应当被忘记掉的:在这方面我有多少事情需要归功于你的观察,因为这些观察,我作为一个已婚男人实在是对你感激不尽。就是说,在

一个丈夫对各种反对婚姻的看法的回应

人们不想去完成那最美丽的工作时、在他们想要在罗德斯——那是向他们指定出来作为跳舞地点的罗德斯——以外的所有别的地方跳舞，那么，就让他们成为你和其他的捣蛋鬼的牺牲品吧，你们这些躲在熟识的面具下面的家伙是最知道怎样去出他们洋相的了。然而，有一点却是我想要挽救的，有一点是我从不曾也永远不会允许自己去以一笑置之的。你常常说，到处走动着单独地去询问每一个人他为什么结了婚，这肯定是"完全绝妙的事情"，这时，人们会发现：通常是非常无足轻重的事情变成起那决定性作用的东西；并且，"婚姻连带所有其后果"，像这样的一个如此巨大的结果能够从如此小小的原因里产生出来，——正是在此中你探究着那可笑的东西。我不该继续在这谬误性的话题上盘桓了，这谬误是在于：你完全抽象地盯着这无足轻重的事情，而一般地说来，只是因为这无足轻重的事情进入了各种各样定性的多样化，所以它才会导致出某种后果。相反，我所想要强调的是那些婚姻——那些尽可能不去具备"为什么"的婚姻——中那美的东西。"为什么"越少，爱情就越多，这就是说，如果我们在之中看见那真的东西。当然，对于那轻率的人，在之后确实会显示出这曾是一个小小的"为什么"；对于严肃的人来说，这显示出来的则是一个极大的"为什么"，这是让他高兴的。"为什么"越少，越好。在那些低阶层之中，通常婚姻无需什么重大的"为什么"就得以缔结了，但因此这些婚姻回响着那么多"怎样"（他们该怎样相处、他们该怎样抚养孩子，等等）的频繁度就要小得多。除了婚姻自身所具的"为什么"之外，从来也不会有什么别的是属于这婚姻的，但这是无限的，并且是在这样一种意义上——也正是在这样的意义上我在此把这关系看成是：没有什么"为什么"，——而这也是你会很容易使自己确信的；因为，假如我们要用这一真实的"为什么"去对这样的一个遵循常识的俗气丈夫回答他的"为什么"，那么，他也许就会像《精灵们》中的校长那样说："那么让我们获得一个新的谎言吧。"你也还会看出来，为什么我不愿意并且不能够为这一对于"为什么"的缺乏找出一个喜剧性的方面来，因为我怕那样的话就会丧失掉那真的东西。真正的"为什么"只有一个，而且它在自身中有着一种能够镇压住所有"怎样"的无限能量和力。那有限的"为什么"是一个集合体，一窝蜂，每个人都从中取自己的，这个多一点，那个少一点，全都一样糟糕；因为，即使一个人能够在自己的婚姻入口处把所有的"为什么"结合成一体，那么他仍然就恰恰还是所有丈夫中最蹩脚的。

人们为这一婚姻之"为什么"所给出的在表面上看起来最像样的回答之一就是：婚姻是一所品质的学校，一个人结婚以求陶冶自己的品质并使之高贵。我现在要让自己进入与一个特定事实的关联，我是因为你的缘故才留意到它的。那是关于一个"你所抓住的"公务员，——这是你自己的表述并且这表述与你自己完全相像；因为，在你的观察有了一个对象的时候，你就不会有任何顾忌，你就会认为你在追随你的使命。顺便提一下，他是一个很有头脑的人，尤其是具备诸多语言知识。一家人围坐在茶桌前。他抽着烟斗。他的妻子不是很美丽，看上去相当普通，相对他而言有点老，在这样的意义上人们会——

正如你所说及的——马上就想到这之中必定有一个奇怪的"为什么"。在茶桌上坐着一个年轻的多少有点苍白的新婚妇人,看来她知道另一个"为什么";主妇自己斟着茶,一个16岁的年轻女孩,不是很漂亮,但丰腴而活泼,把茶端给大家;看来她尚未到达一个"为什么"。在这样一个大方得体的聚会里,你的不得体也找到了一个位置。你因为公事而去他那里并且已经徒劳地去过了好几次了,你自然觉得这处境实在是太有利而不会就此让它被白白浪费掉。恰恰是在那几天里,人们在谈论着关于一个被解除了的婚约。这家人尚未听到这一重要的内地新闻。各个方面都在诉说这个案件,就是说,所有人都是起诉指控者,于是这案子进入了被判定的阶段,并且罪人被革出相应阶层的教门。人们对此看法不定,众说纷纭。你甘冒不韪以旁敲侧击的暗示说了一句偏向于对被判者的话,这话当然不能算是对相关之人有利,而只算是给出一个起提醒作用的关键词。这话没能起到你想要让它起的作用,这时你就继续说:"也许那整个婚约就是一个仓促的决定,也许他未曾对那意义重大的'为什么'作出阐述,一个人几乎能够说出那应当是先于如此决定性的一步的'aber'(德语:但是),enfin(法语:简言之),一个人为什么结婚,为什么,为什么。"这些"为什么"中的每一个都被以一种不同音色说出,但却是同样地蕴含或表述着怀疑。这太过分了。一个"为什么"就已经会是足够的了,但是一个这样的全然动员、一个在敌营中的Generalmarsch(德语:全队整装进军)则是决定性的。这一瞬间到来了。带着一定的和善(在这和善上却仍然烙有占压倒优势的常识印痕),主人说:是啊,我的好人,我可以对你说为什么:一个人结婚,因为婚姻是一所品质的学校。这时,一切就都被启动了,部分地因为反对、部分地因为赞同,你使得他在莫名其妙之中超过了他的自身状态,这就成了对妻子的小小教诲、使得那年轻的妇人愤慨、让年轻女孩则感到惊讶。我在当时已经因你的行为而责备过你,不是因为主人的关系,而是因为那些女人们,——对于她们而言,你已经恶毒到了足以使得这场面变得尽可能地难堪而又持久。这两个女人无需我的捍卫,并且这也只是你一贯的逢场作戏,这引导着你去保持不让她们从你的目光中消失。但是他的妻子,也许她也确实爱着他,对于她来说,听这岂不是很可怕?还有,在整个处境之中有着某种不得体。就是说,常识理智的反思根本没有使得婚姻道德化,以至于它其实是在使婚姻不道德化。那感官性的爱情只有一种神圣变形——在之中它在同样的程度上是审美的、宗教的和伦理的,这就是爱情;那常识理智性的算计使得它在同样的程度上既不是审美的也不是宗教的,因为那"感官性的"没有处在它直接应当在的位置。于是,一个为了这样和那样东西等等而结婚的人,他迈出了在同样的程度上既不审美也不宗教的一步。他意图中的善意根本没有用;因为那错误恰恰就是:他有着一种意图。如果一个女人结婚,是为了(是的,这样的疯狂是我们在世界中听见的事情,一种看起来是给予了她的婚姻一个巨大的"为什么"的疯狂),是为了给世界生产出一个拯救者,那么,这一婚姻就是在同样的程度上是既不审美的、又不伦理不宗教的。这是某种人们并不能够经常为自己弄明白的事情。存在着某种由"常识理智之人"们构成的阶层,这样的人带着极大的鄙视将"那审美的"视作杂碎和儿戏并且在自己的可怜的目的论之中自以为自己高高地在这之上;但其实却恰恰反过来,这样的人因为他们的常识理智性而在同样的程度上是既不伦理又不审美的。因此,去看另一性别总是最好的,它既是最宗教的又是最审美的。另外,主人的阐释是够琐碎的了,我无须再对之进行介绍;相反,作为这一观察的终结,我祝愿每一个这样的丈夫都得到一个粘西比作妻子,并得到尽可能地调皮捣蛋的孩子,这样,他就能够希望去拥有要达成他的意图所必需的条件。

……

作为这一考究的收获,我可以在这里强调:我们看见,如果一场婚姻是审美的和宗教的,那么它就不可以有任何有限的"为什么";而这恰恰是那最初的爱之中的"那审美的",这样一来,婚姻再一次 au niveau(法语:同水准于)那最初的爱。这就是婚姻中的"那审美的":婚姻在其自身中藏有一种丰富多样的"为什么",而生活将这丰富多样的"为什么"公开在自己的全部祝福之中。

51. τελος(希腊语:目标)在各种神秘之中的意义]这意义会是在宇宙意义上的"目标"或者"更深的意义"。Ta téleia 在希腊语中意味了各种更高的神秘或者仪式(参看柏拉图的《会饮篇》210a,这可能是克尔凯郭尔的来源),而 Teletē 则是入会仪式的技术名词(参见柏拉图的《会饮篇》365a)。

52. 这句直译的话应当是:"婚姻是一个 τελος(希腊语:目标),但却不是为自然之追求——这样的话我们就触及 τελος 在各种神秘之中的意义,而是为个体性。"

"为……"在德国唯心主义哲学中是一个概念性的介词,但是中国的读者肯定会不习惯。所以译者在编辑的建议之下把这句改写一下:把"为自然之追求的目标"和"为个体性的目标"改写成为"自然之追求的目标"和"个体性的目标"。

53. "直接的"在克尔凯郭尔那里和德国唯心主义哲学中是一个重要的概念性用词(形容词或者名词)。所谓"直接的"就是"没有经过反思的"或者"初始的"。

54. 这里的这个"自由"是一个概念名词。"自由的作为"就是说"自由之所作所为"。

55. 亦即各种反对婚姻的观点。

56. 见前面的关于"直接的"的注释。

57. 见前面的关于"直接的"的注释。

58. **就像没有偏差的磁针**]这里所考虑到的是磁性指北针,它对北的指向几乎在任何地方都有偏差。偏差的原因是磁力北极和地理北极的距离总是有着不规则的变化,因为磁力的两极随地核中的运动而游移。

59. Hong 把"ligesom"(似乎、看来像是)译成英文"as it were",因为这个英语惯用语在各种不同关联会有各种不同理解("宛如、好像"、"或者说"、"仿佛"等等)可能会引起读者误读。这里的意思是"看来就像是"。德文译作"gleichsam",法文译作"pour ainsi dire"。

60. 见前面的关于"直接的"的注释。
61. 第四幕中阿拉丁对精灵的命令]准确的说法应当是在欧伦施莱格尔《阿拉丁》的第三幕中,主人公给灯神发出与婚礼有关的命令。
62. 见前面的关于"直接的"的注释。
63. 为我举行一场美好的婚礼……为我们带来甜美的享受]引自《阿拉丁》第三幕。在引文之后,阿拉丁问:"我亲爱的奴隶,你能够!诚实地对我说你能够做到吗?"
64. 见前面的关于"直接的"的注释。
65. 拿走它]本来是"不期待拥有它"(因为它在事先已经被拿走了)。在《马太福音》(6:2;6:5;6:16)有类似的表述("他们已经得了他们的赏赐")。
66. 直译是"如果是那样的话","那样"是指前面所否定的部分,也就是说"如果婚姻可以是某种根据时间和机会而出现的残碎的东西、某种在相爱者共同生活一段时间之后才发生在他们身上的东西话"。
67. "这样的可怜状态"就是指前一句中的堕落状态。
68. 以哈曼的话来说:事情恰恰正是如此]这句话出自哈曼 1759 年 7 月 3 日写给林德纳(Johannes G. Lindner)的一封信,这封信谈论了英国哲学家休谟对基督教的一个反对的说法。休谟说,任何理性的人,如果不是通过一个奇迹,都不会去相信基督教;既然单纯的理性无法令人信服于基督教的真理,那么这信仰就必须预设出一种无法被打断的奇迹作为来扭曲所有理性的基础,并且教会我们去相信习惯和经验的对立面。在引用了休谟的反对之后,哈曼写道:"不管休谟是带着一种嘲弄的表情,还是带着一种深沉的表情,不管怎么说,这都是正统的说法,并且是在这真理的一个敌人和追击者的嘴里的一个真理之见证:他的所有怀疑证明他的陈述"(Hume mag das mit einer höhnischen oder tiefsinnigen Miene gesagt haben; so ist dieß allemal Orthodoxie, und ein Zeugniß der Wahrheit in dem Munde eines Feindes und Verfolgers derselben—Alle seine Zweifel sind Beweise seines Satzes)。*Hamann's Schriften*, Friedrich Roth, bd. 1-8, Berlin (und Leipzig) 1821-43, ktl. 536-544; bd. 1, s. 406.
69. 在异教文化之中,人们对单身汉予以惩罚,奖励那些生育许多孩子的人们]在罗马共和国的第一百年里推行着这样的政策来鼓励婚姻和生育。马库斯·福利乌斯·卡米卢斯在他作为监察官(约公元前 400 年)的时候推出了对单身汉进行经济处罚和提高税收的政策。后来共和国去除了这一政策,但是到了凯撒的时代,这一政策又被推行。奥古斯都(公元前 27 到公元 14 年间的凯撒)为有孩子的男人提供诸多优惠而对不结婚和没有孩子的人们进行一定的经济限制和权利限制(比如说在遗产继承的可能性上和在对奖金补助的享受上)。
70. 这一句是按照 Hong 的英译本翻译出的。按丹麦文直译的句子应当是"人们所说的那种'去结婚'是完全能够很成功地被做到的,无需作出一个决定"。
71. 我不知道是否存在一首第二手的诗歌]这里也许是指向诗人和哲学家保罗·马丁·缪勒(Poul Martin Møller)对当时丹麦诗歌的抨击,他认为这些诗歌是

72. 这样的一些婚姻既无法与恋爱也无法与决定构成同花顺]作者在这里用上了纸牌游戏的术语,我对句子做了一定的改写。如果按照原文直译,这句子就应当是:"这样的一些婚姻既无法在'恋爱'的花色是王牌花色时有'恋爱'的花色,也无法在'决定'的花色是王牌花色时有'决定'的花色"(之中的单引号是译者加的)。

73. 叫牌和不叫牌]作者在这里又用上了纸牌游戏的术语。

74. 异教文化中的幸福]根据希罗多德的《历史》第1卷第32章记载,吕底亚富而强大的国王克罗伊斯认为自己是人类中最幸福的人。邀请了雅典的智慧者的梭伦,向他展示自己所有的财富,并且想知道梭伦怎么看待他的幸福。雅典的梭伦说:"这是我所看见的,你是极其富有并且统治着许多人;但是你问我的问题则是我所无法对你说的,因为我还没有看见你幸福地终结你的生命。"他说:"如果一个人直到最终拥有最多并且带着好心情结束生命,那么他就应得,哦,国王,按我的看法,他就应得至福极乐的说法。对每一样东西,我们必须看它怎样终结;有许多人,神把幸福置于他们眼前,然后完全彻底地毁灭他们。"

75. 丹麦风俗,三十岁仍然是单身的话,人们就会把胡椒瓶(罐)作为生日礼物送给他。Pebersvend 这个词的本义是胡椒店员。过去从德国汉莎商业联盟城市中派出的胡椒调味品商,有着保持独身的义务。后来在丹麦就成了标示三十岁以上老单身汉的名词。

76. 他不受审判]参看《约翰福音》(5:24):"我实实在在的告诉你们:那听我话,又信差我来者的,就有永生,不至于定罪,是已经出死入生了。"这里的"不至于定罪",在丹麦语《圣经》中是"不受审判"。

77. 几率]可能性与哲学中的"可能性"概念是不同的,在数学中被称作"概率",是对随机事件发生之可能性的度量。

78. 比起对男男女女的江湖医生的惩罚,我们更应当将这样的人关进教养院]原文直译应当是"比起对聪明的男人和妇人们的惩罚,我们更应当将这样的人关进教养院"。"聪明的男人和妇人"是指乡村里的各种没有受过教育也没有行医许可证但却以非正规方式为人治病的人们。丹麦在1794年9月5日发布规定,将这类人定性为庸医,可以对之进行处罚,屡教不改者送进教养院。

79. 一条狗在水里追逐影子]指向《伊索寓言》:狗嘴里咬着一块肉过河,在水中看见其自己的影子。以为河里也有一条狗也咬着一块更大的肉。它决定去夺那另一块肉,结果他自己咬着的肉反而嘴里掉下,沉到水底去了。

80. 那在荒漠里看见十字架的人,如果他被蛇咬了,他会痊愈]查看《民数记》(21:9):"摩西便制造一条铜蛇,挂在杆子上。凡被蛇咬的,一望这铜蛇就活了。"在《新约》中,在教会传统中,这条铜蛇被解读为被钉在十字架上的基督。

81. 见上面所说的"婚姻是恋爱与决定之综合"。

82. "在自身之中有着'那永恒的'在场并完成这一购买过程的决定",就是说:"那永恒的"在这决定之中在场并且完成购买过程。所谓的"购买过程"关联到上一个段落里所说的"没有任何结果敢在拍卖的时候喊价,因为那被买进的东西是要 à tout prix(法语:不惜任何代价地)被买进的"。

83. **不可变更的遗赠(Fideicommis)**]信托的财产,比如说一种资本或者一种地产,通过遗嘱决定下来,被绑定作为对一个家庭的恒定经济支持或者作为对一种基金的维持。只有这财产的利息或者以这财产为资本而获得的流动收入是可以动用的,但作为资本的财产本身则不能动用。

84. 这里要考虑到"悬浮",就是升到空气中,脱离大地。拉到大地上,重接地气。

85. "……负面的决定也是如此;但在这种情况下自由是空白而赤裸的,简直就像是发不出声,难以进行表达,……"这句的丹麦语是"dette har den negative Beslutning ogsaa; men saaledes blank og bar er Friheden ligesom stum, haard at udtale"。

  Hong 的英译是:"the negative resolution also has this, but the freedom, blank and bare, is as if tongue-tied, hard to express"("……负面的决定也有这一性质;但自由,空白而赤裸,就像是舌头被捆,难以作出表达")。

  Emanuel Hirsch 的德译是作了延伸解读的:"dies hat der negative Entschluß ebenfalls; aber wenn sie dergestalt leer und bloß ist, so ist die Freiheit gleichsam stumm, schwer auszusprechen"("……负面的决定同样也有此性质;但是由于这负面决定在这种情形之中是空白而赤裸的,因而自由就像是发不出声,难以作出表达")。

  F. Prioret M.-H. Guignot 的法译是"et c'est le cas également de la décision négative; mais dans ce cas la liberté, sèche et nue, est comme muette, dure à exprimer"("……负面决定的情形也是如此;但在这种情形之中,自由,空白而赤裸地,就像是发不出声,难以作出表达")。

86. **牧师对相爱的人们说他们应当相爱**]指教堂婚礼仪式中牧师所说的话。

87. 根据编辑的建议,译者在这里稍作改写。原文直译是:"正如感觉到恋爱的窃窃私语,这一婚礼的宝贵见证,能够取悦感官,在同样的程度上,那句鲁莽的话说出'你应当爱她',也是同样地受欢迎的。"

88. **大胆犯险**]谚语"大胆犯险就赢了一半"的前半句,曾被海贝尔(J. L. Heiberg)用作青春剧的剧名。

89. **一个想要把事情弄得甚好的全能者**]指向《创世记》第 1 章,在创世六天之后,"神看着一切所造的都甚好"。

90. **普罗米修斯,他被锁链困住**]指向希腊神话中的英雄普罗米修斯,他为人类从诸神那里盗火,受到惩罚被锁在高加索山的悬崖上,鹰每天来啄食他的肝脏。

91. **既被签又被联签**]这两个词的意义无法被确定地给出,但它们涉及到银行中的程序,比如说,在有价值的债券上必须有多个有着不同职责的银行工作人员的签名。

92. "括号里的这种人",也就是说,"那与'那现世的'负面地发生关系的人"。

93. **这决定都像是一张遭到拒付的无效支票**]原文直译是:这决定都被抗议。这

"抗议"是一个信贷概念,是指"宣告一张支票为空头支票"。

94. 在哀哭中,也许还咬牙切齿……没有婚礼服,那么他就被驱逐出去]在《马太福音》(第22章)中,耶稣讲了一个比喻:"天国好比一个王,为他儿子摆设娶亲的筵席。就打发仆人去请那些被召的人来赴席。他们却不肯来。王又打发别的仆人说:'你们告诉那被召的人,我的筵席已经预备好了,牛和肥畜已经宰了,各样都齐备。请你们来赴席。'那些人不理就走了。一个到自己田里去。一个作买卖去。其余的拿住仆人,凌辱他们,把他们杀了。王就大怒,发兵除灭那些凶手,烧毁他们的城。于是对仆人说:'喜筵已经齐备,只是所召的人不配。所以你们要往岔路口上去,凡遇见的,都召来赴席。'那些仆人就出去到大路上,凡遇见的,不论善恶都召聚了来。筵席上坐满了客。王进来观看宾客,见那里有一个没有穿礼服的。就对他说:'朋友,你到这里来,怎么不穿礼服呢?'那人无言可答。于是王对使唤的人说:'捆起他的手脚来,把他丢在外边的黑暗里。在那里必要哀哭切齿了。'因为被召的人多,选上的人少。"

95. 银河(奶水之路)就是因朱诺的奶水而得名]根据希腊神话,银河(按西方语言直译的话是"奶路")是如此出现的:底比斯国王安菲特律翁之妻阿尔克墨涅遭化身为安菲特律翁的宙斯诱奸,生下赫拉克勒斯。出于她对宙斯之妻赫拉的畏惧,她把孩子遗弃在荒野中,之后赫拉(在罗马神话中的名字是朱诺)不知情地给他喂奶。神圣的奶水使得他不朽(并因此也得到赫拉克勒斯——"赫拉的荣耀"这个名字)。而赫拉克勒斯在猛吸奶水的时候咬痛了赫拉,她把他拉开,有几滴奶水洒出来落在天穹之上,就成了天上的银河。

参见 P. F. A. Nitsch, *Neues mythologisches Wörterbuch*, 2. udg. ved F. G. Klopfer, bd. 1-2, Leipzig og Sorau 1821 [1793], ktl. 1944-1945; bd. 1, s. 814.

96. 就是说:以"同情"筑起的篱笆。

97. 就是说:"同情"关怀着这果实。

98. 看见一个妻子像……树一样地长满绿叶,……开花并结出……果实]指向《诗篇》(128:3):"你妻子在你的内室,好像多结果子的葡萄树。你儿女围绕你的桌子,好像橄榄栽子。"以及(1:3):"他要像一棵树栽在溪水旁,按时候结果子,叶子也不枯干。凡他所作的,尽都顺利。"

99. 就让他去照顾病人……让他去看顾监狱中的人]指向《马太福音》(25:35-36),在之中耶稣预说出他将在天国中对他所选出进入永生的那些义人说的话:"因为我饿了,你们给我吃。渴了,你们给我喝。我作客旅,你们留我住。我赤身露体,你们给我穿。我病了,你们看顾我。我在监里,你们来看我。"

100. 在丹麦文原文中这里是逗号,Hong 的英译是破折号,Emanuel Hirsch 的德译是冒号,F. Prioret M.-H. Guignot 的法译是逗号。译者觉得用分号比较合适。

101. 他没有弄掉他的酬报]在《马太福音》(6:2;6:5;6:16)有相反的表述("他们已经得了他们的赏赐")。

102. **在神圣的疯狂之中**]指向柏拉图的对话录《斐德罗篇》之中对这一概念以及它的不同形态（先知的热情、宗教的狂喜、诗歌的灵感和爱欲的疯狂）有着很长的论述(244a–245b;256;265b)。

103. **无用的仆人**]见《马太福音》(第 25 章)之中耶稣的比喻。那个从主人那里拿到钱之后不是通过这些钱去获得利息而是将之埋在土里的仆人被称作"无用的仆人"；他被"丢在外面的黑暗里"。也参看《路加福音》(17:10)。

104. **poscimur**]拉丁语："我们被要求"，职责召唤。对这个拉丁语词的使用可以回溯到贺拉斯的 *Carminum liber I* 之中开头的句子。

105. 这一句直译就是"真正理想化的决定必定在同样程度上是具体的，就像它是抽象的"。

106. **那张量出迦太基范围的皮**]根据罗马神话，腓尼基的狄多在她从泰尔到利比亚的逃亡途中，从突尼斯湾登陆，向柏柏人部落首领马西塔尼求买一张牛皮之地栖身，得到应允；于是她便把一张牛皮切成一根根细条，然后把细牛皮条连在一起，在紧靠海边的山丘上围起一块地皮，建起了迦太基城。

　　参见 Vergils, *Æneide*, 1. bog, v. 365–369 (*Virgils Æneide*, bd. 1, s. 25)。

107. **甚至连上帝本身都不至于如此忌邪**]上帝是忌邪(译成中文这个词在不用于描述上帝的时候被译作"嫉妒")的，甚至上帝都不至于忌邪(嫉妒)到如此程度。指向《出埃及记》(20:5)："不可跪拜那些像，也不可事奉它，因为我耶和华你的神是忌邪的神。恨我的，我必追讨他的罪，自父及子，直到三四代。"

　　丹麦文是"Gud selv er ikke saa nidkjær."Hong 的英译"God himself is not as jealous"。Emanuel Hirsch 的德译是"so 'eifrig' ist noch nicht einmal Gott"。F. Prior et M.-H. Guignot 的法译是"Dieu lui-même n'est pas aussi jaloux"。

108. "不一致"，也就是说，自身中的各个部分有相互矛盾的地方，比如说，一句话的前后有矛盾，那么这句话就有着逻辑上的不一致。

109. 或者说：在决定之中他们决定想要相互是对方的一切。

110. **……费加罗对伯爵夫人说……她是唯一的一个这样的女士**]在莫扎特的歌剧《费加罗的婚礼》(*Le nozze di Figaro*,1786 年)(文字由 Lorenzo da Ponte 根据博马舍的一个剧本改编)第二幕第二场中，理发师费加罗为了分散伯爵的注意力(因为伯爵想要追求费加罗的未婚妻苏珊娜)，就写了一张匿名字条给伯爵说有人试图要和伯爵夫人约定幽会。在事后费加罗向伯爵夫人坦白了自己的诡计，他发誓说，他之所以敢这样写，是因为他能够肯定，事情不是这样的。

111. 作者在这里是用语法中的各种概念来做比喻。印欧语系的词有着各种变型，在词性上有阴阳中性(现代英语没有性，现代北欧语则有通性中性)，在词数上有单数复数，在词格上有主格、所有格、与格、宾格等等。

112. **或者想象他在波浪汹涌的大海上跳舞，或者想象他跳过峡谷**]指向谚语"这里是罗德岛,就在这里跳吧。"

113. **义务之剑每天都在他的头上悬舞**]指向关于达摩克利斯(公元前 300 年)的传说。

　　达摩克利斯是意大利叙拉古的僭主狄奥尼修斯二世的朝臣,他赞美狄奥尼修斯说他是世上最幸运的人。狄奥尼修斯决定让他尝试一下这种幸福,在晚上为他设出宴席,让他在珍贵的餐桌上尽享美食和俊男,但与此同时在他座位上方挂着一把以一根马鬃悬起的利剑,这剑就在他的头上悬舞着。

　　西塞罗在 *Tusculanae disputationes*(第五卷第 21 章 61 - 62)中讲述了这个故事。

114. **时间之充实**]见《加拉太书》(4:4):"及至时候满足,神就差遣他的儿子,为女人所生,且生在律法以下。"也参看《哲学碎片》和《恐惧的概念》中相关章节。"时间之充实"(Tidens Fylde)对克尔凯郭尔是一个重要概念。"到了在上帝根据自己的拯救计划想要的那个时候"。参看:《以弗所书》(1:10):"要照所安排的,在日期满足的时候,使天上地上一切所有的,都在基督里同归于一。"

115. **像俄耳甫斯那样地把恋爱带进白天**]指向希腊神话中关于歌手俄耳甫斯的故事。他得到冥王的许可把自己死去的妻子欧律狄刻带回人世,条件是在两人尚未进入人世之前两人的目光不能相遇。但他的爱使得他急不可耐而回头看她,于是永远地失去了她。

116. **明了化(Forklaring)**]这里的丹麦语 Forklaring 有双重意义:一是意味了"解释,说明",一是意味了"变形,变貌(比如说耶稣的变容:耶稣在山上的时候从身上突然发出光芒);进入理想形态,美化,理想化"。我将之译作"明了化"可以算是一种试图覆盖这双重意义的尝试。

117. **婚姻是神圣的并且得到了上帝的祝福**]见前面的关于"尽管有这说法是上帝设立了婚姻"的注释。

118. **听上去就像仙女们的声音出自夏夜的洞窟**]参看"酒中真言"中对这句诗的注释。

119. 直译是:"它也知道怎样使用大量"。

120. 这"永恒"是"现世"的对立。

121. **总是同样的东西并且是关于同样的东西**]指向柏拉图对话录《高尔吉亚篇》490e。卡利克勒说:苏格拉底,你怎么老是在说同样的事情。苏格拉底回答说:这些事情不仅仅是同样的事情,而且也是关于同样的事情。

122. **你永远也不要再去你曾到过的地方**]在沃尔夫(P. A. Wolff)的抒情剧《普莱希鸥萨》(*Preciosa*)第二幕中,吉卜赛女首领维亚尔达说:"如果你到过一个地方/那么你就再也不应当去那里。"1822 - 1845 年间该剧在皇家剧院演出过 74 次,由玻耶(C. J. Boye)翻译(Kbh. 1822 年),配乐是魏碑尔(C. M. v. Weber),是皇家剧院最受欢迎的剧目之一。

123. **智者高尔吉亚……受骗者比不受骗更智慧**]见前面的关于"受骗者比不受骗更智慧"的注释。

124. **因纯粹的理智而赤身裸体半疯狂地从家里跑出来**]指向古希腊数学家和物理学家阿基米德(Arkimedes,约公元前287-前212年)的轶事。他在浴盆之中洗澡,在洗到一半的时候,他发现了阿基米德定律("浸在液体或气体里的物体受到竖直向上的浮力作用,浮力的大小等于被该物体排开的液体的重力")。因为这一发现所带来的兴奋,他赤身裸体地跑到街上喊"我发现了"。
    参见 Vitruvius, *De architectura*, 9., praefatio, 10.
125. **犹大之吻**]根据《马太福音》(26:47-50),犹大通过给耶稣的一个吻来向全副武装的敌人指示出耶稣。
126. **一个早熟的聪明小孩错过了灵魂中的一个环节而马上以反思来开始自己的生活**]参看年轻人在"酒中真言"中的讲演。
127. **那对反思的许多说法、对之的崇拜**]在黑格尔和他的学生们那里,反思标示了精神的辩证自我发展之中的第二个环节,它否定或者扬弃直接性。在第三个环节,调和或者综合,我们达到一种新的直接性,而这新的直接性却又唤出一种反思,如此递进,直到辩证过程终结于绝对知识,在绝对知识之中,主观与客观、认识与对象之间的差异被取消了。在这里所指向的是一种不与自身对立面调和而不断地指向其自身的反思;被黑格尔称作是"坏的无限"的现象。
128. 这里作者又在调侃黑格尔的辩证法,这里的"进去"亦即"出来":想要去想"那爱欲的",将自己想象进它,也就是说,想象自己出离它。
129. **那个唯一失去了自己天鹅外衣的仙女**]指向亨利克·赫尔兹(Henrik Hertz)的浪漫戏剧《天鹅外皮》(哥本哈根,1841年)中的主人公海莲娜。但她不是仙女,而是希腊七公主之一。七个公主穿有有魔力的天鹅外皮飞到丹麦。年轻的公爵沃尔梅尔看见她们七姐妹在艾斯罗姆湖里游泳,就藏起了海莲娜的天鹅外皮,因此使得她无法飞回家。在1841年6月24日到1844年12月18日之间在皇家剧院上演了5次。
130. **隐藏起自己的赤裸**]见《创世记》第3章之中关于罪的堕落的故事:上帝呼唤男人,男人回答说:"我在园中听见你的声音,我就害怕。因为我赤身露体,我便藏了。"
131. **一个多少有点被现代化了的希腊范畴**]指向希腊斯多葛主义的哲学家克律西波斯(大约公元前280-前207年)所说的一句话。克尔凯郭尔在他的手稿《非此即彼》第二卷的"那审美的和那伦理的两者在人格修养中的平衡"的分部扉页中加上了:"'选择自己'不是什么幸福论,我们很容易看出这一点。很奇怪,克律西波斯就已经在试图要以这样的一种方式来把幸福论提高为至高目标:他展示出,一切事物之中的根本驱动力是将自己维持在本原的状态,如果成功,至福就出现。"参看腾纳曼:《哲学史》,第四卷,第318-319页。
132. 这里的"选择"在原文之中是动词不定式,因此译者加上双引号。
133. **我把神的物归给神**]指向《马太福音》(22:21),之中耶稣对法利赛人问他关于给凯撒缴税的问题的回答:"耶稣说:'这样,该撒的物当归给该撒,神的物当归给神。'"

134. **女打扮师**(Pyntekone)，在从前欧洲有这样的职业，一般是少女从事这工作：帮人设计应当在某个特定场合穿什么样的衣服。
135. **奇迹**，也就是说，那"我们应当有勇气和心肠去相信"的"那奇妙非凡的东西"。
136. **厄若斯**(Eros)作为名字是爱神的名字，但是作为概念名称，则是"爱欲"。
137. **如果一个人见了上帝，那么他就必定死去**]参看《出埃及记》(33:20)上帝对摩西说："你不能看见我的面，因为人见我的面不能存活。"也参看《士师记》(13:22)："玛挪亚对他的妻说：'我们必要死，因为看见了神。'"
138. **反思之忧伤骑士**]指向塞万提斯的小说《堂吉诃德》的主人公堂吉诃德，他被称作是"忧伤形象之骑士"。
139. **上帝从乌有之中创造**]从二世纪起越来越广为流传的关于《创世记》第1章的基督教解读认为上帝是从乌有之中创造的。比如说可参看《巴勒的教学书》第二章"论上帝的作为"第一节第一小节："上帝从一开始从乌有之中创造出了天和地，仅仅只凭自己全能的力量，为了所有他的有生命的受造物的益用和喜悦。"
140. **虚空，虚空**]指向《传道书》(1:2)："传道者说，虚空的虚空，虚空的虚空。凡事都是虚空。"也许也指向《传道书》(11:10)："因为一生的开端，和幼年之时，都是虚空的。"
141. **这是一个奇迹：一个孩子出生了**]指向《以赛亚书》(9:5)之中关于耶稣诞生的预言："因为有一婴孩为我们而生，有一子赐给我们。政权必担在他的肩头上。"

　　这句的丹麦语原文是："... hvo takker ikke i Glæde over Tilværelsen, ikke som var Barnet et Vidunder af Barn (Forfængelighed, Forfængelighed), men det er et Vidunder, at et Barn er født."（如果直译的话就是"谁会不在生存的喜悦之中感恩，并非仿佛这孩子是一个神童(虚空，虚空)，但一个孩子出生了，这是一个奇迹。"）其中有模棱两可的地方。Hong 的英译保持的这种模棱两可("Who is not grateful out of joy over life, not as if the child were a wonder child (vanity, vanity), but it is a wonder that a child is born")。F. Prioret M.-H. Guignot 的法译则给出了一个明确的解读("qui ne se sent pas reconnaissant de la joie de vivre, non pas parce que l'enfant est un prodige d'enfant, (vanité, oh vanité!), mais parce que c'est un prodige qu'un enfant soit né")，本书译者接受了法译本的解读："不是因为……而是因为……"
142. **像泰勒斯那样地说：出于对孩子的爱，他不想要孩子**]根据第欧根尼·拉尔修的《哲学史》，第一卷第一章第二十六节，自然哲学家，米利都的泰勒斯(公元前640—前546年)曾说过，因为他对孩子们的爱，他不愿做父亲。
143. **一种通过反思而得到的直接性**]见前面关于"那对反思的许多说法、对之的崇拜"的注释。
144. **甚至一个诱惑者也不缺乏想要参与这赞美的厚脸皮**]指向诱惑者约翰纳斯在"酒中真言"中的讲演。

145. 丹麦风俗,如果一个人三十岁仍是单身的话,人们就会把胡椒瓶(罐)作为生日礼物送给他。参见前面的注释。

146. 那些在神殿的院子里坐着兑换银钱的人们]参看《马太福音》(21:12-13):"耶稣进了神的殿,赶出殿里一切作买卖的人,推倒兑换银钱之人的桌子,和卖鸽子之人的凳子。对他们说:'经上记着说,我的殿必称为祷告的殿。'你们倒使他成为贼窝了。"

147. 眼中的箭]这一表述指向希腊神话中爱神厄若斯(拉丁语是埃莫),按后古典主义的说法是用来引发出恋爱的箭。如果一个人被金箭击中,意味了幸福的爱情;如果他被铅箭击中,这就意味了不幸的爱情。参看 W. Vollmer,*Vollständiges Wörterbuch der Mythologie aller Nationen*, s. 191.
    在保罗·马丁·缪勒的诗歌《四月歌谣》(1819年)之中有这样的诗句:"美惠的小女孩们/红,白蓝,/到处发送她们的箭一样的目光。"

148. Hen. Cornel. Agrippa ab Nettesheim] Heinrich Cornelius Agrippa von Nettesheim 的拉丁语形式。阿格里帕·冯·内特斯海姆(1486-1535年),德国哲学家和神学家;一个有争议并且充满神话的形象,他作为士兵、医生和教师在欧洲到处旅行。他的命运多变,有时候他是在王公们的手下做事,有时候被关进狱中或者被作为异端通缉。在他的首要著作《关于秘密的哲学》(*De occulta philosophia*, 1533年)中,他试图把各种精神潮流,诸如新柏拉图主义、赫耳墨斯主义和卡巴拉主义结合起来。他把魔法看成是一种与物理、数学和神学一样的科学。在其文章《论科学和艺术的不确定和空虚》(*De incertitudine et vanitate scientiarum atque artium declamatio*, 1526年)中,他拒绝沿着知性的道路获得知识的可能性;他认为,只有"个人的上帝关系"导向真相。在克尔凯郭尔的藏书里有他上面提及的这篇文章,出版于1622年,和下面提及的文章收在同一本书中。
    "个人的上帝关系(det personlige gudsforhold)"也就是说"一个人亲身体验的与上帝的关系"。

149. de nobilitate et præcellentia foeminei sexus ... libellus]拉丁语:一本关于女性的高贵和出色以及其优越于男性的长处的小册。此书1529年出版于安特卫普,克尔凯郭尔的藏书有此书。
    译者不懂拉丁语,所以无法自己翻译出拉丁语书名。以上书名根据哥本哈根大学索伦·克尔凯郭尔中心的注释中的丹麦文翻译转译的。Hong 的英译"On the Nobility and Excellence of the Female Sex, and the Superiority of the Same over the Male Sex"(论女性的高贵和出色以及其优越于男性的长处)。Emanuel Hirsch 的德译是"Büchlein von Adel und Auszeichnung des weiblichen Geschlechts, sowie von seinem Vorzug dem männlichen gegenüber"(一本关于女性的高贵和出色以及其相对于男性的长处的小册)。F. Priore t M.-H. Guignot 的法译是"De la noblesse et de la qualité du sexe féminin et de sa supériorité sur le sexe masculin"(论女性的高贵和优质以及其相对于男性

的优越）。

150. **这本书终结处的诗句**]这附加在书中的诗歌是印在书的开始处，有可能是 L. Beliaquetus 写的。但是我们无法从别处对这个作者进行了解，有可能这作者是阿格里帕·冯·内特斯海姆的笔名。这首诗的标题是"De foeminei sexus praecellentia"（论女性之出色），内容为"Desine vaniloquax sexum laudare virilem/Plus aequo, laudum ne sit aceruus iners/Desine（si sapias）sexum damnare malignis/Foemineum verbis, quae ratione carent./Si bene lance tua sexum perpendis vtrumque/Foemineo cedet quisquis virilis erit/Credere si dubites, et res tibi dura videtur/Haud alias visus nunc mihi testis adest/Quem nuper vigilans extruxit Agrippa libellum/Ante viros laudans formineumque genus"（让我们停止一切对男人的浮夸的赞美，这样我们就能够得免于一大堆空洞的陈词滥调。如果你本来是聪明的，你就停下你关于女性的责难性的和恶毒的痴愚说法。因为你友善地把两种性别置于你的秤中并且难以相信这是可能的，就是说，每一个男人都必须为女人让出地方，这事情仍然让你觉得很麻烦，于是我就在这里引出一个完全陌生的见证，亦即阿格里帕最近所写的那本书，他赞美女性而非男性）。

151. 亦即，前面所说到的"对恋爱和婚姻的幸福的完全而绝对的确定"。

152. **在五月二十八日协会**]丹麦军官和后来的政治家车尔宁（A. F. Tscherning）在1831年计划以这个名字组构一个协会。这个协会根据一项法令的日期来命名——弗雷德里克六世通过这项法令答应了要施行各种咨询性的社会各等级的议会制度（这是人民统治的最初萌芽）。这个协会的成立目的是：为协会成员处理公共事务的实践创造可能性。然而丹麦的总理府在1831年10月份禁止组构有着这样的目的的协会，人们只能够在第二年五月二十八日在哥本哈根的一个射击场开庆祝会。第一次庆典是在1832年。海贝尔（J. L. Heiberg）在一篇题为"给村庄牧师的信"中讽刺调侃了这些庆典上人们的侃侃而谈。

153. **"用打火石来做肥皂"**]这是在调侃当时普遍流行的"发明精神"，这种"发明精神"曾引发出各种各样古怪的项目。比如说，在1840年代，一个德国人想要用土豆来酿制啤酒；在1844年，有人用橡子来作为咖啡的替代品，等等，无奇不有。

154. "更可靠更有经济实力"，原文直译是"更佳"（bedre）。

155. **现在我洗干净我的手了**]指向《马太福音》(27:24)："彼拉多见说也无济于事，反要生乱，就拿水在众人面前洗手，说：'流这义人的血，罪不在我，你们承当吧！'"

156. **在那本小书中，这被作为一种证明的依据：在希伯来语中女人叫夏娃（生命）、男人叫亚当（土地）**]

　　阿格里帕的《一本关于女性的高贵和出色以及其优越于男性的长处的小册》，第50页："mulier tanto viro excellentior facta est, quanto excellentius prae illo nomen accepit: nam Adam terra sonat, Eua autem vita interpretatur. At vita ipsa quam terra est excellentior, tam viro ipso mulier est praeferenda"（在被创造的时候女人就已经如此优越于男人，这一优越体现在她的名字之中。因为亚当意味了土地，而夏娃这个名字则被翻译成生命。既然生命本身比土地更重要，这样，我们就不得不赋予女人比男人更大的意味）。阿格里帕继续强调：这不是一个无足轻重的论证，既然那既创造了万物又为万物命名的神必定是在无差错之中选择了各种表达着事物本性及正确使用法的名字。

157. **如果一个女人落水，她在水上游泳**]阿格里帕的《一本关于女性的高贵和出色以及其优越于男性的长处的小册》，*Antonioli*, 第 50 页："Praeterea si contingat mulierem cum viro pariter in aquis pereclitari, omni externo adjutorio semoto, mulier diutius supernatat, viro citius subsidente fundumque petente"（另外，有时候还有这样的事情发生，一个女人和一个男人一起在水上遇到生命危险，没有人能够来帮助他们，这时，女人就能够保持让自己在水上漂很久，而男人则很快地向下沉到底）。这里，阿格里帕是在自己的论证的结尾处。他论述了，女人是更高的生命物，因为她是在乐园之中被造出来的，而亚当则是在原野里和野兽们一同被造的。这是一种特别的恩典，就仿佛这女人被造的高贵的地点融化进了她的天性的一个部分；因此，与男人相反，她不会晕眩，因此她能够在水面上待更久。

158. **有助于帮我们解释"中世纪有如此多女巫被烧"的事实**]与民间的想象有所不同，在中世纪欧洲并没有发生很多猎巫审判事件。真正的猎巫审判高潮是从十六世纪开始并且在文化复兴的时候达到顶峰，主要是在 1575－1675 年期间。在那些不合格的法庭参与的审判之中，嫌疑人常常被置于一种或者多种"巫术考验"中。其中最常见的一种就是水中的考验：嫌疑人被脱光，并且她的手和脚都被绑在十字架上，并且右手被与左脚大拇趾绑在一起。她在这种状态中被扔进水中，腰上绑一根绳子，因为人们认为水不会接受有罪的人。因此，如果她沉到水底，那么她就被认为无罪；而如果她漂起，那么她就被烧死。

另外，阿格里帕是第一个为那些被指控为巫师的人们做辩护的人；他在为人辩护方面是如此成功，以至于他自己不得不在 1519 年逃离麦茨城。

159. **安提戈涅**]指向希腊悲剧作家索福克勒斯（Sofokles，约公元前 496－前 406 年）的悲剧《安提戈涅》。安提戈涅（Antigone）是俄狄浦斯与其母约卡斯塔乱伦结合后生下的女儿。她的兄长波吕尼刻斯攻打忒拜失败，与自己的孪生兄弟厄特俄克勒斯互相残杀身亡。安提戈涅为了自己对兄长的神圣责任而与国家的律法对抗，不顾舅父克利翁的反对而为兄长的遗体举行了埋葬仪式。这里有着这种来自希腊神话的深化暗示：英雄的毁灭首先是作为家族的辜招致的后果。

160. 丹麦文为：en æsthetisk Phantasi-Anskuelse af det Skjønne。

161. "我知道，在任何时候，在任何情况下，我都能够去她那里寻找安慰和帮助，她这颗心从不曾中止过为我而搏动",这一句,我参照了 Emanuel Hirsch 的德文版中的"改写翻译",直译的话,应当是"我知道,在任何时候,在任何情况下,只要我有求于她,那么她的这颗心就没有中止过为我而搏动"。

162. **患有致死疾病的人**]见《约翰福音》(11:4),耶稣说:"这病不至于死,乃是为神的荣耀,叫神的儿子因此得荣耀。"

163. **自然科学家教导说,母亲的乳汁对于那有致死疾病的人来说是有着拯救性作用的**]这里指向阿格里帕《关于女性的高贵……》。见前面的注释。("出于同样的理由,自然赋予了女人一种奶汁,它是如此营养丰富,以至于它不仅仅滋养婴儿,并且也使得病者重获力量,甚至还能够维持成年人的内在生命力。")

　　Agrippa, *De nobilitate* etc.. *Antonioli*, s. 61: "Eademque de causa natura mulieribus tanti vigoris lac contulit, quod non solum infantes nutriat, verum etiam et aegros restaurat, et adultis quibusque ad vitae columen sufficiat."

164. **那垂死的斗士**]指向一尊希腊雕像,早先被称作是"垂死的斗士",因为人们认为这雕塑是在表现一个罗马角斗士。后来,在 1821 年,人们认定了这是一个高卢武士,于是这雕塑被改称为"垂死的高卢人"。这雕塑是一尊按照帕加马的希腊青铜雕塑(约公元前 240 - 前 220 年)复制出的罗马大理石雕塑(差不多是在 1622 年在罗马的萨卢斯特花园被发现的,现存于卡比托利欧博物馆)。

165. **"精神销蚀"的辛劳恶苦**]指向《传道书》(1:13 - 14):"我专心用智慧寻求查究天下所作的一切,乃知神叫世人所经练的,是极重的劳苦。我见日光之下所作的一切事,都是虚空,都是捕风。"

166. 这句的丹麦文是:"og hvilken Fornærmelse i et lidenskabeligt Øiebliks Blussen at ville takke for en saadan Kjærlighed"。Hong 的英译是"and what an insult to want to give thanks for a love like that in the emotional blaze of the moment",其中的"like that"是丹麦文"saadan(如此的/这样的)"的英译,所以英文版读者不应当将之理解为"如果想感谢像在激情瞬间之炽烈中那样的爱的话,那会是一种怎样的侮辱啊"。

167. **那个诚实的簿记**]典故来源不详。

168. "轻率的青春女性过于急切地得出这样的结论(根本就不会想到这种做法是一种绝望)",直译的话是"一种轻率的女性青春过于急切地做出这样的领会(却不去想:这是一种绝望)"。

169. 对克尔凯郭尔的脚注的注释:

　　ª **尼尔森女士**]安娜·尼尔森(1803 - 1856 年)从 1821 年起是皇家剧院演员。她在皇家剧院演了欧伦施莱格尔戏剧中的 30 多个不同的女性角色。另外,她还演了海贝尔的《精灵山》中的伊丽莎白,亨利克·赫尔兹《斯文德·迪尔令的家》中的赫尔维希夫人,莎士比亚《麦克白》中的麦克白夫人,席勒《玛丽亚·斯图亚特》中的主角,莫扎特《唐璜》中的多娜·爱尔薇拉,斯可里布《白女士》中的安娜等等。她特别擅长的是演出妻子和母亲的角色,她是金头发的北欧型,不同于黑发的犹太裔首席女演员约翰娜·路易丝·海贝尔,并且她也是唯一能够在当时的剧院与海贝尔夫人竞争的女人。并且在舞台之外,作为年轻有天赋的艺术家们的聚集点的尼尔森家也构成对保守剧院院长海贝尔家的竞争。安娜·尼尔森被称作"女士",因为她是一个演员,但不是有头衔身份者。而约翰娜·路易丝·海贝尔有"夫人"头衔,则是因为她与一个教授结婚。

  ^b **杂耍剧**]这是受到德国的影响并且从名字(杂耍剧:vaudeville)上看也受到巴黎的戏剧生活的影响的剧种。海贝尔在1825年把杂耍剧引入皇家剧院。海贝尔是在他1819-1822年在巴黎的居留期间了解到这一戏剧体裁的。这体裁是一种市民性的阴谋喜剧,把歌曲曲目放置于轻松的、常常是人们在事前就知道情节的喜剧之中;人物是一些反英雄而滑稽古怪的人;冲突的元素带有演出地的本地色彩,总带有一串最终得到解决的爱情麻烦问题。海贝尔翻译和加工了许多杂耍剧,他自己一共写了九部,大多数是在1825-1827年,之后出了一部对这体裁的优越性的批评性阐述《论杂耍剧,作为喜剧性的创作类型,以及论它在丹麦舞台上的意义》。这一轻松的体裁在丹麦受到无与伦比的欢迎并使得海贝尔的名字作为丹麦主要剧作家而固定下来。海贝尔最重要的杂耍剧有《所罗门王和约尔根·哈特美尔》(1825年)、《四月愚人们》(1826年)、《评论家与动物》(1826年)、《罗森堡花园里的童话》(1827年)和《不》(1836年)。

  ^c **胜利扛拉者**]在庆祝胜利时扛拉着一个人的人们。一群人拉着一个被崇拜的人的马车(把马解开,自己代替马拉)穿过大街小巷,这是一种特殊的欢庆方式。约翰娜·路易丝·海贝尔1842年11月17日演完了欧伦施莱格尔的悲剧《蒂娜》(演女主角蒂娜)之后,就被从皇家剧院扛拉到布莱德街的家里。在这之前,只有弗雷德里克六世和雕塑家贝尔特尔·托尔瓦尔德森曾获此殊荣。

  ^d **右手不会马上在当场的鼓掌中跑进左手**]贺拉斯有对于剧场观众情不自禁莫明其妙要鼓掌的愿望的批判表述:"concurrit dextera laevae."Horats, *Epistolarum liber II*.

  参见 Q. *Horatii Flacciopera*,s. 264.

  ^e **"那美的"在真之中**]暗示"那美的——那善的——那真的"的公式,可以回溯到古希腊的 kalokagathía(美和善)概念。这概念对于希腊人来说是在灵魂中美(高贵)和善(正直)的人的品格。在魏玛古典主义中,歌德和席勒重启这一概念,在丹麦的黄金时代,"那美的——那善的——那真的"的公式成了唯心主义世界观的一种力量源泉。人们认为这三者在最终是一体的,因此在艺术、宗教和科学之间也就没有什么对立。

170. **她就像在法版之上的天使**]据《出埃及记》(25:18-21),要在法版之上安置两个以金子做成的基路伯。

171. **让我们在今天爱,因为明天一切都过去了**]指向《哥林多前书》(15:32):"若死人不复活,我们就吃吃喝喝吧。因为明天要死了。"

172. **在有价值者那里有价值地坐着**]呼应于《罗马书》(12:15):"与喜乐的人要同乐。与哀哭的人要同哭。"

173. **non sine cithara**]拉丁语:并非没有里拉琴。指向贺拉斯对阿波罗的赞诗的结尾词,第一卷(*Carminum liber I*)第31,20。在这里诗人希望有一个"不缺乏里拉琴"(nec cithara carentem)的老年。

  参见 Q. *Horatii Flacciopera*, s. 33.

174. **死在自己的窝中**]暗指《约伯记》(29:18):"我必死在窝中。"按传统的说法,丹麦国王弗雷德里克三世在1658年8月瑞典军队包围哥本哈根时说过同样的话,因为他坚持要留在城里参加保卫战。

175. **一个不断地弄脏那滋养着自身的食物的怪物**]出自莎士比亚的悲剧《奥赛罗》的第三幕第三场。很明显,这一翻译是基于德语(由施莱格尔和蒂克翻译的)译文:"[ein] Scheusal, das besudelt/Die Speise, die es nährt"。

  参见 *Shakspeare's dramatische Werke*, bd. 1-12, Berlin 1839-41, ktl. 1883-1888; bd. 12,1840, s. 63.

  当时的丹麦文译本,如果翻译成汉语则是:"这不断地噬食着自身的怪物"(P. F. Wulff, *William Shakspeare's Tragiske Værker*, bd. 7, 1819, s. 97)。

176. 对这句句子我可以作这样的改写:

  我不觉得这之中有什么可责备的,相反我对一个丈夫作出这样的要求:他的灵魂以这样的方式表示出最后的敬意,对她的:她曾令他蒙羞,而这敬意是对她的敬意;他也承认,她(如果我们想要这样说的话)对他有着足够重大的意义而能令他蒙羞,而这敬意是对她的敬意。

177. **一种地狱,它的寒冷杀死所有生命**]按照北欧神话,洛基的女儿赫尔(Hel)统治着地下的死亡之国,在极北之地,并且极冷。在这国度里的全都是死者,不过,按后来的传统都是一些病死老死的死者(而那些死于战争的战士则都去了瓦尔哈拉/Valhalla)。在赫尔的国度里的生活是悲惨而枯燥的。北欧语中的地狱(赫尔韦德/Helvede)这个词就是从赫尔的名字里衍生出来的。

  参见 J. B. Møinichen, *Nordiske Folks Overtroe, Guder, Fabler og Helte*, s. 198.

178. **瓦尔哈拉的食物**]在北欧的神话中,死去的武士们在瓦尔哈拉——死亡大厅为奥丁所接受,然后作为瓦尔哈拉的居民艾恩赫尔耶继续生活下去。他们每天都相互搏斗、死亡、然后再复活,到夜晚喝由奥丁的婢女瓦尔基里们所斟的蜂蜜酒。他们所吃的食物是沙赫利姆尼尔的肉。在北欧神话中,沙赫利姆尼尔是一只每天上午被切割肉而下午完全恢复的神猪。专门供应给瓦尔哈拉的武士英灵们食用。负责烹煮的是神的厨师安德赫利姆尼尔(Andhrimnir)。

  参见 J. B. Møinichen, *Nordiske Folks Overtroe, Guder, Fabler og Helte*, s. 456f.

179. **不单靠食物,也靠**]指向《申命记》(8:3):"他苦炼你,任你饥饿,将你和你列祖所不认识的吗哪赐给你吃,使你知道,人活着不是单靠食物,乃是靠耶和华口里所出的一切话。"也看参《马太福音》(4:4)。

180. **panis et circenses**]拉丁语:面包和戏。出自罗马讽刺作家尤维纳利斯的《十部讽刺剧》第 81 行。尤维纳利斯认为罗马人民从前把独裁统治权、军队和荣誉赋予随便什么人,现在可以无忧无虑而只想要两样东西:面包和戏。

    参见 *Decimi Junii Juvenalis Satirae/Die Satiren des Decimus Junius Juvenalis in einer erklärenden Übersetzung* [af F. G. Findeisen], Berlin og Leipzig 1777, ktl. 1249-1250, s. 374.

181. **一个深刻的智者**]在学校教育的问题上,德国哲学家哈曼(J. G. Hamann)写道:"Kindern zu antworten ist in der That ein Examen rigorosum; auch Kinder durch Fragen auszuholen und zu witzigen ist ein Meisterstück, weil eben Unwissenheit der große Sophist bleibt, der so viele Narren zu starken Geistern krönt"[回答孩子的问题确实是一场 examen rigorosum(严苛的考试);盘问孩子并且使他们通过这问题而变得更聪明则是一种大手笔的作品,因为无知恰恰是并且继续会是最大的诡辩家,它为如此多的愚人戴上精神的王冠]。出自 *Fünf Hirtenbriefe das Schuldrama betreffend*(1763),第三封信。

    参见 *Hamann's Schriften*, bd. 2, 1821, s. 424f.

182. **这一场景是发生在东街**]东街是高桥广场(Højbro Plads)到国王新场(Kongens Nytorv)这一段,是哥本哈根主街最上等的区域。在克尔凯郭尔的时代,这是上层社会公民们出没的地方,丹麦最初的商店和橱窗就首先是在这里出现的。对这一"母亲在东街没有因自己儿子的不当举止而陷于尴尬"的描述,以及后面关于"年轻母亲在教堂中"的事情,都是针对"酒中真言"里时装设计师的各种说法的回应。

183. **调查委员会**]哥本哈根的一个权力机关,成立于 1686 年,目的是侦探(而不是审判)各种发生在首都的特别盗窃和销赃案。1771 年,调查委员会被置于当时成立的哥本哈根宫廷与城市法院之下,这法院的法官之一是调查组的主席。调查委员会 1842 年 1 月 5 日被废除,由宫廷与城市法院的第二犯罪室取代。这个第二犯罪室在 1845 年 2 月 28 日被转换为哥本哈根犯罪和警察法院(7 月 1 日生效)。调查委员会在查审的时候可以动用酷刑,直到 1837 年 12 月 6 日年通过提案被取消。

184. 这一句的直译是:"也许很少的一些这样的冲突,在这些冲突之中甚至温柔的父母也比'在这一切都是一件微不足道的小事但这一微不足道的小事却将他们推进一种尴尬的处境的时候'更容易弄错。"

185. Tusindfryd 在丹麦语里的意思是"雏菊",但在字面上是由"一千"和"欣悦"构成。一般的雏菊在欧洲大多数地方都有野生,在丹麦也有,几乎一年四季开花。但是与接下来的文字所说相反,这种花在夜里会关上。

186. **那种奇花因百年绽放一次而引人注目**]指向美洲的龙舌兰(拉丁语:Agave americana),生长得很缓慢,由粗糙、呈剑形、带刺边的叶子构成其基生莲座。它的花秆则在短短几个星期里长到十二米高。在其故乡墨西哥,龙舌兰一般6-10年开花,但是在丹麦的花房里则需要40-60年。1836年,在哥本哈根有一株60年的龙舌兰开花,花秆有6米高,有22根枝干,上面有差不多3000朵花。

187. **教团的未达资格的成员**]就是说尚未达到成年成员年龄的成员。在出生时受洗决定了小孩子已经是教团成员,但是必须达到再受洗年龄并且得到了再受洗(接受坚信礼)之后,一个人才是达到资格的成员。这资格首先是指接受圣餐的资格。

188. **难道那聪明的童女就不比愚拙的童女更长久地保持警醒**]指向耶稣在《马太福音》(25:1-13)中的比喻:"那时,天国好比十个童女,拿着灯,出去迎接新郎。其中有五个是愚拙的。五个是聪明的。愚拙的拿着灯,却不预备油。聪明的拿着灯,又预备油在器皿里。新郎迟延的时候,他们都打盹睡着了。半夜有人喊着说:'新郎来了,你们出来迎接他!'那些童女就都起来收拾灯。愚拙的对聪明的说:'请分点油给我们。因为我们的灯要灭了。'聪明的回答说:'恐怕不够你我用的。不如你们自己到卖油的那里去买吧!'他们去买的时候,新郎到了。那预备好了的,同他进去坐席。门就关了。其余的童女,随后也来了,说:'主啊,主啊,给我们开门!'他却回答说:'我实在告诉你们:我不认识你们。'所以你们要警醒,因为那日子,那时辰,你们不知道。"

189. **ein Gelegenheithascher ... Vortheil sich ihm darbietet**]德语:一个机会之狩猎者,其目光能够烙刻和伪造好处,虽然不会有任何真正的好处找上他。引自莎士比亚《奥赛罗》第二幕第一场的德语(由施莱格尔和蒂克翻译的)译文。但是在施莱格尔和蒂克的译文中所用的词是Gelegenheitshascher。这句话是伊阿古说凯西奥的。

190. **合其时宜的言辞**]指向《箴言》(15:23):"口善应对,自觉喜乐。话合其时,何等美好。"以及(25:11):"一句话说得合宜,就如金苹果在银网子里。"

191. 直译的话,这个句子就是"难道这是原野里的花朵的不完美、是所有上帝之作的不完美:在显微的观察之下,它变得越来越可爱、越来越精密、越来越精致?"

192. **苔丝狄蒙娜在说出自己"崇高的谎言"时是伟大的**]在莎士比亚悲剧《奥赛罗》第五幕第二场,苔丝狄蒙娜在死在丈夫的臂弯里时对上场的宫女艾米莉娅说自己不是被杀而是自杀。这说法可能也指向雅可比(F. H. Jacobi)在给费希特的一封信中的说法(*Jacobi an Fichte*,1799年):"Ja, ich bin der Atheist und Gottlose, der, dem *Willen der Nichts will* zuwider-lügen will, wie *Desdemona sterbend log*"(德语:是的,我是无神论者,并且是这样一个不信神的人,针对"什么都不想要"的意志,愿意像苔丝狄蒙娜在死前撒谎一样地撒谎)。参见 *Friedrich Heinrich Jacobi's Werke*, bd. 3, 1816, s. 37。

193. **女性是更弱的性别**]见前面"酒中真言"康斯坦丁所说。对这一说法的批判也是针对康斯坦丁的讲演。

   这句俗语,渊源于《圣经》的许多段落,比如说在《彼得前书》(3:7)中:"你们作丈夫的,也要按情理和妻子同住。因他比你软弱,与你一同承受生命之恩的,所以要敬重他。"另外,在莎士比亚的《哈姆雷特》第一幕第二场中哈姆雷特的台词:"软弱,你的名字叫女人!"

194. **那捆绑芬利斯狼的链子是无形的**]根据北欧神话中的传说,洛基和女巨人安格尔波达生了三个孩子,也就是芬利斯狼、尘世巨蟒(或译"米德高巨蠕")和赫尔。因为所有的预言都说狼会是招致诸神劫而使得诸神毁灭的原因,因此诸神就以一条叫作格莱普纳尔的牢固链子将芬利斯狼锁住。这格莱普纳尔链子是侏儒们用六种奇异的元素打造出来的:亦即它由猫行走的声音、女人的胡须、山的根、熊的腱、鱼的呼吸和鸟的唾沫合成的。当然,它不是无形的,但却柔软而有弹性,在所有绳索在诸神劫时全都断裂之前,它是不可能被弄断的。

   参看 J. B. Møinichen, *Nordiske Folks Overtroe, Guder, Fabler og Helte, indtil Frode 7 Tider*, Kbh. 1800, ktl. 1947, s. 101. 但是 Møinichen 不正确的地方是把"女人的胡须"弄成了"女人的尖叫"。

195. **"如果有人低级地在事情失控时笑出来"**按原文直译应当是"如果有人低级得在事情失控时笑出来",就是说"如果有人足够低级,到了'在事情失控时笑出来'的程度"。

196. **师范学校毕业生**]在"师范学校毕业生"这个名词被贬义地使用的时候,常常是被用来说一个半有学识却喜欢卖弄的人。

197. **受骗者比不受骗更智慧**]见前面的关于"受骗者比不受骗更智慧"的注释。智者高尔吉亚……

198. **霍尔格·丹麦氏从一只铁手套里握出汗**]这里所说也许是指向这段神话:在赫尔辛约的克伦堡要塞下面,人们长时间地一直听见武器声响,但没有人敢去调查是怎么回事。于是人们对一个死刑犯说,如果他愿意走到地下通道里搞清楚那是怎么一回事,那么他就能够得到赦免。他最后找到了一个地下洞窟。霍尔格·丹麦氏和他的那些身穿铁衣的巨人们就在这洞窟里围着一张桌子头靠着叉起的手臂坐着。霍尔格站起来,这桌子就坏了,因为他的胡子长到了桌板下面。"伸出你的手",霍尔格对死刑犯说。但这死刑犯却不敢伸出手,他只是递出一根铁棍子。巨人霍尔格握住铁棍子,于是棍子上就有了手印。巨人放开棍子说:"现在我很高兴,因为在丹麦还有着一些男人!"

   参见 J. M. Thiele, *Danske Folkesagn*, 1.-4. Samling, 1818-23, bd. 1-2, Kbh. 1819-23, ktl. 1591-1592; bd. 1, s. 24f.

   霍尔格·丹麦氏(Holger Danske)是丹麦的神话英雄。

199. **让·保罗**]见前面有过的注释:让·保罗(Jean Paul)是德国作家约翰·保罗·弗里德里希·里希特(Johann Paul Friedrich Richter, 1763-1825年)的

笔名……

200. solchen Secanten, Cosecanten... besonders das Centrum]德语：对于这些正割余割正切余切来说，一切都显得是偏离中心的，尤其是中心。引自让·保罗的探险小说《少年气盛的年岁》(Flegeljahre, 1804 年)的第一部分第 14 章。正割余割正切余切和中心都是数学三角之中的基本概念。

201. 如果一些东西是由上帝配合在一起的，……那么，思想就也必须将它们放在一起思考]指向婚礼仪式上的用语："如果什么东西是由上帝组合在一起的，那么任何人都不应当将它们分开。"这一婚礼仪式立足于《马可福音》(10:9)："所以神配合的，人不可分开。"

202. 三十岁以上的单身汉。见前面注释。

203. 对括号中的这段，我可以作出以下简明的改写：
　　　　这里说"胡椒单身汉"，因为，尽管一个人可能是在那所谓的"爱欲的事物"中饱受考验，甚至这个人可以是无赖，或者更普遍一些，他是个牛皮大王，但只要他还没有结婚，那么人们在日常语言之中就会把他称作"胡椒单身汉"。

204. 异教文化以柏拉图的方式把女人弄成一种不完美的形式]柏拉图在对话录《蒂迈欧篇》中(42a-b)有这样的说法。见前面"酒中真言"的相关注释。

205. 我从来就不曾见到任何这样的杂烩被做成功]这一各种视角的杂合恰恰就是前面"酒中真言"中康斯坦丁·康斯坦丁努斯的讲演的特征。

206. 那种反对女人的说法倒是会有极深的反讽色彩……"她是纯粹的幻觉"的同情，提出这说法]参看前面"酒中真言"中维克多·艾莱米塔的讲演。

207. 这里，"反讽"是个名词。不是形容词"反讽的"。

208. 这里，"殷勤奉承"是个名词。不是形容词"殷勤的"。

209. 伦巴底人]日耳曼人的一支，起源于斯堪的纳维亚，今瑞典南部。四世纪在多瑙河边建国，568 年占据北部意大利，征服伦巴底，直到 774 年，最后的伦巴底国王被法兰克国王卡尔大帝打败。

210. 霍夫曼小说中的那个疯狂的校长……我的恩典的这小小标志]指向德国浪漫主义作家霍夫曼(Ernst Theodor Amadäus Hoffmann, 1776-1822 年)。霍夫曼以他的幻想故事著名，但他同时也是乐手、作曲家、画家和司法部门公务员。这场景在他的短篇小说《三个朋友的生活中的片段》(Ein Fragment aus dem Leben dreier Freunde)中出现，而这个短篇则又是他的框架故事《萨拉皮昂兄弟》(Die Serapionsbrüder, 1819-1821 年)中的一部分。疯狂的书记(不是校长)内特尔曼将自己视作是安汶岛的国王，并且按照他自己的理解是被关了很久；但现在，他的将军打败了保加利亚人(不是伦巴底人)，所以他，作为国王，就可以回到自己的国家。于是就有了游行，他在之中头戴金纸做的王冠，并且拿着一把一头有着一只镀金苹果的尺当作权杖。他从自己的内衣口袋里拿出一些丁香分发送给人们，并说："Nehm er die Wenigkeit, als ein Zeichen meiner Gnade und Affektion!"(德语：请收下这小意思，作为我的恩

典和关爱的标志）

参见 *E. T. A. Hoffmann's ausgewählte Schriften*, bd. 1-10, Berlin 1827-28, ktl. 1712-1716; bd. 1, s. 175.

211. 这里,"反讽"是个名词。这里是拟人化地说"反讽"在俯首顺从,并顶礼膜拜。

212. 凯撒的……迅速征服]指向凯撒的著名捷报 veni, vidi, vici(拉丁语:我来,我看,我征服)。这是罗马元帅和政治家盖乌斯·尤利乌斯·凯撒(Gajus Julius Cæsar,约公元前 101-前 44 年)在公元前 47 年小亚细亚泽拉战役中打败本都国王法尔纳克二世之后发出的关于自己的闪电般的胜利的消息。在普鲁塔克的《凯撒》传记之中写道:"凯撒率领 3 个军团前进,在泽拉附近的一场激烈战斗中完全摧毁了法尔纳克的军队,并迫使他逃回本都。为了告知罗马他取得的如此神速的胜利,凯撒写给他的朋友格奈乌斯·马蒂乌斯三个词: veni, vidi, vici。"

参见 *Plutarchi vitae parallelae*, bd. 1-9, stereotyp udg., Leipzig 1829, ktl. 1181-1189; bd. 7.

213. 利希滕贝格在一个地方说]《利希滕贝格的文稿》(*G. C. Lichtenbergs vermischte Schriften*)第二卷(1801 年)中"不同内容的评注"的第八段"文学评注"(第 278 页)说,"Wenn England eine vorzügliche Stärke in Rennpferden hat, so haben wir die unsrige in Renn-Federn. Ich habe welche gekannt, die mit einem einzigen Satz über die höchsten Hecken und breitesten Gräben der Critik und gesunden Vernunft hinübersetzten, als wären es Strohhalmen"(德语:如果说在跑马的方面英国有着特别的优越性,那么我们就在跑笔的方面有特别优越。我认识一些人,他们以一单个句子就越过了批评和健康理性的至高障篱和最宽沟堑,就仿佛它们是一些秸秆)。

214. 奥古斯丁] Aurelius Augustinus(354-430 年),罗马四大天主教教父之一。出生在北非异教徒家庭,在迦太基学成讲演者。387 年皈依天主教,391 年成为神甫,然后成为主教,也是北非的主教。主要著作有《忏悔录》(*Confessiones*, 397-401 年),他以此奠定了自传体裁;《论三位一体》(*De Trinitate*, 399-419 年)和《上帝之城》(*De Civitate Dei*, 413-427 年)。

215. **multo citius civitas dei ... acceleraretur terminus seculi**]拉丁语:上帝的国度将更快地被实现,世界的终结将更迅速地到来。引自奥古斯丁的道德神学著作《论婚姻之善》(*De bono coniugali*)第十章,谈论关于"如果所有人都戒绝性交,人类将怎样传宗接代"的问题。奥古斯丁写道:"multo citius Dei civitas compleretur, & adceleraretur terminus sæculi."

参见 *Sancti Aurelii Augustini opera*, 3. udg., bd. 1-18, Bassano 1797-1807, ktl. 117-134; bd. 11, 1797, sp. 740.

216. 以至于他的衣服后摆都几乎已经出离了存在]按原文直译应当是"以至于他的衣服后摆都几乎没有留在存在之中"。这说法的来源不详。在《非此即彼》第二卷中也用到同样的表述:"就像一个诗人就一个古董专家所说的:只有他的衣服后摆还留在现在时中。"但是在《非此即彼》第二卷中也许是指欧伦施莱格尔的戏剧《意大利强盗们》(*De italienske Røvere*, Kbh. 1835, 2. handling)中的古董专家斯特劳斯。

217. **我回到恋爱的话题上**]也是针对诱惑者约翰纳斯在"酒中真言"中的讲演。

218. 原文中丹麦文为 Kornmoden。现代丹麦语写作 kornmod。所谓的"夏日闪电",是指一种特别的闪电现象,从地平线另头发出,间歇的闪电,一般人们认为它是由远处的闪电在云层上的反射产生的不伴有雷声的闪光。通常见于夏季炎热的傍晚。在日语中被称作是"热雷"。英文 Heat lightning。

219. 这里稍有改写,根据丹麦语原文的直译是"这里在经验之中被展示出的这些东西"。Hong 的英译是 "what is established hereon the basis of experience"("这里基于经验而被确立出的东西")。

220. **那头母山羊永远不会厌倦于去啃掉绿芽**]也许是指向克里斯蒂安·温特尔(Christian Winther)的诗歌《扫罗王和歌手》,之中有一句诗描写了山羊啃绿枝。

221. **敌人在撒播下恶的种子**]见《马太福音》(13:25):"及至人睡觉的时候,有仇敌来,将稗子撒在麦子里,就走了。"

222. **明希豪森们**]梦想家们、吹牛大王们。典故渊源于德国的男爵、军官和猎人明希豪森(Karl Friedrich Hieronymus von Münchhausen, 1720-1797年)。他以为其业绩编造的那些夸张的、不可思议的但却欣悦的谎言故事而闻名。他自己在1781年发表了这些故事中的一部分,四年后被译成英文,1787年诗人毕尔格(G. A. Bürger)又将它们译回成德语。这一版本被扩展,在1834年被译成丹麦文。

上海译文出版社1982年出版的《O 侯爵夫人》中王克澄翻译的《吹牛男爵历险记》(根据毕尔格的德文本翻译)讲的就是明希豪森的故事。

223. 如果是直译的话应当是"借助于魔性的决定作出决定"。因为这两个"决定"以这样的方式出现可能会引起读者阅读上的不适应,所以将"魔性的决定"改成"魔性的果断"。

224. 那配得上神的礼物的人。承担得起神的礼物的人,就是说一个有价值的、与神的礼物相称的人。

225. **恋爱的偏差指向**]见前文中的"要么除了情欲之爱的催动之外根本就不需要更多,因为这种催动就像没有偏差的磁针坚定不移地指向同一个点,要么这决定就必定是从一开始就在场的",以及关于"偏差的磁针"的注释。

226. **他在 aus meinem Leben(德语:我的生活)中所描述的歌德**]歌德(Johann Wolfgang Goethe, 1749-1832年)德国诗人、剧作家、散文家、法学家、政治家和自然科学家。作为狂飙突进运动的诗人,他以小说《少年维特之烦恼》(*Die Leiden des jungen Werthers*, 1744年)奠定了自己在欧洲文学中的地位。但是在他在1744年魏玛宫廷任职并且开始了一段自然科学研究之后变得低调。歌德在1786-1788年间去意大利旅行,这次旅行为魏玛古典主义(歌德是主要人物)建立了基础,从 1794 年与席勒(Friedrich Schiller)关系密切。一方面以对自然规律的研究为出发点,一方面把古希腊解读为精神规律之启示的渊源,"教育"、"人文"和"和谐的自我扩展"等概念就出台了。这一期间歌德的主要著作是教育小说《威廉·迈斯特的学习年代》(*Wilhelm Meisters Lehrjahre*,1795 - 1796 年)。伟大的神话诗剧《浮士德》在 1808 - 1832 年面世。《我的生活。诗与真》(*Aus meinem Leben. Dichtung und Wahrheit*,1811 - 1833 年)是歌德的自传。在自传中,歌德描述了自己生活中的前 25 年,直到在魏玛任职时期。基本思想是:个体人必须追随自己天性的发展规律,哪怕结果(无论对自己还是对外部世界)会是令人痛苦的。威廉法官在这里无疑指的是在第 10、11 和 12 卷中对法学学生歌德与牧师的女儿弗里德里克·布丽翁(Frédérique Brion)之间关系的描述。歌德的戏剧《葛兹·冯·贝利欣根》(*Götz von Berlichingen*,1773 年)和《克拉维果》(*Clavigo*,1775 年)可以说是因这一关系的而写成的作品。

227. 这个它是指"婚姻"。

228. "坏的"(Slet)在这里表达了一种否定的评价:完全不令人满意的,糟糕的。但它不是"恶的"(ond)。

229. 以一种礼貌的方式]引自克里斯蒂安·温特尔(Christian Winther)的诗歌《心碎》(*Hjertesorg*)的第二部分,诗歌描述少女抱怨她所爱的人,他来到妈妈家,打动了她却又离开她:"他理智而平静地让自己离开/以一种礼貌的方式;/最后我们不再/在我母亲的住处看见他。"

230. **透视学说**]也许是指向歌德毕生的对绘画艺术的实验,其中包括透视图,这在歌德自传《诗与真》之中有多处提及。比如说在第六卷的开始处:"Ich hatte von Kindheit auf zwischen Mahlern gelebt, und mich gewöhnt, die Gegenstände wie sie, in Bezug auf die Kunst anzusehen. Jetzt, da ich mir selbst und der Einsamkeit überlassen war, trat diese Gabe, halb natürlich, halb erworben, hervor; wo ich hinsah erblickte ich ein Bild"(我从童年时候起就和画家生活在一起,习惯于像他们那样地从绘画的视角出发来观察周围的世界。这里,我在森林里独处。这种一半天生一半后天获取的能力就出场了,不管我望向什么,我都看见一幅画)。见 *Goethe's Werke*, bd. 25, 1829, s. 15f.

231. **调解委员会**]调解委员会,一个在 1795 年 7 月 10 日设立的机构,它的工作是调解各种民事案件。

232. **集市货摊里的故事**]人们在集市货摊里表演的各种戏中的故事,常常是粗野喜剧类的。也许这里所想象的是那些木偶剧,在那个时代常常在集市里演出,并且属于很流行的娱乐。在《非此即彼》第一卷中提及,那关于唐璜和他的无数爱欲征服的故事在很早以前就作为集市货摊剧存在了。

233. **不管这是 Dichtung(德语:虚构,诗作)还是 Warheit(德语:真相)**]指向歌德自传的副标题 *Dichtung und Wahrheit*(中文版译作《诗与真》)——虚构和真相。

234. 他大人阁下]"Seine Exzellenz",类似于丹麦的各种衔位(根据 1746 年和 1808 年的法令以及后来的附加规定,丹麦衔位包括有九个等类,以数字区分),在当时欧洲别的国家也有自己的衔位制度。有头衔的被称作"他大人阁下(丹麦语:hans Excellence;德语:Seine Exzellenz)"。歌德 1804 年在魏玛宫廷成为"der Wirkliche Geheime Rat",因此他就有"他大人阁下"(Seine Exzellenz)的头衔。

235. aut Cæsar, aut nihil]拉丁语:要么做凯撒,要么默默无闻;或译作:只做第一,不做第二。有点类似于"不成功便成仁"的非此即彼,但不至于以生命为赌注。这句话是意大利文艺复兴时期的军事长官、贵族(瓦伦提诺公爵)、政治人物和枢机主教切萨雷·波吉亚(Cesare Borgia,1475 - 1507 年)的名言。
——Cesare,与古罗马凯撒的名字是同一个词,意大利语发音为切萨雷。切萨雷·波吉亚是教皇亚历山大六世与情妇瓦诺莎·卡塔内所生的儿子。

236. 按丹麦文直译应当是"因为他恰恰抱怨了",这里采用 Hong 的英译"for he expressly laments..."。

237. 扬]Edward Young (1683 - 1765 年),英国诗人和教士,他自己是立足于古典主义传统,但又在极大的程度上为罗曼蒂克的到来做了准备。他的最著名的诗歌是《控诉,或者关于生命、死亡和不朽的夜思》(The Complaint or Night-Thoughts on Life, Death, and Immortality,1742 - 1745 年)。他认为这首诗是对基督教的一种辩护,但是这首诗极大作用在于它温情的忧郁,其中对新建的墓地、柏树和苍白的月光有很多描述。

238. 他恰恰抱怨……因为阅读英国作家们的作品而变得沉郁]《诗与真》第十三卷,在之中歌德叙述了书信体小说《少年维特的烦恼》的形成过程。

239. 不规则变化]指在印欧语言的语法中动词的不规则变化。动词的不规则变化是指动词的过去式和过去分词不按一定的规则变化。这一类动词被称作强变化动词。

240. 丹麦语的"辜"是 Skyld,形容词"无辜的"(uskyldig)就是在"辜"前面加上否定前缀、后面加上形容词后缀。而名词"托辞"(Undskyldning)则是来自动词"原谅"(Undskylde),亦可译作"免责"或者直接说"免辜"。所以这两个词在这里有着这种关联:因为"无辜的"(uskyldig),所以这就成了"免辜(之理由)",亦即"托辞"(Undskyldning)。

241. 最新近的哲学把"谈论康德的诚实道路"弄成了骂人的话]德国哲学家康德(Immanuel Kant,1724 - 1804 年)在"人关于世界的知识(这知识很无奈地被烙上先天的直观形式和知性范畴的痕迹)"和"事物的本质(也就是人的认识所无法触及的'物自身')"之间划出了原则性的分界。与康德相反,德国唯心主义们,诸如谢林(F.W.J. Schelling,1775 - 1854 年)和黑格尔,则声称人能够认识"那绝对的"。歌德在自己对自然科学研究之可能性的思考之中也对康德的知识批评进行了叫板。

242. 按原文直译应当是"是不是会在另一次的生命里属于他"。

歌德也以优雅的姿态对克罗普斯多克调侃地微笑,因为他如此投入地老是在想着:已经再次与人结婚了的梅塔,他的初恋,是不是会在来生里属于他]克罗普斯多克(Friedrich Gottlieb Klopstock,1724-1803年),德国诗人,他的崇高感伤的风格意味了与理性主义的决裂。他的主要著作是一首关于基督的史诗《救世主》(Der Messias,1748-1773年),由26首六韵步诗构成。在1751-1770年间曾居住丹麦。结婚两次。第一次是与玛格丽塔·缪勒(Margaretha Møller,1728-1758年)的婚姻,玛格丽塔·缪勒也被称作梅塔,婚姻持续到她去世。第二次是与约翰娜·伊丽莎白·丁普费尔(Johanna Elisabeth Dimpfel,1747-1821年)的婚姻,从1791年持续到1803年克罗普斯多克去世。

克尔凯郭尔写道,梅塔是克罗普斯多克的初恋并且又重新结婚。这是对歌德自传《诗与真》第十卷中的一段文字的误解。歌德谈论克罗普斯多克与两个女人的关系:一个是最初的,他没有得到,因为她与另一个男人结婚了,另一个是妻子梅塔,他与她有四年婚姻:"Noch in spätem Alter beunruhigte es ihn ungemein, daß er seine erste Liebe einem Frauenzimmer zugewendet hatte, die ihn, da sie einen andern heirathete, in Ungewißheit ließ, ob sie ihn wirklich geliebt habe, ob sie seiner werth gewesen sey. Die Gesinnungen, die ihn mit Meta verbanden, diese innige, ruhige Neigung, der kurze, heilige Ehestand, des überbliebenen Gatten Abneigung vor einer zweyten Verbindung, alles ist von der Art, um sich desselben einst im Kreise der Seligen wohl wieder erinnern zu dürfen"(德语:作为一个老人他仍然夸张地被这样一种想法折磨:他把初恋献给了一个与另一个人结婚的女人,这样她让他处于不确定——她到底是不是真的爱过他并且值得他献出初恋。他让自己与梅塔结合在一起的那些感情,这种真挚平和的奉献投身,这种短暂神圣的婚姻,未亡人对新的结合的抵触,所有这些都是出自一种如此的纯粹,乃至在有一天他处于死者们的圈子之中时仍然能够平静地回忆这一切)。

243. "虚构的创作"也可翻译为"诗意的创作"。

244. 悲怆激情,原文为 Pathos,有时候我将之译作心灵激荡,有时候译作悲怆或悲怆激情。

245. 过于理智]这里的语言用法有着对"理智(知性)"和"理性"的区分的烙印。前者在丹麦语和德语中是 forstand/Verstand,后者是 fornuft/Vernunft。这种区分在十八至十九世纪是很普遍的。"理智(知性)"是指一种较为低级而局限的能力,它代表了作为感情的对立面的纯理性判断力,而"理性"则代表了最高智力的立足点——理智(知性)和感情统一于之中,因此人在这样的立足点上能够作出正确的决定。

246. 他讲述道,他受到过严格的宗教教育]这必定是指向《诗与真》的第一卷:"Es versteht sich von selbst, daß wir Kinder, neben den übrigen Lehrstunden, auch

eines fortwährenden und fortschreitenden Religionsunterrichts genossen. Doch war der kirchliche Protestantismus, den man uns überlieferte, eigentlich nur eine Art von trockner Moral; an einen geistreichen Vortrag ward nicht gedacht, und die Lehre konnte weder der Seele noch dem Herzen zusagen"(德语：自然，我们孩子在各种其它学科之外也不断地并且有计划地上宗教课。但是人们灌输给我们的教会抗议宗其实只是一种干涩的道德学说；一种有精神内容的讲演则是谈都不用谈了，这学说本身既无法吸引灵魂也无法吸引心灵）。
Goethe's Werke, bd. 24, 1829, s. 61f.

247. 按他自己的叙述，他用上了各种各样的练习]《诗与真》的第九卷。参见 Goethe's Werke, bd. 25, 1829, s. 251-253.

248. 他逃之夭夭]参看《诗与真》的第十五卷，在之中歌德叙述道，他让自己与苏珊娜·冯·克莱滕贝格周围的虔敬派的圈子拉开了距离，他在之前的某一时期曾进入过这圈子。参见 Goethe's Werke, bd. 26, 1829, s. 305-308.

249. 只有一件不可少的]指向《路加福音》(10:41-42)"耶稣回答说：'马大，马大，你为许多的事，思虑烦扰。但是不可少的只有一件。马利亚已经选择那上好的福分，是不能夺去的。'"

250. **这备受崇拜的半神英雄，他的偶然的表达和陈述被收集、被出版、如神圣文物般被崇拜**]指向艾克曼的《歌德对话录》(Johann Peter Eckermanns, *Gespräche mit Goethe in den letzten Jahren seines Lebens*)。此书以两卷本出版于1836年，在1848年又增补第三卷。这部著作是出版者与歌德在1823-1832年间的对话。

251. "消遣"丹麦语 Adspredelse，有消遣、分散注意力、转移、注意力转向和散射的意思。中文相应的心理学词汇是"导离"。这个词是克尔凯郭尔经常使用的。

252. **他自己曾如此善意地解释这之中的过程是怎样的**]《诗与真》的第十二卷："Aber zu der Zeit, als der Schmerz über Friedrikens Lage mich beängstigte, suchte ich, nach meiner alten Art, abermals Hülfe bei der Dichtkunst. Ich setzte die hergebrachte poetische Beichte wieder fort, um durch diese selbstquälerische Büßung einer innern Absolution würdig zu werden. Die beiden Marien in Götz von Berlichingen und Clavigo, und die beiden schlechten Figuren, die ihre Liebhaber spielen, möchten wohl Resultate solcher reuigen Betrachtungen gewesen seyn"(德语：在这个时候，在我处于对弗里德里克的状态的焦虑的煎熬之下的时候，我就同往常一样地在诗歌艺术之中寻求帮助。我重续我那中断了的诗意祈祷，以便能够借助于这自虐的苦行来与自己的良心达成和解并且获得其赦免。在《葛兹·冯·贝利欣根》和《克拉维果》中的那两个玛丽和那两个在戏中扮演她们的爱人的糟糕角色极有可能就是这样的悔罪考虑的结果）。见 Goethe's Werke, bd. 26, 1829, s. 120.

253. "自然的人"就是说，听任感官的激情和欲望引导自己的行为的人。

254. 直译的话是"也许甚至作为半神英雄还是独一无二的"。

255. **这婚姻至多只能成为垂暮之年的一种皈依处**]可能是在暗指这一事实:歌德在 1806 年他到了 57 岁的时候才结婚。新娘是一个普通的女人,克里斯蒂安娜·福尔皮乌斯(Christiane Vulpius)。她比歌德年轻 16 岁,从 1788 年起就一直是歌德的情妇和管家。

256. **侍奉两个主**]出自《马太福音》(6:24):"一个人不能侍奉两个主。不是恶这个爱那个,就是重这个轻那个。你们不能又侍奉神,又侍奉玛门。"

257. **所罗门说得很美:得到妻子的人从上帝那里得到一个好礼物**]《箴言》(18:22):"得着贤妻的,是得着好处,也是蒙了耶和华的恩惠。"这句话被用在丹麦教会的婚礼仪式上。

258. **一件好事,并且,在他完成了他所开始的事情时,他就是在很好地做这事**]见《腓利比书》(1:6):"我深信那在你们心里动了善工的,必成全这工,直到耶稣基督的日子。"

259. **有人说,苏格拉底曾这样回答一个向他问及婚姻的人:结婚或者不结婚,你都会后悔**]可参看第欧根尼·拉尔修的哲学史的第二卷第五章。第欧根尼·拉尔修在之中这样写苏格拉底:"一个人问他,人是不是应当结婚?他答:要么你这样做要么你那样做,你都会后悔。"

260. **如果一个讥嘲者想要使用苏格拉底的言辞,那么他就会将之弄得像是一场讲演**]在《非此即彼》上卷的"间奏曲"中,苏格拉底的回答恰恰被弄成了一个讲演,"一个心醉神迷的演说"。

261. **关于泰勒斯……不再是结婚的时候了**]可参看第欧根尼·拉尔修的哲学史的第一卷第一章。

262. **屠戮天使**]指向圣经中所写的埃及所有长子被杀的故事。见《出埃及记》(12:23):"因为耶和华要巡行击杀埃及人,他看见血在门楣上和左右的门框上,就必越过那门,不容灭命的进你们的房屋,击杀你们。"屠戮天使,也就是经文中的"灭命的"。

263. **内心剧烈冲突的犹疑(Anfægtelse)**。Anfægtelse 是指一种内心剧烈冲突的感情。在此我译作"内心剧烈冲突的犹疑",有时我译作"在宗教意义上的内心冲突"或者"内心冲突",有时候我译作"信心的犹疑",也有时候译作"试探",有时候"对信心的冲击"。

按照丹麦大百科全书的解释:anfægtelse 是在一个人获得一种颠覆其人生观或者其对信仰的确定感的经验时袭向他的深刻的怀疑的感情;因此 anfægtelse 常常是属于宗教性的类型。这个概念也被用于个人情感,如果一个人对自己的生命意义或者说生活意义会感到有怀疑。在基督教的意义上,anfægtelse 的出现是随着一个来自上帝的令人无法理解的行为而出现的后果,人因此认为"上帝离弃了自己"或者上帝不见了、发怒了或死了。诱惑/试探是 anfægtelse 又一个表述,比如说在,"在天之父"的第六祈祷词中"不叫我们遇见试探"(《马太福音》6:13)。《圣经》中的关于"anfægtelse 只能够借助于信仰来克服"的例子是《创世记》(22:1-19)中的亚伯拉罕和《马太福音》(26:36-46;27:46)中的耶稣。对于比如说路德和克尔凯郭尔,anfægtelse 是中心的神学概念之一。

264. 这个"理想"是名词,而后面的"理想的抽象的观念"中的"理想(的)"则是形容词。这个句子是:被爱者是不是与那对"一种理想"的"理想的抽象的观念"相对应。

265. 一个声音"多么甜美,哦！多么甜美"]也许是指向在欧伦施莱格尔的戏剧《阿拉丁》中古尔纳尔说及阿拉丁的声音时的台词:"哦,让我重温你甜美的声音吧。"

266. 情欲之爱的神是盲目的]希腊神话的爱神厄若斯(拉丁语"埃莫")在后古典主义的创作中常常是眼上蒙布或者被描述成盲的,——作为"爱情是盲目的"的标志。

参见 P. F. A. Nitsch, *Neues mythologisches Wörterbuch*, bd. 1, s. 169: "Aber die Liebe ist auch blind; deswegen trägt Amor eine Binde vor den Augen"。(但是爱也是盲目的:因此埃莫蒙上眼睛)。

以及 W. Vollmer, *Vollständiges Wörterbuch der Mythologie aller Nationen*, s. 191: "er ist blind, wie die Liebe"。(它是盲目的,正如爱情)。

267. "因此,我们这样说:恋爱之端庄的基础是一种综合,如果一个人想要把她的所有可爱都置于这一综合之中,这对于被爱者是一种侮辱。"这一句与丹麦文原句有一点出入。

如果我改写这句句子,势必使得作者在原文中的语气被打断。但不改写,中文读者会不习惯。所以我只好改写一下,并加上"我们这样说"来弥补语气。

我在这里也列出对原句的直译:"因此,如果一个人想要把她的所有可爱都置于那作为恋爱之端庄的基础的综合之中,这对于被爱者是一种侮辱"。

268. 生日诗人]就是说一个专门在生日场合写欢呼诗的人,尤其是在王室家族里的生日场合。

269. 一种"宁静的喜悦"的坚定不移的低吟声]指向《彼得前书》(3:4):"只要以里面存着长久温柔安静的心为妆饰。这在神面前是极宝贵的。"

270. 老人们……追随海伦走过大厅]指向荷马的《伊利亚特》第三歌,第 146-160 句。海伦,世上最美丽的女人,被帕里斯王子诱拐并且正在特洛伊。她从城里的最老的人们面前走过,他们聚在城门口,他们出于对她的美丽的仰慕而情不自禁地欢呼。

271. 我对这句子的结构作了调整。如果直译的话,应当是:

尽管被爱者,只是为了让那个她愿为之奉献生命的人高兴,既然没有机会去给出更大的证明,也同样很好地在比较小的事情上进行证明,尽管她打扮自己只是为了让他欣悦,现在,她,这美丽的人,在自己可爱的妆饰之中是如此美好,以至于老人们忧郁地以目光追随着她,就像是追随海伦走过大厅,如果哪怕是有一根神经在他眼睛里让他看错并去仰慕而不是去把握恋爱的正确表达——"这是为了让他欣悦",那么,他就是走上了歧路,他正在成为一个鉴赏家。

272. **温柔地……把自己的目光移向天空**]引自欧伦施莱格尔的《阿拉丁》第二幕。小店主拜德里汀描述苏丹的女儿古尔纳尔。参见 *Adam Oehlenschlägers poetiske Skrifter*, bd. 2, s. 151.

273. **在灿烂中的变容者**。这里所说的是一种神圣化的变形过程,它是指一种进入崇高、神圣或灿烂形象的变化。人的形象得以美化或者理想化。就像耶稣在三个门徒面前的变容:在山上出现的耶稣从身上突然发出光芒。

274. **"那个特定的决定"**。在原文中它只是一个加了定冠词的"决定",也就是说,"那决定"。但是这里因为考虑到与后面的关联,我特地把它强调为"那个特定的决定"。

275. **"那个特定的决定"**。在原文中它只是"那决定"。见前一个注释。

276. **"那个特定的决定"**。在原文中它只是"那决定"。见前面注释。

277. **在青草成长的时候**]"在青草成长的时候"是一句成语的前一半,后一半接着的是"母牛就死了"。这句成语用来描述由于缓慢过程而过于迟到的帮助。

278. 丹麦风俗,三十岁仍然是单身的话,人们就会把胡椒瓶(罐)作为生日礼物送给他。参见前面的注释。

279. **"一份不让请愿集会的成员对之进行讨论的请愿书"**,对丹麦语的直译应当是"一份不让集会的议会员众对之进行讨论的向国王提交的请愿书"。"议会员众集会"(Sessionen)是指丹麦社会的社会各等级的咨询性议会举行的集会,第一次集会是在 1835-1836 年间。"向国王提交的请愿书"是指由各社会群体(尤其是民选代表、参议性的各阶层成员集会)向独裁国王提交的请愿书。参看前面关于"五月二十八日协会"的注释。

280. **婚礼服,没有这婚礼服他就是一个没有价值的人**]见前面"没有婚礼服,那么他就被驱逐出去"的注释。

281. **反思变得理想化**]就是说变得非现实,变得抽象。

282. **反思是无法被竭尽的,它是无限的**]关于黑格尔的辩证法中的反思。"反思的无限"这一表述指向黑格尔的概念"坏的无限"(die schlechte Unendlichkeit)或者"否定的无限",它是一种永远都无法在与直接性的综合之中得以中介的。在它否定了之后,它在自身层面内仍然在"那无限的"之中继续。换句话说就是"坏的无限"是在有限性的领域之中展开,但无穷无尽地没有终结。在这种意义上,在黑格尔那里,反思的层面就对立于思辨的或者说概念的层面。在思辨的或者说概念的层面里,无限作为有限的对立面被领会为是真实的。这辩证的发展过程还可以继续下去。

283. **明希豪森**]梦想家、吹牛大王。见前面的注释。也许这里所联想的是明希豪森的著名叙述:他在征战土耳其的时候,骑马陷在沼泽之中,他抓住自己的头发而把自己和自己的马一同举起来而得救。

可参看上海译文出版社 1982 年出版的《O 侯爵夫人》中王克澄翻译的《吹牛男爵历险记》(根据毕尔格的德文本翻译)。

284. **作为决定,恰恰就是对"那理想的无限"的预先措施**]就是说,一个决定,它预期了反思(的无限性)而采取措施,而反思在这过程中仍是抽象的。

285. 按照丹麦语原文(Saaledes er Beslutningen en gjennem den reent ideelt udtømte Reflexion vunden ny Umiddelbarhed, der netop svarer til Forelskelsens Umiddelbarhed),这一句就应当是:那决定就是一种"通过'那纯粹理想地竭尽的反思'而赢得的新的直接性"……

  按照 Hong 的英译("Thus through the purely ideally exhausted reflection the resolution has gained a new immediacy that corresponds exactly to the immediacy of falling in love"),这句可能会被译为:那决定通过"那纯粹理想地竭尽的反思"而赢得了一种新的直接性……

286. 决定是一种在"各种伦理的预设前提"上构建出的"宗教的人生观"。

287. 这个"沉默"是个名词。在这里是一个被拟人化了的概念。

288. 同知者,就是说,共同地知道某些私下的秘密的人。丹麦语是 Mindvider,在句子关联中所强调的是对秘密的了知的时候,我将之译作"知密者";而如果强调的是一种同享,我就将之译作"同知者"。

289. **以尼尔斯·克里姆的方式来做出体系式的发现**]指向霍尔堡(Ludvig Holberg)的哲学小说《尼尔斯·克里姆的地下旅行》(*Nicolai Klimii Iter Subterraneum*, Leipzig, 1741 年)的第一章。在小说中,克里姆回到自己的故乡卑尔根,既没有钱也没有工作,他在那里考察山脉。他马上就发现了一个山洞并且跌落进地球的内部,发现了一个人所不知的世界。克尔凯郭尔所指是这一段:"尽管我以这样的方式活得像一个乞丐,我却不虚度我的时光;因为,为了扩展我的物理学的知识,我小心翼翼地研究考察了大地和山脉的内部性质,为了这个目的而在乡下的所有角落流浪。没有什么悬崖峭壁是能够陡峭得让我放弃尝试去攀登的,没有什么洞穴是能够幽深可怕得让我不敢冒险下去的,我只是希望着能够找到什么可以让一个自然科学家留意并觉得值得去研究的东西。"

290. **这类仰慕者,走出他们好好的外皮,以便去穿上真正的表象**]这里是指向黑格尔主义者马腾森(H. L. Martensen),尤其是指向他的一篇文章("对浮士德理念的思考")中的一句话。马腾森阐述了,在新教时代艺术应当怎样从宗教之中解放出来,并且吸收世俗的或者说有限的生活,通过把生活吸收进自己的天空而把无限性的光泽借给生活。然后,他写道:"在这里,生活在艺术的精神之中得以复活之后重新站立起来,我们为这一真正的表象而欣悦。"

  文章刊登在海贝尔所出版的杂志《珀尔修斯,思辨理念杂志》(*Perseus, Journal for den speculative Idee*)1837 年第一期。第 91-164 页。这个《珀尔修斯》不是剧本,神学家马腾森也不是任何剧本之中的角色。

291. **永远也看不见应许之地,相反倒是死在沙漠之中**]参看《旧约》之中《出埃及记》、《利未记》、《民数记》、《申命记》四篇中的故事。
292. 这个"决定"是名词,而不是动词。一个概念。
293. "命令式"和"祈愿式"都是语法中所说的语气。
294. 这个"决定"是名词。
295. "考验"(Anfægtelse)。Anfægtelse 是指一种内心剧烈冲突的感情。在此我译作"考验",有时我译作"在宗教意义上的内心冲突"或者"内心冲突",有时候我译作"信心的犹疑",也有时候译作"试探",有时候"对信心的冲击"。见前面关于 Anfægtelse 的注释。
296. 这个"它"就是指前一句中所提到的"这种危险"。
297. **体系思想家们**]指那些试图在一个哲学体系之中竭尽现实并且由此在一种毫无矛盾的关联之中把一切解释作意味深长的元素。这一类思想家的具体代表有斯宾诺莎(Baruch de Spinoza,1632 - 1677 年)、费希特(J. G. Fichte,1762 - 1814 年)和黑格尔。
298. **客宴之前的希腊浴**]古希腊人习惯于在进餐之前沐浴,比如说可参看柏拉图《会饮篇》174a。
299. **阿拉丁在婚礼之前想要的沐浴**]在欧伦施莱格尔的《阿拉丁》第三幕,主人公阿拉丁和苏丹的女儿在婚礼之前共沐"豪华的大理石浴"。
300. **但是如果他回到家里……有了一个欢庆夜**]对欧伦施莱格尔悲剧《雨果·冯·莱茵贝尔》的不准确的引用,原文为:"但是他回到家里,帽子上有着叶子……"这段诗句是由猎人的女儿朵罗提娅在第三场唱出的。
301. **像福音书中的那个人,卖了一切以便去买下有着珠子的田地**]这里把两段耶稣的天国比喻混淆在了一起。《马太福音》(13:44):"天国好像宝贝藏在地里。人遇见了,就把它藏起来。欢欢喜喜的去变卖一切所有的买这块地。"以及《马太福音》(13:45-46):"天国又好像买卖人寻找珠子。遇见一颗重价的珠子,就去变卖他一切所有的,买了这颗珠子。"
302. 按原文直译是:"以一种方式说"。
303. 按原文直译是:"……一个丈夫是一幅更令人赏心悦目的景色,除非那圣餐桌会唤起人的愤慨;因为,在一个人走向圣餐桌的时候,'仅是一个爱着的少年'则当然是错的。"
304. 这个"决定"是一个名词。
305. Hong 的英译本漏掉了这个"也许"。
306. **盖了章的纸**]盖了章的纸,或者贴有章签的纸,用于最终给定有盖章义务的文件,比如说抵押契约。
307. 见前面的注释,厄若斯(eros)作为名字是爱神的名字,但是作为概念名称,则是"爱欲"。
308. Hong 的英译本漏掉了这个"也许"。
309. **晦涩的**]在《圣经》里常常用到"谜语"这个词,比如说《民数记》(12:8),《但以理书》(5:12);(8:23)以及《哥林多前书》(13:12)。

310. **对一对爱人谈论义务**]在结婚仪式上牧师首先询问新郎,他是否想要和新娘生活在一起,"如同一个高贵的男人应当与自己的妻子生活在一起";然后问新娘,她是否想要和新郎生活在一起,"如同一个高贵的女人应当与自己的丈夫生活在一起"。参看《丹麦教堂仪式书》第 257 页。然后牧师朗读一段文字,这文字包含了保罗在《以弗所书》第 5 章中所说的话:"丈夫也当照样爱妻子,如同爱自己的身子。爱妻子,便是爱自己了。……你们作妻子的,当顺服自己的丈夫,如同顺服主。因为丈夫是妻子的头,如同基督是教会的头。他又是教会全体的救主。教会怎样顺服基督,妻子也要怎样凡事顺服丈夫。"

311. **谈论人类所承受的祸因……谈论婚姻的艰难**]在婚礼仪式上,在说完夫妇的义务之后,马上跟上:"也听上帝置于这一国之上的十字架"。《丹麦教堂仪式书》第 260 页。

312. **女人的痛楚和男人冒着酸气的汗水**]在婚礼仪式上男人和女人的"十字架"分别得以描述,主要是根据《创世记》(3:16-19):"又对女人说:'我必多多加增你怀胎的苦楚,你生产儿女必多受苦楚。你必恋慕你丈夫,你丈夫必管辖你。'又对亚当说:'你既听从妻子的话,吃了我所吩咐你不可吃的那树上的果子,地必为你的缘故受咒诅。你必终身劳苦,才能从地里得吃。地必给你长出荆棘和蒺藜来,你也要吃田间的菜蔬。你必汗流满面才得糊口,直到你归了土,因为你是从土而出的。你本是尘土,仍要归于尘土。'"《丹麦教堂仪式书》,第 260 页。

313. Hong 的英译本漏掉了"能够"。丹麦语是"At høre dette, at see Beslutningen, at holde Sindet fast paa den, og tillige at kunne see Myrthekrandsen paa den Elskedes Hoved"。Hong 的英译是"To hear this, to envision the resolution, to keep one's mind fixed upon it, and also to envision the myrtle wreath upon the beloved's head"("to envision"应当是"to be able to envision")。Emanuel Hirsch 的德文版和 F. Prioret M.-H. Guignot 的法文版都没有遗漏这个"能够",比如说法文:"Entendre tout cela, voir la décision, fixer son âme sur elle et, par surcroît, pouvoir regarder la couronne de myrtes sur la tête de la bien-aimée."

314. **桃金娘花环**]参见前面"酒中真言"部分的注释。

315. 威尔海姆法官在下面关于"作为被爱者和妻子的女人"的论述是针对康斯坦丁在"酒中真言"之中关于女人的讲演而发的。法官论述了,女人尽管有着她们自己特有的那另一类型的理解力和她们的直接的、通过一种轻易的"晕倒"而达成的由"那审美的"向"那宗教的"的过渡,她也仍是有能力面对"那宗教的"并且能够具备自己的严肃。这是对康斯坦丁关于"女人是玩笑"的说法的纠正。

316. **一个希腊的智者曾经说过:女儿们要在她们在年龄上是女孩而在理智上是妻子的时候出嫁**]这是古希腊七贤中的克莱俄布卢所说。参看第欧根尼·拉尔修的《哲学史》第一卷第六章。

317. 按丹麦语直译的话是"艺术的一个永恒的任务",这里译者采用 Hong 的英译 "an eternal subject for art"。
318. **同一个基础上的邻角**]也就是平面几何之中的"邻补角":如果两个角有公共顶点和一条公共边,并且它们的另一条边分别在这条公共边的两侧,称一个角为另一个角的邻角。而一个角与它的邻角的和等于 180°,也就是说这两个角的共同边之外的另一条边构成一条直线(作为同一个基础),它们则互为邻补角。
319. **habeat vivat cum illa**]拉丁语:让他拥有她、同她生活在一起。这一表述有可能是出自古罗马独裁者苏拉。因为有许多与他属于同一参议院党派的人长时间地反对他为年轻的凯撒(凯撒要在后来成为对立的人民党的领袖)说情,他不得不让步,并喊叫道 vincerent ac sibi haberent(他们可以赢,并且保留他)。这故事来源于斯文通的《凯撒传》(*De vita Caesarum*)第一卷。
320. **你应当离开一切去属于她**]在婚礼仪式上有告诫,一个男人要离开自己的父母而去固守自己的妻子,——两人要成为同一肉体。《丹麦教堂仪式书》第 259 页(依据《创世记》2:24)和第 263 页(依据《马太福音》19:5)。法官所说混有《马可福音》(10:28)中彼得言辞的色彩。彼得对耶稣说:"看哪,我们已经撇下所有的跟从你了。"
321. **从此保持沉默**]引自牧师的仪式用语。在他在布道台上主持婚礼并且问及正当的反对意见时,他要说:"如果有人在此有什么要说的,他就及时地说出来,否则,从此保持沉默。"
322. **打着空气斗了一下拳**]指向《哥林多前书》(9:26),之中保罗说:"所以我奔跑,不像无定向的。我斗拳,不像打空气的。"
323. 可能 Hong 的译本对丹麦语"og ikke som Gud alene Aand"中的 alene(单单、单纯、单独)感到不确定,所以把这个"单单"译成同时是"上帝"和"精神"的修饰词:"…and not pure spirit, as is God alone",这就造成一种歧义。

这里的意义应当是明确的,也就是:"……而非像上帝那样仅仅是精神"。F. Prioret M.-H. Guignot 的法译是如此,"… et non pas comme Dieu esprit seulement"。Emanuel Hirsch 的德译也是如此,"… und nicht so wie Gott reiner Geist"。
324. **鼓吹对肉体的崇拜**]指向德语中"Emancipation des Fleisches"的表述,"肉体的解放"。这也是"青年德国"(就是说,包括了诗人海涅等的一代德国作家)的标志性的追求。它指向了单方面的唯心主义,并且在宗教、道德和政治领域要求自由解放。更具体也许是指向德国作家施莱格尔(Friedrich Schlegel)引起轰动的关于爱情和婚姻的小说《卢辛德》(1799 年)。在《论反讽的概念》中,克尔凯郭尔这样说:"众所周知的小说《卢辛德》,它成为了青年德国的福音,其 Rehabilitation des Fleisches(肉体之复兴)。"
325. **暂时的常存处所**]短暂的寄居地。见《希伯来书》(13:14):"我们在这里本没有常存的城,乃是寻求那将来的城。"

326. 这有限]指向《哥林多前书》(13:9-10):"我们现在所知道的有限,先知所讲的也有限。等那完全的来到,这有限的必归于无有了。"

327. Hong 的英译在这里进行了改写"has a reasonable claim to be assigned to the place to which it belongs"(有着一种对"把它指派到它应属的地方"的不过分的要求)。

328. 思辨则是以上帝为中心的……以上帝为中心的理论都是以上帝为中心的]尽管黑格尔自己没有把自己的哲学标示为以上帝为中心的,但是这里很明显是针对黑格尔的。当时极有影响的哲学家伊曼努尔·赫尔曼·费希特(Immanuel Hermann Fichte,老费希特——约翰·戈特利布·费希特的儿子)把现代哲学的立场分为三类:以人为中心的,主要代表有洛克(John Locke)、巴克莱(George Berkeley)、休谟(David Hume)、康德(Immanuel Kant)、雅可比(F. H. Jacobi)和弗里斯(J. F. Fries);以上帝为中心的,最主要的代表是黑格尔;最后是一种思辨直观认识,赫尔巴特(J. F. Herbart)和小费希特(I. H. Fichte)自己就站在这立场上。

参见 Fichte,*Beiträge zur Charakteristik der neueren Philosophie,oder kritische Geschichte derselben von Des Cartes und Locke bis auf Hegel*,2. udg.,Sulzbach 1841 [1829],ktl. 508,s. 1033ff.

329. 射鸟大王]如果一个人在射鸟竞赛(人们要瞄准一只安置在一个棍上的木鸟)之中赢了,他就是射鸟大王。这一哥本哈根的游戏传统来自中世纪,每年夏天都要举行,赢者作为射鸟大王,直到下一年的射鸟竞赛。

330. 精神考验(Anfægtelse)。见前面对 Anfægtelse 的注释。

331. 顺从比公羊的脂油更宝贵]参看《撒母耳记上》(15:22):"撒母耳说:'耶和华喜悦燔祭和平安祭,岂如喜悦人听从他的话呢?听命胜于献祭;顺从胜于公羊的脂油。'"

332. votum castitatis]拉丁语:贞洁誓言。如果一个人要成为僧侣,他就必须立下这誓言。

333. 与所要赢得的东西相比,毁灭之热情只是一种小小的冒险]俗语说:"一个人不冒险,他就什么都赢不了"。

334. 哪怕是天文学]影射老海贝尔(J. L. Heiberg)对天文学的热衷。海贝尔对天体极感兴趣,他不仅写了"天文的一年"而且还写了"1844 年星辰历,天体运动和位置指南"。可参看 *Urania*,1844-1846。

335. 人们把七十年当作一种恶痛的苦劳和精神之销蚀来谈论]同时指向《诗篇》(90:10):"我们一生的年日是七十岁。若是强壮可到八十岁。但其中所矜夸的,不过是劳苦愁烦。转眼成空,我们便如飞而去。"和《传道书》(1:13-14):"我专心用智慧寻求查究天下所作的一切事,乃知神叫世人所经练的,是极重的劳苦。我见日光之下所作的一切事,都是虚空,都是捕风。"

336. 所有河流奔向大海而大海却并不满]指向《传道书》(1:7):"江河都往海里流,海却不满。"

337. **罗马人……让小孩子们在极乐世界里哭泣,因为这些孩子们得不到许可去生活**]指向维吉尔的《埃涅伊德》(Æneide)中的第六卷,第 424 - 429 行。埃涅阿斯去冥界寻找自己的父亲安喀塞斯。在过了冥河斯堤克斯并且使得冥界守望犬刻耳柏洛斯昏睡了之后,他到了冥国的第一道大门:"在这里听得见许多声音,许多哭泣/小孩子们的灵魂靠近第一道门/一个不幸的日子把这些无辜者/从母亲的乳房和年轻的生活中拉走。"在旅行的后一段,埃涅阿斯才进入极乐世界,亦即,至福者们的居所。

338. **人们在努力建设着体系**]指向黑格尔主义者们想要建设出一幢哲学学说巨型建筑的努力,这一建筑要竭尽现实并且将现实解释为没有矛盾的整体关联。可能克尔凯郭尔特别是针对丹麦的黑格尔主义者,比如说海贝尔(J. L. Heiberg)、马腾森(H. L. Martensen)、尼尔森(Rasmus Nielsen)和斯蒂陵(P. M. Stilling)。海贝尔在自己的杂志《珀尔修斯,思辨理念杂志》发表了"对实现一个长期酝酿的计划的初步工作,亦即,创建逻辑体系"一文。前言提及,作者创建逻辑体系的目的是"为一种美学开辟道路。把这种美学交给读者是作者的愿望,但是,如果他不在事先给出一个可为这美学作基础的逻辑立足点,他就无法让这美学面世。"然而这逻辑体系只有最前面的 23 段,然后它就和那美学体系一样,一直没有被完成。马腾森立足于自己在 1830 年代末期的备受黑格尔影响的大学课程,想要建立一套思辨教理神学,但只发表了很短的一份《道德哲学体系基本轮廓》(*Grundrids til Moralphilosophiens System*, Kbh. 1841 年)。拉斯姆斯·尼尔森(1809 - 1884)是保罗·马丁·缪勒之后哥本哈根大学的哲学教授。尼尔森在一开始是黑格尔的思辨方法的热情追随者,并且在 1841 - 1844 年间出版了四本小册子形式的《思辨逻辑的基本特征》。在前言之中,这一著作被说成是"一种哲学方法论的片段",并且尚未完成;这部著作在一个句子中间突然中断了。克尔凯郭尔在一篇发表在《祖国》(*Fædrelandet*)(nr. 904, 12. juni, 1842)上的题为"公开忏悔"(Aabenbart Skriftemaal)的文章之中反讽地批评道:"时代所努力的方向是体现。尼尔森教授已经出版了 21 个逻辑的 §§,这些 §§ 构成了一部逻辑学的第一部分,而这逻辑学则又要构成一部包容一切的百科全书的第一部分。作者在封面上是如此提示的,但却没有给出它的篇幅大小,也许它也没有什么可怕的,因为我们当然可以推断,它会是一部无限大的巨著。"哲学家斯蒂陵(1812 - 1869 年),一开始是一个黑格尔的追随者,并且参与黑格尔主义右派想要统一哲学和神学的努力。他出版了《对思辨逻辑对于科学的意义的哲学思考,为尼尔森教授〈道德哲学体系基本轮廓〉而写》(*Philosophiske Betragtninger over den speculative Logiks Betydning for Videnskaben, i Anledning af Professor R. Nielsens: "den speculative Logik i dens Grundtræk"*, Kbh. 1842 年)。克尔凯郭尔也在上面所说的同一篇文章里反讽地批评道:"这瞬间临近了;最后一次了,斯蒂陵来通知我们……它会到来的,它肯定会到来的。"

339. **这个句子的四个版本:**

丹麦文：Imidlertid arbeider man paa Systemet, Herre Gud, en Livsbetragtning vilde jo allerede være for meget fordret i Forhold til Præstationen.

Hong 的英文：Meanwhile work is being done on the system—good Lord, compared with this prodigious effort, to demand a view of life would be already too much.

Emanuel Hirsch 的德文：Inzwischen arbeitet man am System, du mein Gott, eine Lebensbetrachtung wäre ja viel zu viel verlangt bei einer rednerischen Darbietung.

F. Prior et M.-H. Guignot 的法文：Entre temps on travaille avec le système, [le système de Hegel] que voulez-vous? une conception de la vie serait bien entendu trop exiger par rapport à l'issue résultant de ce travail,…

340. 不在于"在所有说法中都有着意义"，而是在于"在所有说法中都有着同一种意义"]也许是指向柏拉图的对话录《高尔吉亚篇》491b，在之中苏格拉底对卡利克勒说："你宣称，我总是在说同一个意思，并且因此而指责我；相反我要指责你，你从不对同样的对象说同样的意思。"

341. 某种被克服了的东西］"被克服了的东西"是黑格尔辩证法中的一个概念。黑格尔的思辨哲学想要为一切事物赢得一种体系性的综观，它对各种不同有限立场进行分析，展示出这些立场各自有着一种相对的有效性，但是在最终被扬弃。最典型的例子是《精神现象学》(Phänomenologie des Geistes, 1807年)，在这部著作之中有着一种通过各个从简单到复杂的阶段的概念性运动。每一个阶段在最初都是以"真"的肯定形态出现，通过分析显现出其包含有内在矛盾，因此被否定而进入新的包容更广的概念。对于黑格尔，宗教是知识的一个有限的阶段，在最终被其构建出绝对知识的哲学克服或者扬弃。

342. 这句的丹麦语原文为"Det er et maadeligt Forsvar at lade　haant om, hvis det var den mest chicaneuse Indvending, naar man ikke har en god Samvittighed og veed man har Ret"。

译者对这句句子进行了改写，直译的话就是："哪怕是最富有诡辩性的反对，一种恰如其分的辩护就是对之作出蔑视，如果一个人自己不能理直气壮地知道'自己是对的'的话。"

Emanuel Hirsch 的德文译文是"Und wäre es auch der allerchicanöseste Einwand, es wäre dennoch eine höchst mässige Verteidigung, ihn einfach gering zu achten, wenn man kein gutes Gewissen hat und nicht weiss, dass man Recht hat"。

Hong 的英文译文是"Even if it is an objection of the utmost chicanery, it is a mediocre defense to make light of it if one does not have a good conscience and know one is right"。

F. Prior et M.-H. Guignot 的法文版是："Même si c'était l'objection la plus chicaneuse, ce serait une pauvre apologie à mépriser quand on n'a pas la conscience pure et qu'on sait qu'on a raison".

343. 丹麦语原文为"al Omsætning skal bestandigt skee i et reent Forhold til Gud, der ikke igjennem noget Andet forholder sig til ham",直译为"所有交易自始至终都应当是在一种纯粹的与上帝的关系之中发生的,此者不通过任何其它事物来与他发生关系",相当模棱两可:"此者"可以是"与上帝的关系",这样"他"就是上帝;但是"此者"可以是"上帝",而"他"则指那个身上有着宗教抽象性的人,这在这句子本身之中能够有更通顺的意义,然而问题是,这个"他"没有在前文之中作为人出现过,所以按理不能直接以代词"他"出现。所以我去查了别的译本。

Emanuel Hirsch 的德文译文是"aller Umsatz soll immerfort in einem reinen Verhältnis zu Gott geschehen, welches sich nicht durch etwas andres hindurch zu Gott verhält"(所有交易自始至终都应当是在一种纯粹的与上帝的关系之中发生的,这关系不通过任何其它事物来与上帝发生关系)。

Hong 的英文译文是"every transaction must always take place in a pure relationship with God, who is not related to him through anything else"(所有交易自始至终都应当是在一种纯粹的与上帝的关系之中发生的,上帝不通过任何其它事物来与他发生关系)。

在这里我同意德文译本。

344. 精神上的考验(Anfægtelse)。见前面对 Anfægtelse 的注释。

345. 铁路投机买卖]丹麦的第一条铁路,是在霍尔斯坦,在 1844 年 9 月开始启用阿尔托纳和基尔之间的一段。铁路部门在当时是一家股票公司,之中丹麦国家占了 31%,余下大部分由铁路沿线城市拥有。启用之前,在德国几乎爆发出一场铁路股票歇斯底里,丹麦国家趁机抛售大量股票,赚得极大利润。从哥本哈根到罗斯基勒的这一段铁路从 1847 年开始启用。到了 1860 年底,开始有铁路通往日德兰。

346. 委员会蠢事]就是说在一个委员会里讨论事务。王国各界议事大会制度在 1834 年起实行,然后就建立了一系列委员会。

347. 济贫院]在丹麦文中的原本用词是 Pialtenborg,皮亚尔滕堡,是当时哥本哈根的几个最有名的济贫宿夜点之一。1815 年建立,在奥本饶街和玫瑰堡街之间。哥本哈根有很多这样的宿夜点,穷人只须付一小点钱就能够在一个卧厅里过夜。在那里常常住着很多流浪者和犯罪者。皮亚尔滕堡在丹麦有名是因为它在 1850 年被烧毁,阿道夫·冯·德尔贝克(Adolph von der Recke)写了一首"皮亚尔滕堡火灾"的歌谣。

348. 贝壳放逐法的妒忌和碎陶片的辩论依据]贝壳放逐法是在古希腊的一种制度,雅典和其它城邦内,人们对大众投票选出的被认为危害社会的公民进行的短期放逐。这一制度在一段时期被用于把一些杰出的政党领袖赶出政坛。投票时计票者把票数记在贝壳上或陶片上。

349. 济贫院]在丹麦文中的原本用词是 Pialtenborg,皮亚尔滕堡。见前面注释。
350. 既不冷也不热]指向《启示录》(3:15):"我知道的行为,你也不冷也不热。我巴不得你或冷或热。"
351. numerus 和 pecus]拉丁语,数字和牲口。乌合之众中的成员。这一表述出自贺拉斯的信。
352. 使得圣灵悲伤]指向《以弗所书》(4:30):"不要叫神的圣灵担忧。你们原是受了他的印记,等候得赎的日子来到。"
353. ad usus privatos]拉丁语:供个人使用。影射另一个混有拉丁语的用词"ad usus publicos"(供公共使用)的基金会,为一个在 1765 年到 1842 年间分发补助的皇家赞助基金会,它赞助各种文化、文学和科学的目的,比如说图书馆和收藏者,也为科学家、作家、画家和音乐家提供旅行经费。
354. 贺贝尔所谈论的那个裁缝学徒的情形]贺贝尔(Johann Peter Hebel ,1760 - 1826 年)德国神学家、教育学家和作家,出生于巴塞尔,以其简单的民间诗歌而闻名。文中提及的这故事是关于一个工匠学徒(而不是裁缝学徒)。参看: *J. P. Hebel'ssämmtliche Werke*, bd. 1 - 8, Karlsruhe 1832 - 34; bd. 3 ("Erzählungen des rheinländischen Hausfreundes"),1832,s. 405. 篇名为: "Bequeme Schiffahrt,wers dafür halten will"。
355. 有一句老话说,爱神是人所无法抗拒的]比如说在朗戈斯《田园传奇》的引言之中:"肯定没有人避开过厄若斯,只要有美存在,只要有能看的眼睛存在,那么就没有人能够避开得他。"克尔凯郭尔在《畏惧与颤栗》之中引用了这一段的希腊文。

  参见 *Longi pastoralia graece et latine*, udg. af E. E. Seiler, Leipzig 1843, ktl. 1128, s. 4 (gr.) og s. 88 (lat.).
356. "……在另一情形之下倒不是不可能",直译的话是"……但另一种情形倒不是不可能"。本书译者把"另一种情形"理解为"如果他真的爱着的话",就是说:如果他真的爱着的话,他倒不是不可能成为这例外。

  这整句句子的四种版本:

  丹麦文:Ja hvis han ikke virkelig elsker, da er det umuligt, at han kan blive Undtagelsen, dersom der ellers er en saadan, men det Andet er ikke umuligt.

  Hong 的英文:Well, if he does not really love, then it is impossible for him to become the exception, provided there is such a one, but the other is not impossible.

  Emanuel Hirsch 的德文:Ja, falls er nicht wirklich liebt, ist es unmöglich, dass er die Ausnahme wird, wenn anders es eine solche gibt, jedoch das andere ist nicht unmöglich.

  F. Prior et M.-H. Guignot 的法文:Oui, s'il n'aime pas véritablement, il est impossible qu'il puisse devenir l'exception, si toutefois elle existe, mais l'autre chose n'est pas impossible.

357. **他安全地与自己的幸福一同航行**]指向那句关于凯撒的著名句子:"鼓起勇气不要怕,你在你的船上载着凯撒和他的幸运。"引自普鲁塔克的《凯撒》,第38章,第3节。在凯撒的军队无法从布林地西姆(Brundisium)到达凯撒所在的伊庇鲁斯(Epirus)时,凯撒尝试着去将他们接过来。当时半路有风暴,驶船者要转向。他们不知道化妆成了奴隶的旅客就是凯撒。这时凯撒对那个船长说:"出发,你高贵的人,鼓起勇气不要怕,你在你的船上载着凯撒和他的幸运。"参见 *Plutarchi vitae parallelae*, bd. 7, s. 47.

358. **没有父亲的孩子们的哭叫声**]间接指向《约伯记》(34:28),之中以利户对约伯说,上帝惩罚偏离了他的道的人们。

359. 就是说,在"他真的是以这样一种方式与生活有着关联"情形之下倒不是不可能。见前面对"……在那另一种情形之下倒不是不可能"的注释。

360. **直到付清最后一文钱**]间接指向《马太福音》(5:26):"我实在告诉你,若有一文钱没有还清,你断不能从那里出来。"

361. 这句话的意思可以通过这样一个比喻来理解。院子里都是红花,只有它是蓝花,它作为蓝花是一个例外,但是这院子并不因为它是蓝花就变得不及原先院子里只有红花时那么美丽了。

362. 这里的"自己的罪过"本应译作"辜"(Skylden)。"辜"亦即"罪的责任"而在字义中有着"亏欠"、"归罪于、归功于"的成分,——因行为犯错而得"辜"。

363. 原文为:"向上帝递交致歉和恢复上帝名誉的宣言",就是说,他为曾有的侮辱言行向上帝做出正式的赔礼道歉。

364. 见前面关于"义务之剑每天都在他的头上悬舞"的注释。

365. **感官性对于他已经成为了一条蛇……良心不安的瞬间**]指向《创世记》第3章。

366. **ob adjutorium . . . ob evitandam fornicationem**]这一拉丁语表述的渊源不详。它是神学上对婚姻的经典依据。在《圣经》里相关的文字是《创世记》(2:18-24)讲"帮助",《创世记》(1:28)讲"繁殖",《哥林多前书》(7:2)讲"避免淫乱"。

367. **沿着这条路,我们在心理学的意义上构建出浮士德的灾难**]这后面所描写的与任何确定的浮士德故事都对不上,不管是民间故事(十六世纪的),还是歌德的(1808-1832年),还是尼古劳斯·勒瑙斯(Nikolaus Lenaus)的(1836年)。更切切地说,这应当是克尔凯郭尔(或者法官威尔海姆)自己的浮士德解读。这是对《非此即彼》上卷中"直接的爱欲的阶段"的延续。在《非此即彼》上卷中,浮士德和唐璜分别是在精神的和在感性的形式之中的"那魔性的"。

368. 原文直译应当是:"他的苦难是他有辜地受苦。"

369. 苦行者穿的用粗鬃毛织出的衬衣。

370. **赫拉克勒斯得自翁法勒的衣服**]根据奥维德的《变形记》的第九卷。赫拉克勒斯与得伊阿尼拉结婚之后,半人半马的涅索斯驮着得伊阿尼拉横跨一条河,这样赫拉克勒斯可以游泳过去。但涅索斯在河中央要非礼得伊阿尼拉。赫拉克勒斯到了对岸用蘸过九头蛇许德拉毒血的箭射杀了涅索斯。为了复仇，涅索斯在临死前将自己的血交给得伊阿尼拉，欺骗她自己的血可以让变心的男人回心转意。几年后，得伊阿尼拉听信了赫拉克勒斯爱上别人的谣言，为了挽回他的心，她将涅索斯的血涂在一件罩衫上。当他穿上这件罩衫时，那些来自许德拉的毒血开始腐蚀他的血肉，并吞噬他的骨骼。但这衣服是他得自得伊阿尼拉的衣服，而不是得自翁法勒。

翁法勒是吕底亚的女王。赫拉克勒斯在她那里作为奴隶服役三年。女王对他的服务非常满意，留取赫拉克勒斯作自己的丈夫；她使得他变得很温柔并让他穿上女人衣服。

参见 P. F. A. Nitsch, *Neues mythologisches Wörterbuch*, bd. 1, s. 835f. og 842.

371. 所有人之中最可怜的，是人类中的污秽]指向《哥林多前书》(15:19)："我们若靠基督，只在今生有指望，就算比众人更可怜。"和(4:13)："直到如今，人还把我们看作世界上的污秽，万物中的渣滓。"

372. 悔(Angeren)。

373. 悔(Angeren)。

374. 在丹麦语原文中是"nidkjær for sig selv"，英文的译文是"jealous of itself"，就是说"严格地看守着自己所受的尊敬或者崇拜"。而如果这是对上帝的描述，那么，这就意味着"严格地忌邪"，见《民数记》(25:13)："这约要给他和他的后裔，作为永远当祭司职任的约。因他为神，有忌邪的心，为以色列人赎罪。"

375. 考验(Anfægtelse)。见前面对 Anfægtelse 的注释。在此我将之译作"考验"，是指"精神上的考验"。

376. 我的最爱]根据后面的复数形式和关联，我们可以看出这是在谈论孩子。在《人生道路诸阶段》的其它地方，法官都没有谈及自己的孩子。但是根据《非此即彼》的第二部分，我们可以看出，他应该是有三个孩子，一个女儿两个儿子。在《婚姻在审美上的有效性》中有："我唯一的女儿只有三岁"；而在《"那审美的"和"那伦理的"两者在人格修养中的平衡》中则有："我爱我的妻子，在我的家里是幸福的；我听妻子的摇篮曲，在我看来它比所有别的歌都更美丽，但我并不因此就认为她是一个歌手；我听见小孩子的哭叫，在我眼里这不是什么不和谐，我看见他的哥哥长大、取得进步，我高兴而充满信心地望进他的未来，没有不耐烦的，因为我有足够的时间等待，而对于我，这一等待就其本身而言是一种喜悦。"

377. 在向善之路上的进步]直译应当是"在'那善的'之中的进步"。指向《巴勒的教学书》(*Balles Lærebog*)第五章第二节，注释："任何人，如果他没有出离'那恶的'并且每天努力于在'那善的'之中取得进步，那么他就不能够通过基督的调和来安慰自己。"

378. ……也使得"我为我的生活状况的感恩"和"我为我亲人所作的祷告"在我眼

中就像"一个国王为自己国家的感恩和祷告"一样重要……

379. 这一整段在原文中是一个长句子,直译为:"我不残酷;哦!如果一个人有着一个丈夫所能够具备的幸福,如果一个人如此深切地爱生活、在誓言的反复宣许过程中如此深切地爱生活,以至于对他来说一个誓言比另一个誓言更宝贵,因为他在这对生活的爱之中依附于她(我仍然以幸福的最初的爱的胜利决定拥抱着她),依附于自己的妻子(为了妻子的缘故,一个人要离开父母),依附于那能够取代损失的东西、那使得我的婚姻生活更美丽更年轻的东西,我的最爱,他们的喜悦、他们的快乐、他们无辜的心灵、他们在向善之路上的进步使得平凡的日常生计成为一种无法评估的盈余、使得我为我的生活状况的感恩和我为我亲人所做的祷告在我眼中就像一个国王为自己国家的感恩和祷告一样重要,——那么,这个人就太幸福了,幸福得无法残酷。"

380. 译者在这里稍作改写。原句直译应当是:"相反,我则是带着确定性知道,讥嘲、精明,这些考究所展示的恐怖无法从我这里夺走的东西是什么,这东西就是我婚姻的幸福……"

381. **用上了酷刑的案子**]一个使用酷刑来审讯的案子。但是1837年,酷刑在丹麦被废除了。

"有辜的?"[1] –"无辜的?"

一个心灵痛苦的故事
法拉他·塔希图尔努斯[2] 所做的
心理学意义上的想象实验

失 物 招 领

每个孩子都知道,索堡城堡[3]是坐落在西兰岛北部的一处废墟,距离海滩四公里不到,紧靠着一个同样名字的小城。尽管城堡已经被毁很久了,它仍然在民间的记忆里被保存得很好,并且还将被保存下去,因为它有着一段历尽沧桑而又有历史性诗意的往昔可供人咀嚼。在某种意义上说,从属于城堡的索堡湖[4]也有类似于此的情形。它本来的大小是差不多15公里左右,有好几米深,[5]因此它到现在还没有消失,并且有可能还会在相当长的一段时间里强调着自己作为湖泊的存在,尽管陆地骗走了一个又一个过渡区域并且以这样的方式把水域挤迫得越来越小。

那是去年夏天,[6]我在赫尔辛约[7]遇上我的一个老朋友,一个科学家,他为了观察一些水生植物,从哥本哈根出发到北海岸。他的预定计划是随后去索堡周围一带看看,他觉得这必定会为他带来不少收获。他建议我一同旅行,我接受了他的建议。

要走近这湖不是一件容易的事情,因为在相当大的范围里它是被一片表面覆盖着青草的沼泽包围着。湖泊和陆地间的边界争端在这里日日夜夜地持续着。在这争端之中有着某种忧伤的东西,它不是通过破坏的痕迹而被展示出来,因为,陆地渐渐地从湖泊中赢得的东西,被转化为一片微笑着的草地,极其肥沃。相反,这可怜的湖,它就往里面缩小!没有人同情它,没有人为它着想,因为,牧师不会,他的土地在这一边紧贴着边界,而那些在另一边邻接着的农人们也不会反对去获得一片又一片草地。这可怜的湖,不管是在这一边还是在那一边,它都被人遗弃了。

沼泽以一大片最茂盛的芦苇蔓延开,赋予这湖更多内闭的(indesluttet)特征;这在丹麦肯定是独一无二的,至少我的科学家朋友是这么说的。只有一个地方开着一条狭窄的水道;在这里有一艘平底小船,我们两个人坐在这船上;他是看在科学的份上,我是看在友谊和好奇心的份上,撑船而行。费了不少功夫,我们才让船离开,因为这水道里的水深大约不到一尺。芦苇倒是长得很茂密,就像一片森林,茂盛地长到两米半高;如果一个人躲藏在这里,那么他就仿佛是在世界里永远地消失了,被遗忘在宁静之中,这宁静只被我们拼命撑船的努力所打破,或者,被一只麻鸦,这一孤独中的秘密响动所打破,它三次重复它的叫声,然后它重新再重复三次。奇怪的鸟,你为什么如此叹息和抱怨,不管怎么说,是你自己只愿待在孤独之中的!

最后我们到了芦苇丛的外面,湖水在我们面前明澈如镜,在午后的天光之下闪烁着。一切都如此平静,沉默停留在湖面上。如果说在我们撑船穿过芦苇丛时我感觉仿佛是被置于印度的繁荣丰盈之中,那么,现在我的感受则好像是我躺在太平洋里。我几乎变得恐惧:距离人类如此之远,在这个世界的大海洋里躺在一个核桃壳里!现在传来一阵困惑的嘈杂声,一阵所有各种鸟的混合尖叫,然后,在这声音突然中止的时候,寂静又重新归返,几乎达到令人恐惧的状态;耳朵想要抓取无限状态之中的支撑物,但却徒劳。

我的科学家朋友拿出自己用来连根挖出水生植物的工具;他把工具扔到水里并且开始工作。与此同时,我则坐在船的另一头,完全被吸引进了自然风景的梦境。他已经挖起了一部分植物了,并且开始专注于摆弄他的收获物,这时,我问他借用他的工具。我回到我船前的座位,并且把工具扔到水里。扑通一声,它就沉到了水深处。也许是因为我外行不知道该怎样做,但在我想要把它拉上来的时候,我感觉好像是有什么东西把它抓住了。我几乎就怕自己会没有气力,拉不过下面抓住它的东西。我拉着,这时从水底冒上来一个气泡。持续了一瞬间,气泡破了,然后,成功了。我在内心深处有着一种奇怪的感受,但我做梦都想不出我所发现的物的性质。现在我回想起来,现在,在我已经知道了一切之后,现在我明白了。我明白了,那是来自水底的一声叹息,一声叹息 de profundis(拉丁语:来自深处),⁸ 一声叹息,我把大海的珍藏从它这里夺走了,一声来自内闭的湖泊的叹息,一声来自内闭的灵魂的叹息,我从这灵魂中夺走了它的秘密。如果我在两分钟之前预感到这个,我就不会有胆子把它拉上来。

科学家全神贯注地坐在那里忙自己的工作,他只是随口丢出了一个问题,问我是不是找到什么,一声叫喊,感觉并不期待回答,因为他很合情合理,根本没有把我在水里的捞钓看作是科学活动。确实,我也没有发现他所找的东西,我所找到的是完全不同的东西。这样,我们各自坐在船的两端,各自专注于自己的发现,他是看在科学的份上,我是看在友谊和好奇心的份上。

一个黑黄檀木匣子,被包在蜡布里,用蜡封了好几层。匣子关着,我强行打开它,钥匙在里面:内闭性总是以这样的方式内向的。在匣子里有着一本在非常优质的精薄信纸上特别审慎而优雅地手写出的册子。在整体上有着一种秩序,一种细心,但也有着一种庄重感,就仿佛这是在上帝的面前发生的。设想一下:以这样一种方式,我会因我的介入而把混乱带进这一"上天的公正"的档案!然而这已经太晚了,我祈求上天和这陌生人的原谅。不可否认,这藏物的地方选得很好,索堡湖比最庄严的宣言更可靠:完全的沉默得到承诺;因为它甚至就根本不给出这一宣言。真是非常奇怪,不管幸福与不幸是多么不同,它们时常一致于想要得到同一样东西:沉默。一个卖彩票的人为中奖者分发幸运之奖金,人们赞美他,如果他不说出幸运者的名字,这样幸运就不会成为这幸运者的烦恼;但是,一个输掉了全部家产的不幸者,他也希望别人不要说出他的名字。

在这匣子里还有几件昂贵的首饰,有的甚至有着极大的价值,饰品和宝石,唉!贵重的宝石,物主肯定会说,珍贵,花大价钱买下的,尽管他自己是得到了许可保存它们的。就是这一价值贵重的发现物,我觉得自己有义务去为之寻找失主。有一只里面刻有日期的光面金戒指，一条由固定在浅蓝色丝带上的钻石十字架构成的项链。其余的东西，有的是完全没有价值的，一幅喜剧招贴海报的残片，一张从《新约》之中撕下的纸片，它们都分别被平整地放在各自精美的牛皮纸袋里，放在一只镀银的小盒子里的一朵凋谢了的玫瑰，以及其它类似的东西，只有对于物主来说，[9] 它们会有着相当于那些两克拉重的钻石（Brillanter）[10] 的价值。

招领 44 年夏天在索堡湖发现的一只匣子；[11] 在这里请这匣子的主人用封了口的小信笺标上姓名起首的大写字母 F. T. 通过莱兹尔书店[12] 来联系我。为了及时减少所有不必要的复杂化的可能性，我允许我自己在这里说明，手书笔迹马上会表露出，联络者是否这匣子的主人，我也说明，每一个想要赋予我荣幸让我得到讯息的人，如果他没有得到任何答复，那么由此很确定地能够得出结论：他的手书字迹不是可以对得上的字迹，只有字迹对得上的人才能够要求回答。反过来，我把这话说出来，这对于物主是一种安慰：尽管我允许自己出版他的文稿，这文稿则有着这样的性质，它不同于手书笔迹，它不会揭示出什么人的身份；我把这话说出来：我没有允许自己去向任何人展示手稿或者钻石十字架以及其它东西，一个人都没有。

硕士本菲尔斯先生[13] 出版了一份表格，借助于这表格我们能够通过给定的日子来算出年代。我在这方面也得益于他的贡献，我计算了又计算，并且最终弄清楚了对应于那些给定出的日子的年代，那是 1751 年，或者说，格利郭尔·罗特费希尔加入路德教会的那非同寻常的一年，[14] 这样的一年，对于一个用深奥的眼睛以独眼巨人的方式观想世界历史进程之中的奇妙事物的人[15] 来说也有着这非凡的意义：恰恰是五年之后，七年战争[16] 爆发了。因此，如果一个人不打算假定有一个错误已经潜入到已有信息之中或者潜入到我的计算之中的话，那么他就不得不这样地在时间之中回溯到很久以前。如果一个人不想这样地被迫去做一些什么，那么他也许就能够 mir nichts 并且 Dir nichts（德语:马上干脆,突然)假定:一个可怜的心理学家,对心理学上的想象实验和非现实的构想,他只敢指望有一小点同情,现在,这心理学家做了一次尝试,通过为事情给出一种小说的外观来引诱某些人。因为,心理学意义上的正确描绘不问生活中是否有过一个这样的人,而我们的时代对这样的描述也许并不是很感兴趣,——在我们的时代里甚至连诗歌都诉诸于"想要像现实一样地起作用"这一手段。[17] 一小点心理学、一小点对所谓的现实的人们的观察,这无疑是我们想要的,但是,如果这一科学或者艺术按自己的意愿行事,如果它无视现实所提供的各种对灵魂状态的有缺陷的表达,如果它溜走了——如果它为了独自从自己的知识之中构建出一个个体人格并且在这个个体人格之中为自己的观察找到一个对象而溜走了,那么,许多人就会感到厌倦。就是说,在现实之中事情就是这样的:各种激情、各种灵魂状态,等等,它们只是在某种程度上存在着。这一点也令心理学高兴,但心理学还有另一种喜悦:"看见激情被推向自身的极端边界"的喜悦。

牵涉到评论家们的问题,我的愿望会是:我的请求必须被简单地并且完全按字面意义被理解为我坦白的看法;既然结果必定是与这请求中的意图相对应,那么,这本书就绝不会成为任何批评性的话题中的对象,不管这话题想要给出一种认识、表示认同,还是表示不以为然。一个人,如果你能够以那么轻松的一种方式获得要求他感恩的权利,那么你就完全可以让他去做他想要做的事情。

F. T.

注释：

1. 辜（Skylden）：（英文相近的词为 guilt），Skyld 为"罪的责任"而在，字义中有着"亏欠"、"归罪于、归功于"的成分，——因行为犯错而得"辜"。因为在中文没有相应的"原罪"文化背景，而同时我又不想让译文有曲解，斟酌了很久，最后决定使用"辜"。中文"辜"，本原有因罪而受刑的意义，并且有"却欠"的延伸意义。而且对"辜"的使用导致出对"无辜的"、"无辜性"等的使用，非常谐和于丹麦文 Skyld、uskyldig、uskyldighed，甚至比起英文的 guilt、innocent、innocence 更到位。

2. **法拉他·塔希图尔努斯**〕Frater Taciturnus，拉丁语：寡言修士或者宁静的修士。这个名字出自匈牙利德语作家约翰·麦拉特（Johann Mailáth）的短篇小说《宝贝》。故事发生在 1400 年前后的匈牙利。故事的主人公京特在一家圣本笃（或译圣本尼狄克）宗的修道院里发现一本老羊皮纸手写文稿，这文稿记录了塔希图尔努斯修士的故事。这个修士本来曾是异教魔法师，名叫托尔赞。出于对匈牙利基督徒公民的仇恨，他打算要偷窃藏在山里的金十字架，这金十字架确保了匈牙利的富裕和繁荣。但他被十字架的守卫抓住了，作为惩罚他变得又聋又哑，并且必须每年有一天要重新经历遭天谴之苦。在这样的一天里，他无力地躺在森林里，被一个修道士发现。他被送往修道院，在那里没有人知道他的往昔，并且因为他的沉默而获得寡言修士这个名字。他长时间地在修道院里修行，他对自己很严厉，并且不知疲劳地作苦修。在他快死的时候，他突然重新获得了说话的能力，他向修道院长讲述了他可怕的一生经历。在他讲完了自己的故事的时候，他请求加入基督教的兄弟会。他被接受了，然后死去。

   参见 Johann Mailáth, *Magyarische Sagen, Mährchen und Erzählungen*, 2. udg., bd. 1-2, Stuttgart og Tübingen 1837; bd. 1, s. 154-160. 克尔凯郭尔拥有此书的第一版，Brunn 1825, ktl. 1411.

3. **索堡城堡**〕城堡废墟，距离北西兰岛的港口城吉勒莱厄（Gilleleje）差不多四公里左右。废墟就在索堡村旁边，当年（1270-1550 年）是一个集市城。城堡最早建于十二世纪。很早就是皇家财产。它被建在索堡湖中的一个小岛上，在中世纪被认为是不可攻克的，也正因此，这城堡被用作关重要犯人（王室的重要敌人）的监狱，比如说，石勒苏益格的瓦尔德玛主教、红衣主教彦斯·格兰德和布里斯王子。在 1534-1536 年的伯爵战争之中，城堡被毁，之后没有再被重建。在 1577 年之后，废墟被用作采石场。

4. **索堡湖**〕索堡湖在中世纪的时候，环湖有 15 公里左右。在大约 1750 年，人们开始挖一条通往吉勒莱厄的水道来把水引走，但真正完工是在大约 1890 年。

5. 原文是"好几英寻深"。一英寻等于 1.88 米。

6. **那是去年夏天**〕在后面有说到是 1844 年夏天。那么，法拉他·塔希图尔努斯的这份失物招领就必定是在 1845 年写的。

7. **赫尔辛约**〕西兰岛东北部的集市城，在哥本哈根北面约 40 公里，在索堡城堡废墟东面 24 公里的地方。
8. **de profundis**]拉丁语:来自深处。拉丁语的《诗篇》129 是这样开始的:"De profundis clamavi ad te,Domine。"参见中文《诗篇》(130:1):"耶和华阿,我从深处向你求告。"
9. 对于别人只是一些废纸片,但对物主则贵重无比。
10. **两克拉重的钻石(Brillanter)**]原文中所用的词是 Brillant(一种精细地切割成多个面的各种形式的宝石,尤指钻石),而不是 diamant(钻石,一般意义上的钻石)。克拉是用来称量宝石的重量单位,在 1907 年之前,每个国家的克拉大小不一。在丹麦 1845 年前后一克拉相当于 0.2604 克。Brillant 钻石的价值不仅仅以重量为标准,颜色、清澈度和光泽也是定价的决定因素,但不管怎么说,一颗两克拉的 Brillant 钻石是罕见而贵重的。
11. **招领 44 年夏天在索堡湖发现的一只匣子**]既然前文提及,索堡湖的郊游是在"去年夏天",那么这失物招领就该是在 1845 年写下的。这样在时间上比较尴尬的是:订书人希拉利乌斯,也就是要出版"有辜的"-"无辜的"和其它遗忘在他那里的文稿的人,在自己的前言里所标的日期是 1845 年 1 月。而在草稿和誊清稿里写有"44 年夏天……发现的一只匣子。"参见 *Pap.* V B 143,4。
12. **莱兹尔书店**]哥本哈根的一家书店,1819 年由莱兹尔(C. A. Reitzel,1789 - 1853 年)创办,也有着出版业务。在 1827 - 1853 年间,这书店位于哥本哈根的 Store Købmagergade。后来莱兹尔渐渐地成为了当时杰出作家们的出版者,1829 年他被提名为大学书店主。克尔凯郭尔的一系列笔名著作,包括《人生道路的诸阶段》,都是以莱兹尔书店作为委托代理人出版的。今天的莱兹尔书店和出版社是在 Nørregade 20 号。
13. **硕士本菲尔斯先生**]可能是指文学专业学位(一般来说是比文学硕士少一年的学位)获得者本菲尔斯(cand. phil. Carl Joseph Julius Bonfils,1814 -?)。这位本菲尔斯 1833 年毕业于公民美德学校(Borgerdydsskolen),——克尔凯郭尔自己在三年之前也从这个学校毕业。本菲尔斯在 1841 - 1844 年间是公民美德学校的算术和数学老师。但是我们暂时无法找到关于这里所提到的表格的确切材料。
14. **1751 年,或者说,格利郭尔·罗特费希尔加入路德教会的那非同寻常的一年**]法郎茨·伊格纳提乌斯·罗特费希尔(Franz Ignatius Rothfischer,1721 - 1755),在他 1739 年加入圣本笃(或译圣本尼狄克)宗的时候,使用"格利郭里乌斯"这个名字。他是德国神学家和哲学家;从 1743 年起是雷根斯堡的牧师,从 1745 年起在雷根斯堡任神学教授。他是罗马天主教思想家之中最早把自己的神学建立在德国启蒙哲学家克里斯蒂安·沃尔夫(Christian Wolff)的体系之上的一个。然而他的研究导致了对天主教教会学说的真理的越来越强烈的怀疑,因而于 1751 年在莱比锡转入新教,这在当时引起极大反响,而他的名字也广为同时代的人所知。
15. **一个用深奥的眼睛以独眼巨人的方式观想世界历史进程之中的奇妙事物的**

人]指向格隆德维(N. F. S. Grundtvig)。格隆德维在1812-1817年间出了三本世界编年史,他从一种很强烈的圣经基督教根本观出发来解读历史。按照这一解读,历史的中心点就是基督,并且各民族的兴旺和衰败是由他们对上帝的信仰决定的。在他的文字中有各种关于观想历史的方式的说法。

16. **七年战争**]1756-1763年间欧洲的大规模战争。战争的最初发动者是普鲁士的腓特烈二世。战争一方是普鲁士和英格兰,另一方是法国、奥地利、俄国、西班牙、瑞典和诸多德意志国家。在巴黎的和平会议上,普鲁士和英格兰是作为战胜国出现的。

17. **在我们的时代里甚至连诗歌都诉诸于"想要像现实一样地起作用"这一手段**]在1825年,丹麦文学发起一场运动,要脱离浪漫主义的梦而进入现实的生活。这一所谓的诗歌现实主义要求把关注力集中到民族的或者地方的东西上,但也不失去对典型事物的感觉。

在挪威,富农在每次获得了一千块钱后就在自己的门上放一只新的铜水壶;[1] 旅馆老板在每次欠债人欠更多时就在房梁上划一道杠;同样,我在每次考虑到我的富有和我的贫困时就加上一个新的词。

Periissem nisi periissem(拉丁语:如果不是我已经被毁灭的话,那么我就已经被毁灭了)。²

注释：

1. **在挪威，富农在每次获得了一千块钱后就在自己的门上放一只新的铜水壶**〕也许是出自丹麦作家汉斯·彼得·汉森(Hans Peter Chr. Hansen)的短篇小说《夏布瓦教授》[*Professor Chabois*(En Erindring fra de skandinaviske Alper)]。汉森生于1817年，有时候住在挪威。

   这篇短篇小说的故事发生在1794年的挪威，在罗慕斯达尔省的南部。富有的庄园主汉斯·鲁斯达德说，他只愿让自己的女儿嫁给一个富足的男人："物寻其类，我不想让鲁斯达德庄园以及它的六个铮亮的铜水壶落到一个穷光蛋的手里。"小说里的一个脚注解释："在每次获得了一千国家银行币(这是这位挪威农民得到的作为利息的钱)，他就在自己的客厅里挂起一个铮亮的铜水壶。"但是我们无法从挪威方面确定这是不是一种风俗。

2. **Periissem nisi periissem**〕拉丁语：如果不是我已经(在人类、在世俗的意义上)被毁灭的话，那么我就已经(在更高的、永恒的意义上)被毁灭了。哈曼(J. G. Hamann)在1764年5月2日写给林德纳(Johannes G. Lindner)的信中用到了这一表述："Periissem, nisi perissem, hoffe ich auch noch einmal sagen zu können."*Hamann's Schriften*, bd. 3, 1822, s. 224.

   哈曼也曾说及这句话的另一形式"Nisi periissemus, periissemus"，是出自一个希腊人。这与雅典的政治家地米斯托克利(卒于公元前460年)有关，据说这是他在被流放出雅典，到波斯被波斯王封侯之后说的："孩子们，如果不是我们已经很不幸的话，那么我们现在就会变得很不幸。"

   参看普鲁塔克的《传记集》中的"地米斯托克利"。

"有辜的？"-"无辜的？"

一月三日。早上。

就这样，一年前的今天，第一次，这就是说，带着做了决定的灵魂，我第一次见到她。我不多愁善感，不习惯于在宏大言辞和短暂梦想之中陶醉，因此，我的决定对于我并不意味了"如果她不成为我的，我就会死去"。我也不会认为，如果她不成为我的，我就会魂飞魄散、我的生活就会变得对我完全没有内容；我有着太多宗教的预设前提，因而我不会那样。我的决定对于我意味了：要么与她结婚，要么你就根本不结婚。这就是我的投入。我爱她，对此我在我的灵魂里没有任何怀疑，但我也知道，在关系到要迈出这样的一步的时候，这之中有着那么多的犹疑，乃至这对于我成了最艰难的任务。一个像我这样的个体人格并不善于轻巧地迈出步子；我不可能说：如果我得不到这一个，我就去拿取那另一个；我不敢允许自己进入那种对许多人来说是很容易接受的预设前提：只要另一个人对于一个人来说也是配得上的话，那么这个人自己总是不会有什么问题。在我的事情上，强调的重点是落在另一个地方：我是不是也有能力去为我的生活给出一个这样的表达，如同婚姻所要求的那种表达。恋爱，我像所有其他人那样坠入爱河，尽管不会有很多人明白，如果我的深思熟虑没有允许我迈出这一步，那么我就会把恋爱保留在我自己心里。要么我与她结婚，要么我根本不结婚。

一个边境上的士兵应当是已婚的吗？从精神上理解，一个边境士兵敢结婚吗？一个前哨的守卫，日日夜夜不仅同鞑靼人和斯基泰人[1]作战，而且还要与一个"原始的沉郁"的匪帮作战，一个前哨的守卫，尽管他不是日日夜夜地作战，尽管他有很长一段时间的和平，但他却永远无法知道战争在哪一个瞬间又重新开始，因为他甚至从来就不敢将这

—宁静称作休战。

我的本质是沉郁,这是真的,但之所以如此,是因为这样一种力量,尽管它以这样的方式束缚我,但却也给予我一种安慰。有一种动物,它们只拥有很糟糕的武器装备来对付它们的敌人,但是大自然却赋予它们一种狡猾,借助于这狡猾它们就得救了。一种这样的狡猾也被赋予了我,一种狡猾之力量,它使得我就同每一个与我较劲让我测试我力量的人一样地强大。我的狡猾就是,我能够隐藏我的沉郁;我的沉郁有多么深重,我的欺骗恰恰就在同样程度上有多么狡猾。这不是什么毫无根据的判断。我在这之中对自己进行过训练,并且每天都在练习。我常常想到我有一次在海边空地[2]见过的一个小孩子。他拄着拐杖,但是他能够拄着拐杖蹦蹦跳跳,几乎能与最健康的人赛跑。我从小就练习了;自从我见到她并且坠入了爱河,我用上了各种最严格的练习,——在这之前我是无法考虑"做一个决定"的问题的。我能够在白天的任何时候剥除我的沉郁,或者更确切地说,穿上我的伪装,因为沉郁只是在等候着我,等到我一个人独处的时候。如果有什么人在场,不管这个人是谁,我就绝不会完全地是我所是。如果我在一个不设防的瞬间被突然吓了一跳,那么,用不上半个小时言谈,我就能够让任何与我的生活有关系的人都消除掉这印象。我的欺骗不是欢闹。相对于沉郁,这欺骗是天性本身的欺骗,正因此,它马上就会让你显得很可疑,甚至在一个平庸的观察者眼里也是如此。最安全的欺骗是理智,毫无激情的反思,并且首先是一张坦率的脸和一种坦率诚恳的本性。在生活中的这一欺骗性的自信与安全背后,有着一种反思,这反思从不入眠,并且有一千种声音在它之中发声,[3]如果最初的姿态变得不确定,这反思就使得一切都进入困惑,直到与我[4]争辩的人不知道自己是要进去还是要出来,而你则重新达到自己的自信。然后,在内心深处是:沉郁。这是真的,它停留在那里,它是并且继续是我的悲惨,但我不想要把这一悲惨推倒而使之压在任何其他人身上。我当然肯定不是因此而想要结婚的。

也许我多少是在对我自己强词夺理？我是坠入了爱河,是不是恋爱之光在让我自欺欺人地以为我能够这样做？但我确实是练习了这么多年,并且直到今天这从来就没有出过问题。我的父亲倒是结了婚的,他是我所认识的最沉郁的人。但是,他整个白天都是快乐而平静的,只是到了夜里他就像洛基的妻子那样把黑夜时间用于去清空苦涩之碗,[5]然后他又重新康复了。我甚至并不需要这么多时间。根据时间和场合来看,我只需要一瞬间,然后一切进入正常。从沉郁的苦涩之中,一种生命的喜悦、一种同情、一种真挚被提取出来,它们肯定不会让什么人去怨恨生活。我的喜悦,比如说,这喜悦有时候在我心中盈溢,它完全属于她,我诚实地为每天要用到的东西工作,为她获取喜悦的生活条件,只有个别的黑暗瞬间是留给我自己的,她不应当到这些瞬间里来受罪。

事情就是如此。所有在我的想象之中翱翔的英雄们多少都是有着这样的境况：他们在内心深处不为人知地承受着一种悲哀,这悲哀是他们不能也不愿向任何人吐露的。我不会为让什么人在我的沉郁之下成为奴隶而结婚。我的荣誉、我的骄傲、我的热情,对于我就是：保持让应当被内闭着的东西内闭着,将之减缩为尽可能少量的配给份额；而我的喜悦、我的至福、我的首要而唯一的愿望就是"去属于她",为了她我愿不惜一切代价、以生命和鲜血来付出,但是我不愿意因为向她吐露我的各种痛苦而销蚀并毁灭她。

要么与她,要么我永不结婚。一个人只做一次这样的各种努力,不会有更多次,只有恋爱能够把魔术的所有美好都赋予这些努力。因为我很清楚地认识到：对于我,一场婚姻会成为最艰难的任务,一件让我忧虑的事情,尽管它也是我至高的愿望。

一月三日。午夜。

在一个绝望的人跌跌撞撞地穿过生活道路旁的小巷想要去修道院寻找安宁时,他最好是首先考虑一下,在他的生活关系之中是否有着什么东西一时半载束缚着他并要求他去尽这样一种义务：首先努力让另一个人摆脱搁浅的困境，如果这另一个人还有救的话。如果他已经为此尽了自己的全力，那么，尽管他没有在有生之年成为骑士，他仍能够有希望获得"被当作骑士安葬"的荣誉，——这是中世纪经院哲学家去世的时候，人们赋予经院哲学家的荣誉。[6] 因此，请安静。重要的是，尽可能地继续让自己保持无动于衷而犹疑不决。我可是一个杀人犯，我在我的良心里欠着一条人命！难道一个人在事后就可以有权去修道院寻找解脱？不！在通常，一个杀人犯所等待的唯一的一件事情就是对自己的判决；我等待一个判决，它要判定我是不是一个杀人犯，因为她当然仍活着。哦，多么可怕！如果这是一种夸张，一种瞬间的心境，如果这是一种无奈之挑衅，把这句话带到她和她周围的人的唇上！哦，怎样的一种对生活的深刻嘲笑啊！设想一下，如果在这个世上除了我一个人之外没有人严肃地看待这句话！我的神智发现了一个又一个疑点，笑魔不断地敲着门，我知道它想要什么，它想要狂风般地把她作为一种 Abracadabra（拉丁语：胡言乱语）[7] 卷走。退去吧，你这污鬼！[8] 我的声誉，我的骄傲命令我去相信她；我的沉郁窥探着那之中最隐秘的想法，唯恐我获得许可逃避开什么。她以及那些说话的人们，他们的责任是在于"说出那可怕的东西"，如果我不去准确地按这话去做，那么这就成了我的责任。不管怎么说，我不是观察者，不是听忏悔的神父，而是行动者，就是说：有辜者。[9] 因此，我的想象力得到许可去在所有悲惨之中勾画她的形象，我的沉郁得到许可去讲解这之中的意义：你就是杀人犯。[10] 如果我在分手的瞬间对我自己所说的第一句话会在什么时候成真的话，"她选择哭叫，我选择疼痛"，——如果这句话在什么时候会成真的话，那么我现在不想知道，并且我也无法知道它是不是会在什么时候成真。

无论如何，唉！她不可以死去，唉，她不可以憔悴枯萎！如果有这个可能的话，在诸天之上的上帝啊，你是知道的，这就是，我唯一的愿望，——如果这是可能的话，并且如果还没有太迟的话！

昨天下午我在街上看见她。多么苍白,承受着多大的煎熬,完全就像那个将人传唤到永恒之中[11]的形象,多么完全地相似。这几乎呆滞无神的目光,这在我的灵魂之中因为死亡在我的坟墓上走过而突然泛起的颤栗。[12]然而我却不想对此有任何遗忘,一丁点都不想忘记;我只愿,也只敢对一种警觉的想象力的忠诚做出私密的倾诉,它使得这倾诉变得更加可怕,然后将之重新归还给我;我只愿也只敢对一种备受煎熬的良心的记忆做出私密的倾诉,它为辜(Skylden)设置出最高的利息;只有对一种这样的诚实,我才愿意,并且才敢于,做出私密的倾诉。而我则居然会在一瞬间中去信任理智之狡猾或者几乎去听从笑魔,——太可恶了。

然而也许只是因为看见了我她才显得如此苍白。"也许"!在这个词中居住着一个多么可鄙的讨厌鬼啊!难道不是这样吗?就好像一个小孩子久久地折磨一只蝴蝶,它在每一瞬间都可能会死去,而在他拨动它的时候,这蝴蝶马上就在一秒钟之内尽力去抓取生命,用翅膀去抓取自由。

然而,如果她死去的话,我无法比她活得更久,我不可能活更久。但至少要给我一瞬间,让我的死亡为她给出一个说明:我恰恰愿为"让自己远离她"而奉献出自己的生命。[13]

因此:冷然,镇静,沉着,不变。太奇怪了,在我向她求婚的时候,我非常害怕自己耍诡计,而现在我则是被迫要这样做。

一月五日。午夜。

寂静的绝望[14]

在斯威夫特成为了一个老人的时候,他被送进了他自己在年轻时代所建的疯人院。[15]在那里,据说他常常带着一个虚荣而淫荡的女人的坚韧(如果说不是完全地带着这女人的想法的话)站在镜子面前。[16]他观察着自己,并且说:这个可怜的老人!

从前有一个父亲和一个儿子。一个儿子就像是一面镜子，父亲在这面镜子之中看见他自己；而对于儿子，这父亲则又像是一面镜子，他在这面镜子中看见那在将来的时间之中的自己。然而他们很少以这样的方式相互观察对方，因为一种兴致勃勃的交谈所具的欢快是他们日常相处时的状态。只有很少几次，父亲停下来，带着悲哀的表情站在自己的儿子面前，端详着他并且说：可怜的孩子，你处在一种寂静的绝望之中。不曾再有更多这方面的话语：要怎样理解这话，这话对不对，不再有任何下文。父亲认为，对儿子的沉郁，他是有责任的；而儿子则认为是自己造成了父亲的悲哀。但是他们从不曾相互谈论这方面的问题。

然后父亲死了。儿子看见了许多，听见了许多，并且在各种各样的诱惑之中经受了考验，但是，他只渴望一样东西，只有一样东西打动他，那就是父亲的那句话，以及父亲说这话时的声音。

然后，儿子也成为了一个老人；但是，正如爱发明出一切，同样，渴望和丧失没有教他去从永恒之沉默中强行扭夺出任何讯息，而是教会他去模仿父亲的声音，直到模仿的相似能够乱真而令他满意。然后，他不是像那老斯威夫特那样地在一面镜子里端详自己，因为这镜子已经不再存在，不，他是在孤独之中通过听见父亲的声音来安慰自己：可怜的孩子，你处在一种寂静的绝望之中。因为父亲是那唯一曾经理解他的人，然而他却不知道，他是不是理解了他；父亲是他所曾有过的唯一的一个私密交流者，但这私密性有着这样的性质：不管父亲是活着还是已经死去，这私密性保持不变，它一直是同一种私密。

一月八日。早上。

一年前的今天，我在她叔叔那里见到她，和她待在一起。我是多么神秘地念念不忘于我的恋爱，我是多么隐蔽地吮吸着恋爱的营养！为什么如此神秘？确实，恋爱看上去好像不需要任何神秘化的刺激；但是，一方面我从早年起，甚至更多地是从对这一 tentamen rigorosum

(拉丁语:严峻的考验)做准备的时候起,就习惯于此,一方面我觉得这是我欠她的。然而,如果说我们的关系允许一种与异性更自由的交往,所谓的"献殷勤",那么,一个男人滥用这种交往,则是不负责任的。这一"献殷勤"能够在怎样的程度上以及怎样对一个女孩子起到打扰的作用,或者对那她到时候要归属于的人起到打扰的作用,则是完全无法预测的。我知道得很清楚,一场恋爱能够消除掉各种无关紧要的忧虑,然而,如果我爱上了一个女孩,而在这个时候知道她曾是一个登徒子所关注的对象,那么,这信息就总是会令我痛苦,使得我心里不舒服。宁愿她曾是真正订过婚或者结过婚,那就好得多,因为任何对"那爱欲的"的更严肃的表达都不至于像这种不确定的东西那样起到打扰作用,而恰恰因此,这不确定的东西才叫作调情。我会希望另一个人对我能有这样的一种态度,我愿对他有这样的态度,因为我绝非如此愚鲁而以至于直接就以为她应当属于我。但不管她是将成为我的,还是将不成为我的(语言能够多么有效地精简这过程啊,但在别的时候,语言又能够与悲哀之冗长繁复达成可爱的理解),我的判断都保持不变。如果她将属于另一个人,那么,我的愿望就是:我的思想在被迅速屠戮之后马上就逃回到我自己的内心之中,并且在外面不留下一丝一毫的踪迹。

我也不是因为想要借助于任何神秘化的做法来让她意外地感到惊讶才如此内闭。那做法对我有什么用?那样的话,我当然就必须有这样的预设条件:我是一个出类拔萃的家伙,能够轻而易举地使得她幸福,只要她够不错就行。我不知道这样的想法是不是会在一个恋爱者的脑子里冒出来,[17] 在我这里则没有它容身的地方。我只是太敏锐地感觉到责任,"用狡猾来让人感到意外,然后是,狡猾地把责任的重担弄到自己肩上",这会意味了什么呢? 如果她在什么时候成为我的,并且我必须自己承认我对她耍过聪明,那么我将就会像是在我的所有幸福之中被消灭了一样,因为那往昔的东西不能够改过重来,甚至不可能重新为想象而构建出来——既然连她自己的解说也不会蕴含有任何关于"如果这事情没有发生,一切将会有怎样的不同"的内容。我不知道"狡猾"是不是能够在什么时候和"那爱欲的"兼容,但我所知道的是这个:如果一个人为了"是否敢于去追随恋爱的召唤、是否敢去抓向那种眼里喜爱心中欲求[18]的愿望"的问题而与上帝并且也与自己斗争,那么,这个人就得到了保障,他就不会以这样一种方式而走上歧路迷失方向。但是,因此我如此谨慎,谨慎到最后一瞬间,唉,设想一下,如果在我内心之中出现一道反向的命令的话,如果这反向的命令说我不应当僭妄地在这之中插上一手,起打扰的作用,说我不仅仅拥有了不幸恋爱的痛楚,而且也不得不做出一种悔(Angeren)的撤退,那会是怎样的一种情况。如果有一种魔咒存在,如果有一种卢恩字符,[19]能够使得她成为我的,我不知道,我相对于"那爱欲的"是不是有足够的严肃,是不是有足够的理智去看出所有这些手段是多么丑陋,是不是有足够的力量去摒弃它们,但是我知道,如果一个人像我这样地被约束着,那么他就不会受诱惑。

然而,时间之充实(Tidens Fylde)[20]却临近了。从我第一次发现自己爱上了她起,到现在差不多有一年多了,我一直秘密而隐蔽地投身于这一恋慕之中。我在各种聚会上看见她,我在她家里看见她,我悄然地一路跟随她。以某种方式说,这"悄然一路跟随"是我最喜欢的,一方面因为它满足恋爱的隐秘性,一方面因为它不会让我因害怕会有人发现而感到焦虑,——这样的事情会构成对她的冒犯,并且在课程尚未完成的情况下过早地将我拉出演练学校。这一年,演练之年,对于我来说有着一种特殊的魔力。爱情的丝索就像在美国人的船缆之中那样,缠绕进我所做的其它事情之中,[21]而我所做的其它事情则与此准确地有着这种相缠于一体的关系。如果说缆绳在经受风暴的考验之前对风暴一无所知,那么,我则是一边想象着许许多多可怕的事情并在之中演练自己,一边在这工作之中听着恋爱之喜的哼唱。一个坠入爱河的学生为自己的考试勤奋苦读,而我对于自己要去进行这样的演练有着说不出的欣喜,这会是多大的喜悦啊!在完全另一种意义上,这些演练对于我则是 conditio sine qua non(拉丁语:不可或缺的条件)。

"除了依据于反思所做的事情,什么都不去做,一丁点的小事也不做"意味了什么?这就好像是:假如一个人为了要走路而不得不使用假肢作腿脚并且离开了假肢就无法迈步,但同时他还想不让人们看出(就反思而言,这则是一个人能够成功地做得到的事情)这是假肢。只有在一个人领会了这一点的时候,他才会明白,我在上面所说的演练之中取得了多大的进展。只要一个人知道他直接地做了多少,然后他就会知道什么是"如果不算计的话,一丁点小事也不做"。他应当知道什么是"进入一个快乐的圈子并且马上心情愉快"与反过来的"出自沉郁之最边远的黑暗[22]但却准确地按邀请所说的时间并带着欢会和环境所要求的那种快乐到来"之间的区别。如果一个人不是坠入了爱河的话,那么他在半路上就会觉得厌倦了。

她学唱歌,每星期去上一次课;这是我知道的。我知道教唱歌的老师住什么地方。我绝不是试图要进入这些圈子,我只是想隐蔽地看她。事情很凑巧,一个糕饼店老板住在同一条街上,她每次去上课和回家都要经过他的店铺。我的休息处就在这里。我坐在这里等待着;我在这里看她,而不让自己被看见;在这里,爱情的隐秘成长在我的面前赏心悦目地进行着,我看着它日益长大。[23]这是一家二等的糕饼店,我能够有足够的信心确定自己不会突然在这里有什么出乎意料的遭遇。我交往圈子中的一些朋友还是对此有所留意。我则使得他们以为这里的咖啡是全城独一无二最好的,甚至我激情洋溢地鼓励他们去品尝。有一天他们之中的几个就去品尝了,并且,很自然,他们觉得这咖啡很一般,因为这咖啡确实一般。我与他们进行激烈的辩论。结果,有一次在别的地方,这些在那家糕饼店喝过咖啡的朋友和另一些朋友谈起我为什么总是去那里,他们中有一个就说:"哦!这无非只是他一贯的固执罢了。出于突发奇想,他声称了那里的咖啡美味无比,而现在他为了表明自己的正确而强迫自己去喝下这涮锅水。他就是这样的一个人,头脑很管用,但顽固到了极点,我们要像报复第欧根尼那样报复他,[24]不是去反驳他,而是对他漠不关心,in casu(拉丁语:在这一特定事例中)就是对他去糕饼店的事情漠不关心。"另一个则认为,我生来就有偏向于顽固的古怪想法的禀赋,他觉得这很好玩:我居然真的以为那里的咖啡很好。在根本上,他们全都搞错了,因为按我的品位,那里的咖啡也是很糟的。相反,他们通过满足我的愿望、听任我与我的糕饼店主及其咖啡在一起独处来对我进行报复,这则是没错。如果我要求他们别来管我,那么我就很难有可能获得这种安全状态。我喝这咖啡,对此并没有想很多,但是,就是在这里,我等待着,在这里我用思念来滋养恋情,以视野中的景象来使之清新,而在这景象消失之后,我就从这里带着许许多多东西回家。我从来就不敢坐在窗边,但是在我坐在室内中间位置的时候,我的眼睛能够看得见大街和对面她经过的人行道上发生的一切;而走过的行人则不会看见我。在我用恋爱的魔术装饰我隐蔽的生活的时候,——哦,美好的时光,哦,可爱的回忆,哦,甜美的不安。

在我还是一个男孩的时候,我在高中[25]里曾有过一个拉丁语老师,我现在常常会想起他。他很有能力,我们不从他那里学到一些什么是不可能的,但有时候他有点奇怪,或者如果我们要这样说的话,有点心不在焉。然而他的心不在焉不在于他陷于沉思、默不作声等等,而在于他有时候突然以另一种声音并且从另一个完全不同的世界里冒出来说话。我们和他一同阅读的书籍有,比如说,特伦提乌斯的《福密俄》(*Phormio*)。[26]这里面讲述了费德里亚的故事,他爱上了一个演奏齐特拉琴的女琴手,他被迫随着她去上学和回家。[27]于是诗人写道:

> ex advorsum ei loco
> Tonstrina erat quædam; hic solebamus fere
> plerumque eam opperiri, dum inde rediret domum.[28]

(拉丁语:正对面是一个理发店;这是我们通常用以等待的地方等她出来并且回家)

拉丁语老师带着教学的庄重问学生,为什么 dum 在这里决定虚拟语气。[29] 学生回答说：因为它和 dummodo（拉丁语：只要……）有着同样的意义。说的对，老师回答说，但是他接着开始解释说，我们不可以以一种外在的方式来考虑虚拟的东西，仿佛决定虚拟语气的是虚词本身。那决定 Modus（拉丁语：语气）的是内在的东西和灵魂性的东西，而在这里，起决定作用的同样也是祈愿着的激情、急不可耐的思念和灵魂在期待之中的情绪冲动。这时他的声音完全变了，他继续说着：就是说，在这里，如果一个人坐在那家 Tonstrina（拉丁语：理发店）里等待着，就仿佛这是在一家糕饼店或者一个类似于此的公共场所，那么这个人就绝不是什么无关紧要的人，而是一个坠入了爱河的人，他在等待着自己所爱的人。事实上，如果这个等待的人是一个搬运工、一个轿夫、一个送信人或者一个马车夫，那么这种等待可以被想成是在这女孩子去上音乐课学唱歌的时候填充着时间，而这想法不是虚拟式的，而是陈述式的，除非这些先生要等着收钱，这是一种很一般的激情。其实语言根本不应当允许一种这样的愿望在虚拟式中表达出来。然而，这等待者是费德里亚，他等待着：[30] 只要她，如果她只要，只要她马上，马上会回来；所有这一切都真正是确实的虚拟式。在他的声音里有着一种庄重和一种激情，这样，学生们就坐在那里，他们仿佛听见了一种幽灵的声音。他沉默，然后清润一下自己的嗓子，并用教学通常所具的庄重说：下一个。

这是我学生时代的一个回忆，我现在很明了地认识到，我的无法遗忘的拉丁语老师，尽管只专注于拉丁语，他其实也能够承担下其它科目的教学工作。

一年前，我在夜晚送她回家。当时也没有办法找到别的可以送她的人。有很多人在一起，我很高兴地走在她的身边。然而我还是觉得我在隐蔽之中几乎是更幸福；"如此近地靠近现实而在事实上却又没有更为靠近"，这反而使得距离被拉开，而隐蔽性之距离则把对象拉向自己。如果这一切全是幻觉？不可能。为什么我在可能之距离中觉得更幸福呢？那是因为我自己所给出的那理由，除此之外别的都是昏暗的幻想；她是我所爱的唯一，她是我所爱过的唯一，我永远也不会爱上任何别人。但是，我也不想通过人们所说的"去认识她"、通过去测试和研究她的本性来折辱我的灵魂。她是我的所爱，我的恋爱的隐秘作为就是去想象关于她的所有可爱之处，直到我几近死于不耐烦，这一时这一刻必定会趋近，我的灵魂已经有了决定。

一月九日。早上。

一年前的今天。我数着各个瞬间；只要我能够得到一个与她说话的机缘，那么骰子就被撒出了。[31] 我重新把这一切再想一遍，——她或者绝不。[32] 上帝啊！现在看来总会是幸福的吧。我不敢为求得她而祷告，我不敢，除非是带着无限的保留，这无限的保留使我不为求得她而祷告，而是为求得对我有用的东西而祷告。我从来不曾敢以任何别的方式来向上帝祈求任何东西，也从不曾想要以任何别的方式来祈祷，无疑，沿着"放弃"的捷径，上帝距离一个人最近，但这条捷径却是围绕着生活的全部行程。在某种意义上，我几乎是更害怕她的"是"，而不是害怕她的"不"。私密如我，有着沉郁和各种昏暗的想法；一个"不"更适合于我。不过一个"是"，——是的，这是我的唯一愿望。它也没有必要去与其余的东西相符，它对于我应当是意味了：就像我在我的灵魂里有着一个阴暗的角落，在那里我是一个居住在沉郁之中的寓公，现在喜悦也要在我这里居住，如果我属于她，那么我就应当能够尽我的可能来使得她幸福。在这世界之中，我没有更多的要求，我只是要求我的灵魂应当有一个归宿，在这归宿里有喜悦常住，只是要求我的灵魂有一个对象，立足于这对象我能够集中精力来创造喜悦并且感到喜悦。

我并没有因为想要去测试她或者按人们所说的"要去认识她"而思虑烦扰。[33] 这句话不断地在我的记忆里穿梭着：马大，马大，你为许多的事，思虑烦扰，但是不可少的只有一件。[34] 这不可少的一件是：她是我的所爱。我想我们是以这样的方式相互适合对方：如果我是够好的话，那么她就总一直是好的。我不畏惧危险，也不畏惧自我牺牲，我绝没有这样的畏惧,以至于我几乎在这样一种荒谬的愿望之中找到喜悦——"愿她是不幸的"。确确实实,我所害怕的唯一的一件事情就是:如果没有我,她会更幸福得多。

反过来,我倒是几乎完全地侦探调查了她的交往圈子和她的生活状况。所幸的是,它们都是对我有利的。她的家庭生活在一种几乎是田园式的安宁之中。她父亲是一个严肃的人,母亲的逝世使他的性格变得温和,并且使得一种友善在整个家庭里弥漫开,固然这种友善有着某种忧伤,但它也有着某种开放和打动人的方面。快乐并没有离开这些地方,但生命的喜悦既不是可让人外在地寻求的东西也不会去与随便什么张三李四结成关系复杂的团伙。母亲的逝世帮助了孩子们更严肃地抱成一团并把他们的心思集中在这个家上;在这家里,父亲并非没有忧伤,他只是更谨慎地爱护着这些孩子,而不是粗鲁地借助于青春对生活的合理要求来使自己变得年轻。这与我的愿望一致。她的交往圈子是这样的一种圈子,它对我所做的事情和我未来的幸福极为有利,与"爱人的保姆增进了骑士与爱人之间的理解"[35] 相比,有过之而无不及。去把一个少女从自己所习惯的环境里拉出来而将她重新置于一种陌生的生活方式之中,这样的事情是我所不敢做的。

然后,有利的时机到来了。与她说话是我所想要做的事情,我不想写信或者去找一个第三者。我的信仰就是这个:一种出自诚心的爱慕之情、一种信念的真挚、一种选择之果决,它赋予这简短的话语、赋予这声音本身一种表达方式,这是一种可靠,对于相关的人,这比那些对一个人并不了解的父兄亲友们斟酌考虑的结果更有说服力,也更能够令人满意。我所想要说的东西,可以被很简要地说出;越短越好,只是它要面对面地被说出来。如果我有雄辩力的话,如果我有迷惑人的力量,我将会是多么焦虑不安,唯恐自己会去使用这力量;如果我使用这力量的话,那么我就将会付出最大的代价。然而我所最畏惧的却不是别人,而是我自己。如果我发现在我的嘴里曾有过一句带有欺骗性的话,哪怕只是一句这样的话(——"我想用来试图说服她"的话),如果是那样,那么，我就真的是不幸到了极点。

一月十一日。早上。

一年前的今天。要让灵魂保持在决定的至高处，这是很费力的，几乎令我力不从心。伐木人以同样的方式把斧头挥过头顶，这一姿势使得重力增大了好几倍；他就仿佛是在竭尽全力与自己作对，每一条肌肉都在这挣扎之中颤抖着。这只是一瞬间。哦，这些瞬间必须被缩短！哦，我不走错任何一步！如果我在超自然的状态之中没有把握一种现实，如果这一为反思服务的强化（potensation）[36]反过来与我自己作对，那么我就精疲力竭，也许就永远地被消灭了。哦，时间，时间，与你搏斗是多么可怕的事情啊！哦，人啊，你是多么奇怪的合成啊：能够如此强大，并且能够在乌有面前倒下！因为，我现在觉得强大，强大得像一个希腊的神，然后我又认识到：如果什么都不发生的话，那么我就被粉碎了。

然后，我就遇上她了。在我们两个都要去拜访王储妃街上的一户人家的时候，我们遇上了。女主人在楼上祖父母那里；因为我是有事要找女主人，所以女儿就很知礼地要上楼去叫她下来。——于是，我们就单独在一起了。也许，一种比这更有利的机会不会马上就出现，[37]或者说，一个得到了如此保障的瞬间不会马上就出现。祖母多少有点聋，但是，这也是年老的人们常有的情形：她非常好奇，因此我们就得很大声而清晰地说出一切，不过这样一来就比较费时间了；尤丽安娜在跑出门的时候把外面的房门带上了，这样一来她就把自己和自己的母亲，也就是女主人，关在了门外。然而，这处境却并非有利于冗长繁复的衷肠倾诉，或者一种炽热感情的自然欺骗，[38]但这处境却会迫使她竭尽全力不让任何人觉察到任何东西，而如果她们在进来的时候觉得她与平时有点不一样，那么她们的解释自然就会是：尤丽安娜这样把我们单独留下是不得体的；更糟糕的是，我不得不出去开门，这就会给出机会让大家变得有点兴奋。这戏剧性的过程其实要迅速得多，在我想要为回忆而召唤它的时候,它对我而言变得很漫长,但是如果我要概观这全部过程的话,半分钟的时间就足够了。

然而,难道我不阴险吗?在我所做的一切之中,难道不都是有着某种算计吗?我善良的上帝!在我恰恰出自对她的关怀而使用我的聪明时,我又能够做出更多什么样的事情?现在,这说出的话可以继续是她与我之间秘密;任何人都不会想到,这样的一个瞬间被如此地使用;如果她能够因此而感到愉快的话,那么,这被说出的话可以是死的,可以是无力的,就仿佛从来就没有被说出过。这处境恰恰就是如此:如果她本来在自己的情绪波动之中会对什么人说出一句话,一句话,她也许会在事后为这句话苦涩地懊恼,那么,现在这处境就阻止她这样做。

我说了什么,我不知道,但我的内心颤栗着;尽管镇静,我的声音仍带着感动;我无法描述怎样,我只能说:然而,将这种感情倾诉出来,对我是一种无法描述的缓解。我确信我所说的话有着我全部激情的内在真相。她就仿佛是变成了一块石头,她明显地颤抖着,她不答一句话。

我听见楼梯上的脚步声,门铃被按响,我去开门,笑声帮上了大忙,对话开始了;很成功。现在我的愿望是,她将先离开,这样就避免了我们相伴同行,那会让人觉得很可疑;她先走,于是她也就确定地使自己避免了任何人的提问。可能她自己也同样认识到这一点;她走了。我逗留了一小时,以便分散人们的注意力。

然后我走回家。我写信给他父亲,请求获得娶她的许可。现在,由于我迈出了如此重要的一步,所有世俗的顾念、所有同情和关怀的考虑对于我都是温馨的,并且在我的想法中是完全相关的事情。我绝不是想要避免这个,相反,我的愿望是:所有麻烦、所有怀疑都可以确定地有着发言权,所有危险必须能让她清楚地看见。但是我最初的话,我的爱情宣言,应当得以强调;它不应被当作"又一份文件"而扔在诸如此类的考虑之间。如果说我已经沉默了如此之久,那么,我也有权说出这话,没有任何做作,没有诡诈,而是如同我的心境——当它在一句决定性的话和一个决定性的瞬间里聚集起一种宁静的激情的全部力量时——所决定的那样。这是我想让她拥有的对我的印象,这是我自己想具备的印象,其它的东西我就听任上帝决定了,正如这也是由上帝决定的——只是以另一种方式决定。

我是不是震撼了她;我是不是给予了她过于强烈的印象;是不是一个女孩可能无法承受的"意外的事情"与"激情的爆发"的合而为一?为什么她沉默?为什么她颤抖?为什么她在我面前几乎变得恐慌?如果城堡的大门多年不曾打开,那么它就不会像一扇借助于弹簧转动的过道门一样被无声地打开!如果沉默之门关闭已久,那么这话语的声音听上去就不会像快舌上的"你好"和"再见"。如果你要用一句话来为一切押注,如果你年复一年一直只想着一件事而现在你要说出它,不是对一个朋友,而是对那"手中掌握着实现这件事的条件"的人说出它,那么,这时,这声音就不像一个叫喊几点钟的守夜人[39]的声音那样漠无关心,而且它的关心也不同于一个数泥炭块的人的那种关心。那么,为什么我怕,为什么我忐忑不安,为什么反思已经想要来伤害我,——就仿佛在"沉默如此之久"之中有着某种诡秘的东西、在"能够这样做"之中有着某种魔性的东西、在"利用瞬间"之中有着某种狡猾的东西、在"使用最简单的手段和最诚实的做法"之中有着某种不合理的东西,因为这也许就是最有效的方式?

一月十二日。早上。

一年前的今天。已经决定了。于是,我没有很长的试验期;我倒也是需要这样,因为我已经精疲力尽。哦,可能性,你这肌肉强健动作敏捷的运动员,人们徒劳地想要把你举得离开地面以便能够去除掉你身上的力量,因为你能够让自己被拉得像永恒那么长远,并且仍然保持着你在地面上的立足点;[40]人们徒劳地想要把你移出你自己、想要拉开你与你自己的距离,因为你就是你自己。是的,我知道,知道你会成为那在某个时刻拿走我的生命的人,但现在你还不是。放开我,你这皱巴巴的女巫,你的拥抱令我厌恶,就像林中巫婆的拥抱令罗兰的侍从们厌恶,[41]消失吧,你本是乌有,那么,就让你自己像一条被风吹干的游蛇那样地躺在那里吧,直到生命重新进入你,直到你重新变得坚韧而有弹性并且对我的灵魂发生销蚀生机的作用!现在这一瞬间你的力量被打破了。试验期已经过去;我现在只有这样的愿望:如果它不曾是那么短暂,如果不曾有人催促她去做出一个决定,如果人们把这事情弄得对于她说来足够地麻烦,如果事情是那样的话就好了。

喜悦吧,我的灵魂!她是我的。诸天里的上帝啊,我感谢你!现在是一个小小的休息日,我能够真正地为她而感到欣悦,因为我知道,如果我不看见她、如果我不想着她的话,那么我就什么都做不了,任何事情都做不了。

最初的吻,怎样的至福啊!一个喜悦的女孩,幸福的青春!而她是我的。所有阴暗的想法和幻想都只是一张蛛网,沉郁只是一道在这现实之前逃跑的雾,一种病症,现在痊愈了,因为看见这健康的形象而得以痊愈,这健康是我的,因为这是她的健康,这健康是我的生命和我的未来。她没有财富,这我知道,我很清楚,她也不需要财富,但是她可以像使徒对瘫痪者所说的那样地说:金银我都没有,只把我所有的给你,站起来,健康![42]

如果说昨天我仿佛年老了十岁,那么,今天我则年轻了十岁,不,我比任何时候都更年轻。这是一种转机吗?这是决定之飘忽不定吗?Estne adhuc sub judice lis(拉丁语:难道这案子仍在法官面前吗)?[43]如果我年老了十岁,我这"几乎已是一个老人"的人,——可怜的女孩,她将为一个死者号脉;或者,如果我变得年轻,正如我从不曾年轻过,——哦,令人羡慕的命运对一个人可以是如此过分。

一月十二日。午夜。

一切都在沉睡;只有死者们在此刻从坟墓里爬出来并且重新体验一下他们的生活。而我则甚至并不这样做,因为,既然我还没有死去,那么我就不可能重新生活,而假如我已经死了,那么我也不能够重新生活,因为我从来就不曾生活过。

为了使我夜间的努力尽可能地隐蔽,我使用了这样的谨慎:九点钟睡觉,十二点重新起床。没有人会想到我这样做,甚至那些有足够的同情心来反对我这么早睡觉的同情者们,他们也想不到我会在十二点再起床。

是一个偶然事件把我们带到了一起吗?或者,是什么样的力量带着她来追击我?我逃离但却不想要避开的是谁?"见她"对于我是一件可怕的事情,这必定就像是一个罪人听人宣读死亡判决的情形,然而我却不避开这一场面,正如我不敢去追寻它,这同样也可能会对她起到打扰作用。如果我自己知道我变得如此,——为了避开她而走出偏离我通常路径的一步,为了避开她而不再去某个我平时常去的地方,那么,我想,我就会失去理智。我只是通过忍耐和承受痛苦,通过让自己屈俯于每一个反对我破碎的灵魂的理由,保留下我的存在之中的意义。[44]如果我在一条街上为了寻找她而迈出一步,那么,我想,我会因为担忧而失去理智,唯恐自己妨碍了她去自己解决自己的问题。我什么都不敢去做,什么都不敢不做,我的状态就像是那遭天谴者的永恒痛苦。

今天,那是我们的订婚日!她想要从街上斜穿进人行道,我走在石板道上并且有着行道权。[45]她不能在我走过之前让自己的脚踩上流水沟的挡板,[46]一辆驶过的马车使得她不可能偏到街面上为我让道。如果我想要和她说话,那么,这处境就是可能中的最有利处境了。但是不,没有一句话,没有任何声音,嘴唇都没有动一动,在眼中没有任何犹疑的暗示,什么都没有,在我这一边什么都没有。伟大的上帝啊,如果她是一个热病患者,如果出自我的一句话是她所想要的一杯凉水,我会拒绝吗?如果我拒绝的话,那么我就不是人了!不,我的小小少女,不!那样的话我们肯定会相互说话!哦,我在我的想象里如此谈论她,她,为了她的缘故,我愿去冒一切风险,只要我能够明白这是有利于她的。

但是她为什么追赶我?我弄错了,确实,很确定,天大的错误。但是,我没有受惩罚吗?在我的良心里没有杀人的记录吗?难道我就没有任何权利吗?难道她就不可能明白我所承受的是怎样的痛苦吗?做出了如此行为的人是一个正爱着的女孩吗?为什么她这样地看着我?因为她相信,这会在我内心深处留下一个印象。因此,她相信在我身上有着某种好的东西。然后,想要伤害这深受煎熬的人!

我尽可能使得这一瞬间变得长久。通过一次这样的冲撞总是会出现一个停顿,因为这一个必须等待,直到那另一个走过去。于是我就利用了这个机会来判定她的外观并且尽可能地判断出她的灵魂状态。我拿出了我的手绢,就像一个人很悠闲地把它拿出来以便可以看一下他将使用这手绢的哪个部分,我就这样迟钝地站着,仿佛我不认识她,尽管我是带着绝望的准确看着她。但是一句话都没有,我的每一个表情都像一种乌有一样地毫无意义。是的,只在内心之中热血沸腾吧,因为我也有热血,也许只是太热了;炸开内心吧,于是,我倒地而死,这样的说法是人们愿意听的,人们愿意接受;颤抖着地敲打指尖,如果事情应当是如此的话;内在地用恐怖之势敲打脑子,但不是以能够让人看见的方式敲击太阳穴,或者敲击嘴唇,或者敲击眼睛,这是我所不愿的,我不愿这么做。我为什么变得冲动,为什么我被迫去发现:如果是为了美好的事业,我在作伪的方面有着怎样的力量啊!

她稍稍有点苍白,但这也许是因为新鲜空气的缘故,也许是因为她走了挺长的一段路。她的目光试图要判断我,但这时她的眼睑落下了,她看上去几乎像是在请求着。一个女人的祈祷!是谁毫无道理地把这一武器放在了她手上,如果一个人给疯子一把剑,但是与毫无力量的祈祷相比,这个人的行为是多么地毫无力量啊!

在我到街角拐弯的时候,我得让自己靠向一边的房子。现在,如果有一个熟悉的人,我会对他说"事情就是如此",我可以看上去完全平静而毫无激情,但是,当我在街角拐弯时,我则几乎晕倒,如果这个熟人是一个想要侦窥我的好奇者,那会怎样?然后我会对此留意,因为,正如凯斯贝尔·豪瑟尔能够透过许多层布料感觉到金属,[47]我则能够透过所有外壳察觉到欺骗和诡诈,那么怎样呢?那么我就不在街角转弯时晕眩,而是在穿过了这条街之后,这好奇者什么都没看见,然后我才会去找一条最邻近的岔街,让自己瘫倒。

那么,睡吧,好好睡,我的爱人!但愿她会把所有疼痛睡掉,睡到明天变得快乐并充满红晕!在绳索上跳舞的舞者们,他们是作父母的人,难道他们就没有父爱和母爱吗?在他们把孩子放在细绳上并且极其恐惧地走在这绳下的时候,难道他们没有这爱吗?如果人们还没有做出我是杀人犯的判决,那么又会有什么能够发生的事情是比她死去更糟糕的,然而现在却没有这样的可能性。要么她是女孩子中罕见的那种,这样,我的做法恰恰就有助于去使她不至于"因成为被特选者而受打扰",一个女孩成为被特选者,就是说,她的被神化过程[48]不是以死亡而是以悲伤作为开始的;要么她就是,这我实在是不想说,要么她自以为是诸如此类,并且因此而变得很有理智诸如此类,就是说,自以为是已经变得很有理智诸如此类,——停!我并不拥有在事实上让我有权去得出任何结论的信息。因此,我停留在我的悲惨状态中,让她保持在尊荣中。但是我的理智,我的理智,它对我这样说,当然,它对我这样说是为了侮辱我,因为我的愿望并不是"最后显示出她在事实上比她表面看上去更渺小";不管是为了她的缘故还是为了我自己的缘故,我都不可能希望自己以这样的方式获救,就是说,以这样的方式去成为笑柄。

然而,没有任何东西,不存在任何东西能够以一丁点小小的信息来帮助我。我徒劳而不耐烦地一会儿扑向这一边,一会儿扑向那一边;一个人躺在酷刑架上的时候,他浑身都受着煎熬。她可以鄙视,——我的上帝啊!这就是我所想要的,这就是我为之努力的,然而在我想到这样的一场终身殉道的时候,我还是会在内心之中感到颤栗。我是不是会有能力去忍受这个,我是不是完全绝望,这我不知道,但是我知道,那依据其本性是这些最隐蔽的想法的同知者[49]的力量[50]知道,它知道:我拉了淋浴的绳索。[51]它是否会把我碾碎,我不知道。

她可以准备好让自己的灵魂进入忍耐,[52]可以带着不受伤损的良心戴上悲伤之面纱,[53]我能做什么呢?我能够去什么地方躲开我自己?哪里是能够让疲倦者聚集起新的力量的休憩之地?哪里有着可让我静卧并恢复精力的安眠夜榻?在坟墓里吗?不,因为《圣经》所说的"在墓中没有记念",[54]不是真的,我会回忆她。在永恒之中吗?在那里有睡觉的时间吗?在永恒之中!我将以怎样的方式再见她?她会不会带着指控和宣判走向我?多么可怕!或者,她也许已经驱散了这一切,就好像那是小孩子的恶作剧?真讨厌!也不怎么讨厌,而是更糟糕,因为也许是由于我的沉默,她才变成这样。而我,我所怕的恰恰是:我的一句话会使她喋喋不休并且使她在各种闲话之中得以安宁!

一月十五日。早上。

一年前的今天。"订婚了"的情形就是这样的吗?因为,什么是坠入爱河,这我知道,但是,这新的东西:确知自己的恋爱对象有了保障,"她是我的,永远是我的"。[55]

"作母亲"的情形就是这样的吗?在双胞胎的争执在子宫里开始的时候,拉结抱怨说;[56]无疑有许许多多人,他们在获得了所追求的东西时,曾对自己这样说过:事情就是这样的吗?

在我内心之中不就仿佛有两种天性在争执吗:我年老了十年抑或我年轻了十年?

作一个年轻的女孩,充满活力地进入生活,这必定会是多么奇怪的事情啊!我相信,我会觉得轻松自由,我会有所改变,我看见我自己坠入了爱河,并且通过恋慕地望着她而会看见我自己得救,这样,我就会像她一样成为一只停留在树枝上的鸟,成为一支青春里的欣悦之歌,我们会一同成长,在这结合之中我们的生活对于我们来说会是幸福的,对别人来说这生活的幸福是可以理解的,就像欢乐的人匆匆走过我们并向我们飞吻时的问候。

我明白许多事情,每一个我所听到或者读到的反思都是我所熟悉的，就仿佛它们是属于我的。但是，这种生活却是我所不明白的。什么事情都不去想，但却又如此可爱，在智慧和痴愚之间生活着，并不真正知道，哪一个是哪一个。如果有一个珠宝商，他精深地掌握了关于真正的宝石的知识，乃至这种区分成为了他的生活，如果他看见一个孩子玩弄着不同的石头，真宝石和假宝石，这孩子把真假宝石混在一起并且对两者都很喜欢，那么，我想，在这珠宝商看见那绝对的区分被取消了的时候，他心中会打颤；但是如果他看见这孩子的幸福，这孩子陶醉于游戏的愉快心情，那么他也许就会让自己以一种谦卑的态度来看这件事并且被这一令他心头打颤的情景吸引住。同样，对于直接的人，那种在思想和语言之中突发出来的观念[57]（就像闪烁之中的宝石）和缺乏这种质地的观念之间并不存在绝对的区分；[58]这区分使得这一样东西成为一切之中最宝贵的而使得那另一样东西毫无价值，使得这一样东西成为决定一切的东西而使得那另一样东西成为相对于这一样东西甚至是无法被决定的东西，但对于这直接的人，这种绝对的区分是不存在的。

相爱者不应当有任何相互间的分歧。唉，唉，我们的结合时间太短，以至于我们无法有什么分歧，——在我们之间什么都没有，然而在我们之间却有着一个世界，恰好是一个世界。

在各个单个的瞬间，我是幸福的，全然幸福，比我在任何时候曾梦想的更幸福；对于我来说，这是对我的痛苦的丰富补偿；只要她什么都感觉不到，那么一切就都很好。

她沉默，至少是比她通常时更安静，但这只是在我们单独在一起的时候。她是不是在想着什么？但愿她不会开始反思！

一月十七日。早上。

一年前的今天。这是什么？这意味了什么？我如此情绪激动，就像暴风雨来临之前森林里的惶然震颤。这是什么样的一种预兆在压向我？我不再认识我自己。这是恋爱吗？哦，不！这许多是我当然明白的：我不是要与她搏斗，不是要与爱欲搏斗。这是在我头顶上聚集起来的各种宗教危机。我的人生观变得对于我自己暧昧不清,"这是怎么回事",这仍是我无法说出的。我的生命属于她,但她对此没有任何感觉。

一月十七日。午夜。

我在早上所写的是过去的事情并且属于过去的那一年,我现在所写的,我的这些"夜思",[59]是当下行进中的一年的日记。当下行进中的一年!在这句话里有着对我的怎样的可怕嘲讽啊!如果一个人发明语言,那么我愿意相信,他发明了这句话就是为了来嘲弄我。从前军队里使用一种非常残酷的惩罚,骑木马。[60]不幸的人坐在脊背完全尖耸的木马上被用重物强行往下拉。有一次,这惩罚开始了,这罪人在痛苦之中饱受折磨,一个农民从堤坝上走过来,站在那里往下看着这罪人受着刑罚折磨的场地。本来就因为疼痛而绝望,现在又被这样一个流浪者当风景看,这被激怒的不幸者对农民喊:你看什么看?但农民回答说:如果你无法忍受别人看你,你完全可以把马骑到另一条街上去。正如那骑木马的罪人是在骑马,以同样的方式,对于我,这当下行进中的一年也在当下行进着。

为了她,我必须去做出些什么事情来。我的头脑一天到晚就纯粹处于机关算尽的状态。如果我的行为,在她完全诚挚地成为"我的"之前,就是最焦虑地避免让一切看上去可以是狡猾的东西,那么我现在就变得更加诡计多端了。

如果我对人说,比起从前任何时候,在这当下行进的一年里我更专注地把心思放在她身上,那么又有谁会不觉得我是一个傻瓜呢?然而麻烦在于,我不敢做任何事情,因为哪怕是对"我的心思如何专注于她"的最细微的觉察也会是绝对最危险的契机,它会通过一种无法成立的希望来引诱她进入"那不确定的",让她在折中的不完全之中得到拯救——亦即进入毁灭,让她在折中的不完全之中迷失。

愿意为每一个信息、每一句话付出黄金的代价,并且不敢这样做,因为这有着致命的危险,因为这会唤起她的怀疑并且妨碍她自己帮助自己!你可以有滔滔不绝的说词,但却不敢,因为她的缘故而不敢,因而不得不沿着一条千迂百回的道路去为自己请求一句顺便说出的表述!如果我想要观察针对我的所谓最亲近者们的绝对沉默,[61]那么这也很容易引起怀疑。因此,我想出了一句我对他们说的套话。只是我不把它当套话说,而是不带感情地说出它,这样人们就感觉不到它是一句套话。我们可以从一个牧师那里学到这个。他很清楚地知道,他所宣讲的是一篇老掉牙的说教,但是在他高声讲演并且擦着汗水的时候,听众就以为这是演说。同样,相关的人们也相信,我在说话,尽管我只是在说着一句套话,如此老调,并且每一个字词都是在很久以前就已经斟酌好的。与此相反的方式也是可用的,ad modum(拉丁语:以这一方式,同样地)谈论这事情:极受尊敬的先生的来信,styli novi(拉丁语:根据新的计日方式)[62]在 25 日准时地收到了。再也没有什么方式能够比办公、簿记和谈生意的风格更能使激情变得不透明。最后的这种是最好的。我在对一个内闭者的治疗中研究过这个,因此我知道这一点。你绝对不要去强行进入一个内闭者的内心,否则的话,你就把事情搞砸了;但是,正如一个风湿症患者会因为气流而恐慌,同样地,你能够借助于一种偶然的暗示来打动这内闭者,这种暗示根本就用不着你去花工夫寻找。或者,你可以在他偶尔有一次倾述一些什么的时候捕捉住他。你只要看,他要停下来有多么艰难,那么你就马上能够由此判断出他的内闭性。他后悔他说了什么,他想要把别人对他所说的东西的印象驱散掉,你沉默,那么他就开始对自己有了疑虑,他没有成功地驱散这印象,他想要弄出一个对话性的过渡,没有成功,你沉默,他对这种停顿感到心烦,他泄露出越来越多东西,如果说不是通过别的,那么至少是通过他的这种想要进行隐瞒的急不可耐。但是如果你知道这一点,那么你就会及时地做出训练。这之中的技巧在于:少谈这方面的事情(因为完全沉默是不明智的),这样,敏捷地把一种消耗人的激情保持在对谈话的驾驭上,这样,你就像一个熟练的骑手那样,能够用一根缝纫线来控制它的方向,并且就像一个车夫那样使之做出一种 8 字形的绕转。

"有辜的?"–"无辜的?"

不管怎么说,搞密谋策划是一种消遣,听取见证和接收情报,商讨和检验,在全世界到处跑,窥视着某一个瞬间,这不管怎么说是在做一些事情,尽管不会赢得任何东西;但是,坐着生产风,[63]想出一个又一个越来越聪明的计谋而不敢使用这计谋(因为不使用是更聪明的,这样你就不会被暴露出来),这则是无法忍受的;看着这些引诱人的坦塔洛斯之果实,[64]它们通过许诺一切来引发出同情!像一个赌博者那样有着激情,不敢稍稍移动一下,只是将自己锁定在自己的所在!有着那充满了愚鲁的勇气的灵魂,有着那充满计划的头脑,有着现成的言辞,但却有着一支不能够写作或者花极大工夫在每两个小时只能够写出一个字母的笔!有着一个渔人的激情,知道在什么地方鱼会咬钩,却不敢投出鱼线,或者看着河水翻动却不敢拉线唯恐这一动作会暴露出什么!掌握着那能够说一切的人,用一把刀顶住他的喉咙,唯恐他泄露出什么,却不敢用他,因为对于我来说,对他的报复和他可能会对她造成的伤害之间不存在可比的关系。[65]不去关注这样的各种信息,而是满足于一个女孩、一个侍者、一个马车夫、一个路人所说的很偶然的一句话;要从这之中得出一些什么,因为这对于一个人来说是一件涉及到至福的事情。要用做肉肠的木棒来煮汤,[66]但是却要煮浓汤,[67]要这样做是因为这对于一个人是一切之中最重要的!要在夜里坐在这里模仿不同人的说话声,以便搞清楚这声音是不是泄露出什么东西、这谈话的调子是不是被准确地控制好!不敢去相信什么!而如果一个人不曾敢去相信一个他所爱的并且他能够以几百道窥探的视线缠绕起来的女孩,如果说他想要相信什么人,那么这又会意味了什么呢!如果说一个人要与什么人交心,他只敢选择那他所不相信的人,就是说,以欺骗的形式来与之交心。[68]

有这样一个人,他是我真正能够对之有所知的唯一的人。他绝不是什么会帮上我的人。然而在我们之间有着一种秘密的理解。他知道一切,也许他是所有人之中最可靠的人。所幸的是,他恨我。他会尽可能地让我苦恼,我也确实理解这一点。他从不直接说什么,他从不提及任何名字,但是他对我讲述这样一些古怪的故事。在一开始我根本就不明白他说什么,但现在我知道,他是在谈论她,但他使用了虚构的名字。他相信我有足够的想象力领会他的每一个暗示;我也确实是领会了,但我有足够的理智来让人觉得我一无所知。不过,我必须认定他是恶意的。

如果她死了,那多好;但愿她马上死亡,但愿她在决定性的瞬间在我面前倒地而死,但愿一家人马上赶到,但愿我已经被捕,但愿这成为一件刑事案!哦,多么希望事情是如此啊!那样的话我就会马上申请被处决,并且得免于各种空洞的繁复过程。人类的公正只是一种儿戏,三个等级的法院权威[69]只是使得这玩笑变得乏味。原告与被告就像哈利奎恩与皮耶罗,[70]而公正则如同被人牵着鼻子的耶罗尼姆斯或者卡桑德尔。[71]在这里,一切都是可笑的,包括那些处决犯人时列队行进的卫兵[72]在内。刽子手是唯一可接受的角色。如果我的请求没有被回绝——如果我想要自费支付所有费用的话,那么,我就会和我的这个知心人去找到一个与我的心灵状态相符的环境,在那里,我将对他提出本来是一个骑士对忠实的侍从提出的要求:一剑刺穿我的胸膛;其实,这动手的到底是一个侍从还是一个刽子手,并没有什么区别,后者反而倒是有一个优点,他无需因此而良心不安。——假如事情是这样的话,那么这一切就有了意义。

但像现在这样,则毫无意义。我是一个恶棍。是这样的,假如我是人们所以为我是的那个人,但我恰恰是那人的反面。那么,我又是什么呢?一个痴愚的人,一个梦想家,一个狂想的骑士,把一个少女的言辞如此放在心上。为什么会这样?难道这是一种针对我的神学的行进方式,就像亚里士多德所要求的那样?难道就没有"第三者"?[73]难道那只是一句随便说出的话?见鬼,如果我接受一种见证的解说,那么我就会用上它。我花了两个月的时间;我尝试了各种各样的心境:她是以一种尽可能果决的方式说出了这话。难道那只是一句随便说出的话?如果是那样的话,那么,一个女孩依据于自己的本性也必定会是在精神的意义上被更新并且重新从头开始。

看！我现在无疑是该上床了，我觉得我该睡觉了，我这个背信弃义的人。然后，我什么都不愿去想；如果一个人想要为一个女孩做辩护，那么他对她的侮辱就比我对她的侮辱更深重，我尤其会痛恨每一个这样的人。最后，我会想到你，不朽的莎士比亚,[74] 你能够如此充满激情地说话，我会想到《辛白林》之中的伊摩琴,[75] 她在第三幕第四场说：

> Falsch seinem Bett? Was heißt das falsch ihm seyn?
> Wachend d'rinn liegen und an ihn nur denken?
> Weinend von Stund zu Stund? Erliegt Natur
> Dem Schlaf, auffahren mit furchtbarem Traum
> Von ihm; erwachen gleich in Schreckensthränen?
> （德语：对他的婚床不贞？什么是对他不贞？
> 难道是终宵不寐思念着他？
> 一个钟点又一个钟点地饮泣？终于倦极入睡，
> 却又被关于他的噩梦追逐，
> 在自己的哭叫声中醒来？）[76]

在这里，甚至一个极上品的诗人也会停下，但是莎士比亚知道怎样流畅地说出激情的语言，这种语言 sensu eminenti（拉丁语：在杰出的意义上）有着这样的品质：如果一个人无法流畅地说出它，那么他就根本无法说出它，就是说，它对于他就会是根本不存在。因此伊摩琴说：

> Heißt das nun falsch seyn seinem Bette? heißt es?
> （德语：难道这就是对他的婚床不贞？难道这就是不贞？）[77]

让我们承认伊摩琴的说法是对的，der Männer Schwüre sind der Frauen Verräther（德语：女人的叛卖者就是男人的誓言），但这点可怜的安慰也实在是前世作孽吧：一个女人的誓言无法欺骗什么人，因为她不可以给出誓言或者发誓。[78]

一月二十日。早上。

　　一年前的今天。我无法让我的灵魂保持在恋爱的直接性之中。我固然很清楚地看到她的可爱,在我的眼中,她的可爱简直无法描述,但是我并不想要把我的灵魂之激情投入这一方向。唉!可爱性是短暂的,可惜的是要让人即刻去抓住它。她不应当抱怨我在这方面将她引上爱欲的歧途。我如此有保留,同时也是出于另一个原因,因为在她最美丽的时候,我是最不幸的。这样,我觉得,她对生活有着一种如此无法描述的要求;这是我所能明白的:每个人对生活都有一种要求,唯独我没有。我愿她是丑陋的,如果那样的话,各种各样事情就都会更好办一些。苏格拉底会不会明白对"爱丑陋者"这一解释呢?[79]然而这就是如此:惺惺相惜。如果她是不幸的话,那么事情就好办一些。但这一孩子气的幸福,这一属于那我所无法理解、无法深刻地并且无法在本质上与之发生共鸣的世界(因为我对此的共鸣是通过忧郁,而这忧郁恰恰展示出矛盾)的轻快,——与我的斗争、我的勇气,如果我也要提一下我身上的好的方面的话,我在深渊之上起舞的轻快(她根本就无法对此有任何想象,她只会在非本质的意义上对此有共鸣,就像一个人阅读一个恐怖的故事但却无法想象这故事的现实,就是说通过想象力来想象),——这两者在一起会是怎么一回事?

　　于是我选择了"那宗教的"。这是我最亲密的东西,我的信仰就是对它的信仰。那么就让美好留在原地吧,愿上天为她保存这美好。如果我在这条路上找到了一个公共出发点,[80]那么,来吧,你,微笑着的逍遥,我愿与你一同欣悦,尽我所有真诚,把玫瑰花蕾编进你的头发吧,我会尽可能让自己轻松地对待你,——恰如一个习惯于"带着思想之激情冒着生命危险去把握那决定性的关键"的人所可能做到的。

　　昨天我为她朗诵了一段布道书。感动极了,我的灵魂从不曾受到如此震撼，泪水涌满我的眼眶，我全身感受到一种可怕的预感，忧虑的乌云越来越深重地笼罩着我，我几乎无法看见她，尽管她和我坐在一起。她又会在想什么呢？可怜的女孩！然而，如果在这条路上会有什么事情出现的话，那么就让它出现吧。她又会在想什么呢？她沉默、平静，然而又完全沉着。我觉得自己如此为她倾倒，她是否会认为这是恋爱的结果呢？这不可能，如果是那样的话，那么，这在我眼中就会是我所能想象的最不美的事情。如果我在上帝的脚下让自己变得谦卑，然后相信，这是在她的脚下！不，她对我没有这样的效果。我曾经能够，我仍然能够承受没有她的生活，只要我保存了"那宗教的"。但是我隐约地感觉到，将"那宗教的"带进我在这里已经开始了的东西，是"那宗教的"的危机。

这是不是可能呢，我的整个人生观会不会就是一个错误？我会不会在这里碰上了神秘所禁止的某种东西？我不明白。我这个在我的技艺之中已成大师的人，我——我承认——我骄傲地将自己置于那些我在诗人的描述之中找到的英雄之列，因为我知道我会去做各种据说他们曾做过的事情，我这个为了她和为了这一关系的缘故而恰恰使得这些事情变得完美的人！设想有一个朝圣者，他步行了十年，前进两步倒退一步，如果他现在终于看见圣城就在远处，而在这时有人对他说：那不是圣城，那么，他也许会继续向前走，但如果这时有人对他说：这是圣城，但是你的行进方式完全是错的，你必须改掉你的行走习惯，如果你想要使得你的通向天国的旅行一路愉快的话！他，在十年的时间里，他可是尽了自己最大的努力这样行走的啊！

一月二十日。午夜。

这里没有第三者吗？不，一切都是黑暗的，在任何地方，灯都是关着的。如果有人对我有所怀疑并且有着好奇心的话，那么，最正确的做法就是自己去站在一间黑暗的房间里。让自己处于内闭的状态，这会为人带来多大的酬报啊；确实，我不能说，我已弄掉我的酬报。[81]

如果一个第三者考虑过我的爱情关系；或者说，如果另一个人这样考虑过，因为在最终我也许是唯一对此进行了考虑的人，我甚至不是同另一个人一起对此做考虑。但不管怎么说，这是我所想要的东西，也是我为之而奋斗的东西。然而，在夜的宁静之中如此地想这件事，则是令人惊恐的，整个存在由此而获得某种错误的东西、某种颠倒的东西并且由此也是某种古怪的东西。这一瞬间将在什么时候到来，什么时候我能够确切地考究：我所受的苦与我有着什么样的关系？——因而，如果有着一个第三者对我的关系进行考虑的话，我就想要以这样的方式开始，并且我能够从应该开始的地方开始，我唯一无法做到的事情就是结束。在我的整个绝望的努力之中有着一种矛盾，我觉得我自己是一个这样的人：这人想要参加自己的高中毕业考试，[82]却自学了七门别的科目，而不没有去读那考试所要求的科目，因此考试不及格。一个第三者，可以是一个剧场化妆师，一个丝绸毛料和亚麻布商人，一个女子精修学校的女孩，如果我们不说这是一位短篇和长篇小说的作家先生的话；一个第三者会马上知道这是怎么一回事。事情就是如此。我是一个堕落的人，在对新罪的陶醉之中忘记了这个女孩和与这女孩的关系。这是很确定的事情；如果一切都是这么确定的话，那么我们也许就能够搞明白这是怎么一回事。确实是这么一回事，这恰恰是我的安慰。固然，认识我的人不是很多，但是，如果这女孩去认识我的人们中间，那么，他们中不会有任何人不这么说。如果这是对面杂货店里的店员，他打扮整齐了并且在星期天订了婚，那么，他是带着厌恶想到这样一个人的；如果这是那些站在东街的情场半吊子[83]中的一个，那么，在他想到这样一种卑劣行为的时候，他会觉得自己简直就像是一个骑士了；如果这是一个用婚姻的忠诚来让自己的妻子感到烦得要命的丈夫，那么，与这样一种不贞相关的想法会令他极其反感。但是，那女孩，这第三者说，她坐在那里伤心，她忙碌地编织着每一线细微的回忆，她倾听着脚步声。——然而第一项不是如此，然后由此得出，第二项也不是如此。

但愿这一结论是正确的,但亚里士多德怎么说呢?[84]

她所说的每一句话,她脸上的每一个表情,我都那么清晰地记得,仿佛就是在昨天,每一个关于她的哪怕是最不具意味的暗示马上就被置于各种深思熟虑间的周转之中。最微不足道的东西成为各种最巨大的努力的对象。在古代曾有人认定存在的原则就是一个涡。[85]我的生活就是如此。有时候,那引发出涡的沸腾的东西是一个无法以肉眼看见的原子,一个乌有。我的骄傲禁止我藐视最微不足道的东西,我的荣誉这样做,如果一个人像我一样,如此独自珍重这最微不足道的东西,那么他就必须很精细地算计。那本来令我一只耳朵进一只耳朵出的东西,现在要具备意义,绝对的意义。如果一个宗教的狂热者只有一段可疑的《圣经》段落可供自己引用,那么他将尽怎样的努力来证明这段落的真实性啊! 因为他需要有这种真实性,有了这种真实性,他才能够在这一可靠的基础上建立出体系! 不管怎么说,一个《圣经》的段落总是某种有分量的东西;而她的一句话,一句她自己并不知道自己所做出的对茶水的评论,是微不足道的。然而,在这微不足道的话语之中却有可能隐藏着某种秘密,这是可能的。除了我之外,又有谁能搞明白这个呢? 但我在内心之中也获得了一种帮助,因为又有谁会想到我会是像我这样的一个人。Ergo(拉丁语:所以),这是正确的,绝对正确的:这是可能的。这是可能的:她恰恰像我一样地技艺精湛于反思。确实,如果我的荣誉、我的骄傲、我的沉郁没有把我的拇指夹进拇指夹,[86]那么我就不会感觉到这三段论演绎的力量。但是我不想让事情有所不同。如果事情可以被改变,如果这是可能的话,哦! 如果事情是这样的话,那么,我自己就会很清楚:我已经尽了我的最大能力去做了,做出了一切理智和疯狂能够发掘出的事情,这样,"对已经做出的事情进行改变"不是作为一种新的突发奇想而出现,而是作为对这事情的后果的强化;这样我自己会很清楚:我做出了一切就是为了把她从我这里推开——如果这能够拯救她的话,我做出了一切就是为了让我的灵魂保持在愿望之顶尖,因而我能够让自己继续是原本的自己。上天保佑,我此刻仍是我自己,我的希望是我将能够忍受下去——只要忍受仍是一种要求。然而,没有什么东西是像后果那样地起到强化作用的,没有什么东西是像后果(Konsequentsen)本身那样地始终一致(konsequent)的。我还不曾与属血气的人商量,[87]我的灵魂的激情完全不变地在"决定"的风中张开着风帆。就像海员所说的那样:船不变地以同样的速度航行;我则敢说:以同样的速度,我不变地站定。她向我提出了请求,把我带进绝望的,正是她的请求。

我的痛苦是一种惩罚。我从上帝的手中接受下这惩罚,这是我应得的惩罚。在青春时代我曾暗自在内心之中嘲笑过爱情。我不曾公开讥嘲它或者动手动嘴使之显得可笑,——我对这样的做法实在不感兴趣。我只曾智性地生活。如果我在诗人那里读到情侣们的言词,我就微笑,因为我无法明白:一种这样的关系居然能够让他们如此投入。"那永恒的"、一种上帝之关系、一种与理念的关系、我灵魂中的这种被感动的东西,但是,一种这样的中介物是我所无法把握的。现在,好吧,现在我承受痛苦的煎熬,我进行自虐的苦行,即使我不是承受纯粹爱欲方面的痛苦,也是如此。

一月二十五日。早上。

一年前的今天。看来她根本不具备各种宗教的预设前提。这样就会发生一次变形。然而我的这一点影响与童年的本原相比会是什么呢?但愿我也不至于获得过多对她的影响力。但愿不至于出现那种在这条路上可能会发生的尴尬事情,这样的事情会使得我成为宗教老师而不是她的爱人、使得我成为独断者而不是她的爱人、使得我变得优越于她并且让"那爱欲的"被消灭、使得我去野蛮地删除她女性的可爱并强调我自己的重要。我若能够成功地将她高高地提起,或者更正确地说,她若能够将自己像荡秋千那样地荡起而跃入宗教性的自由之中,在这种自由之中她会感觉到精神的力量并且觉得自己在宗教的意义上是确定而安全的,那么一切就会很好。但愿她不至于毫无道理地亏欠我什么,但愿她不至于愚蠢地以为自己亏欠我什么。即使我的沉郁无法满足她的青春对生活的要求(上帝知道,是不是我的沉郁在以各种各样的夸张折磨我的感情),那么好吧,我将把她的爱看作是她所做出的一种牺牲。难道爱还能够被估价得更高或者被偿付得更多吗?在精神的方面,我总是能够为了她的缘故而去作为一个具有某种意义的人。我们两个人的年龄也会越来越大;然后肯定会到一定的时候,青春不再像现在这样地是我们的欲求,这样,在一种特定的意义上,我们的恋爱在未来还有很多年的时间。或者,一场恋爱,如果它的最美好时光就是"这对恋人能够跳着华尔兹在地板上扫动"的时刻,那么这恋爱应当是非常令人羡慕的吧!

她矜持寡言,非常平静;如果有人在场的话,她则如同往常一样地活泼快乐。

一月二十六日。午夜。

唉,如果这是可能的,如果这是可能的!我的上帝啊,简直我的每一根神经都尝试着要跑出来进入存在,它们摸索着去感受,事情到最后是否会是如此:我们结果还是相互般配;我确实应当保留着力量去把我的灵魂和我的恋爱保持在愿望的尖端,直到最后,per tot discrimina (拉丁语:经历如此多危险)[88];她毫不顾盼左右就马上把握住正确的方向。哦,对所有我的悲惨,这是怎样的巨大报酬啊!如果这一切只是一天的事情,如果婚礼日和死亡日是同一天,对于我的所有辛劳、对于我出自一种喜剧姿态考虑而外在地放弃的东西和对于我在悲剧的意义上痛苦地将之称作"一个囚犯的过量工作"的东西,这是怎样的超额支付的酬资啊!不可言喻的至福!相对于在经受了如此的精神考验之后所达到的理解,相对于在经受了如此的各种危险后获得的胜利,相对于那出离"最深刻的绝望"的最幸福的出口,罗密欧与朱丽叶又算是什么呢!了不起啊,确实这真的是了不起!如果这是在冬季发生的,我想,鲜花将出于喜悦而吐蕾绽放;如果这是在夏季发生的,我想,太阳会因为喜悦而起舞;在每一个季节,人类[89]都为那种"使得我们获得过多的至福而无法为幸福而骄傲"的幸福而骄傲。[90]——但是如果,但是如果,如果我疲倦了并且失去了力量,并且对愿望已经死心放弃;如果她,如果她逝去,然而不,这样的事情谈都别谈,但是如果她已憔悴失色,如果她正憔悴失色,那将会是怎样!或者,如果她无法与我一同在期待之荒漠中忍受,如果她思念在埃及更安全的生活;[91]或者,如果她与另一个人结婚!如果那样的话,愿上帝保佑这婚姻,在某种意义上,这恰恰是我所想要的,是我努力去造就的。然而现在我却有着不同的想法。那么我是不是有着不止一种理智?这是不是一种睿智或者疯狂的标志呢?或者,如果她完全没有变化,不管在灵魂上还是在肉体上都没有受到任何苦难,但是她不理解我,绝对地不理解我,那将会是怎样?如果一个少女胸膛之中的心脏不像一个背信弃义者胸中的心脏跳得那样剧烈,如果青春的血液不会像冲向我的头脑那样地冲向她的头脑,如果它在一个毫无经验的人的灵魂之中很平静地流动,不像它在理智者冷静的灵魂中时那样,那将会是怎样?如果她不明白我的痛苦,不知道这痛苦的程度,不明白我渗透着寒意的平静,不知道这平静的必要,那将会是怎样?如果"原谅"这个词在我们之间应当是严肃,审判的严肃,不是一个我们俩在爱情的游戏里(在忠诚欢呼自己的胜利的同时)敲打的球,那将会是怎样?如果她无法绝对地明白,只有一种"在我们的时代作狂热者"和"在十九世纪欢快的理智性中保存灵魂的罗曼蒂克"的方式,这就是"要保持外在冷漠",——一个人内心越热忱,外在就越是要冷漠,如果她无法绝对地明白这个,那将会是怎样?如果她不明白,如果她不是绝对地明白,"帮人只帮一半"的做法是很可恶的,"拒绝一种欺骗性的缓痛"就是忠诚;如果她,在天上出现暗示给予我们幸福的信号时,如果她脚步错乱无法跟上这节拍,——那将会是怎样,将会是怎样,将会是怎样?——啊,我无法再忍受了,我重新沉沦进我的原有状态。只要她能够得救,那么我就会找到我的幸福。她可以做她想做的事情,只要她是外在的,是确确实实地在我之外;她可以是另一个人的她、可以为这一切而伤心,或者可以永远都不理解我;如果我能够确信这个,如果她是希望这样,或者只要这是可能的(我并不怕这个,因为,如果我敢放任我的激情的话,那么它就会在一切地方都为我安排出空间),那么我要让自己成为一个怎样的善辩者才能够向她证明:她选择了"那至高的"。

于是,我愿她那里一切都好。在此刻我能够同时想到十种可能性,甚至二十种,尽管我可悲的片面性只有对不幸之可能的感觉;我能够为其中的每一种可能都想出一种解释,然后又有一种解释,这一解释是要向她证明:她做出了最骄傲的事情。想象一下,她是如此骄傲,以至于她不敢承认她对我的爱,而她却仍是会为这爱而死的她;想象一下,她通过对我做出蔑视来保护自己,——只要我敢这样做,我就不会为她感到羞愧,我会很平静地说:我失去了很多,非常非常多,或者更确切地说,我不得不拒绝了我自己最梦寐以求的愿望。难道我会害怕去承认一种不幸的爱吗?难道我会因为她改变了对我的态度而改变我自己并改变对她的判断吗?什么是一个人的生命,它就像草,明日枯干,[92]也许我也将在明日死去!如果一个痴愚者来笑我,那么,这除了说明"我做得很明智"之外又能够证明什么别的呢?如果一个迷失了自己的人对我耸耸肩膀,这除了说明"我还敢希望在彼岸和在上帝面前获得拯救"之外又能够证明什么别的呢?

但为我自己,为我们两个人,我再次做出我最受祝福的愿望,它超越一切尺度,并且超越到所有理解力之外。[93]愿你睡得香甜,我的爱人,睡得香甜;在我梦中和我在一起,和孤独者在一起,你天国般的"也许",带着你不可言状的至福。然后进入安宁:

  Zu Bett, zu Bett wer einen Liebsten hätt
  Wer keinen hätt muß auch zu Bett.
  (德语:上床睡吧,如果你有一个心爱的人,上床睡吧
  如果没有心爱的人,也得上床睡了。)[94]

二月一日。早上。

一年前的今天。从爱欲的角度说，我确实没有伤害她；我如此羞怯地与她交往，就好像她不是我的未婚妻，而只是寄托了我的关怀。但这不会对她起到打扰的作用吗？这不会起到一种"间接的刺激"的作用吗？无信无义的反思，你无信无义，在人们用目光把你锁住的时候，你看上去很可靠，就像一个久经沙场的斗士担保着胜利，但是只要人们转过头去，人们就会看出你的真面目：一个逃兵，一个职业逃兵，对于这样的一个逃兵来说，对任何人忠诚都是一种不可能。她几乎就是根本没有察觉，她是被一种这样的反思环拥着。

相对于每一种宗教印象，她都是矜持寡言的；如果我想要在一种更为放松的谈话中以一种稍有诗意的方式来打动她，我估计她会感到愉快。

但愿她不是骄傲的；那样的话，她就必定是完全误解了我。我不否认，在一些个别瞬间确实有某些这样的迹象；在有其他人在场的时候，甚至我自己也曾成为一些表述所针对的对象，——你完全可以用同样的方式来对这些表述做解读。

二月二日。午夜。

上帝以自己的形象创造了人，反过来人则以自己的形象构建出上帝，[95]利希滕贝格如是说，确实如此，一个人自己是怎样的，这对他的上帝的观念有着本质性的影响。比如说，如果一个人不考虑自己的好处而只考虑另一个人的，那么，我想上帝就是一个同意和支持对关怀做计量的上帝；我想，他支持阴谋诡计，而且我在《旧约》的各种经文之中所读到的东西看来并没有让我放弃这想法。如果不怀有这种对于"一种忧虑的激情的诚实发明"的诗人式的警醒，我无法想象上帝。如果说事情可以有所不同的话，那么我就得对我自己有所惶恐惧怕。《圣经》总是在我的桌上放着，并且它是我读得最多的书；一本出自早期路德教义的极其严格的陶冶书[96]则是我的第二指导,——另外,不管怎么说,我觉得没有什么东西可以来妨碍我尽自己最大的可能聪明地对待她并且策划出对于我来说是最聪明的方案,只要我所考虑的不是我自己的而是她的好处。这一介于聪明和抽象理解的纯伦理宗教的义务之间的冲突,[97]是够麻烦的。那些大思辨家和备受敬仰的诗人们,人们在一场午宴中网罗到他们的各种表述并将之出版,[98],这些表述就像达赖喇嘛的排泄物[99]一样是一种崇拜的对象;人们从他们那里得知:魔鬼从来都不会完全公开自己,因此内闭性是"那魔性的"。于是,人们忽略了对立面:《旧约》中展示了足够多的"聪明"的例子,这种聪明是受上帝喜欢的;[100]基督在晚期对自己的弟子说:我起先没有将这事告诉你们;[101]他有更多要对他们说,但是时间未到,他们尚不能承受[102](因此,这是一种对"要完全地说出真相"这一伦理关系的目的论的悬置[103])。如果这样的事情发生:有一个个体人格,他因为自己的内闭而伟大,他站出来让自己作为诗意处理的对象,[104]或者一个这样的个体人格出现在世界史的进程(思辨不正要构建出这世界史进程吗?[105])中,于是人们就在私下里崇拜,因为对结果有着安全感,所以人们就能够很好地理解他。[106]对于那在灾难之中寻找指导的人,这是怎样的安慰啊!内闭、沉默(对"说出真相"这一义务[107]的目的论的悬置)是一种纯粹形式上的定性,因此它可以是"那善的"的形式,同样也可以是"那恶的"的形式。通过取消聪明来解决冲突其实根本就不是在对冲突进行考虑,因为也有着一个要求人"使用自己的聪明"的义务。[108]但是,就在人们认识到这一点的同一瞬间,人们也 eo ipso(拉丁语:恰恰因此)赢得了上帝对阴谋(在好的意义上)的认可。因此,主体性(Subjektiviteten)则又维护了自己的正当性,正如每一个做出了行动而不是让自己只限于谈论别人、虚构或者借助于结果来进行思辨的个体人格必定能够明白这一点。大多数人根本就无法进入到这些层面,因为总是只有很少人在杰出的意义上做出行动。这些人经历了"去行动",[109]而这"去行动"则是每个人都得到许可能够去经历的事情,现在,如果人们想要通过一种命名来筛选出这些人,[110]那么,人们就可以把"那魔性的"当作一种总类来使用,并且做出如此的划分:每一个个体人格,如果他,只是通过自身而不借助于任何中间定性(在这里是针对所有别人的沉默),与理念发生关系,那么他就是魔性的;现在,如果这理念是上帝,那么这个个体人格就是宗教性的,如果这理念是"那恶的",那么这个个体人格就在更严格意义上是魔性的。就这样,我明白了这个问题,并且为自己找到了帮助。这事情在根本上是够容易的,除非一个人曾经帮助体系[111]增添其私掠财富[112]并且因此而又成为乞丐群落的成员。只有在人们如此慎重以至于想要去构建出一个体系而不把伦理包括在体系内[113]的时候,事情才会如此,于是人们获得一个体系,人们在这体系之中具备一切,所有其它东西,只是省略掉了那不可少的一件。[114]

也许我就根本不曾爱她,也许我反思过分以至于根本就无法爱?现在,我想以这样的方式开始。我是不是根本就不该爱上她?但是,我的上帝,为什么会出现所有这些痛苦,难道这不是爱吗:我日日夜夜地想着她,我销蚀着我的生命只是为了要拯救她,我从来就没有想过,对于我自己来说这是否会变成可怕的事情,因为我只想着她?然而我有语言、有她、有人类、有每一个外在的见证反对着我,我没有任何可用来为自己做辩护的东西,没有任何可让我用作支持的东西。难道我不爱她吗?难道这是爱吗?她和语言和人类回答说:难道离弃她就是爱吗?看!我是不曾可能进行这一对话的,我无法忍受这对话。因此我找到你,你,全知者,[115]如果我这样说是有辜的,那么就把我碾个粉碎,唉!不,谁敢这样地祈求?那么照亮我的理智,让我能够看见我的谬误和我的堕落!不要以为我是要摆脱痛苦,那不是我的祈求;将我从生者的数目中删除掉吧,[116]将我作为一种不成功的想法、作为一种恶性的实验召回,永远都不要让我以这样的方式得以康复而过早地停止悲伤,不要让我的热情淡化,不要灭掉其中的火焰,尽管这火焰必须被净化,它仍是好东西,让我永远都不要学会讨价还价;我仍必战胜,尽管这战胜的方式无限地不同于我所能想象的方式。

能够让语言站在自己的这一边,能够像她那样地说:我爱过他!——这是怎样的安慰啊!但是,如果我的第一个句子就是不正确的,那么从这个句子中就无法推导出任何结果。但在这里我们所谈论的不是几句人们要用来推导出结论的糟糕句子,而是关于一切之中最可怕的东西,关于一种永恒的折磨:一种无法归纳在一起推导出结果的个人存在。

现在我想去睡了。一个爱者会遇上这样的事情:他因为爱情而无法入眠。也许我会失眠,因为我不知道我到底是在爱着还是没有在爱着。

二月五日。午夜。

一个麻风病人的自省[117]

(场景是坟茔,凌晨,麻风病人西门[118]坐在一块石头上打着瞌睡,醒来并叫喊道:)

西门!——是的——西门!——是的,谁在呼唤?——你在哪里,西门——这里;你在和谁说话?——和我自己。是和你自己吗?你浑身的麻风皮疹是那么令人讨厌,一种对所有活着的东西的灾难,离我远点你这讨厌的东西,跑到坟茔里去吧。[119]——为什么我是唯一的一个不可以这样说话、不可以做相应事情的人?其他的每一个人,如果我不从他们那里逃开,他们就会逃避开我,让我一个人在那里。不是这样吗?一个艺术家为了在暗中见证自己的作品是怎样被人崇拜而隐蔽起来,那么,为什么我就不能够让自己摆脱这可恶的形象而只是隐蔽地见证人们的厌憎呢?为什么我就应当接受这样的判决,承受这浑身的麻风皮疹并向世界展示它,就仿佛我是一个虚荣的艺术家必须亲耳听见人们的崇拜?为什么我要用我的尖叫充填荒漠,为什么我要与野兽为伴并且用我的嚎叫来为它们打发时间?这不是感叹,这是一个问题;我问他,是他自己说的,一个人没有伴是不好的。[120]难道这就是我的伴吗?

难道这就是我要去寻找的同类吗：饥饿的怪物，或者不怕被传染的死者？

（重新坐下，朝四周看，对自己说：）

玛拿西[121]去了哪里？（大声）玛拿西！——（宁静了一瞬间）。那么，他还是走去了城里。是的，我知道。我调制出一种膏油，使用它能够让所有麻风皮疹转向身体内部，这样就没有人能够看得见这症状，祭司必定会宣布我们是健康的。[122]我教了他怎样使用这药膏，我对他说：这病症并不因此停止，它转到身体内部，一个人的呼吸可能会传染另一个人，这样另一个人就会明显地变得有麻风病症状。于是他欢呼起来，他恨生活，他诅咒人类，他要报复，他跑进城里，他对着所有人呼吸自己的毒气。玛拿西，玛拿西，为什么你要在灵魂里给魔鬼以位子，你的身体已经有了麻风病，难道这还不够吗？

我要扔掉余下的药膏，这样我就不会受诱惑；父亲亚伯拉罕的神，[123]让我忘记配制这药的方法吧！父亲亚伯拉罕，在我死去之后，我将在你的怀里醒来，我将与最纯净的人一同吃饭，你当然是不怕麻风病人的；以撒和雅各，你们不怕与遭人鄙视的麻风病一同坐席；[124]你们这些在我周围沉睡的死者们，你们醒来，只是一个瞬间，听我说一句话，只是一句话：代我向亚伯拉罕问候，这样，他就会在那些得到了祝福的人们之中为那不得在人类世界获得位置的人安排出位置。

人的怜悯心到底是什么呢？除了不幸者之外又有谁是有资格获得怜悯的呢？人们又是怎样给予他怜悯的呢？贫困潦倒的人落进了放高利贷人的手中，这放债人最后助他落入囹圄成为奴隶；同样，那些幸福的放高利贷人把不幸的人看作是一个祭品，并且认为能够低价购得主的友谊，甚至是以不合法的方式。一件礼物，一件微不足道的东西，在他们自己有着盈余的时候，[125]一次探访，在没有危险的时候；一小点同情，借助于它的对立面能够为他们的奢华添加调料：看！这是怜悯之祭品。但是，如果有了危险，他们就把那不幸的人驱逐进沙漠，这样他们就不用听见他的尖叫,这尖叫会打扰音乐和舞蹈,会打扰繁荣富裕的世界,会论断怜悯,——这种人性的怜悯,欺骗上帝和不幸者的怜悯。

那么,到城里和幸福的人们那里去寻找怜悯,那是徒劳,来这里沙漠之中寻找吧!我感谢你,亚伯拉罕的上帝,你让我发明这种药膏,我感谢你,你帮助我放弃对它的使用。我理解你的慈悲:我自愿背负起我的命运,自由地承受"那必然的"。如果没有人对我有怜悯,那又有什么奇怪的,怜悯已经和我一样地逃进了坟茔之间,在坟地里,我心安地坐着,就像那为了拯救他人而牺牲自己生命的人,就像那为了拯救他人而自愿地选择了被放逐的生活的人,我心安如那个对幸福者怀有怜悯的人。父亲亚伯拉罕的上帝给予他们丰盛的甘露和五谷以及幸福时光;[126]造更大的仓库,给出比仓库更大的盈余;[127]给予父亲们智慧,给予母亲们生育能力,给予孩子们祝福;在争斗中给予胜利,这样,他们可以成为你的选民。[128]听那身受传染而不洁净的人的祈祷,尽管他对于祭司是可憎的东西、对人民是一种恐怖、对幸福的人是一种圈套,听他说,如果他的心尚未被传染。

麻风病人西门是一个犹太人;如果他生活在基督教之中,那么他必定会找到一种完全不一样的同情。在一年的时间里,每次布道讲关于十个麻风病人的时候,[129]牧师都会确认,他也觉得自己像一个麻风病人,但是,如果有伤寒[130]的话呢……

二月七日。早上。

一年前的今天。她看见了我完全地被"那宗教的"的力量压倒,但是她看不见"那宗教的";她在我们订婚之前很久就已经认识我,她经常是一个见证,见证我平时"作为一个冷静的理智之人"的行为,那几乎是一个讥嘲者的行为;她以为我讥嘲一切,除了她之外——如果她是骄傲的;我在内心之中打冷颤,被一个讥嘲一切的人崇拜(并且她也许就因此而误解了宗教性的情感波动),这对于骄傲来说自然是最有诱惑性的食物了。

在别人在场的时候,她的骄傲会更明显地显现出来;也许在一开始的时候就是如此,但是我不曾有时间去发现这一点。这种骄傲甚至也逼向了我,前几天就发生了这样的事情,以一种如此不雅的方式,以至于在场的人都因此而被吓了一跳。这件事本身其实是无关紧要的。人们会允许一个少女做许多事情,这样的事情也许只是开开玩笑而已。只要我能够让自己不存在什么顾虑,那就不会有问题,但我怕会有更大的冲突出现。如果这不是开玩笑的话,那么,我隐约感觉到有一种深不见底的误会。但愿她不会以为:她眼里的那些多少有点奇怪的征象只是爱欲的印象,这是一个敬慕着的爱人在崇拜一个女神。如果那样的话,她就会是在以一种爱欲的方式虚荣地看待我的宗教性。一个人确实应当让自己谦卑于上帝和伦理关系之下,但绝非是在一个人之下。确实,我这人的外在完全不同于我的内在,但我从不曾在宗教的意义上讥嘲过什么人。"那宗教的"是我的平等待人之原则,并且,我的灵魂并非完全适合于各种关于"我们中谁是多多少少有点非凡的"的爱欲性争论。

我绝非想要追求什么夸张的恋爱温情,但我还是会让她去表述出更多东西以便能看出她内心之中发生了什么。尽管我用上了我的全部努力,我还是确确实实地认为,她把我看成是一个非常苛刻的批评者,这一点扼杀着她的表达自由。

二月七日。午夜。

在鲸鱼受伤的时候,它深扎向大海的深处并且喷射出血线,[131]在它死亡的时候,它是最可怕的;鲱鱼即刻死去,它在死去之后,死得彻底如一条鱼干。[132]但有时候,鲸鱼完全静止地躺着,尽管它没有死。如果说有时候我在激情的瞬间喷血,这让我觉得就好像是在话语倾涌出来的时候血管爆裂开了,然后我也能够是完全安静的,但这并不意味着我死了。激情是怎样的一种神秘的力量啊!人们在某种意义上能够将之包起来放在内衣口袋里,但是在激情点燃火焰的时候,这时人们就能够看见:这微不足道的小东西是一片火海。

现在我要以另一种方式开始,我将以这样的方式考虑一下这关系,就仿佛我只是一个要交出一份报告的观察者。我很清楚,这种客观性帮不了我什么,它也不是应当帮我的;我只是觉得有一种需要,想要清空掉这事件之中的几乎是可笑的成分。在这样做了之后,在抛弃掉了荒唐之后,我就重新进入这样的心境:我要悲剧性地把这同一件事情作为一副担子来拖拽和抬举。

这就是我所说的报告。这是一个少女,在其它方面幸运地有着女人的妩媚,但缺少一样东西——宗教性的前提条件。在宗教的方面,她差不多是停留在这样的分数线上(我们很少能够在牧师所写的工作登记册中找到这样一个被标出的分数),[133] 因为她完全能够"读书"[134]),对于她,上帝是如此接近于那种人们借助于一个年长和善的老伯伯而想象出的人物,——为了一些好话,他会做一切小孩子想让他做的事情。因此人们无限地喜欢这位老伯伯。人们对上帝也有着某种无法解释的敬畏,这则是一个不变成任何更多东西的上帝。那么,在一个人虔诚地坐在教堂里的时候,纯粹从审美的角度看,这是可爱的景象。但是如果要说关于"放弃"、"无限的放弃"、"精神的关系"、"绝对精神与精神的关系"的想法,则是没有的。这个女孩开始对"那宗教的"有了兴趣,并且一直不断口无遮拦地谈论着这方面的东西。就像年轻人的性情在通常会肆无忌惮地把最初想到的东西说成最好的东西,这恰恰是一种女性的可爱,她也是这样地谈论宗教方面的事情。她爱人高于爱上帝。[135] 她以上帝的名发誓,她以上帝的名祈求;然而在宗教的方面,她只是有一点在小小的乘法口诀表里的浪漫,并且,valore intrinseco(拉丁语:根据内在价值),[136] 在宗教的方面只值一枚普通银币。[137]

现在,假如她所结合的这个人是一个纯粹的理智之人,[138] 那么,他也许就会使用这样一种方式来回答这说法:他让人回想一下小学生相互间所说的"你敢向上帝起誓这样说吗?"然而,他则正好是反过来,他的思维是宗教性的,他的浪漫是无限性的量,在这种量中,上帝是一个强有力的上帝,七十年是一个笔划,全部的尘世存在都是一个考验期,他的唯一愿望的丧失是某种你必须对之有心理准备的东西,如果你要与他发生什么关系的话,因为就像永恒者一样,他对时间有着一种全然的观念并且对那找他的人说:"是的,现在还没有到这一瞬间,稍等一下。""等多久?""哦,七十年。""我的上帝啊,这样的话,一个人在这段时间里已经可以死十次了!""当然,这是我的事,如果没有我的意愿,不会有任何一只麻雀落到地上,"[139] 于是明天,明天很早。"这就是说七十年,因为既然一千年对于他是一天,[140] 那么七十年恰恰就是一小时五十六分三秒。[141] 对手的思维结构就是这样的;他认为相对于此的任务是:不要对上帝恼怒,因为上帝是伟大的,但要记住他自己是卑微的,不要与上帝争执,因为上帝是永恒的;他这样认为,因为无论如何,这绝不会成为什么错误,固然这是现世的人身上所具的悲惨,他是乌有,他的任务是忍耐,他的任务是不要去打扰自己的唯一的爱——这爱是幸福的,他的任务是不要去浪费掉那唯一的敬仰之心——这敬仰是得到了祝福的,他的任务是不要去放过那唯一的期待——这期待忍耐着,正如这任务说到底就是忍耐。现在,如果说他的思维就是这样的,那么我们由此就可以得出这样的结论:如果一个人有能力把自己与他的关心置于一个"上帝之关系"之下,那么小学生的那一句"向上帝起誓"就成为了绝对的,他同时被绑定在时间和在永恒之中。当然他有着足够的审慎让自己不去把每一个擦肩而过的人的嘴里说出的这句话当一回事,但他却是与那个女孩绑定在一起的,而她则不会对自己使用"发誓"有任何疑虑。他知道:她嘴里的说词是感叹语,她根本就不会觉得自己与之有任何宗教方面的约束关系,因为在总体上看,她只是处在"愿望"的、"愉快的东西"的和"不愉快的东西"的辩证之中;他知道这个,但他的这一"知道"根本帮不上他什么,他必须依据于自己的"上帝之关系"为这要求去付出,直到付出他的最后一文钱。[142]

在这一错误关系之中有着某种很深的喜剧性成分。每一个人都可以向上帝发誓,[143]这不受禁止。在一般的情况下,人们习惯于使用伦理的范畴来判断这发誓者的行为,他到底是诚实的还是虚伪的。但是,这种操作方式有着根本上的局限,并且会造成很多错误,因为这样的一个个体人格当然也可以仅仅只是喜剧性的。对此,我无法有别的理解。即使我举出一个意义更重大的例子,这种考虑也是同样有效的。在福音书中,那个法利赛人被描述成一个伪善者,[144]只有在他感觉到自己比其他人更好的时候,事情才确实如此;相反,他所说的其它东西,如果我们想要对之有所想象的话,马上就显得极其滑稽。让我们想象一个个体的人,他在祈祷之中与上帝说话,但却想到要这样说:我一星期斋戒三次,支付十分之一薄荷和香菜。[145]这是极其滑稽的,正如那躺在深渊里自以为是在骑马驰骋的人。[146]就是说,这法利赛人以为他是在与上帝谈话,而与此同时,他所说的东西则很明确而清晰地表明,他是在与他自己或者与另一个法利赛人谈话。比如说,如果有一个这样的酒馆老板想要站在教堂里并且这样与上帝谈话说:"我和其他按法定斤两标准售货[147]的酒馆老板不同,我给的货物总是超过应有分量,另外我还在新年的时候给顾客财物作礼品",那么,他不是什么伪善者,但他很滑稽,因为很明显,他不是在和上帝说话,而是作为酒馆老板在和他自己说话,或者在和其他某一个酒馆老板说话。因此,我们绝不要去为一个愿望而呼唤上帝的帮助,因为那样一来,我们就被绝对地绑定了。就是说,如果,如果这愿望没有被实现,那么,上帝和我之间则绝不因此而两讫,因为,愿望能否实现必须让上帝自己决定,但我则必须遵守我的诺言,我必须在每一个瞬间坚持这一点:这曾是并且继续是我的唯一愿望,如此严肃,如此永恒,我的唯一愿望,以至于我敢冒险为之给出一个宗教的表达。也就是说,如果我过一段时间又有了一个新的愿望并且马上又去寻找上帝帮忙,就像是惶惶不可终日的父母去找医生而其实孩子什么病也没有,那么,这算什么呢?这其实就意味着我愚弄了上帝,并且还展示出:我是一个滑稽的个体人格,根本成不了一个伪善者;设想,把对上帝做祈祷当成了拍打着爸爸的脸颊说:bitte,bitte(德语:

请;好不好嘛?)

报告到此结束;我的理解力获得了它所应得的东西,现在我不欠它什么了。现在,来吧,待在我这里,你,我所钟爱的痛楚!从外在的意义上说,她现在不可以是我的(或者,这可能吗?哦!如果这是可能的话!),但是,这样一种想法,"在精神的意义上她不会处在我所在的地方",令我全然困惑。难道一个人就无法理解另一个人吗?难道在"那宗教的"之中就没有任何平等性吗?——为什么我拖着她与我一同进入这激流,为什么我弄出这样的一个后果,让一个女孩的存在弄出一个尺度来,这只会把我们两个人都打扰了!好吧,现在已经太迟了。尽管一切都很顺利,就是说,她确实自己设法走出了悲惨境地,或者,她从不曾如此深陷其中,可是,"那宗教的"对于我来说仍是"生活中的真正意义",这样,如果她只是在现世性的各种定性之中得以痊愈的话,那么我就会因此而感到惊恐不安。[148]如果一个人没有这样的一种担忧,那么,要作为一个被选者退隐到毫无意义的光辉荣耀之中,这就很容易;但是,如果我的(如果在世人的眼中是如此)宏大的尺度打扰了她的生活,那么,她就又以自己的尺度来抓住我,尽管这会是小的尺度,带着她的小尺度的她对于我来说是一个至高无上的统治者,因为,没有她,我就无法完成任何人生观——既然我是通过她而设身处地去念及每一个人。没有什么对人类的特别了解,这成了我的安慰,并且简直就是我对生活的战胜,我出离了生活的各种差异之后的安息:你可以在每一个个体人格中要求"那宗教的"。而在这里,我则碰上了一个个体人格,我不知道我是否敢去要求"那宗教的",我不知道这样做会不会是不对的。但在另一方面,如果一个唯一如此的个体人格存在,如果宗教性因而要与天赋和才能齐心协力,那么我就无奈了,因为这一想法其实是我生命的想法,它给予我磊落,使我不去忌羡有名望和才华的人,它给予我心灵的安宁,如果有人在外在的意义上比我更惨,这安宁使我不会面对这人的悲惨而惊慌失措。

继续。如果说到底她也许更多地是仰慕我而不是爱我;[149]如果她心怀这样一种可悲的想法,以为我是什么伟大的人物。那么,对于她来说,现在要克服这样一个印象会多么艰难?——她也许曾沉醉于幻想之梦以为我崇拜她。她被如此羞辱,这则又是我的过错!如果一个人不具备一种这样的担忧,那么,我就很容易能理解,"加入名流非凡之列,成为许多人的关注对象",这样的想法会诱惑着他;但这想法并不对我构成诱惑,我愿像队列中的士兵,与其他人没有区别。

因为怕她会误解这一点而想要冒险进入无限,我甚至不敢赋予我的外在存在一种真正宗教性的表达。她做不到,她还不能够做到。那将要拯救她的,是某种现世性之健康,我最初是这样想的,我现在还是这样想。我确信,甚至是在最决定性的瞬间,在我将分离置于我俩之间的时候,她也领会不了"放弃"。要么她是相信:现在我死了,然后一切都成为过去;但这不是放弃;要么她完完全全就是直接地希望着,但这不是放弃;要么她依据于她自然的健康独立于自身并且在热情火焰的激发之下恰恰想要在当下就把握住现世性,但这不是放弃。

那么,安静。关键是要尽可能地不具意味。每一个出自我的暗示都只会是一种打扰,而一切之中最危险的则是,它也许会在一瞬间里起到帮助作用。然而她必须受到刺激,这样,这承受痛苦的状态就不会变成一种日常。承受痛苦的状态,我其实并没有确定地知道,她是否承受着痛苦。

反思则是绝不会枯竭的。它的行为就像雷盾:它所使用的是同样的一些队伍,[150]但是在这些队伍行进过去之后,就弯进一条岔街,换上另一套制服,然后队列行进的仪式继续着,——由这数不清人数的队伍构成的行列。

二月十二日。早上。

一年前的今天。在我为她朗读某一段宗教文本的时候,她毫不分神地听着;我自己在"那宗教的"的方向上得到了越来越深入的发展。我还不能够赢得足够的随意来更具爱欲性地表达出恋爱,我也无心去这样做。首先是艰巨的努力，恋爱的享受则无疑要在以后才到来。

若是我没有把这一切弄得太宏大，若是这一切对于她来说不是太严肃，那就好了。尽管所有宗教的阴沉和严厉对于我的本性来说是陌生的，特别是相对于她，——她的在场使得我尽可能地温和。

然后，我也更轻松地与她说话；我进行交谈。确实，这交谈对于我来说有着一种魔力，一种我从来就不曾预料到的魔力。在我想着未来的时候，这是怎样的一种欢愉啊！因为这交谈在我的眼里继续有着某种如此吸引我、如此令我的灵魂振作的东西，以至于我除此之外再也不需要任何别的慰藉。她等于就是完全没有反思，但是她也不聊天，她说一些她所想到的事情。我的反思马上就抓住她所说的东西，一点小小的修正，并且，我将之移置到我的层面上，这样，交谈就变化了。这时，她以自己直接的方式来表述出一些什么，一点小小的修正，有时候只是一种语调的变化，我因她所说的这些东西而感到心满意足并且获得一种乐趣。她却搞不明白，她所说的这样一句话怎么会让我觉得如此有趣，但看来她确实享受着这种洋溢在交谈中的隐约的兴奋。[151]她表达着自己，这为她带来满足，然后，她惊奇地看见自己的表述居然成了一种如此重要的对象引起我的关注；于是，我在她的表述之下领会出一小点反思，加上去，为她感到欣悦，——于是我们两个人都获得了享受。看来，我确实在发现：我身上有着一些质地，它们能使我成为一个很好的丈夫；我有着对琐碎小事的感觉，我有着对微不足道的东西的记性，我有着为事物加上一小点意义的能力；天长日久，所有这一切都是很有裨益的。如果我知道，我应当怎样成为一个模范丈夫，那就好了，那样的话，我绝不会让自己在这方面少花一点时间或者工夫。但不幸的是，我有我的内闭症，这是我根本上的缺陷；我总是不彻底，这对于我来说是一杯我不得不喝下的苦汁。

二月十三日。午夜。

如果会有什么事情发生的话，那就好了。一星期又一星期地让自己的灵魂保持在迷醉状态,让无数反思全都处于随时进入跳跃的状态,让一切都准备就绪,在每一个瞬间里准备就绪,因为你无法知道"这是不是要被用上"、"这在什么时候要被用上"或者"这要被用上的东西是什么"!

今天我看见了她。她很苍白。哦!如果一个人的灵魂充满了恐惧,如果一个人通过这种恐惧感觉到各种征兆,那么,这样的一种苍白就能够获得一种意义。麦克白暴跳如雷,只因为那个带着不祥讯息到来的信使是苍白的;[152]但在这里,这苍白本身就是讯息。然而,来自医生的讯息则表明了,她在总体上状态良好,至少我在汉森家听到人们是这么说的,——当时医生在场,并且人们谈论到她;我基于与她家的关系和医生的在场而有了一种疑虑,因此反复地问着这些话:这状态如此良好的人是谁(医生就在我问的时候刚刚说了"状态良好"),这时,大家都挺尴尬的;我多少有点挖苦地说:"如果一个医生自己因为说了他极少说出的'她状态良好'而感到意外的话,我不会因此而诧异,但是这到底是谁?"于是这医生回过神来回答说:"啊!那是弗雷德里克森夫人。""我的上帝,"我回答说,"弗雷德里克森夫人,她生病了吗,就是那位其丈夫曾在斯堪德堡[153]任城市长官[154]而后又被调离到这里来的弗雷德里克森夫人吗?咦!挺奇怪的……"然后又说了一些诸如此类的话。然后我又同这尊敬的一家人和医生聊了足足一刻钟,关于这位女士。很明显,这处境对他们来说是尴尬到了极点。然后医生就走了,而我则开始聊起关于这医生、关于让他作家庭医生的许多家人家,但是我说我一直都不知道他是弗雷德里克森夫人的医生。在这医生还在场的时候,我一直都不敢这么说,因为很有可能他说的是真的,但这家人也许并不知道这个,而相反却知道那是他所找到的一种托辞。这样一来,人们绝不会缺乏交谈的话题。但他们一开始确实是在谈论她,我对此很肯定,因为我知道,半小时之前医生就在她家,并且毫无疑问就是离开她家直接来了这里。因此这是来自医生的讯息。相反,我看见她脸色苍白。要在一个现象相对于观察者而发生着变化的时候去观察这现象,这是怎样的一种折磨啊！

　　有一段时间，她曾经想要成为一个非凡的人，——艺术家、作家、艺术大师，简言之，要在世上闪光。这当然是可能的，至少在心理学意义上这样的说法是对的：一个不幸事件可以是这一方向上的一种决定性推动。也确实，我从不曾弄明白，她是怎么会产生这样的想法的，她怎么会如此地误会她自己：正如她是如此可爱，在同样的程度上她也是如此地不具备特别的才华。如果在她身上是有着才华的话，那么我无疑是会发现这才华的，因为我的沉郁会马上在那之中看见一种更大的痛苦，因为这样一来我就会明白，她必定会有着对生活的各种极大要求。但是一场灾难无疑能够改造一个人，这也许是她灵魂里的一种有效的预感，这种愿望，这种渴求。我没有明白这一点，这又有什么奇怪的，我就是这样的一个人，在我最初的青春期，我一直生活在持续的矛盾之中，一方面在我与"单个的人"的关系之中，我似乎是极有天赋的，而另一方面，在我平静的意念之中，我则确信，我一点用处都没有。

　　我清闲而自由，独身无业，既不是任何男人，也不是任何女人，也不是任何生活关系的奴仆；我躺在水边我的小船里，想象着外面会不会有什么现象显示出来。如果她能够以这样一种方式作为一种景仰的对象出现，这就很适合于我，这就是我能够想象的最幸福的存在了：隐蔽地看着她受景仰，隐蔽地把最后剩下的一点想法和最后一分钱作为赌注押上，这样，这景仰就能够欢欣雀跃。怎样的急不可耐啊！它已经在我内心之中沸腾起来！我能够对人进行说服劝诱，我能够撒谎、论证一切、奉承、与一个记者握手，甚至自己日夜写文章，——不管怎么说，景仰是可以用金钱和睿智来购买的。我放弃一切，我的幸运会是"隐蔽地能够为她工作"。在这目的终于达到的时候，在痛楚强化了她的灵魂的时候，在幸运、宠爱和奉承都在竞相为这受关注者作装点打扮的时候，在她的灵魂膨胀到极度骄傲的时候，——并且她盛气凌人地从我面前走过，这时，我敢安静地看着她，我的目光不会打扰她，因为生活恰恰是在维护着她来反对我。

然而,人还是需要有一点赖以坚持的东西。我不会马上再去追寻匿名小说,上次那本让我在我的幻觉里真正地感觉到可笑的东西。如果说我没有从中学到别的东西,那么,我还是多少明白了一点关于评论是怎么一回事。在我想到关于评论工作的时候,我从来都无法让自己严肃对待这想法,而只会是有一种最淡漠的怀疑,怀疑她可能是作者(因为传言说作者是一位女士[155]),我启动了一切来让人们相信,这是一部非凡出色的作品。

二月二十日。早上。

一年前的今天。不,除了"我使得她不幸"之外,我无法有别的理解。在我们之间有着峡谷般巨大的错误关系;她不明白我,我不明白她;令我喜悦的东西无法让她觉得喜欢,令我伤心的东西不会让她感到悲哀。然而我已经开始了,所以我忍耐着,但是我想要真诚。我向她承认,我把她与我的关联看成是她那方面的牺牲,我向她请求原谅,因为我把她拉进了激流之中。我无法做更多。我确实是做梦都不曾想到,我会以这样的方式在一个人面前羞辱我自己。当然,现在看来,我不是在她面前羞辱自己,而是在这关系和这伦理的任务面前;然而我却不得不克服我自身,以便去对一个人说这个;而如果我说了这个,那么我的心境就不是在开玩笑这么说。在根本上,这没有什么大用处,因为,既然她一句话都不会知道,那么,她就不会自己弄明白这个,而在这里则仍是错误关系。

二月二十日。午夜。

我在豪瑟尔广场[156]看见她。一切如同平时。她如此频繁地见到我,这是一种幸运。我自己知道,为了见到她,我从不出离我的路线,一步之差也不会有,我不敢有这样的偏离,我的存在必须表达出绝对的无所谓。如果我敢有所偏离,如果我没有我的忧郁恐惧症的病态敏锐来监视着我自己并且预感到可能性,我也许早就把我的住处安排到离她很近的地方了,只为强迫她看见我。对于一个处于她的状态的女孩,再也没有比"避免见面"更危险的事情了,"避免见面"就是在给予想象力做梦的机会。

她必须受到刺激,这样她就不会在惯性中变得倦怠,既成不了这个也成不了那个,既不悲伤也不胜利。现在,事情看来会成功。我与乡下一个朋友的书信交往,就是说,与一个我并不信任的人的书信来往,被拷贝抄送到一个令我心烦的知密者那里。自然,在我朋友的那一边,他是有着保持绝对缄默的承诺,并且,他又书面抄送将之托付给他在霍尔贝克[157]的情人,他也对她提出了对此保持绝对缄默的要求,这样,这件事就在进展之中,并且有着最快的速度。有时候人们抱怨邮政机构的缓慢,——在一个人如此幸运地能够让一个朋友的女友捎带这些信件的时候,于是事情就进入了最快的速度,我想象她步行跑到首都,只是为了把消息捎给她,那个应当得到这消息的人,向她炫耀自己的秘密。当然,如果你有这样一个朋友,关于他,你确实地知道,他会辜负你托付给他的一切,那么在这个世界上,他就是最可靠不过的了;他会是最可信托的,只要你当心着你所托付他的东西。如果想要请求一个朋友去说这样那样的事情,这是不可靠的,但是如果你在让他许诺不传出去的情况下把你想要让他传出去的事情告诉他,那么,你就有了保障,因为这事情随后肯定会被传出去。另外,这也是一种罕有的幸运,如果一个这样的朋友又有一个朋友而这朋友的朋友又有一个女朋友的话,于是这事情就会以闪电的速度被传出去。我的书信就是这样地借助于友情而得以传递的。

一个人所承受的痛苦越多,我相信,他所得到的对"那喜剧的"的感觉就越多。只有通过最深刻的苦难,一个人才会在"那喜剧的"之中获得真正的控制力,用一句话来说,"那喜剧的"像变戏法一样地把那被我们称作是"人"的理性生物转化为一个 Fratze(德语:扭曲的鬼脸)。这一控制力就像一个警察,在他突然抓向自己的警棍并且不容忍任何废话或者对道路的阻塞的时候,所具的那种自信。被警棍打了的人抗议,他提出反对,他想要得到作为公民应有的尊重,他要求诉讼;在同一瞬间,警棍的下一击紧接着就过来了,这是在说:请走开,不要停留。也就是说,"想要站定"、"抗议"、"要求诉讼"等是一个悲惨的可怜虫"想要认真地确定出什么东西"的尝试表达,但是"那喜剧的"则让这家伙转过身来,就像这警察让他转身,从背后观察他,借助于警棍来使得他变得具有喜剧性。

然而,这种喜剧的元素要经过如此的痛楚才能够获得,以至于一个人不可能真正地想要它。但是"那喜剧的"强行渗透进我,尤其是每一次在我的痛苦将我导入与其他人的关系的时候。

这书信包括了关系到我的爱情故事的秘密讯息。全都是正确的,尤其是一些名字和年份和日期,其它则大部分都是虚构。我完全确信,她自己不可能会对我及我们的关系有一种可靠的解读;在这方面,我在她那里对这事情进行了太多的混淆,将之弄成了一个可以意味了随便什么你所需要的意思的巫术簿夹子。[158] 一切都必须由她自己来得出结论,并且她绝不可拥有一种来自我这一边的本真解读,因为,否则的话,她就永远都不可能痊愈。她完全有可能重新找到自己,这是我对她的至高愿望,并且,我愿为此承担一切风险。只需唯一的一小点可靠指导就已足够,就足以让她能够在宁静之中保存下[159]一个她不可以保存的对我的印象。

这是算计好了的,我对我这两个月的总结,我的确实并不漂亮但却与我性格相符的远离,会让人觉得我是一个堕落的人。这是首要的解读。就是说,这样一种解读使得她的痛苦在同一瞬间里变成完全的自怜,避免了所有同情,这使得她的痛苦对于她完全不会变得有辩证意义,就仿佛她有着什么不对的地方,有着什么可指责自己的事情。现在要向前走的是同一条路。接下来又有什么会是最具刺激性的呢?我想,哪怕是一个这样的无赖也不会不对这可怜的女孩怀有一点同情心吧。一个恶棍确实站在"那善的"之外,但是,如果他无耻到了想要通过一种特定的几乎是护花使者的同情来与"那善的"进行沟通的话,——那么我就只能说,我再也没有见到过比这更让我反感的事情了。那种秘密的作伪恰恰有着这种同情的烙印。它没有激情,但有着礼貌的形式。为了让心境处于正确的状态,我在我书写的同时不断地想象着一个曾牙疼或者正牙疼着的人,你会不无同情地为这个人的身体状况担忧。

另外,写下这一切,这是一件令我厌憎的事情,不是因为她的缘故(因为我的希望是:这会对她有好处),而是因为那些经手人的缘故,而这之中又有一个完全特殊的原因。我确信,我以一百对一打赌,所有这三个人在读了这信之后都会说:"哦,他倒是不像我所想的那么糟糕,他倒不是没有同情心。"在与伦理相关的方面,人们如此地被愚蠢打倒,这真是不可思议。借助于这样一种无耻,无耻得足以想要让自己是最可鄙的,你就成为一个完全正派的人,几乎就像大多数人那样;因为,我的上帝,很多人都曾经历过一段爱情故事,都曾让一个女孩坐着等待,但是,如果你还是有一小点同情心的话,那么,你就是一个很好的人了。"做一个恶棍"不算是那么毫无希望;拯救还是可能存在的;但是以这样的方式"能够展示同情",则无疑证明你损坏了你的灵魂。[160]

现在休息一下。我把我的每一个想法都从阴谋的努力之中抽出来,我只将我的想法用于她、用于我的忧虑和我的愿望。我不想被什么东西打扰,但我也想去做那被我视作是义务的事情。如果说"为一个美好事业的缘故而在世界里作一个愚拙的人"[161]是对的,那么,看来我们就也能够为"耍阴谋"作辩护了,或者更确切地说:如果我尚未让自己去尝试所有手段的话,我怕自己以后会有焦虑和懊恼。我并不太相信各种阴谋,不是因为我没有尽我的全力算计出一切,而是因为这事情对我来说很重要。

哦!混杂的痛楚!我们分离得越来越远了,在我们之间有着一生的距离,而如果她脱离了我,那么,对于我来说就仿佛是在我们之间有着一种永恒之隔。这就仿佛我是在侍奉两个主[162]:我尽一切努力来让她脱离,来消灭隔在我们间的一切,于是我也约束起我自己的灵魂,这样,我的灵魂就能够让自己保持在愿望的顶尖,这样,我的愿望——如果它在什么时候有可能得以实现的话——就会在她永远地为我而迷失的瞬间里同样地熊熊燃烧,正如在从前、在一切都有益于我们的关系的时候,正如在最强烈的一刻、在她跪在我脚下祈求的时候。在你还年轻的时候有愿望,这不难,但是,在秘密的怨恨、在死亡的恐惧销蚀着你的力量的时候,仍然让灵魂保持在这愿望之中,就不是那么容易了。在马还年轻而强劲并且能够喷鼻的时候雀跃胡闹,这不难,不这样倒反而更难,但是,在马已经疲乏、在它蹒跚向前、在它跨出每一步都仿佛要倒下的时候,在这时要雀跃胡闹,则是这马所无法做到的。但是,精神使人活着,[163] 就像一个老国王曾说过:一个国王可以死,但他不能生病,[164] 那么,我的安慰则是:我能够死去,但我不能够变得疲乏。因为,什么是"有精神却没有意愿",什么是"有意愿却不是无限量地有意愿",既然一个不是无限量地有意愿而只是在某种程度上有意愿的人根本就不具备意愿?

二月二十八日。早上。

一年前的今天。只是勇气和忍耐力。我应当与她一同达到"那宗教的",这是一种给生命以保险的保障,唉,或者这只是一种谨慎,就像去支付寡妇抚养金保险。[165] 另外,我能够用熟练的技巧来做一切,并且使得这技巧得到越来越大的发展。她的青春要求我做出我的所有努力;我竭尽自己的可能来使自己焕发青春。我想,这是成功的。几天前,有一个男人这样说我们,他说我们是一对订了婚的年轻人。很明显,我们也确实是如此:她的依据是她的十七岁,而我则是由于我所使用的人工腿。欺骗成功,正如我一直欺骗得很成功。因为我很少能够成功地直话直说,但间接而欺骗的表达则有着无限的成功。这在我就好像是一种天性禀赋,一种与生俱来的反思状态。但是我也学会了某种别的东西,我从根本上学到了"那喜剧的":一个有着假腿的年轻未婚夫！我觉得我自己就像是格力布斯考普上尉。[166]但这一喜剧,我的秘密,却不是什么玩笑的事情。我不怕努力,因为我因她而感到欣喜;但是我怕误解。

二月二十八日。午夜。

所缺的只是:她寻找我;这是很明显的事情。于是,我是与空气斗了拳,[167]她必定是有着一种剩余的同情感应,一根还能够由我在之中感应性地使得她痛苦的神经。[168]她肯定还不曾获得秘密的信息,我想到了要发送这信息,这确实是幸运。在我的表情里,她什么都发现不了。我的脸不是什么《广告时报》,[169]或者,就算是的话,这也是一些过于混杂的告示,它们是如此混杂,以至于没有人能够弄清楚它们。

上星期三我就明显地留意到了:这是第二次,是一个星期三,我在豪瑟尔广场看见了她。她在以前就知道,我每星期三都会在四点钟准时地走过这条路;她知道,我和一个住在这里的人有生意要做。如果她寻找我,我就敢为我自己作见证:我丝毫不曾偏离出我的路去寻找她。这几乎是要令人发疯,我如此焦虑,唯恐自己做出任何能够引起她怀疑的事情,我的焦虑却让我做出这样的假设:她就像我一样地敏感于最微不足道的事情。

我必须对此做出调查。四点差五分,我在豪瑟尔广场走进黄金首饰店。[170]确实如此,两分钟之后,她就来了。她走得很慢,四处看看,转向山楂树街[171]的方向;我通常是从山楂树街走出来的。就其本身而言,这是一个绝妙的主意:在街上相遇;在街上,偶然性总会有一种现成的解释。但是,自从我与她分开后,我就与那种被人称作是"偶然机会"的力量展开了一场不停顿的战争,以便尽可能地去除这一力量;这一战争无需军事力量,但尤其需要记忆,一种与"偶然机会"本身一样地琐碎的记忆。我迅速地跑出首饰店,绕过苏姆街。[172]完全就像往常一样地,在四点钟准时地山楂树街走出来。

我们相遇,相互擦肩而过;她稍稍有点尴尬,或许也是因为她有点焦虑,为自己走上这条被禁止走进的路而焦虑,或者因为她因勘察地形而疲惫。她很快地收回自己的眼神并且避开我的目光。

于是,至少这就很清楚了,我的机关算尽基本上没有什么效果;但至少这也很清楚:她还是有力量的。

我没有什么可做的。我每星期三准时在四点钟到豪瑟尔广场。让自己不出现,那是完全不谨慎的做法。我想,我从不曾如此准确地计算时间,就是在这个时间点特别准时,唯恐我到得太早或者不到场会引起她的怀疑,让她觉得我是在等她或者避开她,这两者会以不同的方式证明同一件事:我关心着她。

三月五日。早上。

一年前的今天。没有任何新的征象。在一种更为光明的前景向我展示出来的时候,在我觉得一切都会成功的时候,在一种喜悦的想法在我的灵魂里闪烁的时候,我就马上跑到她那里去。我确实年轻,年轻得就像是一个在青春期状态中的人。在这样的一些瞬间,我不寻找任何迂回的道路,我带着思念之迅速奔过去,以便能够与她一同欢欣。如果事情一直是如此的话,如果我能够如此,不管我会为此付出什么样的代价,那么,结婚都可以是一件容易的事情。

我不知道,在一种更深刻的意义上,她的情况怎样;我也不想知道。我也不想逼迫她或者让她感到意外,但是,她谨慎的保留态度让我感到诧异,这种保留态度多少是不自在的,就仿佛她害怕我的批评,批评她的言谈没有足够的才华。我的外在天性使我们间的相互理解对于我而言变得如此麻烦。

三月五日。午夜。

所罗门[173]的梦[174]

我们都知道所罗门断案,[175]它能够把真相与欺骗区分开来,并且能够使得这断案者作为一个智慧的王公为世人所知;但所罗门的梦则没那么有名了。

如果有任何同情的苦恼,那么这就是:不得不因自己的父亲而感到羞耻,因自己爱得最深、亏欠得最多的人而感到羞耻,不得不背对着他地靠近他以避免看见他的不体面。[176]然而,又有什么同情之祝福是比这更伟大的?——这:敢于去爱,因为这是儿子的愿望,然后再有这样的幸运,敢于为他骄傲,因为他是唯一被挑选的人[177]、唯一被标志出来的人、一个民族的力量、一个国家的骄傲、上帝的朋友[178]、未来的应许[179],在生活中得到赞美,通过他的记忆得到盛誉。幸运的所罗门,这是你的命数!在特选的民族[180]之中(属于这特选的民族就已经是荣耀了),他是国王的儿子(令人羡慕的命数),国王的儿子,列王之中的特选!

这样,所罗门幸福地住在先知拿单那里。[181]父亲的力量和父亲的业绩并不激发他去建设大业,因为没有这样的机会被留下,但这激发他去赞叹,这赞叹使得他成为诗人。[182]如果说诗人几乎是羡慕自己的英雄,那么这儿子就在自己对父亲全身心的爱中获得至福。

然后,有一次,这少年去拜访自己的国王父亲。在夜晚,他因为听见他父亲睡觉的地方有响动而醒来。恐怖占据了他,他怕有坏人想要谋杀大卫。他潜身靠近,——他看见了心碎的大卫,他听见绝望的哭叫出自这悔者的灵魂。

他无力地重新摸索回自己的床。他入睡,但他无法休眠,他做梦。他梦见:大卫是一个不敬神的人,被上帝抛弃;王座的权威是上帝对他的愤怒,作为惩罚他不得不身穿王袍,就在主的公正[183]隐蔽地对有辜者作出判决的同时,他被判处"去统治"的刑罚、被判处"去听人民的祝福"的刑罚。这梦隐约地暗示着,[184]上帝不是虔诚者们的上帝,而是不敬神者们的上帝。你不得不作为一个不敬神的人以便成为上帝所挑选的人,梦的恐怖就是这一矛盾。

就在大卫带着破碎的心躺在地上的时候,所罗门从床上站起来,但他的心智被碾碎了。在他想到"什么是'上帝所选定者'"的时候,恐怖抓住了他。他隐约感觉到,"圣者与上帝的亲密"、"纯粹者在主面前的正直"都不是解释,而"隐秘的辜"则是解释一切的秘密。

所罗门变得有智慧,[185]但他没有成为英雄;他成为思者,[186]但他没有成为祈祷者;他成为传道者,[187]但他没有成为信仰者;他能够帮助很多人,但他无法帮助自己;他变得放纵情欲,而不是忏悔;他消沉颓废而没有振作起精神,因为意志的力量已经消耗殆尽,因为意志力量所承受的是一个少年以自己的力量所无法承受的东西。他蹒跚地走过一生,被生活颠簸着,坚强,超乎自然地坚强,这就是说:在想象力鲁莽的痴愚和奇妙的虚构这方面,他像女人般地虚弱,而在对思想的解说上,他颇有才华。[188]但是,在他的本性之中有着一种分裂,所罗门就像那种无法支撑自己的身体的病弱者。他像一个无力的老人坐在他的后宫里,[189]直到情欲醒来,他喊叫着:敲响手鼓,为我跳舞,你们这些女人。但是,在东方的女王[190]被他的智慧吸引来拜访他的时候,这时,他的灵魂是丰富的,就像昂贵的没药从阿拉伯的那些树上流下,[191]智慧的答语从他的嘴唇间流出。

三月七日。午夜。

在过去的这个星期三我没有见到她。想来她现在已经得到了秘密的讯息;这讯息确实是秘密的,它被托付给了弱点和不诚实。或者,她也许是更早或者更晚地到了,我不知道,因为我一如既往地准时到达,既不早一分钟,也不晚一分钟,在速度上一次与另一次没有更快或更慢的区别。我不敢有所不同。只有那具备关于"利用最微不足道的细节"的睿智和狡猾的概念的人才会明白,这样一种对"最微不足道的细节"的苦行式的放弃会意味了什么。

我的头脑是疲倦的。哦!但愿我敢让自己投入到安息之中、为自己吟唱安眠曲让自己进入忧伤的回忆。哦!但愿我敢像一个死者那样去掉痛楚而回忆曾是美好的东西。但是我不敢,因为在我这样做的同一瞬间,我就是在欺骗她;我不敢,因为我活着,不管怎么说,我还仍是在这情节之中,这戏远还没有到结束的时候。这戏没有结束吗?对于我,它确实是没有结束;因为后来的事情绝不是尾声,乃至更确切地说,订婚倒是序幕,这出戏始于婚约的解除。然而,并没有什么情节,什么都没有发生,在可见的和外在的事物里,什么都没有发生,我的所有努力都是为了不让我去行动,但却 κατα δυναμιν(希腊语:根据可能,潜在地)让我保持在行动状态中。所有这一切都是为了什么呢?为什么我这么做?因为我无法有所不同;我这么做,是为理念的缘故,为意义的缘故,因为我无法离开理念[192]生活,我无法忍受我的生活丝毫不具备意义。我所做的无事,[193]倒是给出一点意义,所有别的努力,忘却、从头开始、与一个朋友碰杯以及与一个志同道合者称兄道弟喝交杯酒,对于我来说都是不可能的,尽管我很清楚地知道,这样[194]人们就会觉得我的生活有着一种深刻的意义。也许错误是在我的眼睛里,[195]但我从来就不曾见到过一种这样的友谊,在之中一个人燃起另一个人心中的火焰去为一种关系到个人存在的理念冒至高的风险,[196]但我无疑是看见了,因为这另一个人(ὁετερος[197]/希腊语:另一个人)不具备这样一种每一个人在一段时期在自己内心深处私密地拥有着的谦逊,然后,我看见了,他们的交往教会了两个人都去讨价还价,而不是认真地把世界当一回事。只有一种上帝关系才是真正理想化的友谊,因为在上帝的想法所渗透到的地方,它区分开意念和各种想法,并且,不是通过闲聊而达成理解的。

我做这一"无事"[198]和这一"一切事",因为这是我的自由的至高激情和我的存在的至深必然。如果西门·斯蒂利塔[199]曾以某种方式能够把"站在一个高柱之上并且以那些难度最大的姿势来鞠躬并且惊吓走睡眠并且在平衡的危机之中寻求恐怖"引入与"关于上帝的想法"的关系之中,那么,在我看来,他这样做就做得很好。他的错误是:他在人类的眼前做这些,并且,不管怎么说,他还是一个舞女,他还是像舞女一样地在地板上以最艰难的姿势鞠躬,寻求观众的掌声。我从不曾这样做,但我无疑是与他有同样的做法:我惊吓走睡眠并且扭动着我的灵魂。

这不是我身上的反思病狂,因为在这全部过程中,我的首要想法对于我就像天光一样明了:尽一切努力解放她,并且让我自己保持在愿望的顶尖。我不会在每一天都找一个新的意图,但相对于意图,我的反思则肯定能够找到新的东西。如果一个男人想要在世界里变得富有,如果他坚定不移地保持着这种想法,在计算形式里算计一切,却不改变自己最初的计划,这是不是反思病狂呢?如果他坚持自己的决定,但在他看见这一切以一种方式无法成功的时候,他就选择另一种方式,这是不是反思病狂呢?如果我是反思病狂的话,那么我早就已经会在外在的关系中做出行动并且中止我的意图:让自己保持完全静止但却有着绝对的警觉。确实,只要我像那些伴新郎的童女中的一个那样地清醒着,让灯保持亮着,[200]并且另外还能够让我的灵魂没有激情,那么事情就容易得多,但我不敢如此,因为,如果那样的话,我就会不知不觉地被改变,而不是带着激情的伸缩力让自己保持在愿望的顶尖上完全不变。这种不变也是我所想要的;如果我被改变了,那么这改变就是违背我的意愿的;感谢上帝,直到目前这一天,这变化尚未发生。

三月九日。早上。

一年前的今天。没有任何新的征象。我们处在什么阶段,我不知道,我不想急于去做任何探究。

三月十五日。午夜。

昨天我也没有见到她。也许那次在豪瑟尔广场的相遇只是一个偶然事件,或者,也许她想要摆脱对我的关怀,这也许就是一次尝试。也许她收到了我的秘密讯息,也许它根本就没有起到刺激作用,而只是使人消沉;也许她最终选择憔悴,让自己在宁静的悲哀的镇痛作用中得到麻醉。设想她移居农村,设想她不想生活在旧环境里;无法忍受,但却想要为"她受到了冒犯"给出一个强劲的、一个决定性的表达;设想她成为贵族家的女客或者家庭教师。我的上帝！有一个这样的控制我生死的债务人！不敢提出偿还的要求，并且，这恰恰会是你的耻辱，如果你不敢的话！她也许做梦都不会想到，对于我而言她有着怎样巨大的权力，她决定我生命的方向，她知道这样的一步，就像我所怕的，能够把我撞进最深的绝望。事情就是这样：如果我努力地把她解放出来，或者她自己努力地解放她自己，简言之，如果她又重新成为她自己，那么，我恰恰就会达到这样的转折，考虑到我自己的痛楚，我就能够为我自己的事情努力。我的生命，在我与她结合之前，就像是对我自己的一场酷刑审讯；然后，我被打断了，被召出去，进入到那些最可怕的决定之中；在我完成了我的努力时——如果我完成得了，那么，我就会在我被打断之前的地方重新开始我原先的自己。当然，我知道了远远更为痛苦的事情。如果这事情不发生，她还是保持原状，那么我就是一个乞丐，一个叫花子，是的，一个处于最边远的黑暗[201]之中的奴隶。

然而，她还是说了这样一句话，她会有这样愿望，希望自己是在农村。这样一句话，她说的一句话，一个突发奇想，一个也许她自己也不怎么清楚的意见，就像人们对自己在睡梦中所说的东西并不清楚，就是这样的一句话，对于我已经足够了。我觉得自己就好像是一个刚到上学年龄的小孩子，在最初的语文作业中做练习：按给定的词造句。

今天我偶然地从一个出租马车车夫那里听到，她父亲预定了一辆马车，要到乡下差不多七十五公里外的一家庄园去。他会在那里干一些什么呢？他原本是一个几乎从不曾出离过首都的城墙的人，除非是去骑马，至多也不会超过十公里，他是一个与乡村完全没有关系的人。设想一下，——言辞在我的记忆中鸣响，练习开始了。练习！设想，如果她确实是决定了，设想，如果她想要作受冒犯者，想要让所有人知道这一点，想要绝望并且想要获得一种绝望的标志性形式。

我的上帝！但愿不是如此，别的随便什么都行，只是别这样！该诅咒的财富和尘世荣耀——在世界的眼中伟大或者看上去伟大！但愿我是一个靠救济生活的人，一个可怜的人，那样的话，这错误关系就会是别的了。确实是如此,我在世界的眼里是一个无赖。在世界的眼中……然而,除了是盲目性之外,世界的眼睛又能够是什么别的东西呢?²⁰²什么是世界的判断?我不曾找到过十个"有力量来做严厉判断"的人。或者,是不是我不像从前那样地受人尊敬和注目,难道我不是比从前更多地享受认可吗?"去作无赖或者至少有着一种成为无赖的非凡 ingenium(拉丁语:禀赋)",难道这在世界的眼里不是必需的资格和合理依据?让世界在这两者之间选择吧:一方面是一个被遗弃的女孩,她在悲哀之中低下自己无辜的头并且在乡村里寻找能让自己躲藏的隐蔽处;另一方面是一个在生活舞台上的演员,一个厚颜无耻的家伙,他高昂起自己的头以自己骄傲的两眼藐视一切。它马上就做出了自己的选择。一个男人因为意外伤害而被判一辈子的罚款,但是我,我没有任何对自己的审判。天谴的!我激使人众来反对我,人们高呼"好极了";我等待人们来杀了我,人们抬着我庆祝胜利。我颤抖,我怀疑我是否有勇气和力量去承受世界的审判,我怀疑我是不是要为自己做点什么,稍稍美化一下自己,但是我没有跟跄蹒跚,我拉着倾翻淋浴桶的绳子,²⁰³——世界的审判是极其有利于我的。

但是,别让这样的事情发生,仁慈的上帝,不要让这样的事情发生吧!我绝望,我与你角斗,我向那里奔出去,我再次赢得她,我放弃一切以便用黄金来挑战庄园府邸的荣华,我举办婚礼,我在婚礼日向自己开枪。

然而,我必须去那里;我必须看一下他²⁰⁴想要在那里干什么。唉,我不敢去问别人什么事情,任何事情我都不会去问。在一个人不想与这个世界有什么关系的时候,许诺保守秘密是很容易的;但是,在一个人如此担忧的时候,要保持沉默,那就不是那么容易了!

三月十七日。午夜。

虚惊一场。我坐十六个小时马车走了一百五十公里,我简直就是临近了死亡,因为恐惧和不耐烦,——也因为枉然。我的生命以一种可笑的方式处于危险，——因为枉然。一个笨头笨脑的邮政马车夫睡着了，拉车的那些马乱跑起来。我暴跳地跑出我的车厢去打那个家伙，根本就不考虑他与我相比是一个巨人。但在这样的心境之下，又会有什么事情是你不让自己去做的呢？然后，人们赞美邮政服务机构，以及邮政的额外客运服务！[205]太糟糕了！如果说理查三世想要用一个王国来换一匹马，[206]那么我想，我就会给出我一半的财产来换一对疾奔的骏马。马车夫把我甩在地上。走路是没用的，我不得不道歉说好话，给他一大笔小费，——我们让车继续行驶。

这一切都是一件私事。有一块地[207]空着要出租，在日德兰岛有个人，他有个儿子想要租。这父亲是她父亲的老朋友，他现在去那里弄清楚那地方的条件情况。

一个头脑又怎么能够忍受这事情！这是比大西洋更狂烈的大海，因为这海浪摇摆于乌有和一切之中最可怕的东西之间。

三月二十日。早上。

一年前的今天。没有任何新的征象。这一安全感和宁静感是不是一个好的标志，我不知道；从精神的意义上理解，空气之中到底有没有生命气息，美丽的鲜花是不是在隐蔽之中绽放，或者说天空里是不是有风暴在酝酿着，我不知道；我仍不敢去探究，因为我不想过早地这么做并因此而有所打扰。

三月二十日。午夜。

我根本就没有时间来考虑我自己，然而我的内在生活则是这样一种存在：它能够提供足够多让人考虑的东西。其实我不是宗教的个体人格，我只是有可能通往这样一种个体人格，我只不过是一种有规则而完全地构建出的可能性。[208]剑在头上悬挂着，在生命危险之中，我发现各种宗教意义上的危机，带着这样一种原始性，就仿佛我事前根本不认识它们,带着这样一种原始性,如果它们不是已经被发现了的话,我就必须去发现它们。但现在已经无需这样做了,在这方面,我能够让自己谦卑,约束我自己,就像我有一次安慰一个智力有点迟钝的人,在别人讥嘲地说他没有发明出火药[209]的时候,我回答说,这并不需要,因为火药已经被发明了。但是,从教科书上学到什么并且背诵出作业,是一回事,能够为牧师乃至主教(如果主教来视察的话)作背诵,是一回事,能够像牧师一样地滔滔不绝,是一回事,——在吸收过程中的那种本原性[210]则是另一回事。我不用去教别人,这很好。我带着欣悦,既支付教堂里的志愿捐款,[211]又支付义务性的牧师费,[212]如果一个人如此自信,以至于他敢为授课而收费,那他是幸运的。

作为可能,我是不错的,但是当我在危机中想要去吸收学习那些宗教方面的榜样时,就会有一种哲学意义上的怀疑出现,这种怀疑是我不愿就这样直接地向任何一个人说出来的。关键是吸收之环节。像我这样,在宗教性危机之中预先有着倾向,我伸手去抓范本,但是,看!我根本就无法领会,哪怕我是带着童年真挚的虔诚敬畏着它,哪怕这虔诚不愿让它消失。一个范本诉诸于视觉,另一个诉诸于启示,第三个诉诸于梦。要谈论它,要用想象来点燃这要展示的东西但却又保留住预设前提(这预设前提恰恰牵涉到后来者[213]的吸收之环节),是很容易的,但是要理解领会它,则是另一回事了!

如果一个人能够如此深刻地理解宗教的需要,以至于他甚至能够让牧师听他教诲,同时他又有一种完全与之相应的哲学意义上的怀疑,那么接下来的前景就不是那么美妙了。然而,但愿我能够结束那哀悼之年[214]——因为我将哀悼她(我的哀悼之年不是在天文的意义上被决定的,它可以是五年十年或者我的一辈子,但却是通过她来决定的),在那时我就能够投入这些冲突,然后,事情就会好起来。忍耐,我会坚持到最后,我不会逃避这个,我不想巧舌如簧地使用那些欺骗他人的言辞,那就像学校里男孩们的伎俩:他们在书前面写"看书中间",在书中间写"看书背后",而在书背后戏耍被欺骗的人。我确信,哪怕是在"思"

的关联上，意志也是首要的事情，有十倍优越的能力而没有强有力的意志，也构建不出一个思者，能够及得上能力拙劣十倍却有着强有力的意志的思者：优越的能力会有助于去理解很多东西，而强有力的意志则有助于去理解那唯一的东西。但是，如果一个人愿意并且想要坚持，那么，这并不因此就意味着这个人变成了一个用真假嗓子歌唱[215]着的圣人，——在他沉思生活和存在和世界史的过程的时候，他就看见并且，看！这是如此奇妙![216]只要让他看存在和世界史，看：这是多么奇妙啊！在我看着他的时候，我确实看见：这是一个傻瓜，就像那在布道台为了基督教的荣耀而上跳 Entrechat（法语：芭蕾舞中的击足跳，亦即，跃起双足腾空交叉数次）的人，[217] 或者变得如此严肃，以至于他就像鼻烟盒中的牧师[218]一样地让人觉得好玩。就像愚蠢或者出汗并且满脸通红（因为出汗者愚蠢得根本就无法笑出来）不是严肃，同样，愚蠢的呆视也不是宗教性。如果说我不知道什么别的东西，那么我还是知道，我们应当用"那喜剧的"来在"那宗教的"的领域里维持秩序。我们不应当把偏差标识为伪善，而应当将之标识为愚蠢。[219]如果称一个人是伪善的，那么只要我们承认他有一种与上帝的关系，[220]那么我们就是在帮助他。一种悲怆的愤慨，它对思辨之盗用、对体系性的欺诈[221]（就像古罗马的资深执政官吮吸各省份的财富中饱私囊[222]）的愤怒，使得体系变得丰富而生活变得空虚；非常明显，这之中所需的是一幅对一个开悟者[223]的戏剧性的漫画。一个船长能够一整天不停地咒骂而不对这咒骂内容有任何考虑，以同样的方式，一个开悟者能够一整天保持庄严而在自己的灵魂里并没有一种健全的或者一种完整的想法。那个哥特国王，在听说了他在天国里将与自己的表兄弟们聚首后，就不愿受洗；[224]美国的土著比害怕地狱更害怕天堂并且想要继续作异教徒，因为他们怕在天堂里与正信的西班牙人聚在一起。[225]同样，许多开悟者，他们不做别的事情，他们所做的就只是让人对"那宗教的"产生厌恶感。

关于我自己内心中的这一争议，我还不敢说"今日"，[226]但是我觉得自己敢去大胆冒险，则在极大程度上是因为她的缘故。[227]如果一个人曾使得另一个人不幸,那么他在"在这样一场斗争中坚持"这方面可以是有用的:如果一个人被判无期徒刑,我们让他去作锉工,[228] 这是有生命危险的,但不管怎么说,他是被判了刑的人。

我也认识到这一点:未婚的人能够比已婚的人在精神的世界里冒更大的险,能够投入一切、只关心理念、完全以一种不同的方式适合于处在决定的 discrimen(拉丁语:分割处;转折)上,——在之上,你几乎不可能站立,更不用说居住了。然而,实在不是因此,我才不想结婚。确实,我也想在生活之中有一点更宁静的喜悦,她的祈祷使得我自己的愿望成为我唯一的愿望;甚至即使我没有想要这么做,我还是这么去做了,因为我总是相信:对于上帝,"听从"在人类的祭坛上比世界性的、人道博爱的、爱国的祭品更为亲切;[229] 宁静在一种对适度义务的履行中是无限地更有价值的,并且比精神世界里的豪华、比"关怀全人类——就仿佛自己是天上的神"之中的慷慨更适合于每一个人。就让人们去热烈地谈论上帝的愤怒和销蚀人的火焰[230]吧!我也有我所畏惧的事情,并且是在同样的程度上畏惧,这事情就是:我会强迫上帝用权力来压制我、让我像一种谎言那样在他的至高权威面前消失。一个开悟者可能会觉得这一表述缺乏足够的严肃,他也许会觉得我应当虔敬地诅咒,正如那船长不虔敬地诅咒。对于我来说,这有着足够的严肃,比一种刺激起的想象所具的感性观念有更大的恐怖。一旦我轻视那义务,上帝马上变得高不可及,因为只有在那义务之中,我才与他的至高无上有着谦卑的默契,并且他的权威因此而不是高不可及的。因此,不是上帝在使自己高不可及,他从不这么做(异教文化才让神使自己高不可及),使上帝高不可及的是我,并且这是一种惩罚。这深奥的逻辑一致性就是:如果一个人想要通过鄙视简单的东西来靠近上帝,那么,他恰恰就是在上帝的高不可及之中使上帝远离了自己,这样一种高不可及,哪怕最可悲的人也不应当尝试它。在这一关联上我也是留意着别人所说的话的,尽管许多对世界喊着"δός μοι που στῶ"(希腊语:给我一个立足点)[231]的哲学家们听不见,我还是会听见一个声音在说"我会给你们的,

Dosmoi,你们这些笨瓜!"²³²

不!如果我不曾相信,我有着一种神圣的反向命令,²³³那么,我就绝不会让自己退却,而一旦这反向命令被招返,我就马上重新选择我的愿望。但愿上帝不会让这样的事情发生,但愿努力和紧张不会在获得许可之前唤醒我的愿望!我能够明白我的反向命令,因为它穿过"悔"。²³⁴一个悔着的个体人格,如果他能够把一生都用在一种招返(Recantation)上的话,那么,他就无法向前行进。这是针对一场婚姻的一种完全很简单的抗议。我既没有先见之明也没有梦境来作为我的向导,我的冲突很简单,就是"悔"与"存在"的冲突,一种"悬置不决"与"一种此在的现实"的冲突。在这冲突被解决之前,我就是 in suspenso(拉丁语:处于悬浮未决状态);而一旦它得到解决,我就重新得到我的自由。正是因此,我尽我全部的努力来使我自己保持在爱情的巅峰。一旦她获得了自由,那些宗教危机就是我的任务。

设想,就算完全是假设吧,设想她重新拥有了自己;设想那关于死的说法是一种夸张,而不是像那种充满悲怆之情的台词所意味的,——就像一个人在谈话过程之中说:在这些小房间里,我差不多快被热死了;设想她是这样想的,但却并不明白自己,或者,设想她有着致死的痛苦,但却战胜了这痛苦,设想如果我只是为这种胜利提供了很小的一点帮助,或者根本就没有帮助,设想她以此来作为自己的辩护说她从不曾把我放在心上,——那又会怎样?于是我反而更把她放在自己心上。我的上帝!如果这是可能的话!我的灵魂又怎么去把握每一个来自这一方面的解说呢?在这样的场合里,尽管我有时候也会为她感到难过,但是我不再要求更多。如果去要求更多,那么,我就会遭受最大的煎熬。我不要求更多,否则我就会进入这女孩的 partes(拉丁语:角色),就会比她更善于处理悲哀之事,或者至少是像她一样。我不要求更多。我并没有为成为一家舞厅中的领舞者或者为成为一所地久天长友谊俱乐部²³⁵中的铁杆热爱者而离开她。对于她来说是无足轻重的事情,或者说也许只算是现世的范畴中的一个决定,对于我来说则有着永恒的意味。我没有任何懊悔,没有一滴眼泪,我不曾因她的缘故而流淌过哪怕一滴泪;我并不觉得流泪是什么可耻的事情,因为"能够流泪"并不意味了缺乏男子气概,但是"无法在所有人面前隐藏起泪水"则就像女人了。确实,如果有一个数出每一滴眼泪的讥嘲者(哦!可恶的行径;哦!这个受愚弄的可怜虫,他数着那缓解我灵魂之痛的眼泪),如果这数字很大,如果他说出这数字来嘲笑我——一个哭泣的男人,——我不会为这些眼泪而后悔。即使我明天将死去,我的存在仍然是一段令所有墓志铭黯然失色的警言。我不后悔;她确实是有益于我,正是通过一句鲁莽的言语和一个夸张的表达,她为我带来了无限的裨益。

看!如果事情就是如此,那么,以一种奇怪的方式,我的处境就变得麻烦。为了唤醒自己并且将自己拉出沉郁之酣眠,我不得不让自己在良心上欠下一条人命。我让自己在这一想法的严肃之下变得谦卑。然而,我的理智随即就过来说:不,事情并非是如此;固然,你明白这不是一个关于"人的生命"的问题,是你的想象构建出了这一幻觉并将之呈现给你的沉郁,而且这两者都同意,认为这确实是可能的。然而,这样一来,这不是一个"人的生命",这是一句话,如果这句话是出自许多其他人之嘴,那么也许你还会笑话它。是的,在某种意义上,事情确是如此。然而我仍然毫不后悔。我不因为自己经受了所有这痛楚而后悔,而其实这痛楚也还没有让我瘫痪,尽管它会使我瘫痪,如果我要谈论它的话。在孤独中,在失眠中,我感受到它,就在你在一秒之中能够一下子把比"在一个月之中所写的东西"更多的想法一起想出来的时候,在想象力召唤出任何一支笔都不敢涉及的恐惧的时候,在良心忧惧得惊跳起来并且以各种视觉上的假象来使人感到恐怖的时候,我感受到它。

然而,唉,所有这一切当然只是一种假设而已。

三月二十五日。早上。

一年前的今天。

什么是幸福的生活?是一个十六岁的少女,如果她,纯洁无邪,一无所有，没有衣柜也没有碗橱，而只是使用母亲的五斗橱的最下层抽屉来存放她的全部宝藏：一条她在坚信礼仪式上所穿的裙子和一本赞美诗。如果有这样一个人，他除了能够满足于用下一个抽屉来应付世事之外，[236]再不拥有其它东西，那么，他是幸福的。

怎样的生活是最幸福的？是一个十六岁的少女，如果她，纯洁无邪，固然能够跳舞，但却在一年中只去两次舞会。

怎样的生活是最幸福的？是一个少女，如果她年值十六个夏季，纯洁无邪，坐在那里勤奋地工作，但却能够有时间去偷偷窥视他，这样一个人，他一无所有，没有衣柜也没有碗橱，只是公共衣柜的合用者，而他却有着完全另一个解释，因为他在她那里拥有着整个世界，尽管她完全一无所有。

那么，谁又是不幸者呢？是那富家少年，年值二十五个冬季，就住在对面。

如果一个人年值十六个夏季，而另一个人年值十六个冬季，难道他们不是处于同一年龄吗？唉，不是的！凭什么这么说；难道时间在同样的时间里不一样吗？唉，不一样！时间是不一样的。

唉！为什么在子宫里的九个月已足以使我成为一个老人！唉，为什么我没有被裹在喜悦的襁褓之中，为什么我不仅只是在苦楚之中出生，[237]而且在出生之后还被扔向苦楚，为什么我的眼睛没有在幸福事物的面前被打开，而只是为了观照进那个叹息之王国、为了无法让自己从那里挣脱出来而被打开！

三月二十七日。午夜。

抓住一种假设完全就像是"紧抱云朵而不是紧抱朱诺"；[238]另外这还是对她的不贞。但是，使用假设来作为一种练习手段，在之中解放开灵魂，以便能够在精力之中注入新的舒张力，这是允许的，是的，这恰是一个人所应当做的。在一次这样的强化之后，我又一次完全是她的，完全。即使我不再在我的怀里拥抱着她，我还是拥抱着她，因为，早晨那几个小时的回忆之作为和午夜之时的救援尝试就仿佛是构建出一次拥抱,她被内闭在这拥抱之中。救援尝试,我们也可以将此称作救援尝试吗? 哪怕我已准备好了一切有助于此的事物,但如果我不敢使用它们,那这一切又有什么用呢? 哪怕我已就绪而心甘情愿,但如果我是被束缚的,并且这"使我自己处于被束缚状态"是唯一可能对她稍有帮助的事情,那这"就绪而心甘情愿"又有什么用呢? 如果我能够使自己从搁浅的状态之中脱离出来,那有多好;我会马上到那里,在我的小船之中,如果这能够对她有任何好处;因为这样的可能无疑也是存在的:那曾会起到拯救作用的东西,现在对她是毫无意义的。这真是不可思议,可能性知道这么多退路,尤其是对于那不敢步入其中任何一条退路的人,因为如果他敢步入这些退路的话,那么剩下的就会少一条,或者少若干条。然而,不管怎么说,这是救援尝试。

在一个单个的词融合于一种"一段讲话"或者"一个句子"的关联之中的时候,你就只顺便留意它,而像这里情形,它没有融合进这关联之中,而是毫无语言关联地,带着谜的刺激、带着恐惧[239]的功用凝视着一个人,这时,它是有着怎样的奇异力量啊![240]我如此消沉,就仿佛在这个词里面有着另一种类型的现实真相;就仿佛我是躺在那灯芯草环拥的湖边,一个宁静的夜晚,就仿佛我听见她的叫喊,而现在是双桨的划动,——我拯救她的生命,而她则不再会成为人。然后,恐惧、痛楚和困惑就会慢慢地撬开意识之锁,直到绝望驱散了这"女人性"(Qvindelighed)[241]的可爱本质。真是可怕! 难道我不能要求这种想法退到一边去? 难道我不能请求,让人把这一想法从我身上去掉? 不! 无论如何,这也是一种可能性。只要我坐在她身边,只要能这样——如果我敢真正让自己在场于她的身边,如果我敢做一切,哪怕这一切只是乌有,那么,这仍会是一种对痛楚的缓解,一种缓解,就像那种郁积,它是一种没有间断的隐痛,而不是很大的痛苦。那样,她就会混淆一切,她想要以为,我们就像以前一样地在那湖中坐在一艘船上,我们一同荡桨;然后就会是:如果我们不相互交换那些展翅翱翔的言辞,那么我们也会相互交换疯狂之表述,会在疯狂之中相互理解,并且谈论我们的恋爱就像李尔王想要与考尔德丽娅谈论宫廷里的事情并且询问来自那里的消息那样。[242]——但是与她分开,唉!如果她死去,那么,那与她最亲近的人,那也许是唯一的一个有着完全的生命(不管这生命是长是短)来悼念她的人,他将会是唯一的一个在悼念的人群之中没有被看见的,或者更确切地说,在悼念者们的队伍把她送去墓地的时候,他因被阻止而没有坐在车里,尽管他比任何人都更清楚地知道:死者是所有人中最强大的!

哦!任何痛苦的表述,哪怕是最痛苦的表述,与"根本没有任何表述"相比较,也仍会是一种对痛楚的缓解。活着,就仿佛我是哑巴,但却在灵魂之中有着痛苦。而这之中的语言,不同于那种从语言老师那里学来的,它是心灵发明出的语言;像是哑巴,确实,就像受伤的但还是有着痛苦的人,这痛苦要求一个哑剧演员的雄辩力![243]不得不怀疑声音,唯恐它颤抖,如果一个人要谈论她,谈论"会是什么东西毁灭了她";不得不怀疑脚,唯恐它走上歧路而留下叛卖的足迹;不得不怀疑手,唯恐它突然在胸前寻找并暗示那里所藏的东西;不得不怀疑两臂,唯恐它们会向着她张开!坐在家里穿着麻衣躺在灰中,[244]或者更确切地说,裸身于自己的全部悲惨之中,而在你想要穿衣服的时候,除了穿起喜悦和快乐的外衣来伪装自己之外,再没有别的衣服!

"您到底在什么地方疼?"医生对病人说。"唉,到处疼啊,亲爱的医生",病人回答说。"但是,您所感受的是怎样一种痛苦,"医生继续问道,"如果您告诉我,我就能诊断病情。"没有人问我,我也不需要人来问我。我知道得很清楚,我承受怎样的痛苦,我是在设身处地地感受着另一个人的痛苦。恰恰是这样的一种痛苦能够真正震撼我。尽管我沉郁地在内心之中确信我是一个全然无能的人,然而,一旦危险到来,我在根本上还是会有一头狮子所具的力量。在我为自己而感受痛苦的时候,我能够彻底投入自己的全部意志;那可怕的东西马上就会发现,像我这样沉郁的一个人,像我这样一个在沉郁之中长大的人,已经准备好了在等着更可怕的东西来临。[245]但是,在我设身处地感受着另一个人的痛苦的时候,我则不得不用上我的全部力量、我的全部机智去为恐怖服务,以便能构建出这另一个人的痛苦,因此我就变得精疲力竭。在我为自己承受痛苦的时候,我的理智会找到各种安慰的依据,但是在我设身处地承受着另一个人的痛苦时,我不敢去相信任何一种安慰依据,因为我对这另一个人的了解当然无法准确到这样的一种程度,以至于我能够知道各种"能够使得这安慰依据起作用"的前提条件是不是存在。我在为自己承受痛苦的时候,我知道我是在什么地方,我在痛苦之路上留下标记,这样我就能够有某种可让自己去依托的东西,但是,我在设身处地承受另一个人的痛苦时,我则进入了迷途,因为我无法知道,这另一个人到底是在什么地方,并且,我不得不在每一瞬间从头开始,准备着在下一瞬间能够想到一个更可怕的可能性,——如果我逃避什么的话,那么,这种"更可怕的可能性"的恐怖就是我所不得不忍受的。

只有到了她能够自由自在的时候——在这样的时候我并不是没有悲哀的,只有到了这时,我才会到达一个这样的点:在她请求我时不时[246]想起她的时候,她也许会认为我就是处在这个点上。是的,在这时我会想起她的,但在这时我也找到了对痛苦的缓解,我会忧伤,并且用袄相的话说:沉郁之悲哀是甜蜜的,[247]到了这时我有着安宁,因为沉郁的回忆者也得到了祝福并且在痛苦的缓解中进入幸福,就像被晚风吹动时的垂泪之柳。但不是在现在。整个世界我都不怕,至少我相信我不怕,但是我怕这个女孩。擦肩而过时对她一瞥,她决定着我的命运,直到下一次。于是,在本质上,她就是一切,一切,绝对的一切;如果她是自由的,那么,她在本质上就是乌有,就根本什么都不是。她是可爱的人,这是真的,但是这一点在本质上并不意味了什么。哪怕她变得比一个天使更讨人喜欢,也与我无关,在本质上说,一个女孩的美好与我没有什么关系。我曾恋爱过,我的灵魂有着过于永恒的秉性,乃至它无法去对"不幸的爱情"感到绝望,相反,我倒是会对一种"不幸的责任"、对一种"对生活中永恒意义的不幸领会"感到绝望。只有在一个人自己经历过了这种考验之后,他才会明白,我所处的状况是多么辩证而艰难。固然,一个没有经验的人在把一份法律文件通读了一遍之后,他也许能够明白它的意思;但只有那种具有实际经验的法学家才能够将之组织撰写出来而使之进入存在,只有这样的法学家才能够阅读出那些被克服的困难所具的无形文字,只有这样的法学家才知道关于"已经消失了的好几代人为完成这文件所做的贡献"的来龙去脉,这样的法学家,他知道介于计谋与计谋之间的边界之争,为公正服务的计谋和为欺诈服务的计谋,因此,对于他,这单个的表述不具备"某种程度上的意义",而是有着"绝对意义",对于他,一份这样的文件也是对人类历史的贡献。固然,一个没有经验的人也许能够明白它的意思,但却无法撰写拟定它,甚至几乎也不能将它确定地复写出来。

四月二日。早上。

一年前的今天。在这个月,不是一日就是二日,我得去弄清楚,我们到底走到了哪里。我安排出了一个机会,并且准备好了一个处境方面的问题,使得她的感情有可能得以表述。会有什么样的事情发生呢?她会以世上最坦率的方式,甚至可以说是以一种不雅观的、几乎是临近于发怒的强烈语气,宣告说:她根本对我就是完全无所谓的,她是出于怜悯而接受了我,并且她根本就无法弄明白我想要从她那里得到什么。简言之,一段小小的即兴,ad modum(拉丁语:正如)贝特丽丝在 viel Lärmen um Nichts(德语:莎士比亚喜剧《无事生非》的德语译名)[248]中的情形。

哦!沉郁,你是在怎样逗弄沉郁者啊?诗人说得太对了:quem deus perdere vult primum dementat(拉丁语:上帝要毁灭一个人,先剥夺他的理智)。[249]现在,我漫步穿过了忧愁的阴暗峡谷,试图让一切变得对我尽可能地有利;我让自己承受羞辱,这样我不敢去对任何人承认这一点;我坐在死亡的黑暗之中让"我不可能使她幸福"这一想法来伤害自己;——这则是我从不曾想到的,就发生在我的眼皮底下,但这却是我能够完全地明白的:这时候,她说,她根本对我就是完全无所谓的。

然而,这也许只是一个突发的表述,一种剧烈爆发,也许她被惹烦了,尽管我不明白是被什么事情惹烦。我是不会让自己发急的。如果我对我的生命观是完全确定,乃至我敢用上强力,那么,这一切就成为一种无聊。然而在另一方面,她却为我打开了一片光明前景。毫无疑问,一场婚姻对于我是并且继续是最难以完成的任务;我现在终于明白了,如果我在以前曾如此明白我自己的话,我就根本不会让自己去开始这样的事情。现在看来,相对于我,她似乎是有着远远更多的力量,比我相对于她所具的力量多得多。

一次实验成为了一场爆炸,升华物直接喷上我的脸。就像一个长时间坐在黑暗中的人在突然有了强光出现之后无法马上看见东西,我的情形也是如此:尽管她坐在我身边,我却几乎无法看见她。这理想的形象,我以永恒义务所关怀的责任来拥抱这理想的形象,在某种意义上,她确实是变得渺小了,变得如此无关紧要,乃至我几乎不能发现她。我的沉郁仿佛是被吹散了,我看着我面前所有的:噢,天哪,这样一个小小的少女!

然而,我还是应当重复我的试验,去搞清楚这到底是不是严肃的。也就是说,我需要一种行动的一致性:她取消掉这一切,我被拒绝了。但是,看上去她似乎根本就没有这样的想法;这样的事情该是意味了什么呢?让我们看吧。

四月二日。午夜。

然而,如果她真的是发疯了的话,该怎么说!生命危险也许从来就谈不上;至少,现在看来是已经得以避免了[尽管对于我来说,总是会出现一个令人担忧的后果,以一个 propter hoc(拉丁语:"因为这个")[250]来混淆 cum hoc(拉丁语:"与这个同时")];但是,疯狂,这该让人说什么好。让我们看事情怎样发展吧。

首先,我的"作为一个恶棍"的退场会导致一种本质性的变化,因为它会使得她进入完全另一种类型的病态运动，会引发出她对我的愤怒、怨恨和违抗，尤其是，她的骄傲会促使她去冒极端之险来使得自己不坠落。如果我对她是忠诚的，那么这就会满足爱情的需要，也让灵魂的所有其它方面得以满足，在被爱者那里拥有一切并因此在被爱者那里失去一切，然而，当事实展示出我不是一个值得她爱的对象时，那么，要摒弃掉这样一种最容易出现的安慰——"去使得那不值得爱的人尽可能地无足轻重"，就会是一种罕见的英雄行为了。在这方面，我尽最大的能力来支持她，并且，在一种审慎之中我也尊重了普遍的社会习俗对我的评判，我相信，如果我不具备这一审慎的话，那么，如果她变得疯狂的话，我就会有直接的责任，因为"想要作为一个值得她爱的对象并且还想要有着这样的举止"，这是在给她一个辩证的任务，而这样的任务是以一个单个的个体人格的"上帝关系"为前提的：只有借助于上帝，他[251]才能够把握这问题。因此这就是他的义务：甘愿，自然就是尽自己的努力，使自己在每一个与这事情相关的人眼里被看作是一个堕落的人，尤其最重要的是，在她的眼里是如此；而对于不相关的人们，他则可以沉默。我就是去这样做了。

　　从心理学的角度说，一个女人的灵魂会以两种方式变得疯狂。一种是因为"那突然的"的过渡，[252]如果理智承受不起的话。一个人会因为光明和黑暗的突然变化而变盲；心脏会因为温度的突然变化而停止跳动，因为呼吸被那挤进来的空气堵住。同样，理智相对于"那突然的"的过渡的情形也是如此，反思无法呼吸，理智僵滞住。疯狂就是以这样的方式使人茫然呆滞。在理智所能够做的事情和这里所面对的任务之间，并不存在任何关系，或者更确切地说，存在着一种绝对的错误关系。[253]这错误关系表现出疯狂。一瞬间决定这一切；只再多一瞬间，这就不会发生。

　　另一种方式是，在一种隐藏的激情通过反思而使得意志精疲力竭的时候，这患者就慢慢地陷入疯狂。患者不会变得茫然呆滞，而是在一种由各种观念构成的合成物之中疯狂，在这合成物中，这些观念通过自然的必然性相互取代,但却并不处在与自由的关系之中,在此前,这自由曾自由地召唤出这些观念,直到这些观念不自由地召唤出它们自己。

前一种方式不可能成为她的情形,过渡是尽可能缓慢的逐渐过渡;另外,如果事情是以这种方式发生的话,那么它就必定会显现出来。第二种方式几乎就是最危险的一种,看起来似乎更有可能,如果事情会发生的话。就是说,在某种意义上,只要我的反思做得到,它就会使这关系对于她来说尽可能地辩证;我知道,我从不曾因忽略而漏掉某种可能性,但我总是以这样一种假定的方式将这可能性扔到一边,这就使得她不得不自己去找到一种解释。[254] 我很勤奋地这样做;我想,从人之常情上说,这是唯一正确的做法。唉!这工作是沉重的,这工作几乎就是在担忧,唯恐我自己失去理智。就天性而言,她并不具备更多反思,或者更确切地说,她根本就不是反思型的,但是你永远都不会知道,一个事件会产生怎样的影响。哪怕只是我所启动的各种反思的可能性之中的十分之一,如果是她自己发掘出它们的话,就足以打扰一个女性的头脑。但是各种反思的可能性在她眼里必定是失去了诱惑作用。这是我所想要的,并且,从人之常情上说,这是正确的。隐秘的悲哀必须自己发明生产出这反思的可能性,然后,对于悲哀而言,"坚持这反思的可能性"就是一件很有诱惑性的事情;这是疯狂的定金。她的情形并非如此。她能够召唤出她想要的任何一种反思可能性;她所召唤出的反思可能性不会有新奇事物所具的清新凉爽,不具备意外事件诱惑性的吸引力,它没有任何隐秘的雄辩力量,因为她对它很熟悉。然后,我把每一种反思可能性尽可能全面地发掘出来,至少是尽我的可能。我曾想给予她"一种优越的反思"的印象。你尽你最大的可能去做吧。在她想要开始反思的瞬间,她会突然想到:啊!我的反思有什么用?如果我能够像他那样地反思的话,反思对他又有什么帮助呢?对于一颗女性的灵魂,反思就像糖果对于小孩子。稍稍一点是有诱惑力的,但是 en masse(法语:一大堆地)就失去了诱惑力。

再说,如果她有时候想到我,如果她希望有一种可能使得这关系重新得以确立,那么,一种新类型的反思就能够悄悄地溜进来,而她自己就成了这新型反思的发明者。在这方面,我曾经,并且现在也仍在这方面竭我所能,通过让我的存在保持不变来做出努力。然而,她也许想要从她所听到的关于我的传言之中,或者从她以为在我的外表上看见的东西中,推导出什么结论来。确实是这样,但在同一瞬间,她会考虑到,我的反思向她展示了如此尽可能多的东西,以至于她不可能跟得上对这些东西的印象。这不会让她感到羞辱或者冒犯;因为,一个反思着的个体人格与一个女孩相比有着更多,远远更多的反思,这是自然的秩序。现在,即使她没有,像我所希望的那样,甚至在烦恼之中都没有,得到一个关于"什么是反思所能够做到的事情"的具体观念,这反思也许还是引诱了她。现在,我相信事情不是如此。我做了一切来使她对反思感到厌恶(因为,反思之全能,在它依托于一个想法的时候,如果我们去掉了这唯一的想法,自然就成为辩证的胡说八道中的全能),我做了一切来使得每一种反思的尝试,在她还没有开始进入这反思之前,就已经令她觉得是毫无结果的。我自己在这之下经历了足够多的痛苦,并且至今仍承受着这痛苦;一个人能够从另一个人身上吸出毒汁而自己死去;一个人为了从另一个人身上把反思扯掉自己可能会也变得过于反思。但如果反思让她感到厌恶,那么她就会临近一个决定,并且绝不会步入这条能够通向疯狂的泥滑路。如果她变得自由,那她是通过她自己的决定而变得自由,而不是在我塞给她的某种观察和解读之中变得自由。

按常人的几率可能性看,她是不会因为爱情而发疯的。恰恰因为她没有很多反思,"那突然的"的过渡对于她就会是最危险的。这种过渡被阻止了,为了预防反思之谬误,我已经尽我所能做出了最大的努力。如果这疯狂仍然要登场,那么这就必定会是一种被冒犯的女性骄傲;这种骄傲受到拒绝,绝望地放弃报复,独自内闭在自己内心之中,直到它进入迷途。唉,我很清楚世人的论断,我也许感觉到了这痛苦,比她所感觉到的更难以忍受;我想着有人会通过骄傲的一瞥,或者换一种但却是同样可怕的方式,通过充满怜悯的一瞥,让她明白她是受到了侮辱,并因此而让这侮辱继续下去,在我这样想的时候,我心中就战栗发抖。人们有这样的说法,在从前,有时候有这样的一种习俗:在一个王子接受教育的时候,也会有一个出身贫寒的男孩和他一同接受教育,而每一次在王子应当受到惩罚的时候,这男孩必须替王子承受这惩罚。[255] 人们说及这可怜的男孩要被痛打,这对于他是怎样残酷的事情;而我则觉得,这对于那可怜的王子则是一种远远更大的残酷,如果这王子有荣誉感的话,他就会感觉到这痛打,对于他来说,这感觉会比感官上所承受的痛打远远更为剧烈、更痛楚、更具毁灭性。我也知道,"让她承受这种痛楚"这种事实怎样地折磨着我;我知道,我愿意为不让这样的事实发生而做一切,为分手给出一个虚假的表述,这样,我在世人的眼里就会成为承受痛苦的人,因为,只要这是我自己,那么我就知道这会在怎样的程度上使我痛苦,知道我对之该怎样处理,——然而这却是不可能的。有几次,在我们的交谈之中,我让一些暗示渗进一种戏谑和闲聊的语气之中,试图让她有所留意,但只是徒劳。只要她说一句话,事情就成了,哪怕我有了足够审慎,只敢在一种戏谑和闲聊的语气之中说出一些对于我来说是一种无法描述的缓解的东西。[256] 我不敢做更多。哦!如果我出于我的激情谈论了这些,那么,她就会 eo ipso(拉丁语:恰恰通过这个)看出我的急切,看出我是多么地专注于她,那样的话,一切就又重新被拉进长时间的延迟之中,她就会重新允许自己使用一切手段来打动我,这也就是说,来折磨我,因为,我是不可以被打动的。悲怆地,或者带着一种体系的决定性谈论某种你自己无法确信或者并不明白的事情,这是一种喜剧性的矛盾;但是,要在飘忽的表达中、在戏谑的暗示中、在闲聊的谈话方式中谈论某种使你专注、使你焦虑得几乎要死[257]的事情,这则是一种悲剧性的矛盾。在有无限多可赢的时候只想押上四毛钱的赌注,这是一种喜剧性的矛盾;在你自己太清楚局中所赌的是多少钱的时候,却不得不弄出赌注的形式,就仿佛所赌的是筹码,这则是一种悲剧性的、深深的悲剧性的矛盾。我设想这是最可怕的冲突之一,也许就是最可怕的冲突,[258]如果你会想到,"对一个人的关怀"使得"在一种轻松的闲聊语气中以模棱两可的表述来谈论基督教的真理"对于一个使徒来说成为必要。

但是回到这事情本身。我不愿意去想象疯狂从这条路上逼过来,[259]并非因为这是可怕的,因为,可怕的事情是我的荣誉的要求,是我应当去想象的;而是因为,如果那样的话,在她对我做出的行为中就会出现一道不太好看的光彩。通过每一次激情的爆发,她都在我的良心上留下一次谋杀,我的荣誉在获得别的信息之前命令我把每一次这样的激情爆发都看成是真理,尽管理智一直在抗议着;每一次这样的爆发,如果我们清晰地看见这种夸张,都很容易就能够被结合在女性的纯洁和女性的可爱之中;在"骄傲是最主要的驱动"这样的预设条件之下,每一次这样的爆发都会是自爱为我造成的丑陋谬误。固然,我允许了自己对她撒了许多谎,[260]但确实,那是为了拯救她,那是出自同情。因此,我不愿意想象这种可怕的事情。另外,在这里再次是如此,我做了一切我所能做的,并且我还会坚决地去做。如果我的存在表达出了任何正面的东西,那么我们当然能够想象,这能够激发出她的骄傲。如果我能够维持一种男性的存在(男性存在恰恰通过它与另一性别的关系而是这样一种存在,就是说,它是通过美、风度、迷人的性格、殷勤等等而是男性存在),那么,我的事先判断真的就会是对于她的偏见了;如果性别认可了某个人的评判资格,而这个人对她做出了这样的评判的话,那么,这会激怒她。然而,幸好我绝非如此。如果我是一个因此而懂得"那美的"和"那女性的"的艺术家,如果我是一个深受这一性别宠爱的诗人,在这种情况下,如果这样一个受到这一性别认可的人对她做出了这样的评判的话,这倒是有可能会点燃她身上的骄傲。如果我是一个思想者,一个博学者,那么,这就已经很难想象了:这样的一种存在怎么会进一步去引诱受冒犯的女性骄傲。但是一种这样的存在却仍还是某物(Noget)。[261]而相反,像我这样的某物(Noget)则恰恰就是乌有(Intet)。in mente(拉丁语:在心里,在记忆里)有着她,让我的存在保持在那介于寒冷与温暖之间的临界零点上、保持在那介于"是某物"和"是乌有"之间的临界零点上,介于"也许"——"也许智慧"和另一个"也许"——"也许痴愚"之间,这能够令我和我的保护神感到满意。一种这样的存在是与女性存在完全不一致的,它根本就无法使一个女人专注,更不用说刺激她了。我不是一个能够在这方面让她有同情心的意志薄弱者,但我恰恰是半疯到了这样的程度,能让她事不关己地说:"啊,我们都知道,他头脑不正常";如果一种受冒犯的骄傲有兴趣来针对我,那么,它很容易就能够让自己居高临下地面对这样一个怪人。要把握这零点存在,要维持它,这就已经需要相当的辩证法;而要作为对自身的争议来把握一种这样的存在,这则会要求有一个非同寻常的辩证家。一个女人很少会有许多辩证法。她本不具备;如果说她后来成为了一个非同寻常的辩证家,这也是完全可能的;而如果她没有成为这样的一个辩证家,那么,我的方法就是正确而设计周全的方法。

  这是我的诊断。对于我,很遗憾,这并没有为我带来很多安慰,尽管对于我来说,"让自己弄清楚一切"总是一种必需。如果有人来听我的诊断,如果我敢谈论患者的状态说这就是他的症状,那么,在"一种谵妄状态之发作"这方面,我是得到了安宁。然而,既然我不是医生,而是有辜者,这对于我来说就没有什么用处。毒素在我自己身上起了作用:反思之毒,我在自己的内心之中培养出了这种毒素,这是为了尽可能吸出她身上所有反思。我记得她有一次曾对我说:"这样能够解释一切,这必定是非常可怕的。"在这里,她可能是得到了这样一个观念,知道了自己对我的反思是怎样地毫不理解,因为,她几乎就无法明白,这一表述是多么令我欣悦,或者说,这一表述是怎样令我欣悦的。

  然而,我还是明白了并且感受到了:这是可能的;我的沉郁也给我烙印上这一可能性。如果那被疯狂捕捉进其魔法的不幸者没有承受任何痛苦,他要带着同情在另一个人身上体验疯狂,不断地凝视着一种永恒责任的可疑解读方式,[262]——唉!对此的想法就足以击败一个人。然而,如果这样的事情发生的话,那么,我就敢去把她找出来,这对于我会是一种缓解,但是,设想一下,如果她得到了拯救,而我的麻烦又来了,然后也许就轮到我。日夜警醒地守在她那里,这是我能够做到的,但我无法睡觉,我的烦恼,在"她是否能成为我的妻子"这个问题尚未得以决定的时候,我的烦恼并不因为我"每个夜晚安息于我妻子的身边"而被驱散。[263]

现在我想关上灯,在我周围的一切都是黑暗并且我自己沉默的时候,是我感觉最好的时候。说话又有什么用,每个人都会说那是一个谎言。那么就让它去吧。向论敌们辩护我的断言,这不是我的意图,neque thesin meam publico colloquio defendere conabor(拉丁语:并且,我不想通过公共讨论来试图为我的论点做辩护)。[264]那么,我与上帝争论的又是什么事情呢?如果那是一个关于皇帝的胡子的问题,[265]如果她改变了自己的想法,如果她很愉快地召回每一句与我的沉郁共同构建出这恐怖[266]的言辞,那又怎样?那样的结果只会是,她把一种报应[267]引到了她自己的身上:我们看到,她把自己的人格与一种对于上帝的义务责任的永恒关系混淆在了一起,[268]因此她就会在其全部的无关紧要之中显现出自己。这案子被送上了更高的法庭;我把所有可能的理想性都给予了她,不管是为了她的缘故还是为了我自己的缘故,在这里,我都不可能使"那喜剧的"重新离生活如此之近。

四月五日。早上。

一年前的今天。确确实实,今天我得到了宣告书和最终定论,其真实性得到了我的小小的坚信仪式接受者[269]的确定;她为我留下的恰恰就是这个印象,这样一个小小的少女。然而她却不愿意做出行动,看来她是更想要刺激我,这样,我就会成为一个崇拜者。在任何一个其他人那里,我都会说,这是小小的调情的开始。但她的情形,我不敢也不愿意这样说,甚至不会这样想。这可以算是我所经历的最可笑的事情了。相对于她——这一点我也是有着实在太深刻的感受:我是太老了。通过这样一种行为,她确实把我弄成是"老得不成比例"的,以至于我情不

"有辜的?"-"无辜的?"

自禁地想到一个老校长[270]:他 ex cathedra(拉丁语:从权威的座位上)对学生说:"如果你下一次再来的话,你真的会在耳朵下面挨上一巴掌,……我真的觉得你马上就会挨上这么一下子的。"

这是从我关于义务的理想性观念中得出的结果。如果我能够很清楚地知道,我在更严格的意义上有着对所有人的义务,那么我就是这整个国家里最烦恼的人。我有着对于每一个义务关系的理想观念,而既然我的独立立场决定了我没有做出任何假定,那么,这一观念就仍有着一种童年的本原性,一种青春的热情,一种沉郁的忧愁,它们也许就使得这观念本身成为我所具备的最好的东西,但它们也使得我有义务去做出最无所顾忌的努力。

那么,她又为什么要在这关系之中为我带来可笑的东西?如果她确实是对我毫不在乎,那么好吧,我已做好了旅行的准备。我曾在宗教的意义上心碎,并且,一旦我承担下这责任,我也许会再次被碾碎,但是我不会在爱欲的意义上被碾碎。如果她对此是认真的,那么,你就可以坦白地说出这样的话,你得体地说出这话,在自己在这方面所做的一切之中尊重自己;但是,你不可以火冒三丈地进行抨击,因为那样的话,你就只会使得一切变得可笑。甚至,在她的行为之中,与她的意愿对立,也许会有一种对我的认可,因为这就像是一种执拗。当然,她得知道,她有着与我一样多的权力,而有权力的人不会如此行事。

四月五日。午夜。

一种可能性[271]

长桥[272]因为它的长度而得名;就是说,作为桥,它是长的,但是作为道路,这桥的长度就不算什么了,因为,从这桥上走过去,你马上就知道这不算长。然后,如果你站在另一边,站在克里斯蒂安港[273]那头,那么你马上就又会感觉到:这桥确实还是挺长的,因为你仿佛是远离哥本哈根,仿佛这距离非常远。你马上就会觉得,你不是处在首都和各种府邸所在的城市；在某种意义上，你会想念喧嚣和拥挤的交通；你出离了"相遇和分离"[274]的匆忙——在这种匆忙之中各种相互极为不同的东西都有着同样的重要性，出离了嘈杂的集体——在这嘈杂的集体之中每个人都在为普遍的喧哗给出自己的一份贡献，而通过这种出离，你就好像是出离了自己的本原。相反，在克里斯蒂安港，一种平静的安宁占据了所有空间。看来，这里的人们对于那使得首都的居民们处于如此喧嚣如此忙碌的活动中的目的和意图一无所知，也看不懂那作为"首都嘈闹的运动"之根本的各种差异性。在这里，你并不会觉得大地似乎是在你的身下运动或者说颤抖，相反你站得如此平稳，就像我们为了观察者的缘故而希望天文望远镜或者水下望远镜能够被牢牢地固定住。如果你想在自己周围找到那种首都社交方面的 Poscimur（拉丁语："我们被要求"，职责召唤）,[275]让你能够那么容易地随波逐流，让你在每一瞬间都能够离弃你自己、在每一个小时都能够在公共马车[276]上找到位子、在任何地方都被吸引眼球的事物[277]环拥，那么，这只会是徒劳；在这里，你会觉得自己是被遗弃在宁静之中，觉得自己是被捕捉进了宁静，在这种将你与外界隔绝开的宁静之中，你不可能离弃你自己，你到处都被各种无法吸引你眼球的事物[278]环拥。某些个别的街区是如此空空荡荡，乃至你能够听见自己的脚步声。在那些大货仓里，没有收藏任何东西，也没有任何东西被运送进来；因为回声（艾科[279]）是一个非常宁静的寄居者，但是，如果说这关联到谋生与支付，那么，没有什么房东能够因此而赚到房租。在真正有人住的街区，绝非毫无生气，但也绝不是高声的吵吵，而像是有着一种人众的平静喧哗，这至少为我留下一种印象，类似于那种夏季的天籁之音，通过其瑟瑟声暗示出乡郊野外的宁静。

一旦你，进入了克里斯蒂安港，你就会变得忧伤，因为在那里，在那些空荡荡的货仓之间，回忆是忧伤的；在一条条人口过密的街巷里，景象是忧伤的，眼睛只能够发现一种由贫困和悲惨描绘出的田园风光。你跨过咸水来到这里，你现在到了很远很远，远在另一个世界里；在这个世界里住着一个卖马肉的屠夫，[280]在这个世界里只有一个集市广场,[281]自那场火灾之后,在这唯一的集市广场上只有一片废墟,那场火灾不像是虔诚的迷信通常所讲述的那样,噬蚀了一切而只让教堂得以幸存,不,它是噬蚀了教堂而让惩教所存留在那里。[282]你是处在一个贫困的集市里,在这里面只有可疑人物的逡巡和警察的特别巡视会让你想起这是在首都附近,其它的一切则完全就如同一个集市之中的情形:人众的平静喧哗;所有人都相互认识;有一个可怜的家伙,他至少每隔一天会作为醉汉来当差;有一个精神病人,所有人都知道他,在那里独立谋生。

几年前,你会看见这样的情形,在水上的上方街[283]南面的一段,在白天的一个特定时间里,一个瘦高个的男子在石板路面上用丈量的步子来来回回地走着。几乎没有什么人能够避开他散步中引人注目的地方,因为他所走过的路是如此短,乃至不知原委的人也肯定会留意到他:他不是去商店,也不是像其他人一样在散步。如果你常常观察他,那么你就能在他的步子之中看见一种对"习惯的力量"的图解。一个在船上习惯于在甲板的长度中踱步的船长会在陆地上找出同样程度的距离然后机械地来回走;因而,这位漫步者,或者以人们称呼他的方式来称呼他——这位簿记,他的情形也是如此。在他走向这条街的尽头时,你就会发现这样一种受到电击后的回返,这习惯在他身上猛拉他:他停止,几乎是以一种军人的速度,站定,昂头挺立,向后转身,又重新目视地面,接着向回散步,继续。

当然,他在这整个区域里是人所熟知的;但尽管他精神有问题,却从不曾受到过任何侮辱,相反,周围的居民待他以特定的敬意。他的财产、他的慈善行为和他令人有好感的外表都有助于这敬意的产生。固然,他的脸有着一种漠然单一的表情——这表情标志了某种特定的精神问题,但其各种特征都很漂亮,他的体态健美,他的穿着是刻意设计的,甚至可以说是精致的。他的精神问题也只有在上午 11 到 12 点之间表现得最直接,也就是在这段时间里,他在外面的石板路面上,在介于儿童管教所桥[284]和这条街的南头之间的这段路上,走动着。在一天的其它时间里,也许他是沉浸在自己不幸的忧虑之中,但在行为上则没有这样的表现。他与人们聊谈,在长距离的路段里漫步,参与许多事情,但是在 11 到 12 点之间,你就无论如何都无法让他不走这段路,也无法让他走得更远一点,也无法让他回答你的话——如果你问他什么的话,甚至根本就无法让他哪怕是向人打个招呼;而他这个人本来其实是礼貌的化身。这一个小时是不是对他有着某种特别的意义,或者这是不是由于一种有规律地反复的身体健康状态上的需要(事实上有这样的事例存在),这些问题,在他活着的时候我一直都无法知道,而在他死后我也找不到任何能够让我去打听出进一步信息的人。

现在,虽然附近的居民知道,他们对他做出的行为几乎就像印度人对一个精神病人所做的——印度人把精神病患者尊奉为一个圣人,[285]然而与此同时,他们在私下却可能对他这种不幸的原因有着许多猜测。下面的事情不是什么罕发:那些所谓的聪明人恰恰通过这样的猜测暴露出了同样多的疯狂倾向,甚至暴露出了也许是比任何精神病人都更严重的痴愚。所谓的聪明人常常会愚蠢得去相信一个狂人所说的一切,常常会愚蠢得去相信他所说的一切都是疯言疯语,尽管在许多时候,一个精神病患者比任何人都狡猾,更善于隐瞒自己想要隐瞒的事情,尽管一个发疯的人所说的许多话都包含有一种智慧,哪怕是最智慧的人都无需为之觉得羞耻的智慧。无疑,我们就能够得出这样的结论:有一种看法认为,在存在之造化中,一颗沙粒和一个偶然事件决定事情的结局,而这种看法在心理学里也是有效的;因为,如果一个人看不见疯狂之中更深刻的原因,而把疯狂看成是无需什么依据就可以轻易得到解释的事情,就像平庸的演员认为扮演一个醉汉是最容易的工作(事实上,只有当你所面对的确实是一班平庸的观众时,这样的想法才是正确的),这其实是同一种思路。但不管怎样,人们没有去伤害这位簿记,因为他得到了人们的爱戴,人们尽可能让各种猜测处于私密状态,以至于除了唯一的一种说法之外,我再也没有听到任何其它猜测。也许人们在私密里也并不曾有更多猜测,我完全可以这样假定,并且,我对此

"有辜的?"–"无辜的?"

也没有反对的意愿,我倒是唯恐我对于"人们在私下有着更多猜测"的固执怀疑会暴露出我身上的一种痴愚的禀赋。这唯一的说法就是:他曾爱上过一位西班牙的女王或者王后;[286]而这一猜测是一次不成功的尝试,因为它根本就没有考虑到他所具的一个可以作为明显证据的特征——对小孩子的确定的偏爱。他在这方面做得很好,确实是把自己的财富投入到这之中,正因此他得到了穷人们的真挚爱戴;比如说,有许多贫穷的妇人就会向自己的孩子强调要尊敬地向簿记问候。但是在上午11点到12点之间,他绝不会做任何答礼。我自己就曾见证了这样的情景,有许多穷妇人在带着孩子走过他的时候是怎样如此友好如此恭敬地向他打招呼,孩子也同样地打招呼;但是他头也不抬起来看一下。穷妇人走过他之后,摇了摇头。这场景很感人,因为他的慈善以自己特有的方式在特别的意义上是无偿的。救助典当行[287]对出借的钱款取百分之六的利息,许多富人、许多幸运的人和许多有权力的人,以及许多介于这些人和穷人之间的中间人常常在这种赠予的机会中赚钱,但是,相对于这位簿记,穷妇人不会觉得对他有所妒忌或者因自己的悲惨生活而沮丧,或者因为贫困税[288](穷人们不是付钱交这税,而是以卑屈脊背和受侮辱的灵魂来偿付)而心酸;因为她无疑会感觉到,她的这位高贵而值得尊敬的慈善施予者(这当然是穷人的用辞)比她自己更不幸,——她则是一个从簿记那里得到了她所需要的钱的人。

然而,他为孩子们的事情而投入,这却不仅仅是为了要有一个机会做好事,不,这是由于这些孩子本身的缘故,并且是有着一种完全特别的方式。在11到12点这一小时之外的时间里,一旦他看见一个小孩,他脸上原本的那种单一漠然的表情马上就被打动,各种各样的心境就在他脸上反映出来。他停下看这孩子,与他对话,并且在这过程之中全神贯注地观察这孩子,就像是一个只画孩童脸的画家那样。

这是你在街上看见的;但是如果你见过他的房间,那么你就会更惊奇。我们开始是在日常生活里看见一个人,然后我们又在他的家里或者他的房间里看见他,这时我们所得到的是完全另一种印象,——这样的事情并不少见；这样的状态绝不仅仅只属于金匠们和其他全身心投入到各种秘密的艺术和科学的人，或者全身心投入到各种占星术中的人，比如说达普苏尔·冯·扎贝尔陶，[289]他在客厅里坐着的时候和别人没有什么两样，但坐在天文观察台里的时候，就在头上戴一顶尖尖的高帽子，身披一副灰色毛呢斗篷，脸上挂很长的白胡子，用假嗓门的声音说话，以至于他自己的女儿也无法认出他，而以为他是一个扮圣诞节山羊的人。唉！如果我们看一个人在他家里或者在他的房间里，并且把在此所见的形象与这同一个人在生活中所展示的形象相比较，那么，我们常常发现另一种类型的变化。但这簿记的情形却不是如此，并且你只会带着惊讶看他，他对孩子们的关怀是多么真心。他有着相当可观的藏书量，但所有这些书都有着生理学方面的内容。我们在他那里看得到一些最贵的带有铜版插画的作品，另外还有好几整套他自己画的素描画。在其中你可以看见各种以肖像画的细致画出的脸，然后你看见一排脸都与某单个的脸关联着，通过这样的系列，相似的地方就渐渐地消失，尽管到最后总还是会有一点相似的剩余留下；你可以看见一些根据数学比例画出的脸，你可以在总体上看见那以一种比例关系之变化为条件的变化，被展示在明确的轮廓之中；你可以看见一些根据生理学上的观察构建出来的脸，而这些脸又得到另一些根据臆测勾画出来的脸的检测。家族相似性和一代与另一代的传承关系中的一致性，尤其在生理学、人相学和病理学的方面吸引着他。我们也许为他的作品没有得以面世而感到可惜；因为，固然他的精神有问题——我对此也有进一步了解，但在一个精神病人的固执观念成为了一种有发现力的本能时，他则不是一个最糟糕的观察者。一个好奇地感兴趣的观察者看得见很多东西；一个以科学的方式感兴趣的观察者是值得尊敬的；一个忧心忡忡地感兴趣的观察者看得见别人看不见的东西，而一个精神不正常的观察者也许看得到最多东西，他的观察更尖锐更持之以恒，正如某些动物的感觉比人类更敏锐。当然，他的观察有必要得到检验。

　　一旦专心致志地投入他的充满激情的研究工作，当然这都是在从

11到12点之间的时间之外的任何时候,他在许多人眼里就不是有精神病的,尽管在这样的时候,他的精神病其实是处于最严重的状态。正如对于一切科学的研究都有着一个被寻找的X,或者,我们从另一方面看,正如那激发出科学研究之热情的东西是一种永恒的预设前提,这预设前提的确定性需要通过观察来得到确认,同样,他忧心忡忡的激情也有着一个X,"被寻找的东西",一种在家族传承渊源中给出相似性关系的规律,他要寻找它,以求通过它的帮助来得出进一步的结论;于是,它就有一个预设前提,他的臆想为这预设前提给出了一种对他来说很可悲的确定性,这一探索发现将为他确认某种与他自己相关的可悲的东西。

他是一个低级公务员的儿子,他父亲的生活条件并不好。早年他在最富有的商人之一手下的公司里任职。沉默寡言,有点羞怯,他以一种洞察力和一种准时来做好自己手上的买卖,这种洞察力和准时使得公司里的负责人发现他是一个极有用的人才。他的业余时间被用于阅读,用于练习外国语言,用于提高在绘画方面确定的能力以及用于去看望父母,——他是家里唯一的孩子。他就是这样继续着自己的生活,与尘世保持着陌生。作为办公室雇员,他的工作条件是很好的,没多久他就有了一份相当可观的年薪。如果说英国人关于"金钱造就美德"这句话是对的,那么反过来我们无疑也能够确定:金钱造就恶习。然而,这年轻人没有让自己受恶习的诱惑,只是一年一年下来,他变得与尘世越来越陌生。他自己并不察觉这一点,因为他的时间总是过得很充实。只偶尔有几次,他在灵魂里隐约地有所感觉,他相对于自己成了陌生人,或者说,他相对于自己就像是这样的一个人:这人突然停下步子,苦思冥想着什么他可能是忘记了的事情,但就是想不起这到底是什么事情,——反正这肯定就是某件事情。他也确实是忘记了什么事情,因为,在那些日子尚未流逝的时候,他忘记了让自己年轻,忘记了让自己的心以青春的方式欢畅。[290]

然后,他认识了两个其他办公室雇员,他们都是尘世中人。他们马上就发现了他的不可救药,然而在另一方面对他的才干和知识则有着如此高的敬意,乃至他们在事实上就从来没有让他感觉到自己的缺陷。有时候,他们也请他与他们一同去参加小小的娱乐,小型的郊游,去观看喜剧;他是参加的,这让他感到愉快。另一方面也毫无疑问,其他人也没有因为他的参与而受到什么损害,因为他的羞怯在其他人的娱乐上放置了一道有用的约束,这样一来,这娱乐就不至于变得过于无节制;而他的纯洁则赋予这娱乐本身一种更为高贵的色彩,这也许是不同于他们本来所习惯的情形。但羞怯不是什么能够对自身进行强调并提出自己的要求的力量;不管是因为那种时而会攫住"陌生于尘世的人"的忧伤使得他产生了抵触,还是因为别的原因;在森林踏青之行结束之后是出色非凡的晚宴。这两位本来就是喜爱玩闹的人,他的羞怯只会对他们构成一种刺激,他由此所产生的尴尬感情对于他又成为一种刺激,而由于大家都得到了酒精的驱动,这种刺激的效果就更强烈了。于是在别人的推动之下,在极度的激动之中,他成了完全另一个人,——并且他是处在一个不正派的圈子里。他们也去了一个这样的地方,在那里,也够奇怪的,你付钱只是为了让一个女人来鄙视你。甚至他自己也没有弄明白在那里发生了一些什么。

第二天,他很沮丧并且对自己很不满意;睡眠删除了前一天的各种印象,然而他仍然会回忆起很多,这就足以让他再也不去参与这些朋友们的正派的社交活动,而不正派的就更不用说了。如果说他从前是勤奋的,那么这之后他就变得更勤奋;"他的朋友们以这样的方式将他引上歧路"所引起的痛楚,或者说,"他曾有过如此的一些朋友"所引起的痛楚,使他更加沉默寡言,而另外他父母的去世又使他在这个方向上走得更远。

相反,在公司的负责人那里,他的名声随着他的才干的增大而增大。他是一个极受信任的雇员,在他生病并且病至于死[291]的时候,上面已经在考虑要给予他合伙人身份。就在他将死的瞬间,在他正要踏上"永恒之严肃的桥梁"[292]的那一刻,突然有一段回忆苏醒过来,这是关于那个直到那一刻对他都不曾真正存在过的事件的回忆。在这回忆中,那事件有着一个特定的形态,它以"他的纯洁之丧失"来为他终结他的生命。他痊愈了,但是,在他健康地从床上站起来的时候,他随身带着一种可能性,这一可能性追随着他,而他也在自己充满激情的研究之中追随着这一可能性,这可能性匍匐在他的沉默之中,在他看见小孩子的时候,这可能性使得他的面部表情有了各种各样的动态,——这可能性是:另一个生灵因他而有了生命。他在自己的忧虑之中寻找的东西,使得他成为了老人(尽管他几乎尚未到达真正男人的年龄[293])的东西,就是那不幸的生灵,或者说,是到底有没有这样一个生灵;那使得他精神出问题的东西是:每一条通往"发现"的进一步的路径都被封死了,因为那两个曾在交往中将他引入堕落状态的人早已去了美国而且消失了;而那使得精神病状态变得如此辩证的事情则是:他根本就不知道,这到底是那场病的后遗症,是一种发高烧时的幻觉,还是死亡确实以一种现实回忆来帮助他的记忆。看,正是因此,他就低着头在11点和12点之间沉默地在那短短的街路上踱步,他就在一天的其余时间里,沿着所有可能性的各种绝望蜿蜒,在迂回的道路上漫步绕行,以求尽可能去找到一种确定性,并且在这之上找到他所寻找的东西。

但不管怎样,在一开始他还是能够做得好办公室里的工作。他就像往常一样地准确而守时。他在底账和副本里查阅着,但在偶尔的一念之下,他会觉得这一切都是无用的劳苦,[294]觉得自己应当翻阅查询的是完全其它的东西;他算出一年的账目,但在偶尔的一念之下他会觉得,在他想到自己所弄出的巨大账目时,这一切对于他都像是一个笑话。

然后公司的负责人死了,并留下了非常可观的财产,由于他自己没有孩子,并且像爱儿子那样爱着这簿记,所以也把簿记指定为一大笔财产的继承人,就仿佛这簿记是一个儿子。于是,簿记就终结了所有账目,然后他成了科学家。

现在,他是退休了。如果不是生活又带来了一个时而会起决定作用的偶发事件,他那忧心忡忡的回忆也许还不至于成为他的固执观念。他所剩下的唯一亲戚,是一个老人,那是他去世了的母亲的表弟,κατ᾽εξοχην(拉丁语:在纯粹意义上)被称作"表弟"的,一个胡椒单身汉,[295]在父母去世之后,簿记就搬到了他家里,他每天都在他家吃饭,甚至到公司停止之后也还继续是这样。这表弟喜欢以某种类型的双关的笑话来自得其乐,我们往往是更多地在年长者而不是在年轻人这里听到这一类笑话,这在心理学的意义上也容易得到解释。如果说,在一切都已被听见[296]并且在绝大部分都被遗忘的之后,那剩下的平常而简单的词句,就能够在老人的嘴里获得一种它原本所不具备的分量,那么,我们也就可以这样说:一种模棱两可的双关意义,一个轻佻的词句在一个上了年纪的人的嘴里很容易起到一种让人心烦的作用,尤其是对于一个有着像这簿记那样的天性倾向的人。在这表弟不断地重复的许多笑话中也有这样一个,总是被讲了又讲:任何男人,哪怕是结了婚的男人,都无法确定地知道自己有多少个孩子。这表弟就是这样的一个人,本来他是个挺受人喜欢的人,一个所谓的好伴当,一个风趣诙谐的朋友,然而,各种模棱两可的说法和鼻烟对于他是一种必不可少的需要。因此,毫无疑问,簿记领教了很多次这表弟的全部节目单,其中包括了那个模棱两可的段子,但他没有理解这段子的意思,其实也就不曾真正地听它。现在,这个段子反过来倒是对准了他的敏感部位,就仿佛它是被设计出来要杀伤他弱点和痛苦所在的部位。他进入了自己的沉思,在这表弟的言辞要为他们的对话添加调料的时候,这时,这偶然的触摸就增强了他的固执观念[297]的伸缩性,于是这固执观念就变得越来越牢固。内闭者的沉默和饶舌人的笑话联合在一起久久地对这不幸的人发生作用,以至于理智在最后真的就做出变换而另找雇主,因为它无法忍受让自己在这样的一个家庭秩序中做事;而簿记则用精神错乱来代替了理智。

在首都是交通拥挤人众熙攘,相反,在克里斯蒂安港则有着寂静的安宁。在首都有各种目的和意图,首都居民处于如此繁忙和如此喧嚣的运动之中，而在克里斯蒂安港，人们似乎就不知道有这些目的和意图的存在；在首都，各种差异性是喧嚣嘈杂的运动的基础，而在克里斯蒂安港，人们则似乎也不知道有这些差异性的存在。在克里斯蒂安港住着可怜的簿记；用现实的语言说，在那里他有着他的家，用诗人比喻的方式理解，在那里他是在家里。但是，不管是他沿着各种特别的历史研究的道路试图渗透进那个回忆的渊源，还是他沿着普通人的观察的极其迂回的道路，疲劳地并且只能依靠各种不可靠的假设，试图把那个未知的 X 变成一个得到了命名的量，他都没有找到他试图寻找的东西。有时候他觉得他所寻找的东西必定是非常遥远；有时候这东西似乎又离他如此之近，以至于在穷人因丰富的礼物而替孩子们感谢他的时候，他只感觉到自己破碎的心。他觉得这就仿佛是他在将自己从最神圣的义务里赎买出来；对于他来说，一个父亲给自己的孩子慈善施舍的话，那简直就是最可怕的事情了。因此，他不想要任何感谢，这样，这感谢就不会成为一种诅咒，但他又无法让自己不去给予。穷人们很少能够找到一个如此高贵而值得尊敬的慈善施予者，一种有着如此慷慨条款的帮助。

　　一个有理智的医生自然能够做出许多努力，以便通过一种普通的观察来去掉那作为一切之条件的第一可能性，尽管他为了要尝试另一种方式也会变通地将之当作一种可悲的确定性而认可它，而在这时，他作为医生又会借助于自己的知识而有能力通过如此多的可能性来移除这一确定性所造成的后果，将之移除到尽可能远的地方，以至于没有人会看见它，——除了这精神病人，对于他来说，这样的一种治疗也许只会起到打扰的作用。这样一来，这可能性就会以不同的方式起作用。我们把它当作一把锉刀来使用：如果物体是坚硬的，那么我们就把尖锐的边缘锉掉，但是，如果这物体是一把口子变钝的锯子，那么锯子的锯齿只会被锉得更尖锐。这可怜的簿记发现的每一个新的可能都使得忧虑之锯变得更锐利，他完全是自己在拉这把锯，在这把锯子的啮咬之下，他自己受着煎熬。这没有帮到他，尽管有人曾想要帮他。

在他漫步于水上的上方街的时候,我常常在那里看见他,我也在别的地方看见他;但是有一次我在那里的一个糕饼店[298]里碰到他。我马上了解到,他每隔十四天晚上都会去那里。他阅读报刊,喝一杯宾治酒,并且和一位老船长聊谈。这位老船长每天晚上都会去那里,已经七十岁了,白发苍苍,看上去很健康,精神矍铄。从他的整体形态看,你一点都看不出他(也许他确实不曾)除了作为水手之外还曾以其它方式经历过生活的动荡。这两个人是怎样认识的,我不知道,但那是糕饼店之交,并且,他们只在那里见面,相互间有时讲英文,有时讲丹麦语,有时候两种语言混着讲。簿记完全就是另一个人了,他走进门,用英语打招呼,这使得老水手精神振作,他看上去如此调皮,以至于你几乎无法认出他。船长的眼睛并不是很好,随着岁月的流逝,他失去了评判人们的外表的能力。这样我们就不难理解,为什么只有四十岁并且恰恰在这里比在别的地方看上去更年轻的簿记能够让船长以为他有六十岁,这是他所打理着的一个虚构故事。就像一个水手都有可能会是这样,这船长在自己年轻的时候很正派地是一个快乐的小伙子,肯定是很正派,因为他的表情是如此有尊严而他的性格又如此受人喜爱,以至于你肯定会愿意为他的生活和他水手的矫健作担保。现在,他不厌其烦地讲述着关于伦敦舞厅和与女孩子们一起玩闹的快乐故事,然后是关于印度。随后他们在交谈的过程中碰杯,船长说,"是啊,这是在我们年轻的时候,现在我们都老了,是啊,我倒是不应当说'我们',因为,您多大年纪了?"簿记回答说是六十岁,然后他们又碰杯。——可怜的簿记,这是对一种丧失了的青春的唯一补偿,这一补偿甚至就像是其精神病的过于沉重地苦思的严肃所招致的相反后果。整个处境有着如此良好的幽默气氛,用英语深奥地装点出的"六十岁"的幻觉恰恰就是幽默元素的预设前提,这让我得到启迪:我们能够向一个精神病人学到多少东西啊。

后来这簿记死了。他病了好几天;在死亡真正到来的时候,在他真正要严肃地走上永恒的那座可怕桥梁的时候,以前的那个可能性消失了；那其实只是一种错乱，他的作为也随着他，²⁹⁹并且穷人的祝福与这些作为在一起，对他的怀念也留在那些孩子的灵魂里，他们记得他曾为他们做了多少事情。我去参加了他的葬礼。离开墓地的时候，我和"表弟"坐了同一辆车。我当然知道，他写了遗嘱，而这表弟也绝不是贪钱的人，因此我允许自己坦白地说，他没有什么直接的亲属能够来继承遗产，他留下这么大的一笔遗产，但他没有结婚留下孩子，这也多少有点悲哀。尽管确实地被死亡事件打动，程度已超过我所预料，并且这一切给出了一种比我所想象的更好的印象，他还是忍不住说了这样的话：是啊，我的好朋友，任何男人，哪怕是结了婚的男人，都无法确定地知道自己留下多少个孩子。令我释怀的是，这是一句俗语，也许他根本就没有意识到，嘴里有这样一句俗语就是一种悲哀。我曾认识一些教养院里的罪犯，他们确实已经改好了，确实已经从某种更高的意义之中得到了熏陶，并且他们的生活也是对此的见证，然而在他们身上却仍然发生着这样的事情：在他们与宗教有关的严肃言论之中总是混有那些最可鄙的往昔印痕，并且就是这样：他们自己根本就没有意识到这一点。

长桥³⁰⁰因为它的长度而得名；就是说，作为桥，它是长的，但是作为道路，这桥的长度就不算什么了，因为，从这桥上走过去，你马上就知道这不算长。然后，如果你站在另一边，站在克里斯蒂安港³⁰¹那头，那么你马上就又会感觉到：作为道路，这桥确实还是挺长的，因为你是远离哥本哈根，这距离是非常远的。

四月六日。午夜。

如果一个人只为唯一的一样东西担忧，而相对于这样东西则根本没有任何事情发生，这是多么无告无慰啊。在街上有足够热闹的生活，在一幢幢房子里有着足够多的事件、忙乱和喧嚣；但是，关于我的事情则听不到一词一句。以同样的方式，在偏僻的街上，一个卖针线的商人坐在自己的小店里等待着顾客，却几乎听不见脚步声；在东街的那些商店里则全都是人。但这卖针线的商人却也因此而无需像东街的富商人那样支付极其昂贵的房租。事情确实是如此，然而，我则反过来：我很确定地是要支付与任何结了婚的男人一样的税收和费用，然而却没有任何与我相关的事情发生。

如果事情是这样的：演员明白自己的角色，从头到尾都完全记住了台词，在言辞和形象里感受到这人物的呼吸，并且只是等待着关键词；但提词员却睡着了，并且这演员无法去叫唤他！

如果事情是这样的：你能够看见信号灯塔在大带子海峡的另一侧竖起，被点亮，[302]并且第一个词能够被读出来，但随后就来了一片雾，而如果没有信号灯的信号通讯传递你就无法知道任何东西，并且，你想要知道的东西对于你是极其重要的，就像是对灵魂的拯救！

如果事情是这样的：高贵的战马明白自己为什么被加上马鞍，知道女骑手，那个皇家少女，她将要到来，这是战马的骄傲，因此它喷着鼻子呻吟着，用脚蹬着地，持续地显示着自己的力量，这样，通过抑制住这一强健的能量，一定能够以狂喜的震颤来取悦她；然而马夫走了，他不再回来；到了最后，马夫终于回来了，只是女骑手并没有一起来；不过，马身上的骑具没有被拿走，但精神激昂的战马却担忧怕失去活力，怕失去跳跃过程中的勇猛和喜悦，怕不再能够获得那种通过听从皇家女骑手的指挥而获得的满足！

如果事情是这样的：舍赫拉查达[303]想出了一个新的故事，比从前讲的故事更好听；如果事情是这样的：她把自己的所有信心全都投入到这个故事之中，这故事必定会拯救她的生命，而不仅仅是只使得死刑判决不出现，只要她能够成功地像在这瞬间一样感人地讲述这个故事，然而，她在十二点没有被接走，这时间马上就到了一点，她害怕自己会忘记这故事，或者会忘记自己能够讲这个故事！

昨天晚上我有幸与两个有见识的女士谈话。这个过程很让人长见识，并且无需夸张，我几乎可以相信，我的在场使得这两位有见识的女士兴高采烈。这是两位在生活方式上很有讲究的女士，而我，我则是一个尘世的男人，也就是说，有着很好的头脑但却是一个堕落的人。也难怪这样有见识的人们会产生好感！纵身投入这样一种由松弛感和诙谐的理解力构成的翱翔之中,这是怎样的快感啊;在探险旅行之中如果有一个这样的人,相对于他,你在紧急的情况下敢让自己退出并且说,"天哪,我们绝不赞同他的卑鄙行为,但他确实是很有见识",这是一种怎样的如意吉祥啊！于是我学会了许多,关于什么是"要达到一种幸福的爱欲理解"所真正要求的东西,对于一个得到了解放的尤物,如果一个男人没有足够的见识在她的天马行空的过程中追随她,或者更确切地说,在她的惊跳之中追随她,那么,"进入一种义务的约束绑定"就会是一种苦难,并且会有着极大的痛楚,甚至这种结合在根本上就是无效的。这就是全部所说的东西了,然而我也并不怀疑:我的女英雄们,她们对精神见识是如此确定,她们会愿意把这句子反过来说,并且向那个与这样的女孩绑定了的人表示她们的同情,或者更确切地说,她们会要求他尽快了结掉这关系,去为自己找一个更有精神见识的女孩。这之中甚至会有一种暗示,很明显,这暗示是特地传递给我的,并且在此中有着关怀的意味。哦,沉默,沉默,你怎么能够这样地把一个人带进与他自身的矛盾之中呢！所以说,这是一种为我而做出的迁就,一种对我的行为做出评估的尝试。一个女人就是敢以这样的方式来侵犯另一个女人,而在这里,这"另一个女人"是这样一个女孩,她们[304]就是给她解鞋带也不配！[305]如果我是皇帝的话,她们马上就会被驱逐到一个荒岛上。现在这也是对于我的一个报应:[306]我的外在生活,尽管它不为许多人所知,但它还是以自己的方式去助长了一些人的这种可恶的"自以为是的精神见识"。如果我是自由的,如果我不用顾虑到"对我的状态的本真解读对于她会成为一种危险的先例";如果这个处于悲哀之中或者使得我悲哀的女孩,如果她想要为了恋爱的美好事业而将一个男人置于原野作为她分派出的人员,只要她给予我自由,那么,我就会 pro virili（拉丁语原本应是 pro virili parte:尽男子汉的全力）高举着旗帜。冲我来吧,你们这些精神见识丰富的女人们,带着你们各种堕落的机智来吧;美好的事业把弓弦最有力地拉开并且最准确地击中目标。人们不应当以别的方式来维持一场恋爱的荣耀!确实,我觉得我可以用上一个不幸的爱情故事,它符合我的生活存在。真希望我能够自由地表述我的恋爱,这样,即使我遭到拒绝,我仍然还是我这恋爱的拥有者,真希望我能够不用害怕自己因承认这恋爱对于我的意义而突然打扰她,因为她有必要得到相反的支持。如果那样的话,我就会说:是啊,我是这女人般的男人(因为我不敢让人称呼自己是一个男人),这没有能力让自己多于一次地去爱的可怜侏儒,这刻板的成事不足者,如此狭隘,以至于去把那种关于初恋的美丽说法[307]当真,而不能够将之视作是经验丰富或者有点经验的少女在晚餐桌上相互调笑促狭时所用的扭捏作态之词。人们还是应当对我有点怜悯之心;我自己感觉到,尤其是在这样的时代里,我把自己弄成了一个多么可怜的人物形象,——在这样的时代里甚至那些女孩子都像福斯塔夫在与佩尔西之战之中倒下[308]那样充满激情地为爱情而死,然后站起来,重新又有足够的生命活力,重新进入适婚的成熟青春状态去畅饮新鲜的爱情。嗨呀!——借助于这种说法,或者借助于一种认可这说法的生活,我愿意相信,如果我们还可以谈及"一个人能够有益于另一个人"的话,我愿意相信,比起借助于"在那体系之中写上一段",[309]我更会有益于我的极可敬的同时代人。事情的根本在于:生活的病理学环节绝对地、清晰地、明了地并且强有力地被设定出来,生活不像体系那样成为一个二手货商店(在这样的二手货商店里什么都有一点),这样,除了在一切之中痴愚到极点的"去在某种程度上信"之外,你可以在某种程度上做任何事情;这事情的根本在于:你不是去撒谎,而是感到羞愧,不撒谎,这样,从爱欲上说,你就浪漫地死于爱情并且是英雄,不是停滞或者躺在这不幸的事件上,而是重新站起来、继续前行并且在日常生活故事[310]之中成为主人公,继续前行并且变得轻佻诙谐,成为斯可里布[311]作品里的主人公。你可以把永恒沉思到这样的一种困惑中去,你可以想象在审判日有这样一个人,如果你听见上帝的声音问:"你曾信过吗?"——你就听见他回答:"信仰是直接的东西,[312]人们不应当盘桓在直接的东西这里,在中世纪的时候人们在直接的东西里盘桓,[313]但自从有了黑格尔起,人们就继续向前了,[314]不过人们还是承认,这信仰是直接的东西,并且这直接的东西存在,然而期待着一部新的文本。"我的老校长[315]是一个英雄,一个铁人。痛啊,惨啊,那对一个直接的问题无法回答出"是"或者"不"的男孩真是倒霉啊。如果一个人在审判日不再是一个男孩,那么,天庭里的上帝仍可被当成是一个校长。我们可以设想一下,这种段落狂,[316]这种课程疯[317]和这种体系惯性滑动,它们如此全然地控制住了局面,以至于我们最后想要简明扼要地把我们的主[318]安置进最现代的哲学里。——如果上帝不愿意,那么我想,吹号的天使[319]会用手上的号角打在一个这样的私人讲学教授[320]的额头上,这样他就永远不再会成为人了。

但是,如果一个人在一件事情上马马虎虎,那么他就会在所有事情上马虎;如果一个人在一件事上行罪,那么他就会在一切事情上行罪。你们这些见识丰富的人们,但愿在什么时候你们突然明白过来,你们所景仰的这见识是多么滑稽。但愿在什么时候你们突然明白过来,不仅仅是知道了一个诱惑者有多么坏,而且也知道了他是多么喜剧性的一个人物。你们把恋爱、把这尘世生活中的至尊至高之事仅仅当成是一种肉欲感性的发明物,当成是就好像动物所具的那种欲火,或者当成是为诙谐机智准备的游戏和见多识广者们之间的合作关系,但愿在什么时候你们突然明白过来,你们的这种看法不只是那么可鄙,而且是那么可笑!但是你们确实不知道,所有这一切纯粹是杂耍剧里的主题,[321]你们相互间的这种交往是普律辛与克拉特洛普[322]之间的交往。设想一下,如果一个女人美如天神之妃,见多识广如示巴女王,她愿意把自己隐秘的和公开的魅力都浪费在我的毫无价值的见识上;设想一个与我同龄的人,在某一个夜晚邀请我去与他一同喝一杯葡萄酒,碰杯、以大学生的方式抽烟[323]并且一同欣赏那些陈年的文学经典,——我不用再设想更多了。怎样的狭隘啊!人们叫喊道。狭隘?我并不这样评估。我想,这全部的美,还有精神见识上的天赋,带着恋爱和恋爱之中的"那永恒的",有着无限的价值,然而,如果没有这种美的话,那么男女间的关系(在本质上这关系所要表达的就是这个)的价值就根本比不上一烟斗的烟草了。我想,如果你把恋爱与此分离,请注意,是把恋爱与"那永恒的"分离开,那么,你就无法真正谈论还会有什么东西剩下,这完全就好像是谈论一个说话不旁敲侧击的接产妇,或者说,谈论一个"被焚烧成精神"[324]而对刺激毫无感觉的死者。滑稽的是,杂耍剧的情节是关于四块八毛钱的,[325]同样,在这里事情也是如此。如果没有了恋爱,也就是说,恋爱中的"那永恒的",那么,哪怕有着无边的见识,"那爱欲的"也只会围绕着比四块八毛钱更没价值的东西,只会围绕着那因为"作为精神的精神想要与之有模棱两可的关系"而变得令人憎厌的东西。一个疯子捡起每一块青石带在身上,因为他以为那是钱,[326]这是可笑的,同样,唐璜有着1003个情人[327]也是可笑的,因为这数字恰恰表明了她们一钱不值。因此我们应当审慎地使用"爱"这个词。[328]语言只有这唯一的一个神圣词,没有什么更神圣的词了。在必要的时候没有什么好难为情的,我们完全可以使用《圣经》和霍尔堡都曾使用过的描述性表达词;同时也不要过于见多识广地让自己以为"见识"是什么构建性的东西,因为这见识只构建出一种爱欲的关系。

然而,去维护一段不幸的爱情史,去通过这不幸的爱情故事而达到最高意义上的幸福,去把对于我来说毫无意义的事情(当年人们在普鲁士为那些参与了自由战争的人们建立出一种勋章制度,同时也为那些待在家里的人们设立出一种勋章[329])弄得意义深远,去使这种事情丰富地具备美丽的意义(这样,待在家里的人为自己的勋章感到幸福、为自己的恋爱感到幸福,尽管你在他胸前的星徽上比在那真正的幸福者[330]胸前的星徽上更清晰地看见那铁十字,尽管他所佩戴的勋章在普鲁士被称作是第二等级的,是表彰"好的愿望"的[331]),——我认识到,对于那懂得怎样让自己满足于这想法、怎样让自己为自己而感到心满意足以及怎样让自己安于"唯与上天同知"[332]的人,这无疑是一项激动人心的任务。[333]那么,让他们在他的右边倒下吧!这些单个的人,他们在为不幸的爱而战的役中失陷,他们带着荣誉安息,他们值得人们去为他们刻一段碑文、立一块纪念碑,但是为了不让他自己被打扰,他是不可以想要去埋葬这些死者的。[334]那么,让他们重新复活吧,这些表面上死去了的人们,通过使用那些他们通常使用的手段,他们重新复活;让他们通过一次又一次重新插向吊圈[335]来获得娱乐吧;让他们重新获得消失了的一切吧,既然他们就是一些厨房里丰腴的家庭主妇;让他们通过在第三场婚姻之中得到最好的照顾而 ganz völlig hergestellte(德语:完全彻底康复地)感到幸福吧;让他们联合起来狂咬猛嚼一场恋爱的碎片并且让生命在口水里淌进婚姻的关联之中吧;然而,为了不让自己迟到,他是不可以想要去花时间看一眼的。

我的沉默诺言使得我在独白之中强大,但哪怕是像这样的一种出游,也只是不断更确定地把我引回到她那里。如果故土处于战乱,如果在这时一个女人有能力弄出一条船,那我觉得这必定是一件很美好的事情。我绝不会有这样的运气,但是她,她能够让一艘将为美好的事业而战的战舰下水出航。

四月七日。早上。

一年前的今天。她是不可驾驭的;她断交,并且断交,然而她并不解除婚约。如果一对人是如此,那真是死亡地狱,如果我们相互斗争,好吧,我们明天就开始吧。

四月七日。午夜。

事情怎样与愿望一致?我当然不会想要另一个人,不想要在一场新的恋爱里获得补偿吧?如果那手上握着一根木杖的人,他如此确定自己真的是在手上握着一根木杖,就像我确定我在我的灵魂之中没有与此有关的想法,那么,他就真的是足够确定了。但是,愿望之激情,这激情是不是完全没有被改变呢?要在可能性之中测试自己,是很难的,这就像一个不敢使用自己的声音的人要测试出自己是否有响亮的声音。迄今有很多次,我徒劳地苦思冥想,试图找到一种能够在可能性之中检验自己的方法。

然而我却相信,激情是同样的激情,如果它能有所改变的话,那么我肯定,一种暗示,一种更接近的可能性的最微妙暗示就足以让愿望变得前所未有地更炽烈;因为事实上,只有通过对婚约的解除,我才能够在各种各样的意义上,在各种各样的方面,用谈论菲德里亚[336]的话来说我自己: amare coepit perdite(拉丁语:他暴烈地坠入爱河)。[337]

以一种方式说,一切都结束了,所缺的只是理念的赞同[338]和思想关联的认可,尽管我自己在暗中已经检验了并且仍在检验着每一种可能的变化。我确定无疑地知道这个,相对而言,几乎没什么舞台监督能够更确实地知道,在他摇响铃铛[339]的时候,场景变换都完全到位了。我已经在一个旧货商那里定购了一整套家具,我住处的那些房间都已装修一新,一切都是为一场婚礼准备的,——只等着这一瞬间出现。等我摇响铃铛,场景变化就在翻掌的一刻完成。

带着对我自己的怀疑,我把我的私人生活完全安排得像是一个已婚男人的生活。在任何地方都是由准确和秩序来决定一切。大流士或者薛西斯,无所谓是谁,有一个奴隶提醒着他去与希腊人开战。[340]既然我不敢相信什么人,我就只好满足于在自己的内心之中有一个提醒者。在我的整个生活里,我都制作出一个"一半"来,这是一种提醒物。我买任何东西都买双份,在餐桌上放两个人的餐具,咖啡是为两个人准备的,在我骑马的时候,我总是以这样一种方式骑,就仿佛我身边有一个女士。如果说我是在这些夜晚时刻活得有点不同的话,这也并非完全是因为我特别喜欢这种生活。

如果这一切弄到最后是一无所成,我毫不后悔。我不会跳过最小的细节,这是一种人格完整性,人格完整性对于我意味着至高的严肃;事情就是如此:如果这件事在最终得以完成的话,在我的账面上肯定不会有一分一毫的差错。

四月八日。早上。

一年前的今天。战书已下。如果要斗争,那么控制自己是很重要的,尤其是不能急躁。去看动物展览,在一开始门票是三马克,到最后就是一马克。豪华版的书六元国家银行币[341]一本,但如果你不急躁,然后便宜版本就出来了,这书还是同样的一本书。如果要斗争,你就必须谨慎地利用机会,并且你必须知道机会在哪里。去二手店或者去私人那里买,你可以半价买到。在一个女舞者退出舞蹈生涯的时候,她会小心翼翼地把两脚藏进自己的长裙,以免会有什么人来景仰这精美的双脚。哪怕是你支付十元国家银行币,她也不会有所改变,然而每一个人都知道,她的舞蹈价值三马克,或者为各种高档人物舞蹈是八马克(这时她是穿着丝绸舞鞋舞蹈,以及诸如此类)。

我的心境让我自己都觉得厌恶;她强制性地把我的所有冰冷的理智灌进这一关系之中,而我则已经永远禁止了理智性进入这关系。它不会长久地持续。

今天,我穿上自己精心挑选的衣服,在跳跃的步子中走进她家,把礼帽拿在手上,以一种轻松随意说着话的姿势站着,在经过的时候带着奉承而礼貌的庄重亲吻她的手,并且迅速穿过大厅,——我知道,在大厅里有人来访,因为那是一场家庭晚会。真是幸运。在双目相对的时候,讥讽、挖苦和冷漠完全无法施展;如果要让这些起作用,其他人的在场是必需的。

晚会里有一个女士,很好心地向我们发出明天晚上的邀请。通常我会把这一类事情全都让她来处理,但在这里,我赶忙恳切地代表我们两个人对这一邀请表示感谢。于是这就马上约定了;我的表述恭维得如此到位,假如我的这位刚刚接受了坚信礼的女伴[342]在这时说出任何反对的话,她就会显得很不体面。她也并没有表示反对。

在与她分手说再见的时候,我已经半身出门了,这时,我突然转身对她说:顺便说一下,不知道你觉得怎样,我们是不是应当解除我们的婚约。然后,我又转过身,挥手告别。

四月十日。早上。

一年前的今天。昨天晚上我觉得实在是无趣极了；然而，一个人为了让自己的未婚妻出外社交，又有什么事情是他不会去做的呢？而且他还得让她学会在各种场合或多或少地有着相应得体的举止。

她非常明白我的意思，这我当然能够看得出。如果现在任何事情都不对这公开解约构成障碍的话，那么我在这件事情上就完全是 in optima forma（拉丁语：处于最佳状态）。

今天我们要去看展览，要在街上散步，还要去拜访几个人。所有事情都运行得很漂亮，我带着极端的礼貌与她拉开距离，尽管我们相会的次数比通常更多。"被人视作是怀有恶意"成了一种可用的优势：在我们一同在外面的时候，我相当肯定，我不会被忽略，她则很容易成为多余者。她为什么惹恼了我？当然，不会有什么第三者注意到她的尴尬处境，因为我在谈话中不断地引用她说的话："这恰如我爱人所说，她昨天刚这样说过。"哪怕只是一个表情，于是就说："天哪，我亲爱的，难道你记不得了，就是昨天呀，哦，等一下，我也确实不能够随便下断语，那是在四天前，对，就是在四天前，你难道不记得了"，等等。为什么要提及"四天"，这是她非常明白的。

但是我完全失去了我的这种心情，在这一切之中有着一种不祥之兆。一个老人曾说过，本来是神圣的东西以一种可笑的形态显现出来，这样的事情永远都是糟糕的。[343] 事情也确实是如此，固然一个少女不是这神圣的东西，但她对于我却可以算是神圣的。我确实没有以"她应当有着一个理想形象的举止"这一类要求来困扰她；我只是希望，在我一心一意过于严肃地为我们的关系操心的同时，她最好是安静地坐着。

然而，我还是希望这一儿科病赶紧结束，在我们之间仍有着很好的理解，因而我觉得自己还是可以为她朗读一段基督教灵修类的文字。这使得所有的一切更古怪。一个第三者也许会觉得这是挺可疑的：一个能够是如此这般的我，居然还想要作一个宗教性的个体人格。如果一个人不具备什么其它东西，那么，要藐视睿智和所有除彻底纯粹的严肃之外的其它东西,是很容易的。³⁴⁴然而,这样的判断对我用处不大。在精神的意义上,个体人格的情形就像句子在语法的意义上的情形:一句仅仅由主语和谓语构成的句子比那种主句在最后出现的带有分句和中介句的复合句更容易建构。因此,尽管有人不能够以这样的行为来对待爱人,并且尽管这样的人是存在的,但这说明不了任何问题;而反过来,如果有人能够以这样的行为来对待爱人,但是在与我相同的情况下,他不愿这样做,并且是出于各种充分的理由不愿这样做,那么,这情形倒是可能说明一些问题。我坚持这种理念:她是有着喜剧性的;这其实就是我所表达的东西。我相信,她会得到更多的公正;假如我在一种爱欲的关系之中放肆地想要作一个训导者的话,她反而不会得到如此多的公正。我必须不断地拥有拯救性的平等性;在这里它就是那在我们之间做判断的审美理念。

然而,如果在她心中发展出一种对抗(Trods)的话,这对于我来说会使代价变得足够昂贵。但我却不知道我该怎样去做出与此不同的行为。

四月十日。午夜。

曾经有一个人对我说过:"我曾经历过一些事情,是如此可怕,以至于我从来就不敢对什么人谈起这事情。"也许大多数人会过于迅速地以这样的言论来了结这对话:这是一种夸张。固然,他们有他们的道理,这确实是一种夸张;但以另一种方式看,那个人也是对的。就是说,在事情得到了解释之后,我们发现,恐怖感的对象是纯粹微不足道的;但是,这对象以这样一种方式攫住他,以至于他不敢对什么人说这事,这一事实无疑能够起到这样的作用,使得他有了一种极可怕的经历。

今天³⁴⁵我在报纸上读到"一个出身名门的女孩"以自杀终结了自己的生命。³⁴⁶其实只要这女孩想一想,她这样做会为另一个人带来怎样的死亡恐惧,那么我相信她就肯定就不会去自杀了。然而,又有谁会想到把谨慎的关怀用在我身上呢!于是,不敢去问任何人,而只是要在对话的随意语言之中,通过无数的开始、跳跃和转折,间接地探听出一点信息！如果说，我的道路在总体上布满了荆棘，那么，这些随意的接触就像是我所陷进的一道山楂树篱。我持恒地看见各种鬼魂：在一些随意的言论之中、在诗句中、在各种神秘化的过程中。我自己如此老练，——这就是落在我身上的一个报应。

从她获得我的秘密讯息到现在，已经过了十四天了。从那时起到现在，我一直都没有在豪瑟尔广场看见过她。——不管大海是多么波涛汹涌，不管你是在什么地方，不管你是在大海里的什么地方，罗盘的指针总是向北。然而，在可能性的大海里，罗盘本身就是辩证的，磁针的偏离[347]无法从可靠的指向中被辨别出来。

四月十二日。早上。

一年前的今天。她多少有着一种节制，[348]不是毫无困惑；这是我能够明显地察觉到的。她并非是完全勉强地做出一点退让，但是她无法控制住自己。是的，事情就是这样。她过早地，而且是在完全错误的地方，吹响了号子。在这样一种所作所为（就像我在这些天里的举止）之后，那本来多少可以算是正当的指控在现在的情况下就像一种毫无合理动机的暴雨一样地来临。——固然，我是为了和平的缘故而开战，然而，想到这战争的终结，想到在她认输时的那种危机，这想法却让我饱受折磨。这会让我痛苦，因为我不想要任何击败她的胜利。只要我们还在搏斗，那么，"谁是最强者"这个问题当然就不会有结论，但如果她想要作为弱者投降，在这样的时候，我就不愿意在场。我自己是骄傲的，但是在我与她的关系之中，我更多地是为了她的缘故，而不是为了我的缘故，而骄傲。

四月十三日。早上。

一年前的今天。事情的进展令人满意；我得感谢她美好的守护神，我在暗中也确实做了感谢。昨天下午，在我接受击剑训练的时候，面具掉落了下来，因为我想要突然冲刺一下；与我对剑的那个人正砍出一剑无法收手，于是我就在头上挨了一下。这全部过程就是一件微不足道的小事：流了一点血，贴上一片胶布，我就回家了。但这是怎么回事，昨晚很晚的时候她听到了关于这件事的一个夸张的说法，而因为我尽管说好了要去她那里但却没有去，所以她就变得焦虑起来。流血事件，我们两个人之间的紧张关系或者我们的出击反击，也许再加上一点爱情，所有这些都联合起来使得她失眠。正如我一贯所说：一个失眠之夜能够难以置信地改变一个人。今天她急匆匆地和她父亲一同来我这里。她处在一种能够感动最冷酷的人的痛苦之中。[349]——然后，一切就都走上了正轨。我们避免了我得胜的局面，[350]死亡的危险帮助我们达成了相互理解。

　　如此多的可爱之处，一个这样的女孩，然后，哦，一个这样的小小少女！我兴高采烈地拿出好几百元国家银行币给那些穷人，因为我们幸运地绕过了投降的难堪。她时而会以这样一种方式看着我，于是我明白她在心中有什么东西要说；然后，我则说及了危险的伤口，也说到了当时面具怎么就奇怪地掉落下来了。然后她笑了，尽管眼中有着泪水；然后我说："是啊，你当然可以笑我，因为我就是这样地被揭除了面具。"然后她说："噢！这真是挺愚蠢的事情，你当然很明白我的意思。""是啊，我是该重新向他挑战并且说：这一切都不能算数，因为面具掉落了。"然后，我们就谈论一些别的事情。

　　这之后她就回家了。我看着她，就像她上完唱歌的课程之后回家时我看着她那样。然而，她走路的样子与那时不一样；在她的步子里有着一种鲁莽的幸福感。

　　哦，死亡，我相信，人们对你是不公正的；甚至连一次这样小小的提醒都能达成一种如此的效果，你能够给予生命怎样的意义啊！

四月十四日。午夜。

　　方法必须有所改变。在一个调查法官[351]想要把案子调查得水落石出的时候，他就会尽可能地为被告构建出一个最适合于侦探、审讯和调查的环境。他会把杀人犯安排在被害者的身边,他会在黎明鸡鸣的一刻把那在夜里心怀恐惧的人唤醒。对于我来说,有这样一个环境,我的调查法官在这环境之中能够将我带到邻近于招供的边界地带,是我所能想象的自己可能被带到的最接近于招供的边界:这环境就是在一座教堂里。今天,与通常的习惯相悖,我去了三一教堂。[352]她像一只鸟一样能够远视,并且很不幸地对我的观察力有着一种极大的想象。她用两眼捕捉住我,并且能够很清楚地看见我在看。我站在右边狭窄的过道里;她从教堂的门洞里走过来,横穿过唱诗班所在的坛位,要打开我对面那一边靠背长凳的门栏坐进去。她看着,然后点了一下头。我很快地收回我的目光,翻动着赞美诗歌本,就好像是没能够找到正在唱的这首赞美诗,通过这一动作我还摇一下我的头。唉!我怕在这一问候之中隐藏了一种希望。就在我向上看的同时,又有了一次眼神的交流,她看来似乎是明白了我摇头的含义,然后她又点头了。唉!她的这种表达是完全不同的,在我看来,她在放弃着希望的同时似乎只是要求一种承认。我不是已经找到了人们正在唱着的这首赞美诗么?于是,我急切地参与进歌唱的声音,就像一个教堂唱诗者[353]时而所做的那样,我随着我的声音抬起头,然后又重新让头低下,一个也类似于拍卖会上出价者说"是的!"的动作。然后牧师过来把我们分开;我不朝她的方向看,只是沿着我来时的路离开,一步不离原来的行踪。一个毕达哥拉斯教徒[354]在脚踩大地的时候会很担忧,但这种担忧比不过我害怕的心情,我害怕,按人们的说法就是,害怕迈出任何一步。

于是,我说了! 不,我没有说;我根本就没有做过任何我无法否认自己做了的事情。[355]这样的事情不应当是在教堂里,她不应当这样打动我而使我偏离那曾经使我不得不将之视作是"我的义务"的东西。但是在教堂里,我会受到诱惑而很容易把这事情看成是永恒的事情;在永恒的意义上看我完全可以说出真相,但在时间之中则不能,或者说,尚不能说出真相。她也许还能够得到拯救而保持自己的生活,她不应当因为我对生活说再见也去对生活说再见。我不相信她是在宗教方向上得到了足够的发展而能够正确地理解"以这样一种方式与存在进行肉搏"这说法意味了什么,这对于一个女人甚至比对于一个男人更有决定意义。"想要结合在一起沿着这条路向前走"就等于是重新召回我已经在那两个月的恐怖时期里一直畏惧着的那种可怕的错误关系:就是说,我们要结合在一起为一段不幸的爱情史而感到悲伤。这是行不通的。在她的和我的悲伤之间有着什么相似之处,在忤逆(Brøde)和无邪之间有着什么样的共同体,在"悔"(Anger)与"对存在的审美性悲伤"之间有着什么样的亲缘关系,既然那唤醒"悔"的东西就是那唤醒她的悲伤的东西?我能够以我的方式来悲伤;如果她要悲伤,那么她就得去独自悲伤。一个女孩可以在许多事情上屈从于一个男人,但不是在伦理的事情上;她与我以这样一种方式结合在一起悲伤,这是"非伦理的"。她要让这样的一个伦理问题处于悬而不决的状态,这样的一个伦理问题,就像关于"我对她的所作所为"的问题,她其实是想要为"我对她的所作所为"的后果悲伤,而沿着这条路走下去,她怎么可能会在宗教的意义上悲伤。真想我能够有半年的时间作一个女人来弄明白,她是怎样以一种不同于男人的方式被构建出来的。我很清楚地知道,这方面的例子有很多——一个女人以这样的方式为人行事;在心理学的意义上,我手头上随时能够拿得出这些例子,但是,这些个例在我的眼中全都是出了毛病的个体人格。如果我必须自己去体验一个个体人就这样地被荒废在另一个个体人身上,[356]那么我在我的生活观里就得不到任何意义;而如果事情就是这样的话,那么她就也被荒废掉了。

一旦她开始去冒险走上通往一种宗教性运动的狭窄道路,那么她就是输给了我。一个女人能够具备与一个男人一样强烈的或者也许是比一个男人更强烈的激情,但是激情之中的矛盾则不是为她而设的任务,比如说这样的任务:在同一个时间里放弃并且保留自己的愿望。如果她纯粹是在宗教的意义上努力去放弃这愿望,那么她就被改变了;如果这样的瞬间真的会在什么时候出现,让这愿望得以实现,那么她就会无法再明白这愿望是怎么一回事。

然而我也许是在完全没有理智地说话；也许我对她的解读建立出了一个过大的尺度。宗教意义上的"无限之运动"[357]根本就不是适宜于她的个体人格的东西。她的骄傲没有足够的能量去在一种现世性之强化[358]之中拯救她。如果她是绝对地骄傲的话，那么，按人之常情说，这无限之运动就会发生了。也许正是因此，"那宗教的"也没有带着无限之转折发生作用。宗教意义上的永恒可能就并不成为永恒的决定，而是成为一种扩展开的现世性。这样，永恒就在她那里作了停留，安慰了她，就像在荷马史诗中天神或者女神赶紧去帮助自己的英雄。她以为那是永恒之决定，她以为那是她的死亡，她以为一切都丧失了，然而，看！因为她并非那样地为了步入这一永恒的决定而醒来，厌倦于毫无结果的向往、厌倦于弃绝之毫无结果的作为，她温馨地入眠到永恒之中，这样一来，这时间过去了，她醒来，她重新归属于生命。于是，我们甚至还可以设想一种新的结合，一场新的恋爱。

本来，我所想要的就是这个；后来她倒是真正自由了。我设想过三种可能：她通过骄傲从而在现世的存在之中达到一种强化；她通过一种幻觉的放弃达到一场新的恋爱；她成为我的。所有这三种令人无法满意的可能性都不是我曾想要去考虑的，通过这样的可能性，她固然得到了自由，但却是以这样的方式——她在我眼中输掉。第一种可能性是必须被放弃的。如果她仍然，如果她在收到了我的私密消息之后仍没有更进一步，那么她就不是以这样一种"有必要在这一地基之上构建出非同寻常的东西"的方式骄傲。最后一种可能性只是一个愿望，它也有着这样的麻烦：只有在她根本没有开始步入"那宗教的"，而只是驻留在女性的天真之中的情况下，她才会停留在"相对于这愿望是适当的"点上。只有在她开始在宗教的意义上悲伤的时候，这愿望才会像西下的夕阳在月亮的光辉亮起的时候消失，或者说，像月光在黎明破晓之前消失。一个女人是无法让自己被卷入双重的映照和双重的反射（reflexion）的，她的反思（reflexion）只是简单的反思。如果她想要放弃愿望，那么，反思就是"愿望之生命"与"放弃之死亡"之间的冲突，但是,同时想要这两样,这对她则是不可能的,是的,也许连去弄明白这两样,哪怕只是要弄明白,也同样是不可能的。

剩下就是中间的这种可能性:一种幻觉的放弃沉眠于永恒之中,一种松弛,同样时间也在过去,[359]直到她重新睁开眼,在新的生活中醒来。如果这情形发生了,那么没有什么人的生命因为我而被浪费。这女孩,她也许曾在悲伤之幻觉中觉得,唉,就像生命中的一朵多余的花,觉得,唉,就像那只贫穷的鸟,那只在人们想要关注一只更大的鸟的时候无法进入人们的视线的穷鸟,[360]以这样一种方式,她似乎真的受到了人们的关注。那么,让自然科学家教一下我们,生活大规模地浪费着,让那想要谈论一种"要求牺牲的情欲之爱"的什么人来这样教一下我们吧;如果事情的发展是如同我现在所想象的,那么,这女孩在我眼里就成了资本家,而天意则进行了一次最大规模的经济改组。人们曾这样说丹麦:它是唯一的一个拥有私有财产的国家,因为它有着厄勒海峡通行税;[361]我则觉得,她在个体人格世界相对较小的比例之中以类似的方式成为了已婚妇女们中的一个例外。婚姻简直就像是成了国家收入,而她则还拥有征收我的生活向她支付的利息的权利。但是还好,她不是为我的缘故或者因为我要求她这样做而这样做。我觉得这看上去很像是一种邀请。她的存在比我的存在得到更重大的意义。对于她,我无法有重大意义,因为如果那样的话,在那些 en gros(法语:大规模地、大量地)被安排出的事件中,有一件就会发生,而这会让我付出很大的代价。

然而,即使是我以这样一种方式纯粹假设性地想这事,也还是会有着一种疑虑。就是说,她该怎么做? 什么事情将会发生? 是的,我知道,想来她要去做别人布道所说的事情,也许这事情不仅仅是在一座教堂的布道中被说及。在一个人一贯地使用各种范畴来作准确算计的时候,"无限"之宗教性也许并非总是会被宣示出来。一个人也并非总因为自己没有丝毫虚伪地用到各种神圣的名字和各种圣经用语而就是在传播基督教,[362]因为思维运动有时候可以完全是异教式的。她要在之中找到安慰的东西，不是真正的宗教性。[363] 从宗教性的角度看，我会像原子一样地在她的眼睛里消失，作为一种契机，就像约瑟夫的被卖，[364] 去使得她赢得"那永恒的"；但一场新的恋爱则也是绝不可能的。不，她要用来治愈自己的东西是一种被一定的宗教性渗透了的生活智慧，一种由某些审美的成分、某些宗教的成分和某些生活哲学的成分构成的不算糟糕的复合体。我的生活观不同于此，我强迫自己尽最大的可能让我的生活符合范畴。一个人会死去，这我知道；一个人会受折磨，这我知道；但是，一个人能够让自己符合范畴，并且坚持这范畴。这是我所想要的，这是我对每一个我所钦佩的人、每一个我真正要认可的人的要求：他在白天只想着自己的生活范畴并且在黑夜里也梦想着这范畴。我不论断任何人；如果一个人忙于 in concreto（拉丁语：在具体的事情上，在特定的事件中）论断别人，那么他就很少有可能忠实于范畴；这情形就好像是，如果一个人要在别人的见证之中找证据证明他是严肃的，那么他 eo ipso（拉丁语：恰恰正因此）是不严肃的，因为严肃自始至终就是对其自身的确信。然而，每一种"想要什么"的存在，恰恰因此就是在间接地做着论断；而如果一个人想要范畴，那么他就是间接地在论断着不想要范畴的人。我也知道，尽管一个人还只剩下一步路要走，他也还是有可能跌倒并且放弃自己的范畴；但是我不相信我因此就摆脱掉范畴而在无聊的闲话之中得救；我相信，范畴会抓住我并且论断我，而在这一论断之中则又会有这范畴。

她对我到底有着怎样的力量啊？迎合她的每一个愿望，把整天用于为她而高兴，如果我得到许可这样做的话。确实，这是一种欢愉；然而，我的思想对于我来说是我的生命，丧失了思想对于我就是精神上的死亡，现在它将被从我这里剥夺走！我早就一笔划除了各种差异，但是，那维持着生命的东西，对于我来说就是：在"有所愿"这件事情上，有着一种对所有人而言的平等；在这里你敢于向所有人提出同样的要求。然而，她又是怎么仅仅通过一丝微妙的暗示来使得我——也许一个第三者会这样说——相对于那模棱两可的放弃做出了得体的反应的呢？

还有，为什么？这又是因为：如果不是她也必定能够存在在同样的东西中的话，那么我就无法在精神的意义上存在。由此你可以看见，对于一个思想者来说，"坠入爱河"是一件多么危险的事情，更不用说"结婚"和"拥有来自一个女人的日常争议"了。也许他应当是既非这一个亦非那一个，或者也许他应当同时两者都是？——是啊！如果说有人给出一种这样的生活观，一方面在一定的程度上放弃，一方面又在一定的程度上进行自我安慰，那么这就应当是一个男人。然而，不！安静，你，你这想要在我的内心中引发出反叛的激情，哪怕你可能会有你的理由——因为，我直到绝望为止一直在向自己要求的东西，不是某种非凡的东西，而是正确的东西；如果我看见它被与什么别的东西混淆在一起的话，我会无法忍受；我不会讨价还价。

但是，难道我自己就不曾给出过"使得这样的事情有可能发生"的契机？当然，我在努力促使她能够变得自由。但是我以如此辩证的方式把这件事置于她的决定之下，这样，她可以为所欲为。我把所有责任都揽在自己的身上，我相信我这样做是我对我自己的所欠。也许，在恐怖期间，一种更大程度上的和解还是被成功地达成了，但是，如果说我是在这方面做了一些什么，那么我也只是考虑到了我自己的好处，而不是她的好处。她也许自己并没有弄明白：她是怎样变得依赖于我，并且在绝非是被尊重的情况下被荒废掉的。于是，这事情就被以这样的方式陈列出来：她有着在"宗教的无限性"之强化之中行动的力量和全权。这样一来，我就一直是被绑定的，并且从来就不曾重新获得我自己。如果她做出别的选择的话，我也没有进行过任何劝说。[365]

让我感到慰藉的是：无限的反思对于女人不是本质性的。因此，那一类更加可疑的放弃（Resignation）能够使得女人同样地美丽。如果她能够恋爱，那么我就获得了我所能够获得的最大帮助了，但不管她做什么，我都会情不自禁地从中找到美好的东西。哦！对于我，这是苦涩的慰藉，如果我得到帮助而她也得到帮助的话；可是在我沉默的内心深处我不得不这样说及她：这一存在已放弃了那理念。

我所有的担忧、计划和努力，有什么用处呢？我会达成什么呢？什么都没有。但是，为什么我就不愿放弃呢？我恰恰是因此不愿放弃，因为，如果你做一切，而这一切又没有任何帮助，那么你就能够确定，你是带着热忱做出行动的。因此，我不藐视这一"没有任何"，正如那寡妇不藐视"把三分钱投入会堂银库"的行为，[366] 这一相对于"去达成"而言的"没有任何"，正如相对于苦难，是"非常多的"；这是一个孤独的人会明白的道理。因为，在极度的痛苦震撼着五脏六腑并且全身都在颤抖的时候，如果这受苦的人是个男人，那么，还是会有一只友善的手支撑着他的头直到这狂暴的事情得以平息；或者，在叹息令人不安并且痛楚绞割那即将碎裂的心灵的时候，如果这受苦的人是个女人，那么，还是会有一个带有怜悯之心的女人为她松开束腰直到她重新可以呼吸；但是，孤独者甚至都不敢让自己进入感官上的缓痛，因为对于激情，极度的窒息感就是缓痛剂。

然而，现在还没有时间去为自己而悲伤，因为，这也显示出了我的立场所具的"辩证性的麻烦"：如果我要为我自己的缘故和为家庭的缘故而悲伤的话，这就意味了两种完全不同的东西。然而，我要设法为一种新的关系找出那"在我眼中是最美"的形式。最美的情形会是：在她让自己与我结合之前爱上另一个人，现在这一恋爱能够重新苏醒，也许这个苏醒以她的自责为基础（她肯定对自己有着自责——因为"她首先选择了我"[367] 而自责）。然后，她与我的关系就成了过场事件，她不会重新去爱，只会去回到自己最初的爱，而与我的关系则也许会教会她去觉得这最初的爱比任何时候都更美。好极了，好极了，就这样办！如果我的笔是一种有生命的东西的话……但它当然只是一支蘸水钢笔；如果它是一只以自己的喙叼来这片叶子的鸟，如果它能够因我的感谢而得到喜悦的话，我该怎样感谢它呵！——但不幸的是，我对所有这一切都一无所知。然而我却无法想象还会有什么与我关系更为私密的人可让我向之诉说。但为什么对此沉默；为什么如此急切地要坚持让自己强忍着？对此的回答会向她揭示出一种对于那不相识者和对我的责任。

那么,是我突然使得她感到意外吗?绝不是,我曾经为自己把这件事弄得很明白。如果我是突然让她感到意外,那么,那么这事情发生的过程就恰恰会是在一种谨慎之中(通过这谨慎我会试图避免这事情的发生)。如果我是如此假定的话,那么事情就又继续下去了。只是这样一来,她就在更大的程度上是怕我,而不是爱我。这样,到了开始讨论分离的时候,她就又回想起了那已被遗忘的事情,这种尴尬是她的绝望所留下的踪迹。——于是事情就发展成这样。如果这样的结局出现,那么她就得到了帮助,就是说,她帮助了她自己;我得到了帮助,因为她自由了,我得到了帮助,因为她的美丽不曾有任何消减。她不欠我什么,因为她没有听从任何来自我的劝告,因为我没有给出过任何劝告,并且在这个方向上我也没有任何劝告可给。如果她欠我什么,一点对所有痛苦的小小补偿,那么这就会是:我与"想要给她忠告"这样的事情毫无关系。我并不直接地欠她什么,因为我不曾请求她为我的缘故去做任何事情,并且人们也不能够设想她是为我的缘故而去做了什么。间接地,我欠她很多,然而,这笔债在本质上是扎根于我的人格:在已给出的预设前提之下,我的人格恰恰是想要去认可这笔债的。

所有这一切都是极令人满意的,只要这不仅仅是一种假设;这是一种极令人满意的假设,只要它作为假设来看不至于那么脆弱。

两点差五分,我的工作时间过去了。从午夜的一开始起,我要带着所有激情想着她,但一分钟也不会比这固定给出的时间段更长。这是忍耐力方面的事情,要忍耐,到了两点钟之后,任何一丝关于她的想法都是一种对信心的冲击(Anfægtelse),[368] 一种对她的欺骗,因为,为了把激情在长时间里保持下去,就必须有一定的睡眠,这就是我所想要做的。——淡啤酒[369]和英国人所酿的最浓烈的啤酒[370]之间的差异不是在于后者泛泡沫,因为最淡的啤酒也会泛泡沫,并且泛同样多的泡沫,但是淡啤酒的泡沫立即就消失了;相反那最浓烈的啤酒的泡沫则持续地泛着泡沫。

四月十五日。早上。

　　一年前的今天。于是天气变好了，甚至是天高云淡。如果你在清晨早早地出去寻找自由和美，但天气却多变无常；如果你像一个计划设计者那样坐在车厢里[371]考虑着，关于你是否有可能在可变的事物之中找到一个更美丽的方面来令自己感到心满意足，而这时太阳本身厌倦了流云反复无常的奇思怪想、厌倦了阵雨的不恒常，带着全身的光辉突破出来；现在，明确无疑，这样的天气，天高云淡，——我该怎样珍惜啊：现在是她决定的，我的太阳，我该怎样珍惜啊：阵雨的时节已经过去了！

　　现在，女性的不耐烦（其表现是有点兴奋狂热）似乎是被遗忘了。我敢相信，我是被爱的。无疑，我没有想到过，她会去爱另一个人，但是，我觉得她缺乏这样一种起着美化作用并且通过自己的美来渗透灵魂的整体基础。[372]这种美的景观是喜悦之瞬间，正如在你看见一个人服毒、看见毒性正起作用的时候，那景观就是一个恐怖的瞬间。

　　"她居然会如此错误地行事"的痛楚给予她一种温柔，这温柔是我没有预想到的；而"她感受到了这痛楚"这一事实，又给出了怎样的佐证啊！死亡将我们隔开，这是怎样的幸运啊！如果我们让我们间的斗争持续了更久，如果在我们之间通过我们自己而达成了一种决定，不管这决定有多么大的和解力，这结果总还会是令人疑虑的。但我只是担心，就怕她过于把这全部事情当一回事。"把这事情完全抛弃到遗忘之中"可能会导致她在私下里受痛楚煎熬；如果我稍有这一方面的暗示，她马上就会被触动，哪怕我是以一种尽可能友善和开玩笑的方式给出这暗示；也许恰恰因此，事情才会是这样？

四月十七日。早上。

　　一年前的今天。不幸的是：她根本就没有各种宗教性的预设前提。在这种意义上说，我是与空气斗了拳。[373]她倒是曾想要与我斗争的；她没有真正地被我战胜，但是那个夜晚的恐惧教会了她去懂得她自己。

她将之视作是一次挫折,尽管她感到比以前更幸福。在这里,我们所谈的是她相对于我而言的"无限性之自由"。在这一瞬间她将我理想化了,并且使用那小小的偏离[374]来反对她自己。如果是仅仅因此,那还不至于构成一个弱点,一种向我的献身(我无法也不愿明白这种献身);我不想被崇拜,我不认为她的不贞会像这种在我眼里的毁灭那样刺痛地伤害我。我自己是骄傲的,每一个人在自己与别人的关系之中都应当是骄傲的,对上帝他则应当谦卑,在任何一种关系中都谦卑,但不要在别人的人格之下让自己谦卑。确实,不管事情有多可怕,总会有一种献身的感情,它恰恰(在它将我紧紧抓住的时候)会来迫使我将之推开。如果说情人间相互争执是不好看的,那么,有一种献身感情,它在宗教的意义上是一项可怕的责任。

四月十八日。午夜。

于是,没有什么事情是我要去做的,唯独要让自己保持平静,因为,相对于一场我根本就不曾有所知的先前的恋爱,去做任何事情都是不可能。于是,我以前所做的都是徒劳,同样,我对她的同情性的期待和对自己的颤抖,有一部分也是徒劳的。

聪明又有什么用?但我并不聪明。如果说我在某种意义上是我的同类之中最聪明的,那么,在另一种意义上,我也许就是所有人之中最愚蠢的。在我所学所读的所有东西中,没有什么是像一句谈论佩里安德[375]的话那样地击中并且震撼了我的。关于他的说法是:他像一个智者那样说话并像一个疯子那样行动。这话恰恰适合于我,这可以由此得到证明:我带着最富于激情的同情心吸收了它,而它却没有产生任何影响来改变我。我吸收它的这种方式完全就是 à la(法语:以同样的方式如)佩里安德。在我的预设前提之中,我是聪明的,但是我的"行动之预设前提"是如此理想化,以至于这一预设前提把我的所有聪明睿智都弄成了痴愚。如果我能够学会去减少我的预设前提,那么,我的聪明就会被显示出来。如果我能够聪明地行动的话,那么我就早已结婚了。

让自己的愿望得以实现,再接受感谢,就像是为一个好的行为而接受感谢;然后去安排自己的各种事情,就仿佛你在本质上是拥有自己的自由的。这样就会是聪明的。于是,我就会是一个受人尊敬的人,不违背自己所说的话;我就会是一个引人注目的丈夫,忠实于自己的妻子,让一个女孩得到荣誉。因为,我的理想的预设前提也许并没有为她带来荣誉。我宁可拿所有东西做赌注,翻天覆地,也不愿让自己逃避进那种能取悦上帝的状态,[376]使自己悄悄地偷越这一生;——这也许证明了,我没有任何荣誉。

我的愿望不仅仅是"看见她自由自在",而是更高的愿望;我的愿望是神圣的狂暴[377]在我的灵魂之中所达到的顶峰;现在看来,这愿望似乎是不得不被放弃了。然而我却并不愿放弃。到了什么时候,我获得了自由并且敢去行动,在这时,当然仍有着这样的可能:我的本性能够在她身上燃起愿望。让这可能处在一个遥远的可能之内,让它处于无限遥远吧,然而我却不愿放弃它,不愿让它离开。只有在"她是自由的并且是另一个人的"是一个正式得到了确定的事实时,这愿望才会死去,但是,在这之前,这愿望不应当像一种突发奇想一样地偶尔可怜地来拜访我,而是应当作为我的综合(Synthese)的至高激情而被高高举起,置于荣耀之中。

确实,忧伤(Veemod)是悲哀之美惠女神,正如绝望是它的复仇女神,然而一个人,在他敢进入忧伤之前,首先是在痛楚之中尖叫。"马上就进入忧伤"有时候就是一种低级灵魂的标志。

那么,香甜地睡吧,我的女孩,那个许诺了你忠诚的他,他无法做比他正在做的更多,香甜地睡吧,我几乎能够说"我亲爱的孩子",因为我的担忧几乎就像是一个"渴望看见自己的女儿恋爱"的父亲的担忧。看,这就是忧伤,但我不愿。我想要和你一同坚持,坚持,哪怕我变成了一个老人,如果在这之前什么都没有发生的话。守夜人站在哨台上守望着那期待,我不会把他召回来。

四月二十日。早上。

一年前的今天。如果有一个调查法官,他也许坐着阅读了卷宗,讯问了证人,收集了证据,审视了犯罪地点,然后,他突然看见,就在他坐在自己房间里的时候,他看见了什么。他看见的不是一个人,不是一个新的证人,不是 corpus delicti(拉丁语:犯罪物体);[378] 他看见的是某一样东西,他将之称作是案子中的步履。一旦他看见了这案子中的步履,他,也就是说,一个调查法官,就得到了帮助。

我在自己身上感觉到了:在我的整个存在之中有着一种不安宁,有某种可怕的东西在发酵,我整夜没睡,现在我看见步履,我没看见案子中的步履,而是看见通往毁灭的步履。她按一种使我的整个存在感到恐惧的尺度献身,不过她在我的眼里是可爱的,并且深深地感动我,但是这种献身和我的被感动折磨着我。即便我不是我自己而是另一个人,我也无法理解这种献身,并且无法以这样一种方式让自己献身。我这样一个内闭的人(她对我的认识是非常有限的),这是一个怎样的错误关系啊!我对她有着完全的控制,她对我则根本没有任何影响力。难道一种这样的关系就是婚姻吗?确实,这像是一段诱惑故事。那么,我是要去诱惑她吗?这说法太可憎了。难道就不存在一种更高类型的诱惑,比情欲的诱惑更糟糕的?她说,她从不曾感受到过比现在更大的幸福;除了她的狂喜之外,她对什么都无所谓。难道"去爱"在我这一边就是"去看一种这样的错误关系"?我自己很清楚地知道,我是内闭的。确实,我也看到了,我的这种实践能够达成这样的结果:我获得许可去隐藏起我的内闭性。但是她的献身成为一种对我的存在进行颠倒翻覆的要求。当然,她其实根本就不知道这一点;但我是知道的,我该怎么办?

那个误解造成了不可补救的损害。也许她在她的内心深处曾经还是想要进行严肃搏斗的。一旦献身的感情开始直接地表达出自己,这种表达就不会有什么界限了。这就像是一个人抱怨自己的痛苦,一旦这抱怨开始了,真正的表达很快就不足以去感动听者,在抱怨者自己没有意识到的情况下,非真相就悄悄潜移到这抱怨的表达中。那个误解造成不可补救的损害。如果我看上去严肃，那么她就会以为我是对这件事严肃。在事实上，这根本就不是这么一回事，现在使得我如此阴晦的，其实是我的内闭性！噢，这简直是要让人发疯了！

今天，她请求我在一张椅子上坐下。我什么都不知道，就按她要求的做了。然后她往后退几步，又靠近我并且向我跪下。无疑，在这之中有着一种调皮，但在本质上却有着忧伤，然后还有一种至福感，是的，我可以将之称作：对于"为自己的激情找到了正确表达"的疯狂至福。我在同一时刻抓住她，把她扶起来。如果一个人犯了过错，他就会让自己的目光在屋子里猛扫每一个可疑的角落，他将目光投出窗外，要看一下那些住在对面的人们的窗户，良心上的恐惧使得他目光锐利。我不知道，我会愿意为"没有人看见这一幕"的确定性付出多高的价钱，或者我会愿意付出多大的代价去换得"我自己不看见这一幕"！难道我要求她这样做了吗！确确实实，她从来就不曾明白我的意思。我自己从来就不曾向什么人弯下过膝盖，也许我能够为她这么做，如果我们间的关系要求这做法，但是为了她的和为了我的人格，这样的事情是永远都不应当发生的。对于我，这样的事情不是什么胡闹，不是什么夸张的姿态；如果我这样做了，那么我对此的看法就是：以这样的方式来看这种事，对于我是一种侮辱，我不会容忍任何像这样的侮辱。在这里，我又有了我的骄傲。

当然我知道，一个女孩不同于一个男人，但是，我永远都不会忘记这件事，它在我的血液里注入了一种狂怒，在我的大脑里灌进了一种困惑，在我的内闭性之中安置了一种恐惧，在我的决定里加上了一种绝望，而这一切之中最严重的就是：它让一种嘶嘶的杂音进入了预感的耳朵，而对于我，这"预感的耳朵"是最极端紧要事情的预兆警示者和紧急传讯者。

四月二十二日。午夜。

就像一个有病并习惯于服用某种特定药物的人那样——不管到哪

里他都会随身带着止痛滴剂,我也是,唉,到任何地方我都随身带着我的痛苦历史的一个简短概要,这样,我就能够马上在总体之中为自己确定方向,在我曾按自己的要求做过反复检测的东西(不同于任何学生按老师的要求所做的作业)中,为自己确定出方向。如果这样的事情发生:我突然想到这个(在这里,"突然"的意思就是说:在此刻和在我上一次重复这作业之间有着半天的时间),然后,那最可怕的危机就出现了。它与一种相对于生理结构而言的中风的感觉有着相似之处。在一瞬之间我感到晕眩;我的想法无法足够迅速地去在那一团糟之中抓住某种固定的东西,这让我觉得我仿佛就是一个杀人犯。在这样的情况下,除了带着极度的努力去把这想法作为一种宗教意义上的信心犹疑来摒弃之外,没有什么事情是可做的;然后,这一瞬间就过去了,我重新明白了我好几百次重复了又重复的东西。或者,我突然想到,我经受了多少痛苦,这想法来得如此突然,以至于反思的监管者们无法足够迅速地赶过来,我完全被压倒了。这是昨天发生在我身上的事情。我坐在一家甜食咖啡馆读报,那个观念突然在我的灵魂里苏醒,如此突然,以至于我一下子哭了起来。幸好没有别人在场,但是,我学会了一种新的谨慎。

四月二十四日。早上。

一年前的今天。我是一个迷失了方向的人,我就像是一个到了陌生国度的人,在那里人们说着另一种语言并且有着别的风俗。想象一下,那些陌生人带着民族自豪感来对待我,而如果这就是我的痛苦,那么,事情就很正常。但这不是我的情形。她绝非是在对我提任何要求,她在自己的幻觉之中只看见自己的幻觉,并且迷失在了这幻觉之中。她说,她是幸福的;我相信,在某种意义上她是幸福的。她是可爱的,像一个独立谋生的小孩子一样地忙于自己的恋爱,在自己的消遣娱乐之中愉快而幸福。你可以坐在那里看着她,渐渐变老并且继续看着,在这里只有一个错误关系,这就是:我是这恋爱的对象。所有前面的事情,在那次小小的altercatio(拉丁语:争议)之前(这争议在我的眼里有着如此重大的意义,它意味了一种理念的印象:我让自己屈服于理念,试图让她去留意于这理念的印象),所有这以前的事情根本就没有触动过她。在这个方面她简直就像是麻木的。但是,冲突、我被改变的行为、死亡的介入改变了她的天性;她展示出她的可爱,我忧伤地景仰着这种可爱,并且这种可爱使得我成了她的狂热迷恋者。这又意味了什么呢?这就是说,对于被我视作至高的那些动机,她根本就毫无感觉。在我们之间有着一种语言上的差异,隔着一整个世界;现在,这距离就在其全部痛楚之中展示出来。

四月二十五日。午夜。

忍耐!

四月二十六日。早上。

一年前的今天。这样,就是在这块礁石之上,我将搁浅!我从不曾在任何人面前让自己承受屈辱,我恰恰同样也不曾想要让自己傲慢。我对于"与人们的关系"的看法是:让每个人得到他应得的,然后,句号。我根本就不曾在更亲近的意义上与人们发生过什么大的瓜葛。我过多地专注于我的精神存在。在这里,我承受了屈辱。这使我屈辱的人是谁?是一个少女,她不是通过她的骄傲来让我承受屈辱(因为,如果是因为她的骄傲,我们完全可以把问题解决掉),不,她是通过她的献身而让我承受屈辱。

幸福地与我在一起,这对于她是不可能的,不!她永远都不会因为和我在一起而幸福。她可以让自己做这样的幻想,这是有可能的,但这是我所无法明白的,而这当然是属于她的幸福。如果我们结合,那么,最终的结局就会是:有一天,她会在恐怖中隐约地感觉到那我本应预防她察觉的事情。

在她面前保存我的内闭性是很容易的事情,也许正因此,此刻我恰恰就感觉到屈辱。

对于我来说,人性元素之中的平等性是我的精神存在之中的生命力;[379]她在毁去它。她对这种"自由之无限激情"根本就无所谓;她已经建立起了一种幻觉,她心满意足。我也认为,一个人可以爱,一个人可以为自己的爱情牺牲一切,但不管是我将看见美好的日子还是我将以生命冒险,我都离不开我的精神存在的最深呼吸,我不能够牺牲它,因为这是一种矛盾——既然离开了它我就根本不存在。她感觉不到对这一呼吸的任何需要。

然而,我现在恰恰就感觉到,我爱她,比任何时候都爱她,然而我不敢爱,我,她的未婚夫,请注意,也是一个应当爱她的人。

四月二十七日。午夜。

我没有兴致去记录任何东西,也没有任何东西可让我记录。然而我还是处于同样的警觉状态。在这城里,守夜人通过叫喊来向人们展示,他们在上班;[380]这叫喊的目的是什么?在英格兰,这些守夜人是在完全的宁静之中走动,并且把一颗球放在一个匣子里,到了早晨,监察就能看出他们曾到过岗位,没有睡觉。

四月二十八日。早上。

一年前的今天。如果她能够对我做出抵抗的话就好了。在我搏斗的时候,我是轻松的;尽管我要生活在和平之中,我还是希望,我与之和平相处的人会和我一样强大或者比我更强大。她越是奉献出自己,我就获得越多的责任。责任是我所怕的;为什么?因为那样的话,我就牵扯上我自己了,而这场搏斗一直就是我所怕的。如果上帝自己是人们所称谓的——"一个人",这个人,我们在我们自己之外能够拥有他,并且与他交谈,并且对他说,"现在让我们听一下你想说的东西,然后你就看吧,我会想到什么",那么,我们就不会被什么问题难倒了。然而,正因此,他是一切人中最强大的,因为他根本就不以这样的方式与一个人说话。如果他临时想要与一个人有什么关系,他会以他自己的方式去找到这个人:他通过这个人自己来对他说话。他们的对话不是一种外在的相互间的 pro(拉丁语:赞同)和 contra(拉丁语:反对),而是:在上帝说话的时候,他使用这个他对之说话的人本身去对这个他对之说话的人说话,他通过这个人自己对这个人说话。因此他有着权力并且能够在任何他所想选择的瞬间摧毁一个人。相反,如果事情是如此:比如说,上帝一了百了地,比如说,在《圣经》之中,说了他的话,那么,上帝就远不是最全能的,而是在绝大多数时候都处于困境,因为我们完全可以很容易地与这一类东西做辩论,如果我们得到许可能够用我们自己去反对它的话。然而,这样的一个假设是一种虚无缥缈的幻觉,没有任何归属,因为上帝不是这样说话的。他对每一个个体人格说话;在他与之说话的这一瞬间,他使用这个体自身以便通过他来对他说他想要对他说的话。[381]因此,在《约伯记》中,所谓上帝在云堆里显现,而且在说话的时候还像是一个最善于辞令的辩证家,[382]这样的情节是一个薄弱环节;因为,把上帝弄成是那可怕的辩证家的,恰恰就是:人们以一种完全不同的方式来让他临近自己;在这里,比起在云堆里的宝座上看见他[383]或者在大地上方的雷电里听见他,[384]最轻声的低语[385]会有更多祝福,最轻声的低语会是更可怕的。因此我们不能够对他施展辩证法,因为上帝恰恰就是使用这相应的人的灵魂之中的辩证力量来对付这个人自己的。

在一个个体畏惧上帝的时候,他所畏惧的是那比他自己更多的东西;在这一畏惧之后则是对他自己的畏惧,而这一畏惧的 angustiæ(拉丁语:困境,窘迫,狭窄,麻烦)则是责任。

她越是在更大的程度上奉献自己,我变得就越不幸。这是一种幸福的结合吗?她的幸福到底又是什么呢?在我的立场看,这是一种盲目陶醉的幸福,幻觉的幸福。而苏格拉底说,最大的不幸就是"处在一种幻觉之中"。[386]

四月二十九日。午夜。

问题成了"我是不是能够给予她一个关于我的更温和的观念"。如果她会在什么时候想到我的话,这种悲哀的几率可能性当然是存在的,然后我当然就能够看出,按照人性的几率可能性,她会需要什么。也许对此的解释差不多会是这样的:"我在某种程度上是一个堕落的人,然而却不至于完全糟糕透顶,我也有好的方面;我无疑是爱过她,但缺乏严肃,然后,我还有我的不稳定,这使我无法坚守一个决定;无疑,我认为她是一个值得爱的女孩,只是我无法在她那里找到精神——通过这精神我会变得幸福;因此,对于她来说,听天由命是美好的,而如果她与那个要在什么时候以一种更大的力量来捕获我的女孩达成和解的话,那么这就是她的慷慨了,因为这样一点是肯定的:哪怕他会找到更有见识的女孩,他也不可能找得到任何会以这样的方式爱他的人。这当然是他自己不得不承认的,在这样的情况下,他也对自己的行为忏悔,尽管他因为太骄傲而不愿去改变先前所做的事情。"——一个正忏悔的个体人格,他忏悔,但又过于骄傲而无法改变自己所做下的错事,尽管这错事是可以被改变的;那么,现在只有上帝知道,什么是忏悔!

这样一种解释,之中的每一个句子都是毫无意义的,而且对我而言都是不真实的;就靠这样一种解释来解决问题吗!我要么就是更为堕落的,是的,一个伪善者,或者,就是在自我欺骗之中沉陷,直到令自己厌憎作呕;要么我就是与别人一样有着一颗骑士的灵魂。我也不缺乏稳定性来坚持一个决定,除非衡量的尺度是一个没有真正弄清楚什么是"决定"的少女。我总是把她视作是可爱的,我没有丝毫地改变我的判断。我没有找到任何更有见识的女孩,因为我根本就没有去找并且谢绝女性的见多识广。她的慷慨完全是一种低价值的胜利。[387]我并没有打算要上演一场日常生活故事[388]并且做物物交换的生意。我忏悔,这是真的,但同样确切的是:"改变以前所做的事情"是我的愿望。

借助于这一解释我向前走。我走出所有无限性的各种定性,并且,变得富有喜剧性。当然,我并非在所有人的眼里是喜剧性的;在一些诗人的眼里我甚至成了英雄。确实,你不应当以为,一个永恒公正的上帝会发明出"那伦理的",但是你可以相信,一个蹩脚的戏剧拼贴裁剪师会弄出个什么大杂烩。这一尺度甚至被诗人用来丈量英雄,以便让大家看出"他们是英雄";斯可里布是所有诗人中做得最漂亮的。我们读到或者听到他所写的台词,这些台词把全部的生活搅成一团,就仿佛这喜剧不是为各种人演出的,也不是为发疯的人演出的,而是为"昏头昏脑的金龟子"演出的,[389]但这些台词却如此适合于会话,并且是如此轻快,以至于人们会觉得这是很容易的一件事。这位作家也将一个已婚妇女塑造得既理智又善良,是的,她在为美好的事业而奋斗:那是一场少女少男之间的真正爱情,少女完全处在她的影响之下,少男则因此缘故而求助于她。我记不得这位女士的名字了,那么就让我们称她为斯可里布女士吧。她对这位求爱的小伙子说:"然而,你有没有想过,这女孩没有任何财产?""我考虑过这个。""她只有两万法郎资金。""我知道。""然而,你会遵守着你的诺言?""是的。""真的,这种英雄气概使得我完全站到了你这一边。"斯可里布是一个怎样的讽刺作家啊,尽管他自己不知道;我以为我是在看一场木偶戏。这小伙子被置于强光之下:他得到这女孩,两万法郎,并且成为英雄。但一个这样的英雄就像一个名叫凯撒·亚历山大·波拿巴·爱波尔托弗特[390]的裁缝的孩子一样滑稽;一个诗人弄出一些这样的英雄来的话,在我看来就像那让自己的孩子被如此命名的裁缝父母一样糟糕。

然而,我的义务是去做一切看上去可能是有益的事情,不管这些事情在实际的意义上是否对她有益。迄今所做的努力都是徒劳。如果她在真正的意义上成为了一个宗教的个体人格,这对于我就成了可怕的事情,然而,我还不曾与属血气的人商量。[391]

我的理智暴怒了,因为小丑的彩衣,也就是说,"在斯可里布那里成为英雄",让它颤栗。让我们不谈这个吧。我想着她,我看见她在康复之中,我看见一种幸福地离场的可能性。好吧,我屈从于教育管束。确实,这女孩就是被设定成我要面对的屈辱。哪怕没有人注意到这一点,哪怕(如果我说出来的话)很少人会明白这一点,我自己明白,完全彻底地明白。

在伯里克利的合法儿女还活着的时候,他立出了一条法律:任何人,如果不是雅典的父母所生,都不能被看作是雅典的公民。许多人因为这一法律而受苦。然后瘟疫来了,伯里克利的孩子全都死了,他如此担忧,以至于在他走出来要把花环放到最后一个死去的孩子的头上时,他当着所有人的面泣不成声;在这之前从来没有人看见过他哭。他只剩下私生的孩子;然后伯里克利提出申请要求废除那条法律。[392]这是令人震惊的:伯里克利哭了,——而伯里克利是个行事无常的人,今天做出什么事情,到了明天他会做出完全相反的事情。但阅读普鲁塔克的书会令人感动,他说:那些雅典人向他让步了;他们相信:诸神对他进行了报复,因此人类就必须善待他。

伯里克利是个伟大的人,他能够坚持一项决定;在决定了要献身于城邦的公益事业之后,他就不再有社交上的任何活动。[393]在这里我很容易感觉到我的卑微;然而,我真的希望我能够感觉到那种善待,通过让我明白"我应当曲解我的存在"来善待我!然而,难道我不是一直在曲解我的存在吗?这是真的,但这曲解是这样一种:我本来是希望,在她看着它的时候,它会在她身上引发出某种伟大的东西;只是,如果这曲解会有助于什么事情的话,它不会为那伟大的东西给出任何帮助。不同于这种方法,第一种方法以完全不同的另一种方式为她带来荣誉。

四月三十日。早上。

一年前的今天。那献身的表达在她身上不再留下任何残迹。也许这一切是一个过渡。但是我已经看见了那个令人恐惧的场面,我永远都忘记不了。

我的沉郁还是获胜了。

五月一日。早上。

一年前的今天。这可能吗！因为我有一次忽视了她，她就被惹怒了。我不否认，这是一次忽视。她几乎是在奋起反击我。要么是现在，要么就永远没有机会了。很好，在那小小的altercatio（拉丁语：争议）中，"分离"这个词被带到了我们之间。这总是使这个词再次出现更加容易。

我不会逃避这件事；我想要与她分离，不是为了拥有一些好日子，而是因为我无法有所不同。如果我使得她痛苦，我不会，我不敢让自己逃避而无视这情景。我想要去让这一状态尽可能迅速地过去，我相信这对她有帮助。然而，我也愿意接受另一种方式，而且，我要尊重每一个争议。

在这一瞬间，她是更强大的。于是，现在事情被带入了正轨。

我对她的论断是简短的：我爱她，不曾爱过任何其他人，也不会去爱其他人。我想要继续保持这样，而不是往前走更远；这样，我当然敢说这话，但是，我却有力量去为自己获取一场新的恋爱。[394]我的错误是，我让自己冒险进入了一个非我归属的地方。我以我的全部激情来构建我自己，这构建出的东西在我眼里被作为一种错误显现出来；但现在我无法再重新构建。她不明白我，我不明白她。从我第一次看见她开始，在希望之形式中，她是我爱的对象；而在所有这样的时间里，我能够想象她死去而不失去自己的理智。那样的话，我会感觉到痛楚，也许一辈子，但"那永恒的"就会马上来到我这里，而"那永恒的"对于我来说是至高的。我只能够明白，人与人以这样的方式相爱。在永恒[395]的意识之中，在无限中，双方中的每一方都是自由的，并且在他们相爱的同时，他们都拥有着这一自由。这一更高的存在根本就不是她所专注的。那么，我们的关系是一种通向婚姻的设计吗？那么，一个丈夫是一个有着三根马尾的帕夏[396]吗？在一种这样的结合里我变得不幸，相对于我最深刻的存在，我感觉到焦虑。现在，如果我能够，如果我要去忍受这个，那么好吧，接下来又是什么呢？什么是她的幸福（为了她的幸福我会进行所有这些冒险)？难道我要去为一种幻觉把所有的一切作为赌注押上去？如果有人能够向我担保,她会幸福；但如果这是在一种幻觉之中,难道这就是幸福吗？然而,一旦她在什么时候以这样的方式献出了自己,那么我就有了责任。

很明显,这是一个终身判决的前提条件。被判的是一个人还是两个人,我不敢说；这更确定地是对我的判决。但是,在你能够满足于只让一个人不幸的时候去使两个人变得不幸,这是不是没有道理？确实没有道理,只是我真希望我能够洞察,怎样去搞明白"我能够使得她幸福"是什么意思。

五月二日。午夜。

但是,难道我的灵魂不是隐藏了一种对她的秘密的愤怒？我不否认这一点；我不喜欢这些对感情的直接表达；一个人应当沉默并且在内心之中行动。我不喜欢谈论"在情欲之爱中死去",如果这谈论者在毫无"女性的放弃"的情况下,而且毫不犹豫地,把自己的生命作为一种谋杀置于一个沉郁者的良心之中,就仿佛这是忠诚,真正的忠诚,就仿佛一个夏洛特·斯蒂格利茨[397]之所以是过分紧张的人,不是因为她自己剥夺去自己的生命(因为事情确是如此),而是因为她觉得自己像是一个负担并且以女性的方式明白这处境；我不否认,如果这是另一个人,那么我会向生活提出要求,要求它允许我们去看见这事情的本相：这是虚张声势。如果这是另一个人,他把这样的事情看作是众所周知的事情：这些掷地有声的话语和这些誓言般的声明,比起(恕我冒昧)一些糟糕的打嗝声、稍稍的呃逆声——也许是伴随着过多的小说阅读——,既不多也不少；这些死亡的想法都是梦想,不像是朱丽叶在喝下了毒药之后从莎士比亚那里获得的那些,[398]而像是格莱特吃了碗豆之后从威瑟尔那里得到的；[399]那么,这会平息我的愤怒。我会向生活提出这样的要求,因为,我自己永恒地尊重的东西,不应当被弄成可笑的东西,而那真正严肃地尊重这东西的人,不应当因为一个女孩用着同样的言辞来嘲弄调笑而变成可笑的人。

誓言都无法捆绑我,相反,通过成为一个恶人,我得到了解放并且得天独厚,因为,本来这样的恶人是要被关起来的。我不说关于死亡的任何话,因为死亡恐惧曾穿透我的灵魂,而我现在仍觉得它在穿透我的灵魂。如果我真的死去,那么我当然就没有必要去说这个;我没有请什么人到我这里来看一个勇敢的英雄。然而,就事情本身而言,这也并不重要,只要我在自己的内心之中可以感觉到忠实;因为不管一个人的外表是向着他还是反对他,时间是并且继续会是一个危险的敌人。外在的冲动能够有短暂的帮助,但它仍是一种幻觉;如果一个人想要坚持长久,那么他就得靠他自己,而如果他的宗教性不是日复一日地为他把永恒吸收进现世性之决定中,那么,即使他想要自己坚持,这也仍是不可能的。因此,每一个真正保持忠实的人,可以为此而感谢上帝。这是最尖锐的,可能是最艰难的,但也是最激发灵感的筛选:这到底是什么东西啊,——一个人必须说,他为之感谢上帝而不是感谢任何别人。如果一个人的外表是反对他自己的,那么,这种反对就总是能够映照出这一区分;然而,每个人都做出区分,事实上语言也做着区分,问题只是怎样做区分。那把事情弄清楚的,是这个"怎样",绝不是什么新的说法、表达和术语。——昨天我在街上看见一个喝醉酒的妇人;她倒在地上,男孩子们笑她,这时,她不靠任何人的帮助自己站起来,并且说:我有足够的妇人品质自己让自己站起来,但对此我只感谢上帝,没有任何别人可谢,不!没有任何别人。一个人在绝对地专注于这一区分的时候,如果他根本就不能够做出新的发现,以至于一个喝醉酒的妇人都能够说出同样的话,那么,这对于他无疑就意味着一种屈辱。然而,"甚至一个喝醉酒的妇人都说了同样的话",那么,这之中就仍有着某种令人喜悦、感动并获得灵感的无法描述的东西。这话以怎样的方式被说出来,每个人都为自己的方式辩护,但我所想要的只是:在一个"每个人都(在他想要自己的生活的时候)能够拥有生活"的地方拥有我的生活。

一种为理念而工作的生活是我能够理解的;在理念之外,我不可能在本质上与什么人有同感,[400]不管他是幸福的还是不幸的。

相对于她,这是无效的。现在尚未出现任何"理念之放弃",[401]因此,相对于她,我厌恶任何这方面的想法,我将之视作是对她的侮辱。如果这样的想法出现,那么,我就只能请求这样一种豁免,能让我不去想这个问题。什么是死亡? 只是在那曾经行走过的道路上的一个小小停顿,如果一个人让自己一直忠实于理念的话。但是,与理念关系破裂则意味了:你得到了一个错误的方向。

五月四日。早上。

一年前的今天。事情发生了。在两天的时间里,我已经把那个可怕的单词安置进了谈话的过程之中。"把一艘战船置入大海"和"把一个坚果壳置入大海"之间有着极大的差异,这差异是外的。词句则不一样。同样的一个词能够给出更大的差异,然而这词仍是同一个词。这个词还没有充满悲怆地在我们之间响起,但它一再地不断出现,混在各种最不同的意思中以便让人弄清楚心境。——从我迄今所注意的东西看,我几乎是情不自禁地想要相信:事情的进展会比我所能够期待的更顺利。[402]

就我自己而言,我则已经为这一步承担下了责任。按我的解读,这意味了:我使得一个人不幸。在我与我自己做生意的时候,我无法让价钱变得更便宜。现实将向我展示的是:我可能把这责任估计得太大。这就是我所决定的行为方式;我已想象到了最糟糕的情形,现实无法使我感到恐怖。我在自己内心之中所受的煎熬(在我内心之中一切都是混乱而颤抖的);在想到她的痛楚的时候,在想到我可能永远都无法从这一印象给予我的打击中恢复过来(因为我的思维建筑被动摇了,我对生活、对我自己、对我与理念关系的看法崩溃了,并且,我永远都无法建造出新的思维建筑,除非我想起她、想起我的责任)的时候,我所受的煎熬;——这就是我所承担的部分。这是一种最大份额,或者更正确地说,这悲伤如此巨大,乃至它足够让我们两个都充分地感受到。

五月五日[403]。午夜。

背诵的课文

佩里安德

佩里安德是库普塞鲁斯的儿子，赫拉克勒斯的后代，继承他的父亲的权位而成为科林斯的僭主。[404]关于他有这样的说法：他总是像一个智者那样说话并不断地像一个疯子那样行动。以如此想法奇特的言辞来表述佩里安德的人，他自己并不知道，这一表述是多么有表达力，——这很奇怪并且简直就像是一种对于佩里安德之疯狂的继续。这一表述的首创者，他多少有点局限性，他简单地以下面的方式来开始这智慧的表述：希腊人居然会把像佩里安德这样的一个傻瓜置于贤者之列，[405]这多少有点是骇人听闻的。但一个傻瓜，un fat（法语：一个自以为是的小丑），这是道德家的说辞，佩里安德并不是傻瓜和小丑。如果他说的是，还有另一个佩里安德，安布累喜阿的佩里安德，那他可能是把两个人混淆了，[406]或者如果他说的是，只有五个贤者，或者说，历史学家们各有自己不同的解读，[407]等等，那么事情就会有所不同。[408]于是诸神应该是更明白那句关于佩里安德的名言的，因为他们在盛怒之下以这样的方式引导他走完一生：他们把这些智慧词句作为嘲讽置于这僭主的头上，——这僭主通过自己的所作所为而使得他自己的智慧词句蒙羞。

在成为僭主的时候，他通过宽厚、通过对卑微者们的公正、通过理智清醒者们中的智慧来立身扬名。他遵守自己的诺言并且给诸神造了他所应许的浮雕柱，但这浮雕柱，是以女人们的首饰来支付建造费用的。[409]他的各种事业都很大胆；这是他说的话：勤奋达成一切。他的解释就像这句话一样是要挖通地峡；[410]因为勤奋达成一切。

但是，激情之火在宽厚的表面之下闷烧，智慧的言辞掩盖起行为的疯狂，直到那一瞬间来临；大胆的事业显示出力量，在那已经发生了变化的人身上，仍然有着这同样的力量。因为，佩里安德被改变了。他没有变成另一个人，他是变成了无法被蕴含在同一个人身上的两个人：智者和僭主,这就是说,他变成了一个非人。不同的人们讲述了不同的诱因。但是这一点是确定的:如果说"他能够以这样的方式被改变"不是无法以别的方式来解释的话,那么,这只是一个诱因。[411]然而有叙述说,他曾与他母亲克拉蒂娅有过应受惩罚的关系,[412]想来那时他还没有从他自己这里听到这句美丽的言辞:不要去做不可告人的事。[413]

这是佩里安德的话:被人畏惧好过被人怜悯。[414]他就是按照这话去做的。他是第一个使用雇佣兵的人,他把政府改造成僭主政治所要求那样,并且按照僭主对待不自由的人那样进行统治,[415]他自己被他无法摆脱的权力束缚住,因为,正如他自己所说:对于一个僭主来说,放弃统治权就像被剥夺统治权一样危险。[416]他也以一种非常聪明的方式避免麻烦,这在后面会详述,甚至死亡都无法报复他:碑文是被刻在一座空墓上。[417]佩里安德自己最清楚事情必须如此,因为他说:不义之财生出"邪恶财富"。[418]"僭主",他说,"如果想要保证自己的安全,他就必须拥有对保镖的善意,而不是那些持武器者"。[419]因此,僭主佩里安德从来就没有觉得自己是安全的,他自己在死后觉得足够安全的唯一避难地是一座他没有在里面的坟墓。这也可以被表达得更醒目,我们在空墓上刻下这样的碑文:这里安息着一个僭主。但是希腊人不是以这样的方式行事的;带着更多和解的意愿,他们让他作为死者在自己祖国的母亲怀抱里得到安宁,他们在空墓上写了碑文,这碑文以诗句的形式听上去会更美,但大致意思是:在这里,科林斯,他的故土,把佩里安德这个富有而智慧的人,隐藏在自己的怀抱里。[420]然而,既然他没有被埋在这里,那么这就不是真的。一个希腊作家[421]为他写出另一段碑文,更主要是为了给观察的人读,碑文会提醒他"不要因为你的愿望没有被实现而悲伤,为诸神分派给你的命运而高兴吧",因为你可以想到,"智慧的佩里安德的精神在沮丧之中熄灭,因为他无法实现他想要实现的事情。"[422]

考虑到他的结局,这应当是足够了;他的结局教后代们明白诸神之怒,这是佩里安德没能够在这结局里学到的东西。这故事又一次回头讲述那使得佩里安德的疯狂被引发出来的原因。从那一刻起,这种疯狂一年又一年地随着岁月增长,乃至他真的是本该说一句关于他自己的话,——有人这样说,在那之后好几千年过去了,一个绝望的人把这句话刻进自己的徽章:"更多被毁灭的,更少悔悟着的。"[423]

关于原因,我们就让这问题开放在那里:到底这原因是"关于他与母亲的应受惩罚的关系的传言在人众里被散播着",这样,他因为人们知道了他"做了不敢被提及的事情"而觉得受到冒犯;抑或这原因是"他的朋友,米利都的僭主色拉西布洛斯的一个回答",这回答是意味深长的,尽管是沉默的,信使没能领会这回答,[424]但佩里安德无疑是明白的,它作为向僭主发出的一种指导性的暗示,完全就像塔克文·苏佩布的儿子领会其父亲所传的讯息一样;[425]抑或最终这原因是对于"在嫉妒中一脚踢死了自己所爱的妻子丽西姐(他自己曾将她命名为梅丽莎)"的绝望;——这原因是我们无法决定的。每一个事件就其自身而言肯定可以是充分的:这骄傲的君主的狼藉恶名,意味深长的密语对于统治欲的引诱,对不幸的爱者的辜疚的折磨,还有怨恨,都会欺骗这统治者的灵魂。

但是,在佩里安德被改变的时候,他的命运也变了。那句"被畏惧好过被怜悯"的骄傲的话,现在成为报应覆盖向他,覆盖向他绝望的生命,也覆盖向死亡中的他。因为他被怜悯了,甚至因他曾说过这句话而被怜悯,他被怜悯,因为作为更强者的诸神与他作对,而与此同时,随着他越来越多地被毁灭,他越来越少地在悔悟中[426]理解诸神的愤怒。

梅丽莎是埃皮达鲁斯僭主普罗克勒斯的女儿。母亲被杀之后,她的两个儿子,基普斯罗斯和利克佛伦,一个十七岁,一个十八岁,逃去了埃皮达鲁斯的外祖父那里。他们在那里居留了一段时间,在他们要回去的时候,普罗克勒斯与他们告别,他说:孩子,你们知道是谁杀了你们的母亲?[427]这句话没有为基普斯罗斯留下任何印象,但利克佛伦变得沉默了。在回乡到了父亲家里之后,他再也没有恭敬地回答过他父亲的问话。于是佩里安德恼羞成怒,把他赶走;佩里安德向基普斯罗斯提出各种各样的问题,最后终于使基普斯罗斯回忆起来,这样,佩里安德知道了利克佛伦在自己的沉默之中所隐藏的是什么。佩里安德的愤怒追击着这个被流放的人:任何人都不得接受他;这愤怒追击着逃亡者,他从一家人家走到另一家人家,直到最终有一些朋友接待了他。这样,佩里安德发布了公文:任何人,如果收留利克佛伦,或者哪怕是和他说了一句话,都得死。现在没有人敢与他有任何关系,这样,他就会死于饥饿与悲惨。在利克佛伦四天四夜既不曾吃饭也不曾喝水之后,佩里安德自己也被震撼了,他找到了利克佛伦。他对他说,他可以让他成为科林斯的统治者并且成为他的所有宝藏的主人,因为他现在终于还是知道了"对抗自己的父亲"意味着什么。但是利克佛伦不做回答,到最后他说:"你可是自己应当得到死亡的惩罚,因为你违犯了你的命令并且同我说了话。"在恼怒之下,佩里安德把他放逐到了科西拉。佩里安德的怒火转向了普罗克勒斯;他去攻打埃皮达鲁斯,他打败并俘虏了普罗克勒斯,并从他手中夺走了埃皮达鲁斯。[428]

现在,佩里安德成了一个老人;他对统治感到厌倦,想要放弃。"但是,放弃僭主统治与被剥夺僭主统治权是同样地危险",[429]智者曾说过这话,而我们从僭主这里得知,甚至要摆脱僭主政治也是困难的。基普斯罗斯有先天缺陷不适合于统治,连普罗克勒斯的话都没有为他留下任何印象。因而利克佛伦本该继承他的位置进行统治。他派人去找他,但回答是不;最后他派出自己的女儿,希望这顺从的孩子必定会说服那忤逆的孩子,并且借助于自己的性情来把浪子引回到对父亲的孝敬上。然而,这儿子仍然留在科西拉。后来,他们最终决定建立一种相互间交换和分配的关系,不是父亲与儿子在爱中的分享,而是一种死敌间的分配:他们决定交换居住地。佩里安德将住在科西拉,而利克佛伦则要成为科林斯的统治者。佩里安德已经准备就绪即将旅行,但是科西拉人对他有着一种如此胆战的畏惧,并且也如此清楚父子间的不共戴天,以至于他们决定了去杀死利克佛伦,因为他们以为,这样一来,佩里安德就会远离科西拉。他们也确实这样做了。[430]然而,他们并没有因此得救而避开佩里安德;他让人绑架了他们的三百个孩子,打算让这些孩子去受蹂躏。然而,诸神阻止了这事情。[431] 他无法为自己的儿子复仇;这件事让他如此念念不忘,乃至他决定结束自己的生命。

最后一次,智者与僭主的合一。他绝望的决定和对于"在死亡之中被恶名耻辱追赶上"的惧怕使得他的智慧找到了一种很聪明的逃离生命的方式。他让两个年轻人到他这里,向他们展示一条隐秘的通道。然后他命令他们第二天晚上到这通道里并且杀死他们所遇上的第一个人,并且马上埋葬被杀者。在这两个人走后,他让另外四个人到他这里并给予他们同样的命令:等在通道里,在他们遇上两个年轻人的时候,杀了这两个人并且马上埋掉被杀者。然后,他又让双倍数量的人来他这里并以类似的方式给出他们同样的命令:杀死他们将要遇上的四个人,并且在他们砍倒这四个人的地方马上就把这些死者埋了。然后,佩里安德自己就在约定的时间去那个地方并在那里被杀。[432]

五月六日。早上。

一年前的今天。事情的发展越来越让我满意。这个词在我们之间得到了越来越多心灵激荡的意味。她看上去很平静。但愿真是如此!如果早先我能够像现在这样地明白我自己的话,那就好了。在那小小的 altercatio(拉丁语:争议)爆发出来的时候,曾经是有一个瞬间在那里。因为受刺激,也许她自己会解除婚约,那样的话,她根本不会承受任何痛苦。

我的灵魂感到压抑,我的思想陷于烦乱,我的生命之希望就像有风暴的大海之中的一艘挤满了人的超载救生筏。

然而,如果一个人要为另一个人担忧的话,那么他就没有时间去真正感觉到自己的痛苦;想象所具的可怕的恐怖以极大的优势压倒了现实所具的恐怖。我们之间的错误关系在这里再次显示出来并且似乎是对她又构成了新的不公正。她真正的痛楚,哪怕是如此刺骨,她的哀叫,哪怕是如此剧烈,与我的想象(在我什么都不曾看见的情况下)的创造能力相比较,仍是微不足道的。

五月七日。早上。

一年前的今天。突然，那个决定并没有降临在她身上。对于她，"那突然的"可能是最危险的。排练已经进一步展开，几乎就像一场彩排了。如果在事实上进展能够如此令人满意的话，我就不再要求更多了，尽管，对于我，这在另一种意义上会变得有点无法解释。

就我自己而言，我感觉到一种想要回到我自身的乡愁，想要"敢去安于自身"。让一种想象和一种现实以这样的方式相互对抗着，这是非常耗神的。我忧心忡忡的想象是可怕的，难道我现在应当去以一种既可悲又可喜的方式重新让现实变得轻松一些吗？哦！我必须允许自己保留我的各种想象，我习惯于与它们进行角斗。

然而，"作为见证人"仍是一件让我感到慰藉的事情；即使她死去，我也想作为她死亡的见证人。"现实"毕竟不像"可能"那样是一种折磨。

五月八日。早上。

一年前的今天。这处境重复着，如果说在一场排练中要做出一个决定的话，那么这就是可能性所允许的最迅速的决定了，当然，这决定并非是没有来自她这一方的激情的参与。

她似乎是理解的，知道如果把这样的事情当作玩笑就太粗鲁了，这必须是严肃的。她并非没有剧烈的反应，这是好的方面。这甚至必须在今天发生。

在商人站在港口最外面的尖端处看自己的船和自己满载在船上的货物遭遇海难的时候，他把灵魂里的所有注意力都集中在这损失上，从那里离开，一边对自己说："你没有对此进行保险，这是你自己的错"；然而，他到底会不会变得高兴，如果有一个水手奔跑过来找到他说："有人又看见这船了，它没有沉没"，他转过身，这水手拿起望远镜往那边看着说："唉，现在它又消失了。"

确实,她对于我来说不同于商人的船只和满载在船上的货物。我的愿望是,这整个事件对她尽可能不构成什么意义,这是我最真挚的愿望;然而,哪怕她会是微笑地收到她今天将收到的信,哪怕她会将"她现在将得免于一种负担"视作是一种欣喜的消息,但愿是如此,哪怕事情是如此,这仍无法构成对我的帮助。我在我的内心深处有这样的经历:我曾站在可能性最外面的尖端处,并且看见过最极端的恐怖;而这"曾站在那里并且看见过这景象"的后果则会来追击我。[433]让她受伤害(如果我对她有着这样一种意义以至于我能够伤害她的话),是我所不愿的;我让自己在这关系和在我的辜之下谦卑地承受屈辱,并且我想要以这样的方式来与她告别。我相信,我从排练之中看到了足够多的东西,因而我知道,现实的恐怖不会变得如此,它不会令我通过"不去看它"来逃避什么。

我写了一封信给她,内容如下:有的事件,说到底还是有可能会发生的,而这样的事件,在发生了之后,无疑会给出各种力量,正如我们需要这些力量;那么,为了避免更频繁地对这样的事件进行排练,就让它发生吧。最重要的是,请把写下这文字的人忘记掉;原谅一个尽管有能力做某些事情但没有能力使一个女孩幸福的人吧。

在东方,寄送一条丝带意味了对收信人的死刑判决;[434]在这里,寄送一枚戒指则差不多该是意味了对发送出这戒指的人的死刑判决。

现在,事情发生了;我就像一个喝醉了酒的人四处蹒跚摇晃,我几乎不能够走路,无法集中精神去做任何事情。也确实没有什么事情可让我集中精神去做。这些瞬间无疑就像是两个单词之间的破折号或者连接符号。

到底发生了什么?上帝啊,在我出去的时候,她到过了我的房间。我发现了一张字条,以一种绝望的激情写成,没有我她无法生活,如果我离开她,她就会死去,她祈求我,看在上帝的份上,看在至福的份上,凭借所有绑定我的每一个回忆,凭借那我只在很少时候提及的神圣的名(我很少提及神圣的名,因为我的怀疑阻止我去擅自使用它,尽管恰恰因此,没有任何东西能够比得上我对它的尊敬)。

因此,我就这么与她成婚了!除了"一个人把一个宗教表达和一种宗教义务给予一场恋爱"之外,婚礼又会意味了什么别的东西吗?这事情发生了。有两种权力,它们能够捆绑我并且将我捆绑得无法解脱,它们就是上帝的权力和一个死者的权力;他们是你所无法与之争辩的。有一个名字,它将永远地使我承担义务,尽管我的全部思想只能够远远地注目它,而这个名字也被她征用了。如果这些权力被删除,我就不再存在;如果我存在,我就被捆绑住,并且,始终不停地,我会在这些想法里想到那征用了它们的人。

显然,在爱欲的意义上,她是不对的。一个女孩是不可以使用这样的资源的。她使用这些资源,就在根本上显示了,她对它们的理解是多么匮乏。我确实不敢使用这样的资源。如果一个人使用它们来对付另一个人,那么他就也像那个他想要绑定的人一样地被绑定,只怕到最后他会发现,他妄用了这些神圣的资源。但我的最首要的过错是:把一个可以最随便地挥霍的开放账户给予了她。

但是,走到我的房间里,这是怎样的轻率啊!也许有人会知道,她那天曾在我的房间;但这人可能不知道,我并不在家。这样一来,她的名誉也许就会遭人怀疑。而我这个如此小心地警惕着不让这一类羞辱近身的人!够糟糕的,事情看上去是这样,就仿佛是我抛弃了她。我一心只愿意看见:其实是她抛弃了我。一种责任之恐怖迫使各种直接的爱欲意义上的痛苦可观地降低了价值。

离开我这里之后,她去了哪里?也许她是在精神错乱的状态之中跑开了,为自己的"还不够好"而绝望。"够好",我想这是唯一绝对地没有可能的事情。哦,死亡,是谁允许了你放高利贷?或者说,每一次在你纯粹只是威胁或者纯粹只是折磨一个处于死亡恐惧中的人的时候,你难道不是比嗜血的犹太人更恶劣吗?你难道不是比贫血的吝啬鬼更恶劣吗?

因而,分离的约定时间就被推迟了,如果不是为了其它原因,那么,至少是为了她的名誉的缘故,并且因为整件事情有了一种可怕的形态:我在良心上欠有一个人的生命和一种永恒的责任。但是,我现在应当与她有怎样的一种关系呢?一个宗教的结合点是无稽之谈;如果说我是有辜者而她是受苦者,那么,"我们两个人要在一起悲伤"就是疯狂。要同时作为听人忏悔的神父和谋杀者,既作为那有辜地摧毁她的人,又作为那同情地鼓舞她的人,这是怎样的荒谬啊!

不!她应当可以见到我,我并没有打算从什么事情上逃避开。如果她轻率地把我一辈子地绑定在这一关系之中,把我绑定在这种她固然能够结起但却无法解开的结合之中,那么,对于她,这就会是很糟糕的;我倒还是会忍受得了。然而,由此并不会导出这样的结论:她成为我的,或者我成为她的;不,不是这样的;但是,如果她相信她能够对我发生影响,如果她能够给出一种我也许是没有考虑到的说法,那么很好,我不会逃避什么。

我们确实是相互分离了,但是我将去做一个人所能够做到的,来帮助她。那么好吧,你,惊心动魄的激情,用你的全部力量来抓住我吧!你这个赝造者,你是躺在真相的摇篮里被掉了包的孩子,[435]但在欺骗之中却能够乱真。支持我两个月的时间,就这点时间,一天都不用更多,只需准确而认真地保证这么一段时间。把我心中的所有烦恼都转化成嘴上的蠢话,把所有内心里的悲怆转化成被表述出的胡言乱语。拿走,把它拿走,隐藏起每一丝踪迹、每个表情、每种感情、每个对"一种能够让她欣悦的感情"的暗示,隐藏得如此天衣无缝,乃至任何真相都无法透过这欺骗闪烁出微光。改造我,在我坐在她家的时候,让我坐得像一个点着头的不倒翁,[436]唇上一道惘然失神的微笑,散发着无聊和荒唐。

我去了她家。相对而言,她比我原本预料的要更平静。——一对秘密的相爱者,为隐藏起他们相互对理解对方,有着对谨慎的需要。我们则是公开的相爱者,然而在这里也令谨慎成为需要,以便隐藏我们的相互理解。

因而,从明天起,最后一轮搏斗就开始了,恐怖时期。我根本就不具备一个对她的印象。我总是专注于"那宗教的",我的思维专注于"那宗教的",直至绝望,而只要我能够思维,我无疑仍将专注于"那宗教的";现在,她把"那宗教的"带到了她的那一边。也许,这是一场激烈的遭遇战,她原本并不知道她会想到要用什么东西来对付我,然后她就用上了这个。无论如何,我必须尊重这事实。现在我要冒险去做的,是尽可能把自己从她那里扭拉出来,在纯粹的荒唐之中打乱我在她心中的形象,并且使她从根本上感到困惑。每一个抗辩都应当得到尊重。我当然知道这些抗辩会是什么。所有对我的好感都必须被消灭掉,并且她还必须在反思之中被转悠得精疲力竭。根据人的几率可能性,她会熬过与我在一起的最大的痛苦,从人之常情上说,她不会倾向于在我离开她的瞬间马上重新开始。——在"去行动"成为了事情的关键时,你几乎就会冷静下来,哪怕你所要做的事情是最极端的孤注一掷,并且有着最艰难的形式,亦即,有着时间与持续长度的形式。然而,如果我无法冷静的话,那么我就完全可以不用去开始这项工作。

五月八日。午夜。

于是,现在是宁静的,但这里所说的宁静,不是那一类通过一种比"最嘈杂的爆发"更为强烈的激情来获得的宁静。[437]不,它是这样一种意义上的宁静,比如,商人说"这一段时间谷类商品在市场上很宁静,没有人来订货";它是这样一种意义上的宁静,比如,你在谈论一个村庄的时候说,那里很宁静,因为没有任何事件,并且也不用期待任何事件,而与此同时一切正常发生:公鸡在肥料堆上鸣叫,鸭子在水里拍打,炊烟冒出烟囱,莫尔顿·佛兰森驾车回家,一切在运动中,直到农夫关上自己的门并向宁静的夜晚看出去,因为在这之前并不安静。这宁静不是怪诞意义上的宁静:在这种意义上人们说一幢房子,"它的内闭性隐藏起一个人隐约地感觉到的东西";而是市民生活意义上的宁静,在这种意义上人们说一幢房子,在里面那些安宁的人家各自经营着自己的家庭,一切将像往常曾经发生的那样发生;宁静,如同一个人说那些"在这国家里的安静人",[438]他们在一整个星期里劳作养家,然后算清楚账目,关掉店铺,到星期天去教堂做礼拜。

我越是想着这种宁静,我的天性变化就越大。对每一种充满激情的决断都被放弃了,这一切也许会宁静地消退。但这一宁静,这一安全感,让我觉得就是生活的最狡猾的欺骗。是的,在宁静是一种无限的乌有,并且恰恰因此也是可能性为一种无限的内容而准备的容量巨大的形式时,是的,在这时,我爱这宁静,因为这时它是"精神之元素",比各种国王更替和各种世界性事件更内涵丰富。所以我爱你,你,坟墓之间的宁静,因为死者们,他们在安眠,然而这一宁静却是"永恒对他们的各种作为的意识"的形式![439]所以我爱你,黑夜的宁静,当大自然的内心在一种隐约的感觉之中吐露得比它在万物的生命和运动之中的大声宣示自己更清晰时,你,黑夜的宁静!所以我爱你,精灵时刻[440]在我房间里的宁静,在这里没有任何响动和任何[441]人的声音来限制思维和各种思想的无限性,[442]在这里彼得拉克的说法很适用:大海在其波涛里没有如此之多的动物,夜晚从不曾在天穹里看见如此之多的星辰,在森林里没有如此之多的飞鸟栖居,在原野和草坪上没有如此之多的草秆,而我的心每天晚上则有如此之多的思想![443]所以我爱你,你,战役之前庄严的宁静,让它作为那没有被说出口的祈祷的宁静吧,让它作为那被低声说出的军事口令的宁静吧,[444]你的宁静比战役的喧嚣意味了更多!所以我爱你,你,沙漠中的宁静,你比所有正发生和已发生的事情更可怕!所以我爱你,你,孤独之宁静,比所有繁复多样的东西更重要,因为你是无限的!

然而,这一单调无聊的宁静,在之中人的生命中了魔法,在之中时间来了又去并且用一些东西来充填,所以什么都不缺,因为:所有河流奔向大海,但却无法填满无限的大海,然而这样那样东西能够为人类填满他们的时间;——这种宁静对我的灵魂来说是陌生的。然而这却是我现在要设法与之变得熟悉的东西。我们知道,在那边,在村庄里住着美丽的玛丽。她也有过一段爱情史;现在痛楚已成过去,现在乐手拉响小提琴,玛丽与新的爱人在一起跳舞。不！不！这打扰着我的整个存在！让无限把我们分开吧——我的希望是,永恒还会把我们结合在一起。来吧,死亡,远远地保留着她吧;来吧,疯狂,把一切都置于原封不动的停顿之中,直到永恒把遗嘱查验法庭的封条揭掉;[445] 来吧,仇恨,带着你无限的激情;来吧,骄傲的殊荣,带着你终会枯萎的荣誉花环;来吧,敬神的虔诚,带着你不可侵犯的至福;来吧,你们中的一个,带走她,带走这个我自己无法带走的她,——但唯独不要是这,不要是有限(Endeligheden)的粗滥手艺。——如果这样的事情发生,噢,那么我就是在欺骗她,那么我就必须欺骗她。我盗取她的形象,因为我的想象喜爱它;我将凝视它,但它不应当让(像它迄今一直所做的那样)我想起她,既然我已放弃了回忆所具的麻醉人的缓痛作用,因为,那样一来,这就只是一种回忆。

唉！在我们分开的时候,我的理智教导我:我必须准备好,是的,我是该等待这样的事情发生的。但是现在,如果这事情发生的话,我又会觉得这是那么艰难。

然而,这事情肯定是会发生的吧,我不知道。但我知道的是:我要去让自己接受一切对我是可能的事情,这是我欠她的。我有可能做到的事情就是,给她,或者试着发送给她一个对于我的行为的更温和的解释(对于我来说,"我是不是根据人的几率可能性达成了什么"不是什么决定性的问题),一个令我自己觉得厌恶的解释;在我希望一个厚颜无耻的谎言会对她有好处的时候,我曾用上这样的谎言,而现在,这样一种解释比我所用过的最无耻的谎言更让我自己觉得厌恶。

五月十二日。午夜。

今天我看见了她。是在中午时分,就在国王花园外面。她从国王花园出来,我从大街的另一边向国王花园走去。在我走出家门的时候,去国王花园其实是我的意图;如果这不是我的意图的话,我一步都不会出离我所在的这条路。不过这种严格马上就会是一种已消失的方法的残余物，——借助于这种方法，我通过对每一个（哪怕是最细微的一丁点）"以自我折磨的残酷来进行的干涉"的苦行式的戒绝，认可了她身上的无限性。在事情顺利的情况下，我本来是根本不需要这种帮助的。然后，我们相遇。她在稍稍之前已经看见了我，因而有着准备，但也可能是在匆匆赶路。这是怎样的一种观察工作啊！可以有半分钟的时间来看，看那将会成为好几个小时的观察的对象的东西！这时，要小心管住自己，并且要留意，一个人在琢磨这件事的时候也会把"因为看见我而获得了什么样的印象"考虑在内。她脸上动了一下，这是一种对被抑制住的痛楚的暗示还是向微笑的过渡？在她要哭出来和要笑出来之前，她有着差不多相同的面部表情，我从不曾认识一个女孩或者任何人，其哭的前兆和笑的前兆会显现得像在她的脸上那样相似。在这里，两者间的对比根本就没有被显现出来；我们可以通过喉咙部位的肌肉运动来观察被抑制住的笑，而通过胸部的扩展来观察被抑制住的哭，但是在这里，这种关系的不可确定性处在在两者更小的对比之间，然后，也没有去看的时间。她脸上的这一动也可以是因为她做深呼吸而出现的，就是说，以这样一种方式：我没有看见她张开嘴巴的一瞬间，但却看见了她闭上嘴巴的那瞬间。

　　一个人会因为想要从一个这样的表情里强行榨取到某种确定的东西而失去理智，但我还是想这样做。如果一个人听见教堂钟声并且去数这钟声，这并不意味了，他会知道时间是几点钟，因为，相对于空间里的距离，声音的传播会有这样的效果：他听见最后几下钟声，然后，如果他开始数的话，他就会出错。

　　她看上去甚至是精神饱满的，有点苍白，但是，对这一苍白我一向都不敢赋予本质性的意义，因为，可能是由于看见了我，于是她的脸色就变得苍白。但我还是可以为她的精神饱满而感到高兴；或者，这可以是一种幻觉，也许是清新的空气给了她健康的外观。一个匆忙的医生又能够说什么呢？我其实倒不是一个匆忙的医生，因为不是我在病人的房间里迅速穿过，是病人在那么快地与我擦肩而过；无疑，我也不是医生,更确切地说,我自己是病人。

五月十五日。早上。

一年前的今天。我经常会拿一个订了婚的人当笑话讲。关于他,人们是这样说的:他在未婚妻那里放了另一件外套,他穿这件外套以避免把他的新外套穿旧了。现在我不再拿这个故事说笑了;我自己也有另一件外套,固然不是放在她那里,而是挂在外面的走廊里。我在那里穿起它,并且放弃对我的爱的每一个表述,放弃对我的同情每一个暗示,放弃每一个诱惑着我的小小愿望(如果我们的关系是安全的,这些小小的愿望就会想要借助于微不足道的东西来取悦她)。而当我穿上了这外套,这一切就开始了:永远滔滔不绝地胡言乱语,持续不断地把物理的问题和道德的问题混在一起,把一切乱扯成一团,持续不断地空谈我们的恋爱,以及我们的恋爱,以及其它诸如此类的东西。

这是一种对我的痛不可耐的惩罚,[446]如此痛苦,就像在塔耳塔罗斯[447]的那幕场景:要以这样的方式坐着,并且对我自己做鬼脸进行嘲笑。但事情就必须是如此。我希望,通过这一途径,在断绝的瞬间[448]再次到来的时候,我们的整个关系在她的思维里不会有任何吸引力,更不会有恐怖之诱惑,但是,她会因此而受煎熬、厌烦并且觉得恶心,就像一个服了药末之后吃橘子的人对橘子感到厌倦。[449]如果她在这之后能够通过她自己赋予这关系理想性,那么,她就是一个完全不同的个体人格,而不是我以为她是的那个,并且她其实就根本不需要我。

五月十六日。午夜。

就像我在前面所说的,这一切也许就会悄悄地消退。昨天和前天,我和一个朋友谈了谈。他知道很多,并且,他也以一种真正的友谊来折磨了我,尽管他同时也为我提供了他的友情服务:借助于一些虚构出的名字来给予我很全面的信息。他不停地继续他的故事和虚构的名字。

他的友谊没有任何改变。在一开始,他用生命危险来让我感到焦虑,而现在他的态度完全改变了,他想要刺激我,所以他尽可能地稍稍撩起我的嫉妒,——但那样的话,她就必定是处于相当健康的状态。我从这个人身上获得了无法估量的收益。现在,他就是我要使用的人,这喜剧就在今天开始了。在他坐着讲故事讲到一半的时候,我站起来,诚挚地拥抱他,深情地说:"现在我理解了您,哦!我真是个傻瓜,我居然没有看出您是一个朋友!不要否认,您谈论的是她,唉!是她,我使得她不幸,但我却也爱过她,我曾许许多多次想要回头重新去找她,但是我无法这样做,不行,我无法这么做。诚实地说吧,我的骄傲对我有太大的影响。"我的朋友有点困惑不解;如果你以最友善的态度坐在那里,并且想要以简单的基督教式的恶毒去折磨一个人,但这过程却终结在友谊的拥抱中,这样的事情肯定也足够让人觉得不好意思。如果一个强盗在偏僻的道路上碰到一个旅行者,就在他正要扑向自己的猎物的瞬间,他感觉到自己被温柔地抱住并且听见这些感动的话:哦!仁慈的天意啊,你为我送来了一个指路人,我这个迷路的人,而你,我的恩人,人类在这些孤独的地方的宝贵代表……等等诸如此类的话。无疑就会有这样的可能,这强盗会陷于尴尬。至少我的朋友是如此。我很清楚,偶尔她肯定会打听我的消息。我不是从他那里得知这个的,但是我知道这个,因为另有一个相当活络的人会从我这里带走各种消息;而我的朋友与她的关系则要密切得多。

现在,他以一种方式成了我的朋友。当然我是丝毫不信任他的。但是反过来,这些都对他的胃口:他以为他已将我置于他的影响之下;我仍在如此大的程度上关心着她;他能够从他对我的折磨中得到快乐。首先,我想要借助于他而开始与她的通信关系。我以极其雄辩的方式让他确信:我是不敢见她,所以我才不得不写信。没有人知道我看见了她,而她则也根本不可能想到要说这事。然而这个计划还是被丢弃了。现在,他答应了去为她弄到几封"我写给某第三个人的信"给她。为了保险起见,我使用了三种墨水,这样,颜色就能够稍稍不同,因为信上的日期是不一样的。

于是,借助于联合起来的力量,现在这事情进展顺利。对于"她再次恋爱",他没有什么反对,因为他以为这会刺激我,并且,他看得出,我甚至在这个方向上能够起到帮助作用。

一个作家,我记不得是谁了,他说过:诚实是最耐久的,只是在取悦女人的方面是例外。[450]我确实也相信,真相不会使一个女人幸福,谎言也不会,这两者都绝不会,但是这样一点小剂量的非真相则可以。

策划出来的嫉妒几乎不用我费神。Non enim est in carendo difficultas, nisi quum est in habendo cupiditas(拉丁语:就是说,戒绝不会造成麻烦,只要拥有不唤起欲望),[451]奥古斯丁如是说。现在看来确实是如此,我曾想要她,确实,我是想要她;但是,我没有外在的障碍,这表明了,有着某种更高的东西在束缚我的愿望。这更高的东西是理念。怀着这理念,我想要她,无限地想要她;如果没有这理念,我就会让自己去驻留在那同时高于她和我的东西上。因此,我所操心的是另一方面的事情:从本质上看(因为事实上,并且从偶然性的角度看也是这样,我可能什么都没有达成),借助于这些信件,我在写一份离婚声明,它把无限设置在我们之间,这样,从本质上看,我通过这些信件做了我的这一份要做的事情(确实不是我同情的愿望):我在这令我伤心的生活中得到一点宽慰。

五月十九日。午夜。

现在她肯定是得到了我的那些信。在我对这关系的解读中不是没有忏悔的。这一通融让步是最让我伤心的。在每一个其它欺骗中,我至少还是心里火热的,[452]因为进行欺骗的理由和冲动是这样一种希望,希望她会在无限的意义上振作起来。这一次我是沮丧的,然而,这次我也许对她会有一种完全不同的影响,不同于所有那些在我被绑定的时候所做的努力,也不同于所有那些在我因挣脱反而被更紧地绑定于她的时候所做的努力。我的忏悔自然被写成很多词句,这些词句的终结自然是:现在这一切都是没办法改变的。我为过去的事情后悔,我希望能够重新改变这事实,但是我不能,不能,我不能,但是我想要改变;如果我真的能够在我的骄傲面前这样做的话,就不一样了……本来我确实是想要去改变的;等等诸如此类。在一般的意义上,"悔"有一个标志,亦即:它行动。在我们的时代,它也许不在那么大的程度上遭到这样的误解。我不认为,不管是扬[453]还是塔列朗[454]还是一个后来的作家[455],我不认为他们关于语言(为什么语言会存在)的说法是正确的,因为我认为,语言的存在是为了在人们不去行动的时候支持他们并且帮助他们不去行动。那些在我眼里是胡说八道的东西,也许会招致巨大的效果,并且,大多数认识我的人,如果他们读了这些信,也许会说:是啊,现在我们明白了他。

这是够沉重的;一个人当然还是更愿意享受公民应得的尊敬而不愿意被看作是疯人院里的成员。这一点我也达成了;我确实相信,不管我怎么说,只要我既不说真话也不说出我真诚的想法,就行了,人们也许甚至会认为我是聪明的;如果我说出真心话,[456]那么我就是在无条件地为自己被放逐做准备。比如说,如果我说:"我迈出决定性的一步,因为我觉得自己是被绑定的,因为我不得不拥有我的自由,我的欲望的快感包容了一个世界而无法只满足于一个女孩,"那么,合唱[457]就回答说:"这就对了,祝你好运,你这开悟的人。"相反,如果我说:"她是我所爱的唯一;如果我在我离开她的时候不是对此确定的话,我根本就不敢离开她,"那么就会有这样的回答:"把他送去疯人院吧。"如果我要说:"我厌倦了她,"那么,合唱就回答说:"我们能够听见你说话,并且完全明白你的意思。"但是如果我要说:"这样,我就无法明白了,因为一个人肯定是不敢因为自己感到厌倦而断绝一种义务关系的,"那么,回答就会是:"他疯了。"如果我要说(就像我在前面的解读中所说的):"我为此后悔,我很想重新改变它,但是我不能改变它,不,我不能,我的骄傲不允许我这样做,不,我不能改变它";那么,判决就会是:"他就完全像大多数人一样,并且就像法国诗歌中的那些英雄。"[458]然而,如果我说:没有任何东西,没有任何事情,能够像"敢去重新改变它"那样地满足我的骄傲,没有任何东西,没有任何事情,能够如此地平息复仇的冷火[459]——它要求重新振作;那么,回答就会是:"他神智昏迷,不要听他说了,把他送去疯人院吧。"

Mundus vult decipi(拉丁语:世界想要被欺骗);[460]对于我与那被我称作是"我的世界"的环境的关系,这一表达真是再精确不过了。我也认为,在更为扩展的意义上,这是关于世界的最佳说法了。因此,思辨者们不用绞尽脑汁去弄明白什么是"时代的要求"[461]了,因为在本质上,从远古起到现在,这就一直是同一样东西:被忽悠。如果一个人只是说一些荒唐话,并且与人类 en masse(法语:一大堆地)称兄道弟喝交杯酒,那么,他就像佩尔·蒂恩[462]那样地获得全部教众的敬爱。现在,事情根本就不会有什么不一样;每一个带着忧心忡忡的姿态作沉思状地向所有人展示自己还是能够搞明白"什么是时代所要求的东西"的人,他已经在他的沉思中找到了它。从这个角度看,每一个人都能够为时代服务,不管这"时代"在这里是被理解为整个民族、全人类、所有未来的人类后代,还是一个同时代中的小圈子。我通过"作为一个恶棍"来为参与者们服务。毫无疑问,我满足他们的要求。我自己也由此得到好处,并且在某种意义上也觉得这一外在的定位相当符合我的心意。作为一种美德的模式,一个头脑灵敏的规范之人一方面是非常烦人的,另一方面也是非常值得怀疑的。但是反过来:我也并没有被人当成活靶子来追击。[463]这也是符合我心意的,这样我就不至于因为"我在这世界里成了被追击的目标"而得出错误结论并且自我感觉良好。[464]

在"人众"的问题上,我毫不犹豫地追随我的守护神,去顺从于对"那善的"和对"一种多少有点沉郁的自我怀疑"的原始谦逊,这就是说,以这样一种方式进行欺骗:也许我一向还是比我的外观更善良一点。[465]我对之的理解是:每一个人在本质上都是被指派给他自己的,在这之外,要么是有着像使徒(其辩证定性是我所无法理解的,尽管,出于对那被作为神圣物传给我的东西的敬畏,我不会从我的"不明白"之中推导出任何结论)那样的一种全权,要么就是絮聒;除此之外,我从来就无法有别的理解。确实,一个不能为自己理发刮胡子的人,完全可能会作为一个理发师开业并为其他人按需服务,但在精神的世界里,这是毫无意义的。然而,人们却将此看成是严肃(Alvor)的重要部分:想要马上准备好去对其他人发生影响,但却并不因此而想去作一个使徒(多么谦卑!),——并且也不能决定出自己与使徒的相似性与差异性(多么毫无意义!)。每一个人都想要为其他人发挥作用。这是公民讲演的一条规则,甚至在公民讲演之中它还更容易被理解,但它也是宗教讲演的文辞形式中的一条规则。我不怀疑,我们能够在各种印出的讲演大纲里找到它,我们总是会反复地听见它,除非我们听这样的一个单个的人说话:他因为自己尝试过而知道怎样说,知道所说的是关于什么。如果布道的目的是为了预备主的道,[466]那么,第一个环节就是:每一个人都为传播基督教而做出自己的一份,不仅仅是我们牧师,而且也是每一个人,等等诸如此类。这当然很迷人!不仅仅是我们牧师。在这里,关于"一个牧师到底是不是一个使徒",从一开始就缺乏各种辩证的中项定性[467];而如果说这牧师不是一个使徒,那么,在这里也没有辩证的中项定性来展示,"他与这样一个人物有什么样的不同,并且,在怎样的意义上又是相同的"。[468]教会的关于神职授任的差异点[469]使得各种麻烦变得更大,并且,通过"那未被决定的"的领域之中的各种决定,[470]那首要的中项定性就被推了回去。于是,不仅仅是我们牧师。这句话在一开始看上去是非常充满希望的。但是,这个"不仅仅",它是针对什么说的,就根本没有被给定;现在,归结子句(Apodosis)[471]就带着训诫的严肃跟上了:你们,我亲爱的听众,请留意我的讲演,要以这样的方式起作用的,不仅仅是我以及我们牧师,而且你们也应当以这样的方式起作用!以怎样的方式?是啊,这是在这一严肃的讲演里唯一无法搞清楚的东西,这讲演的严肃并非就在于思想内容。现在,第一个环节结束了;牧师擦干汗水,听众们也擦汗水,只是同时想着,他们就以这样的方式成为了传教士。讲演者又开始了。人们希望能够获得更进一步的开导,但是看！这下一个环节是：每一个人在自己内心中预备主的道。自然，这是要被讲到的事情，并且，在这一点上一种生命观可以被建构出来。我们知道，单个的人在本质上是与自己有关系的，"去达成"是我们无法预测并且在本质上不敢要求自己去为之负责的偶然事情，并且，要到永恒之回顾之中，我们才能看见作为其自身的它，[472]——在本质的意义上，它是上帝的额外恩典，在偶然的意义上，它是这单个的人的作为。也就是说，生活和生活中的治理[473]不仅仅只是"所有单个人的作为"的简单总和，而是某种"更多"。因此，不管一个人到哪里，他都必须 in mente（拉丁语：在心里，在记忆里）拥有自己的绝对想法。如果这绝对想法不在场，那么他就是在以两种方式欺骗：他在梦想里迷惑人众，他为受苦的人带来不公正。也就是说，事实上那第一点要求了每个人万事顺利。谈论这一类不成熟和懒惰的人们喜欢听的事情，是很容易的；要求这个，是毫无意义的，万事顺利不是自由的额外恩典，而是治理[474]的额外恩典；那么，设想一下，一个人陷于逆境。相反，如果我们明白，单个的人在本质上是与自己有关系的，那么我们就也会明白，这单个的人以这样的方式存在，他的生命，他的言辞等等，有可能可以对别人有意义；有可能，因为一方面这是治理[475]的事情，另一方面榜样和老师的力量不是直接的。因此，一个讲演者可以从这里开始并且把第一个环节转过来，差不多是这样：甚至我也不能够，尽管看上去我似乎能够，在本质上，比"留意我自己"做更多；"让你们不要被一种幻觉捕获了"。但是这讲演就被倒过来安排了。我们诉诸施洗人约翰的例子；但约翰不是什么简单的范例，他是在特殊的东西中 ἀφωρισμένος（希腊语：分离出来的），[476]因而在这里就要求有各种中项定性。另外，我们必须总是谨慎地使用各种世界历史性的形象；就是说，这些形象有着一种已完成性，它使观察变得安全，并且，误解也因此变得安全。每一个要被用上的形象必须在思维面前进入存在，在自己的辩证结构里很清晰；否则的话，把这形象作为范例拿出来，就只是在开玩笑。

既然我是一个存在着的人，因而在伦理上要用到这所说的话，因此，我对这个问题做了反复的考虑。如果一个人做出不一样的选择,选择去教导或者去听,但却跳过实现之危机,那么,他很容易就会有许多话要说,有许多忠告要给,并且很容易就会找到心灵安宁。通过我对此所做的考虑,我得出了这样的结论:通过欺骗一个人,我为这个人带来最大的好处。就我与他的关系而言,至高的真理是:我在本质上无法给予他任何东西(这是对"最深刻地希求着的同情性的痛苦"的表达,我们只有通过做傻事才能够使自己避免遭受这种痛苦;但这也是对于一切事物之平等性之中的至高热情的表达);这一真理的最恰当的形式是"我欺骗他",因为否则的话,事情就可能会是这样:他犯错,从我这里得知真相,因而被欺骗,这也就是说,他"以为是从我这里得知了真相"。[477] 我很清楚地知道,如果我把我的怀疑的思路传授给人们的话,那么其中的大多数人就会笑话我,责备我的轻率,因为,那迷惑人的东西,它是严肃。如果不能指出我犯了前后不连贯的错误的话,那么笑话和责备不会打扰我;而我也不会犯前后不连贯的错误,因为我并不想去教导什么人说我自己不会犯错,或者认为我应当出去宣示这种俭省(Paaholdenhed)[478]而不是让我自己保持俭省。因为,如果每一个人都保持俭省的话,那么上帝就是唯一的一个慷慨大度者。

我是从我与她的关系之中获得了这一认识,这是最好的学习,也是最沉重的;在这种关系中,希求着的同情不断地想要给出例外,我想要作为她的一切,简直到了绝望的程度,直到我在痛楚之中认识到,"作为她的彻底乌有"是无限地更重要的事情。[479] 我感到欣慰的是,在我与她的关系之中,我从不曾有过自以为是老师的错觉,也不曾觉得自己有什么义务要去说几句告诫性的话。即使一个最有智慧的人每天在一个人身上用六个小时,即使他把另外六个小时用在考虑他怎样去做这件事才最好,即使他在六年的时间里一直继续这样做,但如果他敢说他在本质上为这个人带来了什么好处,那么他就还是一个欺骗者。至少对于我,这一想法是灵感的最深远的源泉。语言、艺术、手工技能是能够由一个人去教会另一个人的,但是在伦理宗教的意义上,一个人是无法为另一个人在本质上带来什么好处的。因此,在这一欺骗的极端努力之中表达这一点是美丽而鼓舞人心的;因为,在伦理的责任之下进行欺骗,这不是什么容易的事情,并且总是要能够与那些训诫性的言辞相对抗。现在,在所有这后来的事情都发生了之后,让我觉得宽慰的是,她与我没有学习者的关系;这种关系会令人感到烦扰。我表达了我所表达的东西,就仿佛我是在对我自己说话,我既没有做姿态也没有利用这些东西来讲道理。如果她吸收了这些,那么这是她自己所做的事情,并非是因为信任"他的言辞和礼服"。[480]跳进一辆公共马车,[481]乘坐着到处转转并且说几句训诫性的话,这是很容易的;在"想要这样去做"之中也可能会有某种美丽的东西;但是,能够去教导说一个人根本没有能力做任何事情,然后还能够赋予几句训诫性的话一种如此重大的作用,这则是愚蠢的。为这作用而说出的惊叹与敬慕的感谢[482]属于上帝。因为每一个人在生活中要负责照顾自己;在永恒之中你才会有时间去看上帝由此做出了一些什么。这并不是说单个的个体们身上那引人注目的东西,而是指相对于"最微不足道的人的作为"而言的最小部分的零星作用。

我做了这样的尝试去理解生活。如果一个人以同样的方式对生活有了理解,那么他就会做出同样的行为,最重要的是,他会不断如此谨慎地并且在一种欺骗的形式中表述自己,这样他就避开了一种危险;这危险是我们时代的每一个人,包括最卑微的报纸记者,都必定会留意到的:总是会有两个人,在头脑里有了这种绝望的想法——"那直接被说出的东西是真相并且它们的任务就是出发进入世界等等诸如此类"。但是"出发进入世界"这样的事情必须留给漫游的骑士们[483]去做;真正的严肃是留意每一种危险,也留意这种危险:一个人 bona fide(拉丁语:真诚地)成为了一个没有头脑的弟子,——要阻止这种危险,最好的方式是使用对立面来作为展示的形式。在我的想法里,除了像使徒这样的一些公认的个体人格(他们的辩证立场是我所无法理解的)是例外,没有人比那"让自己的思想裹上玩笑形式的外衣"的人更严肃,没有人是如此同情地爱自己的同类，没有人对神圣有过如此深的敬慕。那么，就让编年史去谈论那些把基督教引进丹麦的国王们[484]吧，我是这样想的，一种优化的绵羊品种是一个国王能够引进的，他也能够引进铁路等等，但是从伦理的意义上理解，基督教和精神是甚至一个皇帝都不应当去费神引进的，如果说我们是在本质的意义上理解这"引进"的话。

现在，在我与她的关系之中有了一个变化。迄今我一直是让自己保持沉静并且尊重她身上的无限。现在我给出一种解释。我把这解释看成是欺骗。以前，形式是欺骗，而内容是对她身上的无限[485]的兴趣。于是，我的宁静、我的沉默、我的毁灭是一种对她的无限的兴趣[486]的欺骗形式。现在不一样了。我所说的，不是我所认为的，但我也不认为，那在欺骗形式中的东西是我的真正看法的充分的外衣或者伪装。这在事实上到底对她有没有影响，不会让事情有任何不同。我只与本质性的东西有关；这本质性的东西是：这是我的动机和意图。我的解释："我悔，但我却无法重新改变我招致的事情"，这一解释是胡说。就是说，如果我无法给出理由，我为什么无法重新改变这事情，那么我就根本不应当谈论"我悔"，更不应当把骄傲作为理由（这就是说"我不愿"），因为这其实就是在愚弄她。因此，在这之前，我也从不曾把自己当作一个"悔者"来展示过，尽管，我悔，并且也已经悔了，为"进入了那关系"而悔，并且在"无法重新改变它"之中感到我的屈辱；这"重新改变"恰是我的骄傲所希望的——既然它现在因为我在这里不得不退缩而被挫伤；[487]我曾有过一种关于"想要"的几乎是愚鲁的观念，而在这里，我不得不退缩，因为有着某种东西是我所想要的，带着我全部的激情想要，但却不能够。为什么我不能够（原因在于我与理念的关系；只要理念与我都没有被改变，事情就是如此），这是我无法以"她能够理解我所说的"的方式对她说出的，但也恰恰因此，我从不曾说过"我悔"。于是，在我的行为之中是有着意义的。但是"去悔"并且"去把骄傲指定为对悔之表达的阻碍"是一种对上帝的叛主罪，因为骄傲反过来倒应当是悔的对象。一个人怎么会有能力去理解这样的事情并且觉得这似乎是可以接受的,我弄不懂;但反过来,大多数人倒也是会用这同样的说法来说及我的看法。

在我的生命中,这也许是我第一次去做某种我认为是毫无意义的事情。我曾做过许多也许会被大多数人看成是毫无意义的事情;这不曾困扰我,因为这完全可以是由于他们既没有理解力去设身处地去为自己想象各种极端,也没有勇气去让自己到各种极端中去冒险,而在这些极端之中有着我的生活。我也曾做过许多让我在事后视作是愚蠢的事情,尽管在悔(Angeren)对我进行检视的时候,它不考虑任何藉口,然而,这对于我却总还是一种类型的安慰:在我做这些事情的时候,我并没有将它们视作是毫无意义的。我没有能力去将这样的一些任务看成是整个人类的未来[488]或者看成是时代所要求的,[489]我是绝对地把精神集中在我自己身上。在"那正确的"对于我来说变得可疑的时候,通常我就会向我自己高声说出我的名字,并且在后面加上:一个人会死,一个人会变得不幸,但是,一个人生活中的意义却是他所能够保存的,并且,他能保存对理念的忠诚。现在,这成了过去。谁之过?别人可能会说:是她的,你不过是在她的裙下被她控制。然而我却不会说这话,因为我通常避免这一类毫无意义的谬论,说什么我做错了什么事是由另一个人造成的。我倒还是宁可说,这是我自己造成的。这辜是我的,它是我的弱点,并且,这麻烦是:我的理解力为我担保了,这在有限的意义上对她是有好处的,而与此同时,我的同情则更想要在无限的意义上爱她。[490]这关系使得我屈辱,而现在,不管她是否阅读我的那些信件,不管它们是不是对她发生作用,现在她打败了我,以一种使我沮丧的方式,她打败了我。

五月二十一日。午夜。

日光之下并无新事,所罗门说。[491]好吧,就这样吧,如果根本就没有什么事情发生的话,那就更糟。单凭这观察我就使自己确信,如果我去找什么人来分享私密,会是多么荒诞。是的,如果我的痛楚有着丰富的波折、丰富的场景变化和道具变化,那么它就会有兴趣感。[492]但我的痛苦是单调无聊的。确实,我仍不断地处于这一乌有的说明部分(Expositionen)[493]之中,这场景毫无改变,仍是同样的场景。

假如我为打发时间而旅行,per mare tristitiam fugiens per saxa per ignes!(拉丁语:逃离沉郁,穿过大海,穿过礁石,穿过火焰),[494]然而不行,这不可能。我仍应当保持完全的安静。一次旅行,她很容易就会知道,这旅行可能会打扰她并且使她进入一种幻觉:我在很长一段时间过去之后有了变化。但是,分配给她的时间必须是尽可能少;我只希望,[495]一种治理[496]会常常把我们的道路引到一起,因为看见我能够使她受益,由此她能够有机会让自己确定,我在这里并且在生活上没有变化,因而我没有处在一个陌生的国家——可能想着她并且可能有着乡愁。如果我要去旅行的话,那么,我应当在很早以前就离开了,给出一个虚假的旅行日程,并且突然回来。也许这样就会让她觉得,这一突然性与她有关,直到她看明白,这其实与她无关;这样的话会对她有好处。但是做这种事情的时间已经过去了。

钟敲了一下。这无告无慰的时间点!因为,无论如何,十二点的钟要敲很多下,一个人就留意了,这是在给出时间;两点钟也算吧;但是一点钟只敲一下,这是对永恒的宣告。如果有着这样一种惩罚之永恒,那不幸的人想要为某个人痛哭,那么,人们必定会转身避开他,因为他不仅仅是不幸的,而且他的痛苦也是无聊乏味的;如果不是无聊乏味的话,那么无疑就会有人向他表示同情。

就我而言,我不想要得到任何人的同情。上帝在天上不因为无聊乏味的事情而觉得厌恶。祷告应当是义务,祷告应当是有好处的,应当有三个原因,也许甚至是四个原因。我没有意图去让任何人不具备他自己的原因,他也完全可以保留这些原因,只要我保留着这个:敢于像去做某种激动人心的事情一样地去祷告,乃至你可以在一种比柏拉图和亚里士多德更深刻得多的意义上说,惊奇是认识的出发点。[497]从这个角度看,我对许许多多论证和十六[498]个理由没有任何信任感;如果给出规定让"得到许可去祷告"有一个代价,也许会更好,也许就会出现对祷告的更大需求,尤其是考虑到那些受过教育的人们(因为祷告对于贫困的人们,不幸者们以及简单者们是一件更容易的事情)。如果尘世的爱的情形就是寻找私密的话,那么这就更是祈祷的情形了,它最想要的是孤独,并且尽可能地隐蔽,以便既不被人打扰也不至于因为自己被打动时的情绪而烦扰别人;你也不需要有一个对此的见证者,而这样的见证者也没什么大用处。一个以隐蔽的身份旅行的王公,他可以在任何一瞬间去掉这种隐蔽,我觉得祈祷的情形也是如此:祷告者的外表是一种隐蔽身份,固然他不能为成为一个世俗的钦慕(Beundring)的对象而去掉这隐蔽身份,但是他能够揭开这种隐蔽,如果他在祈祷之中上升到无限而进入一种新的惊奇(Forundring)的话——他惊奇地发现:诸天之上的上帝是唯一的一个不厌倦于倾听一个人的衷诉的听者。这一神圣的惊奇则又会阻止祷告者去考虑他现在是不是会得到他所祈求的东西。如果一个人在恋爱中期待着想要知道是否有回报,那么这就不是美丽的恋爱,尽管他看到了很好的回报,这恋爱也不是幸福的恋爱。祈祷无疑也不是为"计较上帝的对错"而被设计出来的,相反,祈祷是一种被仁慈地赋予每一个人并使得他更高于高贵者的恩典。但是如果一个人理解,一直到他进入钦慕,是的,一直到他的理解力在钦慕之前遇难崩溃,[499]——如果他理解,这是一种恩典,那么在估量之下,各种论证也就不再是必要的了,因为只有对于可疑的东西,我们才推荐对之使用论证。每一种外在的反思 eo ipso(拉丁语:恰恰因此)取消祷告,不管是这反思在瞥视着现世的好处,还是这反思停留在个体自身以及他与其他人的关系上。比如说,我们可以设想一个人,他如此严肃,乃至他无法在自己心中为自己祷告,而是必须站出来通过自己的代祷和自己作为祷告者的榜样来为教堂里的全部会众带来好处;同样也有一些人,如果他们不是在教众大会上讲话的话,他们就无法说话,而沃尔梯苏毕托女士则只有在听见马鞭抽打声之后才能够骑马。[500]

但是她,她!如果她自己不愿在自己的内心里明白而宁可去寻求有限[501]的安慰的话,那会怎么样啊! 如果一个人没有让自己的灵魂散布在对于张三李四或者全人类的漫无边际的忧虑之上,而只敢在孤独之中表达对自己的忧虑,就像一种"与空气斗拳",[502]并且不敢去做所有那一类固然在更高的意义上是一种乌有但却顺心地缓解着痛苦的事情,那么对于他,一切就是沉重的。

五月二十二日。早上。

一年前的今天。笑是并且继续是最好的勘探手段。她也一起笑着,然而,随后她无法再笑下去,然后,她的笑竭尽了。这样,她还是没有无限的激情,而只是有着一定程度上的激情。这时,我打了个颤,因为我知道接下来的是什么,然后各种祈求和眼泪就会来临,但是我的喋喋不休尚未疲倦,这一切就不受影响地继续着。

在最敏感的神经所在之处被捅上一刀,这是可怕的,但更可怕的是,在这样的事情发生的同时甚至都不敢改变表情,相反还不得不完全平静地坐着继续闲聊下去。

今天,只有十分钟时间,我是严肃的。我的意图是,我每星期这样地做一次。带着平静,我对她说:"终止吧,断掉吧,你是忍受不了长时间与我在一起的。"但是随即她的激情就最剧烈地燃烧起来,她宣称,她宁可忍受也不愿意不见我。这只是一次激情的爆发,它的剧烈度恰恰向我展示了,我的处理方法将会有助于帮她从搁浅的地方解放出来。

五月二十五日。午夜。

回想她,是我所不敢的。如果死亡把我们分开,就像它把相爱者分开那样,如果她和我断开了关系,那么,我就敢回想那些美丽而可爱的东西,回想那对于我们来说曾是幸福的每一个瞬间。于是,在春天于少年情怀之中吐芽的时候,我就会想起她;在树叶密集地构成荫影的时候,我就会休憩在对她的回忆之中;在夏雾聚集的夜晚,我就会看着她的画像,在宁静的湖边,在灯芯草沙沙低语的时候,我就会回忆,在海岸边,在轮船到达的时候,我就会让自己以为,我将碰上她,直到单调的波浪把我摇进回忆;在我从前的老咖啡馆,我会寻找它的痕迹,并且经常,经常欺骗我自己,就仿佛我在走向她。但是我不敢;对于我,不存在季节的变换,正如对于我不存在变换,回忆不在我的手上盛开,它就像一道落在我头上的审判,或者像一个我无法确定地知道其意味的神秘标志。亚当敢回忆伊甸园吗?[503]难道他敢吗? 在他看见自己脚前的荆棘和蒺藜[504]时,他敢对夏娃说:不! 在伊甸园里的时候可不是这样的,在伊甸园里,哦! 你记得吗? 亚当敢这样做吗? 我更不敢。

五月二十七日。午夜。

忘记她? 这是不可能的。我的大厦倒塌了。那时,[505]我是沉郁的,但是在这种沉郁之中我是一个狂热的梦想者,我青春时代的那个关于"我毫无用处"的无告无慰的想法也许只是梦想的形式,因为我要求理想性,在这理想性之下,我瘫倒。我想要把这一秘密藏在我自己心里,在这秘密之中有着一种热情,这热情固然使得我不幸,但也为我带来无法描述的幸福。太早了,我过早地以为自己看出了,人们在街巷里找到的这种热情不是我愿意与之有关的那种类型。这样,我想要使自己的外观看上去冷漠而无情,以便不去与那涂脂抹粉的或者自我欺骗的世界有任何关系。这是一种骄傲的想法,这是一个沉郁的人能够想到的。但是,即使人们高声对我喊,说我是一个自私者,我仍不愿让任何人来向我展示他是对的我是错的。现在,所有这种状态都被扰乱了,我被解除了武装。我本来想要以魔法召出一种伪装,现在我被囚禁在了这伪装里。我确实是恶劣地对待了一个人。尽管我对此有不同的理解,尽管我很确定:就像太阳总是从东方升起,我也总是想让激情梦想站在我这一边,不管我做什么;——但我却无法使得自己有可能让任何人理解。

治理[506]抓住了我。我的存在的理念曾是骄傲的,现在我被碾碎了。我也知道这个。我能够对别人隐藏起这个,但是我在我的存在里失去了真正的实质,我失去了欺骗性外表背后安全的驻足之地,这是我再也无法重新赢得的,而且恰恰是我自己不得不阻止自己去重新赢得,因为我的骄傲仍然存留着,但它已经不得不 referre pedem(拉丁语:收回自己的脚)并且还有着自己的任务:永远也不原谅我自己。现在,只有以宗教的方式,我能够在上帝面前让自己有可能理解自己;而相对于人众,误解是我所说的外国语言。我曾想要拥有这样的力量,能够在任何我想要表达的瞬间里让自己在"那普遍的"之中表达出自己,现在,我没有了这力量。

哦!与上帝达成的理解是有福的;但是,治理,[507]或者我,以这样一种方式设定出对我的误解,以至于我只是不断地被迫回到这种孤独的理解之中,——这也有着其痛楚。[508]谁又会去反复考虑选择一种私密关系呢?但我的选择不是自由的;只有在必然之中交出自己的时候,我才能够隐约感觉到那之中的自由,而在这交出(Hengivelsen)[509]之中又忘记了它。我无法说,如果不是走向你,我还会归从谁[510]呢?因为我无法走向什么人,因为一个人无疑是不能够向误解所具的私密关系去衷诉的;我无法走向什么人,因为我是一个被囚者,误解和再次误解以及再次误解是我窗前的粗铁条;我选择不归从上帝,因为我是出于被迫的状态。然而,随后理解之瞬间就到来了,这时"窗前有着一根根铁条"则又是有至福的,因为这使得理解不会是一种幻觉,不会是某种学会的东西,不会是二手的利润,因为这使得理解不会成为某种喋喋不休的胡扯,因为,我要去对谁说呢?

本来我的想法是,在我真挚的内心之中以伦理的方式构建出我的生活,并且把这内在真挚性隐藏在欺骗之形式里。现在我被更深地逼回到我自身之中,我的生活以宗教的方式构建出来,并且如此深远地回到内在性,[511]以至于我很难达到现实。

谁又会想到要在上帝面前觉得自己很重要呢?但是我的关系是一

个这样的关系,就好像是上帝选择了我,而不是我选择了上帝。甚至连一个对"是什么"、对"是我在归从他"的否定表达的表象都没有被留给我。如果我不想顺从地承受必然之痛楚,那么我就被消灭了,并且除了与那些处在误解之中的人们在一起之外无处可待。如果我忍受必然之痛楚,那么变化就会发生。

我永远都无法从我的损失中恢复过来,如果我要去学会承受它的的话,那无疑需要很长的时间。就在我在人群之中走动的时候,我感觉似乎是我失去的骄傲在与我擦肩而过,似乎是我在另一个人的表情里解读出他是在以这样一种方式论断我。然后我会像一个绝望的人那样冲进人群,以便去抓住我丢失了的影子,[512]以便去重新要求它,以便去报复,以便(直到我精疲力竭的倒下)在报复之中安慰我自己。是的,不幸啊!那个女人,她的目光以这样的方式触动了我。一个人还是可以对一个人进行报复的。我知道,如果一个人为自然条件感到愤慨,他的头脑会被各种可怕的想法占据。理查三世能够征服那个女人,她是他不共戴天的敌人,而他使她成为自己的情妇,[513]这样的事情是怎么发生的?哦,他为什么这样做,我觉得奇怪?是因为政治策略?是对政治策略的嘲笑,他带着这嘲笑考虑胜利之轻易?是自我考验,因为他带着绝望的快感仔细打量自己的畸形,[514]而通过这种考验他认识到自己有这个能力做国王?不,这是一种对生活的仇恨,他是想要通过精神的力量去嘲弄那曾嘲弄了他的自然造化,他想要让这自然造化及其所发明的"情欲之爱和对美的爱"也一同变得可笑,因为他这个受了伤害的人,他这个畸形人,他这个绝望的人,他这个恶魔,他想要证明,不管语言和所有生活的法则怎么说,他还是能够被爱的。于是他明白了,于是他发现了,有着一种对这女人确定地起着作用的力量,这力量就是虚假和谎言——在它们带着狂野的热情火焰、带着快感的不健康的刺激,但也带着理智的冰冷(正如最烈性的酒是用冰冷冻着被端上餐桌的)发出声音的时候。他自己恨,但他却唤出情欲之爱,尽管这女人不爱一个这样的人,而是对他有着厌恶,并且只是在昏晕并且是差不多失去知觉的时候才瘫倒在他的权力之中。有着这样一种恶灵，它支付很高的定金——对各种超人力量的预先感觉，[515]并且，他用幻影来引诱，让人觉得仿佛一种疯狂的报复是挽回自己的骄傲和捍卫自己的荣誉的真实道路。这条路径必定是沉重的，尽管它是可能的，而回归的路要跨过无底的深渊（这深渊也在时间之中区分着善与恶），这是一种从"通过恶的力量而以一种超自然的尺度存在"到"在悔中作为乌有、全然无有、比乌有更卑微"的过渡。

"什么是荣誉？"福斯塔夫说，"它能够装一条腿吗？不。它能够装一条手臂吗？不。Ergo（拉丁语：所以）它是一种幻觉，一枚画出来的盾徽。"[516]不，这一Ergo是完全不对头的；因为，如果在你赢得它的时候它无法做任何这些事情，如果在它丧失的时候，它会做出与这些事情相反的事：它能够弄掉一条腿和一条手臂，[517]是的，它能够比人们在俄国的做法更恶劣地虐待你，并且把你送往西伯利亚。[518]如果它能够做这些，那么它当然就不是我们幻想出来的东西。因为，走上战场，看看那些阵亡者们；去伤残者医院，[519]去看看那些伤员们，——你绝不会发现一个死者、绝不会发现一个伤者是像那丧失了荣誉的人那样地被虐待。

于是，这理解就到了那些铁条栅栏里面。荣誉的原野[520]在那里？一个人带着荣誉阵亡的所有地方，都是荣誉的原野。但是，如果一个人宁可失去荣誉并且把荣誉给予上帝，也不愿意带着荣誉偷偷地从人生里溜过，那么他就也是阵亡于荣誉的原野。如果有新的天和新的地可期待，[521]那么就也会有新的荣誉。哪怕我是死在任何人做梦都想不到会是"荣誉的原野"的地方，哪怕我被埋葬在无荣誉者们的墓地，[522]然而，如果有一个单个的人，也许他沉浸在其它想法中走过我坟墓，如果他突然停下，为我说出这样一段悼文："这个人怎么会躺在了这里，难道一个人就可以这样没有污点地与这些无荣誉者们躺在一起吗？他可是带着荣誉躺在这里的……"，于是我就不想再要求什么了。我将清晰并且比我生命危机更具决定性地想象这情景。设想一下，抹大拉的马利亚[523]在自己的耻辱中没有任何同知者，她本来可以带着自己荣誉悄悄溜过这一生,她本来可以,在死亡中,额上佩戴着桃金娘花环,[524]溜出这个世界;我觉得,她是通过自己的勇气赢得了另一种荣誉,她躺在死亡之中,不戴有桃金娘花环,比戴着这花环的更高贵。

  以同样的方式,我也觉得:一个人,他承认他开始了他所无法完成的事情,这样,他并没有失去自己的荣誉;相反,比起另一种情形,也就是说,如果他很便宜地拿到了他愿付出一切代价才敢拥有的东西,如果他作为一个女孩的恩人悄悄溜过了这一生,甚至不敢向自己承认自己是一个更谦逊的人(其实他唯一想要作的就是这样的一个更谦逊的人),而不是在这女孩青春蓬勃地对自己有着过高的估计的同时珍惜她、在她消沉地过于低估自己的时候珍惜她,并且在他能够以很低的代价成为她的丈夫的时候作为她的欺骗者而高度尊重她,——相比之下,他倒是更好地保存了自己的荣誉。我觉得,感恩者对他的祝福就像是一种嘲笑,关于他与她的关系的令人尊敬的名称就像是一种可厌憎的东西,相反,语言和愤怒对他行为的最苛刻的判定则是一种对荣誉的复原。

           五月三十日。早上。

  一年前的今天。难道她不可能取胜并且让自己的愿望得以实现吗?让我们看。我的困境在于:我的整个生命观,它不是凭空冒出来的突发奇想,相反,它对于我的个体人格是本质性的,但是,它被否决了。我无法变得幸福,她无法变得幸福,我们的关系无法成为一场婚姻。她无法变得幸福吗?如果这是她自己如此充满激情地想要的,这该怎么说呢?但如果存在着"她是否理解她自己"的问题,激情又能够帮上什么忙呢?她的激情恰恰显示了:相对于另一个人的解读,她甚至就根本不具备一种观念之自由。如果我们分开,并且我强行断绝我们的关系,那么,她就变得不幸。但那样的话,就也不会有什么东西会表达出"她是幸福的",并且,在她的不幸和在我的过错之中存在着某种意义。然而,如果她因为和我在一起而变得不幸,那么这就是荒谬,并且,在激情消失(因为刺激性的对抗不再存在)之后,于是又怎样?——我们的关系不会成为什么婚姻。为什么不?因为我内闭在我的沉郁之中。在起初我就知道这个,那时我以为我的任务是隐藏起这关系,我就是这样理解的,但婚姻却不是这样的。但是如果现在她还是忍受了下来,接受类似于"与我的左手结婚"[525]的事情,事情又会怎样?但是我接受不了这样的事情,因为,就我现在所看到的,这是对她的侮辱。我们是不是只应当去询问我们能否接受什么事情,而不去询问,这是什么事情、这是不是真的、这是不是美的、这是不是依据于理念?她根本就不问这个,曾经是骄傲的她。这显示出,她是如此充满激情,以至于她无法具备任何判断。一场婚姻要求有一次结婚仪式。什么是结婚仪式?它是一种相互绑定义务的立誓。但是她根本就不明白我。那么,我的誓言会是什么?它会成为废话。这是结婚仪式。不!这是一种亵渎。即使我们举行十次结婚仪式,我仍然没有与她成婚,但她会与我成婚。但是,如果现在她对此完全无所谓的话呢?我们是不是只该去询问关于怎样让自己的充满激情的愿望得以实现,而根本不问及理念;我们是不是只该去相信自己的激情而对这样的事实没有任何信心或者信任:你所爱的人,就像人们所说的一样,可以是有着好的用意,尽管他的想法不同于你的?这不是在展示她的强烈激情及其矛盾吗?恰恰是在那要将我们真挚地捆绑在一起的东西中,我看见一种对这一切的神圣反对。在仪式宣告结婚的瞬间发生的,不是我们被结合在一起,而是我会得知那我在事先已经知道的事情:我们分离了。这是结婚仪式吗?或者,因为她住在我家里,因为我不想要任何别的女人,因此我就与她成婚了吗?这样一来,我在本质上就与她成了婚,因为,她仍还是与我在一起,并且,我当然想要知道怎样通过"不去寻找任何新的情欲之爱"来尊重我自己和她,就仿佛我抛弃了她,这肯定是她所想象的情形,而这则再次展示了,在她的强烈激情之中潜伏地燃烧着一种隐蔽的骄傲。

一个女人是一种怎样奇妙的生灵啊!情欲之爱有着怎样奇特的力量啊!爱她,这是我无法停止的,然而她的忠诚属于不确定的一类。难道爱就是这样,就像她在此瞬间的所爱,这是一种艺术吗?不,这是虚弱。这美吗?不,因为这不是自由的。这是一种力量吗?不,这是一种无奈。这是同情吗?不,这是自爱。这是忠诚吗?不,这是自然的精明。然而,如果这是一个女人在这样做,那么……我相信我不会愿意在任何别人那里看见这情形,但是,在她是这样的时候,那么她的情形就是,或者说,我看见的情形就是这样:她在我眼里什么都没有丧失。她使用各种各样针对我的方法,并且她从来就没有想到过哪怕用简单的一句话来暗示,表示出她能够相信我并且想要让步,表示出她想要放弃并且藉此而把我的自由给予我,表示出她鄙视我并且在这样的情况下让我离开。我们以一种方式对换了角色,因为在某种意义上她是强者而我是弱者,因为我不断地为了她的缘故而害怕。确实,如果是一对一,我抵挡不住她,但不幸的是,我不仅仅是"一个",因为范畴和理念是站在我这一边的。因此,我没有资格去做英雄(因为我寻求的不是我的胜利,而是理念的胜利),并且愿意被消灭。因此,在我获胜并且大局已定的时候,我不会像皮洛士一样地说:再来这样一次胜利,我自己也结束了;[526]——因为这一胜利已经足够。

六月三日。午夜。

　　于是我又重新坐下守望。如果我要对第三个人说这个,那么毫无疑问,会需要一种解释,因为我们很容易理解:沿着海岸边缘的领航员、塔尖上的哨兵、船头的瞭望员、在其隐藏处的强盗坐着守望,因为在那里有东西要被守望。但是,如果一个人是孤独地坐在自己的房间里,他能够守望什么?而如果一个人期待,所有东西,亦即那种也许任何别人都不会去留意的微不足道的东西,都会在宁静之中过去,那么,他当然就是在守望乌有。于是,这让他的灵魂和他的脑袋都很费神,就并不奇怪了,因为,看望某物使得视力加强,但是看望乌有则费神。如果眼睛长时间地看望着乌有,那么它到最后就是在看它自己,或者看它自己的"看";以同样的方式,我周围的空虚把我的思想再次逼回到我自身之中。

于是我从头开始再把我的期待[527]的各种辩证的麻烦重新审视一遍。我的存在的顶峰,那种几乎发疯的愿望,热情的极端努力和最后的快感就是:一切都可以从头开始重新做。我曾使得我的灵魂停留在这一顶尖上;固然我不时会感觉到,我被有限性的重力从这一顶尖上拉了下来。所以,再做新的实践。从这一愿望开始,不同的路径就分岔开了;对于她,这愿望成为一样东西,对于我则成为另一样东西。自怜自感地说,[528]我必须希望她成为另一个人的,这对于我在其自我性[529]中的人格来说是最轻松的解决方案。怜悯同情地说,[530]我不想要这样的方案,除非它是以那种无法理解的方式发生的,像一种回到一次初恋的归返;因为,不然的话,它就是一种有限性的康复,而不是那至高的。否则,一种在宗教意义上的无限化会是并且就是那至高的,因而也就是我必须想要的,尽管自怜自感地看,[531]这样的一种存在会成为我的一种沉重负担。对于她来说,要找到一种宗教性的解决方案不是艰难的事情。她没有什么可自责的,她可以生活在一种与"那永恒的"的至福的友谊之中,她能够安静而温柔地死在上帝怀里"wie das Wiegenkind mit seiner Mutter Brust im Munde sterbend(德语:好像摇篮里的婴儿衔着母亲的乳头死去)"。[532]对于我,这样一种存在成为一种 in perpetuum (拉丁语:在无限久远中)悔罪判决。紧接在一种宗教的无限化之后,就是我同情的愿望:愿她能在现世的存在之中得到强化,变成某种伟大而非凡的东西。如果这情形发生的话,我的生活就重新被征用了。——我不用再列出恐怖的灾难了,它们可以被看成是已经过去的事情了。

尽管这一阶梯系列很长,然而在我的存在之中仍有着意义。迄今我所做的,直到最近的一些信件,都是前后一致的。我完全保持让自己安静,无声无息,就仿佛什么都没有发生。这让我付出了怎样的努力啊!只有那明白我的激情的人才会明白,其他人是不会明白的。海贝尔在他大手笔的小说里说得多么正确,——《危险的沉默》:"不管我们有着多么强有力的理由去把一个人看成是不幸的、被撕裂肺腑的人,他看起来仍是镇定的,振奋而快乐的,于是我们的所有理由都被逼得仓皇逃窜,比起我们所知的,我们更愿意相信我们所见的。"[533]——人们常常取笑那只为了赶走苍蝇而把自己的主人打伤的熊。[534]这也是喜剧性的,但是这处境很容易就会被弄成是极度悲剧性的。设想这熊知道,如果它使用它的只有一只熊才能够使用的力量的话,后果会是什么;然后设想它看见它的主人受到打扰,并且它现在必须坐在那里强迫自己不去做各种更危险的事情。这必定是沉重而且非常艰难的,因为它当然知道它很容易就可以把这苍蝇打死。

要在一个人很平静的同时让自己看上去受了感动(如果他心里真的是不平静的话,那就是出错了),这是演员的艺术;尽管一个人受了感动但却看上去很平静,这是内闭者的艺术。如果他不是受了感动的,受了震撼的,那么他的艺术就等于零,并且他也不是内闭的。

六月五日。早上。

一年前的今天。那么,我当然可以避免结婚仪式并且安排出一种爱欲的关系,对此我们是有例子的。[535]不管是怎样,她全都愿意忍受。全都愿意忍受,——但是难道你就根本不问一下,你愿意忍受的是什么?这位置是如此绝望地颠倒的,乃至我能够很轻易地从她身上引出那诱惑来。但是现在,如果她,唉,也在自己的痛楚之中相信,我很容易就能够找到一个更出色的女孩;或者,如果她相信,唉,是在她的谬误之中相信,我能够如此轻易地忘记她并且在这个世界以别的方式找到新的和更新的快乐,那么,她就也应当相信,我把我的荣誉看得如此之贱,以至于我会为了幻觉的缘故而虚掷掉我永远都无法重新赢得的东西;因为我无疑是无法重新获得我的荣誉的,或者说,这是最不可能的事情;她倒是很快就会获得一场新的恋爱。但是,绕开结婚仪式,不管她现在是不是愿意忍受,不管她现在是不是能够信任我的忠诚,在理念上看,这都是一种侮辱。并且,她会死去,她会把谋杀记置于我的良心之中,她会诅咒我,她会厌憎我;并且,在一场新的恋爱之中找到了安宁的时候，她会在我的沉郁上写下一首警句诗；而我，在她幻觉地自以为没有变化的时候，我倒是没有变化；但是她不应当受侮辱，绝不；为不让她受侮辱，我成为一个骑士。

如果我能够去找一个人，我就会去找他说：bitte，bitte（德语：请求），请在我的困惑中为我给出一点意义。[536]最恐怖的意义对于我都不像无意义那么恐怖；这无意义，它越是茫然没有思考地微笑，它就越可怕。

笑在所有方向上侦察着，借助于它的帮助，在它的假旗帜之下，我把一切都带进了谈论的话题，这样，我的反思就能够在她的灵魂和各种力量之中细察思想的路径。我确实认识到如此之多：她不具备关于"悲伤"[537]的真正的理想的观念。她在有限的意义上是健康的，然而她还是必须通过有限而得到拯救。她必须被带进"对这一切都感到厌恶"的状态中，然后，我们就分开；然后她就躺下睡觉，然后她把这一切都睡掉，然后对于时间来说，[538]她就得救了。她的搏斗对手不是理想性的各种力量，她所坚持的是一种有限的希望，并且，我的在场帮助着她。"我在场并且不得不看着这一切"这个事实甚至给予她一种特定的重要性，——也就是说，如果我不在的话，她并不会想具备这种重要性。

如果我不是自己确信，我比她承受更多痛苦，并且还将会比她承受更多痛苦（因为在我只与我自己有关系的时候，那最糟的情形会等着我），那么，我就会无法再忍受下去。然而情况还好，一个人能够让自己习惯于所有的痛苦。那本来会令我像要走进烈火窑[539]一样地打颤的事情，我现在已经习惯了。我如此非同寻常地成功运用无聊和胡说，以至于我在家里不得不做各种相反的运动，唯恐我自己也遭遇这样的结局：这整件事情都消释在胡言乱语之中。假如她在她的灵魂里有着无限的话，那么她的任务就轻松了：慷慨大方地待我（哦！令人嫉妒的条件），把我的自由给我，接受痛楚并且在这痛楚上获得一种宗教性的转移，然后使得我成为她的债主，一个相对于慷慨大度而言的债主。这种条件已经被提出了，我没有敢去拒绝她这条件；但如果那样的话，这对于我确实会是一种可怕的惩罚。与慷慨相比,所有她的愤怒和鄙视又算得上什么呢?

六月五日。午夜。

尼布甲尼撒[540]

(但以理[541])

一、我曾是原野上的动物并吃草,我,尼布甲尼撒回忆彼时的生活,以所有语言晓谕所有民族。

二、巴比伦不是伟大的城市吗?世上各国诸城中最伟大的城市,我,我尼布甲尼撒,建立了它。

三、在传说中,没有任何城市如巴比伦[542]般殊享盛誉,也没有任何国王如我这般因巴比伦而成此非凡国王,荣耀的盛誉。

四、我的皇城处处可见,直至大地尽头,我的智慧如同晦涩的说辞,[543]任何智者都无法阐释。

五、因而他们无法对我说,我所梦见的是什么。[544]

六、这样的言辞到我耳中,说我会被改变,变得如同在原野上吃草的动物,且要经过七期。

七、于是我召集我的所有首领与他们的军队,派送出紧急信使,如果敌人来临,如那言辞所示,我就可以有所准备。

八、但是没有人敢靠近骄傲的巴比伦,并且我说:这不是我,我,尼布甲尼撒所建的骄傲的巴比伦吗?

九、现在,突然有声音被听见,我被迅速改变,如同一个女人变色。[545]

十、草是我食物,天露滴湿我身,无人识我,知我是谁。

十一、但我认识巴比伦,并且叫喊:这不是巴比伦吗?无人辨识出我的话,因为这听上去就变得如同动物吼叫。

十二、我的各种想法令我恐怖,我的想法在我心中,因为我的嘴被绑住,没有人能够辨识这声音,只是一种类似于动物的声音。

十三、我想:谁是这势力强大者,谁是主,其智慧如夜之黑暗且如大海深处般深奥隐秘。[546]

十四、确实,如一场梦,他一个人统治这梦,在这梦突然来临于一个人并且用它强劲的手臂抓住这人的时候,他不曾把这梦的讲解在任何人的力量中给出。

十五、无人知道,这势力强大者居住何处,所以人们只能指着说:看,这里是他的王座;于是人们能够旅行穿过一个个国家直到听见这声音:看,这里是他统治的边界。

十六、因为他不像我的邻居那样住在我的王国的边界旁,也不是从最外面的海[547]到我的王国的如同一道围住的堑壕的边界。

十七、他也不住在他的神殿里,因为我,尼布甲尼撒拿走了他的金鼎和他的银罐,并且毁了他的神殿。[548]

十八、没有人知道关于他的任何事,谁是他的父亲,他如何得到权柄,或者谁教他关于他强大势力的秘密。

十九、人们能用黄金买到谋士的秘密,他没有谋士;[549]人们对谋士说:我该做什么,他没有谋士,他不对任何人这样说;谋士对人说:你做什么,他没有谋士,无人对他这样说。

二十、他不让探子去探听人们想要抓住的机会,因为他不说明天,而是:今天,他说。[550]

二十一、因为他不是像一个人那样做准备,他的准备不给敌人时间,因为他说,让事情发生,于是事情就发生。

二十二、他静坐着与自己说话;在事情发生之前,人们不知道他是否存在。

二十三、他曾对我这样做。他不像弓箭手那样瞄准,人可以避开弓箭手的箭,[551]他对自己说话,事情就成了。[552]

二十四、诸王的大脑在他的手上如同蜡在熔炉中熔化,[553]他们的势力,在他称量时,如同羽毛。[554]

二十五、然而他却不似有权势者住在大地上,这样,他能够从我这里拿走巴比伦,只剩下很少给我,或者他能够从我这里拿走一切并成为巴比伦的有权势者。

二十六、如此是我在心里暗自所想,因为没有人认出我,我脑中的这些想法令我恐怖:主,主是这样的一个。

二十七、但是七年过去之后,我重新成为尼布甲尼撒。

二十八、我召来一切哲士,让他们向我讲解这一权柄的秘密,我怎么会变得如同原野上的动物。

二十九、但他们全都脸面朝下俯拜说:伟大的尼布甲尼撒!这是幻觉,一场噩梦,谁能够为你做这讲解?

三十、但是我的怒火覆盖全国的哲士,我让人把他们杀灭在他们的荒唐愚蠢里。[555]

三十一、因为主,主有全部权柄,没有人有这权柄,我不想羡嫉他有他的权势,而想要赞美这权势并仅在他之下,因为我拿走了他的金鼎和他的银罐。

三十二、巴比伦不再是盛名之下的巴比伦,我,我,尼布甲尼撒,不再是尼布甲尼撒,我的军队不再给我保障,因为无人能够看见主,主,无人可观察他,

三十三、如果他要到来,守卫会徒劳地叫喊,因为我已经变得像一只树上的鸟或者像一条水里的鱼,只为其它鱼所认。

三十四、因此我不想因巴比伦而得盛名,每过七年要在国中有节日,

三十五、全民盛庆的节日,它要被称作七期转换[556]节。

三十六、一个占星师将被带着穿过街巷,穿戴得如同动物,他要带上他的各种测算,全都被撕碎如同一堆干草。

三十七、全部人民要叫喊:主,主,主是权势者,他的作为迅速如同大鱼[557]在大海中的跳跃。

三十八、因为,不久我的日子可数,[558]我的统治已过如同守夜一

轮,^{559}我不知道我将往何处,

三十九、我是不是要去遥远之中不可见的国土,权势者在那里居住,我会在他的眼中找到仁慈;

四十、是不是他把生命之灵从我身上拿走,^{560}这样我变得如同一件废弃的外衣,^{561}就像我的前辈们,他会在我身上找到喜悦。

四十一、这是我,我,尼布甲尼撒以所有语言为所有民族所作晓谕,伟大的巴比伦将完成我的愿望。

六月七日。午夜。

在我是一个小孩子的时候,一个小小的泥炭坑对于我来说就是我的一切了:那些暗黑的树根,它们在深深的黑暗中伸向这里和那里,它们是各种消失了的王国和国家,每一个发现对于我都像那些上古大洪水前的遗迹^{562}对自然科学家一样重要。当时也确实有足够多的事件,因为,如果我扔出一块石头,这石头就能够导致怎样的大规模运动啊!一个圈子大过一个圈子,直到水面重新变得平静;如果我用另一种方式扔出石头,那么运动就会不同于上次的那一个,并且就其本身而言有着丰富的新差异。这时,我就躺在坑边上并且朝它的表面看过去,看风是怎样首先从中间开始在水中翻出涟漪,直到皱起的波纹消失在对面的那些灯芯草之间;然后我爬上一棵弯曲地伸到坑上面的柳树,尽可能地爬到最外面,让它稍稍向下垂一点,以便能够往那黑暗之中看进去,然后鸭子就游过来到了这陌生的外国,登上陆地上那狭长的舌头,这舌头向外与灯芯草一同构建出一个小水湾,我的小木筏就停靠在那里的港口里。但是,如果现在有一只野鸭子从森林飞向这坑里,它的叫声在那些安静的鸭子的头脑里唤醒各种黑暗的回忆,它们开始扑翅,沿着水面猛飞,那么,这时在我的胸中也有一种思念醒过来,直到我再次两眼茫然地凝视着,沉浸在对我的小小的泥炭坑的心满意足之中。

事情总是如此,生活是如此仁慈,如此丰富:你拥有越少,你看见越多。拿一本书,最平庸的作者所写的书,但带着"这是你所想要阅读的

唯一一本书"的激情来读它：最后你读出它的一切，亦即，在你自己心中有多少，你就读出多少，并且，你永远也不可能为自己阅读出更多，哪怕你阅读那些更好的书籍。

现在，童年的时间早已过去很久，因此，在想象的方面，我也许不能展示出很多了；就是这样，我有了变化。但是相对于一个年长者通常所具备的观察对象，我的观察对象并没有变得更大。一个人，这是唯一的，一切都是围绕着这一个人。我久久地凝视着，继续凝视着这个女孩，直到我从自身之中生产出我本来也许永远都无法看见的东西，尽管我确实是曾经看见过了如此之多，因为，这并不意味了我的真挚性对我自己而言已经变得透明。如果她在精神中有着非凡的天赋，那么她就永远都不会以这样一种方式对我发生影响。在责任的方面，她对于我来说是恰恰足够，并且这责任是我的，然而，在这责任之中为我而把我的真挚性带到意识面前的，则是她。我是实在过于多并且实在过于确定地得到了发展，因此，她无法在与我沟通的同时对我发生影响，并且，她也没有装备能在精神的意义上为我带来更多新的内容。但是，为了在最终意义上明白自身，一个人所要做的就是进入合适的处境。就这一目的而言，她是在责任之中帮助了我。这样看来，我的所有痛苦简直就是一种恩典。责任的考验性的宁静教会一个人，必须依据于精神来帮助自己；业绩、行为、活动，它们如此频繁地得到赞美，并且它们也是应得这赞美的，不过，它们还是能够很容易获得一种添加的消遣来分散人的注意力，这样，一个人就无法了解，什么是他依据于精神所能做的，什么是诸多外在的推动帮助他做到的；一个人能够得免于许多恐怖，因为这些恐怖没有得到时间来找上他，但是这"得免于恐怖"不同于"克服了恐怖"或者"明白了自己"。她会继续在这责任之中帮助我，因为我并不在她结束的地方结束。设想，如果她成为另一个人的，并且我获得自由，然后，我没有结束，我还想要回这种可能性：我突然想到这样的事情，——也许是因为一个思想者的教导，也许是因为一个时而会拥有最大权力的偶然词句，我突然就想到了，从我们的关系之中本来是可以构建出一场婚姻的。恰恰因为我在这样的情况下不会因她的缘故而有同感的[563]恐怖,痛楚会重新抓住我,但这痛楚是自感的。[564]那么,这责任对于我会成为什么呢?它对于我恰恰会成为我的安慰,并且,我在这责任之中恰恰会去明白我自己。

从这一自我理解的立足点看,我很明白,作为人,我绝非是能够成为范例的那种,更确切地说,我倒是像一种作为"试用品"的人。我给每一种心境和激情以温度,并且是有着相当的准确度;在我生产出我自己的真挚性的时候,我理解这些词:homo sum, nil humani a me alienum puto(拉丁语:我是一个人,因此我认为没有任何人性的东西对于我来说是异己的)。[565]但是在人的意义上,没有人能够根据我来构建出他自己,在历史的意义上,我则更不是任何人的原型榜样。作为一个人,更确切地说,我是一个别人在危机之中可能会需要的人,一只供实验用的豚鼠,生活使用我来摸索道路。一个有我一半反思程度的人可能会对更多的人意义重大,但恰恰因为我是个完全反思透的人,所以我什么人都得不到。

一旦我处在我的宗教性理解之外,那么我就会感觉像一只被小孩子们玩耍的昆虫那样,因为我的生活看来就是这样不仁慈地处置我的;一旦我处在我的宗教性理解之中,我马上就明白:这对于我恰恰有着绝对的意义。于是,在一种情形之下是可怕的笑话的东西,在另一种意义上是最深刻的严肃。

在根本上,严肃不是什么简单的东西,不是一个单存体(Simplex),而是一个复合体(Compositum),因为真正的严肃是玩笑和严肃的统一。在这个问题上,对我最有说服力的是对苏格拉底的观察。根据柏拉图的解读之一来看,如果我们真正聪明地让苏格拉底成为"那喜剧的"和"那悲剧的"的统一,[566]那么这就对了;但问题则在于:这是在什么之中的统一。我们绝对不是在谈一种新的文学类型或者其它诸如此类;不,统一是在严肃之中。以这样一种方式,苏格拉底是希腊最严肃的人。他的智力与他身上的"那伦理的"构成一绝对的关系(否则的话,一个人会变得对各种无足轻重的事情严肃);他的喜剧感与他的伦理上的悲怆(Pathos)同样强烈,因此他确保了自己不至于在自己的悲怆之中变得可笑;他的严肃隐藏在玩笑之中,因此他在严肃之中是自由的并且无需任何外在支持就能够严肃,而对严肃的外在支持则一向就是"严肃的特别价值"之缺乏的一种迹象。

所有直接性存在的情形都是"无法去看见对立面",因为如果看见了对立面,这直接性就失去了;在精神存在中,你就必须忍受对立面,但你也要在自由中保持自己与它的距离。因此,狭窄的严肃总是会畏惧"那喜剧的",并且,这是对的;而真正的严肃则自己发明出"那喜剧的"。如果不是这样的话,那么,相关于"严肃","愚蠢"就会是特权种姓了。但是严肃不是中介,[567]中介是调笑,是为"那喜剧的"弄出的新话题。中介在自由的存在层面里是完全没有归属的,并且只能够以一种可笑的方式从形而上学中出来并想要挤进那"自由"不断地形成的地方。[568]严肃看穿"那喜剧的",它从深深的底部将自己带上来,越深越好,但是它不做中介转化。它不将它[569]严肃地想要的东西(只要是它自己想要这东西),看成是喜剧性的,但是,它却因此而完全能够在这东西之中看见"那喜剧的"。以这样的方式,"那喜剧的"就净化"那悲怆的",而反过来,"那悲怆的"则给予"那喜剧的"实质。比如说,一种喜剧性的解读,如果它是这样被构建出来的:愤慨被隐藏在它之中,但在大笑之下,却没有人感觉出这愤慨;那么,它就会是最毁灭性的解读。Viscomica(拉丁语:喜剧的力量)[570]是最责任重大的武器,并且因此,在本质上,只有那具备一种完全相应的悲怆的人才把握这种武器。这样,如果一个人真正能够让一个伪善者显得可笑,那么他就也能够用愤慨来粉碎他。相反,如果一个人想要使用愤慨,却不具备相应的 Vis comica(拉丁语:喜剧的力量),那么他就很容易陷入滔滔不绝的雄辩而反使得自己变得很喜剧性。[571]

但是,我就在这里坐着并且忘记她!不,肯定不;因为"那喜剧的"和"那悲剧的"的统一与我关系很大。我好斗的理智足够频繁地想要为我把这整个事件旋进笑中,但是从这一"旋"中,我悲剧性的激情恰恰就更强烈地展开出来。[572]这样我就更清楚地明白我自己,并且明白:我恰恰是在与她的关系中让自己保持着严肃。如果这事情不是从一开始就如此的话,如果我不是一步步地看见了"那喜剧的",并且在它的监督之下为我自己保存了"那悲剧的",结果就很有可能会是这样:如果这样的事情发生——她成为了另一个人的,那么,不是某种激情(它尽管剧烈至极却不是严肃)就是这笑(以一种毫无道理的方式处于它与"那悲怆的"的分离之中),两者之中必有其一,会把我压倒。就是说,现在,因为人们所看见的这事态正好是反过来,我是一个恶人,而她则是那想要死的人,所以这就是喜剧性的。我的悲怆并不是来自她或者来自她激烈的爆发,它是我灵魂的真挚性。因此这变换无法与我玩它的游戏,我坚持理念,外来的"那喜剧的"对我毫无影响。我以一个人所能够达到的最大程度的严肃相信这一切、相信她的每一句话,我觉得自己被以一个人可被绑定的最紧程度与之绑定在一起;——这绝非是喜剧性的。如果她根本就不是这么想的,那么这对事情也完全没有影响;即使她像雅克布·冯·提波那样说:"wir haben uns bedacht"(德语:我们进行了斟酌考虑),[573]事情在这里也不会有任何改变,既不会增加什么也不会减少什么。是的,如果我只是因为她、因为她曾说过这个而相信了,如果我是出于对她的可靠性的信任而相信了,那么,我就是喜剧性的,并且在某种意义上本来就已经是这样了。但是我相信了她,是因为她处在与我的伦理关系之中,这样,去相信就是我的义务;是我自己赋予了她的言辞(对于我而言的)永恒之分量,因为我尊重这关系;我并没有把我的生活建立在她的言辞和衣裙[574]上。因此,我从一开始就看见了"那喜剧的",而且我恰恰因此永远都不会变为喜剧的。在任何我想要这么做的瞬间,我都能够为自己创造出"那喜剧的",但是我不想要这么做;这是对我的悲怆的控制,不让它变得激烈而盲目——并因此而变为喜剧的。

事情就是这样;即使是在这样的情况下——即使那个"如果"[575]要

出现，我也没有并且也不会有改变。

六月十一日。午夜。

今天我看见了她。然而，这一"看见"对我没有很大的用处，因为我不敢相信那人们通常认为是最确定的东西——我自己的眼睛。但今天这处境还是帮助了我。遇上她的时候，我正和另一个人走在一起；我知道他并不认识她。在我们靠近的时候，我说，这女孩看上去多么痛苦。事情当然并非那么一回事，然而，为了亲眼去证实一件事情，一个人会做什么呢？他完全漠然地回答："我觉得根本不是这样。"以这样一种方式同一个人说话，这真的是很奇怪的；我很怀疑，他在他的一生之中还会对我说出任何另一句如此意味深长的话，尽管这句话对他是没有任何意味的。然而事情并不就此结束；我们有一些事情要谈，并且因此在街上来回走；半小时之后，她从一家商店出来，又沿着同一条路回来。就在她走过我们（这是她无法避免的）的时候，由于那里没有岔街，并且她太晚看见我们，我再次让他注意看一下；在她走过了之后，我说："你刚才说得确实很对，她看上去确实青春焕发。"他极其冷淡地回答说："是啊，我就是这样说的，但是我不明白，你为什么关心这事情。"以这样一种方式同一个人说话，这是很奇怪的；我很怀疑，他在任何时候还会对我提出任何另一个在如此程度上触动我的意见，然而他自己并没有把它很当一回事。我向他解释说，去注意人们的外表而由此推导出他们的内心，这是我的各种娱乐消遣方式之一。于是，我欣然承认他说得很对，刚才她看上去状态很好，是的，看上去是心满意足的，但是我确信，在她的步子里必定是发生了一些什么，招致了这样一种效果，因为在她第一次走过的时候，她看上去有点痛苦。他有点生气，并且坚持说：他也和我一样，对脸部表情很有研究，并且她两次看上去都是一样的。我觉得就仿佛是站在热锅里，唯恐自己说错了话；但是，为了把我自己从幻觉的陷阱之中拯救出来，免得这幻觉在孤独之中会令我焦虑，唯恐他有可能会留意到她然后得知她是谁，于是，我就冒险走了最极端的一步:"好吧,我们不久就可以把事情弄清楚;你觉得你还能够再次认出她吗?因为我是不能肯定的,尽管我比你更多地留意了她;这样,让我们一起去收集一下关于她的信息吧。""藉口",他回答说,"你无非是想用这样的一些藉口来证明自己是对的。我怎么可能重新认出她,我只是那么很随便瞄了她一眼,尽管这一眼足以为我所说的话作担保。"以这样一种方式同一个人说话,这是很奇怪的;我很怀疑,他在任何时候还会说出任何另一句以这样的方式消解掉我的忧虑的话,而他说这句话则恰恰是为了坚持表示他相对于我而言是对的。

这确实像"专家评测"的情形;和我走在一起的这个人确实是一个没有偏倚的人。因而,我当然是敢去相信这一点的。如果一个人必须以这样的方式来暗中做事,那么,他也就确实会对此感到珍惜。——让自己在暗中愉快,还说得过去,但是,在甚至不敢让自己担忧的情况下,却像走在禁忌之路上一样地走上担忧的路,这就过分了,[576]——而如果现在这结果真的是"她看上去是痛苦的"的话,那么,我也确实是不得不在暗中担忧了。

六月十二日。早上。

一年前的今天。现在,如果在我有着内闭性的情况下,一场婚姻仍能得以构建,那么,这结合则是我的愿望。确实,尽管我在这一瞬间无法决定,这到底是纯粹爱欲的,抑或是带有一种掺杂进来的感情:因为她的痛楚而被感动,结合着我的骄傲(在某种意义上她使得我的骄傲站在了她的那一边)。然后,我确实能够努力让自己以为,我与理念的断绝是值得赞美的,因为这是为了她的缘故;我能够去把她的激情言辞当成是认真的而不去考虑她,然后尽可能多地去拥有我想要拥有的喜悦,而这喜悦一直就是"拥有她",然后我能够无悔并且得免于所有各种复杂性和恐怖。在不考虑理念的时候,我会觉得这是个很好的设想。并且,如果现在她不仅会接受这一切,而且还会为此而感谢我,就像是对一种善举的感恩……我无法忍受这种混乱。我疲惫的思维怎样才能够得到休息。情况变了,一切都围着我跑。"她成为我的"曾是我的愿望,现在要放弃这愿望,这就成了我的痛楚;"停留在这关系之中"曾是我的义务,现在要打破这种义务关系,这就成了某种让人慢慢消耗的事情,——但是诸天之上的上帝,拯救我的理智,把我从一件事情之中拯救出来:别让我成为她的恩人。如果完全没有意义,我是无法生活的;我必须拥有一点意义,它可以是非常少的一点点。设想如果我成为她的谋杀者的话,如果事情是如此,那么我就会明白,我是强行挤到了我不应当冒险进入的地方;如果我尽努力去明白的话,那么我会明白这是那被判给我的沉重处罚,并且,意识的思维生命在我身上仍能够呼吸,——但是,作为她的恩人!哦不,这不可能。滚开,疯狂的无意义,带着你微笑的嘴脸滚开!就让我陷于悲惨吧!只要还有意义在,但千万别让我在荒唐无聊之中得到祝福。如果我无法做到,哪怕这是我的愿望;如果我无法做到,哪怕这是我的义务,那么就不再需要任何东西了,其余的东西不是出自恶,而是出自疯狂。

随便发生什么事情吧,哪怕我今天倒地而死,那么,"在良心里或许夹带了一次未遂的谋杀而离开这里"也还不至于像"作为她的恩人而活着"那么可怕。在她那一边必定是有着一个错误;这样的一个条件是永远都不应当被拿来向我提出的。它蕴含了一种同时对我们两个人的侮辱,因为这就像是在说:你并不爱我,你不去注意你的义务,但是你却还是悲惨得足以让你被感动,而我则虚弱得足以想要去感动你。

如果她可能是因为她的胸部被窒塞的叹息压住、因为无法恸哭而承受痛苦,那么,我的意识就也承受着同样的痛苦,它无法呼吸,它是在各种窒息的思想之中呻吟,并死在无意义之中。就像一条鱼,躺在海岸边,徒劳地喘息,想要找到大海,只有在这大海里它才能够呼吸,同样,我也徒劳地喘息,想要找到意义。

她痛苦,这是明显的,而看着她痛苦的人,则是我!没有人会想到,在我们之间发生了什么。一旦有人在场,我就是平常的我。她是平静的，我用一百只眼睛看守着[577]所说的每一句话，唯恐突然会出现爆炸。通过对人说话，她就能找到缓解，但是这只会是一种冷却，而那种最坏的症状也许会在孤独中出现在她身上；与我一同忍受，她的情况就会好很多。

一句偶然地说出的话可能会起到最大的打扰作用。如果一个人用自己的算计来覆盖一切，那么，他有可能就突然会听到别人说出一句几乎是很到位的话，而说话的人自己则根本想不到这话有如此效果。昨天我们在一个晚会上。大家在饭桌上谈论着订婚的话题。一个女士评论说："订了婚的人们看上去感觉总是很糟糕。"多么 δειϰτιϰῶς（希腊语：击中要害）！对于她和我，这是一个振聋发聩的真相。我已经在想着怎样把人们的注意力从这个话题上转移开，生怕对这个经验命题做进一步的运用，但这时一位先生接上了话：作为回报，人们在结了婚以后就发福了。可怜的女孩啊。然而我还是保持了足够的沉着；带着一个全副武装的人能够达到的最大程度的轻松，我接着说：不过我们倒是有着相反的例子。就在我提及了一个足以引发出大笑的男人的名字的时候，我说：他结了三次婚，但他却比我还瘦。人们逢迎着地笑了。于是她有时间来振作一下自己。但这样的一种折磨同时败坏着灵魂和肉体。

不管怎么说，她没有放弃，而且继续不放弃。她叫价越来越低，但是，"去同情地看待这任务"则是她根本想不到的。在她有意想要把自己当成一个女奴、一个乌有、一种负担来抛弃的时候，她自以为是把放弃（Resignationen）驱驾到了极限。上帝知道，以这样的方式，放弃也确实被驱驾到无限远，远远比我能够忍受去看见的"放弃"更极端。反过来，她是要么不能、要么不愿去明白自己应当做什么，要么不能、要么不愿去明白，她是在以一种不公正的方式折磨我，因为，一方面我们从来就不曾就"她的可爱"的话题有过争论，一方面恰恰是出于对她的关怀，她的这种行为令我在我的决定上更坚决了。

我所最害怕的事情就是，她在自己的想象之中还是把我弄成了一个意义重大的角色。如果事情是如此,那么这一谦卑就是所有的不幸之中的最糟糕的一种。在这里,我为我的欺骗找到了一个极限。如果我想要在荒唐无聊的形式之中谈论我的无关紧要性的话,那么我就只会强化这样一种幻觉,如果这幻觉存在的话。因此,正如我每隔一星期都会严肃地要求她解除婚约,同样,考虑到上一个错误关系,我也与我自己的真挚性开始了一种小小的交流。从荒谬的程度看,仅次于"成为她的恩人"的就是这种荒谬:我该是某个意义重大的角色并且轻视她。这只是一瞬间,因为,一旦我说出了,她一向就是够好的,然后,胡说八道就马上又重新开始了。在这个问题上,我的慰藉是:在我离开她之后,她将会在每一个人那里都得到对这样一种意见的肯定:她并没有丧失什么大不了的东西。对于我的冷酷无情,"我如此待她",我希望,她也将在每个人对我的论断之中得到一种确认。

如果她能够在引导之下解除这关系或者自己想到要解除这关系,那么这就会是无与伦比的最佳方案了;这样一来,她就免受屈辱了。我向她投出这方面的暗示,因为,我不敢完全大声并且充满激情地谈论这事情,否则的话,她就会发现她是多么地让我着迷,于是她就会重新开始尝试所有的手段;因此,我不得不用一半的声音和虚假的激情来说话。

六月十四日。午夜。

在中世纪,一个人通过祷告一定次数的玫瑰经来拯救自己的灵魂;[578]如果我能够以这样的方式通过为我自己重复讲述我的心灵苦难史而来拯救我的灵魂,那么,我在很久以前就已经得到拯救了。如果我的重复也许并非总是祈求着的,哦!那么,就宁可让它终结在这最后的安慰之中吧。在这方面,她以一种特别的方式帮助着我。如果我无须让自己保持在行动的激情之中的话,如果这一切过去,并且我宁静,就是说,静止地敢去考虑这一切,那么,我就会说,她对我有过益助,因为,固然"看见她向我拜倒"令我感受屈辱,我却在"让自己在一个更高者之下拜倒"之中感觉到更大程度上的喜悦。她的不幸是,她没有任何比一个人更高的东西。[579]如《圣经》所说,偶像在世上什么都不是,[580]这样,事情也完全可以如此:我到最后什么都不是,恰恰因为我对于她是一个偶像。

然而,这一切是多么奇怪。如此辩证地带有欺骗性,就仿佛在每一瞬间这一切都可能会离我而去,这样看起来就是:我离开她,不是因为我爱她,而是因为我爱我自己!我发现一切都像是我所想要的那样,所有她的交往圈子就同我在经过了考验之后所想象的一样。没有任何其他人能比他们更适合于我了;我能够周游世界去寻找,但也许找不到任何人能对我有如此助益。如果需要有这样一步,婚姻之前的一步,一个理智的考虑过程,那么,我敢说,我是真正地经受过了考验的。只是我不愿意因为各种考察而冒犯她。我发现她与我所想象的有一点不同;一个小小的事件帮助我们,她在我眼里变得比任何时候都可爱,并且,看!于是所有的麻烦都是来自我这一边。然而,也许,我是不是一个轻率的人呢?在我迈出这一步之前,我对她的所有关系以及对家里的个体人格的周密考虑恰恰证明了我不是轻率的人;我敢为自己作证,我是带着最诚实的愿望进入这一关系的,同时我确信,我是知道这任务的性质的,并且也许为能够去完成这任务而稍稍感到一点骄傲:去控制我自己身上的内闭性,——看!恰恰在这件事情上,我搁浅了,不是在"我无法做这件事"的意义上,而是在"这件事并非是那项任务"的意义上。在上次的小小事件之后,她的奉献感在表达上变得越来越肆无忌惮,这恰恰就向我证明了:我的内闭性是一种绝对的错误关系,她与我的关系对于她会成为不相称的婚姻,尽管她自己不明白这一点。这事情以这样的方式关联在一起,这是我的痛楚,然而我却还是不能够因此而放弃我的内闭性。如果说我用了十五年来为自己构建出一种生命观,并且让自己在之中变得成熟,一种生命观,它一方面令我振奋,一方面完全适合我的本性,那么,我不可能就这样突然地被改变掉。是的,我甚至都不能够对她说我希望是这样,因为这样的一个愿望是一种完全不确定的定性，通过这样的一个愿望来将她的生活置于自己的支配之下，这会是非常轻率的。只要她竭尽自己的能力挣扎着要展示自己的奉献，那么她就恰恰是在用自己的全部生命力与自己作对。

现在，我清楚地认识到，我的沉郁使我不可能去得到一个知密者；我当然知道，结婚仪式对我的要求会是：她应当成为知密者。但是，她永远也不会成为我的知密者，哪怕我会尽可能地公开自己，因为我们相互并不理解对方。原因在于，我的意识有着更多的一个层面。问题出在中间区域；这中间区域其实是属于日常生活的或者说是属于现实（Virkeligheden）的，并且在本质上她就是在这中间区域之中有着她的生活，正如大多数人亦然；——在这中间区域里，我是神智狂乱的。要走过很长的一段弯路之后，我才会在一种更高的意义上重新像其他人一样安全而冷静。我没有精神错乱，因为我完全能够自理，我不需要知密者，我不拿我的不幸去为别人增加负担；这也不会在我的工作中打扰我。我的沉郁在所有的方向上探寻那可怕的东西。现在，它带着其全部恐怖抓住我。我无法而且也不愿逃避它，我必须忍受这想法；然后我找到一种宗教意义上的解脱，并且只有在这时，作为精神，我才是自由而幸福的。尽管我有着关于上帝的爱的最富于灵感的观念，我也有着这样一种观念：他不是一个坐在天上哄我们的斤斤计较者，相反，我们在时间和现世之中必须准备好承受一切苦难。我确信，那种认为"自己与上帝有关系并且可以在这些事情中得免"的思路，只是一种犹太习俗的残余，一种在基督教之中的删减版的特殊神宠论，或者说是平常的怯懦和懒惰。各种忙碌地谈论着"要远离恐怖"的教会的或者世俗的忠告，对我来说，只是一种令人厌恶的东西，因为这些忠告并不明白什么是恐怖。确实，如果一个人忙于想要在这有限的世界里达成什么，或者一个人因为想要在这有限的世界里达成什么而变得伟大，那么他肯定就很善于，并且他也不得不，远离恐怖，唯恐这恐怖会为他把他的目的转变成一种乌有，或者妨碍他去达到那幻想出的伟大。但是，如果一个人在宗教性的意义上有愿望的话，那他恰恰就应当有对恐怖的接受力，他应当向这恐怖打开自己,只是要小心,不让自己在半路上停下,而是让它把自己引导进无限性的安全之中。这个过程是每次借助于单个的恐怖逐步发生的。他进入与它的私密关系中,在这私密中想着他所最惧怕的东西将会发生在他身上,但是,他也在自己对"上帝的爱"的确定信念里实践这一想法并且变得熟练。于是,这想法也许不时来造访他,但这只持续一分钟;在同一刻,他马上就在这想法中为自己定出宗教性的方向,这一切并不打扰他。然而,下一个恐怖随即就到来了,他则不与人们唠叨这事情,而只是关心自己的作为,于是他也成功地面对了这第二个恐怖;然后继续依此类推。

如果她成为我的,我确信,就在结婚的那一天,我将带着"我们中有一个将在夜晚到达之前死去"的想法或者一种类似的阴暗想象站在她身旁。我担保,不管是她还是任何别人都不会在我的表情之中觉察出我所想的东西。我内心中也会有着安宁,但那是宗教性的安宁,只是我仍还是有着这想法。看!这是一种欺骗。如果我有一个私密交,[581]那么我就会这样问他:"一个沉郁的男人以自己各种沉郁的想法去折磨自己的妻子,这难道不是一件很不应当的事情吗?"他会回答,也许所有人也都会做出与他一样的回答:"是啊,一个男人应当强制自己,并且通过这强制来显示出,他是一个男人。""好吧",我会回答,"这是我所能做的,我能够看上去像一个微笑着的希望;然而我的搁浅之处恰恰就是在这里,因为这是一个婚姻所无法忍受的欺骗,不管这场婚姻中的妻子是否明白这一点。"不幸的是,我自己曾以为这是那任务,直到我逐渐认识到:结婚仪式是对此的一个神圣抗议。

与一个私密者[582]谈,是我无法做到的。一个私密者不会像我一样地带着这激情去想我沉郁的理念,所以也不会明白,它对于我是一个宗教性的出发点。如果你要与另一个人共同生活在私密之中,那么你就面临着这样的要求:[583]要么你不具备这样一类想法,你的意识世界就终结在体系性的栅栏前,这栅栏不能够算是希腊式的,但绝非基督教的,它叫作"外在的就是内在的并且内在的就是外在的";[584]要么你在拥有这一类想法的时候不让它们超越这样的一个尺度：它们必须在各种人们所说的"理性根据"面前让路。也就是说，大多数人对生活的欺骗性有着一种破碎的观念，但是后来，经验和几率可能等等就来把这些碎片缝合在一起，然后他们就感到安全并且有了对此的理性根据。我自己对此就有很全面的了解。有一次，一个年长的妇人有了这样一个想法，她想让自己被活埋。她私下对我说了这个想法。她确实想出了三项谨慎的措施，但是，由于她的担忧完全被沉郁浸透，这担忧就又使她重新丧失掉所有这三项措施，就是说，她能够想到"这三项措施并不足以解决问题"的可能性。现在，如果她不是沉郁的，那么她就会在这种确信之中感到幸福：她会确信有这样的一些睿智律和无法估价的真理，它们能够为一个人在有限（Endeligheden）之中担保一些什么。于是，我不得不帮助她去在这种荒唐之中变得幸福；因为，既然我认识到，无限（Uendeligheden）也许只会完全地困扰她，因此我就选择了有限。我自己也曾经被同样的想法困扰，并为自己提供了足够多的谨慎措施。但这大量的措施并没有帮上我什么，因为我的沉郁又把它们全都从我这里拿走了，直到我在无限之中找到安慰。后来，我帮那妇人又想出了第四和第五项措施，这些是她做梦都想不到的；她获得了帮助并且一直不断地感谢我；但是我一直就不知道，对此我到底是该哭还是该笑。

如果我已经结了婚并且我的妻子是我的私密者，那么事情又会怎样呢？我会设想，那是在一个我成熟之前的痛苦时期，那时，那个年老妇人的沉郁想法还困扰着我。因而我会对她说这事情，在私下与她一起讨论这事情。这时她肯定会笑，因为，这对于她会是无法理解的，一个人会从什么地方获得这样一类想法。现在，如果我的沉郁对我并非一直是一种宗教性的满足[585]的出发点，如果它是一种空洞的热情狂想，达不成任何结果，那么，这无辜的笑也许就恰恰会是最有疗效的东西，因为一种可爱的青春性也确实有着很大的力量（Magt）。但是，对于我，宗教性的圆满实现比所有青春性更有价值，因此，这笑不会对我有什么别的帮助，仅仅是帮我去忧伤地为她的幸福感到欣悦，然而我却并不想要她的幸福。但是我应当说出来，因为沉默对于我是最容易的事情。于是她肯定就会开始担忧，这时她就会在那些理性的根据里做尝试。设想她现在想出五项谨慎措施，现在应当是她的辩证法，要来占我的上风。这一切变得对我是如此清楚，乃至我想要听她的声音，以便让自己真正确定：我"阻止自己去听这声音"这做法是对的。这时她会提及那四项谨慎措施，然后她会说："最终你不是还有我嘛，我；我当然会为你做一切，相信我，如果这能够驱逐掉那些黑暗的想法；相信我，我向你许诺这一点，这事情不会发生；一切都会被安顿好，就好像我的灵魂得救就全靠这件事了，——让自己重新快乐起来吧。"在我看来，这样的处境足以能够让石头痛哭。[586]可怜的妻子！她想遍了一切她能够想到的东西；如果我反驳她，那么她就会以为我对她没有这种信心，以为我不相信她是她愿让人觉得自己所是的那样，而这让她伤心；在另一方面，这是一种要将我绑定的辩证法。即使是最简单的反驳，那种任何人都会想到的，"她完全可能比我早死去"，即使是这样的简单反驳，她也不会明白，因为，恰恰因为"等待一切幸福的事情"在本质上就是她的天性；在这种直接性（Umiddelbarheden）的希望和信仰和信任之中，她有着自己在生活中的保障；于是，她确实是想要最由衷地说出自己的心里话，如果她说：你怎么能够相信这个，既然我现在知道了，这对于你是多么重要，那么你怎么能够相信我会比你早死去，等等诸如此类。通过她真正内在的感动，她会再一次让石头痛哭，但在另一方面，这是一种要去绑定这样一个人的辩证法，——这个人在十五年里日日夜夜辩证地与各种思想搏斗，就像阿拉伯人驯化喷鼻的战马，就像变戏法的人耍弄那些锋利的小刀，并且，这搏斗使他变得越来越熟练了。那么，这结果会是什么呢？我不忍心看她担忧，不忍心让她带着"我对她没有信心"的屈辱走开。那么，又怎样呢？于是，我让一天过去作为间隔，然后我为自己穿戴上欺骗的外衣，看上去尽可能地友善，对她说："是啊，亲爱的，正如你所说的，我确实还有你，你还是说服了我，如果说不是通过你的论证说服我，那也是通过你所说的关于你自己的那些事。"然后，她看上去是那么幸福而满足,她,我的眼睛所爱的欢愉,——并且,我欺骗了她。这是我无法忍受的,因为我处在她的立场上是无法忍受这样的事情的,因为我想要并且也应当尊重她,通过"像爱我自己那样地爱她"来尊重她,这样一来,我唯一能做到就是离开她。[587]相对于别人,我允许自己去欺骗,因为他们并没有与我绑定在一起,没有神圣地就职成为我的私密者;[588]如果他们厌倦了我,那么他们完全可以离开,而这是她所不能够做到的——如果她在什么时候也许会隐约地明白这错误关系的话。

在我这样对她说的时候,我是否真的是解脱了,这个问题与事情无关,因为,如果我得到了解脱,那么我是在我自身之中得到解脱。在这样的情况下,错误关系再次显现出来。对于她,一个沉郁的理念无法获得这样的意味——"这沉郁的理念成为一种宗教性圆满实现的出发点"。如果她对一部戏有一种看法,而我有另一种,如果这看法上的差异也许显示出,我是审美者,她则完全不是,这绝不会构成一个错误关系,如果这错误关系是依据于此的话,那么我很高兴为了她的缘故而放弃我的看法。但沉郁的各种特有理念是我所无法放弃的,因为这些也许会被一个第三者称作是奇思怪想的东西,这些也许会被她同情地说成是可悲的念头的东西,我把它们称作是提醒者:只要我跟随着它们并且忍受着,那么它们就会把我带向无限的永恒确定性之中。

因此,在我的孤独之中,这些理念是我所真爱的,尽管它们让我感到恐怖;它们对我意义重大,并且教会我,不是去为各种在宗教性的领域的绝无仅有的发现[589]而祝贺自己并以此祝福全人类,而是(就好像是为了让我自己谦卑下来)去发现那最简单的东西,并且为之感到无限地心满意足。——在"对上帝的敬畏"这个概念之中也蕴含了这样的意思:一个人应当畏惧祂;如果说把上帝当成暴君对一个人的灵魂的危险的,那么,对这个人的宗教性来说,以思辨的方式去把上帝弄成是被简约化了的主体,[590]这也是危险的;如果说,上帝内闭在永恒的沉默之中,这对人的灵魂是一种焦灼,那么,以思辨的方式去修改上帝的账目[591]或者以先知的方式作节庆游行进入世界史,[592]这也是危险的。无疑也正是因此,在每隔五公里才有一幢小木屋的偏僻地域会比在那些喧嚣的城里有着更多对上帝的敬畏,水手比小镇里的居民有着更多对上帝的敬畏,没有别的原因,只是因为那些人体验到了某种东西,并且是以这样的方式体验到的:无处逃避。如果夜晚的风暴施虐并且有恶狼的吼叫声在风暴中给出警示,如果你在海难中将自己救上了一块木板,这就是说,不得不依靠一根草秆来将自己从这确定的毁灭中救出来;这样,你无法把消息发送到下一个小木屋,因为没有人敢冒险在夜里出去,这样,你就不用浪费气力去喊叫了;[593]那么,你就学会了让自己的灵魂满足于某种别的东西,而不是去依靠守夜人、骑警和救急信号弹的作用。在大城市里,不管是人还是建筑,全都被过于邻近地群集在一起。如果你要在那里得到一种原始的印象,那么,要么必须有什么事件出现,要么就必须有另一条路,正如我在我的沉郁之中有着这条路。否则的话就会有危险,人生一场的收益就变成是这个:他那时很年轻,并且仍还记得那个时代、那许多快乐的日子所留下的很多欢愉的印象,然后他结婚了,一切都很顺利,只有一次,他生了重病,马上就让人去找医生,在紧急之下,先是找来了马上能够找到的一个医生,然后,D教授来了,并且确实是一个非常细心的医生,因此马上就成了他的私人医生;他还发现了P牧师是一个严肃的灵魂辅导师,他觉得牧师的深刻宗教性和真挚性比他自己的宗教性更令他信服,因此一年一年下来他越来越喜欢这牧师,然后他认识了更多同情的家庭,与他们结交,然后他死了。为什么?有了一个幸福的青春并且回忆这青春,这不是很美好吗?认识了D教授和P牧师,这不是很令人高兴的吗?而如果在一切都已被听见[594]的时候,这一人生收益就应当是一个最大极限,[595]那么,我宁可不去费神认识这个教授或者那个牧师,而只是听群狼的嗥声并去认识上帝。

在爱情故事之中,恋人所用的信使常常是一个侏儒、一个畸形者、一个丑老妪,谁会相信这是一个爱情信使呢?同样,我沉郁的理念是一个信使,来自那"曾是我最初的爱"的发信者,来自那"必定会继续是我的唯一所爱"的发信者。它们让我感到恐怖,但它们从不曾从发信者那里得到许可来毁灭我、使我的精神变得虚弱、让我成为其他人的麻烦。这样的事情会不会发生?我不知道;它是在不久还是马上发生?我不知道;因为,如果我知道的话,我就不是沉郁者的了。但是我知道这个:它们将我送到了那最至福的确定性之中;于是这就完全可以如同那种运输方式,"不管你是不是一瘸一瘸地过来,一拐一拐地过来,没有富丽堂皇的外表"。[596]甚至在这一瞬间,这一想法也震撼我:我居然能够忍受住了。哦!在孤独之中,我从不想要死亡。我不明白,人们怎么突然会变得如此怠惰,以至于他们想要这死亡。我是恰恰相反,我周围的一切越是黑暗无望,我就越是想要活着,以便去坚持自己,以便去看我的热情到底是一句空话还是一种力量,它到底是自己冒泡的烈饮,[597]还是那种通过外来的添加也会有泡沫的斯基令啤酒。[598]如果一个人能够明白,对于一个为成为国王而斗争的人,"想到死亡的不适时的来临"会是多么地可怕,那么,我就也能够明白,一个人,如果他的生命在根本上被触动,一个人,如果他在自己心里没有私密者,脚下没有 impressa vestigia(拉丁语:踏痕),那么这个人就会把这看成是一个对自己很重要的事实:死亡没有来使得他不可能知道,[599]人沿着这条路是不是能够向前走下去,抑或一个幻觉欺骗了他,他的放弃了所有雄辩的决定[600]是不是也像雄辩者的决定一样地饶舌。

六月十八日。午夜。

我是有辜的吗?是的。怎么会?是由于我开始去做了我无法实现的事情。现在你是怎么理解的?我现在更清楚地明白了,为什么这对我是不可能的。那么我的辜又是什么呢?它是:我没有更早地明白这一点。什么是你的责任呢?她的生活的每一种可能的后果。为什么每一种可能的(因为这看起来可像是一种夸张)?因为这里所谈不是关于一个事件,而是关于一个行为和一个伦理责任,其后果是我不敢以"勇敢"作为武器来对付的,因为勇气恰恰是意味了"向这些后果打开我自己"。什么是能够作为你的辩解的东西?它是:我的整个个体人格为我预设了这样一种倾向,这倾向在任何地方都给予我力量,如果我寻找一个私密者,我会在这样一种倾向之中得到肯定,这一倾向就是:"一个沉郁者不应当用自己的各种痛苦来困扰自己的妻子,而是应当像一个男人那样把它们内闭在自身之中。"你的安慰是什么?它是:我在我认识到这辜的同时也感受到了这一切之中的治理。[601]恰恰因为我根据我的最佳能力考虑了这件事情,并且尽我最大可能诚实地做出行动,依据于我所认识到的东西,恰恰因此,我看见了一种协作,它将我引到一个点上,在那里我明白了我自己(否则的话,我也许永远都不会明白),但我也以这样一种方式懂得了:我不应当让自己傲慢。你的希望是什么?它是:这能够得到原谅,如果不是在此,那么就在一种永恒之中吧。对于这原谅,难道没有什么疑虑吗?有的,有疑虑的,就是:我没有她的原谅;她是并且继续一直是一个中间体,一个不可绕过的正当环节。她的原谅当然不能够永远地为我作辩护,正如一个人的不可调和性除了伤害他自己之外无法伤害别人,但她的原谅属于上帝所决定的事物流程中的一部分。那么为什么你没有她的原谅?因为我无法使自己变得让她能够理解;当然如果只是使我获得她的原谅然后得免于那种可怕的悬而不定的状态(在这种状态中,只有通过去承担责任的最极端的可能,我才能找到一个立足点),这会远远容易得多。这里没有问你什么是最容易的和最艰难的,因为一个人也会选择错误的东西,尽管他选择那最艰难的;为什么你没有她的原谅?因为我无法得到它。在我用书信来取消我们的婚约的时候,我请求得到她的原谅。她不愿意明白,因此我被迫使用仅剩的一个拯救她的方法:将一种欺骗的误解置于我们之间。我对此的继续向我显示了,欺骗本身真正地表达了真相,这真相就是:她根本不明白我。她对我的看法是:我更喜欢在世界里享受,我想要我的自由,因为这婚约关系对我有太多束缚。恰恰因为这是她的看法,所以,她的骄傲就受到了冒犯,所以她就不顾一切地用上所有手段。对于她,"重新赢得我"在本质上必须是依赖于这样的前提:我被带进义务并且被同情地打动。如果我现在直接说:对这关系的维持是我自己的愿望,那么我就不会得到许可说更多了,她就会欢呼着这样说:"哦!亲爱的,你不知道,你为我带来多大的幸福啊。这是你自己的愿望;唉,我已经放弃了对此的信心,并且学会了让自己去满足于退一步的结果,直到这重新成为你的愿望,但是,现在一切都好了,不是一般地好,简直好极了:你想要这样,我也想要这样,所有障碍都消失了。"这是什么意思?这就是说,她根本就不明白我。于是我就选择了不去让我被弄明白,而是使我变得让她能够明白:我厌倦了她,我是一个欺骗者,一个头脑一团糟的人。对她的拯救依赖于我坚持这一点。但是,这"突然请求她的原谅"又会是什么意思?这听上去无疑就像是在愚弄她。这个词"原谅",在我们之间,将一切都置于宗教性的基础上。"从她那里诱骗出一个原谅",不管怎么说,不是我被要求去做的事情。如果我要说出来,我就必须承认我的错,但是,如果这要变得严肃,那么,她就也必须能够理解我的正当理由。一旦我们开始谈论这事情,她就会将自己限定到"对前半部分的理解",然后,余下的就什么都不明白了,这就是说,也误解了前半部分。如果我能够在我的整个结构里变得对于她是可理解的,并且因此她的原谅就成为某种不同于一个喜剧处境的东西,然后,她对我所做的行为会是如此恶劣,以至于她反过来会需要我的原谅,这样,我就那张小字条已经做了足够多的事情了。但是,就这事情目前的样子看,每一个往真相方向走的说法都只能够使得这两个月变得更持久,因为这样一来,她只会被引向越来越剧烈的进攻,——却于事无补。事情到了这个地步,我最该自责的地方就是那些被我悄悄地夹进这场混乱中的严肃的话。于是,我没有获得原谅。一种介于两个相互不明白对方的人之间的正式原谅是一种空洞的仪式,而且不可靠,完全就像一份介于两个人之间的书面合同而在这两个人之中有一个是既不能写也不会读的文盲。[602]更大的双向保障,就是说,"有一份文字上的而不是口头上的协议",以一种双重的方式消失:

这不能够阅读文字的人,他只能够依赖于他所听见的东西,他不知道,那被读出的东西是否就是在纸上所写的东西,并且他的签名也是毫无意义的;而那另一个人则有着一份棘手的工作,他要单独为两个人担保,尽管这文件其实应当是双向的。一旦我要获得真正的原谅,那么她就必须能够设身处地进入我的状态,否则的话,她的原谅就会像一个无法阅读文字的人所给出的书面宣言一样,是的,她的原谅的情形更糟糕,因为那无法阅读文字的人却很清楚地能够明白所谈的是关于什么事情,但是一种原谅,来自既不能够也不愿意明白所谈是关于什么事情的人,就像对"一份来自一个不知道文书所申请的东西是什么的人的申请文书"的批准一样,是毫无意义的。看,因此我没有得到原谅。我曾相信,"不去从她那里骗出一个这样的原谅"对她是更大的尊重,我做了我相信自己欠她的事情,或者更确切地说,这是为了她的缘故而发生的:原谅被弄得对于我是尽可能地麻烦。我与现实的断绝有着这样的性质:这是一种简单的后果,一个来自她的真正的原谅是不可思议的,因为这[603]恰恰会将我置于与现实的连续之中。

这就是这整件事在时间[604]里的情况。在永恒(Evigheden)的关联上,我的希望则是:在那里我们将相互理解,[605]并且,在那里她会原谅我。在时间之中,这成为在我的痛楚之中的一根辩证的刺,它以许多方式刺伤着我,因为它打扰着我的人生观,在同情的方向上是如此,在欺骗的方向上也是如此。一种欺骗,不管它有多么虔诚而善意,[606]都应当要有这力量,——这多少有点令人焦虑;这样的一种可能总是会存在着的:这欺骗能够得到一种警句式的力量去进行讽刺。"那富有诗意的"[607]也是"那最伦理的"。保持处于向我献身的状态或者在自己的钟情之中对自己保持忠诚,这对于她会是最富诗意的,并且这也会是对我的最可怕的报复。每一个平凡的[608]报复则 eo ipso(拉丁语:恰恰因此)使得我的责任变得更轻松,因为它的伦理性比较小。[609]

生活是多么有一贯性!任何在一个层面中不成立而在另一个层面中成立的东西都不存在。怎样深刻的严肃啊:生活的法则就是这样的,每一个人都必须为它们服务,不管他愿不愿意。

治理⁶¹⁰向每一个人要求可和解性,⁶¹¹它也知道怎样去强调自己的意思,因为,恰恰是在那单个的人想要为自己进行报复的时候,对有辜者来说,这时事情就变得最轻松;而在另一方面,在受冒犯者选择了和解的时候,这时治理⁶¹²就把报复的重点置于这一温和之中。凯撒达成了许多世人称颂的伟业,但是尽管关于他除了那唯一的一句话之外没有被保留下任何别的说法,⁶¹³我还是会景仰他。在加图自杀的时候,他应当说的是:"在那里,加图把我最美丽的胜利从我手中夺走了,因为我是会原谅他的。"⁶¹⁴

我对生活的要求是,它会让这个疑问变得清楚:是我陷进了一种自我欺骗,抑或是我忠诚地爱着,甚至比她更忠诚。没人知道,我要忍受多久。神谕的时代早已消失,然而还是有一样东西,关于这东西,最简单的人和最深思的人,在谈论这东西的时候,必须神秘地谈论;这东西就是:时间。毫无疑问,这是最难解的谜,可也应当是最深奥的智慧:怎样去安排自己的生活,就仿佛今天是自己所生活的最后一天并也是一系列来年中的第一天。⁶¹⁵

六月十九日。早上。

一年前的今天。然而她两眼里涌出的这些泪水,它们把不可能之可能在我的脑子里冲激出来。哪怕这是一种多余的仪式,我还是无法自禁。于是我在世界里大声喊出来,如果有人会听见我的话:我喊个价,我愿以我一半生命来换半年与她幸福共处,我愿以此来换十四天幸福共处,我愿以此来换结婚日,——没有敲响拍卖锤的吗?

不!——但是我必须去工作了。那被判终身监禁的人被用于去做有生命危险的工作,这同样也是我和我的工作的情形。

今天她说了我曾听她说过的最奇怪的一句话。在某种意义上说,这句话是正中心头。在目标射靶的时候,突然有一发正中靶心,这时,记分者相当谨慎,首先确定这是不是意外开枪,朝天一发,没有瞄准的射击,也许一枝长枪没有人扣扳机自己走火。她对我说,她真的相信,我是发疯了。但是,然后人们认真看了,这其实是一发流弹;也许她不曾说过任何话比这更清楚地向我展示了我们间的差异。确实,一个沉郁的人在某种意义上是疯的,但是人们要用上许多辩证法和许多悲怆才能够理解这种疯狂。如果一个人把这种疯狂说得就像人们说及一个穿着得有点可笑的人:啊!他发疯了,那么,这 eo ipso(拉丁语:恰恰因此)显示了,他对"这到底是什么"根本一无所知。这一切都是虚张声势。那是一场激烈的爆发,在一急之下不知道说别的。她有时候是会有点暴躁。她说,我是恶毒的,不好。昨天她又这样说了。这样的话正是我毫无意义的闲聊所想要的一种刺激,它马上就抓住了这句话。是的,现在我看到了,我们是相互明白的。事情完全是简单的。你只须大致地如此地给出一个声明:为生与死的缘故,[616]我作为签名者宣布,我确实感觉到尊重,说出并且写下[617]尊重……或者我所想要说的东西,你所没有感觉到的,可正是这尊重,一切都在我面前旋转着,在小说中就是这样,一个人有着尊重;也就是说:我感觉不到尊重,既然真正的爱,根本的爱在没有尊重的情况下是不可想象的,等等。就像你所看见的,这事情可以以两种方式来做。就是说,在尊重和爱联合起来针对一个人的时候,于是,晚安吧,沃勒,[618]相反,一个人同样完全可以只借助于尊重,正如借助于爱,从之中全身而退。就是说,在一个人考虑,尊重到底是什么的时候……[619]到这里,我被打断了。在我真正夸耀地在胡说八道中继续的时候,她忍不住笑出来了。这让我感到安慰。在根本上,她从中所受的痛苦比我少,而我则要以一种如此绝望的方式努力使她解脱出来。

六月二十四日。午夜。

甚至我在这里所写的也都不是我真挚的想法。就是这样,我无法对纸做私密的倾诉,尽管我在所写的文字之中看见它。[620]那么,会发生一些什么呢?纸张会丢失;在我住的地方,可能会发生火灾,并且我会生活在不安之中,它是被烧掉了,还是它仍存在,我会死去并且因而就将之遗留下来,我会精神失常,我的内心会处于异己力量的控制之下,我会变盲,无法自己找到它,如果不问别人就不知道,我到底是不是手里拿着它站着,不知道他是不是撒谎,他是在读纸上的东西还是在读别的东西试探我。

我能够回忆起来,它比瞬间之中一个最短的部分更快。莱辛说,最快的,比声音和光更快的东西,是从善到恶的过渡,[621]但他说得不对;因为更快的是 das Zugleich(德语:同时,一下子),一下子。过渡本身还是一个时间,[622]"一下子"则比所有过渡更迅速。过渡还是一种时间之定性,但这迅速,在这迅速之中,那"曾存在过而永远不被遗忘"的东西是现在在场的,尽管它曾是过去在场的,这迅速是一切之中最快的;因为这迅速是如此之快,以至于"它不在了"只是一个幻觉。[623]

六月二十六日。早上。

一年前的今天。

我愿以我整个生命来换结婚日;而我们可是两个人。不!我们不是两个,因为她不这样出价,她想要斗争,但也想要未来。当然,她也不应当听任自己的荣誉和骄傲落在困境之中不管。没有拍卖锤敲响。

昨天闲聊一如既往无悔地进行。我们谈论我的解约;如果我要给出什么忠告的话,我会说,这是她所能做的最聪明的事情。结论是:我很快就会后悔并且像一只落水狗一样地回来。她以简洁的回答接下这句劝告:对!并且接着说:不,我丝毫都不相信你。由此我看出,在根本上,她对我的想法是多么糟糕,而她对自己亲自在场的重要性有着怎样一种误解了的迷信。这是一种幸福。而就在闲聊进行得最顺的时候,她突然就哭了起来。一个处在绝望的灾难中的人总是有着超自然的力量,因此,我的表情保持完全没有变化。随即她说:让我哭吧,这会缓解痛苦。在法律上,酷刑是禁止的;这确实是一场可怕的酷刑。但是,我必须尊重这意见,只是这尊重并不意味了让它来困扰我。还有一件让我感到宽慰的事情是,我没有避开这景象;一般人在我的位置上都会让自己躲避开,如果他要像一个可鄙的人那样地解约的话。然后这闲聊继续,看来,这对她不像对我有这么大的意味。

不敢说一句严肃的话,因为,如果我这有幸者想要说教或者安慰,那无疑是疯狂,但是,我坐着并且看这情景,这岂不也是疯狂!但这之中的好处是:是我的在场,给予了她一种刺激,使得她(尽管与她的意愿相反)这样表白自己。如果我不在的话,她几乎是不会这样做的,并且也许不会觉得有这么做的愿望。

设想一下,如果有一个第三者作为这处境的见证!设想一下,一个除了写谜语之外从不曾做别的事情的人,和一个猜谜一直猜到自己变成了老人的人,设想一下,如果他们联合起来猜,两个人中谁承受更多痛苦,谁获得了最深刻的烙印!那么,告诉我们吧,你久经考验的人,告诉我们关于一个使生活困惑的涡;[624]不过我倒是看见过一种困惑,之中的情形就像是一场暴乱不愿去服从一种诚实的意志方向舵的指导!让我们谈论一种死寂吧,它把所有努力都带进绝望;不过我倒是看见过一种死寂,之中一个恋人工作着,工作着,几乎就成了他的爱人的谋杀者,不是因为恶意,不是因为事故,而是依据于自己最诚实的信念。

六月三十日。午夜。

除了是劳苦之外,我的生活又会是什么!我的存在是纯粹的molimina(拉丁语:努力、劳累和艰难);我无法回返到我自己。到底这回返在时间里会不会发生,我不知道。如果我得到自由,那么我会重新振作自己,那么我肯定会有足够的烦恼,因为我要去把那异质的东西去掉,而其实我并不愿意去掉它。即使我得到自由,在我的内闭性之中还是有着忧虑,担忧她被改变了。

就像一只蚌躺在海岸上；它打开自己的贝壳寻找食物；一个小孩塞了小枝进去，然后它就无法合拢。最终这小孩厌倦了，把小枝拉出来，但留下了一根小木刺。蚌合拢了，但它在蚌壳里面又感到痛苦，它无法把这根刺拔掉。没有人看见，那里面有一根刺，因为蚌壳已合上，但是刺在那里，这蚌知道。

扔掉沮丧吧，这是一种对她的欺骗，它在本质上是与我的灵魂相悖的。如果对犹太大祭司来说，因悲伤而撕裂衣服是禁止的，[625]因为这是一种过于充满激情而过于强烈的表达，那么，对于我来说，变得沮丧就也是禁止的，因为这是过于冷淡和虚弱。但是，我在一瞬间里变得沮丧，这向我显示了，我在我的生命里第一次相信了与她作对的理智。它能够对我说的东西，是我一直知道的，但是我不想要那样。对那次会面的印象让我的理智获得了优势。

我的同情最后把我带向一根乞丐杖。这就像那个缺钱的英国人，尽管他在手里有一张五百英镑的钞票，但在他所在的村庄里，没有人能够兑换。[626]但难道同情的表述就像是去换大面值钱币吗？我觉得，同情就像是弗图那图斯的钱包里那枚钱币，你不断地把整枚钱币拿出来，但仍不断地有着整枚钱币剩下，而如果你兑换它，魔法就消失了。[627]看，这为我带来安慰。

七月二日。早上。

一年前的今天。也许我的处境的一个见证人会对我说：既然你这么做，你就不知道什么是爱。可能的；然而我确实就知道这一点，我了解它的痛楚。也许我也了解它的乐趣，尽管那是在一段距离之外，在一段很长的距离之外。如果可能的话，如果可能的话，在同一瞬间我呼吸掉她眼里的每一滴泪水，唉，就像那些小学生，他们这么做，为了不让任何人看出他们哭过，然后痛楚就被忘记了，而且不仅仅是被忘记了。借助于恋爱的无限力量，她的青春绽开，就像植物在仙女们的爱心照料之下成长那么迅速,[628]比任何时候都更可爱,——通过她自己、通过恋爱的发芽爆破力、通过我的呼气,并且也通过那些在她耳边低语出的言辞;然后,我将她置于我的手臂上,和她一起撞进这世界;[629]至少,我对爱的理解有这么些。但恰恰就是我对爱的这种理解很容易会剥夺走我的理解力。在这之前,我在我的生命之中从不曾感受到过各种自杀诱惑。但是,同情之苦恼,然后再加上作为有辜者,这一矛盾影响着我的灵魂,就像在肉体的意义上,一个人身上的各关节都被强扭出了它们本来的自然位置。但是自杀又能够帮上什么忙呢?好吧,它能够起到阻碍作用,使得她不受到屈辱,因为那样的话,如果她愿意,她可以继续作为我的未婚妻生活下去。但是设想一下,如果她在什么时候知道了事情的原委,那么就无疑会是非常可怕的。如果她有理解力的话,她就会认识到,她真的不应当把我带入这一极端;而这样一来,我就使得她变得有辜了。通过这样一步,我也许就决定了她整个一生,这样,她就不会在有限之中努力,设法使自己康复,而其实她又必须在有限之中努力。

在精神的意义上说,她并没有很多痛苦。她甚至都并不是那么精疲力竭,不过她倒是有点疲劳并混合了一些厌倦。从人之常情上说,我一点都不感到意外,因为她没有任何私密之交,而我则是不知疲倦地处于荒唐无聊的状态。

剩下的日子可以数得出来。设想如果她现在病了,在最后的一天到来之前,设想她在发高烧说谵语的状态中泄露出我们之间的事情。她的亲人们会以为这是些幻想出来的事情,而我则知道这是真实的事情!然后,到了她康复之后,我们就得又重新开始。

七月三日。午夜。

我们将在哪里再见?在永恒之中。[630]这样的话就会有足够的时间可用于理解。永恒在那里?永恒什么时候开始?在那里讲什么语言?或者,是不是根本就不说什么语言?能不能有一个小小的间隔时间?

在永恒之中一直是正午的光天吗？会不会有黎明的曙光让人能够在私密之中找到理解？永恒的判决是什么？判决是在永恒之前结束，永恒只是判决的执行吗？怎样描述永恒？就像那广阔的地平线，在之上你什么都看不见的地平线。在墓碑的雕像上是这样刻画的：悲伤的遗孀坐在墓前的平地上说：他去了，进入了彼世。⁶³¹但是在广阔的地平线上我什么都看不见，只有过路人在墓前的平地上看见悲伤的遗孀，但他也看不见任何更多的东西。这样，我也看不见她。这是不可能的。我必须见她。难道这不是理由吗？或者说，这是不是一个更好的理由：我既不愿也不得见她？设想，如果她忘记了我。那么我们还会相见吗？设想，如果她没有原谅我。那样的话，她就是没有忘记我。但那样我们能够相见吗？设想，如果她站在另一个人的旁边。如果她是这样地站在时间之中，那么我就是挡在了她的路上，因此我想要让开。但如果我是在永恒之中挡在了她的路上，那么，我该去哪里呢？难道与永恒相比，时间更强大吗？时间有没有永恒地将我们分开的力量？我曾以为，它只有力量在时间之中使我不幸，一旦我以永恒换掉了时间并且身处于她所在的地方（因为在永恒的意义上，她总是和我在一起），它就必定会放开我。如果是那样的话，时间又是什么呢？它就是，我们两个人昨晚没有相见，并且，如果她得到了另一个人，那么，这"我们两个人昨晚没有相见"就是因为她在另外的某一个地方。这辜[632]是谁的？是的，这辜是我的。然而，如果前一种情形被设想是发生了的话，我到底愿不愿或者能不能去做出与"我已做出之事"不同的事情？不，我为前一种情形后悔。从那一瞬间起，我就一直是在最诚实的深思熟虑之后极尽自己的能力地去做的，正如我做那第一种情形的事情那样，直到我察觉了自己的谬误。

但是，难道永恒也这样轻率地谈论这辜吗？至少时间不这么做；因为它无疑还会一如既往地继续教导我它曾教导了我的东西：生活不仅仅只是昨晚。永恒当然也会治疗好所有疾病，把听觉给聋子，把视觉给盲人并且把身体的健美给畸形者，[633]因此，它也会来治疗我。我的疾病是什么？沉郁。这一疾病的位置是在哪里？在想象力之中，可能

(Mulighed)是它的营养。但是永恒把可能去掉了。难道这一疾病在时间之中不够沉重,以至于我不仅仅痛苦而且也因之而变得有辜?不管怎样,畸形者只承受"他是畸形的"这痛楚,但是,如果他的"畸形"使得他变得有辜的话,那有多可怕啊!

于是,在我的时间已经过去的时候,[634]我的最后一声叹息则是给你的,哦,上帝,为我灵魂的至福;最后第二声是为了她,或者,就让我与她在这同一声最后的叹息之中第一次重新结合在一起吧!

七月六日。午夜。

今天我看见了她。多么奇怪啊!一阵雷雨使我不得不跑到我以前常去的那家糕饼店里去躲雨,在那些期待的日子过去了之后,我就一直没有去过那里:erat in eo vicinio tonstrina quædam(拉丁语:临近是一家理发店)。[635]一家这样的理发店,一个教师说,几乎就像我们这里的糕饼店。Eo sedebamus plerumque, dum illa rediret(拉丁语:通常我们坐在那里,直到她回来)。[636]雨很快就停了,空气是柔和而温馨的,一切都给人清新而青春焕发的感觉。如果我不是沉浸在回忆之中,我不会在那里待那么久。老店主过来向我打招呼,与我搭话,一切对我有着一种麻醉性的效果。我坐在我的老位子上,不时地朝窗外看上几眼;然后,她正好走过。她和另一个女孩走在一起,两个人眉飞色舞地聊着;她快活、健康而欣悦。她是不是从唱歌课程下课了,我亲爱的女歌手,难道她又去参加唱歌的课程了?也许只是所唱的歌变成了另一首。

如果能够有半年的时间,让我变成一个女人以便去理解她的天性,那有多好!然而,也许我的尺度仍总是过大!

看来一切都与以前没两样。她去上唱歌课,她下课回来,就像以前一样幸福。但没有人在等着她。这里,在糕饼店里,在某种意义上,是没有人,但也许在别的地方。无论如何,我们还是常常听说,一个女孩克服了痛楚并且又爱上了一个人。在这里,当然,这关系恰恰是直接被推向这样的一个方向,因为,那时[637]我不是她的恋人,而是一个欺骗者。我们也常常听人说,一个女孩不能没有一个男人而生活,这也是真的,只是这"男人"不是"这男人",而是"另一个男人"。

以这样一种方式,我们当然就处在了以前的处境里,通过变化而进入了这处境;我在这处境之中则是一如既往地没有变化。我确实真的是能够说"我仍是"等等诸如此类,但是"我所仍是的"是什么,则不好说。我设想,她成了另一个人的,那么我仍是什么呢?然而却又不是以这样的方式,我不能以这样的方式放开她。那种几乎是疯狂的愿望:"想要看见这关系得到重建",现在被另一个类似的愿望取代了:如果她成为另一个人的,这另一个人必定就是她的最初的爱。这样,她就没有与理念断绝关系,并且在我眼里就不是迷失的。也确实,她对"在我眼里迷失"有什么可在意的? 但她不应当以这样的方式考虑,因为我的解读比任何别人的都要更谨慎地待她。这样,我不会看着我的人生观因她而受到打扰;唉! 这样的打扰真的会让我感到痛楚并使我瘫痪。如果这个世界的其他人有着另一种人生观,那么,这就只是搏斗的信号。但不幸的是,我对这样一场更早的爱情根本就一无所知。然而要记住,我过度地深陷于自己的沉思,并且过于专注于伦理的考虑,以至于对这样的事情不曾有所知。在这样的情况下,这完全是可能的。如果事情确是如此,而我则完全一无所知,那么,这就是对我的一个小小讽刺。她没有觉得有谁在要求她去表述什么;也许我的内闭性对她有着这样的效果。在这样的情况下,这完全是可能的。现在,如果这也是事实的话! 如果这事情是真的,并且继续是真的,那么,我事先不知道这事情,这会是怎样的一种幸运啊! 也许我会过于轻松地对待这事情,也许这事件对于我就不会具备它现在所具备的意义了。

我仍是什么呢? 是的,这不是那么好说的。但是,如果不是我自己经历这个故事,如果这是另一个人讲述的,那么,我会相信,他所讲述的是关于我,它是如此完全地与我相符。

如果她成为另一个人的,那么,我会比任何时候都更少有可能与她说话了。难道我要去寻求一种真正的理解,就仿佛她是假装在讨价还价?难道我应当从真相的激情出发来说话并且讽刺我自己的意愿?她自己在一部分的困惑上是有着过错[638]的,因为她在"那宗教的"之中装假而打扰了"那爱欲的"。她不愿满足于"那爱欲的"、"被爱或者不被爱"以及这方面对她而言的后果,她抓向"那宗教的"并且在责任之中成为对我而言的一个巨大形象。确实,如果说,"一个王公把一个国王的女儿送回去"这样一个事实导致了两大强国之间的战争,那么,在我拒绝了她的时候,对于我来说,我的斗争是同样地可怕的,因为她的傧相是上帝。我就是以这样的方式来看这事情的。但是这一可怕的严肃几乎就把"那爱欲的"变成了某种喜剧性的东西了;因为,悲怆地想一下,我不得不说:如果她丑得像原罪,[639]从清晨到夜晚一直凶悍,那么,她对于我会是同样地重要的,但这是完全地从非爱欲的意义上说的。那么,我不得不以这样的方式说话,这是因为谁的缘故?[640]是因为她,她把一种爱欲的关系改变成了一种宗教性的关系。

只有在沉默的时候,我才能够总是让我的灵魂悲怆地站在"那喜剧的"的欺骗的背后,或者说,站在"我早已遗忘了这一切"这一伪装的背后。

七月七日。早上。

一年前的今天。让我们看!我的生命观曾是:我在我的内闭性之中隐藏了我的沉郁。我能够这样做,那是我的骄傲;尽我最大的能力去以这样的方式继续下去,是我的决定。现在我搁浅了。在什么地方搁浅?搁浅于个体人格的错误关系,搁浅于婚礼——作为一种依据于这错误关系的庄严声明。我生命的困惑是什么?它是:这个句子变得对我毫无意义,ultra posse nemo obligatur(拉丁语:任何人都没有义务去做超越自己能力的事情)。[641]我的幸是什么?它是:冒险让自己进入我所无法实现的事情。我的逆[642]是什么?它是:使得一个人变得不幸。怎样不幸?在可能之中是这样:根据她所说的话,并且依据于可能,我在我的良心上有过一次谋杀。我的惩罚是什么?它是:忍受这一意识。

我的希望是什么？它是：一种仁慈的治理[643]真的会通过帮助她而使得惩罚有所减轻。关于她，我的理解力是怎么说的？它说：几率可能性不仅仅只是"最糟糕的情形"的几率可能性。对于我，这之后会有什么后果？根本没有任何后果。一种伦理的义务责任不会因为某种几率可能性的计算而被竭尽；只有通过去承担下责任的极端可能，它才会被竭尽。

我走向她。我极其喜悦地走向她，向她说明，事情是可以像她所希望的那样。只要你还在搏斗，如果你还能够理解那同情[644]所命令的事情，那么就很容易解释：你是能够忘记这种考虑的，——这恰恰是因为你在搏斗。如果你胜利了，那么，在通常的情况下，同情就会以最强有力的方式醒来。我认为，我应当去做出这一最极端的尝试，看她是否会因为被胜利打动而决定给予我自由。不！她接受了，但没有任何同情方向上言词；甚至她是很冷漠地接受的，这让我高兴，因为这证明她累了。

我走了。中午的时候我又回来。一个绝对的决定为人带来安静，一个贯通了恐怖之辩证的决定使人不再感到恐怖。我冷漠而坚定地宣告了，这关系结束了。她想要在激情的最激烈的表述之中放任自己，但是，在我的一生之中第一次，我用命令的语气说话。要冒险这样去做，这是可怕的，然而，这却是唯一可行的。如果她在我面前临近死亡，我也没有可能改变我的决定。我的无动于衷帮助她，最愚鲁的事情完全有条不紊地得以实施。她又做出了一次尝试，想要唤起我的同情心，这毫无作用。最后她请求我有时候想一想她；我以一种漫不经心的语调许诺答应她；也许她并非是认真地这样想，但反过来，我却是很严肃地对待我的诺言的。

于是，这事情结束了。如果她选择哭叫，那么我就选择痛楚；哭叫令人变得疲倦，也许她已经疲倦；一轮痛楚降临于我，它还会一轮一轮地再次来临。

关于对那两个月的使用，相关于她，我的理解力是怎样教我的？她不会悲伤到有生命危险的程度；一方面她的激情在真挚性[645]之中并不是很辩证，另一方面，相比她已经历过的，也不会有什么人能够为她提供出一个同样有利的处境:会让我这有辜的人感到恐怖,会用自己的痛苦来感动我。我的在场构成了一种对这痛楚发作的强调,这种强调是一个同情者的关怀无法达成的。[646]反思不会那么容易就抓住她,因为她已经有过一遍可观的课程。她自己所能够想到的,与我已经足够地(就是说直到厌恶的程度)让她得以完美的东西相比,不会有什么分量。她将不会对我感到任何同情;即便产生了一小点,也会马上窒息掉。她永远都不会去想,她是否也该有一小点自责,因为她还是可以以另一种做法来待我。也许她会生病,就像一个非常努力苦读应付考试的人,在考试结束之后就生病了。一个人也可能会因为这样一种病而死去,但由此推导不出一个通向 propter hoc(拉丁语:因为这个)的确定结论。[647]

就我自己而言则是这样:她通过把我逼向极端帮助了我在最可能大的程度上把我的个体人格从她那里撤回来。如果她厌倦于这一切,要为自己找到一场新的恋爱,那么,不仅我应当置身事外,而且我的全部形象也都应当被置于事外,因为,她不拥有任何我的形象,至少她是不拥有任何我蕴含有真相的形象。

七月七日。午夜。

看!这一次,我就到此为止了。我的就她而言的休眠时节开始了;我告别了。一月三日,骚动不安又重新开始。在一队守卫下岗的时候,动作上的顺序是这样的:向右转,向左转,起步走。这有足够的讽刺性,因为,我的不幸是:我既不能向右转,也不能向左转,也不能起步走。

骚动不安的时节持续了半年,那半年,现实一而再再而三地回返过来,直到我得到自由。好在这不是一整年,因为那样的话,我就会有一年的哀悼之年,[648]完全就像人们有一年的教会之年,[649]——在这样一种意义上:在我结束了旧的一年的同时,我就马上开始新的一年。

在守夜人开始叫喊的时候,一个老妇人通常会这么谈论他:现在他估计是迷路了。当然,一个迷路的人也确实是会叫喊的。这样,在骚动不安的时节里,我也是一个叫喊着的人,一个迷路的人。

我的决定是,在对她的忠诚之中,尽我最大的能力让自己继续忠实于各种理念和我的精神存在;这样,我在经验的过程中就可以确信:是精神使人活着,[650] 外体的人会毁坏而精神会胜利,[651] 受造之物会叹息[652]而精神会欢呼;这样,我可以通过精神来得到安慰并且变得快乐,放弃掉所有有限[653]的安慰依据;这样,我可以忍受下去,无需让言词的荣耀终结在这作为[654]的卑微琐碎中,无需在高谈阔论之中作见证并且通过有限[655]的各种作为来反对自己。如果我对她忠诚,我会是更完美的;如果我的精神存在参与进一场婚姻之中的日常运作,它就会更伟大,而我则会更确定而更容易地理解生活。各种级别秩序的排列就是如此。随后而来的就是我所做的事情。如果她要在毫无用处的激情之中流血至死,如果她不会通过一种帮助(在需要这帮助的时候,它[656]也许会在比我所知的距离更近的地方,或者它甚至还会更趋近地靠过来)而得救,那么,我就必须以这样一种方式去努力,把我的存在当成是两个人的存在。如果她以另一种方式来帮助自己,那么这就会给出一种盈余。

设想有一本书,它已经被印出来并且不能够被重新印刷,并且,在书里也没有可供人修改的空白处,但是在那些印刷错误中有一种读法,[657]它在意义解读的重要性方面超越了文字之中同一个地方的内容,那么,我们就只好让它和其它印刷错误一同继续存留在那里,[658]只是我们要考虑到它在意义解读上的重要性。设想有一种杂草,被从有用的种子旁移除,然后,它固然是在边上站着,固然是杂草,固然很屈辱,但是设想一下,它的名字却叫作:骄傲的亨利克。[659]

这部日记到此结束。它什么事情都没有论及,但不是像路易十六的日记那种意义上的"什么都不论及",——路易十六的日记中变换着的内容就是:某一天,狩猎;第二天,rien(法语:什么都没有);第三天,狩猎。它没有任何内容,但如果它是西塞罗所说的那些"什么都不论及的、最容易读的信函",[660]那么,有时候这"什么都不论及"的东西就是最沉重的生命。[661]

注释：

1. **鞑靼人和斯基泰人**］分别为中世纪和古代的野蛮民族。鞑靼人是俄国人对蒙古人的称呼，那是一系列游牧部落，十三世纪在成吉思汗的统治下征服了从太平洋海岸到东欧深处的极大区域。斯基泰人是古代民族，生活在黑海北面，在公元前七世纪曾多次入侵小亚细亚。

2. **海边空地**］丹麦语为 Esplanaden，是哥本哈根的一条街名，介于哥本哈根的海岸要塞和城区之间。在克尔凯郭尔的时代它是要塞和城区之间的一片平坦空旷的平地。

3. 对这句话译者稍作改写。如果直译的话就是："在生活中的这一欺骗性的自信和安全背后有着一种从不入眠而有着千百种声音的反思，如果第一种姿态变得不确定……"

4. 这句子里的两个"你"与前面的"正因此它马上就会让你显得很可疑"中的"你"都是一个泛指的代词。在丹麦语原文中是不确定的泛指性代词 man（相应于中文中泛指时所用的"人们"、"一个人"、"我们"、"你"）。

5. **像洛基的妻子把黑夜时间用于去清空苦涩之碗**］在北欧神话之中，洛基因为参与杀死巴尔德尔而受惩罚，他被用他儿子的肠子绑在三块平石块上，一条毒蛇悬挂在他的头上往下滴毒液。他的妻子西格恩坐在他身旁用碗接住滴下的毒液，但是在碗满了的时候，她必须站起来去把毒液倒掉，这样毒液就滴在洛基脸上。这时洛基受痛吼叫，于是大地震颤。

    参见 J. B. Møinichen, *Nordiske Folks Overtroe, Guder, Fabler og Helte*, s. 300.

6. **"被当作骑士安葬"的荣誉，——这是中世纪经院哲学家去世的时候，人们赋予经院哲学家的荣誉**］在中世纪，经院哲学家就是：以亚里士多德的哲学为出发点去寻求奠定基督教教会学说的基础的哲学家。一般来说，这样的一个经院哲学家会是大学教师，但从来不曾有过"被当作骑士安葬"的事情。但是，有些博学的人会在中世纪的教堂里获得特别高级的墓地，在这样的意义上可以说是相当于骑士们的安葬标准。也许文中所说的是这种安葬标准。

7. **Abracadabra**］这个词原本是说一种能驱除疾病或灾难的魔力或咒语。但是后来随着时间就转义只意味了"胡言乱语"。

8. **退去吧，你这污鬼**］指向《马太福音》(4:10)中耶稣说，"撒但退去吧"，以及《马可福音》(5:8)中耶稣说，"污鬼阿，从这人身上出来吧"。

9. 如果用日常语言说就是"有责任者，要为这相应事情负行为上的责任的人"。

10. **你就是杀人犯**］指向《撒母耳记下》(12:7)："拿单对大卫说，你就是那人。"故事在《撒母耳记下》(12:1-7)之中：先知拿单对大卫王讲一个比喻，说一个富人取了一个穷人唯一的羊羔，预备给客人吃，因这富人舍不得从自己的牛群羊群中取一只，尽管他有大群牛羊。大卫恼怒那富人，并说，这富人该死，他必须偿还羊羔四倍；这时拿单对大卫说，"你就是那人"。也就是说，大卫杀害了乌利亚,又娶了他的妻子拔示巴为妻。

11. 将人传唤到永恒之中]传唤一个人,就是说,命令一个人(必须在法庭到场)。这里所谈的这个形象就是"死亡"。就是说,她苍白憔悴得像死亡本身。

12. 在我的灵魂之中因为死亡在我的坟墓上走过而突然泛起的颤栗]在这里,丹麦的成语"死亡在我的坟墓上走过"被用来解说一种无缘无故地突然泛起的颤栗。

13. "但至少要给我一瞬间,让我的死亡为她给出一个说明:我恰恰愿为'让自己远离她'而奉献出自己的生命。"是译者的改写。按原文直译的话,这句就是"但不会比这早哪怕一瞬间,不会在我的死亡为她给出一种说明之前:我恰恰愿为'让自己远离她'而奉献出自己的生命。"

14. 寂静的绝望]这是克尔凯郭尔在 JJ 日记之中所开始的一个故事的标题。

15. 在斯威夫特成为了一个老人的时候,他被送进了他自己在年轻时代所建的疯人院]斯威夫特(Jonathan Swift,1667 - 1745 年),都柏林的英国国教司铎,英格兰作家,以厌恶人类的讽刺作品《格列佛游记》(Gulliver's Travels / Travels into several Remote Nations of the World, by Lemuel Gullive,1726)而闻名。斯威夫特多年一直害怕自己失去理智;在 1717 年或者 1718 年,在他凝视着一棵榆树的时候,他说,他愿像这棵树一样地在完全达到最高的时候才死去。在 1731 年,他写了《斯威夫特博士死亡时刻的诗句》(Verses on the Death of Dr. Swift),在之中他叙述了这死者用自己的财产来建精神病院。在 1733 年,他出版了《一个严肃而有用的计划:为不治之症患者造一所医院》(A Serious and Useful Scheme, To make an Hospital for Incurables)。所谓不治之症患者就是不可救药的傻瓜、无赖、泼妇、撒谎者等等诸如此类。斯威夫特在书中表达了自己的愿望:作为不可救药的写作狂,他自己必须被送进精神病院。斯威夫特晚年有很严重的抑郁症(最终导致精神病和呆滞)。他在遗嘱中把三分之一的财产用于在都柏林建立一所精神病医院。可参看斯威夫特《讽刺和严肃文集》的前言。所谓"他在青年时建了一家疯人院,他自己到老年就住了进去"的说法则是根据上述的材料编织出的一个神话。克尔凯郭尔的说法蕴含了对歌德在自传《诗与真》第二部分(第六-十卷)中格言的讽刺模仿:"Was man in der Jugend wünscht, hat man im Alter die Fülle"(一个人在年轻时代想要的东西,到了老年时代就被他完全拥有了)。参见 Goethe's Werke,bd. 25,1829,s. 1.

16. 在这里,据说他常常带着一个虚荣而淫荡的女人的坚韧(如果说不是完全地带着这女人的想法的话)站在镜子面前]克尔凯郭尔是从哈曼(J. G. Hamann)的《云。一篇苏格拉底回忆录之后续》(Wolken. Ein Nachspiel Sokratischer Denkwürdigkeiten)(1761)之中得知关于斯威夫特站在镜子前的说法的。

参看哈曼的 Schriften, bd. 2, 1821, s. 61f.(脚注):"wie der kindische Swift über den alten armen Mann die Achseln zuckte, den er im Spiegel sahe, und der nichts anders als sein eigener Schatten war."

17. 在一个恋爱者的脑子里冒出来]前文中有注释:"超越了所有能够在任何男人

的脑子里冒出来的东西"指向《哥林多前书》(2:9)，在之中保罗描述上帝的智慧，说那："是眼睛未曾看见，耳朵未曾听见，人心也未曾想到的。"

18. **眼里喜爱心中欲求**〕指向《以西结书》(24:21)，在之中先知说，神要求他对人们说耶路撒冷的陷落（先知的妻子之死是事先的警示）："你告诉以色列家，主耶和华如此说，我必使我的圣所，就是你们势力所夸耀，眼里所喜爱，心中所爱惜的被亵渎，并且你们所遗留的儿女必倒在刀下。"

19. **卢恩字符**〕在一些中世纪的丹麦民谣里常常会有一些古老的北欧老字符出现，所谓的卢恩字符，被当作是一种魔术字符。这些字符可以被"扔向"一个女人并强迫她去爱上一个她本来不喜欢的男人。它们出现在一些歌谣里，诸如《骑士的卢恩一击》和《骑士斯蒂格的婚礼》。另外在亨利克·赫尔兹(Henrik Hertz)的浪漫主义悲剧《斯温·迪令的家》中，卢恩字符的魔力也是一个主题。骑士斯蒂格在桌前把卢恩字符放进一只被割开的苹果里并悄悄地将之扔向他所爱的少女瑞吉瑟，但是苹果飞错了方向落到了少女朗希尔德的怀里。朗希尔德从此就热恋骑士斯蒂格，并且有着让她自己觉得很神秘的情欲；最终她自杀了。

20. **时间之充实(Tidens Fylde)**〕这个名词用来表述"到了上帝根据自己的计划想要履行自己的应许的那个时候"。这是克尔凯郭尔著作思想线索中的一个重要概念。

   克尔凯郭尔是从《加拉太书》中取了这一表述"Tidens Fylde"。见《加拉太书》(4:4)："及至时候满足，神就差遣他的儿子，为女人所生，且生在律法以下。"另参看《以弗所书》(1:10)："要照所安排的，在日期满足的时候，使天上地上一切所有的，都在基督里同归于一。"

21. **爱情的丝索就像在美国人的船缆之中**〕在歌德的中篇小说《有择之亲和力》第二部分第二章之中有说及英国（不是美国）海军的一个特别的发明：在所有缆绳（不管是松是紧）之中都有一根被缠进的无法去掉的红线，然后歌德以此类比来描述奥蒂莉的日记。我这里摘引一下人民文学出版社1999年版《歌德文集》第六卷之中的《亲和力》中的相关段落（杨武能、朱雁冰译。第265页）：

   "我们听说英国舰队有一条特殊的规定：皇家舰队的所有缆绳，从最粗的到最细的，在制作时都夹进一根红线，使之贯穿其中。不论人们用什么办法都取不出来，除非把缆绳的每一股都拆散；哪怕最细的缆绳都由此可以证明它是属于皇家的。

   同样，在奥蒂莉的日记里也有一根贯穿始终的钱，这是一根爱慕和忠诚之线，它联系着一切，标志着整体。它使所有的见解、观点、援引的格言以及其他可能出现的东西都具有作者本人的特点，而且只对于她才有意义。我们在这儿选出和抄录的每一个段落都有力地证明了这一点。"

   参见 Goethe's Werke, bd. 17, 1828, s. 212.

22. **出自沉郁之最遥远的黑暗**〕在《马太福音》(8:12)中有这句："惟有本国的子民，竟被赶到外边黑暗里去。在那里必要哀哭切齿了。"

23. 爱情的隐秘成长在我的面前赏心悦目地进行着,我看着它渐渐长大]《路加福音》之中有两段,一是(2:40)"孩子渐渐长大,强健起来,充满智慧。又有神的恩在他身上。"一是(2:52):"耶稣的智慧和身量,并神和人喜爱他的心,都一齐增长。"

24. 像报复第欧根尼那样报复他]在第欧根尼·拉尔修的《哲学史》第六卷第二章中有这样一个故事:犬儒主义哲学家,锡诺普的第欧根尼(约公元前 400 – 前 325 年)浑身湿透地站着,这样,站在周围的人们产生了对他的同情。但是,路过的柏拉图则揭示了第欧根尼的虚荣心,他对人们说:如果大家真的要可怜他,那么大家就应当离开。

25. **高中**]丹麦语为 den lærde Skole,直译是"博学学校",也就是"拉丁语学校",为上大学作准备的学校。在这一从宗教改革时期确立的学校形式中,各种古典语言是这类学校的主要教学内容。

26. **Phormio**]特伦提乌斯指罗马作家"非洲的特伦提乌斯"(Publius Terentius Afer,约公元前 185 – 前 159 年),他写有六部喜剧,其中包括《福密俄》(*Phormio*)。

27. **费德里亚……被迫随着她去上学和回家**]在第一幕第二场,奴隶格塔对自己的朋友(也是奴隶)达夫斯说,他的主人德米索与自己的兄弟克莱梅斯在同一时间里外出旅行。这样他就要照看德米索的儿子安提福和克莱梅斯的儿子费德里亚。格塔讲述说,费德里亚疯狂地爱上了一个年轻的齐特拉琴女琴手。这女孩却是一个奴隶,她的主人是一个很卑鄙的家伙。在克莱梅斯离开的时候做好了不让费德里亚随便用钱的安排,这样费德里亚就无法支付这女琴手,于是他就没有别的可能,只好用眼睛追随她,她去哪里,他就跟到哪里。他随着她去音乐学校上学和回家。格塔和安提福因为没有什么别的事情,所以也和费德里亚一起去跟随女琴手。

28. **ex advorsum ei loco / Tonstrina… dum inde rediret domum**]拉丁语。几乎是对《福密俄》第一幕第二场第 38 – 40 句的准确引用。原文为:"exadversum ei loco/tonstrina erat quaedam, hic solebamus fere/plerumque eam opperiri, dum inde iret domum."这是格塔对达夫斯说的话。见 *P. Terentii Afri Comoediae sex*, M. B. F. Schmieder 和 F. Schmieder 出版,第二版 Halle 1819 [1794], ktl. 1291, s. 415.

29. **为什么 dum 在这里决定虚拟语气**]拉丁语的连接词在虚拟语气的关联上有着"直到……"的意思——如果这之中暗示了一种意图的话。

   这句话可以这样理解:"为什么 dum 这个词在这里的出现决定这句句子的语气是虚拟语气"。

30. 这里所谈论到的语法现象都是拉丁语中的。丹麦语为"Men det er Phædria, der venter, og han venter, blot hun dog…"Hong 的英译本在这里多加了"in a mood of"("But it is Phaedria who is waiting, and he is waiting *in a mood of*: If only she…"),似乎是为了说明这语法现象。F. Prioret M. -H. Guignot 的法文版和 Emanuel Hirsch 的德文版都没有做这样的添加。

31. 骰子就被撒出了〕指向一句据说是凯撒说过的话。在凯撒在公元前49年离开自己的省份作为军事首领与自己的军队一同越过卢比肯河(卢比肯河是意大利本土和诸省间的边界,并且作为将领是不能与自己的军队一同越过这河的)的时候,他说"Jacta est alea"(骰子已被掷出)。这是一个违法的决定,由此引发出了罗马的第二次内战。这内战导致了凯撒的独裁。见罗马历史学家斯维通(Sveton)所写的《十二凯撒生平》(De vita Caesarum),1,32。
32. 就是说,要么与她结婚,要么就这辈子不结婚。
33. 这一句可以简化地翻译为"我并没有想要去测试她或者按人们所说的'要去认识她'",但是因为"思虑烦扰"要与后面路加福音中的引文呼应,所以没有作简化。
34. 马大,马大,你为许多的事,思虑烦扰。但是不可少的只有一件〕引自《路加福音》(10:41)。
35. 爱人的保姆增进了骑士与爱人之间的理解〕不知这说法是否有典故。"爱人的保姆"在丹麦语原文中是一个西班牙外来语词Duenna(女士),意思是:"通过自己的在场而使得一个人(尤其是少女)不至于有不得体的言行"的女人。
36. 强化(potensation),就是说:使力量增强的努力。
37. 也就是说,也许这是最好的机会了。
38. 自然欺骗〕就是说,借助于本性(在这里是炽热的感情),而不是借助于精神或者智性,做出的诱惑。在草稿中有这样的对比:"任何雄辩或者狡智的欺骗都没有时间或者机会,一种炽烈感谢的自然欺骗也没有。"在从前,丹麦语的"欺骗"这个词,可以意味"诱惑"或者"引上歧途"。
39. 叫喊几点钟的守夜人〕在哥本哈根和其它商城有着守夜人团队,他们要点鲸油街灯,维持安宁和秩序,阻止人们在街上乱扔垃圾并且警告人们预防火灾。另外,守夜人在城里的街上巡行时,每半小时要叫喊钟点。哥本哈根的守夜人团队成立于1683年,解散于1862年。几年后,煤气街灯取代了鲸油街灯。
40. 你这肌肉强健动作敏捷的运动员……保持着你在地面上的立足点〕在这里涉及了两个神话典故。一个是希腊神话,在其中,巨人安泰因为自己与地母盖亚的关联而不可战胜,只要他和地面有着接触。赫拉克勒斯则把他举离地面而扼死了他。一个是北欧神话,在其中托尔在旅行经过巨人国度约顿海姆(或译"肴仝海姆")时试图举起一只猫,托尔越是用力,这猫就越是伸展开自己,最后他只是让这猫抬起了一条腿。后来乌德皋斯洛克(或译"乌特迦洛奇",但不是北欧诸神中的"洛基")泄露出这秘密:这猫其实是尘世巨蟒(或译"米德高巨蠕"),而托尔其实已经把它举得很高而使得它的头和尾几乎无法接触地面。
41. 林中巫婆的拥抱令罗兰的侍从们厌恶〕这一典故出自德国作家和讽刺童话家穆塞乌斯(Johann Karl August Musäus,1735-1787)的童话《罗兰的侍从们》,讲罗兰侯爵的三个侍从落在一个老巫婆的手里,她强迫他们每个人必须陪她一夜,然后才可以继续旅行;这样,每个性爱之夜使得她年轻三十年。

参见Musäus,*Volksmährchen der Deutschen*,bd. 1,s. 155-220.

罗兰侯爵是《罗兰之歌》的主人公,他是查理曼大帝手下最好的十二圣骑士之一,也是查理曼大帝的远亲。

42. 像使徒对瘫痪者所说的那样说:金银我都没有,只把我所有的给你,站起来,健康!] 见《使徒行传》(3:6),彼得说:"金银我都没有,只把我所有的给你,我奉拿撒勒人耶稣基督的名,叫你起来行走。"

43. Estne adhuc sub judice lis] 拉丁语:难道这案子仍在法官面前吗? 就是说,难道这案子仍尚未得到决定吗? 这是对贺拉斯做了改动后的引用(Horats' Ars poetica, v. 78: "et adhuc sub iudice lis est." "这争论还没有结果吗?")。

44. 我保留下"我的存在"中的意义。

45. 我走在石板道上并且有着行道权] 哥本哈根的"行道权"是在1810年通过警察局公告而开始实施的:如果一个人走在人行道上,并且流水沟是在他的右边,那么在他与面对面走过来的人相遇时,他就有权继续向前走,而对面走来的人必须为他让道。

46. 流水沟的挡板] 在克尔凯郭尔的时代,还没有地下的下水道,而只有流水沟系统把居民家里排出的废水引到港口。这些流水沟一般都覆盖有挡板。

47. 凯斯贝尔·豪瑟尔能够透过许多层布料感觉到金属] 凯斯贝尔·豪瑟尔(Kaspar Hauser,约1812-1833)是一个德国的弃儿。1828年5月26日十六岁的凯斯贝尔·豪瑟尔突然在纽伦堡出现,跟跄地走在街上,引起了旁人注意。但他既不知道自己从哪里来,也不知道自己是谁,他说自己一直被关在黑暗和孤独之中。后来是一些政府公务员和保育员照顾他,直到他被神秘地毒死。当时有很多文章讨论凯斯贝尔·豪瑟尔之谜,包括哥本哈根的一些报刊。许多文章给出的凯斯贝尔·豪瑟尔有特殊敏感的感觉力的例子。有一本书谈及了凯斯贝尔·豪瑟尔对金属的敏感性,见 Anselm Ritter von Feuerbach, Kaspar Hauser. Beispiel eines Verbrechens am Seelenleben des Menschen, Ansbach 1832, s. 109-113.

48. 被神化过程(Apotheose)] 高升为神;神化。在古代罗马有这样的传统:死了的皇帝获得一个"神化过程",就是说被宣布为"已进入诸神之列"而开始被崇拜。

49. 同知者,也就是说,共同知道秘密的知密者。

50. 换一种说法就是:"那依据于其本性在这些最隐蔽的想法中作为同知者的力量",亦即,这力量是这样的力量:它依据于其本性,在这些最隐蔽的想法中,是同知者。

51. (对此前面有过注释)旧时,在丹麦有这样的淋浴设备:一个木桶,在桶口表面沿一直径的两点上以钉钩挂起,这桶以钉钩两点处为支撑点可以摇晃。在桶的一边与直径相对最远的点(与钉钩两点所构成的直径的平行的线和桶圈相切的点)上拴有绳索,一拉绳索,水桶就会晃动,乃至翻覆。桶上面有水管,水从水管流进桶中。水桶里的水满了,沐浴人一拉绳索,水就泼下,供之淋浴。

52. 准备好让自己的灵魂进入忍耐] 在《路加福音》(21:19)之中有这说法:"你们常存忍耐,就必保全灵魂。(或作必得生命)。"

53. **悲伤之面纱**]戴面纱是哀悼的标志。这说法也可以意味女人去修道院作修女。
54. **《圣经》所说的在墓中没有记念**]指向《诗篇》(6:5):"因为在死地无人记念你,在阴间有谁称谢你。"
55. 这一句可以这样理解:我知道"什么是坠入爱河",但是,这之中的新的东西有点让我感到莫名其妙;这新的东西就是:一个人明确地知道了,"自己的恋爱对象是属于自己的"这一事实是有着保障的,他明确地知道"她是我的,永远是我的",——这就是"订婚"的意义吧。
56. **"作母亲"的情形就是这样的吗? 在双胞胎的争执在子宫里开始的时候,拉结抱怨说**]在《创世记》(25:22)之中,以撒的妻子利百加抱怨说:"孩子们在她腹中彼此相争,她就说,'若是这样,我为什么活着呢?'她就去求问耶和华。"拉结则是雅各(以撒与利百加所生的儿子)的妻子。
57. 这里的一个从句,丹麦语是"Ideen bryder sig i Tanken og Sproget",意思是,这理念"在思想和语言之中"爆发出来,而不是爆发"进思想和语言"。因此 Hong 对此的翻译——"the idea that bursts *into* thought and language"是有偏差的。F. Prioret M. -H. Guignot 的法文版是"l'idée se réfracte dans la pensée et dans la langue";Emanuel Hirsch 的德文版是"die Idee in Gedanke und Sprache sich bricht"。
58. 对于直接的人,"那种在思想和语言之中突发出来的观念"和"缺乏这种质地的观念"之间并不存在绝对的区分。
59. **夜思**]暗示了扬(Edward Young)的同名诗歌"夜思"——《控诉,或者关于生命、死亡和不朽的夜思 / *The Complaint or Night-Thoughts on Life*,*Death*,*and Immortality*,1742-1745》。见前面关于"扬"的注释。
60. **从前军队里使用一种非常残酷的惩罚,骑木马**]木马是一种刑具。有一块竖立起来由四条腿或者两条腿支承着的窄木板。受惩罚者跨坐在木板上,通常在脚上绑有重物,比如说大木块等。它不仅仅是军队里的刑具,也是地主用来惩罚农民的刑具。到十八世纪末才被废除使用。
61. 如果我想要观察"针对'我的所谓最亲近者们'的绝对沉默"……
62. **styli novi**]拉丁语:根据新的计日方式。就是说从儒略历改成格里历之后的计日方式。

儒略历是由罗马共和国独裁官儒略·恺撒采纳埃及亚历山大的希腊数学家兼天文学家索西琴尼计算的历法,在公元前45年1月1日起执行,取代旧罗马历法。一年设12个月,大小月交替,4年一闰,平年365日,闰年于2月底增加一闰日,年平均长度为365.25日。由于累积误差随着时间越来越大,1582年后被教皇格里高利十三世改善,变为格里历,即沿用至今的公历。

与儒略历一样,格里历也是每4年在2月底置一闰日,但格里历特别规定,除非能被400整除,所有的世纪年(能被100整除)都不设闰日;如此,每四百年,格里历仅有97个闰年,比儒略历减少3个闰年。格里历的历年平均长度为365.2425日,接近平均回归年的365.242199074日,即约每3300年误差一日,也更接近春分点回归年的 365.24237 日,即约每 8000 年误差一日;而儒略历的历年为 365.25 日,约每 128 年就误差一日。到 1582 年时,儒略历的春分日(3 月 21 日)与地球公转到春分点的实际时间已相差 10 天。因此,格里历开始实行时,将儒略历 1582 年 10 月 4 日星期四的次日,改为格里历 1582 年 10 月 15 日星期五,即有 10 天被删除,但原星期的周期保持不变。格里历的纪年沿用儒略历,自传统的耶稣诞生年开始,称为"公元",亦称"西元"。

丹麦是在 1700 年从儒略历改向格里历,在儒略历的 2 月 18 日之后就直接进入了格里历的 3 月 1 日。

63. **生产风**]生产乌有;分娩生出虚无。这一成语指向《以赛亚书》(26:18):"我们也曾怀孕疼痛,所产的竟像风一样"。

64. **坦塔洛斯之果实**]根据希腊神话,坦塔洛斯是弗里吉亚的国王。他因为对诸神犯罪而被打入冥界塔耳塔罗斯。在那里,他必须站在湖中,当他口渴想喝水时,水就退去;他的头上有果树,但在他想要摘果子时,果子就消失。

65. ……因为对于我来说,在"对他的报复"和"他可能会对她造成的伤害"之间不存在可比的关系。

66. **用做肉肠的木棒来煮汤**]这是一句俗话。用做肉肠的木棒来煮汤,就是说,是煮清汤。作为一种比喻,是说,从乌有之中做出一些什么来。做肉肠的木棒是一根小木棒,在人们做肉肠的时候被放在肉肠的一端,用来封住肉肠。因为这木棒被反复用,所以人们要通过用水煮来清洗每一次用过的木棒。

67. **浓汤**]浓汤是指作为卤汁的浓肉汤。上面提到的俗语原本为:用做肉肠的木棒来煮浓汤。

68. 日记的作者的意思似乎是只有通过欺骗才能够表达出真实,乍看之下,这说法的意思不是很清楚。但是如果读者读了后面论文中对"基旦"(亦即日记之作者)的论述,就能够明白,"欺骗的形式"对于基旦是日常存在的需要。他是"一个特别类型的热情狂想者"。参看《给读者的信》的引言部分的倒数第二段落。

69. **三个等级的法院权威**]丹麦的三种等级的法庭组织,一级比一级具备更高的权威。在哥本哈根的法庭系统里,从 1771 年起只有两个等级的法院:第一级是宫廷法庭与城市法庭(从 1805 年起是"全国各地法庭及宫廷法庭与城市法庭",在 1919 年被改成"全国法庭与哥本哈根城市法庭");第二级是最高法庭。在西兰岛其它地区则有三个等级:当地城区法庭为第一级,全国各地法庭及宫廷法庭与城市法庭为第二级,最高法庭为第三级。

70. **哈利奎恩和皮耶罗**]意大利文艺复兴时期"即兴喜剧"(dell'arte-teater)中的角色。哈利奎恩是身穿颜色鲜艳的紧身衣、头戴华丽的面具的丑角,他是一个仆人,身怀各种机械性的戏法,并且深爱着柯伦比娜;而皮耶罗则是白衣白面红唇的小丑,也是一个仆人,但很笨。

71. **耶罗尼姆斯或者卡桑德尔**]卡桑德尔"即兴喜剧"(dell'arte-teater)中的角色(见前面的注释),柯伦比娜的父亲。尽管他不喜欢哈利奎恩和自己的女儿结合,但他还是认了哈利奎恩作为自己的女婿。

耶罗尼姆斯则是霍尔堡的喜剧《埃拉斯姆斯·蒙塔努斯或者拉斯姆斯·贝尔格》中的角色,一个喜欢叨叨的老人,想要阻碍年轻人的爱情,但他被帮助年轻人的仆人们愚弄,有情人则终成眷属。

72. **在处决犯人时列队行进的卫兵**] 哥本哈根卫队在公开实施刑罚或者处决犯人的时候作为警察的一部分在阿玛戈尔的街道广场上列队行进,但是仍听从卫队尉官的指挥。

73. **神学的行进方式,……没有"第三者"**] 在亚里士多德那里,神学是作为"第一哲学"出现的,亦即论述各种至高原则的学科。第一哲学没有任何(直接的)证明;在这里所用的是间接的行进方式。克尔凯郭尔也许是在暗示这非直接的辩证的方法:那要为自己的陈述作辩护的人面对着一个问题,这问题是以这样的方式被表述的——它只有非此即彼相互排斥并且也排斥第三者的答案。就是说,A 或者非 A,——或者像这里的情形:恶棍或者非恶棍,愚人或者非愚人。按亚里士多德的观点,这一"排除第三者"的逻辑原则,它能够被用在"第一哲学"之中,但是在我们谈论公正的时候,它就无法被用上。因为在公正之中,那决定性的东西恰恰就是一个介于两个极端之间的第三者(中点)。参看《尼各马可伦理学》第二卷第八章和第五卷第一章。

在克尔凯郭尔 1842 - 1843 年间的一个笔记中,他留意到这一第一哲学中的模棱两可:它"时而是本体论,时而是神学"(参见 *Pap*. IV C 45[Not13:27])。也许克尔凯郭尔是把"神学的行进方式"这一表述与对于"被排斥的第三者"的要求联系在一起,以便将之与"正义"的层面对立起来,亚里士多德认为它不属于"正义"的层面。

另外在《恐惧的概念》中,克尔凯郭尔也谈及了亚里士多德的第一哲学问题,见社科版《畏惧与颤栗恐惧的概念致死的疾病》第 159 - 160 页:

如我们所知,亚里士多德使用命名词**第一哲学**并且首要地是以之来标示形而上学,虽然他同时也在之中收取了一部分按照我们的概念是属于神学的东西。在异教世界中,神学必须在这"第一哲学"中被论述,这完全有它的道理;这是一种对于"无限的渗透性反思"的匮乏,正如同样的匮乏使得异教世界中的戏剧具有一种"敬神礼拜"的实在。如果我们现在想要从这种模棱两可之中抽象出来,那么我们可以保留这命名词并且把第一哲学理解为这样的一种科学总体:我们可以将之称为"异教民族文化的科学总体",它的本质是内在,或者以希腊的方式说,"回忆",而把**第二哲学**理解为那种"其本质是超越或者重复"的哲学。

74. **莎士比亚**] William Shakespeare(1564 - 1616 年),英国剧作家和诗人。

75. **《辛白林》之中的伊摩琴**]《辛白林》是莎士比亚的悲喜剧。故事发生在公元前后,辛白林是不列颠国王的名字。辛白林与去世的王后所生的女儿伊摩琴是剧中的女主人公。作为王位继承人的伊摩琴与青梅竹马的恋人普修默私定终身,令辛白林大怒,一气之下将普修默放逐到遥远的罗马。遭放逐的普修默深信,伊摩琴会对他忠贞,但普修默的朋友埃契摩却认为不会。两人打赌,若埃契摩能取到公主手上的手镯，普修默便输，并将戴在自己手上象征爱情的戒指输给他。埃契摩为了获得手镯，使出各种谎言与骗术，向伊摩琴求爱，但聪明的伊摩琴化解了埃契摩所有的诡计，证实了自己的忠诚。

76. **Falsch seinem Bett?… erwachen gleich in Schreckensthränen?**］这段德语是莎士比亚的《辛白林》第三幕第四场中，伊摩琴收到普修默来信指责她"不贞于婚床"的指责时所说的。克尔凯郭尔所引是施莱格尔（A. W. Schlegel）和蒂克（Ludwig Tieck）的德语译本。

77. **Heißt das nun falsch seyn seinem Bette? heißt es?**］这段德语紧接着前一注释的台词，是莎士比亚的《辛白林》第三幕第四场中伊摩琴的台词。

78. **她不可以给出誓言或者发誓**］在克尔凯郭尔的时代并没有特别的规定限制女人在法庭做见证的时候立誓。但因为一个女人的财产是由丈夫控制的，所以女人很少有可能出庭。

79. **苏格拉底会不会明白对"爱丑陋者"这一解释呢**］这里指的可能是色诺芬《回忆苏格拉底》之中（第二卷第六章第32节）苏格拉底与克里托布洛斯的对话。当然，这对话不是在说爱女人，而是在说吻一个男人。苏格拉底认为，应当去吻那些丑陋的人，因为他们会愿意接受，并且相信他们是因为其灵魂的美丽而被认为是美的。

80. 直译为：如果我沿着这条路赢得了一个公共的出发点。

81. 这话的意思是"我已经提前领取了我的酬报并且用掉了我所领取的酬报，所以我不能事后再去领取酬报"。

    我已弄掉我的酬报］指向《马太福音》（6：2；6：5；6：16）的表述："他们已经得了他们的赏赐。"

82. 原文是拉丁语 examen artium，指丹麦的高中毕业的考试。凭这一考试的成绩，可以申请大学入学。

83. **那些站在东街的情场半吊子**］东街是哥本哈根商业街斯特律的属于高档的一头，有许多游手好闲年轻人喜欢在那里与女孩们调情冒充情场老手。

84. **亚里士多德怎么说呢**］在《前分析论篇》（*Analytica priora*）第二卷第四章（56b 4 - 57b 17）中，亚里士多德展示了，在三段论演绎之中，尽管各个前提都完全或者部分地不成立，结论仍可以是完全正确的。

85. **涡**］有许多希腊哲学家设想在宇宙中有着一种不断的漩涡运动。阿那克萨哥拉（约公元前500 - 前428年）宣称宇宙是由质的粒子在运动（"涡"）构成，这运动是由一种宇宙的意识（努斯）启动的。德谟克里特（约公元前460 - 前400年）和留基伯（Leukippos，公元前五世纪）如此假设，一切都是那空洞中运动的原子。诗人阿里斯托芬在喜剧《云》之中嘲笑这一理论，他让剧中的苏格拉底强调，至高的神不是宙斯，而是"空气之涡"（第一幕第六场第380句）。

86. **拇指夹**］一种夹拧拇指的酷刑刑具。

87. **还不曾与属血气的人商量**］指向《加拉太书》（1：15 - 16），保罗写道："然而那把我从母腹里分别出来，又施恩召我的神，既然乐意将他儿子启示在我心里，叫我把他传在外邦人中,我就没有与属血气的人商量。"

88. per tot discrimina〕拉丁语:经过了如此多的危险。引文出自维吉尔的《埃涅伊德》第一卷第 204 行。
89. 这里在原文中的丹麦文是 Slægten。在现代的意义上,是"亲戚,家族;代(一代人);族类"的意思。在克尔凯郭尔那里常常是指"人类"。现在,我参考的三个版本有不同的翻译,Hong 的英文版译为"the kinsfolk"(亲属们),EmanuelHirsch 的德文版译为"das Menschengeschlecht"(人类),F. Prior et M.-H. Guignot 的法文版译为"la génération"(一代人),我同意德文版的解读。
90. 这一句也可以改写为:"在每一个季节,人类都为这样一种幸福而骄傲,这种幸福'使得我们获得过多的至福从而无法为幸福而骄傲'。"
91. **在期待之荒漠之中忍受,如果她思念在埃及更安全的生活**〕指向《出埃及记》(16:3),上帝把以色列人众带出了埃及的奴隶生活之后,以色列人跟着摩西在沙漠里行走,他们向摩西和亚伦发怨言说:"巴不得我们早死在埃及地耶和华的手下,那时我们坐在肉锅旁边,吃得饱足。你们将我们领出来,到这旷野,是要叫这全会众饿死啊。"
92. **人的生命,它就像草,明日枯干**〕指向《以赛亚书》(40:6-8):"凡有血气的,尽都如草,他的美容,都像野地的花。草必枯干,花必凋残,因为耶和华的气吹在其上。百姓诚然是草。草必枯干,花必凋残,唯有我们神的话,必永远立定。"
93. **超越到所有理解力之外**〕"超越到所有理解力之外",在《圣经·腓立比书》(4:7)中被译作"出人意外":"神所赐出人意外的平安,必在基督耶稣里,保守你们的心怀意念。"
94. ZuBett... muß auch zu Bett〕德语。直译是:"上床,上床,有情人的人 / 没有情人的人,也得上床。"这是一支童谣的变种版本。原文为:"Zu Bett, zu Bett, / Die ein Kindle hätt, / Die keines hätt, / Muß auch zu Bett"("上床,上床,有小宝宝的人 / 没有小宝宝的人,也得上床")。

  参见 Arnim og Brentano, *Des Knaben Wunderhorn. Alte deutsche Lieder*.
95. **上帝以自己的形象创造了人,反过来人则以自己的形象构建出上帝**〕这是对德国哲学家利希滕贝格的名句的歪曲性引用。利希滕贝格不是说"反过来"而是说"这也许就意味了"。原文是:"Gott schuf den Menschen nach seinem Bilde, das heißt vermutlich, der Mensch schuf Gott nach dem seinigen"(这个句子出自"Bemerkungen vermischten Inhalts"第一部分"Philosophische Bemerkungen"。见《利希滕贝格的文稿》(*G. C. Lichtenbergs vermischte Schriften*)第一卷(1801 年版)第 162 页)。
96. **出自早期路德教义的极其严格的陶冶书**〕可能是指德国神学家约翰·阿尔恩特的《真正基督教四书》(Johann Arndts, *Vier Bücher vom wahren Christenthum*, 1605-1610 年)。阿尔恩特强调一个人必须借助于自己的心灵来吸收信仰,比如说,基督教的教义必须实施在日常行为之中。

97. 这一介于"聪明"和"抽象理解的纯伦理宗教的义务"之间的冲突……
98. 备受敬仰的诗人们,人们在一场午宴中网罗到他们的各种表述并将之出版〕也许是指艾克曼的《歌德对话录》(Johann Peter Eckermanns, *Gespräche mit Goethe in den letzten Jahren seines Lebens*)。但是在这本书中没有任何关于"魔鬼从不公开自己"的说法。
99. 达赖喇嘛的排泄物〕达赖喇嘛是藏传佛教中格鲁派(黄教)转世传承的领袖的名字。达赖喇嘛被视为是观世音菩萨的化身。因为是观音的化身,所以他所触及的一切东西都被视作是带有观音菩萨的祝福。达赖喇嘛的大便和尿液被看成是很重要的一种药。
100. 《旧约》中展示了足够多的"聪明"的例子,这种聪明是受上帝喜欢的〕在《创世记》(37-50)中约瑟,在《列王记》(1-11)中所罗门,被描述为聪明和智慧的人。《箴言》(8),尤其是之中的第34-36句,是讲智慧的。次经《便西拉智训》从(14:20)到(15:10)以及(19:18)是讲智慧的。
101. 基督在晚期对自己的弟子说:我起先没有将这事告诉你们〕指向《约翰福音》(16:4),耶稣在对弟子预言了人们将会迫害他的弟子之后,说:"我将这些事告诉你们,是叫你们到了时候,可以想起我对你们说过了。我起先没有将这事告诉你们,因为我与你们同在。"
102. 他有更多要对他们说,但是时间未到,他们尚不能承受〕指向《约翰福音》(16:12),耶稣对弟子说:"我还有好些事要告诉你们,但你们现在担当不了。"
103. 对……这一伦理关系的目的论的悬置〕目的论的悬置:就是说,出于某种特定目的的需要而暂行取消或中止。参看《畏惧与颤栗》中的"问题一:是否存在一种对'那伦理的'的目的论的悬置"。见《畏惧与颤栗·恐惧的概念·致死的疾病》,中国社会科学出版社,第51-62页。

"这一伦理关系"就是"要完全地说出真相",亦即这两者是同位语。
104. 因为自己的内闭而伟大,他站出来让自己作为诗意处理的对象〕也许是指莎士比亚戏剧《哈姆雷特,丹麦的王子》中的主人公哈姆雷特。哈姆雷特回到丹麦王宫参加自己的父亲前国王的葬礼。他得到风声,父亲是被父亲的弟弟克劳狄乌斯谋杀。他还得知自己的母亲格尔特鲁德在克劳狄乌斯谋杀前国王之前就与他有过关系。这些秘密是他无法与任何人共享的,并且它们也妨碍他去投身于他所爱的并且也爱他的奥菲丽娅。他把自己所知的东西和自己的沉郁一同隐藏在一种双重游戏的背后,在他等待机会为父亲复仇的同时,这种双重游戏使得他对于周围的人(甚至有时候也对于他自己)成了一个谜。参看后面法拉他·塔希图尔努斯的"给读者的信"中的附录"对莎士比亚的《哈姆雷特》的一瞥"。
105. 思辨不正要构建出这世界史进程吗〕"思辨"是指向黑格尔《哲学史讲演录》(*Vorlesungen über die Philosophie der Geschichte*, E. Gans, 1837年)中的历史哲学。在历史哲学中,世界史作为人类的向着自由的漫步而被解读或者说"构建"出来。黑格尔自己谈论一种哲学意义上的历史书写,之中哲学的成分在于：哲学向人们交付"der einfache Gedanke der Vernunft, daß die Vernunft die Welt beherrsche, daß es also auch in der Weltgeschichte vernünftig zugegangen sey"（简单的理性想法：'理性主宰世界'以及'在世界历史中事物也是有着理性前进着'）。参看 *Hegel's Werke*, bd. 9, 1840, s. 12.

106. 这一句（丹麦语"tryg ved Udfaldet kan man godt forstaae ham"），Hong 的英译（"assured by the outcome that we shall be able to understand him very well."中文可译为"由'人们对能够很好地理解他'的结果所确保"）有着偏差，但是，如果去掉"that"，把"assured by the outcome"作为条件状语，并且把后面的部分作为主句，差不多就准确了。

　　F. Prioret M. -H. Guignot 的法文版是"sûr du résultat, on peut très bien la comprendre"；Emanuel Hirsch 的德文版是"dank der Bürgschaft des Erfolgs kann man alles gut verstehen"。

107. "说出真相"这一义务］指向《以弗所书》(4:25)："所以你们要弃绝谎言，各人与邻舍说实话。"

108. 一个要求人"使用自己的聪明"的义务］可能是指向《以弗所书》(5:15-17)，在之中保罗写道："你们要谨慎行事，不要像愚昧人，当像智慧人。要爱惜光阴，因为现今的世代邪恶。不要作糊涂人，要明白主的旨意如何。"以这段经文为出发点明斯特主教（J. P. Mynster）发表了"正确的聪明"的布道书。

109. 这里的这个"去行动"(athandle)是一个动词不定式，译成英文就是"to act"。

110. "……现在，如果人们想要通过一种命名来筛选出这些人……"，如果按照原文直译的话，那么这句在这里就应当是"……现在，如果人们想要通过一种筛选出这些人的命名来进行筛选，如果人们想要筛选出这些人……"，这句话显得有点啰嗦，而且我对照了 Hong 的英文版，EmanuelHirsch 的德文版，发现他们都进行了简化，而 F. Prior et M. -H. Guignot 的法文版也在结构上有所改写，因此我也做了稍稍简化。未作简化的整句翻译句为："这些人经历了'去行动'，而这'去行动'则是每个人都得到许可能够去经历的事情，现在，如果人们想要通过一种筛选出这些人的命名来进行筛选，如果人们想要筛选出这些人，那么，人们就可以把'那魔性的'当作一种总类来使用，并且做出如此的划分：每一个个体人格，如果他，只是通过自身而不借助于任何中间定性（在这里是针对所有别人的沉默），与理念发生关系，那么他就是魔性的；现在，如果这理念是上帝，那么这个个体人格就是宗教性的，如果这理念是'那恶的'，那么这个个体人格就在更严格意义上是魔性的。"

111. **体系**］"体系"想来是指黑格尔的哲学。

112. **私掠财富**］私掠船是国家许可的海盗船，战时获特准攻击敌方商船。私掠为国家迅速增添财富，在 1807-1814 年间，丹麦与英国和瑞典发生战争的时候，丹麦私掠船就在丹麦水域攻击英国和瑞典的商船。

113. **要去构建出一个体系而不把伦理包括在体系内**］这里再现了当时人们对黑

格尔哲学的比较普遍的反驳:它不包含任何伦理。对于黑格尔,绝对精神在国家之中展示出自身,因此在原则上就不存在国家法令和至高道德原则之间的差异,其他人是把至高道德原则领会作上帝的意志。

114. **那不可少的一件**]见前面注释。或参看《路加福音》(10:41 - 42)。

115. **全知者**]就是说,上帝。参看《巴勒的教学书》(*Balles Lærebog*)第一章"论上帝及其性质"第三节《圣经》中关于上帝及其性质的内容,第四小节:"上帝是全知的,并且不管什么事情,已发生、或者正发生、或者在未来将发生,他同时都知道。我们的秘密想法无法对他隐瞒。"

116. **将我从生者的数目中删除掉吧**]指向《诗篇》(52:7):"神也要毁灭你,直到永远。他要把你拿去,从你的帐棚中抽出,从活人之地将你拔出。"

117. **一个麻风病人的自省**]这是克尔凯郭尔在 JJ 日记中开始的一篇短篇小说的标题。

118. **麻风病人西门**]麻风病人西门是耶稣在伯大尼时所拜访的一个人。见《马太福音》(26:6)。但是我们不能确定地知道这个西门的其它事情。克尔凯郭尔只是借用了名字。

119. **跑到坟茔里去吧**]指向《马可福音》(5:2 - 6),之中说耶稣遇到一个污鬼附身并且住在坟茔里的人。

120. **一个人没有伴是不好的**]参看《创世记》(2:18),上帝在创造了亚当之后说:"那人独居不好,我要为他造一个配偶帮助他。"

121. **玛拿西**]《旧约》里,约瑟的长子叫玛拿西(《创世记》41:51),他被接受进雅各的儿子一列,因此成为以色列十二支的一支的祖先。另外公元前 696 - 前 642 年犹大王国的第十四任君主也叫玛拿西。参看《列王纪下》(21:1 - 18)。

122. **祭司必定会宣布我们是健康的**]在《利未记》的第 13 - 14 章中,上帝给了摩西和亚伦关于麻风病的处理条例。祭司按照这些条例对麻风病做出审视辨诊和处置治疗。另外在《路加福音》(17:14)中说到十个麻风病人获耶稣的治疗:"耶稣看见,就对他们说:'你们去,把身体给祭司察看。'他们去的时候就洁净了。"

123. **父亲亚伯拉罕的神**]亚伯拉罕下传儿子以撒再下传孙子雅各,是以色列人的祖先,所以叫作父亲亚伯拉罕。上帝与亚伯拉罕定约,许诺亚伯拉罕的子孙将多如星辰之数并且拥有迦南的土地,见《创世记》第 15 和 17 章。在《旧约》里上帝被称作是"亚伯拉罕的神",通常也被称作"亚伯拉罕的神,以撒的神,雅各的神",见《出埃及记》(3:6)。

124. **一同坐席**]指向《马太福音》(8:11),一个迦百农的百夫长宣布自己对耶稣的信心,说耶稣只用一句话就能够使得他的仆人恢复健康。耶稣说:"从东从西,将有许多人来,在天国里与亚伯拉罕,以撒,雅各,一同坐席。"

125. **一件微不足道的东西,在他们自己有着盈余的时候**]指向《马可福音》(12:41 - 44):"耶稣对银库坐着,看众人怎样投钱入库。有好些财主,往里投了若干的钱。有一个穷寡妇来,往里投了两个小钱,就是一个大钱。耶稣叫门徒来,说:'我实在告诉你们,这穷寡妇投入库里的,比众人所投的更多。'因为他们都是自己有余,拿出来投在里头。但这寡妇是自己不足,把她一切养生的都投上了。"

126. 给予他们丰盛的甘露和五谷以及幸福时光〕指向《创世记》(27:28),之中以撒以为自己的儿子雅各是另一个儿子以扫,他做出祝福:"愿神赐你天上的甘露,地上的肥土,并许多五谷新酒。"

127. 造更大的仓库,给出比仓库更大的盈余〕指向《路加福音》(12:16-21)中关于富农的比喻:"有一个财主,田产丰盛。自己心里思想说:'我的出产没有地方收藏,怎么办呢?'又说:'我要这么办:要把我的仓房拆了,另盖更大的。在那里好收藏我一切的粮食和财物。然后要对我的灵魂说:灵魂哪,你有许多财物积存,可作多年的费用。只管安安逸逸的吃喝快乐吧!'神却对他说:'无知的人哪,今夜必要你的灵魂,你所预备的要归谁呢?'凡为自己积财,在神面前却不富足的,也是这样。"

128. 你的选民〕指向《申命记》(7:6):"因为你归耶和华你神为圣洁的民。耶和华你神从地上的万民中拣选你,特作自己的子民。"

129. 每次在布道讲关于十个麻风病人的时候〕圣三主日之后的第十四个星期天的布道文。《路加福音》(17:11-19)讲耶稣治好十个麻风病人:"耶稣往耶路撒冷去,经过撒玛利亚和加利利。进入一个村子,有十个长大麻风的迎面而来,远远地站着。高声说:'耶稣,夫子,可怜我们吧!'耶稣看见,就对他们说:'你们去,把身体给祭司察看。'他们去的时候就洁净了。内中有一个见自己已经好了,就回来大声归荣耀与神。又俯伏在耶稣脚前感谢他。这人是撒玛利亚人。耶稣说:'洁净了的不是十个人吗?那九个在哪里呢?除了这外族人,再没别人回来归荣耀与神吗?'就对那人说:'起来,走吧。你的信救了你了。'"

130. 如果有伤寒〕在当年伤寒是所有发烧类的病症的总称。在十九世纪四十年代,哥本哈根几乎每年都遭到这类病症的侵袭。

131. 在鲸鱼受伤的时候,它深扎向大海的深处并且喷射出血线〕在鲸鱼的内脏被鱼叉刺伤的时候,血流进肺,因此也混进呼出的空气里,从头部前端的呼吸道喷出。同时,为了逃避开自己敌人,鲸鱼潜到水深处。抹香鲸可以下潜到三公里。

132. 它死得彻底如一条鱼干〕直译应当是,"它死得彻底如一条鲱鱼"。"死得像一条鲱鱼"是丹麦的成语,是说:一个人已经完完全全地死去了。

133. 在牧师所写的工作登记册中找到这样一个被标出的分数〕指向牧师的记分册。直到1906年为止,在中学生接受坚信礼仪式的时候,牧师对受坚信礼的中学生的问答考试一直是坚信礼的一部分。这里所说的分数就是指牧师在问答考试之后给学生的评分。

134. "读书"〕这里是指能够背诵自己学会的基督教知识,比如说主祷文、信条、十诫和问答考试中的其它部分。

135. 丹麦文原文这里是逗号。Hong 的英译本这里是句号。
136. **valore intrinseco**］拉丁语："根据内在价值"。一枚硬币的外在价值（面值）和内在价值（物质价值，比如说金属价值、含银量等所决定的价值）是不同的。
137. **普通银币**］en slet Daler，直译是"低价德勒"或者说"低价币"，是当时的一种银币。当时的一枚"低价币"相当于四马克，而一枚"国家币"则相当于六马克。
138. 也可译作"有常识的人"或"知性之人"。
139. **如果没有我的意愿,不会有任何一只麻雀落到地上**］指向《马太福音》（10：29），之中耶稣说："两个麻雀不是卖一分银子吗？若是你们的父不许，一个也不能掉在地上。"
140. **一千年对于他是一天**］见《彼得后书》（3：8）："亲爱的弟兄啊，有一件事你们不可忘记，就是主看一日如千年，千年如一日。"
141. **一千年对于他是一天,七十年恰恰就是一小时五十六分三秒**］这里算错了。如果一千年算作一昼夜或者 86400 秒，那么一年就是 86.4 秒，七十年就是一小时四十分四十八秒。如果再插进二月份闰月的 29 日，那么也不过就是多了四秒。
142. **直到付出他的最后一文钱**］指向《马太福音》（5：26）。
143. **每一个人都可以向上帝发誓**］在克尔凯郭尔的时代，在法庭上，证人是以上帝的名来立誓自己将在作证的过程中说真话的。
144. **那个法利赛人被描述成一个伪善者**］指向《路加福音》（18：9-14）："耶稣向那些仗自己是义人，藐视别人的，设一个比喻，说：'有两个人上殿里去祷告。一个是法利赛人，一个是税吏。法利赛人站着，自言自语的祷告说："神啊，我感谢你，我不像别人，勒索，不义，奸淫，也不像这个税吏。我一个礼拜禁食两次，凡我所得的，都捐上十分之一。"那税吏远远的站着，连举目望天也不敢，只捶着胸说："神啊，开恩可怜我这个罪人！"我告诉你们：这人回家去，比那人倒算为义了，因为凡自高的，必降为卑，自卑的，必升为高。'"
145. **支付十分之一薄荷和香菜**］指向《马太福音》（23：23）："你们这假冒为善的文士和法利赛人有祸了！因为你们将薄荷、茴香、芹菜献上十分之一。那律法上更重的事，就是公义、怜悯、信实、反倒不行了。这更重的是你们当行的；那也是不可不行的。"中文版《圣经》，这里所说的"芹菜"，其实是香菜。
146. 若有典故，来源尚未找到。
147. **按法定斤两标准售货**］就是说做买卖的时候按照商人必须遵守的法定度量衡标准来给顾客标准分量的货物。1828 年，哥本哈根市政府规定的度量衡标准是全国各地地方政府所使用的统一标准。
148. 这一句的丹麦语原文是"Selv om Alt gaaer lykkeligt af, at hun virkelig hjælper sig selv ud af Elendigheden eller aldrig havde været saa dybt i den, for mig er dog det Religieuse saaledes den sande Mening i Tilværelsen, at det forfærder mig, hvis hun blot helbrededes i Timelighedens Bestemmelser."

Emanuel Hirsch 的德文版是："Selbst wenn alles glücklich abgeht, dass sie wirklich sich heraushilft aus dem Elend, oder nie so tief darin gesteckt hätte, für mich ist das Religiöse doch in dem Masse der wahre Sinn des Daseins, dass es mich entsetzt, falls sie etwa lediglich innerhalb der Bestimmungen der Zeitlichkeit Heilung fände."

　　Hong 的英译稍有改动："Even if everything turns out all right and she really does help herself out of her misery or never was so deeply immersed in it, for me the religious nevertheless is so much the true meaning in life that it terrifies me if she is healed only in temporal categories."

　　F. Prioret M.-H. Guignot 的法文版，类似于英文版，也把条件句的结果从句改成并列的条件句（"尽管一切都很顺利，尽管她确实自己设法走出了悲惨境地，或者，尽管她从不曾如此深陷其中"）："Même si tout finit bien, même si elle se sauve elle-même de la misère ou si elle ne s'est jamais trouvée si profondément plongée en elle, pour moi, cependant, le religieux représente tellement le vrai sens de l'existence que je suis effrayé à la pensée qu'elle ne serait guérie que dans les déterminations du temporel."

149. 丹麦文原文这里是逗号。Hong 的英译本这里是分号。

150. **它的行为就像雷盾：它所使用的是同样的一些队伍**〕丹麦挪威海军军官彼德·威瑟尔（Peder Wessel, 1690—1720 年）在 1716 年以"雷盾"之名被封爵。他在北欧大战中立下很多战绩。在 1719 年他率部攻克瑞典城市马斯特兰德，然后他说服瑞典司令官丹可瓦尔德（Danckwardt）放弃卡斯勒要塞：他让自己为数不多的士兵在要塞前不断地绕圈子行军，给人一种感觉仿佛这是一支人员极多的大队伍。

151. 这一句（丹麦文为"imidlertid seer hun ret fornøiet ud af Glæde over den anede Oprømthed, der hersker i Samtalen."）的直译是："但看来她在对'这种洋溢在交谈中的隐约的兴奋'的快乐中颇觉得享受。"

152. **麦克白暴跳如雷，只因为那个带着不祥讯息到来的信使是苍白的**〕在莎士比亚悲剧《麦克白》中，苏格兰将军麦克白从三女巫得到预言，称他某日会成为苏格兰国王。在野心的驱使和妻子的怂恿下，麦克白谋杀了国王邓肯，自立为王。然而他被他所启动的邪恶俘虏，成为一名暴君，把苏格兰变成了一个大墓地，直到他自己面对进军的英格兰军队。在第五幕第三场，仆人上场，麦克白骂他脸色苍白："魔鬼罚你变成炭团一样黑，你这脸色惨白的狗头！你从哪儿得来这一副呆鹅的蠢相？"然后仆人才有机会告知一万军队直奔他们所在的城堡。麦克白说："去刺破你自己的脸，把你那吓得毫无血色的两颊染一染红吧，你这鼠胆的小子。什么兵，蠢才？该死的东西！瞧你吓得脸像白布一般。什么兵，不中用的奴才？"（双引号中的麦克白的台词引自《麦克白》的朱生豪译本）。

153. **斯堪德堡**〕Skanderborg，东日德兰中部的一个城镇，在奥胡斯西南 25 公里处。

154. **城市长官**］从十三世纪起，城市长官（Byfoged）就是国王在城镇的代表，并且维护国王的各种利益，尤其是征税。在克尔凯郭尔的时代，这一官员同时还是法官、警察局长和城市公务员，常常为市长。这一职位在 1919 年被废除。

155. **因为传言说作者是一位女士**］在草稿边上空白处有这样的附加文字："我弄错的匿名小说"（参看 *Pap.* V B 101,13）。克尔凯郭尔曾在一段时间里以为瑞吉娜·欧伦森是一篇匿名作者的短篇小说的作者。这有可能是在谈论小说《一个少女的日记与书信片段。一篇小说》（*Udtog af en ung Piges Dagbog og Brevskaber. En Novelle*）（哥本哈根 1842 年版）。曾在《贝尔林政治与广告时报》（*Berlingske politiske og Avertissements-Tidende*）1842 年 12 月 20 日第 339 期上做过"今日出版"的广告。这部小说讲的是少女汉莉耶特和她对年长的菲利普的爱情。他明显对她的感情有回报，但是还没有来得及相互向对方表白，他就因为母亲临终而不得不离开。一段日子之后，菲利普因为奇怪的原因与汉莉耶特的朋友露易丝结婚了。汉莉耶特病得很重，而在她为了康复而去意大利的旅行中，她偶然地遇上了菲利普，这时菲利普才搞清楚各种使得自己决定与露易丝结婚的误会。他以为汉莉耶特暗恋另一个男人，而想要得到菲利普的露易丝虽然知道这不是事实，却仍然欺骗地让菲利普继续这样以为。然而这一切却已经太迟了。菲利普返回自己没有爱情的婚姻，汉莉耶特去世。这段故事发生在 1830 年 4 月 6 日到 1831 年 11 月 25 日。——另外，在小说中还穿插了平民女孩汉娜钟情于年轻的伯爵路德维希的故事。由于伯爵的父母反对他们的结合，他们秘密地订婚。然而，伯爵在一段时间之后变心与一位贵族小姐结婚了。因此汉娜有机会发现她自己一直对自己的神学家表哥有着更深的感情，而表哥也爱她，于是他们幸福地结合了。

156. **豪瑟尔广场**］Hauserpladsen，在哥本哈根距离北门不远的地方。

157. **霍尔贝克**］Holbæk，西兰岛西北部的一个小城，在哥本哈根西边差不多 60 公里的地方。

158. **巫术簿夹子**］Hexebrev，图片簿（图片夹或者图片书），一种类似于万花筒、看起来好像有魔术效果的本子：在一个封套中有着各种可组合的人或者动物的图片剪形，纸页用带子链接，这样簿子就能够被打开成许多页，每一次封套被打开和翻动，里面的碎片就被重新组合，这样就构成新的图形。

159. **换一种说法就是：……就足以让她能够在宁静之中把一个"她不可以保存的'对我的印象'保存下来"**。

160. **损坏了你的灵魂**］指向《马太福音》（16:26）："人若赚得全世界，赔上自己的生命，有什么益处呢？人还能拿什么换生命呢？"丹麦语版《圣经》之中"赔上自己的生命"这一句是"损坏了自己的灵魂"。

161. **为一个美好事业的缘故而在世界里作一个愚拙的人**］也许是指向《哥林多前书》（4:10）："我们为基督的缘故算是愚拙的，你们在基督里倒是聪明的，我们软弱,你们倒强壮。你们有荣耀,我们倒被藐视。"

162. **侍奉两个主**]"一个人不能事奉两个主。"见《马太福音》(6:24)。

163. **精神使人活着**]指向《约翰福音》(6:63),之中耶稣说:"叫人活着的乃是灵,肉体是无益的。"《圣经》中的"灵",就是唯心主义哲学翻译中的"精神"。

164. **一个老国王曾说过:一个国王可以死,但他不能生病**]指法国的路易十八(1755-1824年),晚年受病痛折磨。在他死前三个星期,他曾说过:"一个法国的国王死去,但他绝不应当生病。"

165. **去支付寡妇抚养金保险**]向保险公司付保险,以便在自己去世后寡妇能够得到抚养费。寡妇抚养金保险是十八世纪出现的保险形式。

166. **格力布斯考普上尉**]Capitain Gribskopf,奥地利剧作家约翰·哥特里布·斯岱法尼(Johann Gottlieb Stephanie,1741-1800年)的歌剧《药剂师和医生》中的一个人物,他是一个老兵,失去了一只眼睛和一条腿,他用膏贴覆盖住眼窝并且装上木腿。药剂师夫妇选定格力布斯考普作他们年轻的女儿莱欧诺拉的丈夫,但莱欧诺拉不想要他。这部戏在1789年11月和1841年1月间在哥本哈根皇家剧院上演过82次。

167. **与空气斗了拳**]作了徒劳的努力。见《哥林多前书》(9:26)保罗这样写关于他自己:"我斗拳,不像打空气的。"

168. **一种剩余的同情感应,一根还能够由我在之中感应性地使得她痛苦的神经**]这里的这个"同情"概念也有着医学上的"感应"的意义,用来标识在一个身体部分中因身体的另一部分中的痛楚而产生的痛楚。

169. **广告时报**]广告报纸。前身是《地址报》(见前面关于《地址报》的注释)。

170. **黄金首饰店**]根据1845年的人口普查,在豪瑟尔广场上确实有着一家黄金首饰店。店主是瑞典移民。

171. **山楂树街**]山楂树街并不通进豪瑟尔广场,但它连接豪瑟尔广场北面的罗森堡街和北堤街。

172. **苏姆街**]Suhms-Gaden,苏姆街连着豪瑟尔广场的南头。

173. **所罗门**]公元前约965-前926年的以色列王,大卫和拔示巴(拔示巴原是赫梯人乌利亚的妻子)的儿子。在《旧约》之中,所罗门的统治使得以色列王国达到了它最显赫与昌盛的时期。他是一个非凡的君王,但也是一个暴虐的君王。耶路撒冷的圣殿就是在他的统治时期建造的。在之后的传统之中被奉为所有国王之中最荣耀者和无限智慧的化身。他被说成是《旧约》之中《箴言》、《传道书》、《雅歌》和部分《诗篇》以及次经中的《所罗门智训》等等的作者。

174. **所罗门的梦**]这是克尔凯郭尔在JJ日记中开始的一篇短篇小说的标题。

175. **所罗门断案**]见《列王记上》(3:16-28):"一日,有两个妓女来,站在王面前。一个说:'我主啊,我和这妇人同住一房。她在房中的时候,我生了一个男孩。我生孩子后第三日,这妇人也生了孩子。我们是同住的,除了我们二人之外,房中再没有别人。夜间,这妇人睡着的时候,压死了她的孩子。她半夜起来,趁我睡着,从我旁边把我的孩子抱去,放在她怀里,将她的死孩子放在我怀里。天要亮的时候,我起来要给我的孩子吃奶,不料,孩子死了。及至天亮,我细细地察看,不是我所生的孩子。'那妇人说:'不然,活孩子是我的,死孩子是你的。'这妇人说:'不然,死孩子是你的,活孩子是我的。'她们在王面前如此争论。王说:'这妇人说:"活孩子是我的,死孩子是你的。"那妇人说:"不然,死孩子是你的,活孩子是我的。"'就吩咐说:'拿刀来。'人就拿刀来。王说:'将活孩子劈成两半,一半给那妇人,一半给这妇人。'活孩子的母亲为自己的孩子心里急痛,就说:'求我主将活孩子给那妇人吧!万不可杀他。'那妇人说:'这孩子也不归我,也不归你,把他劈了吧!'王说:'将活孩子给这妇人,万不可杀他。这妇人实在是他的母亲。'以色列众人听见王这样判断,就都敬畏他。因为见他心里有神的智慧,能以断案。"

176. **背对着他地靠近他以避免看见他的不体面**] 参看《创世记》(9:23):"闪和雅弗,拿件衣服搭在肩上,倒退着进去,给他父亲盖上。他们背着脸就看不见父亲的赤身。"

177. **唯一被挑选的人**] 指向《历代志上》(29:1):"大卫王对会众说:'我儿子所罗门是神特选的,还年幼娇嫩。'"

178. **上帝的朋友**] 见《雅各书》(2:23):"亚伯拉罕信神,这就算为他的义。他又得称为神的朋友。"

179. **未来的应许**] 也许是指上帝答应大卫,他的后代将一代代地坐在王座之上,直到永远。见《撒母耳记下》第七章和《诗篇》(89:4 - 5)。

180. **特选的民族**] 以色列。按《旧约》的说法,以色列是上帝与之立约的选民。参看《出埃及记》(19:5 - 6)和《申命记》(7:6)。

181. **所罗门幸福地住在先知拿单那里**] 在《列王记上》中有这样的叙述(1:5 - 53):"那时,哈及的儿子亚多尼雅自尊,说:'我必作王。'就为自己预备车辆、马兵,又派五十人在他前头奔走。他父亲素来没有使他忧闷,说:'你是作什么呢?'他甚俊美,生在押沙龙之后。亚多尼雅与洗鲁雅的儿子约押,和祭司亚比亚他商议。二人就顺从他,帮助他。但祭司撒督,耶何耶大的儿子比拿雅,先知拿单、示每、利以,并大卫的勇士,都不顺从亚多尼雅。一日,亚多尼雅在隐罗结旁、琐希列磐石那里宰了牛羊、肥犊,请他的诸弟兄,就是王的众子,并所有作王臣仆的犹大人。惟独先知拿单和比拿雅,并勇士,与他的兄弟所罗门,他都没有请。拿单对所罗门的母亲拔示巴说:'哈及的儿子亚多尼雅作王了,你没有听见吗?我们的主大卫却不知道。现在我可以给你出个主意,好保全你和你儿子所罗门的性命。你进去见大卫王,对他说:"我主我王啊,你不曾向婢女起誓说,你儿子所罗门必接续我作王,坐在我的位上吗?现在亚多尼雅怎么作了王呢?"你还与王说话的时候,我也随后进去,证实你的话。'拔示巴进入内室见王,王甚老迈,书念的童女亚比煞正伺候王。拔示巴向王屈身下拜。王说:'你要什么?'她说:'我主啊,你曾向婢女指着耶和华你的神起誓说:"你儿子所罗门必接续我作王,坐在我的位上。"现在亚多尼雅作王了,我主我王却不知道。他宰了许多牛羊、肥犊,请了王的众子和祭司亚比亚他,并元帅约押;惟独王的仆人所罗门,他没有请。我主我王啊,以色列众人的眼目都仰望你,等你晓谕他们,在我主我王之后谁坐你的位。若不然,到我主我王与列祖同睡以后,我和我儿子所罗门必算为罪人了。'拔示巴还与王说话的时候,先知拿单也进来了。有人奏告王说:'先知拿单来了。'拿单进到王前,脸伏于地。拿单说:'我主我王果然应许亚多尼雅说:"你必接续我作王,坐在我的位上"吗?他今日下去,宰了许多牛羊、肥犊,请了王的众子和军长,并祭司亚比亚他。他们正在亚多尼雅面前吃喝,说:"愿亚多尼雅王万岁!"惟独我,就是你的仆人和祭司撒督,耶何耶大的儿子比拿雅,并王的仆人所罗门,他都没有请。这事果然出乎我主我王吗?王却没有告诉仆人们,在我主我王之后谁坐你的位。'大卫王吩咐说:'叫拔示巴来。'拔示巴就进来,站在王面前。王起誓说:'我指着救我性命脱离一切苦难、永生的耶和华起誓。我既然指着耶和华以色列的神向你起誓说:"你儿子所罗门必接续我作王,坐在我的位上。"我今日就必照这话而行。'于是,拔示巴脸伏于地,向王下拜,说:'愿我主大卫王万岁!'大卫王又吩咐说:'将祭司撒督、先知拿单、耶何耶大的儿子比拿雅召来。'他们就都来到王面前。王对他们说:'要带领你们主的仆人,使我儿子所罗门骑我的骡子,送他下到基训。在那里,祭司撒督和先知拿单要膏他作以色列的王。你们也要吹角,说:"愿所罗门王万岁!"然后要跟随他上来,使他坐在我的位上,接续我作王。我已立他作以色列和犹大的君。'耶何耶大的儿子比拿雅对王说:'阿们! 愿耶和华我主我王的神,也这样命定。耶和华怎样与我主我王同在,愿他照样与所罗门同在,使他的国位比我主大卫王的国位更大。'于是,祭司撒督、先知拿单、耶何耶大的儿子比拿雅和基利提人、比利提人,都下去使所罗门骑大卫王的骡子,将他送到基训。祭司撒督就从帐幕中取了盛膏油的角来,用膏膏所罗门。人就吹角,众民都说:'愿所罗门王万岁!'众民跟随他上来,且吹笛,大大欢呼,声音震地。亚多尼雅和所请的众客筵宴方毕,听见这声音。约押听见角声就说:'城中为何有这响声呢?'他正说话的时候,祭司亚比亚他的儿子约拿单来了。亚多尼雅对他说:'进来吧! 你是个忠义的人,必是报好信息。'约拿单对亚多尼雅说:'我们的主大卫王,诚然立所罗门为王了。王差遣祭司撒督、先知拿单、耶何耶大的儿子比拿雅和基利提人、比利提人都去使所罗门骑王的骡子。祭司撒督和先知拿单在基训已经膏他作王。众人都从那里欢呼着上来,声音使城震动,这就是你们所听见的声音;并且所罗门登了国位。王的臣仆也来为我们的主大卫王祝福,说:"愿王的神使所罗门的名比王的名更尊荣。使他的国位比王的国位更大。"王就在床上屈身下拜。王又说:"耶和华以色列的神是应当称颂的。因他赐我一人今日坐在我的位上,我也亲眼看见了。"'亚多尼雅的众客听见这话就都惊惧,起来四散。亚多尼雅惧怕所罗门,就起来,去抓住祭坛的角。有人告诉所罗门说:'亚多尼雅惧怕所罗门王,现在抓住祭坛的角,说:"愿所罗门王今日向我起誓,必不用刀杀仆人。"'所罗门说:'他若作忠义的人,连一根头发也不致落在地上;他若行恶,必要死亡。'于是所罗门王差遣人,使亚多尼雅从坛上下来,他就来向所罗门王下拜。所罗门对他说:'你回家去吧。'"但是没有叙述更多关于所罗门和拿单的关系。克尔凯郭尔有可能把先知撒母耳的童年混淆进来了,——撒母耳青少年时期是在示罗祭司以利那里度过的,见《撒母耳记上》第 1-3 章。

182. **这赞叹使得他成为诗人**〕见前面的注释,所罗门被说成是《旧约》之中《箴言》、《传道书》、《雅歌》和部分《诗篇》以及次经中的《所罗门智训》等等的作者。参看《列王记上》(4:29-32):"他作箴言三千句,诗歌一千零五首。"

183. ……"主的公正"隐蔽地对"有辜者"作出判决……

184. "梦暗示"是按 Hong 的英译来解读。按照丹麦语直译是"这梦隐约地感觉到"。Emanuel Hirsch 的德译比较圆润地和谐了原文和解读:"这梦,他隐约地感觉到"。

185. **所罗门变得有智慧**〕参看《列王记上》(4:29-31):"神赐给所罗门极大的智慧聪明和广大的心,如同海沙不可测量。所罗门的智慧超过东方人和埃及人的一切智慧。他的智慧胜过万人,胜过以斯拉人以探,并玛曷的儿子希幔、甲各、达大的智慧。他的名声传扬在四围的列国。"

186. **所罗门变得有智慧**〕参看《列王记上》(4:32-33):"他作箴言三千句,诗歌一千零五首。他讲论草木,自利巴嫩的香柏树直到墙上长的牛膝草,又讲论飞禽走兽,昆虫水族。"

187. **他成为传道者**〕按《圣经》和教会的传统理解,《传道书》是所罗门王写的。参看《传道书》(1:1):"在耶路撒冷作王,大卫的儿子,传道者的言语。"

188. 直译的话是"在想象力鲁莽的痴愚和奇妙的虚构这方面像女人般地虚弱,在对思想的解说上颇有才华"。

189. **后宫**〕所罗门与埃及法老的女儿结婚,但除此之外他还有一个后宫,里面有无数妃子。参看《列王记上》(11:1-4):"所罗门王在法老的女儿之外,又宠爱许多外邦女子,就是摩押女子、亚扪女子、以东女子、西顿女子、赫人女子。论到这些国的人,耶和华曾晓谕以色列人说,你们不可与她们往来相通,因为她们必诱惑你们的心去随从她们的神。所罗门却恋爱这些女子。所罗门有妃七百,都是公主。还有嫔三百。这些妃嫔诱惑他的心。所罗门年老的时候,他的妃嫔诱惑他的心去随从别神,不效法他父亲大卫诚诚实实地顺服耶和华他的神。"

190. **东方的女王**〕示巴女王。见《列王记上》(10:1-13):"示巴女王听见所罗门因耶和华之名所得的名声,就来要用难解的话试问所罗门。跟随她到耶路撒冷的人甚多,又有骆驼驮着香料、宝石和许多金子。她来见了所罗门王,就把心里所有的对所罗门都说出来。所罗门王将她所问的都答上了,没有一句不明白、不能答的。示巴女王见所罗门大有智慧,和他所建造的宫室,席上的珍馐美味,群臣分列而坐,仆人两旁侍立,以及他们的衣服装饰和酒政的衣服装饰,又见他上耶和华殿的台阶,就诧异得神不守舍。对王说:'我在本国里所听见论到你的事和你的智慧实在是真的。我先不信那些话,及至我来亲眼见了,才知道人所告诉我的还不到一半。你的智慧和你的福分,越过我所听见的风声。你的臣子、你的仆人常侍立在你面前听你智慧的话,是有福的。耶和华你的神是应当称颂的。他喜悦你,使你坐以色列的国位。因为他永远爱以色列,所以立你作王,使你秉公行义。'于是,示巴女王将一百二十他连得金子和宝石,与极多的香料,送给所罗门王。她送给王的香料,以后奉来的不再有这样多。希兰的船只从俄斐运了金子来,又从俄斐运了许多檀香木和宝石来。王用檀香木为耶和华殿和王宫作栏杆,又为歌唱的人作琴瑟。以后再没有这样的檀香木进国来,也没有人看见过,直到如今。示巴女王一切所要所求的,所罗门王都送给她,另外照自己的厚意馈送她。于是女王和她臣仆转回本国去了。"在《马太福音》之中(12:42),她被称作是"南方的女王",因为以前人们认为示巴就是埃塞俄比亚。但在克尔凯郭尔的时代人们知道了示巴是在阿拉伯,阿拉伯被解读为东方。

191. **昂贵的没药从阿拉伯的那些树上流下**]没药是一种芳香族树胶树脂,从印度、阿拉伯和东非的没药属灌木中提取出来,用于药物、熏香、美容料和香水。

192. "我无法离开理念生活",换一句话说就是:"离开理念我就无法生活"。

193. "无事"亦即:我什么事情都不做,因此所做是"无事"。

194. 这个"这样"是指"忘却、从头开始、与一个朋友捧杯以及与一个志同道合者称兄道弟喝交杯酒":如果我忘却、我从头开始、我与一个朋友捧杯或者我与一个志同道合者称兄道弟喝交杯酒,那么人们就会觉得我的生活有着一种深刻的意义。

195. **错误是在我眼中**]《马太福音》(7:3):"为什么看见你弟兄眼中有刺,却不想自己眼中有梁木呢?"

196. 但是在上帝关系的友谊之中,上帝燃起一个人心中的火焰,令他去一种"关系到'个人的存在'的理念"冒"至高的风险"。

197. o'ετερος]希腊语"另一个人",是基督教中常用的"邻人"(所谓"你要爱邻人如己")的同义词。

198. 见前面对"无事"的注释。

199. **西门·斯蒂利塔**]Symeon Stylites,也被称作是柱子圣人西门(约 390 - 459 年),是基督教的苦行者和隐居者,在叙利亚的安提欧其亚附近的一个柱子上生活了三十多年。柱子二十米高,在顶上是十一平方米的正方形。他用绳子把吃的东西吊上柱顶,他就睡在柱顶上。在活着的时候,他就被当作圣人崇拜,人众涌向他,询问他各种各样的问题。在那些教会的重要争议中,人们都怀着敬畏听从他的说法,或者他从柱上所写的东西。他有不少模仿者。

200. **像那些伴新郎的童女中的一个那样地清醒着,让灯保持亮着**]见签名"酒中真言"部分"难道那聪明的童女就不比愚拙的童女更长久地保持警醒"的注释。

201. **最边远的黑暗**]前面有过相应注释。在《马太福音》(8:12)中有这句:"惟有本国的子民,竟被赶到外边黑暗里去。在那里必要哀哭切齿了。"

202. 译者对这句稍作改写。直译是:"在世界的眼中,除了盲目性之外,世界的眼睛又能够是什么别的东西呢?"
203. 丹麦的老式淋浴,一只淋浴桶高过人头悬挂着,桶边连着绳子。淋浴者拉绳子翻动淋浴桶,水就倾倒下来。前面有过对此的注释。
204. 这个"他"是指"她父亲"。
205. **邮政的额外客运服务**]在一般的旅客无法坐日常公共马车的时候,也可以支付特别的车费使用额外的客运服务。客运服务局或者说额外邮政局从十七世纪开始在丹麦组织客运。
206. **理查三世想要用一个王国来换一匹马**]在莎士比亚的《理查三世》第五幕第四场,理查王的马被打死了,他在平地作战。他有这样的台词:"一匹马!一匹马!我的王位换一匹马!"
207. Hong 的英译这"一块地"译成了一个 farm。但是,这块地不能理解为农场。另外,后面的文字是一个日德兰人的儿子想要租下这块地,不是说这儿子想要出租这个农场。
208. 译者在此做了改写,原文直译的话是:"其实我不是宗教的个体人格,我只是一种有规则而完全地构建出的通往这样一种个体人格的可能性。"
209. **他没有发明出火药**]成语,意思是,一个人如此天真,以至于几乎可以说是智力迟钝。
210. 这个"吸收"不是动词,"吸收过程"是个名词。"……吸收过程之中所具的那种'本原性'则是另一回事"。

    另外,本原性(Oprindeligheden)在这里应当是指人的天性,天生的独创性。Hong 的英译("Primitivity in appropriation is quite another thing")可能会让读者往"粗陋的原始性"方面考虑,但如果这样理解的话,就是误读了。F. Prioret M. -H. Guignot 的法译是"mais autre chose est l'élan spontané dans l'assimilation"。Emanuel Hirsch 的德译是"ein ander Ding ist die Ursprünglichkeit in der persönlichen Aneignung"。
211. **教堂里的志愿捐款**]按丹麦语原文直译应当是"板钱"。这是在教堂举行仪式的过程中募集到一个抽屉状的木板上的捐款,人们也可以将之放在教堂的募钱匣子里。这些钱一般是用于支付教堂工作人员的工钱或者救济教区的穷人。
212. **义务性的牧师费**]城镇居民每年有义务要向牧师交的一笔钱。
213. **后来者**]就是说,比榜样或者范本更晚出现的个体人格。
214. **哀悼之年**]在一个亲近的人,尤其是配偶,去世之后的一年。在这一年里"承受着悲哀",就是说,仪式性地通过穿丧服来表明他们的状态。
215. 阿尔卑斯山区的民歌唱法,在真假嗓音之间(在胸腔音和和头部音之间)变换着唱。
216. 变成了一个用真假嗓子歌唱着的圣人,——在他沉思生活和存在和世界史的过程的时候,他就看见并且,看! 这是如此奇妙!〕这里是在影暗指隆德维(N. F. S. Grundtvig)。见前面关于"一个用深奥的眼睛以独眼巨人的方式观想世界历史进程之中的奇妙事物的人"的注释。

217. 在布道台为了基督教的荣耀而上跳 Entrechat 的人〕Entrechat 是法语"芭蕾舞中的击足跳(亦即,跃起双足腾空交叉数次)"。在 1844 年的 JJ 日记中,克尔凯郭尔抱怨格隆德维的魔鬼才华并且写下:"这就像赫尔维格为了基督教的荣耀而跳上布道台,也许想要通过这个来证明,他能够在空中跳半阿仑高。"这里所指的赫尔维格(Hans Friedrich Helveg, 1816 – 1901 年,作家和牧师)是格隆德维的弟子。

218. 鼻烟盒中的牧师〕来自索伦・克尔凯郭尔中心研究者们的说明:目前尚未搞清楚这"鼻烟盒中的牧师"是指什么。

219. 我们不应当把"偏差"标识为"伪善",而应当将之标识为"愚蠢"。

220. 按丹麦语原文应当译作"一种上帝之关系(et Guds Forhold)"。这"上帝之关系"是克尔凯郭尔的一个重要概念。

221. 思辨之盗用……体系性的欺诈〕指"远见思辨家"格隆德维在黑格尔主义的体系性思辨中的对世界史的一种解读。

222. 古罗马的资深执政官吮吸各省份的财富中饱私囊〕在罗马共和国执政官这一职位是最高职务。每年由百人会议选出,作为国家军事、法律和政治首脑,每次是两位执政官一同任职,相互监督和抗衡。执政官卸任后,往往被派往某个行省担任一年总督,就被称为资深执政官。资深执政官在行省拥有非常大的权力,可以不受限制任意搜刮,但这多少也关联到行省总督的职位在原则上是没有薪水的,他们就不得不靠搜刮省份来中饱私囊。

223. 一个开悟者〕通常是指一个经历了宗教性的"觉醒"的人。在这里可能是指一个格隆德维主义者。

224. 那个哥特国王,在听说了他在天国里将与自己的表兄弟们聚首后,就不愿受洗〕这其实应当是弗里西人的国王拉德波杜(死于 719 年)的故事。霍尔堡在自己所著的教会史中写到这故事。

225. 美国的土著比害怕地狱更害怕天堂并且想要继续作异教徒,唯恐在天堂里和正信的西班牙人聚在一起〕出自霍尔堡所写的关于南美印加国王 Atapaliba(亦名 Atahualpa)的故事(1739 年)。Atapaliba(中文译名是阿塔瓦尔帕)被西班牙征服者俘虏,西班牙人虚构出罪名判处他死刑。在被处决之前,西班牙人劝说他受洗。霍尔堡强调了西班牙人身上的这种矛盾对照:他们的残暴行为和他们的基督教传教热情。因此西班牙人的传教对许多印第安人都没有作用。在他们谈论天国的时候,他们问,西班牙人是不是也会来天国;如果西班牙人也来天国,那么他们就不想在天国里安家。

226. 我还不敢说"今日"〕指向《希伯来书》(3:7)和(4:7)。"今日"这一表述被用于标示上帝考验基督徒们的时刻。

227. "我觉得自己敢去大胆冒险,则在极大程度上是因为她的缘故"这句话按原文直译的话是"我觉得在胆敢冒险的方面,我欠她许许多多"。
228. **如果一个人被判无期徒刑,我们让他去作锉工**] 在 1851 年之前,在丹麦,特别危险的男罪犯被判关在锉工场。锉工场是监狱的一个部分,在那里被判刑的人们要粉碎用于染衣服的颜料木。这工作是极其有害健康的,因为有毒粉末会造成皮肤病和肺病。
229. **对于上帝,"听从"在人类的祭坛上比世界性的、人道博爱的、爱国的祭品更为亲切**] 参看《撒母耳记上》(15:22):"撒母耳说:'耶和华喜悦燔祭和平安祭,岂如喜悦人听从他的话呢?听命胜于献祭;顺从胜于公羊的脂油。'"
230. **上帝的愤怒和销蚀人的火焰**] 见《申命记》(4:24):"因为耶和华你的神乃是烈火,是忌邪的神。"
231. **δοςμοι πον στω**] 希腊语(用拉丁字母可写成 dos moi pou sto):"给我一个支点",后面一句话是"我要举起地球"。这话出自古希腊数学家、物理学家阿基米德。根据普鲁塔克的传记《马塞卢斯》——《名人传》(14:7)中的描述:"然而阿基米德给海维隆国王、给他的亲友写信说,一个人借助于一定的力能够提起任何给定的重物,甚至,出于对于自己的证据的力量夸张的自信,他宣布,只要他有另一个地球让他站立,他能够提起我们的地球本身。"
232. **Dosmoi**] 这里作者是在游戏文字。见前面注释。"dosmoi"是前面的希腊语 δοςμοι 的拉丁语写法,而丹麦语的"笨瓜"则是"dosmer"。
233. 反向命令,就是说,令人与现有事物、行为、决定、命令等等作对的、令人去做与之相反的事情的命令。
234. "悔"的这双引号是译者加的。
235. **地久天长友谊俱乐部**] 这里影射了哥本哈根的两个作为娱乐场所的俱乐部:1798 年开办的"地久天长公民俱乐部"和 1783 年开办的"友谊俱乐部"。"地久天长公民俱乐部"的主要经营方向是"公共娱乐和人际间社交",它举办舞会和宴会,并且会员也能够在俱乐部的场所里打桌球等等。"友谊俱乐部"在冬季举办音乐会和舞会;会员还能够在俱乐部场所里阅读报刊和打桌球。
236. 译者在这里稍作改写。按原文直译是"他除了能够满足地使用下一个抽屉之外"。
237. **不仅仅只是在苦楚之中出生**] 指向《创世记》(3:16):"我必多多加增你怀胎的苦楚,你生产儿女必多受苦楚。"
238. **紧抱云朵而不是紧抱朱诺**] 指向罗马神话中的故事:伊克西翁,拉庇泰(塞萨利的山上的一个民族)的国王,他被诸神邀请到他们的餐桌上,在那里,他兴致过高,以至于想要强奸女主人朱诺(希腊神话是赫拉)。但朱庇特弄出一朵看上去像朱诺一样的云。伊克西翁与云交合,由此云生出人马。

参见 P. F. A. Nitsch *Neues mythologisches Wörterbuch*, bd. 2, s. 122f.
239. 这里的"谜"和"恐惧"都是名词。
240. 这一句("Hvilken underlig Magt har ikke et enkelt Ord, naar det saaledes ikke føier sig ind i en Tales og Sætnings Sammenhæng, saa man kun agter

paa det i Forbigaaende, men naar det uden sproglig Forbindelse stirrer paa Een med Gaadens Incitament og med Angestens Applikation!")译者作了改写,直译的话就是:"一个单个的词有着怎样的奇异力量啊——在它以这样一种方式并不融合进一种'一段讲话'或者'一句句子'的关联(若它融合进这关联,你就只是顺便留意到它)的时候,而是在它毫无语言关联地,带着谜的刺激、带着恐惧的功用凝视着一个人的时候。"

Hong 的英译是:"What a strange power a single word has when, as in this case, it does not accommodate itself in the context of a speech or a sentence, so that one pays attention to it only in passing, but without linguistic connection it stares at one with the incitement of an enigma and the assiduousness of anxiety!"

F. Prioret M. -H. Guignot 的法译是"Quelle puissance étrange n'a pas un seul propos quand il ne s'emboîte pas dans l'ordre d'idées d'un discours et d'une proposition de telle façon qu'on n'y fait attention qu'en passant, mais quand, sans corrélation linguistique, il fixe son regard sur vous avec le stimulant de l'énigme et avec l'application de l'angoisse!"

Emanuel Hirsch 的德译是"Welch eine wunderliche Gewalt hat doch ein Wort, wenn es sich nicht in den Zusammenhang einer Rede oder eines Satzes so eng einschmiegt, dass man seiner nur im Vorübergehen achtet, sondern wenn es, aus der sprachlichen Verbindung sich lösend, einen anstarrt, mit dem Stachel des Rätsels und mit der Aneignung durch die Angst!"

241. "女人性"(Qvindelighed),就是说,"女人"或者"女性"概念的内涵。

242. 李尔王想要与考尔德丽娅谈论宫廷里的事情并且询问来自那里的消息〕在莎士比亚的《李尔王》第五幕第三场中,失去王位的英格兰国王李尔和他的小女儿考尔德丽娅(她带了一支法国的军队徒劳地想要帮父亲恢复王位)成了俘虏。作为邪恶角色的爱德蒙命令将他们关进监狱。因痛苦和悲惨而长期疯狂的李尔在这时感到很幸福,因为他与自己的女儿团圆了。他对她说:(我这里使用朱生豪译本)"来,让我们到监牢里去。我们两人将要像笼中之鸟一般唱歌;当你求我为你祝福的时候,我要跪下来求你饶恕;我们就这样生活着,祈祷,唱歌,说些古老的故事,嘲笑那班像金翅蝴蝶般的廷臣,听听那些可怜的人们讲些宫廷里的消息;我们也要跟他们在一起谈话,谁失败,谁胜利,谁在朝,谁在野,用我们的意见解释各种事情的秘奥,像我们是上帝的耳目一样;在因牢的四壁之内,我们将要冷眼看那些朋比为奸的党徒随着月亮的圆缺而升沉。"

243. 这里稍有改写。直译应当是:"活着,就仿佛我是哑的,但却在灵魂之中有着痛苦。而这之中的语言,不同于那种从语言老师那里学来的,它是心灵发明出的语言;像是哑的,确实,就像受了伤但还是有着各种痛苦,这痛苦要求一个哑剧演员的雄辩力!"

244. **穿着麻衣躺在灰中**〕犹太人的示哀方式。比如说,可见《以斯帖记》(4:3):"王的谕旨所到的各省各处,犹大人大大悲哀,禁食哭泣哀号,穿麻衣躺在灰中的甚多。"

245. "那可怕的东西马上就会发现,我——像我这样沉郁的一个人、像我这样一个在沉郁之中长大的人——已经准备好了在等着更可怕的东西来临。"

246. "时不时"。

247. **用莪相的话说:沉郁之悲哀是甜蜜的**〕莪相是传说中的爱尔兰英雄和行吟诗人,据说是生活在三世纪。苏格兰诗人麦克菲尔森 1760-1763 年间出版的所谓"莪相诗歌",马上被人看出其实是麦克菲尔森自己的作品。但不管怎么说,这"莪相诗歌"还是风行一时,对整个欧洲的前浪漫主义和浪漫主义文学有着极大影响,在丹麦,则尤其是影响了爱瓦尔德(Johannes Ewald)和布里克尔(Steen Steensen Blicher)。布里克尔在自己的诗里引用了"莪相诗歌"中的一句"沉郁之欣悦是甜蜜的"。另外在他所翻译的"莪相诗歌"中有这样一句:"如果安宁居住在忧伤的胸怀里,那么沉郁之中就有喜悦。"

248. **Beatrice i viel Lärmen um Nichts**〕在莎士比亚喜剧《无事生非》(*Much Ado about Nothing*)(当时的德语版是由施莱格尔和蒂克翻译的,*Viel Lärmen um Nichts*)中,剧中的贝特丽丝和本尼迪克特是一对年轻人,他们对所有多愁善感的温情主义以及订婚结婚之类有着讥嘲的态度。不过,得助于别人的策划,他们两人相互被对方吸引,最终结合。在克尔凯郭尔草稿的边上,他指向了《无事生非》最后一场(第五幕第四场),之中本尼迪克特说:"ich nehme dich nur aus Mitleid"(德语:我只是出于怜悯才要你的)。贝特丽丝回答说,她要他是因为她的好友们说服她这样做,"zum Theil, um euer Leben zu Retten; denn man sagt mir, ihr hättet die Auszehrung"(德语:一方面是要拯救您的生命;人们说您有肺结核),然后本尼迪克特用一个吻堵上了贝特丽丝的嘴。

    参见 *Shakspeare's dramatische Werke*, bd. 7, 1839, s. 196f.

    在对此的一个注释之中,克尔凯郭尔强调了"我没有扮演本尼迪克特"。

249. **quem deus perdere vult primum dementat**〕拉丁语"上帝要毁灭一个人,先剥夺他的理智",译自希腊语,来源不详。在古典时期,被用来作为解释索福克勒斯悲剧《安提戈涅》的说明性句子。剧中有歌队唱"如果天神要把一个人的心智引入迷途,那么这个人就会把坏事当成好事。"

250. **propter hoc**〕参看后面"由此推导不出一个通向 propter hoc 的确定结论"的注释。

251. 亦即,句子之中所说的"个体人格"。

252. **"那突然的"的过渡**〕参看《恐惧的概念》:

    所以当人在逻辑学中认为通过一种不断继续的"量"的定性能够带来一种新的"质",这就是一种迷信;……新的"质"伴随着"那最初的"、伴随着"跳跃"、伴随着"那谜一样的东西"所具的突然性而出现。

"罪"是作为一种突然的东西而进入这个世界的，就是说，通过一种跳跃。

那被我们称作"瞬间"的，柏拉图将之称为"那突然的"。不管怎样在词源学上对之做解释，它是与"那无形的"这个定性有着关系的，因为"时间"和"永恒"被解读得同样抽象——既然此中缺乏"现世性"这个概念，而"现世性"概念缺乏的原因则又是人们缺乏"精神"这个概念。

还有下面的一整个段落：

"那魔性的"是"那突然的"。"那突然的"是来自另一个方面的对于"那内闭的"的一个新的表达。在反思于"内容"或"价值"的时候，"那魔性的"被定性为"那内闭的"，而在反思于"时间"的时候，"那魔性的"被定性为"那突然的"。"那内闭的"是"个体人格"中的一种"对自身持拒绝性态度"的作用。相对于"沟通"，"那内闭性"不断地把自己越来越深地关闭隔绝起来。而"沟通"则又是对"连续性"的表达，并且，对于"连续性"的否定是"那突然的"。人们可以相信"内闭性"具有一种非凡的连续性，但其实却恰恰相反，尽管相比于那乏味软弱而总是给人留下印象的"从自身之中堕落出来"，它有着一种连续性的表象。能够与"内闭性"所具的"连续性"作比较的最好对象也许是一种晕眩，一只不停地旋转于其尖端的陀螺必定具备这样的晕眩。如果这时"内闭性"没有把那内闭的人搞得彻底精神失常——一种单调性的悲哀的永动机，那么这"个体人格"还是会保留一种特定的、与"其余的人生"的连续性。相对于这种连续性，上面所提及的"内闭性"所具的那种"表面连续性"在这时恰恰就会将自己显示为"那突然的"。在某一个瞬间它在那里，而下一个瞬间它又消失掉了；而正如它消失掉，这时它却又完完全全地在那里。它无法被合并在或者完成在任何连续性之中，而一种以这样的方式外化表现自己的东西正是"那突然的"。

现在，如果"那魔性的"是某种肉体的东西，那么它就永远也不会是"那突然的"。如果高热或者精神失常等等重新又来，那么人们最后就发现一种与之有关的规律，并且这种规律在某种程度上取消着"那突然的"。而"那突然的"不认任何规律。它不属于那些自然现象，而是一种心理现象，是"不自由"的外化表现。

"那突然的"作为"那魔性的"是对于"那善的"的恐惧。"那善的"在这里意味着连续性；因为"拯救"的最初表达是"连续性"。在个体人格的生命（在某种程度上与生活相连续地）向前发展的同时，"内闭性"在个体那里保存了自身，作为一种"连续性"的密咒式胡言乱语（它只与它自己沟通），并且因此而一直是作为"那突然的"。

相对于"内闭性"的内容，"那突然的"可以意味着"那可怕的"，但是"那突然的"的作用对于观察者来说也可以显得很滑稽可笑。从这方面看，每一个"个体人格"都多少有着一点"那突然的"，正如每一个"个体人格"都多少有着一点古怪的顽固观念。

我不想再进一步深入这个主题;只是为了强调我的范畴,我要在这里提醒一下:"那突然的"总是来源于对于"那善的"的恐惧,因为有某种"自由"不愿渗透进去的东西存在着。在对于"那恶的"的恐惧的各种形式类型中,相应于"那突然的"的东西是"软弱"。

如果一个人想要以另一种方式来搞清楚,以怎样一种方式"那魔性的"就是"那突然的",那么他可以纯粹审美地考虑这个问题:怎样才能使得"那魔性的"被最好地描述出来。假如人们要描述一个靡菲斯特,这时,如果人们更多地是想要把他作为戏剧情节中的一种作用力,而不是要去从根本上解读出他,那么人们完全可以给他那台词。但如果有了这样的台词的话,那么,从根本上说,靡菲斯特本身并没有被描述出来,而是被淡化为了一个恶毒机智的阴谋脑瓜。这则只是一种淡化,相反一个民间传说已经看见过了那真正的靡菲斯特。它描述说,这魔鬼坐了 3000 年,思辨着要毁垮人类,最后他找到了办法。这里,强调的重点是在于这 3000 年,而对于这个数字所引出的观念恰恰是对于"那魔性的"的郁闷地酝酿着的"内闭性"的想象。如果人们不想以上面所提示的这种方式来淡化靡菲斯特,那么就得选择另一种描述类型。这里,我们将看出,"靡菲斯特"本质上是哑剧式的。就算是那些从"恶毒"之深渊里传响出来的最可怕言词,也无法生产出这种效果,这种与"处在'那哑剧式的'的领域之内'跳跃'的'突然性'"一样的效果。虽然言词是可怕的,虽然打破沉默的是一个莎士比亚、一个拜伦、一个雪莱,言词总是保持了它的"赎救性的"力量;因为,哪怕是言词中的所有绝望和所有"那恶的"的恐怖,也无法像"沉默"那样更使人惊恐。"那哑剧式的"在这时能够表达出"那突然的",但是"那哑剧式的"就其本身而言却并不因此而就是"那突然的"。从这方面看,芭蕾大师布农维尔在他自己对靡菲斯特的再现中所达到的成就是伟大的。那恐怖感,——在看见靡菲斯特跳进窗户并且继续站着保持那跳跃的姿势时,那种攫人的恐怖!在跳跃中的这种蹦起,让我们想起食肉类的猛禽和猛兽的跃起,而由于这种动作通常是从一种完全静止的姿势中爆发出来,所以它更加倍地使人惊骇,——这是一种无限震撼人的效果。因此,靡菲斯特必须尽可能少地走平常步子;因为步子本身是一种向"跃起"的过渡,它包含了一种预感的跳跃之可能。因此,靡菲斯特在芭蕾舞《浮士德》中的首次登场不是一种戏剧性的爆场,而是一种极其深刻的思考。言词和话语,不管它们是怎样简短,总是有着一定的连续性,——如果我们在一般的情况下完全考虑这样一个理由:它们是在时间之中发出声音。但是,"那突然的"是从"连续性"之中、从"那先行的"和"那后续的"之中彻底抽象出来的,——它是这种完全的抽象。如此正是靡菲斯特的情形。人们还看不见他,这时,他站在那里,活生生地、完整地,他站在那里、在"跳跃"中,——我们不可能找到比这更强烈的方式来表达这种疾速了。如果"跳跃"过渡为"行走",那么效果就被减弱了。这时,由于靡菲斯特是以这样的方式被再现出来,他的登场就引发出"那魔性的"的效果,它的到来比夜里的贼更突然,因为如果是贼,我们还是能够想象得到"他会蹑手蹑脚地溜进来"。而同时靡菲斯特也自己公开了自己的本质,——作为"那魔性的",它恰恰是"那突然的"。于是,"那魔性的"是"那突然的",在运动中向前,于是,"那魔性的"在一个人身上开始起作用,于是,这个人自己就是如此,因为他是魔性的,不管"那魔性的"是完完全全地占据了他,还是仅仅无限小地在他身上分派了一小部分。"那魔性的"总是这样;并且,以这样的方式,"不自由"就变得恐惧;以这样的方式,它的恐惧开始蠢动起来。由此,我们看见"那魔性的"的趋向"那哑剧式的"倾向,不是在"那美的"的意义上,而是在"那突然的"、"那疾发的"的意义上;——这是"生活"经常会让我们有机会观察到的某种东西。

"那魔性的"是"那无内容的","那无聊的"。

由于我在对"那突然的"的讨论中曾经提请过大家注意美学上的问题——"怎样才能再现出那魔性的",那么,为了阐明这里所说及的东西,我想再次把这问题摆出来。一旦人们让一个魔鬼发言,并且在这时要把他再现出来,那么,那要去完成这项工作的艺术家就马上会搞明白各种范畴。他知道,"那魔性的"在本质上是哑剧式的;"那突然的"却是他所无法达到的,因为"那突然的"妨碍他的台词。他并不想欺骗,不想让人觉得他仿佛是通过"让不假思索的言语脱口而出"等等方式而能够制造出某种真正的效果。于是他正确地去选择那恰恰是反面的东西,——"那无聊的"。与"那突然的"相应的那种连续性,是那能够被人称作是"死不尽"的东西。"无聊性"、"绝灭性"也就是一种在"乌有"之中的连续性。现在我们可以对前面所说的民间传说中的数字作出稍有不同的解读了。那 3000 年着重强调的不是定位于"那突然的",而是在于:这种巨大的跨度引发出那关于"'那恶的'的可怕的'空虚'和'无内容'"的观念。"自由"在连续性中是平静的,与之相反的是"那突然的";但是作为对立面的,除了"那突然的"之外,还有"平静"(如果人们看见一个似乎已经死去并且被埋葬了很久的人,那么,这种"平静"就会浮现在人们的脑海里)。一个明白这一点的艺术家也会发现:在他知道了怎样再现"那魔性的"的同时,他也为"那喜剧的"找到了表达。喜剧的效果能够完全以同样的方式达到。就是说,如果人们不去考虑对于"那恶的"的所有伦理上的定性,并且只去使用对于"空虚"的各种形而上学的定性,那么他就得到了"那俗套的",而通过俗套人们很轻易地就能够达到喜剧的一面。

参见 *Begrebet Angest* i SKS 4, 337f. og 430-433。

253. 错误关系(Misforhold)是克尔凯郭尔的一个重要概念,比如说,在《致死的疾病》之中,克尔凯郭尔这样描述自我和绝望:"自我是一个'使自己与自己发生关系'的关系……"而"绝望是一个'使自己与自己发生关系'的综合之关系中的错误关系"。见《畏惧与颤栗·恐惧的概念·致死的疾病》,中国社会科学出版社,第 419 页和 421 页。

254. 这一句"…jeg veed ikke，at jeg har forsømt at bringe nogen Mulighed frem，og altid at kaste den saa hypothetisk til Side，at det overlodes hende selv at finde en Forklaring. Det har jeg gjort med Flid"中的 veed（现在时的动词"知道"）是令译者困惑的。如果按直接的理解，这一句在丹麦语的说法上有点别扭，所以我作了一种解读式的意译。EmanuelHirsch 的德文版在总体上是按照这种直接理解翻译的（但是在时态和语气上也有变动）："ich wüßte nicht，daß ich es versäumt hätte，irgend eine Möglichkeit vorzubringen，und sie stets so hypothetisch zur Seite zu werfen，daß es ihr selber überlassen blieb，eine Erklärung zu finden"（我本不知道：我曾疏忽地没有把某种可能性摆出来，并且，总是如此假设性地将之扔到一边，乃至听由她自己去找到一种解释）。但是 Hong 的英文版和 F. Prior et M.-H. Guignot 的法文版都做出另一种解读，与丹麦文的直接意思有出入，但文字上则更顺一些。Hong 的英文版："I do not think that I have neglected to set forth any possibility；I have always tossed it off so hypothetically that it was left to her herself to find an explanation"（我并不认为，我曾疏忽地没有把某种可能性摆出来；我总是如此假设性地将之随便处理掉，这样，'去找到一种解释'就是一件留给她自己的事情）。F. Prior et M.-H. Guignot 的法文版："je ne crois pas avoir négligé d'amener une possibilité quelconque，ni d'avoir écarté unetelle possibilité de façon à lui laisser à elle-même le soin de trouverune explication"（我相信，我不曾疏忽地没有把某种可能性摆出来，也不曾以这种方式将一个这样的可能性扔给她，让她自己设法去找到一种解释）。

255. **人们有这样的说法……这男孩必须替王子承受这惩罚**］据传在欧洲有这样的现象，我们很难确定这现象在欧洲的宫廷里是否普遍。但能够确定，在十六、十七世纪的英国宫廷，在詹姆斯六世和查尔斯一世还是王子的时候，就有这样的规矩。

256. ……只敢在一种戏谑和闲聊的语气之中说出一些"对于我来说是一种无法描述的缓解"的东西。

257. **使你焦虑得几乎要死**］指向《马太福音》（26；38），之中耶稣说："我心里甚是忧伤，几乎要死。"

258. "就是最可怕的冲突"，也就是说，"最最可怕的冲突，没有之一"。

259. 我不愿意去想象"疯狂从这条路上逼过来"……

260. 这句的直译是"固然，我允许了自己对她作出许多谬误……"

261. 一种这样的存在却仍还是某物，仍还是某种东西，而不是"什么都不是"（亦即"乌有"）。

262. **一种永恒责任的可疑解读方式**］在传统的文献学中，"可疑的解读"就是一个文字段落的已经给出的、也许是错误的形式，存在于抄件，而非原件之中。在这里，这一表述被用于始终未决的"有辜"之可能性。

263. **我的烦恼并不因为我"每个夜晚安息于我妻子的身边"而被驱散**］指向中世

纪民谣中的一个说法("幸福婚姻"),在歌谣"骑士斯蒂格和芬达尔"中,最后两段是:"现在骑士斯蒂格平息了自己的恼怒,/他每天晚上睡在国王的妹妹的臂弯里。//现在少女丽姬兹莉莉驱散了自己的烦恼,/他每天晚上睡在骑士斯蒂格的身边。"

264. neque thesin meam publico colloquio defendere conabor]拉丁语:并且,我不想通过公共讨论来试图为我的论点作辩护。
这句话是对克尔凯郭尔时代论文之中拉丁语论题中必写的引言格式的改写。可参看克尔凯郭尔自己的博士论文《论概念反讽》。

265. **关于皇帝的胡子的问题**]欧洲俗语"皇帝胡子之争"是当年关于法兰克国王和罗马皇帝卡尔大帝(742 - 814 年)是否有胡子的争论,被用来指各种无法得出结果的争论或者完全无关紧要的争论。

266. 就是说:这些言辞曾与"我的沉郁"合谋,共同构建出这恐怖或者说这可怕的事实。而现在,如果她收回这些言辞,那事情又会怎样?

267. **一种报应**]参见前面"酒中真言"部分已有的注释。

268. 她把"自己的人格"与一种"对于上帝的义务责任的永恒关系"混淆在了一起,……

269. "小小的坚信仪式接受者",也就是这里的女主人公,她是一个刚刚接受了坚信仪式的少女。在丹麦的基督教中,孩子出生后有命名浸洗礼,而等孩子长成为年轻人时则举行坚信仪式以表明对信仰的确认。一般教堂的坚信典礼是一种年轻人的节日,不亚于学校的毕业典礼。

270. **老校长**]是指米凯尔·尼尔森(Michael Nielsen, 1776 - 1846 年)。他在 1811 - 1844 年间任哥本哈根公民美德学校(Borgerdydsskolen)的管理者。他使得公民美德学校成为了哥本哈根最有名的私人学校。克尔凯郭尔和他的哥哥彼特·克斯蒂安都曾是尼尔森的学生,并且在后来担任过这学校的老师。

271. **一种可能性**]这是克尔凯郭尔在 JJ 日记之中所开始的一个故事的标题。
其实我可以把这个名词"Mulighed"翻译成"可能",但是,为了避免读者把它误读成副词"可能"(比如说,把"这可能使得他的面部表情有了各种各样的动态"误读成"这有可能使得他的面部表情有了各种各样的动态",而不是读成"这种可能使得他的面部表情有了各种各样的动态"),所以将之译作"可能性"。

272. **长桥**]在克尔凯郭尔的时代联接哥本哈根和克里斯蒂安港的两座桥中的一座,它与向西南的城墙成为一线。今天它被移向西南联接起哥本哈根和阿玛格尔。

273. **克里斯蒂安港**]在阿玛格尔和哥本哈根其它区域之间的城区。克里斯蒂安港是克里斯蒂安四世在十七世纪初建成的,其设计有着荷兰式的建筑风格,本原是要被建成一片荷兰移民城区,后来又被考虑要当成一个驻军和船员城区,但最终成了普通的商人和工匠的城区。在十八世纪商业兴旺时期,这一城区很繁荣,获得了新兴的商业广场和工业厂房,但是,1813 年丹麦国家银行破产之后,尤其是英国人在1815年施行谷税法之后,这里就一下子萧条了。在克尔凯郭尔的时代它是一个贫民区。到了1920年前后,这城区才得以更新。

274. **相遇和分离**]也许是影射安徒生的杂耍剧的标题《分离与相遇》(1836年)。

275. **Poscimur**]拉丁语:"我们被要求",职责召唤。对这个拉丁语词的使用可以回溯到贺拉斯的抒情诗集第一卷(*Carminum liber I*)之中开头的句子。

276. **公共马车**]参见前面"酒中真言"部分的注释:公共马车(omnibus:拉丁语,"为所有人的"),一种按当时的条件来说是很大的封闭式马车,是一种在固定路线上运输客人的公共交通工具。

277. **"吸引眼球的事物"**原文直译是:"能够分散人的注意力的人或物"。

278. **"各种无法吸引你眼球的事物"**原文直译是:"不分散人的注意力的人或物"。Hong的英译则是:"能够分散人的注意力的人或物的匮乏"。

279. **艾科**]Echo,在希腊神话中,艾科是山里的水妖,牧神潘一直追求她,但她拒绝他的追求,被拒绝的潘就把她撕成碎片,因而她只剩下声音。奥维德在《变形记》中有另一个故事(第三卷,第356-401句):在宙斯与其他水妖厮混的时候,艾科用漫无边际的闲话牵住了赫拉。事发后,赫拉对她的惩罚就是让她无法自己说话而只能重复别人的话。后来艾科爱上美少年纳希苏斯(Narcissus),但是由于他对她的爱无所回报,她因忧伤而憔悴,于是在她那里剩下的只有其他人在山间呼叫时的回声。

280. **卖马肉的屠夫**]好几百年下来,马肉一直是被看作不良食物,也许是自从天主教会在欧洲民族大迁徙时代(为去除日耳曼人异教文化中的以马为祭的风俗而)将马肉标为不净的时候起就一直如此。尽管路德教会没有继续保持这种禁忌,但是在一般的情况下仍然有着一种死马禁忌,这样,人们宁可挨饿也不吃马肉。在十八世纪,这一迷信消失,人们重新开始吃马肉,有一阶段,所谓的"马肉屠夫"只能够处理马肉,可能是因为要避免伪仿价格更昂贵的牛肉。尽管人们不愿意在市场上看见马肉,在1820-1950年间,马肉仍然是人们的肉类食品原料,尤其是对于贫困阶层。

281. **集市广场**]克里斯蒂安港的集市广场在克尔凯郭尔的时代通常被称作儿童管教所集市广场,因为儿童管教所的大门正对着这集市广场。这个建立于1662年儿童管教所原本是未成年人的收容教养所,但后来发展成成年犯人的惩教所。

282. **那场火灾……噬蚀了教堂而让惩教所存留在那里**]1817年7月,爆发了一场惩教所犯人的暴动,他们纵火烧毁了那里的一些建筑,惩教所里的教堂被烧毁了。但是惩教所的大门一直作为残存的废墟留在那里,直到十九世纪五十年代。

283. **水上的上方街**]沿着克里斯蒂安港的水道两旁各有一条街,都叫作"上方街"(Overgaden)。水道把城区分割为西北和东南两边。在西北边的街叫作"水下的上方街",东南的叫作"水上的上方街"。

284. **儿童管教所桥**］克里斯蒂安港水道的两座桥之一；在克里斯蒂安港的集市广场联接起"水下的上方街"和"水上的上方街"。

285. **印度人对一个精神病人……**］在传统的印度医学之中，人们一般会认为精神病的原因有二：一是体内液体失去平衡，一是魔鬼附身。前者可由医生治疗，后者则只能以宗教方式，诸如符咒，来处理。印度人对他们的病人极其尊重，而对于一个魔鬼附身的人则尤其有着特别大的尊重。

286. 原文之中只有一个词"Dronning"，丹麦语的"女王"或者"王后"的意思，但是因为根据文字背景无法确定这是一位"女王"还是一位"王后"（西班牙在1833年9月29日和1868年9月30日之间的统治者是伊莎贝拉二世，并且，在1837宪法中，伊莎贝拉二世将称号改为西班牙女王。），所以译作"女王或者王后"。

287. **救助典当行**］是一个哥本哈根的机构，类似于当铺。1688年由私人开设，1753年被国家接管。

288. **贫困税**］从1762年起人们在哥本哈根要支付给贫困事务局（fattigvæsnet）的费用或者税收。1799年贫困事务局的新规定决定，这税收的用途是：救助真正需要救助的人们，保障对老弱者的施舍，让打工者们得到工作，强迫想要乞讨而不想工作的人们去工作，让病人得到救治，引导年轻人进入知识、道德和勤奋，这样，公共的和私人的慈善赠予都能够被用在合适的地方。通过1816年7月15日的公告，相对富有的公民，尤其是地主被要求支付这一税收。从1861年起，市政决定把贫困税与市政的其它费用合并在一起。

289. **达普苏尔·冯·扎贝尔陶**］霍夫曼（E. T. A. Hoffmann）小说《国王新娘》(*Die Königsbraut*)［此小说是框架小说 *Die Serapionsbrüder*（1819-1821 年）的一个部分］中的人物。在小说里，扎贝尔陶是一个占星学家，他在宫殿塔楼里有一间研究观察室。他女儿本来不曾到过这研究观察室。有一次她被叫进这房间，她看见父亲被各种各样器具和积尘的书籍环拥。他坐在一张形状古怪的椅子上。头上戴有一顶尖顶高帽子，穿着一个极大的灰色毛呢斗篷，脸上挂有很长的假白胡子。女儿一下子没有认出他，紧张地向四周张望。然后她反应过来，这椅子上坐着的是她父亲，她笑着问，现在是不是已经到了圣诞，他是不是在扮演"Knecht Ruprecht"，亦即圣诞老人的魔法随从。

参见 E. T. A. *Hoffmann's ausgewählte Schriften*, bd. 4, 1827, s. 267.

290. **让自己的心以青春的方式欢畅**］指向《传道书》(11:9)："少年人哪，你在幼年时当快乐。在幼年的日子，使你的心欢畅，行你心所愿行的，看你眼所爱看的。"

291. **病至于死**］指向《约翰福音》(11:4)中所说"这病不至于死"。

292. **永恒之严肃的桥梁**］这一表达也许是指向北欧神话中的加拉尔桥（Gjallarbro），此桥从生者们的世界通往死者们的王国。

293. **尽管他几乎尚未到达真正男人的年龄**］在后面提到了，这簿记是"四十岁"的年龄。在这小说的一个草稿中（本来这小说被称作"父亲忧虑"），克尔凯郭尔让这簿记的年龄处在三十九岁(参见 *Pap.* V B 131, s. 224)。这文本的表述有着古希腊的渊源:按古希腊的说法,一个人在四十岁的时候才是风华正茂的时候。这种说法在第欧根尼·拉尔修的《哲学史》里被当成编年史的原则。

294. 无用的劳苦]指向《传道书》(1:13):"我专心用智慧寻求查究天下所作的一切事,乃知神叫世人所经练的,是极重的劳苦。"

295. 丹麦风俗,如果一个人三十岁仍是单身的话,人们就会把胡椒瓶(罐)作为生日礼物送给他。参见前面的注释。

296. 一切都已被听见]引自《布道书》(12:13):"这些事都已听见了。总意就是敬畏神,谨守他的诫命,这是人所当尽的本分。"

297. "固执观念"是心理学专用术语,来自法语"Idée fixe"。

298. 克尔凯郭尔时代的糕饼店有点类似于今天的咖啡馆。

299. 他的作为也随着他]这里的"作为"(Gjerning),对应于在丹麦文《圣经》中被译作"作为"(Gjerning)的,而在中文《圣经》中也有地方被译作"作工的果效"。见《启示录》(14:13):"我听见从天上有声音说:'你要写下,从今以后,在主里面而死的人有福了!'圣灵说:'是的,他们息了自己的劳苦,作工的果效也随着他们。"

300. 长桥]见前面注释。

301. 克里斯蒂安港]见前面注释。

302. 信号灯塔……被点亮]指旗语信号系统,借助于有色灯标或者信号灯来传递代码,这样在夜里很远的地方也能够看见代码。在 1802 年灯光传递的信号系统在考尔瑟与纽堡间的大带子海峡是建立起来,以语言岛作为中间站。

303. 舍赫拉查达]在阿拉伯民间故事集《一千零一夜》中,国王沙里亚每日娶一少女,翌日晨即杀掉。最后负责此事的维齐尔的女儿舍赫拉查达嫁给国王,用讲述故事方法使得国王无法杀她。她的故事一直讲了一千零一夜,在最后一晚之后的早晨,她带着她为他秘密生养的孩子们站在国王面前,他最终感动而与她结婚生活到老。

304. 前面那"一个女人",是单数,但这里"她们"是复数。可能"她们"是那"一个女人"的一类。

305. 就是给她解鞋带也不配]参看《路加福音》(3:16):"约翰说:'我是用水给你们施洗,但有一位能力比我更大的要来,我就是给他解鞋带也不配。他要用圣灵与火给你们施洗。'"

306. 一个报应]原文中这"报应"是外来语 Nemesis,源自希腊语,见前面的注释。

307. 那种关于初恋的美丽说法]也许是指丹麦谚语"初恋的爱情是最好的爱情"。

308. 福斯塔夫在与佩尔西之战之中倒下]在莎士比亚戏剧《亨利四世》(第一部第五幕第四场)之中,在亨利王子(亦即后来的亨利五世)与叛乱者亨利佩尔西的搏斗中,福斯塔夫在与道格拉斯对剑时倒地佯死。后来佩尔西被亨利王子的剑砍中而倒下,亨利王子离开,这时,福斯塔夫又活过来对自己说,他为救自己一命而装死。他在已死的佩尔西身上又砍了一剑,然后声称佩尔西又活过来,并且在最后是他真正砍死了佩尔西。

309. **在那体系之中写上一段**]也许是指丹麦黑格尔主义者阿德勒(A. P. Adler)、海贝尔(J. L. Heiberg)、马腾森(Heiberg, H. L. Martensen)和拉斯姆斯·尼尔森(Rasmus Nielsen)。克尔凯郭尔常常批判他们,认为他们所写的一切都像是在一种类似于黑格尔的体系创作之中写一些段落。

310. **日常生活故事**]指 1827 - 1845 年间在丹麦出版的许多不署名的长短篇小说,以"一个日常生活故事的作者"的名义出版,情节都是关于哥本哈根市民阶层的各种爱情婚姻之类。作者是海贝尔的母亲托马西娜·居伦堡(Thomasine Gyllembourg,1773 - 1856 年)。

311. **斯可里布**]奥古斯丁·欧仁尼·斯可里布(1791 - 1861 年)法国的剧作家,40 年中他以他的差不多 350 部杂要剧、喜剧和歌剧剧词(之中有许多是与他人合作)而在巴黎戏剧居于主流地位。在 1824 年到 1874 年之间斯可里布是在皇家剧院被演得最多的剧作家。其中有 100 部左右是由 J. L. 海贝尔介绍的。

312. **信仰是直接的东西**]"直接的东西"亦即"那直接的"(det Umiddelbare)。"信仰是直接的东西"这句话也许是指向那些黑格尔主义的教理神学家们,诸如德国神学家马尔海尼克(Ph. K. Marheineke)。马尔海尼克强调,信仰部分地是直接性(或者说关于上帝的直接知识),部分地能够并且也应当被扬弃在思辨知识之中,并且,这思辨知识,因为它是思辨的,所以要高于信仰。

可参看 Die Grundlehren der christlichen Dogmatik als Wissenschaft, 2. udg. , Berlin 1827 [1819], ktl. 644, s. 48f.

马尔海尼克的这种解读渊源于黑格尔关于"信仰的观念世界被扬弃于思辨的知识之中"的断言。另外德国哲学家雅可比(F. H. Jacobi)在哲学的意义上看也是把直接性(意为"直接知识"或者"确定性")与信仰(并非完全是在宗教的意义上说,但在宗教的意义上亦如此)等同起来。

可参看 Ueber die Lehre des Spinoza in Briefen an Herrn Moses Mendelssohn i Friedrich Heinrich Jacobi's Werke, bd. 4,1, 1819, s. 210ff. 另见《恐惧的概念》(1844 年)。

313. **人们不应当盘桓在直接的东西这里,在中世纪的时候人们在直接的东西这里盘桓**]指向马腾森在《文学月刊》(bd. 16, Kbh. 1836, s. 516f.)上为海贝尔的《在王家军事高校为 1834 年开始的逻辑课程所作的序言讲座》所写的书评:"它(指黑格尔哲学)是几百年来的工作的后果和结论,但是,要理解这一点,关键在于,要去领会那作为整个新时代的被称作是'主导性的'的哲学方向的基础的原则,它对立于中世纪的基督教哲学。中世纪的哲学依据于信仰,其原则是我们众所周知的'安瑟伦的 credam ut intelligam'(拉丁语:我愿信,为了能够让我领会),它与老古话'对上帝的敬畏是通往智慧的起始'没有很大的差别。信仰在那个时代是结合起各种精神的共同中点,真理的神圣传授永远年轻而活生生地通过历史涌流,宗教诗性的世界观将其光泽投向全部生活并且树立起它的各种不同的关系。这世界观在其直接性中追求的是永恒真理,不存在观想与概念之间的斗争,因为,只要信仰是认识的坚实前提预设和立足点,这一斗争就无法出现。信仰很确定地认为,它的内容'是'真理,真理无法不同于人们相信它所是的那样;它不放弃这一观想,并且无法承认:在这之外有着另一种更高的真理,它只是这一更高真理的不完美表达;因为有了这一对另一种更高真理的设想,那作为信仰的本质的无限确定性就被打扰了。"

314. **继续向前**]"继续向前"和"超过"是丹麦黑格尔主义要在笛卡尔的"怀疑"的基础上继续向前的说法,后来又在更广泛的意义上用于"要超过其他哲学家(诸如黑格尔)"。参见前面的注释。

315. **我的老校长**]哥本哈根公民美德学校(Borgerdydsskolen)的管理者米凯尔·尼尔森(Michael Nielsen)。

316. **段落狂**]见前面"在那体系之中写上一段"的注释。克尔凯郭尔常常批判丹麦黑格尔主义者们,认为他们所写的一切都像是在一种类似于黑格尔的体系创作之中写一些段落。

317. **课程疯**]也许是影射丹麦黑格尔主义者阿德勒尔(A. P. Adler)、海贝尔(J. L. Heiberg)和拉斯姆斯·尼尔森(Rasmus Nielsen),他们在十九世纪三十和四十年代开了一些关于黑格尔的逻辑和哲学的课程。

318. **主耶稣**]

319. **吹号的天使**]指向《启示录》中审判之天使,见《启示录》(8:2 – 9:21 以及 11:15 – 19)。

320. **私人讲学教授**]"privatdocenter",德国大学里尤其常用私人授课教授,这是在大学授课但没有被正式聘用的授课者。这里的用名也许是指马腾森(H. L. Martensen,1808 – 1884 年)。马腾森在 1837 年答辩了自己的证书论文(licentiatafhandling),第二年成为讲师,就是这种私人授课教授。马腾森在 1840 年成为神学非常教授(ekstraordinær prof. i teologi)。

321. **纯粹是杂耍剧里的主题**]参见前面《对婚姻的不同看法》部分对杂耍剧的注释。

322. **普律辛与克拉特洛普**]指海贝尔所写的杂耍剧《评论家与动物》中的两个人物,订书匠普律辛(Pryssing)与印刷匠克拉特洛普(Klatterup)。这两个人物一心想钱并且想着怎样通过别人所写的东西来赚钱。普律辛为了摆脱出相对于克拉特洛普而言的经济困境,他甚至把自己的女儿给了年轻的法学学生凯萨尔,尽管他觉得后者是个牛皮大王,并且其实是反对这两个年轻人的恋爱关系的。

323. **以大学生的方式抽烟**]指向霍尔堡的喜剧《埃拉斯姆斯·蒙塔努斯或者拉斯姆斯·贝尔格》(*Erasmus Montanus eller Rasmus Berg*,1731 年)第二幕第一场,其中有一个关于埃拉斯姆斯·蒙塔努斯的场景说明:"他打火,点燃自己的烟斗,把烟斗的头插进自己帽子上的一个洞里。"他自己说的台词是:"我们说,这就是以大学生的方式抽烟。对于一个想要在写文章同时抽烟的人,这是一个很好的发明。"

324. **被焚烧成精神**] 这是对巴格森（J. Baggesen）的诗歌《我的鬼魂，或者甜蜜的刀》（1814 年）中句子的改写，本原的诗句是："死去、远离、被遗忘，——被完好地保存在坟墓里——/在净化的火焰之中被焚烧成精神——/摆脱了所有肉身的束缚，/像自身的鬼魂，被映成光像——/被消灭。"

    Jens Baggesens danske Værker，bd. 6，1829，s. 144.

325. **这杂耍剧的情节是关于四块八毛钱的**] 丹麦文原文是说"这杂耍剧的情节是关于四马克八斯基令的"。根据克尔凯郭尔的草稿，这是指《评论家与动物》，但这个剧本之中并没有说到四马克八斯基令，而是说到关于普律辛欠克拉特洛普和作家莱德曼的三十八国家银行币二马克八斯基令。

326. **一个疯子捡起每一块青石带在身上，因为他以为那是钱**] 如果这是一个典故，渊源尚不明确。在草稿上写有"疯梅耶"（参见 *Pap.* V B 103,3），但所指对象不明。

327. **唐璜的 1003 个情人**] 按照勒波拉罗的记录，1003 是唐璜在西班牙所征服的女人的数目。参看《唐璜》第一幕，第六场。在 Tirsode Molina（本名 Gabriel Tellez,1571-1648 年。最早的知名唐璜文学作品 El Burladorde Sevilla 的作者，——写于大约 1620 年）那里没有这数字，在莫里哀那里也没有，在 G. Bertati(1735-1815 年）为 *Giuseppe Gazzaniga*（1743-1818 年）写的歌剧《唐璜或者石像客》（*Don Giovanni o sia Il convitato di pietra*，在莫扎特的歌剧之前的一年内首演）的歌词中也没有。这三部作品属于莫扎特和 da Ponte 歌剧作品之前的最重要原创来源了。

328. 在这里，"爱"（atelske）这个词是一个动词。

329. **人们在普鲁士为那些参与了自由战争的人们建立出一种勋章制度，同时也为那些待在家里的人们设立出一种勋章**] 估计是指普鲁士的铁十字勋章，此勋章是由普鲁士国王腓特烈·威廉三世于 1831 年三月十日为对法独立战争建立的德国军事勋章，作为一种荣誉标志——"在战场上的和在家园中的，高贵的勇气和挺拔的毅力"。

    参见 J. C. F. Manso,*Geschichte des Preußischen Staates vom Frieden zu Hubertsburg bis zur zweyten Pariser Abkunft*，bd. 1-3，Frankfurt am Main 1819-20；bd. 3，s. 129.

    这一勋章包括两个等级，都是由银质的（这里所说的"银质的"是克尔凯郭尔研究中心所作注释中的说法，看上去有些奇怪，译者查看了丹麦别的铁十字架的说法，也有说是"镀银的"或者"有着银质框架的"）铁十字架构成。勋章有白边黑绶带的是授予"在战场上"立功者，而黑边白绶带则是授予"在家园中"的。第一等的勋章还带有一个带白边黑带的十字架，可以别在左胸前。

330. 丹麦文原文的词是"幸福者"，而不是"真正的幸福者"。我加了"真正的"是为了使得读者容易做区分。"幸福者"（"真正的幸福者"）的爱情史本身是幸福成功的爱情史，而不幸的恋爱者"去维护一段不幸的爱情史，去通过这不幸的爱情故事而达到最高意义上的幸福"。这不幸的恋爱者"为自己的恋爱感到幸福",尽管这恋爱是不幸的恋爱或者说没有结果的恋爱,是失恋。

331. 勋章在普鲁士被称作是第二等级的,是表彰"好的意愿"的] 估计是指第二等级的普鲁士勋章,表彰"在家园中"的立功者。见前面注释。但是"好的意愿"这一说法并没有出现在勋章的描述文字中。也许是指在家园后方展示出的爱国主义意愿。

332. "唯与上天同知",也就是说:只有我自己和老天爷知道,再也没有别人知道。

333. 这整个长句段落是容易给人一种含糊不清的感觉的。铁十字勋章是一个插入的比喻。如果我去掉这比喻并且把句子顺序换一下可以这样说:

"然而,我认识到,对于那懂得怎样让自己满足于这想法,怎样让自己为自己而感到心满意足以及怎样让自己安于'唯与上天同知'的人来说,'去维护一段不幸的爱情史,去通过这不幸的爱情故事而去达到最高意义上的幸福,去把对于我来说毫无意义的事情弄得意义深远,去使得这种事情丰富地具备美丽的意义'——这无疑是一项激动人心的任务。"

也许正因为这长句段落容易引起含糊的理解,所以在德文译本之中有特别注释说明:

"克尔凯郭尔把战场上的战士比作婚姻中的丈夫,而把'在家园中的'比作单身汉。这样,读者要把'家园'看成是单身居所,而不是一个家庭的家园。"

334. 不会想要去埋葬这些死者的] 指向《马太福音》(8∶21 - 22):"又有一个门徒对耶稣说:'主啊,容我先回去埋葬我的父亲。'耶稣说:'任凭死人埋葬他们的死人,你跟从我吧。'"

335. 插向吊圈] 指一种游戏,全速(一般是骑马)飞奔的同时去抓住一个挂在长矛头上的(金属)圈。

336. 菲德里亚] Phœdria,古罗马剧作家、诗人泰伦提乌斯(Publius Terentius Afer)的喜剧《福尔弥昂》中的两个处于爱情中的年轻人之一。

337. Amare coepit perdite] 拉丁语:他暴烈地坠入爱河。泰伦提乌斯的喜剧《福尔弥昂》第一幕第二场的台词,是描述菲德里亚对年轻姑娘西塔琴手的感情:hanc amare coepit perdite(他暴烈地爱上她了)。

338. 就是说,"理念"所给出的赞同。

339. 摇响铃铛] 这是哥本哈根皇家剧院的情形:在幕布要被拉起的时候,有人要摇一下铃铛。

340. 大流士或者薛西斯,无所谓是谁,有一个奴隶提醒着他去与希腊人开战] 波斯王大流士(公元前 521 -前 485 年),他多次与希腊人开战,公元前 490 年在马拉松败给雅典人。在希罗多德(Herodot)的《历史》(*Historiarum*) 第 5 卷第 105 章中描述了,大流士命令一个仆人,每次在他坐到桌前的时候,对他大喊三声:"主人,记住雅典人!"

薛西斯一世(公元前 486 -前 465 年)是大流士一世的儿子,为了报父亲在希腊失败之仇,他也曾与希腊开战。但"奴隶提醒"的故事与他似乎牵不上关系。

341. 一个国家银行币等于六马克。
342. "我的这位刚刚接受了坚信礼的女伴"（min Confirmantinde）按原文直译是"我的新坚信礼接受者"。

在新教国家，基督教家庭的婴孩出生后不久就接受首次洗礼。等到孩子长大成人，有能力确认受洗时父母或教父母代他们所许的承诺，承担基督徒使命时，再领受坚信礼。这里的"坚信礼"丹麦语是 konfirmation，就是说，去确认自己的信仰，是一种受洗者进入成年对信仰的确定。在丹麦的基督教中，孩子出生后有命名浸洗礼，而等子长成为年轻人时则举行坚信仪式以表明对信仰的确认。一般教堂的坚信典礼是一种年轻人的节日，不亚于学校的毕业典礼。

343. **一个老人说……**]这个典故的来源不清楚。
344. 如果一个人不具备什么其它东西，那么，要藐视睿智和所有"除彻底纯粹的严肃之外"的其它东西，是很容易的。
345. 在 Hong 的英译本里，这里是"昨天"而不是"今天"。不知道是版本的问题还是阅读上的疏漏，或者是因为"午夜"被理解为下一天的时间。
346. **"一个出身名门的女孩"以自杀终结了自己的生命**]这报纸的内容有可能是作者的虚构。但在当时的《地址报》（Adresse-avisen）上时而会有关于有人发现无名死者需寻人认定身份的广告。在克尔凯郭尔的时代，自杀也并非是罕见的事情；在 1840-1844 年间百分之二的死亡事件是自杀。最多的自杀方式是上吊；另外投水的也不少，尤其是在哥本哈根，五个自杀者中会有两个是投水的。

参见 A. F. Bergsøe, *Den danske Stats Statistik*, bd. 1-4, Kbh. 1844-53; bd. 3, 1848, s. 27-31.

347. **磁针的偏离**]前面有过对此的注释：磁性指北针对北的指向几乎在任何地方都有偏差。偏差的原因是磁力北极和地理北极的距离总是有着不规则的变化，因为磁力的两极随地核中的运动而游移。
348. 丹麦文原文用词是"fastende"，意为"处于绝食状态"。
349. 她处在一种"能够感动最冷酷的人"的痛苦之中。
350. 我们避免了"我得胜"的局面。
351. **调查法官**]Inqvisitor，原本是信仰与异端问题方面的法官；后来是调查委员会（见前面"一个丈夫对各种反对婚姻的看法的回应"中的注释）进行一项法律方面的调查时的负责法官。
352. **三一教堂**]Trinitatis Kirke，哥本哈根老城区里的一个教堂，与哥本哈根的"圆塔"（Rundetaarn）建在一起。
353. **教堂唱诗者**]在教会仪式中帮助牧师、做入场出场祷告并且带领教众作弥撒答唱和唱赞美诗的人（通常是一个公办小学的教师）。
354. **毕达哥拉斯信徒**]这里是说毕达哥拉斯信徒们的生活和行为被他们所必须遵

循的许多戒律弄得很艰难。可参看第欧根尼·拉尔修的《哲学史》,在第八卷第一章第十七至二十五节中概述了毕达哥拉斯的警句和禁忌。这里可列出其中一些:"不要用剑砍火。不要把秤的标度弄得不平衡。不要坐在仓库的容积度量器具上。不要吃心。为他人分负担,但不让他人承受你的负担。总是让床单绑在一起。不在戒指上刻画神圣图像。不让瓦罐在炭灰里留下可辨认的痕迹。不管是在多么糟糕的东西上,你不要为了要让自己坐下而往身上抹油。在你往外倒水的时候,不要把你的身子转向太阳。要保持行走在人来人往的道路上。不要把你的右手伸给每一个人。……"

355. 我根本就没有做过任何"我无法否认自己做了"的事情。

356. 或者说"一个个体人因为另一个个体人而被荒废"。

357. 宗教意义上的"无限之运动"]参看《畏惧与颤栗·恐惧的概念·致死的疾病》(中国社会科学出版社)("畏惧与颤栗:疑难问题:暂时的倾诉"),第26 - 42页:"难道在我的同代人中真的每个人都能够做出信仰的运动吗?……"

358. 现世性之强化]对那有限之中的生活的强化,在市民生活中的得以增大的意义。

359. 直译是"就在时间过去的同时"。

360. 那只贫穷的鸟……穷鸟]也许是指向歌谣游戏的韵词:"穷鸟一瘸一瘸地过来,一拐一拐地过来,飞过田野和草地! 你看吧看,你个富鸟! 我的羽毛多么苦逼? ——富鸟嗖嗖地过来,飒飒地过来,飞过群山和峡谷! 你看吧看,你个穷鸟! 我的翅膀多么牛逼?"(J. M. Thiele, *Danske Folkesagn*, 3. samling, 1820, bd. 2, s. 150.)

在稍稍作了改写之后,欧伦施莱格尔将之收进了自己的韵词《鬼鸦》(Adam Oehlenschlägers digt "Valravnen", *Digte*, Kbh. 1803, s. 88f)。

361. 人们曾这样说丹麦:它是唯一的一个拥有私有财产的国家,因为它有着厄勒海峡通行税]从1430年前后开始,丹麦国王向通过厄勒海峡的船只征收通行税,这一税收是当时丹麦国家收入的三分之一。在施特林泽(J. F. Struensee)掌权(在1771 - 1772年间任枢密大臣,把这一税收划进国库)之前,通行税的收入都归国王。鉴于来自美国(美国从1855年起单方面拒绝支付丹麦通行税)和欧洲沿海国家压力,丹麦在1857年废除了通行税。

362. 这一句的丹麦语是"Man prædiker heller ikke altid Christendom, fordi man uden Spor af Hykleri bruger de hellige Navne og de bibelske Udtryk, thi Tankebevægelserne kunne stundom være aldeles hedenske",换句话说就是:"一个'没有丝毫虚伪地'使用着各种神圣的名字和各种《圣经》用语的人并非(因为他的这种做法就)总是可以算是在传播基督教"。也可以再换句话这样说:"就算一个人'没有丝毫虚伪地'用到各种神圣的名字和各种《圣经》用语,我们也并非总是就可以因此而说他是在传播基督教"。

Hong 的英译是"Christianity is not always proclaimed, either, just because without a trace of hypocrisy the holy names and the biblical terms are used". F. Prioret M. -H. Guignot 的法译"On ne prône pas non plus toujours le christianisme quand on se sert, sans la moindre hypocrisie, des noms sacrés et des expressions bibliques". Emanuel Hirsch 的德译是"Man pridigt auch nicht allemal Christentum, weil man ohne jede Spur von Heuchelei die heiligen Namen und die biblischen Ausdrücke gebraucht".

363. "她要在之中找到安慰"的东西,不是真正的宗教性。就是说:她不是要在真正的宗教性之中找到安慰。

364. **约瑟夫的被卖**]见《创世记》(45:4-5):"约瑟又对他弟兄们说:'请你们近前来。'他们就近前来。他说:'我是你们的兄弟约瑟,就是你们所卖到埃及的。现在,不要因为把我卖到这里自忧自恨。这是神差我在你们以先来,为要保全生命。'"

约瑟夫是父亲最喜欢的儿子,因此遭众兄弟嫉恨,因此他们把他卖给米甸来的实玛利商人,商人又将他卖给埃及法老的内臣护卫长波提乏。

365. 这句话的意思就是:如果她做出别的选择的话,那么这也完全是她自己选择的,我并不曾对她的选择造成过任何影响,我没有劝说过她。

366. **那寡妇不藐视"把三分钱投入会堂银库"的行为**]见前面关于"一件微不足道的东西,在他们自己有着盈余的时候"的注释,——参看《马可福音》(12:41-44)。

367. 这一句,丹麦语是"at hun havde givet mig Fortrinnet",直译也可以是"她将我作为首选",就是说,"她首先选择了我作为与他结合的人,尽管她在这之前曾爱过"。

368. 对信心的冲击(anfægtelse)。anfægtelse 是一种内心剧烈冲突的感情。在此我译作"对信心的冲击",有时我译作"在宗教意义上的内心冲突"或者"内心冲突",有时候我译作"信心的犹疑",也有时候译作"试探"。参见前面对"内心剧烈冲突的犹疑"的解释。

369. **淡啤酒**]酒精度不高的啤酒,尤其是指第二等酿的(家酿的)。淡啤酒的泡沫持续时间短于更浓烈的一等酿啤酒的泡沫。

370. **英国人所酿的最浓烈的啤酒**]这里所联想的也许是 Double Brown Stout,在丹麦通常被称作波特尔的黑啤酒,它有着一种浓厚持久的泡沫。其实英国啤酒比丹麦的泡沫更少一些,但是因为这泡沫的产生是因为啤酒在库存的时候继续发酵产生的,而英国啤酒被运到丹麦一路上就有了更长久的发酵,因此到了丹麦泡沫就更多了。在克尔凯郭尔的时代,英国黑啤进口到赫尔辛约、哥本哈根和德劳沃尔,当时在《地址报》上有广告介绍"Best double Brown Stout Porter"。*Adresse-avisen* nr. 151, 29. juni 1844.

371. **计划设计者**]不断地给出各种毫无用处或者无法完成的计划的人。霍尔堡经常使用这一表述,比如说,在《尼尔斯·克里姆的地下旅行》中。关于《尼尔斯·克里姆的地下旅行》,可参看前面《对婚姻的不同看法》中关于尼尔斯·克里姆的注释。

372. ……我觉得她缺乏这样一种"起着美化作用并且通过自己的美来渗透灵魂"的整体基础。

373. 与空气斗了拳]前面有过注释,指做了徒劳的努力。见《哥林多前书》(9:26)保罗这样写自己:"我斗拳,不像打空气的。"

374. 偏离]见前面有对"磁针的偏离"的注释:磁性指北针对北的指向几乎在任何地方都有偏差……

375. 佩里安德]科林斯的佩里安德,库普塞鲁斯的儿子。古希腊科林斯的第二任僭主(约公元前 625 - 前 585 年)。在位期间,他使得科林斯疆域扩大,成为霸主城邦。他以苛政统治城邦,但也保护艺术与诗歌。佩里安德也是被列进古希腊七贤的希腊哲学家。

376. 那种能取悦上帝的状态]在丹麦教堂里举行的婚礼上,牧师对新婚夫妇说:"因而,这是对你们的安慰:你们知道并且相信你们的状态(亦即:婚姻状态)是上帝所喜欢的,并且得到了他的祝福。"
参看《丹麦圣殿规范书》(*Forordnet Alter-Bog for Danmark*, s. 260f.)。

377. 神圣的狂暴]也许是指向"神圣的疯狂"。可参看前面《对婚姻的不同看法》中关于"神圣的疯狂"的注释。

378. corpus delicti]拉丁语:犯罪之体。通常用来指:一方面是一个犯罪过程中所用到的各种工具,一方面是犯罪行为所留下的外在痕迹。

379. 对于我来说,"人性元素之中的平等性"是"'我的精神存在'之中的生命力";……

380. 守夜人]见前面的关于"守夜人"的注释:守夜人在城里的街上巡行时,每半小时要叫喊钟点。

381. 我是按照克尔凯郭尔原有代词使用法来翻译这句话的:"他对每一个个体人格说话;在他与之说话的这一瞬间,他使用这个体自身以便通过他来对他说他想要对他说的话。"在这里,我重新把名词代入,以避免混淆:"上帝对每一个个体人格说话;在上帝与这个体人格说话的这一瞬间,上帝使用这个体自身以便通过这个体来对这个体说上帝想要对这个体说的话。"

382. 《约伯记》中,所谓上帝在云堆里显现,而且在说话的时候还像是一个最善于辞令的辩证家]指《约伯记》第 38 - 41 章。在(38:1)中,上帝是在旋风之中对约伯说话。

383. 云堆里的宝座上]在《旧约》中,云彩常常被解读成上帝所居住的地方。比如说,在《出埃及记》(24:15 - 18)中。

384. 大地上方的雷电里]在《旧约》里,雷电常常与上帝的启示联系在一起。比如说在《诗篇》(18:14)中,以及在《约伯记》(37:5)中。

385. 最轻声的低语]在《列王记上》第 19 章中,从(19:12)起:"地震后有火,耶和华也不在火中。火后有微小的声音。以利亚听见,就用外衣蒙上脸,出来站在洞口。有声音向他说:'以利亚啊,你在这里作什么?'……"

386. 苏格拉底说,最大的不幸就是"处在一种幻觉之中"]见柏拉图对话录《斐多篇》(90 c - d):"假定有一个论证是真实的、有效的、能够被发现的,然而有人由于通过他自己以往的论证感到它们对相同的人有时候真、有时候假,这个时候他不去追究自己的责任,责备自己缺乏技能,而是到了最后在绝望中想要把怒火发泄到论证头上,此后一生中老是在抱怨和斥责论证,由此错过了认识关于实体的真理的机会,这岂不是一桩可悲的事?"《柏拉图全集》,第一卷,王晓朝译,人民出版社,2002 年。

387. **低价值的胜利** 就像是在纸牌游戏中,没有输,但只获得很低的点数。或者说类似于中国打麻将的"垃圾湖(胡)"。

388. **日常生活故事** 指 1827-1845 年间在丹麦出版的许多不署名的长短篇小说,以"一个日常生活故事的作者"的名义出版,情节都是关于哥本哈根市民阶层的各种爱情婚姻之类。作者是海贝尔的母亲托马西娜·居伦堡(Thomasine Gyllembourg, 1773-1856 年)。

389. **不是为发疯的人演出的,而是为"昏头昏脑的金龟子"演出的**] 巴格森(Jens Baggesen)在对亚当·欧伦施莱格尔的歌剧《卢德兰的洞穴》(*Ludlams Hule*)的批评中说道:"就是说,我们现在想象这必然性:在祭坛前的垫子上跪下,——牧师宣布他们的结合——交换戒指,所有幻觉,甚至一种被困扰的金龟子的想象能力都会在这样的地方纯粹地终止。只有精神病人才会对这一类大大小小的虚构创作感到满意。"Danfana, bd. 1-3, Kbh. 1816-1817, ktl. 1508; bd. 1, s. 380f.

390. **凯撒·亚历山大·波拿巴·爱波尔托弗特**] 凯撒是罗马皇帝凯撒的称呼,亚历山大是马其顿的亚历山大大帝的称呼,波拿巴是拿破仑的名字。爱波尔托弗特是丹麦的一个地区名。在霍尔堡的喜剧《化装晚会》之中有一场景(第一幕第十一场),淳朴的雇农阿尔夫谈论亨利希说:"那孩子得到了一个别名,把自己写成亨利希·爱波尔托弗特……然后估计是没多久他把自己写成了亨利希·冯·爱波尔托弗特。"

391. **还不曾与属血气的人商量**] 见前面对同样句子的注释。参看《加拉太书》(1:15-16)……。

392. **在伯里克利的合法儿女……提出申请要求废除那条法律**] 参看普鲁塔克的传记《伯里克利》第 36-37 章。伯里克利(公元前 495-前 429 年),古希腊政治家,在雅典推行民主政治的城邦领导人。

393. **伯里克利……不再有社交上的任何活动**] 参看普鲁塔克的传记《伯里克利》第 7 章。在伯里克利从政以后,只走从家去市场和市政厅的那条路。他完全不接受任何朋友的邀请,诸如晚会等。他从政时间很长,在他从政期间,他从不曾去自己朋友家做客。

394. 这是 Emanuel Hirsch 的德文版译本中的一个注释:句子中的第二部分反讽了一种在生活中常常出现的"半心半意",它常常带着更大的中立性(力量),带着一种特定给出的解释继续走向对立面。

395. **永恒之意识**。永恒是个名词,这里不是说"永恒的"意识,而是"永恒"的意识。

"有辜的？"-"无辜的？"   529

396. **有着三根马尾的帕夏**］过去土耳其的最高的军事和民事的职位。在奥斯曼帝国有帕夏这一头衔，级别上分为一束马尾、二束马尾和最高的三束马尾，其标志就是，在他们的帐篷外的杆子上有着一束马尾、二束马尾或三束马尾。

397. **夏洛特·斯蒂格利茨**］Charlotte Sophie Stieglitz（1806－1834年），与德国诗人亨利希·斯蒂格利茨结婚。在1834年12月29日用匕首自杀，希望丈夫因此而悲伤能够从一个野心勃勃而情感麻木的男人转化成一个伟大的诗人。

　　参见 T. Mundt, *Charlotte Stieglitz, ein Denkmal*, Berlin 1835.

398. **朱丽叶在喝下了毒药之后从莎士比亚那里获得的那些**］莎士比亚悲剧《罗密欧与朱丽叶》第四幕第三场，在朱丽叶喝掉毒药之前，她有了死亡的想法，因为她无法得到自己所爱的罗密欧。

399. **格莱特吃了碗豆之后从威瑟尔那里得到**］在威瑟尔（J. H. Wessel）讽刺模仿性的悲剧《没有长袜的爱情》（1772年）中，格莱特对自己的女友米德讲述了自己梦中的死亡想法，因为她以为她所爱的约翰变了心，所以她不得不和马兹结婚。后来格莱特与约翰结合，于是他们一致认为，先前她之所以会有悲伤的预感，是因为她吃了豌豆、猪肉和鲱鱼。

　　参见 Wessels, *Samlede Digte*, s. 4-7 og s. 48-54.

　　威瑟尔（Johan Herman Wessel，1742－1785年）丹麦挪威诗人和作家。

400. **有同感**］sympathisere，我在一般情况下译作"有着同情"或者"有同感"，是对他人有着同感、同情、参与和设身处地的考虑。

401. 引号是译者加的。译者在这里将之理解为"对理念的放弃"，但是仍有一种模棱两可的可能："对理念的放弃"和"理念对什么东西的放弃（就是说，站在理念的角度放弃什么东西）"。

402. 直译的话是"事情的进展会比我敢希望的更平稳"。

403. **五月五日**］这是克尔凯郭尔的生日。

404. **僭主**（Tyran），通常译作"暴君"，在中文政治学中译作"僭主"。希腊时代认为，不通过世袭、传统或是合法民主选举程序，而凭借个人的声望与影响力，获得权力，来统治城邦的统治者，这样的统治者被称为僭主。亚里士多德在《政治学》说："僭主制是一种君主政体，以主人的专制处理公共的政治事务。"

405. 见前面关于佩里安德的注释：佩里安德也是古希腊七贤之一。

406. **安布累喜阿的佩里安德，那他可能是把两个人混淆了**］可参看第欧根尼·拉尔修的《哲学史》第一卷第七章："索西翁、赫拉克利德和帕慕费勒……说：有两个佩里安德，一个是僭主，另一个是智者，并且是来自安布累喜阿。……亚里士多德说科林斯人（亦即：科林斯的佩里安德）是智者。"

407. **只有五个贤者……历史学家们各有自己不同的解读**］在第欧根尼·拉尔修的《哲学史》前言第十三节中写那七个智慧者："我们把泰勒斯、梭伦、培利安德尔、克莱布洛斯、齐隆、比阿斯、彼塔库斯看作是有智慧的。"接着，他说："他们中有斯基特人阿纳卡西斯、克奈人缪松、叙利亚人费瑞希德、科来滕斯人埃比美尼德；部分地暴君皮希斯特拉特。这些人则是那些智慧者。"

在第一卷第一章中第欧根尼·拉尔修继续写七个智慧者:"我们不仅仅以一种方式来编排他们:利安德利欧斯在他们的编数中用利欧方特、高尔夏斯来代替克雷欧布尔和缪松,一个雷贝迪尔或者埃弗希尔和来自克里特的埃比美尼德。柏拉图在《毕达哥拉斯》中用缪松来代替培利安德尔,欧福尔用阿纳卡西斯代替缪松;有的人把彼塔格尔也算进去了。蒂凯阿克给我们四个人,对此大家都同意:泰尔斯、比阿斯、彼塔克和梭伦;但也提到六个其他人,其中有三个是可以选择的:阿里斯多德姆、潘姆菲尔、拉克戴墨尼人齐隆、克雷欧布尔、阿纳卡西斯、培利安德尔;有的人加上了来阿尔果斯的阿库西劳斯,卡巴或者斯卡布拉的儿子。但是,赫尔米普在关于智慧者的文字中提及十七个,选了其中七个,但并非全都是以同样的方式。这十七个是:(1)梭伦、(2)泰勒斯、(3)彼塔克、(4)比阿斯、(5)齐隆、(6)克雷欧布尔、(7)培利安德尔、(8)阿纳卡西斯、(9)阿库西劳斯、(10)埃比美尼德、(11)利欧方特、(12)费瑞基德、(13)阿里斯多德姆、(14)彼塔格尔、(15)拉松、查尔曼提德斯或者西斯姆布林斯,或者就像阿里斯多克森所说查布林的儿子、(16)赫尔米欧尼欧斯、(17)阿纳克萨哥拉斯。希波伯特在哲学家名单中提及(1)欧尔弗斯、(2)利诺斯、(3)梭伦、(4)培利安德尔、(5)阿纳卡西斯、(6)克雷欧布尔、(7)缪松、(8)泰勒斯、(9)比阿斯、(10)彼塔克、(11)埃比尔姆(12)彼塔格尔。"

在被柏拉图谈及的对话《毕达哥拉斯》(342c)中所列的是以下七个人:"米利都的泰尔斯、米提利尼的彼塔库斯、普里埃尼的比阿斯、我们的梭伦、隆都斯的克雷欧布尔、克奈的缪松,这些人中的第七个应当算拉克戴墨尼人齐隆。"

根据古希腊传统,他们是公元前七到前六世纪的智慧人士,全都说出过著名的智慧陈述、"简短而值得记忆的句子"——如《毕达哥拉斯》中所说。

408. 如果他说的是"还有另一个佩里安德,安布累喜阿的佩里安德,他可能是把两个人混淆了",或者如果他说的是"只有五个贤者",或者说"历史学家们各有自己不同的解读",等等,那么事情就会有所不同。

409. **他遵守自己的诺言并且给诸神造了他所许的浮雕柱,但这浮雕柱,是以女人们的首饰来支付建造费用的**]可参看第欧根尼·拉尔修的《哲学史》第一卷第七章。

410. **勤奋达成一切⋯⋯要挖通地峡**]可参看第欧根尼·拉尔修的《哲学史》第一卷第七章。科林斯地峡,位于希腊南部,联接希腊北部和伯罗奔尼撒半岛的狭窄地峡,最窄的地方宽6公里。

411. 这一句的丹麦语是"Men dette er vist, at det kun var en Anledning, hvis det ellers ikke skulde blive uforklarligt, at han saaledes kunde forandres."

Emanuel Hirsch的德文版与丹麦文意义相同:"Das aber ist gewiß, es war bloß ein Anlaß, wenn anders es nicht unerklärlich werden soll, daß er dermaßen sich verändern konnte"(但这是确定的,如果说"他能够以这样的方式被改变"不是无法以别的方式来解释的话,那么,它只是一个诱因)。

"有辜的？"-"无辜的？"

Hong 的英译与原文意思稍有不同："But this much is certain—there was only an occasion—that is, if it was at all explicable that he could be so changed"（但是多少这样一点是确定的：如果说'他能够如此被改变'根本就是可解释的话，那只有一个诱因）。

F. Prioret M. -H. Guignot 的法文版也有类似改写："Mais assurément il n'y eut qu'une seule raison, sinon sa transformation à un tel degré serait inexplicable"（但是，如果'他能够在这样的一种程度上被改变'是可解释的话，那肯定只会有一个原因）。

412. **不同的人们讲述了不同的原因……他曾与母亲克拉蒂娅有过应受惩罚的关系**］可参看第欧根尼·拉尔修的《哲学史》第一卷第七章。"他与丽西妲婚配，他称她为梅丽莎，……他和她生了两个儿子，基普斯罗斯和利克佛伦，小儿子很聪明，大儿子脑子不好。然而在一段时间之后，他在一场暴怒中杀了他妻子，可能是把一张脚凳扔向她，也可能是用脚踢死她。她当时正怀孕。是因为一个侍妾的在他那里说她坏话而引发出他的怒气，后来他把侍妾活活烧死了。他的儿子利克佛伦为母亲的死而悲伤。他抛弃了这儿子，并把儿子放逐到了科西拉。在他年老了以后，他派人去召回自己的儿子继承他的僭主位。但是出发之前科西拉人杀了他的儿子。恼怒之下，他把科西拉人的儿子们送到阿吕亚泰斯去阉割，然而在船靠近了萨摩斯岛的时候，这些孩子们跑进了赫拉神殿避难并且被萨摩斯岛上的居民救护。他八十岁的时候在悲戚之中死去。……"

"阿利斯提普在《关于古代的奢华》第一卷之中讲述了，他的母亲克拉蒂娅迷恋他并且与他发生秘密关系，并且这没有与他的脾性相悖；但是后来人们都知道了这事，出于对此的恼怒他变得对所有人都很严厉。"

413. **不要去做不可告人的事**］可参看第欧根尼·拉尔修的《哲学史》第一卷第七章。其中有一系列佩里安德的语录，诸如"不可告人的事请，不要去实施"。

414. **被人畏惧好过被人怜悯**］在希罗多德（Herodot）的《历史》（*Historiarum*）第 3 卷第 52 章中有记载：在佩里安德把儿子利克佛伦流放之后，他后来想与儿子和解时所说的话中有这句："但是你现在认识到了，被嫉妒要比被怜悯好很多"（德文版为：Du aber hast nun eingesehn, wie viel besser es ist, sich beneiden, als sich bejammern zu lassen. —*Die Geschichten des Herodotos*, bd. 1, s. 250. ）。

参看亚里士多德对悲剧的定义。

415. **他是第一个使用雇佣兵的人……按照僭主对待不自由的人那样进行统治**］可参看第欧根尼·拉尔修的《哲学史》第一卷第七章。

416. **对于一个僭主来说，放弃统治权就像被剥夺统治权一样危险**］可参看第欧根尼·拉尔修的《哲学史》第一卷第七章："在一次有人问他为什么是僭主的时候，他回答：放弃僭主统治和僭主统治权被剥夺是一样危险的。"

417. **碑文是被刻在一座空墓上**］可参看第欧根尼·拉尔修的《哲学史》第一卷第

七章:"在他的空空如也的华丽坟墓上,科林斯人们写上了这个:'大海们的邻居,科林斯祖国,在母亲的怀里藏着佩里安德,富有而智慧的人。'"

418. 不义之财生出"邪恶财富"]直译是:糟糕的收获生出"邪恶的收获"。可参看第欧根尼·拉尔修的《哲学史》第一卷第七章:"他也说下面的话:不要为钱的缘故去做任何事,因为从糟糕的收获中你应当期待的只是糟糕的收获。"

419. 僭主……如果想要保证自己的安全,他就必须拥有对保镖的善意,而不是那些持武器者]可参看第欧根尼·拉尔修的《哲学史》第一卷第七章。

这段文字, F. Prioret M. -H. Guignot 的法译是"Lestyrans, … qui désirent être à couvert doivent avoir pour garde du corps la bienveillance et non pas des écuyers"。Emanuel Hirsch 的德译是"Tyrannen, welche sicher sein wollen, … müssen Gutwilligkeit zur Leibwache haben und nicht Gewappnete"。

但是 Hong 的英译把意思变掉了,我不知道,是不是因为这英译是根据拉尔修的《哲学史》直接翻译的:"Tyrants, … who want to be securemust have goodwill as a bodyguard and not armed soldiers"(如果想要保证自己的安全,他就必须像保镖那样拥有善意,而不是像那些有武器的士兵)。

420. 在这里,科林斯,他的故土,把佩里安德这个富有而智慧的人,隐藏在自己的怀抱里]见前面的注释。

421. 一个希腊作家]第欧根尼·拉尔修。

422. 不要因为你的愿望没有被实现而悲伤……因为他无法实现他想要实现的事情"]可参看第欧根尼·拉尔修的《哲学史》第一卷第七章。

423. 一个绝望的人把这句话刻进自己的徽章:"更多被毁灭的,更少悔悟着的"]在克尔凯郭尔的 JJ 日记中,1842/43 年度交接的时候有这样的手记:"莱布尼茨讲述,有一个男爵安德莱·泰菲尔,他在他的徽章里有着一个萨梯尔(Satyr:一个被描绘成具有人形却有山羊尖耳、腿和短角的森林之神;极好色),并且刻有西班牙文 mas perdido y menos arrepentido(更多迷失的,更少悔悟的);而后来有一个爱上了王后的委拉梅迪纳伯爵,他选了同样的格言来描述一种毫无希望但又不愿被放弃的激情。"

"悔悟着的",本书译者一般是将之译作"悔着的"(angrende)。

424. 一个回答……信使没能领会这回答]可参看第欧根尼·拉尔修的《哲学史》第一卷第七章:"色拉西布洛斯这样写信给他:当然,我没有任何回答可给你的信使;但是我把他带到谷田里,在他和我同行的时候,我用我的手杖敲掉高出其它谷穗的谷穗。如果你问他,他要说他听见和看见我所做的事情。你也得这样做,如果你想在独裁统治的位置上稳坐的话……"

色拉西布洛斯:在公元前六世纪初统治米利都的僭主。

425. 塔克文·苏佩布的儿子]公元前五世纪,罗马王政时代第七任君主塔克文·苏佩布(Tarquinius Superbus)的儿子,塞克图斯·塔克文(Sextus Tarquinius),努力将盖比伊(Gabii)城推进自己父亲的统治势力范围。通过使用诡计,他在城里获得了一个重要位置,于是,他派遣一个信使去罗马他父亲那里询问下一步该怎么办。塔克文·苏佩布信不过信使,一句话不说,而是把信使带进花园。在花园里,他用拐杖敲打掉那些最高大的罂粟花的花冠。信使向儿子描述了父亲的举动,这样儿子就明白了:他必须把城里最有头面的那些人清除掉。

参见 Valerius Maximus, *Sammlung merkwürdiger Reden und Thaten*, overs. af F. Hoffmann, Stuttgart 1829, ktl. 1296, s. 455f.

也参看克尔凯郭尔《畏惧与颤栗》的题记引言。

426. 见前面的那句话刻进徽章的引言:"更多被毁灭的,更少悔悟着的。"这里的这个名词"悔悟",丹麦语是 Anger,本书译者一般是将之译作"悔"。

427. 孩子,你们知道是谁杀了你们的母亲?] 希罗多德在《历史》中写的是:然而,你们当然也知道,我的孩子,是谁杀了你们的母亲?(德文:"Aber wißt ihr auch, Kinder, wer eure Mutter umgebracht hat?"参看下面对这个段落的注释中的德文)。

428. 梅丽莎是埃皮达鲁斯僭主普罗克勒斯的女儿……并夺下了埃皮达鲁斯] 这是对整个段落的注释。希罗多德《历史》第 3 卷第 50-52 章中对此进行了重新叙述。

德文版参看 *Die Geschichten des Herodotos*, bd. 1, s. 249-251:"Nämlich nachdem Periandros sein Weib Melissa umgebracht, so traf ihn zu diesem ersten Unglück noch folgendes neue: Er hatte von der Melissa zween Söhne, davon war der eine siebenzehn und der andere achtzehn Jahr alt. Diese ließ ihr mütterlicher Oheim Prokles, der Herr war von Epidauros, zu sich kommen und bewirthete sie sehr freundlich, wie billig, da sie seiner Tochter Kinder waren. Und als er sie wieder von sich ließ, geleitete er sie und sprach: Aber wißt ihr auch, Kinder, wer eure Mutter umgebracht hat? Der älteste Bruder nahm sich dieses Wort nicht zu Herzen, der jüngste aber, mit Namen Lykofron, ward sehr betrübt, als er das hörete, also daß er, wie er nach Korinthos kam, seinen Vater nicht anredete, als den Mörder seiner Mutter, und wenn jener mit ihm sprach, redete er nicht, und wenn er ihn fragte, gab er ihm keine Antwort. Endlich ward Periandros böse und jagte ihn aus dem Hause. Und als er ihn weggejagt, fragte er den ältesten aus, was ihr Oheim mit ihnen gesprochen. Der aber erzählete ihm, wie er sie sehr freundwillig aufgenommen; jenes Wortes aber, das ihnen Prokles beim Abschied gesagt, erinnerte er sich gar nicht, weil er's nicht zu Herzen genommen. Periandros aber sagte, es wäre gar keine Möglichkeit, er müßte ihnen etwas unter den Fuß gegeben haben, und hörete nicht auf zu fragen. Endlich fiel es ihm wieder ein und er sagte auch das. Periandros aber nahm sich das auch zu Herzen, wollte aber doch sich nicht weichherzig bezeigen, und schickte zu den Leuten, wo sein verstoßener Sohn sich aufhielt und verbot ihnen, sie sollten ihn nicht beherbergen. Als dieser nun verstoßen wurde und in ein ander Haus kam, mußte er auch da wieder fort, denn Periandros drohete denen, die ihn beherbergten, und befahl, sie sollten ihn nicht im Hause behalten. Als er auch hier wieder fort mußte, ging er weg in ein anderes Haus seiner Freunde, und die, obwohl sie sich sehr fürchteten, nahmen ihn dennoch auf, weil er doch ein Sohn des Periandros wäre. Endlich aber ließ Periandros ausrufen, wer ihn beherbergte oder mit ihm spräche, der wäre dem Apollon in eine heilige Strafe verfallen, so und so viel. Nach diesem Ausruf wollte kein Mensch mit ihm sprechen, noch ihn beherbergen; ja er selber glaubte, er dürfe nun nichts mehr versuchen wider das Verbot, sondern trieb sich unausgesetzt unter den Säulenhallen umher. Am vierten Tage aber sah ihn Periandros, wie er zusammengefallen war, weil er sich nicht gewaschen und nichts gegessen, und ihn jammerte sein. Und ließ ab von seinem Zorn und ging an ihn heran und sprach zu ihm: / Lieber Sohn, was möchtest du lieber, deinen jetzigen Zustand, oder die Herrschaft und alle Güter, die ich jetzo habe, und deines Vaters Willen thun? Du bist ja mein Sohn, bist König des reichen Korinthos und führest so ein Bettlerleben, weil du widerspenstig und erzürnet bist gegen den du es am allerwenigsten sein solltest. Wenn sich ein solches Unglück zugetragen, wie du mich in Verdacht hast, so ist das ja mein Unglück und ich trage den schwersten Theil daran, dieweil ich es selber verübt. Du aber hast nun eingesehn, wie viel besser es ist, sich beneiden, als sich bejammern zu lassen, und zugleich, was das heisset, gegen seine Eltern und gegen Mächtigere zu zürnen; und nun komm mit nach Hause. / So suchte er ihn zu gewinnen. Er aber antwortete seinem Vater weiter nichts, sondern sagte bloß, er wäre dem Gott in die heilige Strafe verfallen, da er mit ihm sich in's Gespräch eingelassen. Da ward Periandros innen, seines Sohnes Uebel sei unheilbar und nicht fortzuschaffen, und brachte ihn aus seinen Augen weg und schickte ihn auf einem Fahrzeuge gen Kerkyra, denn auch die war ihm unterthänig. Und als er ihn fortgeschickt, zog Periandros in den Streit wider seinen Schwäher Prokles, weil der die meiste Schuld hatte an dem ganzen Unglück, und nahm Epidauros ein und nahm den Prokles selber lebendig gefangen."

429. 见前面注释。

430. 现在,佩里安德成了一个老人;……他们也确实这样做了] 希罗多德在《历史》第 3 卷第 53 章中对此进行了重新叙述。

德文版参看 *Die Geschichten des Herodotos*, bd. 1, s. 251f. : "Aber als nun manche Zeit vergangen und Periandros alt ward und wohl bei sich fühlte, daß er nicht mehr im Stande wäre, die Geschäfte zu übersehen und zu besorgen, sandte er nach Kerkyra und berief den Lykofron zur Herrschaft, denn in seinem ältesten Sohn sah er auch gar nichts, sondern der schien ihm ganz stumpf zu sein. Lykofron würdigte den, der ihm die Botschaft beachte, nicht einmal einer Antwort. Periandros aber, denn sein Herz hing einmal an dem Knaben, schickte zum andern zu ihm seine Schwester, die war seine leibliche Tochter, und dachte, der würde er noch am ersten folgen. Diese kam nun an und sprach also: / Lieber Bruder, willst du die Herrschaft an andere fallen und dein väterlich Haus lassen in Trümmer gehn lieber, als hinkommen und das selber besitzen? Komm mit nach Hause und laß ab, dich selber zu züchtigen. Die Rachsucht ist ein verkehrtes Gut; heile nicht Uebel mit Uebel. Mancher zieht seine Lust der Gerechtigkeit vor, und mancher, der sein Mütterliches gesucht, hat sein Väterliches verloren. Die Herrschaft ist ein schlüpfriges Ding; viele sind, die ihrer begehren. Dein Vater ist alt und hoch bei Jahren; gieb doch dein Eigenthum nicht in fremde Hand. / Der Vater hatte ihr eingegeben, wodurch man ihn wohl am leichtesten bewegen konnte, und das sagte sie zu ihm. Er aber antwortete und sprach, er würde nimmermehr nach Korinthos kommen, so lange er hörte, daß sein Vater noch lebe. Als sie nun dieses berichtet, sandte Periandros zum dritten einen Herold, er wollte selber nach Kerkyra gehn, jener aber sollte nach Korinthos kommen und sein Nachfolger werden in der Herrschaft. Mit der Bedingung war es der Jüngling zufrieden, und Periandros wollte nun nach Kerkyra, sein Sohn aber nach Korinthos gehn. Als aber die Kerkyräer das alles erfuhren, brachten sie den Knaben um, damit ihnen Periandros nicht in's Land käme. / Darum nahm Periandros Rache an den Kerkyräern."

431. 他让人绑架了他们的 300 个孩子……诸神阻止了这事情] 300 这个数字出自希罗多德的《历史》第 3 卷第 48 章, 但那是另一个关联中的数字: 佩里安德送科西拉的贵族的 300 个男孩到萨第斯去阉割。
    德文版参看 *Die Geschichten des Herodotos*, bd. 1, s. 248f.

432. 他让两个年轻人到他这里……并在那里被杀] 这是对第欧根尼·拉尔修的《哲学史》第一卷第七章中描述的重述。

433. 译者在这里稍作改写。直译的话这句话就成为:"我在我的内心深处所经历的, 亦即, 我曾站在可能性最外面的尖端处并看见过最极端的恐怖, '曾站在那里并且看见了这景象'的后果就是那将会来追击我的东西。"

434. 在东方, 寄送一条丝带意味了对收信人的死刑判决] 在东方的习俗中有这样一种: 让人一条丝带给自己的属下, 作为一种表示, 让这属下自杀(或者以这条丝带勒死自己)。

435. 躺在真相的摇篮里被掉了包的孩子] 丹麦文原本是一个单词 Skifting, 意思是被地下精灵偷换了的孩子。按民间传说,在小孩子出生后尚未被命名的时候,往往会被精灵(尤其是地下精灵)从摇篮里偷走,然后精灵在摇篮里留下一个孩子顶替。这被精灵暗中偷换后留下的婴孩往往又笨又丑。

436. **不倒翁**〕丹麦文原文是 Pagode,意为"偶像;一个脑袋可动的小小形象,点头娃娃"。

437. 这里稍作改写,原句直译为:现在是宁静的,不是在那样一种意义上:这宁静是通过一种比"最嘈杂的爆发"更强烈的激情而得以获取的。

438. **国家里的安静人**〕指安分守己地生活着的人们。对应于《诗篇》中"大地上的安静人"(35:20):"因为他们不说和平话。倒想出诡诈的言语,害地上的安静人。"

439. 换一种说法的话:永恒意识到了死者们的各种作为,而永恒的这种意识的形式就是这宁静。

440. **精灵时刻**〕午夜,人们认为死者的鬼魂们会显现自己。

441. 这里是说"任何人的声音"而不是"任何人的声音"。

442. 这里是说"……限制'思维和各种思想'的无限性"。

443. **彼得拉克的说法……我的心每天晚上则有如此之多的思想!**〕意大利诗人、文献学家和哲学家弗朗西斯克·彼得拉克(Francesco Petrarca,1304 – 1374年)的诗句。

德文翻译可参看 Francesco Petrarca's sämmtliche italienische Gedichte, overs. af F. W. Bruckbräu, bd. 1-6, München 1827, ktl. 1932-1933; bd. 5, s. 40:"Nicht hat so viele Thiere das Meer in seinen Fluthen, nie sah da oben über dem Kreise des Mondes jemals eine Nacht so viele Sterne, so viele Vögel wohnen nicht in den Wäldern, so viele Halme hatten Felder nie und Hügel, als mein Herz Gedanken jeden Abend."

444. ……让它作为"那没有被说出口的祈祷"所具的宁静吧,让它作为"那被低声说出的军事口令"所具的宁静吧……

445. **把一切都置于原封不动的停顿之中,直到永恒把遗嘱查验法庭的封条揭掉**〕按照克里斯蒂安五世的丹麦法律,在死亡事件中,当地的遗嘱查验法庭要马上得到通知,以便让死者的拥有物得以封存,直到合法的遗产转让开始进行。

446. 有点奇怪,Hong 英译本把"Straf over mig"(对我的惩罚)翻译成"self-punishment"(自我惩罚)。德译本和法译本在这里都没有进行类似改写。

447. **塔耳塔罗斯**〕是希腊神话中是一个类似于"地狱"的名词。在希腊神话中,它是一个位于大地和大海的尽头的国度,深处于地下,就像天在大地的上面那样,在那里只有漫漫长夜。邪恶者们的灵魂就被发送到那里,为他们在大地上所犯的罪行而接受痛不可耐的惩罚。

参见 W. Vollmer, Vollständiges Wörterbuch der Mythologie aller Nationen, s. 1472f.

448. 也就是说,"断绝订婚关系"的瞬间。

"有辜的?"-"无辜的?" 537

449. 一个服了药末之后吃橘子的人对橘子感到厌倦]服用药粉(尤其是类似于有鸦片成分的安眠药)会有消化不良的副作用,吃橘子也许是为了针对消化不良。

450. 一个作家……在取悦女人的方面是例外]典出不明。不过可参看《诱惑者日记》(《非此即彼》卷一),之中诱惑者约翰纳斯写道:"人们说,要去走遍世界,就必须有着一点比诚实更多的东西;我则要说,要去爱一个这样的女孩,就必须有着一点比诚实更多的东西。我具备这一'更多'——它是虚伪。"

451. Non enim est... in habendo cupiditas] 拉丁语:就是说,如果"拥有"不唤起欲望,那么"戒绝"就不会造成麻烦。引自奥古斯丁的 *De doctrina christiana* 第三卷第十八章。奥古斯丁的原文是 cum,克尔凯郭尔写成 quum,但意思没有变化。

452. 心里火热]保罗在《罗马书》(12:11)中写道:"殷勤不可懒惰。要心里火热。常常服事主。"

453. 扬……关于语言(为什么语言会存在)的说法]关于扬(Edward Young),见前面《对婚姻的不同看法》中的注释。在他的诗歌《爱与名望》中,关于宫廷,他写道:"在那里,语言自然目的是被拒绝,人们只为隐藏起自己的心灵而说话。"

英文原文:Edward Young ; *Love of Fame*: "Where Nature's end of language is declined / and men talk only to conceal their mind."

德文翻译:*Einige Werke von Dr. Eduard Young*. J. A. Ebert,bd. 1-3,Braunschweig und Hildesheim 1767-72,ktl. 1911;bd. 3,s. 36:"wo der natürliche Zweck der Sprache vermieden wird, und Menschen nur reden, um die Seele zu verhehlen."

454. 塔列朗……关于语言(为什么语言会存在)的说法]塔列朗(Charles-Maurice de Talleyrand,1754-1838年),法国公爵,主教,拿破仑的外交大臣,沙皇的朋友,路易十八的总理等等。阴谋和政治投机的大师。据说塔列朗在1807年对西班牙的外交使节易斯基亚多(Isquierdo)说:La parole a été donnée à l'homme pour déguiser sa pensée(人得到语言天赋是为了隐藏自己的思想)。

455. 一个后来的作家……关于语言(为什么语言会存在)的说法]在草稿上,克尔凯郭尔写道:"我也相信,一个后来的作家的说法是不对的,他说语言不是为了隐藏思想而存在的,而是为了隐藏'人们没有思想'而存在的。"

这后来的作家应当是维吉利乌斯·豪夫尼恩希斯,他在《恐惧的概念》中写道(见《畏惧与颤栗·恐惧的概念·致死的疾病》,中国社会科学出版社,第299页):

每一个人都有自己与命运的小小关系,但只是停留在这样的"小小关系"上,停留在"闲聊"上,这种闲聊不会留意到塔列朗(并且扬在他之前早就已经说过)所发现、却没有像闲聊那么好地去完成的说法:语言是为了隐藏思想而存在的,——也就是说,为了隐藏"人们没有思想"的事实。

当然维吉利乌斯·豪夫尼恩希斯是克尔凯郭尔的笔名之一，——克尔凯郭尔的一系列著作都是借用假名的笔来创作的，比如说《"有辜的?"-"无辜的?"》的作者是法拉他·塔希图尔努斯，——克尔凯郭尔的另一个笔名。

456. 按照原文直译应当是"如果我做后者"。在前句中，这"后者"是被否定的，就是说"不做"的（"既不说真话也不说出我真诚的想法"）。因而"做后者"亦即"说真话或者说出我真诚的想法"。考虑到避免造成不必要的重复，所以意译成"如果我说出真心话"。

457. **合唱**]在原文中是拉丁文 Chorus。在古典戏剧中，合唱扮演着一个重要角色，尤其是在希腊悲剧和戏剧中，合唱会与剧中的人物对话。在现代戏剧中，合唱常常会代表一个人群，因而是一种"人民的声音"。

458. **法国诗歌中的那些英雄**]也许是指法国古典悲剧（比如说，法国剧作家和诗人高乃伊的《熙德》）中的那些伟大英雄。

459. **冷火**]冷火，丹麦语是："kolde Brand"。丹麦文的注释解释是：一种导致无感觉的病态，或者一种使得什么东西坏死的状态。也有可能就是 koldbrand（坏疽）的另一种写法。

460. **Mundus vult decipi**]拉丁语"mundus vult decipi"（世界想要被欺骗）。在一般的表述中，后面会紧跟着"decipiaturergo（那就让它受欺骗吧）"。在霍尔堡的英雄故事集(1739 年)中，霍尔堡写到卡拉发主教（G. P. Caraffa, 后来的教皇保罗四世）"正在向人发送祝福，但是嘴里同时不断地嘤喏着这些词：Mundus vult decipi, decipiatur!"参见 *Adskillige store Heltes (...) sammenlignede Historier og Bedrifter*, bd. 1, i *Ludvig Holbergs udvalgte Skrifter*, bd. 9, 1806, s. 86.

461. **时代的要求**]在前面"酒中真言"部分有过注释。"时代的要求"是海贝尔常用的一个表述。在海贝尔的受黑格尔影响的关于"历史之必然前进"的观念中，他想要使得哥本哈根的公民意识和品位达到与各大欧洲进步城市的同样水准，这样一来，他就常常谈论"时代的要求"。

462. **佩尔·蒂恩**]Peer Degn, 霍尔堡的喜剧《埃拉斯姆斯·蒙塔努斯或者拉斯姆斯·贝尔格》(1731 年)中的人物。在第一幕第四场，佩尔·蒂恩对耶伯说："为什么我要离开我的教众，他们敬我爱我，我也敬爱他们。"

463. 直译的话就是"但是反过来：我也并没有被人追逐迫害"。

464. "这也是符合我心意的"中的"这"亦即前面的"我也并没有被人当成活靶子来追击"。

当然这之中也有着一种语法上的模棱两可，这个句子也可以译作："这也是符合我心意的：我不至于因为'我在这世界里成了被追击的目标'而得出错误结论并且自我感觉良好。"这样理解的话，这个"这"就是"我不至于因为'我在这世界里成了被追击的目标'而得出错误结论并且自我感觉良好"。

465. 也就是说：我总是在给予人们一种"比真实的我更不善良"的外观。

466. **预备主的道**]指向《马太福音》(3:3)："这人就是先知以赛亚所说的，他说：

'在旷野有人声喊着说："豫备主的道，修直他的路。"'

467. **中项定性**（**Mellembestemmelse**）]在两个量或者概念之间的思维方面的联接环节或者过渡。或译"中间定性"或"中介定性"。

468. 这一句的丹麦文的原文是一种压缩的句式，直译的话就是："在这里，关于'一个牧师到底是不是一个使徒'，从一开始就马上缺乏各种辩证的中项定性，而如果不是，那么他与这样一个人物有什么样的不同？并且，怎么又会相同？"

469. **教会的关于神职授任的差异点**]这里暗示了一个问题：获得了牧师神职的人在怎样的情况下会额外获得一种特别的恩典并且加入到神职拥有者的不中断的系列之中，这一系列直接传自从前的使徒。天主教教会的神职授受是这样的，授职过程是一种圣礼；但是在新教教会里就不是这样。克劳森在《天主教与新教教会规章》(H. N. Clausen, *Catholicismens og Protestantismens Kirke forfatning*，*Læreog Ritus*，Kbh. 1825)中写道："神职授职仪式是依据于使徒的先例，但只是作为象征性的行为，作为对于教会职位的意义和重要性的庄严宣示，而不是作为什么有着法术作用的仪式"(s. 216)。他继续写道："因此，像英国教会里的牧师神职授职仪式那样剥夺教会人员回返到世俗并获取世俗职位的自由，就必须被看成是一种对新教原则的明显偏离……；同样教会的理论完全是天主教的，至今有着其追随者，以至于主教的尊严依靠着一个不中断的系列的前任主教，并且神职授职仪式发出特别恩典，使得他们去实施主教要做的事情"(s. 216f.)。关于天主教教会的神职授职仪式，克劳森写道："神职授职仪式分发出圣灵，圣灵导致出去行使神圣职责的神圣化和能力，以及去实现圣餐仪式中的变化的权力"(s. 436)。

470. 这里的"决定"（Afgjørelse）不是指意愿上的决定（Beslutning），而是指一种定性（当然这两种意思都可以被翻译成英文的 decision 和中文的"决定"）。因此，这句话也可以译作："通过'那尚未得以定性的'领域之中的各种定性，那首要的中项定性就被推了回去。"

471. **Apodosis**]丹麦文版的注释中说是古典修辞学中的一种后接句。归结子句是条件句的表达逻辑结论的主句部分。

472. "作为其自身的它"，亦可译作"是其所是的它"。

473. **治理**]亦即"**上帝的治理**"。参看《巴勒的教学书》第二章"论上帝的作为"第二节"《圣经》中关于上帝的眷顾以及对受造物的维持"，第五小节："在生活中与我们相遇的事物，不管是悲哀的还是喜悦的，都是由上帝以最佳的意图赋予我们的，所以我们总是有着对他的统管和治理感到满意的原因。"

474. **治理**]亦即"上帝的治理"。见上一注释。

475. **治理**]亦即"上帝的治理"。

476. **αφωρισμενος**]希腊语：分离出来的。参看《罗马书》(1:1)："耶稣基督的仆人保罗，奉召为使徒，特派传神的福音。"在之中保罗将自己视作 αφωρισμενοςεις ευαγγέλιονθεου~（特派/传神的福音）的。这个词在《圣经》中没有被用在施洗人约翰身上。

477. 有所改写。直接的翻译是:"他犯错,从我这里得知真相,并且,这也就是说,他因为'以为他是从我这里得知了真相'而被欺骗。"
478. 这里所说的"俭省"是相对于前面的"就我与他的关系而言,至高的真理是:我在本质上无法给予他任何东西"而说的,"什么都不给"意味了吝啬俭省,也就是"慷慨"的反面。
479. **"无限地更重要的事情"**:原文直译应当是"无限地更高的事情"。
480. **并非是依据于"他的言辞和礼服"**]间接地引用了海贝尔的杂耍剧《所罗门王和约尔根·哈特美尔》(1825年)的第26场,之中合唱:"这就像魔鬼!/这男人不撒谎?/他的言辞和礼服/是我们所信任的!"
481. **公共马车**]参见前面"酒中真言"部分的注释:公共马车(omnibus;拉丁语,"为所有人的"),一种按当时的条件来说是很大的封闭式马车,是一种在固定路线上运输客人的公共交通工具。
482. **"惊叹与敬慕"的感谢。**
483. **漫游的骑士们**]见后面的关于堂吉诃德的注释。
484. **编年史去谈论那些把基督教引进丹麦的国王们**]萨克索(Saxo Grammaticus)在他所写的史书《丹麦人的业绩》(Gesta Danorum)之中叙述了哈拉德、艾瑞克和弗洛德等国王把基督教引进丹麦的历史。
485. "对她身上的'无限'的兴趣"。这个"无限"是一个名词。
486. 一种"对'她'的'无限兴趣'的欺骗之形式"。这个"无限的"是一个形容词。
487. 直译的话是"这恰是我的骄傲所希望的,既然它现在因为我在这里不得不退缩而被挫伤"。"这"所指的就是"把事情改变了重新来过"。
488. **整个人类的未来**]指"远见思辨家"格隆德维在黑格尔主义的体系性思辨中的对世界史的一种解读。前面对**"思辨之盗用……体系性的欺诈"**做过同样注释。
489. **时代所要求的**]在前面"酒中真言"部分有过注释。
490. "……这麻烦就是:'我的理解力为我担保了,这在有限的意义上对她是有好处的,而与此同时,我的同情则更想要在无限的意义上爱她'。"
491. **日光之下并无新事,所罗门说**]引自《传道书》(1:9):"已有的事,后必再有。已行的事,后必再行。日光之下并无新事。"按《圣经》和教会的传统说法,所罗门是《传道书》的作者。
492. **兴趣感**(Interesse)在这里应当是一个美学概念。

从1830年前后起,"那令人感兴趣的"(Det Interessante)是一个时髦的词,来自德国唯心主义的艺术理论;是对于所有刺激性的被看成是"非美的"但"令人着迷的"的艺术效果手段的公共标示。施莱格尔(Friedrich Schlegel)在《论希腊诗歌的阶段》中提出了"那令人感兴趣的"作为一种美学范畴。"令人感兴趣的"可以作为对诸如悬念、倾向、不和谐、个体矛盾性的东西、刺激性的东西、引人瞩目的东西的表达,而另外在素材和组织上也是那提纯的和反思的风格和那刺激性的新鲜性。

在丹麦,海贝尔(J. L. Heiberg)在他对丹麦诗人欧伦施莱格尔(Oehlenschläger)的戏剧《迪娜》(Dina)的评论中用到"那令人感兴趣的"这个概念。文章发表在海贝尔所出版的 Intelligensblade 的第 16 和 17 期,1842 年 11 月 15 日,写道:"总之它[那古典的悲剧]不认识'那令人感兴趣的',这是一个现代概念,对于这个概念,那些古代语言根本没有什么相应的表达词。这一点同时标示了古典悲剧中那伟大的、那庞大的,还有它的限定;因为,由此得出的结论是,就像那个诗人所要求的人物描述越多,那么那在根本上存在的人物发展就越少;在这里也就是,没有什么可发展了,就像在一尊大理石像中那样没有任何可发展的东西;一切在开始的时候已经在所有它的剪影中被塑像般地定性了,甚至是预先就定性了。"

海贝尔在后来的评论中写道:"从引文中我们将看到,这一范畴,特别是在《迪娜》中得到运用的,是'那令人感兴趣的',一种特别流行的用辞,所有人都理解这个词,甚至那些不懂得任何别的美学概念定性的人们也理解它。在上面我已经借机会指出:'那令人感兴趣的'是一个属于当代艺术的概念。"海贝尔继续写道:"许多有教养的人们,特别是那些从沃尔特·司各特、布尔沃、斯克里布和维克多·雨果那里获得了最大可能的诗意享受的人们,在人们问他们有没有在剧院的这一或者那一场出色表演中获得愉快的时候,他们几乎发火。'感到愉快?'他们带着愤慨回答:'不,那是一场高度地使我感兴趣的表演'。"

493. **说明部分(Expositionen)**](出自古典修辞)戏剧表演开始前所发生的事件及讯息,用来展示帮助理解人物和表演的背景信息。

494. **per mare tristitiam fugiens per saxa per ignes**]拉丁语:逃离沉郁,穿过大海,穿过礁石,穿过火焰。这是对贺拉斯的书信(*Epistolarum liber I*, nr. 1,46.)的稍有改动的引用。参见 Q. *Horatii Flaccii opera*, s. 224:"per mare pauperiem fugiens, per saxa, per ignes"(拉丁语:逃离贫困,穿过大海,穿过礁石,穿过火焰)。

495. 后面这些叙述都是"希望"的内容:"一种治理会常常把我们的道路引到一起,因为看见我能够使她受益,由此她能够有机会让自己确定,我在这里并且在生活上没有变化,因而我没有处在一个陌生的国家——可能想着她并且可能有着乡愁。"

496. **治理**]亦即"上帝的治理"。

497. **柏拉图和亚里士多德……惊奇是认识的出发点**]克尔凯郭尔在 1841 年 1,2 月份写有一段笔记:"这对于哲学是一种正面的出发点,亚里士多德认为哲学始于惊奇,而不像在我们的时代所认为的始于怀疑"(*Pap.* III A 107)。在一个对此笔记的注释中,克尔凯郭尔引用了亚里士多德的《形而上学》第一卷第二章(982b 12f.)"δια γαρ το θαυμαζειν οι ανθρωποι και νυν και το πρωτον ηρξαντο φιλοσοφειν"("恰恰因为他们感到惊奇,不管是现在的人类还是最初的人类,开始了哲学思考"),以及柏拉图的《泰阿泰德篇》(155d):"μαλα γαρ

φιλοσοφον τουτο το παθος, το θαυμαζειν. ου γαρ αλλη αρχη φιλοσοφιαςη αυτη"（因为惊奇是某种在极高的程度上对哲学是本质性的东西；是的，它其实是通向哲学的开始本身）。作为引用的来源，克尔凯郭尔提及了 K. Fr. Hermann, *Geschichte und System der Platonischen Philosophie*, bd. 1, Heidelberg 1839, ktl. 576, s. 275, note 5, 在这种有着这两段引文。

498. 十六] 十六这个数字被用作不确定的相当大的量。

499. 在这里（丹麦语是"Men forstaaer man indtil Beundring ja indtil for Beundring at gjøre Skibbrud paa sin Forstand…"），Hong 的英译本有误读，把丹麦语的"钦慕"（Beundring）误读为"惊奇"（Forundring），所以他的英译就是"But if one understands to the point of wonder-indeed, to the point where wonder shipwrecks one's understanding…"

　　可对照 F. Prioret M. -H. Guignot 的法译："Mais si on sait, de manière à vous faire admirer, faire naufrage sur son intelligence…"

500. 沃尔梯苏毕托女士则只有在听见马鞭抽打声之后才能够骑马] 在海贝尔的杂耍剧《批评家和动物》（*Recensenten og Dyret*）（1826 年）的第十六场，特罗普谈论喜欢骑马的法国沃尔梯苏毕托女士，她一进场手上拿着鞭子，脖子上挂着吉他："如果不是在马上，她不唱歌，她习惯于听见鞭子声，不听见鞭子声她什么都做不了。"

501. "有限"（Endeligheden）是个名词。这句话也可以这样说："如果她自己不愿在自己的内心里明白而宁可去'有限'那里寻求安慰的话。"

502. 与空气斗拳] 前面有过注释，指徒劳的努力。见《哥林多前书》（9:26）保罗这样写他自己："我斗拳，不像打空气的。"

503. 亚当敢回忆伊甸园吗] 指向亚当和夏娃失乐园的故事。见《创世记》（3:23-24）："耶和华神便打发他出伊甸园去，耕种他所自出之土。于是把他赶出了。又在伊甸园的东边安设基路伯和四面转动发火焰的剑，要把守生命树的道路。"

504. 荆棘和蒺藜] 见《创世记》（3:17-19）："又对亚当说：'你既听从妻子的话，吃了我所吩咐你不可吃的那树上的果子，地必为你的缘故受咒诅。你必终身劳苦，才能从地里得吃的。地必给你长出荆棘和蒺藜来，你也要吃田间的菜蔬。你必汗流满面才得糊口，直到你归了土，因为你是从土而出的。你本是尘土，仍要归于尘土。'"

505. 译者在这里加上一个"那时"，因为"我的大厦倒塌了"是现在时，然后作者所描述的就是以前的状态，也就是说，在丹麦语里是过去时。

506. 治理] 亦即"上帝的治理"。

507. 治理] 亦即"上帝的治理"。

508. "这也有着其痛楚"的这个"这"就是指"治理（或者我）以这样一种方式设定出对我的误解，以至于我只是不断地被迫回到这种孤独的理解之中"。

509. 这"交出"（Hengivelsen）在大多数时候被译作"奉献"。

510. **如果不是走向你,我还会归从谁**〕在与《圣经》文字相叠合的地方,我用"归从"代替了"走向",别的地方仍译作"走向"。见《约翰福音》(6:68):"西门彼得回答说:'主啊,你有永生之道,我们还归从谁呢?'"

511. Inderlighed,在这里我译作"内在性",但是在一些地方我也将之译作"真挚性"或者"内在真挚性"。

512. **去抓住我丢失了的影子**〕也许是指阿德尔比尔特·冯·查米索(Adelbert von Chamisso,真名:Louis Charles Adelaidede Chamisso)的《彼特·施莱米尔的不可思议的故事》(*Peter Schlemihl's wundersame Geschichte*)。有一个人让彼特·施莱米尔出卖自己的影子来换取无底幸运袋,他把这影子折叠起来放在口袋里走了。然后彼特·施莱米尔就生活在没有影子的麻烦之中。

513. **理查三世能够……使她成为自己的情妇**〕莎士比亚悲剧《理查三世》第一幕第二场。这女人是安娜夫人,理查三世所杀害了的威尔士王子、亨利六世的儿子爱德华的寡妻。尽管安娜夫人恨理查,她还是屈从于他,接受他的戒指并成为他的情妇;后来他们结婚了。

514. **他带着绝望的快感仔细打量自己的畸形**〕《理查三世》第一幕第二场,理查在赢得了安娜夫人之后说:"哈!难道她已经把那位勇敢的王子抛到脑后去了吗?仅仅三个月之前在图克斯伯雷,是我一怒而杀了她的夫君爱德华。广阔的天地间再也找不出一个比他更为和善可亲的人,繁茂的自然界培育了他那样的一个人才,年轻、无畏、聪明,并且确实高贵无比,而我竟折损了这位好王子的青春,使她早年丧偶,独守空房,难道她就此降低眼界看中了我吗?我的所有禀赋怎抵得上半个爱德华呢?我这样一拐一瘸,这样残缺其形?我的公爵爵位又哪儿值得半分一毫,显然我在这一向一直把自己看错了。天知道,她却是另眼相看,把我抬得很高,虽然我还有些莫名其妙。我只有花费一笔钱,置一面衣镜,雇一批缝衣匠,收养他一二十个,让他们推究一下时装,为我打扮起来。我既碰上了好运,不妨就付出一些代价维持个场面。可是我还得去安葬这家伙,然后哭丧着脸去找我的爱。照耀着吧,太阳,等我买到了镜子,好让我在镜前端详我的影儿。"《理查三世》,商务印书馆,1997年。

515. "对各种超人力量的预先感觉"就是它所付的定金。

516. **什么是荣誉……一块画出来的盾徽**〕莎士比亚悲剧《亨利四世》上篇第五幕第一场,福斯塔夫说:"……是荣誉鼓励着我上前的。嗯,可是假如我上前的时候,荣誉把我报销了呢?那便怎么样?荣誉能够替我重装一条腿吗?不。重装一条手臂吗?不。解除一个伤口的痛楚吗?不。那么荣誉一点不懂得外科的医术吗?不懂。什么是荣誉?两个字。那两个字荣誉又是什么?一阵空气。好聪明的算计!谁得到荣誉?星期三死去的人。他感觉到荣誉没有?不。他听见荣誉没有?不。那么荣誉是不能感觉的吗?嗯,对于死人是不能感觉的。可是它不会和活着的人生存在一起吗?不。为什么?讥笑和毁谤不会容许它的存在。这样说来,我不要什么荣誉;荣誉不过是一块铭旌;我的自问自答,也就这样结束了。"《亨利四世前篇》,中国青年出版社,2013 年。

517. **在它被丧失的时候……能够弄掉一条腿和一条手臂**]也许是影射克里斯蒂安五世的丹麦法律中对叛国罪的剥夺荣誉和惩罚的条文。

518. **人们在俄国的做法……送往西伯利亚**]在彼得大帝平定了一场叛乱之后,他使用俄国的粗鲁习俗来惩罚犯人:一些军官被用绑在车轮断骨裂身处死,有的人被砍头,别的则被用带结的鞭子抽打,一部分被发配到西伯利亚。

519. **伤残者医院**]也就是军事医院。克尔凯郭尔的时代哥本哈根有三个军事医院。

520. **荣誉的田野**]丹麦语 Ærens Mark 是按照法语 champ d'honneur 构建出的词。一个人带着荣誉死去(亦即:战死)的地方;沙场。

521. **有新的天和新的地可期待**]约翰在《启示录》(21:1)里写道:"我又看见一个新天新地。因为先前的天地已经过去了。海也不再有了。"

522. **无荣誉者们的墓地**]在克尔凯郭尔的时代,被处决的罪犯或者"不诚实的"刑事犯死后能被埋葬在没有得到教堂祝福的墓地里。

523. **抹大拉的马利亚**]指那个进入法利赛人西门家的妓女,耶稣正在西门家吃饭。她哭着挨着耶稣的脚,她的眼泪湿了耶稣的脚,她就用自己的头发擦干,又用嘴亲耶稣的脚,用香膏抹上。见《路加福音》(7:37-50)。

524. **桃金娘花环**]参见前面"酒中真言"部分的注释。

525. **与我的左手结婚**]指这样一种婚姻形式,在婚礼中,男人向女人伸出左手,标志了她和她的孩子并不进入到他的"手与保护"之下,并且不具各种妻子本来具有的权利,特别是指那种贵族成员与庶民通婚的婚姻,女人及其孩子享受不到男人所有的各种特权。

526. **像皮洛士一样地说:再来这样一次胜利,我自己也结束了**]皮洛士(公元前319-前272年),按普鲁塔克的传记《皮洛士》,他从公元前296起成为伊庇鲁斯的国王。公元前279年,皮洛士在阿普里亚的阿斯库路姆战役中战胜罗马军队,但是自身也受重创。普鲁塔克写道:"两军都撤回,据说,在有人对皮洛士这一战役的胜利表示祝贺时,皮洛士说:'如果我们再战胜一次罗马,那么我们自己也就完了。'"

527. **我的"期待"的各种辩证的麻烦,就是说,我的"期待"所具的各种辩证的麻烦,或者我的"期待"之中的各种辩证的麻烦。**

528. **自怜自感**]Autopathisk,一般我都译作"自感的",与"同感的/同情的"(Sympathetisk)相对,为了自己的缘故。与"同情或怜悯"(Sympathetisk)相比,不是"感受他人"的感情,而是"感受自己"的感情。

529. **自我性**]Egoitet。

530. **怜悯同情**]Sympathetisk,一般译作"同情的"或者"同感的",与前面的"自怜自感"成为对照,是对他人有同情、参与和设身处地的考虑。

531. **自怜自感**]见前面的注释:为了自己的缘故。

"有辜的?"—"无辜的?" 545

532. **wie das Wiegenkind… im Munde sterbend**〕德语:好像摇篮里的婴儿衔着母亲的乳头死去。出自莎士比亚的悲剧《亨利六世》第二部分第三幕第二场,萨福克对玛格莱特王后说的台词:"我离开了你,也就活不下去了。倘若我死在你的面前,那就如同依傍在你的怀中做了一场美梦。在你面前,我可以通过我的呼吸将灵魂散发到空中,好像襁褓中的婴儿衔着母亲的乳头平静而柔和地死去。"

施莱格尔与蒂克的德文译本 Shakspeare's dramatische Werke,bd. 3,1840,s. 71:"Ich kann nicht leben, wenn ich von dir scheide; / Und neben dir zu sterben, wär' es mehr / Als wie ein süßer Schlummer dir im Schooß? / Hier könnt' ich meine Seele von mir hauchen, / So mild und leise wie das Wiegenkind, / Mit seiner Mutter Brust im Munde sterbend."

533. **海贝尔……我们更愿意相信我们所见的**〕引自海贝尔的小说《危险的沉默》(J. L. Heibergs novelle "Den farlige Taushed", i *Digte og Fortællinger*, bd. 1-2, Kbh. 1834-35, ktl. 1551-1552; bd. 1, s. 149.)。这引用的文字出自两个朋友,亦即小说的主人公和弗里德里克之间的一次很私密的对话。弗里德里克在谈论另一个朋友,刚用枪自杀了的卡尔。卡尔曾与弗里德里克的表妹夏洛特有过一段充满激情但又极其秘密的爱情关系,然后夏洛特得了重病。在临终之前,夏洛特要求卡尔发誓,他永远不向任何人说出他们间的关系。弗里德里克很偶然地听到了夏洛特和卡尔间的最后对话,而且他在之前也曾见证了他们间的秘密爱情。在夏洛特去世之后,卡尔假装成很理智且很快乐以隐藏自己对夏洛特之死的绝望,这样他也沉默地守望着他们间的秘密。在一个夏夜,卡尔情绪激动地作了一个关于爱欲的讲演,他说爱欲是盲目的,因为死亡是他的新娘。在这讲演之后,弗里德里克决定要打破沉默,但是太迟了。他收到卡尔的一封信,信中写了:他立了神圣誓言,他不能泄露的誓言,他决定自杀以剥夺自己会守不住沉默的可能性。小说的主人公与年轻的玛丽安娜有着一种相应的秘密爱情关系。在他听弗里德里克讲了卡尔的命运之后,他就去找玛丽安娜;他们潜入她父亲的办公室,正好又被因生意上的事情来访的弗里德里克撞见。后来他们向玛丽安娜的父母请求对他们的关系的祝福,他们得到了这祝福,并在不久之后结婚了。

534. **为了赶走苍蝇而把自己的主人打伤的熊**〕典故出自《拉封登寓言》(*Fables*, 1668-1693年)第八卷第十个寓言:《熊和园丁》。作者为法国作家拉封登(Jean de La Fontaine)。

参看:《园林老人的熊朋友》(网上"亦凡公益图书馆"的《拉封登寓言》,译者是杨柳和萧泰,出版社不详):// 有一只熊,住在深山老林,过着孤独无友,长年寂寞凄凉的生活,它心情忧郁,不免产生烦躁的情绪。// 离它不远的地方,住着一位老人,他爱好花草园林,但由于没有感情交流的对象,对自己的寂寞生活也十分厌倦。// 清晨,园林老人出来找寻朋友,熊抱着同一目的刚巧下山。他俩在拐弯处相遇,老人心中害怕,但在野兽面前他知道不能流露出害怕的情绪。熊是不讲什么客气的,它开门见山地问:"你是来看我的吗?"//老人回答说:"大人,承蒙您到我家吃顿家常便饭,不胜荣幸。家中现有牛奶和水果,这也许不合您的口味,但我会尽量找些适合您吃的食物。"//熊欣然受邀,共同前往。在短短的路程中,他俩已成了好朋友。//到了老人家,他俩相处亲密。因为熊沉默少语,老人便能在没干扰的环境下专心工作。//熊每天出外捕猎,带回猎物。它还兼有个非常重要的任务,就是从朋友睡着的脸上驱赶苍蝇。//这天,老人酣睡正浓,一只苍蝇叮在他的鼻尖上,熊办法想尽也没赶走这只苍蝇,真不知如何办。//"我非逮着你不可!"熊怒气冲天,"今儿个我非收拾了你不可!"话音刚落,赶苍蝇的熊抓起块石头照准苍蝇砸了过去。苍蝇死了,然而老人的脑袋也开了瓢。老人直挺挺地躺在床上,当场死去。熊是个没有头脑的忠实朋友——真拿它没办法。//情愿有一个通情达理的敌人,因为没有比有一个蠢笨的朋友更危险的事了。

535. **对此我们是有例子的**] 这可能是指向哈曼(J. G. Hamann)。在 1844 - 1845 年间,克尔凯郭尔在 JJ 日记中写有:"哈曼的所谓的良心婚姻,不是什么公民意义上的东西,它是怎样成立的。……"//"有必要弄清楚"。另外,在 1840 年代初,在哥本哈根的村庄里有一部分人同居而没有正式合法结婚,因此他们的孩子被看成是非婚生的。

536. 这一句丹麦文原文是"skaf mig lidt Mening i min Forvirring"。Hong 的英译是"put a little meaning for me into my confusion"(为我在我的困惑中放置一点意义)。

537. 在原文中,这个"悲伤"(at sørge)是动词不定式。

538. **对于时间来说**] 在唯心主义哲学中,"时间"与"永恒"是对立。这里的"对于时间来说"也就是"对于现世的生命来说"。

539. **烈火窑**] 前面《对婚姻的不同看法》中有对此注释:在《但以理书》第 3 章之中说及尼布甲尼撒王把三个犹太人扔进"烈火窑中",因为他们不敬拜尼布甲尼撒王的神和金像。但是烈火不侵这三个人,尼布甲尼撒王就转信犹太人的神。

540. **尼布甲尼撒**] 这是克尔凯郭尔在 JJ 日记中开始的一篇短篇小说的标题。尼布甲尼撒是巴比伦的国王,其实应当写作尼布甲尼撒二世(公元前 605 - 前 562 年)。

541. **但以理**] 四大先知之一,《但以理书》中的主人公。《但以理书》(4:1 - 37)为下面的这段插入的短篇提供了一个背景(为方便具体查询,对这一章的引用特别标出段落号):4:1/尼布甲尼撒王晓谕住在全地方方、各国、各族的人说,愿你们大享平安。/4:2/我乐意将至高的神向我所行的神迹奇事宣扬出来。/4:3/他的神迹何其大。他的奇事何其盛。他的国是永远的。他的权柄存到万代。/4:4/我尼布甲尼撒安居在宫中,平顺在殿内。/4:5/我作了一梦,使我惧怕。我在床上的思念,并脑中的异象,使我惊惶。/4:6/所以我降旨召巴比伦的一切哲士到我面前,叫他们把梦的讲解告诉我。/4:7/于是那些术士,用法术的,迦勒底人,观兆的都进来,我将那梦告诉了他们,他们却不能把梦的讲解告诉我。/4:8/末后那照我神的名,称为伯提沙撒的但以理来到我面前,他里头有圣神的灵,我将梦告诉他说,/4:9/术士的领袖伯提沙撒啊,因我知道你里头有圣神的灵,什么奥秘的事都不能使你为难。现在要把我梦中所见的异象和梦的讲解告诉我。/4:10/我在床上脑中的异象是这样,我看见地当中有一棵树,极其高大。/4:11/那树渐长,而且坚固,高得顶天,从地极都能看见。/4:12/叶子华美,果子甚多,可作众生的食物。田野的走兽卧在荫下,天空的飞鸟宿在枝上。凡有血气的都从这树得食。/4:13/我在床上脑中的异象,见有一位守望的圣者从天而降。/4:14/大声呼叫说,伐倒这树。砍下枝子。摇掉叶子。抛散果子。使走兽离开树下,飞鸟躲开树枝。/4:15/树墩却要留在地内,用铁圈和铜圈箍住,在田野的青草中让天露滴湿,使他与地上的兽一同吃草,/4:16/使他的心改变,不如人心。给他一个兽心,使他经过七期。/4:17/这是守望者所发的命,圣者所出的令,好叫世人知道至高者在人的国中掌权,要将国赐与谁就赐与谁,或立极卑微的人执掌国权。/4:18/这是我尼布甲尼撒王所作的梦。伯提沙撒啊,你要说明这梦的讲解。因为我国中的一切哲士都不能将梦的讲解告诉我,惟独你能,因你里头有圣神的灵。/4:19/于是称为伯提沙撒的但以理惊讶片时,心意惊惶。王说,伯提沙撒啊,不要因梦和梦的讲解惊惶。伯提沙撒回答说,我主啊,愿这梦归与恨恶你的人,讲解归与你的敌人。/4:20/你所见的树渐长,而且坚固,高得顶天,从地极都能看见。/4:21/叶子华美,果子甚多,可作众生的食物。田野的走兽住在其下。天空的飞鸟宿在枝上。/4:22/王啊,这渐长又坚固的树就是你。你的威势渐长及天,你的权柄管到地极。/4:23/王既看见一位守望的圣者从天而降,说,将这树砍伐毁坏,树墩却要留在地内,用铁圈和铜圈箍住。在田野的青草中,让天露滴湿,使他与地上的兽一同吃草,直到经过七期。/4:24/王啊,讲解就是这样,临到我主我王的事是出于至高者的命。/4:25/你必被赶出离开世人,与野地的兽同居,吃草如牛,被天露滴湿,且要经过七期。等你知道至高者在人的国中掌权,要将国赐与谁就赐与谁。/4:26/守望者既吩咐存留树墩,等你知道诸天掌权,以后你的国必定归你。/4:27/王啊,求你悦纳我的谏言,以施行公义断绝罪过,以怜悯穷人除掉罪孽,或者你的平安可以延长。/4:28/这事都临到尼布甲尼撒王。/4:29/过了十二个月,他游行在巴比伦王宫里。/4:30/他说,这大巴比伦不是我用大能大力建为京都,要显我威严的荣耀么。/4:31/这话在王口中尚未说完,有声音从天降下,说,尼布甲尼撒王阿,有话对你说,你的国位离开你了。/4:32/你必被赶出离开世人,与野地的兽同居,吃草如牛,且要经过七期。等你知道至高者在人的国中掌权,要将国赐与谁就赐与谁。/4:33/当时这话就应验在尼布甲尼撒的身上,他被赶出离开世人,吃草如牛,身被天露滴湿,头发长长,好像鹰毛。指甲长长,如同鸟爪。/4:34/日子满足,我尼布甲尼撒举目望天,我的聪明复归于我,我便称颂至高者,赞美尊敬活到永远的神。他的权柄是永有的。他的国存到万代。/4:35/世上所有的居民都算为虚无。在天上的万军和世上的居民中,他都凭自己的意旨行事。无人能拦住他手,或问他说,你做什么呢。/4:36/那时,我的聪明复归于我,为我国的荣耀,威严,和光耀也都复归于我。并且我的谋士和大臣也来朝见我。我又得坚立在国位上,至大的权柄加增于我。/4:37/现在我尼布甲尼撒赞美,尊崇,恭敬天上的王。因为他所作的全都诚实,他所行的也都公平。那行动骄傲的,他能降为卑。

542. **巴比伦**] 希伯来语 Babel(该希伯来词在中文《圣经》中有两个译法,一作"巴别",仅见于《创世记》第 10 章第 10 节和第 11 章第 9 节;其它多处则译作"巴比伦")。希腊语 Babylon。古代底格里斯河和幼发拉底河之间的美索不达米亚平原上的一个城市,在当今的巴格达的西南面。在汉谟拉比建立王朝(公元前 1792-前 1750 年)的时候,巴比伦是首都。在公元前十世纪的时候,该城失去政治重要性,但仍是宗教和意识形态的中心。在尼布甲尼撒国王统治的时代,巴比伦重新赢得其政治意义,并且得以扩展,建出了更多神殿和宫殿。

543. **晦涩的说辞**] 前面《对婚姻的不同看法》中有对此注释:在《圣经》里常常用到"谜语"这个词,比如说《民数记》(12:8),《但以理书》(5:12);(8:23)以及《哥林多前书》(13:12)。

544. **因而他们无法对我说,我所梦见的是什么**] 参看《但以理书》(2:1-12):"尼布甲尼撒在位第二年,他作了梦,心里烦乱,不能睡觉。王吩咐人将术士、用法术的、行邪术的和迦勒底人召来,要他们将王的梦告诉王,他们就来站在王前。王对他们说:'我作了一梦,心里烦乱,要知道这是什么梦。'迦勒底人用亚兰的言语对王说:'愿王万岁!请将那梦告诉仆人,仆人就可以讲解。'王回答迦勒底人说:'梦我已经忘了,你们若不将梦和梦的讲解告诉我,就必被凌迟,你们的房屋必成为粪堆。你们若将梦和梦的讲解告诉我,就必从我这里得赠品和赏赐,并大尊荣。现在你们要将梦和梦的讲解告诉我。'他们第二次对王说:'请王将梦告诉仆人,仆人就可以讲解。'王回答说:'我准知道你们是故意迟延,因为你们知道那梦我已经忘了。你们若不将梦告诉我,只有一法待你们。因为你们预备了谎言乱语向我说,要等候时势改变。现在你们要将梦告诉我,因我知道你们能将梦的讲解告诉我。'迦勒底人在王面前回答说:'世上没有人能将王所问的事说出来。因为没有君王、大臣、掌权的向术士,或用法术的,或迦勒底人问过这样的事。王所问的事甚难。除了不与世人同居的神明,没有人在王面前能说出来。'因此,王气忿忿地大发烈怒,吩咐灭绝巴比伦所有的哲士。"

545. **变色**] 在《但以理书》中多次出现,用于巴比伦国王伯沙撒。《但以理书》(5:6、9、10)以及(7:28),都是说脸上的变色。

546. **夜之黑暗且如大海深处般深奥隐秘**]《但以理书》(2:22)说天上的神:"他显明深奥隐秘的事,知道暗中所有的。"《约伯记》(11:7-9):"你考察,就能测透神吗？你岂能尽情测透全能者吗？他的智慧高于天,你还能做什么？深于阴间,你还能知道什么？其量比地长,比海宽。"

547. 最外面的海]就是说,地中海。在《旧约》中多次出现,但中文被译为"西海"或"海极"。

548. 尼布甲尼撒拿走了他的金鼎和他的银罐,并且毁了他的神殿]《列王记下》(25:1-17):"西底家背叛巴比伦王。他作王第九年十月初十日,巴比伦王尼布甲尼撒率领全军来攻击耶路撒冷,对城安营,四围筑垒攻城。于是城被围困,直到西底家王十一年。四月初九日,城里有大饥荒,甚至百姓都没有粮食。城被攻破,一切兵丁就在夜间从靠近王园两城中间的门逃跑。迦勒底人正在四围攻城,王就向亚拉巴逃走。迦勒底的军队追赶王,在耶利哥的平原追上他。他的全军都离开他四散了。迦勒底人就拿住王,带他到在利比拉的巴比伦王那里审判他。在西底家眼前杀了他的众子,并且剜了西底家的眼睛,用铜链锁着他,带到巴比伦去。巴比伦王尼布甲尼撒十九年五月初七日,巴比伦王的臣仆、护卫长尼布撒拉旦来到耶路撒冷,用火焚烧耶和华的殿和王宫,又焚烧耶路撒冷的房屋,就是各大户家的房屋。跟从护卫长迦勒底的全军就拆毁耶路撒冷四围的城墙。那时护卫长尼布撒拉旦将城里所剩下的百姓,并已经投降巴比伦王的人,以及大众所剩下的人,都掳去了。但护卫长留下些民中最穷的,使他们修理葡萄园,耕种田地。耶和华殿的铜柱,并耶和华殿的盆座和铜海,迦勒底人都打碎了,将那铜运到巴比伦去了,又带去锅、铲子、蜡剪、调羹,并所用的一切铜器、火鼎、碗,无论金的银的,护卫长也都带去了。所罗门为耶和华殿所造的两根铜柱,一个铜海,和几个盆座,这一切的铜,多得无法可称。这一根柱子高十八肘,柱上有铜顶,高三肘。铜顶的周围有网子和石榴,都是铜的。那一根柱子,照此一样,也有网子。"

549. 他没有谋士]见《以赛亚书》(40:13-14)"谁曾指示耶和华的灵,或作他的谋士指教他呢？他与谁商议,谁教导他,谁将公平的路指示他,又将知识教训他,将通达的道指教他呢？"

550. 今天,他说]可参看《希伯来书》(3:7);(3:12-15)和(4:7)。

551. 他不像弓箭手那样瞄准,人可以避开弓箭手的箭]《诗篇》(64:8)"但神要射他们。他们忽然被箭射伤。"

552. 他对自己说话,事情就成了]可对照《创世记》第1章,比如说(1:11):"神说,地要发生青草,和结种子的菜蔬,并结果子的树木,各从其类,果子都包着核。事就这样成了。"

553. 如同蜡在熔炉中熔化]这一表述有点奇怪,因为熔化蜡根本无需熔炉,可能蜡在熔炉中霎那即化。参看《诗篇》(68:2):"他们被驱逐,如烟被风吹散。恶人见神之面而消灭,如蜡被火熔化。"

554. 他们的势力,在他称量时,如同羽毛]《以赛亚书》(40:15):"看哪,万民都像水桶的一滴,又算如天平上的微尘。他举起众海岛,好像极微之物。"

555. 杀灭在他们的荒唐愚蠢里]参看《但以理书》(2:1-12)。见前面注释。

556. **七期转换**]参看《但以理书》(4:16、23、25、32)。"七期"在中文《圣经》之中有时候也写作"七年"。

557. **大鱼**]鲸鱼。

558. **不久我的日子可数**]但以理为尼布甲尼撒讲解墙上的文字"弥尼,弥尼,提客勒,乌法珥新",《但以理书》(5:26):"讲解是这样,弥尼,就是神已经数算你国的年日到此完毕。"

559. **已过如同守夜一轮**]《诗篇》(90:4):"在你看来,千年如已过的昨日,又如夜间的一更。"

560. **他把生命之灵从我身上拿走**]《传道书》(12:7):"尘土仍归于地,灵仍归于赐灵的神。"

561. **一件废弃的外衣**]《诗篇》(102:26):"天地都要灭没,你却要长存。天地都要如外衣渐渐旧了。你要将天地如里衣更换,天地就改变了。"

562. **上古大洪水前的遗迹**]对诺亚方舟的大洪水之前的东西的发现。在克尔凯郭尔的时代一般都这样解读:一场巨大的洪水暴发(Diluvion)灭绝了所有动物和植物,然后它们又通过一些例外而被重新创造出来。一些被灭绝的动植物的化石被人们当作这些例外的证据。一种更极端的理论则认为所有现存物种都是在大洪水之后被重新创造的,并且人类也是这一"第二次创世"的产物。

563. **同感的**]Sympathetisk,我在一般情况下译作"同情的"或者"同感的",是对他人有着同情、参与和设身处地的考虑。

564. **自感的**]Autopathisk,与"同感的/同情的"(Sympathetisk)相对立,是"为了自己的缘故的"。

565. **homo sum... alienum puto**]拉丁语:我是一个人,因此我认为没有任何人性的东西对于我来说是异己的。这句话出自非洲的特伦提乌斯(Publius Terentius Afer)的喜剧《自我折磨者》(*Heauton timorumenos*)(*P. Terentii Afri Comoediae sex*, s. 219)。原文不同于引文的地方是在克尔凯郭尔写成"nil humani"的地方,在原文中是"humaninil",在 1797 年 M. Rathje 所译的剧本中,这句话被译的丹麦语意思为:我是一个人,我认为一切与人有关的东西都与我有关。

566. **根据柏拉图的解读之一……统一**]柏拉图《会饮篇》(223c - d):"苏格拉底迫使他们承认,同一个人既能写喜剧也能写悲剧,也就是说,悲剧诗人也可以是喜剧诗人。"《柏拉图全集》,第二卷,王晓朝译,人民出版社,2002 年。

567. **中介**]丹麦语中的中介(Mediation)不是黑格尔所用的词,而是丹麦黑格尔主义者们用来重述黑格尔的"中介调和"(Vermittlung)或者"和解"概念的。在阿德勒尔(A. P. Adler)《对黑格尔的客观的逻辑的普及讲座》的 §9 如此定义:"黑格尔体系中典型的辩证运动不仅仅是在于否定。黑格尔这里的辩证法既表达了'直接性'走向其对立面的客观必然性,也表达了直接性和思想两者用来过渡到一种共同的更高的统一的客观必然性;它同时包括了否定和中介(Mediation)。我们说过,否定是直接性向对立面的过渡;中介则是对立双方在更高的统一体中和解。……中介只与真正相互有着冲突的环节有关;表面上的否定很容易出现,各种单纯的差异性(就像列出各种三合一)。……就是说,否定是辩证法的第一个过程,中介是第二过程。辩证法是整个在事物本质之中作为基础的运动的名字,通过这运动,片面的东西走向其对立面(被否定)并且两者一同进入更高的统一体(得以中介调和)"。

海贝尔在自己的杂志《珀尔修斯,思辨理念杂志》发表"逻辑体系"说:"现在我们看见了最初的逻辑三合一:在,成为和存在。这之中所具的各种一般的形式定性在每一次接下来的过程中重复,就是说:第一个环节标示'那静止的',第二则是它的出离自身的运动,第三是运动的结果;或者:第一标示'那直接地正定的'或者'那抽象的',第二标示'那否定的'或者'那辩证的',第三标示否定之否定,就是说,'那中介了的正定的'或者'那思辨的','那在自身之中有着否定的';或者:第一标示直接的'无限性',第二标示有限性,第三再造无限性,但是在一种集中的定性之中,就是说包含了第二环节的有限性或者否定性。在任何地方,第三环节都是前两个环节的统一;整个发展是一个循环,在之中第三环节叠合于第一环节,不过是在赢得了一种更高的意义之后的叠合。"

568. 中介在自由的存在层面里是完全没有归属的……挤进那"自由"不断地形成的地方]在《非此即彼》下卷中的《"那审美的"和"那伦理的"两者在人格修养中的平衡》有着对这同样观点的论述(见《非此即彼》下卷,中国社会科学出版社,第 220 - 227 页):

你知道,我从来就不将自己弄得像一个哲学家,而在我和你交谈的时候则尤其不会是那样了。一方面是在稍稍逗弄你,一方面是因为,我通常作为丈夫出场,这确实是我生命中的最亲密和最宝贵的、在某种意义上最意义重大的身份。我没有把我的生命奉献给艺术和科学,我所奉献的对象与此相比是微不足道的;我向我的作为、我的妻子、我的孩子奉献我自己,或者更确切地说,我没有为这些而奉献,而是我在这些对象之中得到了我的满足和喜悦。与你的生活目的相比,这只是一些无足轻重的琐碎,然而,我年轻的朋友,可要小心,不要让你为之献身的那宏伟的东西欺骗了你。现在,尽管我不是哲学家,我还是不得不在这里斗胆冒昧步入一段小小的哲学思索,对于这一思索,我希望你不是作批评而是为你自己取之作为参考。就是说,所有你对于生存的凯旋颂歌都在这样一种争议性的结果中回响,而这一争议性的结果与那更新近的现代哲学所最爱的"取消矛盾律"理论有着一种奇怪的相似性。当然我知道,你所采取的立场对于这哲学而言是一种受厌憎的东西,然而我觉得这哲学自身犯着那同样的谬误,是的,人们之所以没有马上感觉到这一点,那是因为它甚至根本没有像你那样站立在一个正确的位置上。你所处的是"作为"的领域,而它所处的则是"沉思"的领域。因此,一旦人们想要将它引入那实践的领域,它就必定会进入与你一样的结果,尽管它不会以这样的一种方式来表述出自身。你把那些对立面通过中介转化进一种更高的癫狂,而那哲学则将对立面通过中介转化进一种更高的统一体。你所面向的是那将来的时间,因为"行为"在本质上是将来时的;你说,我要么做这个、要么做那个,但不管我做其中的哪个,都同样地荒谬,所以我什么也不做。那哲学所面向的则是那过去的时间,面向那整个被经历了的世界历史,它显示出那些游移的环节是怎样在一个更高的统一体中走到了一起的,它不断地进行着中介转化、中介转化。相反在我看来,它根本就没有回答我所提出的问题;因为我所问的是关于那将来的时间。而你倒是以某种方式回答了,尽管你的回答是废话。现在,我假设那哲学是对的,假设矛盾律真的是被取消了,或者,哲学家们在每一瞬间之中将它扬弃在那对于思想而言是更高的统一体中。然而,我们却知道,这无法被运用在那将来的时间中;因为,在我要中介转化那些对立面之前,它们首先必须是曾经存在在那里的。而如果对立面是在场的,那么就会有一个非此即彼。那个哲学家说:迄今事情就是这样;我问:如果我不想作哲学家的话,我该做什么,因为,如果我想做哲学家的话,那么我就肯定能够看出来,像其他哲学家们一样,我得去中介转化那过去的时间。一方面,对于我所问的"我该做什么"而言,这不是什么回答;因为,哪怕我是有史以来世上最具天赋的哲学头脑,我也一样除了坐在那里观想过去之外还得去做更多的事情;另一方面,我是一个丈夫,并且绝不是什么哲学头脑,我却在我的全部敬畏之中向这位科学的耕耘者请教"我该做什么"。但是我没有获得任何回答;因为那哲学家中介转化着"那过去的"并且身处之中,那哲学家疾跑进往昔,在这样的一种程度上,就像一个诗人就一个古董专家所说的:只有他的衣服后摆还留在现在时中。看,在这里你和哲学家们有着共同点。你们的相同之处是:生活停滞了。对于那个哲学家,世界的历史结束了,而他进行着中介转化。因此,这种令人厌恶的情景就属于我们时代的日程:你会看见各种年轻人们,他们能够中介调和基督教和异教,能够拿历史的各种提坦般的力量来玩游戏,却无法对一个简单朴素的人说什么是他在此生中要去做的事情、并且也不知道他们自己该做什么。在对于你所最喜欢的结果的表述上,你的用语是那样地丰富多样,在这里我想要挑出一个来,因为在这之中你与那个哲学家有着惊人的相似之处,尽管他的真正的或者假装的严肃会禁止他去参与这一使你乐在其中的常规性飞翔。如果人们问你,你是否联署一项给国王的提议,或者你是否希望一部宪法或者征税权,或者你是否参与这项或者那项慈善事业,于是你就会回答:"极受尊敬的同代人!你们误解了我,我根本没有参与,我是身在事外的,我就像一个小不点的西班牙s那样置身事外。"那个哲学家的情形也是如此,他身在事外,他不参与,他坐着并且听着往昔的歌声变老,他听着那中介的各种和谐。我崇敬科学,我尊重它的耕耘者,但生命也有着自己的要求,并且,如果我看见一个非同寻常有天赋的头脑片面地迷失在"那过去的"之中的话,在我对他的精神技能怀着敬畏的同时,我会不知所措地觉得自己不知道该怎样去判断、去对此给出一种看法;尽管如此，当我在我们的时代里看见一群不可能全部都是哲学头脑的年轻人迷失在这时代所喜爱的哲学中时（或者我几乎会忍不住要将之称为这时代少年的哲学），我则不会变得不知所措。正对哲学，我有着一个有效的要求，同样，每一个它不敢以"完全无能"的理由来回绝的人都能够有这样的一个有效要求。我是一个丈夫，我有孩子。现在，如果我以他们的名义问"一个人在生命中该做的是什么"的话，又会是怎样的一种情况呢？你也许会微笑，每一次都是这样，哲学的青年人们会以微笑来面对一个在家里做父亲的人，然而，我却认为，如果他们没有什么可用来作为回答的话，那么这种不作答本身其实就是对他们的一个可怕的反证。难道生命的进程被停止了，也许现今存在的这一代人能够以观察为生，那么，那随后的一代要以什么为生呢？难道是以观察同样的东西为生吗？上一代人毕竟什么也没有做成，没有留下任何"该被中介转化的东西"。看，我在这里又可以把你和那些哲学家们归在一起了，我对你们说：你们却是错过了那至高无上的东西。我作为丈夫的身份在这里成为了一种对我的帮助，帮助我更好地来解说我的想法是什么。如果一个结了婚的丈夫要说"完美的婚姻是没有孩子的婚姻"，那么他就会犯那些哲学家们所犯的同一种理解错误。他使得自己成为"那绝对的"，而每一个作为丈夫的人则都会觉得这是不真实而不美好的，而如果他自己成为一个环节，就像他在获得一个孩子的时候那样地成为一个环节，那么事情就会是远远更为真实。

然而，也许我已经走得太远了，我让自己被卷进了一个我也许根本不该被卷入的考究中，一方面因为我不是哲学家，一方面因为我的意图绝不是和你一同闲聊这时代的某个现象，而其实是对你说话，是让你以所有的方式都感觉到，你是我说话所针对的人。但是，既然我已经走得这么远了，那么我还是想稍稍更确切地考究一下，那些对立面在哲学上的中介是怎么自圆其说的。如果我在这里所说的东西缺乏严格的说服力，那么它也许就有着稍稍更多的严肃，并且这也是仅仅因此缘故而被在这里提出来的；因为我的目的并不是为了某种哲学上的尊严而去与人竞争，而是在作辩护。这是肯定的了，既然我在手上已经有着笔了，那么我就用这笔来捍卫那我本来会以其他的并且也是更好的方式来捍卫的东西。

正如有一个将要来临的时间，同样也就有一个非此即彼。时间，那个哲学家生活于之中的时间却不是绝对的时间，它本身是一个环节，并且，如果一种哲学是贫瘠不育的，那么这总是一种让人疑虑的情况，甚至这可以被看作是它的耻辱，正如在东方人们把不育看成是丢脸的事情。于是，这时间自身成为环节，而哲学家自身则在这时间中成为环节。我们的时代对于以后的时代则又会显现为一个游移的环节，并且一个以后的时代的哲学家又会来中介转化我们的时代，并且如此不断地继续。在这样的一种意义上，那哲学完全是有着其道理的，并且，我们时代的哲学把我们的时代混淆为那绝对的时间，这一事实在这样的意义上也将会被看成是我们时代的哲学所具的一个偶然性错误。然而，我们却很容易看出，"中介"的范畴因此而遭遇到了一次相当严重的挫折，并且那绝对的中介要在历史完成之后才会成为可能，换一句话，也就是说，这体系是处在不断的形成之中。而相反，那哲学所保存下的东西，则是对于"一种绝对的中介是存在的"的承认。这自然是有着极其重要的意义；因为如果我们放弃了中介，那么我们就放弃了思辨。而在另一方面，"去承认这中介"则是一件令人疑虑的事情；因为如果我们承认这中介，那么就不会有"绝对的选择"存在，而如果没有一个这样的绝对选择，那么就也不会有绝对的非此即彼。这是麻烦的地方；然而我却相信，这麻烦部分地是由于人们把两个层面相互混淆起来而造成的，这两个层面就是"思想"的层面和"自由"的层面。对于"思想"，那对立面并不存在，它进入那"他者"，然后与之一同进入到更高的统一体中。对于自由，那对立面是存在的；因为它排斥着它。我绝不是在把"随意的自由"和那真正的正定的自由混淆为一体；因为，甚至这后者在自身之外也永远有着"那恶的"，尽管"那恶的"只是作为一种乏力的可能性，并且，它之所以变得完美，不是通过它越来越多地吸取"那恶的"，而是通过它越来越多地排斥掉"那恶的"，但"排斥"恰恰是"中介"的对立面。我将在稍后展示出：在这里，我并不是以此来设定一种根本恶。

  那些真正属于哲学的工作范围的层面、那些真正地为"思想"而存在的层面，是"那逻辑的"、"自然"、是"历史"。在这样的层面里，必然性是统治者，因此中介就有着自己的有效性。"那逻辑的"和"自然"的情形是如此，这无疑是没有人会否定；但是"历史"的情形则相反有着其麻烦之处；因为，人们说，在这里自由是统治者。然而我却相信，人们对历史的考虑是不正确的，并且，那些麻烦就是因此形成的。就是说，历史不仅仅是那些自由个体的自由行为的一个产物，而是更多。那个体作出行为，但这一行为进入了事物的秩序，而这秩序则承担着整个存在。那行为者在根本上其实并不知道由这行为会导致出什么。但这更高的"事物的秩序"，它可以说是在消化着这些自由的行为并且把它们全都一起加工进自己的永恒法则之中；这秩序是必然性，并且，这一必然性是世界历史中的运动，并且，那哲学运用中介，就是说，那相对的中介，因此就是完全正确的。《圣经》上在谈及一些作为的时候说"它们追随他"，这是一类作为；但还有另一类作为，这人通过这类作为而属于历史，现在，如果我观察一个世界历史性的个体人格，那么，我就能够在这两类作为之间作出区分。那哲学与那种能够被人们称作是"内在的作为"的东西是根本毫无关系的；但这内在的作为则是"自由"的真实生命。哲学观察那外在的作为，却又不是隔绝地看它，而是看它在世界历史的过程中被吸收和转化。这一过程在根本上是哲学的对象，并且哲学是在必然性的定性之下观察它的。因此，哲学摒弃那种想要指出"一切都可以是并非如此的"的反思，哲学是这样看世界历史的：任何关于一个非此即彼的问题都是不存在的。看来，在这一观察之中混杂着许多愚笨而不恰当的说法，至少我觉得是如此；尤其是那些年轻的巫师们，他们想要召唤出历史的精灵，让我觉得滑稽可笑，这一点我不否认，但是我也向我们时代所展示出的那些伟大成就深深地鞠躬致敬。如前面所说，那哲学是在"必然性"的而不是在"自由"的定性之下看历史的；因为，尽管人们把那世界历史的过程称作是自由的，但这种说法却是与人们谈论"大自然中的有机化的过程"是有着同一种意义的。对于那历史性的过程是不存在什么非此即彼的问题的；但是不会有任何哲学家想到要去否定，对于那作出行为的个体，这样一个关于非此即彼的问题是存在的。而由此又可以去看那被哲学用来观察历史及其主人公的那种无所谓、那种心平气和；因为它是在必然性的定性之下看它们的。而由此又可以去看它在"去让一个人作出行为"上面的无能；它的"让一切进入停滞"的倾向；因为在根本上它其实是在要求一个人去必然地作出行为，而这"必然地作出行为"的说法则是一种矛盾的说法。

这样，甚至那最微不足道的个体也有着一种双重的存在。他也有着一部历史，并且这部历史不仅仅是他自己的各种自由行为的一个产品。相反那内在的作为则是属于他自己并且将在所有的永恒之中属于他；这是历史或者世界历史无法从他那里剥夺走的东西，它跟随着他，要么进入喜悦、要么进入悲伤。在这一世界中的统治者是一个绝对的非此即彼；但这个世界和哲学没有什么关系。如果我想象一个年纪较大的人，他回顾自己历尽沧桑的生活，然后他在思想中也获得了一个对此的中介，因为他的历史被交织进时代的历史；但是在他的内心深处，他却没有得到什么中介。一个在他选择的时候是被分开的非此即彼现在仍然持恒地分开着。如果要谈论中介的话，那么我们可以说，那是"悔"；然而，"悔"不是中介，它并不欲求地看着那要被中介转化的东西，它的愤怒噬蚀着那东西；但是，这情形正如"排斥"，是中介的对立面。在这里同时我们也可以明显地看出，我没有假设一种根本恶，因为我设立出"悔"的实在性；但悔无疑是"和解"的一个表达，并且它也是一个绝对不能和解的表达。

然而，也许你会认同我所有这些说法。除了你出于自身考虑也作弄着这些哲学家们之外，你却是一个以许多方式做着与哲学家们共同的事情的人；也许你认为，我作为丈夫可以让自己心满意足于自己的丈夫身份，并且在我的家庭生活中运用它。诚实地说，我并不要求更多；但是我却想要知道，哪一种生活是更高的，是哲学家的生活还是一个自由男人的生活。如果那哲学家只是哲学家，迷失于哲学之中而不认识"自由"的至福生活，那么他就缺乏一个非常重要的关键点，他赢得整个世界，并且他丧失他自己；这样的事情永远也不会发生在一个为自由而生活着的人身上，尽管他也许会失去那么许多。

为了自由，我因此而搏斗着（一方面是在这封信中，一方面尤其是在我内心之中），为了那将来临的时间，为了非此即彼。这是我打算遗留给我在这个世界上所爱着的人们的宝藏。是啊，如果我的小儿子在这样的一个瞬间到了他真正能够懂得我的年龄而我的临终的最后时刻已经来到，这时我会对他说：我留给你的不是财产、不是头衔和尊荣；但是我知道，在什么地方埋有宝藏，这宝藏可以使得你比整个世界更富有，而这一宝藏属于你，甚至你根本就不该为这宝藏而感激我，你不应当因为欠一个人一切而伤害了自己的灵魂；这一宝藏被存放在你自己的内心深处：在那里有一个非此即彼，它能够使得一个人比天使们更伟大。

在这里，我要中断这一思考了。也许这没有使你得到满足，你贪婪的眼目不断地吞咽而你却没有餍足，但这是因为，眼目是那最后获得满足的东西，在一个人像你这样没有饥饿而只是因眼目无法满足的欲望而受煎熬的时候，尤其是如此。

569. 这个"它"是接着上面的，亦即"严肃"。这句子可改写为：这"严肃"严肃地想要的……。

570. **Vis comica**]拉丁语："喜剧的力量"，唤起"那喜剧的"的能力；也可以是：对喜剧的感觉，喜剧感。

571. 很喜剧性，也就是很可笑。

572. 丹麦语"旋进"和"展开"是两个运动方向相反的动词。"旋进"通过圆周运动收紧，而展开则是通过反方向的圆周运动松开。在这里，对这两个单词有着形象化的使用。

573. **wir haben uns bedacht**]德语：我们进行了斟酌考虑。引自霍尔堡的喜剧《雅克布·冯·提波》(1725年)第三幕第五场。

574. **她的言辞和衣裙**]见前面的注释。间接地引用了海贝尔的杂耍剧《所罗门王和约尔根·哈特美尔》(1825年)中的"言辞和礼服"。

575. 那个"如果"]亦即：如果——"她与另一个人结婚"。

576. 如果直译的话，这里就会是："——让自己在暗中愉快，还说得过去，但是，甚至不敢担忧，像走在禁忌之路上一样地走上担忧的路——"。

577. **用一百只眼睛看守着**]希腊神话中的阿耳戈斯是个百眼巨人，在希腊神话中，宙斯的妻子赫拉把宙斯的情人伊俄变成母牛交给他看管。阿耳戈斯把母牛拴在一棵树上，以一百只眼睛看守着它。由于他有许多眼睛，在睡觉时也可以让其中一些睁着，所以母牛无法逃跑。宙斯让赫耳墨斯化装成一个牧人，用魔药和笛声让阿尔戈斯的所有眼睛都闭上瞌睡，再将他杀死。宙斯因此救出伊俄。赫拉把阿耳戈斯变成孔雀，孔雀的尾巴就以这些眼睛为装饰。参看奥维德在《变形记》中所写的相关故事，第一卷，从第625句开始。

578. **在中世纪，一个人通过祷告一定次数的玫瑰经来拯救自己的灵魂**]玫瑰经是向圣母玛利亚虔诚奉献的修行方式，玫瑰经祷告意味了，念珠(念珠穿在线中有五到十五组，每组十颗小珠一颗大珠)在手上时，数过每颗小珠念一遍圣母经，每颗大珠一遍主祷文。

579. 也就是说，她无法进入"那宗教的"。

580. **《圣经》所说，偶像在世上什么都不是**]在《哥林多前书》(8:4)中，保罗写道："我们知道偶像在世上算不得什么。也知道神只有一位，再没有别的神。"

581. "私密交"的丹麦语是Fortrolige。在句子关联中所强调的是对交流秘密的时候,我将之译作"私密者";而如果强调的是一种交情,我就将之译作"私密交"。

582. 参见上注。
583. 直译是:"要与另一个人共同生活在私密之中,这要求:"。
584. **外在的就是内在的并且内在的就是外在的**]黑格尔《大逻辑》中"那内在的"(das Innere,亦即,本质)和"那外在的"(das Äussere,现象)之间的辩证法,并且把现实定性为"那内在的"和"那外在的"间的同一。较短的论述在《小逻辑》中也出现过。

    在丹麦黑格尔主义那里,"那内在的"和"那外在的"间的辩证法是由海贝尔(J. L. Heiberg)简短地写在《在皇家军事高校的哲学之哲学或者思辨逻辑讲演大纲》中。其中,关于那被定性为"那内在的"的本质,有这样的阐述:"但在这里也是这样的情形,那被如此地定性的本质是现象,因为那被定性为是'那内在的'的东西,在这一定性之中恰恰被定性为'那外在的',因为就各自而言它们自身都是整体;或者:'那内在的',从'那外在的'的立足点来看,自己就是对于这外在者而言的外在的,并且在与此相反的情况下,'那外在的'同样也变成了内在的,正如以同样的方式那些局部就是那整体,而那整体就是那些局部。另外,那被仅仅地定性为'内在的'的东西,以同样唯一的方式被仅仅地定性为'外在的',并且反之亦然。"

585. **满足(Satisfaction)**]圆满。在基督教的教理之中是关于基督为人类的罪而肉身成道的圆满。
586. **让石头痛哭**]丹麦有俗语说法叫作"(这是如此可悲),足以让石头为之痛哭"。
587. "……因为我想要并且也应当尊重她,通过'像爱我自己那样地爱她'来尊重她,这样一来,我唯一能做到就是离开她。"这一句翻译稍有简化,如果按照原文直译应当是:"因为我想要并且也应当通过'以爱我自己那么高的程度来爱她'来尊重她,而我只能够通过'离开她'来做到'通过以爱我自己那么高的程度来爱她来尊重她'。"
588. **没有神圣地就职成为我的私密者**]与婚偶不同,婚偶是依据于"被神圣地建立的婚姻"的私密者。
589. **绝无仅有的发现**]在前面"酒中真言"部分有过注释。
590. **简约化了的主体**(丹麦文:et reduceret Subjekt)。Hong 的英文版解读翻译作"下属的仆人"(a subordinate servant),我不同意这解读。Emanuel Hirsch 的德文版"einem reduzierten Subjekt",F. Prior et M.-H. Guignot 的法文版"un sujet réduit",都没有作出类似 Hong 的英文版的解读。
591. **以思辨的方式去修改上帝的账目**]见前面关于"**一个用深奥的眼睛以独眼巨人的方式观想世界历史进程之中的奇妙事物的人**"的注释。
592. **以先知的方式作节庆游行进入世界史**]也是在指格隆德维。在格隆德维的两本关于世界编年史的书中,他以旧约中犹太人的历史作为范本,(以先知的方式)把整个世界史写成是一部人类拯救史。

参见 N. F. S. Grundtvig, *Kort Begreb af Verdens Krønike, betragtet i Sammenhæng*, Kbh. 1814, 和 *Udsigt over Verdens-Krøniken fornemmelig i det Lutherske Tidsrum*, Kbh. 1817, ktl. 1970。

593. 这句"如果夜晚的风暴施虐并且有恶狼的吼叫声在风暴中给出警示,如果你在海难中将自己救上了一块木板,这就是说,不得不依靠一根草秆来将自己从这确定的毁灭中救出来;这样,你无法把消息发送到下一个小木屋,因为没有人敢冒险在夜里出去,这样,你就不用浪费气力去喊叫了……"的结构可以说是一种两个叙述的并行:"如果夜晚的风暴施虐并且有恶狼的吼叫声在风暴中给出警示,……这样,你无法把消息发送到下一个小木屋,因为没有人敢冒险在夜里出去……"是一个叙述,而"如果你在海难中将自己救上了一块木板,这就是说,不得不依靠一根草秆来将自己从这确定的毁灭中救出来……,这样,你就不用浪费气力去喊叫了……"是另一个叙述。

594. **一切都已被听见**]引自《传道书》(12:13):"这些事都已听见了。总意就是敬畏神,谨守他的诫命,这是人所当尽的本分。"

595. 就是说,这样一生的最大收益只是"认识这个教授或者那个牧师",而达不到更高的"认识上帝"。

596. **不管你是不是一瘸一瘸地过来,一拐一拐地过来,没有富丽堂皇的外表**]巴格森的诗歌《给丹法那的女儿们》,第一段:"富鸟嗖嗖地过来,飕飕地过来,披挂着外皮的富丽。/穷鸟一瘸一瘸地过来,一拐一拐地过来,怀着胸中无辜的空响。"

参见 J. Baggesens digt "Til Danfanas Døttre", 1. strofe i *Danfana*, januarnummeret 1816, bd. 1, s. 9. Jf. *Jens Baggesens danske Værker*, bd. 3, 1828, s. 60。

597. 见前面关于啤酒的讨论。

598. **斯基令啤酒**]非常淡的啤酒,一个斯基令一扎(差不多一升),很容易变酸,在倒出后不会"自己"起泡沫。在加入别的东西之后再发酵,然后又能够起泡沫。

599. "死亡没有来使得他不可能知道……",就是说,反过来,如果死亡到来,他死了,那么他也就"不可能知道……"

600. "他的放弃了所有雄辩的决定",就是说"他的决定"放弃了所有雄辩,是一个"放弃了所有雄辩的决定"。

601. **治理**]亦即"上帝的治理"。对此前面有注释。

602. **一份介于两个人之间的书面合同而……文盲**]克里斯蒂安五世的丹麦法律第五卷第一章第七节:"不能够阅读和书写的人,要把自己的火漆印章打在下面,如果他有的话,或者他的名字字母图章,必须有两个他所请求到场的受过教育的人作见证,而且这两人在处理结束并朗读出的时候必须在场。"

603. "这"就是"一个来自她的真正的原谅"。

604. 在这里,"时间"与"永恒"构成对立。
605. 直译的话是"在那里我们将变得相互对于对方都是可理解的"。
606. 一种欺骗……有多么虔诚而善意]奥维德《变形记》第九卷第711句中用了这样一个词pia fraus(拉丁语:虔诚的欺骗),这是指一类善意无辜的欺骗,从结果上看常常对受骗者是好的。
607. 在西文之中,文体上有"诗意的"(poetiske)与"散文性的"(prosaisk)的区分,但从内容的角度看,则可以说是"诗意的"(poetiske)与"平凡无趣的"(prosaisk)的区分。
608. 这里的"平凡的",就是"非诗意的":就是上边注释中的作为"诗意的"(poetiske)的对立面的"平凡无趣的"(prosaisk)。
609. 诗意越少,伦理性也就越小。平凡无趣的(prosaisk)东西是"非诗意的",因此其伦理性也就极小。
610. 治理]亦即"上帝的治理"。
611. 向每个人要求"可和解性"(Forsonlighed),就是说,要求每个人都有着一种"可以和解"的可能性。
612. 治理]亦即"上帝的治理"。
613. 凯撒]参见前面《对婚姻的不同看法》部分有过关于凯撒的注释。
614. 加图自杀……我是会原谅他的"]在普鲁塔克的传记之中写到过,正赶往北非乌提卡想要活捉小加图的凯撒听说了小加图在乌提卡自杀的消息之后说:"哦,小加图,我对你这死亡很不满;因为你不愿意让我获得'保全你生命'的荣誉。"参看普鲁塔克《凯撒》第54章,《小加图》第72章。
615. 最深奥的智慧……一系列来年中的第一天]据记载,希腊七贤中的普里恩的毕亚斯曾说:"我们应当这样来算我们的一生,就仿佛它既很长又很短。"参看第欧根尼·拉尔修的《哲学史》第一卷第五章。
616. 为生与死的缘故]这是在钱财或者生意转让(因为一个人认识到"自己可能会死",要把钱财或者生意转让给另一个人)的时候,写在书面文书里的一种常用表述方式。
617. 说出并且写下]一种固定表达,用来肯定和强调所重复用到的句子或者词。
618. 晚安吧,沃勒]丹麦成语,"晚安吧,沃勒,钱放在窗里",意思是:你放弃吧,事情结束了。
619. 从前面的"它马上就抓住了这句话"后的这个句号之后,到这省略号之前,都是前面所说的"毫无意义的闲聊"。
620. "它"就是"我的真挚想法"。
621. 莱辛说,最快的,比声音和光更快的东西,是从善到恶的过渡]指莱辛的《浮士德博士》"浮士德与七灵"中,浮士德对七灵说,他们是地狱最快的灵,然后他问他们之中谁最快。第四个灵回答:"我的名字是幽塔,我驾着光线旅行。"第七个灵回答:"比从善到恶的过渡没有更多没有更少";浮士德对此的回答是:"你是我的魔鬼!快如从善到恶的过渡!——是的,那是快的;没有比这更快的东西了!……我经历过,这有多快!我经历过!"

G. E. Lessings, *Doctor Faust*, "3. Faust und die sieben Geister":

"Mein Name ist Jutta, denn ich fahre auf den Strahlen des Lichtes"

"Nicht mehr und nicht weniger als der Uebergang vom Guten zum Bösen"

"Du bist mein Teufel! So schnell als der Uebergang vom Guten zum Bösen! -Ja, der ist schnell; schneller ist nichts als der! (…) Ich habe es erfahren, wie schnell der ist! Ich habe es erfahren! u. s. w."

Theatralischer Nachlaß, 见 *Gotthold Ephraim Lessing's sämmtliche Schriften*, bd. 1-32, Berlin 1825-28; bd. 32, s. 175f.

莱辛(Gotthold Ephraim Lessing, 1729-1781年),德国诗人、博学者和哲学家。

622. **过渡本身还是一个时间**] 可参看《恐惧的概念》第三章之中的讨论,关于过渡与时间和瞬间的关系,作者的注释:

因此,这"瞬间"就在一般的意义上成为了"过渡之范畴"(变化);因为,柏拉图显示了:相对于"从一性到多性的过渡",这"瞬间"也以同样的方式在着,另外,相对于"从多性到一性、从等同性到不同性的过渡"等等,这"瞬间"也在着,在这"瞬间"之中既没有一也没有多,既不被定性也不被混合(既不分开也不合成,§ 157 A)。所有这一切都要归功于柏拉图,他将疑难的地方明确化了;但尽管如此,"瞬间"还是成了一种无声的原子论式的抽象,——通过忽略抽象我们也并没有对这抽象进行说明。现在,如果逻辑要说自己不具备"过渡"(如果逻辑有这种范畴的话),那它就必须自己在体系之中找到自己的位置,虽然它也是在体系中运作的),那么我们将更清楚地看见,各种具有历史性质的领域和所有立足于一种历史性预设的知识都有着这"瞬间"。要将自身从"异教的哲学"及"在基督教之中的同样地异教的思辨"中区分出来,这个范畴有着极重要的意义。"瞬间"是这样的一种抽象,这一观点的推论在对话《巴门尼德篇》中的另一段落中被展示出来。在"一性"被设定作是具有时间的定性时,我们就看出,这样的一个矛盾是怎么出现的:"一性"(一性)变得比自身和比"多性"(多性)更年老和更年轻,并且又比自身和比"多性"既不是更老也不是更年轻(§ 151 E)。无论如何,我们说,"一性"必定存在着,并且,现在它的这种"存在着"就被定性为如此:对于一种存在物或者对于一种本质性的在"现在的时间"之中的参与(这"在着"难道不是对于"存在物"在现时中的参与吗,§ 151. E)。在对各种矛盾的更进一步展开中,我们于是看见,"那现在的"(此刻)在"那现在的"、"那永恒的"和"瞬间"之间蹒跚踯躅。这个"现在"(此刻)处于"曾经是"和"将成为"之间,而"一性"则无疑是不可能——在它从"那过去的"走向"那将来的"的时候——跳过"现在"。这样,它停留在"现在"之中,不"成为"更老而"是"更老。在最新的哲学之中,"抽象"在"纯粹的在"之中达到了顶峰;但是"纯粹的在"是对于"永恒"的最抽象的表达,并

"有辜的?"-"无辜的?" 561

且,作为"乌有"它又恰恰是"瞬间"。这里再次显示出这"瞬间"是多么重要,因为只有借助于这个范畴,我们才能够赋予"永恒"其意义,因为"永恒"和"瞬间"成为两个极端对立,尽管本来是那"辩证法的巫术"在使得"永恒"和"瞬间"意味同一样东西。只有在基督教之中,感官性、现世性和瞬间才变得能够被理解,恰恰因为只有在基督教之中,"永恒"才变成是本质的。

——《畏惧与颤栗·恐惧的概念·致死的疾病》,中国社会科学出版社,第 277 页。

623. 为了方便理解,译者在这里把句子稍稍改写一下:

过渡还只不过是一种时间之定性,但"前面所说的'一下子'"的迅速(在这迅速之中,"那曾存在过而永远不被遗忘的东西"是现在在场的,尽管它曾是过去在场的)——这迅速是一切之中最快的;因为这迅速是如此之快,以至于那种"'那曾存在过而永远不被遗忘的东西'不在了"的感觉只是一个幻觉。

624. 涡(Hvirvel)。在《恐惧的概念》里,克尔凯郭尔也谈及"涡",这是一个来自希腊自然哲学的概念。赫拉克利特关于原子的说法提及"涡":"涡"根据第欧根尼·拉尔修的《哲学史》,阿那克西曼德和赫拉克利特(公元前 6 -前 5 世纪)把世界的出现与关于"涡"的状态的想象联系在一起。第欧根尼描述赫拉克利特:"他的意思是:原子和空的空间是各种宏大整体的基础。所有别的东西,他相信必须以设想来解说。原子在大小和数量上是无限的,它们是在整个天地在一个'涡'的时候产生的,以此而发动所有复合物。水火风土。太阳和月亮是由这样的'涡'和强烈运动的小群聚物复合成的。灵魂也一样,正如理性。所有东西本原于必然性,既然'涡',他称之为必然性,是所有事物本原的原因。"

625. 犹太大祭司……因悲伤而撕裂衣服是禁止的]《利未记》(21:10):"在弟兄中作大祭司,头上倒了膏油,又承接圣职,穿了圣衣的,不可蓬头散发,也不可撕裂衣服。"

626. 那个缺钱的英国人,尽管他在手里有一张 500 英镑的钞票,但在他所在的村庄里,没有人能够兑换]这故事的出处不明。

627. 弗图那图斯的钱包里那枚钱币……如果你兑换它,魔法就消失了]十四世纪前后的塞浦路斯民间传说,关于骑士之子弗图那图的故事。弗图那图在英国把钱全部挥霍在了商人和女人身上,花光了钱之后,他到了布列塔尼,在森林中迷路;这时幸运女神在他面前出现,让他在六样东西之中选择一样:智慧、财富、力量、健康、美丽或长寿。弗图那图选择财富,幸运女神给他一个钱包,并且对他说,每次他抓进钱包,他都能够拿到一枚金子,并且只要他和他的孩子还活着,这钱包就会有这样的魔力。

628. 植物在仙女们的爱心照料之下成长那么迅速]若有典故,出处不详。

629. 我将她置于我的手臂上,和她一起撞进这世界]若有典故,出处不详。

630. 我们将在哪里再见?在永恒之中]"在永恒之中再见"在基督教信仰学说(特别是老式的)之中是一种很普遍的解读。

631. **在墓碑的雕像上是这样刻画的……进入了彼世**］在克尔凯郭尔的时代,死者的遗孀常常会在死者墓碑上刻上自己的浮雕像作为一种象征。哥本哈根的墓地 Assistens Kirkegård(安徒生与克尔凯郭尔都埋葬在那里)收藏了许多这样的浮雕,但没有发现相应的碑文。

632. 这"辜"(Skyld),在日常语言的关联上可以译作"过错"、"罪过"、"罪责"、"责任"、"……原因"、"……缘故"等等。但在这里一些关联之中,它是克尔凯郭尔的一个重要宗教-哲学概念,所以都译作"辜"。

633. **治疗好所有疾病,把听觉给聋子,把视觉给盲人并且把身体的健美给畸形者**］这是基督教信仰学说中的一般解读:在永恒的生命之中,疾病、聋哑、畸形等等都是不存在的。这一解读是建立在《新约》中关于耶稣治疗病者的故事上的(比如说,《马太福音》(11:5):"……瞎子看见,瘸子行走,长大麻风的洁净,聋子听见。死人复活,……")。

634. 直译是:"在对我来说时间已过的时候……"或者"在对于我时间已过的时候……"。

635. **erat in eo vicinio tonstrina quœdam**］拉丁语:临近是一家理发店。这是对特伦提乌斯的《福密俄》第一幕第二场第 38－39 行的解读式引用。

636. **Eo sedebamus plerumque, dum illa rediret**］拉丁语:通常我们坐在那里,直到她回来。这是对特伦提乌斯的《福密俄》第一幕第二场第 39－40 行页的解读式引用。

637. 这个"那时"是译者加的,因为在原文中"我不是她的恋人,而是一个欺骗者"的"不是"和"是"都是过去时动词。

638. 这个"过错"(Skyld)也译作"辜"。

639. **丑得像原罪**］丹麦的俗语"她丑得像原罪",意思是奇丑无比。

640. "我不得不以这样的方式说话,这是因为谁的缘故",也译作:"我不得不以这样的方式说话,这辜是谁的?"

641. **ultra posse nemo obligatur**］拉丁语:没有人有义务去做比自己所能更多的事情。

642. 逆(Brøde),在《非此即彼》中我译作"咎戾冒犯",指宗教意义上"违犯之行为"的意思。

643. **治理**］亦即"上帝的治理"。

644. 那同情(Sympathien),也就是说,设身处地的情感。

645. Inderlighed,在这里我译作"真挚性",但是在一些地方我也将之译作"内在性"。

646. 译者对这句稍有改写。丹麦文原文("En Deeltagendes Omsorg kan ikke lægge Eftertrykket paa Smertens Udbrud i Sammenligning med min Nærværelse")直译是:"与我的在场相比,一个同情者的关怀无法在痛楚的爆发上给出强调。" Emanuel Hirsch 的德文版是"Die Fürsorge eines Teilnehmende kann, im Vergleich mit meiner Gegenwart, auf die Schmerzensausbrüche

nicht den Nachdruck fallen lassen."

　　Hong 的英文版也对句之稍作了改写:"The solicitude of a sympathizer cannot give emphasis to the outburst of pain the way my presence can."读者也可对照 F. Prioret M. -H. Guignot 的法文版:"La sollicitude d'un homme compatissant ne pourra pas, autant que ma présence, mettre l'accent sur le transport de la douleur."

647. 由此推导不出一个通向 propter hoc 的确定结论]在逻辑学中有这样的规则:post hoc, ergo propter hoc 是推导谬误,就是说根据"在 A 之后有 B"而推出"因为 A 所以 B",是一种推导上的谬误。

648. 哀悼之年]前面有过注释:在一个亲近的人,尤其是配偶,去世之后的一年。

649. 教会之年]在教堂里,每个教会年的开始,就是说,基督降临节的第一个星期天,教堂礼拜从头开始选用布道的文字。在克尔凯郭尔的时代,只有一种选法,亦即使徒的文字(在祭坛上被朗读)和福音书文字(在布道台上被朗读并且作为布道文字)。

650. 精神使人活着]指向《约翰福音》(6:63),之中耶稣说:"叫人活着的乃是灵,肉体是无益的。"

651. 外体的人会毁坏而精神会胜利]《哥林多后书》(4:16):"所以我们不丧胆。外体虽然毁坏,内心却一天新似一天。"

652. 受造之物会叹息]《罗马书》(8:22):"我们知道一切受造之物,一同叹息劳苦,直到如今。"

653. 这个"有限"(Endeligheden)是名词。

654. 作为(Gjerningen)。

655. 这个"有限"(Endeligheden)是名词。

656. "它",就是说,她所需要的"这帮助"。

657. 按照 Emanuel Hirsch 的德文版的解读,则是:"但是在那些纠正印刷错误的小字条下面有一种读法"。

658. 按照 Emanuel Hirsch 的德文版的解读,则是:"我们就只好让它继续存留在那些纠正印刷错误的小字条下面"。

659. 骄傲的亨利克]一些草药植物的民间俗名,比如说藜属植物中的 Chenopodium bonus henricus。

660. 西塞罗……什么都不论及的、最容易读的信函]出处不详。
　　西塞罗(Marcus Tullius Cicero,公元前 106 - 前 43 年),罗马讲演家、政治家、作家和哲学家。

661. 这里:"不论及"是指在现在将要或者正在做的事情中的行为("我正写这部书,我在我的书中不论及他";"我会写这部书,但我在我的书中不论及他"),或者是已完成的事情中的有意识行为("我写了这部书,但我在我的书中并不论及他")。而"没有论及"则是指在已完成的事情中被描述的行为("我写了这部书,但我在我的书中没有论及他")。

给读者的信

寄自

法拉他·塔希图尔努斯[1]

我亲爱的读者！如果在某种意义上你是专业中人的话，[2] 你马上就能够看出，在这里被召唤出的这个形象是一种在"那宗教的"的方向上的魔性的形象，这就是说，这一魔性的形象正在趋向于"那宗教的"。他通过讲述来做出他的那一份工作，以便让你能够看见他（loquere ut videam，拉丁语：说话，这样我就能够看见你），[3] 然而，不管他说得有多么诚实，不管他所说的内容有多么丰富，也没有人比我更清楚地知道这是怎么一回事；我常常尽自己的努力，直到精疲力竭，甚至情不自禁地想要扔下他不管，几乎就放弃了耐性；也正是因此，通过用我的吟唱诗人的目光和鹰隼的眼睛来观察星辰和解读咖啡渣，[4] 我公布出这样一个绝无仅有的预言[5]：在本书的为数不多的读者中，将会有三分之二读到一半就放下不读了，这话也可以用这样的方式来表述：他们会因为无聊乏味而停下并把这本书扔掉。既然他是站在一个辩证的极端上，那么，如果你想要观察他的话，你就必定能够以各种无限小的尺度来估量。对一个大致的数目来说，它可以是足够地大的数目，只要它还是一个大致的数目，你就不会为他的辩证法的表演支付入场费，因此你所做的更正确的事情就是，你觉得根本就不值得花精力去观察这样一只蹦跳的玩偶。不过，"去留意关注他"无疑还是有意义的，因为你能够在失常中研究那正常的东西，如果不说别的，那么，你还总能够学到足够多的东西，让你知道，"那宗教性的"不是什么可让人嘲弄的东西，不像别的事情,你可以随便取笑,它也不是为愚蠢的人们和没有刮过胡子的年轻人准备的,因为它是一切事情之中最难的,尽管它对于所有人都是绝对可及并且绝对足够的,——这说法本身就是一个让人难以理解的问题,就像那种矛盾的说法:同一个地方的同样的水,它浅得能够让羊涉水而过,它又深得能够让大象游泳。

我把这女孩设计成一个完全普通的女孩[6](特别的地方只是让她不具备宗教的预设前提),并且是刻意如此,为的是让她能够更好地阐明他并教他去做出努力。用一个液压机来举起一件非常小的物件,或者用带有一百六十公斤秤砣的杆秤去称半斤重分量,这会让人花费可怕的努力,而且或许这甚至是不可能的;同样我也想到了,如果这要是一个误解的话,那么它就应当是一个有用处的误解。

然而,我并不是那么关注"那爱欲的"和"爱欲的关系"。在本质上,我是用它来为我在"那宗教的"之中定位,这样,人们就不至于陷于困惑而以为"那宗教的"是最初的直接性,[7]或者以为它是这样的一点这个和那个:各种驱动力、各种天性冲动和青春性,在之中因为混有一小点精神进入了一种萌动的状态。

这女孩,我们完全可以这样称呼,称她是一个不错的女孩。[①][8] 在小

[①] 女性的形象自然是在一种普通的总体轮廓之中被间接地勾画出来:处于"天真"这一审美范围中的一个非常年轻可爱的女孩。在这里,我想要描绘她一下,因为否则的话,她不会作为一个整体而被谈及。我一直是 in mente(拉丁语:在心里,在记忆里)有着他,但自然也还是考虑到这样一种心理学意义上的几率可能性:她并不走到这审美的"天真"之外。在婚约的时期,她在一开始是矜持的。他的古怪和非爱欲的行为无疑是必定会让一个女孩感到奇怪的。这是她所无法忍受的,她对此感到厌倦,她很不屑并且毫不退让地反对他。然后出现了一个小小的事件,她变得温和;她拿了一张椅子过来,让他坐下,同时她带着自己的魅力以一种最可爱的调皮的方式轻轻跪下。[a]只是他,这个作为爱人的可悲的主人公,他无法理解这行为;并且,再也没有任何处境能比"在他坐上了座位的时候"更让他(作为爱人)像那个有着悲哀形象的不朽骑士[b]了。现在,他想要离开她。她以上帝和她在痛苦之中所能够想到的所有神圣之名来祈求他,她甚至带了那纸条给他,[c]她根本就没想到这之中会有什么不对的。现在,分离的最后搏斗开始了。她展开了自己所有可爱的同情,这同情愿意满足于任何条件,这是"天真"的可爱的同情的放弃。她无法以别的方式来表述自己;尽管人们会前后不一致地要求一种对"反思之放弃"的暗示,可他的欺骗以及他在这欺骗之中的绝望行为构成了对"反思性的同情"的每一种"形成"或"表述"的阻碍。这样,她自始至终都是可爱的,但却只(接下页)

说和戏剧之中,并且事实上要到了第五幕,"这样的一个女孩"才使得一个男人幸福;在现实的五幕中她尽自己的可能去做得最好;在心理学意义上的想象实验中,她无法使他幸福,——不是因为她不能够(因为她是能够做到的),而是因为她无法得到这样的机会,因此,他们恰恰就相互使得对方不幸。如果我要赋予她不同的可能性的话,我只需不让我的主人公得到足够的阐明[9]。借助于她的可爱,她是帮上了很重要的忙,远远多于任何会同意做一切的女仆所能给出的帮助,并且,这在一种心理学想象实验之中对一个普通女孩而言已经是非常多了;因为她不属于这实验里的世界。

作为一个爱人,这男性形象几乎就不可能在这世界里成功。他的行为和他的忠诚是如此宏大,如此不切实际而尴尬,以至于一个人不禁要问,我想是用一个法国作家的话问:到底是"他变得疯狂,因为他忠实于这女孩",还是"他保持继续对她忠实,因为他是疯狂的";因为作为爱人,他是疯狂的。[10] 如果他真的存在,如果我能够赋予这样一个实验形象人物以血和肉,如果他生活在我们的时代并且生活在他自己的内心之中(这样,他的外表就不是一种欺骗),那么,这就完全会变成一整台喜剧。看这样一个幽灵,这样一个穴居人或者地洞住民,悄悄地溜出来想要在暗中倾听人们的浪漫对话,并且要求让自己得到顶级不幸爱人的头衔,这是多么滑稽的事情啊!他会有那些街头顽童尾随在后,这是

(接上页) 带着这么多的张力,——如果我们要测量的话,可以这样说:"一场新的恋爱"的心理学意义上的几率可能性是现有的,尽管从心理学的角度看,它在形态上可以有不同的变化。

在婚约之后,她根本就什么都不做。甚至在那种心理学意义上的可能性最危险地瞄准着他的情况下,在教堂的那次相会[d]中,事情也没有被定下来说这是一个现实(但这也远不是一种心理学意义上的不可能),因为他的激情看见了一切,在这件事情上甚至可以说是非常遥远的事情也被看见了。然而,尽管他看得很准确,可对于她来说,这一切仍会是一个小小的突发奇想,这也许是一小点善意,这也许是因为她现在觉得她曾对他过于苛求,一个小小的突发奇想 ad modum(拉丁语:类似于)那次下跪。但是他,他在与她的关系中决定"想要去除命运与偶然",[e] 他自然有资格让自己不断地被牵着鼻子走,正如他在各种关于"她的未来"的表述中也是如此:他从她那里诱引出了这些表述,这是他的不幸,她在自己说出这些表述的时候则没有把它们当什么大事去考虑过,而他则觉得自己是永恒地被绑定在一种"重复着想要去考虑所有与这些表述相关的一切"的义务之中。

肯定的。这样一个在十九世纪里的时代错误![11] 在这个时代里,每个人都知道,不幸的爱人就像那些七头蛇,林奈证明了它们是不存在的,是臆想的产物。[12] 严肃地把每一个人都充分了解的所有这一类关于"一生只爱一次、相互使对方幸福等等"的泛泛而谈当成真事,依据于这些空话,带着最大的努力,以一种特定的方式行动(我们只会原谅一个非常年轻的人在一生之中有一次并且至多半天去以这种方式做事),在这样一种旨在推行老旧过时的习俗的空洞宗教仪式中工作至死,这确实会是一种内容丰富的笑料。这是自然而然,就像人们在童年学语言,人们也在青年时代为一生提供并吸收包括一小份美好的表达语和热情的措辞在内的各种东西,人们能够用这些东西来为自己和别人服务一辈子,并且在友情之中善于交际、在交际之中讲究友情并且一直保持友情。这些表达能够持续覆盖一生,事情本来就完全应当是这样的,更多的是因为它们给出了一小点不同类型的帮助,并且对于在其最幸福的日子之中的青春来说可以算是奇妙的装点,按妈咪的说法,它是一种玩笑,在老人的嘴里,它是一种机智。但是,"爱本应有同样不可磨损的质地,不幸的爱就更不用说了"[13],这[14]揭示出了一种教育上的疏漏;至少我可以像帕妮乐那样地说:我在我的坟墓里感谢我的父母,让我得到了不一样的教养。[15] 当然,在眼下这种时代,又有谁像人们在过去的日子里所做的那样,买一把用一辈子的伞,或者一条丝裙,真正好料子,可以让人在活着的时候一直受用的那种,或者一件可以永远穿下去的皮大衣?人们完全承认,这质量也许不像是那种中国缎子的质量,人们完全承认,衣服的主人对自己的衣服并不像人们对待那种中国缎子那样地小心,但是那种"能够三四次为自己弄到全新的衣服"的好处,那种"能够随意对待自己的衣服"的好处则是谁都能够看得见的。这一智慧不可以被看成是一些个别特选者的智慧,幸运的是(赞美我们这一世纪!),它是人们所具的普遍智慧。因此,人们很少看得见一个不幸的爱人,正如人们很少看得见一幅用中国缎子做的斗篷。现在,"想要是一个不幸的爱人"(尽管他也许根本就不是一个不幸的爱人,而只是把一种荣誉置于这之中),这无疑就等于是想要在疯狂之中挑衅这个世界;唯一比这更严重的疯狂则会是:他设想他不是唯一的一个,以为世上有着一整个这样的群落。众所周知,堂吉诃德以为自己是一个游侠骑士。他的疯狂绝非在这个想法之中达到顶峰;塞万提斯要更深刻。在堂吉诃德从病症痊愈的时候,神父已经开始希望他是恢复了神智,他想对堂吉诃德稍稍做一点试探。他和堂吉诃德谈论各种不同的事情,然后突然把这样一个新闻加了进去:摩尔人入侵了西班牙。于是,只有一种方法可以拯救西班牙,堂吉诃德回答说。"什么方法?"神父问。堂吉诃德不愿意说,他只对正信的西班牙国王陛下公开自己的秘密。最后,他终于在神父的请求之下让了步;在给出了庄严的守密承诺后,神父接受了这位著名骑士的忏悔:"这唯一的方法就是,正信的陛下向所有的游侠骑士发出一份召唤书。"[16] 自己去作一个游侠骑士,如果你愿意这么说,是半疯子的作品,但是让整个西班牙住满游侠骑士,这真的就是一种 delirium furibundum(拉丁语:暴烈的疯狂)了。从这个角度看,我的主人公还是更理性一些,因为他是这样理解当下的时代的:自己去成为"不幸的爱"的唯一的骑士。

然而,如前面所说,我并不是那么关注"那爱欲的"。我使用了它,就像康士坦丁·康士坦丁努斯在一个名为《重复》(哥本哈根。1844年版)的文本[17]中尝试使用过它那样,不过那是一个不成功的尝试,因为他停留在"那审美的"之中。这冲突,"一个男人因为一个女孩而成为诗人并因此而无法成为她的丈夫",是处在"那审美的"的范围之内。这冲突本身只能够唤醒一个年轻人的忧虑;我不明白,为什么康士坦丁对那年轻人隐瞒了这一点,这是每一个有实际经验的人都很容易能看出的:这冲突可以毫无麻烦地得以消解。他和她结婚,于是他就不成为诗人。这当然是他所怕的;他所做的正好是反过来,并且他也许就因此而成了诗人。如果不是每一个女孩都使得一个男人成为诗人,那么,每一个女人都能够阻止一个男人去成为诗人,如果他和她结婚的话,这一点我可以为他做出担保,尤其是那个正在使得他成为诗人的女孩,她是最好的一例,因为诗人与缪斯的交往是完全不同于婚姻关系的,各种缪斯以及各种隶属于他们的童话精灵通过"让自己保持距离"而做得最好的。既然,对一个有血有肉的生灵来说,没有什么事情能够像"要去作缪斯"那么烦心,那么,那受崇拜者自然会做出一切努力来阻止他成为诗人,并且赞同他去进行每一个"成为一个真正的丈夫"的尝试。这全部的冲突就像是我的主人公发明出来的某种东西,他为了恭维这个女孩而想出来的某种东西。当然,我这么说绝不是为了想要去冒犯那个年轻人,因为,他在自己的青春性之中可以把这事想得很好。别人可能会获得这样一种突发奇想,但这样的事情对于我的主人公来说则是不可能发生的;他已经走得太远而无法再会有这样的想法。这样反而更好,就是说,这之中的误会反而会更明确地显现出来。

幸好,现在我的主人公不是存在在我的想象实验之外。在现实中,他不可能成为别人的笑柄。这是够幸运的,但对于我,更幸运的是,我的任务不会是这样一个工作:要去与他辩论或者要用辩证法来帮他出离他的辩证困境。作为一个真正存在着的人,一个这样的人物能够为一个 Doctor seraphicus(拉丁语:色勒芬天使博士)[18]和一个 Magister contradictionum(拉丁语:辩证法大师)[19]的组合提供出足够的课题;并且在最终他们也许什么都无法达成。不管他们会想到什么,他肯定会回答说:我自己曾想过这个,现在你们只应当听我说。于是他就会解说辩证的反对意见,直到他逐步地把这讨论扭转到对他有利的方向上。用悲怆的激情来让他感到恐怖,是没什么用处的,因为他也有足够的男子气概来悲怆地表述最相反的观点。

因此,我的意图绝不是想要用我在这里所写的东西来让他信服,而是为了留意他身上和许多他所说的东西中的某种真实的东西。我让他继续是他所是,一个热情狂想者,一个特别类型的热情狂想者,不仅仅因为他迟到了几个世纪。波尔内说过一句幸福的话[20]:"单个的热情狂想者们相互间的情形就像唐提联合养老保险制的参与者们的情形,随着他们一个个相继死去,对于尚存者来说,份额就变得越来越大。"[21]作为热情狂想者们,他有着非凡的狂想热情,这又有什么奇怪呢?因为全部的本金带上利息和利息的利息全都落在了他那里。然而他在热情狂想上达到这样一种级别,不仅仅因为他是一个特别类型的热情狂想者,而且也因为他不是一个直接的热情狂想者,而是借助于"欺骗之形式"的热情狂想者,在这形式之下,他自由地生活在自己的热情狂想之中。这是对他的狂想热情的程度的新表达,并且证明了这一程度是最高的。一个直接的热情狂想者,并且在本质上,所有人们所知的热情狂想者都从属于这一级别,他要么就是欢呼着挤出来、穿越世界上的所有反对,并且插上胜利的旗帜,要么就是借助于他的痛苦来使得生活变得沉重,就是说,尽管热情狂想者有着自己的狂想热情,他还是无法离开这个世界而生活下去。这绝不是我的主人公所想要的,相反,他想要借助于一种相反的外表来隐藏起狂想热情,他在自己的事业上是如此确定,以至于他根本就不愿意,或者按他自己所说的,不敢表达出这狂想热情。

我就让他继续是他所是,并且进入我们要谈的主题。我将通过对一些特定论点的考察来论述这主题,而在我深入到这些论点之中的时候,我总是会 in mente(拉丁语:在心里,在记忆里)考虑着他。

§1
什么是不幸的爱情,什么是这想象实验中的变量?

从无法追忆的时代起,诗歌就一直在不幸的爱之中有着其幸福的爱的对象。就像人们所说的那样:是一个在自己孩子的病床边的母亲,发明了祈祷,[22]祈祷恰恰就是为一个这样的受苦者设计的,以同样方式,我们也几乎就应当相信,不幸的爱发明了诗歌。然而,随后这也是一种理所当然:诗歌做出回报,来帮助不幸的爱,并且,它心甘情愿地这么做,这不算太过分。[23]

一场不幸的爱蕴含了:爱是现成的,并且有一种力量,它阻碍着这爱在相爱者的结合之中幸福地表达出自己。再也没有别的东西比这话更容易说了;但是,远离这一浅薄的说法,与之保持着像地球绕太阳旋转的轨道的直径一样长的距离,那就是作一个诗人,借助于自己神圣的悲怆来填补这一乌有并且以自己的气息来创造。[24] 没有悲怆就没有诗人。悲怆是首要的第一,而那随后而来处于一种与"那第一"的本质而绝对的关系之中的第二则是:去弄明白一种深奥的对立。就是说,如果一个人想要数出对情欲之爱的幸福的所有阻碍,那么,在这样一个尺度里就会像温度计一样有一排正的和一排负的标记。从那些微不足道的阻碍开始,他会达到一个点,在这个点上,变化出现,并且一切都变得不同。[25] 就是说,我们可以想象各种阻碍有着这样的性质,因而我们不得不说:情欲之爱的任务就是去战胜这些阻碍。如果一个诗人选择了把一个这样的阻碍当成是不幸的爱的原因,那么,他就不是诗人,而是违背自己心愿的讽刺作家。因而,"消除掉阻碍"不可以是爱的力量所能及的事情。

事情就是这样地立足在这个点上,或者更确切地说,在很多年前,事情就一直这样地立足在这个点上。新近的这一时期有着共同的错误,心持两意[26]:既不相信爱作为绝对的激情,也不选择各种一等质量的阻碍;人们和债权人达成协议并且听从理性的声音,——"不幸的爱"这一条被去掉,取而代之的是一条"差不多有点幸福的爱";对所有人都有着平等和"一样的啤酒"。

诗歌与直接性有关,因此不能够考虑一种双重或者矛盾的关系。相爱的人们作为爱人不是绝对可靠的、不是就其自身绝对地准备就绪可以去进入情欲之爱的结合,——如果我们对此有一瞬间的怀疑,有一点点唯一的怀疑,那么,诗歌就会转身离开那有辜者并且说:"对于我来说,这是一种标志,标志了你没有在爱,因此我无法让自己被牵扯到你的事情里。"在这之中,诗歌做得也很好,这样它自己就不会变成一种可笑的力量;但在新近的这一时期,由于误解地选择了各种任务,它倒是常常变得如此。

没有激情就没有诗人,没有激情就没有诗歌。因而,如果一个人要从诗歌,以及从其中无法蕴含双重性的完美[27]中突破出来,如果,这一出离不应当迷失在常识理智和有限之中，那么，这一出离必须依据于一种更高的激情而发生。把激情从诗歌之中拿走，并且，作为补偿，用来取代那失去的东西的，是各种装饰品、可爱的田园风景、饱受称赞的森林场景、迷人的戏剧月光，——这就是迷失，正如人们借助于精美的装订来补偿书本内容的糟糕，这不会引起读者们的兴趣，至多是让订书者们关注。把激情从台词之中拿走，作为补偿让乐队稍稍拉一下琴，——这是在出卖诗歌，并且是滑稽可笑的，就像在现实中，爱人到了决定性的瞬间不是在胸中有悲怆，而是在口袋里有一只八音盒。

只有在一种更高的激情步入了诗歌的激情时，只有在这时，我们在这里所谈的这种双重性才开始。现在，这任务就在自身之中变得辩证，而诗人的任务则永远不能够也不可以是这样的。固然，比如说，不幸的爱有着自己的辩证法，但这辩证法不是在自身之中，而是在自身之外。在自身之中辩证的东西蕴含了自身之中的矛盾。因此，诗人的任务是简单的，因为矛盾是外来的。就其自身，不幸的爱必须是要变得幸福的，这是诗人的确定性，但不幸是，在外面有着一种力量想要阻碍这幸福。因此，在诗歌中，爱不与自己发生关系，而是与世界发生关系，这一关系决定了它是否变得不幸。因此，一旦激情的那种出自唯一者的洪亮声音停下，一旦在激情自身之中有了斗争，是的，即使一种更高的激情以一种新的洪亮声音宣告自己的出现，一旦我们在之中感觉到双义的共响声，诗人就不能够让自己被牵涉在其中。如果这激情是爱，那么它就必定在其自身之中是[28]非辩证的，这样诗歌就会在他身上看见一个不幸的爱人。如果这激情是对祖国的爱，那么它就必定在其自身之中是[29]非辩证的，而如果英雄依据于他的激情而牺牲掉一种爱欲的关系，那么他就不会被称作是不幸的爱人，相反人们会根据那在他身上的非辩证的激情来提及他。爱国英雄在自己对祖国的热情之中不是与自己发生关系，这热情也不是与自身发生关系，而是与一个外部世界发生关系，在这外部世界之中也有着诸如情欲之爱的关系、虔信的关系；诗歌必定是以这样的方式来理解的。审美的英雄必定是在自身之外而不是在自身之内有着其对立者。哈姆雷特身上的情形不是如此,也许这恰恰就是有问题的地方,对此我们会在后面作更多讨论。[30]

回到不幸的爱。如果我们观察一下那些不幸者中被《歌与传说》[31]酬以声望的出类拔萃者,那么,我们马上就能够看见:激情是直接的,矛盾是外来的,这差不多就像牧师代表要结婚的人询问任何人有任何异议,因为他不会去想,在爱者自己的激情之中会有一种矛盾,因为,如果他这样想的话,那么他无疑就会像诗人一样感觉到一种要求,借助于一种诗意的呼唤,他会去这样说及那有辜者:他没有在爱。彼得拉克看着劳拉与另一个人结合;[32] 阿贝拉尔不因为自己在教会中的职位而觉得自己与哀绿绮思分开了(因为这爱是绝对的激情),他们是因为福尔贝尔的愤怒(唉!)和残酷而被分开的;[33] 罗密欧没有觉得家族的仇恨是分隔的力量,因为这种仇恨也通过对父亲的孝敬而在他身上蠢动,真正使他与朱丽叶分开的是家族间的斗争;[34] 阿克塞尔对近亲的关系没有任何良心上的顾虑,而瓦尔堡则只知道他们相爱,是教堂通过其外在的权力把他们分开的;[35]——把各种阻碍拿掉,这些不幸的人们就是所有相爱者中最幸福的。

在我们的时代,不幸的爱并不是很好看。人们去看罗密欧与朱丽叶,但并不真正知道该从中得出一点什么,至多就是,顶楼观众厢[36]里的观众真的是哭了,另外,人们更多是在为莎士比亚而不是为朱丽叶挥泪,并且,在剧院里,人们觉得自己是处在一个几乎是尴尬的处境里。非常简单,这是因为,爱,就像所有激情一样,对于现在的这一代人来说已经变得辩证。人们无法弄明白这样一种直接的激情,在我们的时代,甚至一个杂货店柜台里的小伙子也能够说出一些关于罗密欧与朱丽叶的惊人真相。现在看起来,似乎这种麻烦可以通过这样的方式来得以克服:让自己被吸引到这戏中,并且在戏中让自己醒悟过来;这样,观众在剧场里就不会觉得自己完全是陌生的,相反,观众至少会在那杂货店小伙子身上认出自己。不幸的是,这没有用的,因为,如果那样的话,这杂货店小伙子,一个实际上的 Philosophus(拉丁语:哲学家),[37] 一个救助典当行³⁸经理,或者随便什么别的我们想要使用的常识代表,³⁹就会带着胜利退场;因为事情的无趣平庸的一方面恰恰就是这真相。如果这事情不发生,那么,罗密欧与朱丽叶就会是很陌生地站在观众面前,并且不仅如此,他们在观众的眼里还会是失败的,作为顽固的人,他们的死不是悲剧的,而是应得的,ob contumaciam(拉丁语:因为顽固的不顺从)而反对所有常识。当然莎士比亚也在自己的戏剧里提出了相反的观点,但是他明确的悲怆使得他自己很肯定,正如罗密欧与朱丽叶在他们的激情之中是完全非辩证的。

现在,如果人们否定诗歌,却又没有任何更高的激情,那么,由此达到的结果又会是什么呢?自然是这个:人们在半生不熟的想法里迷路,在幻觉和自我欺骗中感觉到极大的幸福,这一代人成为最急速的而不是最有判断的⁴⁰、比任何别的时代的人都更有前景而更善于撒谎⁴¹的一代人;这一点很容易先天地⁴²得到证明。于是,就在人们几乎再也听不到关于一个不幸的爱人的说法的同时,越来越多的人竞相表明自己曾经是这样的一个不幸者,这竞争规模变得越来越大,这些人所要表明的不仅只是"自己曾经承受过这类不幸者们所承受的痛苦",而且还争着表明"自己克服了这些痛苦",等等,等等,诸如此类。⁴³诗歌无法使用这样的一些人。它要求一种对你本质上所承受的痛苦的本质性表达,并且,它不会满足于几个"看见过她的各种痛苦"的女友保证,也不会满足于一个灵魂辅导师的可靠性,哪怕他有着一道思辨的目光并且看见了那必然的发展。⁴⁴哦!这对于一个喜剧诗人来说是怎样的诱人果实啊?如果他在什么时候站起来,那么我唯一的忧虑就是:他(因为看到了对象的无穷无尽而着魔)大笑而死,于是受到阻碍,无法完成任何作品。在一部这样的喜剧中,一个诗人恰恰会成为一个作为首要人物的可用形象,比如说,斯可里布恰恰就是很富有喜剧性的,尽管他也许有着无与伦比的才能,他的喜剧性在于:他没有弄明白他自己,他想要作诗人但却又忘记了诗歌和激情是不可分的;他的喜剧性在于,他作为诗人满足了时代的需要——这整个事实是阿里斯托芬的意义上⁴⁵的喜剧性的。斯可里布的整个存在是一种矛盾,正如那种如此频繁地在他剧作里出现的矛盾。我就以 La Cameraderie(法语:《情谊人缘》)为例,这是他被选为法兰西学术院成员的"入院剧作",这一剧作的大手笔足以令人钦佩不已。剧中讲述了一个由平庸的人物可鄙地结党构成的圈子,这些人知道怎样使用各种各样的卑劣途径通过他们的胡搅蛮缠来达到自己的目的;但是一个年轻的律师鄙视这些途径;因此他就成了诽谤和谣言所迫害的对象。然后发生了什么?一个年轻女士好心地对他有了兴趣,她对各种阴谋不无了解,她做的一切都成功了;律师得到了荣誉和尊严。于是结果就是:一种情谊人缘战胜了另一种情谊人缘,一场阴谋从另一场阴谋里夺取力量。[46] 正如在"不幸的爱"这一栏目被取消了的时候,人们获得了一种类型来取代各种对立,这类型叫作"差不多有点幸福的爱";以这同样的方式,这里的各种对立就被取消了,不再有什么"诚实——不诚实"、"美德——劣根性",人们获得了一种类型:"差不多有点诚实",或者"应当有比诚实稍稍多一点"。

现在,由于爱本身已变得辩证,那么,诗歌就不得不将之释放出手,因为,"它已变得辩证"首先意味了诗人无法得到他的任务,无法开始,因为这之中有了一个"入门引导",其出发点是有严重问题的;其次,根本就不存在任何确定性来保证:"在所有阻碍都被消除了之后,这出发点是幸福的";最后,如果有"死亡"出现,那么,在这里根本就不存在任何确定性来保证:这是爱情或者激情的英勇死亡,因为,有可能是因为感冒发了一次高烧,一个人就死了。

现在,如果"作为一种绝对激情的爱已经被放弃了"这一点进入了人的意识,[47] 那么诗歌就不得不离开它;哪里有动物的尸体,哪里就有食肉猛禽,[48] 这里是以小说家、连载故事作家、悲喜剧两性同体诗人的形式出现(这些悲喜剧两性同体诗人,他们无法明确地知道,他们到底是想要作悲剧作家还是喜剧作家,因此什么都不是,因为没有激情就没有诗人,喜剧诗人也一样)。如果诗歌要继续存在,那么它就必须发现另一种激情,正如爱情对于诗歌而言是有着其资格的,这另一种激情也必须有着同样的资格。恰恰因为"那爱欲的"的特有综合,所以这样的"另一种激情"是不存在的,——要展示出这一点,不会是很难的。然而我却不愿在这里进行论述;既然我没有这样做,我也不要求什么人去相信我能够论述这一点。然而,其它在诗歌眼里是有资格的激情也还是存在的。"人们缺乏对无限的感觉"这同样的事实,减弱了对爱的信仰,也会减弱对这些其它激情的信仰。[49] 于是,在被诗歌离弃之后,人们想要努力下降到有限之中,直到最终到达了那种糟糕的意义上的政治。如果政治是被以无限的激情来解读的,那么它自然是会有能力给出各种英雄,就像在古代的情形,而在那个时代人们也还相信着爱情。在"无限"的世界是这样的:一个人,不管是谁,只要他犯了一条规则,那么他就犯了全部,[50] 因为如果一个人有着对无限的感觉,那么他就有着对每一种无限的感觉。同样的反思,它侵蚀了爱,也会去侵蚀政治的无限激情。在一个这样的时代里,一个英雄人物就成为了一个想要为一个有限的目标而努力的人,他会,如他所说,为此而献出生命,也许因为一个错误真的献出了生命,并且因为一个新的错误又被追封为英雄。然而一个这样的形象对于诗歌是完全没有用处的(有这个可能,他可以在阿里斯托芬那里被用作一个卖香肠的人[51]),他毫无诗意并且自相矛盾。在这个范围里,下面这一点也是融贯一致的:我们时代的政治并不鼓舞它的追随者去牺牲,因为它根本不做任何鼓舞,否则的话,各种牺牲就会自然而然地出现。为有限的目的而想要牺牲生命,这是一种自相矛盾,并且,这样的一种行为在诗歌的眼里是喜剧性的,正如跳舞把自己跳死,或者这样说:一个人有着罗圈腿,如果穿起马刺[52]会跌在马刺上丧命,最好是不要穿马刺,但他却想要穿马刺。哦!这对一个喜剧诗人是多么诱人的工作啊,但是,没有激情就没有诗人,也没有喜剧诗人。材料是不会缺的,因为政治不缺乏仆人。一个可用的主要人物形象可以是一个这样的政治家,尽管他有着各种睿智,他仍受到了热情鼓舞想要去做牺牲者,但却不想牺牲他自己,想要倒下,却又想自己去见证人们的喝彩欢呼,因此他倒不下来,也许到最后他自己就是那唯一妨碍他的人:一个受热情鼓舞但对于"什么是热情"一无所知的人。他的悲怆会在这种足以令人无法理解的、陈腐得不算太久的套话里达到顶峰:"我想要牺牲出我的生命;任何人都不应当说我没有英雄气概,但这种盲目的勇气不是至高的东西,因此我控制住我自己,——并且继续活着;因此我控制住我自己,——并且让另一个人,一个不太重要的人在我的位置上倒下。Plaudite(拉丁语:请鼓掌!)。"[53] 如果一个睿智的Politikus(拉丁语:从政的人,政治家)[54]有足够的睿智去认识到某种"更单纯的人无法看见"的东西:他的生命对国家是如此重要,以至于只要他活得长久,任何人都不会有匮乏,这完全没什么问题;但这不是什么热情。所有热情都在无限之激情中,在那之中,所有张三李四连同他们的聪明才智全都作为一种乌有而消失。上帝帮助诗歌,通过政治进行帮助,诗歌就被置于困境之中。亚里士多德就已将人分成 ϑεολογοι, φιλοσοφοι, πολιτικοι(希腊语:神学家、哲学家、政治家)。[55] 政治家是最后的,更不用说"有限"之政治家了,那种放弃了"无限"之激情的政治家了,他们排在最后,或者更准确地说排在一切过去之后;淡啤酒的情形就一直是这样的。[56] 在"对自己的信"之中没有任何热情,比"对自己的一小点小店主式的聪明的信"更缺乏热情;所有热情,要么是依托于"对自己的激情的信",要么更深刻是依托于"对天意的信",这天意教会一个人:甚至最伟大的人的死亡,对于一种天意来说也只是一种玩笑,天意有着多个军团的天使作后备,[57] 因此他绝对应当进入死亡而把自己的美好事业留给天意、把自己的身后名望留给诗人去操心。正如我们在我们的时代很少看见一个不幸的爱人,同样我们也很少在政治的世界里看见一个殉道烈士,但反过来倒是有着普遍的竞争,竞相说这样的话:"让魔鬼灭了我,如果我没有这成为烈士的意愿的话;当然我有这意愿;如果人们没有认识到我这意愿是更强烈的话,也该看见这意愿",等等诸如此类;政治有着无数群头衔英雄[58]和殉道志愿者,[59]不是佩带着武器,而是 inter pocula(拉丁语:在酒盏之间)。[60] 他们全都有着那种英雄之死的慷慨,但也通过同样英勇的智慧认识到:"为了所有的一切,为了社会,还是活着更好,他们对人类所欠的就是继续活下去,——并且碰杯。"还剩下一步,这一步是一个真正的 non plus ultra(拉丁语:超过了这个再也没有更多),亦即,在这样一代海阔天空大谈时政的人寿保险推销员把"诗歌不在那些有价值的同代人之中选择它的英雄"理解为一种来自诗歌的不公正的时候。但是,我们不公正地对待了诗歌,或者更准确地说,我们不应当过分地去刺激它,以免到最后它以一种阿里斯托芬的方式随便地选择它所遇上的第一个卖香肠的人并将之弄成英雄。以另一种方式,诗歌也不会因为赌咒发誓和拍着桌子下命令而得到激励。

于是,诗歌的时代看来是结束了,也就是说,悲剧诗歌的时代过去了。[61]一个喜剧诗人会缺乏观众,因为,甚至观众也不可能一下子同时在两个地方:在舞台上和在观众席里。另外,一个喜剧诗人在处于剧外的悲怆之中有着自己的藏身之处,并且,通过其自身的存在显示出:诗歌的时代结束了。如果一个人想要将自己的希望置于一种思辨的戏剧,那么,他只有在为"那喜剧的"服务的时候才为诗歌服务。如果一个魔法师或者一个巫女成功地弄出了一部这样的思辨戏剧,如果这部思辨戏剧在一个思辨的术士[62](因为一个剧作指导是不够的)帮助下会满足这时代的"作为诗意的工作"的要求,那么,这一事件完全就可以作为一部喜剧的很好的主题,尽管它会通过如此之多的预设前提来达到喜剧的效果,以至于它因此而无法受到普遍的欢迎。[63]

"诗歌的时代结束了"在根本上就会是:直接性结束了。直接性并非是完全没有反思的,它在诗歌的解读之中通过在自身之外有着对立面而有着相对的反思。但是,只有在直接的无限被一种同样无限的反思[64]把握住的时候,这时,直接性才真正地是结束了。在同一瞬间,所有任务都被改变并且在自身之中辩证化了;任何直接性都得不到许可去立足于自身或者被置于"只与他者斗争"的处境中,因为它必须与自己斗争。

回到爱。如果爱无法立足于自身,那么,这就是说,这不是像在诗歌中那样,因自身已有特性而外在地有着自己的障碍,而是在自身之内获得这障碍。[65] 以这样一种方式,一种任务就出现了,每一个诗人都会否定这任务,但这任务却是意味深长的。这任务能够以许多方式有各种变动,在这些变动之中有一个就是我在我的心理学实验中为自己选择下来的。爱是现成给定的,看不见任何阻碍,相反倒是和平与安全,一种寂静善待着这爱。但是,在它要被带进无限的反思的一刻,它就撞上麻烦了。因而,这些麻烦出现,不是因为爱与世界有冲突,而是因为它要在个体人格中反思自己。这问题是如此地辩证,以至于"爱以这样的方式受到冒犯"这一事实也会引发出相反的表达:这爱真地是现成给定的吗?现在,如果这不是一个宗教性的冲突,那么这问题就根本不存在,除非是作为无聊的瞎扯;因为"那诗歌的"是神圣的,"那宗教的"则更神圣,而在这之间的东西则是无聊的瞎扯,不管有多少才能被浪费在这东西上。

现在,爱受到了冒犯,或者,对于这个体来说是这样,并且,关于他自己,他这样说:他有一场不幸的爱情。我完全是带着怀疑这样表达,并且不像我的骑士[66]那样有着那种激情,但是我尝试着去理解他。现在,诗人会问他:"障碍是什么,是苛酷的父母,需要被安抚?是家族仇恨,需要得到调解?[67]是教皇的特准,需要获取?[68]是另一个人,需要被排除掉?或者,唉,我不得不为我自己和我的处境感到悲哀,难道是一点小小的帮助,需要我将马上将之扔给你,你需要钱来变得幸福,——除非是你更喜欢前四个处境中的一个,否则的话,我就让你不幸,但也让你成为英雄。"这相关的人回答说:不。这时诗人转身走开,说:"是啊,我亲爱的朋友,这样,你就不是在爱了。"诗歌愿意为情欲之爱做一切,愿意去美化幸福的爱,愿意去咏唱不幸的爱,但是,它在其可爱的天真之中必定很明确一件事:情欲之爱;它不愿意在做出了一切努力之后突然发现,这是徒劳的,因为有着其它障碍。

为了坚持这任务,我们就必须不断地做出各种双重运动。[69] 每一个无法做到并且无法轻松地做到的人,就根本看不见这任务;他运气好,如果他没有丧失通过诗歌获得的喜悦。但是,如果一个人能够做到,那么他就也会知道,这无限的反思不是什么异质的东西,而是直接性对自身的透明性。

如果我们设想爱幸运地贯穿了无限的反思,那么,它就是某种其它东西了,于是它就是宗教性的;如果它在半途搁浅,那么,它就是在"那宗教的"上面搁浅。也许我们不会马上看见这个,因为我们经常会,甚至是在"无限的反思"这个名字之下,想着一种有限的反思。相对于每一种有限的反思,直接性在本质上更高级,并且,要去与这样一种东西发生关系,这对直接性是一种侮辱。诗人很明白这一点,因此,障碍是外来的,并且,"那悲剧的"恰恰是在于:在一定的意义上,这些障碍有力量战胜直接性之无限;只有尖矛市民们[70]和雌雄同体诗人[71]对此有不一样的理解。但是,一种无限的反思是无限地高于直接性的,并且,在无限的反思中,直接性让自己在理念之中与自己发生关系。但是,这"在理念之中"标识了一种在最大范围里的上帝之关系,在这范围中有着许多更进一步的定性。

理念也是在直接性之中的;诗人当然是看见了它,但是对于他的英雄,它并不存在;或者,在他与它的关系之中,他不是处于与自己的关系之中。恰恰因此,他在自己的激情之中不是自由的。也就是说,自由绝不意味了他要放弃这激情,而是意味了:固然他能够借助于那种无限之激情来放弃自己的激情,他却使用它来坚持自己的激情。一个诗歌的英雄根本就不可能想到一种这样的想法,并且,诗人不敢让他去想这想法,因为如果他想这想法,那么在同一瞬间他就马上停止作为诗歌的人物形象。

这样,自由就是在无限的反思之中被赢得的,不管它是肯定的还是否定的。[72]在想象实验之中,我选择了反对,这样,双重运动就清晰地显现出来。在同一时刻,他坚持自己的爱,他没有外来的障碍,相反,一切都友善地微笑,并且,如果他不听从自己的愿望的话,就威胁着要转化为恐怖,以明确的名誉丧失来威胁他,以爱人的死来威胁他;所以,在同一时间里,他坚持自己的爱,不过,尽管有上面所说的一切,他又不愿意,不能够实现这爱。

  这处境是如此地辩证,所以我们不能够着急,否则的话,后果就只会是困惑。然而,直接性的时代过去了,[73]这一点确实是真的,于是,接下来要做的是去达到"那宗教的",所有暂时的东西都没有什么用处。如果对于一个人"直接性的时代过去了"这句话是真的,那么,那最艰难的辩证运动就会是他所喜欢的;[74]否则的话,我则很愿意承认,我的想象实验绝不是什么会流行的东西。人们通常相信,使得一种描述无法流行的,是那许多科学术语里的专业名词。但这却是一种完全偶然类型的不流行,它是科学的语言学说与(比如说)船长们所共有的,——船长们也不是容易被人接受的,[75]因为他们说一种行话,并且,绝非是因为他们说话很深刻。当然,随着时间反复,一种哲学的术语也会一路挤到普通行外人[76]那里,因此,那种不流行是一种偶然。在本质上使得这样一种描述变得不易被人接受的,[77]是那思想,而不是表达之偶然。一个体系性的丝带纽扣匠会变得不受欢迎,[78]但在本质上则根本不是不受欢迎的,只要他并不真的去想很多他所说的极其古怪的东西(唉!这毕竟是一种受欢迎的[79]手艺);相反,苏格拉底则是希腊最不受欢迎的人,恰恰因为他所说的东西是最简单的人说的东西,但他对这些东西却进行着无限的思考。[80]能够坚持着一种想法忍受下去,带着伦理的激情和精神的无畏坚持着,用同样的不偏不倚看这单一的想法在其自身之中的双重性,并且同时在同样的东西之中看见至高的严肃和至高的玩笑、最深刻悲剧性的东西和最高度喜剧性的东西,——在任何时代对每一个无法明白"直接性的时代过去了"的人,这都会是不易被接受的。[81]但是,那在本质上是不易被接受的东西,也无法被死记硬背下来。更多这方面的东西在后面再谈了。

  于是,这是我为自己设置的任务:一个不幸的爱情的故事,在之中爱是在其自身之中辩证的,并且在无限反思的危机之中获得了一种宗教性的色彩。你很容易看出这任务与任何其它不幸的爱情故事的差异;如果你同时看见这两个方面,那么你就很容易看出;否则的话,你也许两个方面都没有看见。

§ 2
被用于这想象实验的,作为悲剧的和喜悲剧[82]的原则的误解

克劳狄乌斯说,误解其实是来自"人们相互不理解",[83]这是因为,在他天真的心情(作为一种直接性)之中,[84]隐藏着各种差异;这些差异,在它们被拉出来的时候,展示出"那喜剧的"和"那悲剧的"。也正因此,那个天真的陈述相对于相反的激情就变得不同,它是以这激情来定调的。这陈述中的同语反复[85]的东西同样可以是一种激发出喜剧的激情和悲剧的激情的东西,这句话本身就是心情[86]的话语。比如说,苏格拉底在对话的被破坏了的处境里完全可以反讽地说:够奇怪的,诸神知道,亲爱的波卢斯,我们相互并不理解对方;"这就必定是因为误解了"。[87]一个热情者会以悲剧性的方式说:哦! 误解,我们相互无法理解对方。从"那喜剧的"和"那悲剧的"的统一点上出发,这陈述不会是带有心情的反复无常,[88]相反,它会是很深刻的。就是说,一旦误解被置于两个人之间,那么,只要他们相互误解,我们就无法给出除了误解之外的其它原因。如果我们能够给出误解的原因,那么误解的 discrimen(拉丁语:区分)就被去除了。因此,这两个人可以继续相互误解,但在根本上却也相互理解。

现在,在任何地方,只要是异质的东西被放在一起,就有误解,然而请注意,是这样一种异质:这之中可能会有着一种关系,因为,否则的话,误解就不存在。因此,我们可以说,作为误解的根本,有着一种理解,亦即,一种理解的可能。如果在场的是不可能,那么误解就不会在场。相反,带着可能,误解存在,[89]辩证地看,误解既是喜剧性的,又是悲剧性的。

然而,诗歌却是无法让自己被卷进这一误解的双重性的;它要么喜剧性地使用误解,要么悲剧性地使用它。在这样的范围里,它的做法是

正确的：它把误解的原因置于某种外在的第三者之中，而将之去除，误解的双方就相互理解了。换一句话说，误解在于异质的东西相互间的关系之中，然后，这关系是辩证的，而误解则在同样的程度上既是喜剧性的，又是悲剧性的。相反，如果在外面有一个第三者，这第三者把他们两个在误解之中分隔开，那么，在本质上看，这两个就不是误解着的，而是理解着的，正如我们在那外在的第三者被拿走之后所看见的情形。

我们就不再在例子和比较之中再纠缠了；当诗歌在一个不幸的爱情故事的关联上使用误解时，它把误解置于一个致命事件之中，置于一场神秘的遭遇里，放在一个邪恶或者愚蠢的个体身上，而后者则通过自己的参与而把误解置于两个人之间。无疑，诗歌必须明确地知道理解的实在可能，[90]因为，否则的话，它就根本无法开始。因此，拿走那个事件，那场遭遇，那个个体，他们就相互理解，因为这障碍只是使他们无法达成理解。一种这样的误解不是"同时既是喜剧性的又是悲剧性的"。[91]这误解的关系是简单的，而那通过不幸的爱情而使之变得悲剧性的是：情欲之爱的实质被设定在了相爱者们的激情之中。如果这一实质性的内容被从误解之中取出，那么，这误解就是喜剧性的，误解的双方恰恰借助于误解而在他们的空虚之中被揭露出来，对他们的笑是判决，生活就是通过这判决而得到和解与满足的。

"对立的东西同时发生"是一种对诗歌而言过于辩证的考虑。哪怕浪漫诗歌把"那喜剧的"和"那悲剧的"放在一起，这种合成也还是有着对立的形式，并且至多是处于一种人生观的否定统一之中，这种否定的统一并不是给定在诗歌之中，而是出自诗歌，就仿佛是隐约地感受到的。这不同于那种"同时既是喜剧性的又是悲剧性的"的统一；相反，这对立面是分裂性的东西，它借助于用来压下"那低级喜剧性的"[92]同样压力来举起"那抒情的"。

在直接性之中不断地有着"那一个"，关联的至高形式是：在"那一个"在过之后，"那另一个"就也跟随过来。在《斐多篇》之中，苏格拉底就感官印象"那舒服的和那不舒服的"的问题，如此漂亮地，并且是在一个直观的处境里（因为人们看见他坐着舒适地摩挲着腿，镣铐已被卸去，因为卸去了镣铐他能够感觉到舒适，而在它铐住他的时候，它曾让他疼痛），论述了这一连续过程，[93]并且认为这本来应当是伊索的工作，他应当虚构出一个这方面的寓言，说一下关于诸神是怎样把这些相互冲突的力量在它们的顶端上连结在一起的，因为他们无法以别的方式来将它们结合起来。[94]想来苏格拉底是以这样一种方式承认了，"那舒服的"和"那不舒服的"并非是同时发生的，但是，在他反讽的意识里有着一种它们间的否定统一。同样，诗歌的各种对立面也只是相互取代。因此诗歌永远都不会领会苏格拉底的死。[95]在这里，一切都结束了，然而，诗歌则只能够选择一边，这里，有可能选择"那悲剧的"。诗歌至多会创造出一种喜剧的对立面，尽管这也许并不容易。我们无法否定，粘西比通过自己的尖叫和嘈闹构成了一个喜剧性的人物，她的行为让人想起许多脾气暴躁的寡妇为死者所写的心碎的讣告；我们无法否定，在粘西比被送出门的时候，她心里怀着同样的柔情和多年节省下来为这样的一个庄严瞬间而珍藏着的尖叫的情感；[96]我们也无法否定，在我们看见这一幕的时候，苏格拉底极具反讽地让一道喜剧的光辉覆盖这一场景，但是这一对立会有点不公正并且也不充分[97]。更好的做法也许是：以幻想的方式，组建一个由特定的文献学家班子组成一个合唱队，让这些文献学家们对这样一个人及其烈士式的死亡的美德形态的"泣泪感伤的"观察构成一个与苏格拉底的全部观点的真正的对立面。[98]但这样的话，那历史性的东西就可能会消失。甚至苏格拉底的朋友也到了比诗歌所能达到的更远的地方；因为斐多自己说，他作为对这一事件的见证处在了一种奇怪的状态之中，一种非凡的悲喜交加，是的，——在场的人们一会儿笑，一会儿哭，尤其是阿波罗多洛。[99]苏格拉底就更不用提了；因为这"在场的人们一会儿笑、一会儿哭"，只是显示了，他们没有完全理解他。苏格拉底设定了一个诗歌所无法表述的双重性。如果诗歌要使用悲剧的悲怆来描述苏格拉底作为烈士的痛苦，那么它最好是要看清楚一点，因为他根本就没有痛苦，他已经想过了，如此

ατοποςτις(希腊语：奇怪的一个)在他被处决的日子以这样的方式出现，这有多么滑稽。[100]诗歌无法以喜剧的方式来领会他，因为，"他自己想过了所有'那喜剧的'"恰恰证明了他不是喜剧性的；如果还有任何什么人不是喜剧性的，那么这个人就是苏格拉底。一种悲剧性的英雄之死是某种简单的东西，诗歌热爱这一点，但是，如果它同时隐约地感觉到，这个人自己设想这也可以是喜剧性的，那么诗歌就只好宣布破产。

然而，在我告别诗歌之前，我不得不再次对"误解"给出一个说法，如果它是要被审美地使用的话。诗歌也可以这样地使用误解：这是为某个单个的人而存在的，恰恰因为在那会误解他的人或者人们那里，对他来说，构成关联的点是不存在的。根据质量和激情，它可以变为喜剧性的，也可以变为悲剧性的，但它不可能变为"同时既是喜剧性的又是悲剧性的"，[101]因为这样一种"构成关联的点"不存在；如果喜剧性和悲剧性要同时存在，那么，这构成关联的点就是不可或缺的，它在一个统一体中将误解者们设定在一起，或者误解者们自己用它来将自己设定在一起，以这样的方式：他们在误解之中既被保持为一体又相互分离，但却又因为那个关联[102]的存在而不能够被分开，"该关联存在"就是这同时既是喜剧性又是悲剧性的关系。

如果一个受热情鼓舞的人对一代无聊乏味者说话而不被理解，这是悲剧性的；但这只是悲剧性的，因为在他们之间没有任何统一点，因为无聊乏味者们恰恰就对受热情鼓舞的人一点都没有兴趣。《格列佛的游记》[103]是喜剧性的，因为它有着直接通向疯狂的幻想。但这种效果只是喜剧性的。说这是喜剧性的，是因为那种有质地的激情的实质内容没有在误解之中在场，尽管这诗人身上是有着激情的，因为如果没有激情，就没有诗人，也不会有喜剧诗人。如果误解完全是关于一些微不足道的事情，那么它就变得像是一种无忧无虑的笑话。在生活中有足够多的例子。一个聋子进入一间人们正在开会的会议厅，他不想打扰别人，因此非常轻地打开会议厅的大双摆门。不幸的是，这门有着这样的特性：它会吱吱发出响声。他无法听见这声音，他以为自己做得很好。他这样慢慢地关上门,于是就制造出一种持续很久的吱吱声。人们变得不耐烦;有一个人转过身来向他做"嘘"的手势让他静下来。他以为可能是自己关门的动作过快,于是这吱吱声就继续。这一处境是一个笑话,因此,不管是"那喜剧的"还是"那悲剧的"都无法真正把握住它。然而在这里有一个统一点:他不想打扰,会议的参与者们不想被打扰,并且他是在打扰着。稍稍多一点感情和其它类似的添加物,许多令人不知是该笑还是该哭的处境就会出现。这是"那悲喜剧的",[104]就是说,在之中没有被设定任何本质的激情,不管是"那喜剧的"还是"那悲剧的"都没有在本质的意义上在场。在"那喜悲剧的"之中,这两者都被设定,并且,那辩证地无限化了的精神一下子同时在同一样东西里看见这两者。

现在,看我的想象实验。我把两种异质的个体人格设定在了一起,一个男性的和一个女性的。我把他保持在精神的向着"那宗教的"的方向的力量之中,我把她保留在各种审美的范畴里。一旦我设定出一个统一点,就会有足够多的误解出现。这统一点就是:他们在"相爱"之中结合。现在,误解不是在什么第三者之中,并非是像那种"他们相互理解,但有一种外来的力量将他们分开"的情形,不,反讽得很,一切都在帮他们的误解的忙,没有什么妨碍他们相互得到对方,没有什么妨碍他们在一起说话,然而,恰恰是在这样的情况下,误解就开始了。现在,如果我拿走激情的话,那么,这一切就是一种带着希腊的 Heiterkeit(德语:欢悦性)[105]的反讽处境;如果我把激情设定进去,那么,这处境在本质上就是悲剧性的;如果由我来看,那么它就同时既是喜剧性的又是悲剧性的。女主人公自然是无法以这样的方式看,她太直接,因而无法做到。如果她是以喜剧性的方式看它,那么,按照发展顺序的法则,这就会是发生在一个后来的时刻里,而在这后来的时刻里,笑又会使得她自己变为喜剧性的,因为,去笑一个本质性的错误证明了自己是处在一个新的本质性错误之中,一个这样笑的人不会是康复了的人,如果说这是康复,那就等于是在说"嘲笑自己的锁链的人是自由的"。[106]男主人公无疑马上就留意到,"那喜剧的"是在场的,这就拯救了他,使他免于变为喜剧性的,但是他却无法像我一样地看这关系——我是实验着地设计出了所有计划的人。这是因为,他处在激情之中,并且,他的激情的强烈程度可以在这样一点上最好地显示出来:他悲怆地通过看见"那喜剧的"来强化自己。他处在激情之中。如果我想要对他说:"试着去掉它",[107]他马上就用另一种来取代,并且说,这是一种对那女孩的卑鄙行为。于是,他无疑是能够在这错误关系和误解之中看见"那喜剧的",但是他把这一解读看作是一种低级的权威,并且,从这一解读出发,他的激情在越来越大的程度上向悲怆的方向发展。在他们的误解之中,联系词句是"他们相互爱对方",但是,在他们的异质性之中,这一激情的表达就必须有本质性的不同,于是,误解就不可以是外来地进入他们之间,而必须是在存在于他们之间的关系之中发展出来的。"那悲剧的"是,这两个相爱者相互不理解对方,"那喜剧的"是,这两个相互不理解者相互爱对方。这样的事情会发生,这不是不可思议的,因为情欲之爱本身有着其自身的辩证法,即使是闻所未闻的,一次实验也仍有着做实验的全权。[108]如果人们是以我曾用的方式来强调"那异质的",那么,他们双方在这一点上[109]就都是对的,他们说:他们爱。[110]爱自身有着一个伦理的环节和一个审美的环节。她说她爱,她有着审美的环节[111]并且审美地[112]理解它[113];他说他爱,并且他伦理地[114]理解它[115]。于是,他们两个都爱,并且都爱着对方,但这却是一个误解。"那异质的"是在范畴上相互保持与对方分开,以这样的方式,这误解不同于小说情节之中的物物交换和各种纯粹审美范畴之中的事后思量。

这样,实验中的男性人物看见"那喜剧的",但不像一个经验丰富的观察者所看的那样。他看见"那喜剧的",并且通过它而把自己强化到"那悲剧的"。这就是那特别让我要去钻研的东西,因为通过它,"那宗教的"就得到了阐明。同时在同一样东西之中看见"那喜剧的"和"那悲剧的",这需要有一种精神力量,而古希腊文化[116]就是在这种精神力量之中达到顶峰。[117]出自这统一体的更高的激情选择"那悲剧的",它[118]开始了宗教性，就是说，这宗教性：对它[119]来说，直接性已经成为过去，——在我们的时代这直接性应当是对所有人都成为过去，人们这样说。[120] 作为受造动物，人有两条腿（四肢）；同样，"那喜剧的"和"那悲剧的"对于那想要依据于精神而存在的人，在放弃了直接性之后，就是必要的运动之肢。每一个只有一条腿却想要依据于精神而成为精神的人都是可笑的，即使他可能是如此伟大的一个天才。在"那喜剧的"和"那悲剧的"之间的平衡中有着"正确行走"的条件，在这里，误解也可以被标示为"瘸行"、"罗圈腿"、"畸足"等等。

我的骑士的不幸是：他，在他应当汇合于宗教性的时候，变得极端地辩证，这将在另一个段落里得到论述。在这里就这些：他没有在"出离'那喜剧的和悲剧的'而选择'那悲剧的更高激情'"上变得辩证，因为，如果那样的话，我就根本不能够使用他；相反，他是在这一激情的最终表达之中变得辩证。而没有上面这一点[121]的话，我也不能够使用他；因为恰恰是在那之中有着一种向"那宗教的"的魔性的趋近定性。[122]

为了阐明这实验，我将解说一遍结构。

这构思的形式表达出双重性。[123] 在早上，他回忆现实，在晚上，他与这同一个故事发生关系，但是有他自己的理想渗透在之中。因此，这一理想不是一种"尚未见过现实"的幻觉性的预期，而是在现实之后的一种自由之作为。这就是审美的理想与宗教的理想之间的差异。审美的理想在现实之前高于现实，亦即，它是处在幻觉之中的；宗教的理想在现实之后高于现实，亦即，它是依据于上帝关系的。这双重性得到了表达。一个诗人或者一个爱人无疑能有一种关于被爱者理想的观念，但是却无法同时有一种关于"这在怎样的范围里是真实的"的现实之意识，或一种关于"这在怎样的范围里不是真实的"的现实之意识。只有那种在现实之后来到的新的理想能够忍受这一矛盾。

以这样的方式，这故事开始两次。我在这之间安排了半年的间隔，并且假定了他在这段时间里生活在一种恍惚之中，直到三月一日，那激情突然醒来。其它各种解读也可以在这里被引入，就构思而言，我已经做出了我的选择。

这两个个体人格颠倒地相互发生关系。对于她,危机点出现在现实之中;而他,在本质上对于异性没有经验的他,并不是清楚地看见这一点,只是在各种理论性的努力之中对此有某种隐约的感觉。莎士比亚曾在什么地方说过,我不记得是在什么地方,也背不出来,但大意是:在从剧烈的疾病中的康复出现之前的瞬间,在转好的瞬间,病痛的攻击是最剧烈的;所有邪恶,在离开之前,总是最凶险的。[124] 对于她,就在康复真正开始的时候,危机点是在她为抓住他不让他离开而尝试了一切冒险行为的瞬间,而在这时,他,与他的立足点保持着完全的一致,冒了极端的危险,从她那里搏斗着出来。这是她最深刻地感觉到痛楚的时候,从这一环节开始,从心理学的角度看,她的康复已经开始了。因此,就在他仍在场的同时,他的形象已经消失,而在分离被设定了之后,他的形象越来越像一种回忆一样地褪去;现实必须帮助她。他的情况则反过来。在现实的时期,他是最强的,因为他只有作为现实的她。相反,在另一次,在他不是在现实里而是在他自己的理想之光中看她的那一瞬间里,她就被转化成了一个庞大无比的形象。他在现实之中所做的是欺骗;借助于欺骗他确实是为她带来了好处(因为这关系是如此地辩证,以至于对于她欺骗在根本上就是真相,亦即,欺骗是她最能够理解的东西);一旦他在自己的理想之中构建出她,他就无法在她面前坚持他在现实中所做的事情。[125] 为了相信这欺骗的意义,他就必须在现实里有着与她的关系,并且真正地看见她。因此,他的危机环节是在一年之后的一月三日开始的;因为他要在宗教的意义上得以康复,从这个角度看,她的现实打扰着他,他必须在理想的意义上拥有她。正如他们从一开始就相互误解了对方,这误解在分离之后就继续着,并且在这时就显现得最清楚。她也渐渐忘记他,因为她不再看见他并且已经在康复的方向上走得很远,他对她来说已经变得没有什么意义,就在她临近"已经忘记他"的那一瞬间,就在这同一瞬间,她对于他变得意义极其重大,这恰恰是因为他看不见她。一旦看见她,在她家里,和她说话,他就有了自己的理智并且坚强;一旦自己在头脑里构建她,他就失去自己的理智,不敢相信理智,并且"那宗教的"就必须做出更确定的努力来为自己取得进展。一个鬼魂总是恐怖的,而她对于他就成了一个鬼魂。一方面,他的理智要与这样一个少女保持距离,另一方面,一个理想的形象令他恐怖地走向他,[126]并且他的理智面对这理想形象什么都做不了;但是,在这两者之间有着怎样的区别啊!他的个体人格在结构上有着伦理的-宗教的倾向。他也应当成为伦理的-宗教的。她也帮助他,但不是通过她的现实。在这里,他的沉郁也有着分量。这是可能之凝聚。但是在这有着这样的意味时,这一切就变成了是在谈论一个少女的活泼和婚姻驱散沉郁的能力,这是愚妄的谈论;[127]因为它不应当被驱散。相反,它要在他的灵魂里变得更黑暗,这样的话,他就会痊愈。这是她所无法认识到的,而她的行为则完全有着一致性。他也无法看见,因为,如果他看见的话,他就不会受到恐怖的致命一击;而现在,如此一击以最准定的方式袭来,通过他自己的辜和她的悲惨来击中他。

理念要求他再次看见她,但请注意,他看不见一种现实,因为,如果他看见了的话,他就得到了帮助。因此我让他多次重新见她。但是,在这些重会[128]的前因后果中有着一种特别的关联。他认为,为了她身上的无限性,他不会以哪怕是半步的介入来打扰她;——从他的立场看,这也完全是符合一致性了。我们马上看得出,他只与他自己发生关系,而与她,作为一种外在的现实,则没有,因为,否则的话,那欺骗就会重新出现。因此就这样,为了不打扰她身上的无限,他以魔法将自己投入一种可怕的竭尽状态或者死灭状态。[129]从他的立场出发,这是一种对于他的爱情极其有力的表达,完全如同她的剧烈爆发是对于她的爱情的表达。就双方而言,这自然是他们能够相互为对方所做最错误的事情。

于是他又看见她。但是,恰恰由于他为帮助她而让自己保持像一个死者,他就阻碍了自己去获得一个,哪怕是唯一的一个,直接的印象。这里,他正在变得正常;这偏离在于:他仍带着自己的全部激情对此感到忧虑。他从来就不曾获得过任何与她相关的事件,也不曾获得过与一个这样的事件的直接关系,从来就没有得到过任何确定性,但他却继续不停地带着自己的全部激情为此担忧,他通过各种辩证的努力用上了一切资源,哪怕是最微不足道的事物,但并没有得到很多进一步的结果。①130 这就是说,他在越来越大的程度上深入到他自身之中。131

至于那几次重见,132 它们事实上根本没有向他证明任何事情。他所做的各种推断是除他之外的任何别人都不会做出的;我根本不相信他所见的所有各种苍白,并且,我有很多其它可用来解释的依据。这是第三次,他在一个星期三在豪瑟尔广场看见她,——没有人在他的位置上会发现这样的事情,更不会像他从一个偶然事件中得出结论那样来做推断。甚至在教堂的重见,133 也不是什么可以作为依据的事情,其实他什么都不知道。他自己肯定也感觉到了,但是从他的立场看,更符合一致性的做法是听任自己的理智漫游。他是为了她的名誉而这样做,为她的骄傲考虑,但在同时,另一件事情也发生在他身上:他越来越宗教性地深入到他自身之中。如果他让自己与她有关系,那么他就会重新拥有自己的理智,并且宗教性的行进过程就会被阻止。他自己没有看出这一点,他是为了维护她而这样做。

因此这些重见134 与他的灵魂状态相对应,并且,与现实的接触(在这接触之中,他只是在出离现实的方向上触摸到现实)使他一直处于飘忽状态,"那宗教的"要在这飘忽之中得以强化。现在他向自己诗意地描述她,但依据于一种在现实之后来到的宗教性的理想。正如一个依据于先于现实的理想135 的爱者在被爱者身上看见各种并不存在在那里的美,他同样也带着悔(Angeren)的意图明确的激情看见各种并不存

---

① 由此我看出,这样的一种存在是多么艰辛;在想象之中将之构建出来,就已经是一项艰辛的工作了;这样,你不可能忘记,在哪怕是唯一的一个点上,在一个逗号之中,忘记他的辩证的困境。在二月十三日午夜的一个段落之中,本来完全可以不用那些冗长的辩证句,而只写上:"医生的评估说:她的状况良好。"在这本书的为数不多的读者中,那些急速的读者ª什么都不会留意到,甚至在那些为数不多的有判断的读者ª之中也许也只有一个单个的会问:他是怎么得到一种这样的直接的信息的?他获得这信息,他肯定是问过了什么人,他的激情的紧张度并没有妨碍他去做出那种他在可能性的形式之中必定会认为是最恐怖的事情。

在的恐怖。

在这里,"那善的"与"那非凡的"同时都在他身上,还有"那魔性的",亦即:他无法进入安宁,也无法在最终的宗教性的决定[136]之中得到安宁,而是不断地被悬置于紧张的状态中。她决定他的命运,他说,[137]并且这是真实的;那非真实的则是:她决定它,因为它已经被决定了。他继续 in suspenso(拉丁语:处于悬置未定),这同时也是他对她的同情的一种充满激情的表达,也是"那魔性的"。① 他无疑是应当继续停留在 in suspenso(拉丁语:处于悬置未定)之中,或者如他所说,处于愿望的峰巅上,但同时,依据于"这决定(Afgjørelsen)[138]对于他已经成为过去",在平静之中做出自己的宗教性的决定(Beslutning),[139]并且不让这决定(Afgjørelsen)[140]在她那里变得辩证。但是,恰恰因为他并非如此,他在自己的飘忽状态和自己的偏离之中阐明了许多宗教性的问题,然而,我们必须记住,他所说的都是在个体激情中的说词。

他有着足够的能量来忍受自己的欺骗,有着足够的能量去选择"那宗教的",而就在那最极端的瞬间,或者说,在宗教激情的极端点上,他变得辩证。这就好像是有着这样一种可能:如果她安然地从这一切之中摆脱出来的话,他就会以另一种方式来安排自己的生活。恰恰是在这里有着"那魔性的",他在一种隐约地感觉到的可能之中不愿在自己的宗教性理念之中与自己发生关系,而是想要去在各种审美的范畴里抓住她,并且稍稍地欺骗了"那伦理的",就仿佛是这样:他在较低的程度上有辜——如果他是有辜的话——,因为她安然退出,他在较低的程度上有辜,尽管她错待了他。更多这方面的东西在后面再谈了。[141]

接下来,我将在各个要点上阐明这两个个体人格之间的异质性。[142]这异质性会使得"那辩证的"不断地重新设定之中的关系,——这一点,

---

① 他为帮助她所走出的每一步都必须以这样的方式来看。但是在最后(他自己将此视作是一种虚弱),他在那"理智会说'现在看来一切都变得很好'"的瞬间纯粹同情地在"她只是在有限的意义上康复"这一想法之中瘫倒,这时,他在自己的痛苦之中得到了提升。

读者自己会在书中留意到。

（一）他是内闭的，她甚至都无法是如此。[143]

为什么她无法如此？所有内闭性都在一种辩证的重叠之中，这对于直接性是完全不可能的。直接性的语言就像那些多元音的语言很容易发音，内闭性的语言是一种只在沉默之中的语言，或者至多是像那些在一个元音前面放四个或者六个辅音的语言。[144]因为她以这样一种方式是直接的，所以，确实也很合理，奉献成了一种介质，在这介质之中，她在长久地处在他的强势之下并受到了一点不公之后，于是就通过一个小事件的激发而表达出自己的激情。在这一奉献之上，他的内闭性搁浅了，这就是说，他有着这样一种更高的辩证性，[145]因而他能认识到这错误关系。

然而，内闭性可以意味着某种不同的东西。他的内闭在本质上是沉郁之形式，他身上的沉郁则又是凝聚起来的可能性，这凝聚起来的可能性必须通过一种危机来体验，以便他能够在"那宗教的"之中变得对自己明了。对于他的内闭，他没有在任何地方说过，在这内闭之中有一些什么。我尽我的努力让他保持这样，一方面因为我只需要内闭性作为边界，作为设定出误解的理解之边界，[146]另一方面因为他自己也无法说出，在这内闭之中有一些什么。就是说，比起宗教的主体性的凝聚的预期，他的内闭性既不多也不少。宗教的主体性比所有现实都多出一个辩证的环节，不是作为现实之前的，而是作为现实之后的。因此，他能够很好地生存在现实之中，并且他也这样地设想他在现实之中的存在，但是内闭是并且继续是对于一种更高的生活的隐约感觉。也就是说，这是自然而然的事情，像这一类现实之范畴，诸如"那外在的就是那内在的，那内在的就是那外在的"，[147]相对于"那宗教的"，就是明希豪森[148]们的各种发明，这些明希豪森们完全弄不明白"那宗教的"（尽管一个像我这样为常识[149]热情鼓舞的人，尽管我不是宗教性的，也完全能够弄明白）。因此他们在这些层面里的所起到的作用，完全就像一句古话所说的：把舌头伸出窗户并在舌上挨一下打。[150]

到现在为止，他的内闭根本就不包括任何东西，但是，它作为一种边界在那里，它守住他，并且到现在为止，他在他的内闭之中是沉郁的。内闭性的最抽象形式是：它把自己关闭在其自身之内。心理学家知道，在内闭者完全轻而易举地就能够说很多关于"那曾使得他内闭的东西"的时候，他却不说或者不能够说"那正使他内闭的东西"。因此，我们很难把内闭性从内闭者身上拿走，对于他，真正的康复之路只能是以宗教性的方式在自身中治疗自己。这是内闭性的最抽象形式，如果它是一种在可能性之凝聚中的更高的生命的预期的话。因此他从来就不说，在这内闭之中有一些什么，而只说它是在那里。从这一可能性的立场出发，一个人能够一步步地走向宗教的透明性；而他要做的，就是这个。但他不知道，并且也梦想不到：放弃自己与她的关系，这条路要穿过各种恐怖，因为这是一个错误的关系。如果他没有在自身之中找到去达成绝望之决定（Beslutning）的力量，如果，在没有明白"这对他会意味了什么"的情况下，或者更确切地说，在除了知道"这是他的毁灭"之外什么都不明白的情况下，如果他没有在对她的同情热忱中找到这力量[151]——不管她现在有没有明白，如果她赢了，那么，他就会是失败了。这样，内闭性的发展过程就会被停止，他就会相对于自己的内闭成为行动者，将之封闭，将之当作一种自己内在之中的固定观念而藏起，也许是以一种精神错乱的平静形式，也许甚至是以一种幸的形式，因为这两种形式是得到了巩固之后的内闭所具的本质形式。于是，他会为她的生活而让自己良心不安；这会帮助他并仍将帮助他。她则会为他的整个精神存在而良心不安；这是她从来做梦都不会想到的。

为了展现出他的内闭，我把一些小篇章插在了日记之中，他就好像是在这些小篇章里摸索着要为他自己的内闭找到一种表达。他从不曾直接地表达自己，他无法这样做，他只能间接地表达。因此，它们就必须被间接地理解。它们中有一篇叫作《一种可能性》，可能性，这范畴对于他来说是决定性的，因此必须被追踪到一个极端。它终结于这样的说法:这与辜(Skyld)有关的事情是一种幻觉,是发高烧时的梦。他在这里摸索寻找着罪(Synd)。如果他曾为一项罪(Synd)而良心不安的话,如果我是这样地想象他,那么,要把他从那之中救出来,就会容易得多;只是这样一来,这整个构思也就不会展示出我想要的东西了。

(二)他是沉郁的,她则充满生活的喜悦。

但是,如果他的沉郁是这样的一种,是必须被中止的,那么,就让她去解决;因为,那样一来,她就帮助了他,就像他自己如此感动地说的。但事情并非如此。他并没有想到,这一沉郁意味了某种其它的东西;甚至是在被消灭了的情况下,[152]因为她而产生的那种同情的痛楚还是胜利了,他决定离开她,却绝想不到,这恰恰必定会帮助他。在总体上看,他对这女孩的忧虑是一种纯粹的热情狂想,就其本身而言是可笑的,因他的痛苦而是悲剧性的,因他做出了最错乱的事情而是喜剧性的。

在沉郁与沉郁之间有着差异。有一种沉郁,它相对于诗人、艺术家、思想者是危机,相对于女人则可以是一种爱欲的危机。以这样的方式,我的人物的沉郁是面对"那宗教的"的危机。如果我以一个艺术家为例,那么,这一危机性的沉郁就不是马上通过"他抱怨自己没有作艺术家的能力"来表述出自己。绝不会;这有时候是可疑的:痛苦者以这样一种方式知道这是怎么一回事,他的痛苦也许只是类似于炒冷饭。这一沉郁会投身于一切东西,进入最微不足道的事物;要到他的本质性的定性被设定出来之后,你才会看见,这原来是沉郁的秘密。但是在宗教性的人格中,这危机必定会来得更迟,就是说,对于这样一种类型的宗教性来说,事情就会是如此:直接性被消灭掉。原因是那所需的各种预设条件:他必须是在想象力中得到了审美方面的发展,必须能够以原始的激情把握住"那伦理的"以便能够做出正确的进击,"那宗教的"的本原可能[153]能够在这一转折点上爆发出来。因此,这沉郁必定会在前期的各个阶段伴随着他。

我设想的这个实验人格就是这样的。那能够帮助他的,正是恐怖。

这是他做梦都不会想到的,他只想着她,想着自己在辜中的痛苦。他对她的同情激发出他的热情,审慎地去做最极端的冒险。他离开她,但不是为了在前面等她,而是为了要坚持下去——万一这仍无济于事的话。这是他不会对她说的,因为,既然这是不确定而没有什么保证的,那么,"让她持有这样一种希望"就是对她的羞辱。这完全是符合前后的连贯性,能够起到帮助作用的就是这个,但他不知道怎样才会起到帮助作用。假如他们相互说上一句话的话,那么他的发展过程就必定会受到打扰。

这后果自然就会成为:她在这期间改变主意,她无法通过自己坚持下去。这是理所当然;这本不应当是他的方向,而一切都已为他安排就绪,这样,他就能够成为一个得体的个体人格。——如此是我对这想象实验的构思:这同一件事同时既是喜剧性的又是悲剧性的。[154]

假如她胜利了的话,那么他就会失败。尽管她的生命喜悦(不过这是一种渐渐减少的储存)会有能力使得他成为一个幸福的丈夫,然而这却不是他所应当是的角色。但是,他做梦都不会这样想,他只是如此深刻地感觉到自己的悲惨,以至于他无法有能力做到每一个男人都能够做到的事情:作为丈夫。

他要去为她的生活而良心不安;她曾为他的全部人格而感到良心不安,自然是做梦都不会这样想。

(三)他在本质上是思者,她则完全不是。

通过"思者"这个词,某种喜剧性的光辉落在了他身上;因为,只有通过"他只是忙碌于各种想法",我们才能够说明这实验所设想的事情:他本来是可以保持着对世界,尤其是对异性的一无所知而继续生活下去的。如果他对世界有所知,尤其是对异性,那么这实验就根本无法成立,因为我们无需在周围看得很长远,就能够看到他所要做的事情,尤其是一个人就一个少女的惊惶所要做的事情,——对此,我们最好是通过把一段古老的诗句弄成一种生活规则来表示敬意:cantantur hæc, laudantur hæc, dicuntur, audiuntur; scribuntur hæc, leguntur hæc—et lecta negliguntur（拉丁语：人们唱诵它，赞美它，说它，听它，写它，读它，在且在读完之后忽略忘记它）。[155]因此，在实验中必须有一道可笑的光，作为对他所缺乏的世界知识的反映；但是在另一方面他的对异性的没有经验的恭敬则在世界知识之上有着一种多少有点感人的并且也是一种在某种程度上的警言式的力量。[156]

现在，他是思者，这并不是说，他阅读许多书并且有意向要登上讲台做私人讲学教授。[157]这样的一类思者[158]完全可以把不同的东西结合起来，于是他们也有中介（Mediationen）。[159]相反，他在本质上是自思者，在这样的意义上：为了存在，他必须总是在心中有着理念。他全神贯注于其中，带着一种自思者的激情，而不是带着一个私人讲学教授的做作的保险可靠性。

这女孩，与处于她的直接性之中的她相称，在自己面前有着自己的生活和美好的日子，这是最宝贵的。她不反对他去研究，哪怕他想要研究那叙利亚-迦勒底的东西；[160]她对渊博和古怪的材料根本无所谓，这是可爱的并且不乏魅力。但那让他专注的东西不是什么叙利亚-迦勒底的东西或者埃兰的东西，[161]而是生活本身，——他存在在这生活之中。

由此而来的结果是，他们根本就不能够相互理解。她根本就不知道那让他绝对地专注的东西是存在的，如果他说出这个，与"他谈论塞纳克里布和萨尔玛那萨尔"[162]相比，也不会让她更感兴趣。她也不要求这个；这是她的可爱之处，尤其是，如果任务是反过来的，她为了侍奉他也无所谓。她自然也不知道，她的要求和她的特许都无法符合各种理念的要求；她不知道，这"不表达理念"打扰他，而且不仅是打扰，他还将此视作是一种对她的羞辱。

于是，他想着。他可以想这个：他会为一次谋杀而良心不安。但是，"不表达理念"是他所无法想的。一个女孩的荣誉是什么？对于一个思者来说，它是一致性和理念；而对于一个自思者来说，它则是"在生命之中坚持这一致性和理念"。如果他为她的荣誉而良心不安,那么,她就是为他的思想存在而良心不安。自然,她对此根本没有任何隐约的感觉。

(四)他是伦理的辩证的,她则是审美的直接的。

从这之中的每一个立足点出发,关于痛苦的概念都是完全不同的。他无法明白,什么会真正地成为她的痛苦(如果她会痛苦的话),就是说,失去对另一个人的拥有;[163]她则根本不明白,什么会真正地成为他的痛苦,那是责任与辜。[164]

于是,两个人就都变得不幸,并且,就"变得不幸"而言,这一个为那另一个尽了最大的努力:他通过解除婚约,她则通过令他为一次谋杀而良心不安。固然,他本来自己也会为一次谋杀而良心不安,只是她还是做了她的那一份。

(五)他是同情的,她在直接性的意义上是无辜地自爱的。

不美的自爱在反思中总是能够被认出来。然而,在她那里不存在这样的东西,相反,她无疑有着自我维护的驱动力,这驱动力曾被某些希腊哲学家构建为道德原则。[165]他们的错误在于,没有反思,这是不可能的;相反,她是没有反思的,因此这一自爱不是不美的,而是一种自然的健康[166]的标志。

尽管他一向以一种偏爱来解读她,然而他却以一种方式错待了她:他说,在她身上根本就没有任何"放弃"的痕迹。他在这陈述里没有说错,因为这确实是真的;但是,说他错待她的根据是,她根本就没有明白;这就是说,她的不明白能够同时标示出她的健康,或许也还标示了一种在爱欲意义上的谦逊。另外,他还阻碍着不让她明白。他使用欺骗来隐藏自己的痛苦,不让她同情地受感动。但是,现在他又忘了把欺骗算进去:这欺骗阻碍着她,使得她无法留意到同情之驱策。但是,正如在这里有一种矛盾那样,他的辩证处境在这里是如此艰难,如此模棱两可,以至于我们可以设想,他一方面不愿意让她为了她自己的缘故而同情地被感动,另一方面又同样地不愿为他自己的缘故去拥有一种出自"她的慷慨大度"的强有力的表达。不过,他自己倒也是认识到了这一点,因为他说,他为她提供了机会让她把他的自由给予他,正如他也已经把她的自由给了她,然而由此我们并不能得出结论说,他在这一点上是纯粹地同情的,确切地说,他更多是屈从于那被他看成是义务的东西。由于他提供了这机会,他就得救了,不至于在"那恶的"的方向上变成是魔性的[167](在这个点上,他本来有可能会变成是在"那恶的"的方向上的魔性的);但是,他也不是纯粹地宗教性的,这就是说,这是可能的。不幸是:她不想理解他,而只是利用每一个关于"他对她的感情"的新发现,带着她的奉献,纵身向他撞去。

请注意,正如他在他的个体人格之中可能会有着那种对她的同情(因为他的同情自然是无法以她的语言说话的),同样,那激励他去走出他本来几乎是不敢走出的那些步子的东西,就是对她的同情;这是一种一致性。我固然可以不去触及这个问题,但是,为了阐明他,我让这想法在他身上找到一个入口,事实似乎是有利于这想法的,这样,事情还是会以一种完全很自然方式得到这样的结果:通过 restitutio in integrum(拉丁语:归复到本原状态)她又重新会是自由自在的。在这里,我们应当能够看出,他是不是同情的,或者更正确地说,是否有着同情的天性倾向;然后我们会看出,他现在几乎是最痛苦的,因为他觉得她在理念存在之中迷失了。他的同情在这里显现得最强烈,正如在一个正思考着的人身上,如果理念存在对于这个人是"那唯一的",那么这同情的情形就必定会是如此;如果他有着对世界和对异性的了解,也就是说,如果他在乎这种了解的话,那么他就能够更好地摆脱出来。

于是,他就取消了婚约,结婚仪式提供了一个特别的服务,它成了起着分离作用的事实。[168]在后来发生的事情之中,误解又出现了。如前面所说,在他离开她的时候,她已经处在康复的过程之中,一点一点地康复;他在这之后则是最痛苦的。他是做出行为的人,她是承受这行为的人,看起来是这样的;然而事情却是反过来的,他是这样的一个承受者,他不曾冒她所冒过的险:把一种这样的责任放置在另一个人身上。她以为,他通过断绝这关系来冒犯和羞辱她,然而他其实却是曾因为开始这关系而侮辱了她。这一断绝是出自对她的同情性的热忱。如果我们不看"他开始这关系"这一事实,那么,他的辜是:他相对于她使用了一个过大的尺度,这恰恰就是他的节操感。[169] 他是有辜的,她是完全无辜的,他这么认为。然而事情却不是如此;如果他在"开始了这关系"这一事实上是有辜的,那么,她利用这关系的伦理性方面来想要把他与自己绑定起来,并且冒险跨出这样的一步,她做梦都不会想到,并且也算计不出,这一步的后果,因而她就也是有辜的。他看见"那喜剧的",但却是带着激情,于是他由此出发而选择了"那悲剧的"(这是"那宗教的",是我这个在平衡之中看见了这两个环节的人所不能理解的[170]);她看见"那悲剧的",并且看得如此清楚,以至于她使之喜剧化。他在外在方面没有制造任何效果,除了一点,那是每一个男子都能够很成功地做到的:一个女孩想要死,等等;他甚至无法使得一个女孩不幸;她则制造了一种极大的效果。她根本就不曾想到过这一点,因为她所想的是:如果她得到许可去使得他幸福,那么这就多少是一件事。前一件事不是他所想的,因为他不得不想着:他让她崩溃了。有一件事他是很确定的,如果这女孩与他结合,她就会被毁灭;也许在这女孩认为她完全可以用到他的时候,她是更聪明的。她很确定,她很容易就能够使得他幸福,然而,就像前面所展示的,如果事情是这样的话,那么他只会无条件地遭到毁灭。他因为自己谦卑的恭敬而是个可笑的愚人,而她则因为自己的宏大言辞而变成可笑的愚人。

但是他又怎么会开始这关系的呢?我想,我对此构思得很明确。他是以一种他为自己构建出的完全的生命观开始的。我要从他身上弄出一种对宗教性个体人格的趋近,因此这生命观必定是一种在幻觉之中的"审美-伦理的生命观"。它也确实如此,而它必定是满足了他的个体人格,这也完全很正常。他看见这女孩,获得了一个爱欲的印象,然而也没有什么更多了。她被吸引进他的存在之中,而他,如他所说,不想因为"更进一步认识她"而侮辱她。我们马上就能看见狂想热情，并且他也应当是一个热情的狂想者，但他应当进入另一个层面。然后时间流逝，他做出了决定，但"那爱欲的"却根本就没有得到自己应得的。现在，他身处事中，并且伦理地看这事，而与此同时"宗教性的可能"则仍继续是最深刻地在他的灵魂之中，正如它早已处在他最初的生命观之中，尽管他当时并不知道。现在，在现实之中，"那伦理的"对于他来说是很清晰的，并且，他搁浅了。他的侮辱不是取消婚约，而是"带着这样的一种人生观想要去恋爱"。各阶段的结构就是这样的：一种在幻觉之中的"审美-伦理的生命观"，带着"那宗教的"曦微的可能；一种论断审判他的"伦理的生命观"；他瘫倒在自身之中，他处在我想让他在的地方。

现在，我简短地围着我的想象实验演示了一圈。我不断地在周围绕行着；因为，我固然理解"那喜剧的"与"那悲剧的"的统一，但是，他却不是从这统一体中得到"新的更高的激情的"，这激情是"那宗教的"。那通过自己的否定表达帮助他跳过"那形而上学的"（因为我就在这个位置上）而进入"那宗教的"的东西会是伦理吗？这我不知道。

误解的整个过程的结果其实是：他们其实并没有在爱。但在一开始的时候，我们则根本就不能够这么说，并且，事情仍不断地是如此：他们各自都有着自己那一部分情欲之爱的环节。他不爱，因为他缺乏直接性，而"那爱欲的"的最初基础就在这直接性之中。假如他可以变成是她的，那么，他还是会变成一种精神，这精神会做出一切来满足她的愿望，但却不是一个爱者。但如果他不具备直接性，那么他就有着那种她根本不明白或者不在乎的"伦理的环节"。她不爱；就是说，她有着直接性的驱策和坚持；但是，要能够爱，她就也必须有放弃，这样我们就能够清楚地看出，她不爱她自己。

于是，这实验结束了；但在另一种意义上，在它的更全面详尽的实施中，它并没有结束或者被终结（关于这方面的依据，在后面会有更多讨论）。如果我要假定，这——他所隐约感觉到的和那足够明显的事情——是真的并且已经发生,她重新恋爱了,那又怎样呢?然后,他可能就会出离自己的偏离。我不断设身处地地考虑他的情形,当然是认识到了,没有什么能够帮得上他,不同于我,如果我在他的位置上,我早就已经帮上了我自己。我不想对此进行辩论,我想要进行想象实验。他的偏离在于:他在悔着要振作起自己的时候,让自己被她的现实打扰,这样,他就无法在自己的悔(Anger)中获得安宁,因为她使得这悔变得对他是辩证的(关于这个,在后面会有更多讨论[171])。因此,一旦她不在,他就会只与他自己有关系,而悔则毫无阻碍地获得他所需要理想,不会被"想要去作出行动"的悲怆激情打扰,也不会被各种并非由他自己制造出的喜剧性的景观打扰。"完成一个个体人格"和"设定出一个结果之答案",这都是那些大体系性思想家们的事情,[172]他们有着那么多东西要急着去完成;"听由它在它的全部可能之中进入存在"则是那进行想象实验的人的兴趣所在。因此,我完全能够想象(尽管我是自己为自己给出了这工作),他还会再一次变得辩证。如果这事情发生的话,他就会继续是魔性的。那使得一个人变得魔性的不是"那辩证的",绝不是,但一个人在"那辩证的"之中变得魔性。

如果读者读过康斯坦丁·康士坦丁努斯[173]的小册子,那么他就会看见,我与那位作者有着一定的相似,但仍是非常不同的,并且那进行想象实验的人总是很善于相对于这想象实验来构建出自身。

§3
"那悲剧的"比"那喜剧的"更需要"那历史性的"; 这一差异在"想象实验"[174]之中的消失

我常常专注于这问题:为了真正保证让自己给观众留下印象,为了让剧作赢得他们的信任和信心,为了演出赢得他们的眼泪,悲剧诗人让"那历史性的"来帮自己,这样,他的主人公真的[175]曾达成过伟大业绩,尽管这诗人并不仅仅只是再现"那历史性的"。无疑不会有人否认事情是如此,并且不引用莱辛来针对我,因为作为例外,爱美丽雅·迦洛蒂就肯定着这规则,并且,其作者的许多表述显示出,他自己恰恰就是这样考虑的。[176] 远远更为普遍的做法则是,利用"那历史性的",并且带着相当大的保留去理解"那亚里士多德的":比起历史学家,诗人是更大的哲学家,因为他展示"应当是怎样"而不是"是怎样"。喜剧诗人则相反无需一个这样的历史性的立足点。他可以按他所愿来称呼他的各种人物角色,他可以让他的故事场景发生在任何他想要使之发生的地方,[177] 只要那喜剧的理想在那里,人们就会笑;反过来,他不是因为使用哈利奎恩与皮耶罗[178]而赢得观众,因为他除了把他们当作名字之外也不知道该怎样使用他们。

现在,这是不是因为人们更倾向于去发现别人的弱点而不是去看见伟大的方面?[179] 是不是因为没有安全保障地去取笑一些什么比去为之哭泣更可取,就好像"一个傻瓜为乌有而大笑"[180]这句话不再有效?或者,也许这是依据:"那喜剧的"轻装上阵一路寻找,经过"那伦理的",直奔"那形而上学的"的无忧无虑(Sorgløshed),并且只是想要通过让矛盾变得公开来唤起笑声;而"那悲剧的"则相反,带着它本色的全副武装,让自己保持卡在一种伦理的艰难之中,这样,固然理念胜利,但英雄遭遇毁灭,这对于那观众来说是够凄凉的,如果说他也想成为英雄的话,而且够讽刺的,如果他考虑到自己在自己的生命里没有什么可畏惧的,因为死去的只是那些英雄?[181]

然而,现在,不管这依据是什么,我所关心的不是依据,而是"'那悲剧的'在'那历史的'之中寻找立足点"这一事实。这就意味了,诗歌不是通过自己而去相信自己有能力在观众那里唤醒理想,它不相信观众有这理想,相反它要去求助于"那历史的",这就是说,"它是历史性的"这个事实要帮助观众去获得理想。考虑到"那喜剧的",则反过来,诗人永远都不会想到要去诉诸历史,或者借助于历史来支持喜剧的人物形象,因为观众说得完全对:以喜剧的方式向我们显示他,然后我们把那历史的送给你。

但是,现在,"我们知道这是历史性的"是不是有助于去相信伟大的事物？不，绝对不。这一知识只会使一个人进入一种被看得见摸得到的东西迷惑的幻觉。"我在历史性的意义上知道的"是什么？它就是那看得见摸得着的东西。我是通过我自己而知道那理想，并且，如果我不是通过自己知道它，那么我就根本不知道它，所有历史性的知识都帮不上什么忙。理想不是什么可以从一个人这里转移到另一个人那里的动产，也不是什么在一个人买了大量货物之后免费赠送的附带品。如果我知道凯撒伟大，那么我就知道什么是"那伟大的"，这是我所看见的，否则的话，我就不知道凯撒伟大。历史的讲述，"可靠的人们向我们保证，认定这个说法不会有任何风险，因为这应当是很显而易见的，他就是一个伟大的人，结果证明这个"，是没有用的。相信另一个人的话中的理想，这就像，我们为一个笑话而笑，不是因为我们听懂了这个笑话，而是因为另一个人说这很好笑。在这样的情况下，对于那依据于信仰和尊敬而笑的人们来说，这个笑话在根本上可以不用被说出，他会用同样的强调来笑。

读者很容易从各个§的标题看出，我的意图不是要停留在"那审美的"里面，我是想要进入"那宗教的"。悲剧的英雄在"那审美的"之中所是，对于宗教性的意识来说是宗教性的榜样（在这里我自然是想着一些虔诚的人，等等）。在这里，诗人是一个讲演者。在这里我们又要转向"那历史的"。榜样被展示出来，现在，讲演者说，这是确定的，因为这是历史性的，信众相信一切，甚至相信这讲演者知道他自己所说的事情。

为了把握这理想，我能够把"那历史的"溶化在理想之中，[182]或者去做一个人带着虔诚的表达相对于一个濒死者说及上帝时所做的事情：阐明它。反过来，我不会通过重复历史性的绕口令来进入理想。因此，如果一个人相对于同样的事物既不 ab posse ad esse（拉丁语：从可能到现实）又不 ab esse ad posse（拉丁语：从现实到可能）[183]得出同样的结论，他就不会在这同样的事物中把握这理想。他只是在各种幻觉的滋养下成长。理想作为赋予生命力的原则并非必然就变得有历史性。

那能够被传送给我的是许许多多"不是理想"的材料,于是,"那历史的"一直就是未加工的材料,现在,那吸收这些材料的人,他知道怎样将之溶化在一种posse(拉丁语:可能)里,并且将之作为一种esse(拉丁语:现实)来吸收。因此,你在宗教性的领域里所能够听见的,不会有比这种常识性的问题更愚蠢的东西了:有人在读了什么东西之后问,现在,"事情是不是真的[184]以这样的方式发生的?"因为,如果是这样的话,那么他就会相信这事。事情是不是真地以这样的方式发生的,它是不是像它被描述的那样理想,这只能够通过理想来检测,但是你无法在历史性的意义上将之像葡萄酒一样地灌进瓶子里。

我通过构建出这个我当作想象实验来完成的心灵痛苦史让自己意识到了这一点。唉,如果我是一个有名的作家的话,那么,一个在信心之中有功效的[185]读者世界就会以一种不知厌倦起着功效的方式处于哀伤之中,因为它为这本书担忧,并且会问:然而,这是不是真的,[186]因为,如果是真的话,我们肯定就会相信这事。它会相信的是什么?是"这是真的"。好吧,沿着这条路,我们无法走更远。如果一个讲演者不考虑这一点,那么,他固然会给自己的听众留下深刻的印象,但也会将之弄成一种对其自身的讽刺性真相,也就是苏格拉底就雄辩性所说的那种:它是一门欺骗性的艺术。[187]他越是强调"这是历史性的,所以……诸如此类",他就在越大的程度上欺骗;并且他所赚的收入是如此之小,以至于我们根本不值得去谈论他所得的钱,那么同样明确的就是,他给出许多话语,也许是如此之多的话语,唉,为如此低廉的酬报。[188]一个这样的历史化的讲演者只是尽了自己的一份努力去让那些博学者们变得精神匮乏。就是说,询问下面这两样东西的是精神:一、所说的事情是否可能?二、我能否去做这事情?但是询问下面这两样则是精神匮乏的:一、这是现实[189]吗?二、我的邻居克里斯多夫森[190]有没有做过这事?他真地[191]做过这事吗?信仰是理想,这理想把一种esse(拉丁语:现实)溶化在自己的posse(拉丁语:可能)之中,并且在激情之中扭转已做的决定。[192]如果信仰的对象是"那荒谬的",那么,那被信仰的东西就不是

"那历史性的",因为信仰是理想,这理想把一种 esse(拉丁语:现实)溶化在一种 non posse(拉丁语:不可能)之中,并且现在想要去信它。[193]

为了更进一步确定宗教性的范例,我们让"那宗教的"只处于直接性的各种悲怆的范畴之中。在这里,那讲演者的情形也是如此,正如诗人与自己的悲剧英雄的情形。我们就根本不敢让"那喜剧的"出现。因此,听者就确定地知道,这是严肃,而如果这是严肃,那么他当然就能够信它。但设想一下,假如这严肃是一个玩笑。宗教性的严肃,就像"那宗教的",是从"那喜剧的"和"那悲剧的"的统一体中走出来的更高激情。我是知道这一点的,我恰恰由此而得知:我自己不具备什么宗教性,并且,我既不跳过前面的任何东西,也不到我自己身上去发现"那宗教的",但却达到了这一立足点(统一体的立足点)。——如果这事情就是如此,那么"那历史性的"就无需再花功夫了,因为,正如它永远都无法有助于一种理想,它当然就更不可能对一种辩证的理想有什么帮助了。如果我是一个可靠的人,那么,对那在事先无法知道这到底是玩笑还是严肃的读者世界来说,这问题看来就会很大。那样的话,我就会被迫要给出一种解释,——无论如何,在"不去让自己可靠"之中总还是有着某种好处的。

我们借助于一种结果来捍卫"那宗教的",正如我们以同样的方式捍卫"那审美的";我的实验并没有结束。因而,没有结果。"我请求尊敬的思考着的观众考虑一下,'出版一本没有结果的书'意味了什么。幸亏没有人读它,因为它是由一个不知名的作家写的。"一个评论家会这么说,尽管我曾诚恳地请求他不要这么做,——不是让他不说这话,因为最终他还是要说一些什么的,因此他说什么,这其实也无疑是无所谓的了。因此,结果,任何无法安宁的读者都会合情合理地在事先要求会有一个结果出现,它根本就不出现。哦!无论如何,这里的这些意见可能会稍稍提供一些补救。

诗歌在于"那外在的"和"那内在的"之间的可比性,[194]因此它在可见的世界里展示出一个结果来。这结果是很容易让人把握的。然而,一小点审慎没有害处,因为,结果与理想有着同样的辩证法。"那宗教的"在"那内在的"之中。在这里,结果无法在"那外在的"之中被显示出来。然而,那讲演者做什么呢?他为结果作担保。以任何方式看,一种这样的安全措施都可以被视作是可靠的——对于那严肃而正面的人[195]来说。

审美的结果在"那外在的"之中并且能够被展示。它能够被展示和看见,甚至能够借助于剧院的望远镜让近视眼看见:英雄胜利,慷慨者在战役中倒下,死去后被抬进来(当然不是一次性同时进行的),等等。这恰恰是"那审美的"的不完美。

伦理的结果已经比较难以显示了,或者,更确切地说,它其实是要求有这样一种速度,这样,在它出现之前,我们就不可能有时间去环视一下。比如说,如果我想象一切别的东西都不在场,并且只想象"那伦理的",那么,我就在伦理意义上正确地要求去看见"那善的"以一种无限快的速度胜利,看见惩罚以一种无限快的速度追上"那恶的"。现在,这是无法就这样被描述出来的,至少需要五幕,因此,我们就把"那审美的"与"那伦理的"结合在一起。我们保留了伦理的基本观念并通过各种审美的范畴(命运-偶然事件)来降低了无限的速度,于是,在最后,我们在伦理的基本观念之中看见了一种世界的秩序,一种治理,[196]看见了天意。这个结果是审美-伦理性的,因此能够在一定的程度上在"那外在的之中"得以展示。然而,在这一结果上有一种不对的地方;因为,除了将与"那审美的"的直接结合看作是一种不相称的婚配[197]之外,"那伦理的"无法以别的方式来尊重"那审美的"(无疑是因此,波爱修斯对诗歌创作是如此愤怒,第一卷第 9 页,[198]无疑是因此,梭伦把戏剧当骗术来禁止,[199]无疑也是因此,柏拉图想要把诗人从他的理想国里排除掉[200])。"那伦理的"只围绕着"有辜的"和"无辜的"发问,自己有足够的气概与人类作对,不需要什么外在的和有形的东西,更不用说什么模棱两可的辩证的东西,诸如命运和偶然事件,或者什么法院审判文件的具体性。"那伦理的"是骄傲的,并且说,在我做出了审判之后,就无需再有什么别的了。这就是说,"那伦理的"想要让自己与"那审美的"分离开,与外在性(这外在性是它的不完美)分离开,它想要进入一种荣耀的结合,这是与"那宗教的"的结合。

于是,"那宗教的"扮演着一个与"那审美的"一样的角色,但作为"那更高的",它把"那伦理的"的无限急速在空间里扩展开,发展的过程就开始了;但是,舞台是在"那内在的"之中,在思维和意念之中,这是我们所无法看见的,哪怕用黑夜望远镜也看不见。精神的原则是,"那外在的和有形的"(对于存在着的人来说,它是世界的美好或者它的悲惨;对于行动着的人来说,它是一种在"那外在的"之中的结果或者其缺失)存在着,是为了考验信仰,因而不是为了欺骗,而是为了让精神能够在"将之[201]置于无关紧要之中并且重新取回自己"的过程中得到考验。"那外在的"既不会使一切变得更多,也不会使一切变得更少,——这结果,首先是仍然留在"那内在的"之中,其次是不断地被延迟着。

审美的结局是在"那外在的"之中,"那外在的"给出担保,保证这成果在那里;人们看见,英雄胜利了,征服了那个国家,并且现在,我们结束了。宗教的结局是,对"那外在的"无所谓,只在"那内在的"之中,亦即,在信仰中,是确定的。"那外在的"是"那审美的"所需要的(它应当是各种伟大的人物、伟大的对象、伟大的事件;如果它只是小人物或者二马克和八斯基令,[202]那么这就变成了喜剧性的);"那宗教的"对"那外在的"无所谓,它与世上曾生活过的最伟大的人和最悲惨的人都是相称的,[203]并且是同样地相称;与各国的福利和一分钱都是相称的,并且是同样地相称。"那宗教的"是唯一地只在质[204]之上辩证的,并且蔑视量,而审美则在量之中有着自己的任务。"那审美的"在结果之中需要"那外在的";"那宗教的"对"那外在的"无所谓,它鄙弃这样的东西并且向一个人和所有人[205]宣示出:如果一个人相信自己是结束了(这就是说,他让自己以为"自己是结束了",因为这样的事情是无法去信的,既然信仰恰恰是无限),那么他就迷失了。

现在,我们看在各种结果中做着什么的讲演者,那么,他做些什么呢？他所做的事情恰恰就是，尽自己的可能去欺骗听众。但是这讲演者是正面的。[206]固然，他也确实为他所说的东西而收钱，[207]就这一点已经让人们把一定的信任倾注给了他，因为，如果一个人为了说得真实而投上了钱或者损耗了自己的名誉的话，那么我们会对他有什么样的信任呢？他恰恰是在反驳他自己：难道那"不为人带来金钱、名誉以及其它诸如此类"的东西就应当是真相吗？！

如果一个人要说，"去游泳"就是躺着在地上翻滚敲打，那么无疑所有人都会觉得他头脑有问题。但是这"去信"恰恰就像是"去游泳"；讲演者不是要去在陆地上帮一个人，而是要帮一个人进到深处；因此，如果一个人要说，"去信"就是"在对结果很确定的情况下躺着在地上翻滚敲打"，那么他是在说同一件事，但是人们也许并不留意。

这里所表述的关于"'那宗教的'缺乏结果"的说法，[208]我也可以以这样的方式做出标示："那否定的"要高于"那正定的"。[209]作一个不知名的作家是怎样的幸福啊，如果一个人是在这样的各种想法之中实验的话；一个知名的作家会遭遇麻烦，因为，因名声的关系，那些正面的（Positive）人们也许马上就会认识到：他所达到的是一个正定的（positive）结果，而且他的正面的（positive）名声甚至会变得更大。那些正面的（Positive）人们，或者我以定冠词更确定地标示出我所想的：那些正定者们（Positiverne）有着一种正定的无限性。[210]这也完全是对的，一个正定物结束了，而在一个人听到了一次之后，他也就马上结束了。在这里，结果就过多了。如果一个人要在黑格尔大师那里寻找怎么领会正定的无限[211]的信息，那么，他就会学到许多东西；他尽自己的努力，他领会黑格尔；也许只有一件事是一个晚来者所不明白的：一个活人或者一个在活生生的生命中的人怎么会成为一个这样的存在，能够在这一正定的无限之中得到安宁，因为这种正定的无限本来是要留给神圣和永恒和死者们的。只要事情是如此，那么，除了知道在这里缺少一个结果之外，我无法明白其它；而这所缺的结果则是那些没有结束的否定者们当然 en passant（法语：顺道）很愿意能够看见的：在体系早已结束之后,这占星学是怎样成功地在那些遥远的星球上找到各种能够使用这体系的更高生物[212]的。其它的事情则必定是那些更高的生物们的事情了,但是人类则应当有"不变得过于肯定(positive)"的审慎,因为"过于肯定"在根本上说就是被生活愚弄。生活是诡诈的,并且有着许多魔法,它通过这些魔法来捕捉冒险者;那被捕捉的人,是的,那被捕捉的人,他肯定不会恰恰是什么能够弄出更高生物的人。

对一个有限的生物来说,这一有限的生物,只要是生活在现世之中,那当然就是人(参看《巴勒的教学书》[213]),那么,对于一个人来说,那否定的无限是最高的东西,"那正定的"是一种可疑的安全感。精神之存在,尤其是宗教的精神存在,不是轻松的;信仰者不断地处于这样的深度,在他身下有七万寻的水。[214]不管他在那里躺多久,他都不会渐渐地变为躺在陆地上伸展自己。[215]他可以变得更冷静,更有经验,找到一种喜爱玩笑和欢快性情的安全感,[216]——但是在到达最后一瞬间之前,他一直躺在七万寻的水深之上。如果说直接性应当消失的话(当然所有人都在这样呼吁),那么这瞬间就出现了。对所有人,在生活中都会存在着足够多的麻烦。让穷人感觉到贫困和生计的艰辛压力吧;那依据于"那宗教的"选择了精神之存在的人,应当拥有安慰,我知道他需要这安慰,他也在生活之中承受着痛苦,上帝不偏待人。[217]因为,变得正面(positiv),并不会在上帝的眼中造成一种人格上的尊重,尽管自从思辨通过杀死"那宗教的"来照料"那宗教的"的时候起,这[218]变成了一种智慧。

对这一点我是很明白的,尽管我自己并不具备宗教性,但是我也不会妄称想要强行取得它,[219]而只是带着观察的快感在想象实验的过程中领会它。"那宗教的"不在"那历史的"之中寻找任何支撑点,比起"那喜剧的",它在更大的程度上,并且有着更高的理由不这样做,它预设了"那悲剧的"和"那喜剧的"在激情之中的统一,通过一种新的激情或者通过这同一种激情选择"那悲剧的",而这一关系则又使得每一个历史性的支撑点变得毫无意义;它从来不结束,至少不会在时间里结束,并且只有通过一种幻觉才能够被这样描述。[220]于是，如果一个曾经不断地听讲演者谈论各种宗教性的问题的人要走到这讲演者那里说："现在我这么没有间断地听您讲了这么久，难道您不认为，我现在是有信仰的？"也许这讲演者在一阵人们所称的"温厚和蔼"或者"担忧的同情"（对此人们在《地址报》上表示感谢）的发作之中，回答说："咦！当然，我的意愿就是让您得到完全的安宁，只是请不要论断我的讲演，如果您再碰上什么疑惑的话，欢迎来直接找我。诸如此类。"我的完全没有任何"温厚和蔼"或者"担忧的同情"的想象实验性的观察，会觉得他的更好回答应当是："亲爱的，你要讥嘲我吗？我甚至不敢为我的妻子担保，是的，我甚至不敢为我自己担保，因为我躺在七万寻的水深之上。"

但愿现在没有人会来诱惑我，他也许许诺我黄金和绿森林，[221]女孩子们的宠爱和评论家们的赞美，但是随后会要求我回答这样的问题：我的想象实验是不是一个真的（virkelig）[222]故事？这故事背后是不是有着某种现实的东西（Virkeligt）为其根据？是啊，当然是有着某种现实的东西（Virkeligt）为根据的，这东西也就是那些范畴。但是对于一个无名作家，这诱惑无疑就变得小很多；每一个人都很容易看出，这一切都是一种恶作剧；然而这却不是恶作剧，因为这是一场想象实验。"那悲剧的"有着现实（Virkeligheden）的兴趣，"那喜剧的"则有着形而上学的无兴趣性，但是这想象实验处在玩笑与严肃的无形统一之中。介于形式与内容和内容与形式之间的辩证张力阻碍了每一个与之的直接关系，在这种张力之中，这想象实验让自己从严肃强劲的握手，以及玩笑与快乐兄弟们的共同团体之中撤退出来；这想象实验不断地对读者称您，[223]诗歌的英雄想要通过自己的胜利来激发起人们的热情，想要通过自己的痛苦来让人感到压抑（有着现实[224]的兴趣），喜剧的英雄想要唤起笑声，但是"想象实验"中的基旦[225]根本就不想要，绝不以任何方式有任何要求地供人使用，[226]他不会让任何人不舒服，因为在这方面他也是供人使用的，这样你可以毫无任何风险地无视他，还要加上这一点：到底那留意到他的人会因此赢得或是损失一些什么，则是绝对不确定的。

§4

悔(Angeren)受到辩证的阻碍,无法构建出自身;介于"那审美的"和"那宗教的"间的 Confinium(拉丁语:边界区域)在"那心理学的"之中

悔是诗歌所无法使用的,一旦悔被设定出来,这场景就变成内在的了。体系自然也不能够使用它;[227]因为不管怎么说,它[228]要终结,越快越好,要在它终结之后,它才是无悔的,而为了终结,它盼望着自己变得没有悔。对各种病理学意义上的生命环节的体系化缩写,一旦想要除了"形而上学的意义"之外的其它东西,就是一种纯粹的可笑。因此,体系只能是形而上学,这样,事情也很正常,然而那包容生活的,不是一个体系,因为要包容生活的话,就必须带上"那伦理的",而去缩写"那伦理的",就是在愚弄它。[229]

在那体系性的"滑梯"上,如想象实验中的基旦所说,[230]事情是这样运行的:§17 悔,§18 和解,§体系结束,[231]最终,一些给订书人的建议,是关于装订的。就是说,在半皮革的装订之中是形而上学,在完全的小牛皮装订[232]之中是体系。因此,人们并不在悔上停下。按理一个人是无法说这个的,一个§当然不是无限,甚至对于一个业务极端紧急的人也一样。我则相反,打算要在悔上停留一个瞬间,一个进行想象实验的人有更多的时间。

想象实验中的基旦身上的"那魔性的"其实是这个:他在悔中无法将自己取回,他在极端的顶尖上被悬置在一个与现实的辩证关系中(见上面的文字)。众所周知,朱诺发送一只牛虻去追击勒托娜,这样她就无法生育,[233]同样,这女孩的现实就是一只牛虻,一个调侃他的"也许",一个现实的报应,[234]一种生活之妒忌,它不愿让他逃离并且由此而绝对地进入"那宗教的"。[235]

在悔不是很体系性地,就是说,更为根本地得到发展的时候,在一般的情况下,我们还是会特别睁大眼睛,以求让和解(Forsoningen)得到强调。这可以是非常好的,但存在之困难同样也驻留于别处。在悔被设定了之后,辜就必须被给定并明确地展示出来。但是,恰恰是在这变得辩证的时候,麻烦就出现了。因此,我在前面说过,[236]如果想象实验中的基旦有过一项事实的罪(Synd)[237]的话,那么他要从那之中得救就会是容易得多的事情,因为那样的话,我们就避免了"那辩证的"。

这样的事情是不是很少在现实中发生,或者根本不会发生,这对想象实验没有什么影响。然而,还是会有这样的可能:"那辩证的"发生得最频繁,但却构成彻底的乌有;因为"那纯粹普通的"也许只会在各种"完全地既不存在于自身之中也不知道怎样去窥视生活和别人"的男人们的讲演说教中和指南手册中出现。

这想象实验使得处境对这存在着的人变得尽可能辩证。他能够为一次谋杀而良心不安;这一切可以是风;[238]他有这良心不安,是因为这女孩将谋杀的责任放置在他身上;如果这是一小点胡闹,那么他就不会觉得那是谋杀。这将由什么决定?现实会来决定。但现实需要用一些时间,在我进行想象实验的时候,我并不想让§跑那么快。那么,他怎么存在在这时间之中?这是要令悔感到绝望的。对于我来说,这是另一回事,因为,我欣慰地坐在我的推算之中并同时看着"那喜剧的"和"那悲剧的"。悲剧性的女孩死去,喜剧性的罪人成为谋杀者;悲剧性的罪人痛苦,喜剧性的女孩活着。一句话是一句话,一个人是一个人,这句话只适用于男人们,因此男人们在谈论死亡的时候应当谨慎。就是说,一位逝者关于死亡所说的话无疑是对的:死亡不认贫富老幼,[239]但由此我们无法预先得出什么结论。

一个辩证的读者马上就会留意,在这里有一个麻烦,想象实验中的基旦没有留意到,或者没有足够地留意到这麻烦。通过一种欺骗,他想要从女孩那里把她能够得到的对他的印象全部都骗走。他实施这一欺骗,但是现在他忘记了去计算它。他有力量去对抗现实的恐怖,但是面对他自己,他没有力量去坚持它。他比现实更高,他在欺骗之中展示出这一点,因为他不避开争论,而是忍受它。然而,因为欺骗的缘故,这争论变得不同于它本来应有的样子。在欺骗确定地被实现的瞬间,他自然是误导着这女孩,激使她以没有同情的方式来表述自己;她根本就想不到,他自己在痛苦着,她必定是想着:他只是已经想好了要看见这关系终结,然后庆祝自己的胜利。于是就不会有什么东西能够拦阻她的表述。在这样的情况下,他自己就是这辜,导致了恐怖变得像现在这样。只是要记住:在他使用欺骗之前,他曾尝试过一种更温和的方式。但是"他自己通过这欺骗起到一种作用而使得一切对他自己更为恐怖,因此他没有为自己欺骗到一种好处,而只是一种挫败",这对于我来说是想象实验之中非常重要的东西。在外在的意义上,他胜利了,现实用来对抗他的那种力量没有任何对抗他的能力,——然而在半年之后他自己在自身之中又重新开始了,被那一事件伤害,现在他不得不放弃了。这恰恰阐明了"那宗教的"。那种直接地从现实之中获得的宗教性是一种可疑的宗教性;那被用到的完全可能是各种审美的范畴,而那被获取的完全可能是人生智慧;但是,如果现实没有能力去碾碎,在个体自己倒在自身之中的时候,"那宗教的"就变得更清晰了。

现在,在这里,我在他自己没有足够留意的东西上又看见了"那喜剧的"和"那悲剧的"的统一,就是说,"那喜剧的"不是"他是一个狂妄的吹牛者",因为那样的话,事情就必定成为"现实处理掉了他",而是"他通过了现实之危机并随后自己倒在自身之中"。[240]这对"那审美的"是一个任务:让一个自以为是某种主要人物的人在现实之中公开在自己的乌有之中,但是,如果"那审美的"首先承认了他,认为他在现实之中是伟大的,那么,"那审美的"就没有在他之上的更大权力,并且不得不承认他是英雄,但这时,"那宗教的"说,啐,让我们更进一步看一下,他在自身之中的情形是如何。我纯粹地以一种希腊的方式专注于这件事。我想象着,那些至福的神祇创造出一个这样的人,是为了享受由此而得到的辩证的喜悦。他们给予他相对于现实的各种力量,这样他就能够在现实之中战胜,但也给了他一种真挚性,而他自己就在这真挚性之中迷失。他真的能够做出伟大的事情,但是,一旦他做成了这事情,现实就在他身上复制出自己,并且他倒下。我想象诸神相互说着:"我们还是要为我们自己留一点,甚至这也不是给女神们的,她们不明白这个,如果她们明白，那也不会是没有同情的，这不是什么可笑的事情，如果是可笑的，像诗人的发明，我们会尊重而报之以笑，这也不是什么可让人哭的事情，如果是令人哭泣的，我们也会愿意为之哭泣，如果这是它应得的话，但这是喜庆之中平衡的辩证享受。他不能抱怨我们，因为不管怎么说，我们已经使他变得伟大，事实上，只有我们诸神能够在同一瞬间看见他的乌有。"

想象实验中的基旦不是这样看，因为，他在自己的激情之中把自己的神[241]紧守在信仰里，并且，在他自己的毁灭之中，不像我只看见"那喜剧的"和"那悲剧的"的否定统一体而没有更多，他看见的是自己的康复，他不将自己的倒下看成是倒在现实的手上，而看成是倒在上帝的手上并且因此康复。在宗教性的意义上说，我不得不给出一种不同的表达，尽管我在这里以陌生的方言说：那无限地为每个人担忧的天意为一个个体人格提供装备，相对于现实，它给予这个体人格各种非凡的力量。"但是"，天意说，"为了避免他造成过多损害，所以我把这一种力量与沉郁捆绑在一起，并且因此而令他自己无法看见。他永远都不应当知道，什么是他所能够做到的，但是我会使用他；他不应当被任何现实侮辱，在这种意义上，他比任何别人更受纵容，但是他会在他自己身上隐约感觉到任何别人都不会感觉到的毁灭。到了这一点上，并且只有在这一点上，他才会理解我；并且也是在这一点上，他将会确定地知道，他所理解的是我。"作为想象实验者，[242]我无疑能够理解这一点，否则的话则不能，因为我是无法在激情之中得到安宁的，我只能在无激情之中镇定下来。

因此，悔对于他就变得辩证，并且持续地是辩证的，因为他必须等待着现实给出关于"他到底犯了什么辜"的信息。辩证的读者自然能够为这类辩证的悔构建出许多例子。我就只给出一个吧。大卫做出了决定，乌利亚必须被以一种阴险的方式清除掉，这样拔示巴就能够变成是他的。[243]我设想，他派出信使秘密地给将军下了命令，我设想，一个这样的信使用了三天的时间跑到兵营。历史性的现实在这里达不成任何影响。发生了什么？就在信使出发的同一个夜晚，大卫想要入睡安息，但他无法得到安宁，他醒着，感到恐怖，这恐怖抓住他，他沉陷在悔中，——在下一个章节里，和解就来了。不，停下！在同一瞬间，大卫认识到，要阻止这谋杀还是有可能的。紧急信使被派出，大卫留在那里。我设想，又是五天。五天，那是多少？那不是一个章节中的逗号句，那至多是一个虚词"然而"，它只是让一个句子开始；但五天能够让一个人头发变白。在"曾想要成为一个谋杀者"与"是一个谋杀者"之间还是有着极大的差异的。现在，大卫处在了辩证的飘移不定之中，并且那在心理学的意义上想要描述出他的状态的想象实验者可以使用许许多多个段落。

然而，每一个人都很容易看出，这比起我的想象实验也还是远远容易得多的事例。无论如何，他确实曾想要在一次谋杀之中让自己有辜，但是，想象实验中的基旦所想要的则恰恰是拯救；纯粹在同情的热忱之中，他进入了极端的风险，并且，看！他为一场谋杀而良心不安，或者更准确地说，他进入了辩证的苦恼。在这里，这一情形比大卫的处境更辩证，因为在大卫那里，"那喜剧的"就根本无法出现。对于大卫，如果他能够阻止乌利亚真正地[244]死，这就可以成为一个缓解，但这永远都不会成为一个玩笑。想象实验中的基旦则相反，如果他不是借助于理念来躲开的话，那么，他几乎就会变得可笑。

在这里，悔的辩证形式就是：他无法开始悔，因为"他要悔的事情是什么"就好像是还没有被决定下来；他无法在悔中得到安宁，因为这就像是，如果可能的话，他不断地要开始行动，让一切恢复原样。

因此，这"他放弃"是"那魔性的"；他只是应当去留意着可能性，并且把悔从这可能性之中纯粹地提取出来。只要他还因第一个理由（"他应当悔什么"这个问题尚未被决定下来）而被保持 in suspenso（拉丁语：在悬浮未决的状态），那么他就是反讽的；如果是由于第二个原因（他要不断地行动），那么他就是纯粹同情的。

在他的悔着的处境里还有着第三个环节。在体系里，你在§17 一了百了地悔,然后继续到§18。但是对于那存在着的人,如果康复要开始出现,那么这瞬间就必须到来:你要放开悔的作为。[245]在一个单个的瞬间里,这有着一种与"遗忘"的欺骗性的相似。但是"遗忘辜"则是一个新的罪。麻烦就在这里。坚持抓住辜,这是悔的激情,并且,它骄傲而热忱地鄙视那遗忘关于"减缓痛苦"的空谈,并且担忧地怀疑着它自身;想象实验中的基旦甚至认为自己由此在对一个女孩表示尊敬,一种诱惑性的想法,恰恰因为它是美丽的;放开它,去除它,这样你就不会在每一瞬间都与它相近,这对于康复来说是必需的。在一切都安宁地走散的时候,一个这样的内在的现实的"辩证地踩水"并不像"§18紧接在§17之上或者之后"那样地被人注意到。

附录

对莎士比亚的《哈姆雷特》[246]的一瞥

波尔内为《哈姆雷特》写过一篇小剧评。[247]只有他最后的一句表述吸引我的专注,我甚至不知道他自己是否曾赋予这表述如此多价值;它只是一句表述。在总体上说,波尔内、海涅、费尔巴哈以及这一类作家[248]是一些对一个进行想象实验的人来说构成极大兴趣的个体人格。他们常常对"那宗教的"有着很透彻的了解,就是说,他们带着确定性知道自己不想与之有什么关系。这是一大优势,优于那些不知道"那宗教的"是在哪里的体系家们,他们一会儿逢迎奉承地,一会儿自大傲慢地,但总是很不成功地,想要去负责给出对之的解释。一个不幸的、嫉妒的爱人会对"那爱欲的"有着像幸福的爱人一样程度地了解,同样,一个愤慨者[249]也以自己的方式对"那宗教的"有着像信仰者一样程度地了解。现在,既然我们的时代很少展示得出一个伟大的信仰者,那么,我们就总是可以因为还有着一些真正聪明的愤慨者而感到高兴。在你想要让某些东西确定地得到解释的时候,如果你是那么幸运,以至于能够听到一个十七世纪意义上的严格信仰者和一个十九世纪的愤慨者,两个人都说同样的东西,就是说,以这样的方式:一个说,"这是如此如此,我很清楚地知道这个,因此我不想要这东西";另一个说,"如此如此就是这东西,所以我信它";并且这一"如此如此"完全相互吻合,于是你能够很确定地为一种观察给出结论。这样的两个相互一致的见证给出一种律师们所不知道的可靠性。[250]

  关于《哈姆雷特》,波尔内说:"这是一部基督教的戏剧。"[251]这在我看来是特别好的说明。我只是换一下用词:一部宗教性的戏剧;然后我想说,错误不在于"它是如此",[252]而在于"它尚未成为如此",[253]或者更确切地说,"它根本就不应当是戏剧"。如果莎士比亚不愿给予哈姆雷特各种宗教性的预设前提,让这些预设前提在宗教性的怀疑之中密谋针对他(这样一来戏剧就停止了),那么,哈姆雷特就在本质上是一个犹疑不定者,[254]并且"那审美的"要求一种喜剧性的解读。哈姆雷特说,他酝酿出了他的"去成为申冤所在的复仇者"[255]的伟大计划;现在,如果我们在同一瞬间没有看见他以宗教性的方式瘫倒在这计划之下(这样一来,这场景就变成了内省的,他的各种非诗歌的怀疑就变成一种在心理学的视角上奇怪形式的辩证的悔,因为这悔就似乎是来得太早了),那么我们就会要求迅速的行动,因为,这样一来他就只与"那外在的"有关了,在这里诗人不为他设置任何麻烦。如果这计划保持固定不变,那么哈姆雷特就是一个不知道要去行动的拖沓者;如果这计划并非固定不变,那么他就是一种类型的自我骚扰者——以"想要成为伟大的东西"骚扰自己或者为"想要成为伟大的东西"而骚扰自己,这两者都无关于悲剧性。瑞切尔把哈姆雷特当成是一个反思狂,这完全正确。瑞切尔的论述很出色,他还有着另一种兴趣,关心的是这样的人,他们想要看见"体系学家们是怎样不得不用各种存在的范畴的"。[256]

  如果哈姆雷特被保持在各种纯粹的审美范畴之中,那么,我们想看见的就是这个:他有着魔性的力量去实践这样一个决定。他的各种怀疑根本不是人们所感兴趣的;他的拖延和推迟,他的搁置和在"那在没有外来障碍的同时[257]得以更新的意图"之中自我欺骗的享受,只是在贬损着他,使他成不了审美的英雄,于是他就变成了子虚乌有。如果他是得到了宗教性的定位,他的各种疑虑就成了非常令人感兴趣的东西,因为这些疑虑确保了他是一个宗教性的英雄。有时候,人们会有一个关于"一个宗教性的英雄"的完全外在的概念。比如说,在天主教中,尤其是在中世纪,也许有很多这样的人,他们对教会狂热——就像罗马人对自己祖国狂热那样,他们为教会的缘故而成为了悲剧英雄——就像这罗马人为自己的祖国而成为悲剧英雄那样,这样他们被看成了宗教性的英雄,亦即,在各种纯粹的审美范畴中穿过并且直奔那宗教性的预备考试。不,"那宗教的"是在"那内在的"之中,因此,各种疑虑在这里有着其本质的意义。

如果哈姆雷特要从宗教性的意义上被解读,那么,要么我们必须让他明白这计划,并且那些宗教性的怀疑在这时就从他那里剥夺掉这计划,要么我们就得去做那在我的想法里是更好地阐明"那宗教的"的事情(因为在前一种情况下,关于"他是不是真地能够去实施这计划"的怀疑也可能会混在里面),给予他魔性的力量去果断而坚强地实施自己的计划,然后让他沉陷在他自身和"那宗教的"之中,直到他在这之中找到安宁。自然,由此永远也不会产生出一部戏剧,一个诗人无法使用这任务,[258]它是要从终结处开始,并且让初始穿透性地映射出来。

在某个单个的点上你可能会有一种怀疑、一种其它的看法,但在这件事上,你是能够与你自己达成一致的,这曾是一个、两个、三个世纪人类的看法:莎士比亚是无与伦比的,不管这世界会有怎样的进步;你总是能够在他那里学到东西,并且你读他越多,能够学到的东西也越多。

§5

英雄-痛苦-悲剧想要通过畏惧和同情来净化各种激情
——观众的同情在不同的世界观里各有不同

审美的英雄通过战胜而是伟大的,宗教的英雄通过承受[259]而是伟大的。就是说,固然悲剧的英雄也承受,但却是以这样一种方式:他同时在"那外在的"之中战胜。正是因此,在为死去的英雄流泪的同时,观众就被引向了崇高。

如果想象实验中的基旦是一种审美的英雄的话,他就必须在"那魔性的"(向着"那恶的"的方向)之中成为这审美的英雄,并且以这样的方式他也能够成为这审美的英雄;因为"那审美的"不是那么物质性地要在本质上注目于流血事件或者被杀的人数以便在事后决定一个人是否英雄。它在本质上看着激情,只要这激情不是从外在性之中释放出来的;它没有能力渗透进那种单纯质的定性,因为这一定性是专门留给"那宗教的"的,在之中一分钱的价值等同于诸多王国和领土。因此,如果他要成为英雄,他就必须依据于这一考虑来行动:我看见我的存在的理念搁浅于这个女孩,ergo(拉丁语:所以)她就必须消失,越过她的毁灭,我的道路通向一个伟大的目标。为他构建出某个他想要去实现的出色理念也不难。那样,我们必须看见他达到目标,世界之秩序再一次让报应[260]落在他身上。最重要的,他必须自我本位地对自己感到确定,并且,人们想要看见的,是他的无畏,以及他是怎样变得超自然的,不是作为宗教性的人通过给出牺牲而变得超自然,而是作为"在'那恶的'方向上的魔性的人"通过要求牺牲而变得超自然。但是最重要的,他不可以是,像他在想象实验之中所是的那样:一个有着同情天性的人,因为,如果那样的话,审美就无法明白他的冲突,并且,最重要的是,他不可以,像在想象实验之中那样:恰恰颠倒过来,把下面的事情看成是头等大事:他渐渐开始承受比她更多的痛苦,并且确认他自己的愿望,亦即,"这一步本身不成为那女孩的毁灭,而成为他自己的毁灭"。想象实验中的 Quaedam(拉丁语:某女)[261]本质地处于"那审美的"之内。那构建出一个审美的女英雄的非凡的东西在这里会是:在其自身之中有足够的理想去坚持这恋爱,并且在这一保持恋爱的力量之中被强化成某种非凡的东西,并且以这样一种方式自己去构建出对他的报复。[262]如果我们的目的尤其是在于要去阐明他并且要去拥有"那喜剧的"和"那悲剧的"的统一作为构建这想象实验的原则,那么一个有着如此内秀质地的女孩就无法被用在这想象实验中。因此我选择了一个普通类型的女孩子。他的同情的天性要从所有各方面来得以阐明，因此我需要有一个这样的女性人物形象，她能够在总体上使得他尽可能地辩证，并且比如说能够把他带进这种痛苦：看着她（按他的说法）与理念关系破裂，[263]——只要她去那样做了就行，哪怕她没有做任何别的事情，而只是让自己 sine ira et studio（拉丁语：没有怒气和偏袒），不失去其女性的可爱，在生活的舞池之中找到一个新的伴侣，也就是说，如果你不能够得到这一个，那么你就去找另一个，不为理念的复杂而尴尬，并且正因此而可爱。[264] 任何人都能够在事先告诉他这个，但这对他没有什么用处。当然，就像所有其他女孩，她有着一种可能，能够变成"那伟大的"，在他们的关系里有着各种瞬间，我曾在这些瞬间里等待着让自己能够在她面前弯腰；因为我，一个观察者和一个这样 poetice et eleganter（拉丁语：诗意而有品位的）[265] 监察警员[266]，我觉得在"鞠躬"之中有着极大的快乐。我从不曾因拿破仑的伟大而嫉妒羡慕他，但是我羡慕那两个为他开门的宫廷内务管家，羡慕作为其中一个的幸福：他拉开大门，深深鞠躬说，"皇上"。[267] 因为这关系的缘故，这是不可能的；让我得到辩证的满足的，就是这关系。他们是怎样各自开始他们的命运的，则不是我的兴趣所在。在同一瞬间，我必定是在本质上受到了他的激情的影响，平衡消失了。一旦我加上了激情，并且分别开单独地观察他们两个以及他的命运，那么，我必须说，关于他，他是那会承受最多痛苦的一个。他开始了，并且通过这"开始"而侮辱了她，因为他不明白一个女性存在的特别性质；他开始了，因此他的痛苦是应得的。关于她，我必须说，在这想象实验中，她是生活所最错待的一个；因为与他有了关系，她就总是进入到一种错误的光线之下，从"他借助于欺骗来阻碍她表述'在她的心中会有着什么样的同情'"的那个瞬间起，就是这样了。她可以去做她想做的事情，即使她选择了忠实于他，一种喜剧性的光线还是会落在她身上，因为他存在于欺骗之中。他很清楚地感觉到这种对她的错待，但从他自己的立足点出发，他是在同情的激情之中行动的，这是他的痛苦之中的各种弹簧之一：他在自己的立足点上做出最极端但也是最疯狂的事情；因为他们没有共同的立足点，所以他不与她构成邻角。[268] 不管是从他的还是从她的立足点出发，都不是一种以等量还等量（Lige for Lige）的关系：一方面是女性的可爱、优美，另一方面是一种依据于"那辩证的"的精神存在。他的最绝望的努力是毫无用处的，无法填补掉错误关系，因为女性的可爱有着一种要求，它恰恰是要求他所缺的东西。他的痛苦就在于此。在另一方面，则反过来，一种依据于"那辩证的"的精神之存在，相对于女性的可爱，必须像数学家一样地问：这证明什么？这则是他所不做的事情，因为，他不是处在精神的平衡之中，而是处在激情之中，因此他为前者担忧，并且在这里选择自己的痛苦。

他获得足够多的痛苦；但是关于痛苦，"那审美的"有着其自身的各种想法，基于它自身所处的外在。美学说得完全对：痛苦自身是没有任何意义和兴趣的，只有在它让自己与理念发生关系的时候，它才是被关注的对象。这是一个无可置疑的真理，因此，美学摒弃诸如牙疼和痛风这一类痛苦，这完全是对的。但是，就在美学要进一步解说出"让自己与理念发生关系"是什么的时候，它必须再次明，那在§1中被触及的问题：美学所专注的只是一个直接的关系，换一句话说：这痛苦必须是外来的，必须是看得见的，不能够在个体自身之中。因此，这是一种由老练的美学家们出色地发展出来并渐渐地成为了公共财产（甚至也属于最卑微的三流小报写手）的看法：并非每一种痛苦都能够令人以审美的方式去关注，比如说，疾病就不行。

这完全是对的，这样的一些考虑的结果是：审美的英雄，通过其量的差异就自身而言是优秀的，他必定拥有着去取胜的条件，必须是健康的，必须有力量，等等；[269] 于是，各种困难来自外界。我记得在德国曾有过一次小小的论战，就是关于这个问题。其中一方诉诸于古希腊人及希腊美学，来针对一出在之中人们使用盲目来作为一种悲剧主题的戏剧。[270] 另一方则诉诸于索福克勒斯的《俄狄浦斯》。[271] 也许他可以诉诸《菲罗克忒忒斯》，[272] 那样的话更好，因为菲罗克忒忒斯以一种方式在普遍的审美概念里构成了一个例外，但却是这样的例外：他绝对无法取消这概念，反而倒是自己倒下了。

　　这在美学之中已经成为了一种定律，现在，我离开美学，于是我把外在性去掉并且重复那正确的原则：只有那种处于与理念的关系之中的痛苦，才有着令我们感兴趣的意义。这一点永远为真；如果一种与理念的关系没有在这痛苦之中显现出来，那么，这痛苦在审美的领域里就是被拒绝的，在宗教的领域里就是受谴的。但是，现在，既然"那宗教的"只是在质的意义上是辩证的，并且对一切来说都是相称的，[273]并且是同样地相称的，那么，每一种痛苦都 eo ipso（拉丁语：正因此）可以获得令我们感兴趣的意义，恰恰因为它们都可以获得一种与理念的关系。

　　人们谈论了很多"诗歌与生活和解"；人们更应当说，它令人对生活反感；因为诗歌在自己的量中不公正地对待人类，它只能够使用那些特选的人们，这是一种很平庸的和解。比如说，我以疾病为例。美学骄傲而完全符合一致性地说：这是不能用的。诗歌不应当是一个医院。这是对的，应当如此，如果想要审美地处理这一类事情，那么这就是在乱来。如果一个人不具备"那宗教的"，那么，他就处在尴尬之中。美学最终在这与疾病相关的原则里达到顶峰，就像弗里德里希·施莱格尔所说的那样：nur die Gesundheit ist liebenswürdig（德语：只有健康是可爱的）。[274] 同样，为求不在嚎啕和 weinerliche（德语：哽咽感伤的）戏剧[275]之中退化，诗歌也必须这样对贫困（在它被强迫要回答人类的时候，——在这种强迫之中有着一个来自人类这一边的错，我们在后面要触及这个问题）宣布：只有财富是可爱的，或者说是 conditio sine qua non（拉丁语：不可或缺的条件），如果我要使用那些人物角色的话；当然，我可以弄一部田园戏剧，但在这里，这也不是贫困。

　　确实，诗歌，好客而可爱，这就是诗歌，它邀请每个人在它之中沉湎，并且以这样的方式得到和解，但它却设定差异，因为它只把功夫放在那些它所喜欢的痛苦上，因此向"那在生活最底层的痛苦中得到过考验的人"要求更多；如果他要沉湎于诗歌，它就会向他要求更多力量。

在这里,诗歌已经破坏了它自身,因为人们还是无法否定:如果一个人,尽管承受着生活最底层的压力,仍然能够沉湎于诗歌,那么他肯定是要比那同样沉湎于诗歌但无需如此承受的人更伟大;而诗歌则不得不说:它在一个这样的人身上无法为自己的解读找到对象,尽管他更伟大。

诗歌作为一种出身神圣的友好力量,绝不想要侮辱什么人;为"和解",它尽自己最大的可能去做得最好。一旦我们离开诗歌,一旦我把审美的原则从诗歌围起的领域转移进现实之中,那么,一个这样的原则,比如说,像"健康是唯一可爱的",就完全是一个卑劣的人的原则。这样一个人是可鄙的,因为他没有同情,因为他在自己的自我本位之中是怯懦的。

在这种迫切之中,如果一个人从诗歌之中所学到的东西并不使这个人与现实和解,那么,"那宗教的"就显现出来并且说:每一个痛苦都是与理念是相称的,[276]一旦与理念的关系在那里了,它就具备了令我们感兴趣的意义,否则的话,它就是应受谴的,并且这是那痛苦者自己的错。这痛苦是不是"无法看见自己的伟大计划得以实现",或者是不是"是一个驼背",与事情毫无关系;它是不是"被一个不忠实的情人欺骗";或者是不是"如此不幸地畸形,以至于一个善良的人在看见他时都忍不住要笑,任何人都不会想到要爱上这么一个人",与事情毫无关系。

以这样的方式,我实验着地理解了"那宗教的"。但是,哪一个是我们可以在这里谈论的理想关系呢?自然是一个与上帝的关系。痛苦是在个体自身之中,他不是审美的英雄,关系是与上帝的关系。然而在这里又要停下,因为否则的话,"那宗教的"就会变得如此充满能量,以至于它马上就跑到对面的极端上说:"瘸子、残疾、穷人,[277]这才是我的英雄,不是那些优越阶层的人",这样的说法就会让"那宗教的"变得不仁慈;而"那宗教的"恰恰就是仁慈本身。

我知道,从宗教性的立足点看,痛苦的情形是如此,因为我可以把两个有着同样说法的人放在一起。追随健康原则的费尔巴哈说,宗教性的存在(特别是基督教的)是一种持恒的痛苦史,他请求我们只须去看一下帕斯卡的生平；他有足够的痛苦。帕斯卡所说完全相同：痛苦是一个基督徒的自然状态（正如健康是感性的人的自然状态）；他自己成了基督徒并且谈论自己的基督教体验。[278]

一种"痛苦史"与读者也有着一种关系（我们只是要留意在§3之中得到强调并且以"想象实验"的形式被带进意识的那些辩证的麻烦），正如那审美的描述与读者有这种关系。关于悲剧与观众的关系，悲剧理论创始人亚里士多德所说的话是[279]：δι'ελεου και φοβου περαινουσα την των τοιουτων παθηματων καθαρσιν（希腊语：通过唤醒怜悯和畏惧完成对这一类情感的净化）。正如我在前面通过从"那审美的"之中去除掉外在性而保留"那宗教的"中的原则，以这样的方式，这些话也能够得以维护，但必须进一步得到理解。亚里士多德的意思不难理解。在观众那里，"会受感动"被预设为前提条件，而悲剧在这里则通过唤醒 φόβος（希腊语：畏惧）和 ἔλεος（希腊语：怜悯）来协助，但是它又在以这样的方式受到了感动的观众身上去除掉了"那自我本位的"，这样，这观众就能够沉湎于英雄的痛苦之中，在英雄那里遗忘掉自己。[280]如果没有畏惧和怜悯，他就会像一个呆瓜那样地坐在剧院里，但是，如果他只在自己心里聚集起自私的畏惧，那么他坐在那里就是一个不足取的观众。

要理解这个并不难，但在这里就已经有了这样的暗示：这畏惧与怜悯必须有着一种特定的性质，并且，并非是每一个有畏惧心和怜悯心的人因此就能够看一部悲剧。纯粹感官性的人对那让诗人专注的东西毫无畏惧，因此，他既没有畏惧也没有同情。设想他看见一个人在绷紧的绳子上走向罗森堡宫殿，[281]于是他害怕；并且，对一个要被处死刑的人，[282]他有怜悯。[283]因而，悲剧的观众要有能力看见理念，然后他看见"那诗歌的"，他的畏惧和怜悯得到清洗，所有低级的自我本位成分都被清洗掉。

但是，关于那唤醒畏惧的东西，宗教性的人则有另一种概念，他的怜悯因此是在另一个地方。疾病和贫困得不到审美者的关注，他对这一痛苦没有任何同情，他觉得与此没有任何共同点，正如波尔内在一个地方说过,"他觉得自己很健康,根本不想听这个"。[284] 但是所有医术,不管是诗歌的还是宗教的,都只是针对那些病人,[285] 因为康复只有通过畏惧与同情。[286] 波尔内是不该说上面这句话的;因为在这里,"那审美的"已经相对于现实得到了定性,于是,"不想对此有所知"就是狭隘和顽固了。在"那审美的"被保持在自己的纯粹的理想之中的时候,你不会去和这一类事情发生什么关系;这完全是对的,诗人不冒犯任何人。因此,对诗歌愤怒,这是"那宗教的"所犯的一个错误,因为诗歌是并且继续是可爱的。观众的情形则是另一回事,如果他知道"这样的东西是存在的"的话。"一个人因为自己是健康的,所以不愿意对贫困和疾病的存在有所知",这自然是愚蠢或者怯懦的顽固;因为,哪怕诗人不展示出贫困和疾病的存在,任何一个对生活有着两种健康的想法的人也都会知道,下一个瞬间他自己就有可能落在这处境之中。观众想要让自己陶醉迷失在诗歌之中,这没有什么不对;这是一种有报酬的喜悦,但是观众不可以混淆戏剧与现实,也不可以把自己混淆成一个"除了是一部喜剧的观众之外什么都不是"的观众。

在"那宗教的"之中,要再一次通过畏惧与怜悯,这些激情才会得以净化。但是这畏惧成为另一种畏惧,因此怜悯也成了另一种。诗人不想要让观众去畏惧那不开化的人所畏惧的东西,他教导观众去畏惧命运,并且去怜悯那在命运之下承受痛苦的人,然而,这对象必须是伟大的而且在量的意义上是显著的。

宗教性的人从另一个地方开始,他想要教导观众不去畏惧命运,不去把时间浪费在对"那在命运前倒下的人"的怜悯上。所有这些对他都不是重要的,也正因此,他看所有人,伟大的和卑微的,都同样地面临命运的打击;审美者是不会这样做的。相反,现在他说:"你所要畏惧的是辜,你的怜悯必须是对于'以这样的方式倒下的人'的怜悯,因为,在这里才是有危险的。然而你的怜悯不可以迷路而使你相对于某个别人而忘记掉你自己。"他想要教导听者去承受悲伤,就像圣诗领唱者,那卑微的侍从,按照其职位的规定,带着一个谦卑骄傲的令人敬畏的大主教所具的内在感动,说:"你们应当为我们的罪而悲伤",[287]——这当然是一个圣诗领唱者不敢对那些令人敬畏的上级——讲台上的讲师们[288]讲的东西。畏惧与怜悯应当通过描述来唤醒,这些激情也应当被净化而远离自我本位,但不是通过在沉思之中迷失,而是通过在自身之中找到一种与上帝的关系。"就是说,这是自我本位",[289]诗人说,"如果你在看见悲剧的英雄的时候无法忘记命运的打击,就仿佛它是击中了你;如果你因为看见这英雄而变成一个恐惧地回家的裁缝,这就是自我本位。""但是,反复地想着自己的辜",宗教性的人说,"为自身的辜而畏惧,不是自我本位,因为恰恰是通过这畏惧,你处在一种与上帝的关系之中!"对于宗教性的人,畏惧和怜悯是另一种东西,并且不是通过一个人向外转而是通过向内转而得以净化的。审美的康复在于:个体通过注目让自己随着目光进入那审美的晕眩,从而在自己面前消失,像一颗原子,像一颗尘砾,一颗随着那种是所有人的、全人类的共同命运的东西一同被捎带进来的尘砾,[290]像生活的天籁和谐[291]之中无穷小的破碎辅音那样地消失。相反,宗教性的康复则在于把世界、各个世纪、各代人类和数百万的同代人转化成一种消失中的东西,把欢呼、喜庆和审美的英雄荣誉转化成一种困扰人的消遣,把"完成结束"转化成一种鬼影般的幻觉,于是,那唯一剩下的就是个体自己,在一个定性之下被设定在自己与上帝的关系之中的这个单个的个体;而这定性则就是:有辜的-无辜的。

根据我在想象实验的过程中得以确定的想法,宗教性的人的情形就是这样。我并不这样看问题,因为我在"那审美的"和"那宗教的"间的关系之中又看见"那喜剧的"和"那悲剧的"之间的统一;在我们将它们设定在一起的时候,它们就构建出这统一体。这样,我在贫困之中也看见,"那悲剧的"在于"一个不朽的精神承受痛苦","那喜剧的"在于"这一切只是围绕着两马克"。[292]我就到精神之平衡中的"那喜剧的"和"那悲剧的"之间的统一为止,不再继续向前。我有一个设想:如果我继续向前并且开始着手"那宗教的"的话,那么,我不应当进入这样一种困境,让"我是否有辜"成为一个可疑的问题;因此,我让自己置身事外。我不是什么愤慨者,[293]绝不是;但我也不是宗教性的。"那宗教的"令我专注,是作为一种现象,并且是作为最让我专注的现象。因此,"宗教性消失"使我心痛,这不是为了人类的缘故,而是为了我自己的缘故,因为我需要观察的材料。我毫不犹豫地说这个,我也有很多时间去这样做;因为一个观察者有着足够的时间。一个宗教性的人则不一样。如果他说话,那么他就只是在独白;只专注于自身的时候,他高声地说话,这是所谓布道;如果有人听着的话,那么他就根本不知道自己与他们的关系,除了一点,就是说,他只知道他们不欠他任何东西,因为他要去达成的事情是拯救他自己。这样一段令人肃然起敬的独白,以基督教的方式来作见证的独白,在它在自己的"被感动"中感动[294]这讲演者、这见证者——因为他谈论他自己——的时候,被称作是一场布道。各种世界史的概观、各种体系性的结果[295]、各种手势和擦汗、音量和拳头的力量,连带对所有这些东西深思熟虑的运用,以求去达成什么,这都是一些审美的怀旧,它们根本不知道以亚里士多德的方式去正确地强调畏惧与怜悯。[296]因为各种世界史的概观不会唤醒畏惧,同样各种体系性的结果也不,声音的强度震撼不了灵魂,至多振动耳膜,擦汗这动作只唤醒对流汗者的感官性怜悯。如果一个宗教性的讲演者不是在自己的内心之中被感动地谈论他自己,而是谈除此之外所有其它东西,那么,他就是在想着基尔特·韦斯特法勒。[297]基尔特能够谈论一切,知道很多并且是非常可完美化的,[298]所以,他也许能够把自己当作知道一切的人,他唯一不知道的就是,他自己是一个 Schwatzer(德语:胡说八道的人)。然而,基尔特是无悔的,因为他没有说自己是宗教性的讲演者。

宗教性的讲演者通过畏惧与同情净化这些激情,他不做那令人惊奇的事情,他在讲演的过程中没有把云朵拉到一边展示天开了,[299]没有让审判日在手上,[300]让地狱在背景里,没有让自己和特选的人们庆祝胜利;他所做的事情更简单,更率直,那是粗陋的技艺(它按理就是非常容易的):他听任天闭塞着,[301]他在畏惧与颤栗之中并不觉得自己已经结束,他低下头,而讲演的论断已经落在了心念和想法之中。[302]他没有做让人惊奇的事情,那种能够使他的下一次登台"被人们欢呼致敬"的事情;[303]他没有发出雷电的声音,没有努力让教众们醒着并通过他的讲演而得救;他做着更简单的事情,做着更率直的事情,他所用的是粗陋的技艺(它按理确实是非常容易的),他让上帝保留雷电和权柄和荣耀,[304]以这样一种方式讲演,即使一切都出错,他仍然能够确定,有一个听者是严肃地被感动了的:这个听者就是这讲演者自己;如果一切都出错,仍有一个听者是得到了力量回家的:这个听者就是这讲演者自己;如果一切都出错并且所有人都走了,仍有一个人是在生命的各种艰难的复杂关系之中渴望得到这讲演的陶冶的瞬间的:这个人就是这讲演者自己。他不会慷慨大方地随意发送大量言辞和知识,而是吝啬地对陶冶教导的收益斤斤计较;他细心地留意着,让这一训导在走向另一人之前绑定他自己,让安慰与真相不避开他而去,——这样,他就能够更没有节制地转达他想转达的东西。因此,宗教性的人说,如果你在偏远孤独的地方看见他,被所有人离弃,并且很肯定他不通过讲演来达到什么,如果你在那里看见他,你会看见他像平时一样地被感动,如果你听见他讲演,你就会发现这讲演像平时一样地有力,没有狡诈,没有算计,没有勤奋的进取心,你会了解到,这讲演必定是在陶冶一个人:在陶冶着这讲演者自己。他不会厌倦于讲演;因为,各种有着世俗目标或者相对永恒目标有着世俗的重要考虑的律师和讲演者们,在伸出手指无法数出他们所达成的事情时,在狡猾的生活不使用幻觉来欺骗他们让他们以为"自己仿佛是达成了什么"的时候,他们就会变得厌倦,但是宗教性的讲演者总是有着自己的首要目标:这目标就是这讲演者自己。

根据我在想象实验的过程中得以确定的想法,"那宗教的"就会以这样的方式通过畏惧与怜悯来影响这些激情的崇高化。任何其它影响方式都会带来困惑,因为它们会给出各种半审美的范畴:因为它们使得讲演者在审美的意义上变得重要,并且帮助讲演者去昏晕地跌向对某种普通事物的审美性投入。

附录

各种自招的痛苦——自我折磨

从审美性的角度看,每一个 Heautontimorumenos(希腊语:自我折磨)[305]都是喜剧性的。在这一点上,各个不同的时代产生出不同的类型。我们的时代不是最糟糕的,因为事情看来就好像是,这整个的一代人都在用这样一种固定想法[306]来折磨自己:这代人获得了去投身于非凡事业的使命,每一瞬间都可能会有一个来自诸神议会的代表团带来讯息召唤它,让它[307]在诸神议员大会[308]中入座,因为,至少有一点是肯定的:它对其任务,即全人类的未来很熟悉,在每个瞬间它似乎都好像是要像赫尔曼·冯·布莱门菲尔特那样地出发,去上帝耳边低语,说出什么事情是最正确的。说起来悲哀:赫尔曼·冯·布莱门菲尔特并没有得到机会去和萨克森的选帝侯说上话![309]另外,就像所有受各种固定想法煎熬的人,它[310]也有一种极强烈的倾向去在一切地方看见谍探和迫害;就像患风湿症的人们在身上所有地方都感觉到有一种牵动力,它则在到处都感觉到压力,感觉到对权力的滥用,并且知道怎样以一种令人满意的方式来解说普遍精神[311]的虚弱生机表现,它[312]的解说所用的论据不是"其力量[313]只是疾病的症状并且是想象出来的",而是"它[314]受到政府的威胁",大致就像那闲不下来的多事者解释说,他在白天什么事都完成不了,不是因为他自己焦躁不安地多事,而是因为许多事物闯进来落在他身上。然而,在这方面,我们已经谈得够多了。

恰恰因为"一切自我折磨都是喜剧性的"这句话在审美的意义上是正确的,因而,我们以另一种方式来处理自我折磨之前,我们先在现实的关系之下使用喜剧性的探测仪,这在心理学的意义上是很妥善的做法。自然,我们无法让病人马上去嘲笑自己的固定想法,但是通过类比,我们越来越近地靠向他。如果他轻松而兴奋地因各种类比而笑,那么,我们就有可能通过一种 coup de main(法语:意外一击)来出其不意地困住他。不过,这只能在实践之中进一步展开,然而,在实践中恰恰没有什么事情是比"在应当幽默而调侃地使用各种审美的范畴的地方看见一个人深刻而愚蠢地使用各种宗教性的范畴"更可笑的了。

想象实验中的基旦在自己并不知道这一点的情况之下做得非常正确。他带着非凡的激情想出一个计划,把他的整个爱情关系弄成这女孩眼中的恶作剧。这从我的立场上看不得不笑的东西,是他的非凡激情;本来他也是对的。并非因为一个人叫救命就总是有生命危险。如果想象实验中的 Quaedam(拉丁语:某女)[315] 曾经受悲剧性的痛苦,那么她就会阻止他获得使用欺骗的机会。她会振作起精神并且自制忍耐。这些一直就是危险的现象。因此正相反,她走到了对立的极端上:尽可能地夸张,以"想要按最大的尺度来作一个不幸的情妇"来折磨自己。但这恰恰意味了,一种喜剧性的处理是正确的,因为,一个最大的尺度之下的不幸情妇,是沉默的。如果她曾被保持在各种宗教性的范畴之中,那么她也不会如此行动;那样的话,她会为自己担忧,并且尤其因此而畏惧那种责任,那种因为自己把事情弄得对他来说是最麻烦的(甚至不是由于她的人格,而是由于一种侵犯进"那伦理的"和义务关系的爱欲的赝品)而可能会招致的责任。

如果想象实验中的基旦在精神的平衡里明白了自己是在做什么,那么他就会是完全另外一个人了。但是他忧虑着的激情在使用欺骗的过程中使得他变为悲剧性的,我看见"那喜剧的"和"那悲剧的"的统一,恰恰因为他做了正确的事情,但不是出自他自己所以为的那种理由:他会在自己同情的热忱之中拥有力量去把她从一场现实的恋爱之中扭脱出来。不,"那喜剧的"恰恰就是:他的悲剧性的愚鲁之所以取胜的理由是,她的恋爱并没有进入深刻。

为什么"那审美的"非常符合一致性地以喜剧性的方式来处理所有自我折磨,这是很容易就能够看得出来的:恰恰是因为它符合一致性。[316]基于那介于力量和痛苦(内在-外来)之间的直接关系,美学把英雄保持在不受损的状态。因此它将任何朝内的方向看作是逃兵的行为,而且,既然它不能让逃兵被击毙,它就使他变得可笑。

现在,我离开"那审美的"并走向"那宗教的"。在实验想象的过程中,我只是启动各种范畴,以便能够完全不受打扰地观察这些范畴所要求的是什么,而不用去关心,在什么样的范围里有人做了这个或者能做这个,是否张三因为太虚弱而不做,李四则因为太聪明而不做,王二则因为看见了别人都不做,因此觉得自己可以没有风险地也不做并且备受爱戴和尊敬,因为他不想比别人更好,简言之,无视这生命保险的智慧,——这智慧的结果是:一头羊去喝水,另一头羊也去喝,[317]另一个傻瓜做这一个傻瓜所做的事。

"那宗教的"不处于一种介于力量和痛苦的直接关系中,而是在它让自己与自己发生关系的时候,处于"那内在的"之中。在这里,"自我"被加了重音,这就足以展示出,我们会以另一种方式来观察自我折磨;然而,宗教性的人说,这不足以构成一种辩护:各种在"那审美的"之中有着其全部存在的个体们把某些东西混淆成一团,宗教性的讲演者们虽然有满嘴雄辩和神圣说辞却不具备各种纯粹的范畴,在这样的情况下,上面所说的东西不能够构成一种辩护来给予这样的事情[318]以正当性。

如果说,从审美的角度看,自我折磨是喜剧性的,那么,从宗教性的角度看,它就是受谴的。一种宗教性的康复不通过笑来达到,而是通过悔[319]:自我折磨是一种罪,正如其它的罪。

"那审美的"恰恰因为与"那内在的"毫无关系,所以它以非常普遍的方式把自我折磨作为喜剧性的东西来打发,然而,"那宗教的"则不能够以同样的方式来打发自我折磨。宗教性的个体的畏惧恰恰是对自己的畏惧;宗教性的康复首先并且尤其在于唤醒这种畏惧,由此我们很容易看出,事情在这里变得更麻烦了。但是这个体怎样开始畏惧自己却没有通过他自己去发现自己所处的危险呢? 一种狡诈的宗教性确实会有另一种做法。它说:"你不应当自己去召唤出这些危险,在有需要的时候,我们的主肯定是会发送出它们的。"这话当然是可以这样说,但要说一句"阿门"并且以此结束则肯定是不行的,因为这说法是模棱两可的。尽管它用上了宗教性的表达"我们的主",你也许还可以说得更具宗教性（就仿佛"那宗教的"在于某些字词和语句），用"我们的拯救者"来代替"我们的主"，可这些范畴仍是半审美的。尽管这讲演是宗教性的，但个体只是在一种与上帝的外在关系之中被看见，而不是在一种与自身的内在关系之中。这讲演差不多是这样：我们的主无疑是能够把危险和悲惨带到你家，他能够拿走你的财产、你的爱人、你的孩子，并且，在这对你有好处的时候，[320]他会这样做，——ergo（拉丁语：所以），既然他不这样做，那么就是没有危险。这是一种美学，带着不真实的宗教性的镀金表面。从宗教性的角度看，最高的危险是，一个人没有发现，一个人不是一直发现，自己是在危险之中，尽管他确实是有着金钱和最美丽的女孩和可爱的儿女，并且是一国之王或者这国家里的一个安静人，[321]没有任何忧虑。

　　如前面所说，这话当然是可以这样说的，但你不可以说"阿门"并且以此作为结束语，因为，如果你这样做，你就是在欺骗。在我们进一步审视这讲演的时候，这一点就又一次显示了出来。因此，有一个人，一个真正的幸运之宠儿[322]（这个词用在这样一个宗教性讲演中非常合适），人们都关怀和照顾他，不知道任何危险，如果他通过这种考虑来得到陶冶，我们的主当然……如果……。一个多么幸福的审美者，他在所有美学的 Heiterkeit（德语：欢悦性）[323]之外还获得了一份安全保证文件！每一个人首先是有着某种被我们称作是想象的东西；于是，我们的幸福者听到了，在世上有着痛苦和悲惨。现在，他很愿意去施舍，并且因此获得赞美。但是，想象力并不满足于此。它为他把痛苦描绘得非常可怕，而在它是最可怕的那一瞬间，思想撞向他，一个声音说：这完全也可能会发生在你身上。如果在他身上有着骑士的血液，他会说：为什么我要得以豁免而不是别人［蒂克在他的小说的一个段落中对此进行了论述，小说中一个有钱的少年人对自己的财富感到绝望，不是因为抑郁（Spleen），而是因为对人的同情[324]］。这讲演根本就没有谈及这个，不过在这里有着介于那不愿对它的存在有所知的审美性的固执和通过痛苦而达到的宗教性的崇高化之间的边界线。它根本没有谈及：有一个这样的抉择口,你不可能通过支付贫困税[325]并且稍稍多支付一点来购买一种豁免。我们的幸运宠儿可以一直沉浸在自己的快乐里,直到我们的主,在有这种必要的时候,发送出危险。讲演者在这里干什么?他在欺骗。不是把这幸运宠儿带出来将之置于危险,他反而是帮助他在宗教性的幻觉之中偷偷从生活里溜出去。每一种要阻止人去接受"你处于危险之中"这一说法的尝试都是审美上的偏离,不是偏向于诗歌,而是偏到这样一种审美方向,正如它相对于现实所展示的:固执。

如果这讲演者是一个更宗教性的讲演者,那么他就会很轻松地移动进这一麻烦,并在之中帮助这听者。他带着宗教性的玩笑谈论命运和变迁;我们的幸运宠儿变得有点害怕,而讲演者没有欺骗他。现在他通过信仰的安全感而得以陶冶,那得到了宗教性感召的讲演者向自己和向他叫喊道:一个宗教性的人总是喜乐的。[326]这是世上所说过的最骄傲的话,就是说,如果这是真的,没有人在地上或者天上是像宗教性的人那样知道什么是危险和什么是"在危险之中",宗教性的人知道自己总是在危险之中。[327]因此,如果一个人真心地同时说他总是在危险之中并且总是喜乐,那么他就是在同时说出一个人所能说的最沮丧的和最慷慨的话。我,只作为一个观察者和一个 poetice et eleganter(拉丁语:诗意而有品位)监察警员,[328]我已经想要因为自己敢于向一个这样的人鞠躬而暗自庆幸;但是我要以我自己的各种范畴来谈论我自己:尽管诸神拒绝给予我那伟大的,那无限地高于我所能的事物,他们还是赋予了我一种非凡的机敏,去留意各种人,这样,我就既不会在我看见这人之前就摘下我的礼帽,也不会为一个错误的人而脱帽。

有很多这样的人,曾经 immer lustig(德语:总是欢愉),然而却站得如此之低,乃至美学都将之视作是喜剧性的。因此,重要的是:一个人不在各种错误的地方变得喜乐。那么,什么地方是正确的?[329]那就是:在危险之中。在七万寻[330]的水深之上,距离所有"他人的帮助"很多很多英里之远,仍然喜乐着,是的,这是伟大的! 和涉水的人们在一起,在浅水处游泳,这不是"那宗教的"。

现在，我们能很容易地看出，从宗教性的角度，自我折磨必须被怎样理解。关键就在于要通过自己去发现危险之可能，要通过自己去在每一瞬间发现它的现实（审美者会将此称为自我折磨，而带着不真实的宗教性的镀金表面的审美讲演则会想去阻止他这么做），但是重要的是，在同一瞬间也要有喜乐。那么，自我折磨在什么地方呢？它在半途之中。它不在最初，因为那样的话，我就是在以审美的方式谈；它是在于，一个人无法一路走通到喜乐之中。宗教性的人说，这不是喜剧性的，也不是为了要唤出审美的眼泪，因为这是受谴的，并且他应当走通。每一个没有走通的人，自己对此是有辜的，因为，在这里不是悲剧中那些不幸的爱人有着硬心肠的父亲，在这里不是英雄面对敌人的优势瘫倒在悲剧之中，在这里不是他所最信任的人的背叛导致杰出人物落进陷阱，在这里只有一个人可以是背叛者：他自己，以及那个，在他旁边，但无穷之远，那个引导他不作为的讲演者，——这讲演者没有做自己唯一能够做的事情，也就是：在有着七万寻的水深之上帮助他，相反，这讲演者引导他去听之任之。在这事情已经发生，他现在认识到，他无法做更多，无法帮助那个他爱之高于爱自己的生命的人（就像人们在戏剧剧情里所能讲述的），而只能在这种忧虑之中发现，他在自己脚下有着十四万寻，在这时他还是能够做一件事，他能够向那被爱的人叫喊："如果你现在不变得幸福，那么要知道，那么要知道：这是你自己的辜。"[331]

即使这是许多人的意思，如果他们留意到在这里所提出的东西，认为一个这样的讲演者必须被看作是民族祸端，并且一切之中最傻的事情就是付他钱，因为他令人不快，那么，这也不是我的意思。我会很高兴地付他钱，并且，如果我自己能够成为一个这样的人的话，我会不受打扰地为此而收钱；但是我不认为这是在给他报酬，也不认为这是在接受报酬，因为对于一种这样的授课，金钱是不相称的，[332]甚至不那么值得让人以辩驳的方式通过"不愿接受它们"来强调它们，比如说像苏格拉底所做的。[333]

这就是与自我折磨有关的。这是极其简单的；每个人都知道这，并且恰恰在这之中,当我考虑"每个人知道一个人是什么",³³⁴而观察者知道每个人是什么"时,①我再次看见"那喜剧的"和"那悲剧的"的统一。就是说,这不是审美的-喜剧性的,因为这里面比一种直接的关系有更多(因为"那喜剧的"处于"一个幻觉出来的可能"和"现实"之间的错误关系之中)。迪德里克·曼辛希莱克是喜剧性的,因为他的勇气是一种幻觉出来的可能,因此他的现实被消释在空虚之中。³³⁵但是,那种可能对于每一个人来说都不是幻觉出的可能,而是一种实在可能;³³⁶他能够成为"那至高的",宗教性的人说,因为他有意向于"那至高的"。悲剧性的是:他不是"那至高的";但喜剧性的是:他当然仍是"那至高的",因为他无法删除那个由上帝自己有意向地设计出来的可能。于是,每个人都知道,一个人是不死的;观察者知道,每一个人在,然而每个人却仍是并且继续是不死的。因而,他的不死性³³⁷不像迪德里克·曼辛希莱克的勇气那样是幻觉出来的可能;在另一方面,如果一个人在所有生活的恐怖之中(对抗着时代和习惯的狡猾³³⁸)保持让"对不死性的信仰"在自己内心里在场,那么,这个人也并不比任何其他人在更大的程度上是不死的。

想象实验中的基旦多少是一个自我折磨者。他的第一步行动很好、很正确,但是他停留在出击的姿势中,³³⁹他没有足够迅速地让自己回到喜悦之中以便在之后再重复这一姿势。我解读他的那个环节,也是他的危机点;如果他足够理智地去把整个一生看成适合于这样一种课程,甘心在那些迅速完成学业的人中作一个拖沓者、在那些无限地继

---

① 尽管我本来并不想得到任何评论家们的评论,但在这里,我几乎希望有他们的评论,如果这评论绝非恭维我而是一针见血地说出真相:"每个人都知道我所说的东西,每个孩子和那受到了无限更多教育的人。"就是说,只要"每个人都知道这"这一点保持固定不变,那么我的立场就没问题,并且,我会以"那喜剧的"和"那悲剧的"的统一来完成这一切。如果有任何人不知道这,那么我就会被这样一种想法拉出我的平衡:我本来也许可以教他各种必需的预备知识。我们时代的那些受过教育的人们说,"每个人都知道'那至高的'是什么",那让我如此高度专注地去考究的恰恰就是这种说法。这不是异教文化中的情形,不是犹太教中的情形,不是十七个世纪的基督教中的情形。幸运!十九世纪。每个人都知道这。在那些时代只有很少人知道这,从那时到现在,怎样的进步啊。平衡会不会有可能来要求我们作为回报做出这样的设想:根本没有人知道这?

续向前的人³⁴⁰中作一个迟到者，那么，对他来说，事情还是有可能变得更容易一些的。

这女孩对于他是有帮助的，使得他去达到那种深度，这是毋庸置疑的；从我的立足点看，我不得不说，他与她的整个关系是一个幸福的关系；因为，如果一个男人得到一个这样的女孩，这女孩就像是恰恰为了发展他而设计出来的，那么这男人在情欲之爱里就总是幸福的。于是，苏格拉底是很幸运地与粘西比结了婚；如果不是粘西比，他也无法在整个希腊找到一个相配者；因为，反讽的老大师需要一个这样的人来发展自己。因此粘西比常常不得不听人在世界上诽谤她，这样，我倒是反过来相信她是洋洋得意的：反讽的首脑把自己的头伸到人群之上，要说归功于什么人，没有人能够达到他因粘西比做家务所欠的恩情，³⁴¹在这恩情之中，苏格拉底 pro summis in ironia honoribus（拉丁语：为反讽中的至高尊严）反讽地辩论着，并且在这关联之中，他辩论得让自己有了反讽的熟练技能和平衡，借助于这些，他胜过世界。³⁴²

于是这女孩恰恰是适合于他的，正如在这想象实验中合理地安排出的情形。她是可爱的，足以打动他，但也虚弱得足以去滥用自己对他的权力。将他绑定的，是前者，而后者则帮助他到达那深度，但也拯救了他。如果这女孩有着更多一点精神的定性和更少一点女性的可爱，如果她是非常慷慨大度的，那么她就会在他正在欺骗的时候对他说：亲爱的，你的欺骗让我伤心；我不明白你，不知道你是否轻率得足以想要离开我，因为你想要进入外面这世界；或者，也许你对我隐藏了什么，也许你比你外表的样子更善良，但是，不管怎么说吧，我认识到，你必须获得你的自由；如果我不给你这自由，我会为我自己感到担心，而我却那么深深地爱着你，所以我无法拒绝给你这自由。那么，拿去吧，你的自由，没有任何责备，没有愤怒介于我们之间，没有你那边的感谢，但有我这边的意识：我做了我最可能好地做的。如果这样的事情发生，那么，他就被碾碎了；他会因为羞愧而沉下地面，因为，如果他知道自己是更好的，那么他就会带着自己的激情完全能够忍受所有邪恶，但是他无法忘记,相对于这样一种慷慨,他成为一个亏欠者,他带着魔性的敏锐洞察力恰恰会发现这种慷慨的伟大。这会是对他的不公正,因为从他的立足点看,他也是善意的。在这想象实验中,他没有被一个人羞辱,而是在上帝面前变得屈辱。

如果一个人本来是有着愿望和感觉去通过想象实验用各种范畴来进行构想,无需盛大的游行场面、野外的场景、许多人物和"然后还有许多牛",那么,他会看到,从这个点出发可以有多少新的构建可能:通过稍稍改变他[343]或者她,并且看这会对他和她构成怎样的结果,为了去碾碎她(这是他根本不可能做到的),他会怎样(比如说,如果他残酷地让她对他的生命负责,并且可能就使得她陷在恐怖之中永远都无法恢复过来),或者为了让两个人都被碾碎,这两个人必须有怎样的特性(比如说,如果他不具备各种宗教的预设前提,并且在自己的骄傲之中绝望,结果借助于自杀来庆祝他们的结合),于是,这构建出的内容就不会是现在这样让两个人都获得帮助。

小说的读者们自然会有其它更大的要求,并且会觉得,所有的一切只是围绕着两个人,这必定是很乏味的;如果这想象实验不是同时也围绕着各种范畴的话,那么它也确实很乏味。既然它是围绕着范畴的,那么,即使只围绕着一个人,它也已经是有娱乐了,并且六十四亿七千七百三十七万八千七百八十五个人[344]不可能围绕更多人。一个小说读者自然只会在有吸引人的东西存在的时候受吸引而介入,就像我们在看见一大群人的时候所说的那样。但是现在设想一下,如果这一大群人所围绕着的只是乌有,那么,在那里也一样没有什么吸引人的东西存在。

§6
不为任何事而悔是最高的智慧——罪的赦免

与这样一些否定的原则,诸如"不为任何事而羡慕"、[345]"不为任何事而期待"等等并行的有这条否定原则,"不为任何事而悔",[346]或者,用另一句话说(这句话可能不会在伦理上起到困扰作用):"不为任何事懊悔。"³⁴⁷这一智慧之中的秘密其实是,人们对一个审美的原则做了化妆包装,并给予它一个"伦理的原则"的外观。在一个伦理的立足点上以审美的方式理解,这完全是真,因为那自由的精神³⁴⁸恰恰不应当把"那审美的"的整个范围看得如此之高,以至于他为某件事情懊悔。比如说,如果一个人变穷了,那么这样说就是对的:"不为任何事而懊悔"是最高的智慧,这就是说,依据于"那伦理的"来行动。这样,这原则就意味了:不断地砍掉身后已过的桥,以便不断地能够在瞬间之中行动。如果你在进行了最周密的考虑之后想出一个计划,然后其结果似乎展示出你的计划是错误的,那么这就是一件"不为任何事而懊悔"的事情:不为任何事情而懊悔,但依据于"那伦理的"来行动。不容否认,世上有许多时间被浪费在一种这样的回首返顾上,在这样的范围里,这原则可以是值得称赞的。

然而,如果我的计划不是经过了周密考虑的,如果在之中有欺诈,那又怎样呢?这是否也是这样的一个问题:"不为任何事而悔,以便不被推迟?"这要看你会畏惧怎样的一种推迟。如果你所畏惧的是对"沉陷得越来越深"的推迟和阻碍,那么最好就还是叫喊"不为任何事而悔",并且去领会诗人的话:nulla pallescere culpa(拉丁语:不去拥有任何使你苍白的辜),³⁴⁹这句话指向"不因辜而脸色苍白"的厚颜;但这样的话,这原则就是高度地不符合伦理的。然而,世上有很多人带着恐惧之匆忙穿越一生。没有任何东西比"那辩证的"更让他们害怕,并且在他们说"相对于过去没有什么可悔的"的时候,他们可以以同样的权利说"相对于未来没有什么可考虑的"。于是,在斯可里布的剧中有一个快乐的家伙不乏风趣地说:既然他从来就不曾有过任何计划,因而他也就从来不曾有过忧虑去看到计划失败;³⁵⁰女人们常常是这样不加考虑地做出行动,并且能够不招致麻烦地全身而退。以另一种方式,一个非常聪明的人有时候恰恰就会不加考虑或者铤而走险地做出行动以求得到一个尺度。在你陷于某件事情不能自拔,既不知道怎么进去也不知道怎么出来的时候,在一切都变得如此破坏性地相对³⁵¹以至于你简直要窒息的时候,这时,突然在一个单个的点上行动起来,只为求在所有死肉之中觅得一点动态和生息,这样的做法倒也是适宜的。比如说,一个调查法官,[352]在理解力静止不动而一切都有着同样的几率可能性的时候,突然把调查的方向对准一个单个的个体,并非因为这人有着最大的嫌疑(因为一种决定性的嫌疑认定恰恰是他所缺乏的),他带着全部激情追踪这随意选出的行迹;有时候事情就在这样的情况下见分晓,不过是在另一个地方。如果你不知道自己是生病还是健康,如果这状况开始变得越来越莫名其妙,你无疑会突然做出什么绝望的事情。但是,哪怕你是在没有考虑地做出行为,在这行为之中却还是有着一种类型的考虑。

否则的话,你就必须以周密的考虑为前因、以悔为后果,坚持"那辩证的"。只有在一个人在这周密考虑之中穷竭了"那辩证的"的时候,他才做出行动,并且只有在一个人在这悔[353]之中穷竭了"那辩证的"的时候,他才悔。[354]在这样的情况下,我们似乎是无法解释,大思想家费希特怎么会认为,对行动者来说没有悔[355]的时间;尤其是因为我们同时还知道,这位精力充沛的并且在高贵的希腊意义上的诚实的哲学家有着一个关于"一个人的行动[356]只是在'那内在的'之中"的伟大概念。[357]不过这也许还是可以在这里得到解释:他在他充沛的精力之中没有留意到(至少在早期没有),这内在的行动[358]在本质上是一种承受,[359]因此,一个人的最高内在行动就是悔。[360]但是悔[361]不是一个"向外"(ud ad)或者"去往"(hen til)的正定[362]运动,而是一个"向内"(ind ad)的否定[363]运动,不是一个行动,[364]而是一种"让自己通过自己遭遇某事物"。[365]

存在之层面有三个:审美的、伦理的和宗教的。"那形而上学的"是抽象,没有人形而上学地存在。"那形而上学的"、"那本体论的"在(er),[366]但它不存在(er ikke til);[367]因为,如果它存在(er til),那么它就是在"那审美的"之中、在"那伦理的"之中、在"那宗教的"之中,而如果它在(er),那么它就是"那审美的"、"那伦理的"、"那宗教的"的抽象,或者是一个Prius(某物先于)[368]"那审美的"、"那伦理的"、"那宗教的"。

伦理的层面只是过渡层面,因此它的最高表达是作为一种否定行动[369]的"悔"。审美的层面是直接[370]之层面,伦理的层面是要求[371]之层面(并且这一要求是如此无限的,以至于个体总是破产),宗教的层面是满足[372]之层面,但是请注意,这不是一种像人们把黄金填充满一个施舍罐或者一个袋子那样的满足,因为悔[373]恰恰弄出了无限大的空间,并且由此得出那宗教性的矛盾:在同一时间里,是处在七万寻水上,但却是喜乐的。

正如伦理的层面只是过渡层面(然而你却还是不可能一了百了地一下子过渡),正如悔是它的表达,所以,这悔是最辩证的东西。因而难怪人们畏惧它,因为你给它一根手指,它拿下你整只手。[374]正如耶和华在《旧约》之中要清算父母的逆,[375]追讨到孩子们那里,直到最晚的那几代,[376]同样,悔也往回走,不断地为自己的调查预设着对象。在悔之中有着运动的抽拉,因此一切就转过来。这一抽拉恰恰意味了"那审美的"和"那宗教的"的区别,同样也意味了"那外在的"和"那内在的"的区别。悔也是同情地辩证的,由此我们能够看出这一悔之无限毁灭性的力量。人们很少去留意到这一点。在这里我不想谈论各种可悲的做法,诸如想要为单个的行为悔,并随后重新做一个快乐的家伙,或者想要是"曾悔过",并且想要被人相信,尽管每一个这样的表述都是一种充分证据,证明了这正做决定的人,这个向人做保证的人,这个正信仰着的人并不具备关于意义的概念;但是,甚至各种对悔的更到位的论述也都忽视了"那同情的"的方向上的辩证方面。举个例子来阐明一下。一个赌徒收手不赌了,悔抓住他,他放弃一切赌博行为;尽管他站在离深渊很近的地方,悔还是抓住他,并且看来是成功的。他就像现在这样低调地生活着,可能是得救了,有一天人们从塞纳河里捞出一个死人:一个自杀者,这人和他一样曾是赌徒,并且他知道,这个赌徒搏斗过,为对抗赌博的欲望而进行了绝望的斗争。我的这个赌徒曾非常喜爱这个人,不是因为他是赌徒,而是因为他比他更好。然后怎样呢?人们无需去向小说和故事征询忠告,但是甚至一个宗教性的讲演者也很可能会更早地终结我的故事,并且让它在这个地方结束:我的赌徒,震惊于这景象,回到家里感谢上帝对他的拯救。停下!我们首先需要一个小小的解说,对另一个赌徒的一个论断;每一个存在,如果不是没有思想的,都 eo ipso(拉丁语:正因此)而是间接地论断着的。如果另一个赌徒是冥顽不化的,那么他当然就可以得出结论:这个人不愿被拯救。然而这另一个赌徒的情形并非如此。现在,我的赌徒是一个明白了古话 de te narratur fabula(拉丁语:这寓言是在讲你)[377]的人,他不是那种现代愚人,不会像他们那样地以为每一个人都应当向庞大无比的客观任务献殷勤,都要能够去急速地背诵出某种与全人类有关而只是与自己无关的东西。于是,他应当做出什么样的判断呢?他无法不去做出这判断,因为对于他这一 de te(拉丁语:关于你)是生活的最神圣规律,因为这是人性之契约。如果一个宗教性的讲演者在没有能力思考的时候却能够闲谈,如果他深深地被打动并且慈善地想要用各种"半范畴"[378]来帮助他,那么,我的赌徒就会足够成熟地去看穿这幻觉,于是他会做完他该做的事。如果他希望自己能够得到拯救的话,那么,在他要作出判断的瞬间,他就会坚持着一种预定论学说[379]的谦卑的表达(傲慢的表达是在镀有不真实的宗教性镀金表面的"那审美的"之中)。[380]如果一个人没有同情但却又怕水的话,那么这人自然会觉得"去把另一个人的命运如此当一回事"是不合情理的,但是"不将之当一回事"则是没有同情心的,并且只有在理由是"愚蠢"的时候才是可以得到原谅的。然而生活却还是必须有规律的,伦理的诸事之秩序不是什么骚乱喧哗,可以听由一个人安然无恙地从最糟糕的事情里逃脱而另一个人则遍体鳞伤地从最好的事情里出来。但现在是这判断。在这里,我们自然不是说,这是谴责愿望在使得他像一只急着要下蛋却又找不到地方的母鸡。[381]但是,他无法自己通过某个偶然事件而得救,这[382]是缺少思考。如果他说那另一个赌徒尽管有着好的意愿但却仍然沉沦,那么他自己就沉沦,而如果他说,那另一个因而是不愿得救,那么他在内心之中就会颤抖,因为他还是在那另一个身上看见好的东西,并且因为这看起来似乎是他在使得他自己更好。

我有意让这个问题尖锐化。借助于悔中的"那同情的"的方向上的辩证因素,每一个不愚蠢的人都马上会搁浅。尽管我不是赌徒,那现象也已经是充分的,当然,除非我是一个天使。[383] 如果我只有如此少的辜可让我良心不安,如果我只有一小点想法在我脑子里,那么,所有人性上的蜘蛛网,所有介于张三李四之间的关于救援的闲言碎语,都会像缝衣线一样地断掉,直到我发现生活之规律。一个人在这范畴之上无畏地走过一生:他不是罪犯,但也不是毫无瑕疵;他自然是喜剧性的,并且我们必须帮助"那审美的"使他得以被引渡(如果他为了要在"那宗教的"之中参与而偷偷地溜进了"那宗教的"的话),让他被引渡到喜剧性的处理之中。

现在,让我们看一个这样的作家:他肯定是没有去留意悔的"那同情的"的方向上的辩证法,但却留意着某种类似的东西,留意着一种同情的表述。看一个这样的作家通过把疾病弄得更严重来治疗这痛苦,这是够古怪的。波尔内极端严肃地,并且因为想到人们在一些小城市里变成厌世者,甚至变成亵渎上帝者和与天意的睿智治理[384]作对的反叛者而不无一定程度的感动地,解释说:在巴黎,各种关于苦难和犯罪的统计概观构成了一种帮助,帮人们从那可能就是因为这些苦难和犯罪所招致的印象之中康复,也帮波尔内成为了一个慈善家。[385] 是啊,这些统计概观是一种什么样的无价发明啊,一颗文化的辉煌果实,一个相对于古典的 de te narratur fabula(拉丁语:这寓言是在讲你)的典型对应物。施莱尔马赫如此热情洋溢地说,知识并不打扰宗教性,宗教性的人并不是安全地坐在避雷针旁讥嘲上帝;[386]但是借助于统计概观一个人讥笑着整个生活。正如阿基米德全神贯注于自己的计算而没有留意到自己被杀,[387] 同样,我想,波尔内全神贯注于统计工作而没有留意到,——我说什么,咦!一个远远不像波尔内那么敏感的人也无疑会发现,如果生活向他靠得太近的话;但是只要一个人自己是从不幸之中得救的(因为,波尔内完全能够很容易地借助于一种非苏格拉底的无知性[388]从罪中拯救出自己),那么他就会把自己的舒适生活归功于自己所具的资源,他借助于这资源来防范恐怖。不管怎么说,一个人还是能够把穷人关在门外的,而如果有人饿死,那么他还是能够去看一下统计概观中的数据——每年有多少人死于饥饿,并且他得到了安慰。①389

---

① 通过某种神秘化,同情被混淆为自我本位,这一类型的神秘化并非是我们感觉不到的,作为对此的例子,我把这一段落抄出来(*Sämtl. W.* 8de B. p. 96),ᵃ他谈论住在小城市的危险性,并且现在继续:große Verbrechen geschehen so selten, daß wir sie für freie Handlungen erklären, und die Wenigen, die sich ihrer schuldig machen, schonungslos verdammen(德语:严重犯罪事件如此罕发,以至于我们将之宣称为自由行为,而对犯罪事件之中为数不多的有辜者,我们绝不留情地重判)。(然而这却是不必须的,如果一个人不是自私地怯懦的或者非常愚蠢的话。战争法庭在审判兵变的时候会受影响,兵变把宽恕带给所有人,因为你不可能处决所有人,神圣的公正是不会因为这样的印象而受影响)……Aber ganz anders ist es in Paris(德语:然而,在巴黎是完全不一样的)。ᵇ(就是说,在那里,人们相信兵变的拯救力。)Die Schwächen der Menschen erscheinen dort als Schwächen der Menschheit(德语:在那里人的弱点显现为人的弱点)(是啊,让它拥有它吧,尤其是在波尔内说话的时候,它是一种虚构的量,我们可以很随意地 en carnaille[法语:以一种粗鄙的方式]来对待它,因为波尔内当然是不会因这麻烦的问题而被困扰;族类是怎么由个体们和由族类与个体的相互作用产生的ᶜ);Verbrechen und Mißgeschicke(德语:犯罪和畸形)(这一个其实与那一个一样)als heilsame Krankheiten, welche die Uebel des ganzen Körpers, diesen zu erhalten, auf einzelne Glieder werfen(德语:作为有益于健康的疾病,它们把整个身体上的邪气抛向一些单个的肢体以便维护整个身体)。(并且波尔内幻觉自己被当作一个煽动者而遭迫害!ᵈ他是如此贵族气,以至于他公开讥嘲护民官关于"一肢痛苦,全身痛苦"的讲演ᵉ)。Wirerkennen dort(在巴黎)die Naturnothwendigkeit des Bösen(德语:我们在那里认识到恶之必要)("上帝保佑,巴黎的一切是多么伟大;根本没有任何东西是平凡的,一切都完全像是鹿苑节庆时期[那样]ᵍ);und die Nothwendigkeit ist eine beßre Trösterin als die Freiheit(德语:必然是一个比自由更好的安慰者)(尤其是对于那些停止了哀恸的人,因此无需任何安慰了ʰ)。Wenn in kleinen Städten ein Selbstmord vorfällt, wie lange wird nicht darüber gesprochen, wie viel wird nicht darüber vernünftelt!(德语:在小城市发生一个自杀事件的时候,人们会对这事件谈论多久呢,人们对此有多少翻来覆去的说明呢?)(然而我还是相信,比起"如果一个人把理性带进这一智慧"的情形,他结束得更快。可怜的巴黎!确实这事情是否就是如此呢:如果一个怯懦者躲藏在人群之中,就像一个小顽童躲在母亲的裙下,他写下一些什么东西,不像他平时那种诙谐逗趣的风格,而是用了一种教训人的风格,那么,他的情绪就像那自杀者,人们并不关注他。)…Liest man aber in Paris die amtlichen Berichte über die geschehenen Selbstmorde … wie so viele aus Liebesnoth sich tödten, so viele aus Armuth, so viele wegen unglücklichen Spiels, so viele aus Ehrgeiz, —so lernt man Selbstmorde als Krankheiten ansehen(德语:但是,如果人们在巴黎阅读那些关于已发生的自杀事件的官方报道……怎么会有如此多人因爱情之苦而自杀,如此多人因贫困而自杀,如此多人因赌运糟糕而自杀,如此多人因勃勃雄心而自杀,——于是人们学着去把自杀看成是疾病)ⁱ(是的,根据前面的文字,als heilsamen Krankheiten[德语:作为有益于健康的疾病], die wie Sterbefälle durch Schlagfluß oder Schwindsucht in einem gleichbleibenden Verhältnisse jährlich wiederkehren!)(德语:与各种由中风或者肺结核造成的死亡事件相同,它们年复一年地在同样的境况下重复着!)在一个人学到了这些东西之后,他就成为了一个慈善家,一个虔诚者,不讥嘲上帝,甚至也不会反叛上帝智慧的秩序。因为在巴黎居住着虔诚,并且波尔内是一个灵魂辅导师!

统计概观对一个做想象实验的心理学家毫无用处;这样,他也无需一个如此巨大的人流。

现在,我再一次在想象实验过程中为"那宗教的"准备好一个问题:罪的赦免。[390] 很多人可能会想到要在一种直接的关系中把直接性和罪的赦免设定在一起;他们肯定也会对此有所谈论,为什么不?他们无疑也能够感动别人去相信,他们自己曾体验过某些这样的东西,并且曾以这样的方式存在过,他们甚至还肯定能够感动许多人去想要做同样的事情,并且想要认为曾做过同样的事情,为什么不?这之中的唯一麻烦就是:这是一种不可能。相对于人的生理上的行走方式,一个人不具备很多随便玩笑的自由游戏,如果有人想要说,他用一只手臂走路或者甚至是所有人都这样走路,那么,你就马上会发现这是一个吹牛的人,但是一个牧牛的人[391] 在精神的世界里则是更为自在的。

"一种在直接性和罪的赦免之间的直接关系"意味着,罪是某种单个的东西,而赦免则把这单个的东西拿走了。但这不是罪的赦免。于是,一个小孩子不知道什么是罪的赦免,因为这小孩子,还是相信自己在根本上是一个好孩子;只要不是昨天有过这事情,并且这赦免拿走了它,这孩子是一个好孩子。然而,如果罪应当是根本彻底的(对之的发现应归功于悔,这悔总是走在赦免之前),那么,这就恰恰是说:直接性被看成是"不是有效的"的东西,但是,为了不使它被看成是如此,它则就必须是"被取消的"。

但是,一个人怎样去让自己依据于这样的一个理念而存在呢?稍稍具体一点理解的话,难道"要急速背诵一些什么东西"是不难的吗?——我当然是认识到,那些观察着人类未来的思辨者和先知预言家们[392] höchstens(德语:至多,至高)会把我看成是一个师范学校毕业生,[393] 也许只有能力去为村民学校的教科书写一条问答式教学法的评注。[394] 就算是吧,不管怎么说,这还总是什么吧。只是但愿师范学校毕业生们不会把我排斥在他们的协会之外,因为不管怎么说,他们还是知道无限地更多;只是但愿最终,如果我很满意"作一个上学的孩子",那位得到了启蒙的师范学校毕业生,为世界历史担忧的圣诗领唱者不会说[395]:这确实是一个笨孩子,他问的就是这一类愚蠢的问题。这与我关系极少,我只想着,什么时候在对话之中敢让自己去靠近那位我所景仰的希腊智慧者,那位希腊的智慧者,他为自己所领会的东西而献出自己的生命,并且愿意为领会更多而再次以生命冒险,因为他把处于谬误中看成是最可怕的事情;[396]我肯定,苏格拉底会说:确实,你所问的事情是一件麻烦事,我一直感到惊奇,这么多人会以为自己明白这样的一种学说;而更令我惊奇的是,一些人甚至明白远远更多东西。我无疑很愿意让上面所提及的最后几点进入我的对话;尽管作为惯例我不曾自己支付宴会费用和乐手的报酬,我还是会为一个这样的宴会筹钱,以便被接纳进他们的高等的,不仅仅是超人的,同时也是超神圣的智慧。因为,高尔吉亚、波卢斯、特拉西伯罗斯以及其他在我的时代在雅典的广场上有摊位的那些人,他们也只不过是超人的智者,[397]等同于诸神,但是这些人,他们赶超了诸神,并且不仅仅因此而收钱,而且还接受崇拜,这些人肯定能让人从他们那里学到许许多多东西。

如果"罪的赦免"不应当是在纸面上被决定出来,也不应当是由一句生动的言辞所给出的各种保证(这些保证一忽儿在欣悦之中被感动、一忽儿又在泪水之中被感动)来决定了的话,[398]那么,这"罪的赦免"之中就有着麻烦;这麻烦就是:如果一个人要进入罪的赦免,那么他就必须以这样一种方式变得对自己透明,——他必须知道,他不在任何点上依据于直接性而存在,他甚至必须是变成了另一个人;因为,如果他不是以这样的方式变得对自己透明的话,那么,这罪的赦免从我的立足点上看就只不过是:"那喜剧的"和"那悲剧的"的统一。[399]

然而,既然直接性既是某种简单的东西,又是某种高度复合的东西,那么,通过这一个麻烦("被扬弃"),同时也通过另一个麻烦——这另一个就像这前一个一样("直接性甚至是作为罪而被取消"),我们就向各种最难的问题发出了信号,而所有这些问题都被包含在这一个问题中:[400]一种直接性是怎么重新再来的(或者,"直接性被取消"对这存在着的人来说是不是意味了"他根本不存在")？①⁴⁰¹一个这样的直接性是怎样与先前的那个不一样的？有什么东西被丢失了？有什么东西被赢得了？前一个直接性能够做什么第二个不敢做的事情？什么是第一个直接性所爱的而第二个不敢爱的东西？什么是第二种直接性不具备的第一种直接性的确定性？什么是第二种直接性不具备的第一种直接性的喜乐？等等，因为这是一件非常冗长的事情。在另一种意义上，它是很容易被竭尽的，如果我们不具备那种对"处于谬误中"的苏格拉底式的恐怖感，⁴⁰²但却有着现代的愚勇认为"只要你说这东西，你就是这东西"，就像人们在童话里通过说出一些话就变成一只鸟。⁴⁰³

尽管我本不倾向于有什么愿望，绝不想认为我是通过那被实现的愿望而得到帮助，然而我还是想要有一个愿望：一个苏格拉底式的审慎

---

① 尽管我们读到几百遍：直接性被扬弃了，但是，关于"一个人是怎么让自己去以这样的方式存在"的表述，我们却一个也没有看见。由此，我们也许可以得出结论：这些写作者们愚弄着我们，而他们自己则默然地依据直接性ª生活着，并且同时以写关于"直接性已经被扬弃"的书为生。甚至，体系也许并不是那么难理解，然而，那使得对之的吸收变得如此艰难的是：所有中项定性(Mellembestemmelser)ᵇ全都被跳过了，关于个体怎样突然变成一个形而上学的"我–我"，ᶜ这在怎样的情况下是行得通的，这在怎样的情况下是得到许可的，整个"那伦理的"在怎样的情况下是没有被废止的，这体系的永恒真理作为预设前提(在"那存在的"、"那心理学的"、"那伦理的"、"那宗教的"的方向上)在怎样的情况下由于缺少另一种引介而不具备一个必要的小小谎言，这体系在解释方面的天体般的文字在怎样的情况下没有给出相当蹩脚的注释，连同一种模棱两可的传统——这模棱两可的传统让受教者们得免于去在最决定性的问题上考虑任何决定性的东西。一个直接的天才能够成为诗人、艺术家、数学家等等，但是一个思考着的人则必须知道自己与人性存在的关系，ᵈ以便让自己不至于尽管读了这么多德文书却仍成为一个"不德之物"ᵉ(借助于"纯粹的在"，ᶠ这"纯粹的在"就是一个"不之物"ᵍ)。他当然必须知道，在怎样的情况下，"将自己形而上学地封闭起来、不想去尊重生活的要求"才是在伦理性和宗教性的意义上可辩护的，——这不是立足于他那多得计人有受祝福感的想法，也不是立足于他幻想出的"我–我"，而是立足于他的人性的"你"，不管生活是将他招引进快感、喜乐和享受，还是将他招引进恐怖和颤栗，都是如此；因为，不进行思考而保持对这个问题毫不觉察，无论是这样还是那样，都是一样地错误的。如果他能够不作思考地忽视这个问题，那么，就去拿一个这样思想者做一下实验吧，把他放置到希腊：他将会在那个特选的国家里被人当笑话；那是一个幸福的国家，因为它所在美好地点而幸福，因为它丰富的语言而幸福，因为它不可及的艺术而幸福，因为人民的快乐性情而幸福，因为它美丽的女孩而幸福，而自始至终最重要的，是因为那些思想者们而幸福，这些思想者们，在他们试图解释整个存在之前，他们寻求并努力去理解自己，去理解在存在之中的自己。

的人会让一个这样的存在着的形象在我们眼前进入存在,这样,通过听见他,我们能够看见他。[404]我的意思绝不是,如果我读了一百遍一篇这样的故事,就能够走出更多的一步,如果我自己本来没有在痛苦之中达到了这同一个位置的话。感谢公正的规则,它在精神的世界里使得一切公正合理,并且使人不去悲惨地在生命危险之中和在极端的努力之中获得另一个人不假思索地在愚蠢之中通过睡觉而得到的东西。

但是这问题本身,"罪的赦免"的理念,是处在想象实验为自己所设定的任务之外,因为实验中的基旦只是一个"那宗教的"的方向上魔性的人物形象,这问题既超越了我的理智,也超越了我的能力。我不应当为了逃避开它就说,这不是讨论这问题的场合,就仿佛我所缺乏的只是场合和时间,也许还有纸上的空间;相反,既然我是这样想的,那么,如果我在什么时候自己弄明白了这个问题,我肯定是会去找到场合和时间和纸上的空间来进行阐述的。

结束语

亲爱的读者!——然而,我是在对谁说呢?也许根本就没有什么人剩下了。如果我打一个比方,也许我的情形正好是反过来,——那首令人难忘的民谣使得这个故事令人难忘;那位高贵的国王,悲伤之讯息教他要迅速,他在马上疾速驰骋,穿越死亡的危险,民谣唱说,有一百个少年追随着他同赴斯堪德堡,十五个与他一同穿过兰德波尔荒野,但是,在他走过利波的桥时,在那里就只有国王一个人;[405]我恰与这国王的情形相反,并有着相反的原因;我是被一种想法捕获而无法出发,所有人都骑着马离开了我。在一开始,善意的读者拉起马缰停下步子以为我所骑的是一匹溜蹄的马,但是既然是我自己根本不愿意出发,那马(就是说,读者的马),或者如果你愿意这样说的话,那骑者就变得不耐烦了,我一个人在原地:这是一个不会骑马的骑马者或者星期天的骑手,[406]所有人都从他那里跑开。

在这方面根本就没有什么可让人着急的事情,我有着属于我自己的时间和日子,可以不受打扰地,当然也不去打扰什么别人,与我自己谈论我自己。在我看来,宗教性的人就是智慧的人。但是,那幻觉自己是宗教性的其实却不是的人,是一个愚人;那看见了"那宗教的"的一个方面的人是诡辩家。在这些诡辩家之中,我也是一个;哪怕我有能力去吞吃其他人,我仍然不会变得更肥胖,这并不像埃及那些瘦牛的情形[407]那样不可解释,因为,诡辩家们在"那宗教的"的方面不是肥牛,而是瘦鲱鱼。我从各个方面看"那宗教的",在这样的范围里,我一直就是比那只看见一个方面的诡辩家多一个方面,但是,那使得我"是一个诡辩家"的事实则是:我没有去成为一个宗教性的人。宗教性之层面中最渺小的人要比最伟大的诡辩家更无限地伟大。[408]通过赋予我许多美丽的观察并配备给我一定程度的机智作为武器(但是如果我用这武器来针对"那宗教的",那么它就会被没收),诸神减轻了我的痛楚。

诡辩家可被分为三个等级:(一)那些出自"那审美的"而获得一种与"那宗教的"的直接关系的。在这里,宗教成为诗歌、历史;诡辩家自己为"那宗教的"而热情洋溢,不过是在诗歌的意义上热情洋溢;在这种热情之中他心甘情愿地献上任何祭品,甚至愿意牺牲自己的生命,但却并不因此而成为宗教性的人。在至高的名誉之中,他把自己弄混淆了,让自己被混淆为一个先知或者一个使徒。(二)那些出自"那直接伦理的"而步入一种与"那宗教的"的直接关系的。对于他们,宗教成为一种正定的义务学说,而不是"悔是'那伦理的'的至高作为并且恰恰就是否定的"。诡辩家不经受任何考验地停留在无限的反思之中,在一种正面的全体概要里成为美德之榜样。在这里有着他的热忱,没有任何欺骗,他因为鼓励其他人去为这同样的东西激动而为自己带来喜悦。(三)那些把"那形而上学的"设定进一种与"那宗教的"的直接关系之中的。宗教在这里成为已经结束了的历史,诡辩家结束了宗教并且在自己的极大值之中成为体系的发明者。——这些诡辩家之所以被人众景仰,是因为,他们慷慨大度地不关心自己,相比之下,他们更关注诗歌的直觉(第一类就在这种直觉之中沉醉忘我),更关注那对一个外在的目标的正面追求[409]（这外在目标招引着第二类），更关注那种巨大的结果（第三类通过把结束了的东西设定在一起而获得这结果）。[410]而"那宗教的"恰恰在于宗教性地无限关注其自身，而不是关注各种景象；[411]无限关注其自身，而不是关注一个正定的目的（这正定的目的是否定的和有限的，因为那无限地否定的东西是"那无限的"的唯一恰当的形式）；无限关注其自身，因此不认为自己是结束了的（"结束"是否定的，并且是一种迷失）。——我知道这个，但是，我是在精神的平衡之中知道这个的，并且因此就像其他的那些一样是一个诡辩家，因为这一平衡就是一种对"那宗教的"神圣激情的犯罪。但是这一在"那喜剧的"和"那悲剧的"的统一中的平衡，它是希腊意义上的"对自己的无限关心"（而不是对自己的无限宗教性的关心），它对于阐明"那宗教的"不无重大意义。于是，在某种意义上，我相对"那宗教的"的距离要远远大于那三个等级的诡辩家与之的距离，他们全都已经开始了这样一种关系；但在另一种意义上，我是距离它更近的，因为我更清楚地看见，"那宗教的"是在什么地方，因此我不是在"把握某单个的东西"上把握错误，而是在"不去把握它"上出错误。

　　我就是这样理解我自己的。为小事情而心满意足，希望着更大的事情很可能在什么时候被赋予我，专注于精神的追求（按我的看法，在这种追求之中，每一个人都会有足够多的事情可做，哪怕他的一生是最长的一生，而这最长的一生又纯粹是由最长的每一天构成），我因为生活而喜悦，为这作为我周围环境的小小世界而喜悦。我的一些同胞肯定会认为哥本哈根是一个乏味的城市，一个小城市。[412]在我看来则正相反，这个靠着海的城市，这大海为它带来清新感，它甚至在冬天都无法放弃山毛榉森林的回忆，那是一个我能够希望居留的最幸福的去处。大得足以作为一个规模较大的城市，小得足以让人身上没有市场价格。人们因为在巴黎有如此如此多个自杀者而得到一种统计性的安慰，人们因为在巴黎有如此如此多个杰出者而得到一种统计性的喜悦，但在哥本哈根，这些统计性的喜悦和安慰无法打扰性地侵入那单个的人并将之旋进呼啸,否则的话,⁴¹³生命就毫无任何意义,在安息日没有安慰,在节庆日没有喜悦,因为一切都直奔那毫无内容的事物或者内容过于丰富的事物。

我的一些同胞肯定会觉得那些住在这个城市里的人不够活泼,被感动得不够迅速。我不这么认为。在巴黎数千人在一个人周围构成人堆的那种速度,固然对那个他们所围的人是一种恭维;然而反过来看,那里却没有了一种更宁静的性情,这更宁静的性情使得那单个的人感觉到,不管怎么说,自己还是有着某种重要性的,现在巴黎的这种迅速是不是也为"更宁静性情的缺失"而付出代价呢?恰恰因为个体们在巴黎并非是完全沉沦的,并非是好像要弄上好几打才造出一个人来,⁴¹⁴恰恰是因为幸亏人民太缓慢而无法理解这奉承绝望者们和受骗者们的半小时学识,⁴¹⁵恰恰因此,这座首都城市的生活对于一个知道怎样为人类感到喜悦("为人类感到喜悦"比"让一千个人围绕着你自己欢呼半小时"更容易让人忍受并且收获更多)的人来说是如此有娱乐性。在这里,更确切地说,错误在于:一个单个的人梦到一些陌生的地方,另一个单个的人迷失在其自身之中,第三个是固执于偏见而分离于主流的,⁴¹⁶等等,于是,所有这些单个的人阻止了自己去接受那被丰富地向人提供的东西、阻止自己去找到那些在被人寻找的时候会是很过剩的东西。⁴¹⁷如果一个人根本就不想做任何事,他仍还是能够(如果他有着半睁着的眼睛的话)只通过关注其他人来得到一种很享受的生活;而如果一个人也有着自己的工作,那么他就只需注意不让自己过于迷恋就行。然而,如果有很多人错过了无需付出代价的事情,免费入场、无需为宴会筹钱、免会费加入社团、没有麻烦无忧无虑,错过了令最富的人和最穷的人耗费同样低廉却又是最丰富的享受;如果有很多人错过了一次授课,这不是一个特定大师所讲的课程,而是由往昔随便的一个人、对话中的一个陌生人、偶然的接触之中的一个人讲授的;如果有很多人就这样错过了,这是多么可悲的事情!你在书中寻找着想要了解什么事情,却只是徒劳,但是因为你听见一个女佣与另一个女佣的对话,你突然就看见一道光线阐明了这件事;你绞尽脑汁,翻遍各种辞典,甚至是各门科学的辞典,[418]想找到一个表达,却只是徒劳,但是因为你听一个过路人说,一个本国士兵说过这个表达,他做梦都没想到他是一个多么富有的人!就像一个走在大森林里的人,感叹所有一切,一会儿折断一根树枝,一会儿摘下一片树叶,一会儿弯腰向一朵花鞠躬,现在又去倾听鸟鸣;就是这样,你混迹于民众群落之中,感叹语言神奇的馈赠,从路人那里一会儿摘取这一个、一会儿摘取那一个语言表达,为此而喜悦,并且不会因为没有足够的感恩而去遗忘你亏欠的是谁;就是这样,你走在人群之间,看见灵魂状态的表达,一会儿这一个,一会儿那一个,学着,学着,你只会变得越来越想学。这样,你不让自己被各种书籍欺骗,就仿佛那人性的东西极少才出现,这样,你不在报纸上读这方面的东西;语言表述中最好的部分,最可爱的,心理学上的小小特征则常常不会被保存下来。[419]

  我的一些同胞认为,母语不擅于表达各种麻烦的想法。在我看来,这是一种奇怪而不感恩的看法,正如在我看来,这也是奇怪而过分的:人们想要为母语争光而以至于几乎忘记让自己为母语而感到喜悦;如此急切地捍卫一种独立性,以至于这种急切看起来几乎就像是在暗示人们已经觉得自己是有依赖性的了,争执性的言辞在最后成为令人激动的东西,人们不再觉得语言的乐趣是令人振奋的东西。我因自己被与自己的母语捆绑在一起而感到幸福,也许只有很少人有着这种被捆绑的关系,就像亚当被与夏娃捆绑在一起,因为没有任何其他女人;"被捆绑在一起",因为对于我,想要学任何一种别的语言都是不可能,因此不可能被引诱去因我生来所具的东西而骄傲和自命不凡。但我却也因被与这样一种母语捆绑在一起而感到喜乐:这母语,它在扩展开灵魂的时候,它在其内在本原之中是丰富的,并且它带着它甜美的回响在耳中引发出舒适的快感;这母语,它不会在艰难的思想中缓不过气地呻吟(也许有人认为一种语言无法表达思想,是因为把思想说出来就能够让麻烦的事情变得容易);这母语,在它面对那不可说的东西时,它不会气喘吁吁,它的声音听上去也不会有任何勉强,而是在玩笑和在严肃之中专注于这东西,直到这东西被说出来;一种语言,它不到遥远的地方去找到那就在近处的东西,也不到深奥之中去寻求那就在手边的东西,因为,它在自己与对象的关系之中进进出出就像是一个小阿尔夫精灵,[420]并且把这对象公开出来,就像小孩子在没有真正了解事情的情况下说出幸福的评语;一种语言,每一次在真正的爱人知道怎样以男性的方式去激发出语言的女性激情的时候,它都是热切而感动的,每一次在真正的主人知道怎样为它展示路径的时候,它在思想辩论之中都是自觉而洋溢着胜利的,每一次在真正的思考者不放开它并且不放开那想法的时候,它总是像摔跤手一样机敏熟练;一种语言,尽管在一个单个的地方,它看起来可能是贫乏的,然而其实却不是,而是受到了轻视,就像一个谦卑的情妇,当然有着至高的价值,并且最重要的,不寒酸;一种语言,它并不是没有对伟大的东西、对决定性的事情、对杰出的事物的表达,但却有着一种可爱的、得当的、怡人的偏爱,它更喜欢中庸想法和附属概念和形容词,以及心境之琐语,以及过渡之哼吟,以及词尾变形之真挚和隐性康安之秘密繁茂;一种语言,它领会玩笑正如它完全领会严肃;——这种母语,它以一条这样的锁链囚禁自己的孩子,这锁链"承受起来很轻,是的!但要弄断,它就牢固而沉重"。[421]

我的一些同胞认为,丹麦所蚀啮着的,是一种古老的回忆。在我看来,这是一种奇怪而不感恩的看法,任何人,如果他是友善而快乐的,而不是阴郁而乖戾的,都不会同意这看法,因为只有这看法才会蚀啮。另一些同胞则认为,丹麦有着一个绝无仅有的未来在前面等着;一些认为自己遭受错误认识和错误评估的人们,也以"更好的后代"来安慰自己。但是,如果一个人为目前感到幸福并且在"满足于现实"这个问题上擅长于各种独创,那么他就不会有很多"绝无仅有的期待"[422]的瞬间,并且他不会让自己被这些期待打扰,正如他不会去抓取它们。而那认为自己没有受到同时代赏识的人,他则做出一个讲演来应许更好的后代,——"应许更好的后代",一个古怪的讲演。因为,哪怕是这样,他没有得到赏识,哪怕是这样,他要在一个重视他的未来时代成名,去这样说及这未来时代,说它因此是一个比当前更好的时代,就是说,因为它更关注他,所以更好,这则是一个不公正而偏执的说法。一代人和另一代人之间并没有很大的差异;他所批判的这一代,恰恰是处于这样一种情形:它所赞美的就是当代之前的更早一代所不赏识的东西。

  我的一些同胞认为,在丹麦作一个作家是一种贫困的生计和悲惨的职业。他们不仅认为,这是一个像我这样的模棱两可的作家(像我这样的作家,一个读者都没有,只有很少的人能够读到这本书的中间部分,因此他们在他们的断言之中甚至根本不会想到像我这样的作家)的情形,而且这也是那些著名作家们的情形。不管怎么说,丹麦就只是一个小国家。但是,难道这是一个像在希腊作公务员那么糟糕的职业吗?尽管要有这样一个职业还得花费钱财!设想事情是如此,设想事情变得如此:在丹麦,最后这成了一个作家的命运,每年要为"作为作家"的工作支付一定的费用;那么,好吧,如果事情是这样,以至于外国人会说:"在丹麦,当个作家是一件很费钱的事,因此也没有很多作家,但是这样一来就也没有我们外国人所说的 Stüberfängere(德语:狩猎小面值硬币者;指为赚钱而写作的作家),这是丹麦文学根本不知道的东西,以至于丹麦语言对此就根本没有表达词。"

  如果这是能够想象的话(我倒是不曾这样设想):有一个读者,他有这样的耐心,因此就读到了这段话(这是我所不曾想象的,因为否则的话,我就不写这话了),如果他对另一个人说及了他所读的这些,于是,我的一些同胞也许就会说:不要去关心一个这样的作家,不要去听他,他是一个诱惑者。

  并且这"一些"之中有一个单个的,他可能还会继续这样说下去:"在通常,人们会想象与女人的关系中的一个诱惑者,即使这样,人们常常把他描述成是处在狂野的魔性激情之中,隐蔽而狡猾。但在诱惑者之中,这不是危险的类型,甚至相对于女人也是这样。不,如果我要想象这样的一个,那么,我就会设想一个年轻人,充满想象力并且极有精神禀赋。他不欲求女人的厚爱,这种无所谓的态度不是对秘密的激情的隐藏,绝不是;他不追求任何女孩,但他却是一个热情的狂想者。他不与女孩子们跳舞,在这方面,他是非常有保留的,但是他在舞厅的包厢和客厅的角落里寻找自己的位置。然后,在女孩子们稍稍倦于跳舞的时候,或者在黄昏暮色降临的时候,工作停息,思维展翅欲飞,这时他坐着;现在,这是他的时间。这时,她们听见他的讲演,他借助于自己的想象力把她们诱进各种诱惑性的理想之中,随着他的讲演,那追求中的灵魂的期待和预感的要求渐渐绷紧起来。他自己不欲求任何东西。她们继续寻求着舞蹈的乐趣,追求又重新开始,但在私下她们却思考着他所说出的崇高的东西,她们思念着去重新吸进那起着麻醉作用的幻觉。他自己保持没有变化,因为他的喜悦只是讲演和思维对'那理想的'的思念。在他沉默的时候,对于他就仿佛是在灵魂里有着极深的悲伤,在沉郁之中他就像一个盲眼的老人,对于他来说,这讲演就像是带领他穿过生命的孩子。然后那些小女孩们听着,渐渐地,她们被诱惑了,她们徒劳地寻找着他所描述的东西,在他那里寻找是徒劳,在自己这里寻找是徒劳,但她们却思念着那讲演,并且听着这讲演渐渐变老。在老阿姨稍早对这些女孩子们说'可要当心,你们这些小孩子,不要去听他说,他是一个诱惑者'的时候,她们微笑着说:'他!他是个最好的好人,并且他在与我们的交往之中对我们如此小心,如此节制,就好像他没有看见我们,或者就好像是他怕我们,他所说的东西是那么美丽,哦!太美好了。'一个诗人可以是一个这样的诱惑者。这个作家当然是不会有如此的力量,同样他也不追求女人,但他在另一个层面上是一个诱惑者。在本质的意义上,他没有什么可说的,他绝不是危险的;我不是因为他危险才警告大家小心他的;因为正如一个有着深刻哲学思考的朋友曾对我说过的:那以真正思辨的目光看他的人,用半只眼看出,他——他自己因为'仅仅作为观察者'而被生活欺骗——没有成为欺骗者,而是成为欺骗,客观的欺骗,纯粹的否定。[423]只有在一个各种性情被如此感动以至于'不相合的就是敌对的'[424]这一规则双倍有效的时代里,只有在一个'个体们通过他们所面对的各种伟大的危机和决定而得到了强化之后很容易会受到伤害甚至被微不足道的东西伤害'的时代里，只有在一个这样的时代里，一个人才会禁不住要浪费一句话来警告人们提防他，如果有这样的需要的话。他在另一种层面上是一个诱惑者。在讥嘲的外衣之下，并以这外表来欺骗着，他在他的内心深处是一个热情的狂想者。他也一直坐在那最靠近人群集聚处的地方，他也喜爱'那没有人生经验的少年之眼兴致勃勃地饮用虚假的学说'的那一更宁静的瞬间。他自己沉醉在梦中，并且在幻想之中得到力量，作为一个观察者他是已灭绝的种类，他想让每一个人相信：单个的人有着一种无限的意义，并且这无限的意义就是生命的有效性。因此不要去听他，因为他所想要的东西，尽管没有什么恶的意图，却使他成为一个危险的人，他是想要诱惑你们去在一个发酵的时期[425]里，守在寂静主义未分割的不动产之中、[426]守在那没有结果的观念——'每个人都应当照顾自己'之中；你们的伟大任务需要[427]联合起来各种力量，但也给予你们所有人丰富的回报，而他则想要带领你们去背叛这些伟大的任务。看！因为他并没有明白这一点，因为他缺乏严肃和积极性，因此他的存在只是眼中的幻觉，他的讲演就像一个鬼魂的讲演无力而无奈，他的所有描述也只是，恰似那位诗人所说的，如同老旧的大门上的蓝灰珍珠色，如同夏季小溪里的雪。[428]但是你们，你们是活着的人，是时代的孩子，你们没有感觉到生活在震颤吗？你们没有听见军乐在召唤吗？你们没有感受到瞬间之疾速吗？如此之急，时针都无法跟上！这一泡沫的泛涌来自何处，除非是在深处有沸腾的热气；这些可怕的阵痛来自何处，如果不是这时代已经受孕！因此，不要相信他，不要去听他，因为他肯定会以他的讥嘲着的冗长的（应当说是苏格拉底式的[429]）方式说：从阵痛之中你无法直接得出生产的收获，[430]因为阵痛的情形就如同恶心的情形，在你空肚子的时候，犯得最厉害。这推导出的结果也不会是，每一个腹部膨胀的人因此就是一个产妇，这完全可能是肠胃气胀病；item（拉丁语：同样）也不会是，每一个腹部沉重的人因此就是一个产妇，因为这会是某种完全其它的东西，就像斯维通在他说及罗马诸皇帝中的一个时所提醒的：vultus erat nitentis（拉丁语：脸上就像是一个屏息使劲的人）。[431]你们就根本不要去关心他，不要让自己被他打扰，他无法让自己获得作为这个时代的全权代表的资格；如果说有一个人至少想得到一丁点这个时代会要求的东西，那么他也不是这个人，他没有能力给出哪怕一个唯一的建议，也没有能力带着积极的严肃以一种担忧的态度站出来考虑那瞬间的各种伟大任务；但是，不要去刺激他，因为那样的话，他就有可能变得危险；让他去追求他的，随便他是什么，一个讥讽者和一个热情狂想者in uno（拉丁语：于一人之身），一个尖矛市民in toto（拉丁语：完全彻底），一个欺骗者，纯粹的否定。如果你们这样做，那么，他就不是什么诱惑者。"

唉！唉！唉！不存在任何完全读完这本书的读者，这是怎样的幸运啊；而如果有的话，那么"一个人在他唯一所向往的东西就是独立谋生的时候得到许可去独立谋生"这一损害，就像是墨尔老乡们的惩罚，他们把鳗鱼扔进水里。[432]Dixi（拉丁语：我已说了）。[433]

注释：

1. 法拉他·塔希图尔努斯］见"'有辜的?'-'无辜的?'"一开始的注释。
2. 按 Emanuel Hirsch 的德文版中的注释：通过这样的一个起始，克尔凯郭尔想要让读者留意：法拉他·塔希图尔努斯是一个纯粹的怀疑知性主义者，对于一个这样的人，基旦的心灵苦难的故事只是一种能够刺激他去对一些令人感兴趣的问题进行理论性阐述的素材。
3. **loquere ut videam**］拉丁语：说话，这样我就能够看见你。这说法，德西德里乌斯·伊拉斯谟（Desiderius Erasmus von Rotterdam，鹿特丹的伊拉斯谟）声称是苏格拉底对一个年轻人所说的。当时的处境是：那个年轻人的奴隶把年轻人介绍给苏格拉底，并且说这年轻人的有钱的父亲让他来观察苏格拉底的睿智。
4. **观察星辰和解读咖啡渣**］占卜技艺中有两种方式就是观察那些有解读意义的星辰在天空里的位置和用咖啡渣来占卜。
5. **吟唱诗人的目光和鹰隼的眼睛……这样一个绝无仅有的预言**］这些表述都是嘲弄性的模仿，针对格隆德维。格隆德维有一篇文章的标题里用到了"用诗人的目光看丹麦的星辰……"的说法。另外，关于"鹰隼的眼睛"和"绝无仅有的预言"，可参见前面"一个丈夫对各种反对婚姻的看法回应"中对"我也不妄用精神上的鹰隼的目光来使我自己有权去藐视"的注释，也参看前面"酒中真言"部分中对格隆德维的"绝无仅有的发现"的注释。
6. 译者稍作改写。原文直译是："我保持让这女孩是一个完全普通的女孩"。
7. **"那宗教的"是最初的直接性**］也许是特别指向黑格尔的哲学和神学。按照黑格尔的思辨辩证方法看，"那直接的"，以及"那宗教的"（信仰）通过反思而被扬弃。"直接性"在这里被标示为"那最初的"，是指向那反思之后的"那第二的"直接性。参看《畏惧与颤栗》的"问题二：是否存在一种对上帝的绝对义务"和《恐惧的概念》的"引言"。《畏惧与颤栗·恐惧的概念·致死的疾病》，中国社会科学出版社，第 70 页和第 151 页。

    在 Hong 的译本中，在"最初的直接性"之前多加了一个"the first spontaneity"。
8. 对克尔凯郭尔原脚注的注释：

    [a] **她拿了一张椅子过来，让他坐下，同时她带着自己的魅力以一种最可爱的调皮的方式轻轻跪下**］参看日记"四月二十日早上。"

    [b] **那个有着悲哀形象的不朽骑士**］"悲哀形象的骑士"是西班牙作家塞万提斯（1547-1616 年）的小说《堂吉诃德》中的主人公和标题人物堂吉诃德的名号。在写给高贵的杜尔西内娅·台尔·托波索的情书中，堂吉诃德用了这个名号，为了她荣誉，他去做各种伟绩。其实她只是他自己想象的产物，是对一名附近农村养猪的村姑（他曾爱上过她）的理想化。但是后来他见到了现实中真正的杜尔西内娅，后者很丑恶，堂吉诃德将此解释为一种魔法。

    [c] **带了那纸条给他**］参看日记"五月八日早上。"

    [d] **教堂的那次相会**］参看日记"四月十四日午夜。"

〔*想要去除命运与偶然*〕参看日记"二月二十八日午夜。"

9. 这一句,译者根据 Emanuel Hirsch 的德译本而作了改写。丹麦语原文是"Ved at udruste hende anderledes havde jeg blot forhindret min Hovedfigur i at belyses tilstrækkeligt",可以理解为"通过赋予她不同的可能性,我本来只需不让我的主人公得到足够的阐明",但是在意义上不符合逻辑。对着德译本看,译者考虑到,这句子其实可以理解为"在'要赋予她不同的可能性'这件事情上,我只需不让我的主人公得到足够的阐明就可以了。"德译与丹麦文原文有所不同,但是其改写是符合意义上的逻辑的。

Emanuel Hirsch 的德译为"Hätte ich sie anders ausgestattet, so hätte ich lediglich verhindert, dass meine Hauptgestalt hinreichend ins Licht gesetzt wird"(假如我赋予她不同的可能性的话,我只要阻止我的主人公得到足够阐明就行了)。

Hong 的英译:"By endowing her differently, I would merely have prevented my main character from being adequately illuminated."

F. Prioret M. -H. Guignot 的法译为:"En la douant d'autres qualités, je n'aurais qu'empêché mon personnage principal d'être suffisamment mis en lumière."

10. 〔*一个法国作家的话问……他是疯狂的*〕指曾居住巴黎的德国作家路德维希·波尔内(L. Börne)。他在一篇剧评("Der Leuchtthurm. Drama von Ernst v. Houwald")中写该剧的人物之一乌里希先生:"er verliert den Verstand, und findet ihn nach achtzehn Jahren noch nicht wieder. Das ist lächerlich, das ist gegen alle Erfahrung, gegen alle *schöne* Erfahrung wenigstens, und diese allein darf der Künstler nachbilden. Braucht man ein Pariser zu seyn um zu fragen: Hat Herr Ulrich den Verstand verloren, weil er seine Frau so treu geliebt, oder hat er sie so treu geliebt, *weil* er den Verstand verloren? Ich sagte, dieser Wahnsinn aus Liebe ist lächerlich"(德语:他失去了理智,并且在十八年之后仍然没有重新找到它。这是可笑的,这与所有经验作对,至少是与所有美的经验作对,而这是艺术家唯一得到许可去模仿的东西。难道一个人需要作为巴黎人才能够问:乌里希先生失去了理智,因为他如此真诚地爱自己的妻子,抑或他如此真诚地爱她,因为他失去了理智? 我说,这一出自爱的疯狂是可笑的)。

11. Hong 的英译"Ananachronism like that in the nineteenth century"不可以理解为"这是一个像在十九世纪里的时代错误"!

12. 〔*那些七头蛇,林内证明了它们是不存在的,是臆想的产物*〕瑞典科学家卡尔·冯·林奈(Carl von Linné,1707 - 1778 年)在他的《自然体系》(*Systema Naturae*)中说到,一部分在文学中被描述的所谓龙在现实中是不存在的。

13. 这里的引号是译者加的。

14. "这"是指"爱(本应有同样不可磨损的质地,但)现在不具备这种不可磨损的质地"的事实。

15. **像帕妮乐那样……不一样的教养**]指向霍尔堡的喜剧《雅克布·冯·提波》(1725年)第三幕第二场。女仆帕妮乐试图教导路西莉亚小姐关于爱的现实,在她的台词里有这一句。

16. **众所周知,堂吉诃德以为自己是一个游侠骑士……发出一份召唤书**]指向小说《堂吉诃德》的第二部分的第一章。神父用话试探堂吉诃德是否痊愈,说:"根据可靠消息,土耳其人集结了强大的海军力量,但是不清楚意图何在,也不知道这场风暴将袭击哪里。几乎年年受到骚扰的整个基督教世界都在提心吊胆,不得不严阵以待。国王陛下已经加强了那不勒斯、西西里沿岸和马耳他岛的防卫。"堂吉诃德回答说:"国王陛下不愧是英明将领,懂得及早加强国家防卫,避免敌人攻其不备。要是我有幸献计,倒真不乏良策,只是陛下此时此刻万万想不到罢了。"然后,先是理发师问,然后神父问,这一良策是什么。堂吉诃德说他怕被别人听去,抢了他的荣誉。在最后,大家都发了守密誓言,堂吉诃德才说:"国王陛下只需派人当众传令遍布全西班牙的游侠骑士于指定日期会集朝廷,哪怕只召来五六个,他们其中一个就足够摧毁土耳其的全部兵力。"《堂吉诃德》,董燕生译,漓江出版社,2014年,第400-402页。

17. **康士坦丁·康士坦丁努斯……《重复》**]《重复》是讲笔名作者康士坦丁·康士坦丁努斯与年轻人的交往,以及年轻人的不幸爱情史。参看东方出版社2011年版《重复》。也参看前面"酒中真言"部分中对康士坦丁·康士坦丁努斯与年轻人的注释。

18. **Doctor seraphicus**]拉丁语:色勒芬天使博士。也是中世纪意大利的经院哲学神学家和神秘哲学家圣文德(Bonaventúra,或译波拿文士拉,约1420-1489年)的称号。

19. **Magister contradictionum**]拉丁语:矛盾(亦即:辩证法)大师。也是德国神学家和哲学家约翰·威瑟尔(Johann Wessel,1221-1774年)的称号。

20. 丹麦语是"Börne har sagt et lykkeligt Ord"。Hong的英译"Börne has said it felicitously",不能算是对意义进行了改写。当然,"felicitously"这个词在这里应当是"幸福地"的意思。

21. **波尔内说过一句幸福的话……份额就变得越来越大**]路德维希·波尔内(Ludwig Börne,1786-1837年),德国作家,以他在他自己所办的报纸 *Die Wage*(1818-1821年)和 *Die Zeitschwingen*(1819年)上所写的各种机智的论辩文章闻名。因为审查制度的缘故,他在1830年前后去巴黎做记者,1832年定居巴黎。他很受七月革命的影响,写下了著名的巴黎来信 *Briefe aus Paris*(1831-1834年)并且成为了"青年德意志"运动的主要人物之一,这导致他的著作在德国被禁。所引的这段话指向他的"论与人的交往"(Ueber den Umgang mit Menschen,载 *Gesammelte Schriften*,bd. 3,1835,s. 241f.):"Schwärmerei ist wie eine Tontine, der Antheil der Verstorbenen fällt den Ueberlebenden zu, und wenn du die Zahl der Todten vermehrst, hast du nichts gethan, als den Reichthum des Glaubens aus Vieler in Weniger Herzen

gebracht, daß er mächtiger wirke"（德语：激情梦想就像唐提联合养老保险制，死者们的份额移向活着的，如果你扩大死者的人数，那么你只是把信仰的丰富从许多人的心灵移向少数人的心中，这样，它就能够更强有力地起作用）。

唐提联合养老保险制：联合养老金制，一种集资办法，所有的参加者共同使用一笔基金，每当一个参股者死后，剩下的人得到一份增加的份额，最后一个活着的人或过了一定时间依然活着的人获得剩下的所有金额。它是以意大利裔法国银行家洛伦佐·唐提（1635－1690年）的姓来命名的。

22. **人们所说的……发明了祈祷**] 此典故的来源不明。
23. 这一句的丹麦语是"Men saa er det jo ikke mere end billigt, at Poesien gjør Gjengjeld og kommer den ulykkelige Kjærlighed til Hjelp, og ikke for meget at den gjør det hellere end gjerne."（直译是：随后这也是一种理所当然："诗歌做出回报，来帮助不幸的爱"，并且也不算太过分："它心甘情愿地这么做"），后半句的从句里的"不算太过分"与前半句的从句的"理所当然"呼应。

  这后半句可以理解为"要求它心甘情愿地这么做，这不算太过分"，原句中不存在"要求"，尽管 Hong 的英译是"But in that case it is no more than reasonable for poetry to reciprocate and come to the assistance of unhappy love, and it is not too much to ask that it do this willingly"。

  F. Prioret M. -H. Guignot 的法译稍稍简化了，但比 Hong 的英译准确："Mais dans ce cas il est juste que la poésie lui rende la pareille en venant en aide à l'amour malheureux, et qu'elle le fasse volontiers"（直译是：在这种情况下这是合理的："诗歌做出回报，来帮助不幸的爱"，并且"它心甘情愿地这么做"）。

24. **以自己的气息来创造**]《创世记》(2:7)："耶和华神用地上的尘土造人，将生气吹在他鼻孔里，他就成了有灵的活人，名叫亚当。"
25. **像温度计一样有一排正的和一排负的标记……变得不同** 也许是指向黑格尔对从量变到质变的过渡的描述（黑格尔的《大逻辑》第一卷第一部分）。在这里强调了质变，在水温渐变（量变）到一定程度之后突变成蒸汽，或者突变成冰。
26. **心持两意**]《列王记上》(18:21)："以利亚前来对众民说：'你们心持两意要到几时呢？若耶和华是神，就当顺从耶和华。若巴力是神，就当顺从巴力。'众民一言不答。"
27. Hong 把"完美（Afrundethed）"改写成"得以完美了的领域"（the rounded-off sphere）。译者按丹麦语原文译，不取"领域"。
28. 为了避免被误读为"是非"，也可以将之写作："那么它就必定是在其自身之中非辩证的"，或者"那么它就必定在其自身之中是'非辩证的'"。
29. 见前注。要避免将之误读为"是非"，可将之写作："……是'非辩证的'"。
30. **对此我们会在后面作更多讨论**] 参看后面"对莎士比亚的《哈姆雷特》的一瞥"。
31. **歌与传说**]指向克里斯蒂安·文特尔的诗集《歌与传说。诗歌》（哥本哈根

1840 年版)。

32. **彼得拉克看着劳拉与另一个人结合**]指向意大利诗人、学者弗朗切斯科·彼得拉克。他对劳拉的伟大爱情表达在他的诗集《歌本》(Il canzoniere)之中。1327 年,他在亚维农的一座教堂里第一次遇上劳拉(她是 Hugues de Sade 的妻子)。21 年后,劳拉死去,不曾对他的爱有任何回报;在那些激情狂想的诗歌之中,他表达了自己对活着的劳拉的爱和对她的死的悲伤。

33. **阿贝拉尔……残酷而被分开的**]这是指向法国神学家和经院哲学阿贝拉尔(Pierre Abélard,1079 - 1142 年)与年轻聪颖的哀绿绮思的著名爱情故事。阿贝拉尔在巴黎遇上哀绿绮思,并爱上了她。他向哀绿绮思的叔父富尔贝尔(叔父负责她的教育)提出,要为哀绿绮思讲课。他成了家庭教师,两个人坠入爱河,并且没有阻碍地享受着他们的爱情,直到富尔贝尔发现他们的关系;然后哀绿绮思怀孕了,两个人双双逃往布列塔尼。为了与富尔贝尔和解,阿贝拉尔与哀绿绮思结婚,然而这婚姻却是秘密的。但是,因为阿贝拉尔安排哀绿绮思住在修道院里,所以富尔贝尔以为阿贝拉尔要与妻子离婚,他决定报复。他雇了一些人去阉割了阿贝拉尔。阿贝拉尔随后逃避进一家修道院,不久成为院长,然后他建立了一座修女院,哀绿绮思(她一直是作为一个修女生活着)任修女院院长。阿贝拉尔在这一阶段(1133 年前后)给自己的一个朋友写了一封信"我艰难的历史"(Historia Calamitatum),哀绿绮思得知了这封信,于是他们两人就开始通信了。

　　根据克尔凯郭尔的日记(Pap. IV A 31 [JJ:42]),克尔凯郭尔在德文版的 Jacob Benignus Bossuet, *Einleitung in die allgemeine Geschichte der Welt* (J. A. Cramer 译,bd. 1-7, Leipzig 1785, ktl. 1984-1990)中的章节"Ueber Peter Abélards Versuche, den Lehrbegriff der Religion seiner Zeit dialektisch zu erklären und zu beweisen"中读到阿贝拉尔与哀绿绮思的故事的。另外克尔凯郭尔也有费尔巴哈的《阿贝拉尔与哀绿绮思,或者作家和人》(L. Feuerbachs, *Abälard und Heloise oder der Schriftsteller und der Mensch*, Ansbach 1834, ktl. 1637.)。

34. **罗密欧……与朱丽叶分开的是家族间的斗争**]莎士比亚的悲剧《罗密欧与朱丽叶》中的故事发生在维洛那,罗密欧与朱丽叶分别从属的蒙太古和卡帕莱特两大家族是世仇。罗密欧与朱丽叶两人相爱,试图秘密结婚。最后二人为了在一起,朱丽叶先服假毒,计划醒来后就与罗密欧私奔。但因为负责告诉罗密欧朱丽叶假死消息的人未能及时传信,令罗密欧因为不愿独生而自杀。朱丽叶醒来发现罗密欧自尽,也真的自杀。

35. **阿克塞尔……瓦尔堡……教堂通过其外在的权力把他们分开的**]阿克塞尔和瓦尔堡的爱情故事出自一个中世纪后期的浪漫故事《阿克塞尔·托儿森和美丽的瓦尔堡》(*Axel Thorsen og Skjøn Valborg*)(《中世纪歌谣选》)。

　　欧伦施莱格尔(Adam Oehlenschläger)将这个故事写成悲剧《阿克塞尔和瓦尔堡》(1810 年)。故事发生在中世纪的挪威,阿克塞尔和瓦尔堡是表兄妹,他们一起长大,并且相互立誓永远相爱。在国外居住多年之后,阿克塞尔带着教皇对他与瓦尔堡的婚姻的祝福回到家乡。在他回家后,他发现他所想要忠实追随的国王哈空也在追求瓦尔堡。尽管国王似乎允许了两人的婚姻,但是国王的顾问诡计多端地指出教皇的祝福只对普通市民的表亲关系有效,对共同受洗的表亲关系是无效的,因而这一婚姻就受到了阻挠。在敌人进犯国王哈空的时候,本来打算与瓦尔堡私奔逃离的阿克塞尔放弃了私奔的计划;他想要通过自己的忠诚和勇敢来赢得她。他去帮助国王,但自己却受伤死去,然后,瓦尔堡头枕着死者呼出自己最后一口气。此剧在 1830–1839 间在哥本哈根丹麦皇家剧院演出了 14 次。

参见 *Oehlenschlägers Tragødier*,bd. 1-10,Kbh. 1841-49,ktl. 1601-1605(bd. 1-9);bd. 5,1842,s. 3-111.

36. 顶楼观众厢] 剧场中最便宜的座位是顶楼观众厢和第二楼观众厢。顶楼观众厢里的观众往往是所谓的"没有品位和教养的普通平民"。

37. **Philosophus**] 霍尔堡常常使用这一形式,后来人们常常使用它来调侃,以"仿佛使用古老迂腐的语言"的腔调来使用这个拉丁语词。

38. 救助典当行] 是一个哥本哈根的机构,类似于当铺。1688 年由私人开设,1753 年被国家接管。

39. 常识代表,就是说,代表常识的人。如果直译,这个"常识"的丹麦语词 Forstand 的意思是"知性;理智;理解力"。在唯心主义哲学中,有 Forstand(知性;理智;理解力)与 Fornuft(理性)的区别。Forstand(知性;理智;理解力)是比理性低级的、有局限性的能力。Forstand(知性;理智;理解力)代表了唯理的判断力,与"感情"构成对立面;Fornuft(理性)则代表了一个最高的智力立足点,在这一点上,理智(Forstand)与感情达成了统一,因此,人就能够通过理性(Fornuft)而做出正确的决定。

德语是 Verstand(知性;理智;理解力)与 Vernunft(理性)。

40. 丹麦语 skyndsomste(最急速的)与 skjønsomste(最有判断的)读音很相近。

41. 丹麦语 lovende(有前景)和 lyvende(正撒谎)读音相近。

42. 先天地]apriorisk,这个哲学用词的意思是"不依赖于感性经验的"(先于感性而来的)。与之相对的是"后天地"(aposteriorisk),就是说,"依赖于感性经验的"(后于感性而来的)。

43. 译者对这句作了一定程度的改写。原文直译是:"于是,就在人们几乎再也听不到关于一个不幸的爱人的说法的同时,对于竞相作为'曾经是这样的一个不幸者'的竞争规模越来越大,甚至不仅只是'曾经承受过那些不幸者们所承受的痛苦',而且还有'克服了这些痛苦',等等,等等,诸如此类。"

44. 有着一道思辨的目光并且看见了那必然的发展] 可能是影射思辨的历史书写,黑格尔式的,还有格隆德维式的。

45. 在阿里斯托芬的意义上]可参看后面关于阿里斯托芬喜剧的注释。

46. **La Cameraderie……一场阴谋从另一场阴谋里夺取力量**] 这里所指的是斯可

里布 1836 年被选为法兰西学术院成员的"入院剧作",1836 年在巴黎法国剧院上演的《情谊人缘》(la cameraderie)。这部戏展示了,这样一种人们相互帮忙提携的情谊人缘是怎样进入世界,所向披靡,而身处这人缘情谊圈子之外的人则毫无机会。各种阴谋的中坚骨干塞莎莉娜嫁给了老伯爵德·米拉蒙。她在年轻时代曾被正直的律师爱德蒙看不起,现在她就通过人缘情谊圈子来报复,使得他的事业走下坡路。在爱德蒙临近要自杀的时候,一个女友左伊可怜他。她就让塞莎莉娜以为爱德蒙事实上爱塞莎娜,稍后爱德蒙就被选上了国民议会议员。等塞莎莉娜发现爱德蒙从来就不爱她,这时已经太晚了,他作为她丈夫的代表议员得到许诺,女儿阿加莎被许配给了他。他们在塞莎莉娜的极度懊恼之中结婚了。

47. 引号是译者加的。或者这句子也可以写成是:"现在,如果这一点已经进入了人的意识,爱是作为一种绝对的激情而被放弃,那么诗歌就不得不离开它"。

48. 哪里有动物的尸体,哪里就有食肉猛禽]《路加福音》(17:37):"耶稣说:'尸首在那里,鹰也必聚在那里。'"

49. 这句子或可写成:"这同样的事实——'人们缺乏对无限的感觉',它减弱了对爱的信仰,同样它也会减弱对这些其他激情的信仰。"

50. 只要他犯了一条规则,那么他就犯了全部]《雅各书》(2:10):"因为凡遵守全律法的,只在一条上跌倒,他就是犯了众条。"

51. 阿里斯托芬的卖香肠的人]指阿里斯托芬的喜剧《骑士》中的卖香肠的人阿郭拉克里托以满嘴粗话与花言巧语的城邦领袖、前皮货商帕佛拉贡竞争,结果是人民更愿意让卖香肠的人作城邦领袖。

52. 马刺:又叫靴刺,骑马人穿在脚上的,短尖状物或者连在靴后根上带刺的轮,用来刺激马快跑。

53. Plaudite]拉丁语:鼓掌。"现在请你们鼓掌。"古罗马的喜剧在结尾最后一句台词说完的时候会有这一要求。

54. Politikus]拉丁语:从政的人,政治家。有点类似于霍尔堡常常使用的表述形式,用来调侃,以"仿佛使用古老迂腐的语言"的腔调来使用这个拉丁语词。

55. Θεολογοι, φιλοσοφοι, πολιτικοι]希腊语:神学家、哲学家、政治家。在亚里士多德的著作里并没有这样一种区分法。但是在亚里士多德的伦理学之中,把生活分成三种形式:享受中的生活、政治生活和理论生活(亦即沉思)。见亚里士多德的《尼各马可伦理学》第一卷第一章。

56. 在一切过去之后;淡啤酒的情形就一直是这样的]俗语"然后,淡啤酒来了",就是说:然后有一些蹩脚的东西来了。前面也有过关于英格兰浓啤酒和淡啤酒的讨论。

57. 多个军团的天使作后备]《马太福音》(26:53):"你想我不能求我父,现在为我差遣十二营多天使来么。"《圣经》的译法是"营"而不是"军团"。在古罗马,一军团/"营"有 4500－6000 士兵。

58. 头衔英雄]有着英雄头衔但却不是真正的英雄的人们。

59. **殉道志愿者**]志愿无偿服兵役的人。
60. **interpocula**]拉丁语:在酒盏之间;在一个人拿着一杯好酒坐着的同时……。最初用上这说法的是罗马喜剧作家普劳图斯(Plautus,死于公元前 184 年)。文献:*Pseudolus*, v. 947.
61. **诗歌的时代看来是结束了,就是说,悲剧诗歌的时代过去了**]在下一段的草稿之中,克尔凯郭尔写道:"稍稍考虑到海贝尔的可笑,他所谈的那种时代在目前所要求的戏剧,也就是说,马腾森和其他伙伴们所鼓掌欢呼的"(*Pap.* V B 148,2)。海贝尔曾在一篇书评中写道:"……历史戏剧,并且因而悲剧的时代过去了;这一诗歌类型在很早以前就达到了高峰,不再回返,除非是作为一种残余……"
62. 作者在用 Thaumaturg(术士)和 Dramaturg(剧作指导)这两个词玩文字游戏。
63. **如果一个人想要将自己的希望置于一种思辨的戏剧……因而无法受到普遍的欢迎**]对于思辨性诗歌的要求是由海贝尔在《论哲学在当代的意义》(*Om Philosophiens Betydning for den nuværende Tid*, Kbh. 1833, ktl. 568, s. 38ff.)中提出的。海贝尔自己在《海市蜃楼。童话喜剧》(*Fata Morgana. Eventyr-Comedie*, Kbh. 1838, ktl. 1561)之中尝试了这一体裁,此剧在皇家剧院演出了 5 次(首演 1838 年 1 月 29 日),不是很成功。1838 年的《文学月刊》第 19 卷(*Maanedsskrift for Litteratur*, bd. 19, Kbh. 1838, s. 361-397)中有一篇马腾森写的比较长的剧评,论述了关于这种象征的理念诗歌创作的理论,以一种期待结束:"这一体裁本身在其自身之中包含了达成当代最重要的诗歌性的要求的可能,理想性和普遍性,它也会变成是当代的,并且把自己的时代搬上舞台。"另外,海贝尔《新诗歌》中的启示录式的喜剧《一颗死后的灵魂》(这是一部不太适合于舞台的戏剧)也可以被看成是对思辨性体裁的进一步发展。马腾森为此写了一篇剧评,载于《祖国》(*Fædrelandet* nr. 398-400, 10.-12. jan. 1841, sp. 3205-3224.),论述了"启示录式诗歌"的概念,他在之前的论文"对浮士德理念的思考",也曾论述过"启示录式诗歌"的概念,载于《珀尔修斯,思辨理念杂志》1837 年第 1 期(*Perseus, Journal for den speculative Idee* nr. 1, Kbh. 1837, ktl. 569, s. 98ff.)。当时的观众看来并没有完全认可这一体裁,因此这些论述是为了把观众置于正确的概念之中。海贝尔和马腾森的努力很快就成了讽刺的对象,比如说,笔名作家亚当·霍维茨(Adam Howitz,应当说是 C. K. F. Molbech 和 C. Ploug 的笔名)写了《死后的约翰·路德维希·海贝尔。四幕启示录式喜剧》(哥本哈根 1842 年)。
64. **反思……相对反思……无限反思**]黑格尔式的语言用法。
65. 这同时也在说,爱得到这障碍,并且,这障碍不是它先天地在外在具备的,而是它后天地在内在获得的。
66. **我的骑士**]就是说,想象实验的男主角,基旦(quidam 拉丁语:某人)。
67. **家族仇恨,需要得到调解**]如同《罗密欧与朱丽叶》。见前面注释。
68. **教皇的特准,需要被获取**]如同《阿克塞尔与瓦尔堡》。见前面注释。

69. **双重的运动**]前面**宗教意义上的"无限之运动"**有过注释:
参看《畏惧与颤栗·恐惧的概念·致死的疾病》,中国社会科学出版社,第26-42页("畏惧与颤栗:疑难问题:暂时的倾诉"):"难道在我的同代人中真的每个人都能够做出信仰的运动吗?……"

70. **尖矛市民**]好市民;目光短浅无精神的人。克尔凯郭尔的这个概念并非是简单地指"小市民"或者"小资"。许多尖矛市民往往认为自己是一个反感小市民作风、不认同小资生活的好公民。不过**尖矛市民**(丹麦语 Spidsborger)确实是作者从德语里借来的一个词(Spießbürger)。在德语中这个词本来是指"以尖矛武装起来的公民",他的武器就是一把 Spieß(尖矛),保护城市是他的义务。后来这个词被德国人用来指那些目光短浅的保守的小市民(小市民的丹麦语是 Smaaborger)。但是作者使用这个词并不是带有偏见的指责或者特指"目光短浅",作者在使用这个词的时候是给出了他赋予这个词的含义的,其所指是这样的人:他坚信自己的重要性,坚信他自己的生活就是对于那社会所定出的真与善的准则的表达,而且他认为,他自己通过他的选择会对这真与善的准则产生影响(但是在事实上,那不是他自己在'选择',而是社会的准则在替他进行选择的)。尖矛市民们往往直接地将自己同一于社会的规范,并且顺从地追随社会所给定的习俗。虽然一个尖矛市民看起来可以是像一个"选择"了自己在社会中的公民义务的人,但是他和那些审美的、追求享乐的"浅薄者"相比,也没有本质的区别。有时候看起来一个尖矛市民也许是在极大的程度上投身于世事,然而在他为外在的东西忙碌的时候,他忘记了他自己的自我。在无意识中,他就根本没有脊梁去认可并作为他自己,相反他追随人众的潮流。虽然这样一个人可以是好公民并且有益于社会,但是严格地说,他在自身之中并没有他的自我。

在《致死的病症》中,作者这样谈论尖矛市民:尖矛市民通过"向自己周围的人众看齐"、通过"忙碌于各式各样的世俗事务"、通过"去变得精通于混世之道"而忘记了他自己、忘记了他(在一种神圣的意义上)自己的名字是什么、不敢信赖于自己、觉得"作为自己"太冒险而"作为一个如同他人的人"则远远地更容易和更保险,成为一种模仿、成为数字而混同在群众之中。尖矛市民们那里有着外在的必然性,但缺乏可能性。可能性也就是从"精神匮乏的状态"中醒来的可能性。尖矛市民性是精神之缺席,而精神之缺席则是绝望的一种;因为没有想象力,尖矛市民生活在一种对于各种经验的琐碎总体中;他既可以是啤酒店老板也可以是首相。想象力能够把一个人拉出几率可能性而使得那种使人超越经验自足的东西成为可能,因而使人学会去希望和去畏惧。但尖矛市民恰恰没有这种想象力,并且不想要有这想象力,厌恶这想象力。如果一些事情的发生超越经验,他就会绝望。而信仰的可能性则是他所不具备的。尖矛市民性认为自己支配着可能性、把这个巨大的可塑性骗入了那几率性的圈套或者疯人院,认为自己已经将它抓了起来;它把那可能性关在几率性的牢笼之中,带来带去地展览,自欺欺人地以为自己是主人,却毫不留意:正是因此它把它自己捕捉起来而使自己成为了那"无精神性"的奴隶,一切之中最丑恶的东西。这就是:在可能性中走迷路的人带着绝望之无畏飞舞摇荡;对一切都觉得必然的人被压缩在绝望中对"存在"感到力不从心;那"尖矛市民性"则在精神的丧失中得到胜利。

71. 雌雄同体诗人]这里可能是指上面所提到的"悲喜剧两性同体诗人"。

　　在《出自一个仍然活着的人的文稿》中,克尔凯郭尔在一个注释中这样批评安徒生:"更确切地说,安徒生在性方面的最初能力可以与那些在花蕊之中雌雄是同体的花朵作比较。"

72. 在无限的反思之中……是肯定的还是否定的]黑格尔式的语言用法。

73. 直接性的时代过去了,这一点确实是真的]指向思辨哲学的普遍逻辑,在之中"那直接的"通过概念发展的辩证法在反思之中被扬弃,这可以是在神学或者美学的范围之内。

74. "所喜欢的"(populaire)亦即"容易接受的"(populaire)亦即"流行的"(populaire)。

75. "不容易被人接受的"(upopulaire)亦即"不被广泛接受的"(upopulaire)亦即"不是流行的"(upopulaire)。

76. 普通行外人]在一份草稿上,克尔凯郭尔加了一句:"以这样的方式,我曾听一个贩妇使用康德的术语。"

77. "不容易被人接受的"(upopulaire)"亦即"不被广泛接受的"(upopulaire)"亦即"不是流行的"(upopulaire)"。

78. "不受人欢迎的"(upopulaire)亦即"不被广泛接受的"(upopulaire)亦即"不是流行的"(upopulaire)。

79. "受欢迎的"(populaire)亦即"流行的"(populaire)。

80. 苏格拉底则是希腊最不受欢迎的……无限的思考]也许是指苏格拉底"总是"停留在"生活中的各种最低级的关系上,谈论吃喝、讲鞋匠、讲皮匠、讲牧人、讲驭驴"(《论概念反讽》第一部分第一章"色诺芬"部分中的脚注二)。

　　在柏拉图的《会饮篇》221e 里有阿尔基比亚德所说的:"任何人第一次听苏格拉底讲话,都会感到他的论证非常可笑,他把真理包裹在非常粗糙的外表中间,就像萨堤罗斯蒙着的那张丑陋的皮。他大谈驴子、铁匠、鞋匠、皮匠,好像老是在重复,不习惯他那套方式的人不能够马上听懂,当然也就会把他的话当作胡说八道。"《柏拉图全集》,第二卷,王晓朝译,人民出版社,2002 年。

　　而在《高尔吉亚》(490c-d)中卡利克勒也说:"老天在上,你一直在谈论鞋匠、纺织匠、厨师和医生,就好像我们在讨论他们似的。"《柏拉图全集》,第一卷,王晓朝译,人民出版社,2002 年。

81. "不易接受的"(upopulaire)亦即"不受欢迎的"(upopulaire)亦即"不是流行的"(upopulaire)。

82. 要留意的是:"那喜悲剧的"与"那悲喜剧的"是不同的东西。也就是说,"喜悲剧"与"悲喜剧"不是同一样东西。

83. **克劳狄乌斯说,误解其实是来自"人们相互不理解"**] 德国作家马蒂阿斯·克劳狄乌斯(1740–1815年)在他的《觐见》(*Die Audienz*)之中写到:在阿萨姆斯觐见日本天皇的时候,他解释说,世界的进程就是这样,一些人编故事讲寓言,而另一部分人听并且为之而笑,而且后者并非总是最聪明的。然后,他接着说:"Die Mißverständnisse in der Welt kommen gewöhnlich daher, daß einer den andern nicht versteht"(德语:通常,误解进入这世界是因为一个人不理解另一个人)。

   德文版 *Asmus omnia sua SECUM portans, oder Sämmtliche Werke des Wandsbecker Bothen* / Matthias Claudius *Werke*, bd. 1-4, Hamborg, 1838年第五版, ktl. 1631-1632; bd. 1, del 3, s. 60.

84. **在他天真的心情(作为一种直接性)之中**]"心情"(Lune)是指一般而言反复无常的心情,不恒定的心情。在这里,以及后面的文字,都联系到一系列美学概念,诸如"心情"作为直接性、"反讽"(或者"那喜剧的")和"那悲剧的"作为反思的两个环节,以及最终"那深刻的"作为前两者在"幽默"(Humor)之中的统一。当时海贝尔与马腾森都写过与这些范畴和概念有关的论文。Hong的英文版把Lune(丹麦语:心情)翻译成humor(英文:幽默;心情);F. Prior et M. -H. Guignot的法文版也将之译成humour(幽默);因此,人们在英法文的译本中很容易将之领会为"幽默"。但是,考虑到这个词在丹麦语中确实应当是"心情"的意思,并且,鉴于克尔凯郭尔所使用Humor(丹麦语:幽默)是"经过了反思之后的幽默",本书译者把Lune(丹麦语:直接的、没有定性的情绪)译作"心情",并且也在这里做一下说明。

85. **同语反复**] 也就是逻辑学中的重言式,就是在定义项中直接包含被定义项。在传统逻辑中,对同语反复的否定就是自相矛盾。

86. 见前面的关于心情的注释。

87. **够奇怪的……"这就必定是误解了"**] 这是在模仿《高尔吉亚篇》中的苏格拉底对波卢斯说的话。

88. 心情反复的(lunefuldt)。Hong将之译作"humorous",而"lunefuld"这个词也确实有过"心情欢快的、诙谐的"的意思,在这种意义上把这句译成"这陈述不会是快乐诙谐的"也是可以的。

89. 误解是带着可能存在的。

90. **实在可能**] "实在的可能"是黑格尔的表达,它的对立面是"形式的可能",就是说,那种包容了一切不自相矛盾的东西(不管在几率上多么不可能,亦即,不管或然性/几率有多么小)的可能。这一表述可在黑格尔的《逻辑学》中找到。比如说商务印书馆杨一之译《逻辑学》下卷从第194页起。"实在的可能性"的对立面是"形式的可能性",其表述为:不管或然性(或者说几率)有多么小,一切不自相矛盾的事物都是可能的。

91. 引号是译者加的。

92. "那低级喜剧的"(det Lavcomiske),也译作"那滑稽剧的"。

93. **在《斐多篇》之中，苏格拉底……论述了这一连续过程**］柏拉图《斐多篇》60b：
"苏格拉底盘腿坐在床上，按摩着双脚说：'我的朋友们，真是件怪事，这种感觉一般人称之为快乐！值得注意的是它与痛苦，它的通常的对立面，有着多么密切的联系。它们不会同时来到某个人身上，但是如果你追求其中的一个，而且捉住了它，那么你也几乎总是会同时拥有另一个；它们就象附着在一个脑袋上的两个身子。'"《柏拉图全集》，第一卷，王晓朝译，人民出版社，2002年。

94. **认为这本来应当是伊索的工作……将它们结合起来**］柏拉图《斐多篇》60c：
"我敢肯定，假如伊索想到这一点，那么他会就此写一个寓言，就好比说，神想要制止它们不断的争吵，但发现这是不可能的，于是就把它们的头捆绑在一起。"《柏拉图全集》，第一卷，王晓朝译，人民出版社，2002年。
寓言诗人伊索约生活于公元前七世纪至前六世纪古希腊的萨摩斯。

95. **苏格拉底的死**］苏格拉底被判死刑并且在公元前399年服下毒药。柏拉图在《申辩篇》中描述了审判过程；《斐多篇》所描述的是他服毒前的几个小时的生命。

96. **粘西比……的尖叫和嘈闹……被运送出门**］柏拉图《斐多篇》60a："坐在他身边，你知道她是谁，膝上还坐着他们的小儿子。克珊西帕（＝粘西比）一看到我们进去，禁不住大声哭泣起来，'噢，苏格拉底，这是你最后一次与你的朋友在一起谈话了！'你们可以想象得出来，女人都是这个样子的。苏格拉底看着克里托，他说：'克里托，最好有人把她送回家。'克里托的仆人把她带走了，她哭得死去活来。"《柏拉图全集》，第一卷，王晓朝译，人民出版社，2002年。此版本把粘西比译作克珊西帕。

97. 译者对这个句子稍作改写，直译的话是："我们无法否定，粘西比通过自己的尖叫和嘈闹构成了一个喜剧性的人物，她的行为让人想起许多脾气暴躁的寡妇为死者所写的心碎的讣告；我们也无法否定，在我们看见粘西比带着同样的柔情和多年节省下来为这样的一个庄严瞬间而藏着的尖叫的感情涌被运送出门的时候，苏格拉底极具反讽地让一道喜剧的光辉覆盖这一场景，但是这一对立会有点不公正并且也不充分。"

98. 译者对这个句子稍作改写，直译的话是："更好的也许是以幻想的风格来构建出一个由一个特定班子的文献学家构成的合唱，这些文献学家们对这样一个人及其烈士式的死亡的美德形态的'泣泪感伤的'观察构成了一个对苏格拉底的全部观点的很好的对立面。"

合唱……苏格拉底的全部观点的很好的对立面］可参看克尔凯郭尔对那种对苏格拉底作为被牺牲的美德类型的感伤式解读的讽刺，《论概念反讽》的"苏格拉底的守护神"部分。

99. **斐多自己说……尤其是阿波罗多洛**］在柏拉图《斐多篇》58e-59a 中，斐多说："首先，我想说说我当时的感觉。这种感觉非常特别，我竟然没有为他感到难过，而你们可能会想我会有那种面对临死前的亲密朋友的那种感觉。苏格拉底当时的行为和语言都显得相当快乐，厄刻克拉底，他高尚地面对死亡，视死如归。我禁不住想,甚至在他去另一个世界的道路上都有神旨在指引,如果人可以去那里的话,那么他到达那里时一切都会很好。所以我一点都不感到难过,而你们会认为在这样庄严的时刻应当感到难过,但同时我也没有体会到我们在平常的哲学讨论中会有的快乐,我们的谈话采用的就是这种形式。当我想到我的朋友再过一会儿就要死去时,我有一种极为复杂的情感,快乐与痛苦奇异地交织在一起。我们这些在场的人全都这样,有一种间于欢笑与哭泣之间的感觉。我们中间有个人尤其如此,他是阿波罗多洛,你知道他长什么样,对吗?"而关于阿波罗多洛,在 117d,"阿波罗多洛的哭泣一直没有停止,而此刻禁不住嚎啕大哭起来,使屋子里的每个人更加悲伤欲绝,只有苏格拉底本人除外。"《柏拉图全集》,第一卷,王晓朝译,人民出版社,2002 年。

100. **他根本就没有痛苦……这有多么滑稽**] 克尔凯郭尔在《论概念反讽》中以《斐多篇》和《申辩篇》为出发点论述了,苏格拉底在死的时候并不痛苦。苏格拉底自己想到过这想法:他会被(孩子们)审判,并且会被处决。见《高尔吉亚篇》521e。

-ατοπος τις:希腊语:奇怪的一个,滑稽古怪的一个。在《巴门尼德篇》156d 中,苏格拉底用这个表述来谈"瞬间":"只要事物仍旧保持着静止,那么它就没有从静止状态向其他状态过渡,只要事物仍旧在运动,那么它也没有从运动状态向其他状态过渡,但这个奇特的事物([ἄτοπόςτις]),这个瞬间,位于运动和静止之间;它根本不占有时间,但运动的事物却过渡到静止状态,或者静止事物过渡到运动状态,就在这瞬间发生。"《柏拉图全集》,第一卷,王晓朝译,人民出版社,2002 年。但书中没有括号中的希腊语[ἄτοπόςτις]。在《恐惧的概念》这一表述被称作是"很适当"。参见《畏惧与颤栗·恐惧的概念·致死的疾病》,中国社会科学出版社,第 277 页,克尔凯郭尔在第 276 页所给出的脚注之中。

在很多地方,柏拉图的对话录都强调了苏格拉底的"这种奇怪的存在物",比如说:《阿奇拜得篇之一》106a,《会饮篇》215a,《泰阿泰德篇》149a,他说,人们把他称作是一个让人尴尬的大怪物。

101. 引号是译者加的。
102. 前面所说的"构成关联的点"。
103. **格列佛游记**]《格列佛游记》(*Gulliver's Travels / Travels into several Remote Nations of the World*, by Lemuel Gulliver,1726 年)是英格兰作家斯威夫特(Jonathan Swift,1667 - 1745 年)"厌恶人类"的讽刺作品。该书共分成四个部分,分别记载格列佛的四次冒险旅行。到小人国的经历,然后是到大人国的经历,最后他到了慧骃国,在那里是一种叫作慧骃(智马)作为主人在掌控一切,另有一种动物叫耶胡(可以说是指人类),被视为最低劣、最野蛮的畜生。

克尔凯郭尔自己有着德文版八卷本斯威夫特著作,*Satyrische und ernsthafte Schriften von Dr. Jonathan Swift*, bd. 1-8, Hamborg og

Leipzig 1756-66；3. udg.，Zürich 1766，ktl 1899-1906；《格列佛游记》在第五卷里。

104. 要留意的是："那悲喜剧的"与"那喜悲剧的"是不同的东西。
105. **Heiterkeit**〕德语：欢悦性。黑格尔将希腊宗教称作 Die Religion der Schönheit（美之宗教）。他在《宗教哲学讲演录》中说："Diese Religion hat überhaupt den Charakter der *absoluten Heiterkeit*"（德语：这宗教在总体上有着绝对欢悦性的特征）。另外，他在其 Gymnasial-Reden 中谈及了希腊的这种忧郁的欢悦性，认为它是自然的第一天堂之后的第二天堂。
106. 嘲笑自己的锁链的人是自由的〕引文出自莱辛的《智者纳坦》（第四幕第四场）（G. E. Lessings, *Nathan der Weise. Ein Dramatisches Gedicht, in fünf Aufzügen*, 1779 年）。在剧中，萨拉丁问哪一宗教代表真理，纳坦讲述了这样一个故事：有一枚传家之宝的戒指，它拥有能使人欣悦上帝和人类的能力，戒指一代一代由父亲传给他最喜欢的儿子。戒指传到一个有三个儿子的父亲，这位父亲不分伯仲地爱着他的三个儿子，并承诺将这枚戒指传给所有的儿子。因此他仿照戒指做了另外两枚十分逼真的假戒指，并在临死前交给每个儿子一枚。兄弟们对于谁拿到了真的戒指争吵不休。一位智慧的法官告诉他们目前没有办法鉴别真假，或者说着三枚都是假的，而真正的戒指早就在很久之前就已经遗失。唯一能辨别的方法就是让他们各自持有戒指生活来证明他们戒指的能力，真正能欣悦上帝和人类的一生，而并非坐等期待戒指的魔力显现。

    纳坦说，尽管我们认识作为我们的成长环境的迷信，它还是不会失去它的力量，然后他接着说："Es sind Nicht alle frei, die ihrer Ketten spotten"（德语：那些嘲笑自己的锁链的人并非全都是自由的）。

    参见 Lessing's *sämmtliche Schriften*, vbd. 22, 1827, s. 181.
107. 试着去掉它〕见"三月七日午夜"。
108. 这一段的原文是"At Sligt kan forekomme er ikke utænkeligt, fordi jo Elskoven selv har sin Dialektik, og om det var uhørt, saa har jo et Experiment Magtfuldkommenhed til at experimentere."这里的"一次实验"是泛指的：et Experiment。

    Hong 的英文译文是"That such a thing can happen is not inconceivable, for erotic love itself has its dialectic, and even if it were unprecedented, the construction, of course, has the absolute power to construct imaginatively."Hong 是用特指"the construction"（这想象实验）。
109. "这一点"就是"他们说：他们爱"。
110. "他们说：他们爱"，也就是说："他们说他们是在爱着"。
111. "审美的环节"，亦即"那审美的"。
112. "审美地"亦即"以审美的方式"。
113. 这个"它"就是"她爱"这一事实。

114. "伦理地"亦即"以伦理的方式"。
115. 这个"它"就是"他爱"这一事实。
116. "古希腊文化",如果直译的话就是"异教世界"(Hedenskabet),因为古希腊的文化是没有基督教影响的文化,所以,"异教世界"(Hedenskabet,或译"异教文化"或"异教")在克尔凯郭尔的时代通常用来表示古希腊。
117. 同时在同一样东西之中……达到顶峰〕("同时在同一样东西之中看见'那喜剧的'和'那悲剧的',这需要有一种精神力量,而异教文化就是在这种精神力量之中达到顶峰"这一句是经过译者改写后的句子,直译应当是"在同时在同一样东西之中看见'那喜剧的'和'那悲剧的'的精神力量中,异教文化达到顶峰"。)

　　这句话指向柏拉图《会饮篇》临近结束的部分与悲剧诗人阿伽松和喜剧诗人阿里斯托芬的讨论(223):"苏格拉底迫使他们承认,同一个人既能写喜剧也能写悲剧,也就是说,悲剧诗人也可以是喜剧诗人。但是,当苏格拉底的论证进入决定阶段的时候,其他两个人已经跟不上他说的意思了。他们的头低垂下来,到天快亮的时候,阿里斯托芬先睡着了,然后阿伽松也跟着睡去。苏格拉底把他们安顿好,让他们睡得舒服一些,然后起身离去。当然了,有阿里司托得姆陪着他。在吕克昂洗了澡以后,他像平常那样度过了一天,到晚上才回家休息。"《柏拉图全集》,第二卷,王晓朝译,人民出版社,2002年。这一终结被许多人认为是希腊精神在苏格拉底身上所达到的高峰。

　　比如说可参看鲍尔的《柏拉图主义的基督教或者苏格拉底与基督,宗教哲学研究》(F. C. Baur, *Das Christliche des Platonismus oder Sokrates und Christus. Eine religionsphilosophische Untersuchung*, Tübingen 1837, ktl. 422): "Denn das Tragische und das Komische sind die beiden Elemente der Natur des Schönen, und darum auch die beiden Seiten, in welchen das die Idee des Schönen in der Geschichte der Menschheit repräsentirende griechische Volk die reichste Fülle seines geistigen Lebens offenbarte. Was aber selbst in einem Agathon und Aristophanes nur in einseitiger Gestalt hervortrat (…), hat sich in dem Einen Sokrates zur schönen harmonischen Einheit zusammengeschlossen"(德语:"那悲剧的"和"那喜剧的"是"那美的"的本性之中的两种元素,并且因此也是两个方面,在人类历史中代表了"那美的"的理念的希腊民族在这两个方面揭示出了其精神生活的最丰富的充实内容。但是,在阿伽松和阿里斯托芬身上只以片面形象显现出来的东西本身……在苏格拉底身上会合成了美丽和谐的统一体)。

　　克尔凯郭尔在《论概念反讽》之中对这一段落进行了讨论。
118. 这个"它"就是"那出自这一统一体并选择'那悲剧的'的更高的激情"。
119. 这个"它"就是"宗教性"。
120. **在我们的时代这直接性应当是对所有人都成为过去,人们这样说**〕见前面对"人们不应当盘桓在直接的东西这里,在中世纪的时候人们在直接的东西这里盘桓"的注释。
121. 这个"这一点"就是前面的"他在这一激情的最终表达本身之中变得辩证"。
122. **趋近定性**]一种依据于在同样质地之中的程度差异的定性,就是说,在发生质变之前的量的定性。
123. **双重性**]这双重性也包括自然科学中所说的同一点上的作用力和反作用力。
124. **莎士比亚曾在什么地方说过……所有邪恶……总是最凶险的**]在莎士比亚的《约翰王》第三幕第四场,潘德夫主教说:"一场大病治愈之前,就在恢复健康之际,病势发作得最厉害;即将消除的灾害,在临去之前最能施虐。"《莎士比亚全集》,第 15 卷,《约翰王》,梁实秋译。
125. "他在现实中所做的事情",亦即"欺骗"。
126. 这里:一个理想的形象"令他恐怖地"走向他(而不是,一个理想的形象令他"恐怖地走向他"),也就是说,一个理想的形象走向他,并且同时令他恐怖。译者考虑过译成"令其恐怖",但感觉在语言上太不自然,因而仍译成"令他恐怖"。
127. **愚妄的谈论**]保罗在《哥林多后书》(11:21)中说"我说句愚妄话"。另外《哥林多后书》(11:1 和 17)也有对"愚妄"的说法。
128. 丹麦文原文是"Gjensyn"(重会、再见),而 Hong 可能因为英语缺乏相应的词(德语法语则有直接对应的词)而将之译作"Meeting"。
129. 就是说,与各种直接的尘世的情感和行动依据完全分离,或者说远离这一切。
130. 对克尔凯郭尔原脚注的注释:

　　ᵃ……**急速的读者**什么都不会留意到,甚至在那些为数不多的**有判断的读者**……

　　丹麦语 skyndsomme(急速的)与 skjønsomme(有判断的)读音很相近。
131. 就是说,越来越深地进入自己的内心沉思之中。
132. 丹麦文原文是"Gjensyn"(重会、再见),而 Hong 将之译作"Meeting"。
133. 丹麦文原文是"Gjensyn"(重会、再见),而 Hong 将之译作"Meeting"。
134. 丹麦文原文是"Gjensyn"(重会、再见),而 Hong 将之译作"Meeting"。
135. 见前面关于"双重性"的论述,比如说,"审美的理想在现实之前高于现实,亦即,它是处在幻觉之中的;宗教的理想在现实之后高于现实,亦即,它是依据于上帝关系的。"
136. 这里的这个"决定"(Beslutning)是一个人所做的选择,选择让自己做什么。参看后面对这个词的注释。
137. **她决定他的命运,他说**]见三月二十七日午夜:"擦肩而过时对她一瞥,她决定着我的命运,直到下一次。"这个动词"决定"(afgjør)是指一个人或一种权力对外在的人的命运或者事物的走向做出决定。同样后面一句"她决定它,因为它已经被决定了"中的两个"决定"也是如此。
138. 这里的这个名词"决定"(Afgjørelse)是一个人或一种权力对外在的人的命运或者事物的走向做出的决定,或者一个人的命运受外来的权力所做出的决定。这个"决定"是事实对"基旦与这女孩的关系的走向如何"所做的判决。在这里,这决定是"他们的分离"。

对比前面有过的注释:这个"决定"(Afgjørelse)不是指意愿上的决定(Beslutning),而是指一种定性(当然这两种意思都可以被翻译成英文的 decision 和中文的"决定")。

139. 这里的这个"决定"(Beslutning)是一个人所做的选择,选择让自己做什么。而上面的"决定"(Afgjørelse)则是一个人对外在的人的命运或者事物的走向做出的决定,或者一个人的命运受外来的权力所做出的决定。这个"决定"(Beslutning)是基旦对"自己应当选择下一步怎么走"所做的决定。

140. 这里的这个"决定"(Afgjørelse)是事实对"基旦与这女孩的关系的走向如何"所做的判决。在这里,这决定是"他们的分离"。

141. **更多这方面的东西在后面再谈了**]参看§4。

142. 这一句译者作了意译。丹麦语是"Ueensartetheden mellem de tvende Individualiteter skal nu eftervises i de afgjørende Punkter.",直译的话是"这两个个体人格之间的异质性要在各种决定性的点上得以阐明"。Hong 的英译也作了一定的改写:"The decisive points in the heterogeneity between the two individualities will now be pointed out."

143. **他是内闭的,她甚至都无法是如此**]在一个草稿里是这样写的:他在本质上(注:那些在每个月的五日所加入的文字的意思)是内闭的——她无法是如此,尽管她想要(为什么不?辩证的重叠,就像在一个元音前面有许多辅音,女人无法发音,只有元音的话呢?)(*Pap.* V B 148,25)。

144. **在一个元音前面放四个或者六个辅音的语言**]在比如说斯拉夫语言中,在一个元音前可以有许多个辅音,比如说波兰语(至多六个)和捷克语(至多七个)。

145. 这里的"他有着这样一种更高的辩证性"是译者的改写,直译是"他是如此地更辩证"。

146. 设定出"误解"的"理解之边界"。

147. **那著名……内在的**]在《大逻辑》中黑格尔论述"那内在的"(本质)和"那外在的"(现象)间的辩证法,并且把"现实"定性为"那内在的"和"那外在的"间的同一。*Wissenschaft der Logik*, L. v. Henning 出版,1-3 卷,Berlin 1833-34 [1812-16], ktl. 552-554; bd. 2, 1833 [1813], i *Georg Wilhelm Friedrich Hegel's Werke. Vollständige Ausgabe*, bd. 1-18, Berlin 1832-45; bd. 4, s. 177-183(*Jub.* bd. 4, s. 655-661, *Suhr.* bd. 6, s. 179-185)。

较短的论述在《小逻辑》中(*Encyclopädie der philosophischen Wissenschaften*, bd. 1, "Die Logik", udg. af L. v. Henning, Berlin 1840 [1817], ktl. 561, i *Hegel's Werke*, bd. 6, s. 275-281, (*Jub.* bd. 8, s. 313-319, *Suhr.* bd. 8, s. 274-279):"So ist Etwas, das *nur erst ein Inneres* ist, eben darum *nur ein Aeußeres*")。

在丹麦黑格尔主义那里,"那内在的"和"那外在的"间的辩证法是由海贝尔(J. L. Heiberg)简短地写在《在皇家军事高校的哲学之哲学或者思辨逻辑讲演大纲》中(*Ledetraad ved Forelæsningerne over Philosophiens Philosophie eller den speculative Logik ved den kongelige militaire Høiskole*, Kbh. 1831-32, II C, § 112-115, s. 68-71; i § 115, anmærkning 2)。其中,关于那被定性为"那内在的"的本质,有这样的阐述:"但在这里也是这样的情形,那被如此地定性的本质是现象,因为那被定性为是'那内在的'的东西,在这一定性之中恰恰被定性为'那外在的',因为就各自而言它们自身都是整体;或者:'那内在的',从'那外在的'的立足点来看,自己就是对于这外在者而言的外在的,并且在与此相反的情况下,'那外在的'同样也变成了内在的,正如以同样的方式那些局部就是那整体,而那整体就是那些局部。另外,那被仅仅地定性为'内在的'的东西,以同样唯一的方式被仅仅地定性为'外在的',并且反之亦然。"

另外参看阿德勒尔(A. P. Adler)的《对黑格尔的客观逻辑的普及讲演》(*Populaire Foredrag over Hegels objective Logik*, Kbh. 1842, ktl. 383, § 27, s. 158-160)。其中阿德勒尔写道:"真相在于,那内在的和那外在的相互地在对方之中。因此两者都是现实的;它们在自身之中自己有着它们的对立面。当'那内在的'和'那外在的'相互预设对方为不可分割的条件、分别相互走向对方并且在自身之中有着它们的'它者'时,它们的结果恰恰就是,它们在相互之中。相对性达到了自己最高的能力,并且另外因此而被扬弃;它完成了自己并且因此也完成了它者并且被充满。我们获得一种'那内在的'和'那外在的'、直接性和中介、思和在的直接的统一和同一。两者都是并且这两者也只是同一个。"

148. **明希豪森们**]梦想家们、吹牛大王们。典故渊源于德国的男爵、军官和猎人明希豪森(Karl Friedrich Hieronymus von Münchhausen, 1720-1797年)。见前面"对婚姻的不同看法"中对此的注释。

149. 这个"常识"的丹麦语词 Forstand 的意思是"知性;理智;理解力"。见前面对此的注释。

150. **把舌头伸出窗户并在舌头上挨一下**]丹麦古话"这味道就像是把舌头伸出窗户并在舌头上挨一下打"。

151. "这力量"就是"去达成绝望之决定的力量"。

152. "甚至是在被消灭了的情况下"丹麦语是"selv tilintetgjort"(这个 selv 是副词"甚至"而不是代词"自己")。Hong 在这一译作"hehimself is crushed",不是很恰当。

153. **"那宗教的"的本原可能**]在草稿中添加有"它(亦即:"那宗教的"的本原可能)必定是在童年的印象之中本来就是已有的"(*Pap.* V B 150,13)。

154. **这同一件事同时既是喜剧性的又是悲剧性的**]参见前面的注释。

155. **cantantur hæc... et lecta negliguntur**]克尔凯郭尔在 1842/43 年份转换的日记

之中记了这段诗歌[日记JJ（*Pap.* IV A 22［JJ:33］）]，来源也许是莱布尼茨（G. W. Leibniz, *Nouveaux Essais sur l'entendement humain* (1703)第一卷第二章第 11 节）。

156. 对这一句，Hong 的英译有点夸张。丹麦文原文出现在"在世界知识之上"是介词"在……上"，或者说"关于……"，但是，Hong 的英译则将之强调为"优越于，高于……（superior to）"（but on the other hand his unsophisticated veneration for the opposite sex has something touching about it, plus acertain epigrammatic force superior to knowledge of the world）。在 F. Prioret M. -H. Guignot 的法译（"sur"）和 Emanuel Hirsch 的德译（"betreffs"）之中都没有这一强调。

157. **私人讲学教授**]"privatdocenter"，德国大学里尤其聘用私人授课教授，就是说作为授课教授但没有正式聘用的授课者。这里也许是指马腾森（H. L. Martensen, 1808-1884 年）。马腾森 1837 年答辩了自己的证书论文（licentiatafhandling），第二年成为讲师，就是这种私人授课教授。马腾森 1840 年成为神学非常教授（ekstraordinær prof. i teologi）。

158. "这样的一类思者"是指"阅读许多书并且有意向要登上讲台做私人讲学教授"的一类。

159. **这样的一类思者完全可以不同的东西结合起来，于是他们也有中介（Mediationen）**]也许指向各种丹麦变体的黑格尔哲学（比如说海贝尔、尼尔森、阿德勒尔的），在之中中介（Mediationen）是用来标示"扬弃"的关键词，相当于黑格尔逻辑中的 Vermittlung。Mediation 这个词本身没有在黑格尔那里出现过，是丹麦黑格尔主义者用来重述黑格尔的 Vermittlung 的用词。

阿德勒尔的《对黑格尔的客观的逻辑的普及讲座》的§9 如此定义："黑格尔体系中典型的辩证运动不仅仅是在于否定。黑格尔这里的辩证法既表达了'直接性'走向其对立面的客观必然性，也表达了直接性和思想两者用来过渡到一种共同的更高的统一的客观必然性；它同时包括了否定和中介（Mediation）。我们说过，否定是直接性向对立面的过渡；中介则是对立双方在更高的统一体中和解。……中介只与真正相互有着冲突的环节有关；表面上的否定很容易出现，各种单纯的差异性（就像列出各种三合一）。……就是说，否定是辩证法的第一个过程，中介是第二过程。辩证法是整个在事物本质之中作为基础的运动的名字，通过这运动，片面的东西走向其对立面（被否定）并且两者一同进入更高的统一体（得以中介调和）。"

海贝尔在自己的杂志《珀尔修斯，思辨理念杂志》发表"逻辑体系"说："现在我们看见了最初的逻辑三合一：在，成为和存在。这之中所具的各种一般的形式定性在每一次接下来的过程中重复，就是说，第一个环节标示'那静止的'，第二则是它的出离自身的运动，第三是运动的结果；或者：第一标示'那直接地正定的'或者'那抽象的'，第二标示'那否定的'或者'那辩证的'，第三标示否定之否定，就是说，'那中介了的正定的'或者'那思辨的'，'那在自身之中有着否定的';或者:第一标示直接的'无限性',第二标示有限性,第三再造无限性,但是在一种集中的定性之中,就是说包含了第二环节的有限性或者否定性。在任何地方,第三环节都是前两个环节的统一;整个发展是一个循环,在之中第三环节叠合于第一环节,不过是在赢得了一种更高的意义之后的叠合。"

160. **那叙利亚-迦勒底的东西**]可能是指公元前八到前七世纪亚述与迦勒底为巴比伦的争执。最后迦勒底王征服了巴比伦,但是,他在公元前710年被亚述王萨尔贡二世赶走,后来他的儿子塞纳克里布继续统治巴比伦。迦勒底王在公元前703年与埃兰结盟并重新成为巴比伦的王,但不久后塞纳克里布重新又赶走迦勒底王。迦勒底的王公那波帕拉萨尔在公元前625年建立新巴比伦王朝,结束这一争执。参看《列王记下》第17-25章。

161. **埃兰的东西**]埃兰是古代中东的一个强权国家,直到公元前六世纪成为波斯阿契美尼德王朝的一个重要行省。

162. **塞纳克里布和萨尔玛那萨尔**]萨尔玛那萨尔五世是亚述王(公元前726年到722年他死在位),然后是他的弟弟萨尔贡二世继位,然后是萨尔贡二世的儿子塞纳克里布(公元前705年到前681年在位)。在《列王记下》第17-18章中叙述以色列王何细亚是怎样臣服于萨尔玛那萨尔的,在何细亚对亚述造反的时候,萨尔玛那萨尔(撒缦以色)的军队进攻撒马利亚,围城三年。在《列王记下》(18:13)到(19:37)讲述了塞纳克里布(西拿基立)攻击犹大的一切坚固城,最后被自己的两个儿子谋杀。

163. 她的痛苦会是"失去对另一个人的拥有",但是,他无法明白这一点。

164. 他的痛苦是责任与幸,而她则根本不明白这一点。

165. **自我维护的驱动力……被某些希腊哲学家构建为道德原则**]可能是指希腊斯多葛派的哲学家克律西波斯。

166. "自然的"是形容词,而"健康"是名词。

167. **在"那恶的"的方向上的魔性的**]可参看《恐惧的概念》"那魔性的"这一章节。《畏惧与颤栗·恐惧的概念·致死的疾病》,中国社会科学出版社,第334-366页。

168. **结婚仪式提供了一个特别的服务,它成了起着分离作用的事实**]调侃结婚仪式上的说辞。

169. "节操感",直译的话应当是"荣誉"(Ære)。

170. 就是说:这是"那宗教的";我是一个"在平衡之中看见了这两个环节(亦即'那喜剧的'和'那悲剧的')"的人,但我却并不能理解"那宗教的"。

171. **关于这个,在后面会有更多讨论**]参看§4。

172. **那些大体系性思想家们的事情**]指那些总是做体系工作的思辨哲学家,尤其是黑格尔主义哲学家。

173. **康斯坦丁·康士坦丁努斯的小册子**]亦即《重复》。参看东方出版社2011年版《重复》。

174. **想象实验**]亦即"'有辜的?'-'无辜的?'"的日记体部分。
175. 在这里以及下面的关联中,"真的"(virkelig)/"真地"(virkelig)也就是"现实的"(virkelig)/"现实地"(virkelig)。在日常语言用法之中的说法"真的"(virkelig),在哲学关联中的说法是"现实的"(virkelig),分别与"可能的"和与"理想的"构成对立。
176. **莱辛……爱美丽雅·迦洛蒂……这样考虑的**]莱辛(G. E. Lessing)的悲剧《爱美丽雅·迦洛蒂》(*Emilia Galotti*,1772年)曾在哥本哈根皇家剧院演出过4次(在1830年之后)。
177. **"那亚里士多德的":……任何他想要使之发生的地方**]亚里士多德:《诗学》第九章:"从上述分析的事中可看出,诗人的职责 不在于描述已经发生的事,而在于描述可能发生的事,即根据可然或必然的原则可能发生的事。历史学家和诗人的区别不在于是否用格律文写作(希罗多德的作品可以被改写成格律文,但仍然是一种历史,用不用格律不会改变这一点),而在于前者记述已经发生的事,后者记述可能发生的事。所以,诗是一种比历史更富哲学性、更严肃的艺术,因为诗倾向于表现带普遍性的事,而历史却倾向于记载具体事件。所谓'带普遍性的事',指根据可然或必然的原则某一类人可能会说的话或会做的事——诗要表现的就是这种普遍性,虽然其中的人物都有名字。所谓'具体事件'指阿尔基比阿得斯吉做过或遭遇过的事。在喜剧里,这一点已清晰可见:诗人先按可然的原则编制情节,然后任意给人物起些名字,而不再像讽刺诗人那样写具体的个人。在悲剧里,诗人仍在沿用历史人名,理由是:可能发生之事是可信的;我们不相信从未发生过的事是可能的,但已经发生之事显然是可能的,否则它们就不会发生。"亚里士多德:《诗学》,第81页,陈中梅译注,商务印书馆,1996年。
178. **哈利奎恩和皮耶罗**]意大利文艺复兴时期"即兴喜剧"(dell'arte-teater)中的角色。详见前面有过的注释。
179. "伟大的方面",原文是"det Store"("那伟大的")。Hong 英译作"what is great"。
180. **一个傻瓜为乌有而大笑**]丹麦成语:"在太多的笑声里,你看见一个傻瓜。"
181. **也许这是依据:……什么可畏惧的,因为死去的只是那些英雄**]在一张这句话草稿中,写有这样的思路:"我不想决定,宁可以此来说明:那喜剧的处于各种形而上学的定性之中,那悲剧的处于各种审美的定性之中。因此,那喜剧的留下全部的印象,因为它展示与理念的矛盾,于是生活就在观众笑的时候得到了和解。那悲剧的不与生活和解。我看见英雄倒下,理念胜利,但是,这英雄之倒下,对那根本不是英雄的观众来说,当然就包括了一种悲伤的思考。"
182. **把"那历史的"溶化在理想之中**]通过把那历史的(那现世的/具体的)溶化在理想之中来解读历史材料,就是说,通过在具体的事物中看理想,来解读历史材料。

183. **ab posse ad esse … ab esse ad posse**]拉丁语:从可能到现实……从现实到可能。这一表达指向古典逻辑关于不同逻辑程式(可能、现实和必然)之间推导的规则。它的表述为:"a posse ad esse non valet conseqventia, sed ab esse ad posse valet conseqventia"(从事物的可能无法推导出其现实,但从事物的现实可推导出其可能)。

184. "真的"(virkelig)/"真地"(virkelig)也就是"现实的"(virkelig)/"现实地"(virkelig)。

185. **在信心之中有功效的**]保罗在《加拉太书》(5:6)之中写道:"原来在基督耶稣里,受割礼不受割礼,全无功效。惟独使人生发仁爱的信心,才有功效。"

186. "真的"(virkelig)/"真地"(virkelig)也就是"现实的"(virkelig)/"现实地"(virkelig)。

187. **苏格拉底就雄辩性所说……一门欺骗性的艺术**]柏拉图的《高尔吉亚》中,苏格拉底对智者们的讲演术做了很详尽的批判。比如说463a-b:"这种活动从整体上来看不是一种技艺,而是一种精明的行当和有进取心的精神,在与他人打交道的时候,人生来就有这种技巧,从整体上和本质上来看,我称之为'奉承'。现在我认为这种活动还有许多其他部分,其中之一就是烹调。人们把烹调当作一门技艺,而在我看来它根本不是技艺,而是一种程序和技巧。"《柏拉图全集》,第一卷,王晓朝译,人民出版社,2002年。

188. **他给出许多话语……为如此低廉的酬报**]语出丹麦成语"给出一句话代替钱(以话语代替一个人应得的钱)"。也指那些智者是不同于苏格拉底,他们教人讲演是收取费用的。

189. 见前面关于"真的"的注释:在日常语言用法之中的说法"真的(virkelig)",在哲学关联中的说法是"现实的"(virkelig),分别与"可能的"和与"理想的"构成对立。

190. **我的邻居克里斯多夫森**]指向霍尔堡的喜剧《山上的耶伯》第一幕第三场中耶伯的独白,他头脑里想着"我的邻居克里斯多夫森"抱怨命运的反复无常。

191. "真的"(virkelig)/"真地"(virkelig)也就是"现实的"(virkelig)/"现实地"(virkelig)。

192. "信仰是理想,这理想把一种esse(拉丁语:现实)溶化在自己的posse(拉丁语:可能)之中,并且在激情之中扭转已做的决定。"这句话直译就是:信仰是那"把一种esse(拉丁语:现实)溶化在自己的posse(拉丁语:可能)之中,并且在激情之中扭转决定"的理想。

193. "这理想把一种esse(拉丁语:现实)溶化在一种nonposse(拉丁语:不可能)之中,并且现在想要去信它"这句话直译就是:信仰是那"一种esse(拉丁语:现实)溶化在一种nonposse(拉丁语:不可能)之中,并且现在想要去信它"的理想。

194. 可比性(Commensurabiliteten)。

195. "那严肃而正面的人"(den Alvorlige og Positive):所谓"……正面的人

(Positive)",亦即,"……积极的、关注好的方面的人"。
196. **治理**]亦即"上帝的治理"。见前面有过的注释。
197. "**不相称的婚配(Mesalliance)**",就是说,"身份相差甚远的两个人之间的婚姻,门不当户不对的婚姻"。
198. **波爱修斯……第一卷第 9 页**]波爱修斯(Anicius Manlius Torquatus Severinus Boethius,480 - 524 年),罗马贵族和哲学家。因遭怀疑谋反而被囚禁,最终被处死刑。在监狱中写下了哲学巨著《哲学的慰藉》(*De consolatione philosophiae*)。这里所说的第一卷第 9 页指 *De consolatione Philosophiæ*, *libri quinque*, Eger 1758, ktl. 431, s. 9。在之中,作者深入沉思,为诗歌的缪斯围绕,突然哲学以女性形象向他展现出自己。在她看见缪斯们的时候,她怒火升起,把她们赶走,说:"是谁让这些艺伎和这病夫在一起的?她们不仅医治不了他的病痛,还会用甜蜜的毒药,给他雪上加霜。她们这样做,是用情欲的荆棘去毁坏理性的累累果实;她们的目的不是帮助他解除病痛,而是要让他对于现状泰然处之。如果你们和往常一样,只是将一个目不识丁的粗人诱入歧途,那也就算了,因为对我们来说没有大的损失。但是现在,你们诱导的却是一个接受过爱利亚学派和学园派思想教育的人,这样我就不能再坐视不管了!你们这些妖妇,快住手吧!不要再诱惑人,让人堕落!快把这个人留给我的……照顾……帮助他康复。"《哲学的慰藉》,贺国坤译,陕西师范大学出版社,2009 年,第 6 页。
199. **梭伦把戏剧当骗术来禁止**]指关于古希腊政治家梭伦(约公元前 640 -前 560 年)的传说。第欧根尼·拉尔修的《哲学史》讲述说,他禁止悲剧诗人狄斯比斯(Thespis)演或写自己的悲剧,他认为这些悲剧是"虚假的想象,毫无用处"。普鲁塔克的《梭伦》中也写过,梭伦去看了狄斯比斯自己演的一部戏,他问狄斯比斯,在这么多人前宣示这样的非真相,难道不感到羞耻吗?"狄斯比斯回答他说,在玩笑之中说和演示这些东西,这之中没有什么不好的。这时,梭伦用手杖猛敲着地上,说:'如果我们赞美和认同这样的玩笑,那么我们不久就也会看见它进入我们的习俗。'"
200. **柏拉图想要把诗人从他的理想国里排除掉**]在柏拉图的《理想国》的第二和第三卷中(376d - 398b)有关于好的教育的讨论,诗歌艺术被攻击为缺乏道德。在第十卷中又有对诗歌艺术的批判(595a - 608b),结果就是,理想国不欢迎诗人,因为一方面他们不描述真正的现实,一方面他们更多地诉诸各种感情,而不是理性。
201. "**之**"就是"那外在的和有形的"。
202. 一国家银行币有六马克,一马克又有十六斯基令(skilling)。
203. 相称的(commensurabel),或译"可比的"。
204. 质地,作为"量"的对立面的"质"。
205. **一个人和所有人**]丹麦成语,直接说就是:"一个人为所有人,所有人为一个人"。它强调公共的责任和义务。

206. "正面的"(positiv),亦即,"积极的、关注好的方面的"。

207. **他也确实为他所说的东西而收钱**]就像古希腊智者们为他们所授的课程收钱。

208. 译者稍作改写。丹麦语原文是:"Hvad her er udtrykt om det Religieuses Mangel paa Resultat..."(在这里,关于"'那宗教的'对结果之缺乏"所表述的东西……)。

209. **"那否定的"要高于"那正定的"**]在前面"酒中真言"部分有过注释,这里简单再注:根据黑格尔辩证法,"那正定的(那肯定的)"是第一环节,"那直接的",要被其对立面否定;这样,"那否定的"就在这样一种意义上高于"那正定的(那肯定的)":它在辩证过程中标示了一个得到了更多发展的一阶。第三环节,更高的一阶则是对"那否定的"之否定,更高的直接性。

210. **那些正面的(Positive)人们……那些正定者们(Positiverne)有着一种正定的(positive)无限性**]也许是指向黑格尔主义的哲学,"那正定的(那肯定的)"一方面可以意味了"那直接的",要在反思("那否定的")之中被扬弃;一方面意味了思辨性的统一,它再次要调和或者中介那由反思设定的各个对立面。海贝尔在他的《逻辑体系》之中这样叙述这一基本的逻辑三性:"第一环节标识那静止的,第二环节是'那静止的'的运动出自己,第三环节是运动的结果。或者:第一环节标识那直接的正定的或者抽象的,第二环节是那否定的或者辩证的,第三环节是否定之否定,就是说,'那中介了之后的正定的'或者'那思辨的','那在自身之中有着否定的东西',或者:第一环节标识作为直接的无限,第二环节是有限,第三环节重造出无限,但在一种具体的定性之中,亦即,包含有第二环节中的有限或者否定。不管在那里,第三环节都是前两者的统一。整个发展过程是一种循环,之中第三环节在赢得了一种更高的意义之后落在第一环节上。"(*Perseus, Journal for den speculative Idee*, udg. af J. L. Heiberg, (ktl. 569), nr. 2, 1838, s. 30f.)

为了贯通他们的方法,这些黑格尔主义的哲学家们,亦即这些"正定者们"(de positive)必须预设自己拥有最高的真理或者"那正定的(普遍的)"。

丹麦语名词 positiv(正定)意味了:正面,数学的正数,正量;物理中的阳极;语法中的原级;以及一个小小的手摇风琴。

211. **黑格尔大师……正定的无限**]黑格尔把无限分作一种正定的(真的)无限和一种否定的(坏的)无限。关于"坏的无限",比如说,可参看商务印书馆 1966 年版的《逻辑学》(杨一之译):"这种坏的无限性,本身就与那种长久的应当同一的东西,它诚然是有限物的否定,但是它不能够真正从有限物那里解放自己"(第二章、实有,第 141 页)。"坏的无限"(die schlechte Unendlichkeit)或者"否定的无限",它是一种永远都无法在与直接性的综合之中得以中介的。在它否定了之后,它在自身层面内仍然在"那无限的"之中继续。换一句话说就是,"坏的无限"是在有限性的领域之中展开,但无穷无尽地没有终结。在这种意义上,在黑格尔那里,反思的层面就对立于思辨的或者说概念的层面。

在思辨的或者说概念的层面里,无限作为有限的对立面被领会为是真实的。

相反,在正定的无限在场的地方,概念被理念统治,因此人们通过那辩证的环节能够带着一种新的正定的内容不断地把思维发展向前推进。可参看《逻辑学》下卷第二章 C 节,c["肯定的无限"(Die affirmative Unendlichkeit)]。

212. **在体系早已结束……能够使用这体系的更高生物**] 也许是指海贝尔在 1830 年代想要完成一套思辨哲学体系的努力,但到了 1840 年代则对天文学更感兴趣。他也参加当时关于其他星球上的生命的讨论。在他的文章"天文的年"之中写有:"关于在世界各星球上的居住的想法,在我们时代已经进入了普遍观念,它几乎成为一项信仰条文,这本身当然不是什么论据,尤其是在我们观察了那许多把这类关联加进来的梦想之后,比如说人死后会在另一星球获得另一身体。"Urania. Aarbog for 1844, s. 130.

213. **巴勒的教学书**]《福音基督教中的教学书,专用于丹麦学校》(Lærebog i den Evangelisk-christelige Religion, indrettet til Brug i de danske Skoler),由 1783 – 1808 年间的西兰岛主教巴勒(Nicolaj Edinger Balle, 1744 – 1816 年)和牧师巴斯特霍尔姆(Christian B. Bastholm, 1740 – 1819 年)编写,简称《巴勒的教学书》。在第八章第一节中有:"尽管没有人知道自己在什么时候会死去,但下面这一点却是很明确的事实:直到世界终结生活在地球上的所有人都会在某一天死去,因为他们全是罪人。"

214. **七万寻的水**] 七万这个数字是标识某种无限(深度),可能是受黑格尔的影响。黑格尔在《历史哲学》中写道:"在印度文献中也有各种时期被谈及,并且有着一些具有天文意义的并且常常是偶然地做出的数字。谈及国王是如此说:他们统治了七万年,或更久。……要拿这一类东西作为历史性的东西来提及,那真的会是很可笑。"

寻,是中国古代长度单位,我用来翻译丹麦从前的水深度量单位 Favn,一个 Favn 相当于 1.88 米。丹麦在 1926 年之前,Favn 是官方正式的度量单位,1907 年才开始使用米制长度单位。

215. 直译的话是:"不管他在那里躺多久,这都不意味了,他渐渐地变成躺在陆地上伸展自己"。

216. ……找到一种"喜爱'玩笑和欢快性情'"的安全感……

217. **上帝不偏待人**]《罗马书》(2:11):"因为神不偏待人。"

218. "这"就是"变得正面"(positiv)。

219. **强行取得它**]《马太福音》(11:12):"从施洗约翰的时候到如今,天国是努力进入的,努力的人就得着了。"

220. 亦即,被描述成"结束"。

221. **许诺我黄金和绿森林**]丹麦俗语,指对财富的许诺。

222. "真的"(virkelig)也就是"现实的"(virkelig)。

223. 称"您",就是说以尊称来保持距离。

224. "现实(Virkeligheden)的兴趣"。

225. **基旦**]基旦(quidam)拉丁语:某人。quidam 在拉丁语中是阳性的不定代词,或者说,某个人。
226. 亦即:供人任意使用,毫无任何要求(不管是什么方式的要求)。
227. 这个"它"是指"悔"。
228. 这个"它"是指"体系"。
229. 这个"它"是指"那伦理的"。
230. **那体系性的"滑梯",如想象实验中的基旦所说**]见四月六日午夜的日记中,基旦写道:"你可以设想一下,这个段落狂,这个课程疯子,一种体系性的惯性滑动,如此全然地控制住了局面,以至于我们,简单地说吧,我们最后想要把我们的主上帝安置进最现代的哲学里。"
231. 这里所说的§,不是指作者自己"给读者的信"中的章节标题符号,而是指当时流行的学术文体中的章节符号,比如黑格尔著作中就有许多§(如果看中文译本的话,贺麟先生译《小逻辑》商务版就保留了德文版中所有的§)。
232. **在半皮革的装订……在完全的小牛皮装订**]在霍尔堡的喜剧《埃拉斯姆斯·蒙塔努斯或者拉斯姆斯·贝尔格》第一幕第四场中,佩尔·蒂恩坐在尼勒和耶伯的厨房里吃喝着卖弄自己的拉丁语碎片。别人问他,Grammatica 是什么意思,他回答说,"和 Donat 一样,人们把它装订在土耳其版本中的时候,它就称作 Donat;但是人们把它装订在白羊皮纸里的时候,它就被称作是 Grammatica……"。Donat 是罗马语言教师 Ælius Donatus 所写的《拉丁语语法初步》的简称。而拉丁语"语法"叫作 Grammatica。
233. **朱诺发送一只牛虻去追击勒托娜……无法生育**]宙斯爱上了提坦女神莱托(拉丁语为 Latona)并使她怀孕。赫拉(拉丁语 Juno)暴怒并且追击她,阻碍孕中的莱托生产,并且禁止所有莱托所到的国土为她提供驻足处。最后她逃到德洛斯岛,就在岛上的一棵棕榈树下分娩,在这里她生出了阿波罗和阿尔忒弥斯。而被赫拉(朱诺)发送的牛虻追击的则不是莱托,而是伊俄。宙斯诱奸了伊俄,之后为使她免于受赫拉迫害,又把她变成了一头小母牛。但赫拉仍不放心,派百眼巨人阿耳戈斯看守变成牛的伊俄。赫耳墨斯受宙斯之命将阿耳戈斯杀死,并将伊俄放走。赫拉又派了一只牛虻来不停地叮伊俄。母牛被叮得到处奔逃,最后逃到了埃及,在那里宙斯将她变回人形。
234. **报应**]原文中这"报应"是外来语 Nemesis,源自希腊语,翻译出来是两个意思,一是"诸神的复仇,指一种惩罚性的公正,主要是针对不应得的幸福和傲慢",一是希腊神话中负责复仇和惩罚的女神之名。在前面"酒中真言"部分有过注释。
235. 它不愿让他"逃离并且由此而绝对地进入'那宗教的'"。
236. **我在前面说过**]参看前面:"他在这里摸索寻找着罪(Synd)。如果他曾为一项罪(Synd)而良心不安的话,如果我是这样地想象他,那么,要把他从那之中救出来,就会容易得多;只是那样一来,这整个构思也就不会展示出我想要的东西了。"

237. **事实的罪**]现实的罪或者作为之罪;一个固定的神学概念。参见《畏惧与颤栗·恐惧的概念·致死的疾病》,中国社会科学出版社,第 186-188 页。

    维吉利乌斯·豪夫尼恩希斯在《恐惧的概念》里使用了一个在神学中很常用的概念并且在对 peccatum originale(原罪,亦即,"最初的罪",传承之罪)和 peccatum actuale(现实的罪,亦即"作为之罪")进行区别中使用它,这一区别不同于古典的教理神学的 peccatum habituale(习惯的罪,亦即"作为性质、态度或者状态的罪",就是说,传承之罪)和 peccatum actuale 之间的区别。按布赖特施耐德的《教理神学手册》的说法,从奥古斯丁的时候起,人们就把罪分成传承之罪和(单个的与伦理格准相悖行为的)现实的罪。在哈泽的《Hutterus redivivus 或路德教会神学教理》也有类似说法:"根据各种外在关系,所有'作为之罪'(pecc. actuale)在或高或低的程度上必然地出自传承之罪(pecc. habituale)。"施莱尔马赫在《基督教信仰》一书中分析了现实的罪与传承之罪的关系:在所有人身上,现实的罪总是出自传承之罪。在《奥斯堡信条》中说基督遭难是为了在天父与我们之间建立出和解,不仅仅是为原始的罪过,而且也是为所有人的现实的罪做出牺牲。

238. **风**]就是说,乌有,幻想出来的东西。

239. **死亡不认贫富老幼**]也许是指关于死亡之舞的民间表演:死亡以骷髅的形象出现,向各年龄各阶层的人们邀舞并将他们带进墓穴。在前面"酒中真言"有过注释。

240. "而是'他通过了现实之危机并随后自己倒在自身之中'。":就是说,"'那喜剧的'是'他通过了现实之危机并随后自己倒在自身之中'。"

241. "自己的神",直译应当是"那神"。克尔凯郭尔在上一段落之中写到复数的希腊诸神(Guderne 或者 Guder),而在这里写的仍是带有定冠词的单数"那神"(Guden),而非基督教的"上帝"(Gud),尽管基旦并不是希腊的异教徒。按 Emanuel Hirsch 的德文版中的注释的说法,这是为了使得从希腊世界的进入基督教世界的过渡不至于太突兀。

242. 丹麦语在这里是用一个进行式分词 Experimenterende(正实验着),译者将之译作"作为想象实验者"。Hong 的英译是"As a composer of imaginary constructions"(作为各种想象实验的建构者)。

243. **大卫做出了决定……拔示巴就能够变成是他的**]《撒母耳记下》第 11 章中叙述:"一日,太阳平西,大卫从床上起来,在王宫的平顶上游行,看见一个妇人沐浴,容貌甚美,大卫就差人打听那妇人是谁。有人说:'她是以连的女儿,赫人乌利亚的妻拔示巴。'大卫差人去,将妇人接来。那时她的月经才得洁净。她来了,大卫与她同房,她就回家去了。于是她怀了孕,打发人去告诉大卫说:'我怀了孕。'大卫差人到约押那里,说:'你打发赫人乌利亚到我这里来。'约押就打发乌利亚去见大卫。乌利亚来了,大卫问约押好,也问兵好,又问争战的事怎样。大卫对乌利亚说:'你回家去,洗洗脚吧!'乌利亚出了王宫,随后王送他一份食物。乌利亚却和他主人的仆人一同睡在宫门外,没有回家去。有人告诉大卫说:'乌利亚没有回家去。'大卫就问乌利亚说:'你从远路上来,为什么不回家去呢?'乌利亚对大卫说:'约柜和以色列与犹大兵都住在棚里,我主约押和我主的仆人都在田野安营,我岂可回家吃喝,与妻子同寝呢?我敢在王面前起誓,我决不行这事。'大卫吩咐乌利亚说:'你今日仍住在这里,明日我打发你去。'于是乌利亚那日和次日住在耶路撒冷。大卫召了乌利亚来,叫他在自己面前吃喝,使他喝醉。到了晚上,乌利亚出去与他主的仆人一同住宿,还没有回到家里去。次日早晨,大卫写信与约押,交乌利亚随手带去。信内写着说:'要派乌利亚前进,到阵势极险之处,你们便退后,使他被杀。'约押围城的时候,知道敌人那里有勇士,便将乌利亚派在那里。城里的人出来和约押打仗。大卫的仆人中有几个被杀的,赫人乌利亚也死了。于是,约押差人去将争战的一切事告诉大卫,又嘱咐使者说:'你把争战的一切事对王说完了,王若发怒,问你说:"你们打仗为什么挨近城墙呢?岂不知敌人必从城上射箭吗?从前打死耶路比设儿子亚比米勒的是谁呢?岂不是一个妇人从城上抛下一块上磨石来,打在他身上,他就死在提备斯吗?你们为什么挨近城墙呢?"你就说:"王的仆人,赫人乌利亚也死了。"'使者起身,来见大卫,照着约押所吩咐他的话奏告大卫。使者对大卫说:'敌人强过我们,出到郊野与我们打仗,我们追杀他们,直到城门口。射箭的从城上射王的仆人,射死几个,赫人乌利亚也死了。'王向使者说:'你告诉约押说,"不要因这事愁闷,刀剑或吞灭这人或吞灭那人,没有一定。你只管竭力攻城,将城倾覆。"可以用这话勉励约押。'乌利亚的妻听见丈夫乌利亚死了,就为他哀哭。哀哭的日子过了,大卫差人将她接到宫里,她就作了大卫的妻,给大卫生了一个儿子。但大卫所行的这事,耶和华甚不喜悦。"

244. "真正的"(virkelig)也就是"现实的(virkelig)"。

245. 放开"悔(Angeren)的作为",就是说,把"悔(Angeren)的作为"释放出来,而不是束缚住。

246. **莎士比亚的《哈姆雷特》**]在莎士比亚的悲剧《哈姆雷特》中,年轻的王子哈姆雷特因为自己父亲的死亡和母亲格尔特露德与叔父克劳狄乌斯突然的婚姻而回到故乡。哈姆雷特的父亲以鬼魂的形象找到儿子并告诉儿子说自己是被谋杀了。儿子答应为父亲报仇。哈姆雷特想要自己弄清楚这罪行,但是,甚至在他揭露出了克劳狄乌斯的阴谋之后,他仍然犹豫不决,迟迟没有完成复仇。到了剧中最后一场,母亲因喝下本来为哈姆雷特准备的毒酒而死,他才果断下手杀了克劳狄乌斯。

247. **波尔内为《哈姆雷特》写过一篇小剧评**]关于波尔内(L. Börne),前面有过注释,这里所说的剧评是指波尔内的文章"莎士比亚的《哈姆雷特》"("Hamlet, von Shakspeare",*Gesammelte Schriften*, bd. 2, 1835, s. 172 - 198)。

248. **波尔内、海涅、费尔巴哈以及这一类作家**]波尔内和德国作家海涅(Heinrich Heine,1797 - 1856 年)在《德国宗教和哲学的历史》(Zur Geschichte der Religion und Philosophie in Deutschland,1834 年)之中给出了对基督教的批

判性描述。两人都属于1830年代的"青年德意志"文学运动。"青年德意志"是法国七月革命的榜样,它们都要求在宗教、道德和政治领域的解放。属于"青年德意志"文学运动的作家还有Heinrich Laube(1806-1884年)、Ludolf Weinbarg(1802-1872年)、Theodor Mundt(1808-1861年)和Karl Gutzkow(1811-1878年),他们的著作1845年在德国被禁。

费尔巴哈(Ludwig Feuerbach)以其左派黑格尔主义的宗教批判而闻名。左派黑格尔主义者还有诸如Bruno Bauer(1809-1882年)和David Friedrich Strauß(1808-1874年)等。

249. 愤慨者,也就是一个因为宗教而感觉到受冒犯的人,不信基督教的人。《圣经》之中有相应的一个词,本书译者不懂希伯来语,但这个词被译成丹麦语是Forarget(中文意思是"愤慨"和"受冒犯"),而在中文和合本《圣经》之中,则被译作中文"跌到",比如说《马太福音》(11:6)中"凡不因我跌倒的,就有福了。"

250. **这样的两个相互一致的见证给出一种律师们所不知道的可靠性**]关于有效的见证,在克里斯蒂安五世的丹麦法律第一卷第十三章第一节中这样说:"见证不能够少于两个人,两个一致于同一件事情的人。"

251. **关于《哈姆雷特》,波尔内说:"这是一部基督教的戏剧"**]波尔内的文章"莎士比亚的哈姆雷特"在结束了对剧中的反讽的讨论之后,写道:"Hamlet ist ein christliches Trauerspiel"(德语:哈姆雷特是一部基督教的悲剧)。

252. "如此",就是"一部宗教性的戏剧"或者"宗教性的戏剧"或者"宗教性的"。

253. "如此",同上。

254. **哈姆雷特就在本质上是一个犹疑不定者**]见前面关于"因为自己的内闭而伟大,他站出来让自己作为诗意处理的对象"以及"莎士比亚的《哈姆雷特》"的注释。

255. **哈姆雷特说……去成为申冤所在的复仇者**]直译是"去成为复仇之归宿的复仇者"。见《罗马书》(12:19):"亲爱的弟兄,不要自己伸冤,宁可让步,听凭主怒。因为经上记着,主说,伸冤在我。我必报应。"通过"作复仇者"哈姆雷特将自己置于上帝的位置。

256. **瑞切尔把哈姆雷特当成是一个反思狂……各种存在的范畴的**]瑞切尔(Heinrich Theodor Rötscher,1803-1871年),德国教授,哲学家和美学批评家,受黑格尔影响极深。这里所说指向他的 *Cyclus dramatischer Charaktere*, Berlin 1844(*Die Kunst der dramatischen Darstellung. In ihrem organischen Zusammenhange wissenschaftlich entwickelt*, bd. 1-3, Berlin 1841-46; ktl. 1391 = bd. 2)。在书中第99-132页有一章关于哈姆雷特这个人物,分析了哈姆雷特身上"理论/反思"与"实践/行动"之间的错误关系。终结语是:"In Hamlet geht so der Standpunkt der Reflexion zu Grunde, er löst sich durch seine Dialektik selbst auf. Aber in der That vollbringt sich nur die Forderung des sittlichen Geistes, der, indem er Hamlet zu einem bloßen Instrument herabsetzt, durch ihn nur sein Gebot vollziehn läßt, ohne dem

Vollstrecker die Ehre der bewußten That zu lassen. Die sittliche Idee verschlingt Alle, die an ihr gefrevelt haben, ohne irgend einen zum Helden zu machen, denn der es nach der Höhe seiner idealen Bildung zu sein vermochte, der hat sich durch die Krankheit der Reflexion um den Ruhm des Helden gebracht"(德语:因此,在哈姆雷特身上,反思的立场进入了毁灭,它通过自己的辩证法把自己消释掉了。但是在现实中,那被实现的只是伦理精神的要求,这精神,因为它把哈姆雷特归减为一种纯粹的工具,它只能通过他来完成自己的使命而用不能够让这实施者因有意识的行为得到这份功劳。伦理性的理念吞噬下了一切违犯了它的人,而根本不把任何人弄成英雄,因为,如果有人依据于自己的理想的教育之高度而能够作英雄的话,那么这人则因为反思之病而丧失了英雄的荣誉)。

在对这一段落的构思之中,克尔凯郭尔由"各种存在之范畴"而想到"跳跃",质的飞跃。瑞切尔把这看作是从理论到实践的过渡:"Dieser Uebergang freilich ist der härteste, welcher dem Geiste zugemuthet wird; es ist ein qualitativer Sprung; darum bleibt es aber auch seine höchste Aufgabe, denn erst in diesem Uebergange erfährt sich der Geist als die *reale, positive Macht* als die *wahre Einheit des Denkens und des Seins*"(这一过渡确实是精神所要求的最艰难的过渡;这是一次质的跳跃;但正因此这是并且继续是它最高的任务,因为,只有在这一过渡之中,精神才体验到其自身是作为那实在的、正定的力量,作为思和在的真正统一)。

257. "那在没有外来障碍的同时得以更新的意图",就是说:一方面不存在外来的障碍,一方面这"意图"又不断地被更新。

　　　　句子中的所谓"享受"就是说:他在这种"意图"之中作自我欺骗,并且他享用着这样的自我欺骗。

258. 这"任务"就是"由此创作出一部戏剧来"。Hong 的英译和 F. Prioret M. -H. Guignot 的法译在此都把"任务"改写为"主题",而 Emanuel Hirsch 的德译则仍译作"任务"。

259. 承受,同时也是承受痛苦。

260. **报应**]原文中这"报应"是外来语 Nemesis,源自希腊语。在前面有过注释。

261. **quædam**]拉丁语的阴性不定代词,"某女子"。与之相对的"基旦",亦即 quidam,在拉丁语中是阳性的不定代词,或者说,某个人。因为这个代词出现得不很频繁,所以译者不将之像"基旦"那样地音译成比如说"洁旦"。

262. **报复**]原文中这"报复"是外来语 Nemesis,源自希腊语。有时也被译作"报应",在前面有过注释。

263. **看着她(按他的说法)与理念关系破裂**]参看见四月十二日早上的日记中,基旦写道:"……我确实能够努力让自己以为,我与理念的断绝是值得赞美的,因为这是为了她的缘故……"

264. 这一句句子有点繁复并且信马由缰。我在这里可以改写一下：

"他的同情的天性要从所有各方面来得以阐明，因此我需要有一个这样的女性人物形象，她能够在总体上使得他尽可能地处于辩证状态中，并且比如说能够把他带进这样的一种痛苦——让他看着她（按他的说法）与理念关系破裂；别的都无所谓。这个女性人物形象，只要她做到了'使得他辩证并且让他看着她与理念关系破裂'，那么，她就符合我的需要，别的都无所谓，——哪怕她没有做任何别的事情，而只是让自己没有怒气没有偏袒，保留自己女性的可爱，在生活的舞池之中找到一个新的伴侣，所谓'如果你不能够得到这一个，那么你就去找另一个，不为理念的复杂而尴尬，并且正因此而可爱'。"

这句的丹麦语是："Hans sympathetiske Natur skal belyses fra alle Sider, og derfor maatte jeg have en qvindelig Figur, der kan gjøre ham det Hele saa dialektisk som muligt og blandt Andet ogsaa bringe ham i den Pine, at see hende, hvad han kalder bryde med Ideen, om hun dog ikke gjør Andet, hvis hun gjør det, end at hun sine ira et studio uden at tabe sin qvindelige Elskværdighed faaer sig en ny Kavaleer paa Livets Bal, naar man nemlig ikke kan faae den Ene saa tager man den Anden, ugeneret af Idee-Vidtløftighed og derfor netop elskværdigt."

F. Prioret M. -H. Guignot 的法译："La nature sympathisante du jeune homme doit être mise en lumière de tous les côtés, et c'est pourquoi je devais avoir un type féminin qui puisse le rendre aussi dialectique que possible et aussi lui infliger la peine de la voir, comme il le dit, rompre avec l'idée et, si elle le fait — même si ce n'était que sine ira et studio [Tacite, Annales, I, 1 : sans colère et sans partialité] et sans rien perdre de son amabilité féminine, — trouver un nouveau partenaire au bal de la vie; car, si on ne peut pas en obtenir un, on en prend un autre, sans se laisser gêner par des complications d'idées et, en raison de cela, précisément de manière aimable."

Emanuel Hirsch 的德译："Seine sympathetische Natur soll von allen Seiten her beleuchtet werden, und darum mußte ich eine weibliche Gestalt haben, welche es vermag, ihm das Ganze so dialektisch wie möglich zu machen und unter anderm ihn auch in die Pein zu versetzen, daß er sieht, wie sie das tut, was er mit der Idee brechen nennt, obwohl sie doch, falls sie es tut, nichts anderes tut, als daß sie ohne Zorn und Parteilichkeit (sine ira et studio), ohne ihre weibliche Liebenswürdigkeit zu verlieren, sich einen neuen Kavalier für des Lebens Ball verschafft; kriegt man nämlich den einen nicht, so nimmt man den andern, von idealer Umständlichkeit nicht behelligt und eben darum liebenswert."

Hong 的英译："Therefore, I chose a girl of a rather ordinary kind. His sympathetic nature must be illuminated from all sides, and therefore I had to have a female character who can make the whole thing as dialectical as possible for him and among other things can bring him into the anguish of seeing her break with the idea, as he calls it, even if she does nothing else (if she does that) than that she, sine ira et studio [without wrath and partiality], without losing her feminine lovableness, acquires for herself a new partner in the dance of life-in other words, if a person cannot have the one, then take the other, unembarrassed by prolixity of ideas, and precisely for that reason lovable. "

265. **poetice et eleganter**]拉丁语:诗意而有品位的。古罗马诗人的讲评版本中常有的有点陈腐的固定说法。

266. **监察警员**]哥本哈根的警察,监察街巷的清洁和维护。

267. **两个为他开门的宫廷内务管家……深深鞠躬说,"皇上"**]黑格尔在《历史哲学》的引言里谈论包括拿破仑在内的伟大历史人物,说:"Für einen Kammerdiener giebt es keinen Helden, ist ein bekanntes Sprüchwort; ich habe hinzugesetzt——und Göthe hat es zehn Jahre später wiederholt-nicht aber darum, weil dieser kein Held, sondern weil jener der Kammerdiener ist. Dieser zieht dem Helden die Stiefel aus, hilft ihm zu Bette, weiß, daß er lieber Champagner trinkt u. s. f. ——Die geschichtlichen Personen, von solchen psychologischen Kammerdienern in der Geschichtsschreibung bedient, kommen schlecht weg; sie werden von diesen ihren Kammerdienern nivellirt, auf gleiche Linie oder vielmehr ein Paar Stufen unter die Moralität solcher feinen Menschenkenner gestellt"("'仆从眼中无英雄'是一句有名的谚语,我会加上一句——歌德在十年后又重复地说过——'但是那不是因为英雄不是英雄,而是因为仆从只是仆从'。仆从给英雄脱去长靴,伺候英雄就寝,知道英雄爱喝香槟酒等等。历史的人物在历史的文学中,由这般懂得心理学的仆从伺候着,就显得平淡无奇了。他们被这些仆从拉下来,拉到和这些精通人情的仆从们的同一道德水准上——甚或还在那水准之下几度")。黑格尔:《历史哲学》,王造时译,上海书店,2001 年。在《精神现象学》里黑格尔几乎使用了同样的表述。歌德在小说《亲和力》(*Die Wahlverwandtschaften*)用到过黑格尔所说谚语。见第二部分第五章("Aus Ottiliens Tagebuche")。*Die Wahlverwandtschaften*, Goethe's Werke, bd. 17, 1828, s. 262. / *Vollständige Ausgabe letzter Hand*, bd. 1-60, Stuttgart und Tübingen 1828-1842, ktl. 1641-1668。

268. **邻角**]也就是平面几何之中的"邻补角"。见前面"对婚姻的不同看法"中对"同一个基础上的邻角"的注释。

269. 就是说:他必定拥有着去取胜的条件,而这些条件是:他必须是健康的,他必须有力量,等等。

270. "一出'在之中人们使用盲目来作为一种悲剧主题'的戏剧",就是说:"一出戏剧,在之中人们使用盲目来作为一种悲剧主题"。

一次小小的论战……盲目来作为一种悲剧主题的戏剧]指波尔内(Ludwig Börne)对胡瓦尔德(C. E. von Houwald)的悲剧 *Das Bild*(1821 年)的批判性评论,尤其是他在有人对他的评论进行抨击后的回应。

波尔内批评剧中盲眼的女主角(因此也是一系列不幸的渊源):"Das ist gewiß Jammer genug; aber es ist ein pathologischer, kein dramatischer"(德语:这真的是十足的悲惨;但这是一种病理的而非戏剧性的悲惨)。*Gesammelte Schriften*, d. 2, 1835, s. 132-168. "Dramaturgische Blätter", s. 145.

对《图宾根文学杂志》(*Tübinger Literaturblatt*)中关于"盲目在《俄狄浦斯在克鲁诺》中是主线索"的说法,波尔内回应说:"Aber Oedips Blindheit war nicht die Quelle, sie war die Folge seiner That und seines Mißgeschickes. Nicht seine Blindheit, seine Selbst-Blendung rührt uns, und sie macht die höchste tragische Wirkung. (…) Bei Oedip erschüttert uns der boshafte Witz, das grausame Wortspiel des neckenden Schicksals: Er sah, so lange er blind war, und ward blind, sobald er sah. Daß es nicht das Blind-*seyn*, sondern das Blind-*werden* ist, was für Oedip aufregt, kann man leicht versuchen, wenn man beide Tragödien dieses Namens von einander trennt. *Oedip der König* weggedacht, macht *Oedip in Kolonos* durchaus keine Wirkung; ja es ist—ich kann kein anderes Wort finden—es ist *ekelhaft*, den alten augenlosen Bettler zu begleiten, zu sehen, wie unbehülflich er ist, wie ihm seine Tochter beistehen muß, wenn er sich setzt oder aufsteht, wie er alles greifen muß, um es zu erkennen. Das *blutende* Schlachtopfer kann rühren, aber nicht das *abgeschlachtete*—dem Leichnam wenden wir den Rücken"(德语:然而,俄狄浦斯的盲目不是渊源,而是他的作为和他的厄运的结果。感动我们的不是他的盲目,而是他刺瞎自己的双眼,并且这达成了最大的悲剧效果。……在俄狄浦斯那里,我们被那戏弄人的命运的恶毒玩笑和残酷的文字游戏震撼:只要他还是盲目的,他就看得见;一旦他看见了,他就目盲了。俄狄浦斯迷人的地方不是这'是盲目的'而是'成为盲目的';这一点我们很容易检验,如果我们把两部有着这名字的悲剧相互分开。设想,如果没有《俄狄浦斯王》,那么《在克鲁诺的俄狄浦斯》就不会达成任何效果;是的,正是这样,我找不到别的话来说,这是令人厌恶的:陪着一个老而无眼的乞丐,看他有多笨拙,在他坐下和站起的时候,他的女儿怎样不得不帮他,他怎样不得不抓起一切以便弄明白是什么。流着血的现麵祭品能够感动人,但已经屠杀了的祭品——尸体,则让我们转身不去理会)(第 167 页)。

271. **索福克勒斯的《俄狄浦斯》**]索福克勒斯(Sofokles),希腊悲剧作家(约公元前 496 -前 406 年)。悲剧《俄狄浦斯王》(*Oedipus rex* 或者 *Oedipus tyrannos*)讲述俄狄浦斯,他把忒拜从斯芬克斯(如果人不能解开斯芬克斯的谜就会被它杀死)的阴影中解脱出来,然后不知情地杀死了自己的父亲拉伊奥斯国王,并且和自己的母亲——王后约卡斯塔结婚。索福克勒斯讲述,当罪行真相揭示在俄狄浦斯面前的时,他刺瞎了自己的眼睛。悲剧《俄狄浦斯在克鲁诺》(*Oedipus Coloneus*)则讲述了忒拜的传说形象俄狄浦斯国王之死。俄狄浦斯好不容易到达雅典附近的克鲁诺森林,被命运翻弄的他随着预言被导引,在女儿安提戈涅的扶持下走到复仇女神厄里倪厄斯的圣林,俄狄浦斯希望以此为墓地,雅典的忒修斯王同意了。虽然俄狄浦斯的儿子波吕涅克斯和俄狄浦斯的继任人忒拜国王克瑞翁想阻止,俄狄浦斯还是在忒修斯的单独见证下让自己被埋在克鲁诺森林的地下。

克尔凯郭尔有着索福克勒斯著作的希腊文版本和德文译本。

272. **菲罗克忒忒斯**]《菲罗克忒忒斯》(*Philoktetes*),索福克勒斯的悲剧,是关于希腊传说中的英雄菲罗克忒忒斯的。赫尔克勒斯把自己的从不虚发的弓和箭赠送给了菲罗克忒忒斯。菲罗克忒忒斯参与了攻打特洛伊的希腊远征队。在去特洛伊途中为了安抚特洛伊的保护者仙女克律瑟,他要把祭品献上她的祭坛(在克律瑟岛上),结果在祭坛边上被毒蛇咬,因为伤口散发出令人无法忍受的臭味,他被孤独地留在林木诺斯岛上,在一个石洞里,承受了十年的伤病和孤独,极大的痛苦无人见证。但是神谕说只有在菲罗克忒忒斯参与的情况下希腊人才可能拿下特洛伊,于是他被奥德修斯和他的人接去了特洛伊。这部悲剧讲述的是想要说服菲罗克忒忒斯的尝试,他的敌人恰恰是这些把他留在孤岛上的人。他顽固地拒绝他们的劝说,直到赫尔克勒斯最后现身。赫尔克勒斯让菲罗克忒忒斯与自己的命运讲和,并许诺他将在特洛伊得以康复。菲罗克忒忒斯听从了赫尔克勒斯而去了特洛伊。

克尔凯郭尔所知的悲剧是多纳尔(J. J. C. Donner)翻译的德文版*Sophokles Tragoedien*, Heidelberg 1839, ktl. 1202。

273. **相称的**(commensurabel),或译"可比的"。

274. **就像弗里德里希·施莱格尔所说的那样:nur die Gesundheit ist liebenswürdig**]弗里德里希·施莱格尔(Friedrich Schlegel,1772 - 1829 年),德国批判家、作家和哲学家。所引句子出自他关于爱情和婚姻的小说《卢辛德》(1799 年,第二版,Stuttgart,1835 年,"Allegorie von der Frechheit"章)中有这样的说法:"Weihe dich selbst ein und verkündige es, daß die Natur allein ehrwürdig und die Gesundheit allein liebenswürdig ist"(德语:让你自己知道并且宣示出:唯独自然是值得尊敬的,并且唯独健康是值得爱的)。

275. **weinerliche 戏剧**]德语"Weinerliches Lustspiel"(英语"sentimental comedy";法语"comédie larmoyante"),感伤喜剧,是十八世纪的喜剧感伤的家庭生活剧。

276. **相称的**(commensurabel),或译作"可比的"。

277. **瘸子、残疾、穷人**]《马太福音》(15:30 - 31):"有许多人到他那里,带着瘸子、瞎子、哑吧,有残疾的,和好些别的病人,都放在他脚前。他就治好了他们。甚至众人都希奇。因为看见哑巴说话,残疾的痊愈,瘸子行走,瞎子看见,他们就归荣耀给以色列的神。"《马太福音》(11:5):"就是瞎子看见,瘸子行走,长大麻风的洁净,聋子听见。死人复活,穷人有福音传给他们。"

278. **费尔巴哈说……基督教体验**] 在一份草稿中,克尔凯郭尔写道:"最伟大的英雄,承受最大的痛苦/费尔巴哈在《基督教的本质》(*Wesen des Christenthum*)之中为帕斯卡的生平而愤慨,这是一段痛苦史。"所指是路德维希·费尔巴哈的《基督教的本质》(1841年)第二版第六章("痛苦的上帝的秘密")的第一部分中对基督教的痛苦概念的论述。*Das Wesen des Christenthums*, 2. udg., Leipzig 1843 [1841], ktl. 488, s. 86-95.

在这里就马丁·路德的关联写道:"Die christliche Religion ist die Religion des Leidens"(s. 91/ 基督教的宗教是承受痛苦的宗教),稍前:"Leiden ist das höchste Gebot des Christenthums—die Geschichte des Christenthums selbst die Leidensgeschichte der Menschheit. Wenn bei den Heiden das Jauchzen der sinnlichen Lust sich in den Cultus der Götter mischte, so gehören bei den Christen, natürlich den alten Christen, die Seufzer und Thränen des Herzens, des Gemüths zum Gottesdienst"(s. 90 / 痛苦是基督教的最高戒条,——基督教本身的历史是人类的痛苦史。如果说在异教徒们那里,感官性的快感之欢呼被混同在神祇崇拜之中,那么,在基督徒们这里,当然是老式的基督徒,心灵的叹息和眼泪属于教会仪式的一部分)。在最后一句有着一个注释,指向此书的附录,在注释之中写有:"Pascal nennt die Krankheit den natürlichen Zustand des Christen"(s. 425/巴斯卡把疾病称作是基督徒的自然状态)。

法国哲学家和神学家帕斯卡(Blaise Pascal,1623 - 1662年),按他妹妹佩里埃尔夫人(Madame Périer)的说法,帕斯卡在死前一段时间一直有极大的痛楚,但他在这关联上说,人们不应当可怜他,因为痛苦对于基督徒来说是自然的,因为通过痛苦,基督徒变得完美。

参见 Gedanken Paskals, udg. af J. F. Kleuker, Bremen 1777, ktl. 711, s. LIV.

279. **关于悲剧与观众的关系,这就是悲剧理论创始者亚里士多德所说的话**] 下面的话指向亚里士多德的《诗学》。《诗学》第六章中给出了悲剧的引导性定义:"悲剧是对一个严肃、完整、有一定长度的行动的摹仿,它的媒介是经过'装饰'的语言,以不同的形式分别被用于剧的不同部分,它的摹仿方式是借助人物的行动,而不是叙述,通过引发怜悯和恐惧使这些情感得到疏泄。"亚里士多德:《诗学》,陈中梅译注,商务印书馆,1996年,第 63 页。这里也说明一下:本书译文中的"畏惧"在这部译著中被译作"恐惧"。

280. 在这一句之中,Hong 的英译把丹麦语中本该修饰"观众"的副词"以这样一种方式"搬到了别的地方。丹麦语是"… men tager da igjen i den saaledes afficerede Tilskuer det Egoistiske bort…"(但又在"以这样的方式受到了感动的观众"身上去除掉了"那自我本位的"……),而 Hong 的英译是"…but it

then takes away the egotism in the affected spectator in such a way that he loses himself in the hero's suffering, forgetting himself in him"(但是它又以这样的方式去除掉了受到感动的观众身上的"那自我本位的",因而,受到感动的观众能够沉湎于英雄的痛苦之中,在英雄那里遗忘掉自己)。

281. 一个人在绷紧的绳子上走向罗森堡宫殿〕荷兰绷索杂技演员罗阿特(Christian Roat,约1788-1827年)在1827年在哥本哈根有过两次表演。六月六日一次是从哥特尔街的操场到罗森堡宫殿,在140多米的绳子上,距离地面35米,他赢得了观众的极大喝彩。在六月十二日,他重复表演,向罗森堡宫殿走的时候是蒙上眼睛的,没有出任何问题。但是在他往回走的时候,绳子断了,他从50英尺的高度落下,摔在地上,失去知觉。在被送进医院五小时之后死去。

282. 一个要被处死刑的人〕那时的死刑是通过用手斧砍断脖子来执行的。从1800年到1892年(最后一例砍头死刑)一共有137名平民被以这种方式处决。不过在1866年6月1日公民刑法被颁布之后,很少有被这样处决的。

283. 纯粹感官性的人对那让诗人专注的东西毫无畏惧,因此,他对诗人弄出来的东西,比如说悲剧的效果,就既没有畏惧也没有同情。但是,在他直接面对感官所能够感受的东西时,比如说,在他直接看见冒险者所面临的危险,或者直接看见苦难者的痛苦时,他就既会产生畏惧也会产生同情。

284. 波尔内在一个地方说过,"他觉得自己很健康,根本不想听这个"〕指波尔内(Ludwig Börne)对胡瓦尔德(C. E. von Houwald)的悲剧 *Das Bild*(1821年)的剧评以及对别人对之批判的回应。之中有诸如这样的说法:"Was kümmert uns ein Jammer, der durch Blindheit veranlaßt wird! *Wir* haben unsere guten Augen, *wir* sehen umher, *uns* kann so etwas nicht erreichen"(德语:对一种由盲目造成的悲惨有什么好关心的!我们有我们的好眼睛,我们环视四周,这一类东西无法进入我们的视野)(*Gesammelte Schriften*, bd. 2, 1835, s. 144f)。稍后则有:"Das *Gesicht* des Schmerzes, welches die unglückliche Liebe zeigt, wird uns rühren, doch haben wir für jede der tausend Sorgen, die heimlich an dem Herzen des Unglücklichen nagen, keine besondere Thräne. Wir schenken ihm eine runde Summe des Mitleids, und haben uns dann abgefunden. (…) Der *kranke* Mensch jedoch ist ein Leibeigener, dem, weil er nicht ebenbürtig mit der freien Welt, kein ritterlicher Kampf gebührt. Er fiel—denken wir Gesunden—weil er die Waffen nicht zu führen verstand, *wir* aber werden uns zu vertheidigen wissen. Kann der tragische Dichter diese Hoffnung des Siegs aufkommen lassen, wenn er dem unbezwingbaren Geschicke die gebührende Ehrfucht erhalten will?"(德语:不幸的爱所展示的痛苦之脸,会感动我们,但是我们不会为在那不幸者秘密地啃咬着的一千种忧虑中的每一种都流下一滴特别的眼泪。我们赠送他一个整数的怜悯并从此听由天命。……病人则相反是一

种附属物，不要求骑士式的拼搏，因为他与自由世界没有平等的关系。他倒下——我们想到健康——因为他没有足够的技能去运用武器，相反我们会知道怎样自卫。如果悲剧诗人想要保留对那不可征服的命运的相应敬畏，他还能让这胜利的希望展现出来吗？）(s. 165f.)。

285. **所有医术，不管是诗歌的还是宗教的，都只是针对那些病人**〕在《马太福音》(9:12)、《马可福音》(2:17)和《路加福音》(5:31)，耶稣对法利赛人说："康健的人用不着医生，有病的人才用得着。"

286. 在 Hong 的英译本中，后半句中丹麦文版原有的"只"的意思被去掉了。

287. **他想要教导听者……说："你们应当为我们的罪而悲伤"**〕参看《丹麦与挪威教堂仪式》(*Dannemarks og Norges Kirke-Ritual*)："在各个城市和乡村，所有布道时期的上帝礼拜仪式都是以这样一小段祷告和主祷词等等开始。教区执事站在唱诗班的门里，或者站在教堂的地板上，高声而缓慢地这样读出：'主！我已进入你的这一神圣的家，倾听你上帝在天之父我的创造者，你主耶稣我的拯救者，你尊严的圣灵在生死之中我的安慰者对我说话。主！现在就这样把你的圣灵为耶稣基督的缘故注入我的心，这样，我能够通过这布道学会为我的罪而悲伤，并且在生死之中信仰耶稣，每天都在一种神圣的生命中改善我自己：上帝通过耶稣基督听见并且倾听这祷告，阿门！'"

288. **讲台上的讲师们**〕一个讲师通常是大学教师，这里可能是指牧师。

289. 在这里，Hong 把丹麦语的"nemlig（就是说）"译成"indeed"。

290. 一颗随着"那种是所有人的、全人类的共同命运的东西"一同被捎带进来的尘砾。

291. **天籁和谐**〕丹麦文的用词为 sphæriske Harmoni，直译是："天体和谐"。这是一个毕达哥拉斯学派的形而上学概念。毕达哥拉斯发现音调的音程是按弦长比例产生，和谐的声音频率间隔形成简单的数值比例。在他的天体和谐理论中，他提出，太阳、月亮和行星等天体都散发着自己独特的轨道共振之音，基于他们的轨道不同而有不同的嗡嗡声。而人耳是察觉不到的这些天体的声音的。这一表述被用来标示"一切"的各个部分间的一致性。

292. **两马克**〕一国家银行币有六马克，一马克又有十六斯基令（skilling）。

293. "愤慨者"，见前面注释，是指不信基督教的人。

294. **在自己的"被感动"之中感动**〕也许是游戏于亚里士多德的神的概念"不动的推动者"，神不动地推动一切（希腊语：ἀκίνητος παντα κινει）。

295. **各种世界史的概观、各种体系性的结果**〕指格隆德维式的和黑格尔式的历史哲学。

296. **以亚里士多德的方式去正确地强调畏惧与怜悯**〕见前面关于亚里士多德的注释。

297. **基尔特·韦斯特法勒**〕霍尔堡的喜剧《基尔特·韦斯特法勒师傅》中健谈的理发师，剧中的主人公，偏好于对任何话题做滔滔不绝的评论，并加上漫无边际的发挥。

298. **可完美化**]perfektibel,努力追求着那完美的。这一表述也许是在暗示黑格尔的《哲学史讲演录》,黑格尔在绪论中谈论一种不断向"更好"发展的世界历史,因为在人的精神之中有着一种"可完美驱动力"(ein Trieb der *Perfectibilität*)。

299. **天开了**]在《约翰福音》(1:15)中耶稣说:"又说,我实实在在的告诉你们,你们将要看见天开了,神的使者上去下来在人子身上。"

300. **审判日**]在《马太福音》(12:36)中耶稣说:"我又告诉你们,凡人所说的闲话,当审判的日子,必要句句供出来。"

301. **让天闭塞**]在《路加福音》(4:25)中耶稣说:"当以利亚的时候,天闭塞了三年零六个月,遍地有大饥荒,那时,以色列中有许多寡妇。"

302. **讲演的论断已经落在了心念和想法之中**]参看《希伯来书》(4:12):"神的道是活泼的,是有功效的,比一切两刃的剑更快,甚至魂与灵,骨节与骨髓,都能刺入剖开,连心中的思念和主意,都能辨明。"

303. 这里译者接受编辑的建议对句子进行简化,直译是"他没有做让人惊奇的事情,那种能够为他的下一次登台作出'被人们欢呼致敬'的要求的事情"(丹麦语"Han gjør ikke det Forbausende, der kunde give hans næste Fremtræden Fordring paa at hilses med Acclamation..."). Hong 的英译为"He does not do the astoundingthing that could make his next appearance lay claim to being greeted with applause"。

304. **权柄和荣耀**]主祷文结尾处:"因为国度、权柄、荣耀,全是你的,直到永远!阿们。"

305. **Heautontimorumenos**]希腊语:自我折磨。罗马作家非洲的特伦提乌斯的喜剧的标题 *Heauton timorumenos*(自我折磨者),讲一个父亲因为自己曾严苛对待自己的儿子(已离家出走)而后悔,用沉重的体力劳动来折磨自己。

  参见 P. Terentii Afri Comoediae sex, s. 210-306.

306. 对这个心理学概念,前面有过注释。

307. "它"就是"这一代人"。

308. "诸神议员大会"。如果"诸神议会"是诸神的议会机构,那么"诸神议员大会"就是这诸神议会机构所召开的议员大会。

309. **仿佛它要像赫尔曼·冯·布莱门菲尔特……去和萨克森的选帝侯说上话!**]指向霍尔堡的喜剧《政治锡匠》(1723 年),其主人公是赫尔曼·布莱门,汉堡的锡匠,他把自己的所有时间都用在政治上。在第二幕第一场,他进入了一个小小的政治俱乐部"Collegium Politicum"参加会议。在会议的讨论中,有一个叫基尔特·本特梅尔的说:"确实如此,我记得。在下一届议会里他们会放弃;我真希望在那里待一小时。我要在美茵兹的选帝侯耳边悄悄地说一些会让他感谢我的事情。"一些年轻人使得布莱门的毛病有所好转,因为他们作为出自议会的一个代表团通知他,他被选上了市长(这时,他就把名字改成了冯·布莱门菲尔特),然后他就负责各种政治事务。不多久,他恢复了正常。

310. "它"就是"这一代人"。
311. **普遍精神**]关注社会福祉的精神。
312. "它"就是"这一代人"。
313. 就是说"那普遍精神的力量"。
314. 这个"它"是"那普遍精神"。
315. **quædam**]拉丁语的阴性不定代词,"某女子"。参见前面的注释。
316. "符合一致性的"(consequent),就是说在逻辑的意义上没有前后相矛盾的地方。
317. **一头羊去喝水,另一头羊也去喝**]丹麦成语"如果一头羊跑,所有羊就都跑"。
318. "这样的事情"是指"各种在'那审美的'之中有着其全部存在的个体们把某些东西混淆成一团,宗教性的讲演者们虽然有满嘴雄辩和神圣说辞却不具备各种纯粹的范畴"。
319. **一种宗教性的康复不通过笑来达到,而是通过悔**]在特吕德(E. Tryde)对海贝尔的《新诗歌》的评论之中,他提出了这个主题。他在自己的评论里也批判了马腾森对此书的评论。马腾森强调了一种喜剧性的、形而上学的看法(新教原则),平庸的灵魂们在死后以这种看法带着笑回顾自己的前生。相反,特吕德写道:"我们绝对无法认可这样的说法:生活在平庸之中的灵魂变得对自己是喜剧性的,并且觉得自己的立场可笑,于是带有这种本质的灵魂向更高级生命的过渡其实应当是通过笑来实现的,正如那些真正邪恶的灵魂要通过悔之泪水。不,在平庸的层面,如果不是一个人自己的逆犯,他绝不会沉陷,对此的感情,就像对于'徒劳地生活了自己迄今的生命'的认识,看来是无法与笑构成对应的。" Tidskrift for Litteratur og Kritik, bd. 5, Kbh. 1841, s. 190.
320. **我们的主……在这对你有好处的时候**]也许是指《旧约》的《约伯书》,约伯受到考验,被剥夺了一切。
321. **国家里的一个安静人**]指安分守己地生活着的人们。对应于《诗篇》(35:20)中"大地上的安静人":"因为他们不说和平话。倒想出诡诈的言语,害地上的安静人。"
322. **幸运之宠儿**]原本在丹麦语里这"宠儿"的用词是 Pamphilius,源自希腊语 πάμφιλος(pámphilos),为所有人所爱、受宠爱者。这个词本源不清,但它与一种纸牌游戏中的至高赢局 Pamfilius 也有着某种关联。
323. **Heiterkeit**]德语:欢悦性。黑格尔将希腊宗教称作 Die Religion der Schönheit(美之宗教)。在《宗教哲学讲演》中说:"Diese Religion hat überhaupt den Charakter der *absoluten Heiterkeit*"(德语:这宗教在总体上有着绝对欢悦性的特征)。另外,他在其 Gymnasial-Reden 中谈及了希腊的这种忧郁的欢悦性,认为它是在自然的第一天堂之后的第二天堂。
324. **蒂克在他小说的一个段落中……而是因为对人的同情**]也许是指蒂克的小说《山上来的老人》(*Der Alte vom Berge*,1828 年)中的老巴尔塔萨尔,因此,不是"一个少年"。在一个段落中，巴尔塔萨尔叙述，幸运曾光临他，然后他变得有钱。但是随同着财富的是可怕的体验，要去看见这么多高贵的人只遭遇着不幸。参见 *Ludwig Tieck's gesammelte Novellen*，bd. 1-12，Berlin 1852-54；bd. 8，1853，s. 173-178.

325. **贫困税**］当年人们在哥本哈根要支付给贫困事务局的费用或者税收。前面有比较详细的注释。

326. **一个宗教性的人总是喜乐的**］《帖撒罗尼迦前书》(5:16)，保罗对帖撒罗尼迦人说："要常常喜乐。"

327. **宗教性的人知道自己总是在危险之中**］布洛尔森写过赞美诗《不管我走在哪里，我都是走在危险之中》(1734 年)。

　　参见 *Troens rare Klenodie, i nogle aandelige Sange fremstillet af Hans Adolph Brorson*，udg. af L. C. Hagen，Kbh. 1834，ktl. 199，s. 279.

328. **poetice et eleganter 一个监察警员**］见前面关于"poetice et eleganter"和"一个监察警员"的注释。

329. 丹麦语是"Det gjelder altsaa om, at man ikke er bleven glad paa urette Sted; og hvor er det rette Sted?"(问题的关键是：一个人不在各种错误的地方变得喜乐；什么地方是正确的？) Hong 的英译有改写的地方，"The question is whether one has not become joyful in the wrong place; and where is the right place?"(问题是：一个人是否不曾在错误的地方变得喜乐；什么地方是正确的？)

330. **七万寻**］见前面注释。

331. 如果在普通文学小说里，如果使用日常语言而不是牵涉到神学概念的话，这句"这是你自己的幸"就应当翻译成"这是你自己的过错"或者"你咎由自取"。

332. **不相称的**(incommensurable)，或译"不可比的"。

333. **像苏格拉底所做的**］在柏拉图的《申辩篇》(19d-e)和(31b-c)中，苏格拉底驳斥了那种说他像智者们那样地为所谓的授课收钱的指控。

334. **每个人知道一个人是什么**］在《哲学片断》里，克尔凯郭尔有一个注释，提及德谟克里特所说的：人就是我们所有人都知道的东西。

335. **迪德里克·曼辛希莱克……被消释在空虚之中**］在霍尔堡的喜剧《迪德里克·冯·曼辛-希莱克》(*Diderich von Menschen-Schreck*, 1731 年) 中，夸夸其谈的军官汉斯·弗朗兹·迪德里克·曼辛希莱克在他妻子不知道的情况下要去买下年轻美丽的雅馨特，但最后得到的却是自己的老婆。

336. **实在可能**］"实在的可能"是黑格尔的表达，它的对立面是"形式的可能"。前面有过详细注释。

337. **"不死性"**(Udødelighed)，在一些地方，我也译作"不朽性"。

338. **时代和习惯的狡猾**］参考黑格尔《哲学史讲演录》的绪论之中所说的那种面对着历史进程之中各种搏斗着的激情的"理性之狡猾"(die List der Vernunft)。

德文版: *Vorlesungen über die Philosophie der Geschichte*, 参见 *Hegel's Werke*, bd. 9, 1840, s. 41 (*Jub.* bd. 11, s. 63)。

339. 停留在出击的姿势中] 在击剑运动之中,出击的时候剑手向前运动出剑,"停留在出击的姿势中"就是说剑手出击之后没有在对手进攻之前返回到可靠的原始位置。

340. 无限地继续向前的人] "继续向前"和"超过"是丹麦黑格尔主义关于要在笛卡尔的"怀疑"的基础上继续向前的说法,后来又在更广泛的意义上用于"要超过其他哲学家(诸如黑格尔)"。参见前面的注释。

341. 苏格拉底是很幸运的和粘西比结了婚……因粘西比做家务所欠的恩情] 在色诺芬的《回忆录》中就已经提示出了苏格拉底与妻子粘西比的关系:在苏格拉底与儿子朗普洛克莱的对话中,儿子对母亲的坏脾气很生气,苏格拉底为粘西比辩护。

  在色诺芬的《会饮篇》中,安提西尼问苏格拉底,为什么他不教育粘西比,而是和这样一个凶悍的女人生活在一起。苏格拉底回答说,喜欢马术的人不买顺从的马,而买烈马。就是说,他们知道,如果他们能够驾驭烈马,那么其它马就不成问题了。他喜欢与人交往,他能够忍受得了她,那么他与别人交往就没有问题了。

  第欧根尼·拉尔修的《哲学史》中说到,粘西比先是咒骂苏格拉底,然后又用水泼他;苏格拉底说,我知道在粘西比打完雷之后必定会下雨。阿尔基比亚德认为粘西比的咒骂是令人难以忍受的。苏格拉底说,习惯了,就像不断听见轱辘声。你也会忍受鹅的叫声。阿尔基比亚德,是的,它们给我下蛋生小鹅。苏格拉底说:粘西比给我生孩子。有一次在集市上,她甚至扯掉了苏格拉底的上衣。认识苏格拉底的人喊着让他报之以拳。他说:是啊,如果我们打起来,你们就可以喊,苏格拉底加油,粘西比加油。

  在柏拉图的对话录之中也有这方面的内容。另外在《论反讽的概念》中,克尔凯郭尔自己给出过对两个人(Marcus Aurelius 和 P. Bayle)关于苏格拉底的描述的引用。

342. 胜过世界]《约翰一书》(5:4):"因为凡从神生的,就胜过世界。使我们胜了世界的,就是我们的信心。"

343. 这个"他"是想象实验中的"他"。

344. "六十四亿七千七百三十七万八千七百八十五个人":没有找到对这个数字的具体说明。

345. 不为任何事而羡慕] 译自拉丁语"nil admirari",是贺拉斯书信序言中人们所熟悉的引语。书信中的第一句话就是"不为任何事而羡慕……几乎就是首要和唯一能够招致和维持幸福的东西",后面还有继续的话是"无事可视作伟大,无事值得去欲求或者可为之畏惧"。参见 Q. *Horatii Flacci opera*, s. 232。

  贺拉斯这句话是对毕达哥拉斯的"τόμηδέν θαυμάζειν"(永不羡慕)的延长。在许多古希腊哲学家那里,比如说在伊壁鸠鲁派、犬儒主义和怀疑主义

346. **不为任何事而悔**]丹麦有这样的成语"有智慧的人从不因自己所做的事情而悔"。
347. "懊悔"(fortryde)是不强调伦理意义的后悔,比如说,我因为在一家商店买下比大多数别的商店价钱都更贵的同一样东西,我可能就会在事后懊悔;但是"悔"(angre)则是有着伦理意义的,是因为做了某种道德意义上的错事或者宗教性意义上的"有罪的事情"而后悔。有时候我也把"fortryde"译作"后悔"。但是,动词"angre"和名词"Anger",我都译作"悔"(或者动词"去悔")。
348. "自由的精神",在这里是指"自由思想者"。十八、十九世纪的欧洲,人们常常用"自由的精神"来标识新时代的人,比如说,尼采在其晚期作品《善恶的彼岸》(*Jenseits von Gut und Böse*,1886 年)中第二章所用标题就是"自由精神"(Der freie Geist)。对于尼采,"自由精神"是"新的哲学家"。
349. **nulla pallescere culpa**] 这一表述源自贺拉斯书信第一卷(1:61),原句是:"Nilconscire sibi, nulla pallescere culpa"(不自觉任何过失,不为任何指控而让脸苍白)。参见 *Q. Horatii Flacci opera*,s. 225.
350. **在斯可里布的剧中……忧虑去看到计划失败**]指斯可里布的独幕剧《寄宿生》(丹文版由海贝尔翻译,哥本哈根,1832 年,法文版,1823 年)。故事发生在一个叫吉鲁姆的家庭里。出于经济上的考虑,这家人决定接受一个寄宿生,然后,奥斯卡就马上出现了,一个快乐的年轻时尚店学徒,他很快在这家庭里把一切都颠倒过来。于是我们看见,他的真正目的是为了把自己的坠入爱河的朋友介绍给这家人,因为他这朋友想要和吉鲁姆家的女儿结婚。最后两人结婚了。在第八场,奥斯卡在设法进入吉鲁姆家的时候对自己说:"现在我就是这样,一件事情越艰难,我就越是盲目地投入;在我这样做了之后,幸运夫人(命运)就帮我解决掉剩下的一切。我想,这种冒险性是一切如此成功的原因;因为我从不曾有过任何计划,所以不曾有过看见计划被毁灭的意外。"从 1832 年 10 月 4 日到 1841 年 2 月 27 日,这部戏在哥本哈根皇家剧院上演过 28 次。
351. "相对",也就是说,"不确定的,不是绝对的"。
352. **调查法官**]Inqvisitor,前面有过对此的注释。
353. 这个"悔"(Angeren)是个名词。
354. 这个"悔"(angrer)是个动词。
355. 这个"悔"(at angre)是动词不定式。
356. 这个"行动"(Handlen)是个动名词。德语是 Handeln。费希特在《全部知识学基础》里写过"每一判断按照经验意识来说都是人类精神的一个行动"(Alles Urtheilen aber ist laut des empirischen Bewusstseyns ein Handeln des menschlichen Geistes)。
357. **大思想家费希特会设想……伟大概念**]"对行动者来说没有悔的时间"这说法并非出自费希特,而是出自马腾森,他在《道德哲学体系的基本轮廓》中写道,费希特摒弃"悔","因为已行的作为无法改变,并且人不敢再有时间去悔"。

费希特(Johann Gottlieb Fichte,1762 – 1814 年),德国哲学家。耶拿、厄尔林根、寇尼斯堡和柏林的教授。在极大程度上受康德影响,费希特发展了他自己的"主观唯心主义",一种关于先验自我的绝对特征的理论,他想以此来解决康德哲学所无法解决的问题,比如说"物自身"(Ding an sich)与"现象"(Erscheinungen)间的二元论。

也可参看《畏惧与颤栗·恐惧的概念·致死的疾病》,中国社会科学出版社,第 334 页。

358. 这个"行动"(Handlen)是个动名词。关于"行动"(Handlen),上面有过注释。
359. 关于"承受":名词"承受"的丹麦文是 Liden,是一个动名词,相当于德语中的 Leiden。动词 at lide 和名词 Lidelse 在一般的意义上是指"受苦"和"苦难"。Liden 在哲学中是"行为"、"作用"或者"施作用"的反面。在费希特的《全部知识学基础》(王玖兴译本)中有相应的"活动的对立面叫作受动"的说法。
360. 这个"悔"(at angre)是动词不定式。
361. 这个"悔"(at angre)是动词不定式。
362. 是形容词,直译为:"正定的"(positiv)。形容词"正定的"的丹麦文是 positiv,为避免"肯定"这个词所引起的误解和误导,在哲学关联上常常特选此词而避用"肯定的"。意为"正面设定的"。
363. 是形容词,直译为:"否定的"(negativ)。
364. 这个"行动"(Gjøren)是个动名词。德语在费希特那里是 Thun(亦即 Tun 的老式写法)。费希特在《全部知识学基础》里写过"独立的活动由行动与受动的交替而被规定着(这是指通过相互规定而彼此互相规定着的行动与受动);反之,行动与受动的交替通过独立活动而被规定着"(Durch Wechsel-Thun und Leiden (das durch Wechselbestimmung sich gegenseitig bestimmende Thun und Leiden) wird die unabhängige Thätigkeit; und durch die unabhängige Thätigkeit wird umgekehrt Wechsel-Thun und Leiden bestimmt.)。
365. 这个"让自己通过自己遭遇某事物"(Laden sig ved sig selv vederfare Noget)是个复合动名词,就是说,把"让自己通过自己遭遇某事物"(at lade sig ved sig selv vederfare Noget)这个对动作的描述名词化。
366. "在"(er),这个丹麦语动词"er/være"相当于德语的"ist/sein"和英语的"is/be"。这种"在"是"抽象地在",如果用翻译成"存在"的话,也是"抽象地存在"。在中国哲学界也有将之翻译成"有"的。
367. "不存在"(er ikke til)。丹麦语"er til/væretil"就是"存在"的意思,相当于德语的"ist da/da-sein"和英语的"exist"。(丹麦语"ikke"就是"不"的意思)。这种"存在"是"更具体地存在"。在海德格尔的哲学关联上,国内有将作为名词的 Dasein 译作"此在"、"亲在"、"定在"和"缘在"等等。
368. 一个 Prius] 一种先者,某种在前面先行的东西;一个预设的前提或者依据。

369. 这个"行动"（Handlen）是个动名词。关于"行动"（Handlen），上面有过注释。
370. 直接（Umiddelbarheden）。
371. 要求（Fordringen）。
372. 满足（Opfyldelsen）。
373. 这个"悔"（Angeren）是个名词。
374. 你给它一根手指，它拿下你整只手］丹麦成语。
375. 逆（Brøde）。
376. 耶和华在旧约之中要清算父母的逆，追讨到孩子们那里，直到最晚的那几代］《出埃及记》（20:5）："因为我耶和华你的神是忌邪的神。恨我的，我必追讨他的罪，自父及子，直到三四代。"耶和华是《旧约》之中的上帝之名。
377. **de te narratur fabula**］拉丁语：这寓言是在讲你。引自贺拉斯的《讽刺》，原句为"把名字换掉，这寓言讲的就是你"。
378. 见前面文中"附录：各种自招的痛苦——自我折磨"所谈及的"……这些范畴却仍是半审美的……"
379. 预定论学说］关于人的预定性的学说。关于"预定"的教理性的学说，在教会史中有过不同的形式，它强调：上帝（从永恒起或者在洪水之后）预定了每一个单个的人，要么得救（永恒至福），要么迷失（永恒遣责）。
380. 这一句的丹麦语是"Han staaer i det Øieblik, han skal dømme, ved det ydmyge Udtryk for en Prædestinationslære (det hovmodige Udtryk ligger i det Æsthetiske med uægte religieus Forgyldning), hvis han haaber paa sin egen Frelse."

　　Hong 的英译是"At the moment when he is to judge, he holds to the humble expression of a doctrine of predestination (the proud expression lies in the esthetic with artificial religious gilding) if he hopes for his own salvation."

　　F. Prioret M. -H. Guignot 的法译是"Au moment où il doit juger, il se trouve devant l'expression humble d'une doctrine de prédestination (l'expression orgueilleuse se trouve dans l'esthétique avec une fausse dorure religieuse), s'ilcompte sur son propre salut."

　　Emanuel Hirsch 的德译是"Er steht in dem Augenblick, da er urteilen soll, bei dem demütigen Ausdruck einer Prädestinationslehre (der hochmütige Ausdruck liegt im Aesthetischen mit unechter Vergoldung), falls er auf seine eigne Rettung hofft."
381. 像一只急着要下蛋却又找不到地方的母鸡］按丹麦语原文直译是"有生蛋病的"，这个形容词描述一只急着要下蛋却又找不到地方的母鸡急忙地东跳西跑。就是说，急切的，焦躁不安的。
382. "这"是指"通过某个偶然事件得救"的想法。
383. 一个天使］也许是指那个曾经是上帝的侍者的善天使，他选择了"那善的"并且就其本身而言拥有那最高的自由，通过这一特性，他绝不会有行罪的可能。

384. **治理**]亦即"上帝的治理"。见前面有过的注释。
385. **波尔内极端严肃地……也帮波尔内成为了一个慈善家**]在草稿中(*Pap.* V B 150,24)继续:"他诉诸一个出自自身实践的例子。一个上层的女士有一个侍女以一种很悲惨的方式去世。她很当一回事,但是波尔内借助于统计概观,让她确信,这样的事情在以前也发生过,于是她得到了安慰。这样的事情只能够在巴黎做成,波尔内正确地做出说明,那里有着这样一种人流汇合。"

  这里是指波尔内日记之中所写的一段("Aus meinem Tagebuche", *Gesammelte Schriften*, bd. 8, 1840, s. 95-97),前面,法拉他·塔希图尔努斯在一个脚注之中引用的就是这日记。在这里,日记介绍性地谈论一个小城市的生活:"Wer kein Wasser in den Adern hat, oder wem keine gütige Natur ein rosenrothes Blut gegeben, das wie ein Kind von Puls zu Puls durch das Leben hüpft: der wird in kleinen Städten leicht ein Menschenfeind, oder noch schlimmer, ein Lästerer Gottes und ein Empörer gegen seine weise Ordnung. Unter einer spärlichen Bevölkerung treten die Menschen und ihre Schwächen zu einzeln hervor, und erscheinen verächtlich, wenn nicht hassenswürdig"[德语:那血脉里没有水的人,或者那没有为善良的天性给出过玫瑰红鲜血(这血就像小孩子一样从一根血管跳到另一根血管穿透着生命)的人:他在小城市里很容易成为一个嫉世愤俗者,乃至更糟糕,成为一个亵渎上帝者,一个与天意的睿智治理作对的反叛者。在数目不大的人口之中,人们与自己的弱点一同过于简单地亮相,看上去就令人轻视,如果不说是令人鄙视的话]。在法拉他·塔希图尔努斯所引文字后面跟着的是:"Das Kammermädchen einer deutschen Dame in Paris zündete sich aus Unvorsichtigkeit die Kleider an und verbrannte. Die Dame war in Verzweiflung über das unerhörte Unglück. Ich gab ihr die amtlichen Tabellen der Präfectur zu lesen, woraus sie ersah, daß jährlich sechzig oder achtzig in Paris durch Feuertod umkommen, und daß diese Zahl sich fast gleich bleibt. Das tröstete sie viel. Das Schicksal in Zahlen hat etwas sehr beruhigendes, den Gründen der Mathematik widersteht keiner, und eine Arithmetik und Statistik der menschlichen Leiden würden viel dazu beitragen, diese zu vermindern"(一个在巴黎的德国女士的侍女因为不小心而点着自己的衣服并且被烧死。这位女士对这从未听到过的不幸事故而绝望。我让她阅读了首府的官方统计,由之她能够看到每年在巴黎有60到80人被火烧死,并且这一数字几乎是不变的。这对她是很大的安慰。数字中的命运有着某种很抚慰人心的东西,没有人能够与数学的依据作对,在人类苦难上的代数和统计会极大地有助于减少这些苦难)。

386. **施莱尔马赫如此热情洋溢地说……讥嘲上帝**]施莱尔马赫(Friedrich Daniel Ernst Schleiermacher,1768-1834年),德国神学家、哲学家、古典文献家,哈尔和柏林的教授。除了对柏拉图的对话进行翻译之外,施莱尔马赫尤其以他在解释学和教理神学方面的工作闻名。

这里是指他在《论宗教》中所写的:"wurden jene Götter nicht eben so eifrig verehrt, in wiefern sie einander hielten und trugen als Brüder und Verwandte? und in wiefern sie auch den Menschen tragen und versorgen, als den jüngsten Sohn desselben Vaters? Ja, Ihr selbst, wenn Ihr von Ehrfurcht noch ergriffen werden könnt vor den großen Kräften der Natur, hängt diese ab von Eurer Sicherheit oder Unsicherheit? und habt Ihr etwa ein Gelächter bereit, um dem Donner nachzuspotten, wenn Ihr unter Euren Wetterstangen steht?"(德文:难道诸神不是在同样的程度上被崇拜,正如他们像兄弟和亲戚一样地相互照顾承受着。并且他们也承受照料人类如同同一个父亲的幼子? 是的,你们自己,如果你们仍然还能够被对自然的各种伟大力量的敬畏之心攫住的话,难道这些依赖于你们的安全和不安全吗? 在你们站在你们的避雷针下的时候,你们是不是也许准备要笑出来向雷电叫喊出你们的讥嘲?)

　　Friedrich Schleiermacher, *Ueber die Religion. Reden an die Gebildeten unter ihren Verächtern*, 5. udg. , Berlin 1843〔1799〕, ktl. 271, s. 77.

387. 阿基米德全神贯注于自己的计算而没有留意到自己被杀〕指向希腊数学家和物理学家阿基米德(Arkimedes,约公元前 287-前 212 年)。第二次布匿战争时期,罗马大军围攻叙拉古,阿基米德的机器用于战争使得罗马军队两年没有攻下叙拉古。城陷之后,罗马军队进城时,阿基米德正在沙地上画图研究几何问题,一个罗马士兵踩上他画的图形。阿基米德说:"站开些,别踩坏我的图形!"士兵拔刀就把阿基米德杀死了。

388. 非苏格拉底的无知性〕克尔凯郭尔在自己的博士论文《论概念反讽》之中论述了苏格拉底的无知性。苏格拉底有一句话叫"美德是知识",克尔凯郭尔在很多地方改写为"罪是无知"。

389. 对克尔凯郭尔原脚注的注释:

　　ᵃ**Sämtl. W. 8de B. p. 96**〕接下来的这些文字是出自波尔内的日记:"Aus meinem Tagebuche", s. 96f.

　　他谈论关于住在小城市的危险性,并且现在继续〕在波尔内写下下面所引文字之前,他曾面对不少德国方面的批评,这些人不明白他怎么会喜欢住在巴黎。他解释说,各种德国的好是内在的好,它们会跟随着其主人去任何地方,而大城市(比如说,巴黎)拥有外在的好,一种舒适,比如说居民无需像小城市居民那样依赖于自然的无常变换。

　　ᵇ**…Aber ganz anders ist es in Paris**〕省略号的部分本来是:Ein großes Mißgeschick kehrt erst nach so langen Zeiträumen wieder, daß wir es für eine Regellosigkeit, für eine Willkühr der Vorsehung ansehen und wir murren über die böse Kometenlaune des Himmels(德语:一个大畸形者要过了如此长的时间间隔之后才会重新出现,以至于我们将之视作是一种无规则性,就像天意的随机性,我们抱怨天上彗星邪恶的无常变换)。在省略号之后,波尔内所写的是:Aber ganz anders es ist in großen Städten, wie Paris(德语:然而在

大城市诸如巴黎则完全不一样）。

^c 族类是怎么由个体们和由族类与个体的相互作用产生的］克尔凯郭尔在《概念恐惧》之中讨论了这个问题，比如说在第一章第二节。参看《畏惧与颤栗·恐惧的概念·致死的疾病》，中国社会科学出版社，第 188 - 192 页。

^d 波尔内幻觉自己被作为一个煽动者遭迫害！］作为青年德意志运动的领袖人物，波尔内的著作在德国境内遭禁止出版。

^e 护民官关于"一肢痛苦，全身痛苦"的讲演］根据罗马历史学家李维的《罗马史》（第二卷第三十二章），护民官阿格里帕（Menenius Agrippa）在公元前494年通过自己关于"肚子和它与肢体的关系"的比喻来成功地使得争斗各方达成协议。另外，在《哥林多前书》（12:26）中有："若一个肢体受苦，所有的肢体就一同受苦。若一个肢体得荣耀，所有的肢体就一同快乐。"

^f 上帝保佑，巴黎的一切是多么伟大；根本没有任何东西是平凡的，一切都完全像是鹿苑节庆时期那样］摘自海贝尔杂耍剧《丹麦人在巴黎》（1833年）第二幕第四场。

^g 鹿苑节庆时期：鹿苑是哥本哈根郊外的大森林公园，在鹿苑之中有一个区域叫鹿苑坡，是一个游乐场区域，从 6 月 24 日到 7 月 2 日是一个节庆时期，里面有各种各样的音乐、游戏、集市、木偶剧、杂耍、杂技等等。

^h 尤其是对于那些停止了哀恸的人，因此无需任何安慰了］《马太福音》（5:4）中有："哀恸的人有福了，因为他们必得安慰。"

^i Liest man aber in Paris die amtlichen Berichte über die geschehenen Selbstmorde... wie so viele aus Liebesnoth sich tödten, so viele aus Armuth, so viele wegen unglücklichen Spiels, so viele aus Ehrgeiz, —so lernt man Selbstmorde als Krankheiten ansehen］波尔内所写的是"—dann lernt man"和"ansehen, die, wie die Sterbefälle"。省略号"..."的地方是"Selbstmorde, und wie in jedem Jahre die Zahl derselben sich fast gleich bleibt; wie so viele"（德语：自杀，并且这些数字怎样使每年都一样，怎样会有这么多）。

390. 罪的赦免（Syndsforladelsen）。

391. **一个吹牛的人……一个牧牛的人**］这"吹牛"和"牧牛"是勉强的曲译法，为了迎合丹麦文原文中利用发音相近来进行的文字游戏。直译的话应当是"你就马上会发现这是一个造谣传谣者（Rygter），但是一个牧人（Røgter）在精神的世界里则是更为自在的"。丹麦语 Rygter 和 Røgter 发音相近，所以克尔凯郭尔是在游戏文字。Rygter 可以有两种意思，一是复数的"谣言"，一是单数的"造谣传谣者"。在草稿里（Pap. V B150）的文字是"你就马上会发现这是一些谣言（Rygter），但是在精神的世界里你则是更为自在的"。估计是在克尔凯郭尔誊清的时候得到了把 Rygter 视作"造谣传谣者"的灵感，并加上数词"一个"（en），这样就能够在"一个造谣传谣者"（Rygter）和"一个牧人"（Røgter）之间游戏一下文字。

392. **那些观察着人类未来的思辨者和先知预言家们**］亦即：黑格尔主义者和格隆

德维主义者们。

393. **师范学校毕业生**]在"师范学校毕业生"这个名词被贬义地使用的时候,常常是被用来说一个半有学识却喜欢卖弄的人。

394. **为村民学校的教科书写一条问答式教学法的评注**]在丹麦村民学校的宗教课程中有专门的教科书,它是根据路德的小小教义问答编写的。每一句教义都伴有一条解说构成问答教学的出发点。被用得最多的是《巴勒的教学书》。1814 年到 1899 年,丹麦有着各种村民学校,1899 年之后,人民学校的概念被引入法律。

395. **为世界历史担忧的圣诗领唱者会说**]也许是指格隆德维。圣诗领唱者是在教堂仪式中帮助牧师,并且领唱赞美诗的人。在丹麦的农村或者城镇,往往是由村民学校的老师担任。

396. **去靠近那位我所景仰的希腊智慧者……最可怕的事情**]指苏格拉底。苏格拉底通过对话来检验其他人的智慧而不让自己幻想以为自己拥有其实并不拥有的智慧(可参看柏拉图《申辩篇》21c)。《概念恐惧》的题记说:"苏格拉底,因为他的特别的区分,继续是他所曾是,这个简单的智者,这种特别的区分是苏格拉底自己所说出和完成的,这种特别的区分也是那古怪的哈曼在两千年之后才敬慕地重复的:苏格拉底之所以伟大是因为'他区分开他所明白的东西和他所不明白的东西'。"参看《畏惧与颤栗·恐惧的概念·致死的疾病》,中国社会科学出版社,第 137 页。苏格拉底因此被雅典的人民法庭判死刑。他将在地下世界里的英雄们和智慧者们那里继续这一招致他的死刑的活动(可参看柏拉图《申辩篇》41b-c)。他把处于谬误看成是最可怕的事情(可参看柏拉图《克拉底鲁篇》428d):"因为没有比自我欺骗更糟糕的事了——这个骗子就在你家里,一直和你在一起——自我欺骗非常可怕……"《柏拉图全集》,第二卷,王晓朝译,人民出版社,2002 年,第 117 页。

397. **高尔吉亚和波卢斯和特拉西伯罗斯……不过是超人的智者**]在柏拉图的《高尔吉亚篇》里,苏格拉底与著名的智者高尔吉亚及其学生波卢斯对话。特拉西伯罗斯也许是指曾在《国家篇》第一部分中登场的特拉西马库斯(或译塞拉西马柯)。在《申辩篇》19d-e 中苏格拉底说自己不像高尔吉亚与其他智者们那样为讲课收费;他只拥有"人的智慧",而其他人则拥有"一种超过了人的级别的智慧"(《申辩篇》20d-e)。

398. **"罪的赦免"……在纸面上被决定出来,……由一句生动的言辞所给出的各种保证(这些保证一忽儿在欣悦之中被感动、一忽儿又在泪水之中被感动)来决定了的**]可能分别是在暗示黑格尔主义的哲学家和神学家和格隆德维主义者们。

399. 这一段,一种对句子做了整理和改写。原文直译的话应当是:"罪的赦免之中麻烦的地方,如果它不应当在纸面上被决定出来,或者通过生动的言辞的各种保证(这些保证一忽儿在欣悦之中、一忽儿在泪水之中被感动)来决定的话,这麻烦的地方是:要以这样一种方式变得对自己透明,——一个人知道,他不在任何点上依据于直接性而存在,甚至是以这样的方式,这个人变成了另一个人;因为否则的话,罪的赦免从我的立足点上看就是:'那喜剧的'和'那悲剧的'的统一。"

这一段的丹麦语是"Det, der er det Vanskelige ved Syndsforladelsen, naar den ikke skal afgjøres paa Papiret eller være afgjort ved et levende Ords Forsikkringer, snart bevægede i Fryd, snart i Graad, er at blive sig selv saaledes gjennemsigtig, at man veed, at man ikke paa noget Punkt existerer i Kraft af Umiddelbarhed, ja endog saaledes, at man er bleven et andet Menneske, thi ellers er Syndsforladelse mit Standpunkt: Eenheden af det Comiske og Tragiske."

Hong 的英译是"The difficulty with the forgiveness of sins, if it is not to be decided on paper or be decided by declarations of a living word, moved now in joy, now in tears, is to become so transparent to oneself that one knows that one does not exist at any point by virtue of immediacy, yes, so that one has become another person, for otherwise forgiveness of sin is my point of view: the unity of the comic and the tragic."

F. Prioret M. -H. Guignot 的法译是"Le point difficile en ce qui concerne la rémission des péchés, lorsque celle-ci ne doit pas être réglée sur le papier, ni par les assurances du verbe vivant, tantôt en joie, tantôt en pleurs, c'est de devenir tellement transparent à soi-même, qu'on sait n'exister à nul égard en vertu de l'immédiateté, ni même comme un autre être, car, à part cela, la rémission des péchés est conforme à mon point devue: la synthèse du comique et du tragique."

Emanuel Hirsch 的德译是"Was an der Sündenvergebung das Schwierige ist, wenn sie nicht auf dem Papier abgemacht werden soll oder mit den Versicherungen eines gesprochenen Worts, die bald in Wonne, bald in Weinen bewegt sind, entschieden sein solL nun, das besteht darin, sich dermaßen durchsichtig zu werden, daß man weiß, man existiere an keinem einzigen Punkt in Kraft von Unmittelbarkeit, ja sogar dermaßen, daß man ein andrer Mensch geworden ist, denn ansonst fällt Sündenvergebung mit meinem Standpunkt zusammen, mit der Einheit des Komischen und des Tragischen."

400. 这里译者作了改写。直译的话是"然而,既然直接性当然是某种简单的东西,但同时也是某种高度复合的东西,那么,随着这一个麻烦(被扬弃),同时也随着另一个麻烦——这另一个就像这一个(直接性甚至是作为罪而被取消),信号被给予了各种最麻烦的问题,而这些问题包含在一个问题中:……"

401. 对克尔凯郭尔原脚注的注释:

[a] 依据于直接性]在草稿上(*Pap.* V B150,25)克尔凯郭尔写道:"直接性

（正如黑格尔一辈子就是一个相当可怜的直接性，他人生中的最大危机就是：哪一所大学最适合他做讲师）。"

 ᵇ**中项定性**（**Mellembestemmelser**）]在两个量或者概念之间的思维方面的联接环节或者过渡。或译"中间定性"或"中介定性"。

 ᶜ**形而上学的"我—我"**]指向费希特对自我意识结构的解读，——把"我是我"解读为哲学的根本基础。

 ᵈ一个思考着的人则必须知道自己与**人性存在**的关系]这个"人性存在"（den menneskelige Tilværelse）可以译作"人性的存在"或者"人的存在"（英语是"the human existence"）。就是说，这个"人性的"或者"人的"是一个形容词。

 ᵉ**不德之物**（**en Utydske**）]tydsk 在老丹麦语里是"德语、德国的、德语的"的意思，加上否定前缀 u 一方面是形容词"非德国的"（而形容词被名词化之后则是"非德国的东西"或者"非德国的人"），另一方面也是一个名词，表示山怪、鬼魂、妖怪等能够伤人的超自然生灵。本应翻译为"妖物"，但因为考虑到克尔凯郭尔的文字游戏牵涉到"德语的、德国的"（在句子前面所提到的"德文书"），所以译为"不德之物"。

 ᶠ**纯粹的在**]黑格尔哲学体系的基本范畴中的概念。见前面"对婚姻的不同看法"中对"纯粹之在，因此几乎比'无'更微不足道"的注释。

 ᵍ**不之物**（**U-Ting**）]丹麦语 U-Ting 是 Ting（事物、东西）加上否定前缀 u。在这里可以正常理解为这种莫明其妙的东西通过矛盾来扬弃取消自己或者说是某种不存在的东西，但另一方面也是指能伤人的超自然生灵，也就是上面的 Utydske。

402. **对"处于谬误"的苏格拉底式的恐怖感**]见上一页的注释。

403. **人们在童话里通过说出一些话就变成一只鸟**]可能是指豪夫（Wilhelm Hauff）的童话《哈里发变成仙鹤》（*Die Geschichte von Kalif Storch*）（出自《给有知识家庭的儿子和女儿的 1826 年童话年鉴》（1825 年））：哈里发查西德和他的三个朋友能够通过服用魔术粉末并说"穆塔布尔"这句话让自己变成任何一种动物。然后向东方鞠躬三次并说这句话就能够变回来；但是因为他们在变的时候笑了，所以这句话在他们的记忆里变掉了，所以他们变不回来了。中文版可参看《豪夫童话》，曹乃云、肖声所译，译林出版社，2001 年。

404. **通过听见他，我们能够看见他**]参看前面对 loquere ut videam 的注释。

405. **那位高贵的国王……在那里就只有国王一个人**]指关于道格玛尔皇后的民谣《道格玛尔皇后之死》（出自《中世纪丹麦民谣选》）：在道格玛尔皇后突然病危的时候，她派出一个少年送信通知国王，国王马上出发，"国王离开斯堪德堡，/一百个少年追随着他同行，/他到达格里斯特德布罗桥/，身边只剩道格玛尔派出的男孩。// 他穿过兰德波尔荒野，/十五个少年追随着他同行，/他走过利波的桥，/在那里只有国王一个人。"

406. **星期天的骑手**]不熟练的骑手。
407. **不像埃及那些瘦牛的情形**]指《创世记》中法老的梦(41:17-21):"法老对约瑟说:'我梦见我站在河边,有七只母牛从河里上来,又肥壮又美好,在芦荻中吃草。随后又有七只母牛上来,又软弱又丑陋又干瘦,在埃及遍地,我没有见过这样不好的。这又干瘦又丑陋的母牛吃尽了那以先的七只肥母牛,吃了以后却看不出是吃了,那丑陋的样子仍旧和先前一样。我就醒了。'"
408. **宗教性之层面中最渺小的人比最伟大的诡辩家更无限地伟大**]《马太福音》(11:11):"我实在告诉你们,凡妇人所生的,没有一个兴起来大过施洗约翰的。然而天国里最小的,比他还大。"
409. 亦即"正定的追求"。
410. 这段文字直译应当是:"这些诡辩家之所以被人众景仰,是因为,与诗歌的直觉(第一类就在这种直觉之中沉醉忘我)相比,与那对一个外在的目标的正面追求(这外在目标招引着第二类)相比,与那种巨大的结果(第三类通过把那结束了的东西设定在一起而获得这结果)相比,他们慷慨大度地不关心自己。"
411. 就是说,"诗歌的直觉"中的景象。
412. **哥本哈根……一个小城市**]根据1845年的人口统计,当时在哥本哈根有126787人居住。
413. **"否则的话"**:在这里按原文直译应当是"这样的话"。前面的句子是否定性的("无法"),因而这个"这样的话"就要反过来(去掉这"无法"),它就是在说:如果"这些统计性的喜悦和安慰打扰性地侵入那单个的人并将之旋进呼啸"的话,生命就毫无任何意义……
414. **好像要弄上好几打才造出一个人来**]丹麦有一种说法,叫作"十二构成一打",用来表示不超过中等水平,不做出头鸟。所谓做中庸,不超越平凡人,又叫作"一打之人",亦即,缺少独立性的人。
415. 这奉承"绝望者们和受骗者们"的"半小时学识"。
    半小时的学识]也就是说,无足轻重的、肤浅的"学识"。
416. **分离于主流**]与占主流地位的教会分离的。
417. **找到那些在被人寻找的时候会是很过剩的东西**]参看《马太福音》(7:7-8):"你们祈求,就给你们。寻找,就寻见。叩门,就给你们开门。因为凡祈求的,就得着。寻找的,就寻见。叩门的,就给他开门。"
418. **各门科学的辞典**]就是说1793-1829年由丹麦科学协会出的五卷本《丹麦语辞典》,通常人们将之称为科学协会的辞典。
419. 就是说,不会被书籍和报纸保留下来。
420. **进进出出就像是一个小阿尔夫精灵**]按照北欧民间传说,阿尔夫(Alf)是一种超自然的轻飘的小生灵,有着人类的各种身体特征,通常住在离人类很近的地方(诸如在土丘或地下洞里),并且能够使自己隐形。它们能够突然出现和消失,在各种各样东西里进进出出。

421. **这锁链"承受起来很轻,是的! 但要弄断,它就牢固而沉重"**]丹麦作家布利克尔(St. St. Blicher)《候鸟。自然演奏会》中的第十一段,诗人与鸟的对话:"是真的吗;你要去挪威寒冷的/山巅?/整个夏天有什么东西让 / 你在那上面?/在下面,这里不是更美丽吗/我的山毛榉?/为什么在那里/你在云杉丛里寻找你的窝?/但在那里挂着你母亲的巢,我能够想象。/那就去旅行吧,亲爱的! /故土,我知道,有着一条锁链/承受起来很柔软。/'承受起来很柔软;是啊! 但要弄断很艰难;/要扔掉就很重,/承受起来很轻。心的思念命令着 / 赶紧去那里'。"

422. **绝无仅有的期待**]也许是针对格隆德维。

423. **纯粹的否定**]也许是指黑格尔的逻辑学中的出发点概念"纯粹的在",亦即,在所有的性质都被想象消失了的时候那种一切共有的抽象。"纯粹的否定"这个概念在这里说这样一种关系:观察者否定掉了一切主观性的预设前提来达成客观的观察。

424. **不相合的就是敌对的**]《马太福音》(12:30):"不与我相合的,就是敌我的,不同我收聚的,就是分散的。"

425. **发酵的时期**]人们强劲地在精神的世界里或者带着政治的追求为新的尺度努力着的时期。

426. **守在寂静主义未分割的不动产之中**]"守着未分割的不动产"是一个法律用词,用于表述夫妻双方之中活得更久的一方在另一方去世后接手所有共有财产,不与死者的不同继承人作分割。寂静主义是基督教伦理学中的一个方向,之中的理想是:意志必须得到完全的净化,去除掉所有欲望和对自我的迷恋;在神秘之中,这寂静主义的理想被尖锐化,因而目标就成为对自我的完全放弃,以求灵魂能够找到安息而沉淀进上帝之中,就像是一滴水消失在大海之中。

  参见 W. M. L. de Wette, *Lærebog i den christelige Sædelære og sammes Historie*, overs. af C. E. Scharling, Kbh. 1835, ktl. 871, s. 158-161.

427. **……你们的伟大任务需要"联合起来的各种力量",……**

428. **诗人所说……如同夏季小溪里的雪**]巴格森(Jens Baggesen)《我的鬼魂,或者甜美的刀》(1814年)(*Jens Baggesens danske Værker*, bd. 6, 1829, s. 130-146):"死亡,消失,被遗忘——历尽沧桑,依旧如故 / 炼狱焚尽成纯精神/不再有肉体束缚,/如自己的鬼魂,光辉映照/被毁灭,/如同老旧的大门上的蓝灰珍珠色,/如同夏季小溪里的冬雪……"

429. **苏格拉底式**]反讽家苏格拉底在柏拉图的《泰阿泰德篇》中把自己的活动称为助产妇艺术,帮助年轻的怀有精神果实的人们从他们的阵痛之中获得结果。

430. **从阵痛之中你无法直接得出生产的收获**]也许是指向贺拉斯《诗艺》第139句:"Parturient montes, nascetur ridiculus mus"(拉丁语:大山生产,生出一只可笑的小老鼠)。

431. **斯维通……vultus erat nitentis**]罗马历史学家斯维通(Gaius Suetonius

Tranquillus Sveton，约公元 70 - 121 年），在他所写的提图斯皇帝（在位 69 - 79 年）传记中提及，"有着一张脸像是一个绷紧使劲的人（就是说便秘状态）"。原文是"vultu veluti nitentis"。法拉他·塔希图尔努斯是随便即兴引用，但是在意思上没有差别。

432. **墨尔老乡们的惩罚，他们把鳗鱼扔进水里**] 墨尔是丹麦奥胡斯以北的一个小半岛，那里的居民是被丹麦人当作智力嘲笑的对象。这里所说的是出自关于墨尔老乡的故事之一。墨尔老乡抓住了一条又大又肥的鳗鱼，他们认为这鳗鱼偷吃了他们的鱼苗，要对鳗鱼进行惩罚。有的人提出要把它吊死，有的人提出要把它鞭打死或者切割成块。墨尔老乡中的一个长者认为他们应当以最难以忍受的死亡来惩罚这鳗鱼，那就是在无边的大海里将之淹死，于是所有人都同意要淹死这鳗鱼。然后大家划船出海，到了他们认为这鳗鱼不可能游回岸的海域，他们把它扔下海。鳗鱼在海里扭动着。一个墨尔老乡说，看，死亡是多么艰难的事情，它那么痛苦地扭动！

　　丹麦文参看 *Beretning om de vidtbekjendte Molboers vise Gjerninger og tapre Bedrifter*，Kbh. 1827，s. 3-5.

433. **Dixi**] 拉丁语：我已说了；通过这句话，讲演者表明，他的讲演已结束。自从普劳图斯（公元前 254 -前 184 年）在自己的喜剧《一坛黄金》之中用了这一表述之后，它常常被人当一种固定形式来使用。

图书在版编目(CIP)数据

人生道路诸阶段/(丹麦)克尔凯郭尔著;京不特译. —北京:商务印书馆,2017(2022.7重印)
ISBN 978-7-100-12979-4

Ⅰ.①人… Ⅱ.①克…②京… Ⅲ.①人生哲学-通俗读物 Ⅳ.①B821-49

中国版本图书馆 CIP 数据核字(2017)第 036905 号

权利保留,侵权必究。

人生道路诸阶段

〔丹麦〕克尔凯郭尔 著
京不特 译

商 务 印 书 馆 出 版
(北京王府井大街36号 邮政编码100710)
商 务 印 书 馆 发 行
北京通州皇家印刷厂印刷
ISBN 978-7-100-12979-4

2017年4月第1版 开本 710×1000 1/16
2022年7月北京第4次印刷 印张 45½
定价:118.00元